"十四五"时期国家重点出版物出版专项规划项目

世界兽医经典著作译丛

Kirk and Bistner's Handbook of
VETERINARY PROCEDURES AND EMERGENCY TREATMENT

小动物急诊手册

第9版

［美］理查德·B. 福特（Richard B. Ford）
［美］埃莉莎·马扎菲罗（Elisa Mazzaferro）　编著

麻武仁　主译
施振声　主审

中国农业出版社

北　京

注　意

本书涉及领域的知识和实践标准在不断变化。新的研究和经验拓展我们的理解，因此须对研究方法、专业实践或医疗方法作出调整。从业者和研究人员必须始终依靠自身经验和知识来评估和使用本书中提到的所有信息、方法、化合物或本书中描述的实验。在使用这些信息或方法时，他们应注意自身和他人的安全，包括注意他们负有专业责任的当事人的安全。在法律允许的最大范围内，爱思唯尔、译文的原文作者、原文编辑及原文内容提供者均不对因产品责任、疏忽或其他人身或财产伤害及／或损失承担责任，亦不对由于使用或操作文中提到的方法、产品、说明或思想而导致的人身或财产伤害及／或损失承担责任。

本书翻译人员

主　译　麻武仁

副主译　刘萌萌　张芮琪

译　者（按姓氏笔画排序）

于善一　马超贤　王依荻　王锦维　尹玉鑫　邓杰虹

丛恒飞　冯小兰　许晓曦　牟　媛　李　晶　杨应华

张　勤　张　静　张欣珂　张晓远　邰向博　周露云

郝媛婕　胡延春　秦毓敏　袁占奎　曾华平　魏丽娜

主　审　施振声

序言

　　兽医技术人员和兽医技术专家（VTS）在协助兽医对病患进行诊断、预后和处方治疗方面发挥着至关重要的作用。全面了解常见疾病的临床表现以及诊断和治疗这些疾病的方法，对于理解检测结果的意义至关重要。兽医技术人员参与病患监测，评估并记录病患的观察结果。兽医在选择特定诊断测试和治疗方案时使用的基本原理提高了兽医技术人员评估和监测病患的能力。

　　本书的第 9 版经过扩展和更新，分为 6 个部分，可快速获取有关疾病临床症状，病患评估，急救、诊断和治疗程序，实验室诊断和检测的相关信息，以及正常值图表、疫苗接种方案和药物配方。关于诊断和治疗程序以及实验室诊断和测试指南的章节特别适用于兽医技术人员，因为这些技能主要是由兽医技术人员在兽医的指导下于小动物临床实践中逐渐累积形成的。这些章节以及关于急救的章节包含了与许多兽医技术专家日常技能相关的实用信息。

　　兽医技术专业的学生会发现这本书是他们学习的一个有用的辅助工具。这本书提供了一个现成的参考，使学生在学习解剖学和生理学等基础课程，以及更高级的临床病理学、放射学和药理学课程时，能够快速回顾基本概念的临床应用。

　　我希望每一位兽医技师、兽医技师专家和兽医技师学生都能将这一宝贵的资源收藏在自己的个人图书馆中。

Margi Sirois，理学硕士、教育学博士，注册兽医

前言

《小动物急诊手册》（第9版）见证了当今兽医学的快速发展。我们所服务的兽医行业和患者继续受益于紧急和重症监护医学、诊断检测和治疗方面令人印象深刻的技术进步。作为这个版本的编著者，我们已经做出了重大努力对本书进行完善，包括目前的诊断技术、程序，以及符合伴侣动物医学标准的护理和管理建议。

为了便于快速和方便地获取信息，文书分为6个不同的部分，特别强调第1部分，急症处理。这一部分的组织是为了方便快速地获得急诊和重症监护病患的诊断和治疗建议。其中包括院前管理，初始急诊分类和管理，紧急程序，疼痛评估和管理，紧急管理的具体条件。

第2至第5部分重点介绍诊断策略，包括病患评估、问题识别、常规和高级程序以及实验室检测/解释。这四个部分中的每一部分都针对患者临床表现的特定方面。

第2部分介绍病患评估和器官系统检查，重点在于初始病患评估，包括病历输入模板和高级诊断计划。

第3部分介绍临床症状，是用具体问题具体分析的方法来鉴别诊断和重新设计，使病患的问题能从客户的角度来表达——同样的提出问题的方式也应用于临床实践中。

第4部分介绍了常规和高级诊断及治疗程序。高级程序现在以器官系统的形式呈现，以增强对评估复杂病例时可能需要的当前诊断程序的访问。

第5部分介绍实验室诊断和检测指南，是对猫和犬进行常规和高级诊断测试的简洁、高度结构化的参考。所代表的每项测试都包括病患准备、测试方案、要收集的样本类型与要提交的样本类型、测试结果的解释等信息。

第6部分是临床相关图表的汇编，这些图表经过了广泛的审查和更新。其中一些表格提供了关于猫和犬的年度疫苗接种方案、常见药物适应证和剂量以及紧急热线的信息。

1969年，Robert W. Kirk博士出版了本书的第1版。Robert W. Kirk博士是最早认识到急诊在兽医学中独特作用的院士之一。正是他的愿景最终促成了急诊和重症医学专业实践的发展和增长。我们都感谢 Robert W. Kirk 博士对兽医的承诺和献身精神。

令人遗憾的是，Robert W. Kirk 博士已经去世。然而，他的众多贡献将在未来继续为该行业服务。我们很荣幸将这一版的《小动物急诊手册》献给 Robert W. Kirk 博士。

Richard B. Ford，理学硕士、兽医学博士

Elisa M. Mazzaferro，理学硕士、兽医学博士、哲学博士

目录

第1部分

急症处理

Elisa M. Mazzaferro 和 Richard B. Ford

受伤动物来医院前的处理措施

现场情况调查

1. 求助！在事故现场，通常需不止 1 人来帮助患病动物，防止患病动物及旁边的人再受到伤害。

2. 如果事故发生在马路上，应小心来往的车辆。用一块布条或其他物体来提醒来往车辆，以免因来往的车辆注意不到而使你受伤。

3. 如果患病动物有意识，在将患病动物移动到安全地带时要小心自己被患病动物弄伤。使用带子、绳子或长布条绑患病动物的嘴和头部。如果不能绑嘴，用衣服、毛巾或毯子盖住患病动物的头，防止自己在移动患病动物时被咬伤。

4. 如果患病动物无意识，或者既无意识也不能动，使用一个能支持背部的设备（可由箱子、门、平板、毯子或床单做成）将患病动物转移到安全地点。

初始检查

1. 气道是否通畅？如果气道有杂音或患病动物处于昏迷状态，轻柔且小心地伸展患病动物的头颈。如有可能，拉出患病动物的舌头，清除口腔的黏液、血块或呕吐物。对于无意识的患病动物，保证头颈处于伸展状态。

2. 寻找呼吸的迹象。如果没有呼吸或黏膜发绀，开始口对鼻呼吸。双手环绕患病动物口鼻部使牙关紧闭，对鼻孔每分钟吹气 15 ~ 20 次。

3. 心脏功能如何？检查后肢脉搏或胸骨顶端心跳。如果感觉不到心跳，开始心脏按压，每分钟 80 ~ 120 次。

4. 是否存在出血？使用清洁的布、毛巾、纸巾、一次性尿布或女性卫生用品盖住伤口。用力压住伤口减慢出血和防止进一步失血。不要使用止血带，因为这会造成更严重的损伤。当血渗出透过第一层包裹材料时，在其上再覆盖一层。

5. 覆盖所有外部伤口。用浸过温水的干净包扎材料覆盖伤口，将患病动物转移至最近的动物医院急诊部。立即检查患病动物是否有胸部或腹部的穿透创。

6. 是否存在任何明显的骨折？用自制的夹板固定骨折处，可用报纸、扫帚把或棍子制成夹板。对清醒的患病动物进行固定时，一定要先绑住嘴。如果不能安全地绑夹板，将患病动物放在毛巾或毯子上，将患病动物送至最近的动物医院急诊部。

7. 是否存在任何烧伤？在烧伤处放湿冷毛巾，当毛巾与患病动物体温一样时，移除。

8. 包裹患病动物以保持体温。如果患病动物颤抖或休克，用毛巾、衣服或毯子包裹患病动物，将其送至最近的动物医院急诊部。

9. 患病动物有由热引起的疾病（如中暑）吗？用室温的毛巾（不能过凉）给患病动物降温，将患病动物转移至最近的动物医院急诊部。

患病动物转移前准备

1. 电话预约！让动物医院急诊部知道您马上会来就诊。提供常备急救电话及位置。警察或其他治安部门可能会帮助您定位最近的动物医院急诊部。

2. 如有可能，用塑料袋或床单做衬垫物，防止患病动物被弄脏。

3. 小心移动患病动物，方法与把患病动物从马路移开一样。

4. 小心开车。不要把一个事故变成两个。最好一人开车，另一人与患病动物待在后排座位。

1

急诊初次检查、处理及伤情分类

快速检查失去意识、休克、急性出血或呼吸困难的急性外伤患病动物，并立即采取积极的能够挽救生命的措施。因为通常没有时间做仔细的病史调查，诊断主要基于临床检查所见及简单的诊断性化验。对患病动物进行伤情分类，立即评估患病动物体况，根据需要进行治疗的紧迫性分类。及时治疗有助于挽救生命。

最初检查及急救复苏措施

进行简单但彻底的全身检查，注意采用对任何患病动物都非常重要的 ABC 法。

ABC 法

A= 气道

气道是否通畅？向前牵拉出患病动物舌头，取出任何阻塞气道的物体。若有需要可以进行抽吸并使用喉镜。如有必要，可进行插管或经气管放置氧源。若上呼吸道阻塞，且经上述措施不能解决，可能需要进行紧急气管切开。

B= 呼吸

患病动物是否存在呼吸？如果患病动物不呼吸，立刻插管并进行人工通气补氧（见心脏急诊）。

若患病动物有呼吸，呼吸速率和方式如何？呼吸速率是否正常，是加快还是减慢？呼吸方式是否正常，是浅快呼吸还是伴有吸气窘迫的深慢呼吸？呼吸音是否正常，是否存在提示上呼吸道阻塞的高音调喘鸣声？患病动物是否表现为头伸展且肘部外展端坐呼吸？口角是否随着吸气和呼气运动？呼气时是否存在腹部推压的呼气困难？注意胸侧壁。肋骨是否随着呼气和吸气运动？胸壁是否随着呼吸若有若无地运动，是连枷胸吗？是否有提示气道损伤的皮下气肿？

听诊双侧胸腔。呼吸音听诊是否正常？是否存在由于肺炎、肺水肿、肺挫伤产生的捻发音？是否存在由于胸腔积液或气胸造成的低沉肺音？支气管炎（哮喘）的猫是否有吸气喘鸣？黏膜颜色如何？黏膜颜色粉红且正常，还是苍白或发绀？触诊颈部、胸侧壁和颈背侧区看是否存在气管移位、皮下气肿及肋骨骨折。

C= 循环

循环状况如何？患病动物心跳和呼吸如何？能否听见心跳？是否存在由于低血容量、胸膜或心包积液、膈疝造成的心音低沉？触诊脉搏。脉搏是否力度强而且规律并与心跳保持一致? 是否存在跳脉、弱脉? 患病动物的血压及心电图如何?

动脉是否在出血? 注意是否有出血存在? 如果皮肤有任何出血要提高警惕。医师须戴手套。出血可能来自患病动物,手套可以避免对伤口造成进一步污染;出血也可能来自好心给予帮助的旁观者。如果存在外伤,注意外伤的特征和情况。在任何动脉出血处或外伤处放置压力绷带,以防进一步出血或医源性感染。

建立大血管或骨内通路(见血管通路技术)。如果存在低血容量性或出血性休克,立即采取输液复苏措施:犬输入 1/4 休克量的晶体液 [0.25 × 90 mL/kg(体重)];猫输入 [0.25 × 44 mL/kg(体重)],且重新评估心率、毛细血管再充盈时间及血压等灌注参数。如果怀疑存在肺部挫伤,使用较少体积的胶体液 [如 5 mL/kg(体重)的羟乙基淀粉额外推注] 即可改善灌注。若是脑外伤的病例,可用高渗的氯化钠(7%)以 4 mL/kg(体重)的剂量与羟乙基淀粉一起推注。急性外伤引起的腹部出血可通过腹部压迫绷带填塞。

在 ABC 法后,进行余下的体检工作,采用急救操作方案治疗。

急救操作方案
A= 气道
C 和 R= 心血管和呼吸系统
A= 腹部

触诊患病动物腹部。是否存在疼痛或任何穿透伤? 观察患病动物脐部。脐周围附近变红提示腹内出血。是否有波动感或可触到的团块? 检查腹股沟、尾部、胸部及腰旁区域。剃毛后检查患病动物是否存在淤青或穿透伤。叩诊、听诊腹部,检查是否存在腹鸣。

S= 脊柱

检查脊柱对称性。是否存在痛、明显肿胀或骨折? 从第一颈椎到最后尾椎做神经学检查。

H= 头部

检查眼、耳、鼻、口腔、牙齿及所有的头部神经。对所有脑外伤病例进行荧光素点眼,检查角膜是否存在溃疡。是否存在瞳孔大小不等或霍纳综合征?

P= 骨盆

进行直肠检查。触诊是否存在骨折或出血。检查会阴部或直肠区域。检查外生殖器。

1

L= 四肢

检查胸和骨盆骨端。有无任何明显的开放性或闭合性骨折存在？尽快夹板固定防止进一步损伤并控制疼痛。检查皮肤、肌肉及肌腱。

A= 动脉

触诊外周动脉脉搏。如果存在血栓性疾病，使用多普勒探头寻找脉搏。检查患病动物血压。

N= 神经

站在远处，观察患病动物意识的清醒程度、行为及姿势。注意其呼吸速率、方式和深度。患病动物是否有意识或迟钝甚至昏迷？瞳孔是否对称且对光有反射，还是存在瞳孔大小不等？患病动物是否存在任何异常姿势？例如，提示严重脊髓性休克或脊髓切断的谢林顿姿势（前肢僵直，后肢瘫软）。检查与四肢、尾部的运动和感觉有关的输入和输出等外周神经。

辅助诊断评估

血液动力学技术

对任何严重外伤患病动物进行心电图（ECG）检查、直接或间接血压测量、脉搏血氧测量。

影像学技术

任何外伤患病动物，在患病动物病情稳定并能承受拍片摆位后，都要拍摄胸腹部X线片。观察X线片可以发现气胸、肺部挫伤、膈疝、胸腔或腹腔积液以及气腹等。

AFAST 和 TFAST

对外伤进行处理后集中进行腹部和胸部的超声分流聚焦评估检查（分别称为AFAST 和 TFAST），评估胸部和腹部的液体、游离气体及心包积液。在检查期间，用B超检查腹部的四个区域：①横膈膜面或肝面观，紧贴着胸骨后的腹中线；②左侧面的脾肾切面观；③腹中线膀胱尿道观；④右侧肝肾切面观，将患病动物左侧卧。检查胸部时，将患病动物侧卧，将探头水平放置在第9肋间肘后，扫查横切面和纵切面，评估心包或胸腔积液。检查仅花费较少的时间，可查出体液是否正在丢失。与其他检查相比，AFAST 和 TFAST 的结果有时与操作人员存在很大的关系。

实验室检查

需要马上进行的实验室检查，包括红细胞比容、总蛋白、葡萄糖、血液 BUN 或尿素及尿密度。可稍后进行的辅助检查包括血常规和外周血涂片，以此评估血小板数和红细胞、白细胞形态。也可以考虑进行血气和电解质、凝血参数［活化凝血时间（ACT）、凝血酶原时间（PT）、活化部分凝血活酶时间（APTT）］、血清生化、血清乳酸和尿液分析等检查。

介入性检查

可能需要进行的介入性诊断技术包括胸腔穿刺、腹腔穿刺和腹腔灌洗（DPL）。

患病动物体况总结

最初的临床检查完成后，回答以下问题：此时需要什么支持治疗？是否需要进一步的诊断？如果需要，还要做什么检查？患病动物的情况是否足够稳定，可以接受这些检查且不会有进一步的应激反应？在进行最后的治疗前，是否还需要再观察患病动物一段时间？是否有必要立即进行手术？术前是否需要额外的支持治疗？麻醉有何风险？

快速失代偿患病动物

对最初的复苏没有反应的病例，通常会由于严重的正在存在或之前存在的生理紊乱，造成严重的心血管和代谢不稳。对复苏没有反应的病例，或开始有反应之后又没反应的病例，兽医应注意发生了代谢失调（框 1-1 和框 1-2）。

框 1-1　代谢失调的临床症状	
外周脉搏弱	精神沉郁
肢端体温低	心动过速或心动过缓
黏膜颜色发绀或发灰	红细胞比容下降
黏膜颜色苍白	腹部膨胀、疼痛
心脏再同步治疗（CRT）延长	心律不齐
体温升高或下降	呼吸方式异常
血容量正常的患病动物肾输出下降	呼吸困难或窘迫
精神状态异常或混乱	吐血或粪便中带血提示肠道失血

框 1-2　急性代谢失调的原因	
急性肾衰	多器官功能障碍综合征
急性呼吸窘迫综合征	气胸
胃肠破裂	肺挫伤
心律不齐	肺血栓性栓塞
中枢神经系统水肿或出血和脑干疝	败血症或败血性休克
凝血障碍，包括弥散性血管内凝血（DIC）	系统性炎症反应综合征
内出血	尿道膀胱破裂

扩展阅读

Crowe DT: Patient triage. In Silverstein DC, Hopper K, editors: Small animal critical care medicine, St Louis, 2009, Elsevier.

Ettinger SJ, Feldman EC, editors: Critical care. In Textbook of veterinary internal medicine, ed 7, St Louis, 2010, Elsevier-Saunders.

Lisciandro GR, Lagutchik MS, Mann KA, et al: Evaluation of an abdominal fluid scoring system determined using abdominal focused assessment with sonography for trauma in 101 dogs with motor vehicle trauma, J Vet Emerg Crit Care 19:426-437, 2009.

Lisciandro GR, Lagutchik MS, Mann KA, et al: Evaluation of a thoracic focused assessment with sonography for trauma (TFAST) protocol to detect pneumothorax and concurrent thoracic injury in 145 traumatized dogs, J Vet Emerg Crit Care 18:258-269, 2008.

Mathews KA: Veterinary emergency and critical care manual, Guelph, Ontario, Canada, 1996, Lifelearn.

Wingfield WE: Decision making in veterinary emergency medicine. In Wingfield WE, editor: Veterinary emergency secrets, ed 2, Philadelphia, 2001, Hanley & Belfus.

Wingfield WE: Treatment priorities in trauma. In Wingfield WE, editor: Veterinary emergency secrets, ed 2, Philadelphia, 2001, Hanley & Belfus.

急诊的诊断和治疗程序

腹腔穿刺术及诊断性腹腔灌洗

腹腔穿刺术是将针刺入腹腔以收集液体的技术。腹腔穿刺在一定程度上是比较灵敏的液体收集方法，只要腹腔里含有超过 6 mL/kg（体重）的液体。对于怀疑腹膜炎但腹腔穿刺阴性的病例，可进行诊断性腹腔灌洗（DPL）。

1. 腹腔穿刺的程序：

（1）将患病动物左侧卧，在脐周围剃毛，面积为 25.8~38.7 cm^2。

（2）剃毛区域刷洗消毒。

（3）戴手套，用一个 22 G 或 20 G 针或针带导管向四个方向刺入：向脐右前方、左前方、右后方和左后方。当刺入针或导管时，柔和地捻转针可以使脏器远离针尖。虽然较严重的腹部疼痛需要轻度镇定和镇痛，但该程序不需要进行局部麻醉。一些病例中，液体可能会从针中自主流出。如果不流出，用 3 mL 或 6 mL 注射器轻轻抽吸或让患病动物处在站立位抽吸。针在腹腔内时切勿变换体位，因为可能会医源性刺伤腹部脏器。

（4）将采集到的液体收集于无菌的红和淡紫色管内，以进行细胞学检查、生化分析及细菌培养。仔细检查血性液体看是否存在凝块。正常情况下，血性渗出液很快变成去纤维蛋白性血液，不会凝固。凝块形成可能是正在出血或可能是由于医源性刺伤脾脏或肝脏引起出血。

如果腹腔穿刺是阴性，可进行诊断性腹腔灌洗。虽然腹膜透析可商业化应用，却相当昂贵，且对一般临床操作者来说不实际。

2.诊断性腹腔灌洗程序如下：

（1）按照上述方法剃毛和消毒腹部。

（2）戴无菌手套，在连接 16 G 或 18 G 针的导管上切多个口。小心切口不要超过导管周长的 50%，否则导管将变得不结实，有可能在患病动物腹腔内折断。

（3）将导管插入腹腔尾侧脐右侧，将导管向尾侧和背侧推入。

（4）输入 10 ~ 20 mL 加温到体温的乳酸林格氏液或 0.9% 氯化钠。在向腹腔滴入液体时，密切观察患病动物是否出现呼吸窘迫，因为腹腔内压力的增加会削弱膈肌运动和呼吸功能。

（5）取出导管。

（6）对于能走动的病例，在患病动物走动时按摩其腹部，使液体在腹腔内均匀分布。对于不能走动的病例，柔和地把患病动物从一侧翻身到另一侧。

（7）下一步，再次刷洗患病动物腹部并消毒，按前述方法再进行腹腔穿刺术。将收集到的液体进行细菌培养和细胞学检查。然而，生化检查结果可能会由于人为稀释而使数值降低。牢记只能回收小部分输入腹腔内的液体。

扩展阅读

Hackett TB, Mazzaferro EM: Veterinary Emergency and Critical Care Procedures, London, 2006, Blackwell Scientific.

Jandrey KE: Abdominocentesis. In Silverstein DC, Hopper K, editors: Small animal critical care medicine, St Louis, 2009, Elsevier.

Walters JM: Abdominal paracentesis and diagnostic peritoneal lavage, Clin Tech Small Anim Pract 18(1):32–38, 2003.

绷带和夹板技术

一般而言，绷带包扎可以用于开放或闭合性损伤。绷带包扎应用于 6 种普通外伤：开放性污染或感染创、修复阶段的开放性创伤、闭合创、需要压力绷带的创伤、需要压力缓解的创伤、需要固定的创伤。框 1-3 列出了绷带和夹板的功能。

框 1-3　绷带和夹板的功能	
产生压力	吸收伤口的渗出物和碎片
消除无效腔	防止创口受外部环境的细菌感染
减轻水肿	保护环境免受伤口的血、渗出物和细菌污染
减少出血	固定，支持下面的骨结构
为伤口减压	降低患病动物的不适
防止褥疮性溃疡	作为抗生素和抗感染药物的载体
包扎伤口	作为伤口分泌的指示剂
湿－干绷带—治疗深部的剪切性损伤	提供美观的外观

绷带包扎的材料和方法取决于创伤的种类、压力及固定的需要、抵抗压力的需要以及创伤愈合的阶段。一般包扎材料分三层。如果需要减压或固定，夹板材料也可能成为包扎材料。接触层（第一层）是与创伤连着的一层。中间层（第二层）铺在第一层上。最后，第三层覆盖在绷带上，暴露在外面。

开放性污染创和感染创

开放性污染创和感染创内通常有大量坏死组织和一些异物的碎片，并且会产生大量分泌物。包扎开放性污染创或感染创的接触层应该用大孔的纱布而不是棉花。如果伤口的渗出物很少，可使用干普通纱布；如果渗出物很多，应用灭菌生理盐水或乳酸林格氏液浸湿。必要时可以外用软膏（磺胺嘧啶银盐、洗必泰）。中间层应该是较厚的吸水性好的材料，最外层为有孔弹力绷带，如 Elastikon 或 Vetrap。至少每天更换一次包扎材料，如果渗出物渗出包扎材料，应该更频繁地更换包扎材料。

放置湿－干绷带在创口上之前，首先在创口上放置接触层。然后在爪子的每一侧粘胶带。胶带可以固定敷料，防止绷带从肢端滑落。将中间层包裹在接触层上。将胶带转过来，这样胶层就可以固定在中间层上了。把最后一层或第三层包在绷带上。

湿－干绷带有助于清创。湿纱布变干，每次换敷料时都是清创的过程，因为干纱布可以粘掉干的坏死组织和碎片。此外，湿敷料能稀释创口的渗出物，并更有利于接触层纱布吸收渗出物。如果创口有大量渗出物，接触层和中间层利用毛细原理将渗出物吸收。最后，将药物注入创口可以促进健康肉芽组织的形成。

开放创修复分期
早期修复

修复的早期，可以观察到肉芽组织、一些渗出物、少量的上皮形成。直接用非黏附性有抗菌性的材料（凡士林或呋喃西林浸润纱布）或吸附材料（纱布或水胶体敷料）放在创口上，最大限度地减小对肉芽组织形成的影响。下一步，在中间层放置吸附性材料，接着放多孔的外层。肉芽组织可以通过纱布网生长或黏附在纱布上，换包扎材料时可能会被剥离。肉芽组织可能会出血或损伤。

晚期修复

修复的晚期，肉芽组织会渗出一些红色水状物并形成一些上皮。晚期的包扎需要非黏附性材料。接触层应该是一些非黏附性敷料、纱布、水凝胶或水胶体。中间层和最外层应该分别是吸附性材料和多孔胶带。用非黏附性材料时，有大量渗出物的创口其渗出液不能够被吸收，在没有发生并发症的前提下，这将有利于上皮的形成。感染、大量的肉芽组织或吸收材料黏附在创口上可能会导致愈合延迟。

1

湿润愈合

湿润愈合是创伤管理的新概念，它允许渗出物保留在创口上。如果不发生感染，湿润的创口愈合更快，而且巨噬细胞和分叶核白细胞降解可释放出有活性的酶，可能发生酶降解或者自溶性清创。湿润的创口比使用湿 – 干绷带更能提高中性粒细胞和巨噬细胞的趋向性及对细菌的吞噬作用。湿润愈合的潜在并发症和不足之处是由于创口长期湿润而造成细菌大量繁殖、毛囊炎和创口边缘外伤。

使用表面活性剂作为最初的清创液（constant-clens, kendall, Mansfield, 马萨诸塞州）。使用封闭敷料来加速有抗菌特性的酶的降解，加速创口愈合。用高渗（20%）生理盐水浸润的敷料包扎伤口，湿化坏死组织清创。每 24 ~ 48 h 更换 1 次高渗敷料。然后，放置有抗菌成分的纱布在创口上作屏障，阻止细菌繁殖。

若创口最初比较干燥或渗出物较少且没有被明显污染或感染，将水硅胶、甘油和聚合物涂在创口上，提高湿度和促进蛋白质水解愈合。一旦创口变得湿润，应停止使用湿化胶。

最后，湿化愈合有助于健康肉芽组织的形成。对非感染创，应使用中等湿度的藻酸钙敷料。藻酸能加速肉芽组织和上皮的形成。

肉芽组织形成后，泡沫敷料可用于渗出性创伤。至少 4 ~ 7d 更换 1 次泡沫敷料。

含糖包扎材料

近年来，使用砂糖治疗污染开放创非常流行。砂糖具有抗菌特性，并且有助于创口的愈合和肉芽组织的形成。含糖包扎材料对于撕脱伤、烧伤、褥疮以及被假单胞菌、大肠杆菌或金黄色葡萄球菌感染的创口都是非常好的选择。

含糖包扎材料的放置与湿 – 干绷带相似。首先，在使用前应先用自来水或灭菌生理盐水彻底润湿。然后，必须去除坏死组织。接下来，在创口上撒一层砂糖（大概 1 cm 厚）。接着，用无菌纱布块、棉花材料包扎伤口。开始时每天最少换 1 ~ 2 次敷料，在肉芽组织开始形成以后，每天 1 次或者隔天 1 次更换敷料。一旦健康肉芽组织形成，可以减少砂糖的使用。

闭合创

无渗出的创伤

对于无渗出的闭合伤（如已经手术修复的撕裂创），用非黏附性接触层、吸附性材料中间层以及多孔的外层包扎，防止愈合时创口污染。非黏附性材料不会粘在创口上而使患病动物感到不适。因为通常渗出液较少，中间层材料主要起到保护性作用而非吸附性作用。任何少量的渗出物都可以被中间层吸收。用胶带缠住患肢，翻转胶带覆盖在敷料上，可以防止敷料滑落。将中间层和外层较松地包在患肢上，从远端开始包扎，每一圈都覆盖住上一圈的一部分。这种方法能避免压力过大，静脉回流受阻。可能的话，第3、4趾留在绷带外面，方便检查包扎是否减弱了静脉回流。如果包扎过紧或减慢了静脉回流，脚趾会水肿；如果包扎合适（包扎材料没有变湿），则较少出现并发症。

开放创
有渗出的创伤

有些病例需要放置引流条。许多病例在皮下软组织内有大量渗出。包扎的作用是消除创伤造成的无效腔，吸收创口流出的可能会污染环境的液体，也防止环境污染创口。拆除包扎材料时，兽医可以通过检查创口渗出物的量和种类来决定何时去除引流条。

当包扎有渗出的创口时，接触层应该是商业化可以购买的非黏附性敷料和几层吸附性的大网纱布，将纱布块直接放在切口的远端引流。用较厚的可吸收材料做中间层来吸收创口渗出物。如果纱布和中间层不够厚或吸水性差，渗出的液体可能会达到最外层，为外部细菌进入创口提供通道，导致感染。

需要压迫绷带的创口
少量出血

有些创伤（如撕裂创）有少量出血或出血较多需要立即用绷带包扎直到可以提供确实的治疗。为了进行压力包扎，在紧贴创口上包扎非黏附性敷料，接着包一层厚的吸附性材料，最外层包扎弹力绷带（如 Elastikon 或 Vetrap）。与闭合创不同，最外层的第三层应该绷紧或用压迫绷带，从患肢（趾）远端向近端包扎。使用压迫绷带目的是止血，因此不能长期保留。若压迫绷带保留过久，会减弱神经功能，导致组织坏死和腐烂。因此，压迫绷带只能在医院内使用，这样患病动物可以被仔细监护。如果血液渗出绷带，应在第一层外再加一条绷带，直到创口修复。若过早移除第一层绷带则会破坏已经形成的血凝块，导致进一步出血的发生。

初步的骨折固定

需要对骨折立即固定，防止患病动物不适加重和对患肢软组织的进一步损伤。与所有的绷带包扎一样，采用接触层、中间层、最外层三层包扎。所有类型的创口都需要接触层，中间层为具有吸附性的材料，最外层是具有一定弹性的材料。例如，对于桡尺骨远端骨折的病例，先在创口包扎 Telfa 垫，接着包一层厚棉纱布，再包一层 Kling 弹力层。每一层都要紧压在前一层上并有部分重叠，直到用拇指和食指敲击绷带时，听起来像熟西瓜的声音。绷带材料应该是平滑、层层连续、压力均衡，从远端向近端包扎。留出第3、4趾，便于观察是否存在包扎过紧导致的静脉回流受阻，便于及时更换包扎材料。最后，在中间层外包扎一层 Vetrap 或 Elasktikon，防止污染。如果用绷带包扎复合性或开放性骨折，静脉回流可能受阻并增加创口感染的风险。用于最初骨折固定的绷带是暂时的，一旦患病动物的心血管、呼吸情况稳定后，就可以进行最终的骨折修复。

1

丰富的肉芽组织

肉芽组织丰富的创口一定要谨慎处理，既不要阻碍愈合过程，也不能保留过多的肉芽组织而减弱上皮生成。包扎有肉芽组织大量生长的创口时，先在创口上涂含糖皮质激素的软膏，接着用非黏附性接触层包扎。糖皮质激素能控制肉芽组织的过度生长。接着，小心地在接触层外包扎一层吸附性材料，然后包扎弹力绷带材料，对创口施加一定的压力。留出第 3、4 趾，可以每天监测静脉血液循环状况。如果包扎过紧，应立即更换，以免损伤神经组织及减弱血管生成，造成组织坏死和腐烂。由于创口渗出物的流出受阻，可能造成感染。

消除无效腔

多孔的创伤或已经损坏皮下组织与筋膜之间区域的创伤，应该用压迫绷带包扎来消除无效腔及血肿的形成。胸侧或胸腹侧浸润性淋巴瘤摘除后，就可能需要使用这种方法包扎。压迫绷带包扎胸或颈部时应小心，因为绷带包扎太紧可能导致换气不足。放置压迫绷带并消除无效腔，在创口上放置非吸附性接触层。通常会在创口放置引流条，所以需要在引流条末端放置大量大孔纱布吸收创口的渗出物。再包几层吸附性材料吸水。用力在无效腔上包一层弹力棉（如 Kling），压力要足够大才能控制渗出。包扎材料和皮肤之间应该有至少两指的空隙，保证包扎不会太紧。许多病例，一旦患病动物从手术中恢复并且能站立后，就应该包扎绷带。如果在患病动物还处在麻醉状态且躺卧时包扎，可能会造成绷带太紧。最后，第三层用弹力绷带包扎，如 Elastikon 或 Vetrap。

需要减压的包扎

许多创口需要用减压绷带来防止创口与外界环境接触。可能需要减压来促进愈合的创口包括褥疮性溃疡、将变成溃疡的区域（如髂骨和坐骨的躺卧区或恶病质的患病动物）和溃疡灶的手术修复区域。减压绷带包扎有两种基本类型：改良型环形绷带包扎和环形绷带包扎。

改良型环形绷带包扎

在出现早期压力症状（如充血）时，改良型环形绷带应该包扎在四肢骨突出的位置，防止进一步损伤。改良型环形绷带包扎需要的材料有衬垫材料、厚的包扎材料、多孔的黏附材料或松的弹力胶带。这种类型的包扎在更换 2~3 次绷带后，就会变得很紧，所以需要经常重新包扎。

改良型环形绷带包扎步骤（图 1-1）：

1. 做几层衬垫，衬垫折叠成 3in × 3in[*]。

---

[*] in（英寸）为非许用计量单位，1in ≈ 2.54cm。——译者注

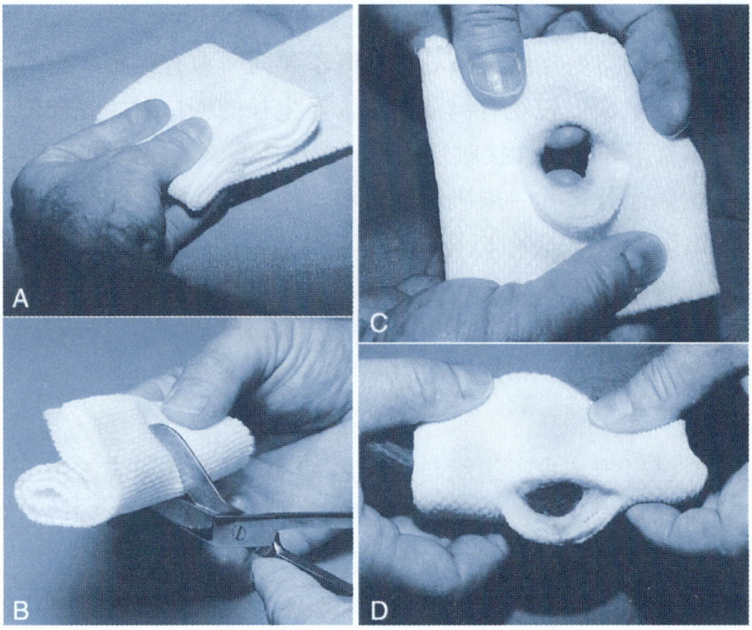

1

图 1-1　改良型环形绷带包扎。A. 将衬垫折叠起来。B. 将衬垫自身折叠，从中间剪开。C. 在剪开部位做一个洞。D. 将洞套在骨突上（引自 Swaim SF, Hendersom RA:Small animal wound management, ed 2, Media, Pa, 1997, Williams & Wilkins.）

2. 衬垫折叠好后，在中间剪条缝，把缝弄成洞的形状。
3. 把衬垫的洞套在骨突出处。
4. 在衬垫上包扎。
5. 在包扎材料上粘胶带，为了能固定住包扎材料，缠胶带时要相互覆盖。
6. 或者把改良型环形绷带与骨突出部分的皮肤松松地缝几针，然后用胶带缠绕缝线与衬垫中间的孔。

环形绷带包扎

　　与改良型环形绷带包扎一样，环形绷带包扎也用于骨突出处，防止对骨突出处施加过大压力。这种方法常用于四肢远端骨突出处（如外髁）的包扎，使用的衬垫材料比改良型环形绷带多。要制作环形绷带，可使用毛巾或管状绷带材料、胶带、棉纱布、弹性绷带材料或脐带胶布带。当绷带造成的压力较大或变脏时，更换包扎材料，防止对皮下组织的进一步损伤。

　　环形绷带包扎步骤（图 1-2 和图 1-3）：

1. 紧紧地将毛巾卷起来，并用胶带缠绕毛巾，形成一个中间有洞的圆环。或者选择针织材料，像卷袜子一样卷针织材料，形成一个中间有洞的圆环形衬垫。确定中间的洞足够大，能够包围手术修复创或溃疡。

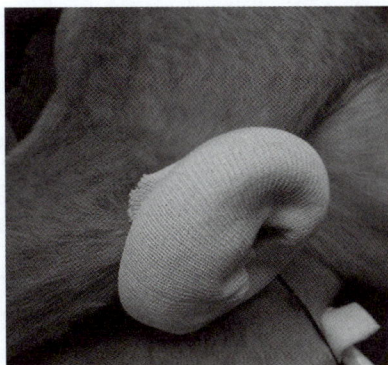

图 1-2　在四肢远端骨突处用针织绷带制成的圆环形衬垫

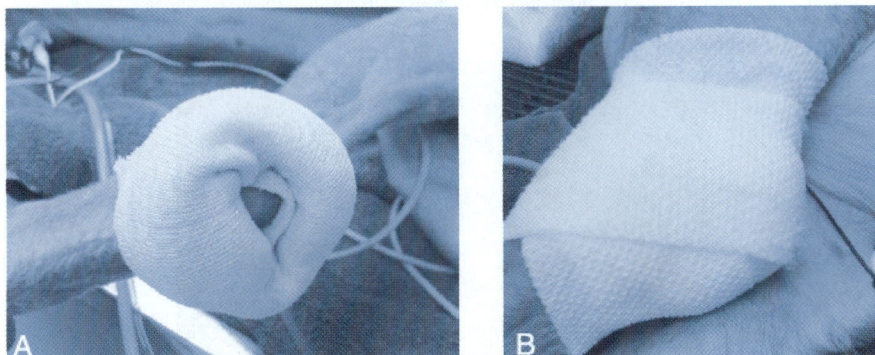

图 1-3　踝骨包扎

2. 把中间的洞覆在手术修复创或溃疡上。
3. 依次用胶带、脱脂棉、弹力绷带材料固定圆环衬垫，或者在创口周围皮肤上进行纽扣状缝合。通过缝线环并用脐带胶布带将环形绷带固定好，同时覆盖在绷带上。必要时可以经中间的洞观察或治疗伤口。

需要固定的创伤
外部夹板固定
　　若骨折或脱臼造成开放性损伤，则需要进行外部夹板固定。对于一些病例，在夹板下包扎绷带比较困难，因为这样会使绷带与创口相连。在夹板下和周围放置泡沫橡胶垫。用绷带围着外固定夹板包扎几层，减少外部环境对创口的污染并吸收从创口流出的液体（图 1-4 至图 1-6）。

杯状或翻盖式夹板
　　杯状夹板主要用于掌部创伤的包扎，减轻爪垫的压力并防止犬猫脚着地时爪垫的

1

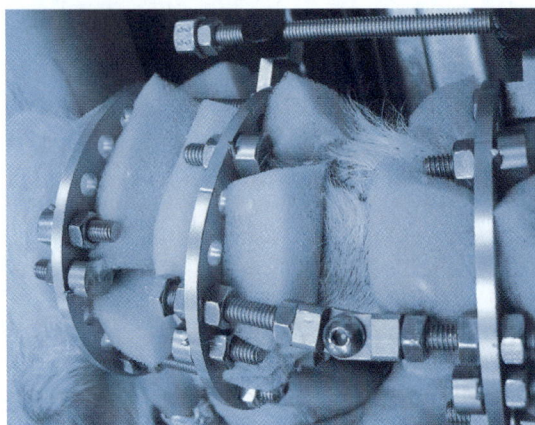

图 1-4　创口周围位于外部夹板下方和周围的泡沫橡胶垫

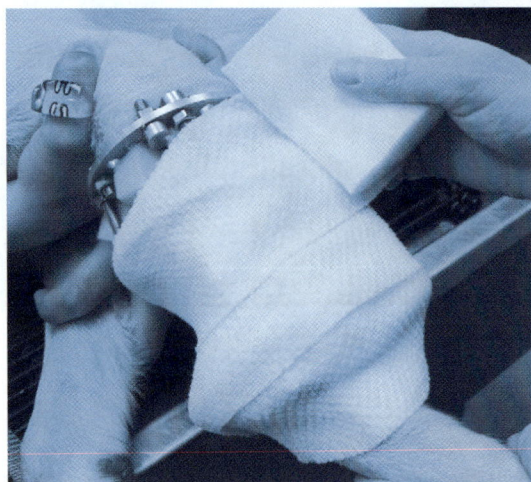

图 1-5　在外部夹板外侧缠棉花垫，以保证泡沫橡胶垫和接触层不滑脱

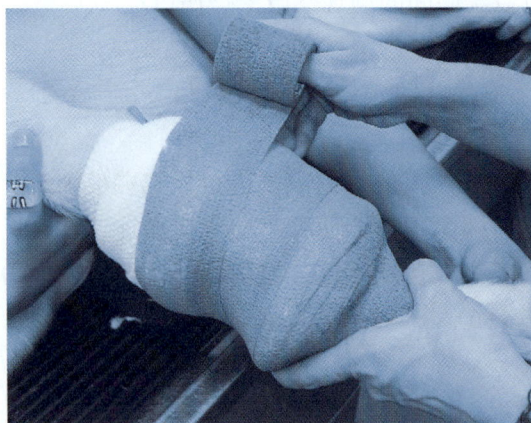

图 1-6　在中间层外用弹力绷带包扎，防止外部环境污染创口

伸展。若脚趾、爪垫伸展则会造成创口延期愈合。夹板的功能是在创口愈合过程中，使爪部处于直立状态，运动时只有趾尖负重，而不是直接由掌部负重。

杯状或翻盖式夹板固定步骤（图 1-7 至图 1-11）：

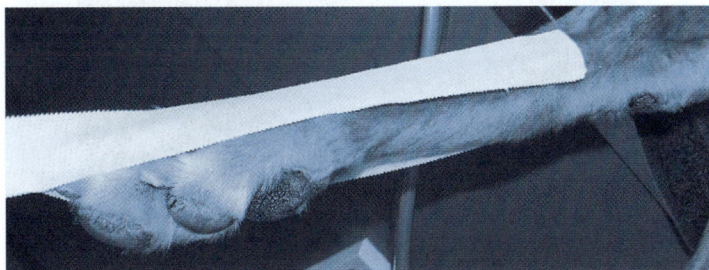

图 1-7　放置胶带

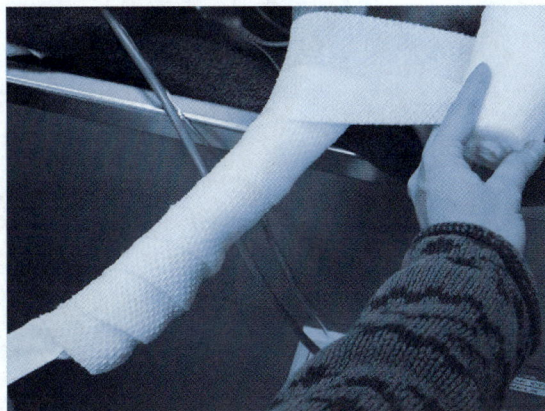

图 1-8　患肢外缠吸附性的棉花层

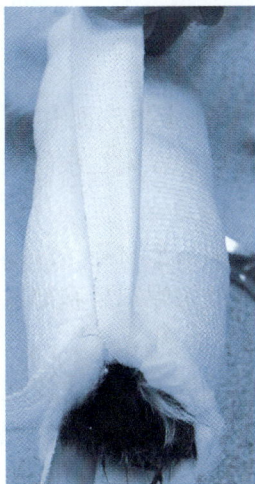

图 1-9　将胶带翻过来贴在中间层上，防止绷带滑落

1

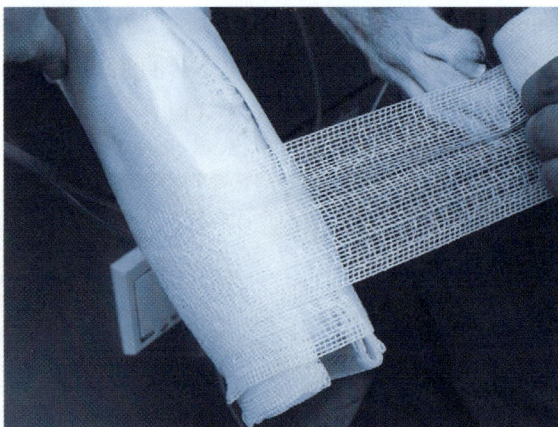

图 1-10　在患肢前侧和后侧各放置一个模型材料

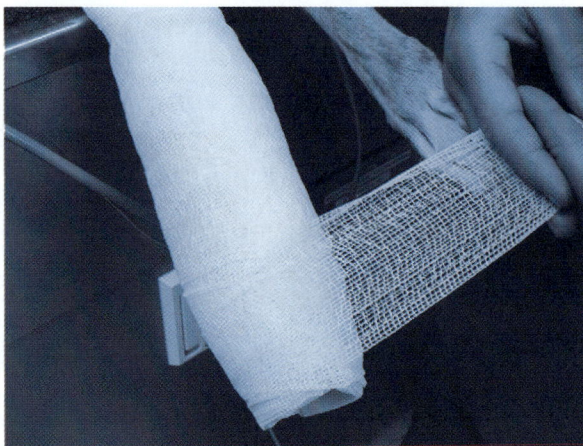

图 1-11　用绷带缠绕夹板，然后再缠一层弹力绷带

1. 直接在创口上包扎非黏附性接触层。
2. 直接在犬皮肤上粘胶带，在胶带上再放置中间层，可防止包扎材料滑落。
3. 在接触层上覆盖一层相对较厚的吸附性中间层，这样使整个衬垫比较厚。拉扯胶带，将胶带固定在中间层上。
4. 放置一段已轧制到合适长度的模型材料，让模型材料像杯子一样罩在患病动物的爪子上，从患病动物的四肢末端罩到腕部或跗部。对于翻盖夹板，在爪前面和后面各放置一个模型材料，并固定。
5. 将轧制成合适长度的塑型衬垫放入温水中浸泡。拧干衬垫，固定在患肢末端或爪部的后面（若是用夹板固定，要在前后均放置）。
6. 包扎一层弹力棉纱布（棉绷带）固定塑形材料。
7. 用一层 Elastikon 或 Vetrap 固定绷带。

侧面或尾侧夹板固定

由塑型材料制成的短或长夹板可以用于软垫绷带，为骨折部位上方和下方的肢体提供额外的支撑。后侧或侧面的夹板要想起作用，至少要在骨折部位上方的关节开始固定，以防止支点效应和对皮下软组织结构的进一步损伤。短的侧面或尾侧夹板用于远端掌骨、跖骨、腕骨、跗骨的骨折和脱臼。

短的侧面或尾侧夹板固定步骤：

1. 根据区域内是否有创伤来决定接触层。

2. 在远端粘胶带，稍后用于固定中间层，可防止包扎材料从远端滑落。

3. 从趾端开始到胫腓骨或桡尺骨中部包卷轴棉花，以一定压力从肢的远端向近端包扎，每一层覆盖上一层的一部分。

4. 短的侧面或后侧夹板固定，近端固定到胫腓骨或桡尺骨中部，远端固定到趾端。

5. 在其外用弹力棉花（棉绷带）将侧面或后侧夹板固定在患肢上。

6. 第三层用弹力绷带覆盖全部的绷带和夹板。确定第 3、4 趾暴露在外面，可以每天评估静脉血液循环状况。

长的侧面或尾侧夹板用于胫腓骨或桡尺骨骨折的固定。固定方式与短夹板一样，只是延长至骨折部位以上的腋下或腹股沟区域。

人字形夹板固定

人字形夹板用于肱骨、肘和肩关节脱臼或骨折的固定。

人字形夹板固定步骤：

1. 若有任何创伤，包扎接触层。

2. 在患肢远端粘胶带，稍后连接到中间层上，防止包扎材料滑落。

3. 从远端开始向近端缠绕棉纱布，每一层覆盖上一层的一部分。

4. 把腿部的绷带与固定在胸部的绷带结合在一起。

5. 用一层柔软的弹力材料（棉绷带）固定棉纱布。确保不要过紧，以免影响呼吸。

6. 将夹板材料从患肢的侧面开始，从趾端向近端包扎，逐渐包扎整个患肢并越过肩胛骨和背中线。

7. 在夹板材料缠绕到足够的长度和宽度后，用温水浸湿夹板材料，让夹板变硬定型。

8. 更换夹板，使其与患病动物身体上的绷带形状一致。

9. 用另一层棉绷带包扎固定夹板。

10. 用弹力绷带作第三层绷带材料包裹整个绷带。

扩展阅读

Mathews KA, Binnington AG: Wound management using sugar, Compend Contin Educ Pract Vet 24:41-50, 2002.

Piermattei DL, Flo GL: Brinker, Piermattei, and Flo's handbook of small animal orthopedics and fracture management, ed 4, St Louis, 2006, Elsevier.

成分输血疗法

采血与输血

成分输血是将全血分离成细胞成分和液体成分，针对每个病例的具体需求注入特定成分。成分输血是控制急性出血的主要方法，可以在潜在的病因被解决之前，对病情严重的患病动物提供支持治疗。将全血分离成红细胞（RBC）、血浆、冷凝蛋白质、富含血小板的血液制品，可以更有针对性地弥补患病动物的不足，降低输血反应的发生，还可以更有效地利用血液制品。框 1-4 列出了 RBCs、富含血小板血浆、冷冻或新鲜血浆及冷凝蛋白质的适应证。

血型和抗原性

健康状态下，红细胞膜表面受体用于识别自身和非自身抗原。红细胞表面各种糖蛋白或糖酯的存在或缺失被用来确定血型。犬已确定有 6 种主要红细胞表面抗原（DEA），即 DEA1.1、1.2、1.3、1.4、1.5、1.7。其中，DEA1.1、1.2、1.7 为阴性，DEA1.4 为阳性的犬被称为"万能供血者"，并列为 DEA1.1 阴性血。DEA1.1 和 DEA1.2 是犬输血时最具免疫原性的红细胞表面抗原。将 DEA1.1 或 DEA1.2 阳性的血输给 DEA1.1 或 DEA1.2 阴性犬，会导致该犬立即溶血或发生迟发型超敏反应。另外，DEA1.1 和 DEA1.2 阳性细胞在 DEA1.1 和 DEA1.2 阴性受血者体内存活时间很短，最终会失去携带氧的能力。

框 1-4　成分输血适应证

红细胞疗法
犬红细胞比容（PCV）迅速下降到 20% 以下，或猫下降到 12%～15%
急性失血超过血量的 30%［犬为 30 mL/kg（体重）、猫为 20 mL/kg（体重）］
临床症表现为嗜睡、虚脱、低血压、心动过速、呼吸急促（急性或慢性失血）
正在失血
对输入的晶体液和胶体液反应差

血小板疗法
由血小板减少或血小板疾病造成的威胁生命的出血
严重血小板减少或血小板疾病的患病动物需要进行手术

血浆疗法
由凝血因子活性下降造成的威胁生命的出血
严重的炎症（胰腺炎、全身反应综合征）
补充抗凝血酶（弥散性血管内凝血、蛋白丢失性肠病或肾病）
凝血因子活性下降需要手术的病例
严重低蛋白血症——补充部分白蛋白、球蛋白和凝血因子猫血型与犬类似，是由红细胞表面的高分子碳水化合物连接到酯质（糖酯）和蛋白（糖蛋白）来确定的。猫已确定分 3 种血型（A 型、B 型和 AB 型）。A 型血是猫最常见血型。B 型血相对少见，见于阿比西尼亚猫、波斯猫、德文雷克斯猫和英国短毛猫，但也可见于家养长毛猫和短毛猫。依据孟德尔遗传学，A 型血相对于 B 型血是完全显性的。AB 型是罕见的血型，偶见于家养短毛猫、缅甸猫、阿比西尼亚猫、索马里猫、英国短毛猫、苏格兰折耳猫和挪威森林猫。与犬不同，猫对其他血型存在天然抗体。由于天然抗体的存在，猫在输血之前检测是否存在交叉反应非常重要，因为溶血性输血反应可能是致命的，即使之前没有致敏或输过血。B 型血的猫有大量抗 A 型血的抗体，主要是 IgM 亚型。输入 B 型血体内的 A 型血将会在数分钟至数小时内被破坏，即使是 1 mL 不同血型的血，也可能造成致命的反应。A 型血的猫具有较弱的抗 B 型血抗体，为 IgG 和 IgM 亚型。将 B 型血输入 A 型血猫体内，将会导致交叉反应而引起轻微的临床症状，且输入的 B 型血的红细胞半衰期将减少到 2 d。因 AB 型血的猫在红细胞表面有两种受体，故它们缺乏天然抗体；若没有 AB 型血供体，为之输入 A 型血也是安全的。相同血型的血输入猫体内后，红细胞存活时间大概是 33 d。

供血程序

要决定哪种选择对员工、客户及患病动物最好，每个诊所都必须综合考虑投入产出比、对血液制品的需求、血液制品的整体质量。比较繁忙的诊所需要大量的血液制品，可能会间断性留有供血犬或猫。考虑到供血动物也需要饲养和一定的笼子空间，而这些笼子原本可用于患病动物的，因此长期饲养供血动物不实际。此外，还需要对动物进行频繁的健康体检、血液学检查（血常规、生化检查、心丝虫检查）及日常护理等，这些都会加大医生和其他员工的工作强度。也可以考虑用员工或客户饲养的动物作为供血者，这样就节省了在诊所内养动物的开销和每日护理所需要的劳动力。供血动物可以依据需要进行抽血或定期献血来补充血液制品。对于不经常需要血液制品的诊所，从商业血库购买成分血可能是最好的选择（表 1-1）。

供血犬每年都要接受体检和全面的健康筛选，包括全血计数、血清生化检查和心丝虫抗原检查。供血犬还需要进行莱姆病以及巴贝斯虫、立克次氏体、埃立克体、布鲁氏菌的检查。在佛罗里达、亚利桑那和科罗拉多州，灵提的巴贝斯虫发病率很高（30% ~ 50%）。理想供血犬应该超过 27 kg（体重）、1 ~ 8 岁、PCV 至少 40% 且从未接受过输血。健康供血犬可以每 3 ~ 4 周献全血 10 ~ 20 mL/kg（体重）。

理想供血猫应该超过 3.6 kg（体重）、1 ~ 8 岁且从未接受过输血。供血猫在献血前还应检查猫白血病病毒（FeLV）、猫免疫缺陷病毒（FIV）、支原体和猫传染性腹膜炎（FIP）；PCV 至少大于 30%，35% ~ 40% 更好。

1

表 1-1　兽医血库目录		
名称和地址	**电话号码**	**网址**
庞物血库 国际（西海岸） 邮箱 1118 迪克逊，CA95620	800-243-5759 （800-2HELPK9）	www.animalbloodbank.com
东部动物血库 844 Ritchie Highway Suite 204 Severna Park, MD 21146	800-949-EVBB （800-949-3822）	www.evbb.com
东部动物血库 844 Ritchie Highway Suite 204 Severna Park, MD 21146	714-891-2022	www.evbb.com
动物血库 国际（中西部） 4983 Bird Drive Stockbridge, MI 49285	877-517-6227 （877-517-MABS）	www.midwestabs.com

血液采集和处理

任何血液的采集都应以对供血动物造成的应激最小为原则。在献血前应进行临床检查、PCV 和总蛋白检查。可从颈静脉或股动脉采血。然而，因为存在股动脉损伤的风险，还可能引发出血或筋膜间隙综合征，所以强烈建议从颈静脉采血。小心剃除颈静脉表面皮肤的毛，避免皮肤损伤。将犬侧卧保定；胸卧位或让犬坐在地上也是可以的。用碘伏、洗必泰、酒精或灭菌生理盐水消毒。血液可开放或闭合采集。闭合采集更好，因为可降低对血液制品的污染，使成分血的制备更容易。若在 24 h 内输血，也可以开放采集。采血时轻柔地将 16 G 针扎入供血动物颈静脉，将采血系统放在天平上，将天平归零，然后移去采集管上的止血钳，血液在重力作用下流出。犬每次献血大概 450 mL，在天平上显示约 450 g，因为 1 mL 重约 1 g。虽然必要时可以每隔 21 d 采集 450 mL 血，但 3 个月采血一次更好。

猫采血通常需要镇静，除非已经手术植入多通管。在镇定及献血前，所有的供血猫都要进行临床检查、PCV 和总蛋白检查。小心剃除颈静脉表面皮肤的毛，用上述方法消毒。轻柔地将带有 19 G 针的蝴蝶导管扎进颈静脉采血，采用较低的负压采血，防止静脉塌陷。将蝴蝶导管连接到 60 mL 注射器上，注射器使用之前抽 7 mL 柠檬酸腺嘌呤磷酸葡萄糖抗凝剂。多数情况下可采集 53 mL 血液。采集的血液可立即用于输血；或放入一个小的无菌采集袋中，每 1 mL 全血加 0.14 mL 柠檬酸腺嘌呤磷酸葡萄糖抗凝剂。供血猫在任何时候的采血量都不能超过 11 ~ 15 mL/kg（体重）（框 1-5）。

框 1-5　采血需要器材	
犬	**猫**
采血袋	60 mL 注射器
密封夹子	三通管
钳子或剥管器（可选）	7 mL 柠檬酸腺嘌呤磷酸葡萄糖抗凝剂（CPDA）
带套止血钳	氯胺酮
血压计	安定

成分血的处理和贮存

成分输血疗法在人医和兽医都常用。成分输血要把全血分离成细胞成分和液体成分，针对每个病例的具体需求注入特定成分。新鲜冷冻血浆、冷冻血浆、冷冻蛋白质和非冷冻血浆（cryopoor plasma）的制备需要冷冻离心机。因为冷冻离心机费用昂贵和占用空间大，所以一般不使用。一个医生团体可以共同负担购买设备和摆放空间的费用，将设备放在中心位置的医院（如当地的急诊医院）。或者，人类医院或血库可能提供血液分离设备。研究所在地区的指南，寻找一个可能提供分离成分血供临床应用的方法。

一旦获得血液后，血液应该从采集管中取出，进行热封或用铝条密封。血袋应该明确标注供血者名字、供血血型、采集时间、采血时供血者 PCV 及过期时间。如果血液不会立即使用或用于收集富含血小板血浆，应该冷藏。然后，在 4 000～5 000 × g 离心 5 min，把 RBCs 和血浆成分分离。使用血浆抽取器可以方便地把血转移到血袋内保存。

新鲜冷冻血浆、冷冻蛋白和非冷冻血浆应该在采集后 8 h 内冷冻，保证不稳定凝血因子的保存，包括因子 V、因子 Ⅷ 和血管性血友病因子（vWF）。新鲜冷冻血浆的贮藏期限是采集后 1 年。冷冻前，在血袋外缠绕弹力绷带以便在冷冻过程中束缚血袋。当发生电源故障或停电时，缠绕的弹力绷带可提供压力防止血液解冻。冷冻血浆部分融化后，差速离心冷冻血浆，可以制备冷冻蛋白和非冷冻血浆。冷冻血浆包括所有维生素 K 依赖性凝血因子（Ⅱ、Ⅶ、Ⅸ、Ⅹ）、免疫球蛋白和白蛋白，但是缺乏不稳定的凝血因子。冷冻血浆的保存期限是采集后 5 年；新鲜冷冻血浆 1 年后分离得到的血浆保存期为 4 年。红细胞应该在采集后立即于 1～6℃保存。没有冷冻离心机时，可将全血表面向上放在 1～6℃保存 12～24 h，直到红细胞（RBC）分离出来。将血浆吸出放到另一个储存袋中，冷冻成冷冻血浆。因为处理过程中存在延迟，合成的血浆不含有不稳定的凝血因子。新鲜冷冻血浆、冷冻血浆、冷冻蛋白和非冷冻血浆在使用前应该在 20℃保存（表 1-2），并应该在温水中融化至没有可见结晶方可使用。所有血浆制品的湿度都不能加热超过 37℃，防止蛋白变性。

1

表 1-2 血液成分的保存			
成分	抗凝剂	保存期及保存温度	注解
WB	肝素，每 250 mLWB 加 625 IU ACD，每 60 mLWB 加 10 mL CPDA-1，每 7 mLWB 加 1 mL AS-1	37 d，4℃ 24 h，4℃ 21 d，4℃ 35 d，4℃	没有保存，凝血因子抑制剂 ACD 很少用，将维持 75% PTV
RBCs	CPDA-1 AS-1	20 d，4℃ 37 d，4℃	将维持 75% PTV
富血小板血浆	CPDA-1	3～5 d，23℃ 2 h，4℃	需要持续搅动
新鲜冷冻血浆	CPDA-1	1 年，-30℃ 3 个月，-18℃	采集后冷冻 <6 h；含所有凝血因子
血浆，非冷冻血浆	CPDA-1	5 年，-30℃	不含凝血因子 V 和Ⅷ
冷冻蛋白	CPDA-1	1 年，-30℃	高浓度的 vWF、凝血因子Ⅷ和纤维蛋白原

注：ACD，枸橼酸葡萄糖；AS-1，添加液；CPDA-1，柠檬酸腺嘌呤磷酸葡萄糖；PTV，输血后活力；RBCs，红细胞；vWF，血管性血友病因子；WB，全血。

交叉配血程序

在输入血液制品前，查出供血者和受血者的血型，如果时间允许应进行交叉配血。至少应在输血之前查清血型。可以使用快速血型分类卡（Rapid Vet-H；DMS Laboratories, Flemington, New Jersey），但该分类卡不能用于自身凝集患病动物。已发明出更简单准确的血型分类方法（Plasvacc USA, Templeton, California），可用于自身凝集的患病动物。

交叉配血是在体外模拟受血者对供血者血浆及白细胞的反应。交叉配血可以降低已被致敏患病动物、先天性有同种抗体的患病动物及先天性溶血性贫血患病动物的血液发生交叉反应的风险。此外，交叉配血可降低对已输过血的患病动物致敏的风险。交叉配血可分为主侧和次侧。主侧交叉配血是将供血者的红细胞与受血者的血浆相混合，检测受血者是否有对供血 RBC 的抗体。次侧交叉配血是将供血者的血浆与受血者的 RBC 混合，检测不太可能发生的供血者的血清是否包含直接抗受血者 RBC 的抗体。框 1-6 完整列出了主侧和次侧交叉配血反应的详细程序，但是该配血程序检测不出其他来源导致的速发型超敏输血反应，如 WBC 和血小板引发的超敏反应。

框 1-6　进行主侧与次侧交叉配血反应的程序

需要的材料
生理盐水，装于洗瓶内
3 mL 检测管
吸管
离心机
凝集观察灯

步骤
1. 按以下标准给检测管贴标签：
　 RC，受血者对照
　 RR，受血者红细胞
　 DB，供血者全血*
　 DC，供血者对照*
　 DR，供血者全血*
　 DP，供血者血浆*
　 Ma，主侧配血*
　 Mi，次侧配血*
2. 从冷藏血库中获得每个供血者的血液进行交叉配血，或使用 EDTA 管装供血者的血。确保管子都进行相应的标记。
3. 从受血者收集 2 mL 血液后，放在含 EDTA 的管内。离心 5 min。.
4. 从供血管中抽出血液。离心 5 min。每次使用新的移液管防止发生交叉污染。
5. 用移液管取出供血者的血浆和受血者的红细胞分别放入管内，分别标记为 DP 和 RR。
6. 分别放置 125μL 的供血者和受血者的红细胞在管内，分别标记为 DR 和 RR。
7. 从洗瓶中取出 2.5 mL 生理盐水加入每个红细胞管中，适当用力摇匀。
8. 离心红细胞后，静置 2 min。
9. 弃去上层清液，再加入生理盐水重新静置。
10. 将 8、9 步骤重复 3 次。
11. 在标记为 Ma 的管中加入 2 滴供血者的细胞悬浮液和 2 滴受血者血浆（这是主侧反应）。
12. 在标记为 Mi 的管中加入 2 滴受血者的细胞悬浮液和 2 滴供血者血浆（这是次侧反应）。
13. 准备对照管。在管内加入 2 滴供血者的细胞悬浮液和 2 滴供血者血浆（这是供血者对照）；在管内加入 2 滴受血者的细胞悬浮液和 2 滴受血者血浆（这是受血者对照）。
14. 室温孵育主侧交叉配血反应、次侧交叉配血反应和对照管 15 min。
15. 将所有管离心 1 min。
16. 使用凝集观察灯观察试管。
17. 检查是否有凝集和 / 或溶血。
18. 按照下述方法为凝集评分：
　　 4+，一个固体细胞簇
　　 3+，几个大细胞簇
　　 2+，背景干净的中等大细胞簇
　　 1+，溶血，没有细胞簇
　　 阴性，无溶血，无红细胞凝集

注：EDTA，乙二胺四乙酸；RBC，红细胞。
*代表对每个供血者都必须检测。

输血疗法适应证

有许多情况需要输全血或成分血产品。对每一个需要输血的病例需区别对待。如果一个病例存在失血的风险或存在贫血，应考虑进行输血。根据每个患病动物的具体情况选择最合适的输血疗法。一旦决定输入哪种血液制品，应首先计算输血量。当为小体型或心功能不全病例输入大量血液时，应该十分小心，因为可能存在潜在的血容量负荷问题。如果要输入 RBC 制品，在输入具体类型的血液前，至少要进行血液分型，标准是对每个输血治疗进行交叉配血，降低输血反应的风险或患病动物对外来红细胞抗原的敏感性。若患病动物严重失血，没有足够的时间进行血液分型，可以输通用血（DEA1.1、1.2、1.7 阴性血）。

常出现的一种错误：当患病动物的 PCV 降低到特定数值时，才输入全血或浓缩红细胞。事实上，不存在绝对的输血数值指标。当患病动物出现任何贫血的临床症状时，就应该进行输血，症状包括嗜睡、厌食、虚弱、心动过速和 / 或呼吸急促（表 1–3）。输新鲜全血的适应证如止凝血性疾病，包括弥散性血管内凝血（DIC）、血管性血友病和血友病。新鲜全血和富含血小板的血浆也可用于血小板减少症和血小板病。储存的全血和浓缩 RBCs 可用于贫血的患病动物。如果 PCV 下降到 10% 以下，或由于快速失血使犬 PCV 下降到 20% 以下，使猫 PCV 降到 15% 以下，应进行输血。对有凝血障碍的患病动物可输入新鲜冷冻血浆或冷冻蛋白。凝血障碍患病动物包括血管性血友病、维生素 K 依赖性凝血因子缺乏的鼠药中毒及血友病或白蛋白浓度已降到 2.0 g/dL 以下的严重的低蛋白血症。冷冻血浆也可用于严重低蛋白血症、华法令类中毒及凝血因子Ⅸ缺乏（血友病 B）。

表 1–3　输血液制品的适应证	
血液制品	**适应证**
新鲜全血	存在活动性出血的凝血障碍（DIC，血小板减少症；大量的急性出血；无可用的储存血）
储存全血	大量的急性出血或正在出血；对常规输入胶体液和晶体液治疗无效的由失血引起的低血容量性休克；缺少可以制备成分血的设备
浓缩红细胞	非再生障碍性贫血，免疫介导性溶血性贫血，术前贫血的纠正，急性或慢性失血
新鲜冷冻血浆	活动性出血造成的凝血因子耗竭（先天性——血管性血友病、血友病 A、血友病 B；获得性——维生素 K 颉颃、鼠药中毒、DIC）；急性或慢性低蛋白血症（烧伤、创口渗出、体腔渗出；肝、肾或肠道损失）；新生患病动物初乳替代
冷冻血浆（包含稳定凝血因子）	急性血浆或蛋白丢失；慢性低蛋白血症；新生患病动物初乳替代；血友病 B 和某些凝血因子缺乏
富含血小板血浆[*]	伴有活动性出血的血小板减少症（免疫介导血小板减少症、DIC）；血小板功能异常（先天性——巴塞特猎犬血小板功能不全；获得性——NASID，其他药物）
冷冻蛋白（凝血因子Ⅷ、血管性血友病因子和纤维蛋白原）	先天因子缺乏（日常或术前）：血友病 A、血友病 B、血管性血友病、低纤维蛋白原血症；获得性因子缺乏

注：DIC，弥散性血管内凝血；NASID，非甾体抗炎药。
[*]代表必须购买，因为不可能获得足够的血浆以提供足够的血小板；血小板输入半衰期很短（<2h）。

考虑输入成分血疗法

在考虑输入何种类型成分血时，需要同时考虑如何降低输血反应的风险，降低与已输入的成分血发生排斥反应和成分血被破坏的风险。首先，了解患病动物的血型十分必要。如有可能，应该输入专属种类的 RBC。若患病动物之前接受过输血，由于直接抗红细胞表面糖蛋白抗体的产生，可能会增加输血反应或排斥反应的风险。如果之前输过血，患病动物的血（红细胞和血浆）必须与供血者的血（红细胞和血浆）进行交叉配血，保证两者的相容性。对于犬，若不能进行血液分型或交叉配血，或存在紧急情况，需要在血液分型或交叉配血前输血，应该输入通用血（DEA1.1、1.2、1.7 阴性血）。因为猫没有通用血，且猫有天生的同种抗体，所有猫应在输血前进行分型和交叉配血。

成分血产品的输入

表 1-4 说明了成分血使用的剂量及输入速度。

表 1-4　成分血剂量和输入速度

成分	剂量	输入速度	
		血容量正常	低血容量
全血	20 mL/kg（体重），可以提升 10% 血容量	最大速度：22 mL/kg（体重），在 24 h 内输入	最大速度：22 mL/kg（体重），在 1 h 内输入
浓缩红细胞	10 mL/kg（体重），将提升 10% 血容量		危重病例（如心衰或肾衰）：3～4 mL/kg（体重），在 1 h 内输入
新鲜冷冻血浆	10 mL/kg（体重），2～3 d 或 3～5 d 重复输入或直至出血停止；输血前后 1 h 监测 ACT、APTT 和 PT	4～10 mL/min 或使用全血的输入速度（在 4～6 h 内输入）	
冷冻蛋白	一般情况：1 U（按 10 kg 体重计，在 12 h 内输入）；或直至出血停止 血友病 A：12～20 U 凝血因子 Ⅷ/kg（体重），1 U 冷冻蛋白包含大概 125 U 凝血因子 Ⅷ	4～10 mL/min 或使用全血的输入速度（在 4～6 h 内输入）	
富含血小板血浆	1 U（按 10 kg 体重计），1 U 富含血小板血浆在输入 1 h 后可使血小板数量增加 10 000 个/μL	2 mL/min，在输血前后 1 h 进行血小板计数	

注：ACT，活化凝血时间；APTT，活化部分凝血酶原时间；PT，凝血酶原时间。

1

红细胞成分疗法

在给患病动物输入血液制品前，应将血液制品缓慢加热到37℃。临床中有一种血液加热器，有助于快速给患病动物输血，而不会引起患病动物体温下降。红细胞和血浆制品应该使用内置170 μm过滤器的输血机输入。较小的内置过滤器（20 μm）用于极少量血液的输入。条件允许的话，血液制品输入时间应超过4 h，依据美国血库协会的指导方针进行。

使患病动物的PCV提升到具体数值所需要输入的血液成分量主要取决于是否输入了全血或浓缩红细胞，以及患病动物是否正在失血或红细胞是否被破坏。因为浓缩红细胞的PCV异常升高（灵猩达80%），所以把PCV提升到相同水平所需要的浓缩红细胞的量比全血少很多。一般情况下，10 mL/kg（体重）的浓缩红细胞或20 mL/kg（体重）的全血可以将受血者的PCV提升10%。"———规则"表明，每0.5 kg体重输入1 mL全血将会使患病动物的PCV提升1%。如果患病动物的PCV没有如之前估计的那样升高，那么要考虑其是否正在失血或存在红细胞被破坏的情况。红细胞成分疗法的目的是使犬的PCV提升到25% ~ 30%，猫的PCV提升到15% ~ 20%。

如果患病动物血容量较低且输入了全血，血液会在输血后的24 h内重新分布到外周血管。此时PCV会在输血24 h后第二次升高（第一次升高出现在输血结束后1~2 h）。

新鲜冷冻血浆的使用

输入血浆的量主要取决于患病动物的需要。一般情况下，对于血容量正常的患病动物，24 h内血浆的使用量不能超过22 mL/kg（体重）。室温融化血浆，或放置在密封塑料袋内，于冷水（不是温水）中直到融化。之后，使用内置血液过滤装置的输血机输血。为血容量正常的患病动物输血时，平均输血速度不能超过每小时22 mL/kg（体重）。在有紧急需要的情况下，血浆最大输入速度可达每分钟5 ~ 6 mL/kg（体重）。对于心功能不全或有其他循环问题的患病动物，血浆的输入速度不能超过每小时5 mL/kg（体重）。血浆或其他血液制品不能与含钙离子的液体混合，或与乳酸林格氏液、氯化钙、葡萄糖酸钙等使用同一台输入设备。与任何血液制品混合最安全的液体是生理盐水。

输入10 mL/kg（体重）的新鲜冷冻血浆、冷冻血浆和冷冻蛋白，直到停止出血或白蛋白不再损失。血浆输入疗法的目的是将白蛋白提高到至少2.0 g/dL或凝血障碍犬的出血被止住。监护患病动物确保出血停止，凝血指标（ACT、APTT和PT）正常，低血容量稳定和/或总蛋白正常，这些都是停止输血的指征。

冷冻蛋白的使用

血浆蛋白可以购买或通过将新鲜冷冻血浆部分溶化后离心制作。冷冻蛋白包括大量的血管性血友病因子、凝血因子Ⅷ和纤维蛋白原，可用于严重的血管性血友病和血友病A（凝血因子Ⅷ缺乏）的患病动物。

富含血小板血浆

富含血小板血浆必须从商家购买。1 U 新鲜全血包含 2 000 ~ 5 000 个血小板。新鲜全血中的血小板存活时间较短，输入受血者体内后只存活 1 ~ 2 h。因为富含血小板血浆比较难获得，应对患有严重血小板减少症或血小板疾病的患病动物使用免疫调节治疗，并且输入新鲜冷冻血浆。

犬输血

犬可以经静脉或骨内输血。最经常使用前肢静脉、外侧隐静脉、内侧隐静脉和颈静脉进行输血。填满受血装置，这样滴注器里面的液体可以覆盖滤网（正常为 170 μm 滤网）。血量少（50 mL）或病情严重的患病动物可用 40 μm 滤网。输血浆和冷冻蛋白时避免使用乳胶过滤网。血液可以以不同的速度输入，但通常为 4 ~ 5 mL/min。正常血容量的患病动物可以接受每天 22 mL/kg（体重）的输血进度。心衰犬的输血速度不能超过每小时 4 mL/kg（体重）。输血量按需要供给。使用以下公式计算输血量，使红细胞比容达到正常水平：

$$输入抗凝血液用量（mL）= 体重（kg）\times 90 \times \frac{预期\,PCV - 受血者\,PCV}{供血者抗凝血液\,PCV}$$

也可以使用以下公式：

$$输入抗凝血液用量（mL）= 2.2 \times 受血者体重（kg）\times 30 \times \frac{预期\,PCV - 受血者\,PCV}{供血者抗凝血液\,PCV}$$

外科急诊和患病动物发生休克时，可能在短时间内需要几倍于以上计算所得的输血量。若失血量超过患病动物血量的 25%，推荐使用胶体液、晶体液和血液制品进行治疗。1 体积的全血可提供与 2 ~ 3 体积的血浆相同的血容量。若患病动物血型未知，且没有 DEA1.1 阴性全血，同时犬之前没有进行过输血，又紧急需要输血，可以使用任何血型的血液。若输入血液的血型不符，患病动物将会致敏，5 d 后，供血者的红细胞将会开始损坏。之后，再输入任何不同血型的血，都会立刻引起患病动物的致敏反应（通常是轻微的）和输入红细胞的损坏。

临床上典型的输血反应症状仅见于将 DEA1.1 血输入之前曾被致敏的 DEA1.1 阴性受血者中。将不匹配的血输入哺乳期母体内，会导致幼畜的同种免疫（isoimmunization）和溶血性疾病。DEA1.1 阴性母犬输入 DEA1.1 阳性血后，若母犬生出 DEA1.1 阳性幼仔，可能会发生新生幼畜溶血症。

猫输血

严重贫血需要输血的猫通常都极度沉郁、嗜睡和厌食。保定和治疗造成的应激可能会把这些危重患病动物推向死亡的边缘。在保定和治疗时，动作一定要十分轻柔。病情严重的猫应该用毛巾或毯子包裹。虽然在通过输入红细胞使猫恢复携氧能力前吸氧气没有帮助，但如有可能，仍推荐面罩吸氧或流动氧吸氧。

可经前肢静脉、内侧隐静脉和颈静脉输血。若不能找到静脉通路，也可以采用髓内输血。体重为 2 ~ 4 kg 的猫可在 30 ~ 60 min 内静脉输入 40 ~ 60 mL 全血；或以每小时 5 ~ 10 mL/kg（体重）的速度输入过滤的血。以下公式可用于估算猫需要的输血量：

$$输入抗凝血液用量（mL）= 体重（kg）\times 70 \times \frac{预期 PCV - 受血者 PCV}{供血者抗凝血液 PCV}$$

输血反应

输血反应的确切临床发生率和重要性尚不明确。到目前为止，仅有为数不多的几项关于犬猫输血反应发生率的研究。总的来说，犬猫输血反应的发生率分别为 2.5% 和 2%。输血反应可能是免疫介导性或非免疫介导性的，可能在输血后立即发生，也可能推迟到输完血后才发生。急性输血反应通常在开始输血后的几分钟或数小时内发生，但也可能在输完血后 48 h 发生。急性免疫反应包括溶血和急性超敏反应，包括红细胞、血小板和白细胞。迟发型免疫反应的征兆包括溶血、紫癜、免疫抑制和新生患病动物溶血性贫血。急性非免疫介导性反应包括输血开始前供血者红细胞破坏、循环血量超负荷、细菌感染、伴有低钙血症的柠檬酸中毒、凝血障碍、高氨血症、体温低下、空气栓塞、酸中毒和肺微栓塞。迟发的非免疫介导反应包括传染病的传播和发展及含铁血黄素沉着。输血反应的症状主要取决于输血量、参与反应的抗体类型和抗体量及受血者是否曾经致敏。

输血过程中的密切监护十分必要，可以发现输血反应的早期症状，包括可能构成生命威胁的输血反应。推荐在输血的前 15 min 缓慢输入并仔细观察。在开始输血的第 1 个小时内，每 15 min 监测一次体温、脉搏和呼吸；输血完成后 1 h 及之后，最少每隔 12 h 监测一次体温、脉搏和呼吸。按照以下频率对 PCV 进行监测：输血前、输血完成后 1 h 及之后最少每隔 12 h 监测一次。对于需要输血治疗的患病动物，至少每天监测凝血参数（如 ACT 和血小板计数）。

最常见的输血反应症状包括发热、荨麻疹、流涎、恶心、冷颤和呕吐。输血反应的其他临床症状可能包括心动过速、颤抖、萎靡、呼吸困难、虚弱、低血压和癫痫。输血开始的几分钟内可能发生严重的血管内溶血反应，引起血红蛋白血症、血红蛋白尿、DIC 和休克。之后会发生血管外溶血，导致高胆红素血症和胆红素尿。

输血前预先进行治疗来降低输血反应发生的做法仍然存在争议，大部分输血之前使用了糖皮质激素和抗组胺药物的患病动物，并未减少血管内溶血和其他反应。减少输血反应发生的最有效方法是仔细筛选每一个受血患病动物，在输入任何血液制品前仔细选择供血者血液成分。依据输血反应的严重性进行治疗。所有病例在输血过程中出现反应时，立即停止输血。对于多数病例，停止输血并使用抗超敏反应的药物即可。

一旦药物起效，应重新开始缓慢输血并监测患病动物是否出现输血反应症状。在更严重的病例中，患病动物已经出现心血管系统或呼吸系统损伤，且出现了低血压、心动过速、呼吸急促，应立刻停止输血并输入苯海拉明［1 mg/kg(体重)，肌内注射（IM）］、地塞米松磷酸钠［0.25 ~ 0.5 mg/kg（体重），静脉注射（IV）］、肾上腺素。患病动物应该留置导尿管和中央静脉导管，测量排尿量和中心静脉压（central venous pressure, CVP）。为避免严重的血管内溶血相关的肾功能不足或损伤，可能需要采取积极的输液疗法。若补液过度出现肺水肿，可以补充氧气，静脉或肌内注射呋噻咪［2 ~ 4 mg/kg（体重）］。可对 DIC 患病动物输入有或无肝素的血浆。

扩展阅读

Giger U: Transfusion medicine. In: Silverstein DC, Hopper K, editors: Small animal critical care medicine, St Louis, 2009, Elsevier.

Hale AS: Canine blood groups and their importance in veterinary transfusion medicine, Vet Clin North Am Small Anim Pract 25(6): 1323 - 1332, 1995.

Harrell KA, Kristensen AT: Canine transfusion reactions and their management, Vet Clin North Am Small Anim Pract 25(6): 1333 - 1361, 1995.

Jutkowitz LA, Rozanski EA, Moreau JA, et al: Massive transfusion in dogs: 15 cases (1997-2001), J Am Vet Med Assoc 220:1664 - 1669, 2002.

Kirby R: Transfusion therapy in emergency and critical care medicine, Vet Clin North Am Small Anim Pract 25:1365 - 1386, 1995.

Kristensen AT, Feldman BF: General principles of small animal blood component administration, Vet Clin North Am Small Anim Pract 25(6): 1277 - 1290, 1995.

Raczek DJ: Blood transfusion reaction. In: Mazzaferro EM, editor: Blackwell's five minute consult clinical companion small animal emergency and critical care, Ames, 2010, Wiley-Blackwell.

Schneider A: Blood components: collection, processing and storage, Vet Clin North Am Small Anim Pract 25(6): 1245 - 1261, 1995.

中心静脉压测定

中心静脉压（CVP）反映的是前腔静脉的流体压力，受静脉液体量、血管紧张度、右心功能及呼吸周期中胸腔内压变化的影响。CVP 并不能真正测量血量，但常用于衡量输液疗法时，心脏将输入液体泵出的能力。因此，CVP 反映的是静脉液体量、血管紧张度和心功能的相互影响。任何急性循环衰竭、尿量大（如由中毒、少尿或无尿性肾衰引起）、输入与排出液体的监测和心功能障碍的患病动物都应测量 CVP。因为 CVP 的测量需要放置中心静脉导管，所以禁用于患凝血病的动物，包括凝血过度的患病动物。

进行 CVP 测量时，在左或右侧颈静脉放置中心静脉导管。对于猫和小型犬，放置在侧面或中间的长导管可用于 CVP 的测量。首先应整理出静脉导管需要的装置（查阅血管通路技术中关于怎样放置静脉或隐静脉长导管的内容），并监测 CVP（框 1-7）。放置静脉导管后，拍摄胸腔 X 线片，确保导管尖部恰好位于右心房外，合理测量 CVP。

1

框 1-7　　监测中心静脉压所需要的器材
2 根静脉延长管 三通阀 肝素化生理盐水 20 mL 注射器 压力计或直尺（cm）

按以下操作放置中心静脉导管，测量 CVP：

1. 放置 CVP 装置，将无菌静脉延长管外止口插入静脉或内、外侧隐静脉导管的 T 端口。确保在将导管连接到患病动物前，用灭菌生理盐水冲洗，避免医源性气栓。

2. 将三通阀的外止口插入延长管的内止口。

3. 将含肝素化无菌盐水的 20mL 注射器连接到三通阀内止口出口之一，将压力计或较短静脉延长管连接到直尺。

4. 将患病动物侧卧或胸卧。

5. 将连接到压力计或度量计的三通阀端口关闭，将连接到患病动物的三通阀端口打开。经导管输入活性的肝素化生理盐水冲洗导管。

6. 将三通阀连接患病动物的一端关闭，连接压力计的一侧打开。用注射器内的肝素钠缓慢冲压力计或较长延长管。注意冲洗时不要在导管内或压力计内产生气泡，气泡会改变 CVP 值。

7. 将压力计或直尺的 0 cm 点放低至与患病动物柄状突平齐（如果患病动物为侧卧）或肘部平齐（如果患病动物为胸卧）。

8. 将三通阀连接到注射器的一端关闭，使液柱与患病动物的静脉内容积平衡。一旦液柱停止下降，并随着心跳而上升、下降，记录液柱凹面最低点的数值。这是以厘米水柱为单位的 CVP 值（图 1-3）。

9. 让患病动物保持相同体位，重复测量几次，确定没有人为错误造成数值的变化。或者可以将中央导管连接到压力转换器上，自动测定 CVP 值。

CVP 没有绝对的正常值。小动物正常的 CPV 为 0～5 cmH₂O*。CVP 小于 0 cmH₂O 与绝对或相对的低血容量有关。5～10 cmH₂O 为高血容量的边界线，大于 10 cmH₂O 代表血管内血容量超负荷。CVP 大于 15 cmH₂O 可能与充血性心力衰竭有关，并可发展为肺水肿。对于每一个病例，CVP 的变化趋势比具体数值更重要。当通过测量 CVP 来衡量液体疗法并避免血管或肺超负荷时，首要原则是 24 h 周期内 CVP 的增加量不能超过 5 cmH₂O。如果发现 CVP 急剧升高，应重新测量以保证不是人为错误导致。如果 CVP 数值快速上升，应暂时停止液体疗法并考虑给予利尿剂。

---

* cmH₂O（厘米水柱）为非许用计量单位，1cmH₂O ≈ 147Pa。——译者注

扩展阅读

DeLaforcade AM, Rozanski EA: Central venous pressure and arterial blood pressure measurements, Vet Clin North Am Small Anim Pract 31(6):1163-1174, 2001.

Gookin JL, Atkins CE: Evaluation of the effects of pleural effusion on the central venous pressure in cats, J Vet Intern Med 13(6):561-563, 1999.

Oakley RE, Olivier B, Eyster GE, et al: Experimental evaluation of central venous pressure monitoring in the dog, J Am Anim Hosp Assoc 33:77-82, 1997.

Waddell LS: Direct blood pressure monitoring, Clin Tech Small Anim Pract 15(3):111-118, 2000.

Waddell LS, Brown AJ: Hemodynamic monitoring. In Silverstein DC, Hopper K, editors: Small animal critical care medicine, St Louis, 2009, Elsevier.

体液疗法

细胞内液不足时的诊断存在一定困难，此时主要依赖于检查出高钠血症或高渗透压，而不是通过临床症状来进行诊断。当因无感蒸发、呕吐、腹泻或尿液导致的自由水丢失未能通过自由水摄入得到补充时，预计会出现细胞内液缺损。应考虑患病动物体液缺损的部位、酸碱及电解质紊乱的程度和类型，以及是否存在持续性体液丢失，这些因素应决定并指导患病动物的个体化液体治疗方案（表 1-5）。

表 1-5　临床症状与患病动物脱水情况的关系	
间质性脱水的临床症状	**脱水程度**
有呕吐和腹泻的病史，没有可见的脱水症状	4%
黏膜发绀，轻度皮肤隆起	5%
皮肤隆起时间延长，黏膜发绀，轻度心动过速，脉搏正常	7%
皮肤隆起时间延长，黏膜发绀，轻度心动过速，脉搏弱	10%
皮肤隆起时间延长，角膜发干，黏膜发绀，心率升高或下降，脉搏弱，意识水平改变	12%

注：这些方法在很大程度上具有主观性，因为体重严重下降的患病动物、皮下脂肪丢失和非常年轻或年老的患病动物，在没有脱水的情况下，皮肤隆起时间也会延长。

酸碱生理学

犬猫正常 pH 范围是 7.35~7.45。维持血液 pH 正常生理范围主要有三大机制，一是缓冲系统，二是更换二氧化碳的呼吸系统，三是维持或分泌氢离子和碳酸氢盐的肾脏（代谢）系统。代谢系统对于酸碱平衡的影响可通过测定总二氧化碳和 pH、计算碳酸氢盐，以及计算碱缺失或过量值来估计。氢离子和碳酸氢盐对细胞蛋白的正常结构和功能有重要影响。如果碳酸氢盐< 12 mEq[*]/L、pH < 7.2 或碱剩余< -10mEq/L，则治疗酸中毒。碳酸氢盐浓度的正常值，犬为 18~26 mEq/L，猫为 17~23 mEq/L（框 1-8 和框 1-9）。

---

* mEq（毫克当量）为非许用计量单位，1mEq=1mmol × 原子价。——译者注

1

框 1-8　代谢性碱中毒的鉴别诊断
氯离子反应 胃内容物呕吐 利尿药治疗 高碳酸血症后 **氯离子抵抗** 原发性肾上腺皮质功能亢进 肾上腺皮质功能亢进 **碱性物的使用** 口服碳酸氢钠或其他有机离子（如乳酸、柠檬酸、葡萄糖酸盐和醋酸盐） 口服含不可吸收碱的阳离子交换剂（如磷黏合剂） **其他** 再饲喂综合征 高剂量青霉素 严重的钾或镁缺乏

改自 DiBartola SP：小动物体液、电解质及酸碱平衡失调，St Louis，2005，Elsevier.

框 1-9　代谢性酸中毒的鉴别诊断	
阴离子间隙增加（氯离子正常） 乙二醇中毒 水杨酸中毒 其他罕见中毒（如三聚乙醛或甲醇中毒） 糖尿病性酮酸中毒 [*] 尿毒症性酸中毒 [+] 乳酸中毒 **阴离子间隙正常（高氯离子）** 腹泻 肾小管性酸中毒	碳酸酐酶抑制剂（如乙酰唑胺） 氯化铵 阳离子氨基酸（如赖氨酸、精氨酸和组氨酸） 低碳酸血症后的代谢性酸中毒 稀释性酸中毒（如快速给予生理盐水） 肾上腺皮质功能减退 [++]

改自 DiBartola SP：小动物体液、电解质及酸碱平衡失调，St Louis，2005，Elsevier.
注：[*] 糖尿病性酮酸血症的患病动物可能出现伴随阴离子间隙增加的高氯性代谢性酸中毒。
[+] 肾衰早期的代谢性酸中毒可能是高氯的，随后可能转为典型的高阴离子间隙型酸中毒。
[++] 肾上腺皮质功能减退的患病动物可能会由于排水的减少、醛固酮的缺乏、肾功能的减弱和乳酸中毒而发生典型的低氯血症。这些因素可以防止高氯血症的出现。

　　呼吸系统对酸碱平衡的调节主要通过改变二氧化碳的排出来实现。过度换气可以降低血液中二氧化碳分压并引起呼吸性碱中毒。换气不足可以增加血液中二氧化碳分压并引起呼吸性酸中毒。依据海拔高度，犬的二氧化碳分压范围为 32～44 mmHg[*]，而猫的正常范围是 28~32 mmHg。犬猫静脉二氧化碳分压范围分别是 33～50 mmHg、33～45 mmHg。

---

[*]　mmHg（毫米汞柱）为非许用计量单位，1mmHg ≈ 133Pa。——译者注

1

要掌握患病动物的酸碱状况，必须要使用全面系统的方法。理想情况下，可采集动脉血样本评估患病动物的氧合作用和通气情况。取得动脉血后，按以下步骤操作：

1. 根据血氧饱和度判定血样为动脉血还是静脉血。如果是动脉血，血氧饱和度应该在 90% 以上，但患病动物严重低血氧时，血氧饱和度可能低至 80%。

2. 考虑患病动物的血液 pH。如果 pH 在正常范围以外，则存在酸碱紊乱。如果 pH 在正常范围以内，也可能存在酸碱平衡紊乱。如果 pH 低，患病动物为酸中毒。如果 pH 高，患病动物为碱中毒。

3. 检查碱剩余量增加还是不足。如果碱剩余量增加，则患病动物的碳酸氢盐比正常值高。如果碱剩余量不足，则患病动物的碳酸氢盐可能偏低，或无法测量的阴离子（如乳酸或酮酸）增多。

4. 检查碳酸氢盐值。如果 pH 低并且碳酸氢盐值较低，则患病动物患有代谢性酸中毒。如果 pH 高并且碳酸氢盐值升高，则患病动物存在代谢性碱中毒。

5. 检查 $PaCO_2$。如果患病动物的 pH 低并且 $PaCO_2$ 升高，则表明患病动物存在呼吸性酸中毒。如果患病动物 pH 高且 $PaCO_2$ 降低，则患病动物患有呼吸性碱中毒。

6. 如果要检测患病动物的氧饱和度，查看 PaO_2。正常 PaO_2 大于 80mmHg。

7. 必须确定现存的紊乱是原发性紊乱还是对相反系统紊乱的代偿。例如，患病动物的碳酸氢盐潴留（代谢性碱中毒）是由二氧化碳潴留（呼吸性酸中毒）导致的吗？可以使用表 1-6 评估是否存在合适的代偿。如果代偿值在期望的范围内，则存在单纯的酸碱紊乱。如果代偿在期望的范围外，则可能存在混合酸碱紊乱。

表 1-6　肾脏和呼吸对原发性酸碱紊乱的代偿		
紊乱	原发性改变	代偿反应
代谢性酸中毒	↓ HCO_3^-	每 1 mEq/L HCO_3^- 的减少会引起 0.7mmHg $PaCO_2$ 的降低来进行代偿
代谢性碱中毒	↑ HCO_3^-	每 1 mEq/L HCO_3^- 的增加会引起 0.7mmHg $PaCO_2$ 的增加来进行代偿
急性呼吸性酸中毒	↑ $PaCO_2$	每 10 mmHg $PaCO_2$ 增加会引起 1.5mEq/L HCO_3^- 的增加来进行代偿
慢性呼吸性酸中毒	↑ $PaCO_2$	每 10 mmHg $PaCO_2$ 增加会引起 3.5mEq/L HCO_3^- 的增加来进行代偿
急性呼吸性碱中毒	↓ $PaCO_2$	每 10 mmHg $PaCO_2$ 减少会引起 2.5mEq/L HCO_3^- 的减少来进行代偿
慢性呼吸性碱中毒	↓ $PaCO_2$	每 10 mmHg $PaCO_2$ 减少会引起 5.5mEq/L HCO_3^- 的减少来进行代偿

引自 DiBartola SP：小动物体液、电解质及酸碱平衡失调，St Louis，2005，Elsevier.

1

8. 最后，必须确定患病动物酸碱平衡紊乱的情况是否与病史及临床检查的发现一致。如果酸碱平衡紊乱与患病动物的病史及临床检查不相符，则应质疑血气分析结果，可能的话，重新测定。

评价患病动物酸碱平衡状况最适合的方法是使用血气分析仪。使用动脉血样本进行测定比静脉血更准确，用肝素作为抗凝剂（表 1-7）。

电解质的维持和异常
钾

钾主要位于细胞内液。血清中的钾主要受细胞膜上的 Na-K-ATP 泵调控，包括肾小管上皮细胞的细胞膜。无机酸代谢性酸中毒可能会升高血清钾的水平，这是因为为了纠正血清 pH，钾离子会与氢离子交换，将氢离子替换进细胞内液，钾离子替换进细胞外液。

钾离子是维持兴奋性组织静息膜电位的主要成分之一，这些组织包括神经细胞和心肌细胞。血清钾水平的变化会对心脏的传导产生不利影响。高钾血症降低了静息膜电位，使心肌细胞尤其是心房细胞更易去极化。严重的高钾血症可从 ECG 异常节律反映出来，包括 P 波消失、QRS 波群增宽，T 波变成高帐篷形（tall tented）或变尖。血清钾的进一步升高会出现心动过缓、心室颤动和心脏停搏（死亡）。治疗高钾血症的药由胰岛素 [0.25 ~ 0.5 U/kg（体重），静脉内注射常规胰岛素]、葡萄糖（每单位胰岛素需要配合 1g 葡萄糖使用，通过静脉恒速输入 2.5% 葡萄糖来防止低血糖）、钙（输入 2 ~ 10 mL 10% 葡萄糖酸钙直到起效）或碳酸氢钠 [1 mEq/kg（体重），静脉缓慢输入] 组成。胰岛素加葡萄糖、碳酸氢钠疗法可使钾离子转运进细胞内，而钙离子颉颃高钾血症对心肌细胞的作用。所有的治疗在数分钟内起效，但若不能查明高钾血症的原因并且适当纠正，效果只能持续 20 min 至 1 h（框 1-10）。多数病例，血清钾的稀释还可通过静脉补液和纠正代谢性酸中毒来完成。推荐使用不含钾离子的液体（如 0.9% 氯化钠溶液）补液。

低钾血症升高了静息膜电位，使细胞超极化。低钾血症可能与心室节律异常相关，但其 ECG 的变化没有高钾血症明显。低钾血症的原因包括肾性丢失、厌食、胃肠道损

表 1-7　急性非代偿性紊乱酸碱值			
紊乱	pH	PaCO$_2$	碳酸氢钠
代谢性酸中毒	↓	—	↓
代谢性碱中毒	↑	—	↑
呼吸性酸中毒	↓	↓*	—
呼吸性碱中毒	↑	↓	—

注：* 原文为下降（↓），正确应为升高（↑），疑似原文有误。

框 1-10　　高钾血症鉴别诊断

假性高钾血症
血小板增多
溶血

摄入增加
肾功能正常时不易导致高钾血症，除非是医源性的（如以过快的速度输入含钾的液体）

易位（细胞内液转移到细胞外液）
急性无机酸中毒（如盐酸或氯化铵）
胰岛素缺乏（如糖尿病酮酸性酸中毒）
急性肿瘤溶解综合征
心肌病猫动脉栓塞后末梢重新灌注
高钾型周期性瘫痪（有一例比特犬的报道）
诱导性甲状腺功能减退患犬运动后轻度高钾血症
在全肠外营养液中输入赖氨酸或精氨酸

药物
非特异性 B 受体阻断剂（如普奈洛尔）[*]
强心苷类（如地高辛）[*]

尿液排泄减少
尿道阻塞
膀胱破裂
少尿或无尿性肾衰
肾上腺皮质功能减退
某些胃肠疾病（如鞭虫病、沙门氏菌病或十二指肠溃疡穿孔）
灰猎犬妊娠晚期（机制不明，但存在胃肠道损失）
乳糜胸伴反复胸腔积液引流
低肾素性醛固酮减少症[+]

药物
血管紧张素转化酶抑制剂（如依那普利）[*]
血管紧张素受体阻断剂（如氯沙坦）[*]
环孢菌素和他克莫司[*]
保钾性利尿剂（螺内酯、阿米洛利和三氨蝶呤）[*]
非甾体抗炎药[*]
肝素[*]
甲氧苄氨嘧啶

引自 DiBartola SP：小动物体液、电解质及酸碱平衡失调，St Louis，2005，Elsevier.

注：[*] 只有与其他因素一起才能导致高钾血症（如应用其他药物、肾功能减退或同时补钾）。

[+] 医生较少阐述。

失（呕吐、腹泻）、静脉液体利尿、利尿剂和去梗阻后利尿（框 1-11）。如果血清钾的浓度已知，可以通过添加氯化钾或磷酸钾到静脉输液中补钾。纠正小于 3 mEq 或大于 6 mEq 的血清钾浓度。输血速率不能超过每小时 0.5 mEq/kg（体重）（表 1-8）。

1

框 1-11　　低钾血症的鉴别诊断

摄入减少
单因素不会导致低钾血症，除非饮食异常
输入不含钾液体（如生理盐水或 5% 葡萄糖）或钾不足液体（如放置几天的乳酸林格氏液）
摄入膨润土

易位（细胞外液向细胞内液转移）
碱中毒
输入含胰岛素或葡萄糖的液体
儿茶酚胺过量
体温过低
低血钾型周期性麻木（Burmese Cats）
沙丁胺醇使用过量

损失增加
胃肠道损失（FEK 小于 4%～6%）
　　吐出胃内容物
　　腹泻
尿道损失（FEK 大于 4%～6%）
　　猫慢性肾衰
　　猫饮食诱导性低血钾性肾病
　　远端肾小管性酸中毒（Ⅰ型）
　　碳酸氢钠治疗后的近端肾小管性酸中毒（Ⅱ型）
　　梗阻后利尿
　　透析
　　盐皮质激素过量
　　　　肾上腺皮质功能亢进
　　　　原发性醛固酮增多症（肾瘤、肾癌和增生）

药物
利尿剂（如呋噻咪和利尿酸）
噻嗪类利尿药（如氯噻嗪和氢氯噻嗪）
两性霉素 B
青霉素类
未知机制
响尾蛇毒

引自 DiBartola SP：小动物体液、电解质及酸碱平衡失调，St Louis，2005，Elsevier.
注：FEK，钾排泄分数。

表 1-8　　犬猫常规补钾指导			
血清	将 KCl 添加到 250 mL 液体中（mEq）	将 KCl 添加到 1L 液体中（mEq）	最大输钾速率（mEq/L）[*]
<2.0[+]	20	80	6
2.1～2.5	15	60	8
2.6～3.0	10	40	12
3.1～3.5	7	28	18
3.6～5.0	5	20	25

注：[*] 最大补钾速率不能超过每小时 0.5 mEq/kg（体重）。
[+] 如果存在顽固性低血钾，以每小时 0.75 mEq/kg（体重）速率补镁 24 h。

1

碳酸氢盐浓度

多数患病动物经常通过补液来纠正由碳酸氢盐消耗引起的代谢性酸中毒。患中度到重度酸中毒的动物可通过补碳酸氢盐来改善。代谢系统对酸碱平衡的影响可通过测定总二氧化碳浓度或计算碳酸氢盐浓度来确定。如果无法测定这两个值，代谢性酸中毒的严重程度可以通过经常导致代谢性酸中毒的潜在疾病的严重程度来主观估计：低血容量或外伤性休克、感染性休克、糖尿病酮症酸中毒（DKA）或少尿无尿性肾衰。如果代谢性酸中毒评估为轻度、中度或重度，则分别按 1、3、5 mEq/kg（体重）补碳酸氢盐。严重 DKA 患病动物的碳酸氢盐浓度可人为地减少。若补液完成、灌注恢复且酮酸代谢为碳酸，则 DKA 患病动物可能不需要补碳酸氢盐。如果已知碱缺失的碳酸氢盐测量值，则可以使用以下公式作为补充碳酸氢盐的参考：

$$缺失碱 \times 0.3 \times 体重（kg）= 需补碳酸氢盐量（mEq）$$

渗透压

渗透压可通过冰点降低或蒸汽渗透压计来测量，或可通过以下的公式计算：

$$mOsm/kg（体重）= 2\left[(Na^+) + (K^+)\right] + BUN/2.8 + Glucose/18$$

式中，钠离子（Na^+）和钾离子（K^+）浓度以毫克当量为单位，尿素氮（BUN）和糖（Glucose）以 mg/dL 为单位。渗透压低于 260 mOsm/kg（体重）或高于 360 mOsm/kg（体重）时，应该进行治疗。测量出的渗透压与计算出的渗透压之间的差值（渗透间隙）应小于 10 mOsm/kg（体重）。如果渗透间隙大于 20 mOsm/kg（体重），需要考虑未测定离子，如乙二醇代谢物。

钠

细胞外液量由全身钠的总量决定，因此渗透压和钠浓度由水平衡决定。血清钠浓度是细胞外液中钠相对于水的量，不能直接反映全身的钠水平。低钠血症或高钠血症的患病动物，其全身钠水平可以减少、正常或增加（框 1-12 和框 1-13）。血清钠浓度升高提示高渗透压，血清钠浓度降低经常提示低渗，但不一定是低渗。低钠血症或高钠血症临床症状的严重程度主要与病变发生的迅速程度有关，而不是与血清高渗或低渗的程度有关。神经症状包括定向障碍、共济失调、抽搐，血清钠小于 120 mEq/L 或大于 170 mEq/L 时，犬会出现昏迷。

用含低或高浓度钠的液体治疗高钠血症或低钠血症时应该小心，因为血清钠和渗透压的快速改变会导致细胞内、外液的快速流动，进而导致细胞内脱水或水肿，即使血清钠还没有纠正到正常水平。首要原则是，在一个 24 h 的治疗周期内，血清钠水平不能升高或降低超过 15 mEq/L。在 48～72 h 内将钠水平纠正到正常水平是比较合适的。几乎所有病例都可以通过单纯输液纠正钠水平。如果存在严重的高钠血症，提示存在单纯的水不足，可通过以下公式对所需液体量进行计算：

1

框 1-12　　低钠血症的鉴别诊断	
血浆渗透压正常	抗利尿药物
高脂血症	甲状腺功能减退的黏液性水肿性昏迷
高蛋白血症	输入低渗液
高血浆渗透压	低血浆渗透压且血容量低
高血糖	胃肠道损失
灌输甘露醇	呕吐
	腹泻
低血浆渗透压且高血容量	第三腔损失
严重肝脏疾病	胰腺炎
充血性心衰	腹膜炎
肾病综合征	尿腹症（Uroabdomen）
肾衰晚期	胸腔积液（如乳糜胸）
	腹腔积液
低血浆渗透压且血容量正常	皮肤丢失
精神性烦渴	烧伤
抗利尿激素分泌不当综合征	肾上腺皮质功能减退
	利尿剂的使用

引自 DiBartola SP：小动物体液、电解质及酸碱平衡失调，St Louis，2005，Elsevier.

框 1-13　　高钠血症的鉴别诊断	
单纯水缺乏	肾性
原发性饮水过少（如迷你雪纳瑞）	渗透性利尿
尿崩症	糖尿病
中枢性	输入甘露醇
肾性	化学性利尿
环境温度高	慢性肾衰
发热	非少尿性急性肾衰竭
水供给不足	梗阻后利尿
低渗性液体丢失	非渗透性溶质增加
肾外	盐中毒
胃肠道	高渗透压液输入
呕吐	高渗盐
腹泻	碳酸氢钠
小肠梗阻	肠外营养
第三腔损失	磷酸钠灌肠
腹膜炎	高醛固酮增多症
胰腺炎	肾上腺皮质功能亢进
皮肤烧伤	

引自 DiBartola SP：小动物体液、电解质及酸碱平衡失调，St Louis，2005，Elsevier.

$$所需液体量 = 0.4 \times 体重（kg）\times \left[（血浆钠/140）-1\right]$$

高钠血症可通过缓慢输入 0.45% 氯化钠加 2.5% 葡萄糖、5% 葡萄糖或乳酸林格氏

1

液（钠含量 130 mEq/L）进行纠正。用 0.9% 氯化钠纠正低钠血症。

阴离子间隙

钠离子主要通过氯离子和碳酸氢盐调节平衡。钠离子与氯离子、碳酸氢盐的差值 $[Na^+-(Cl^-+HCO_3^-)]$ 称为阴离子间隙。正常阴离子间隙为 12~25 mEq/L。当阴离子间隙超过 25 mEq/L，考虑存在未测定离子（如乳酸、酮酸、磷酸盐、硫酸盐、乙二醇代谢物和水杨酸盐）累积的可能。阴离子间隙的异常有助于确定代谢性酸中毒的原因（框 1-14 和框 1-15）。

框 1-14　阴离子间隙下降的原因
骨髓瘤（免疫球蛋白 G）
低蛋白血症
输入晶体液后的稀释
溴化钾治疗
假低钠血症

框 1-15　阴离子间隙上升的原因
依照记忆的 A MUD PILE（下面各种物质的首字母）：
阿司匹林（水杨酸类）
甘露醇
尿毒症
糖尿病酮症酸中毒
磷酸盐，三聚乙醛
吲哚咪辛
乳酸性酸中毒
乙二醇中毒

胶体渗透压

血液胶体渗透压主要与循环中大分子质量的胶体物质相关。维持血管内和间质胶体渗透压以及维持体液成分水的主要因子是白蛋白。白蛋白大概维持血液 80% 的胶体渗透压。白蛋白多数位于组织间液。低蛋白血症可能由蛋白丢失性肠病或肾病及创口的渗出导致，或由肝合成的白蛋白减少导致。血清白蛋白池与间质蛋白存在持续波动。一旦间质内的白蛋白池因补充血清的白蛋白而耗尽，血清白蛋白就会持续下降，导致胶体渗透压的下降。白蛋白水平低于 2 g/dL，血管内液体的维持受影响，会形成外周水肿及第三间隙积液（third spacing of fluid）。胶体渗透压可通过人造胶体液、合成胶体液或自然胶体液来维持（见胶体液相关内容）。

维持液量

维持液需要量可通过计算患病动物每日能量代谢需要量来计算，因为每代谢 1 kcal* 能量需要 1 mL 水（表 1-9）。患病动物每日需补充的液体量可由以下公式计算：

每日需补充的液体量（mL）= 30 × 体重（kg）+70

该公式低估体重小于 2 kg 犬的需要量，高估体重大于 70 kg 犬的需要量。

输入等渗性晶体液经常会造成医源性低钾血症。对于多数病例，必须添加钾来防止由食欲不振、钾尿和补充等渗性晶体液造成的低钾血症。

表 1-9 根据犬猫体重计算能量和水需要量		
体重（kg）	每天总能量（kcal）	每小时总水量（mL）
1	100	4.2
2	130	5.4
3	160	6.7
4	190	7.9
5	220	9.2
6	250	10.4
7	280	11.7
8	310	12.9
9	340	14.2
10	370	15.4
11	400	16.7
12	430	17.9
13	460	19.2
14	490	20.4
15	520	21.7
16	550	22.9
17	580	24.2
18	610	25.4
19	640	26.7
20	670	27.9
21	700	29.2
22	730	30.4
23	760	31.7
24	790	32.9

* kcal（千卡）为非许用计量单位，1 kcal ≈ 4.186 kJ。——译者注

（续）

体重（kg）	每天总能量（kcal）	每小时总水量（mL）
25	820	34.2
26	850	35.4
27	880	36.7
28	910	37.9
29	940	39.2
30	970	40.4
35	1 120	46.7
40	1 270	52.9
45	1 420	59.2
50	1 570	65.4
55	1 720	71.7
60	1 870	77.9
65	2 020	84.2
70	2 170	90.4
75	2 320	96.7
80	2 470	102.9
85	2 620	109.2
90	2 770	115.4
95	2 920	121.7
100	3 070	127.9

计算液体不足量和正在损失量

确定液体缺乏程度最可靠的方法是称量患病动物的体重，计算体重快速减少量。患病动物体重快速下降通常是以下形式损失液体导致的：呕吐、排便、创口渗出，排尿会导致液体丢失，但不会是肌肉或脂肪丢失所致。动物体重通常不会迅速增加或减少，引起体重明显变化。1 mL水重约1 g，根据这个事实，如果正在损失的液体量可以被测量，那么通过体重变化就可以计算出患病动物的液体不足量。然而，如果患病动物是首次就诊，其液体缺失前的体重是不知道的。这时必须通过主观判断脱水情况来估计患病动物脱水的比例，并计算在接下来的24 h需要的补液量。使用以下公式计算液体不足量：

$$体重（kg）× 脱水比例（\%）× 1\ 000 = 液体不足量（mL）$$

液体损失量必须加到日常维持需要量中，在24 h内补充。正在损失的液体量可通过尿液量计算，每日至少对患病动物称重2~3次，并测量呕吐物或腹泻的体积或重量。

晶体液和胶体液

晶体液

晶体液包含盐晶体，与细胞外液成分相似，可用来维持每日液体需要并补充液体不足量或正在损失量（表1-10）。代谢、酸碱和电解质紊乱也可以通过含或不含电解质和缓冲液的等渗液来治疗。应根据患病动物的临床体况，选择合适的等渗性晶体液来补充患病动物的酸碱和电解质情况（表1-11）。晶体液很容易得到且较经济，可以较安全地大量输入无心脏病、肾脏疾病或脑水肿的患病动物体内。输入后，约80%的晶体液将在组织间质中重新分布。因此，单独使用晶体液对持续的血管内液体消耗是无效的。晶体液推注后必须进行CRI，并考虑患病动物的每日维持液体量和正在损失的液体量。输入大量的晶体液会导致稀释性贫血和凝血障碍。在输液前和输液过程中应测定患病动物的红细胞比容，特别是之前存在贫血或低蛋白血症的病例。

表 1-10 日常使用的等渗和低渗晶体液的组成				
成分	生理盐水	0.45%NaCl	乳酸林格氏液	Normosol-R
钠	154	77	130	140
氯	154	77	109	98
钾	0	0	4	5
钙	0	0	3	0
镁	0	0	0	3
pH	7.386	5.7	6.7	7.4
缓冲剂	无	无	乳酸：28	醋酸盐：27 葡萄酸盐：23

表 1-11 根据具体病情选择恰当的晶体液	
晶体液	适应证
乳酸林格氏液（LRS）	低钙血症、脱水补液、代谢性酸中毒、作为维持液使用、肾衰
Plasma-Lyte A and Normosol-R[*]	脱水补液、代谢性酸中毒、低镁血症、作为维持液使用、肾衰
0.45% 氯化钠 +2.5% 葡萄糖	心脏病、肝衰竭、高钠血症
5% 葡萄糖	心脏病、肝衰竭、高钠血症
0.9% 氯化钠	与高钾血症及高钠血症相关的情况（如肾上腺皮质功能减退、维生素 D 中毒、肾衰和各种肿瘤）

注：[*]阿博特公司生产，Abbott Park, Illinois。

1

胶体液

胶体属于大分子物质，是一种有效的容量舒张剂，可将组织间液转移到血管内。在输入晶体液的同时输入胶体液，可以使液体在血管内存在的时间比单纯输入晶体液的时间延长。因为这一特性，输入少量的胶体液就可比输入晶体液更好地提升组织灌注，并能平衡胶体渗透压和平均动脉压。治疗低血压时，可以在 5 ~ 15 min 内推注 5 ~ 10 mL/kg（体重）的合成胶体液。对于低白蛋白血症或低蛋白血症的患病动物，建议按照每天 20 ~ 30 mL/kg（体重）恒速输入合成胶体液以维持胶体渗透压。因为胶体液保留在血管内，所以输入晶体液的量应该降低 25% ~ 50%，以避免血管容量超负荷。

胶体液主要有两种：天然胶体液和合成胶体液。天然胶体液（全血、浓缩 RBCs、血浆）在本书的其他部分阐述。浓缩人白蛋白和犬专用纯化白蛋白是天然的纯化胶体液，目前在后期的低蛋白血症和低白蛋白血症的治疗中应用广泛，以下将予以讨论。合成胶体液是淀粉聚合物，包括羟乙基淀粉和五聚淀粉。

浓缩人白蛋白有 5% 或 25% 两种溶液可用。5% 溶液与血清的胶体渗透压（308 mOsm/L）相当，而 25% 溶液（1 500 mOsm/L）是高渗的。25% 的白蛋白溶液可将液体从组织间扩容到血管内。在没有合成胶体液可用的时候，通常使用浓缩白蛋白来重建循环血量。白蛋白不仅对维持胶体渗透压很重要，而且也是重要的自由基清除剂，同时也是维持组织正常功能和治疗所必需的药物和激素的载体。白蛋白水平低于 2.0 g/dL 时即可增加发病率与死亡率。浓缩人白蛋白可有效用于急、慢性低蛋白血症时组织液及血清白蛋白浓度的重建。白蛋白（25%）可装在 50 mL 或 100 mL 的小瓶中，在采购和管理方面，作为白蛋白替代品比新鲜冷冻血浆更具性价比。推荐白蛋白输入速度为 2 ~ 5 mL/kg（体重），在 4 h 内输入，且在输入前先使用苯海拉明。虽然浓缩人白蛋白在结构上与犬白蛋白类似，但仍要在输入时和输入后仔细监测患病动物过敏反应的症状。曾有试验表明，将浓缩人白蛋白输入白蛋白含量正常的健康犬体内后会导致抗白蛋白抗体形成、荨麻疹、发热和急性过敏反应，最终导致死亡。然而，在输入白蛋白的临床低蛋白血症病例中未见发生极严重过敏反应的报道。白蛋白输入的 3 周内，仍有关于多发性关节炎和荨麻疹的报道。基于上述理由，白蛋白疗法可能是有帮助的，但并非无害。在犬中，益处必须要超过急性和慢性反应的潜在风险时，才可采用此方法。

羟乙基淀粉溶液包含大分子质量的支链淀粉多聚体，分子质量超过 100 000 u，在血液循环中的平均半衰期为 24 ~ 36 h。羟乙基淀粉可以与 vWF 结合而导致 ACT 和 APTT 延长，但不会导致凝血障碍。治疗低血压的推荐剂量为 5 ~ 10 mL，以每天 20 ~ 30 mL/kg（体重）恒速输入来维持胶体渗透压。

输液计划

补液途径的选择需要综合考虑脱水的程度、持续损失量、耐口服液的能力以及代谢、酸碱、电解质的紊乱等因素。输液方式的选择要以最适合患病动物、临床操作最方便为原则。

先计算需要输液的总量，除以一天内可以安全输入并监护的静脉输液时间（h），计算出输液速度。最安全精确的输液方法（尤其是为体重非常小或慢性心衰的病例输液）应该使用静脉输液泵。对于不能进行监测以保证安全输液速度和输液器畅通的病例，则不应该进行静脉输液。

用尽可能长的时间输液，这样患病动物有足够的时间重新分布和利用输入的液体。输液速度过快会引起多尿，这样输入的大量液体将以尿液的形式排出。如果时间有限或需要额外的时间进行安全输液，那么可以同时采用静脉输液和皮下注射两种方法。静脉补液是给任何脱水或低血容量患病动物进行补液的首选方法。当血容量不足时，会反射性地引起外周血管收缩来维持中心灌注。由于皮下组织灌注不良，会使输入皮下的液体不能被很好地吸收进入组织间液和血管内。皮下注射在轻度组织液脱水和治疗肾功能不全时可以使补液被缓慢吸收。在低血容量或严重组织间液脱水的病例中，永远不能用皮下注射代替静脉输液。

对于不能建立静脉通路的小型患病动物，骨髓输液（骨内输液）也是很好的方法。休克剂量的液体和其他的物质（包括血液制品），可以通过骨髓内套管加压输入。由于骨髓输液会造成患病动物不适和骨髓炎的风险，所以应尽快建立静脉通路。

输液速度

最安全有效的静脉输液方法是使用输液泵。对于没有输液泵可以使用的病例，依靠重力输液是次选方法。来自不同制造商的输液器都有液滴矫正壶（calibrated drip chambers），这样可以使 1 mL 液体有固定的滴数。可以依据每分钟滴进矫正壶内的滴数计算出输液速度：

$$\frac{\text{将要输入的液体量（mL）}}{\text{可以输液的小时数（h）}} = mL/h$$

许多儿科输液器每 60 滴为 1 mL，这样每小时输入的毫升数等于每分钟的滴数。认真记录输液速度，对将要输入的液体以 mL/h、mL/d、滴 / min 做记录。这样方便医护人员及时发现主要的差异和计算错误。医护人员应将输入液体的量精确地记录下来。所有的添加剂应用胶布清楚地标记在输液瓶上，或用厂家生产的标签标记。也可以在输液瓶上贴胶条来快速地估计输液速度。

扩展阅读

Burkitt J: Sodium disorders. In: Silverstein DC, Hopper K, editors: Small animal critical care medicine, St Louis, 2009, Elsevier.

Cohn LA, Kerl ME, Lenox CE, et al: Response of healthy dogs to infusions of human serum albumin, Am J Vet Res 68:657-663, 2007.

1

Kirby R, Rudloff E: The critical need for colloids: maintaining fluid balance, Compend Contin Educ Pract Vet 19(6): 705‐716, 1997.

Kovacic JP: Acid‐base disorders. In: Silverstein DC, Hopper K, editors: Small animal critical care medicine, St Louis, 2009, Elsevier.

Martin LG, Luther TY, Alperin DC, et al: Serum antibodies against human albumin in critically ill and healthy dogs, J Am Vet Med Assoc 232:1004‐1009, 2008.

Mathews KA: The various types of parenteral fluids and their indications, Vet Clin North Am Small Anim Pract 28(3): 483‐513, 1998.

Mazzaferro EM, Rudloff E, Kirby R: The role of albumin in health and disease, J Vet Emerg Crit Care 12(2): 113‐124, 2002.

Riordan LL, Schaer M: Potassium disorders. In: Silverstein DC, Hopper K, editors: Small animal critical care medicine, St Louis, 2009, Elsevier.

Rozanski E, Rondeau M: Choosing fluids in traumatic hypovolemic shock: the role of crystalloids, colloids and hypertonic saline, J Am Anim Hosp Assoc 38(6): 499‐501, 2002.

Rudloff E, Kirby R: Colloid and crystalloid resuscitation, Vet Clin North Am Small Anim Pract 31(6): 1207‐1229, 2001.

Trow AV, Rozanski EA, deLaforcade AM, et al: Evaluation of use of human albumin in critically ill dogs: 73 cases (2003‐2006), J Am Vet Med Assoc 233(4): 607‐612, 2008.

洗胃

洗胃应用于大多数中毒的病例；食物胀气时减少胃内食物；胃扩张‐扭转综合征（GDV）时减少胃内压。洗胃的装置包括一个大口径的可折转的胃管、永久性标记或白胶布、凝胶润滑剂、温水、2 个大水桶、1 卷 2 in 宽的白胶条、1 个手动洗胃泵。

依照以下操作进行洗胃：

1. 使用有套囊的气管内插管将患病动物全身麻醉，起到保护气道和防止误吸胃内容物入肺的作用。

2. 把 2 in 宽的白胶条放入患病动物口中，并固定于患病动物口鼻部。将从这卷白胶条中间的孔中插入胃管。

3. 将胃管末端放在最后肋骨处，让胃管紧贴患病动物的胸腹部。测量胃管末端到嘴的长度，在胃管上做好标记（可以用永久性标记或白胶布）。

4. 润滑胃管的末端，通过白胶带中间的孔轻柔地将胃管插入。

5. 轻柔地将胃管插入食管。触诊食管内的胃管。应该可以触摸到两个管：胃管和患病动物的气管。将胃管推入胃内。可以通过向胃管内吹气或听诊胃内的水泡音来确定胃管的位置。

6. 将手动洗胃泵插入胃管的近端，缓慢倒入温水。交替倒入温水，通过重力作用清除胃内液体和残留物。重复这一过程，直到排出液没有任何残渣。

7. 保存胃排出液并进行毒物分析。

扩展阅读

Hackett TB: Emergency approach to intoxications, Clin Tech Small Anim Pract 15(2):82-87, 2000.

Schildt JC, Jutkowitz LA: Approach to poisoning and drug overdose. In: Silverstein DC, Hopper K, editors: Small animal critical care medicine, St Louis, 2009, Elsevier.

输氧

组织缺氧是进行输氧治疗的主要原因。缺氧的主要原因包括通气不足、通气－灌注不匹配、生理性或右心向左心分流、扩散不足、吸入气体中氧分压下降（表1-12）。由心输出量减少或血管阻塞造成的组织灌注不足也可以导致循环缺氧。还有可能是细胞不能利用运送给它们的氧气，这种类型的缺氧见于多种毒物（溴化物、氰化物）摄入和败血性休克。

表 1-12　缺氧的分类及对补氧的反应		
缺氧类型	原因	对补氧的反应
乏氧性缺氧		
肺泡通气不足	中枢神经系统疾病、药物、肋骨骨折、胸腔损伤、气胸、胸腔积液	反应
动静脉（生理性）分流	气胸、肺不张	部分反应
扩散减弱	气胸、肺水肿、纤维变性、肺气肿	反应
吸入氧分压下降	吸入烟，海拔高	反应
组织细胞缺氧	败血性休克、中毒	反应不大
循环性缺氧	心输出量降低、血管阻塞	反应

多数患病动物的氧合状态可以通过介入性的抽取静脉血样进行血气测量，或通过非介入性的动脉血氧测量仪测量（见酸碱生理学和脉搏血氧仪相关内容）。在海平面吸入空气的氧分压是150 mmHg。当空气从上呼吸系统到达肺泡后，氧分压降到100 mmHg。健康患病动物组织氧饱和时压力为95 mmHg。在氧被运送到组织后，静脉系统内的氧分压约为40 mmHg。

正常情况下，氧气通过肺泡毛细血管膜扩散进血管，可逆性地与RBC（红细胞）的血红蛋白结合。少量的氧气以未结合的方式弥散在血浆里。当动物血红蛋白含量足够且通过呼吸空气使血红蛋白氧饱和后，补充氧气仅仅会使氧饱和度（SaO_2）稍微升高。溶解在血浆中的非结合氧将会增加。然而，如果患病动物通过呼吸空气不能使血红蛋白氧饱和时（如肺炎或肺水肿病例），吸入高含量的氧气会改善结合和非结合血红蛋白水平。计算患病动物动脉血氧含量的公式如下：

$$CaO_2 = (1.34 \times Hb \times SaO_2) + (0.003 \times PaO_2)$$

式中，CaO_2 代表动脉氧含量；1.34 是可以被血红蛋白携带的氧气量；SaO_2 是血氧饱和度；$0.003 \times PaO_2$ 是血浆内的溶解氧（非结合）。

实际上，溶解氧对动脉血的携氧量影响很小，动脉血携氧量主要取决于可利用的血红蛋白量和身体在肺泡水平结合血红蛋白的能力（血液 pH 和呼吸状况）。

氧疗法的适应证

任何缺氧情况下都建议使用氧疗法。引起缺氧的潜在病因也必须查明并治疗，慢性的终生氧疗法在临床上很少能实现。若因为贫血使血红蛋白水平低，则输氧必须与输 RBC 一起进行，通过输入 RBC 来提高血红蛋白量。若条件允许，应使用动脉血气分析仪或动脉血氧流量计监测患病动物对氧疗法的反应，并决定何时停止氧疗法。

氧疗法的目的是提高动脉血中结合到血红蛋白的氧气量。可通过面罩、氧气笼、鼻或鼻咽管或气管插管补氧。很少需要使用机械通气。

有时有必要对慢性缺氧的病例输氧，但存在危险。慢性缺氧的患病动物存在呼吸性酸中毒（$PaCO_2$ 升高），几乎完全依靠乏氧性通气驱动呼吸。补氧提高了 PaO_2 并可能会抑制中枢呼吸驱动，导致通气不足甚至呼吸暂停。因此，要小心监测患有慢性缺氧症并接受补氧治疗的动物。

氧气面罩

氧气面罩可以购买或使用一个硬的伊丽莎白圈、胶带、塑料包裹膜制作。制作面罩时，在伊丽莎白圈前放置几个长的塑料包裹膜，用胶带固定，剩下伊丽莎白圈的腹侧 1/3 开放，这样可以促进湿热气流扩散及消除二氧化碳。沿患病动物的颈下方，在伊丽莎白圈内放置一个长而软的氧气管，以每分钟 $50 \sim 100$ mL/kg（体重）的速度供给湿润的氧气。氧气面罩可能会使患病动物体温升高。密切监测患病动物的体温，避免发生医源性体温过高。

氧气笼

树脂玻璃氧气笼可以从制造商直接购买。好的氧气笼设备包括一个机械性恒温控制压缩制冷装置、一个循环风扇、雾化或湿化装置（用于加湿空气）和一个二氧化碳吸收装置。或者可以购买儿科（婴儿）保温箱，以 $2 \sim 10$ mL/min 的速度（取决于笼子的大小）向笼内输入氧气。需要较快的速率来消除笼内的氮和二氧化碳。多数病例通过这一技术可以使 FiO_2 升高到 40% ~ 50%。使用氧气笼的缺点包括氧气的消耗过大；为患病动物进行治疗时必须打开笼门，这样笼内的氧气量就会急剧下降；氧气笼需要时间准备，不能马上使用；有产生医源性体温过高的风险。

1

鼻或鼻咽输氧

犬最常用的输氧方法之一是使用鼻或鼻咽导管。鼻部氧气导管可能会刺激鼻部黏膜。患病动物对鼻咽导管的耐受性更好。

鼻或鼻咽输氧的操作步骤如下：

1. 先找一个红橡胶导管（8～12 F，取决于患病动物体型的大小）

　　a. 对于经鼻部补给氧气的患病动物，从导管的末端开始测量从眼内眦到鼻尖的长度。

　　b. 对于经鼻咽部补给氧气的患病动物，测量导管从下颌骨到鼻尖的距离。

2. 在鼻尖处的导管上做一个永久性标记。

3. 在插管前向鼻孔内滴入局部麻醉药，如丙美卡因（0.5%）或利多卡因（2%）。

4. 当局部麻醉药起效后，在鼻孔背侧留置一段缝线。

5. 用无菌润滑剂润滑导管尖端。

6. 轻柔地将导管沿鼻中膈腹侧插入，直到进入管的长度到达先前标记处。若要将导管插入鼻咽部，则应向背侧推鼻孔的同时从侧面推鼻中膈，使导管进入腹侧鼻孔并避开筛状板。

7. 一旦导管插入了合适的长度，用手指将导管挨着鼻孔固定，并将导管缝在之前留置的缝线上。如果要把导管取出，可以剪断导管附近的缝线，保留鼻部留置的缝线（若有需要，之后还可使用）。

8. 将导管的剩余部分在鼻子上方和两眼之间缝合或钉合到头顶，或者沿颧弓侧面缝合或钉合。

9. 把导管连接到一个长而软的氧气管上，以每分钟 50～100 mL/kg（体重）的速度为患病动物提供加湿的氧气。

10. 为患病动物佩戴伊丽莎白圈，防止患病动物抓挠或拔出导管。

机械通气

根据"60 原则"，如果一个患病动物的 PaO_2 小于 60 mmHg，或 $PaCO_2$ 为 60 mmHg，应该考虑使用机械通气。机械通气需要将患病动物全麻并插入气管导管。或者也可以施行暂时的气管切开术，将患病动物进行轻度到重度的镇静，通过气管切开部位进行机械通气。这种方法虽然在开始时更具有介入性，但可以使患病动物在清醒的状态下接受机械通气。多数病情危重的动物都需要机械通气，并需要 24 h 的看护。

扩展阅读

Camp-Palau MA, Marks SL, Cornick JL: Small animal oxygen therapy, Compend Contin Educ Pract Vet 21(7):587-597, 1999.

Drobatz K, Hackner S, Powell S: Oxygen supplementation. In Bonagura JD, editor: Current veterinary therapy XII. Small animal practice, Philadelphia, 1995, WB Saunders.

Dunphy EA, Mann FA, Dodam JR, et al: Comparison of unilateral versus bilateral nasal catheters for oxygen administration in dogs, J Vet Emerg Crit Care 12(4):245–251, 2002.

Mazzaferro EM: Oxygen therapy. In: Silverstein DC, Hopper K, editors: Small animal critical care medicine, St Louis, 2009, Elsevier.

脉搏血氧仪

脉搏血氧仪是一种无创性测量血液中氧气含量的仪器。脉搏血氧仪使用不同波长的光来分辨不同分子（液体或气体混合）的特性，此处是用该仪器来分辨脉搏血中氧合血红蛋白和脱氧血红蛋白。这种方法被称为脉搏血氧定量法。

氧合血红蛋白和脱氧血红蛋白是不同的分子，因此能够吸收和反射不同波长的光。氧合血红蛋白吸收红外光谱的光，允许红光透过。相反，脱氧血红蛋白吸收红光，允许红外线通过。脉搏血氧仪中的分光光度计发射红光（波长 660 nm）和红外光谱（波长 920 nm）。不同波长的光穿过脉动血管床后被另一侧的光电探测器监测。光电探测器监测到达它的不同波长的光量，然后转化成电信号传达给处理器。处理器计算最初传输的光量和到达光电探测器的相似波长的光量之间的差异。两者之间的差异反映了脉动血液中吸收的光量，可以用于计算循环中氧合血红蛋白与脱氧血红蛋白的量或比值，或由以下公式计算功能性血红蛋白饱和度：

$$SaO_2 = HbO_2 / (HbO_2 + Hb)$$

式中，HbO_2 是氧合血红蛋白；而 Hb 是脱氧血红蛋白。4 个氧分子可逆性地结合在血红蛋白上运送到组织中。一氧化碳同样与血红蛋白结合形成碳氧血红蛋白，这是一种与氧合血红蛋白相似的分子。因此，当碳氧血红蛋白存在时，通过脉搏血氧仪监测到的 SaO_2 可能不准。

多数病例中，脉搏血氧或 SaO_2 的变化符合氧离曲线。血氧饱和度大于 90% 表明 PaO_2 大于 60 mmHg。超过这个值，PaO_2 的较大的变化仅反映为 SaO_2 的相对较小的变化。这使得 PaO_2 正常时，使用脉搏血氧仪成为一种相对不敏感的测量氧合状态的方法。

因为脉搏血氧仪监测的是动脉血中氧合及非氧合血红蛋白，当患病动物血管剧烈收缩、体温低、颤抖或躁动时，测量的结果不准确。此外，周围光过强以及高铁血红蛋白或碳氧血红蛋白的存在也会导致 SaO_2 的虚假变化，因此，所检测的值也不够可靠和准确。许多脉搏血氧仪还可以显示波形和心率。如果光电探测器没有接收到质量好的信号，波形就会发生异常，显示器上显示的心率将与患病动物实际的心率不一致。

二氧化碳监测仪（潮气末二氧化碳监测）

换气的效率通过测量动脉血液的 $PaCO_2$ 值来衡量。或者也可以使用无创的二氧化碳监测仪来测量潮气末二氧化碳浓度。二氧化碳测定法的原理为使用分光光度

1

计测量呼出气体的二氧化碳浓度。二氧化碳监测仪安装在麻醉回路的呼气支。呼出气体的样本在呼吸时分出，红外光源穿过该样本。另一侧的光电探测器测量呼出气体的二氧化碳浓度和量。计算值以潮气末二氧化碳的形式显示。该还可以显示为波形。

当设置成图形的格式时，整个换气周期以二氧化碳描记图的形式显示。正常情况下，呼吸开始时进入气管内呼气支的气体主要来自上呼吸道或生理无效腔，二氧化碳的含量较少。随着呼气继续，大量二氧化碳从支气管树呼出，波形陡然上升。在呼气末，二氧化碳描记图进入平台期，此时最能反映肺泡内二氧化碳浓度。因为二氧化碳经肺泡膜扩散的速度十分迅速，所以这也可以反映动脉血中二氧化碳浓度。如果不出现平台期而出现锯齿状波形，检查系统是否存在漏气。如果波形的基线不到零，患病动物可能正在重新吸入二氧化碳或者呼吸急促，造成生理性呼气末正压。系统中的钠石灰如果过期应更换。相反，潮气末二氧化碳低可能与肺灌注不足或血流减少有关。肺灌注下降可能与潮气末二氧化碳浓度下降相关，特别是在心肺脑复苏（CPCR）期间。潮气末二氧化碳浓度是衡量 CPCR 及动物反应最准确的指标之一。此外，动脉二氧化碳分压与潮气末二氧化碳之间的差异可以用于计算无效腔通气量。两者之间差异的增大还与肺灌注不足和肺扩散削弱有关。

扩展阅读

Day TK: Blood gas analysis, Vet Clin North Am Small Anim Pract 32:1031–1048, 2002.

Hackett TB: Pulse oximetry and end-tidal carbon dioxide monitoring, Vet Clin North Am Small Anim Pract 32:1021–1029, 2002.

Hendricks JC, King LG: Practicality, usefulness, and limits of pulse oximetry in critical small animal patients, J Vet Emerg Crit Care 3:5–12, 1993.

Pypendop BH: Capnography. In: Silverstein DC, Hopper K, editors: Small animal critical care medicine, St Louis, 2009, Elsevier.

Sorrell-Raschi L: Blood gas and oximetry monitoring. In: Silverstein DC, Hopper K, editors: Small animal critical care medicine, St Louis, 2009, Elsevier.

胸腔穿刺术

胸腔穿刺术是指从胸膜腔中抽出液体或气体的方法。胸腔穿刺术可能用于诊断或确认胸腔内是否存在气体或液体，并确认获得液体的性质。胸腔穿刺术还可用于治疗，抽出已存在的大量空气和液体，使肺脏可以重新换气并纠正低氧血症和端坐呼吸。

依以下操作进行胸腔穿刺术：

1. 准备好框 1-16 列出的所需器械。
2. 在患病动物胸部两侧分别剃毛，面积为 10 cm²。
3. 剃毛部位消毒。

框 1-16　胸腔穿刺术需要器械
22~20 G 套管针或注射器针头 60 mL 注射器 静脉延长管 三通阀 修剪工具 抗菌刷 乳胶手套

4. 理想情况下，胸腔穿刺术应该在第 7 ~ 9 肋间进行。紧急情况下，不用计算肋骨间隙，可以把胸腔看作是一个箱子，剃毛部位看成是箱子内的箱子。将穿刺针或导管插入箱子的中间，然后向背侧或腹侧倾斜针头，放出胸腔内的液体或空气。

5. 将针头或导管接口与长的静脉延长管连接。将静脉延长管的内止口连接到三通阀的外止口。将 60 mL 注射器连接到三通阀内止口上。现在器械就可以使用了。

6. 经肋间隙插入针头，使针头方向向下。

7. 下推针头接口，使针头与胸腔平行。以顺时针方向或逆时针方向晃动针头接口，针头会穿刺进入胸腔，放出液体或气体。一般情况下，气体在背侧而液体在腹侧，但也不全是这样。

8. 抽吸气体或液体。保留抽出的所有液体进行细胞学检查、生化分析、细菌培养和药敏试验。对气胸的病例，如果需要重复进行 3 次以上的胸腔穿刺术，考虑使用胸廓造口术放置导管。

胸廓造口管

对于任何不能进行负压抽吸或需要重复进行胸腔穿刺放气的气胸病例，都应放置胸廓造口管。胸廓造口管还可用于对迅速积聚的胸腔积液进行引流和治疗脓胸。在放置胸廓造口管前，确保所有器材都齐备（框 1-17 和表 1-13）。

框 1-17　放置胸廓造口管所需要的器材	
Argyle 套管针胸腔引流管	圣诞树样接头
三通阀	静脉延长管
22 G 注射器针头	Mayo 剪刀（无菌）
10 号刀片	刀柄（无菌）
持针器（无菌）	2% 利多卡因
无菌创巾	创巾钳
镊子	25 G 头皮针
2-0 至 0 号不可吸收缝线	3 ~ 6 mL 注射器
4 in × 4 in 纱布（无菌）	棉纱布
修剪工具	弹力绷带
干净的含抗菌药的隔离布	无菌手套

1

表 1-13　犬猫体型与合适的胸腔导管型号	
犬猫体重	导管（F：号码）
<7 kg	14 ~ 16 F
7~15 kg	18 ~ 22 F
16~30 kg	22 ~ 28 F
>30 kg	28 ~ 36 F

依以下操作放置胸廓造口管：

1. 将患病动物侧卧。

2. 剃除患病动物整个胸壁的被毛。

3. 胸壁消毒。

4. 触摸到第 10 肋间隙。

5. 由助手把患病动物的皮肤向前腹侧拉——向肘部方向。这样可以在胸廓造口管周围形成皮下的通道。

6. 抽取 2% 利多卡因［犬 2 mg/kg（体重），猫 1mg/kg（体重）］和少量的碳酸氢钠来减轻刺痛。

7. 在第 10 肋间的背侧入针，扎到第 7 肋间隙，缓慢推注利多卡因，边推边退针，形成一个麻醉通道，方便插入导管。第 7 肋间隙为含套管针的胸腔引流管将要到达的位置。

8. 当局部麻醉生效后，取出导管内的套管针，用 Mayo 剪刀切断导管近端以便与圣诞树样接头连接。

9. 将圣诞树样接头与三通阀连接，并将三通阀与注射器和一个长的静脉延长管连接，这样在放置好胸廓造口管后，可立即与这套设备相连。

10. 再次对胸壁消毒，然后铺设创巾，并用创巾钳固定。

11. 戴无菌手套，在第 10 肋间背侧做一个小切口。

12. 将套管针插回胸廓造口术引流管。将套管针和导管插入切口，向前插入约 3 个肋间隙，同时由助手向前腹侧肘部位置拉皮肤。

13. 在第 7 肋间隙，使套管针和导管垂直于胸腔。握紧导管设备与胸腔连接处，防止套管针向里游走进入胸腔。

14. 术者把右手放在套管针的末端，把套管针和导管推入胸腔，然后迅速将身体前倾，利用身体的压力将导管推入。对于小型患病动物，术者可以站在凳子上或跪在放患病动物的桌上，利用杠杆作用使导管进入胸腔。导管进入胸腔时会发出声音。

15. 轻柔地将导管推出通管丝并取出通管丝。

16. 立刻将导管连接圣诞树样接头，当把导管固定在合适位置后，在固定管的同时由助手开始抽出里面的空气和液体。

17. 在导管周围进行水平褥式缝合，使皮肤紧紧围绕着导管，避免导管移动。缝合时，注意不要让针和缝线穿透导管。

18. 在导管进入的位置做一个荷包缝合。将缝线留长一些，这样可以用手抓住缝线末端，把导管固定在合适位置。

19. 在导管上覆盖一个大面积的用抗微生物药剂浸渍的黏胶带，以便之后保定和消毒。

20. 如果没有抗微生物黏胶带，在导管上放置一个 4 in × 4 in 的纱布，然后用棉纱布和 Elastikon 黏胶带将导管固定在患病动物胸部。

21. 在绷带上标注导管的位置，防止切掉导管后纱布的位置发生变化。

若没有套管针胸腔引流管，可以使用其他套管针进行以下操作：

1. 同上处理患病动物胸侧壁和注射利多卡因。

2. 同上用 10 号剪刀切一个小口。

3. 找到一个合适大小的红色橡胶管，在橡胶管的末端剪多个小孔，注意孔的大小不要超过橡胶管直径的一半。

4. 在红色橡胶管内插入一个硬的长导尿管，以保证将橡胶管插入胸腔时足够硬。

5. 用大的止血钳夹住红色橡胶管的末端。用尖头剪刀在皮下剪一个通道到第 7 肋间隙，并在肋间隙进行穿刺。

6. 取出尖头剪刀，把大的止血钳和红色橡胶管经皮下通道送入上一步在第 7 肋间隙穿刺的孔。

7. 经孔插入大的止血钳的尖端和红色橡胶管，之后松开大的止血钳。

8. 向前将红色橡胶管推入胸腔。

9. 取走止血钳和硬的导尿管，并立即连接抽吸设备。按上述方法固定红色橡胶管。

扩展阅读

Hackett TB, Mazzaferro EM: Veterinary emergency and critical care procedures, London, 2006, Blackwell Scientific.

Mazzaferro EM: Pulmonary injury secondary to trauma. In Wingfield WE, Raffe MR, editors:

Sigrist NE: Thoracostomy tube placement and drainage. In Silverstein DC, Hopper K, editors: Small animal critical care medicine, St Louis, 2009, Elsevier.

The veterinary ICU book, Jackson, Wyo, 2002, Teton NewMedia. Sigrist NE: Thoracentesis. In Silverstein DC, Hopper K, editors: Small animal critical care medicine, St Louis, 2009, Elsevier.

Tseng LW, Waddell LS: Approach to the patient in respiratory distress, Clin Tech Small Anim Pract 15(2):53-62, 2000.

1

气管造口术

进行暂时的气管造口术有时能够挽救患病动物的生命，也可以用它来减轻上呼吸道阻塞、取出上呼吸道分泌物、减少无效腔通气量、在上腭面的手术时提供吸入麻醉通路，还可以进行机械通气。

在紧急情况下，患病动物出现紧急窒息并且不能进行气管插管，任何切开工具都可以用于在气管末端阻塞处切开气管。要进行快速的气管切开，应迅速剃毛并刷洗第三气管环表面的皮肤。用11号刀片在气管上切一个小口后，插入一个坚硬的管子，如注射器针筒。或者插入一个连在静脉延长管上的22 G针头，并连接在1 mL注射器上，然后将注射器连接在氧气源上。这种方法也可以暂时减轻阻塞，直到可以进行暂时的气管造口术。

在不太紧急的情况下，先将患病动物全身麻醉并插管。在气管造口术前准备好所有需要的设备（框1-18）。

依以下操作进行气管造口术：

1. 将患病动物仰卧。
2. 自下颌支末端开始到胸腔入口处，剃除颈部腹侧至背正中线的毛。
3. 无菌刷洗剃毛区域，铺设创巾，并用创巾钳固定。
4. 在3~6气管环之间正中线上做一个3 cm长的垂直皮肤切口。
5. 钝性分离胸骨舌骨肌，直至气管。
6. 小心提起气管表面的筋膜，使用尖头剪刀将其剪开。
7. 在连接的气管环两侧放置两根留置线（穿过或环绕气管环）。
8. 用11号刀片在气管环之间切开。注意切口不要超过气管环直径的1/2。
9. 使用留置的缝线向切口两侧牵拉气管并插入气管造口术插管。插管包括一个内芯，使插管更容易进入气管腔。拔出内芯，插入内套管，内套管可以拔出清洗。
10. 插管插入后，使用长的无菌脐带胶布带将插管固定在颈部周围。

框1-18　气管切开术需要的设备	
无菌创巾	3-0至2-0的不可吸收性缝线材料
创巾钳	持针器
抗菌刷	Shiley低压套囊气管造口管或已切割并改造成气管造口管的气管插管
10号刀片	
弯蚊式止血钳	脐带胶布带
尖头剪刀	
镊子	

气管造口术后护理

气管造口的术后护理与手术本身同样重要。因为气管造口术插管的存在，使上呼吸道不能发挥保护作用，术后护理最重要的一方面就是要始终维持插管的清洁。所有吸入的氧气应该用无菌水或盐水湿化，防止上呼吸道黏膜干燥。如果不需要补氧，每 1～2 h 滴入 2～3 mL 的无菌生理盐水来湿化黏膜。须戴无菌手套，每 4 h（如有需要可更频繁）取出内管并放入装满无菌过氧化氢的无菌碗中浸泡消毒。如果没有 Shiley 管，可每 1～2 h 将连接到抽吸器的灭菌 12 F 红色橡胶管插入气管造口术插管内，抽出黏液或碎片等任何可能会阻塞插管的物质。除非患病动物表现出发热或感染的症状，否则不推荐使用抗生素，因为随意使用抗生素可能会产生耐药性。在暂时性的气管造口术不再需要后，取出插管和缝线，让伤口二期愈合。缝合创口可能会增加患病动物皮下气肿和感染的风险。

扩展阅读

Colley P, Huber M, Henderson R: Tracheostomy techniques and management, Compend Contin Educ Pract Vet 21(1):44-53, 1999.

Fudge M: Tracheostomy. In Silverstein DC, Hopper K, editors: Small animal critical care medicine, St Louis, 2009, Elsevier.

Hackett TB, Mazzaferro EM: Veterinary emergency and critical care procedures, London, 2006, Blackwell Scientific.

Hedlund CS: Surgery of the upper respiratory system. In Fossum TW, editor: Small animal surgery, St Louis, 2002, Mosby.

Hedlund CS: Tracheostomies in the management of canine and feline upper respiratory disease, Vet Clin North Am Small Anim Pract 24(5): 873-886, 1994.

尿道水压脉冲法

尿道水压脉冲法是除去公犬尿道结石的治疗方法。将患病动物进行深度镇定或全身麻醉，有利于该操作（图 1-12）。

依以下操作实施尿道水压脉冲法：

1. 将患病动物侧卧。

2. 从包皮末端剃毛。

3. 无菌擦洗包皮，用 12～20 mL 抗菌冲洗液冲洗包皮腔。

4. 由助手戴手套将阴茎从包皮内推出。

5. 戴无菌手套，润滑硬导尿管的尖端以便将导尿管插入。

6. 轻柔地将导尿管尖端插入尿道，遇到阻塞物的阻力时停止。

7. 捏住导管周围的阴茎。

8. 由助手自患病动物直肠伸入一根戴手套的润滑的手指，向腹侧压直肠以堵住盆腔尿道。

9. 在导管近端连接一个充满无菌生理盐水的 60 mL 注射器。

1

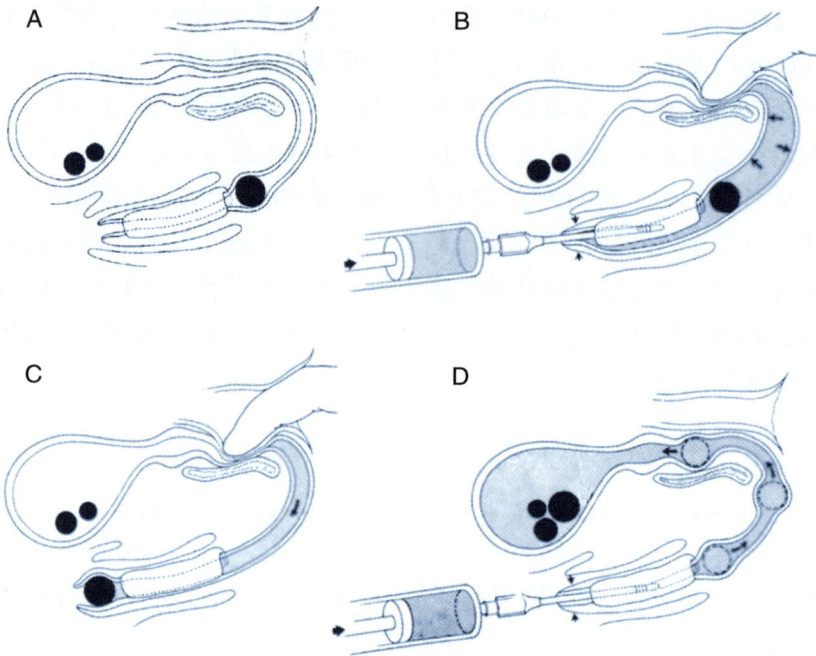

图1-12 采用尿道水压脉冲法去除公犬尿道内结石。A.起源于膀胱的尿道结石堵在了阴茎骨后。B.在压迫盆腔尿道的情况下向尿道内注入液体,达到扩大尿道的目的。手指在盆腔内从外部压住尿道,使其形成一个封闭的系统。C.突然释放尿道外压力,使液体和结石向尿道外移动。D.突然释放盆腔内的手指,使液体和结石向膀胱内移动(引自 Osborne CA, Finco DR: Canine and feline nephrology and urology, Baltimore, 1995, Williams & Wilkins.)

10. 快速向导管内注水,交替按压和放松盆腔处尿道,使尿道扩张并突然释放压力,引起结石移位。小结石可能会从尿道口喷出,而大结石可能会冲回膀胱待之后手术取出。

扩展阅读

Osborne CA, Finco DR: Canine and feline nephrology and urology, Baltimore, 1995, Williams & Wilkins.

血管通路技术

静脉导管型号的选择主要取决于患病动物的体型大小和种类、需要插入导管的血管的脆弱性、导管将要留置的时间、将要输入的液体或药物的类型和黏滞性、预期的输液速度以及是否需要多次采血样(表1-14)。

不同的血管(包括颈静脉、前臂静脉、副前臂静脉、内侧隐静脉、外侧隐静脉、足背动脉、股动脉)可放置套管针导管(over-the-needle)、管芯针导管(through the needle)、套丝导管(over-the-wire)等不同类型的导管。

表 1-14　静脉导管型号

动物种类	头静脉或跗静脉（导管型号）	颈静脉（导管型号）
猫或小型犬	20 ~ 24	16 ~ 18
中型犬	18 ~ 22	16 ~ 18
大型犬	14 ~ 20	14 ~ 18

　　放置和维护静脉导管最重要的一点是时刻保持清洁。患病动物的尿液、粪便、唾液和呕吐物是导管主要的污染来源。在为任何患病动物放置中央或外周静脉导管之前，要考虑患病动物的体况，包括是否存在呕吐、腹泻、过度排尿或抽搐。有口腔肿物且正在流涎或呕吐的患病动物，外周头静脉导管可能比较容易被污染。相反，若患病动物过度排尿或腹泻，则很容易污染内、外侧隐静脉导管。

　　在放置或处理导管或静脉内输液器时，操作人应该认真洗手并戴手套，防止污染静脉内导管和输液器。在动物医院，最常见的导管污染源是护理人员的手。在紧急情况下，可能需要在环境欠佳的情况下放置导管；一旦患病动物稳定后，取下这些导管，通过无菌术再次插入导管。

　　一般情况下，一旦确定了导管的位置，在保定患病动物前，应准备好所需要的器材。框 1-19 列出了放置导管所需要的大部分器材。

　　在准备好所有需要的器材后，对放置导管处及附近的皮肤进行剃毛。确保剃除所有多余的被毛及附近的长毛，防止污染。对于放置在四肢的导管，在导管放置位点做环形剃毛，便于黏胶布粘在肢体上，以及减轻去除导管时给患病动物带来的不适。然后，用抗菌溶液（如葡萄糖酸氯己定和异丙醇制剂）消毒放置导管的位置。至此已准备就绪。

框 1-19　放置静脉内导管需要的器材

抗菌刷
棉球
电推剪及 40 号刀片
纱布（4 in × 4 in[*]）
肝素化生理盐水
静脉内导管
0.5 ~ 1 in[*] 白胶布
用肝素钠冲洗的外止口或 T 端口

注：[*] 由 A.Looney,B.Hansen, and E.Hardie 提供。

中央静脉导管

对于在医院住院期间需要频繁采集血样的病例，应考虑放置中央静脉导管。中央静脉导管也可用于 CVP 的测量，输入高渗液（如肠外营养液）、晶体液和胶体液，麻醉或输入其他注射型的药物（图 1-13 和图 1-14）。

管芯针导管和套丝导管可直接购买。中央静脉套丝导管可用塞丁格技术（Seldinger Technique）放置。无论放置何种导管，一定要随时保持无菌。

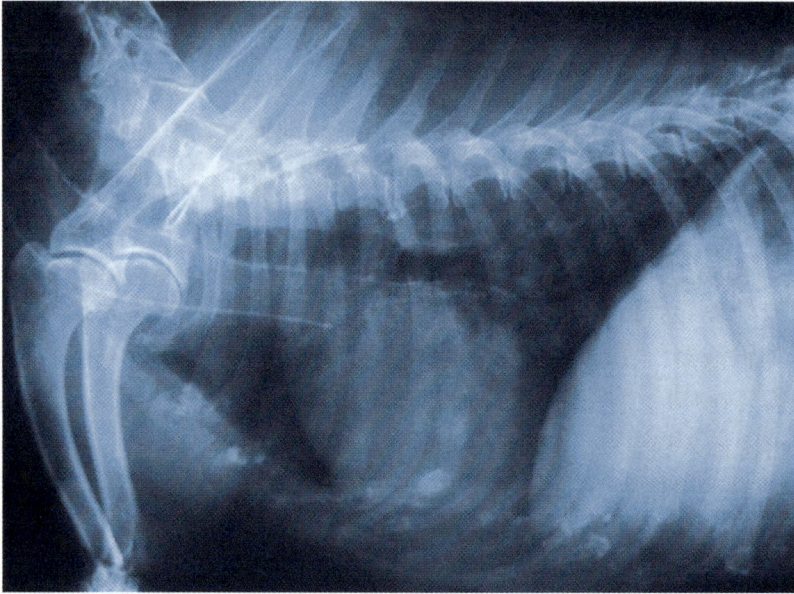

图 1-13　中央静脉导管的胸腔侧位 X 线片，注意导管远端所在位置恰好达到右心房外侧

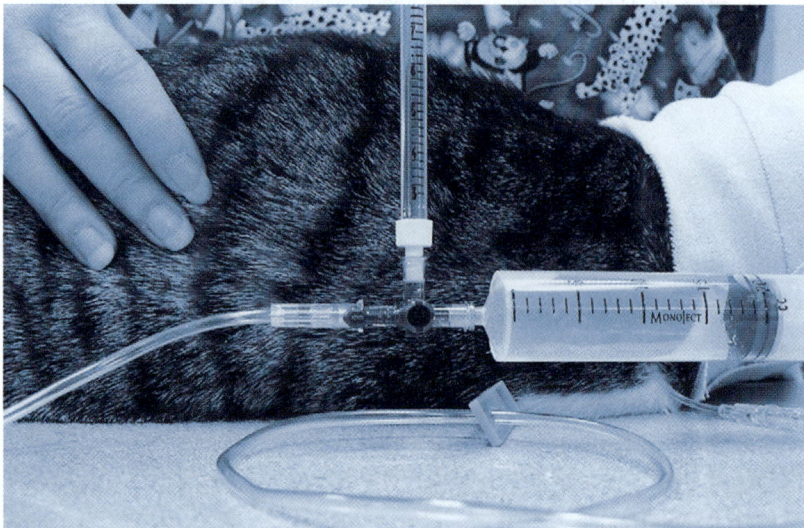

图 1-14　中央静脉压的测量，注意测量仪中 0 刻度所在的位置是患病动物的柄状突部位

1

经皮颈静脉套丝导管留置术（塞丁格技术）

中央静脉导管也可经塞丁格技术或套丝导管技术留置。许多公司生产留置套丝导管的全套设备。每套设备至少应包含一个放置到静脉的套管针导管，一根长的可穿过最开始放置的导管内部的导丝，一个静脉扩张器来扩张由第一个导管所造成的洞，以及一个可放在血管中导丝外的导管。另外的配件包括创巾、无菌纱布、解剖刀片、局部麻醉药、22 G 针头、3 mL 或 6 mL 注射器。

放置颈中央静脉导管需要患病动物侧卧，伸展患病动物的头、颈部，确保颈静脉沟伸直。自下颌末端到胸腔入口处剃毛，并向两侧剃到背中线和腹中线。用纱布（4 in × 4 in）擦掉所有松动的毛发和其他碎屑。使用抗菌清洁剂擦洗剃毛区。

佩戴无菌手套，在导管放置区域铺设无菌创巾，在胸腔入口处堵住颈静脉。

提起导管放置处的皮肤，经皮肤注射局部麻醉药。局部麻醉药不得注射到皮下血管中（图 1-15）。在注射局部麻醉药处，用 10 号或 11 号刀片切一个小口，小心操作避免伤到皮下静脉。随后如前所述压迫颈静脉，插入套管针到静脉中。观察导管接口处是否有血液流出。取出导管内的管芯。接着，将长导丝经导管插入静脉中（图 1-16 和图 1-17）。一定要一直握住导丝。移除套管针导管，将静脉扩张器套在导丝外并插入静脉（图 1-18）。轻柔地捻转静脉扩张器，让静脉扩张器在静脉上制造一个稍大的洞。稍大的洞形成后，静脉出血会更多。将中心静脉导管套在导丝外，沿导丝进入静脉（图 1-19）。向血管内推中心静脉导管，直至到达导管的接口处（中心静脉导管末端螺纹处）（图 1-20）。慢慢地将导丝从导管最近的一个端口穿出。一旦导管放好后，移除导丝，用不可吸收缝线将导管缝在皮肤上。

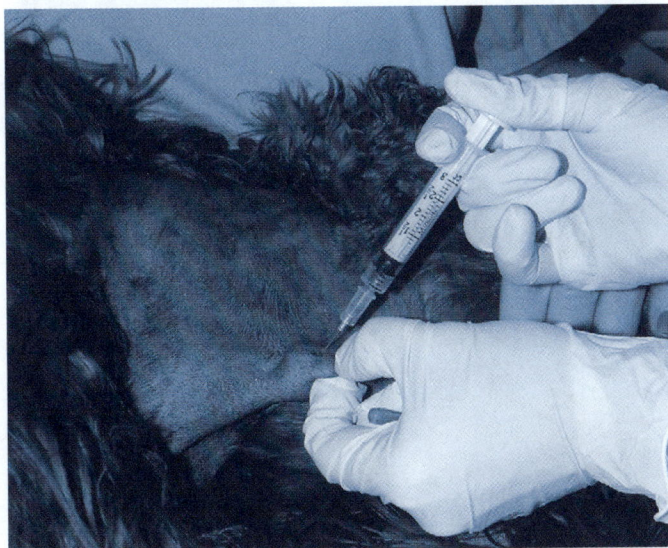

图 1-15　局部浸润麻醉。在进行皮肤切口之前，对即将插入导管的部位注射利多卡因。提起皮肤防止将麻醉药注射入血管内

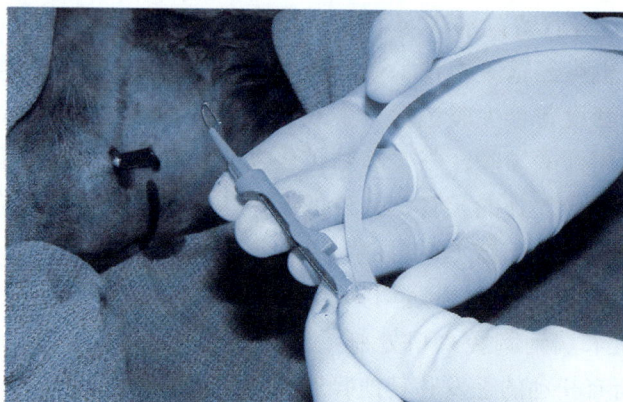

图 1-16　J 线的顶端弯曲，防止在插入过程中对血管和心脏造成医源性创伤。插入导管后往回拉，这样 J 线的弯曲部分即可伸直

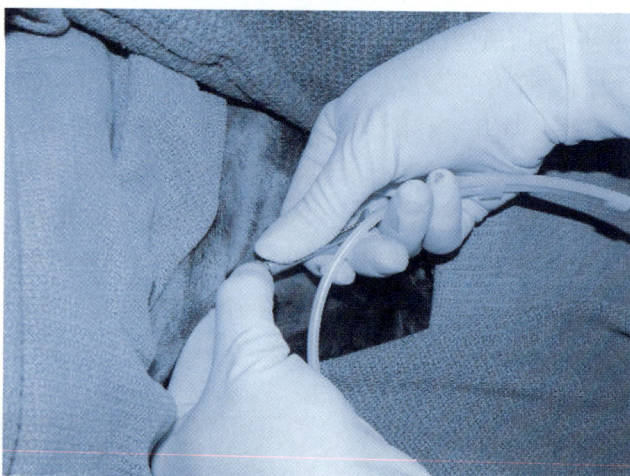

图 1-17　将 J 线插入导管。通过套管针将 J 线插入血管，然后去除套管针，留置 J 线并固定。一定不能松开 J 线

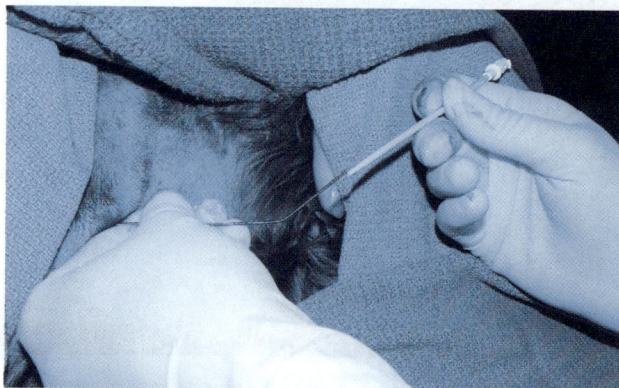

图 1-18　将血管舒张器通过导丝以捻转的方式插入血管内，将血管上的洞扩大，以便随后放置导管

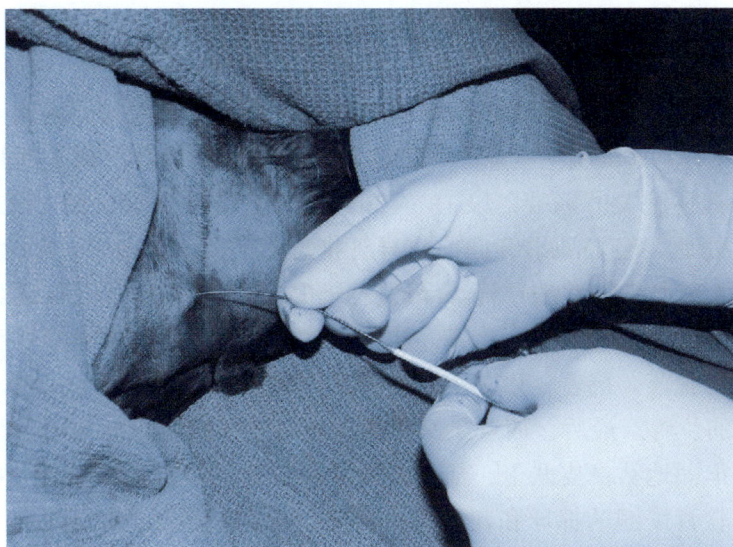

图 1-19　将多腔的导管通过导丝插入血管。切记不能放开导丝。在导管已经插入血管并密闭以后，将导丝从导管的近端取出

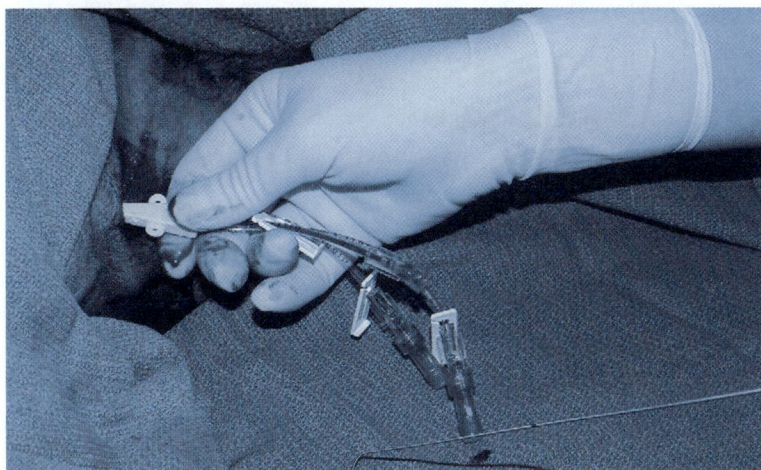

图 1-20　这样导管便安装在了患病动物的颈静脉上，此时利用不可吸收缝线将导管固定在皮肤上，然后用绷带包扎

　　轻柔地用棉纱布和弹力绷带包扎中心静脉导管。用肝素钠冲洗一个外止口或一个 T 端口，然后标记导管的型号、长度、放置日期和操作人员。这样导管就可以开始使用了。每天监测导管插入的位置是否有气肿、渗出、血管壁增厚、输液疼痛。如果上述任何症状发生；或患病动物出现不明原因的发热，则应移除导管，导管尖端进行无菌处理，在其他位置重新放置导管。只要导管可正常发挥作用且不造成并发症，那么导管就可以一直保留。

外周动脉和静脉导管的放置
前臂静脉导管

将患病动物置于胸卧位，与前臂静脉穿刺的体位一样。前臂周围剃毛，擦掉毛发和碎屑（图 1-21）。消毒剃毛区域，由助手压迫臂弯处头静脉。放置静脉导管的操作人员应用左手握住腕关节远端，以 15°~30° 插入套管针导管（图 1-22）。观察到血流入导管接口处后，轻轻地继续向前将导管推出管芯（图 1-23）。由助手压迫静脉，防止返流。用无菌肝素钠冲洗导管。保证皮肤和导管芯清洁干燥，保证胶布能粘在导管和皮肤上。用白胶布紧紧缠绕导管，然后缠绕在前肢上。确保导管在胶布内不会旋转，否则导管将脱落。接着，用黏胶带在导管下缠绕皮肤和导管接口（图 1-24）。胶布可固定导管的位置。最后，放置 T 端口或外止口到导管接口，并用白胶布固定于肢体。确保胶布牢固地粘在皮肤上，但不要太紧以免阻碍静脉回流（图 1-25）。放置导管处可用抗菌软膏浸润的棉球和几层绷带覆盖。标明放置导管的日期、型号、种类、操作人员。

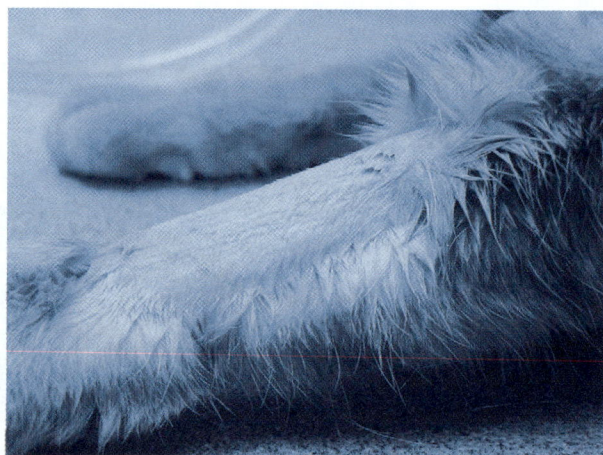

图 1-21 在患病动物的前臂周围剃毛，便于放置静脉导管

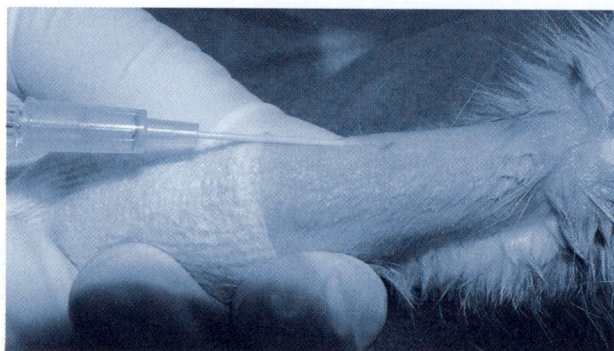

图 1-22 将导管通过皮肤插入血管中，观察是否有血液进入导管内

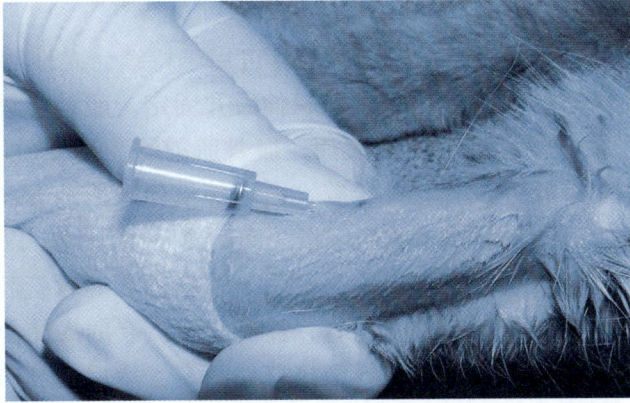

图 1-23　血液进入导管内

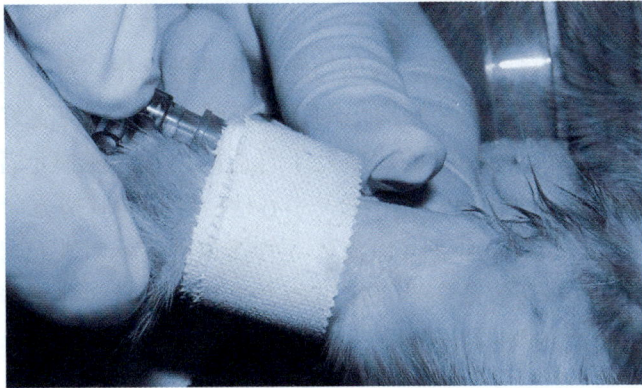

图 1-24　用胶带把导管固定在皮肤上

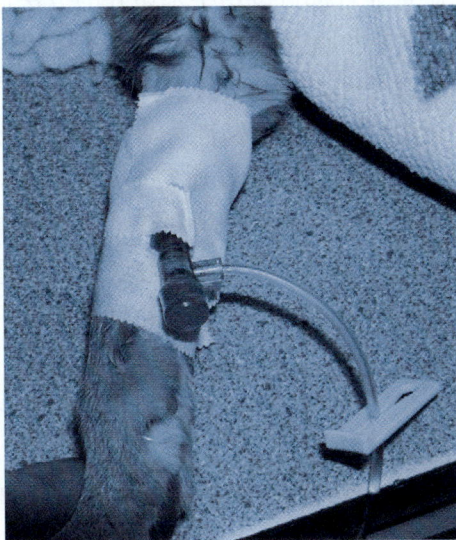

图 1-25　导管用 T 端口固定在适当的位置

1

经皮股动脉放置导管

股动脉可以放置动脉导管。放置动脉导管可用于持续介入性测量血压（BP）及动脉血采样。将患病动物侧卧，然后将后腿伸展并固定。股动脉周围剃毛并刷洗消毒。触摸股动脉，它在股骨远端内侧表面，耻骨肌前缘。用 18 G 针头斜面先做一个小切口。经皮肤切口放置长套管针导管，向可触摸到脉搏的方向刺入。放置导管尖端，让针尖停留在动脉和触摸动脉的手指之间的皮下组织处。以 30° 进针，刺入血管表层、深层。血会流入导管接口内，证明导管已进入动脉管腔。拔出管芯，用导管盖盖住接口。用无菌肝素钠冲洗导管，然后固定。有的人简单地直接用胶带将导管固定，但最好用蝴蝶型胶布围绕导管接口处固定，然后把胶布缝或粘在皮肤上进一步固定。

经皮足背动脉放置导管

足背动脉常用来放置导管。将患病动物侧卧后进行操作。足背动脉附近剃毛并刷洗消毒。用胶布缠绕肢体远端，使腿向内侧轻微翻转，这样可以更好地暴露血管；或由放置导管的操作人员使患病动物的后肢处于合适的位置。触摸足背动脉，其位于跗骨背侧。经皮以 15°～30° 放置套管针导管，小心地使针尖向脉搏方向移动。缓慢进针，仔细观察导管接口处是否流入血液（血流入导管接口处表示针头已插入股动脉腔内）。然后，把管芯抽出，用导管盖盖住导管接口处。像其他静脉内放置导管一样，用胶布固定导管。每 2～4 h 用肝素钠冲洗导管一次。

手术切开放置动、静脉导管

所有可以经皮放置的血管导管都可以用手术切开的方法放置。如前所述的经皮放置导管一样保定患病动物，剃毛并刷洗消毒。在用 11 号刀片切开皮肤之前，先用局部麻醉药麻醉操作部位。戴无菌手套，提起血管表面的皮肤后切开。用刀片反挑式切开皮肤，以免伤到皮下血管。用蚊式止血钳钝性分离皮下脂肪和血管周围的筋膜。确保所有的组织都与血管分离。用蚊式止血钳在血管下放两根可吸收缝线作为内牵引线。上提血管直至血管与切口平行，轻柔地将导管和管芯插到血管中。用内牵引线松弛地缠绕导管。用不可吸收缝线将导管缝合于表面的皮肤，然后像经皮放置导管一样用胶布和绷带固定导管。尽快移除手术放置的导管，并将其更换为经皮放置的导管，以免发生感染和血栓性静脉炎。

动、静脉放置导管的维护

导管维护最重要的一点是始终保持无菌和清洁。只要放置的导管功能正常且患病动物无并发症，就可以一直保留。一旦包扎材料变湿或被污染应立即更换，防止细菌进入血管。至少每天检查一次绷带和导管处，观察是否有血栓性静脉炎的征兆：红疹、血管变硬或粘连，输液时疼痛、渗出等。同样要检查导管附近、近端及远端的组织。患病动物爪子肿胀可能说明绷带和胶布粘得过紧，阻塞了静脉回流。导管近端组织肿胀说明血管周围有液体漏出，放置的导管可能滑出了血管。

如果导管不能发挥功能、输液疼痛或有阻力、出现无法解释的发热或白细胞增多，或出现蜂窝织炎、血栓性静脉炎，或发生与放置导管相关的菌血症或败血症，应移除导管。将导管尖端灭菌。如果患病动物舔咬导管或绷带，应为其佩戴伊丽莎白圈或用其他形式保定。

导管的畅通可以通过持续输液或每 6 h 用肝素钠（每 250～500 mL 盐水中加入 1 000 U 的肝素）冲洗一次来维持。动脉导管要每 2 h 冲洗一次。只有当非常必要时，才拆解输液系统。接触或处理导管时，要戴手套。标注每个输液器连接的时间，每 24～36 h 更换一次输液器。

骨内导管的放置

当患病动物因为体型过小、血容量过低、体温低或严重低血压而不能放置血管内导管时，可以将针插入股骨、肱骨和胫骨的骨髓腔内，进行输液、输药或输血液制品。该技术用于幼猫、幼犬和异宠。骨内输液不可用于禽类（其有含气骨）、骨折及败血症（因为可能会发展为骨髓炎）。骨内的导管相对容易放置和维持，但会引起患病动物的不适，一旦可以使用静脉通路时，应立即换为静脉内导管。

放置导管前先进行剃毛和刷洗消毒。最容易放置骨内导管的位置为股骨转子间窝。在套管针或针要刺入的位置，经皮肤注射少量的麻醉药到骨膜。使患病动物侧卧，用手掌握住其膝关节。向腹部推膝关节（内侧），使股骨近端外展并远离身体。这样可以使坐骨神经离开导管放置的位置。将针尖经皮肤插入股骨转子间窝的筋膜。轻柔地旋转进针，平行于股骨干向操作人员手掌方向推针。当针进入骨髓腔时，可以感觉到阻力下降。轻柔地用肝素钠冲洗针头。如果针头被骨内碎片堵塞，更换新的同型号和种类的针头，从已经产生的洞进针。也可以使用有内管芯的脊髓针。管芯可以防止脊髓针在插入骨髓时被骨碎片堵塞。用白色黏胶布固定针头接口处，然后把它缝合在皮肤上，以保证导管在原位，现在导管就可以开始使用了。患病动物应佩戴伊丽莎白圈防止导管损坏或脱落。骨内导管的维护方法和其他外周导管一样，即定期冲洗并每天评估放置导管的部位。

扩展阅读

Beal MW, Hughes D: Vascular access: theory and techniques in the small animal emergency patient, Clin Tech Small Anim Pract 15(2):101-109, 2000.

Davis H: Central venous catheterization. In Silverstein DC, Hopper K, editors: Small animal critical care medicine, St Louis, 2009, Elsevier.

Davis H: Peripheral venous catheterization. In Silverstein DC, Hopper K, editors: Small animal critical care medicine, St Louis, 2009, Elsevier.

Giunti M, Otto CM: Intraosseous catheterization. In Silverstein DC, Hopper K, editors: Small animal critical care medicine, St Louis, 2009, Elsevier.

Hansen BD: Technical aspects of fluid therapy. In DiBartola S, editor: Fluid therapy in small animal practice, Philadelphia, 2000, WB Saunders.

Mazzaferro EM: Arterial catheterization. In Silverstein DC, Hopper K, editors: Small animal critical care medicine, St Louis, 2009, Elsevier.

Otto CM, Kaufman GM, Crowe DT: Intraosseous infusion of fluids and therapeutics, Compend Contin Educ Pract Vet 11:421-430, 1989.

Shaw S, Walshaw S: Manual of clinical procedures in the dog, cat, and rabbit, ed 2, Philadelphia, 1997, Lippincott-Raven.

疼痛：评估、预防与治疗

在过去的几年中关于疼痛的定义一直存在争议，并且随着知识的不断丰富，疼痛的定义也在不断改变。疼痛是指一种不愉快的感受或者精神上的经历，伴发有急性的可觉察的损伤。除非大脑中出现有害刺激，否则不会出现疼痛反应或者引起适应性结果。合理的疼痛治疗需要了解疼痛的发生机制以及镇痛药镇痛的作用机制。

多种因素和原因都可以引起人类和动物的疼痛反应。疼痛的发生包括生理性原因和心理性原因，可能是由于创伤、感染、对动物的忽视、环境应激、手术和慢性疾病的急性失代偿所致。疼痛大致可分为两类，即急性疼痛和慢性疼痛，框1-20中列出了疼痛的病因和具体分类。

框 1-20　犬猫疼痛的分类与病因	
急性疼痛	**慢性疼痛**
创伤	关节炎
烧伤	癌症
术后	神经学：糖尿病
肌肉骨骼疼痛	肌肉骨骼疼痛
内脏或者胸膜疼痛	交感神经萎缩

疼痛的感受和反应系统可以分为以下几个类型：伤害感受器，负责察觉和过滤有害刺激的强度；主要传入神经，负责将神经冲动传入中枢神经系统（CNS）；上行束，是背侧神经和脊髓神经的组成部分，负责将刺激传入位于大脑内更高一级的神经中枢；更高级的神经中枢，主要负责疼痛的识别、记忆和驱动控制；调节或者下行系统，负责处理、记忆和调节传入的神经冲动。目前所用镇痛药的作用是：抑制传入神经感受

1

器将神经冲动传入大脑和脊髓中；通过背侧的主要传入神经或神经根直接阻滞神经冲动的传入；或者阻断伤害感受器对疼痛和炎症产生感觉。生理层面疼痛的产生过程如下：外周神经末梢将冲动传输至传入神经，经外周神经元传至上行束，后经丘脑传至大脑皮层。四肢的上行传入神经则负责心理层面的疼痛产生。

疼痛有若干种分类方法。急性疼痛，如创伤、手术、感染原等引起的疼痛，具有发作急、持续时间短、易于镇痛等特点。相反，慢性疼痛是由于长期的生理性疾病或者情感压抑所致，发作缓慢，但是治疗困难。这两种类型的疼痛根据发病的器官部位可以进一步分类。躯体疼痛主要来自浅表皮肤、皮下组织、体壁或附属器官；内脏疼痛主要来自腹腔或胸腔内脏的疼痛，通常伴发有浆膜的刺激。镇痛是使痛觉丧失但意识尚存。相对而言，麻醉则是使全身或者躯体部分感觉丧失，同时存在意识丧失或者至少中枢神经系统出现抑制的现象。

疼痛对生理的影响

若不进行任何镇痛治疗，则疼痛能够立即引起神经内分泌轴的反应，进而引起动物不安、激动、心率和呼吸频率增加，发热和血压波动，所有这些都不利于动物的康复。动物由于与分解代谢相关激素的分泌增加而与合成代谢相关激素的分泌下降，使其处于分解代谢亢进状态。神经激素变化的主要净效应是分解代谢激素的分泌增加。糖原的生成以及胰岛素的相对缺乏，导致动物出现并持续存在高血糖。皮质醇、儿茶酚胺和生长激素等的刺激可以促进脂肪分解。疼痛对心肺系统的影响包括心输出量增加、血管收缩、缺氧和过度通气。蛋白质分解很常见，而且是影响动物恢复的主要问题。炎症引起的疼痛可以导致组织和血液中前列腺素和细胞因子的浓度增加，二者能够通过提高机体的能量消耗而间接促进蛋白质的分解代谢。

大量的事实表明，局部麻醉药、交感神经激动剂和阿片类神经阻断剂可对这些生理变化的反应产生调节作用。根据麻醉技术和所选择药物，血清皮质醇、生长激素、抗利尿激素、β-内啡肽、醛固醇、肾上腺素、去甲肾上腺素和肾素会出现不同程度的下降。疼痛发作之前预防性给药可以钝化疼痛反应；察觉到疼痛后再给予镇痛药时效果不佳，需要更高的剂量才能达到同样的镇痛效果。

识别和评估疼痛

疼痛只有经有效、可靠且规范地评估后才能得到有效的控制。由于动物个体对疼痛的感受存在差异，因此给疼痛的评估带来了困难，尤其是创伤动物和病情危重的动物。临床上大多数疼痛评估是通过对动物的行为观察、与人互动的程度以及生理反应（如心率、呼吸频率、血压和体温等）的评估来实现的。但是很多因素可以影响疼痛的评估结果，包括环境的改变、种属差异、种间差异（如年龄、品种、性别），以及疼痛的类型和严重程度。

1

种间差异（年龄、品种、性别）使得疼痛的评估更加复杂。最明显的是不同品种犬在疼痛和恐惧时的表现有所不同。拉布拉多猎犬常常表现为忍受，而灵缇犬和一些小型犬则对周围的警惕性极高，哪怕是最简单的处理（如皮下注射或者剪指甲）都会有疼痛的表现。动物的个体特征和性情也会进一步影响其对疼痛的反应。与年长的动物相比，幼年动物的疼痛阈值往往较低。任何品种的动物由于疼痛的类型和持续时间不同，在外观上的表现也有所不同，一般而言，急性疼痛往往表现较明显，而慢性疼痛则表现不明显。但如果不熟悉特定物种或品种的正常行为，则难以评估它们是否存在疼痛。

定义和识别动物个体的疼痛是极具挑战性的。由于上述所讨论的问题，无法直接对疼痛的程度进行定级。也不能对 X 型疼痛用 Y 型镇痛药进行治疗。镇痛的目的是利用镇痛药通过多种形式尽可能事先进行镇痛。如果对疼痛的识别存在困难，可以用镇痛药进行诊断性治疗。换言之，应对患病动物给予镇痛治疗，哪怕只是怀疑存在疼痛的情况下。

犬猫疼痛的评估

需要记住的是，没有行为或生理上的变化可以作为疼痛确诊的依据。互动与非互动的行为，以及生理数据的变化趋势有助于对动物个体疼痛的确诊。这就是所谓的疼痛评分。根据观察结果，尤其是对动物非常了解的人，对于动物一系列的行为和疼痛评估非常有帮助。现在已经制定了疼痛评分系统并在临床上进行实践；制定这些评分系统的目的在于为评估、诊断和治疗疼痛提供指导（表 1-15）。尽管存在疼痛评分系统，动物监护人必须认识到这些方法的局限性。在怀疑存在疼痛的情况下，应该使用镇痛药进行诊断性治疗。

表 1-15 疼痛评分	
分值	描述
1	无疼痛
2	轻度疼痛
3	中度疼痛
4	严重疼痛
5	剧烈疼痛

急性疼痛的行为特点

犬猫疼痛时典型的行为表现是姿势、步态、动作和行为异常（框 1-21 和框 1-22）。强忍型的表现是对疼痛冷淡反应，可能是无效镇痛或持续疼痛的最常见的症状，因为很多动物即使是有严重的痛苦，难受或者明显的外伤和疾病时，也表现出冷漠的，但生理指标正常。缺乏正常的行为表现，甚至无异常行为时，也是疼痛的表现形式之一。

框 1-21　犬猫与疼痛相关的行为表现	
异常姿势	坐立不安
弓背	打转
祈祷状	
无法躺卧	**行为异常**
肌肉萎缩（慢性）	过度关注疼痛部位（舔咬）
不愿意运动	食欲不振
夹尾状	不自行理毛
	大小便异常
步态异常	性情冷淡
僵直	有攻击性
非负重步态	打哈欠
跛行	躲藏
蹭步与小跑	鸣声
指甲异常	幽咽
	尖叫或嚎叫
运动异常	
挣扎	

框 1-22　犬猫疼痛的生理性表现	
急性疼痛	大小便失禁
触摸疼痛	瞳孔放大
眼睑痉挛	呼吸困难
心动过缓	流涎
夜间磨牙	心动过快
感觉过敏	呼吸过快

犬猫慢性疼痛的临床表现

急性疼痛能够导致上述的行为和生理表现，但是小动物的慢性疼痛则完全不同。慢性疼痛时通常没有明显的组织病理变化和行为变化。另外，疼痛的严重程度与可能出现的病理变化的严重程度没有相关性。犬猫的慢性疼痛，尤其是隐性发作时（见于癌症、牙痛或退行性疼痛），即使是家庭成员或者是定期照顾它的人，也不一定能够发现。犬猫慢性疼痛常见的表现有：食欲不振，缺乏活动，呼吸困难（正常情况下仅用鼻子呼吸），对周围环境冷漠，活动模式发生变化，以及姿势异常等。猫是一种特别能够隐忍慢性疼痛的动物。当出现急性或慢性疼痛时，它们可能表现为典型的逃避性行为，即躲到某个地方在那里呆几天甚至几周。

1

危急病例和创伤病例的疼痛治疗

对动物实施疼痛治疗前，需要对其进行全面的临床检查和疼痛评估，若条件允许，应该在疼痛或创伤发生之前进行。列出问题清单用于指导麻醉和镇痛。例如，给患有肾病的动物使用非甾体抗炎药（NSAID）并不是明智的做法。对于使用某些可能对镇痛或麻醉有影响的药物时，需要给予说明。疼痛发作之前，选择多种技术和局部药物对不同部位的疼痛进行治疗。一旦确定治疗方案，需要频繁地对动物进行评估，并根据动物的反应和需要随时调整方案。

减轻疼痛的方法

药物治疗（尤其是阿片类，可选择性地使用 α_2- 受体激动剂）是治疗急性疼痛和术前预防疼痛的基础。然而，由硬膜外、外周神经或神经丛注射，或者由关节内或疼痛部位进行麻醉药的局部注射，对于急性和慢性疼痛，以及炎性反应所产生的疼痛都有镇痛效果。在血压、凝血功能以及胃肠道参数都正常时，以前用于治疗慢性或者持续疼痛的经典药物（NSAID），现在也可以用于治疗急性和围手术期的疼痛。

药物镇痛法：镇痛药简介
阿片类药物

阿片类药物是来源于罂粟花的一类药物，分为天然和人工合成两种来源，主要与细胞膜上的阿片类受体结合。这类药物是医生治疗急性、围手术期、慢性疼痛最有效的镇痛药（表1-16）。其主要与五种内源性阿片受体（μ、δ、σ、ε 和 κ）中的一种或多种结合而发挥生理作用。μ-受体激动剂能够产生深度的镇痛作用，同时有轻微的镇静作用。这类药物可以缩短由于痛觉脉冲传入而引起的过度兴奋期，也可以提高患病动物的痛觉阈值，用于治疗急性疼痛。

阿片类药物具有强烈的镇痛作用，同时还能抑制中枢神经。其呼吸抑制作用具有剂量相关性，表现为对不同二氧化碳浓度的反应性下降。其次是对心脏的抑制，仅表现为心动过缓，而且仅某些阿片类药物具有此作用，如吗啡和羟吗啡酮。犬猫临床中，麻醉剂很少对心血管系统产生明显的临床作用，一般认为对心脏具有减缓效应。由于阿片类药物能够增加颅内压或者眼内压，因此有严重的颅内或者眼内损伤的动物慎用。阿片类药物直接刺激化学受体激动区，有可能引起恶心和呕吐。大部分阿片类药物通过中枢神经而抑制咳嗽反射，可减少气管内插管的患病动物咳嗽的程度。阿片类药物的一个重要特征是具有可逆性，这使得其在急症和重症病例中得到广泛应用。颉颃剂可以通过与受体结合，阻断或者逆转激动剂的作用效果，从而减轻其效果，甚至使其失效。若经静脉给予阿片类颉颃剂时，如纳洛酮和环丙甲羟二羟吗啡酮，需要缓慢滴注直至产生作用。

表 1-16　治疗疼痛所用药物

药物	激动作用	剂量	心血管作用	缺点和不良反应
芬太尼	纯的μ-受体激动剂	首次 2 μg/kg (体重), IV; 每小时 2~8 μg/kg (体重), CRI; 每小时 10~20 μg/kg (体重), CRI (影响肌肉收缩)	很小	高剂量可引起通气不足
丁丙诺菲	部分激动剂	0.005~0.03 mg/kg(体重), 每 8 h 一次, IM, IV, SQ; 猫可以放在口腔黏膜上	很小	部分激动活性, 效力不如纯的μ-受体激动剂
布托菲诺	激动剂/颉颃剂	0.2~1.0 mg/kg(体重), 每 2~4 h 一次, IM, IV, SQ	很小	镇痛效果很差, 如果与抗焦虑药同用, 可以起到镇静作用; 作用时间非常短. 上限效应——并非越多越好
可待因	纯激动剂	1~4 mg/kg (体重), PO, 每 6 h 一次 (犬)	很小	便秘, 烦躁不安
吗啡	纯激动剂	0.1~0.5 mg/kg(体重), 每 4~8 h 一次, IM, IV, SQ; 每小时 0.05~0.1 mg/kg (体重), IV, CRI	很小; 如果高剂量静脉注射可以引起组胺释放和低血压	
羟吗啡酮	纯激动剂	0.02~0.1 mg/kg (体重), 每 4~12 h 一次, IM, IV, SQ	很小	对声音敏感, 烦躁不安, 静脉给药时可以引起呼吸困难
氢化吗啡酮	纯激动剂	0.02~0.2 mg/kg (体重), 每 4~12 h 一次, IM, IV, SQ	很小	静脉给药期间可出现呼吸困难, 呕吐; 可引起猫发热
曲马多	激动活性: μ-受体激动剂, 去甲肾上腺素和 5-羟色胺再摄取抑制作用	1~4 mg/kg (体重), PO, 每 6~12 h 一次	很小的心血管效应	激动, 焦虑, 震颤, 呕吐, 先便秘后腹泻 (少见)

注: CRI, 匀速滴注; IM, 肌内注射; IV, 静脉注射; PO, 口服; SQ, 皮下注射。

1

α₂- 受体激动剂

在使用 α₂-受体激动剂时需要特别注意，因为这类药物达到镇痛作用的剂量时，大部分已经具有镇静、中枢抑制、心血管抑制，甚至全身麻醉的作用。这类药物最初用于治疗高血压，后来临床中很快用于镇静性的镇痛（表1-17）。与阿片类药物一样，α₂-受体激动剂通过增强中枢神经和外周神经的 α-肾上腺素受体而发挥作用。

表 1-17 用于镇静和镇痛的 α₂- 受体激动剂

药物	剂量	作用	建议用法
甲苯噻嗪	$0.1 \sim 0.5$ mg/kg（体重），IV	作用时间短，明显的心血管抑制作用，呕吐，化学受体激动区刺激，心动过缓，血管收缩作用，二级房室阻滞	用极小的剂量以减少烦躁不安和焦虑，健康犬中作用时间短
右旋美托咪啶	$0.125 \sim 0.5$ mg/m²，IV，IM，每 $4 \sim 6$ h 一次（犬）；$0.01 \sim 0.03$ mg/kg（体重），IV，IM，每 $4 \sim 6$ h 一次（猫）	作用时间长，对心血管具有抑制作用，能收缩血管，引起心动过缓，二级房室阻滞，与阿替美唑合用具有可逆性（商品名为 Antisedan），呕吐，受体激动区刺激	用极小的剂量以减少烦躁不安和焦虑，在矫形外科手术中用于加强镇痛作用，健康犬中作用时间短

注：IV，静脉注射；IM，肌内注射。

非甾体抗炎药

非甾体抗炎药（NSAID）以前用于治疗慢性疼痛、炎症反应以及心血管疾病，现在有了新的用法，即用于围手术期和急性疼痛的治疗。研究发现，非甾体抗炎药通过口服或者肠道外给药治疗急性炎症和疼痛的效果优于阿片类药物（表1-18）。非甾体抗炎药可以单独使用，但最好与能够起到协同镇痛作用的其他镇痛药（麻醉药）一起使用，或者与其他镇痛方式如局部、区域性、硬膜外麻醉、理疗、针灸等共同治疗。

表 1-18 非甾体类皮质醇抗炎药及其用量

药物	剂量
卡洛芬	$2 \sim 4$ mg/kg（体重），PO，IM，SQ，IV，每 $12 \sim 24$ h 一次
依托度酸	$10 \sim 15$ mg/kg（体重），每 24 h 一次（仅用于犬）
酮洛芬	$1 \sim 2$ mg/kg（体重），PO，IM，SQ，IV，每 24 h 一次，连用 5 d（犬猫）
美洛昔康	$0.1 \sim 0.2$ mg/kg（体重），PO，每 24 h 一次（犬），每 $48 \sim 72$ h 一次（猫）
吡罗昔康	0.3 mg/kg（体重），PO，每 48 h 一次（犬猫）
酮洛酸	$0.25 \sim 0.5$ mg/kg（体重），IM，SQ，IV，每 12 h 一次（仅用于犬）
德拉昔布	$3 \sim 4$ mg/kg（体重），PO，每 24 h 一次（犬）
对乙酰氨基酚	$10 \sim 15$ mg/kg（体重），PO，每 $6 \sim 8$ h 一次（仅用于犬）
阿司匹林（犬）	10 mg/kg（体重），PO，每 12 h 一次
阿司匹林（猫）	10 mg/kg（体重），PO，每 $48 \sim 72$ h 一次

注：IM，肌内注射；IV，静脉注射；PO，口服；SQ，皮下注射。

大部分 NSAID 通过抑制环氧酶（COX，又称前列腺素合成酶）而发挥作用，COX 能够催化氧分子生成花生四烯酸，从而产生炎性介质。COX 有几个类型，其中 COX-1 是参与正常生理功能的主要结构性酶；而 COX-2 主要参与痛觉过敏反应或者组织损伤及创伤后的痛觉反应。某些 NSAID 能够抑制 COX 和脂肪氧化酶的活性。目前，小动物临床中大部分口服或肠道外给药的 NSAID 主要通过抑制 COX 通路而发挥镇痛作用，但也有同时作用于两个通路的药物（替泊沙林）。非甾体抗炎药在抑制 COX-1 和 COX-2 的同时会抑制其保护作用，使血小板的聚集功能减弱从而导致胃肠道溃疡。

NSAID 的使用有明确的适应证和禁忌证。患有下列病症的动物禁用：肝、肾功能不全，脱水，低血压，或者与低循环血量有关的疾病（慢性心力衰竭、未经调节的麻醉、休克），或者存在胃肠道溃疡的疾病。患有创伤的动物，在血容量、血压等完全稳定后才能使用 NSAID。对于同时使用其他 NSAID 或皮质类固醇，或可能患有库欣综合征的动物，在使用 NSAID 之前，应该仔细评估其是否已经代谢完全（即药物已经完全从体内排出）。患有下列疾病的动物也不宜使用 NSAID，如有凝血性疾病，尤其是血小板数量不足或功能缺失，或者凝血因子不足导致的凝血障碍，以及无法控制的哮喘或者其他支气管疾病。妊娠或即将妊娠的动物也不宜使用 NSAID，因为排卵和随后的胚胎着床需要 COX-2 的诱导。只有无脱水，血压正常，肝、肾功能正常，没有凝血障碍和未同时使用其他类固醇药物的动物，才可以考虑使用 NSAID。

NSAID 可以用于多种情况下的急性和慢性疼痛，以及炎症反应。这些情况包括状态稳定后的肌肉、骨骼的损伤和手术疼痛，骨关节炎的治疗，脑膜炎，乳腺炎，动物咬伤和其他伤口的愈合过程，乳腺或者移行细胞癌，上皮（牙齿、口腔、尿道）炎症反应，眼科手术，皮肤或者耳部的疾病。尽管阿片类药物在给药后可迅速产生镇痛效果，但大部分的 NSAID 在给药 30 min 后才产生作用。因此，大部分围手术期和急性疼痛治疗中会使用 NSAID，另外还需要麻醉药和局部麻醉技术。NSAID 较少引起麻醉药所具有的不良反应——降低胃肠道运动性，对感觉器官的影响，恶心和呕吐，以及镇静作用。另外，NSAID 也没有皮质类固醇所具有的不良反应——对垂体肾上腺轴的抑制作用。

非甾体抗炎药在猫中的使用

已经证明水杨酸类药物在猫体内具有毒性。水杨酸类药物在猫体内的清除速度慢以及在该种属中葡萄糖醛酸化作用不足，导致清除过程具有剂量依赖性，故极易发生中毒。因此，这类药物在使用时其剂量和给药间隔都需要调整。猫按照犬的使用方式（每天两次或者一次）给予 NSAID 时，就可能表现出发热，出血性和溃疡性胃炎，肾脏和肝脏损伤，高温、呼吸性碱中毒，代谢性酸中毒。猫的急性和慢性 NSAID 中毒已经有报道，尤其是每天给药一次的重复给药后。尽管酮洛芬、氟尼辛、阿司匹林、卡洛芬、美洛昔康同大部分的抗生素和其他药物一样，并未允许用于猫，但在兽医的严格监测下可安全地给猫使用。需要注意的是，其给药间隔是 48～96 h，且抗血栓的剂量远远低于治疗发热和炎症反应所需的剂量。笔者推荐使用无负荷剂量（no loading dose），最小的给药间隔是 48 h，并保证足够的循环血量以及血压和肾脏功能正常。

由于很多的 NSAID 在猫中并未获准使用，因此在使用之前需要仔细计算给药剂量，调整给药频率，并在用药前与动物主人进行良好的沟通。即使是脂溶性药物（美洛昔康溶液），如果按照标签中建议用于犬的剂量用在猫身上，也可达到中毒剂量。更糟糕的是，部分厂家会按照液体滴数指导药物的使用，但所提供的滴数往往是经过校正以后的；当相同的滴数转换成注射器给药后，往往会出现过量的情况。对猫而言，安全准确地使用 NSAID 的方法是将以毫克数计算的药物用量转换为毫升数，而不用滴数。

镇痛药：次要的镇痛药
氯氨酮
氯氨酮是一种分离性麻醉剂，作为 N- 甲基 -D- 天冬氨酸（NMDA）受体颉颃剂，也有潜在的镇痛作用。该受体位于中枢神经系统中，介导终结与中枢神经系统的敏化作用（由急性疼痛到慢性疼痛的一个通路）。少剂量的氯氨酮通过与该受体结合阻滞神经冲动的传导，与低剂量的阿片类药物和 α- 受体激动剂一起，可以为体表、体壁和皮肤提供镇痛作用。负荷剂量为 0.5~2 mg/kg（体重），IV，同时以每分钟 2~20 μg/kg（体重）的速度连续滴注。氯氨酮本身没有镇痛作用，甚至在高剂量单独使用时可以加剧急性和亚急性的疼痛感，使动物对疼痛更加敏感。

金刚烷胺
金刚烷胺属于另外一种 NMDA 阻断剂，具有抗病毒活性，且在帕金森病中具有稳定作用。金刚烷胺在人医中用于治疗神经性疼痛，但只有口服剂型。犬猫的初始推荐剂量是每天 3~5 mg/kg（体重），PO。采用口服或者静脉滴注金刚烷胺或氯氨酮时，很少见对行为、心脏和呼吸系统产生影响。

曲马多
曲马多属于一类镇痛药，具有轻微的激动阿片类 μ 受体的活性，对去甲肾上腺素和 5- 羟色胺的再吸收有抑制作用。小动物临床中，曲马多用于轻中度的疼痛治疗。尽管曲马多本身仅有微弱的阿片类药物活性，但是其代谢产物与 μ 受体亲和力极强。曲马多可口服用于犬猫围手术期的疼痛治疗，剂量为 1~4 mg/kg（体重），每天 1~4 次。除了与阿片类受体具有亲和力以外，曲马多在伴侣动物中真正的作用机制尚不明确。

加巴喷丁

加巴喷丁属于一种 γ - 氨基丁酸（GABA）的合成类似物，最初作为一种治疗癫痫的药物。临床中关于加巴喷丁的作用机制尚不清楚。该药物和其他抗癫痫药物一样，在人医中用于治疗中枢性疼痛。加巴喷丁能够抑制病理性神经元的异常放电；通过调节钙通道而不是与谷氨酸受体结合来发挥作用。小动物的使用剂量为每天 1~10 mg/kg（体重），PO，对慢性、烧伤性、神经性和撕裂性疼痛具有很好的镇痛作用。

其他镇痛药

局部麻醉药是外周作用镇痛药的主要类别（表 1-19）。局部麻醉药阻滞疼痛冲动在外周神经伤害感受器区的传导，可用于阻滞外周神经或通过局部麻醉技术抑制神经区。尽管所有的局部麻醉药都能够起到镇痛作用，但镇痛时间长的局部麻醉药在临床中更为适用。布比卡因是一类长效局部麻醉药，与利多卡因合用可以在较长时间内起到镇痛作用。一次性局部注射布比卡因所产生的局部麻醉和镇痛时间可以达到 6~10 h。

静脉匀速滴注利多卡因［犬：每分钟 50~75 μg/kg（体重）；猫：每分钟 1~10 μg/kg（体重）］可以有效地治疗慢性神经性疾病，以及骨膜和腹膜的疼痛（如胰腺炎）。美西律是一种口服的钠离子通道阻断剂，可以替代利多卡因提供超前镇痛。

表 1-19　镇痛药		
药物	剂量	适用范围
金刚烷胺	每天 3 mg/kg（体重），PO（犬猫）	慢性疼痛
美沙芬	1~2 mg/kg（体重），PO，每 6~8 h 一次（犬猫）	预防紧张
加巴喷丁	每天 1.25~10 mg/kg（体重），PO（犬猫）	慢性疼痛
曲马多	1~4 mg/kg（体重），PO，每 8~24 h 一次	急性疼痛和慢性疼痛

抗焦虑和镇静药物

很多药物（表 1-20）可以与阿片类药物、α₂ - 受体激动剂和氯氨酮联用，起到抗焦虑和镇静的作用。

急症病例的局部麻醉技术

把局部麻醉药注射到某些由特定神经支配的结缔组织周围，能够对该神经所支配的区域产生感觉丧失（感觉阻滞）和 / 或麻痹作用（运动神经阻滞）。也可以通过硬膜外、胸腔内、腹腔内和关节内给予局部麻醉药。利多卡因和布比卡因是最常见的局部麻醉药。利多卡因见效快，作用时间短，具有阻滞运动神经元的作用；而布比卡因见

1

表 1-20　常用的镇痛辅助药物	
药物	**剂量**
乙酰丙嗪	0.01~0.03 mg/kg（体重），IV，IM，SQ，每 8~24 h 一次；0.2~0.5 mg/kg（体重），PO，每 12~24 h 一次
安定	犬猫为 0.5~1.0 mg/kg（体重），IV，随后每小时 0.1~0.2 mg/kg（体重），IV，CRI
咪达唑仑	犬猫为 0.3~0.5 mg/kg（体重），IV，IM，SQ，随后每小时 0.05 mg/kg（体重），IV，CRI

联合使用
将二者混合后匀速滴注，每小时 10 mL/kg（体重）

药物	**剂量**	**CRI 速度**
吗啡	500 mL 中加入 5 mg	每小时 0.1 mg/kg（体重）
利多卡因	150 mg	每小时 3 mg/kg（体重）
氯胺酮	100 mg	每小时 2 mg/kg（体重）

注：CRI，匀速滴注；IM，肌内注射；IV，静脉注射；PO，口服；SQ，皮下注射。

效慢，作用时间长，具有阻滞感觉神经元的作用，但不能阻滞运动神经元。临床中最常用的是将两种药混合后用生理盐水稀释，注入患病动物体内，大部分可以立即见效，作用时间长达 4~6 h。与其他麻醉药和 / 或 α_2- 受体激动剂联合使用通常可以增强镇痛效果，同时延长镇痛时间到 8~18 h。推荐使用不含肾上腺素和防腐剂的溶液。可以使用刺激神经定位器来准确定位神经根或神经丛。猫似乎对局部麻醉药更加敏感，因此猫的用量多为推荐剂量的低限剂量。

与大部分全身麻醉药不同，在全身麻醉状态下，由于中枢神经的抑制，动物没有意识，神经传导能力也下降。而局部麻醉仅阻断有害信号通路的启动，因此可有效地阻滞疼痛冲动传入中枢神经系统。局部麻醉不仅可以镇痛，还能有效地减少脊髓背角、脊髓丘脑束、边缘和网状激活中心以及皮质所发生的变化。同时，疼痛产生的神经激素反应也会减弱。总之，局部麻醉使疼痛对患病动物局部和整体的影响更小，疾病过程最小化，慢性疼痛几乎不存在，从而提高了患病动物的生活质量。局部麻醉技术、麻醉药、α_2- 受体激动剂、抗焦虑药物以及良好的护理共同构成了镇痛的整体方案。

局部浸润麻醉剂

将利多卡因和无菌润滑剂按照 1：1 进行稀释，可减少尿道插管和鼻腔插管性皮炎造成的疼痛。丙美卡因是一种局部麻醉药，在角膜和巩膜损伤中非常有用。放置长期引流管，配合小的、可移动的输液泵进行持续性滴注，可以对局部损伤部位或手术部位产生持续的局部麻醉效果。该方法可以给实施手术或者软组织创伤部位提供长达数天的镇痛作用。即使没有引流管，也可以对切口和局部软组织进行麻醉，方法是：混合 1~2 mg/kg（体重）利多卡因和 0.5~2 mg/kg（体重）布比卡因，用等体积的生理盐水稀释，然后按照 1 : 9 与碳酸氢钠混合，可以有效地浸润大面积的创伤，起到镇痛作用。

脑神经阻滞

在眼眶下、下颌骨、眼神经和齿槽神经周围注射局部麻醉药可以给牙齿、口面和眼睛创伤以及外科手术提供很好的麻醉效果。用 1.2~2.5 mL 注射器，22~25 G 针头注射 0.1~0.3 mL 2% 利多卡因和 0.1~0.3 mL 0.5% 布比卡因，可以使神经失去感觉。通过导管而非针头注射可以很好地对外膜（相对于内膜而言）实施麻醉。在注射之前需要实施抽吸以防止将药物注射到血管内。

胸膜内阻滞

胸膜内阻滞可以为胸腔、颈部下位、前腹部以及横膈提供很好的镇痛作用。在胸部第 7~9 肋骨间的中线旁实施无菌备皮，插入套管针（20~22 G）后刺入胸腔。将利多卡因按照 0.5~1 mg/kg（体重）剂量和布比卡因 0.2~0.5 mg/kg（体重）混合，再与布比卡因同体积的生理盐水混合，在确定药剂没有注入血管内后，于 2~5 min 内缓慢注入胸腔。根据损伤的部位，确保动物的姿势能使所注射的药物覆盖整个损伤部位。注射后让动物背侧躺卧几分钟，以便让药物能够达到脊柱旁沟，并随后到达脊神经根。犬每 3 h 应该重复麻醉一次，而猫则应每 8~12 h 重复麻醉一次。将套管针固定在皮肤上以便重复给药。

臂神经丛阻滞

在臂神经丛周围注射麻醉药可以为前肢手术，尤其可为肩部远端的手术和截肢术提供良好的镇痛效果。神经定位引导技术比盲目局部麻醉更能准确和成功地实施麻醉，然而，即使是后者也是有用的。

按照以下步骤对臂神经丛实施麻醉：

1. 以无菌的方式在肩关节处准备一块皮肤。
2. 将一根 22 G、1.5~3 in 长的脊髓针插入肩关节内侧，与肩胛骨下结节轴向对齐，然后向尾侧推进，穿过肩胛骨体内侧，朝第一肋的肋软骨连接处前进。
3. 先注入 1/3 体积的混合麻醉药，然后慢慢向后撤出注射器并向背侧和腹侧注射剩余的麻醉药。
4. 局部麻醉药的剂量与胸膜内阻滞的剂量相同。

1

硬膜外麻醉和镇痛

硬膜外镇痛是指向硬膜外腔注入阿片类药物、苯环己哌啶、α - 受体激动剂或者 NSAID。而硬膜外麻醉注入的是局部麻醉药。大部分病例中这两种方法会结合使用。大部分硬膜外麻醉和镇痛用于急性和慢性的手术疼痛，以及由于骨盆、尾部、会阴、后肢、腹部和胸腔的创伤引起的疼痛（表 1–21）。硬膜外麻醉和镇痛具有很多适应证，包括前、后肢的截肢术，尾部和会阴手术，剖宫产，膈疝修复术，胰腺炎，腹膜炎和椎间盘疾病等。与利多卡因和甲哌卡因的硬膜外阻滞不同，阿片类药物或布比卡因实施的硬膜外阻滞不会引起后肢轻瘫和大小便失禁。吗啡是硬膜外麻醉最常用的药物，因为其在动物体内的吸收非常缓慢。为了便于给药，可以给犬猫做硬膜外插管。通常将导管置于腰骶结合部，可以将不含防腐剂的吗啡、布比卡因、右旋美托咪啶和氯氨酮混合液通过这些导管注射到硬膜外腔，能够有效地对腹腔和躯体后半部进行镇痛。如果插管是在无菌条件下进行的，则导管可以存放 7~14 d。

按照以下步骤实施硬膜外镇痛和麻醉：

1. 让动物侧位躺卧或者俯卧。

2. 在腰骶部剃毛，进行无菌准备。

3. 触及两侧髂骨翼的最外侧，在两点之间假想一条连线，可穿过第 7 腰椎，定位点即在这条假想连线的后方。

4. 在第 7 腰椎尾部皮肤插入一根 20~22 G、长 3.8~7.6 cm 的脊髓针或硬膜外针。

5. 针头进入硬膜外腔后阻力会突然减小。注射器内装有生理盐水，如果针头进入硬膜外腔，生理盐水将会被吸入硬膜外腔中。

表 1–21　用于硬膜外麻醉的药物	
药物	剂量
0.25% 布比卡因*	0.1 ~ 0.3 mg/kg（体重）（1 mL/5kg，每 4 ~ 6 h 向硬膜外注射一次，仅用于犬，不推荐用于猫）
吗啡（Duramorph）#	0.05 ~ 0.1 mg/kg（体重），脊髓内注射，每 8 h 注射一次

注：*应使用不含防腐剂的溶液，如果使用硬膜外导管进行匀速滴注，应使用带有过滤器的针头或者内嵌式过滤器。
#如果希望将溶液注入胸腔内（前肢截肢、胸腔切开、横膈疝修复术），可以用生理盐水稀释成总体积为 0.1 ~ 0.15 mL/kg（体重）的溶液。

肋间神经的阻滞

离散型肋间神经阻滞可以给创伤或者术后提供有效的镇痛。确定受损区域，并对损伤两侧的 3 个部位注射镇痛药。

采用以下步骤对肋间神经实施阻滞：

1. 对背侧和腹侧的 1/3 胸壁实施剃毛消毒。

2. 尽可能找到肋间的背侧。

3. 用 25 G 针头在受损肋骨后缘的前侧或后侧进针。

4. 向后进针，使针尖能够到达后侧的肋骨（这样针尖将尽可能靠近神经肌肉束，其中有肋间神经，肋间神经多运行于肋骨后中侧的位于浅表的沟中）。

5. 抽吸以确保药物不会进入静脉中。

6. 在撤针的同时缓慢注射。根据动物的体型大小，每侧注射 0.5~1.0 mL 镇痛药。

扩展阅读

Gaynor JS, Muir WW: Handbook of veterinary pain management, St Louis, 2003, Mosby.

Melzack R, Wall PD: Handbook of pain management: a clinical companion to Wall and Melzack's textbook of pain, Churchill Livingstone, 2003, Edinburgh.

Muir WW, Hubbell JAE, Skarda RT, et al: Handbook of veterinary anesthesia, ed 3, St Louis, 2000, Mosby.

常见急诊病症

腹部急症

　　腹部急症是指由腹腔脏器异常导致的腹部不适或者疼痛的突然发作。大部分动物的最初表现是嗜睡、厌食、流涎、呕吐、干呕、腹泻、便血、嚎叫、呻吟或者姿势异常。异常姿势包括全身僵直、步态无力或如履薄冰，或祈祷状姿势，表现为前肢放低，同时后肢仍然处于站立姿势。某些病例中较难鉴别真正的腹部疼痛和椎间盘疾病导致的腹部疼痛。如果病情快速发展，心血管失代偿可导致麻痹、昏迷，在某些极端病例中甚至出现死亡。这些情况给病情的快速诊断、治疗和护理带来了很大的挑战。

症状和病史

　　通常情况下，患病动物的体征和病史可以增加对某些特定疾病的怀疑。由于腹部急症的患病动物病情紧急，需要急救，所以可能会忽略或者延迟对完整病史的了解。以不同的方式询问客户相同的问题通常能够找到问题的根源以及引起腹部急症的原因。以下是需要向客户询问的重要问题：

- 您将动物带来急诊的主要原因是什么？
- 什么时候出现这样的症状，或者最后一次观察到正常是什么时候？
- 您认为症状是否和原来一样，或者好转，或者恶化？
- 您的动物是否正在接受治疗，或者有既往治疗史？

1

- 之前是否出现过类似的症状？
- 您的动物是否接触过某些有毒物质？或者是否在无人看管的情况下自由奔跑？
- 您的动物最近是否食入垃圾、化合物或者剩饭菜？
- 家里是否还有其他的动物？它们的表现是否正常？
- 您的动物最近是否接种过疫苗？
- 您的动物最近的食欲是否有变化？
- 您是否注意到动物体重下降或者增加？
- 动物的饮水或者排尿量是否增加或下降？
- 您的动物是否有咀嚼骨头或者玩具？
- 您是否发现家里少了任何玩具、短袜、内衣或者其他的东西？
- 动物是否有遭受创伤的可能性，包括被车撞、被更大的动物或者人踢到？
- 动物的排便习惯是否发生了变化？
- 您是否发现有呕吐物或者腹泻物？
- 呕吐物或排泄物外观如何？
- 呕吐是否与进食有关？
- 呕吐物或者腹泻物中是否存在血或者黏液？
- 您的动物上一次呕吐或者腹泻的时间是什么时候？
- 您的动物在呕吐时，属于主动性腹部收缩的恶心，还是像返流一样被动呕吐？
- 粪便的颜色如何，黑色还是红色？
- 呕吐物是否和粪便一样有恶臭味？

紧急处置

与任何其他的急症相同，临床医师必须根据 ABC 法来进行治疗，并且优先解决最有可能危及生命的问题。首先进行基本的临床检查。

远距离观察动物，然后考虑：是否存在任何异常的姿势？是否存在呼吸胁迫？动物能否走动，如果可以，是否观察到任何步态异常？是否有流涎过多或者呕吐的倾向？

对动物实施胸部听诊检查，以发现是否存在呼吸破裂音，因为可能存在由于吸入呕吐物而出现肺炎。

检查动物的黏膜颜色和毛细血管再充盈时间、心率、心律和脉搏。很多存在疼痛的患病动物可能表现为心动过速，间或有心律失常。如果患病动物存在不适宜的心动过缓，考虑存在高钾血症，可见于肾上腺素皮质功能不足、鞭虫感染以及尿道梗阻或创伤。

通过检查皮肤的弹性、黏膜的干燥程度以及眼睛是否凹陷进眼眶，来评估动物的脱水程度。

进行简单的神经学检查。确定动物是否发生癫痫，出现反应迟钝、昏迷、麻木，或

1

者眼球震颤。姿势反射和脊髓反射有助于对椎间盘疾病和腹部疼痛进行鉴别诊断。

实施直肠检查，确定是否存在便血或者黑便。

最后检查腹部，以防由于疼痛刺激后不能对其他器官系统进行全面的检查。检查腹部是否存在可见的外在肿物、挫伤或者刺伤。脐孔周围存在粉红色通常暗示有腹内出血。需要剃毛后检查皮肤和可见的其他组织是否存在挫伤或者瘀斑。听诊腹部以确定是否存在腹鸣。随后，实施叩诊和冲击触诊以判断是否存在内脏胀气或者腹腔积液。最后，由体表到深处逐步检查整个腹部，注意是否存在异常增大的器官或者肿物，判断疼痛的位置。

一旦完成临床检查，马上实施治疗，主要包括镇痛、输液和使用抗生素。

治疗

对于任何出现腹部急症和休克的患病动物，急救主要包括：治疗潜在的病因，维持组织的氧气供应量，以及防止器官的损伤和衰竭。关于休克时如何治疗以及如何供给氧气在休克部分有更加全面的介绍。

镇痛

在病例管理的初始阶段，对任何急性腹痛患病动物给予镇痛药是最重要的治疗方法之一。表 1-22 列出了用于腹部急症患病动物的镇痛药。表 1-23 列出了腹部急症中禁忌使用的镇痛药和抗焦虑药物。

表 1-22　用于犬猫腹部急症的镇痛药	
药物	剂量
布托啡诺	0.1 ~ 0.2 mg/kg（体重），IV（犬猫）；0.2 ~ 0.4 mg/kg（体重），SQ 或 IM（犬猫）
丁丙诺啡	0.005 ~ 0.02 mg/kg（体重），IV，IM，SQ，每 6 ~ 12 h 一次（犬）；0.005 ~ 0.01 mg/kg（体重），IV，IM，SQ，每 6 ~ 12 h 一次（猫，也可放于猫的口腔内吸收）
芬太尼	首次 2 µg/kg（体重），IV，随后每小时 3 ~ 7 µg/kg（体重），CRI（犬猫）
氢化吗啡酮	0.1 ~ 0.2 mg/kg（体重），SQ，IM，IV（犬猫）
利多卡因	1 ~ 2 mg/kg（体重），IV，缓慢注射 2 ~ 5 min，然后每分钟 30 ~ 50 µg/kg（体重），CRI
吗啡	0.5 ~ 1.0 mg/kg（体重），SQ，IM；每小时 0.1 mg/kg（体重），CRI（犬） 0.25 ~ 0.5 mg/kg（体重），SQ，IM；每小时 0.05 mg/kg（体重），CRI（猫）

注：CRI，匀速滴注；IM，肌内注射；IV，静脉注射；SQ，皮下注射。

1

表 1-23 　　急性腹痛患病动物禁忌且应避免使用的镇痛和抗焦虑药物	
药物	潜在风险
α-颉颃剂 乙酰丙嗪（Acepromazine） 氯丙嗪（Chlorpromazine）	α-受体阻断剂，低血压
α$_2$-受体激动剂 赛拉嗪（Xylazine） 右美托咪定（Dexmedetomidine）	引起外周血管收缩，并且心脏输出量会随剂量增加而减少，导致低血压
抗前列腺素药物 阿司匹林（Aspirin） 氟尼辛葡甲胺（Flunixin meglumine） 吲哚美辛（Indomethacin） 保泰松（Phenylbutazone） 布洛芬（Ibuprofen） 卡洛芬（Carprofen） 酮洛芬（Ketoprofen） 氨基比林（Aminopyrine） 氟芬那酸（Flufenamic acid）	导致肾脏和胃肠道灌注减少，以及胃肠道溃疡
糖皮质激素类药物 地塞米松（Dexamethasone） 地塞米松磷酸钠（Dexamethasone sodium phosphate） 氢化可的松磷酸钠（Hydrocortisone sodium phosphate） 泼尼松（Prednisone） 泼尼松龙磷酸钠（Prednisolone sodium phosphate） 甲基泼尼松龙琥珀酸钠（Methylprednisolone sodium succinate）	导致肾脏和胃肠道灌注减少，以及胃肠道溃疡

体液复苏

很多动物在患有腹部急症时，临床上出现脱水或者由于出血而发生低血容量性休克。根据患病动物的末梢循环情况，包括心率、毛细血管再充盈时间、血压（BP）、尿量和PCV等，小心地静脉滴注晶体液和包括血浆在内的胶体液。同时，体液疗法应基于最有可能的鉴别诊断，根据原发病过程给予特定的液体类型。对于犬而言，液体的休克剂量应根据 90 mL/kg（体重）的总血量来计算；而对于猫，应根据 44 mL/kg（体重）的血浆量来计算。大部分病例中，任何晶体液都可以使用，先给予休克剂量的 1/4，剩下的部分根据患病动物的心血管状态进行滴注。对于已知或怀疑患有肾上腺皮质功能减退、严重鞭虫感染、尿道梗阻或破裂的病例，可以给予不含钾离子的生理盐水。存在出血时，如果患病动物临床上出现贫血，有嗜睡、呼吸过快和虚弱的临床症状，可以给予全血或者浓缩的红细胞。老鼠药（维生素K颉颃剂）中毒、肝脏衰竭，或者怀疑存在弥散性血管内凝血（DIC）的病例，可以给予新鲜的冷冻血浆。

关于体液疗法的具体方法在休克和体液疗法章节中介绍。

辅助疗法

抗生素

对于怀疑由败血症或者腹膜炎引起的腹部急症病例，可以根据情况使用广谱抗生素。氨苄西林舒巴坦［22 mg/kg（体重），IV，每 6~8 h 一次］和恩诺沙星［10 mg/kg（体重），每天一次］联合使用，用于革兰氏阴性菌、革兰氏阳性菌、需氧菌、厌氧菌感染的治疗。另外，其他的治疗药物包括第二代头孢菌素，如头孢替坦［30 mg/kg（体重），IV，每天两次］、头孢西丁［22 mg/kg（体重），IV，每天两次］，或者加入治疗厌氧菌的甲硝唑［10~20 mg/kg（体重），IV，每天三次］。

供给氧气

组织供氧量受到几个因素的影响，包括动脉中的氧气含量和心输出量。如果动物发生呕吐，随后由于吸入呕吐物而继发吸入性肺炎，则需要通过鼻、鼻咽、氧气面罩或者气管切开等供给氧气（参阅诊断与治疗程序中的输氧部分）。

诊断程序

血常规

对所有腹部急症病例进行血常规检查，以便确定是否存在危及生命的感染或者包括 DIC 在内的凝血性疾病。在败血症、感染或严重的非败血性炎症反应中，WBC 可能正常、升高或者下降。进行外周血涂片，以检查是否存在毒性中性粒细胞、嗜酸性粒细胞、异常的淋巴细胞、有核红细胞、血小板计数异常、红细胞大小不均症以及血液寄生虫等。输血的情况下，PCV 仍然下降提示存在出血。

生化检查

进行生化检查以评估是否存在器官系统的异常。伴随尿素氮（BUN）和肌酐升高的氮质血症提示存在肾前性脱水、肾功能受损、肾后性梗阻或漏尿。胃肠出血时也可能出现 BUN 升高。肾功能下降或者胰腺炎时血清淀粉酶也会升高。然而，即使血清淀粉酶正常也不能排除胰腺炎的可能性。胃肠道炎症或胰腺炎也可以引起脂肪酶的升高。与淀粉酶一样，血清脂肪酶正常时并不排除存在胰腺炎。原发性的胆汁淤积性疾病、肝细胞疾病或者肝外性异常（如败血症），也可能导致总胆红素、碱性磷酸酶（ALP）和丙氨酸转氨酶升高。

尿液分析

除非怀疑存在子宫积脓或者转移性细胞癌，否则应该通过膀胱穿刺取尿后做尿液检查。非浓缩性尿液（等渗尿或者低渗尿）同时存在氮质血症时，提示原发性肾脏疾病。肾上腺皮质功能低下或者革兰氏阴性菌引起的败血症中，也会继发明显的肾性氮质血症及尿液浓缩不足。急性肾脏局部缺血或者中毒可以导致肾小管中出现管型。感染或者炎症反应能够引起菌尿和脓尿。通过体外接尿或者尿道插管取得的尿液，菌尿或者脓尿也可能见于子宫积脓、阴道炎或者前列腺囊肿。

乳酸

血清乳酸浓度可以提示器官的灌注量下降，氧气供应量或者氧气进入器官的能力下降以及器官进行无氧酵解的情况。血清乳酸高于 6 mmol/L 时发病率会升高，对胃扭转（GDV）动物需要实施胃切开术，在其他病例中患病动物的发病率和死亡率会增加。最近的研究发现，最初的乳酸浓度高于 9.0 mmol/L，或者经过输液后乳酸浓度的下降幅度没有达到 4 mmol/L 或最初浓度的 42.5%，则发生并发症（包括死亡）的概率增加。输入足够的液体后，乳酸浓度仍然继续升高，提示预后不良。

葡萄糖

败血症中有时可见血清葡萄糖浓度降低，如败血性腹膜炎。同非败血性腹膜炎相比，败血性腹膜炎患病动物的腹腔积液中，葡萄糖浓度明显更低。对于患有败血性腹膜炎的动物而言，通过比较腹腔积液和外周血中葡萄糖的浓度可以发现，腹腔积液中的葡萄糖浓度比外周血低 20 mg/dL 或者更少时，多表明存在败血性腹膜炎。

腹部 X 线片

腹部 X 线片是决定采取药物或者手术治疗的首要检查方法之一。若出现胃扭转（GDV）、线性异物、气腹、子宫积脓或者脾扭转，提示需要立即采取外科手术。由于腹腔积液而无法获得腹部内的详细信息时，需要采取进一步的检查，包括腹腔穿刺和腹部超声检查，以确定腹腔积液的病因。

腹部超声

腹部超声很重要，通常可以替代或者与 X 线片联合使用。腹部超声的灵敏度与操作人员有很大的关系。若发现某一器官的血流中断、线性的肠道淤塞、肠套叠、胰腺蜂窝织炎或囊肿、子宫积液、子宫积脓、胃肠梗阻、肠道内异物、胆管扩张、胆囊黏液囊肿或者胃壁或胆囊充气（气肿性胆囊炎），则需要立即进行手术。单纯出现腹腔积液，未对液体进行细胞学以及生化评估的情况下，并不宜立即手术介入。

腹腔穿刺术

另见腹腔穿刺术及诊断性腹腔灌洗部分。

腹腔穿刺术通常用于决定是否立即采取手术介入。当腹腔积液大于 6 mL/kg（体重）时，腹腔穿刺术是检测腹腔积液的灵敏技术。根据所怀疑的原发性疾病，腹腔积液应保留做细菌培养、生化检查以及细胞学的评估。如果腹腔积液中的肌酐、BUN 或者钾的浓度高于血清中的浓度时，则存在腹腔积尿。若腹腔积液中脂肪酶和淀粉酶浓度升高并高于血清浓度，则支持胰腺炎的诊断。腹腔积液中的乳酸浓度明显高于血清中的浓度，或者葡萄糖含量低于 50 mg/dL，则对于败血性腹膜炎的诊断具有很高的敏感性和特异性。腹腔积液中出现胆汁色素和细菌则分别支持胆酸或者败血性腹膜炎的诊断。如果腹腔积液中存在游离的纤维，同时表现出腹部疼痛的临床症状，强烈提示发生胃肠道穿孔，需要立即采取开腹探查。

诊断性腹腔灌洗

如果腹腔穿刺检查结果为阴性，怀疑腹腔积液或胆汁性胃肠道穿孔，应进行诊断性腹腔灌洗。目前市场上有腹膜透析设备，但是费用昂贵且可操作性差。

护理

根据引起疼痛的原发病因以及需要采取的治疗方案（表 1-24），腹部急症的患病动物可以分为三大类。部分病例无须手术治疗，仅药物保守治疗即可；部分病例则是在病情稳定后需要立即采取手术治疗；还有部分病例则需要先稳定血流动力学，之后才能进行药物治疗，以及考虑随后是否需要手术治疗。每一种疾病具体的治疗方案详见相应章节。

剖腹探查术

框 1-23 列出了剖腹探查术具体的适应证。准确而全面的剖腹探查最好从剑状软骨往后到达耻骨的腹中线，打开腹腔后对腹腔内所有内脏器官进行全面检查和评估。接着对某些具体的疾病进行处理，如纠正胃或者脾扭转，肠捻转整复，移除异物，随后用温生理盐水充分灌洗腹腔。完全吸出腹腔内的生理盐水，防止影响巨噬细胞的功能。对于败血性腹膜炎病例，应保持腹腔开放，或者放置引流管便于进一步吸出渗出液和进行灌洗。禁止向灌洗液中加入常规使用的抗生素，因为抗生素会刺激腹膜而使愈合延期。对于腹腔不闭合的情况，用不吸水的无菌创巾盖住腹部创口，并用全棉脐带胶布带固定，然后每天更换或者根据病情需要进行适当更换。开腹病例通常会有渗出液，需要仔细评估并治疗电解质紊乱和低白蛋白血症。当渗出液减少、腹腔积液检查中不再出现细菌、中性粒细胞在血涂片中外观正常后，就可以闭合腹腔和 / 或移除腹腔的引流管。

1

表 1-24　可以引起腹部急症临床症状的疾病

疾病	易患动物	病史及主诉	临床检查结果
腹壁			
疝	任何品种	创伤史、呕吐、腹壁肿胀、疼痛、嗜睡、厌食	腹壁肿胀、发热、疼痛
囊肿	任何品种	厌食、疼痛、嗜睡、腹壁肿胀	腹壁肿胀、发热、疼痛
钝伤	任何品种	创伤史、疼痛、嗜睡、疼痛、食欲不振	创伤史、嗜睡、疼痛、食欲不振
胃肠			
横膈疝	任何品种	创伤史、呕吐、嗜睡、厌食、呼吸困难	发绀、呼吸困难、腹痛
细菌性胃肠炎	任何品种	呕吐、腹泻、中毒史或者食入垃圾	腹痛、腹鸣、呕吐、腹泻、便血
细小病毒病	幼犬	免疫不充分、呕吐、腹泻、厌食、嗜睡	脱水、腹泻、腹痛、嗜睡
泛白细胞减少症	幼猫	免疫不充分、呕吐、腹泻、厌食、嗜睡	肠梗阻、腹鸣音增强或减弱
寄生虫	任何品种	呕吐、腹泻、粪便中有寄生虫史	嗜睡
代谢性疾病，肾上腺皮质功能减退	任何品种，年轻雌性；特殊品种易感	病情时好时坏、消瘦、嗜睡、呕吐、腹泻、虚弱、厌食、体重减轻、应激	肌肉萎缩、脱水、黑便、便血、不适宜的心动过缓
中毒	任何品种	毒素或者垃圾接触史	腹痛、嗜睡
胃扩张	任何品种	垃圾或者食物接触史	腹胀、流涎
胃扩张-扭转	大型品种或者深胸大易发，可以发生于任何品种	干呕	疼痛性腹腔胀气、发绀、呼吸困难、流涎、干呕或者呕吐但无内容物
胃溃疡	任何品种	吐血、咖啡色的呕吐物、嗜睡、厌食、黑便	腹痛、黑便
盲肠逆转，结肠溃疡，穿孔	任何品种	呕吐、便血、排便困难、嗜睡	便血、腹痛
线性异物	任何品种	呕吐及有线状物、衣服、带状物的接触史	腹痛、触诊时肠道内有团块、舌下有线状物
腔内异物	任何品种	呕吐、食欲不振、有食入异物史	腹痛、触诊腹内有肿物
肠道溃疡或穿孔	任何品种	呕吐、厌食、腹泻、嗜睡	腹痛、发热、嗜睡、脱水、可触到肿物
肠套叠	任何品种，主要发生于年轻犬猫	呕吐	腹痛、发热、腹腔内可触及肿物（"香肠状"）
顽固性便秘	老年动物	呕吐、排便困难、疼痛时尖叫、厌食	直肠检查中有肿物、粪便干燥
缺血性肠病（bowel compromise）	任何品种	呕吐、腹泻、便血、厌食、腹部疼痛	腹痛、发热、触诊有波动感、便血、直肠检查中可触及腔内组织

1

（续）

疾病	易患动物	病史及主诉	临床检查结果
肝脏和胆囊			
胆管肝炎，肝炎	任何品种	厌食，呕吐，疼痛，嗜睡，黄疸	脱水，腹痛，呕吐，黄疸
胆囊炎，气肿性胆囊炎，胆囊黏液囊肿	任何品种	厌食，呕吐，疼痛，嗜睡	脱水，腹痛，呕吐，黄疸，发热
胆囊破裂，胆囊性腹膜炎	任何品种	创伤史，疼痛，嗜睡	脱水，腹痛，腹膜炎，呕吐，厌食，黄疸，发热
胆管梗阻	任何品种	厌食，呕吐，疼痛，嗜睡	脱水，腹痛，呕吐，发热
肝脏囊肿	任何品种	厌食，呕吐，疼痛，嗜睡	脱水，腹痛，呕吐，发热
肝扭转	任何品种	厌食，呕吐，疼痛，嗜睡	脱水，腹痛，发热，呕吐，癫痫
肝脏肿瘤	任何品种	厌食，呕吐，疼痛，嗜睡	腹痛，呕吐，发热，脱水，癫痫
胰腺			
胰腺炎	任何品种，某些品种易感	厌食，呕吐，疼痛，嗜睡，食物脂肪含量过高	脱水，腹痛，呕吐，掉毛
胰腺囊肿 胰腺假性囊肿或者黏液囊肿			腹部可触及肿物
胰腺肿瘤	任何品种，老年动物	厌食，呕吐，疼痛，嗜睡、体重减轻，躯干脱毛	脱水，腹部疼痛，呕吐，掉毛、腹部可触及肿物
脾脏			
脾扭转	任何品种	急性疼痛，呕吐，嗜睡	黏膜苍白，失代偿性休克，腹部可触及肿物，脾肿大，腹部疼痛
脾脏肿物	任何品种，老年动物	急性疼痛，嗜睡，虚脱	黏膜苍白，失代偿性休克，心电图显示室性早搏，贫血
脾脏梗死	任何品种	急性疼痛，嗜睡，虚脱	发热，腹部疼痛，脾脏肿大
创伤性脾破裂	任何品种	创伤史	腹部疼痛，腹部叩击有波动感，贫血，代偿或失代偿性休克

1

（续）

疾病	易患动物	病史及主诉	临床检查结果
泌尿生殖系统			
乳腺炎	雌性动物	泌乳史	腹部疼痛、发热、嗜睡、厌食、肿胀、有时可见乳腺囊肿、孔汁变色
阴茎骨折	雄性犬	创伤史、配种创伤史	腹部和阴茎疼痛
嵌顿阴茎包皮	雄性犬	持久性勃起	阴茎肿胀并暴露于暴露于包皮外
前列腺			
前列腺炎	雄性犬	排便困难	直肠检查发现前列腺增大、有疼痛感、发热
前列腺脓肿	老年雄性犬	排便困难、疼痛、嗜睡	直肠检查发现前列腺增大、有疼痛感
前列腺肿瘤	老年雄性犬	排便困难	直肠检查发现前列腺增大
急性肾炎	任何品种	嗜睡、呕吐、厌食	腹部疼痛、脱水、发热
肾盂肾炎	任何品种	嗜睡、多尿和多饮（PU/PD）、呕吐、厌食	腹部疼痛、发热
肾脏肿瘤	任何老年动物	厌食、呕吐、嗜睡、体重减轻	腹部疼痛、发热、恶病质、腹部可触及肿物
肾脏梗死、血栓	任何品种	嗜睡、PU/PD、呕吐	腹部疼痛、发热
肾结石	任何品种	嗜睡、PU/PD、呕吐	腹部疼痛、发热
输尿管梗阻	任何品种	嗜睡、PU/PD、呕吐	腹部疼痛、发热、脱水
输尿管破裂	任何品种	嗜睡、PU/PD、呕吐	腹部疼痛、发热、脱水
尿道梗阻	任何品种	嗜睡、PU/PD、呕吐、排尿困难	腹部疼痛、脱水、膀胱膨大、无法排尿
膀胱肿瘤破裂	任何品种，老年动物	嗜睡、PU/PD、呕吐、创伤史	腹部疼痛、脱水、呕吐、发热
睾丸			
睾丸扭转	未绝育雄性犬	疼痛、舔或蹭后顾	睾丸疼痛肿胀、发热
子宫和卵巢			
子宫扭转	未绝育的妊娠雌性动物	急性虚脱、阴道分泌物、有配种史	失代偿性休克、阴道有分泌物
子宫蓄脓	未绝育的雌性动物	最近发情、PU/PD、呕吐、腹泻、嗜睡、阴道有分泌物	脱水、腹部后侧有质地柔软的肿物、阴道有分泌物、发热
子宫破裂	未绝育的妊娠雌性动物	最近有临产征兆史、嗜睡、急性虚脱	腹部疼痛、阴道有分泌物、失代偿性休克

（续）

疾病	易患动物	病史及主诉	临床检查结果
其他			
椎间盘炎（Discospondylitis）	任何品种	疼痛史，嗜睡，厌食	脊柱疼痛，发热
毒液			
黑寡妇蜘蛛咬伤	任何品种	有接触史，疼痛，急性虚脱	侧卧，肌肉收缩，疼痛，呕吐，发热，虚脱
棕色遁蛛咬伤	任何品种	有接触史，疼痛，形成坏死性溃疡中心	溃疡，疼痛，发热，肉芽组织损伤
椎间盘疾病	任何品种	急性麻痹或瘫痪	麻痹或瘫痪，脊柱疼痛
脑膜炎	任何品种	急性疼痛，嗜睡，厌食	发热，极度疼痛
肌炎	任何品种	急性疼痛，嗜睡，厌食	发热，极度疼痛
肿瘤	任何品种	急性疼痛，嗜睡，厌食，虚脱	失代偿性休克，腹部可触及肿物
腹膜炎	任何品种	呕吐，厌食，嗜睡，疼痛，创伤或者腹部穿刺损伤史	疼痛，发热，腹部可触及异物
腰下或腹膜后脓肿	任何品种	疼痛，厌食，嗜睡	疼痛，嗜睡，脱水，发热

诊断检查	治疗
体壁缺失	手术（立即）
X 线片中发现有软组织密度或者皮下有腹内容物	
体壁缺失	
X 线片中发现有软组织密度或者皮下有腹内容物，细针穿刺检查有炎性细胞和细菌	
腹腔穿刺或者 DPL 中发现出血	药物治疗
X 线片中发现胸腔内有腹部脏器，需要造影检查	除非胃进入胸腔，否则药物治疗即可
X 线片中发现肠梗阻，粪便中存在白细胞	药物治疗
细小病毒 CITE 检查呈阳性，白细胞减少或中性粒细胞减少	药物治疗
粪便中发现寄生虫虫卵或幼虫	药物治疗
ECG 中出现心房停顿，高钾血症，低钠血症，低血糖症，高磷血症，白胆固醇正常，乙烯乙二醇阳性	药物治疗

1

（续）

诊断检查	治疗
二水合草酸钙晶体，UA "晕征"提示在肾皮质的 US 中有高回声	药物治疗
X 线片中出现软组织密度，有食物伴随胃扩张	药物治疗
右侧位 X 线片中，胃贲门扩张，幽门向头侧背侧移位。ECG 中发生室性早搏，乳酸含量升高	手术（立即）
再生性贫血，黑便，如果发生穿孔，X 线片中腹部器官轮廓不清	药物治疗，除非发生穿孔
如果发生穿孔和腹膜炎，X 线片中腹部器官轮廓不清	药物治疗，除非发生穿孔
X 线片中出现 C 型的异常气团和褶襞	手术（立即）
胃肠道异物阻塞的前部发生扩张，胃肠道异物（不透 X 线），如果幽门出现梗阻，则出现低氯血症代谢性碱中毒	手术（立即）
WBC 升高或减低；腹腔积液检查中可出现异物、白细胞和细菌，乳酸含量升高和血糖浓度下降	药物治疗，除非发生穿孔
腹部超声检查中，靶形（target-shaped）软组织密度，腹部 X 线片中可见到软组织密度及前端气体扩张	手术（立即）；药物治疗原发病
X 线片中结肠扩张，伴有硬便的粪便	药物治疗
白细胞升高或下降，败血性腹腔积液	手术（立即）
T Bili、ALT、ALP 和白细胞升高；超声检查中肝实质出现低回声；肝肿大	活组织检查后药物治疗
T Bili、ALT、ALP 和白细胞升高；超声检查在胆囊中有高回声点或者沉淀物；胆囊壁有游离的气体	手术（立即）
腹腔积液，积液中有胆汁沉着	手术（立即）
T Bili、ALT、ALP 升高	手术（立即）
白细胞升高或下降，T Bili、ALT、ALP 升高；RADS 检查发现肝实质中有游离气体，超声检查中肝实质可见低回声肿物以及高回声物质	手术（立即）

（续）

诊断检查	治疗
US 中肝脏回声异常，伴有高回声中心	手术（立即）
超声检查中有混合回声，X 线片中有软组织阴影；ALP、ALT、T Bili 升高；低血糖症	手术（立即或延后）
T Bili、ALT、ALP、淀粉酶和/或脂肪酶升高；白细胞升高或下降；低钙血症；X 线片的右前 1/4 象限中局部细节消失，超声检查中胰腺有低回声到高回声，胰腺周围的脂肪出现高回声；X 线片和超声检查中均可看到腹腔和/或胸腔中有渗出	大部分病例实施药物治疗，除非出现囊肿或蜂窝织炎
X 线片和超声检查中出现的胰腺软组织肿物可以导致淀粉酶和脂肪酶升高，血糖下降，血清中胰岛素含量升高	如果可以确定肿物，则实施手术，否则药物治疗低血糖症
X 线片中胰脏肿大，超声检查中胰脏出现高回声且无血流	手术（立即）
X 线片中腹腔内细节消失，出现肿物，超声检查中有泡状肿物和腹腔渗出	手术（立即）
腹部超声检查中胰脏有高回声且无血流，腹腔渗出，血小板减少症	手术（立即）
X 线片和腹腔细节消失，腹腔积液，腹腔穿刺可见腹腔出血	药物治疗，除非有顽固性低血压
主要根据临床症状做出诊断	药物治疗
X 线片中阴茎骨折	大部分采用药物治疗，除非出现尿道撕裂
主要根据临床症状做出诊断	药物治疗，如果需要将阴茎复位放入包皮中，则需要切开包皮
X 线片和超声检查中均发现前列腺肥大，超声检查中前列腺出现低回声，尿液分析时发现脓尿和菌尿	药物治疗
X 线片和超声检查中均发现前列腺肥大，超声检查中前列腺出现低回声到高回声，尿液分析时发现脓尿和菌尿	手术（延后）
X 线片和超声检查中均发现前列腺肥大，钙化	药物治疗，手术

（续）

诊断检查	治疗
超声检查中肾脏出现低回声，尿液检查发现脓尿，白细胞升高，氮质血症	药物治疗
尿液检查中发现脓尿和菌尿	药物治疗
超声检查中发现肾盂扩张，氮质血症	手术（立即）
X线片中肾脏肿大，氮质血症	
超声检查中肾脏有肿物，X线片中肾脏肿大	手术（立即）
超声检查中出现肾肿物，无血流，氮质血症	择期手术
X线片和超声检查中肾盂存在结石，氮质血症	药物治疗，除非双侧肾均受到影响
X线片和超声检查中输尿管存在结石，肾盂积水，氮质血症	药物治疗，除非双侧肾均受到影响
X线片和超声检查中输尿管存在结石，肾盂积水，超声检查中还可见到液体和软组织密度，氮质血症	手术（直至电解质稳定后方能进行）
主要根据临床检查结果做出诊断	药物治疗，除非导尿管无法通过
氮质血症，无腹腔积液，无尿液排出，或者插入导尿管后也无尿液排出，应对膀胱进行双重造影检查	手术（直至电解质稳定后方能进行）
尿液检查中发现移行细胞管型，尿血，超声检查或膀胱造影中发现肿物或物增厚不规则的尿道	手术和药物治疗
超声检查中发现睾丸肿胀，低回声	手术（立即）
腹部超声检查或X线片中发现有液体或气体状的管状结构	手术（立即）
X线片中发现软组织管状结构，超声检查中子宫内有液体填充，氮质血症，等渗尿，T Bili, ALT, ALP升高	手术（立即）
X线片中发现有气腹和腹水，腹腔积液的细胞学检查发现腹水中有退行性中性粒细胞和细菌	手术（立即）
白细胞升高，X线片中胃肠终板密度增高	药物治疗

1

（续）

诊断检查	治疗
低钙血症，CK 明显升高	药物治疗
排除性诊断	药物治疗
X 线片中椎间隙狭窄，脊髓造影或者 MRI 扫描中发现椎间盘突出和脊髓压迫	手术（立即）
CSF 分析中出现蛋白含量和中性粒细胞升高	药物治疗
肌肉活组织检查	药物治疗
X 线片中发现肿物和腹腔细节消失，超声检查中有肿物和腹腔积液，贫血	手术（立即）
腹腔积液细胞检查中发现退行性中性细胞，植物性异物，胆汁沉着或者细菌；超声检查中发现腹腔积液，X 线片中腹腔细节消失，白细胞升高或下降	立即手术
白细胞升高或下降，X 线片或超声检查中发现腹膜后肿物	立即手术

注：ALP，碱性磷酸酶；ALT，谷丙转氨酶；CK，肌酸激酶；CSF，脑脊髓液；DPL，诊断性腹膜冲洗；ECG，心电图；MRI，核磁共振成像；RADS，X 线片；T Bili，总胆红素；UA，尿液分析；US，超声检查；WBC，白细胞总数。

1

框 1-23 剖腹探查术的适应证
腹部透创
腹腔积液中出现细菌
腹腔冲洗液中的白细胞数量大于 500 个 /μL,尤其是出现退行性中性粒细胞
冲洗液中出现食物或者植物性物质
肌酐、血液尿素氮、钾或者乳酸出现在腹腔积液中,且浓度大于外周血中的浓度
腹腔积液中出现血糖且少于 50 mg/dL 或少于外周血
冲洗液中出现胆红素
X 线片中出现气腹症
腹膜中存在持续性刺激

扩展阅读

Bischoff MG: Radiographic techniques and interpretation of the acute abdomen, Clin Tech Small Anim Pract 18(1): 7-19, 2003.

Bonczynski JJ, Ludwig LL, Barton LJ, et al: Comparison of peritoneal fluid and peripheral blood pH, bicarbonate, glucose, and lactate as a diagnostic tool for septic peritonitis in dogs and cats, Vet Surg 32(2): 161-166, 2003.

Connally HE: Cytology and fluid analysis of the acute abdomen, Clin Tech Small Anim Pract 18(1): 39-44, 2003.

Cruz-Arambulo R, Wrigley R: Ultrasonography of the acute abdomen, Clin Tech Small Anim Pract 18(1): 20-31, 2003.

Drobatx KJ: Acute abdominal pain. In Silverstein DC, Hopper K, editors: Small animal critical care medicine, St Louis, 2009, Elsevier.

Herren V, Edwards L, Mazzaferro EM: Acute abdomen: diagnosis, Compend Contin Educ Pract Vet 26(5): 350-363, 2004.

Hofmeister EH: Anesthesia for the acute abdomen patient, Clin Tech Small Anim Pract 18(1): 45-52, 2003.

Jandrey KE: Diagnostic peritoneal lavage. In Silverstein DC, Hopper K, editors: Small animal critical care medicine, St Louis, 2009, Elsevier.

Mann FA: Acute abdomen: evaluation and emergency treatment. In Bonagura JD, editor: Kirk's current veterinary therapy XIII, Philadelphia, 2002, WB Saunders.

Mazzaferro EM: Triage and approach to the acute abdomen, Clin Tech Small Anim Pract 18(1): 1-6, 2003.

Mueller MG, Ludwig LL, Barton LJ: Use of closed-suction drains to treat generalized peritonitis in dogs and cats: 40 cases (1997-1999), J Am Vet Med Assoc 219(6): 789-794, 2001.

Schmiedt C, Tobias KM, Otto CM: Evaluation of abdominal fluid: peripheral blood creatinine and potassium ratios for diagnosis of uroperitoneum in dogs, J Vet Emerg Crit Care 11(4): 275-280, 2001.

Walters JM: Abdominal paracentesis and diagnostic peritoneal lavage, Clin Tech Small Anim Pract 18(1): 32-38, 2003.

过敏性休克

过敏性休克是对一系列刺激做出的即时性过度反应 (框 1-24)。在动物中,大部分自然发生的过敏性反应是由于黄蜂或蜜蜂蜇伤所致。其他的大部分反应则是在医疗诊断或治疗中所产生的异常反应。

过敏反应期间,C5a 和补体系统的活化导致血管平滑肌扩张和炎性因子的大量释放,这些炎性因子包括组胺、过敏性慢反应物质（slow-reacting substance of anaphylaxis）、血清素、肝素、乙酰胆碱和血管舒缓激肽。

　　临床上犬猫的过敏反应有所区别。对于犬而言，临床症状可能包括行动迟缓、呕吐、腹泻、便血、循环衰竭、昏迷和死亡。对于猫而言，临床症状通常伴发有呼吸系统异常，包括流涎、瘙痒、呕吐、共济失调、支气管收缩、肺水肿和出血、喉头水肿、虚脱和死亡。

框 1-24　能够引起过敏性反应、血管神经性水肿或荨麻疹的刺激性过敏原	
肾上腺皮质激素	催产素
抗组胺药物，抗毒素药物（异源血清）	青霉素
苯坐卡因	青霉素酶
氯霉素	普鲁卡因
红霉素	水杨酸盐类
食物	链霉素
肝素	盐酸丁卡因
超敏反应和皮肤试验	四环素
昆虫蜇伤	镇定剂
胰岛素	疫苗
碘化造影剂	万古霉素
利多卡因	维生素

应急措施与治疗

　　任何急症状态下最重要的步骤是 ABC 法中的气道、呼吸和循环。首先是通过气管内插管建立呼吸通路，必要时可以实施气管切开术。同时，需要助手打开血管或者骨内通路，便于给药和输液（框 1-25）。

框 1-25　过敏性休克应急治疗
1. 注射肾上腺素［0.01 mL/kg（体重），1∶1 000 肾上腺素，IV 或 IO］。如果无法建立血管通路，可以采用肌内注射的方法给予肾上腺素［0.2~0.5 mL/kg（体重）］。如果临床症状并未消失，在间隔 10~15 min 后重复给予肾上腺素。
2. 按照休克剂量［犬为每小时 90 mL/kg（体重），猫为每小时 44 mL/kg（体重）］的 1/4 立即静脉注射晶体液（Normosol-R、Plasma-Lyte M、乳酸林格氏液）。
3. 给予短效糖皮质类固醇药物［地塞米松磷酸钠（Dex SP），0.25~1.0 mg/kg（体重），IV］。
4. 给予抗组胺药物：苯海拉明［根据需要，2mg/kg（体重），IM, bid］；法莫替丁［0.5~1.0 mg/kg（体重），IV］。

注：bid，每天两次。

1

鉴别诊断

在考虑过敏性休克时，需要对以下几种情况进行鉴别诊断：

- 任何能引起呕吐、腹泻的原因
- 中毒
- 内出血
- 充血性心力衰竭
- 下呼吸道疾病
- 上呼吸道梗阻

护理

患病动物应该住院接受治疗，直到所有的临床症状完全消除。初步稳定病情和治疗后，要保持血管通路打开以及持续静脉输液治疗，直至患病动物不再低血压、呕吐或腹泻。对于突发性肺出血或肺水肿，需要供给氧气，直至患病动物不再出现缺氧症状，或者能够在正常的环境中端坐呼吸。使用强心药 ［多巴酚丁胺，每分钟 3~10 μg/kg（体重），CRI］ 或者升压药 ［多巴胺，每分钟 3~10 μg/kg（体重），IV，CRI；参阅休克部分］ 来维持正常的血压。如果发现有带血色的呕吐物或者腹泻物，则需要给予抗生素 ［头孢西丁，22 mg/kg（体重），IV，每天三次；甲硝唑，10 mg/kg（体重），IV，每天三次］ 以降低细菌移位和败血症的风险。也可以考虑使用胃保护剂 ［法莫替丁，0.5~1.0 mg/kg（体重），IV；雷尼替丁，0.5~2.0 mg/kg（体重），PO，IV，IM，每天两次；硫糖铝，0.25~1.0g，PO，每天三次；奥美拉唑，0.7~1.0 mg/kg（体重），PO，每天一次］。

血管神经性水肿和荨麻疹

血管神经性水肿和荨麻疹属于第二型的过敏性反应，其所造成的损伤不那么严重，大部分病例接触过敏原后 20 min 内出现临床症状。该类型的反应可引起患病动物的不适，但是很少能够威胁动物的生命。大部分动物上颌以及眼眶周围出现轻度到严重的水肿。也可能出现面部水肿，同时伴有轻度到严重的全身性荨麻疹。某些动物可能抓挠脸部，摩擦眼睛，发生呕吐或者腹泻。

应急措施与治疗

血管神经性水肿的治疗包括通过给予短效糖皮质类固醇药物来抑制免疫反应，以及协同使用组胺 H_1 和组胺 H_2 受体阻断剂来阻断组胺的作用 （框 1-26）。

鉴别诊断

某些病例中，已知是由于近期接种疫苗或者受到昆虫的蜇伤所致。然而，更多情况下，发病原因并不清楚，有可能是受到昆虫或者蛛形纲动物的蜇伤。面部急性肿胀

和 / 或荨麻疹的鉴别诊断包括对乙酰氨基酚中毒（猫）、前腔静脉综合征、淋巴结炎、脉管炎、低白蛋白血症和接触性皮炎。

护理

对于已经证明出现血管神经性水肿的动物，在注射短效糖皮质类固醇和抗组胺药物后，最少需要观察 20~30 min。检测动物的血压，保证不出现并发性过敏反应和低血压。在部分或全部临床症状消失后，可以让动物出院，交由主人看管。对于犬而言，该类型的反应发生后 1~2 d，可能出现轻微的呕吐或腹泻。如果有可能，尽量避免动物再次接触过敏原。

框 1-26　用于血管神经性水肿的免疫反应抑制药物
给予短效糖皮质类固醇药物 　地塞米松磷酸钠（Dex SP），0.25~1.0 mg/kg（体重），IV, SQ, IM 给予抗组胺药物 　苯海拉明 [根据需要，2 mg/kg（体重），IM，每天两次] 　法莫替丁 [0.5~1.0 mg/kg（体重），IV]

注：IM, 肌内注射；IV，静脉注射；SQ，皮下注射。

扩展阅读

Cohen R: Systemic anaphylaxis. In Bonagura J, editor: Current veterinary therapy XII. Small animal practice, Philadelphia, 1995, WB Saunders.

Dowling PM: Anaphylaxis. In Silverstein DC, Hopper K, editors: Small animal critical care medicine, St Louis, 2009, Elsevier.

Friberg CA, Lewis DT: Insect hypersensitivity in small animals, Compend Contin Educ Pract Vet 20(10):1121-1131, 1998.

Meyer EK: Vaccine-associated adverse events, Vet Clin North Am Small Anim Pract 31(3): 493-514, 2001.

Schaer M: Anaphylaxis. In Mazzaferro EM, editor: Blackwell's five minute consult clinical companion small animal emergency and critical care, Ames, 2010, Wiley-Blackwell.

麻醉并发症与急症

麻醉状态下发生的并发症可以广义地分为两类：①与仪器功能障碍或者人为误操作相关；②由于麻醉药物对心肺系统的影响而引起患病动物的生理性反应。需要仔细对患病动物进行监护，并熟悉所使用的麻醉机、药物特性，仔细检查仪器设备对于麻醉安全也非常必要。尽管如此，与麻醉相关的并发症仍然频繁发生，需要及时发现并给予恰当处理。

呼吸系统

很多麻醉药对呼吸系统有剂量依赖性抑制作用，并能够引起呼吸频率下降和潮气

1

量下降，导致换气不足。呼吸频率并不能单独作为患病动物氧合状态和通风状态的可靠指标。可以用 Wright's 呼吸器对动物的呼吸潮气量进行测定。用脉搏血氧仪和二氧化碳描记图作为一种非侵入性方法检测患病动物的氧合状态和换气状态。

麻醉药物、患病动物姿势、气胸、胸膜渗出（乳糜胸、血胸、脓胸）、仪器功能障碍、二氧化碳再吸入、胸壁损伤或者肺泡积液（肺水肿、出血或肺炎）等都可以引起换气下降。动物一旦仰卧后，横膈疝、GDV 或者妊娠子宫膨大等问题都可以使横膈发生偏离，并导致换气下降。由于麻醉回路阻力升高以及无效腔通气量增加，而使呼吸难度有所增加。这些情况在小型宠物品种中尤其重要。

换气不足的临床症状以及呼吸并发症包括呼吸模式异常、心率突然改变、心律失常、发绀和心肺骤停。潮气末期二氧化碳或者二氧化碳描记图，可以提示动物换气的充足性。潮气末期二氧化碳的快速下降可能是由于气管导管脱落或者堵塞，或者灌注不良，即心肺骤停（参阅二氧化碳监测仪中潮气末二氧化碳监测相关内容）。

术后，残留麻醉药的作用、低温、手术期间过度换气、导致换气下降的手术（开胸术、颈部脊柱手术、寰枕固定）、术后腹部或胸部的绷带包扎，可使换气肌疲劳或者中枢神经系统损伤，最终造成换气不足。

心血管系统

心输出量与心率和心搏量相关。影响心搏的因素包括血管和心脏前负荷、心脏后负荷、心脏收缩力。患病动物的心输出量受到麻醉药的减弱心脏收缩力、影响心率以及舒张血管作用的不利影响，并最终导致低血压的发生。心动过缓、心动过速、心律失常和血管舒张，可以导致低血压以及器官灌注不足。表1-25列出了犬猫的正常心率和血压。

品种	正常心率（次/min）	正常血压（mmHg）		
		收缩压	舒张压	平均值
犬（大型）	60~100	100~160	60~90	80~120
犬（中型）	80~120			
犬（小型）	90~140			
猫	140~200	100~160	60~90	80~120

表1-25　犬猫心率和血压的正常参数

心动过缓

心动过缓是指心率低于正常水平。很多麻醉药可以引起心动过缓，导致心动过缓的因素包括麻醉药和 α_2- 受体颉颃剂的使用、深度麻醉、迷走神经紧张增加、体温低下和血氧不足。表1-26列出了心动过缓的原因以及必须立即采取的措施或治疗方案。

表 1-26　心动过缓的病因与应急措施	
病因	应急措施
麻醉药物	
阿片类药物	纳洛酮的反转作用
α₂-受体颉颃剂	育亨宾或者阿替美唑的反转作用
深度麻醉	降低挥发罐麻醉用量
迷走神经紧张增加	应用副交感神经阻断药（阿托品或者胃长宁）
体温低下	提供流动供暖垫
血氧不足	提供氧气

心动过速

心动过速是指心率高于正常值。心动过速的常见原因包括血管舒张、药物作用、麻醉过浅时感知疼痛、高碳酸血症、血氧不足、低血压、休克以及体温过高。表 1-27 列出了心动过速的常见病因以及需要立即采取的措施或治疗方案。

表 1-27　心动过速的原因与应急措施	
病因	应急措施
迷走神经阻滞药物	
阿托品	药物随着时间而代谢清除
胃长宁	药物随着时间而代谢清除
交感神经药物	
肾上腺素	药物随着时间而代谢清除；使用 β-受体阻断剂，停止输液
异丙肾上腺素	使用 β-受体阻断剂
多巴胺	给予 β-受体阻断剂，停止输液
氯胺酮	药物随着时间而代谢清除
麻醉深度不足	增加麻醉深度
高碳酸血症	增加换气量（辅助通气）
低氧血症	提高气流量和氧气供给量
低血压	降低麻醉深度；通过静脉给予晶体液或胶体液、正性肌力药、正性变时性药物（positive chronotropic drug）或者升压药
体温过高	使用环境降温或主动降温，怀疑发生恶性高热时给予丹曲洛林

低血压

低血压是指生理性血压低（平均动脉压低于 65 mmHg）。平均动脉压低于 60 mmHg

时可以导致组织灌注和氧气运送量不足。心脏舒张期时，冠状动脉灌注，舒张压不足，平均动脉压低于 40 mmHg 时，可以引起冠状动脉灌注不足和心肌缺氧，从而使心脏容易发生节律异常。围麻醉期低血压的原因包括：麻醉药引起的外周血管舒张，心动过缓或心动过速性心律失常、体温低，血管舒张或出血引起的心脏前负荷不足，患病动物姿势不佳或者对内脏器官进行手术等导致静脉血液回流不足，以及心脏收缩力下降。表 1-28 列出了低血压的可能原因以及需要立即采取的应急措施。

表 1-28	围麻醉期低血压的病因及应急措施
病因	应急措施
低体温	提供额外供暖
低钙血症 *	给予氯化钙［10 mg/kg（体重），IV］或者葡萄糖酸钙［23 mg/kg（体重）］
麻醉过深	降低挥发量和麻醉深度，利用阿片类或 α_2- 受体颉颃剂颉颃
血管舒张	静脉给予晶体液［10 mL/kg（体重）］ 静脉给予胶体液［5 mL/kg（体重）］ 给予升压药［去氧肾上腺素，每分钟 1~3 μg/kg（体重）］
负性心收缩药	降低麻醉深度 给予肾上腺素［0.1~0.25 mg/kg（体重），IV］ 给予多巴酚丁胺［2~20 μg/kg（体重），IV，CRI］ 给予去甲肾上腺素［每分钟 0.05~0.4 μg/kg（体重），IV，CRI］ 麻黄素［0.1~0.25 mg/kg（体重），IV］ 多巴胺［每分钟 2~10 μg/kg（体重）］
心动过缓	给予阿托品［0.01~0.04 mg/kg（体重），IV，SQ］ 给予胃长宁［0.005~0.02 mg/kg（体重），IV，SQ］

注：* 多次输血后，由于 EDTA 的螯合作用而引起低钙血症（猫尤其容易发生）。
CRI，匀速滴注；IV，静脉注射；SQ，皮下注射。

心律失常

围麻醉期利用 ECG 检测有助于早期发现心律失常。心律失常的临床症状包括脉搏和血压不规律，心音异常或不规律，苍白、发绀、低血压和 ECG 波形异常。应注意，最好通过手指（触诊脉搏或心尖搏动）和耳朵（对心脏进行听诊）检测心律失常。通过对心率和节律进行听诊，找出 P 波和 QRS 复合波，并评估 P 波和 QRS 复合波之间的关系。确认是否每一个 QRS 复合波都有一个 P 波，并且每一个 P 波都有 QRS 复合波。麻醉期间，体液、酸碱度以及电解质的失衡容易使患病动物发生心律失常。交感神经和副交感神经刺激（包括插管过程）都容易使动物发生心律失常。如果患病动物的麻醉过浅，疼痛感可以导致儿茶酚胺释放，增加心肌对异位搏动的敏感性。房室阻断可由给予 α_2- 受体激动剂药物（如甲苯噻嗪和美托咪定）诱导发生。硫代巴比妥类药物（硫喷妥钠）可以诱导心室常电异位或发生二联律。尽管这些情况所引起的心律失常对

1

清醒动物没有影响，但是对于麻醉动物而言，容易发生心律失常引起的低血压。需要认真检测并治疗所有的心律失常（参阅心律失常相关内容）。框 1-27 列出了预防围麻醉期心律失常的步骤。

框 1-27　防止围麻醉期心律失常的步骤
任何情况下都需要在稳定酸碱和电解质平衡后再进行诱导麻醉
补足体液后再进行诱导麻醉
对于不同动物选择合适的麻醉药
注意药物对心肌的作用
麻醉诱导前保证足够的麻醉深度和供氧量
麻醉期间保证通气量
麻醉期间监测心率、节律、血压、血氧和二氧化碳浓度（capnometry）
进行手术之前保证足够的麻醉深度
尽可能避免触碰心脏和大血管
避免改变围麻醉期麻醉深度
避免体温低下

麻醉深度评估与人为错误

麻醉期间动物会苏醒，可能是由于仪器异常所致，或者是人为失误所致。表 1-29 列出了麻醉过程中动物苏醒的原因和应急措施。

表 1-29　麻醉中苏醒的原因与应急措施	
病因	应急措施
诱导后换气不足	增加换气速度和体积
吸入气体流量过低	增加麻醉气体的流量
新鲜气体流量过低	增加新鲜气体流速
机器或挥发罐设备故障	更换麻醉机
气管导管插入食管内	重新插管，并通过二氧化碳浓度计或喉镜检查导管是否已经插入气管内
导管型号过小引起漏气	选择合适的导管重新插管
导管前端气囊充气不足	适当充气以减少密闭不足
手术刺激	增加麻醉深度
模拟麻醉苏醒的状态（如恶性高热）	唤醒动物，并给予丹曲林钠胶囊

麻醉后并发症

很多因素可以导致动物的苏醒期延长，包括麻醉过深、体温低、麻醉剂或镇静剂的残留作用、麻醉药物的代谢延长、低血糖、低钙血症、出血以及品种或动物的易感

1

性。需要认真监护患病动物的血压、酸碱平衡和电解质状态、麻醉深度、PCV 和手术期间的血管容量，以及采取辅助措施防止异常情况的发生，这些都可以加快麻醉的苏醒以及避免术后并发症。

扩展阅读

Gaynor JS, Muir WW: Handbook of veterinary pain management, ed 2, St Louis, 2008, Elsevier.

Mazzaferro EM, Wagner AE: Hypotension during anesthesia in dogs and cats: recognition, causes, and treatment, Compend Contin Educ Pract Vet 23(8):728–737, 2001.

Thurmon JC, Tranquilli WJ, Benson GJ: Lumb and Jones' veterinary anesthesia, ed 3, Philadelphia, 1996, Lippincott Williams & Wilkins.

出血性疾病

患病动物的出血性疾病对于执业兽医而言是一种挑战（框 1-28 和框 1-29）。通常情况下，异常出血可以由五种情况造成：①血管创伤；②凝血因子产生不足；③凝血因子稀释；④全身性抗凝剂的使用或毒性；⑤ DIC。出现下列情况时，应该怀疑是否存在凝血性疾病：有自发性深部血肿的病史；外伤后出血时间显著延长；全身多部位多器官出血；流血后出现严重的迟发性出血，且医师无法找到出血的器官。动物的病史、临床症状以及凝血试验通常有助于对疾病的主要病因做出快速诊断，并选择适当的治疗方案。询问病史时，以下问题非常重要：

框 1-28　原发性止血不良的原因	
血小板减少症	**全身性疾病**
血小板生成受损或缺失	尿毒症
免疫介导性疾病	胰腺炎
药物引起	埃立克体病
外周循环中血小板的存活周期下降	蛋白异常血症
抗体介导的血小板破坏	骨髓及外骨髓增殖和骨髓增生异常性疾病
弥散性血管内凝血消耗血小板	弥散性血管内凝血
	抗血小板药物
血小板疾病	阿司匹林
先天性疾病	
血友病	
其他遗传性血小板疾病	

框 1-29　继发性止血不良的原因	
凝血因子缺失	弥散性血管内凝血
凝血因子产量下降	血管肉瘤
遗传性因素	循环凝血抑制剂
慢性肝功能不足或衰竭	肝素
维生素 K 颉颃剂灭鼠药	纤维素降解产物
凝血因子的消耗增加	

1

- 出血的性质是什么？
- 什么部位受到影响？
- 出血持续多久了？
- 之前有发生过类似的情况吗？
- 是否存在接触有毒物质的可能性？
- 如果有，何时接触，摄入了多少？
- 是否有创伤的可能性？
- 您的动物是否可随时在不被看管的情况下外出？
- 您的动物是否有旅游史，如有，去了哪里？
- 您的动物是否曾经或正在接受药物治疗？
- 您的动物最近是否接种了疫苗？
- 与您的动物有血缘关系的其他动物是否也有出血性疾病？
- 是否见到其他异常的迹象？

临床检查中的异常发现有助于确定是局部性还是全身性出血（如出血性素质时的静脉穿刺部位出血）。注意临床症状是否伴有血小板的问题，表面出血或深部出血可能与凝血机制异常有关。此外，要注意识别使动物易出血的并发疾病（如胰腺炎、蛇咬伤、败血症、免疫介导的溶血性贫血，或严重创伤以及挤压性或烧伤性损伤）。

与凝血障碍相关的异常包括瘀点、瘀斑、鼻出血、牙龈出血、尿血、关节淤血、黑便和腔内（胸膜、腹膜或腹膜后）血性渗出。

具体的凝血性疾病
弥散性血管内凝血

弥散性血管内凝血（disseminated intravascular coagulation, DIC）是一种复杂的综合征，可以由一系列的凝血因子活化而产生，能够导致血栓形成和纤维蛋白溶解之间的平衡状态发生紊乱。弥散性微血栓的形成伴发血小板的消耗以及凝血因子的激活，导致末梢循环血栓形成，并同时出现各种程度的临床出血。就动物而言，DIC 总是由其他病理过程所致，包括各种类型的肿瘤、挤压或热引起的损伤、败血症、炎症和免疫介导性疾病（框 1-30）。与 DIC 相关的病理生理学机制包括血管内皮损伤、血小板的激活与消耗、组织凝血因子前体的释放以及内源性抗凝血因子的消耗。

DIC 的诊断

由于 DIC 总是由其他疾病所致，因此对 DIC 的诊断以一系列的凝血试验结果为基础，包括外周血涂片、血小板计数、血栓形成和纤维蛋白溶解的终产物等。

1

框 1-30　犬常见的伴发 DIC 的疾病	
肿瘤	败血型腹膜炎
血管肉瘤	坏疽性乳腺炎
淋巴瘤	脓胸
炎性反应	心丝虫病
胰腺炎	免疫介导性疾病
热损伤	免疫介导溶血性贫血
胃扩张 - 扭转	创伤
肠系膜扭转	挤压性损伤
败血症	烧伤
革兰氏阴性菌或革兰氏阳性菌引起的败血症	蛇毒

　　关于 DIC 并没有一个确切的诊断标准（框 1-31）。血栓形成过程中消耗血小板会导致血小板减少。需要注意的是，血小板数量下降的趋势是诊断血小板减少症的重要依据。在某些病例中，血小板计数仍然在正常范围内，但是在随后的 24 h 中显著下降。DIC 早期促凝机制占主导地位，处于高凝状态。活化凝血时间（ACT）、活化部分凝血活酶时间（APTT）和凝血酶原时间（PT）可能低于正常值。在大部分病例中，我们并未认识到重症动物处于高凝状态。DIC 后期，随着血小板和活化凝血因子的消耗，ACT、APTT 和 PT 延长。抗凝血酶（antithrombin, AT）属于天然抗凝剂，也会被消耗而导致浓度降低。可以通过商业实验室和某些大型医疗机构检测 AT 浓度。血栓形成和随后的纤维蛋白溶解的终产物也可以检测。纤维蛋白原浓度也可能下降，但是对于 DIC 的诊断不具有敏感性和特异性。纤维蛋白降解（分解）产物也会升高。纤维蛋白降解产物通常可以通过肝脏来清除。在肝脏衰竭病例中，无法清除纤维蛋白降解产物会导致其浓度升高。可以通过实时检测 D- 二聚体（cageside D-dimer），以达到测定交联纤维蛋白降解产物目的，对于监测 DIC 更具有敏感性和特异性。

框 1-31　与 DIC 相关的实验室检查结果 *
红细胞碎片
血小板减少症
活化部分凝血活酶时间长短
促凝时间缩短或延长
活化凝血时间缩短或延长
低纤维蛋白原血症
纤维原降解产物阳性，但不并发肝脏疾病
抗凝血酶浓度下降
D- 二聚体化验阳性

注：* 在 DIC 的诊断中，上述指标需要出现一项以上。

DIC 的护理

　　针对 DIC 的护理，首先需要治疗原发性疾病。DIC 发生以后，需要快速且积极地治疗。对于已经确诊的某个能够引发 DIC 的疾病，如果怀疑发生 DIC，应在凝血异常发生之前开始治疗，以达到最好的预后。治疗包括置换凝血因子和 AT，并预防凝血的进一步发生。可以通过给予新鲜全血或新鲜冷冻血浆达到置换凝血因子和 AT 的目的。肝素需要 AT 作为共因子来灭活凝血酶以及其他活化的凝血因子。给予肝素［普通肝素（unfractionated heparin）50~100 U/kg（体重），SQ，每 6~8 h 一次；或者分离后的伊诺肝素（Lovenox），1 mg/kg（体重），SQ，每天两次］。也可以用阿司匹林［犬：5 mg/kg（体重），PO，每天两次；猫：每 3 d 一次］预防血小板凝集。DIC 的护理也涉及病例管理的"二十条原则"，以维持末梢循环的灌注量和氧气的输送（参阅二十条原则）。

先天性凝血缺陷

凝血因子Ⅷ缺陷（血友病 A）

血友病是一种与性别相关的隐性遗传疾病，由雌性动物携带，雄性动物发病。雄性血友病患病动物与雌性携带者配种后产下的雌性后代可以发生血友病。已有报道血友病 A 可发生于猫和某些品种的犬中，包括迷你雪纳瑞、圣伯纳犬、迷你贵宾犬、喜乐蒂牧羊犬、英国和爱尔兰赛特犬、拉布拉多猎犬、金毛寻回犬、苏格兰牧羊犬、威玛猎犬、灵缇犬、吉娃娃、英国斗牛犬、萨摩耶犬和匈牙利维斯拉犬。轻度到中度的内出血和外出血均可发生。在某些出生后不久的动物可以见到脐带明显出血。牙龈出血、关节积血、胃肠道出血和血肿等都可能发生。凝血因子Ⅷ缺失的动物，其凝血状态包括 APTT 和 ACT 延长，PT 和口腔黏膜出血时间正常。患病动物通常凝血因子Ⅷ的活性低，但是与凝血因子Ⅷ相关的抗原水平正常或偏高。雌性携带者可检测到凝血因子Ⅷ活性低（正常值的 30%~60%）和凝血因子Ⅶ相关抗原的活性正常或偏高。

血管性血友病

血管性血友病属于 von Willebrand's（vWF）蛋白缺失或不足的一种疾病。该病存在一系列的变异：血管性血友病Ⅰ型属于凝血因子Ⅶ R 蛋白浓度不足，而血管性血友病Ⅱ型属于凝血因子Ⅷ R（vWF）蛋白浓度不足。在临床中，血管性血友病Ⅰ型更为常见。已发现超过 29 个品种的犬可以发生血管性血友病，发病率为 10%~60%，具体取决于品种的来源。患病的品种包括杜宾犬、德国牧羊犬、苏格兰㹴、标准曼彻斯特㹴、金毛寻回犬、切萨皮克湾寻猎犬、迷你雪纳瑞和威尔士柯基犬。本病有两种基因表达形式：第一种是常染色体隐性遗传病，带有纯合子血管性血友病的个体可发生出血性疾病，而带有杂合子的个体携带出血基因，但临床表现正常；第二种是常染色体显性疾病，基因不完全表达，因此杂合子个体属于携带者，而纯合子个体受到严重影响。血管性血友病的发病率高，但死亡率低。犬携带 30% 或低于正常 vWF 的情况下容易发生出血。血小板计数正常，但出血时间延长。当凝血因子Ⅷ低于正常的 50% 时，APTT

轻微延长。虽然易患病品种的血小板计数正常，口腔黏膜出血时间延长时高度支持血管性血友病的诊断，但常规的筛选试验对本病不具有诊断意义。根据文献报道，有临床出血症状，同时凝血因子Ⅷ抗原低或无法检测，或者检测到 vWF 血小板有活性时，可确诊为血管性血友病的。隐性动物有 vWF 抗原（一种凝血因子Ⅲ的亚单位）；杂合子 15%~60% 属于正常。在不完全显性的类型中，vWF 抗原水平下降（低于 7%~60%）。患病动物的临床症状包括鼻出血、尿血、黑便性腹泻、阴茎出血、跛行、关节积血、血肿，常规的剪指甲、立耳、断尾、手术（如去势、绝育）和撕裂等可发生过度出血。密歇根州立大学的 VetGen（Ann Arbor, Michigan）能够提供是否携带 vWF 基因的 DNA 检测服务。患有血管性血友病的动物应该避免使用对血小板功能有影响的药物（如磺胺类药物、氨苄西林、氯霉素、抗组胺药物、茶碱、镇定性吩噻嗪、肝素和雌激素）。

凝血因子Ⅸ（克雷司马斯因子）缺失（血友病 B）

血友病 B 属于一种伴 x 染色体的隐性疾病，发病率比血友病 A 低。本病已有报道发生于苏格兰㹴、喜乐蒂牧羊犬、英国古代牧羊犬、圣伯纳犬、可卡犬、阿拉斯加雪橇犬、拉布拉多猎犬、比熊犬、万能㹴和英国短毛猫中。雌性携带者的凝血因子Ⅸ活性低（为正常水平的 40%~60%）。临床症状比血友病 A 更严重。

凝血因子Ⅶ缺失

根据报道，先天性凝血因子Ⅶ缺失发生于常染色体，在比格犬中为不完全显性。杂合子有 50% 的凝血因子Ⅶ缺失。患病动物出血较轻微。患病个体 PT 延长。

凝血因子Ⅹ缺失

凝血因子Ⅹ缺失已有报道发生于可卡犬和新生幼犬中，类似于幼犬发育迟滞综合征（fading-puppy syndrome）。可发生内出血或脐带出血，引起典型的死亡。成年犬出血较轻。严重的病例中，凝血因子Ⅹ可下降到正常水平的 20%；轻微的病例中，凝血因子Ⅹ为正常水平的 20%~70%。

凝血因子Ⅻ（哈格曼因子）缺失

有报道称，凝血因子Ⅻ作为一种染色体隐性遗传疾病发生于家猫中。杂合子由于有部分凝血因子Ⅻ缺失（正常水平的 50%）而可以检测到。纯合子猫的凝血因子Ⅻ活性不足 2%。哈格曼因子缺失通常不会导致出血或其他疾病的发生。

凝血因子Ⅺ缺失

凝血因子Ⅺ缺失属于一种常染色体疾病，有报道称可发生于凯利蓝㹴、大白熊和英国史宾格犬中。可观察到患病个体的出血时间延长。纯合子的凝血因子Ⅺ活性低（小于正常水平的 20%），杂合子的凝血因子XI活性为正常水平的 40%~60%。

先天性凝血功能缺陷的治疗

先天性凝血功能缺陷的治疗包括补充现有的凝血因子。一般可以通过输新鲜血浆〔20 mL/kg（体重）〕来实现。如果出血严重而导致贫血，可以输全血或者浓缩红细胞。最近有采用重组基因治疗犬的某些特异因子缺失的调查性研究；然而，尚未在临床上推广。

对于血友病病例，可以通过输新鲜冷藏血浆〔10~20 mL/kg（体重）〕或者冷凝蛋白质（每 10 kg 体重 1 U）来提供 vWF、凝血因子Ⅷ和纤维蛋白原。可以重复给药，直至出血停止。去氨基 -8-D- 精氨酸加压素〔1-desamino-8-D-arginine vasopressin, DDAVP，1 μg/kg（体重），SQ 或稀释到生理盐水中静脉滴注，时间为 10~20 min〕也可用于供血动物和患病动物，以促进储存于内皮细胞中的 vWF 的释放。可以从供血者采得新鲜全血后立即输给患病动物，如果不需要红细胞，可将全血缓慢离心后分离出血浆，再输给患病动物。对于任何患病动物，在进行非紧急手术之前都需要给予一定剂量的 DDAVP。准备好新鲜血浆或者 RBC，防止不可控性出血的发生。

获得性凝血疾病

血小板是正常凝血所必需的。当血管发生损伤后，血管活性胺的释放可引起血管收缩以及血流缓慢，从而起到防止出血的作用。血小板在血小板活化因子的作用下被激活，并附着在血管内皮上。正常血小板的附着取决于一些介质，如钙、纤维蛋白原、vWF 抗原和部分凝血因子Ⅷ。血小板附着后发生凝集，并释放出一系列的化学介质，包括二磷酸腺苷、前列腺素、5- 羟色胺、肾上腺素、促凝血酶原激酶和凝血噁烷，这些物质可以促进二次凝集和收缩。血小板异常包括血小板的生成下降（血小板减少症）、血小板功能下降（血小板病）、血小板损毁增多、血小板消耗增多以及血小板耗竭。

血小板病

血小板病指血小板功能异常。血小板功能的变化可影响血小板的黏附或凝集，或血管活性物质的释放，而这些血管活性物质有助于形成稳定的血凝块（框 1-32）。血友病由于 vWF 抗原缺失而使血小板的黏附功能发生变化。血管紫癜的发生已有报道，见于胶原蛋白异常的情况，如埃勒斯 - 当洛综合征（Ehlers-Danlos syndrome），该病属于常染色体完全显性遗传疾病，见于德国牧羊犬、腊肠犬、圣伯纳犬、和拉布拉多猎犬。

血小板功能不全性疾病属于一种遗传性常染色体显性异常的疾病，在猎獭犬、猎狐犬和苏格兰㹴中已有报道。本病中，在受到二磷酸腺苷和凝血酶的刺激后，血小板不能正常发生凝集反应。

1

框 1-32　　血小板病的原因

<table>
<tr><td>

药物
阿司匹林或其他非甾体抗炎药
肝素
噻吩嗪镇静剂
头孢菌素

全身性疾病
尿毒症
肝脏疾病

血液学疾病
抗血小板抗体的产生
骨髓增生性疾病
</td><td>

血内蛋白异常
血管性血友病缺陷

遗传性
猎獭犬血小板功能不全性疾病
大白熊血小板性无力症(glanzmann thrombasthenia)
巴塞特猎犬和美国爱斯基摩犬（波美拉尼亚丝
　毛犬）的血小板病
灰色牧羊犬的周期性造血
美国可卡犬的血小板储存池疾病
</td></tr>
</table>

　　血小板功能的评估通过血小板计数、口腔黏膜出血时间和凝血弹性描记法来进行。血小板功能缺陷（血小板减少症和血小板病）对雌性和雄性都有影响，临床症状类似于血管性血友病。大部分病例中，口腔黏膜出血时间可能会延长，但是血小板计数和凝血试验结果正常。

　　血小板减少症

　　血小板生成下降、消耗增加、隔离或者破坏等会导致血小板计数减少。加速血小板破坏的原因有：免疫介导性自身抗体、药物抗体、感染和同种免疫性破坏。血小板的消耗和隔离通常是由于 DIC、脉管炎、微血管病溶血性贫血、严重的血管损伤、溶血性尿毒综合征和革兰氏阴性菌败血症。未知病因的原发性血小板减少症称为特发性血小板减少性紫癜（idiopathic thrombocytic purpura）。血小板减少症中，80% 的病例与免疫介导性破坏有关，主要是由于免疫介导性溶血性贫血、全身性红斑狼疮、风湿性关节炎、DIC 和影响骨髓的疾病所致。在全身性红斑狼疮中，20%~30% 的患病犬并发特发性血小板减少性紫癜。当免疫介导溶血性贫血和特发性血小板减少性紫癜发生于同一个动物时，称为伊文思综合征（Evans syndrome）。PF-3 属于一种非补体结合抗体（non-complement-fixing antibody），由脾脏生成，可以影响外周血和骨髓中的血小板和巨噬细胞。直接抗动物血小板的抗体通常为 IgG 亚型。可以通过检测 PF-3 的释放量来测定抗血小板抗体。在免疫介导性破坏中，血小板计数通常少于 50 000 个 /mL。血小板减少症的感染性病原包括犬埃立克体、人粒细胞无形体，前体为马的埃立克体和落基山斑疹热。原发性免疫介导的血小板减少症病因未知，大部分发生于中年到老年的雌性犬中。易感品种包括可卡犬、德国牧羊犬、贵宾犬（玩具型、迷你型、标准型）和英国古代牧羊犬。

　　血小板减少症通常表现为皮肤和黏膜的瘀点、瘀斑，以及眼前房积血、牙龈和结膜出血、尿血、黑便和鼻出血。对特发性血小板减少性紫癜做出诊断，需要测定血小板减少症的严重程度（血小板计数 <50 000 个 /mL），并分析外周血涂片以检查是否存在血小板碎片或者微小血小板增多症。骨髓中可见正常到升高的巨噬细胞数量，可检测到血小板抗体，经糖皮质激素治疗后血小板计数升高，并排除引起血小板减少的其他原因。如果怀疑属于扁虱媒介性疾病，应该对犬埃立克体、人粒细胞无形体和落基山斑疹热进行抗体滴度检测。

　　免疫介导性血小板减少症的治疗包括：对免疫系统的抑制以减少免疫介导性损伤；刺激血小板从骨髓中释放。传统上，抑制免疫系统的金标准是使用糖皮质激素类药物［泼尼松或泼尼松龙，2~4 mg/kg（体重），PO，分两次给药；或者地塞米松，0.1~0.3 mg/kg（体重），IV 或 PO，每 12 h 一次］。也有使用人血清 IgG［0.2~0.5 g/kg（体重），IV，稀释到生理盐水中，输液时间超过 8 h，输液前 15 min 按照 1 mg/kg（体重）给予苯海拉明］的情况。如果发现有巨噬细胞前体，则给予长春新碱（0.5 mg/m², IV，一次性给药）以刺激血小板从骨髓中释放；然而，所释放的可能是未成熟无功能的血小板。如果出现贫血，可以给予新鲜全血或者浓缩红细胞；然而，新鲜全血中血小板的含量相对较少，且存活时间短（2 h），不能从总体上提高血小板计数，除非可以从血库中购买富含血小板的血浆。长期治疗通常使用咪唑硫嘌呤［2 mg/kg（体重），PO，每天一次，1 周后，逐渐减少至每天 1 mg/kg（体重），再隔天给药］和环孢霉素［10~25 mg/kg（体重），PO，分两次给药］。如果怀疑患有扁虱媒介性疾病，则连续 4 周给予强力霉素［5~10 mg/kg（体重），PO，每天两次］或者直至抗体滴度变为阴性。

　　猫也可发生血小板减少症。病因包括：感染（29%）、肿瘤（20%）、心脏病（7%）、原发性免疫介导性疾病（2%）和未知的病因（20%）。在一项研究中发现，患有猫白血病和骨髓增生性疾病的病例中，44% 的患病猫患有血小板减少症。

维生素 K 颉颃剂灭鼠药中毒

　　法华林（Warfarin）和香豆素衍生物是在美国使用的主要灭鼠药。维生素 K 颉颃剂灭鼠药能抑制环氧化酶反应，消耗活化维生素 K，导致维生素 K 依赖的凝血因子（Ⅱ、Ⅶ、Ⅸ、Ⅹ）在摄取毒药后 24 h 至 1 周内耗竭，且持续时间取决于所摄取的剂量。患病动物出现全身自发性出血。临床症状包括咳血、呼吸困难、咳嗽、牙龈出血、鼻出血、尿血、眼前房积血、结膜出血、瘀点和瘀斑、体腔（胸腔、腹腔、腹膜后）出血、动物出现急性虚弱、嗜睡或虚脱、关节积血并伴有跛行、深部肌肉出血、头盖骨内出血和脊髓出血。维生素 K 颉颃的诊断包括 PT 延长。如有可能，也可以检测由维生素 K 缺乏或颉颃诱导产生的蛋白质（protein induced by vitamin K absence or antagonism, PIVKA）。

　　维生素 K 颉颃剂灭鼠药中毒和其他原因引起维生素 K 缺乏的治疗包括补充维生素 K₁［植物甲萘醌，5 mg/kg（体重），SQ，用 25 G 针头一次性多点皮下注射，然后按 2.5 mg/kg（体重），PO，每天两次或三次，连续使用 30 d］。切记不能深部肌内注射维生

1

素 K，因为存在导致深部肌肉血肿的风险。也不能静脉滴注，因为存在过敏性反应的风险。最后一次吃维生素 K 胶囊后 2 d，应该重新检查 PT，因为某些二代法华林衍生物属于脂溶性，治疗时间需要延长 2 周。

表 1-30 归纳了凝血状态的标准。

病名	BMBT	ACT	PT	APTT	血小板	纤维蛋白原	FDPs	D-二聚体
表 1-30 凝血状态实验室检查结果的临床解读								
血小板减少症	↑	N	N	N	↓	N	N	N
血小板病	↑	N	N	N	N	N	N	N
血管性血友病	↑	↑ /N	N	↑ /N	N	N	N	N
血友病	N	↑	N	↑	N	N	N	N
法华林	N	↑	↑	↑	N/ ↓	N/ ↓	N/ ↑	N
DIC	↑	↑	↑	↑	↓	N/ ↓	↑	↑

注：ACT，活化凝血时间；APTT，活化部分凝血活酶时间；BMBT，口腔黏膜出血时间；FDP，纤维降解产物；N，正常；PT，凝血酶原时间。

扩展阅读

Bateman SW: Hypercoagulable states. In Silverstein DC, Hopper K, editors: Small animal critical care medicine, St Louis, 2009, Elsevier.

Bateman SW, Mathews KA, Abrams-Ogg ACG: Disseminated intravascular coagulation in dogs: a review of the literature, J Vet Emerg Crit Care 8:29-45, 1998.

Bateman SW, Mathews KA, Abrams-Ogg AC, et al: Diagnosis of disseminated intravascular coagulation in dogs admitted to an intensive care unit, J Am Vet Med Assoc 215(6):798-804, 1999.

Bateman SW, Mathews KA, Abrams-Ogg ACG, et al: Evaluation of point-of-care tests for diagnosis of disseminated intravascular coagulation in dogs admitted to an intensive care unit, J Am Vet Med Assoc 215:805-810, 1999.

Couto CG: Spontaneous bleeding disorders. In Bonagura JD, editor: Current veterinary therapy XII. Small animal practice, Philadelphia, 1995, WB Saunders.

Drellich S, Tocci LJ: Thrombocytopenia. In Silverstein DC, Hopper K, editors: Small animal critical care medicine, St Louis, 2009, Elsevier.

Duffy T: Anticoagulant rodenticide toxicity. In Mazzaferro EM, editor: Blackwell's five minute consult clinical companion small animal emergency and critical care, Ames, 2010, Wiley-Blackwell.

Duffy T: von Willebrand Disease (vWD). In Mazzaferro EM, editor: Blackwell's five minute consult clinical companion small animal emergency and critical care, Ames, 2010, Wiley-Blackwell.

Feldman B, Kirby R, Caldin M: Recognition and treatment of disseminated intravascular coagulation. In Bonagura JD, editor: Kirk's current veterinary therapy XIII, Philadelphia, 2000, WB Saunders.

Hackner SG: Bleeding disorders. In Silverstein DC, Hopper K, editors: Small animal critical care medicine, St Louis, 2009, Elsevier.

Meeking SA, Hackner SG: Immune mediated thrombocytopenia (IMT). In Mazzaferro EM, editor: Blackwell's five minute consult clinical companion small animal emergency and critical care, Ames, 2010, Wiley–Blackwell.

Peterson J, Couto G, Wellman M: Hemostatic disorders in cats: a retrospective study and review of the literature, J Vet Intern Med 9:298‑303, 1995.

烧伤
热损伤

热损伤在临床中相对少见。框 1–33 列出了蓄意和意外烧伤的各种原因。烧伤部位在评估烧伤的严重性及可能造成的功能丧失中非常重要。通常认为，会阴部、脚、面部和耳朵的烧伤是最严重的，因为可以导致功能丧失和严重的疼痛。通常，动物热损伤的严重程度很难进行评估，因为其被毛可能掩盖临床症状，并且在动物离开热源后热损伤仍然持续存在。开始进行烧伤治疗时，要考虑皮肤冷却或升温的速度，这一点非常重要。热损伤的严重程度与动物接触热源的持续时间，以及组织自我驱散热的能力有关。最接近热源的组织会发生坏死，且血流量下降。

框 1–33　热损伤的原因	
汽车引擎	热灯泡
汽车排气系统	电外科设备操作不当
沸水	半流体（如热焦油）
热的食用油	太阳照射
电热板	蒸汽
电吹风	火炉

热损伤的严重程度直接与动物所接触的热源、受影响体表面积的百分比、受损组织的厚度以及机体其他系统是否出现并发症有关。预后在很大程度上取决于受影响的总体表面积（表 1–31）。

表 1–31　烧伤百分比评估：9 规则	
体表区域	**体表百分比**
头部	9%
躯干	18%
前肢（全部）	9%
后肢（全部）	18%

浅表组织受损，或者说一度烧伤的预后最好。受影响的上皮组织出现红斑，然后 3~6 d 很快脱皮。大部分病例中皮肤可以恢复原样且无瘢痕。深层或者二度烧伤，往往影响表皮和真皮组织，并伴有皮下水肿、炎性反应和疼痛。深层烧伤从更深部的附属

组织和伤口边缘开始愈合，并伴有瘢痕形成和褪色。最严重的属于全层烧伤或者三度烧伤，此时热损伤毁坏了全层皮肤并形成焦痂。表层和深层的皮肤脉管系统中有血栓形成，出现坏疽。治疗时需要对创口连续进行清创术，取二期愈合、表皮细胞再生或者创口再造。大部分情况下受损部位有广泛的瘢痕形成。

烧伤面积超过体表面积20%时，全身将受到影响，包括心血管功能受损、肺功能障碍和免疫功能受损。出现毛细血管受损的烧伤组织通透性会增加。炎性因子、氧自由基、前列腺素、白细胞三烯、组胺、血清素和激肽的释放，导致血管通透性增加和血浆蛋白漏出并进入组织间隙和血管外。

应急措施与治疗

动物就诊时，对其进行检查，确定气管是否出现梗阻、换气功能是否受损、是否存在循环性休克或疼痛。如有必要，进行气管插管或实施紧急气管切开术。然后用冷水对烧伤区域进行局部冷却。此时需要谨慎，最好每次仅冷却一部分，然后干燥，再重新冷却，防止过度冷却后造成医源性低温。打开血管通路并适当给予镇痛药和静脉内输液。尽量避免在烧伤或受损部位安装留置针。烧伤早期的治疗，无须按照休克剂量进行静脉输液。然而，烧伤后期由于发生严重的组织渗出，蛋白和体液大量丢失，有必要采取积极的措施给予晶体液和胶体液治疗低血压和低蛋白血症。用无菌生理盐水冲洗眼睛，并检查第三眼睑后是否有悬浮颗粒物。对角膜进行染色，确保角膜浅表没有发生烧伤。用三联抗生素眼膏治疗浅表角膜烧伤。

随后，评估全身烧伤面积，由此来决定预后情况。根据损伤的严重程度，确定如果仅仅是浅表性烧伤，局部治疗即可，如果存在更加严重的烧伤，可能需要全身性治疗，或者实施安乐死。

鉴别诊断

大部分热损伤病例的诊断是根据病史做出的，如曾经在失火的房子内、干衣机内，或者在热灯泡下。然而，很多情况下，在某些手术过程中，将动物错误地放在加热垫中而非循环温水或暖空气中，从而导致热损伤，且手术结束后几天才发现。浅表烧伤表现为被毛烧焦和脱皮，容易脱毛。病因不清楚的情况下，此种情况也类似于浅表或深层皮肤真菌病。其他的鉴别诊断包括免疫介导性脉管炎或多形性红斑。除非表层皮肤出现水泡，否则在不注意伤口的情况下，很难区分热损伤、化学烧伤或者电烧伤。

护理

烧伤的护理很大程度上取决于烧伤的深度和受损的总体表面积。部分皮层烧伤且烧伤面积少于总体表面积的15%时，需要用抗生素软膏和全身性镇痛药治疗。

烧伤面积超过总体表面积的 15% 或者深层烧伤时，需要采取更加积极的治疗措施。放置中心静脉导管以给予晶体液和胶体液，必要时给予肠外营养素、抗生素和镇痛药。密切监护灌注参数，包括心率、血压、毛细血管再充盈时间和尿量。吸入烟雾而对上呼吸道和肺泡造成热损伤，以及发生碳氧血红蛋白或高铁血红蛋白性中毒时，可导致呼吸功能受损。胸腔外皮肤的烧伤也可能使呼吸功能受损。胸部 X 线片可能发现有间质斑片阴影甚至肺泡浸润，提示肺水肿、肺炎和肺不张。支气管镜通常可以发现水肿、炎症反应、悬浮颗粒和气管支气管溃疡。在某些病例中，上呼吸道炎症反应非常严重时，需要立即采取气管切开术来治疗气管梗阻。如果呼吸功能受损并出现低氧血症时，通过气管导管、气管切开术、鼻孔或者气管内导管、氧气罩，按每分钟 50~100 mL/kg（体重），供给湿化后的氧气。就诊时进行血液学检查，包括红细胞比容、白蛋白、尿素氮、肌酐和血糖。渗出性的烧伤会导致电解质等紊乱，需要密切监测血清电解质、白蛋白和胶体渗透压。

烧伤动物的治疗目的是建立和维持血管内以及组织间隙的液体量，保持电解质和酸碱度的平衡状态，并维持血清白蛋白和胶体渗透压。烧伤后 24 h 内，应直接输液维持患病动物代谢液体的需要量。根据动物的电解质和酸碱状态，所采用的晶体液主要有 Normosol-R、Plasma-Lyte M 或者乳酸林格氏液（参阅体液疗法）。检测尿量，使其维持在每小时 1~2 mL/kg（体重）。烧伤的早期不宜过度输液。对于烧伤动物，按照 1~4（mL/kg（体重））× 总体表面积的百分比来计算 24 h 的液体需要量。在开始的 8 h 给予所计算液体的 50%，剩下的 50% 在随后的 16 h 内输完。对于烧伤的猫，给予的液体量为计算量的 50%~75%。对于由于吸入性烧伤影响到肺的重症动物，按照该计算剂量输液很难避免输液过量。烧伤后 6 h 内应避免形成胶体，密切监护动物是否出现浆液性鼻分泌物、结膜水肿和啰音，因为啰音提示存在肺水肿。

由于烧伤可发展为渗出性，因此需要每天两次称量动物体重。所输入的液体量应该等于尿量和伤口渗出的液体量。急性体重下降提示急性体液丢失，此时需要采取更加积极的措施输入晶体液。理想状态下，可以通过输给新鲜冷藏血浆或者浓缩的人白蛋白，来维持动物血清白蛋白含量等于或大于 2.0 g/dL，总蛋白含量保持在 4.0~6.5 g/dL。辅助给予胶体液，包括人工合成的羟乙基淀粉或者血红蛋白类氧载体（HBOCs）。通过补充氯化钾或者磷酸钾维持血清钾浓度在 3.5~4.5 mEq/L。如果补充钾的量超过 80~100 mEq/L，动物还是持续存在低钾血症时，可以给予氯化镁［每天 0.75 mEq/kg（体重）］以提高钾的潴留。如果发生贫血，给予压缩红细胞或者全血（参阅成分输血疗法）。

每天用乳酸林格氏液或者生理盐水冲洗伤口，在伤口上放置一块半干半湿绷带或者浸有磺胺嘧啶银盐或呋喃西林软膏的绷带。根据烧伤的深度不同，掉毛和焦痂形成并分离的时间大概为 2~10 d。每次换绷带时，清除坏死部分显露正常组织。分阶段实施局部或者全部焦痂切除术，伤口取二期愈合，也可用皮肤前移皮瓣或者植皮法进行再造。考虑到烧伤动物存在感染的风险，应小心维持伤口处于无菌状态。给予广谱抗生素，包括头孢唑啉、恩诺沙星。如果怀疑动物产生耐药性，对伤口采样进行细菌培养。

电击伤

电击伤最常见的原因是动物啃咬并咀嚼家里低压的交流电线。电流流经电阻小的通路导致发热，造成血管血栓形成和神经元损伤。在一些病例中，主人目睹了事情的经过，而有时候主人带动物来就诊是因为有一些说不清的、非特异性的临床症状发生，临床检查支持电击伤诊断。烧伤部位通常发生在面部、脚垫、口的接合部位，舌和软腭也可能发生。电击伤可导致大量儿茶酚胺的释放，并导致动物在 36 h 内容易发生非心源性肺水肿。临床症状可能仅局限于呼吸系统，包括端坐呼吸、肺爆破音和发绀。

应急措施与治疗

检查患病动物的嘴唇、舌头、软腭、牙龈和口的接合部位。电击伤的早期伤口较小，外观呈白色、黑色或者黄色。后期血管供给障碍会导致组织腐烂，伤口变大。检查患病动物的呼吸状态，听诊肺部以检查其是否出现肺爆破音。如果动物状态稳定，对胸部进行 X 线片拍照，检查后背侧的肺叶是否有渗出。检查动物的心率、血压，利用脉搏血氧仪或者动脉血气分析监测氧合状态、尿量。应急措施包括使用镇痛药、抗生素［头孢唑啉，22 mg/kg（体重），每 8 h 一次；头孢氨苄，22 mg/kg（体重），每 8 h 一次］，供给加湿后的氧气［每分钟 50~100 mL/kg（体重）］，应用直接体液疗法维持患病动物代谢需液量。由于有非心源性肺水肿的风险，所以应避免大量输入晶体液。

鉴别诊断

对电击伤患病动物的鉴别诊断包括化学烧伤、热烧伤、免疫介导性舌炎、心源性肺水肿和肺炎。

护理

对电击伤的护理主要包括：给予镇痛药，供给加湿后的氧气，以及局部治疗电击伤。利尿剂（如呋塞米）、支气管舒张剂（如氨茶碱）和内脏血管舒张剂（如低剂量的吗啡）等对非心源性肺水肿没有效果。尚未证明糖皮质激素类药物有用，且可能损伤呼吸系统的免疫功能，因此禁止使用。口腔烧伤可能需要清创术，如果出现大面积缺失或者形成口鼻瘘时，需要前移皮瓣。如果口腔受损严重，需要进行食管造口术或者经皮做胃造口术，以保证伤口愈合期间有足够的营养供给。如果动物经过电击伤后能存活，经过采取积极的治疗措施后预后良好。

化学烧伤

化学烧伤通常由于一系列的刺激性物质所致，包括氧化剂、还原剂、腐蚀剂、原生质毒剂、干燥剂和糜烂性毒剂。化学烧伤的治疗与热烧伤的治疗存在轻微的差异，所以无论何时，在进行治疗之前需要调查清楚引起烧伤的原因。事发之后，建议主人用干净的毛巾或者毯子将动物包起来后再运来动物医院。可以多用几层毯子把动物包起来，避免其受冷。避免使用药膏。建议主人立即将动物带到最近的分诊机构进行处理。

应急措施与治疗

治疗化学烧伤最先需要考虑的是将动物移离刺激源或刺激物。避免使用碱或酸去中和刺激，因为中和过程中能够产生热，从而出现除化学烧伤之外的热烧伤。

将项圈或者脖套摘除，以免其成为一种止血或者按压工具。用大量凉水冲洗创口几分钟，每次冷却冲洗的面积不要超过总体表面积的 10%~20%，以免发生医源性低温。将动物的头部和颈部放平以保证其呼吸通畅。

仔细修剪患部的被毛以更好地检查烧伤的程度。用无菌生理盐水冲洗受刺激的眼睛，并对角膜进行染色以确定角膜是否受损。仔细清除伤口上的腐物，要知道伤口的完整程度可能要好几天才会显现出来。然后用抗生素烧伤软膏如磺胺嘧啶银盐盖住伤口并包扎好。

鉴别诊断

若接触史未知，则化学烧伤的鉴别诊断包括热烧伤、坏死性脉管炎、多形性红斑以及表皮或深层脓皮病。

护理

与当地或国家相关动物医疗机构联系，确定是否需要进行中和治疗。每天对创口进行全面清创，覆盖含有抗生素药膏或者磺胺嘧啶银盐药膏的绷带，防止发生感染。常规抗生素的使用可能促进动物产生耐药性。可以给予第一代头孢菌素。如果出现更加严重的感染，应进行细菌培养和药敏试验，以选择更加合适的抗生素治疗。创口可取二期愈合或者需要通过再造以使伤口闭合。

放射性损伤

小动物临床中放射性损伤主要发生于放射治疗肿瘤的过程中。放射治疗的目的是杀死肿瘤细胞。不幸的是，其副作用也能够对邻近的正常组织造成影响，从而发生坏死、纤维化，使受影响区域的血液循环受损。放射性损伤能导致皮炎、结膜炎、手术创口的愈合受损以及创口长期不愈合。大多数情况下，通过周密地设计放射治疗计划和投照区域，可以防止对正常组织的继发性辐射损伤，或者减少其损伤的程度。因此，可以限制放射对正常组织的辐射程度，使影响降到最低。随着三维影像的应用，如计算机断层扫描（computed tomography, CT）和核磁共振成像（nuclear magnetic resonance imaging, MRI），使得放射在肿瘤的临床治疗中越来越常规化。

放射性损伤在早期即可发生，但是在放射治疗后期才会表现出来。后期效应可以延迟到治疗后 6 个月至几年的时间。根据受影响的组织的深度来对放射性损伤进行分级。第一级导致皮肤出现红斑，第二级引起表皮脱落，第三级导致深层湿性脱皮，第四级导致全层皮肤受损和溃疡。放射性损伤的早期，受损部位出现红斑和水肿，伤口出现潮湿，或者皮肤干燥且有鳞状皮屑，伴有脱皮或溃疡。后期受损部位出现结疤和褪色，或者出现硬化、萎缩、毛细血管舒张、角质化以及附属结构减少。

应急措施与治疗

放射性皮炎的治疗方法是对发病部位用温生理盐水冲洗，并防止动物自残。利用伊丽莎白圈或宽松的衣服保护，防止动物自残。结膜炎可以局部使用绿茶浴和口服左旋谷氨酰胺溶液（4 g/m²）。对于犬，可以使用赛罗卡因或利多卡因凝胶进行局部冲洗，但是避免给猫使用，因为有可能发生溶血性贫血和神经毒性。也可局部和全身使用抗生素［头孢氨苄, 22 mg/kg（体重）, PO, 每天三次］。避免使用对放射敏感的抗生素（如甲硝唑）。

鉴别诊断

由于大部分的放射性损伤都有接触放射治疗史，因此病因是已知的。然而，如果有动物在就诊时已出现结疤，鉴别诊断应该包括鼻平面日光性皮炎、落叶型天疱疮、盘状红斑狼疮、浅表坏死性皮炎、浅表或深层脓皮病、化学性烧伤以及热损伤。

护理

放射性损伤的护理包括用镇痛药减少动物的痛苦、防止动物自残、使用分期清创术技术。创口取二期愈合，或者实施再造手术。

扩展阅读

Adamiak Z, Brzeski W, Nowicki M: Burn wound management with hydrocolloid dressings in dogs, Aust Vet Pract 32(4):171–172, 2002.

Dernell WS, Wheaton LG: Surgical management of radiation injury: part I, Compend Contin Educ Pract Vet 17:181, 1995.

Dernell WS, Wheaton LG: Surgical management of radiation injury: part II, Compend Contin Educ Pract Vet 17:499, 1995.

Garzotto CK: Thermal burn injury. In Silverstein DC, Hopper K, editors: Small animal critical care medicine, St

Louis, 2009, Elsevier.

Mann FA: Electrical and lightning injuries. In Silverstein DC, Hopper K, editors: Small animal critical care medicine, St Louis, 2009, Elsevier.

Marks SL: Electric cord injury. In Mazzaferro EM, editor: Blackwell's five minute consult clinical companion small animal emergency and critical care, Ames, 2010, Wiley-Blackwell.

Pope ER, Payne JT: Pathophysiology and treatment of thermal burns. In Harari J, editor: Surgical complications and wound healing in small animal practice, Philadelphia, 1993, WB Saunders.

心脏急症

心脏骤停和心肺脑复苏

心肺骤停是指自发的有效换气和灌注的突然停止。心脏骤停必须立即采取积极的治疗措施，才可能获得成功。心肺脑复苏（cardio-pulmonary-cerebral resuscitation, CPCR）是指通过有效的胸腔按压来保证有足够的氧气运送到大脑和其他重要组织中。所有的患病动物入院时，无论其发病过程如何，都应该有心肺骤停时的急救计划。急救计划主要应对的问题包括：动物主人是否想要进行 CPCR？是否应该进行气管插管、心脏按压和使用药物，或者动物主人是否想要进行开胸的 CPCR？

心肺复苏最重要的是预期动物是否会很快发生失代偿，是否有可能发生心脏骤停，并随时为此做好准备。随时准备一辆急救车，备有心肺复苏所需要的各种设备和药物（框 1-34）。

框 1-34　急救车中常备的物品	
喉镜（各种型号）	阿托品
气管导管（各种型号）	纳洛酮
棉布，用于固定气管导管	葡萄糖酸钙或氯化钙
套管针	氯化镁
硬管（用于公猫和有长尿道的动物），以帮助插管和气管内给药	胺碘酮
	生理盐水
3 mL、6 mL 和 12 mL 注射器，取下针头更换 22 G 针头	50% 葡萄糖
	用于缝合气道造口术的缝合器械包
22 G 针头	静脉导管
呼吸器和氧气源	胶布
心电图监测仪	急救药登记表——标注用于不同体型动物的剂量、体积、给药途径
肾上腺素	

通过在动物尸体或者玩具动物上进行常规训练，急救团队可以实现随时进行各种可靠的操作，以保证 CPCR 的成功。团队成员需要知道如何识别即将发生失代偿的症状，心脏骤停的临床症状，如何在医院中进行紧急呼叫，如何给动物进行插管，如何开始胸腔按压和连接心电图监测仪，以及准备治疗各种心律失常所需的药物。

1

容易使动物发生心肺骤停的情况包括迷走神经刺激、细胞缺氧、败血症、内毒素血症、严重酸碱和电解质失衡、长期癫痫发作、肺炎、胸腔或腹腔积液、严重的多系统性创伤、电击性休克、尿道梗阻或创伤、急性呼吸窘迫综合征（acute respiratory distress syndrome, ARDS）以及麻醉药的使用。急性发作的心动过缓、黏膜颜色发生改变、毛细血管再充盈时间延长、呼吸模式发生变化、动物情绪的变化等都是病情发生恶化的表现，并有可能引发心肺骤停。

心肺骤停的诊断依据有：缺乏有效换气、严重发绀、脉搏或者心尖的搏动消失、心音消失，以及 ECG 中出现心搏停止或其他非灌注性节律如心电 - 机械分离（electrical-mechanical dissociation, EMD）［即无脉性心电活动（pulseless electrical activity, PEA）］或者心室颤动。

应急措施和治疗

心肺脑复苏

CPCR 的目的是打开气管通道，提供人工换气和供给氧气、室性心脏按压和心血管支持、识别和治疗心律失常，并在成功复苏后，治疗并维持心血管、肺脏和大脑功能。即使采取了积极的治疗措施，危重或者创伤动物心肺脑复苏的成功率仍然小于 5%，在麻醉动物中的成功率为 20%~30%。

基础生命支持

基础生命支持包括快速插管以打开气管通路，人工换气，心脏按压以促进血流并运送氧气到其他重要组织中（图 1-26）。实施 CPCR 的 ABC 或者 CAB，其中 A 为气管，B 为呼吸，C 为按压或者循环。近年来，这种模式已经转向 CAB。当急救人员放置气管插管的时候，先清除呼吸道异物，建立通气通道，然后由另一个人开始胸外心脏按压以保证将血液中的氧气输送到重要器官。在进行胸外心脏按压时患病动物应平卧（动物体重 > 7 kg）或侧卧（动物体重 <7 kg）。外部按压患病动物的胸骨部 80~120 次。急救人员触诊外周血管脉搏，以判断心脏按压是否有效。如果在每次胸部压缩时都不能感受到外周血管脉搏，应改变患病动物的体位，用更大的力量进行按压，或使用开胸心脏复苏。一旦患病动物进行气管插管，就要配合进行人工辅助呼吸（麻醉机、机械呼吸机或呼吸辅助袋）来提供氧气。供氧速度为每分钟 150 mL/kg（体重）。开始时给予两个长的深呼吸，然后每分钟控制呼吸在 12~16 次。同时按压胸部增加胸腔内的压力差，使更多含氧血液运输到外周组织器官。如果可以的话，在患病动物胸廓放松时可以按压其腹部，以增加血液循环（图 1-27）。如果只有一名急救人员进行胸部按压和人工呼吸，则每 15 次按压后进行 2 次人工呼吸（即 15 次胸部按压后进行 2 次长的深呼吸，然后再次进行胸部按压）。人中法是通过用一根 22~25 G 针头穿刺人中并扭转针头插入骨膜来刺激呼吸。此方法在恢复自主呼吸方面猫比犬更有效。

```
                          心搏和脉搏的有无
                    ┌──────────┴──────────┐
                   有                      无
                    │                       │
           伸展头部和清理呼吸道          电话求救
                    │                       │
            确认呼吸道畅通          按压胸部，80~120 次 /min
                    │                       │
              观察呼吸          氧气导管插入气管内，经人
                    │          工通气完成 2 次完整的呼吸
          密切监控 ECG 和血压              │
                    │          ┌──────人工通气，12~16 次 /min
              心动过缓          │           │
                    │          和          │
        阿托品，每 10 kg 体重使用   血容量减少、低血    检查脉搏
          1 mL，IV，IT，IO      容量或血管舒张       │
                    │          时，经静脉注射及   连接 ECG 和二氧化碳分析
        利多卡因，1~2 mg/kg     时补液          仪进行评估
          （体重），IV                          │
                    │                    是否有 ECG 信号？
     静脉注射或输液（Normosol-R、          ┌──────┴──────┐
       合成胶体液、血液、血浆）           有             无
                    │                    │              │
          重新评估患病动物          ECG 是否有规律？      视为心搏停止
                               ┌──────┴──────┐        │
                               无             有      进行 CPCR
                               │              │
                           心室颤动      心电 - 机械分离
```

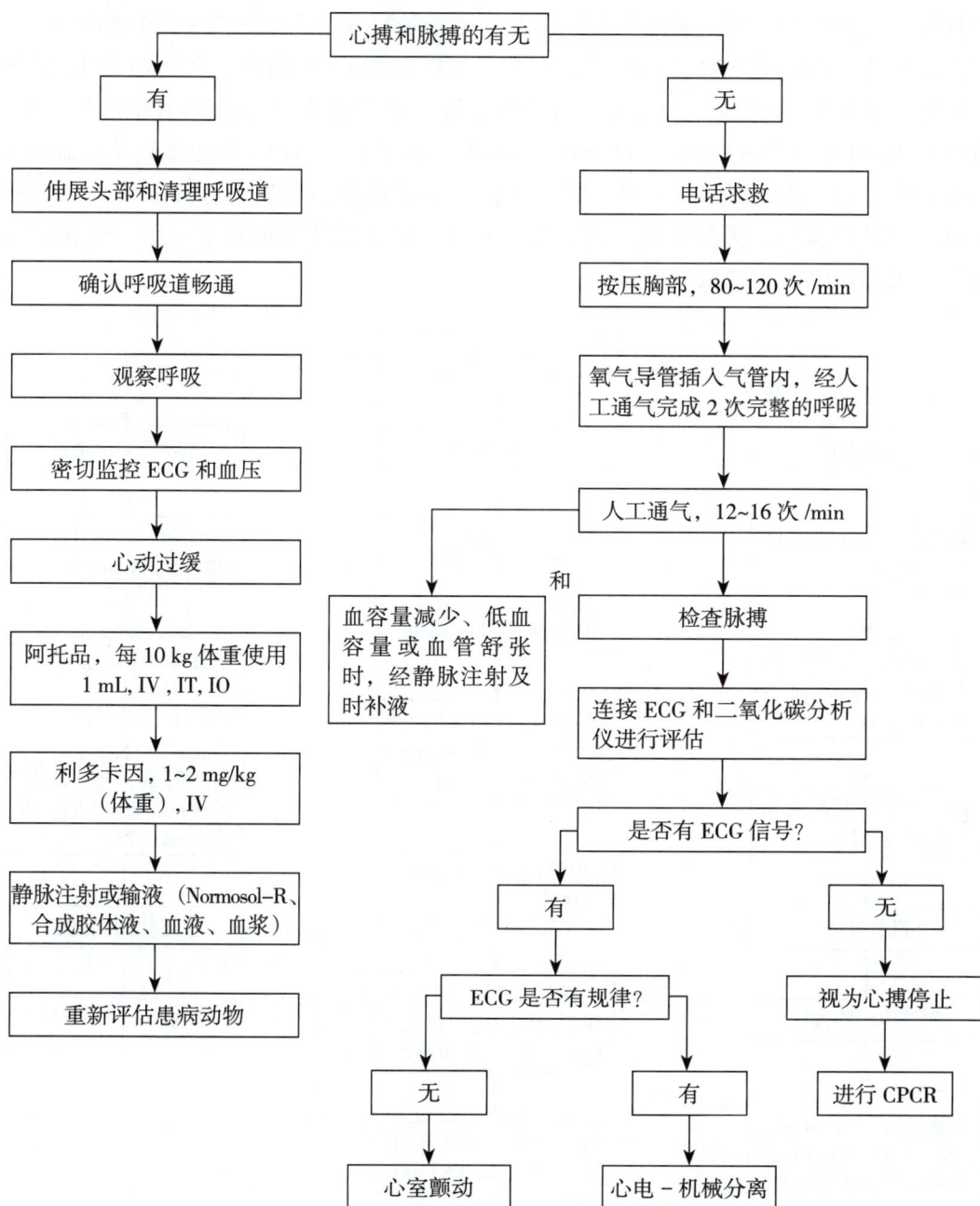

图 1-26　基础生命支持流程图

注：ECG，心电图；CPCR，心肺脑复苏

高级生命支持

　　心肺脑复苏术包括 ECG，脉搏血氧饱和度和二氧化碳的监控，以及药品的使用和静脉输液（在特定情况下）。大部分心肺脑复苏过程中所使用的药物可以直接通过气管

内插管（气管内管）进行肺部给药。因此，心肺脑复苏过程中只有在特定的情况下，才有必要进行骨内或血管内给药（图 1-27）。如果动物由于败血症、全身炎症和血管舒张麻痹引起大量出血或血容量不足，并导致心搏、呼吸骤停，应采用休克输液量［犬：每小时 90 mL/kg（体重）；猫：每小时 44 mL/kg（体重）］。然而，如果患病动物血容量低并且有心搏、呼吸骤停的病史，则增加循环血量可能会增加动脉舒张压，从而减少冠状动脉血流量，因此禁用。还应在气管插管的末端或侧面放置一个二氧化碳分析仪，来监测潮气末二氧化碳量。

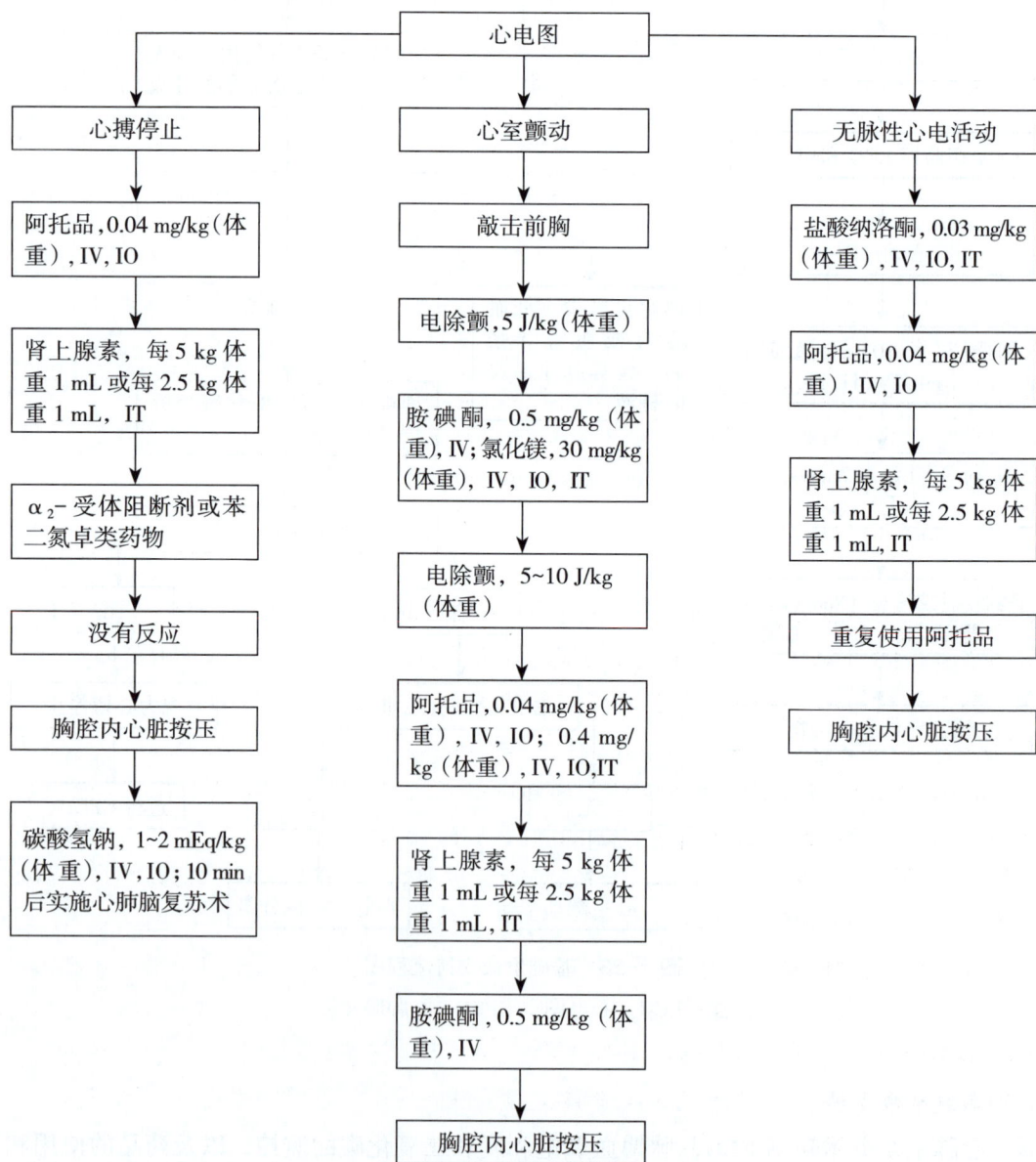

```
                            心电图
         ┌──────────────────┼──────────────────┐
      心搏停止            心室颤动          无脉性心电活动
         │                  │                  │
  阿托品，0.04 mg/kg      敲击前胸        盐酸纳洛酮，0.03 mg/kg
  （体重），IV, IO          │            （体重），IV, IO, IT
         │            电除颤，5 J/kg（体重）       │
  肾上腺素，每 5 kg 体      │          阿托品，0.04 mg/kg
  重 1 mL 或每 2.5 kg 体  胺碘酮，0.5 mg/kg（体   （体重），IV, IO
  重 1 mL，IT           重），IV；氯化镁，30 mg/kg      │
         │            （体重），IV, IO, IT     肾上腺素，每 5 kg 体
  α₂-受体阻断剂或苯        │            重 1 mL 或每 2.5 kg 体
  二氮卓类药物        电除颤，5~10 J/kg      重 1 mL，IT
         │            （体重）                 │
     没有反应            │              重复使用阿托品
         │          阿托品，0.04 mg/kg（体        │
  胸腔内心脏按压        重），IV, IO；0.4 mg/    胸腔内心脏按压
         │          kg（体重），IV, IO, IT
  碳酸氢钠，1~2 mEq/kg      │
  （体重），IV, IO；10 min  肾上腺素，每 5 kg 体
  后实施心肺脑复苏术      重 1 mL 或每 2.5 kg 体
                      重 1 mL，IT
                          │
                      胺碘酮，0.5 mg/kg（体
                      重），IV
                          │
                      胸腔内心脏按压
```

图 1-27　高级生命支持流程图

CPCR 过程中常见非灌注性心律失常的诊断和治疗

心脏停搏："它已经麻木了"

心脏停搏是小动物心脏骤停最常见的原因之一。当心电图显示心脏停搏时，最重要的事情是确保心电监测仪的正常工作以及所有心电仪器与患病动物正常连接。如果真的出现心脏停搏，可以适当给予阿片类药物、α_2- 受体激动剂和安定进行急救。可以直接用低剂量肾上腺素［0.02~0.04 mg/kg（体重），用 5 mL 无菌生理盐水稀释］进行气管内给药。如果动物血液循环正常，可静脉注射肾上腺素［0.02~0.04 mg/kg（体重）］。任何药物都不能直接注射到心脏。除非在开胸 CPCR 中心脏在医生的手中，否则心内注射是危险的，如果药物没有注射到心脏内而是注射到心肌，可能会划破冠状动脉或导致心肌过敏而难以采用其他治疗方法。由于这些原因，心内注射是禁忌的。

给予肾上腺素后立即给予阿托品［0.04 mg/kg（体重），IV, IO］。阿托品是一种迷走神经阻滞剂，有助于降低窦房结和房室结的迷走神经紧张性抑制，并增加心率。心搏停止期间每隔 2~5 min 给予阿托品和肾上腺素，同时持续按压心脏和腹部，并进行人工呼吸。虽然终止胸廓按压可能降低 CPCR 成功的概率，但医生必须间歇性地评估心电图监测仪，看是否有任何心律的变化，并给予相应的药物治疗。如果未见心脏骤停或 2~5 min 后仍未恢复灌注性节律（perfusing rhythms），则经动物主人同意，可进行开胸 CPCR。在 CPCR 过程中每 10~15 min 施用一次碳酸氢钠［1~2 mEq/kg（体重），IV］。碳酸氢钠酸甲酯苷是在开胸 CPCR 中使用的唯一药物，但由于其会使肺表面活性物质失活而不能采用气管内给药。

心电 – 机械分离

心电 – 机械分离（EMD），也被称为无脉性心电活动，是一种极宽的、不规则的、与心室性机械收缩没有关联的电节律。不同患病动物可能出现不同的节律。EMD 是一种在小动物临床中出现心肺骤停时，较为常见的非灌注性节律（nonperfusing rhythms）（图 1-28）。

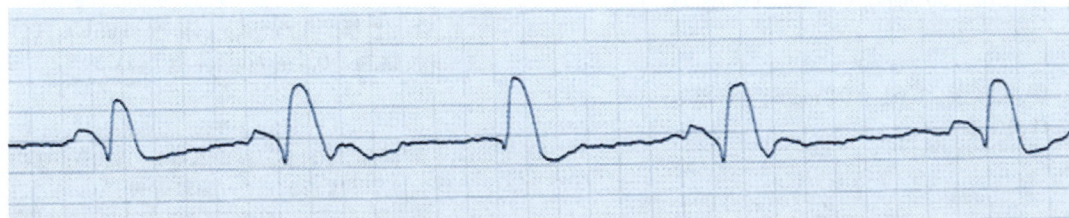

图1-28　心电 – 机械分离(electrical-mechanical dissociation, EMD)，也被称为无脉性心电活动(pulseless electrical activity, PEA)。这种波形极宽且形状怪异，不伴有明显的心尖搏动或有效的心脏收缩。图中所示只是一个 EMD 的例子，还可观察到许多异常的形状和组合

当确定发生 EMD 时，首先要对节律进行确认，并根据前文所述进行 CPCR。EMD 被认为是与高剂量的内源性内啡肽和高迷走神经紧张性有关。用于 EMD 的首选治疗方法是给予高剂量阿托品［4 mg/kg（体重），IV，按 10 倍正常剂量气管内给药］及盐酸纳洛酮［0.03 mg/kg（体重），IV, IT］。如果使用肾上腺素［0.02~0.04 mg/kg（体重），用 5 mL 无菌生理盐水稀释］后 2 min 之内心率仍不改变，则考虑开胸心脏按压。

心室颤动

心室颤动可为粗波型室颤（图 1-29）。粗波型室颤患病动物比细波型室颤患者更易除颤。如果确定为心室颤动，可按照前文所述进行 CPCR（图 1-30）。若有电击除颤

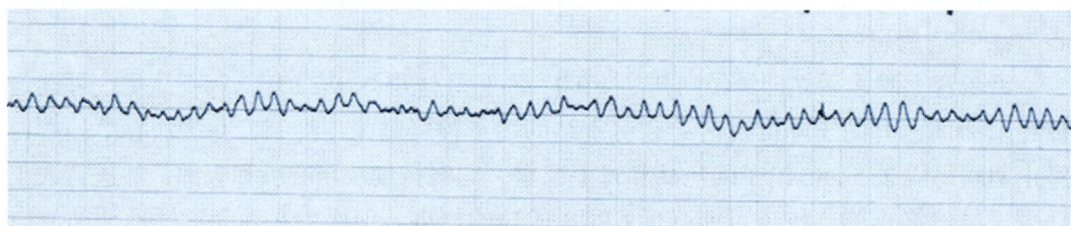

图 1-29 心室颤动节律

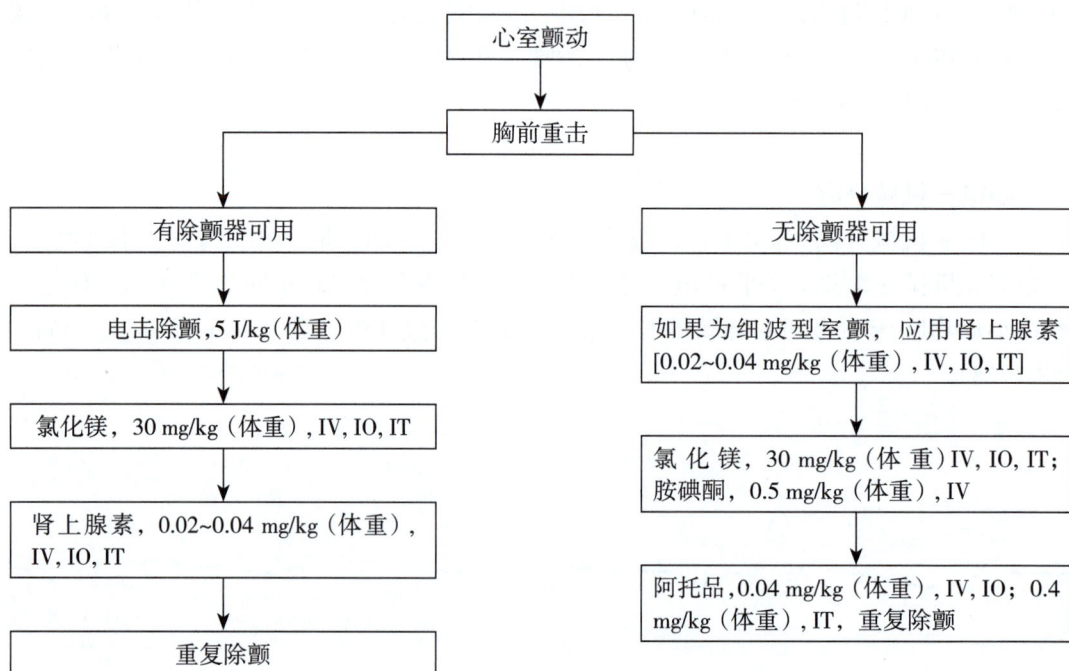

图 1-30 心室颤动（简称"室颤"，即"V-fib"）的治疗流程。该方法根据是否有电除颤器可用而制定。完成每个步骤的介入工作后，重新评估 ECG，如果 V-fib 仍存在，则启动第二个治疗流程。如果出现新的心律失常，则应给予适当的治疗。如果在心尖处可触及明显的窦性心律，则可以采取复苏后的相关措施

器，则外用 5 J/kg 的直流电。当心肺骤停的患病动物连接心电图导联后，一定要使用接触式电解质、水溶性凝胶如 K-Y 胶状物、水等，而不可用酒精制剂。使用电除颤时，若在患病动物的心电图导联上使用了酒精，则可能导致火灾和烧伤。颉颃任何给予患病动物的阿片类药物、α₂- 受体激动剂、吩噻嗪。如果出现细波型室颤，可注射肾上腺素［0.02~0.04 mg/kg（体重），用 5 mL 无菌生理盐水稀释］，将细波型室颤转变为粗波型室颤。给予肾上腺素后，再次使用电除颤。如果无电除颤器，则使用化学除颤药物。胺碘酮［0.5 mg/kg（体重），IV］是治疗心室颤动的首选药物。胺碘酮也可以用氯化镁［30 mg/kg（体重），IV，IT］替代。在使用电除颤器时，氯化镁在 CPCR 过程中也能提高心室颤动转换为心搏停止或其他某些节律的成功率，胺碘酮［0.5 mg/kg（体重），IV］也有同样的效果。如果药物治疗和胸廓按压 2 min 后没有效果，考虑开胸 CPCR。

开胸心肺脑复苏

如果闭胸 CPCR 不能有效地促进血液循环，应该立即进行开胸 CPCR（框 1-35）。

进行开胸 CPCR 时，将动物置于右侧位，快速地在第 5~7 肋间剃毛并消毒，用 10 号手术刀片在第 5 肋间隙切开皮肤和皮下组织直至肌肉，随后用组织剪在第 6 肋间隙钝性分离肌肉。当做切口时，为患病动物提供人工呼吸的助手要先确保已经排净动物肺内的气体，避免医源性肺穿刺。在刺入切口后，张开组织剪的尖端并且用滑动的方式快速打开胸部背侧和前侧的肌肉。避开胸骨附近的胸廓内动脉和肋骨尾端的肋间动脉。若无肋骨牵开器，则切开临近胸骨的肋骨并将其推到前面的肋骨后，以确保在尾端的切口有更大的空间并且能够更好地观察。在心包中可以看到心脏。膈神经可见，从膈神经腹侧切开心包。确保不切断膈神经。将心脏握在手中，从顶部至基部轻轻挤压心脏，并在下一次"收缩"前保证心室充盈。如果心脏并没有充盈迹象，则使用液体进行静脉注射或直接注入右心房。可以用 Rummel 止血带或红色橡胶导管交叉夹紧降主动脉，以改善大脑和心脏的灌注。

框 1-35　需要立即采取开胸措施进行心肺脑复苏的适应证
胸腔积液
气胸
肋骨骨折或连枷胸
心包积液
膈疝
肥胖
心肺骤停 5 min 以上

护理

复苏后护理和监测（延长生命支持）

复苏后护理包括密切监控和处理缺氧及再灌注损伤给大脑和其他重要器官带来的不利影响。治疗后的最初 4 h 是最重要的，除非患病的根本原因已经确定并处理（表 1-32），否则动物有可能在该时间段内再次陷入危险。在动物能够自主呼吸之前，必须持续采用机械通气，辅助患病动物补充氧气，进行人工呼吸。充氧和通气的效果可以使用 Wright 呼吸计、脉搏血氧仪、二氧化碳监测仪、动脉血气分析来监测［参阅脉搏血氧仪和二氧化碳监测仪（潮气末二氧化碳监测）］。动物一旦已拔除气管插管，则要进行氧气补充［每分钟 50~100 mL/kg（体重）］（参阅输氧）。

表 1-32　用于急救和维持生命的药物	
药物	剂量
高级生命支持药物	
阿托品	0.04 mg/kg（体重），IV, IO; 0.4 mg/kg（体重），IT
胺碘酮	0.5 mg/kg（体重），IV
肾上腺素	0.02~0.04 mg/kg（体重），IV, IO, IT
异丙肾上腺素	每分钟 0.04~0.08 μg/kg（体重），IV, CRI 用于三度房室传导阻滞
氯化镁	30 mg/kg（体重），IV, IO, IT
纳洛酮	0.03 mg/kg（体重），IV, IO, IT
碳酸氢钠	1~2 mEq/kg（体重），IV, IO; 绝对不能通过气管给药
复苏后支持治疗药物	
呋噻米	1 mg/kg（体重），IV
利多卡因	1~2 mg/kg（体重），IV, 随后每分钟 50~100 μg/kg（体重），CRI
甘露醇	0.51 g/kg（体重），IV

注：CRI, 恒速输注；IO, 骨内给药；IT, 气管内给药；IV, 静脉注射。

脑对缺血再灌注的损伤是敏感的。细胞缺氧和再灌注会造成不良影响，如氧衍生自由基物质的形成会引起脑水肿。所有经过心脏骤停并成功复苏的患病动物要使用甘露醇［0.5~1 g/kg（体重），IV, 5 ~ 10 min］，20 min 后使用呋塞米［1 mg/kg（体重），IV］。甘露醇和呋塞米协同作用可以减少脑水肿的形成，并清除氧衍生自由基。

心脏骤停、心肌缺血和酸中毒，以及内部或外部心脏按压的共同作用，往往使心肌紧张，导致心肺脑复苏成功后易患心律失常。在患病动物成功复苏后，开始使用利多卡因［1~2 mg/kg（体重），IV, 之后每分钟 50~100 μg/kg（体重），IV, CRI］。连续监控心电图，以防止心律失常和非灌注性心律复发。进行直接或间接血压监测。如果患者的收缩压低于 80 mmHg, 舒张压低于 40 mmHg, 或平均动脉血压低于 60 mmHg, 则应用正性肌力药物［多巴酚丁胺，每分钟 1~20 μg/kg（体重）］和升压药物［肾上腺素，0.02~0.04 mg/kg（体重），IV, IO, IT］，以改善心肌收缩力、心输出量和重要器官的灌注。

肾脏对于血流灌注减少和细胞缺氧敏感，应使用导尿管检测尿量。血容量正常时，

　　低钠血症患病动物的尿量应不低于每小时 1~2 mL/kg（体重）。如果尿量少，尝试使用低剂量多巴胺［每分钟 3~5 μg/kg(体重)，IV，CRI］，来扩张入肾血管，改善肾脏血流灌注。

　　维持酸碱和电解质状态在正常范围内。监测血清乳酸作为器官灌注和细胞含氧状况的粗略指标。在进行积极的心脑支持时，血清乳酸升高则预后不良。

扩展阅读

Cole SG: Cardiopulmonary resuscitation. In Silverstein DC, Hopper K, editors: Small animal critical care medicine, St Louis, 2009, Elsevier.

Cole SG, Otto CM, Hughes D: Cardiopulmonary cerebral resuscitation: a clinical practice review part I, J Vet Emerg Crit Care 12(4):261-267, 2002.

Cole SG, Otto CM, Hughes D: Cardiopulmonary cerebral resuscitation: a clinical practice review part II, J Vet Emerg Crit Care 13(1):13-23, 2003.

Crowe DT: Clinic and staff readiness: the key to successful outcomes in emergency care, Vet Med 98(9):760-776, 2003.

Hackett TB: Cardiopulmonary cerebral resuscitation, Vet Clin North Am Small Anim Pract 31(6):1253-1264, 2001.

Haldane S, Marks SL: Cardiopulmonary cerebral resuscitation: emergency drugs and postresuscitative care, Compend Contin Educ Pract Vet 26(10):791-799, 2004.

Haldane S, Marks SL: Cardiopulmonary cerebral resuscitation: techniques, Compend Contin Educ Pract Vet 26(10):780-790, 2004.

Johnson T: Use of vasopressin in cardiopulmonary arrest: controversies and promise, Compend Contin Educ Pract Vet 25(6):448-451, 2003.

Kruse-Elliott KT: Cardiopulmonary resuscitation: strategies for maximizing success, Vet Med 96(1):51-58, 2001.

Marks SL: Cardiopulmonary arrest (CPA) and cardiopulmonary cerebral resuscitation. In Mazzaferro EM, editor: Blackwell's five minute consult clinical companion small animal emergency and critical care, Ames, 2010, Wiley-Blackwell.

Rieser T: Cardiopulmonary resuscitation, Clin Tech Small Anim Pract 15(2):76-81, 2000.

Waldrop JE, Rozanski EA, Swanke Ed, et al: Causes of cardiopulmonary arrest, resuscitation management, and functional outcome in dogs and cats surviving cardiopulmonary arrest, J Vet Emerg Crit Care 14(1):22-29, 2004.

心律失常急救措施

　　心律失常可以包括各种各样的临床综合征，其临床意义和体征各不相同，取决于发病率和发生频率以及是否并存心脏疾病。室性和室上性心律失常的发生可能是因为原发性心肌病，或继发于其他疾病，其中包括胸外伤、败血症、系统性炎症反应综合征（SIRS）、胰腺炎、GDV、脾脏疾病、缺氧、尿毒症、酸碱和电解质紊乱。心律失常的常见心脏病因包括：扩张型心肌病、终末期退行性心脏瓣膜病、感染性心内膜炎、心肌炎、心脏肿瘤。在猫中，肥厚型心肌病、限制型心肌病、不定型心肌病、甲状腺功能亢进是最常见的心律失常的病因。除了心脏结构性疾病和系统性疾病外，某些药物的副作用也可引起心律失常，如地高辛、多巴酚丁胺、氨茶碱、麻醉剂。

应急措施

应急措施在很大程度上取决于对原发性或继发性心律失常病因的认识，对治疗方案的了解，以及对潜在诱因的识别。

鉴别诊断

心律失常的诊断基于：胸腔或心脏听诊的异常状况，脉搏节律性质异常，以及心电图结果的异常。心电图是准确诊断心律失常的关键。

室性心律失常

室性心律失常发生在心室异位病灶，引起的去极化波并不由快速传导组织（fast-conducting tissue）传播，而是通过细胞间传送。除非异位病灶源于靠近心室上方的房室结，否则将出现极宽的、奇怪的 QRS 波群。室性心律失常的其他心电图特征还包括出现的 T 波与 QRS 波群、非相关 P 波（nonrelated P waves）极性相反。室性心律失常可表现为孤立的室性早搏复合征，二联律或三联律，或室性心动过速。相对缓慢的室性心动过速被称为心室自主心律（idioventricular rhythm），在血流动力学上，室性心动过速（faster ventricular tachycardia）相比之下更有意义。心室自主心律通常小于 130 次 / min，并可能自发地与窦性心律失常交替出现（图 1-31 至图 1-34）。

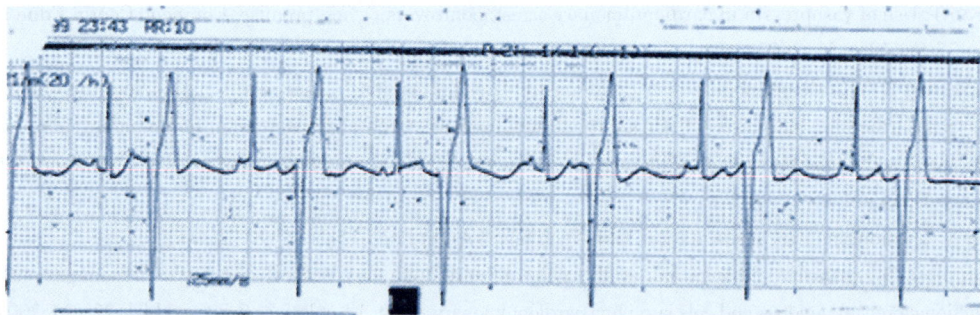

图 1-31　单病灶性室性早搏波群（PVCs）。所有的 PVCs 形状大小相同，起源于心室的同一个异位病灶。图示节律为室性二联律

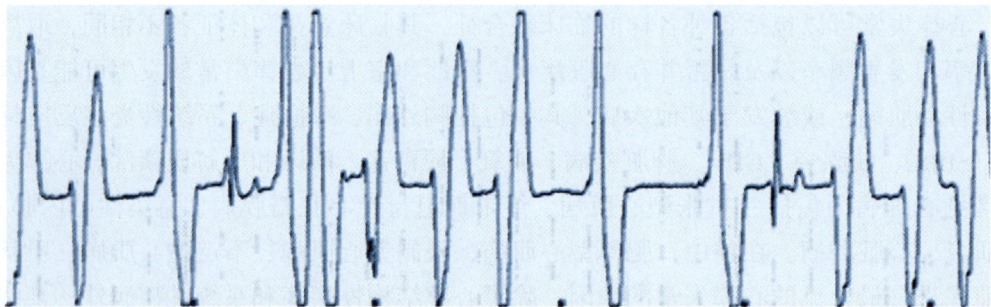

图 1-32　多灶性室性早搏波群（PVCs）。波群的形状、大小、方向不同，提示心室存在多个异位病灶

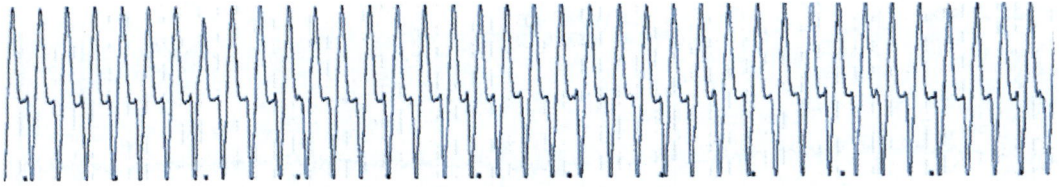

图 1-33　持续性室性心动过速

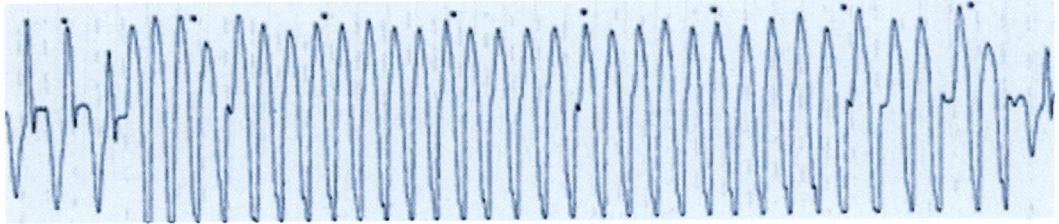

图 1-34　R-T 现象的一个例子。需要注意的是，在前一个复合波的 T 波与后一个复合波的 R 波之间，波形并不回到基线，也无等电层。这种节律是非常危险的，可以导致心室颤动

室上性心律失常

室上性心律失常起源于心房的异位病灶，通常与心房扩张和结构性心脏病有关，如先天性或后天性心脏病晚期、心肌病、心脏肿瘤、心丝虫病。有时候，室上性心律失常可伴有呼吸道或其他全身性疾病。在没有结构性心脏病或全身性疾病的情况下，持续的室上性心律失常是令人担忧的，兽医应警惕旁路传导干扰的存在，尤其是拉布拉多猎犬。

室上性心律失常可表现为孤立性早搏（房性早搏复合波或期外收缩），持续性或阵发性室上性心动过速（房性心动过速），以及心房颤动或心房扑动。在犬中，心房颤动（简称"房颤"）最常与扩张型心肌病相关。孤立性房颤很少发生，而且主要出现在巨型犬中，但不伴随潜在的心脏疾病。在此类犬种中，房颤和由此产生的心室率持续升高可能会发展为扩张型心肌病。相比之下，房颤在猫中比较少见，因为它们的心房较小，但与肥厚型和限制型心肌病有关。

心电图对室上性心律失常的诊断是至关重要的。除非异常传导发生在心室，否则心电图会显示 QRS 波群外观正常，在这种情况下，QRS 波群可以是宽的，但仍然来自房室结以上。在室上性心律失常的大多数情况下，心房活动的一些证据如 P 波、心房扑动或心房颤动是很明显的。在一些情况下，诊断准确的节律是非常困难的，除非机械性地放慢心率或通过药物干预。一旦做出节律诊断，则可采取适当的治疗措施（图 1-35 和图 1-36）。

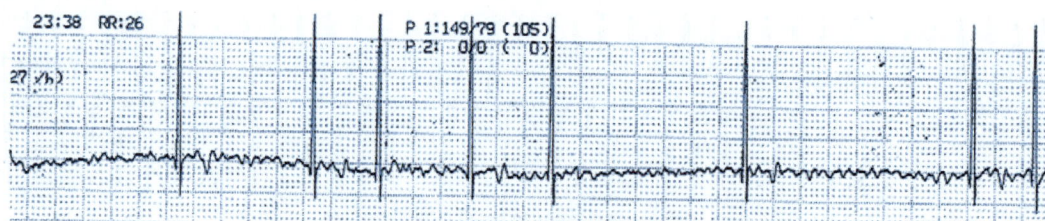

图 1-35　心房颤动

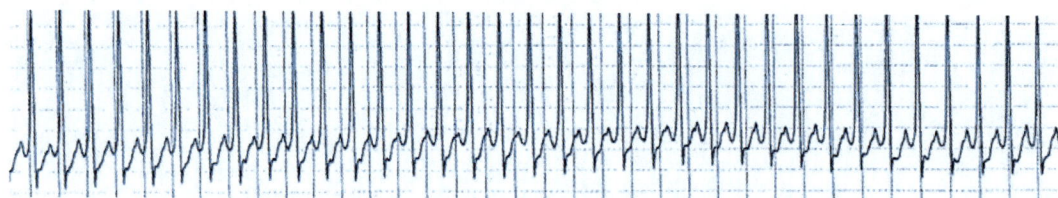

图 1-36　室上性心动过速

护理

室性心律失常

室性心律失常的治疗在很大程度上取决于放电异位病灶的数量、心律失常的特征和频率（rate），以及异常搏动的出现是否具有不良的血流动力学后果，包括猝死的风险。很多类型的室性心律失常，包括缓慢心室自主心律、室性二联律以及间歇性室性早搏，不需要抗心律失常治疗，除非患病动物出现低血压且由心律失常引起。在这种情况下，纠正潜在的疾病，包括缺氧、疼痛或焦虑，往往可以减轻或降低心律失常的发生率。

更严重的室性心律失常需要进行抗心律失常治疗（表 1-33），如持续性室性心动过速［> 160 次 /min（犬）；> 220 次 /min（猫）］，源自心室多个病灶的多灶性心室早搏波群，以及 R 波与 T 波重叠（前一波群的 T 波与后一波群的 QRS 波群重叠，并未回到两者之间的等电层）。应用利多卡因［1~2 mg/kg（体重），IV］，5 min 注完以防产生副作用，如抽搐、呕吐等。若心动过速已经得到了控制，则可以在 15 min 内再次推注三次［总剂量为 8 mg/kg（体重）］，或进行恒速滴注［每分钟 50~100 μg/kg（体重）］。同时，纠正室性心动过速患病动物的镁、钾不足，使利多卡因的疗效最大化。普鲁卡因胺［4 mg/kg（体重），IV，缓慢注射 3~5min］也可用于治疗室性心动过速，起效后可恒速滴注［每分钟 25~40 μg/kg（体重）］。普鲁卡因胺的副作用包括呕吐、腹泻、低血压。

在治疗急性室性心动过速时，不一定要采取长期口服疗法。是否持续应用抗心律失常药取决于原发病的病程，以及对持续性心律失常发生的预期。抗心律失常口服疗法应用于患有严重室性心律失常，但不需要住院治疗的病例。例如，昏厥的拳师犬，虽患有间歇性室性心律失常，但未见结构性心脏疾病。无症状的、低级别的室性心律失常可能不需要治疗，但需要引起重视。如果室性心律失常需要持续治疗，则应根据原发病病情、临床特征、药物分类、动物主人的意愿、配伍禁忌、治疗费用以及可能的副作用等情况应用口服药。

表 1-33　犬室性心律失常的急救措施

药物	剂量
普鲁卡因	10~20 mg/kg（体重），PO，每 6~8 h 一次
索他洛尔	1~3 mg/kg（体重），PO，每 12 h 一次（开始时低剂量，逐步增加剂量至起效）
美西律*	4~10 mg/kg（体重），PO，每 8 h 一次
阿替洛尔	0.25~1.0 mg/kg(体重)，PO，每 12~24 h 一次（开始时低剂量，逐步增加剂量至起效）

注：*可能引起特异性失明，不得使用超过 2 周。
PO，口服。

猫室性心律失常的治疗

在猫中，主要使用 β - 肾上腺素受体颉颃剂治疗心律失常。在患有限制型或者不定型心肌病的情况下，尤其当心律失常是由甲状腺功能亢进引起时，紧急救治可考虑注射艾司洛尔［0.05~1 mg/kg（体重），IV，慢输至起效］、普萘洛尔［0.02~0.06 mg/kg（体重），IV，慢输至起效］。长期口服抗室性心律失常药时，可用普萘洛尔（每只猫 2.5~5 mg，PO，每 8 h 一次）或阿替洛尔（每只猫 6.25~12.5 mg，PO，每 12~24 h 一次）。

室上性心律失常

室上性心律失常的治疗取决于心室率和心律失常的血流动力学检测结果，对于间歇性的孤立性心房早搏、二联律和三联律而言，通常没有必要进行治疗。当心室率超过 180 次 /min 时，舒张充盈时间缩短，导致心脏不能充分充盈，其后果是心输出量降低，冠状动脉灌注降低。治疗的目标是控制节律，或者在大多数情况下，控制心率。在心室颤动和心力衰竭的情况下，尽管可以尝试心电复律或药物复律，但很少能转换为正常窦性心律。

在犬的迷走神经刺激术中，可以尝试按压眼球或按摩颈动脉体。对于持续性室上性心动过速，地尔硫卓［0.25 mg/kg（体重），IV］、艾司洛尔［0.05~0.1 mg/kg（体重），逐渐增加至 0.5 mg/kg（体重），IV］，或普萘洛尔［0.04~0.1 mg/kg（体重），IV，慢输至起效］能够在紧急情况下用于减缓心室率。还可应用口服地尔硫卓［0.5 mg/kg（体重），PO，每 8 h 一次］、地尔硫卓（Dilacor XR）［1.5~6mg/kg（体重），PO，每 12~24 h 一次］、普萘洛尔［0.1~0.2 mg/kg（体重），每天三次 , PO；最多剂量可增加至 1.5 mg/kg（体重），每 8 h 一次 , PO］、阿替洛尔［0.25 mg/kg（体重），PO，每 12~24 h 一次］，或地高辛［对体重超过 15kg 的犬，剂量为 0.005~0.01 mg/kg(体重)，每天两次，

1

或 0.22mg/m², PO, 每天两次]。

在猫的迷走神经刺激术中，可以尝试按摩眼球或颈动脉体。可以应用地尔硫卓（硫氮草酮）[30~60 mg /kg（体重），PO, 每 12~24 h 一次]、普萘洛尔 [2.5~10 mg/kg（体重），PO, 每 8 h 一次]，或阿替洛尔 [6.25~10 mg/kg（体重），PO, 每 12~24 h 一次]。如果出现结构性心脏疾病，则要治疗肺水肿，并应用血管紧张素转换酶（angiotensin-converting enzyme, ACE）抑制剂治疗。表 1-34 概括了室上性心律失常中使用的药物。

表 1-34　室上性心律失常的注射和口服治疗	
药物	**剂量**
注射药物	
艾司洛尔	50~100 μg/kg（体重），IV；每分钟 50~200 μg/kg（体重），IV，CRI
普萘洛尔	0.04~0.1 mg/kg（体重），IV，缓慢注射至起效
地尔硫卓	0.1~0.25 mg/kg（体重），IV，缓慢注射至起效；然后每分钟 2~6 μg/kg（体重），CRI
地高辛	0.0025 mg/kg（体重），IV；重复用药时的最大剂量为每个时 0.01 mg/kg（体重）
口服药物	
地高辛	0.005~0.01 mg/kg（体重），PO，bid；动物体重 ＞ 15kg，0.22 mg/m²，PO，bid
地尔硫卓	0.5 mg/kg（体重），PO，bid
地尔硫卓（Dilacor XR）	犬：1.5~6 mg/kg（体重），PO，每 12~24 h 一次；猫：30~60 mg，PO，每 12~24 h 一次
阿替洛尔	0.25~1 mg/kg（体重），PO，每 12~24 h 一次；猫：6.25 mg，PO，每 12~24 h 一次
普萘洛尔	0.1~0.2 mg/kg（体重），PO，每 8 h 一次，最大可逐渐增加至 1.5 mg/kg（体重），PO，每 8 h 一次；猫：2.5~10 mg/kg（体重），PO，每 8 h 一次
胺碘酮	10 mg/kg（体重），PO，持续 7 d 每 12 h 一次，然后 5 mg/kg（体重），PO，每 24 h 一次（维持量）

注：CRI，恒速输注；IV，静脉注射；PO，口服；bid，每天两次。

心动过缓性心律失常

严重心动过缓往往是由全身性疾病、药物治疗、麻醉药物、体温过低导致的，因此，除了对心动过缓的潜在诱因进行治疗和反转外，很少需要特殊的治疗。从血流动力学上讲，心房停顿、房室传导阻滞、病态窦房结综合征属严重的心动过缓，必须进行治疗。

心房停顿

心房停顿常与高钾血症有关，常见于尿路梗阻、肾衰竭、尿路损伤伴尿腹症、肾上腺皮质功能减退症，在心房停顿中观察到心电图异常的特征是 P 波缺失、QRS 波群变宽以及 T 波过高（图 1-37）。

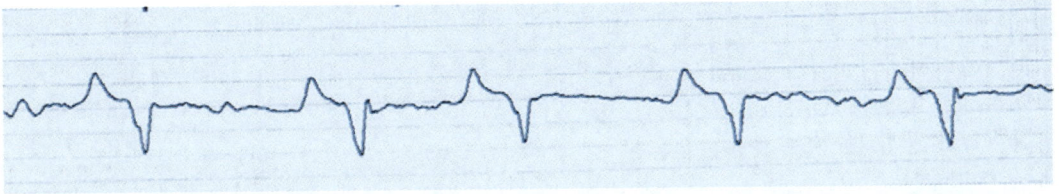

图 1-37　由高血钾症引起的公猫心房停顿。波形中没有 P 波，室性 QRS 复合波变宽和变钝

治疗由高钾血症引起的心房停顿的根本方法是：纠正病因，将钾排出细胞，并保护心肌免受高血钾影响。可以给予常规胰岛素［0.25~0.5 U/kg（体重），IV］，然后使用葡萄糖（每单位胰岛素 1 g，IV，随后用 2.5% 葡萄糖恒速输注以防止低血糖）或碳酸氢钠［1 mEq/kg（体重），IV］，可用于促进细胞内钾外排。在高钾血症的原因已被确定和解决之前，20% 葡萄糖酸钙［0.5 mL/kg（体重），IV，注射时间超过 5min］也可以作为一种心脏保护药物，同时使用氯化钠（0.9% 氯化钠，IV）促进尿钾的排泄。

相比之下，心房停顿与心房心肌病或无症状心房综合征（silent atrium syndrome）相关联的情况并不常见。在英国史宾格犬和暹罗猫中，持续性心房停顿已被确认不存在电解质异常。在植入心脏起搏器进行彻底治疗前，可应用阿托品［0.04 mg/kg（体重），SQ］对持续性心房停顿进行短期治疗。

三度房室传导阻滞

在犬中，当心室率小于 60 次 /min 时，完全或三度房室传导阻滞，或已出现临床症状的高级别二度房室传导阻滞在血流动力学上出现明显变化。典型的症状包括虚弱、运动不耐受、嗜睡、厌食、晕厥，并偶尔抽搐。晚期的房室传导阻滞，通常是由晚期的房室结特发性变性引起。房室传导阻滞还与地高辛毒性、镁元素过量补充、心肌病、心内膜炎或感染性心肌炎（莱姆病）有关，但相对不常见。准确的诊断以 ECG 为基础，ECG 可见缺失的 P 波（nonconducted P waves），并伴有室性逸搏。血流动力学上，一度和二度房室传导阻滞可能不显著，因此不需要治疗。

通过阿托品［0.04 mg/kg（体重），SQ，IM］对三度（完全）房室传导阻滞或有临床症状的高级别二度房室传导阻滞（< 60 次 /min）进行初步治疗。在 15 ~ 20 min 内执行后续的心电图检查。对于完全房室传导阻滞，用阿托品治疗很少能成功。房室传导阻滞也可尝试用纯 β - 兴奋剂——异丙肾上腺素［每分钟 0.04~0.08 μg/kg（体重），IV, CRI；或 0.4 mg 混于 250mL 5% 葡萄糖溶液中缓慢静脉注射］进行治疗。确切疗法是植入永久性心脏起搏器。建议咨询会植入心脏起搏器的兽医心脏病专家。若可见室性逸搏，不要试图使用利多卡因进行反转或治疗（图 1-38）。

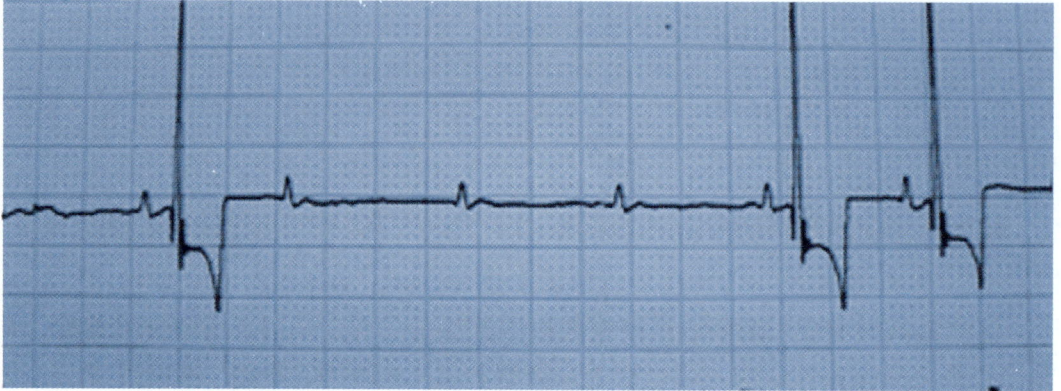

图 1-38　三度房室传导阻滞。图中没有出现任何的 P 波传导，导致间歇性狭窄复杂的室性逸搏波形

病态窦房结综合征

病态窦房结综合征最常见于迷你雪纳瑞，也可见于其他品种犬。犬的病态窦房结综合征通常是窦房结特发性变性的结果。猫的窦房结病变通常与心肌病有关。窦房结功能障碍可表现为：显著的心动过缓并伴有窦性停搏期、交界性或室性逸搏复合波（junctional or ventricular escape complexes）。病态窦房结综合征的另一形式是在严重的心动过缓后出现室上性心动过速，通常被称为心动过缓 – 心动过速综合征（bradycardia-tachycardia syndrome）。最常见的临床症状为晕厥、运动不耐受和嗜睡。

可由兽医心脏病专家植入永久性心脏起搏器来治疗病态窦房结综合征。病态窦房结综合征不严重的情况下可以通过短期给予阿托品［0.04 mg/kg（体重），IM］或溴丙胺太林［0.25~0.5 mg/kg（体重），PO，每 8 h 一次］进行药物治疗。

扩展阅读

Abbott JA: Beta-blockage in the management of systolic dysfunction, Vet Clin North Am Small Anim Pract 34(5):1157–1170, 2004.

Bright JM: Atrioventricular block. In Mazzaferro EM, editor: Blackwell's five minute consult clinical companion small animal emergency and critical care, Ames, 2010, Wiley–Blackwell.

Burkett DE: Bradyarrhythmias and conduction abnormalities. In Silverstein DC, Hopper K, editors: Small animal critical care medicine, St Louis, 2009, Elsevier.

Burkett DE: Ventricular tachyarrhythmias. In Silverstein DC, Hopper K, editors: Small animal critical care medicine, St Louis, 2009, Elsevier.

Geltzer ARM, Kraus MS: Management of atrial fibrillation, Vet Clin North Am Small Anim Pract 34(5):1127–1144, 2004.

Kittleson MD, Kienle RD: Diagnosis and treatment of arrhythmias. In Small animal cardiovascular medicine, St Louis, 1999, Mosby.

O'Grady MR, O'Sullivan ML: Dilated cardiomyopathy: an update, Vet Clin North Am Small Anim Pract 34(5):1187–1207, 2004.

Smith FWK: Atrial standstill. In Mazzaferro EM, editor: Blackwell's five minute consult clinical companion small animal emergency and critical care, Ames, 2010, Wiley–Blackwell.

Tilley LP: Atrial fibrillation and atrial flutter. In Mazzaferro EM, editor: Blackwell's five minute consult clinical companion small animal emergency and critical care, Ames, 2010,

Tilley LP: Bundle branch block-right. In Mazzaferro EM, editor: Blackwell's five minute consult clinical companion small animal emergency and critical care, Ames, 2010, Wiley–Blackwell.

Tilley LP: Supraventricular tachycardia. In Mazzaferro EM, editor: Blackwell's five minute consult clinical companion small animal emergency and critical care, Ames, 2010, Wiley–Blackwell.

Wiley–Blackwell. Tilley LP: Bundle branch block–left. In Mazzaferro EM, editor: Blackwell's five minute consult clinical companion small animal emergency and critical care, Ames, 2010, Wiley–Blackwell.

Wright KN: Interventional catheterization for tachyarrhythmias, Vet Clin North Am Small Anim Pract 34(5):1171–1185, 2004.

Wright KN: Supraventricular tachyarrhythmias. In Silverstein DC, Hopper K, editors: Small animal critical care medicine, St Louis, 2009, Elsevier.

犬和猫的充血性心力衰竭

犬的临床表现

大多数患有充血性心力衰竭的犬为老龄犬，且在老年期患有后天性心脏病。先天性缺陷比后天性心脏病罕见。在犬中，最常见的先天性缺陷是动脉导管未闭，在某些猫中也存在。

在犬中，最常见的后天性心脏病有慢性心瓣膜病或者心内膜病（二尖瓣心内膜炎）。在心内膜炎中，房室瓣慢慢地失去有效关闭能力，导致血流异常，如在心室收缩期反流。大多数情况下，疾病的进展长期而缓慢，但应激、腱索断裂、摄入高盐食物等因素可能引起急性发作或出现临床症状。二尖瓣疾病往往有侵害老年玩具犬种的倾向，如迷你贵宾犬、吉娃娃、查理士王小猎犬。

造成后天性心脏病最常见的原因是扩张型心肌病，为一种原发性心肌衰竭。在扩张型心肌病中，心肌扩张使心壁肌肉变得薄而脆弱，导致其收缩力和心输出量减少。二尖瓣和三尖瓣闭锁不全可能由瓣膜环的慢性拉伸引起。这种疾病通常发生于巨型犬，包括爱尔兰猎狼犬、英国獒、大丹犬、拳师犬、杜宾犬。有记录幼年拉布拉多猎犬存在一种罕见的充血性心力衰竭。扩张型心肌病的急性发作可能与心律失常有关，如心房颤动。

猫的临床表现

猫的肥大型心肌病是后天性心脏病最常见的表现形式，其引起的充血性心力衰竭可以发生在 6 ~ 10 月龄的幼龄动物。肥大型心肌病的特点是僵直、心室舒张期紧张，从而引起左心房高压和左心房扩张。其他心肌病，包括未定型、限制型和扩张型心肌病均不太常见，但也可见于猫。猫常常因为应激或动脉栓塞而致临床症状急性发作。

1

应急措施和治疗

充血性心力衰竭的快速诊断是基于动物主人提供的既往病史、特征性症状和体格检查结果（框 1-36）。

典型的体格检查结果包括：心脏杂音或奔马律、异常呼吸音、呼吸困难和端坐呼吸、心动过速、脉搏微弱、肢端厥冷、黏膜苍白或发绀。根据体格检查结果和怀疑情况，立即开始治疗。在某些情况下，如果不进行胸部 X 线片检查，很难区分充血性心力衰竭和猫下呼吸道疾病（哮喘）。胸部 X 线片等检查项目会使动物产生应激反应，须先让动物放松并达到状态稳定后再进行。

紧急治疗方案包括：吸氧、用呋塞米减少循环血量、局部用硝酸甘油和吗啡扩张肺及内脏血管容量，缓解患病动物的焦虑和应激（框 1-37）。

框 1-36　　常见充血性心力衰竭的临床症状	
嗜睡	食欲不振
虚弱	体重减轻
咳嗽	腹胀
呼吸困难	晕厥
运动不耐受	

框 1-37　　充血性心力衰竭的应急管理
吸氧：每分钟 50~100 mL/kg（体重），提供 40%~50% 的氧气供应
速尿：4~8 mg/kg（体重），IV，IM，每 30 min 一次，直到患病动物排尿，体重降低 7%
硝酸甘油软膏：0.25~1 in 局部用药，每 8 h 一次
吗啡：0.025 ~ 0.05 mg/kg（体重），IV（仅犬）

注：IM，肌内注射；IV，静脉注射。

鉴别诊断

鉴别诊断主要基于患病动物的品种、年龄、临床症状、病史、体格检查结果。在充血性心力衰竭患病动物的诊断中，最常见的鉴别诊断是心脏异常和呼吸系统疾病如慢性支气管炎（哮喘）、肺动脉高压、肺心病、肿瘤等。

如果怀疑动物患有 CHF，应推迟所有诊断检查，直至应急措施起效且患病动物的心血管系统稳定后方可进行。多数情况下，侧位和背腹位 X 线片有助于 CHF 的诊断，且是该病最有效的诊断方法之一。肺水肿的典型特征是肺间质至肺泡浸润增加。左心房扩张时，可见心腰尾侧"背包"征。瓣膜闭锁不全时，也可见左心肥大或右心肥大。猫的肥大型心肌病可见心脏呈典型的"情人心"形影像，且与胸骨接触面增加。用椎体心脏评分（总和）[vertebral heart score (sum)] 测量心脏大小，以判断是否发生心脏肥大（框 1-38）。

> **框 1-38　椎体心脏评分总和法判断心脏肥大**
>
> 脊椎、心脏之和可以通过以下步骤计算：
> 1. 测量心脏在侧视图上的顶点到隆突的长轴线的长度，并记录结果
> 2. 根据椎骨体测量心脏的轴线长度，从第 4 胸椎开始向后数，计算与心脏长轴长度相当的脊椎数目
> 3. 在后腔静脉处测量心脏的短轴，心脏的短轴垂直于长轴
> 4. 从第 4 胸椎开始，计算与心脏短轴长度相当的胸椎数目
> 5. 将两个数目相加得到椎体心脏评分总和；脊椎、心脏加和大于 10.5，则为心脏肥大

检测动脉血压和心电图，以确定是否存在低血压和心律失常。心房颤动、室性早搏、室上性心动过速是常见的心律失常，并且可能会使心输出量降低，影响治疗方案的选择。

特定条件下的应急治疗

超声心动图是一种有用的无创性和无应激性诊断方法，可用于确定心脏疾病的程度。超声心动图在很大程度上依赖于操作人员的专业性。操作人员的经验和超声设备的质量直接影响检查结果。超声心动图多用于诊断心包积液、扩张型或肥大型心肌病、心脏肿瘤、感染性心内膜炎。

犬猫充血性心力衰竭的护理

充血性心力衰竭的治疗目的是提高心输出量和缓解临床症状。治疗的近期目标是减少异常液体聚积并提供足够的心输出量，以增加收缩力、降低前负荷和心室后负荷、和 / 或改善心律失常状况。治疗充血性心力衰竭的患病动物时需要保证其严格的笼内休息，这非常重要。

在初次给予速尿、吗啡、氧气后，呼吸困难的临床症状应在 30 min 之内得到改善。如果未见改善，可以重复给予相同剂量的呋塞米。对于常规治疗方案无效的严重病例，要重新进行评估。对于 CHF 这类顽固性病例，如果血压正常，则可以进行血管舒张。应给予硝普钠［每分钟 1~10 μg/kg（体重），IV，CRI］，其是一种有效且平衡的血管舒张剂（balanced inodilators），注意连续监测 BP，因为可能会发生严重的血管舒张和低血压。应用硝普钠治疗的目标是保持 60 mmHg 的平均动脉血压。在顽固性心力衰竭伴有严重低血压的情况下，不应考虑使用硝普钠。

长期治疗充血性心力衰竭时，血管紧张素转换酶（ACE）抑制剂，如依那普利［0.5 mg/kg（体重），PO，每 24 h 一次］、苯那普利［0.5 mg/kg（体重），PO，每 24 h 一次］、赖诺普利［0.5 mg/kg（体重），PO，每 24 h 一次］，已成为减少水钠潴留和减少后负荷的主要治疗手段。温和的血管舒张剂（balanced inodilators），如匹莫苯丹［0.5 mg/kg（体重），PO］可以调节急性充血性心力衰竭，也可以在长期治疗中使用。只要患病动物能

1

够耐受口服药物，就可开始使用 ACE 抑制。

多巴酚丁胺［每分钟 2.5~10 μg/kg（体重），用 5% 葡萄糖溶液稀释，CRI］可用于增强心脏收缩力，尤其对于扩张型心肌病。低剂量时，多巴酚丁胺（一种主要的 β-肾上腺素受体激动剂）可以在对心率影响最小的情况下，提高心脏的输出量。多巴酚丁胺必须谨慎地恒速输注，并连续进行心电图监测。尽管多巴酚丁胺对心率的影响很小，但可能在输液中造成窦性心动过速或室性心律失常。猫比犬对多巴酚丁胺更敏感。应仔细观察患病动物面部抽搐和癫痫发作。

地高辛是一种强心苷，在充血性心力衰竭的长期治疗中，具有正性肌力和负性计时作用。地高辛半衰期长（犬 24 h，猫 60 h），所以在充血性心力衰竭的应急治疗中用量极少。在由扩张型心肌病或者晚期的二尖瓣病变引起的慢性充血性心力衰竭的治疗中，地高辛是非常有用的。口服治疗方案已经被开发，但仍存在风险，可能导致心律失常和严重的胃肠道副作用。

患有充血性心力衰竭的猫常出现暴发性肺水肿、胸腔积液、动脉栓塞，或是三者的结合。如果胸腔积液严重，则可通过胸腔穿刺进行治疗，以减轻肺不张，改善氧合作用。一旦做出充血性心力衰竭的诊断并已开始初步治疗，则要制订持续治疗和监控的计划。应根据充血性心力衰竭的致病原因、发病表现和对治疗的反应，为患病动物定制治疗方案。在充血性心力衰竭的应急治疗中，需要与动物主人坦诚沟通，考虑动物主人的情绪状况和经济状况，并采取适宜的短期或长期的治疗方案，使患病动物的生活质量有所保障。这种沟通是对 CHF 进行成功的应急管理中的重要组成部分，却经常被忽视。

扩展阅读

Abbott JA: Dilated cardiomyopathy. In Wingfield WE, editor: Veterinary emergency medicine secrets, Philadelphia, 2001, Hanley & Belfus.

Abbott JA: Feline cardiomyopathy. In Silverstein DC, Hopper K, editors: Small animal critical care medicine, St Louis, 2009, Elsevier.

Abbott JA: Feline myocardial disease. In Wingfield WE, editor: Veterinary emergency medicine secrets, Philadelphia, 2001, Hanley & Belfus.

Borgarelli M, Tarducci A, Tidholm A, et al: Canine idiopathic dilated cardiomyopathy. 2. Pathophysiology and treatment, Vet J 162(3):182–195, 2001.

Brown AJ, Mandell DC: Cardiogenic shock. In Silverstein DC, Hopper K, editors: Small animal critical care medicine, St Louis, 2009, Elsevier.

Burkett DE: Left ventricular failure. In Silverstein DC, Hopper K, editors: Small animal critical care medicine, St Louis, 2009, Elsevier.

Buston R: Treatment of congestive heart failure, J Small Anim Pract 44(11):516, 2003.

Fuentes VL: Use of pimobendan in the management of heart failure, Vet Clin North Am Small Anim Pract 34(5):1145–1155, 2004.

Jordan S: Hypertrophic and restrictive cardiomyopathy. In Mazzaferro EM, editor: Blackwell's five minute consult clinical companion small animal emergency and critical care, Ames, 2010, Wiley–Blackwell.

1

Laste NJ: Cardiovascular pharmacotherapy, Vet Clin North Am Small Anim Pract 31(6):1231–1252, 2001.

Martin M: Treatment of congestive heart failure as a neuroendocrine disorder, J Small Anim Pract 44(4):154–160, 2003.

Miller MW: Dilated cardiomyopathy. In Mazzaferro EM, editor: Blackwell's five minute consult clinical companion small animal emergency and critical care, Ames, 2010, Wiley–Blackwell.

Sisson D, Kittleson MD: Management of heart failure: principles of treatment, therapeutic strategies, and pharmacology. In Fox PR, Sisson D, Moise NS, editors: Textbook of canine and feline cardiology, ed 2, Philadelphia, 1999, WB Saunders.

Ware WA, Bonagura JD: Pulmonary edema. In Fox PR, Sisson D, Moise NS, editors: Textbook of canine and feline cardiology, ed 2, Philadelphia, 1999, WB Saunders.

心丝虫病与犬腔静脉综合征

腔静脉综合征是由严重的心丝虫病引起，右心房、前腔静脉、后腔静脉内大量成虫快速成熟而引发此病。大多数情况下，腔静脉综合征发生在世界各地犬心丝虫病高度流行的地区，且犬大部分时间在户外活动。腔静脉综合征公认的临床症状和生化分析结果为：急性肾功能和肝功能衰竭、右心房和后腔静脉扩张、腹水、血红蛋白尿、贫血、急性衰竭、呼吸困难、DIC、颈静脉搏动、微丝蚴寄生，有时出现三尖瓣闭锁不全。

应急措施和治疗

在犬的下腔静脉综合征病例中，应急措施包括立即稳定心血管系统和呼吸系统，给予氧气和呋塞米［4 mg/kg（体重），IV］，缓慢输注晶体液。

诊断

前腔静脉综合征的诊断是基于心源性休克的临床症状，如伴有右心室心力衰竭、血管内溶血、肾功能和肝功能衰竭。胸部 X 线片显示心脏的右侧和扩张曲折的肺动脉。心电图可见心电轴右偏。临床病理变化包括氮质血症、炎症性白细胞象、再生障碍性贫血、嗜酸性粒细胞增多、肝细胞酶活性升高、血红蛋白尿、蛋白尿。循环微丝蚴可在外周血涂片或在微量离心管的血红蛋白层中观察到。心丝虫抗原检测结果将呈强阳性。超声心动图可见：右心房、肺动脉、腔静脉有大量犬心丝虫；三尖瓣闭锁不全；右心房和右心室扩张。

护理

治疗可通过手术，从右颈静脉和右心房内尽可能多地去除犬心丝虫成虫。建议使用糖皮质激素，以减少与心丝虫感染相关的炎症和微血管性疾病。长期治疗时，手术后使用灭成虫药治疗数周，然后给予常规灭微丝蚴药物，最后进行预防用药。

多西环素［10 mg/kg（体重），PO，每天两次］也应该服用4周，因为一种名为沃尔巴克氏菌（Wolbachia）的细菌，通常与犬心丝虫（Dirofilaria immitis）有关。在治疗心丝虫病时，使用伊维菌素的同时也可使用强力霉素，能够增强伊维菌素对成虫的杀灭作用。

扩展阅读

Calvert CA, Rawlings CA, McCall JW: Canine heartworm disease. In Fox PR, Sisson D, Moise NS, editors: Textbook of canine and feline cardiology, ed 2, Philadelphia, 1999, WB Saunders.

Hidaka Y, Hagio M, Morakami T, et al: Three dogs under 2 years of age with heartworm caval syndrome, J Vet Med Sci 65(10): 1147-1149, 2003.

Kitagawa H, Kitoh K, Ohba Y, et al: Comparison of laboratory results before and after surgical removal of heartworms in dogs with vena caval syndrome, J Am Vet Med Assoc 213(8): 1134-1136, 1998.

Kuntz CA, Smith-Carr S, Huber M, et al: Use of a modified surgical approach to the right atrium for retrieval of heartworms in a dog, J Am Vet Med Assoc 208(5): 692-604, 1996.

心包积液和心包穿刺术

在老龄犬猫中，心包积液常发展为肿瘤。影响心脏和心包的最常见肿瘤类型包括血管肉瘤、静脉瘤和动脉瘤、间皮瘤、转移性肿瘤。其他较罕见的导致心包积液的原因包括良性特发性心包积液、凝血功能障碍、犬的左心房破裂、慢性二尖瓣瓣膜功能不全、感染或心包囊肿。不论积液的原因是什么，心包填塞将会降低心输出量。

心输出量是心率和搏出量的函数。每搏输出量取决于心脏前负荷。心包积液的存在会阻碍静脉回流到心脏，从而降低前负荷，此外，由于前负荷下降，心率反射性地增加，以代偿正常心输出量。心率增加至160次/min，舒张期充盈会进一步降低，心输出量也进一步下降。心包积液患病动物往往表现出低血容量或心源性休克的典型症状：厌食、乏力、嗜睡、发绀、肢端厥冷、心动过速、脉细弱、低血压和虚脱。体检异常包括：心音闷响、股动脉细、奇脉、颈静脉怒张、乏力、心动过速、发绀、呼吸急促。心电图监测结果可能包括：低振幅的QRS波群（< 0.5mV）、窦性心动过速、室性心律失常或电交替（图1-39）。胸部X线片往往显示一个球形心脏影像，尽管在急性出血并发心源性休克的病例中，心脏轮廓可能很少表现正常。在这种情况下，使用心包穿刺术去除少量心包积液，即可成倍地增加心输出量，并减轻临床症状（表1-35）。除非动物濒临死亡，否则在心包穿刺术前，最好使用超声心动图进行检查。在实施心包穿刺术之前，确定右心房、右心耳，以及心底影像是否可见。

1

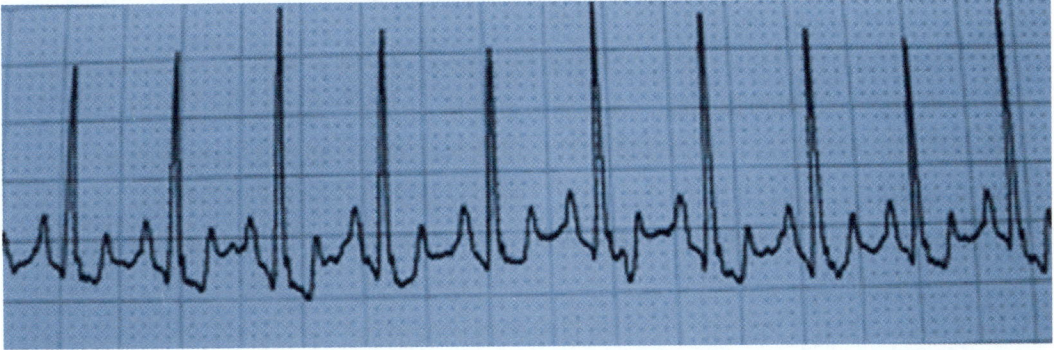

图 1-39　电交替。该节律源自心包积液病例，当心脏随着积液来回晃动，心电轴不断偏离又恢复

表 1-35　心包积液的鉴别诊断		
心包积液类型	**病因**	**特征**
出血性	心脏肿瘤	通常发生于短头品种，＞ 8 岁
	血管肉瘤	血液通常为非凝血型
	转移性肿瘤	大型犬
	良性特发性心包积液	中年大型犬
	物理损伤	心脏穿刺
	左心房破裂	小型犬，＞ 8 岁；慢性心瓣膜病
漏出液	凝血	X 线或超声心动图通常会证实心包病变
	充血性心力衰竭	
	低蛋白血症	
	后腹膜心包膈疝	
渗出物	感染性心包炎	渗出性犬瘟热、钩端螺旋体病、系统性真菌感染
	化脓性心包炎	异物或炎症经血液散布

心包穿刺术

在实施心包穿刺术之前，准备好所需物品（框 1-39）。

框 1-39　心包穿刺所需用品	
2%利多卡因	三通阀
3 mL 注射器	60 mL 注射器
25 G 针头	红盖管和淡紫色盖管
11 号手术刀片	收集器
14~16 G Abbot- T 导管或 Turkle 胸腔闭式引流导管	大剪刀
静脉扩张管	擦洗的抗菌剂

操作步骤：

1. 患病动物斜正卧或侧卧。

2. 使用 ECG 监测患病动物在手术过程中的心律失常。

3. 备毛 6 cm^2，自右肘后的第 5~7 肋间。

4. 备毛区域清洗消毒，将混入少量碳酸氢钠的 2% 利多卡因 ［1~2 mg/kg（体重）］注射至第 6 肋间胸骨背侧。进针深入至针座，边退针边注入利多卡因。

5. 当局部麻醉生效后，将静脉延长管、三通阀和 60 mL 的注射器组装起来。

6. 戴无菌手套，在皮肤做一个小切口以减少在插入针头和导管时的阻力。

7. 慢慢地将针和导管插入，注意针头回血情况。同时，使用 ECG 监测心律失常。

8. 一旦出现回血，推套管针进入心包腔，并拆下针芯。

9. 将静脉延长管连在套管上，并令助手慢慢回抽液体。

10. 在红盖管中放置少量液体，观察是否凝结。若形成凝块，则可能意味着针已刺入右心室，或者有活动性出血。抽取尽可能多的液体，然后取出导管。对患病动物进行密切监测，注意是否有积液再次形成的情况，以及心源性休克临床症状的复发。

扩展阅读

Beal MW: Pericardial effusion. In Mazzaferro EM, editor: Blackwell's five minute consult clinical companion small animal emergency and critical care, Ames, 2010, Wiley–Blackwell.

Hackett TB, Mazzaferro EM: Veterinary emergency and critical care procedures, London, 2006, Blackwell Scientific.

Stafford Johnson M, Martin M, Binn S, et al: A retrospective study of clinical findings, treatment and outcome in 143 dogs with pericardial effusion, J Am Anim Pract 45(11):546–552, 2004.

Ware WA: Cardiac tamponade and pericardiocentesis. In Silverstein DC, Hopper K, editors: Small animal critical care medicine, St Louis, 2009, Elsevier.

耳急症

异物

异物（如狐尾草）在耳道内可以表现为急症，因为外耳道组织的急性炎症和压迫性坏死会引起疼痛和不适。临床症状可能仅限于动物不断摇头或抓挠耳道。

应急措施和治疗

往往需要应用短效麻醉剂，以完成耳道检查并去除异物。动物被充分保定并麻醉后，仔细检查耳道并用鳄鱼钳清除异物。耳道刺激可引起动物苏醒和摇头。小心使用手术钳，避免造成鼓膜穿孔和耳道损伤。取耳道内的化脓性组织进行细胞学检查，判断细菌或真菌的感染情况。用温热无菌生理盐水轻轻地冲洗耳道，清除过多的碎屑和渗出物。注意避免压力过大（>50 mmHg），防止对鼓膜造成医源性损伤。

护理

消除所有的杂物和碎屑后，用无菌纱布轻轻地擦拭内耳道和外耳道。将外用抗生素－抗真菌－类固醇软膏（如耳特净）涂抹至耳道内，每 8 ~ 12 h 一次。如果有严重的疼痛和不适，则可能需要给予全身性阿片类药物或非甾体抗炎药。

外耳炎

外耳炎是常见急症，引起患病动物过度摇头、抓挠以及分泌脓性恶臭的耳分泌物。

应急措施和治疗

利用冲洗液冲洗耳道并清理碎屑。全面检查耳部，以确定是否存在异物或肿瘤，鼓膜是否完整。对分泌物进行取样，并进行细胞学检查，确认是否有细菌或真菌感染的情况。仔细清洗耳道，外用抗生素－抗真菌－类固醇软膏。

治疗

在某些严重病例中，如果耳道有瘢痕形成并慢慢闭锁，则不要进行局部处理，应考虑给予全身性抗生素［头孢氨苄，22 mg/kg（体重），PO，每天三次］和抗真菌药［酮康唑，10 mg/kg（体重），PO，每 12 h 一次］。全身性类固醇药物［强的松或强的松龙，0.5 mg/kg（体重），PO，每 12 h 一次］可能会在重度炎症的患病动物中应用，以减轻瘙痒和患病动物的不适。

内耳炎

患内耳炎动物的一般特点是：歪头斜颈、眼球震颤、向患侧转圈、打滚。临床症状还可能伴有发热、疼痛、呕吐、严重的抑郁症。严重的内耳炎多数情况下都伴随严重的中耳炎，必须同时对两者进行治疗。造成内耳炎最常见的原因是感染金黄色葡萄球菌（*Staphylococcus aureus*）、大肠杆菌（*E. coli*）、假单胞菌属（*Pseudomonas species*）和变形杆菌（*Proteus species*）。内耳炎可以通过感染蔓延穿过鼓膜，通过咽鼓管或通过血行扩散至中耳。大多数炎症扩散至中耳的病例会出现鼓膜破裂。

应急措施和治疗

对鼓膜后和外耳道内的碎屑进行培养和药敏试验。仔细清洁外耳道。联合使用抗生素、抗真菌药和抗生素软膏进行局部用药。使用大剂量抗生素［头孢氨苄，22 mg/kg（体重），PO，每 8 h 一次；或恩诺沙星，10~20 mg/kg（体重），PO，每 24 h 一次］。

护理

如果鼓膜未破裂但出现肿胀和红斑，则可能需要实施鼓膜切开术。如果经过局部和全身治疗后，中耳炎的临床症状仍然存在，则可能需要对鼓室进行 X 线、CT 或 MRI 检查。

1

耳血肿

长期摇头、甩耳或耳部损伤（咬伤）会引起血管损伤，进而导致单侧或双侧耳血肿的发生。耳血肿是具有临床意义的，会导致患病动物不适，且往往是由一些潜在问题导致，如外耳炎、过敏性疾病、遗传性过敏症或耳部异物。急性外耳廓肿胀且有波动性，是耳血肿的一个重要特征。在某些情况下，肿胀严重甚至血肿破裂，可导致大量积血流到患病动物身上及其活动环境中。

应急措施和治疗

当患病动物有耳血肿时，应调查其发病原因。进行耳部检查以确定是否存在耳部异物、外耳炎或过敏性疾病。仔细检查并轻柔地清洁内耳道。治疗致病的根本原因。

护理

耳血肿的护理包括从耳部引流出血性积液，在多处缝紧下压皮肤以防止液体再次聚积，直到次要病因被解决。已经有许多关于缝紧皮肤的手术，可以防止耳血肿的再次发生。当动物全身麻醉后，用刀片从血肿中间切开，去除积液和血块。应用多个全层间断缝合（multiple through-and-through interrupted）或褥式缝合穿过耳部并钉紧皮肤。一些兽医喜欢用纱布或者一条 X 线片加固在患病动物耳朵前后起固定和支持作用。最近，一种激光技术可用来在血肿处钻孔，之后将皮肤钉压住。用压迫绷带将耳朵紧贴在头部，初次手术后尽量保留压迫绷带 5~7 d，然后复查耳部。患病动物必须戴项圈，以防止其自残，直到手术伤口和血肿治愈为止。同时应用全身性抗生素、抗真菌药或者类固醇药物。治疗潜在的致病因素，如外耳炎。调查和治疗其他潜在病因，如甲状腺功能减退或过敏。

扩展阅读

Bass M: Symposium on otitis externa in dogs, Vet Med 99(3): 252, 2004.

Dye TL, Teague HD, Ostwald DO, et al: Evaluation of a technique using the carbon dioxide laser for the treatment of aural hematomas, J Am Anim Hosp Assoc 38(4): 385-390, 2002.

Gotthelf LN: Diagnosis and treatment of otitis media in dogs and cats, Vet Clin North Am Small Anim Pract 34(2): 469-487, 2004.

Lanz OI, Wood BC: Surgery of the ear and pinna, Vet Clin North Am Small Anim Pract 34(2): 567-599, 2004.

Murphy KM: A review of the techniques for the investigation of otitis externa and otitis media in dogs and cats, Clin Tech Small Anim Pract 16(4): 236-241, 2001.

电损伤和电休克

电损伤通常在幼龄动物啃咬电线时发生。电损伤的其他原因包括使用有隐患的电气设备或被雷击。电流击穿身体能造成严重的心律失常，包括室上性或室性心动过速、

1

一度和三度房室传导阻滞。电流会造成热烧伤或电烧伤，引起组织损伤。接触电流通常会引起儿茶酚胺大量释放和肺血管压力增加，从而导致非心源性肺水肿。 根据接触电流的路径、接触持续时间和强度，可能会发生心室颤动。

电损伤的临床症状包括：急性呼吸窘迫伴有湿啰音，唇舌局部坏死或热烧伤。通常，嘴唇皮肤黏膜接合部呈现白色或黄色，质地坚固。患病动物可能发生肌肉震颤、意识丧失和心室颤动。胸部 X 线片通常可见椎膈三角区的肺间质、肺泡纹理增强。在电击后24~36 h 可发生非心源性肺水肿。最初的 24 h 是患病动物的危险期，之后预后得到改善。

对于非心源性肺水肿的患病动物，治疗最重要的部分是使应激最小化、供氧，必要时正压通气。可尝试使用血管舒张剂（低剂量吗啡）和利尿剂（呋塞米），但扩张血管和利尿疗法对非心源性肺水肿的疗效有限。在治疗休克和低血压时，有必要使用正性肌力药物和升压药。在肺水肿缓解之前，可用阿片类药物（吗啡、氢吗啡酮、氧吗啡酮）控制动物的焦躁不安。应用广谱抗生素（头孢唑林、阿莫西林、克拉维酸）治疗热烧伤。应用镇痛药缓解动物不适。如果大面积烧伤以致无法进食，则要在动物的心血管系统和呼吸功能稳定并能耐受麻醉时，立即放置食管插管以保证其足够的进食量。

扩展阅读

Black DM, King LG: Noncardiogenic pulmonary edema. In Mazzaferro EM, editor: Blackwell's five minute consult clinical companion small animal emergency and critical care, Ames, 2010, Wiley-Blackwell.

Mann FA: Electrical and lightning injuries. In Silverstein DC, Hopper K, editors: Small animal critical care medicine, St Louis, 2009, Elsevier.

Marks SL: Electric cord injury. In Mazzaferro EM, editor: Blackwell's five minute consult clinical companion small animal emergency and critical care, Ames, 2010, Wiley-Blackwell.

雌性生殖道及生殖器官急症

子宫脱垂

子宫脱垂通常在雌性犬猫产后营养期发生。分娩过程中及之后的过度用力可能导致子宫尾部从阴道和外阴部脱出。及时介入治疗是必要的。对母犬/母猫进行滞留胎检查。治疗手段包括全身麻醉，以便将脱出的组织复位。如果子宫存在水肿，可能出现复位困难或无法复位的状况。此时可用高渗溶液，如高渗生理盐水（7%）或高渗葡萄糖溶液（50%）处理暴露的子宫内膜以帮助收缩组织。结合适度按摩刺激子宫收缩，并使用无菌润滑胶进行润滑以使组织退缩，恢复原位。为确保子宫正确还复腹腔，并避免复发，可进行开腹探查术，并进行子宫固定。术后，采用催产素（5~20 IU，IM）促使子宫收缩。通常情况下，若子宫出现收缩，则无须对外阴进行缝合。术后给予抗生素。即使随后妊娠，子宫脱垂复发的情况也并不常见。

若脱出组织因过度肿胀不能复位、组织已失去活性、受到严重损伤、损毁或坏死，则进行卵巢子宫摘除术。某些情况下，摘除术前不必进行脱出组织的复位。

1

子宫积脓

子宫积脓在犬猫中均有发生。持续的孕酮刺激，使受到影响的子宫内膜囊性增生，从而导致该疾病进程的持续。发情期发生交配或人工授精后，在持续2个月的黄体期或人为给予激素（尤其是雌激素和孕激素）的作用下，子宫肌层变得松弛，为细菌增殖提供了环境。

子宫积脓的临床症状通常与细菌内毒素和败血症的出现有关。子宫积脓初期，患病动物表现厌食、嗜睡。继而出现多饮症状从而引发多尿，这是由肾小管浓缩受细菌内毒素影响所致。若子宫颈开张，可观察到阴道有脓性黏稠分泌物。在此后的病程中，患病动物因受败血症影响，出现呕吐、腹泻、严重乏力的情况。诊断基于未绝育雌性犬猫存在上述临床症状，以及X线片及超声检查结果：在患病动物下腹部，临近膀胱处，可见液体充盈密度的管状征象（图1-40和图1-41）。

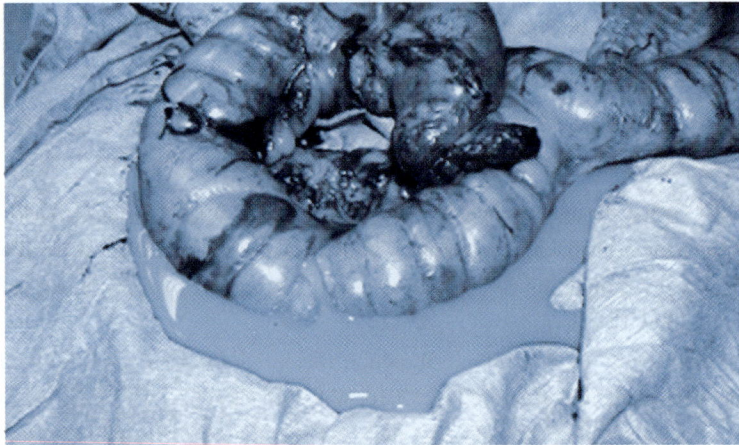

图 1-40　紧急卵巢子宫摘除术后取出的大而充满脓液的子宫

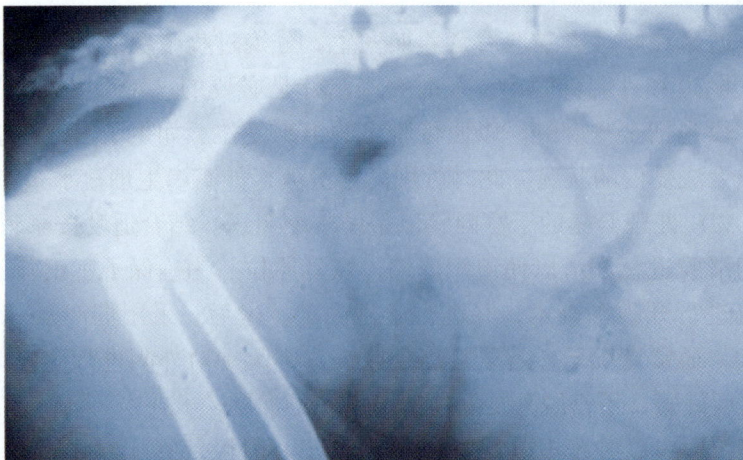

图 1-41　子宫积脓的 X 线片。注意腹腔后部充满脓液的软组织密度影像

开放及闭锁型子宫积脓的治疗包括：纠正液体和电解质紊乱，给予广谱抗生素，进行卵巢子宫摘除术。闭锁型子宫积脓是一种严重的可危及生命的败血症。开放型子宫积脓也可能威胁生命，同样需要进行积极治疗。不推荐采用保守疗法治疗闭锁型子宫积脓。给予前列腺素和催产素不但不能保证促进子宫颈口开张，而且可能导致感染进一步扩散至腹腔或子宫破裂，这两者都可能导致严重的腹膜炎。

对于开放性子宫积脓，卵巢子宫摘除术是慢性子宫内膜囊性增生最可靠的治疗方法。除此之外，对于仍需保留生育功能的患病动物，药物治疗也是可以采取的手段，只是治愈率低于摘除术。最广泛使用的药物为前列腺素（$PGF_{2\alpha}$）。采用药物进行保守治疗之前，先对患病动物的子宫大小进行测定。首先给予抗生素［氨苄西林，22 mg/kg（体重），IV，每 6 h 一次；或恩诺沙星，10 mg/kg（体重），PO，每 24 h 一次］。再使用 $PGF_{2\alpha}$［250 μg/kg（体重），SQ，每 24 h 一次，连用 2～7 d］，直至患病动物的子宫大小恢复正常水平。若患病动物处于间情期，检测其血清孕酮水平。随着血清黄体素水平在前列腺素影响下降低，血清孕酮水平也会降低。

$PGF_{2\alpha}$ 是一种终止妊娠药物，因此不宜用于孕期雌性犬猫。$PGF_{2\alpha}$ 可在用药后 5～60 min 内发挥作用（包括使动物坐立不安、多涎、气喘、呕吐、排便、腹痛、发出噪声、体温升高），作用时间长达 20 min。对于病情严重的动物，也可能发生死亡。$PGF_{2\alpha}$ 作用时间有限，因此可能需要重复给药。在下个发情期内使动物参与繁殖，之后进行绝育，因为子宫内膜囊性增生很可能继续发生。

急性子宫炎

急性子宫炎是一种通常在分娩后 1～2 周发生、由细菌感染引起的急性子宫炎症。最常见的病原为大肠杆菌，病原由阴门及阴道穹隆进入子宫。本病可迅速发展成为败血症。急性子宫炎的临床症状包括：不能抚育幼犬、厌食、嗜睡、阴道有恶臭脓性分泌物、呕吐、急性衰弱等。

临床检查可能显示存在发热、脱水和子宫肿胀。阴道细胞学检查可发现存在败血性炎症反应。腹部 X 线片和超声检查可见肿大的子宫。

急性子宫炎的治疗应针对脱水状况给予液体疗法、针对感染情况给予抗生素。由于子宫炎的原发病因是大肠杆菌感染，所以应给予恩诺沙星［10 mg/kg（体重），IV 或 PO，每天三次］进行治疗。当患病动物的心血管功能恢复至可接受麻醉以后，进行卵巢子宫摘除术。若患病动物病情并不严重且该动物具有繁殖价值，也可以采用药物保守治疗。急性细菌型子宫炎的用药包括：给予催产素（5～10 IU，每 3 h 一次，连用三次）或前列腺素 $PGF_{2\alpha}$［每天 250 μg/kg（体重），连用 2～5 d］，以排出子宫内分泌物、促进子宫血液循环。以上用药的同时应给予抗生素。

1

子宫破裂

　　妊娠期犬猫子宫破裂的病例并不常见，但也曾有相关报道。子宫破裂可能是分娩的结果，也可能由腹部钝挫伤所致。子宫破裂释放至腹腔的胎儿可能被吸收，但多数情况会导致腹膜炎的发生。若胎儿的血液循环未受破坏，则胎儿可能存活至分娩期。子宫破裂是外科手术急诊病症。推荐进行卵巢子宫摘除术，并取出漏至子宫外的胎儿及胎膜。若只有一侧子宫角受到影响，可进行单侧的卵巢子宫摘除术，以保护另一侧的胎儿并保留母体的繁殖能力。若子宫破裂是由子宫积脓引起的，很可能并发腹膜炎，手术中应多次冲洗腹腔。术后应进行7~14 d的抗生素治疗（应用阿莫西林、阿莫西林－克拉维酸、恩诺沙星）。

阴道脱出

　　阴道脱出是发情前期，阴道在雌激素刺激下过度增生所导致的一种疾病（图1-42）。增生组织通常在间情期缩回，但在下个发情周期再次脱出。阴道脱出易与阴道肿瘤相混淆。前者主要发生于青年动物，而后者主要发生于中老年动物。对于阴道增生组织或阴道脱出的情况，若脱出组织仍在阴道内，则一般不需要治疗。但是增生可导致排尿困难或无尿。在某些病例中，脱出的增生组织极度脱水、坏死，对动物自身造成损伤，此种极端情况应立即予以手术。可考虑进行卵巢子宫摘除术，以去除雌激素造成的影响。若动物出现排尿困难，则需要放置导尿管以进行导尿。保护增生组织，使其回缩复位。尽管增生组织的切除术也曾被推荐，但考虑到切除术可能引发大量出血，因此一般不采用。患病动物应佩戴伊莉莎白圈，防止其自残。应持续给予广谱抗生素7~14 d，或持续至脱出的增生组织复位。使用生理盐水保持脱出组织清洁湿润。

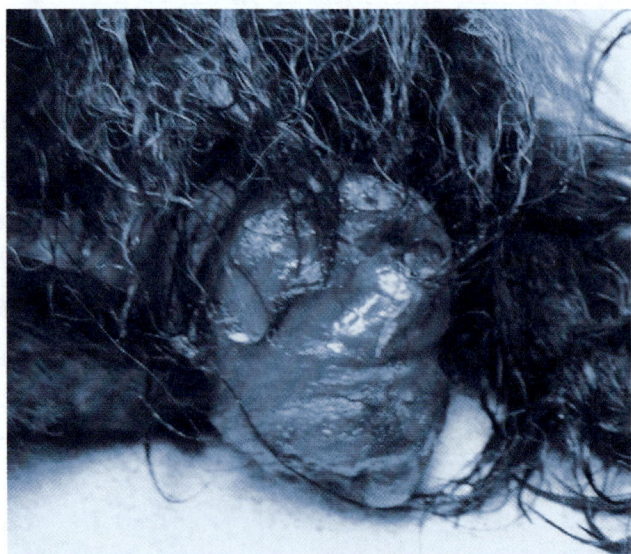

图1-42　母犬阴道脱出

妊娠期及分娩期急症

难产

难产在犬猫中均可发生，犬的难产相对猫而言更常见。难产的诊断一般与下列情况相关：可见产程的开始时间、最近一胎的产出时间或未有胎儿产出的时间、宫缩频率及强度、羊膜破裂的时间、母犬身体状况、妊娠期长短。难产的原因可能源自母体和胎儿，包括原发或继发的宫缩乏力、骨盆腔狭窄、低钙血症、情绪不安、子宫扭转。母体 – 胎儿比例不当，或相对于雌性犬猫来说胎儿过大，也可能导致难产（框 1-40）。

对存在难产可能性的病例，通过影像学检查胎儿大小、胎位是否正常（对于犬猫来说，胎儿头前置和臀前置都是正常的，但胎儿错位或位置异常可导致难产）、是否存在子宫破裂或扭转的情况。若观察到存在母体 – 胎儿比例不当、子宫扭转、子宫破裂，则应立即进行手术。若胎儿在正常产位，可以尝试药物治疗。

会阴部剃毛并进行无菌冲洗。戴无菌手套，润滑手指并插入产道，触诊子宫颈口。轻柔按摩阴道背侧壁，以刺激其收缩。置入静脉留置针，给予催产素（2 ~ 20 IU，IM），间隔 30 min 后再次用药，给予 3 倍初次用量。在某些病例中，低血糖症和低钙血症可以导致子宫迟缓，建议同时用含钙溶液（乳酸林格氏液）配合 2.5% 葡萄糖溶液来维持血钙浓度，或者使用 10% 葡萄糖酸钙溶液（每 5 kg 体重 100 mg，IV，缓慢输入）。若 1 h 后分娩未见任何进展，立刻实施剖宫产手术。

框 1-40　难产诊断标准
胎儿倒伏于产道内
产道狭窄或胎位异常，影响正常生产
妊娠期延长（> 70 d）
无分娩迹象情况下的体温下降（< 37.7℃）
阴道有绿色分泌物，但无胎儿产出
羊膜囊可见后 2 ~ 3 h 仍无胎儿产出
子宫强烈收缩后 30 min 仍无胎儿产出
分娩过程开始后 4 h，出现宫缩乏力，无胎儿产出
超过 2 h 仍无产出胎儿的迹象或进一步宫缩
全身性疾病征兆：精神沉郁、虚弱无力、败血症

子宫扭转

子宫扭转是一种不常见的产科急症，在妊娠期和非妊娠期的犬猫均有报道。临床症状表现为腹痛，用力如同排泄状，通常是急性发作，并被视为产科急症。某些病例中，可能症状出现前曾产出活胎或死胎。可能出现阴道分泌物。X 线片和超声检查显示腹部存在液体或气体的密度征象。治疗手段包括：置入静脉留置针，采用静脉输液或输血，稳定母体心血管状况，尽快进行卵巢子宫摘除术。若存在可存活的胎儿，将其与子宫一并取出。

1

自然流产

分娩期到来之前，排出一个或多个胎儿称为自然流产。对于犬猫来说，排出一个或多个胎儿后仍保有可存活的胎儿至分娩期并正常分娩，这种情况的可能性是存在的。自然流产的临床症状为阴道有分泌物排出及腹部收缩。某些病例中，可见到排出的胎儿或胎膜。对于犬而言，自然流产的诱因有：布鲁氏菌、疱疹病毒、冠状病毒、弓形虫。对于猫来说，疱疹病毒、冠状病毒、猫白血病病毒可诱发自然流产。对于二者，损伤、激素原因、环境病原、药物使用、胎儿因素等，均可能引起犬和猫的自然流产。

终止妊娠

最安全可靠的终止妊娠方法是卵巢子宫摘除术。口服乙烯雌二醇并不是终止妊娠的有效方法。注射雌二醇环丙戊酸酯［0.044 mg/kg（体重），IM］可能对早期妊娠有终止作用，但同时也存在很多副作用，如骨髓抑制及子宫积脓。雌二醇环丙戊酸酯并不允许用于犬猫的终止妊娠，因此不推荐使用。

在细胞学检查显示间情期（阴道涂片中出现非角化上皮细胞）5 d 内开始治疗，$PGF_{2\alpha}$ 是一种天然的终止妊娠药物。$PGF_{2\alpha}$ 促进黄体的溶解并迅速降低孕酮水平。$PGF_{2\alpha}$ 共注射 8 次［250 μg/kg（体重），每 12 h 一次，连注 4 d)，同时注射阿托品［100 ~ 500 μg/kg（体重），IM］。副作用可在注射后的 5 ~ 40 min 出现，包括坐立不安、气喘、多涎、腹痛、排尿、呕吐、腹泻。每次注射后让患病动物走动 20 ~ 30 min，有助于减轻副作用。

处于妊娠前半期的母犬用药后通常吸收胎儿，妊娠后半期的母犬在用药 5 ~ 7 d 后排出胎儿。疗程结束后，测量血清中孕酮浓度，以确保黄体完全溶解。

猫受孕 4 d 后可以使用 $PGF_{2\alpha}$ 进行终止妊娠。母猫用药后的副作用与母犬类似，但通常持续时间更短（2 ~ 20 min)。$PGF_{2\alpha}$ 的使用并不妨碍母猫下次受孕。

扩展阅读

Biddle D, Macintire DK: Obstetrical emergencies, Clin Tech Small Anim Pract 15(2):88‐93, 2000.

Crane MB: Pyometra. In Silverstein DC, Hopper K, editors: Small animal critical care medicine,St Louis, 2009, Elsevier.

Freshman JL: Pyometra. In Mazzaferro EM, editor: Blackwell's five minute consult clinical companion small animal emergency and critical care, Ames, 2010, Wiley‐Blackwell.

Freshman JL: Vaginal hyperplasia/prolapse. In Mazzaferro EM, editor: Blackwell's five minute consult clinical companion small animal emergency and critical care, Ames, 2010, Wiley‐Blackwell.

Greenberg D, Yates D: What is your diagnosis? Vaginal hyperplasia, J Small Anim Pract 43(9):381, 406, 2002.

Hayes G: Asymptomatic uterine rupture in a bitch, Vet Rec 154(14):438‐439, 2004.

Jutkowitz LA: Reproductive emergencies, Vet Clin North Am Small Anim Pract 35:397‐420, 2005.

Kutzler MA: Dystocia and obstetric crises. In Silverstein DC, Hopper K, editors: Small animal critical care medicine, St Louis, 2009, Elsevier.

Misumi K, Fujiki M, Miura N, et al: Uterine torsion in two non-gravid bitches, J Small Anim Pract 41(10):468‐471, 2000.

Ridyard AE, Welsh EA, Gunn-Moore DA: Successful treatment of uterine torsion in a cat with severe metabolic and haemostatic complications, J Feline Med Surg 2(2):115‐119, 2000.

Shaw SP: Dystocia and uterine inertia. In Mazzaferro EM, editor: Blackwell's five minute consultc linical companion small animal emergency and critical care, Ames, 2010, Wiley‐Blackwell.

雄性生殖道及生殖器官急症

图 1-43 所示为雄性动物生殖系统及生殖器官急症状况所需的急救治疗。

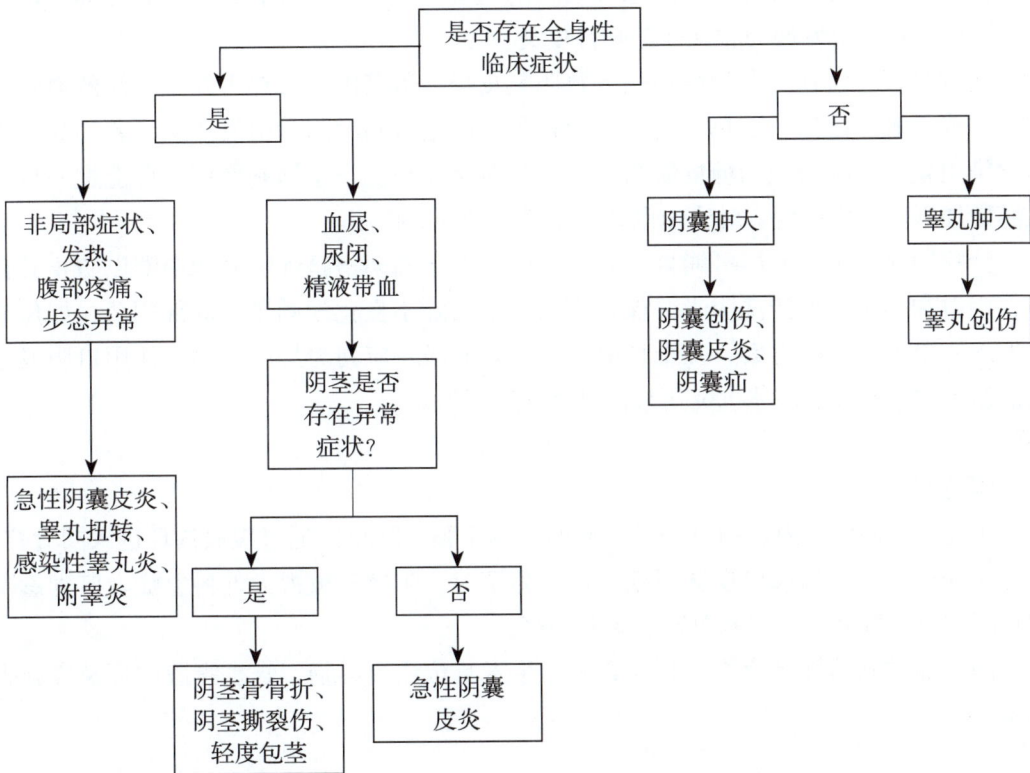

图 1-43　雄性生殖系统及生殖器官急症的处理流程

阴囊损伤

在犬猫中，大多数阴囊损伤都与动物间的争斗、剪毛、车祸等意外磨损有关。阴囊损伤应分为表面伤和穿透伤两类。

表面伤的治疗包括使用稀释的抗菌清洁剂处理伤口并保持干燥。在损伤后的最初几天内，注射类固醇抗炎药［氢化泼尼松，0.5～1.0 mg/kg（体重），PO，每 12~24 h 一次］或使用非甾体抗炎药［卡洛芬,2.2 mg/kg（体重),PO，每 12～24 h 一次，用于犬］，以预防或治疗水肿。局部使用抗菌药软膏直至伤口愈合。大多数情况下，需要使用伊丽莎白圈防止动物自残。预后通常良好，但随后几个月的精子质量可能因阴囊肿胀及温度升高而受到影响。

阴囊穿透伤通常更严重，伴有严重的肿胀和感染。手术探查并清理贯通伤口。给予机体全身性抗生素及镇痛药。病情严重时，尤其是涉及睾丸损伤时，考虑去势术及阴囊切除。

急性阴囊皮炎

阴囊皮炎多见于未去势公犬，也可能由物理损伤、自身舔咬刺激、化学刺激、烧伤和烫伤、接触性皮炎等引起。感染动物的阴囊重度发炎、肿胀，并伴有疼痛。若不进行治疗处理，可发展为脓性肉芽肿性皮炎。

检查是否有潜在的全身性疾病导致阴囊皮炎。落基山斑疹热可导致广泛的血管炎症及阴囊水肿、疼痛、发热、皮炎。犬布鲁氏菌也可刺激阴囊引发皮炎。若阴囊皮炎由感染引发，应酌情使用糖皮质激素，但会对免疫功能产生抑制作用，可能进一步导致感染加剧。滥用抗生素对确诊也会产生潜在的妨碍作用。

治疗阴囊皮炎，要尽可能排除其他病因。使患病动物佩戴伊丽莎白圈以防止其自残，用温和的抗菌皂清洗阴囊并保持干燥，以去除不良化学刺激。局部用药，如焦油洗发水、丁卡因、新霉素、凡士林等可能引发刺激，应列为禁忌药物。使用口服或注射的糖皮质激素或非甾体抗炎药来控制炎症及不适。

阴囊疝

阴囊疝，即腹腔内容物（小肠、脂肪、肠系膜、网膜）通过腹股沟环进入阴囊腔。类似于腹股沟疝，当仅出现肠闭锁或血管阻塞时，阴囊疝被视为外科急症。鉴别诊断包括附睾炎、睾丸炎、睾丸扭转、睾丸肿瘤。

阴囊疝的确诊性治疗为开腹探查术，手术复位疝内容物，修复腹股沟环及实施去势术。

睾丸损伤

睾丸或附睾的损伤可导致一侧或双侧睾丸肿胀。睾丸穿透伤的治疗，采取去势术以预防感染及自残。创伤后持续给予抗生素（阿莫西林或阿莫西林 - 克拉维酸）7 ~ 10 d。非穿透伤通常不引发急性睾丸出血或阴囊积液。触诊受影响区域，通常表现为睾丸周边组织触诊柔软。治疗方法由冷敷阴囊睾丸和给予抗炎药物（糖皮质激素或非甾体抗炎药）两部分组成。若肿胀在 5 ~ 7 d 内未能自行消退，考虑手术探查及排出积液。睾丸温度升高及炎症可能影响未来几个月的精子质量。

睾丸扭转

睾丸扭转或精索扭转引起的睾丸旋转，最终会导致血液静脉回流受阻。睾丸扭转通常与腹腔内隐睾肿胀物有关，但也可以观察到位于阴囊内的非肿瘤性睾丸。若发病睾丸位于阴囊内，则主要临床症状有疼痛、步态僵硬、阴囊异常肿胀等。腹腔内睾丸扭转的患病动物，临床症状表现为疼痛、嗜睡、厌食、呕吐（参阅腹部急症）。腹腔内的肿物可通过触诊感知。进行腹腔或睾丸的超声检查，尤其是应用多普勒彩超以确定睾丸的血液循环状况。治疗方法包括手术摘除受影响的睾丸组织。

感染性睾丸炎、附睾炎

睾丸与附睾的细菌感染通常由尿道和包皮的常在菌群逆行所致。常见细菌有：大肠杆菌、金黄色葡萄球菌、链球菌、犬分枝杆菌。犬布鲁氏菌和落基山斑疹热也可引起睾丸炎、附睾炎。临床症状有睾丸肿胀、步态僵硬、不喜走动。临床检查通常显示患病动物发热，对炎症部位进行舔咬而导致的自残。收集精液样本，进行病原菌分离培养检测。也可选择对受感染器官进行穿刺取样，并针对布鲁氏菌进行血清学检测。

对于感染性睾丸炎，需根据细菌培养结果，进行至少 3 ~ 4 周的抗生素治疗。若不能进行细菌培养，使用氟喹诺酮类药物［恩诺沙星，10 mg/kg（体重），PO，每 24 h 一次］。强力霉素［5 mg/kg（体重），PO，每天两次，连用 7 d］可以抑制但不能根除布鲁氏菌感染。睾丸的炎症和温度升高可能影响随后几个月的精子质量。

急性前列腺炎

急性前列腺炎最常见的病因为急性细菌感染，如大肠杆菌、变形杆菌、假单胞杆菌、支原体等。少数病例由其他因素引起，如真菌感染（皮炎芽生菌）或厌氧菌感染。

急性前列腺炎典型症状为发热、下腹疼痛、无力、厌食、精液含血、排便困难，偶有尿淋漓及排尿困难症状。患病动物通常疼痛和精神沉郁，临床检查存在脱水的情况。直肠触诊可探查到对称或非对称性的前列腺肿大。在病情严重的患犬中，可能出现心动过速、黏膜充血、洪脉（bounding pulses）、嗜睡、脱水，由于败血症可能出现发热等症状。若前列腺脓肿发生破裂，则可能在 2 d 内死亡。

根据临床症状、中性粒细胞增多（有 / 无核左移）、尿液培养呈阳性等检查结果，可以对急性前列腺炎做出诊断。前列腺样本可以通过精液中的前列腺液部分、前列腺按摩（prostatic massage）、尿道分泌物、尿液或前列腺抽取物（很少使用）中获得。尽管精液样本有利于进行细菌培养并得出结论，但急性前列腺炎的患犬通常不配合采精。X 线片检查显示患犬前列腺肿大，但仅此不足以确诊前列腺炎。腹部超声检查可显示患犬前列腺脓肿并提供前列腺穿刺的部位。穿刺形成的针道可能使感染扩散到前列腺周边区域。患犬的精液样本或前列腺样本显示存在大量炎性细胞时，提示样本中有可能存在病原微生物。

急性前列腺炎的治疗首先应解决前列腺肿大导致的排尿及排便困难。恩诺沙星［10 mg/kg（体重），PO，每天一次］可直接到达前列腺炎性组织，有效治疗革兰氏阴性菌及支原体感染。环丙沙星的药效通常无法进入前列腺组织。也可以使用复方磺胺甲噁唑片［复方新诺明片，30 mg/kg（体重），PO，每 12 h 一次］或氯霉素［25～50 mg/kg（体重），PO，每 8 h 一次］，持续使用至少 2～3 周。良性增生可能成为急性前列腺炎的诱因，因此建议采取去势术。为防止形成并发症瘢痕性精索，至少用抗生素治疗 7 d 后方可实施去势术。非那雄胺［0.1～0.5 mg/kg（体重），PO，每 24 h 一次］是一种抗雄激素 5α-还原酶抑制剂，有助于减小前列腺体积，直至去势术的激素调节发挥作用。若存在前列腺脓肿，进行造口术，手术引流或超声引流。手术治疗可能引起一系列的并发症，如尿失禁、瘘管和造口慢性引流、败血性休克及死亡。

阴茎骨骨折

阴茎骨骨折在公犬中并不常见，会伴随很小的软组织挫伤，但可引起血尿或排尿困难。临床检查可见尿路阻塞，阴茎有捻发音。侧位 X 线片通常足以显示阴茎骨骨折的存在。主要采用保守治疗，多数病例需要给予镇痛药。若尿道也受到损伤，可置入导尿管 5～7 d，以利于尿道黏膜愈合。阴茎骨粉碎性骨折可能引发尿路阻塞，需要进行手术复位及固定，进行部分阴茎切除术或尿道造口术。

阴茎撕裂伤

阴茎的血液供应充足，其撕裂伤可能导致大量出血。受伤犬猫可能会舔舐受伤部位，阻止血凝块的形成。为检查及治疗撕裂伤，通常需要对动物进行镇静或全身麻醉。在镇静或全身麻醉状态下，插入导尿管，边用冷水冲洗边进行检验。较小的撕裂伤可以在冷敷下得到控制，用可吸收缝线进行简单缝合，避免过度缝合。若动物处于发情期，将其与雌性动物隔离，以免阴茎勃起充血。佩戴伊丽莎白圈防止动物自残。同时给予全身性抗生素以防止感染。

嵌顿包茎

雄性犬猫不能将阴茎缩回至包皮内称为嵌顿包茎。本病在年轻动物中通常发生于阴茎勃起后，年老动物则更多发生于交配后。若不进行治疗，则可能因出现黏膜水肿、出血、自残、坏死而需要截断阴茎等。治疗手段包括用冷水或高渗糖溶液促进水肿消退。检查阴茎基部是否存在毛圈，阻止阴茎缩回。用冷水小心冲洗阴茎，并使用无菌润滑剂进行润滑，将其还纳于包皮中。阴茎若不能轻易复位，对动物进行麻醉，在包皮开口侧面做一小切口，使阴茎复位，用可吸收缝线缝合切口。采用荷包缝合并保留数天，避免复发。将含抗生素的软膏注入包皮中，每天数次。在某些病例中，需要置

1

入导尿管以防止尿路阻塞，直至阴茎的肿胀及水肿消退。在恢复期间，动物应佩戴伊丽莎白圈，防止其舔咬创口。

尿道脱出

尿道末端脱出的情况多发生在未绝育的雄性英国斗牛犬中，类似情况也会发生于约克夏梗和波士顿梗。引发这一情况的具体原因尚不明确，但通常与引发腹内压增加或尿道牵张拉力增加的情况有关，如性冲动、咳嗽、呕吐、气管或支气管阻塞综合征、尿路结石、泌尿生殖道感染、自慰等。

尿道脱出通常伴随龟头蘑菇样顶端堵塞，顶端炎症组织可能出血或不出血（图 1-44）。某些情况下，性冲动时可能发生出血或导致出血情况恶化。临床表现伴随：过度舔舐包皮、尿痛和尿淋漓、包皮出血。若能观察到肿物，应与传染性转移瘤、尿道憩肉、损伤、尿道炎和肿瘤进行鉴别诊断。然而，大多数情况下尿道脱出多发于未绝育的青年公犬，肿瘤的可能性相对较低。

在确诊尿道脱出后，应立即进行治疗，防止自残及感染。包括将脱出的尿道进行复位，置入导尿管并以可吸收线缝合进行固定。固定针可保留 5 d 直至修复完成。直至手术前，动物都应佩戴伊丽莎白圈以防止自残。手术存在多种修复手段。某些情况下，可以切除脱出的尿道部分，对齐尿道和阴茎黏膜。也可以对脱出组织进行褥式缝合。当刺激源重新出现时，以上两种修复手段均存在复发的可能性。该情况对于英国斗牛犬可能存在基因倾向。因尿道脱出可能由性冲动引发，因此强烈建议进行绝育手术。

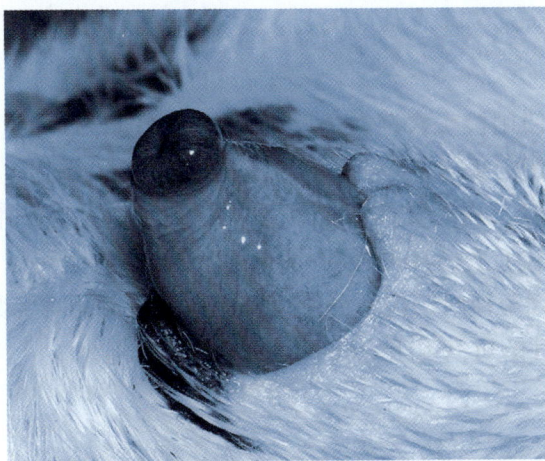

图 1-44　尿道脱出的检查。该情况最常见于未绝育的雄性英国斗牛犬中，在其他品种犬中多数与肿瘤或者尿道结石有关

扩展阅读

Gobello C, Corrada Y: Non-infectious prostatic diseases in dogs, Compend Contin Educ Pract Vet 24 (2): 99-107, 2002.

1

Kirsch JA, Hauptman JG, Walshaw R: A urethropexy technique for surgical treatment of urethral prolapse in the male dog, J Am Anim Hosp Assoc 38:381–384, 2002.

Kutzler MA, Yeager A: Prostatic diseases. In Ettinger S, Feldman EC, editors: Textbook of veterinary internal medicine, ed 6, Philadelphia, 2005, WB Saunders.

Meola SD: Urethral prolapse. In Mazzaferro EM, editor: Blackwell's five minute consult clinical companion small animal emergency and critical care, Ames, 2010, Wiley-Blackwell.

Rochat MC: Paraphimosis and priapism. In Silverstein DC, Hopper K, editors: Small animal critical care medicine, St Louis, 2009, Elsevier.

Shaw SP: Paraphimosis. In Mazzaferro EM, editor: Blackwell's five minute consult clinical companion small animal emergency and critical care, Ames, 2010, Wiley-Blackwell.

环境及日常损伤

冻伤

局部的冻僵或冻伤常见于周围组织，如耳朵、尾巴、爪掌和生殖器官。这些部位毛发稀疏，血液供应相对较少，有可能在冻伤之前即受低温影响。冻伤的临床症状表现为皮肤苍白或由粉色变为白色，也可能表现为黑色，即出现坏死。

应急措施

应急措施包括在湿润情况下加热，以29.5℃缓慢恢复受损区域温度，或在温热的水中浸浴。有时为缓解动物不适感，应使用镇痛药。保持干燥并保护受伤部位，防止进一步的损伤。

护理

对于是否预防性使用抗生素存在争议，因为它可能导致产生耐药菌。抗生素的使用应针对感染种类而定。无效甚至进一步造成伤害的手段包括，揉搓受损区域，按压包扎部位，或外用药膏。皮质类固醇药物可能降低细胞免疫作用，促进感染的加剧，因此禁止使用。许多看上去已坏死失活的冻伤组织，事实上可以随着治疗逐渐地恢复功能。因此当去除坏死组织时，应十分谨慎。受损区域可能需要数天甚至1周的时间，方能完全区分出有活性的可恢复组织和不可恢复的坏死组织。

低体温症

机体长时间暴露于寒冷环境，或浸于冷水之中，可导致体温下降。当体温降至24℃（75℉）以下，这一生理进程即为不可逆。机体温度处于32~37℃为轻度低体温症，机体温度处于28~32℃为中度低体温症，机体温度低于28℃为重度低体温症。在寒冷中的暴露时间及全身状况均能影响动物的存活能力。

低体温症的临床表现有：颤抖、血管收缩、精神沉郁、低血压、窦性心动过缓、

1

呼吸频率下降导致肺换气不足、血液黏稠度上升、肌肉僵硬、房室应激、知觉意识等级下降、氧消耗量下降、代谢性酸中毒、呼吸性酸中毒及包括 DIC 在内的凝血病。

应急措施

若动物仍在呼吸，供给加温和湿化后的氧气，每分钟 4 ~ 10 次。若动物已无自主呼吸，或严重换气不足，则需进行气管插管及机械通气。置入静脉留置针，并输入加温的晶体液。若血糖浓度低于 60 mg/dL，在输入液体中加入 2.5% 葡萄糖。密切关注体温中枢及心电图。复温可采用循环电热水毯，或辐射热循环电热毯。为避免医源性烧伤和烫伤，避免使用加热板。严重低体温症的病例，可能需要通过腹腔输液［乳酸林格氏液，加热至 39.4℃，10 ~ 20 mL/kg（体重）］的形式，进行复温。放置临时腹腔透析导管，每 30 min 冲洗一次，直至体温恢复至 36.6 ~ 37.7℃。

护理

机体体温应缓慢上升，每小时不超过 1℃。因机体对药物反应不可预测，在动物体温达到正常水平之前，应尽可能地避免给予药物。机体复温过程中可能出现的并发症有：DIC、心律失常、心搏停止、肺炎、肺水肿、中枢神经系统水肿、急性呼吸窘迫综合征以及肾衰。

高温及热引起的疾病（中暑）

犬类中暑及高温引起的疾病，与以下情况有关：过度劳累，过度暴露于高温环境下，过高压力，以及其他导致无法散热的情况。短头品种犬、肥胖动物、咽喉麻痹的犬类，以及患有心血管疾病的老年动物，特别容易受到影响。过高热被定义为动物直肠温度达到 41 ~ 43℃。过高热的临床症状表现为黏膜充血、心动过速、气喘。更多较为严重的临床症状包括虚脱（中暑衰竭）、共济失调、呕吐、腹泻、多涎、肌肉震颤、失去意识和癫痫。温度过高，会对机体所有主要器官系统产生影响，这是因为温度过高会导致细胞蛋白质变性，酶失活，血液分流不当，低血压，氧输送量下降，以及乳酸酸中毒。随着器官功能的衰退，可见心律失常，细胞间质及细胞内脱水，血管内血容量降低，中枢神经系统功能紊乱，胃肠道黏膜坏死，少尿，以及凝血病等。过度气喘可能导致呼吸性碱中毒。缺乏组织灌注可导致代谢性酸中毒。水的缺乏使溶质如钠离子、氯离子浓度相对增高，可导致游离水的不足以及严重的高钠血症。水的缺失同样可以导致红细胞比容的显著升高。电解质及 pH 的极度异常可以导致脑水肿及死亡。

应急措施

治疗高温引起的疾病时，重点是降低动物的中枢体温，以及维持心血管系统、呼吸系统、肾脏、胃肠道、神经系统以及肝脏的功能。兽医或护士可用微温的水（非冷水）对患病动物进行喷雾。绝对禁止将动物在冷水或冰水中浸浴。冷水浴或冰水浴会促使周围血管收缩，抑制动物自身的传导对流散热机制，其结果是中枢体温会急剧地继续上升。过度降温至低体温症的动物预后不良。当动物被送至动物医院门诊就诊时，为降低动物的中枢体温，应用浸过温水的毛巾进行冷却，静脉输入低温液体，用风扇降温，直至体温降低至 39℃左右。全身器官系统的监测和恢复基于中暑的严重程度和持续时间，以及机体自身的恢复能力和对治疗的反应。

护理

对因高温及热引起疾病的动物进行护理时，避免过度降温导致医源性低体温症。对动物静脉注射温度较低的晶体液，以补充血容量，充盈细胞间质环境，纠正酸碱代谢及电解质紊乱。对患病动物的处理，遵循监护的"二十条原则"（参阅二十条原则），注意评估，恢复并维持正常的心搏节律、血压、排尿量及精神状况。若存在胃肠道出血的症状，预先给予抗生素以防止细菌感染扩散。监测动物各项检验结果，包括血常规检验、生化检验、血小板计数、血凝测试以及尿检。积极并迅速地治疗包括 DIC 在内的凝血症状。患病动物精神上的急剧变化包括恍惚或昏迷，均提示预后不良。经过最初的抢救之后，对机体进行至少 24 ~ 48h 的监护，以观察继发的器官损伤，包括肾衰、肌红蛋白尿症、脑水肿以及 DIC。热诱发疾病所导致的死亡，通常在最初的 24 h 发生。患病动物存活时间超过 24 h 则预后良好。

扩展阅读

Drobatz KJ: Heat stroke. In Silverstein DC, Hopper K, editors: Small animal critical care medicine, St Louis, 2009, Elsevier.

Drobatz KJ, Macintire DK: Heat-induced illness in dogs: 42 cases (1976-1993), J Am Vet Med Assoc 209:1894, 1996.

Mazzaferro EM: Heat Stroke. In Feldman EC, Ettinger S. editors: Textbook of veterinary internal medicine, ed 7, St Louis, MO, 2010, Elsevier.

Mazzaferro EM: Hypothermia. In Mazzaferro EM, editor: Blackwell's five minute consult clinical companion small animal emergency and critical care, Ames, 2010, Wiley-Blackwell.

Mazzaferro EM: Hyperthermia and heat-induced illness. In Mazzaferro EM, editor: Blackwell's five minute consult clinical companion small animal emergency and critical care, Ames, 2010, Wiley-Blackwell.

Oncken AK, Kirby R, Rudloff E: Hypothermia in critically ill dogs and cats, Compend Contin Educ Pract Vet 23(6):506-520, 2001.

Todd J, Powell LL: Hypothermia. In Silverstein DC, Hopper K, editors: Small animal critical care medicine, St Louis, 2009, Elsevier.

Walton RS: Hypothermia. In Wingfield WE, editor: Veterinary emergency medicine secrets, ed 2, Philadelphia, 2001, Hanley & Belfus.

1

恶性高热

恶性高热是一种伴随着肌肉钙代谢紊乱的综合征。恶性高热通常在拉布拉多猎犬过度疲劳，或敏感品种犬接受麻醉的情况下发生。恶性高热的临床症状包括：肌肉剧烈痉挛或自主收缩，血压不稳定，代谢性或呼吸性酸中毒，以及麻醉状态下动物的潮气末二氧化碳值迅速上升。患病动物体温通常升高至 42℃。若恶性高热不能被及时诊断和治疗，可能导致出现细胞死亡。

应急措施

及时采取的措施包括降低患病动物体温［具体措施参阅高温及热引起的疾病（中暑）］以及去除诱因如过度疲劳、麻醉、神经肌肉阻断剂如琥珀酰胆碱。若患病动物处在全身麻醉状态中，应增强通气强度，以帮助其排出二氧化碳和纠正呼吸性酸中毒。可给予丹曲林钠［1~2 mg/kg（体重），IV］稳定肌质网，降低钙离子渗透性。

护理

易发恶性高热的动物应避免潜在诱因，包括过度疲劳、环境温度过高或麻醉。在恶性高热病程后，静脉注射晶体液，排出肌红蛋白。密切关注动物的肾脏功能，以监测肌红蛋白血尿症和肾小管上皮色素损害。监测并纠正电解质和酸碱紊乱。

扩展阅读

Walters JM: Hyperthermia. In Wingfield WE, editor: The veterinary ICU book, Jackson, Wyo, 2001, Teton Newmedia.

蛇咬伤：无毒蛇

有时动物被无毒蛇或有毒蛇咬伤并不容易区分。在美国科罗拉多州，牛蛇和草原响尾蛇的咬伤十分相似。这两种蛇发出的声音相似，在徒步旅行或后院中被发现时都会引起人们惊慌。如果有可能的话，对这种具有攻击性的爬虫类动物进行鉴别，但不要冒着被咬的风险。至于哪种动物有毒，则属于其他专业研究的范畴。

若动物被无毒蛇咬伤，通常伤口较小，且有较多的小而密集的牙印，伤口通常不存在剧烈疼痛。局部反应通常可以忽略不计。大型蛇类或蟒蛇可能造成剧烈的挤压性创伤，可能导致严重损伤，如骨折。

无毒蛇咬伤的治疗包括清理创口并使用抗菌擦洗剂小心清洗。由于蛇口腔内大量细菌随咬伤侵入机体，所以应使用广谱抗生素［如阿莫西林－克拉维酸，16.25 mg/kg（体重），PO，每 12 h 一次］治疗感染。对被咬动物进行至少 8 h 的监护，尤其是蛇种类不明时。若出现毒液螯入的临床表现，则应尽快采取积极的治疗手段。

蛇咬伤：有毒蛇

在北美洲两种常见的有毒蛇类为响尾蛇和珊瑚蛇。所有有毒的蛇类均是危险的。咬伤的严重程度取决于毒液的毒性，毒液的注入量，被咬处的地理环境，伤口大小，以及从咬伤到毒液螫入期间采取的有效治疗。

响尾蛇毒液螫入

在美国多数毒蛇咬伤及蛇毒中毒与响尾蛇有关，包括美国水蛇、铜头蛇等多种类的响尾蛇。响尾蛇的显著特征为眼睛和鼻孔之间有一道深沟，椭圆形瞳孔，以及伸缩自如的舌须（图1-45）。

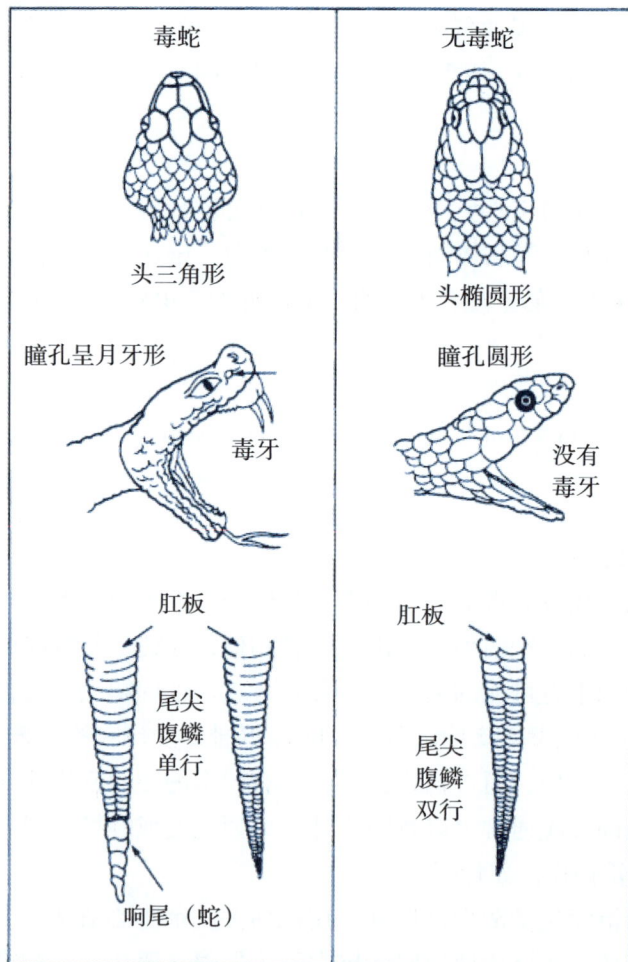

图1-45   有毒蛇的特征 [引自 Parrish HM, Carr CA: Bites by copperheads (*Ancistrodon contortrix*) in the United States, JAMA 201:927,1967.]

1

被响尾蛇咬伤的局部临床症状表现为，被咬穿刺伤持续流血，穿刺伤周围区域水肿，即刻发生的极度疼痛或虚脱、水肿、淤血、瘀斑以及继发的组织坏死。响尾蛇毒液螯入引发的全身性症状有：低血压、休克、凝血障碍、嗜睡、虚弱、肌肉自主收缩、淋巴管炎、横纹肌溶解以及神经症状如呼吸系统机能下降和癫痫等。莫哈韦响尾蛇和藤蛇的毒液极易引发神经症状，尽管在其他种类的响尾蛇中也曾发现过莫哈韦 A 毒素这种强力神经毒素。

毒液螯入的临床症状可能要经过数小时才能显现。收治所有疑似患病动物并至少监护 24 h。毒液螯入的严重程度不能只靠局部组织反应情况判定。医护人员的及时措施对于防止毒液螯入的作用微乎其微。最重要的救治手段是将动物转移至最近的动物医院急诊中心。

应急措施

为确定动物是否被响尾蛇毒液螯入，进行周围血液涂片检查以确认是否有棘状红细胞存在。棘状红细胞可在毒液螯入的 15 min 内出现，并于 48 h 内消失。应积极迅速地采取所有可能的治疗手段，即使某些治疗手段能否实施仍存在争议。主要措施包括：静脉输入晶体液改善组织灌注，使用恰当的镇痛药物，以及必要时使用抗蛇毒血清对抗毒素。由于响尾蛇毒素具有多种复合毒性，因此对于每一个病例，都应视为混合中毒来进行治疗。

打开静脉通路，静脉输入晶体液（用量为休克剂量的 1/4），并依据心率、血压及毛细血管再充盈时间进行剂量的调整（详见休克的管理及体液疗法）。阿片类药物是有效的，可在就诊的第一时间给予（详见药物镇痛法：镇痛药简介）。

已经不推荐使用苯海拉明和糖皮质激素，因其药效在此类病例中并不明显。在人医使用糖皮质激素对抗蛇咬伤的病例中，已发现存在更高的死亡率。

多数蛇咬伤的情况下，推荐使用多价抗蛇毒血清，但被科罗拉多州草原响尾蛇咬伤中毒时，多数情况下不需要抗蛇毒血清。近期研究表明，对于草原响尾蛇咬伤中毒的情况，抗蛇毒血清的使用与否，并不影响最终治疗效果。尽管如此，对于大多数病例来说，使用抗蛇毒血清的患病动物，其恢复过程更好，比未使用抗蛇毒血清的动物更早出院。在小动物临床中，对抗蛇毒血清的注射量并没有明确规定。应至少使用一个剂量的抗蛇毒血清以中和循环系统中的毒素。用旋转的方式混合抗蛇毒血清，避免振荡引起泡沫。将抗蛇毒血清与 250 mL 生理盐水混合，在 2~4 h 内，缓慢静脉输入。在小型动物中，抗蛇毒血清用更小剂量的生理盐水进行稀释，具体剂量取决于动物体重，并用相同时间输入。在抗蛇毒血清输入期间，监护动物是否出现以下临床症状：血管神经性水肿、荨麻疹、心率加快、呕吐、腹泻和虚弱无力等。在伤口处直接注射抗蛇毒血清通常是低效且不被推荐的，这样通常会延缓抗蛇毒血清的摄入，导致的全身毒性作用则更致命。

1

护理

对于响尾蛇咬伤的处理包括静脉输液以维持正常的组织灌注，使用镇痛药消除动物不适，以及使用抗蛇毒血清中和循环内毒素。用温水对咬伤部位采用水疗法（hydrotherapy）可以抚慰患病动物。抗生素的使用存在争议，但仍推荐采用，因为蛇咬伤为细菌繁殖提供了良好环境（皮肤表面及蛇口中的革兰氏阳性菌和革兰氏阴性菌通过咬伤注入水肿坏死的组织）。可以使用阿莫西林－克拉维酸［16.25 mg/kg（体重），PO，每 12 h 一次］或头孢氨苄［22 mg/kg（体重），PO，每 8 h 一次］。也可以考虑使用非甾体抗炎药［卡洛芬，2.2 mg/kg（体重），PO，每 12 h 一次］。密切监护动物，观察是否出现局部组织坏死及血小板减少以及包括 DIC 在内的凝血病（详见 DIC 的护理）。积极治疗凝血病以避免终末器官损伤。

珊瑚蛇毒液螫入

珊瑚蛇具有标志性色彩明亮的环绕身体的条纹，红色、黑色与黄色相间。珊瑚蛇种类包括东部珊瑚蛇、得克萨斯珊瑚蛇以及索诺兰珊瑚蛇。珊瑚蛇咬伤的临床症状可能包括：细微咬伤伤口、初期短暂疼痛、肌肉自主收缩、虚弱无力、难以吞咽、上行性下神经元麻痹、瞳孔缩小、延髓瘫痪、呼吸系统衰竭以及严重的溶血现象。临床症状可能在最初咬伤的 18 h 后才出现。

应急措施

如有可能，被珊瑚蛇咬伤之后，在临床症状明显之前应立即注射抗蛇毒血清。对出现瘫痪的动物使用机械通气，维持呼吸循环正常。为防止吸入性肺炎应置入气管插管，保持气道通畅。

护理

临床症状一旦出现就会迅速发展。对怀疑珊瑚蛇咬伤的病例，应立刻注射抗蛇毒血清作为主要的治疗手段。通过机械通气和静脉输入晶体液维持呼吸系统及心血管系统的功能。将动物安置在温暖、干燥、清洁的地方。每 4～6 h 为患病动物翻身一次，以避免肺扩张不全及褥疮等情况。使用尿导管和闭合的尿液收集系统以维持环境的洁净。进行人工辅助运动和深部肌肉按摩，避免四肢肌肉和功能的废用性萎缩。使用广谱抗生素［氨苄西林，22 mg/kg（体重），IV，每 6 h 一次，配合使用恩诺沙星，10 mg/kg（体重），IV，每 24 h 一次，若动物能进行自主吞咽，则改为口服药物］积极治疗吸入性肺炎，持续治疗 2 周直至肺炎的影像学症状消失。进行输液疗法、生理盐水喷雾疗法以及胸腔扣击理疗法。完全康复可能需要数周的时间。

1

扩展阅读

Brown DE, Meyer DJ, Wingfield WE, et al: Echinocytosis associated with rattlesnake envenomation in dogs, Vet Pathol 31:654-657, 1996.

Fitzgerald KT: Snakebite—coral snakes. In Mazzaferro EM, editor: Blackwell's five minute consult clinical companion small animal emergency and critical care, Ames, 2010, Wiley-Blackwell.

Fitzgerald KT: Snakebite—pit vipers. In Mazzaferro EM, editor: Blackwell's five minute consult clinical companion small animal emergency and critical care, Ames, 2010, Wiley-Blackwell.

Fogel JE: Pit viper envenomation in dogs, Stand Care Emerg Crit Care Med 6(8):1-5, 2004.

Hackett TB, Wingfield WE, Mazzaferro EM, et al: Clinical findings associated with prairie rattlesnake bites in dogs: 100 cases (1989-1998), J Am Vet Med Assoc 220(11):1675-1680, 2002.

Peterson ME: Snake envenomation. In Silverstein DC, Hopper K, editors: Small animal critical care medicine, St Louis, 2009, Elsevier.

黑寡妇蜘蛛咬伤

成年的黑寡妇蜘蛛具有如下特征：在黑色球状具有光泽的腹部下方通常有红色或橘黄色沙漏形标记。未成年的黑寡妇蜘蛛，在腹部的背侧面具有红色、棕色或浅褐色的图案。成年及未成年雌性黑寡妇蜘蛛均具有毒性。雄性黑寡妇蜘蛛因体型过小而不能刺透皮肤。黑寡妇蜘蛛在美国及加拿大境内广泛存在。黑寡妇蜘蛛的毒素有神经毒性，作用于突触前膜，释放大量的乙酰胆碱和去甲肾上腺素。其毒液的毒性与季节变化相关，毒性在春季最低，在秋季最高。对于犬来说，毒液导致感觉过敏、肌肉自主收缩以及低血压。典型症状为肌肉僵硬无压痛感。患病动物可能表现为急性腹痛。强直性肌阵挛惊厥也可能发生，但较为少见。对于猫来说，症状以瘫痪为主，同时有上行性下神经元麻痹，也可能出现流涎、呕吐及腹泻等症状。血清生化学检验通常显示肌酸激酶显著增高以及低钙血症。也可由严重的肌肉损伤引发肌红蛋白血症和肌红蛋白尿。

护理

对于犬猫来说，黑寡妇蜘蛛毒液的处理应该是积极的，尤其当已知咬伤存在的情况下。在许多病例中，应基于临床症状、生化学检查以及缺乏其他可能存在的病因而做出诊断。在最初使用苯海拉明治疗后，应使用抗蛇毒血清。若难以获得抗蛇毒血清，应给予含钙离子的液体如乳酸林格氏液和葡萄糖酸钙溶液，并密切监测患病动物的心电图。

褐蛛咬伤

也称褐皮花蛛、褐隐蛛和隐居褐蛛

这种不具有攻击性的小型褐色蜘蛛的典型外观为：头胸部有一小提琴状标记。褐蛛通常分布在美国南部，但有记载在最北部的密歇根州也有发现。褐蛛毒素具有潜在的皮肤坏死作用和孔洞性损伤。该损伤通常在周围支持组织的固定及中性粒细胞的汇入

下，发展成为无痛的溃疡。溃疡通常需要几个月时间才能愈合，留下病损瘢痕。全身性反应如溶血、发热、血小板减少症、虚弱以及关节疼痛较少见。患病动物可能出现猝死。

护理

褐蛛咬伤通常较难及时处理，在咬伤后 7 ~ 14 d，皮肤坏死的临床症状才出现，且没有特定的解毒剂。推荐使用氨苯砜 [1 mg/kg（体重），PO，每天三次，连用 10 d]。在咬伤早期，手术切除溃疡部位可能有利于愈合。在咬伤后 48 h 内使用糖皮质激素可能有一定帮助。溃疡一般取二期愈合。深层溃疡需要使用抗生素进行治疗。

扩展阅读

Fitzgerald KT: Spider bite—black widow. In Mazzaferro EM, editor: Blackwell's five minute consult clinical companion small animal emergency and critical care, Ames, 2010, Wiley–Blackwell.

Fitzgerald KT: Spider bite—brown spiders. In Mazzaferro EM, editor: Blackwell's five minute consult clinical companion small animal emergency and critical care, Ames, 2010, Wiley–Blackwell.

Forrester MB, Stanley SK: Black widow spider and brown recluse spider bites in Texas from 1998−2002, Vet Hum Toxicol 45(5):270-273, 2003.

Peterson ME: Spider bite. In Silverstein DC, Hopper K, editors: Small animal critical care medicine, St Louis, 2009, Elsevier.

Twedt DC, Cuddon PA, Horn TW: Black widow spider envenomation in a cat, J Vet Intern Med 13(6):63-616, 1999.

其他有毒生物

蟾蜍毒素

若动物舔舐蟾蜍科动物皮肤，则可能出现严重的心脏及神经毒性症状。中毒的严重程度主要与犬的体型大小有关。蟾蜍有毒物质的成分包括儿茶酚胺、血管活性物质（肾上腺素、去甲肾上腺素、5- 羟色胺、多巴胺）和蟾蜍毒素（蟾蜍精、蟾毒素和蟾蜍色胺）。其作用机制与强心苷类似。患病动物临床症状表现为流涎、虚弱、共济失调、伸肌强直、角弓反张、虚脱、癫痫。科罗拉多蟾蜍的毒素会使动物出现心律失常、共济失调和流涎等症状。

应急措施

在送往动物医院急救之前，应先使用大量流动水，冲洗动物口腔。若动物已经失去意识，出现抽搐症状，不能保持气道通畅时，严禁冲洗口腔。当动物被送至动物医院就诊后，立即置入静脉留置针，并监测动物的心电图及血压。为控制潜在的癫痫发作，可使用安定 [0.5 mg/kg（体重），IV] 或戊巴比妥 [5 ~ 15 mg/kg（体重），IV]。若发生室性心律失常，可使用艾司洛尔 [0.1 mg/kg（体重）] 进行控制。若艾司洛尔药效不显著，则给予长效 β - 受体颉颃剂，如心得安 [0.05 mg/kg（体重），IV]。室性心动过速也可通过给予利多卡因 [1 ~ 2 mg/kg（体重），继而每分钟给予 50 ~ 100 μg/kg（体重），IV，CRI] 进行治疗。

护理

主要治疗手段为支持疗法及治疗相关临床症状。监测酸碱及电解质平衡，静脉输注碳酸氢钠 [0.25 ~ 1 mEq/kg（体重），IV] 以治疗代谢性酸中毒。密切监控心电图、血压以及精神状况。控制癫痫及心律失常。

扩展阅读

Eubig PA: Bufo species intoxication: big toad, big problem, Vet Med 96(8):594‑599, 2001.

Roberts BF, Aronson MG, Moses BL, et al: Bufo marinus intoxication in dogs: 94 cases (1997‑1998), J Am Vet Med Assoc 216(12):1941‑1944, 2000.

蜥蜴咬伤

毒蜥科的吉拉毒蜥和墨西哥毒蜥是世界上仅有的有毒蜥蜴，分别生活于美国西南部及墨西哥。这两种蜥蜴的下颌两侧均具有毒液腺。因为此种有毒蜥蜴一般不喜动且不具有攻击性，所以咬伤并不常见。蜥蜴将毒液储存在牙齿凹槽中，持续咬住目标动物使其受到毒液攻击。大多数犬是上唇被咬伤，引发剧烈疼痛。

护理

对于蜥蜴咬伤，并没有公认的急救方法。可通过向蜥蜴口中插入撬动装置将蜥蜴驱除。蜥蜴的牙齿极为脆弱，容易断裂在伤口中。用利多卡因溶液冲洗伤口，并用针头探查伤口，可取出断裂的牙齿。咬伤可能引起大量出血。用生理盐水或乳酸林格氏液冲洗伤口，按压伤口直至出血停止。监护动物有无低血压情况。保持静脉通路并根据患病动物身体状况，进行静脉输液。由于蜥蜴口中存在细菌，建议使用抗生素治疗。由于没有特定解毒剂，治疗应以处理临床症状为主。

骨折与肌肉骨骼创伤

肌肉骨骼创伤急症通常是外伤的结果，较常见的是由汽车撞伤引起。钝性创伤造成多器官系统损伤普遍存在。因此，对于正在进行创伤治疗的动物来说，肌肉骨骼创伤的治疗显得相对次要。迅速进行身体基础检查，并实施任何所需的急救措施。遵循急救操作方案或急救操作 ABC 法（参阅急诊初次检查、处理及伤情分类）。

尽管创伤不是被首先考虑治疗的，但创伤的严重程度及修复创伤所需费用有时也会成为动物是否需要进一步治疗的决定性因素。其中较为重要的因素是考虑长期预后，即在创伤修复后动物是否能有较好的生活质量。

1

对于肌肉骨骼创伤的初步管理非常重要，可以尽可能减少外科手术后的并发症，最大限度地保证恢复效果。对于以下情况来说，初步管理尤其重要：开放性损伤、脊髓损伤、多发性骨折、关节开张、关节骨折、生长板骨折、伴行韧带或神经损伤（框 1–41）。

框 1–41　骨骼创伤的分类

组 I：危重型
需要在几小时内立即进行治疗
举例：压迫性颅骨骨折、脊椎骨折或者脱位或半脱位。开放性骨折或脱位

组 II：半危重型
在 2~5 d 内早期治疗
如果 2~5 d 内不能给予治疗，即发生包括延期愈合等一系列并发症
举例：关节骨折、生长板骨折（physeal fractures）、关节脱位或半脱位、股骨头骨骺滑脱

组 III：非危重型
延期（几天之内）治疗
举例：肩胛骨与骨盆骨折、青枝骨折、闭合性骨折

应急措施

在进行初步身体检查后应立即进行一次更深入的检查，包括骨科检查。从高处坠落（如高楼综合征）、被车撞伤、枪伤以及遭遇其他动物（如大型犬伤害小型犬），通常会引起多发性损伤。应首先处理最致命的损伤，缓解肌肉骨骼创伤，当动物情况稳定后，再进行修复治疗。

若动物存在多发性损伤的潜在病史，则应仔细检查动物脊椎，寻找损伤区域或小型穿刺伤。某些症状如肿胀、挫伤、动作异常、捻发音（由皮下气肿或骨折引起），会为发现潜在损伤提供线索。如果动物很警觉，应寻找触诊紧张或疼痛的区域。若动物意识不清或精神沉郁，则应等待其精神稍微恢复警觉后，再次进行检查。由于早期反应和痛感的消退，对于反应较迟钝的动物，在初期检查中可能会错过某些损伤。无意识或不能行动的动物，应在其稳定后通过 X 线片检查脊柱情况。谨慎地触诊颅骨，若有明显凹陷或捻发音，则可能存在颅骨骨折。损伤部位可以通过以下情况来判断：运动异常、由充血或水肿引起的肿胀、轻微移动或触诊时的疼痛、畸形、角度变形、骨骼关节运动的明显增幅或减幅。在所有情况下均应进行直肠检查，以确定是否存在骨盆骨折或错位。

一旦确诊骨折或脱臼，在骨折部位周边寻找皮肤撕裂或挫伤的痕迹。对于长毛品种犬，在骨折周围部位剃毛以便进行彻底检查。若发现任何伤口，此骨折均被认为属于开放性骨折，除非被证实属于其他情况。一些情况下开放性骨折创口十分明显，断裂的骨端突出皮肤。有些情况的骨折则是在皮肤上有非常小的创口，仅有少量的血液或在皮肤表面有针尖大小的创口。开放性骨折可观察到的特征包括骨头穿刺、脂肪滴

及骨髓成分随血液从创口流出，X 线片检查可见皮下气肿，骨骼存在裂伤。保护动物避免进一步损伤和创口污染。过度触诊如刻意引发捻发音，可引发患病动物的严重不适及受伤部位软组织和神经的损伤。使用镇静和镇痛药可缓解动物的不适感，有助于确定创伤位置，并与对侧肢相比照。动物被充分镇静，疼痛被控制后，可进行更高质量的 X 线片检查，以确定损伤的程度。

骨折的最初护理

使用镇痛药对动物进行镇定。阿片类药物可以很好地应对骨科疼痛，对心肺系统功能的抑制作用最低，必要时可用纳洛酮颉颃。轻柔地对骨折部位进行操作，以避免引起进一步的疼痛及软组织挫伤。草率的处理方式可导致闭合性骨折穿透皮肤，转变为开放性骨折。及时对开放性骨折的创口进行覆盖，避免对创口造成污染。给予第一代头孢菌素 [头孢氨苄，22 mg/kg（体重），PO，每 8 h 一次；或头孢唑林，22 mg/kg（体重），IV，每 8 h 一次]。绷带用于包扎周围组织结构，防止骨骼干燥以及控制出血。保留最初处理时的包扎固定，直到确认动物心肺系统情况稳定后，方可转移至更清洁甚至无菌的环境中进行进一步的治疗。

在治疗前后，检查肢端神经和心血管系统状况。通过以下方法确认肢端血液循环状况：检查肢端颜色及温度、远端脉搏情况、血液从切开的甲床中流出的程度。对出血性休克导致的严重心血管衰竭和低血压情况，肢端的上述指标可能具有不确定性，须等心血管状态及血压等正常后才能进行检查。对骨折处的修复和异常情况的矫正，有助于肢端血流恢复正常。进行神经功能检查时，需要检查肢端的感受器和效应器功能。肿胀可能对骨膜筋室的神经造成压迫，导致四肢感受器、效应器或运动功能的下降，或神经功能失调。肿胀消退后消失的功能即可恢复正常。对患病动物进行的一系列临床检查，以及动物机体对急救稳定疗法的反应，可能提示潜在的可疑病因，如膈疝、肠穿孔、肝脏或脾脏破裂以及腹腔积尿。

为防止进一步损伤，在整复骨折后，对其上下区域进行固定。对于四肢末端骨折，使用夹板和绷带进行外固定可以起到很好的作用。对于肱骨和股骨的损伤，如果不使用"人"字形绷带或联合夹板，可能无法很好地进行固定。对肱骨和股骨的不恰当固定可能影响运动的支撑着力点，导致软组织挫伤和神经性损伤加剧。

脊柱的深度错位及脱臼，可能导致脊髓压迫或断裂，此种损伤具有不可恢复性。对于怀疑存在脊柱损伤的任何患病动物，应立即将其安置在平坦表面上，防止运动造成进一步损伤，直到通过两个投射方向（侧位片和腹背位）的 X 线片检查确定脊柱无碍。

开放性肌肉骨骼损伤

肌肉骨骼损伤较常见，包括对骨骼、关节、肌腱以及周围肌肉组织的创伤（框 1-42）。这些创伤的主要问题是，由于存在感染风险，使得软组织损伤造成的创口难以闭合或不可能闭合。创伤的深层感染可能导致愈合的延迟和死骨的产生，尤其是在创口内含有无血管的成骨或软骨碎片的情况下。

在开放性骨折的最初处理中，应在避免将任何暴露的骨组织推至软组织内的情况下，对受损区域进行清理。不应探查或浸泡创口，避免动物医院环境中的细菌或其他病原体进入创口引发严重感染。因为存在感染风险，对于创口的探查冲洗以及组织复位都应在动物处于生理性稳定的情况下接受外科清创术之后进行。应立即实施抗生素疗法，使用第一代头孢菌素，维持骨折处足够高的抗生素浓度。持续使用抗生素 2~3 d 以控制严重感染的发生。

框 1-42　根据软组织损伤的程度对开放性创伤的分类

Ⅰ型损伤
软组织轻微损伤或失去活力
伴发骨折时，创口由骨折断端由内而外穿透皮肤造成，或者由于穿透力较低的枪伤造成
简单或粉碎性骨折模式
对于两个骨折断端容易进行固定
易于进行治疗，且预后良好，如果能在 6~8 h 处理并闭合创口，则其愈合过程与闭合性创伤类似

Ⅱ型损伤
中度的软组织挫伤和坏死
当发生骨折时，创口方向由外向内
严重深部创伤，大量软组织剥离于骨骼对肌肉造成的损伤
简单或粉碎性骨折模式
如创口在 6 h 内能够得到处理，骨折得到适当的外固定，则预后良好

Ⅲ型损伤
主要由外力所致
皮肤、皮下组织、肌肉、神经、骨骼、腱膜和动脉严重损伤和坏死
软组织损伤主要由于咬伤或低速汽车造成的压碎性损伤和撕裂性损伤等造成
需要立即处理并进行外固定
愈合时间较长
预后谨慎

治疗

开放性骨折的治疗方法包括三个方面：初步检查及伤口清创、固定及整复、创口的包扎。

初步检查及伤口清创应遵循以下步骤：

1. 在动物心血管状态稳定并可接受麻醉后，对其进行全身麻醉并去除临时夹板。
2. 覆盖创口，周边剃毛。
3. 去除创口覆盖物，用无菌凝胶涂布伤口，剃除创缘被毛，清理创缘。
4. 清洗剪下的毛发及覆盖的凝胶。

5. 对周围皮肤进行消毒。

6. 若创口较小，如枪伤或咬伤，用无菌止血钳探查创口。若损伤形成孔洞则进行全面清创。若损伤不深，做一引流口。

7. 用生理性溶液对创口进行冲洗（推荐使用乳酸林格氏液）。

8. 对创口由外而内全面清创。切除损坏的皮肤区域和深层组织，以暴露被覆盖的孔洞和组织损伤。

9. 持续使用温生理性溶液（推荐使用乳酸林格氏液）进行冲洗。冲洗强度应达到足以将碎片冲洗至创口区域外。为达到此种强度可将 20 G 针头连接到 35 mL 注射器上使用。去除任何可见的残留碎片。

10. 避免移动任何与软组织紧密相连的骨碎片。避免切开健康组织寻找子弹或骨骼碎片，除非子弹可能引起关节或神经组织损伤。

11. 若损伤为 I 型且较新（在最初损伤后的 8 h 内），可对肌腱和神经进行基础修复。若损伤严重且存在明显感染，标记神经和肌腱，便于之后进行修复。

在动物心血管和呼吸系统的功能恢复至可接受全身麻醉的水平后，最好立即进行损伤的修复和固定。若由于宠物医生缺乏经验或无相应设备进行手术时，最好先处理创口并使用临时夹板，等待实施进一步修复。

创口的包扎详见包扎技术。

关节软骨损伤

关节的结构性损伤也较常见，通常包括韧带及关节软骨的损伤。软骨并不能很好的恢复，因此，影响关节软骨的损伤可能导致明显的功能减退以及退行性疾病（如骨关节炎）。浅层的软骨损伤会引起短暂的酶及代谢反应，但不足以刺激细胞对缺损组织进行修复。浅层损伤可能保持缺损状态，但不会发展为软骨软化或骨关节炎。深层软骨裂伤可能刺激软骨下方细胞产生旺盛的恢复能力。在许多病例中，这种结构经受退行性变化并转化为骨关节炎。对软骨表面的冲击伤可能导致软骨软化以及潜在的骨损伤。这些损伤可以迅速转化为骨关节炎，但是可以全部或部分恢复。

韧带损伤

I 级韧带损伤通常需要利用接合夹板进行短期治疗，这样的损伤通常预后良好。II 级韧带损伤需要使用固定支架配合接合夹板，以促进愈合并保持良好功能。III 级韧带损伤的治疗通常较难，需要采用固定支架或进行手术治疗。经常弯曲而不能固定的关节（如肘关节和膝关节）可能由于韧带损伤而后期出现并发症。关节韧带损伤，尤其是肘关节、膝关节和跗关节的附属韧带损伤以及腕关节过度伸展造成的损伤通常容易被忽略，这些情况需要进行手术固定，如关节固定术（框 1-43）。

1

框 1-43　韧带损伤的分类
Ⅰ级损伤：韧带的撕裂部分轻微拉伸。保留有结构和功能的完整性 Ⅱ级损伤：部分撕裂部位拉伸，韧带变长，但仍保持其完整性 Ⅲ级损伤：韧带完全断裂

幼年动物骨折

幼年动物骨折通常与成年动物骨折不同，这是因为幼年犬猫具有很强的骨骼修复能力。修复能力取决于患病动物的年龄以及骨折的部位。幼年犬猫年龄越小或损伤距离骨骺或生长板越近，机体修复的可能性就越大，并可能出现肢端变形。肢干较长的动物通常比肢干较短的动物修复能力更强。幼年动物骨生长板骨折，通常可能导致肢端变形、关节错位或不协调以及骨关节炎。这种损伤通常发生于尺骨远端、桡骨近端及远端的生长板。

坠楼综合征

猫的坠楼综合征通常是猫从超过 10 m 的高处跌落所致。此种情况通常发生在都市高层住宅楼中，猫在窗台边缘躺卧而后突然跌落。常见损伤有胸部损伤（肋骨和胸骨骨折、气胸和肺挫伤）、面部和口腔损伤（唇撕脱、下颌骨联合部骨折、硬腭骨折和上颌骨骨折）、四肢骨和脊椎骨的骨折和脱臼、桡骨和尺骨骨折、腹部损伤、尿道创伤、膈疝等。这些损伤多为复合出现，而不是身体某部位的单一损伤。

处理从高楼跌落的猫时，应遵循急救操作程序，并立即针对休克进行治疗。在稳定心血管及呼吸系统后，通过 X 线片对胸部和腹部包括脊柱进行检查评估，检查膀胱确定动物能够正常排尿。检查是否存在硬腭、上颌骨和下颌骨折。触诊骨盆和四肢骨，检查是否存在骨折或韧带损伤。最后进行神经学检查。从楼房五层以下跌落的猫通常比从五层以上跌落的猫预后更加谨慎。

扩展阅读

Aron DN: Emergency management of the musculoskeletal trauma patient. In Emergency medicine and critical care in practice, Trenton, NJ, 1992, Veterinary Learning Systems.

Vnuk D, Pirkic B, Maticic D, et al: Feline high-rise syndrome: 119 cases (1998-2001), J Feline Med Surg 6(5):301-312, 2004.

消化道急症
口腔

通常动物主人能够观察到动物在玩耍时（如丢棍子或追球期间）食入了异物。通常发现猫在玩线团的时候，舌根部被缠绕。在更多的时候异物的摄入并没有被观察到，因此诊断通常需要基于临床症状以及临床检查。

　　口腔异物通常引起刺激和不适，包括呼吸困难和吞咽困难。经常可以发现动物抓挠嘴部想要去除口腔顶部嵌入的异物。口腔刺激、无法闭口、咽喉堵塞可能导致动物大量流涎。若存在软组织挫伤，涎液内可能带有血丝（图 1-46 和图 1-47）。

图 1-46　过度流涎、恶心或吞咽提示咽喉或食管内异物

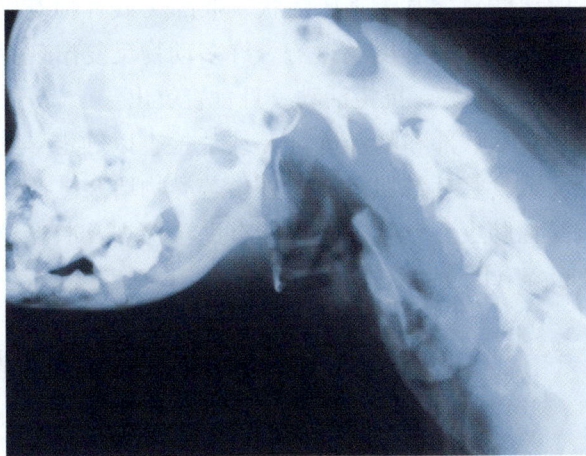

图 1-47　X 线片提示咽内有鸡骨头

　　声门处的异物可能由于气道堵塞和血氧不足而发绀。在某些情况下异物可能进入喉部但因过大而无法取出。若异物长时间留存于口腔内超过几天时，动物可出现口臭和脓性分泌物。

　　许多动物前来就诊时表现为焦躁不安，需要一定程度的镇静或轻度麻醉以去除异物。在取出异物的过程中，动物也可能出现对工作人员或动物主人攻击的倾向。丙泊酚［4～7 mg/kg（体重），IV］配合安定［0.5～1 mg/kg（体重），IV］可以对动物进行有

1

效的轻度麻醉。对气道内堵塞异物的动物进行麻醉时应格外小心，避免进一步导致呼吸循环功能衰竭而加剧血氧不足。

在麻醉前确保准备好一切需要的手术器械。确认准备好硬毛巾夹、纱布钳和骨钳。有时唾液会使异物黏滑，导致使用止血钳和组织钳取出异物时发生滑动，不便取出。

在麻醉前置入静脉留置针保持静脉通路。准备好紧急气管切开术所需的各种工具，如果通过常规方法无法取出异物，应进行紧急气道造口术。在轻度麻醉下，使用纱布钳或者毛巾夹，夹持异物并取出。在此过程中密切监控心血管状态。若异物无法取出，或出现严重的呼吸困难，包括发绀、心动过缓、室性心律失常等，立即在堵塞处远端进行气管造口术。

取出异物后，对麻醉动物持续输氧直至苏醒。若出现喉部水肿和呼吸喘鸣的情况，使用地塞米松磷酸钠盐［0.25 mg/kg（体重），IV，IM，SQ］抑制炎症。因为气道阻塞可能继发非心源性肺水肿，所以应对动物进行 24 h 的密切监护。

食管异物

食管异物通常属于严重急症。如果动物主人能观察到动物吞入异物并注意到动物迅速出现的临床症状，那对于治疗是非常有帮助的。然而，很多情况下这一过程并没有被发现，因此病情的诊断只能基于临床症状、喉部 X 线片检查以及钡餐造影。常见临床症状有进食后大量流涎、吞咽以及返流。许多动物反复出现吞咽动作。某些动物在吞入异物后，表现出木马姿势，抗拒活动，且食管突出。

完成初步检查后，对咽喉部和胸部进行 X 线片检查以确定异物的位置。异物通常堵塞于心脏基部，隆突或食管括约肌下开口处。若异物堵塞已持续几天，食管穿孔可能继发胸膜渗出及胸膜性肺炎。食管内镜可能有助于检查及取出异物，然而这是介入性的方法，需要全身麻醉（图 1-48）。

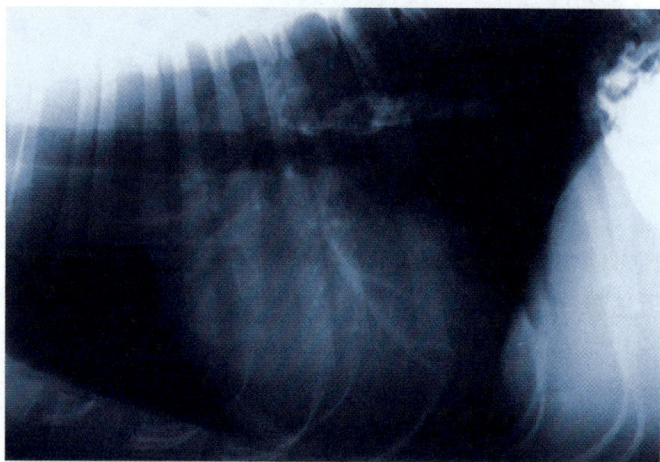

图 1-48　食管内的异物。通常位于心基部和胸腔入口处

在动物全身麻醉状态下，配合使用内镜取出食管内异物。因异物病灶处可能出现穿孔或坏死，在取出异物前后，应检查食管完整性。食管黏膜层和浆膜下层的坏死可能导致食管狭窄或穿孔。

如有可能，使用柔软纤维材质的内镜，取出异物。硬质内镜也可造成食管穿孔。在某些病例中，光滑异物不容易被取出时，可将其推至胃中进行消化，或通过胃切开术取出。如果异物在食管中卡得比较牢固，无法取出也无法推至胃中，或异物已经造成食管穿孔，则不利于避免食管狭窄和恢复功能的预后。对于这种情况建议进行食管切开术或部分食管切除术。

取出异物后仔细检查食管，然后给予保护胃肠道的药物 [法莫替丁，0.5 mg/kg（体重），PO，每天两次；或硫糖铝，每只犬 0.5~1.0 g，PO，每天三次]，至少使用 5~7 d。为保护食管，动物应禁食 24~48 h。为减轻对食管的刺激和侵蚀，可置入食管插管直至食管修复。每 7 d 进行一次食管内镜检查，查看恢复情况及是否发生食管狭窄。

胃部

动物在进食后立即或经短暂间隔后出现持续性呕吐，这种情况可能与胃部异物有关。有些时候动物主人能够确定动物食入了异物。在另一些情况中，持续呕吐对保守治疗（禁食、止吐药和胃保护剂）没有反应时，提示需要进一步检查，如腹部 X 线片和血液学检查。胃内容物和胃酸的反呕可能导致低氯性代谢性酸中毒。X 线片上可能见到异物的非透射性影像。对于可吸收 X 线的布料类异物，需要使用钡餐造影来确定异物的大小、形状和位置（图 1-49）。

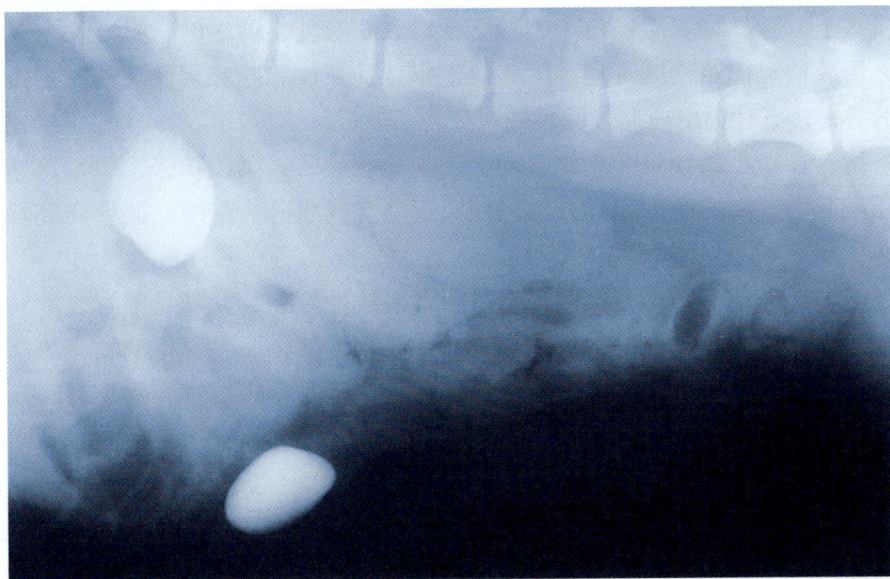

图 1-49　腹部侧位 X 线片，在小肠腔内可见两块由岩石组成的不透 X 线的高密度影像

治疗可使用柔韧的内镜或简单的胃切开术取出异物。大多数不复杂的胃内异物病例，动物都能很好地恢复健康。但要注意在麻醉和手术前，应纠正任何存在的代谢或电解质异常。

小肠梗阻

小肠梗阻可能由异物、肿瘤、肠套叠、肠扭转或由疝引起的肠绞窄所致。尽管病因不同，但小肠梗阻的临床症状主要取决于梗阻的位置和严重程度，以及是否存在肠穿孔。小肠前段梗阻的临床症状，相对于空肠或回肠的部分或完全梗阻来说，其临床症状发展更快速也更严重。完全梗阻比部分梗阻更严重，前者不允许任何液体或食糜通过，后者在正常情况下间歇出现临床症状（表 1-36）。

表 1-36　部分肠梗阻临床表现						
位置	发作时间	呕吐程度	频率	呕吐量	排便	腹部紧张感
小肠前段	迅速	迅速	频繁	大量	无	无
小肠后段	稍迟于前段	稍迟于前段	一般	小量	腹泻	有
大肠	亚急性或慢性	缓慢	偶尔	缺乏	经常伴有腹泻	有

最常见小肠完全梗阻的临床症状为厌食、呕吐、嗜睡、精神沉郁、脱水、时有腹痛。早期症状可能仅限于厌食和精神沉郁，使诊断存在一定的困难，除非动物主人怀疑动物摄入了某种异物。阻塞位于胆总管开口和胰腺乳突前端时，呕吐物为胃内容物即盐酸，形成低氯代谢性碱毒症。阻塞位于胆总管开口和胰腺乳突后端时，导致其他电解质的丢失，有时会出现混合性酸碱紊乱。

最终所有存在小肠梗阻的动物，均会出现呕吐症状，肠段扩张、失水，导致脱水和电解质紊乱。升高的腔内压导致淋巴回流下降和肠水肿。最终，肠壁局部缺血，可能出现穿孔。

对任何出现呕吐的动物，都应怀疑是否食入线性异物，尤其是猫。线性异物通常缠于舌根部，可在口腔检查中被发现。为检查动物舌部，一手握持动物头部，另一手食指拉开下颌，同时拇指将舌向上推起。可在舌根腹侧发现线性异物。有时，线性异物附着位置较深，不对动物进行深度镇静和麻醉的情况下不易观察到。

线性异物最终会导致肠道梗阻和系膜处穿孔。异物（线、线状物、衣服、连裤袜）附着于基底部，随着肠道蠕动推向尾端的时候，使肠道出现皱褶（图 1-50）。持续推送最终导致异物的锯状运动和系膜边缘肠道穿孔。一旦发生穿孔，若不能立即介入进行积极治疗，则预后不良。

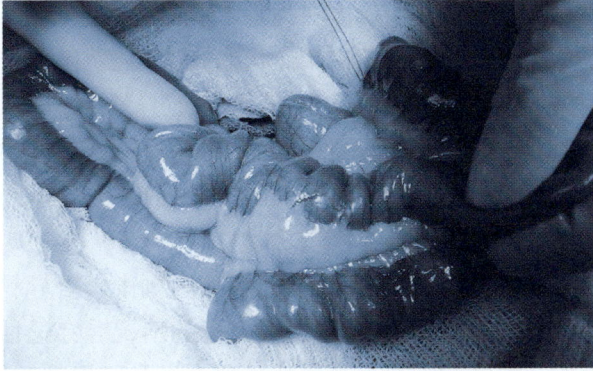

图 1-50　线性异物对空肠产生的褶皱

重新评估对保守治疗无明显反应的病例，进行血常规和血清生化检查（包括电解质），进行腹部 X 线片检查。

临床检查中可触诊到小肠有肿胀的团块，伴随动物出现不适和疼痛反应。X 线片和超声检查是最有效的诊断手段。若异物具有 X 线片影像差异性，或者肠腔扩张或出现褶皱，通过平片即可做出诊断。根据经验，小肠环直径不应超过肋骨的 2 倍。根据肠腔出现扩张，即可对小肠梗阻做出诊断。一般通过肠径和肋骨的宽度进行比较；若存在轻度扩张，肠径可能达到肋骨宽度的 3~4 倍；若过度扩张，肠径可达到肋骨宽度的 5~6 倍（图 1-51）。在线性异物病例中，肠道皱褶处有遁形区域存在气体聚积，肠道相互堆叠。钝楔形区域或方形区域气体聚集在扩张的肠道中是肠道异物的典型征象。当无法进行超声检查时，使用造影对疑似动物进行确诊。造影剂可描绘出异物的形状，或在肠道堵塞处突然停留。

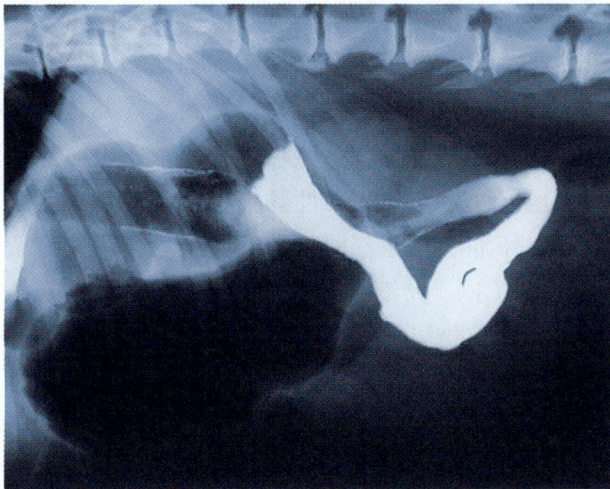

图 1-51　60 min 后，钡餐造影剂停止移动，到达一个遁形的肠腔内异物处。注意钡餐造影剂在异物处呈楔形或方形

对于任何类型的小肠异物，其治疗方法为手术取出。线性异物有时能被排出，但对于出现食欲不振、呕吐、嗜睡和脱水等临床症状的病例，必须进行治疗。手术时机非常重要，肠穿孔的风险随时间推移逐渐增加。手术前，通过静脉液体疗法纠正酸碱及电解质紊乱。使用广谱抗生素。当酸碱和电解质平衡后，立即进行肠切开术或小肠部分切除术。

大肠异物

大肠异物的动物通常不表现临床症状。大多数病例中，若异物成功通过小肠，则一般也会顺利通过大肠，除非出现肠穿孔和腹膜炎的情况。穿透性异物如针头通常能导致局部或多处腹膜炎、腹痛和发热。若异物导致直肠黏膜损伤，可出现便血。

有症状的患病动物应该接受腹部X线片检查。若X线片显示存在较大的异物或出现穿孔，则应进行结肠镜或开腹探查术。多数病例中，异物会顺利排出。手术通常用于治疗穿孔、腹膜炎或出现脓肿的情况。

直肠和肛门异物

直肠和肛门异物通常是由动物食入骨头、木质碎片、针头、线状物或其他物品由肛门插入引起。通常，异物通过整个消化道，最终卡在肛门处。临床症状包括便血、排便困难和排便姿势异常。临床诊断一般通过视诊肛门内容物，或在深度镇静或短时全身麻醉下进行直肠检查。X线片有助于发现造成贯穿或固定于直肠周围的针头异物。治疗手段包括直接或手术取出针头。

急性肠套叠

急性肠套叠是一段肠道内陷进入另一段肠道的急性病症。近端肠段通常陷入末端肠段。肠套叠通常发生于1岁以内的幼年犬猫，但也可发作于任何年龄的出现肠道运动增强、肠道寄生虫、严重的细菌性和病毒性肠炎的动物。肠套叠多数存在于小肠空肠段、回肠段以及回肠结肠连接处。

临床症状包括呕吐、腹部不适、出血性腹泻。通常，出血性腹泻是首先出现的症状。出血性腹泻在幼犬也可能由细小病毒性肠炎引发，而后继发肠套叠。一般地，部分肠梗阻仅出现轻微的临床症状。随着梗阻的发展，更多临床症状表现出来。鉴别诊断包括：出血性胃肠炎（HGE）、犬细小病毒性肠炎、肠道寄生虫、小肠异物、细菌性肠炎以及其他引发呕吐和腹泻的病因。

肠套叠触诊时可发现腹部有一香肠状、管型结构，并伴有腹痛。X线片可发现肠道分段，或出现广泛肠段扩张，这取决于症状的持续时间。超声检查触诊管状部位可见类似洋葱的层次，伴有高回声小肠壁以及低回声水肿层。

治疗手段包括通过静脉液体疗法纠正患病动物的酸碱及电解质平衡，手术复位或切除肠套叠肠段并重新吻合修复。有建议采用肠固定术（enteroplication），但存在后期引起肠梗阻的风险。必须找到肠道炎症和运动增强的根本原因并进行治疗。

胃扩张－扭转综合征（GDV）

对于犬，胃扩张可伴有或不伴有胃扭转发生。GDV 通常主要多发于大型/巨型、深胸犬品种，如大丹犬、拉布拉多猎犬、圣伯纳犬、德国牧羊犬、哥顿塞特犬、爱尔兰长毛猎犬、标准贵宾犬、伯尔尼兹山地犬和巴吉度猎犬。随着年龄的增长，GDV 的发作风险也增加，但 4 月龄的幼犬也可能发生。窄胸品种犬相较于宽胸品种犬，GDV 的发生率更高。手术治疗的死亡率为 10%~18%，多数死亡发生于需要脾切除术和部分胃切除术的病例。

GDV 的临床症状包括腹部膨胀、干呕、嗜睡、无力、排便困难以及虚脱。动物主人可能认为动物的干呕属于呕吐，因为干呕中出现无法吞咽的白色泡沫状物（唾液）。某些病例出现症状前，曾摄入大量的食物或水。对潜在 GDV 或出现 GDV 临床症状的病例，告知动物主人后立即将动物转移至最近的动物医院进行急救。

临床检查通常显示腹部膨胀，存在一个听诊臌气的区域。对于深胸犬来说，若胃部卷起至肋骨下，可能较难发现腹部的扩张。随着休克等级的不同，动物可能出现窦性心动过速伴有洪脉，心律失常伴随脉搏缺失，或心动过缓。黏膜潮红或者苍白，伴有毛细血管再充盈时间延长。动物可能出现焦虑并试图呕吐，但无任何吐出物。若动物就诊时不能自主行走，通常预后不良。

GDV 的确诊基于临床症状、临床检查结果以及 X 线片中发现动物胃底存在积气扩张、幽门十二指肠前背侧移位（图 1-52）。对于不存在肠扭转的胃扩张病例，胃部有积气扩张，X 线片显示胃部解剖结构正常。对于食物引起的胃扩张，在扩张胃部可见大量摄入的食物（图 1-53）。

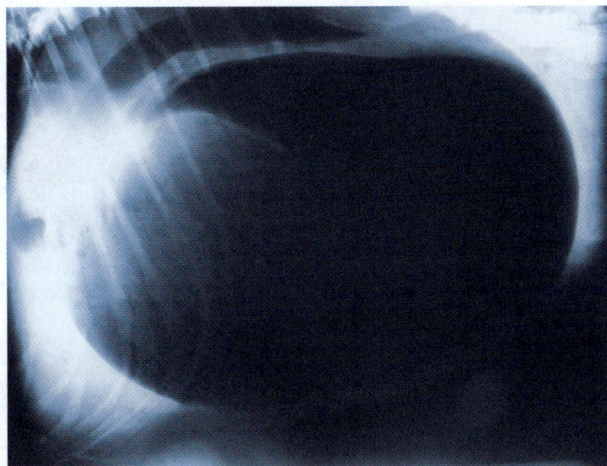

图 1-52　胃扩张－扭转综合征（GDV）病例，特征性表现为幽门和十二指肠近端发生前背侧移位，胃底部存在气体膨胀。怀疑发生 GDV 时，进右侧位 X 线片检查

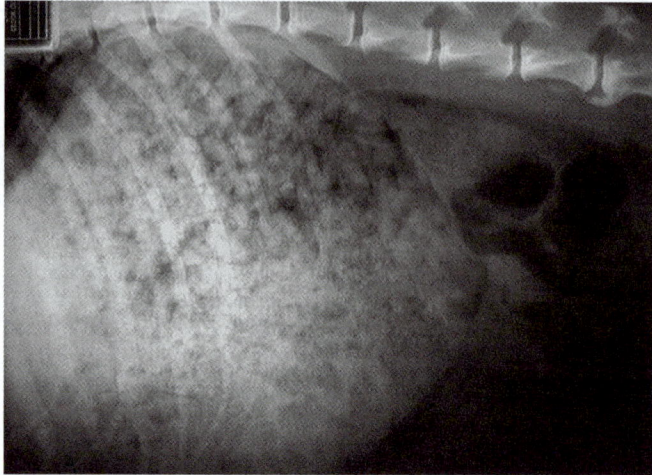

图 1-53　"食物膨胀"的病例,因过量进食引起严重胃扩张。在极少数情况下,这可能导致胃灌注减少、胃壁坏死,即使没有扭转也会穿孔

　　当 GDV 疑似动物送诊时,在头静脉置入大口径静脉留置针,并监测动物心电图、血压、心率、毛细血管再充盈时间以及呼吸系统功能。采集血液样本进行血常规检查、血清生化检查、快速血糖乳糖测定、凝血功能测试,之后进行 X 线片检查。迅速输入胶体液［羟乙基淀粉,5 mL/kg(体重),IV］和休克剂量的晶体液［可达 90 mL/kg(体重),参阅休克章节］。检测灌注参数(心率、血压、毛细血管再充盈时间、心电图),并根据动物的情况调节液体量。并不推荐使用短效糖皮质激素。无研究表明,与未使用糖皮质激素的 GDV 病例相比,使用糖皮质激素有显著作用。

　　尝试进行胃内减压,可采用胃管插入或经腹壁插管放气。插入胃管时,将管道末端插入患病动物最后肋骨处(图 1-54),使其位于动物胸部,并在动物嘴部用胶带缠绕

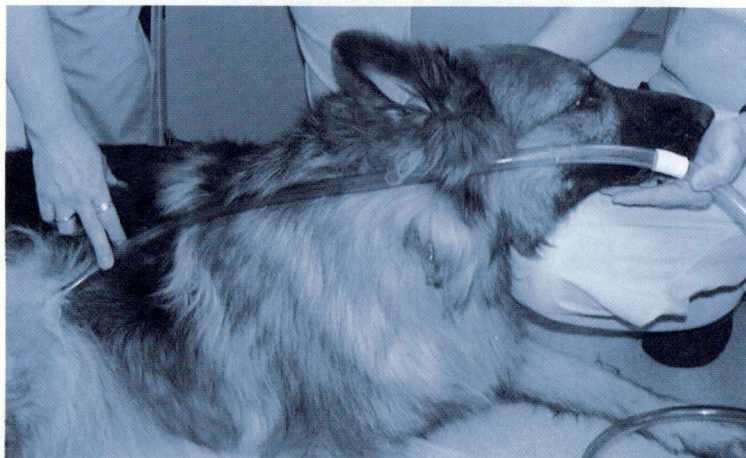

图 1-54　从患病动物的口腔到最后肋骨测量胃管的长度,并给胃管做标记,防止插入过深

胃管，使用 3 cm（约 2 in）胶带在犬齿后固定，而后用胶带缠绕动物口部。用润滑剂对胃管进行润滑，并小心将胃管穿过胶带的中心插入动物胃中。胃管的顺利置入并不能排除存在胃扭转的可能性。

某些病例中，需要将动物前肢抬高，尾部放低（前肢立于桌上，后肢立于地面），以便重力使胃部下降，便于胃管通过。当胃管顺利进入后，胃内气体即可排出，随后可以进行洗胃。若胃管中出现胃黏膜或有血液流出时，预后应谨慎。

若不能成功置入胃管，对右侧腹部进行剃毛消毒，然后插入 16 G 套管针，叩诊动物腹部，进行听诊，找到臌气最严重的部位，进行穿刺放气。

一旦开始进行静脉输液，为动物拍摄右侧位 X 线片检查 GDV。若不存在胃扭转的情况，动物主人可以选择保守治疗。动物需在医院内进行 24 h 监护。因某些 GDV 病例表现为间歇性胃扭转，所以动物主人需要注意，胃扭转虽然在当时并未出现，但可能发生于任何时候。若 X 线片显示胃内有大量食物，则进行催吐［阿扑吗啡，0.04 mg/kg（体重），IV］，或在动物全身麻醉状态下进行洗胃。GDV 属于外科急症。

患病动物确诊为 GDV 后，持续静脉输液。血清乳酸值高于 6.0 mmol/L 时，显示存在胃坏死，需要进行胃部分切除术，动物死亡率也随之上升。若及时进行液体疗法和手术治疗后，血清乳酸值不能降至 4 mmol/L 或最初水平的 42.5%，预后更加严重。若动物血小板减少或凝血时间延长，进行血浆输入［20 mL/kg（体重）］。心律失常尤其是室性心律失常常见于 GDV 病例，认为是出现胃扭转和再灌注时，继发局部缺血和促炎症细胞因子的释放所致。根据经验，利多卡因［1~2 mg/kg（体重），之后每分钟 50 μg/kg（体重），IV，CRI］可以用于预防性治疗伴发于局部缺血 – 再灌注的心律失常，或当出现室性心律失常时开始给药。纠正电解质异常，包括低钾血症和低镁血症。非甾体抗炎药（氟胺烟酸葡胺、卡洛芬、酮洛芬）可能减少肾脏灌流并引起胃溃疡，因此严禁使用。在诱导麻醉前，给予镇痛药［芬太尼，2 μg/kg（体重），大剂量 IV，此后每小时 3~20 μg/kg（体重），IV，CRI；或氢吗啡酮，0.1 mg/kg（体重），IV］。当动物麻醉后，立即对其进行胃矫正术和胃固定术。

术后，监测动物心电图、血压、血小板计数、凝血功能、胃功能（参阅二十条原则）。若不需要进行切除术，动物可在术后 12 h 少量进水。根据患病动物的身体状况，术后 12~24 h 可以进食少量清淡食物。继续给予镇痛药和输注晶体液，直至动物能够承受口服镇痛药［曲马多，1~3 mg/kg（体重），PO，每 8~12 h 一次］。当动物不再卧床，可以自行饮食后，即可出院。医嘱第 1 周动物应少食多餐。

小肠扭结 / 肠扭转

当小肠围绕肠系膜基部进行扭转，即可引发小肠扭转或肠系膜扭转。此种病症多见于大型犬品种，尤其多发于德国牧羊犬。潜在病因包括胰腺萎缩、胃肠道疾病、创伤以及脾切除术。

1

肠系膜扭转的临床症状包括呕吐、出血性腹泻、肠道扩张。可能出现的急性症状有休克、腹痛、黏膜充血（败血症）和突然死亡。

诊断基于易发品种出现临床症状以及疑似诊断。X 线片通常可见栅栏状气体环围绕扩张肠道。某些犬可见腹部存在数个类似于某点发出的水滴形气体环。通常可观察到小肠整体出现显著扩张。气腹的出现或腹腔积液导致腹部细节的缺失，是肠道穿孔和腹膜炎的典型症状（图 1-55）。

对于肠系膜扭转的患病动物，尽快进行积极治疗是挽救动物生命的有效措施。治疗手段包括大量静脉输入晶体液和胶体液（详见体液疗法章节）、使用广谱抗生素［氨苄西林，22 mg/kg（体重），IV，每天三至四次；配合恩诺沙星，10 mg/kg（体重），IV，每天一次］，以及手术修复肠道。由于大量促炎性细胞因子的释放、细菌的迁移、局部缺血等因素的存在，对于休克的治疗十分必要（参阅二十条原则和休克章节）。肠系膜扭转的动物预后不良。

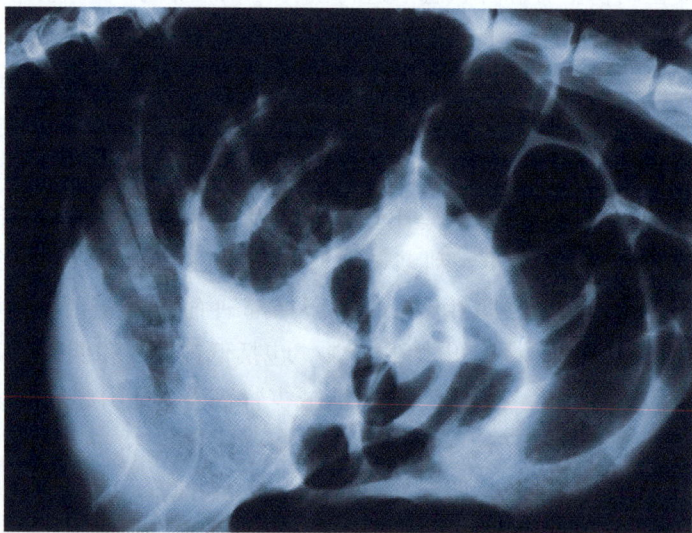

图 1-55　肠系膜扭转后严重的小肠大面积胀气。这种情况需要立即手术，且通常预后不良。本病易发于年轻的德国牧羊犬中，但其他品种也可见

大肠梗阻
顽固便秘

顽固便秘常见于老年猫。在较为简单的病例中，通常对动物进行静脉输液和使用粪便软化剂即可使肠道恢复动力。顽固便秘通常由动力性肠梗阻引起，并可能转化为巨结肠症。患病动物通常表现厌食、嗜睡和极度脱水。治疗手段包括静脉输入晶体液、纠正电解质异常、灌肠、使用促胃肠动力药物如西沙比利［0.5 mg/kg（体重），PO，每8~24 h 一次］。对猫使用磷酸盐灌肠剂是绝对禁止的，因其可能导致急性致命性高磷酸

盐血症。多数病例中，患病动物需要全身麻醉，此后进行人工排便，使用温肥皂水进行灌肠，佩戴手套对直肠进行清空。也可使用粪便软化剂如乳果糖或多库酯钠软化剂。应排除便秘的诱发因素，如骨盆狭窄、会阴疝、肿瘤等。

胃肠道肿瘤
腺癌
腺癌是最常见的胃肠道肿瘤，可能引起胃肠道部分或完全梗阻。腺癌通常为环形压缩状，可能导致小肠或大肠腔内渐进性梗阻。暹罗猫多发小肠腺癌，犬类多发大肠腺癌。

腺癌的临床症状分急性和慢性，包括厌食、体重减少、持续呕吐数周至数月。若肿瘤转移至腹膜腔表面，则可能出现渗出。

诊断基于临床症状，以及临床检查触诊腹部存在肿块，X 线片检查可见腹部团块、小肠 / 大肠梗阻，超声检查存在小肠肿物征象。

治疗手段包括手术切除受损肠段。若肿瘤完全被切除，且并无恶病质或其他转移的临床症状发生，则长期（10~12 个月）预后良好。若症状转移至淋巴结、肝脏或腹膜，则患病动物平均存活时间为 15~30 周。犬的预后需谨慎。

平滑肌瘤 / 平滑肌肉瘤
平滑肌瘤 / 平滑肌肉瘤是可能导致肠道部分或完全梗阻的肿瘤。临床症状涉及进行性贫血，包括虚弱、嗜睡、食欲不振、黑便等。低血糖症可能作为副肿瘤综合征或败血症和穿孔性腹膜炎的继发症。平滑肌瘤多见于结肠盲肠结合处或盲肠中。手术切除是有效的治疗方法，通常预后良好。

绞窄性疝
肠管嵌顿进入先天性或后天性缺陷的体壁可以造成小肠阻塞，妊娠母畜和患有先天性疝气的幼年动物的危险性最大。老年动物可能出现会阴疝，任何年龄的动物也可能因外伤出现疝气。本病的临床症状和小肠梗阻一致：厌食、呕吐、嗜睡、腹部疼痛以及虚弱无力。一般根据临床检查中体壁嵌入物的还原性与否进行确诊。嵌入物可以还原的疝气一般不表现临床症状。治疗方法包括支持疗法和体液疗法、应用广谱抗生素以及体壁疝气修复手术。在有的病例中，如果出现小肠局部缺血的现象，则有必要对患处进行小肠切除术与肠管断端缝合术。

肠穿孔
当尖锐的外伤（刀伤、枪伤、咬伤、刺伤）发生在腹部时，应该考虑发生肠穿孔的可能性。引起肠缺血和肠断裂的损伤也可继发于非穿透性钝器伤或剪切力伤（如大犬对小犬或猫造成的创伤）。非甾体抗炎药的应用可以引起胃肠穿孔。

肠穿孔的诊断首先取决于对可能性的警觉，肠道可能已经穿孔或者渗透。作为诊断的标准，所有的腹部穿透外伤都应该进行开腹探查。可以应用诊断性腹腔灌洗来判断腹膜炎的发生与否，但是在穿透性肠外伤的早期，诊断性腹腔灌洗会显示阴性且不具诊断性。发生钝性或者穿透性腹部外伤的患病动物对初始体液疗法没有反应，或有反应后即情况恶化时，肠损伤的可能性大大提升。腹部 X 线片显示气腹，或者出现细胞内细菌感染、细胞外细菌感染、胆色素蓄积，或者腹腔穿刺术及诊断性腹腔灌洗中获得肠内容物，或者穿刺液呈暗色（参阅腹腔穿刺术及诊断性腹腔灌洗章节），出现以上情况就应该进行紧急手术探查。

治疗方案包括通过静脉输液稳定患病动物的血容量和电解质平衡、应用广谱抗生素、实施手术探查以及修复受损组织。

直肠脱垂

直肠脱垂通常继发于寄生虫感染以及患有病毒性胃肠道感染的幼年犬猫，伴发有腹泻症状。老龄动物发生直肠脱垂往往是因为有潜在的病因，如肿瘤或黏膜病变引起的紧张与便秘。可以通过临床检查结果确诊直肠脱垂。直肠脱垂与肠套叠很难进行鉴别诊断，个别病例中，肠套叠可以内陷通过大肠、直肠和肛门。区分这两种病的方法是将一支润滑的温度计或者是钝性探针插入肛门环的盲管中，即脱垂的黏膜与皮肤黏膜交界处。如果探针或者体温计无法插入，则证明是直肠黏膜脱出；如果探针顺利进入盲管，则说明脱出部分其实是小肠套叠。

如果直肠脱垂是急性发作，且直肠黏膜未出现过分敏感及肿胀，那么相对容易治疗；如果出现严重的坏死组织，就要进行手术治疗。为了减少急性直肠脱垂的发生，可以将患病动物全身麻醉后，应用润滑的注射器或注射器套管润滑脱出组织，再轻缓地将脱出组织送回直肠中。进行松散的荷包缝合并固定至少 48 h，并对患病动物进行驱虫以及粪便软化管理。如果直肠脱垂仍不能好转或者脱出组织坏死，则需要采取手术治疗。

在处理无法通过荷包缝合保持缩小的活组织脱垂患病动物时，可在剖腹术期间进行结肠固定术。首先，对结肠施加张力以减少脱垂，然后使用两到三排 2-0 或 3-0 单丝缝合线将结肠缝合到侧腹壁的腹膜上。如果脱垂组织无生命活力，则必须将其切除。在脱垂部位的黏膜皮肤交界处，以 90° 间隔放置四根固定缝合线。在固定缝合线远端切除脱垂部分，然后通过将浆肌层缝合在一起形成一圈，再将黏膜层另行缝合，以重建直肠的连续性。将缝合切口放回肛管内。手术后，应给患病动物进行驱虫治疗，并给予粪便软化剂和镇痛药。术后应避免立刻使用体温计或其他探针，以防止其破坏缝合线。

1

急性胃炎

急性胃炎与多种临床情况均有联系，包括口腔出血，摄入易发酵且不易消化的食物或垃圾、毒物、异物，肾脏或肝脏衰竭，炎性肠道疾病，以及细菌和病毒感染。腹泻通常伴发或继发于急性胃炎，作为类休克综合征的一种，常常出现出血性胃肠炎伴发红细胞比容迅速上升。胃炎的临床症状包括精神沉郁、嗜睡、前腹部疼痛、多饮多尿、呕吐以及脱水。急性胃炎的鉴别诊断包括胰腺炎、肝脏或肾脏衰竭、胃肠道梗阻以及中毒（框 1-44）。

框 1-44　急性胃炎的病因	
细菌毒素	感染性疾病
脑部疾病	肾衰
膳食不良	承受压力
药物	化学毒素
食物过敏	创伤
肝脏衰竭	

诊断过程常常是排除病因的过程。对呕吐物细致而全面的分析有助于最终确诊，可通过血常规、包括淀粉酶和脂肪酶的血清生化分析、细小病毒测试（针对幼犬）、粪便悬浮物与细胞检测、腹部 X 线片（平片或对比研究）以及腹部超声，逐步排除急性呕吐的诱因。

在诊断检查的同时，对患病动物禁止饮食至少 24 h。计算患病动物的脱水程度，运用晶体液平衡疗法纠正酸碱度、维持电解质稳定。应用止吐药进行止吐，如胃复安、氯丙拉嗪、氯丙嗪、多拉司琼、昂丹司琼以及马罗匹坦（表 1-37）。如果呕吐伴发腹泻，应用广谱抗生素［头孢唑林，22 mg/kg（体重），IV，每 8 h 一次，同时使用甲硝唑，10 mg/kg（体重），IV，每 8 h 一次；或者氨苄西林，22 mg/kg（体重），IV，每 6~8 h 一次，同时使用恩诺沙星，10 mg/kg（体重），IV，每 24 h 一次］进行治疗，从而降低发生细菌转移、菌血症以及败血症的概率。虽然抗酸剂（法莫替丁、雷尼替丁、西米替丁）没有直接的止吐药效，但是它们可以减少胃酸分泌，从而减少呕吐过程对食管的刺激。一旦胃炎继发尿毒症或者开始应用非甾体抗炎药，随即开始使用胃肠道保护剂和止吐药［雷尼替丁，1 mg/kg（体重），PO，每 12 h 一次；或葡萄糖，每只犬 0.25 ~ 1 g，PO，每 8 h 一次；或奥美拉唑，0.5 ~ 1 mg/kg（体重），PO，每 24 h 一次］，从而减少胃酸分泌并在胃溃疡表面形成保护膜（表 1-37）。患病动物一旦恢复饮食，即可正常口服用药，并可以停止静脉输液。

1

表 1-37　止吐药物及其剂量	
药物（专有名称）	建议剂量[*]
吩噻嗪类	
氯丙嗪	0.25~0.5 mg/kg（体重），IM，每8 h 一次；0.05 mg/kg（体重），IV，每4 h 一次；1.0 mg/kg（体重），每8 h 一次（犬）
氯丙拉嗪	0.1 mg/kg（体重），IM，每6 h 一次；0.5 mg/kg（体重），IM，IV，每8 h 一次
五羟色胺颉颃剂	
多拉司琼	0.1~0.3 mg/kg（体重），IV，每24 h 一次
昂丹司琼	0.6~1.0 mg/kg（体重），IV，每12 h 一次
其他	
胃复安[+]	0.2~0.5 mg/kg（体重），SQ，每8 h 一次；每天1.0~2.0 mg/kg（体重），IV；3 mg/kg（体重），IM，每8 h 一次（犬）
神经激肽受体颉颃剂	1 mg/kg（体重），SQ，每天一次，连续用药勿超5 d
马罗匹坦	2 mg/kg（体重），PO，每天一次，连续用药勿超5 d

注：IM，肌内注射；IV，静脉注射；SQ，皮下注射；PO，口服。
[*] 如未特殊说明，所有药物用量适用于犬猫。
[+] 在未排除胃肠道梗阻前禁止用药。

出血性胃肠炎

出血性胃肠炎即严重吐血和剧烈腹泻，多发于2~4岁的年轻小型犬（如贵宾犬、迷你腊肠犬、迷你雪纳瑞）。临床症状发展迅速，包括呕吐和腹泻，排恶臭、血性、草莓酱样粪便。红细胞比容可以从55%上升到75%，动物通常表现严重低血容量，没有明显的腹痛症状。

出血性胃肠炎的病因不详，其中怀疑产气荚膜梭菌、大肠杆菌、空肠弯曲杆菌以及病毒感染是主要的病因，但一直未被证实。吐血和出血性腹泻的其他鉴别诊断包括冠状病毒、细小病毒、血管淤血、败血症、肝硬化伴门静脉高压以及其他原因引起的急性休克。

立即治疗包括安置大口径静脉导管，迅速补充晶体液以扩充血容量［可达90 mL/kg（体重）］，同时密切监测患病动物的红细胞比容和总蛋白指数。

由于细菌扩散以及败血症的发生概率很高，所以应施用广谱抗生素［氨苄西林，22 mg/kg（体重），IV，每6~8 h 一次；或恩诺沙星，10 mg/kg（体重），IV，每24 h 一次］。应用止吐药治疗呕吐，监测患病动物的血小板数量和血凝状况，预防弥散性血管内凝血的发生，必要时应用新鲜冰冻血浆和肝素（参阅弥散性血管内凝血）。在停止呕吐24 h 后，可以给予动物少量水和清淡食物（如水煮鸡肉和米饭，或者水煮碎牛肉和拌有低脂奶酪的米饭）。

胰腺炎

胰腺炎常见于犬，猫也可患病。在犬中，胰腺炎发病多见于摄入高脂肪食物或服用药物（如溴化钾或糖皮质激素）后，糖皮质激素可以增加胰腺分泌液的黏度并诱发导管增生，造成胰腺导管管径变小和阻塞。胰腺炎也可继发于腹部钝性或穿透性外伤、高位十二指肠梗阻造成的胰腺乳头外流道的阻塞、胰腺缺血、十二指肠返流、胆管疾病以及肾上腺皮质功能亢进。

猫的急性坏死性胰腺炎常表现厌食、嗜睡、高糖血症、黄疸，甚至引起急性死亡。猫的慢性胰腺炎较为常见，表现间断呕吐、厌食、体重下降和嗜睡，引起猫的慢性胰腺炎的原因包括胰腺吸虫病、病毒感染、脂肪肝、药物、有机磷中毒以及弓形虫病。

急性胰腺炎的临床症状包括突发的剧烈呕吐、腹痛和嗜睡。根据胰腺炎发病的严重程度可能出现抑郁、低血压和可溶性免疫应答抑制现象，亚急性胰腺炎患病动物的临床表现比较轻微。严重的胰腺水肿会导致血管变形和局部缺血，从而加剧炎症反应。低血容量性休克和弥散性血管内凝血可以减少胰腺的灌注量，严重的胰腺水肿、自溶、缺血会导致胰腺坏死。十二指肠刺激试验中，动物既表现呕吐也表现腹泻，疼痛发生于右侧上腹部区域，如果胰腺发生皂化现象，则疼痛范围更为广泛。胰腺炎的鉴别诊断与引起呕吐的其他疾病相同。

发生重症胰腺炎患病动物的并发症包括脱水、酸碱和电解质异常、高血脂和发病处的腹膜炎，此外，肝坏死、脂肪沉积、胆管阻塞以及异常结构的形成等均可能发生。炎症介质（缓激肽、碱性磷酸酶 A、弹性蛋白、心肌抑制因子和细菌内毒素）刺激炎症级联反应，诱发可溶性免疫应答抑制反应以及严重的低血压，激活凝血系统和弥散性血管内凝血的发生。电解质失衡与低血容量继发的呕吐，均可导致多器官衰竭综合征（MODS），最终导致动物死亡。急性胰腺炎的主要后遗症之一就是糖尿病。监测复发性胰腺炎患病动物的临床症状，显示多饮多尿（PU/PD）、多食、高糖血症和糖尿。

胰腺炎的诊断主要基于临床症状（猫的症状不明显）、实验室检测以及超声检查中显示的胰腺肿大和胰周回声增强。血清生化检测可以辅助诊断胰腺炎，然而应用淀粉酶和脂肪酶指标来确诊胰腺炎是不可靠的，其取决于个体的慢性反应过程。淀粉酶和脂肪酶均从尿液排出，若肾清除能力下降或肾功能受损，胰腺发炎就会导致血清中淀粉酶和脂肪酶升高，此外，当发生胃肠道梗阻（如异物）时，相应的脂肪酶也会升高。在发病初期，淀粉酶的水平可以高达正常值的 2~6 倍，但当兽医进行检查时，淀粉酶的水平可能已经降到正常的范围内。淀粉酶短暂升高导致测试结果不确定，此外其对正常值的敏感性也不高。在胰腺炎发病后期，脂肪酶浓度也会升高。在测定脂肪酶、淀粉酶浓度时，应结合其他生化指标共同分析。

脱水、肾前性氮质血症、高糖血症和高脂血症常常继发尿素氮和肌酐的升高。胰脏周围脂肪皂化的形成会继发高钙血症，提示病情恶化。更为具体可行的措施是测定胰脏脂肪酶免疫反应，其值会随着犬猫胰腺炎的发生而升高。胰脏脂肪酶免疫反应结合超声和 CT 对胰腺炎的诊断，是确诊胰腺炎的最敏感和特异性最强的方法。等待诊断结果的时间较长，其间应该对患病动物进行治疗。

将诊断性腹腔灌洗获得的腹腔积液与外周血进行对比，比较血清淀粉酶和脂肪酶的活性，腹腔积液中淀粉酶和脂肪酶的聚集量大于外周血是胰腺炎伴发化学性腹膜炎的典型特征。当腹腔积液中白细胞总数高于 1 000 个 /mm³、有细菌感染、有毒性中性粒细胞出现、血糖低于 50 mg/dL，或者乳酸值高于血清中的值，是化脓性腹膜炎的典型特征，需要立刻进行开腹探查术。如果活体开腹探查样本未显示炎症反应，也不能排除胰腺炎的可能，因为即使局部的疾病也可引起严重的临床症状。

腹部 X 线片可以显示腹部细节丢失以及右上限的平面视角。胰腺水肿和十二指肠刺激，可以将胃长轴向左移位，同时十二指肠基部向背内侧移动（形成"倒 7 形"或"牧羊杖"样）。超声和 CT 检查对于胰腺炎的诊断更为灵敏。

胰腺炎的治疗方法本质是支持疗法，即纠正低血容量和电解质的失衡，预防或纠正休克，维持重要器官的灌注量，减缓不适与疼痛，治疗呕吐（参阅二十条原则）。患有胰腺炎的犬应该禁食禁水，患有慢性胰腺炎的猫却不该限制饮食。给予新鲜冰冻血浆补充 α－巨球蛋白，使用止吐药如氯丙嗪（低血容量或低血压患病动物慎用）、多拉司琼、昂丹司琼或甲氧氯普胺预防或控制呕吐。在慢性肾功能不全时可以应用镇痛药 [芬太尼，每小时 3~7 μg/kg（体重），IV；或利多卡因，每分钟 30~50 μg/kg（体重），IV]，采用胸腔内注射 [利多卡因，1~2 mg/kg（体重），每 8 h 一次]，或间歇性静脉注射 [吗啡，0.25~1 mg/kg（体重），SQ, IM；或氢吗啡酮，0.1 mg/kg（体重），IM，SQ]。为了让胰腺尽早恢复，建议输注营养液。

急性肝功能衰竭

急性肝功能衰竭的可能诱因有中毒、处方药的不良反应、细菌或病毒感染。最常见的临床症状是厌食、嗜睡、呕吐、黄疸、出血，以及中枢神经系统抑制或癫痫发作（与肝性脑病有关）。急性肝功能衰竭的鉴别诊断和病因如框 1–45 所示。

诊断急性肝功能衰竭的主要依据是临床症状和生化指标，即肝源性酶 [谷草转氨酶（AST）、谷丙转氨酶（ALT）] 和胆汁淤积酶 [碱性磷酸酶、总胆红素、γ－谷酰氨基转移酶（GGT）] 升高。超声检查仅用于诊断肝脏肿物或囊肿等结构性病变，不能用于确诊肝脏损伤的病因。

对患有急性肝功能衰竭的患病动物进行治疗，包括缓解脱水状况、纠正酸碱度、调节离子平衡，如下所示：

- 低蛋白血症：补充血浆或浓缩蛋白。血浆是良好的可被消耗的凝血因子。
- 凝血异常：补充维生素 K₁[2.5 mg/kg（体重），SQ 或 PO, 每 8 ~ 12 h 一次]。
- 严重贫血：补充新鲜或冷冻的血液。
- 胃出血：给予胃黏膜保护药物（奥美拉唑、雷尼替丁、法莫替丁、西米替丁、胃溃宁）。
- 低血糖症：补充葡萄糖（2.5% ~ 5%）。

1

框 1-45　肝功能衰竭病因	
内源性肝毒素 细菌内毒素 **环境毒素** 黄曲霉毒素 四氯化碳 二甲基亚硝胺 重金属，除草剂 农药 磷 吡咯里西啶类生物碱 硒 **外源性药物** 对乙酰氨基酚 砷剂 硫唑嘌呤 卡洛芬 灰黄霉素 氟烷	酮康唑 甲苯咪唑 甲氧氟烷 非那吡啶 苯妥英钠 磺胺类药物（磺胺嘧啶、甲氧苄啶、四环素） **传染性病原** 犬传染性肝炎病毒 沙门氏菌 钩端螺旋体 猫传染性腹膜炎病毒 弓形虫 芽孢杆菌（泰泽氏病） **其他** 胰腺炎 败血症 肠炎 急性溶血性贫血

- 肝功能衰竭，尤其在低血糖症时：应用广谱抗生素［氨苄西林，22 mg/kg（体重），IV，每 6～8 h 一次，配合使用恩诺沙星，10 mg/kg（体重），IV，每 24 h 一次］。
- 肝性脑病：应用乳果糖或聚维酮碘灌肠。
- 脑水肿：应用甘露醇［0.5～1.0 g/kg（体重），IV，保持 10～15 min］，20 min 后配合使用呋塞米［1 mg/kg（体重），IV］。临床症状恶化意味着发生了脑水肿。

扩展阅读

Applewhite AA, Cornell KK, Selcer BA: Diagnosis and treatment of intussusception in dogs, Compend Contin Educ Pract Vet 24(2):110‑126, 2002.

Bach J: Esophageal foreign bodies. In Mazzaferro EM, editor: Blackwell's five minute consult clinical companion small animal emergency and critical care, Ames, 2010, Wiley–Blackwell.

Berent AC, Rondeau MP: Hepatic failure. In Silverstein DC, Hopper K, editors: Small animal critical care medicine, St Louis, 2009, Elsevier.

Bertoy RW: Megacolon in the cat, Vet Clin North Am Small Anim Pract 32(4):901‑915, 2002.

Gaynor AR: Acute pancreatitis. In Silverstein DC, Hopper K, editors: Small animal critical care medicine, St Louis, 2009, Elsevier.

Holm JL, Chan DL, Rozanski EA: Acute pancreatitis in dogs, J Vet Emerg Crit Care 13(4):201‑213, 2003.

Junius G, Appeldoorn AM, Schrauwen E: Mesenteric volvulus in the dog: a retrospective study of 12 cases, J Small Anim Pract 45(2):104‑107, 2004.

MacPhail C: Gastrointestinal obstruction, Clin Tech Small Anim Pract 17(4):78‑183, 2002.

MacPhail CM: Gastrointestinal foreign body/obstruction. In Mazzaferro EM, editor: Blackwell's five minute consult clinical companion small animal emergency and critical care, Ames, 2010, Wiley–Blackwell.

MacPhail CM: Intussusception. In Mazzaferro EM, editor: Blackwell's Five Minute Consult Clinical Companion Small Animal Emergency and Critical Care, Ames, 2010, Wiley–Blackwell.

Mansfield CS, Jones BR: Review of feline pancreatitis. Part 2: Clinical signs, diagnosis and treatment, J Feline Med Surg 3(3):125‑132, 2001.

Monnet E: Gastric dilatation‑volvulus syndrome in dogs, Vet Clin North Am Small Anim Pract 33(5):987‑1105, 2003.

Ruaux CG: Diagnostic approach to acute pancreatitis, Clin Tech Small Anim Pract 18(4):245‑249, 2003.

Rudloff E: Gastric dilatation–volvulus (GDV) syndrome. In Mazzaferro EM, editor: Blackwell's five minute consult clinical companion small animal emergency and critical care, Ames, 2010, Wiley–Blackwell.

Spreng D: Splenic torsion. In Mazzaferro EM, editor: Blackwell's five minute consult clinical Companion Small Animal Emergency and Critical Care, Ames, 2010, Wiley–Blackwell.

Steiner J: Diagnosis of pancreatitis, Vet Clin North Am Small Anim Pract 33(5):1181‑1195, 2003.

Trotman TK: Gastroenteritis. In Silverstein DC, Hopper K, editors: Small animal critical care medicine, St Louis, 2009, Elsevier.

Volk SW: Gastric dilatation‑volvulus and bloat. In Silverstein DC, Hopper K, editors: Small animal critical care medicine. St Louis, 2009, Elsevier.

Willard M: Pancreatitis. In Mazzaferro EM, editor: Blackwell's five minute consult clinical companion small animal emergency and critical care, Ames, 2010, Wiley–Blackwell.

Willard M: Vomiting and hematemesis. In Mazzaferro EM, editor: Blackwell's five minute consult clinical companion small animal emergency and critical care, Ames, 2010, Wiley–Blackwell.

Zacher LA, Berg J, Shaw SP, et al.: Association between outcome and changes in plasma lactate concentration during presurgical treatment in dogs with gastric dilatation-volvulus: 64 cases (2002‑2008), J Am Vet Med Assoc 36:892‑897,2010.

全身性高血压

犬猫全身性高血压最常继发于急性或慢性肾衰竭，很少作为一个特发性疾病单独存在。犬猫全身性高血压发展过程中的风险包括肾功能不全、肾上腺皮质功能亢进、甲状腺功能亢进、嗜铬细胞瘤、糖尿病、真性红细胞增多症、醛固酮增多症、高血压性脑病、肢端肥大症、颅内出血、中枢神经系统创伤。

通常，当动物表现其他临床症状，如突然失明、视网膜脱离、前房积血、鼻出血以及中枢神经症状伴发颅内出血，来医院就诊时，兽医会确诊为全身性高血压。多数情况下，如果动物不表现临床症状且未进行介入性或非介入性的血压监测时，是很难诊断出高血压的。犬猫正常的血压测量值见表 1–38。

表 1–38　犬猫正常血压测量值			
动物种类	收缩压（mmHg）	舒张压（mmHg）	平均值（mmHg）
犬	100~160	80~120	90~120
猫	120~150	70~130	100~150

　　高血压的定义是收缩压持续高于 200 mmHg，舒张压持续高于 110 mmHg，平均动脉压持续高于 130 mmHg。全身性高血压会造成左心室肥大、脑血管疾病、肾血管受损、视神经水肿、前房积血、视网膜血管迂曲、视网膜出血、视网膜脱离、呕吐、神经功能受损、昏迷以及创口出血不止等。

　　为了确定发病的根本原因，全身性高血压的患病动物应做全面的诊断检查。在少数情况下，当动物患有嗜铬细胞瘤、急性肾衰竭或急性肾小球肾炎时，会伴发全身性高血压。硝普钠［每分钟 1~10 µg/kg（体重），IV，用于慢性肾功能不全患病动物］或地尔硫卓［0.3 ~ 0.5 mg/kg（体重），缓慢给药超过 10 min, IV，之后每分钟 1 ~ 5 µg/kg（体重）］可以治疗全身性高血压。在应用硝普钠或地尔硫卓时应同步监测低血压。

　　确诊的依据是持续较高的收缩压、舒张压和 / 或平均动脉压。许多与全身性高血压相关的临床症状也可造成血液进入密闭的体腔内，应对出血的诱因进行调查（参阅凝血障碍），如血管炎、血小板减少症、肝或肾衰竭等。基于临床症状与潜在疾病进行诊断检查，包括血常规、尿检、尿蛋白 / 肌酐比值、促肾上腺皮质激素（ACTH）刺激试验、胸腹部 X 线片和超声检查、血清学检测、脑部 CT 或 MRI、血清电解质检测、醛固酮浓度检测、T_4、内源性促甲状腺激素（TSH）刺激试验、血浆儿茶酚胺以及生长激素的测定。

　　全身性高血压病的治疗程序中，应尽可能治疗原发性疾病。长期辅助治疗包括限制饮食中钠的含量，从而减少体液潴留。肥胖动物要限制饮食并实施减肥计划。应用噻嗪类药物和利尿剂减少钠潴留并降低血容量，也可以应用 α- 肾上腺素受体阻断剂和 β- 肾上腺素受体阻断剂，但其在治疗高血压方面效果不明显。应用钙通道阻断剂和血管紧张素转换酶（ACE）抑制剂，是治疗犬猫高血压的主要方法（表 1–39）。

表 1-39　治疗全身性高血压药物剂量

药物	犬服用剂量	猫服用剂量
血管紧张素转换酶抑制剂		
依那普利	0.5~1.0 mg/kg（体重），PO，每 12~24 h 一次	0.25~0.5 mg/kg（体重），PO，每 12~24 h 一次
贝那普利	0.25~0.5 mg/kg（体重），PO，每 12~24 h 一次	同犬的剂量
α- 肾上腺素受体阻断剂		
哌唑嗪	0.5~2.0 mg, PO，每 12 h 一次	禁止使用
β- 肾上腺素受体阻断剂		
普萘洛尔	2.5~10.0 mg, PO，每 8~12 h 一次	2.5~5.0 mg, PO，每 8~12 h 一次
阿替洛尔	0.25~1.0 mg/kg（体重），PO，每 12~24 h 一次	6.25~12.5 mg, PO，每 12~24 h 一次
钙通道阻断剂		
氨氯地平	0.05~0.2 mg/kg（体重），PO，每 24 h 一次	0.625~1.25 mg, PO，每 24 h 一次

（续）

药物	犬服用剂量	猫服用剂量
噻嗪类利尿剂 氢氯噻嗪	1 mg/kg（体重），PO，每 12~24 h 一次	1 mg/kg（体重），PO，每 12~24 h 一次
祥利尿剂 呋塞米	2.0~4.0 mg/kg（体重），PO，每 12~24 h 一次	
二氮杂萘衍生物 肼苯哒嗪	0.5~2.0 mg/kg（体重），PO，每 8~12 h 一次	2.5 mg，PO，每 12~24 h 一次

注：PO，口服。

扩展阅读

Acierno MJ, Labato MA: Hypertension in dogs and cats, Compend Contin Educ Pract Vet 26(5):336–346, 2004.

Brown S: Hypertensive crisis. In Silverstein DC, Hopper K, editors: Small animal critical care medicine, St Louis, 2009, Elsevier.

Chastain CB, Panciera D, Elliot J, et al: Feline hypertension: clinical findings, and response to antihypertensive treatment in 30 cases, J Am Anim Pract 42(3):122–129, 2002.

Cooke KL, Snyder PS: Diagnosing hypertension in dogs and cats, Vet Med 96(2):145–149, 2001.

Labato MA: Antihypertensives. In Silverstein DC, Hopper K, editors: Small animal critical care medicine, St Louis, 2009, Elsevier.

Stepien SL: Hypertension. In Mazzaferro EM, editor: Blackwell's five minute consult clinical companion small animal emergency and critical care, Ames, 2010, Wiley–Blackwell.

代谢性疾病急症

糖尿病酮症酸中毒

　　糖尿病酮症酸中毒的病因是胰岛素缺乏或胰高血糖素过剩，是一种潜在的致命性疾病。胰岛素缺乏时，肝脏代谢异常发生脂肪酸的 β 羟基化，生成酮酸，即乙酰乙酸、β－羟丁酸和丙酮。发病早期，患病动物表现出糖尿病的临床症状：体重减轻、多尿、多食、多饮。发病后期，当酮酸刺激化学感受器触发区时，患病动物发生呕吐和脱水，从而导致低血容量、低血压、严重抑郁、腹痛、少尿和昏迷，此时，随着动物的呼吸可以闻到强烈的酮味（丙酮）。

　　临床检查通常发现脱水、精神沉郁或昏迷，以及低血容量性休克。严重病例中，由于代谢性酸中毒，患病机体为了排除过多的 CO_2，呈现缓慢、深长的 Kussmaul 式呼吸（代谢性酸中毒时出现规则的、慢而深长的呼吸，可有鼾音，称为酸中毒深大呼吸）。血清生化测试和血常规测试结果显示氮质血症、严重的高糖血症（> 400 mg/dL）、高渗透压（> 330 mOsm/kg）、高脂血症、高钠血症（>145 mEq/L）、肝酶和胆汁淤积酶均见升高、高阴离子间隙以及代谢性酸中毒。糖尿病酮症酸中毒会导致全身钾缺乏，但是在代谢性酸中毒的影响下，血清中钾含量会升高。随着代谢性酸中毒的加重，钾交换一个氢离子向细胞外移动，磷离子在酸中毒情况下向细胞内移动，从而导致血清中磷离子浓度降低。当发生低磷血症 >2 mg/dL 时，可导致血管内溶血。通常尿液分析呈现 4^+ 糖尿、酮尿，且尿液相对密度大于或等于 1.030。应该对糖尿病患病动物的尿液进行培养，排除尿路感染和肾盂肾炎。

治疗糖尿病酮症酸中毒是一个挑战，其目的是提供充足的胰岛素使细胞内葡萄糖的代谢正常化，纠正酸碱度和电解质平衡，补充溶液恢复灌注量，纠正酸中毒，在胰岛素给药期间提供碳水化合物来源，以及确定糖尿病酮症酸中毒的突发原因。

检测患病动物的血常规和血清电解质值，尽量安置一支中心静脉导管，方便输液与反复采集血液样本。计算患病动物的脱水情况并保证流体要求，超过 24 h 后，给予适当的溶液和电解质。最好在胰岛素给药前至少 6 h，给高渗动物补充水分以促进水合作用。应用等电解质溶液（如 Plasma-Lyte A、Normosol-R、乳酸林格氏液）或生理盐水维持补充水分。等电解质溶液中含有少量钾以及碳酸氢根前体，有助于代谢性酸中毒的治疗。当动物代谢性酸中毒较为严重，且 HCO_3^{2-} > 11 mEq/L 或 pH < 7.1 时，用碳酸氢钠 [0.25 ~ 0.5 mEq/kg（体重）] 纠正酸中毒。在应用胰岛素的同时，静脉输入葡萄糖作为碳水化合物的来源。

胰岛素和碳水化合物是患糖尿病酮症酸中毒的动物进行酮体代谢必不可少的，应根据患病动物血糖浓度，决定输液种类和速度以及葡萄糖的补充剂量。当输液并使用胰岛素纠正代谢性酸中毒时，血清中钾的浓度会迅速降低，如果条件允许，每 8 h 监测一次血清钾并及时进行补充（参阅体液疗法中的表 1-8）。如果患病动物的钾需求量超过 100 mEq/L，或者因为持续性低钾血症使钾的输液速度达到每小时 0.5 mEq/kg（体重），则应该同时补镁。镁是许多酶反应以及钠、钾 -ATP 酶泵的辅助因子，在许多危重病例中，低镁血症是常见的电解质紊乱表现，补镁 [$MgCl_2$，每天 0.75 mEq/kg（体重），IV] 有助于纠正糖尿病酮症酸中毒的患病动物的顽固性低钾血症。当患病动物的低磷血症接近 2.0 mmol/L 时，建议补充磷酸钾 [每小时 0.01 ~ 0.03 mmol/kg（体重），IV]，此时应留意钾的输液速度，以防体液中钾浓度上升过快。运用以下公式确定氯化钾（KCl）和磷酸钾（KPO_4）的补充量：

来自 KCl 的 K^+ 量 = 24 h 输入的 K^+ 总量 − 来自 KPO_4 的 K^+ 量

严重的低磷血症临床表现包括肌肉无力、横纹肌溶解、血管内溶血，并且可以导致脑部功能降低，以及抑郁、昏迷或惊厥。

胰岛素的应用

可肌内注射胰岛素治疗糖尿病酮症酸中毒，不建议皮下注射胰岛素，因为大多数糖尿病酮症酸中毒的患病动物都有脱水的症状，皮下注射胰岛素吸收率低，除非补充机体水分，否则疗效不明显。

低剂量静脉注射胰岛素的方法：将常规胰岛素 [每只猫 1.1 IU/kg（体重），每只犬

2.2 IU/kg（体重）〕混入 250 mL 的生理盐水中，取 50 mL 的混合液通过静脉输液管装入输液袋（壶）中，根据患病动物的血糖水平决定胰岛素输液速度（表 1-40），必要时根据胰岛素输液速度的变化调整总输液量。大多数情况下，随着输液疗法的进行，血糖浓度会出现波动，因此可以准备多个输液袋以便及时做出调整。用一支静脉导管输胰岛素合剂，另外准备一支静脉导管以较快的输液速度补充水分。

肌内注射胰岛素。首次给予胰岛素〔0.22 IU/kg（体重），IM〕后，每小时复查一次患病动物的血糖。根据患病动物对胰岛素的反应，适当补充注射胰岛素〔0.11 IU/kg（体重），IM〕。一旦动物血糖浓度在 200~250 mg/dL 时，输入 2.5% ~ 5% 的葡萄糖溶液，维持血糖浓度在 200~300 mg/dL。持续肌内注射胰岛素〔0.1~0.4 IU/kg（体重），每 4~6 h 一次〕，直到患病动物恢复体液平衡、停止呕吐、可以口服液体和进食。在患病动物进行肌内注射胰岛素时，为了方便血样采集，应该提前留置中心静脉管。一旦患病动物出现治疗效果，应仔细监测电解质、血糖以及酸碱度，因为低钾血症、低磷血症和低镁血症时有发生。当患病动物水合作用和酸碱水平恢复正常，并且可以耐受进食和饮水时，对于无并发症的糖尿病患病动物可以长期应用胰岛素进行治疗。

表 1-40　根据患病动物的血糖浓度，治疗糖尿病酮症酸中毒时的输液类型和胰岛素输注速度 *

血糖浓度（mg/dL）	胰岛素 /0.9% 氯化钠输注速度（mL/h）	其他输液类型
>250	10	0.9% NaCl
200~250	7	0.45% NaCl + 2.5%葡萄糖
150~200	5	0.45% NaCl + 2.5%葡萄糖
100~150	5	0.45% NaCl + 2.5%葡萄糖
<100	0	0.45% NaCl + 5%葡萄糖

注：* 为猫准备含 1.1 IU/kg（体重）常规胰岛素的 250 mL 生理盐水输液袋，为犬准备含 2.2 IU/kg（体重）常规胰岛素的 250 mL 生理盐水袋。

高渗性非酮症糖尿病

患病动物的高渗透压如果得不到及时纠正，会导致昏迷。糖尿病患病动物的渗透性多尿与自由水丢失可继发高糖血症和高钠血症，从而导致严重的高渗透压。犬的正常血清渗透压低于 300 mOsm/L，当血清渗透压高于 340 mOsm/L 时定义为高渗透压。如果不具备检测血清渗透压的设备，可以通过下列公式计算渗透压：

$$Osm / L=2(Na^+ + K^+) +（ 葡萄糖 /18) +（ 尿素氮 /2.8)$$

当患病动物出现严重脱水、高糖血症、高血钠以及氮质血症时，会引发脑水肿且无酮血症。治疗方法主要是对患病动物进行补水，输入低渗溶液如 0.45% NaCl + 2.5% 葡萄糖溶液或 5% 葡萄糖溶液（D₅W），缓慢降低血糖浓度。在最初的补水阶段过后，可以进行保守补钾疗法。

低血糖症

　　红细胞和大脑获取的能量完全来源于葡萄糖的氧化，多系统功能异常均可造成低血糖症，如肠道营养吸收不良、肝糖原分解受损、糖异生和葡萄糖外周应用不足等。低血糖症的临床症状多种多样，如虚弱无力、震颤、紧张、多食、共济失调、心动过速、肌肉抽搐、视力受损以及全身性癫痫发作等。当血糖浓度低于 60 mg/dL 时，临床症状较为典型。结合上述临床症状、低血糖症的验证指标、应用葡萄糖后临床症状好转，三者共称为惠普尔三联征（Whipple triad）。

　　当患病动物出现低血糖症时，以下因素非常重要，应予以考虑：患病动物的年龄、低血糖症发病特性（短暂性、持久性和复发性）以及患病动物的病史（框 1-46）。

　　治疗低血糖症主要是补充葡萄糖，同时确定潜在的病因。尽可能快速补充葡萄糖［25% ~ 50% 葡萄糖，2 ~ 5 mL/kg（体重），IV；或 10% 葡萄糖，20 mL/kg（体重），PO］，如果患病动物伴发有癫痫发作或呼吸道不通畅，则禁止口服补充葡萄糖。给予静脉输液（如 Normosol-R、乳酸林格氏液、生理盐水）并补充 2.5% ~ 5% 的葡萄糖溶液，直到患病动物可以进食并维持正常血糖，不再需要额外补糖。在一些病例中（如胰岛瘤），进食或补充葡萄糖可以促进胰岛素分泌，从而加重临床症状和低血糖症。在继发于医源性胰岛素过量所引起的顽固性低血糖症的病例中，可以在补充葡萄糖的同时应用胰高血糖素［50 ng/kg（体重），IV，PO；后期每分钟 10 ~ 40 ng/kg（体重），IV, CRI］进行治疗。根据配制说明，配制 1 000 ng/mL 的胰高血糖素注射液，将 1mL（1mg/mL）的胰高血糖素加入 1 000 mL 生理盐水中。

框 1-46　低血糖症病因	
葡萄糖消耗过快	初生动物低血糖症
胰岛素过量	玩具犬低血糖症
乙醇中毒	猎犬低血糖症
水杨酸中毒	饥饿
普萘洛尔	肝酶不足
功能性胰岛细胞瘤	肾上腺皮质功能减退
毒物	肝功能不全
口服降糖药	吸收不良和饥饿
肾性糖尿	大型中胚层肿瘤
肝癌	脓血症
内毒素血症	肝外葡萄糖底物利用增加
	肾衰竭
葡萄糖分泌受阻	肝外肿瘤
功能性低血糖症（不可识别病变）	

1

低钙血症：子痫（产后抽搐）

子痫（产后抽搐）的诊断通常是根据患病史和临床症状，当总钙浓度在犬低于 8.0 mg/dL、在猫低于 7.0 mg/dL 时，临床症状明显。该病常发生于小型、易激动的犬，应激在复杂病因中起到重要作用。大多数母犬在产后 1 ~ 3 周发病，在某些病例中，母犬在分娩前就表现临床症状，低磷血症可能伴发低钙血症。低钙血症的临床症状包括肌肉震颤、肌束颤动、气喘、烦躁不安、有攻击性、过敏、定向障碍、肌肉痉挛、高热、步态僵硬、癫痫发作、心动过速、心电图 QT 间期延长、PU/PD 以及呼吸骤停。

治疗子痫的方法主要是缓慢、谨慎地补钙［10% 葡萄糖酸钙，0.15 mL/kg（体重），缓慢静脉输注超过 30 min］，可通过静脉注射安定控制严重的抽搐，支持疗法包括静脉输液疗法和冷敷疗法（参阅高温及热引起的疾病）。动物出院后，嘱咐动物主人给患病动物口服补钙（每次 1 ~ 2 片，每天 2~3 次）。为了防止子痫复发，指导动物主人给幼畜断奶，使母畜尽快进入干奶期，从而防止子痫的反复发作。在随后的妊娠中，复发很常见，尤其是在妊娠期间接受钙补充的患病动物中（表 1–41）。

高钙血症

许多原因可以诱发高钙血症，可以应用 GOSH DARN IT（字头记忆法）总结小型患病动物高钙血症的病因（框 1–47）。

胃肠道、肾脏和神经系统的异常是最常见的诱因，特别是血钙浓度高达 16.0 mg/dL 时。高钙血症较为明显的临床症状包括肌肉无力、呕吐、抽搐和昏迷，心电图显示 PR 间期延长，QT 间期缩短，以及心室颤动。当高钙血症伴发高磷血症和低钾血症时，其临床症状尤为明显。应当注意观察"钙磷乘积"，当乘积大于 70 时，会发生营养不良性钙化，最终导致肾衰竭。肾脏并发症包括 PU/PD、脱水以及肾小管浓缩能力的丧失。当血钙浓度高达 20 mg/dL 时，会降低肾血流量和肾小球滤过率（GFR）。继发于高钙血症的肾脏损伤，其肾小管受损的程度、位置和数量直接决定肾脏受损程度以及受损的可逆性。

当高钙血症诱发严重的肾脏损伤、心功能障碍、神经系统异常，或没有临床症状而钙磷乘积高达 70 时，就需要进行紧急治疗。治疗原则是尽可能纠正高磷血症的潜在病因。在某些病例中，高磷血症的诊断测试结果需要一定时间，在确切结果出来前就应进行紧急治疗。高钙血症的紧急治疗是降低血清钙水平，给予静脉输液（生理盐水），增加细胞外液量并促进其从尿液排出。初次输液量近于维持输液量的 2~3 倍［每天 120 ~ 180 mL/kg（体重）］，从而促进动物排尿。为了防止医源性低钾血症的发生，可能需要补充钾，袢利尿剂（loop diuretic）如呋塞米［2 ~ 5 mg/kg（体重），IV］的应用可以促进钙的排泄。降钙素［猫用量：4 U/kg（体重），IM，每 12 h 一次；犬用量：8 U/kg（体重），SQ，每 24 h 一次］可以降低血钙浓度，继发于胆钙化醇中毒的顽固性高钙

表 1-41　低钙血症的治疗方法

药物	剂型	可吸收钙	剂量	备注
输液补钙				
葡萄糖酸钙	10%溶液	9.3 mg/mL	a. 缓慢输注，[0.5~1.5 mL/kg（体重），IV] b. 每小时 5~15 mg/kg（体重），IV，	如果心动过缓或缓 QT 间期缩短，应停止用药；可静脉注射也可皮下注射给药
氯化钙	10%溶液	27.2 mg/mL	c. 1~2 mL/kg（体重），1:1 稀释生理盐水皮下注射，每天两次	
口服钙离子				
碳酸钙	多种规格	40%药片	每天 25~50 mg/kg（体重）	最常用的补钙片
乳酸钙	325 mg 或 650 mg 药片	13%药片	每天 25~50 mg/kg（体重）	
氯化钙	粉剂	27.2%	每天 25~50 mg/kg（体重）	可能会刺激胃黏膜
葡萄糖酸钙	多种规格	10%	每天 25~50 mg/kg（体重）	

药物	剂型	可吸收钙	剂量	最大效应时间
维生素 D				
维生素 D_2（麦角钙化醇）	胶囊、糖浆、肠外给药（IM）	—	初始剂量：每天 4 000~6 000 IU/kg（体重）；维持剂量：1 000~2 000 IU/kg（体重），PO，每天~次至每周一次	5~21 d
二氢速甾醇	片剂、胶囊、口服溶液	—	初始剂量：每天 0.02~0.03 mg/kg（体重），PO；维持剂量：0.01~0.02 mg/kg（体重），PO，每 24~48 h 一次	1~7 d
1,25-二羟维生素 D_3（骨化三醇）	片剂	—	每天 2.5~3.5 mg/kg（体重），PO	1~4 d

1

框 1-47　高钙血症的发病原因	
肉芽肿（真菌病）(G)	肾衰竭（R）
骨原性(O)	肿瘤（淋巴瘤、多发性骨髓瘤、骨肉瘤）(N)
错误（实验室检测失误）(S)	特发性（猫）(I)
甲状旁腺功能亢进（H）	毒素和药物（过度补钙；噻嗪类利尿药）(T)
维生素 D 中毒（D）	
阿狄森综合征（肾上腺皮质功能减退症）(A)	

血症，可以尝试降钙素疗法［4 ~ 7 U/kg（体重），SQ，每 6 ~ 8 h 一次］。降钙素疗法的副作用包括呕吐和腹泻。此外，双膦酸盐类药物［帕米膦酸二钠，1.02 ~ 2 mg/kg(体重)，IM］可迅速降低血清钙的浓度。

糖皮质激素可以降低骨钙释放、减少肠道对钙离子的吸收，并且促进肾脏的钙排泄，只有在确诊高钙血症的病因，且已经开始相应治疗后，才可应用糖皮质激素。许多肿瘤疾病均可导致高钙血症，频繁使用糖皮质激素可以诱导机体产生耐药性，降低肿瘤的化疗效果。

急性肾上腺皮质功能不全（肾上腺皮质功能减退症，阿狄森综合征）

肾上腺皮质功能减退症可以发生于任何年龄、性别和品种的动物，常见于中青年母犬。由于患病动物缺乏糖皮质激素（皮质醇）和盐皮质激素（醛固酮），随着时间的发展会慢慢表现临床症状，并呈起伏式发展；当肾上腺功能储备超过 90% 时，表现急性临床症状，在这种情况下，肾上腺皮质的完全崩溃最终导致阿狄森综合征。由于醛固酮的缺乏，造成肾脏的钠水潴留减少且排钾功能受损。肾上腺皮质功能减退症最为明显的临床症状包括抑郁、嗜睡、乏力、厌食、颤抖、呕吐、腹泻、体重减轻、腹部疼痛、虚弱、低血压、脱水和心动过缓（框 1-48）。

框 1-48　肾上腺皮质功能减退症的易感品种	
巴赛特猎犬	葡萄牙水犬
长须牧羊犬	标准贵宾犬
大丹犬	西高地白㹴
大白熊	

肾上腺皮质功能减退症的主要诊断依据是患病动物的临床症状与电解质异常，如高钾血症、低钠血症和低磷血症。血钠浓度（115 ~ 130 mEq/L）常常显著降低，而血钾浓度显著升高（>6.0 mEq/L），钠∶磷 <27 虽然不是确诊肾上腺皮质功能减退症的决定性指标，却是其显著特征。伴发高钾血症的患病动物，其心电图变化包括异常心动过缓、P 波缺失、T 波升高、QRS 复合波加宽。此外，血液检查显示白细胞减少、嗜酸性粒细胞增多、低血糖症、高磷血症、高钙血症、氮质血症和低胆固醇血症。肾上腺

1

皮质功能减退症的明确诊断依据为 ACTH 刺激试验，在应用 ACTH 类似物刺激后，患病动物的皮质醇值通常较低。少数情况下，"非典型"肾上腺皮质功能减退症的患病动物，其束状带丧失糖皮质激素分泌能力，而球状带仍具有盐皮质激素分泌能力。虽然非典型阿狄森综合征患病动物的血清电解质正常，但仍表现出临床症状，如呕吐、腹泻、乏力、嗜睡、食欲不振、肌肉萎缩、体重减轻等。由于电解质正常，所以诊断更加困难，建议参考 ACTH 刺激试验，尤其是易感品种。

肾上腺皮质功能减退症的治疗包括留置大口径静脉导管、静脉注射晶体液（生理盐水），以及补充糖皮质激素和盐皮质激素。给予地塞米松或地塞米松磷酸钠［0.5～1.0 mg/kg（体重），IV］。地塞米松不同于类固醇（如强的松龙、甲泼尼龙琥珀酸钠、醋酸），其不会干扰 ACTH 刺激试验。根据病情的严重程度，依据二十条原则，监测患病动物的体况，使用止吐药和胃肠道保护剂抑制恶心、呕吐、呕血。如果患病动物出现便血或出血性腹泻，可以使用广谱抗生素［氨苄西林，22 mg/kg（体重），PO，每 6 h 一次］；如果发生严重的胃肠道出血，需要使用纯红细胞或新鲜冷冻血浆。用 2.5%～5.0% 的葡萄糖缓解低血糖症，用碳酸氢钠、胰岛素或葡萄糖酸钙纠正重度高钾血症和心房停顿（参阅心房停顿）。

可以应用盐皮质激素和糖皮质激素对肾上腺皮质功能减退症的患病动物进行慢性辅助治疗，可以用三甲醋酸去氧皮质酮（DOCP）［2.2 mg/kg（体重），IM］或醋酸氟氢可的松［每 2.5~5 kg（体重）0.1 mg，单日剂量］补充盐皮质激素，其中醋酸氟氢可的松具有盐皮质激素和糖皮质激素的双重作用，可以作为治疗肾上腺皮质功能减退症的单一日常用药（但由于有的犬对醋酸氟氢可的松吸收差，在纠正电解质平衡方面效果不好）。因 DOCP 的主要成分是盐皮质激素，故可以应用强的松龙［每天 0.25～1mg/kg（体重）］补充糖皮质激素。

突然停止使用糖皮质激素，可能导致犬的医源性肾上腺皮质功能减退。长期应用糖皮质激素类药物可以使脑垂体分泌内源性促肾上腺皮质激素的能力下降，并降低束状带分泌皮质醇的能力，然而球状带分泌醛固酮的能力并未受影响。医源性肾上腺皮质功能减退症的临床症状包括抗压能力下降、乏力、嗜睡、呕吐、腹泻和肾上腺皮质崩溃。治疗方法同自发性肾上腺皮质功能减退，首先进行紧急治疗，然后再缓慢停止外源性糖皮质激素的应用。

甲状腺毒症

严重的甲状腺功能亢进（简称"甲亢"）可以表现为由于高代谢率而引发的医疗急诊。甲状腺功能亢进患猫所表现的临床症状包括发热、严重的室性心动过速（心率 > 240 次 /min）、呕吐、高血压、充血性心力衰竭伴发肺水肿，以及爆发性衰竭。临床症状通常出现在甲亢动物慢性虚弱的最后阶段，常表现为多食、消瘦、心脏杂音、PU/PD、呕吐以及腹泻。

甲状腺功能亢进的治疗可以应用 β - 肾上腺素受体阻断剂［艾司洛尔，每分钟 25 ~ 50 μg/kg（体重）；或心得安，每小时 0.02 mg/kg（体重）］颉颃肾上腺素的活性。糖皮质激素［地塞米松，1 mg/kg（体重）］可以抑制甲状腺素（T_4）转化为活性三碘甲状腺原氨酸（T_3），并且降低外周组织对 T_3 的应答，从而有效阻断甲状腺素的作用。葡萄糖（2.5%）可以纠正低血糖症。对于心力衰竭或心功能不全的患病动物，应避免饮水过多或不足。对患病动物尽早使用甲巯咪唑，可以考虑应用放射碘疗法。

扩展阅读

Behrend EN: Clinical approach to hypercalcemia, Vet Med 97(10): 763-769, 2002.

Burkitt JM: Hypoadrenocorticism. In Silverstein DC, Hopper K, editors Small animal critical care medicine, St Louis, 2009, Elsevier.

Chastain CB, Panciera D, Waters C, et al: Glucagon constant rate infusion: a novel strategy for the management of hyperinsulinemic-hypoglycemic crisis in the dog, Small Anim Clin Endocrinol 10(3): 18, 2000.

Drobatz KJ, Casey KK: Eclampsia in dogs: 31 cases (1995-1998), J Am Vet Med Assoc 217(2): 216-219, 2000.
Finke MD: Hyperglycemia. In Mazzaferro EM, editor: Blackwell's five minute consult clinical companion small animal emergency and critical care, Ames, 2010, Wiley-Blackwell.

Greco DS: Hypoadrenocorticism in dogs and cats, Vet Med 95(6): 468-475, 2000.

Greco DS: Endocrine emergencies: Part II: Adrenal, thyroid, and parathyroid disorders, Compend Contin Educ Pract Vet 19:27-39, 1997.

Hess RS: Diabetic ketoacidosis. In Silverstein DC, Hopper K, editors: Small animal critical care medicine, St Louis, 2009, Elsevier.

Kerl ME: Diabetic ketoacidosis: pathophysiology and clinical and laboratory presentation, Compend Contin Educ Pract Vet 23(3): 220-228, 2001.

Kerl ME: Diabetic ketoacidosis: treatment recommendations, Compend Contin Educ Pract Vet 23(4): 330-339, 2001.

Koenig A: Hyperglycemic hyperosmolar syndrome. In Silverstein DC, Hopper K, editors: Small animal critical care medicine, St Louis, 2009, Elsevier.

Koenig A: Hypoglycemia. In Silverstein DC, Hopper K, editors: Small animal critical care medicine, St Louis, 2009, Elsevier.

Koenig A, Drobatz KJ, Beale AB, et al: Hyperglycemia, hyperosmolar syndrome in feline diabetics: 17 cases (1995-2001), J Vet Emerg Crit Care 14(1):30-40, 2004.

Lathan P, Tyler J: Canine hypoadrenocorticism: pathogenesis and treatment, Compend Contin Educ Pract Vet 27(2):110-120, 121-133, 2003.

Mazzaferro EM: Hyperosmolarity. In Mazzaferro EM, editor: Blackwell's five minute consult clinical companion small animal emergency and critical care, Ames, 2010, Wiley-Blackwell.

Morrow CK, Volmer PA: Hypercalcemia, hyperphosphatemia, and soft issue mineralization, Compend Contin Educ Pract Vet 24(5):380-388, 2002.

Schaer M: Therapeutic approach to electrolyte abnormalities, Vet Clin North Am Small Anim Pract 38:513-533, 2008.

Vasilopulos RJ, Mackin A: Humoral hypercalcemia of malignancy: diagnosis and treatment, Compend Contin Educ Pract Vet 25(2):128-136, 2003.

神经系统疾病急症

四类神经系统损伤可危及动物生命：头部损伤、脊髓损伤、昏迷、癫痫。以下将分别进行讨论。

头部损伤

头部损伤包括皮肤和浅表的割裂伤、脑震荡、骨折、出血（颅内和颅外）。骨折可能是颅外、线性或颅内的；出血可以是硬膜外、椎管、硬膜下、蛛网膜下腔出血，或者脑出血。当动物头部受伤后，首先应进行基本的身体检查，评估患病动物的神经功能以及是否存在恶化的可能（表 1-42）。

检查的首要任务是留意患病动物的 ABC（气道、呼吸、循环），必要时可以插管打开气道，多数情况需要吸氧，维持血氧饱和度 >90%。放置静脉导管并增加初次静脉输液量［犬：90 mL/kg（体重）剂量的 1/4；猫：44 mL/kg（体重）］，保证血压在正常范围内，从而维持脑灌注压。若怀疑伴发有其他外伤（如肺挫伤），可以用合成胶体液［羟乙基淀粉，5～10 mL/kg（体重），IV］纠正血压。虽然胶体液易于外渗到血管外（因此它的使用尚存争议），但胶体液的使用对重建脑灌注量的疗效远远高于其风险。此外，也可应用高渗盐水［7.5% NaCl，3～5 mL/kg（体重），IV］持续输入（10~15 min），从而扩充血容量。对于头部受损的患病动物，发生高糖血症时会导致预后不良，所以应尽可能保持血糖在正常范围内。当震颤或抽搐引发高热或代谢增强时，需要对患病动物进行主动降温（参阅热损伤）。依据二十条原则，对所有头部损伤的患病动物均应进行医疗监护（参阅二十条原则）。

表 1-42　根据临床症状定位患病动物头部损伤部位		
临床症状	描述	损伤部位
去大脑强直	四肢僵直	后中脑、脑桥或延髓角弓反张部位
去小脑强直	前肢伸肌僵直、弯曲或后肢弯曲、角弓反张	小脑
四肢瘫痪	四肢麻痹	脑桥延髓或颈椎
偏瘫	同侧前后肢瘫痪，对侧未受影响	同侧脑桥延髓或颈椎
轻偏瘫	同侧前后肢轻度瘫痪，对侧未受影响	对侧延髓脑干或大脑
斜颈或转头	扭颈、转头和颈部偏向一侧	对侧中脑脑桥被盖区

神经系统急诊检查

检查患病动物的意识水平、对刺激的反应、瞳孔大小和对光的反应、生理性眼球震颤以及脑神经功能缺失（cranial nerve deficits）。当犬的中脑受损时往往引起昏迷和去脑强直，若是脑干损伤往往表现神志不清或昏迷，压迫性颅骨骨折、硬膜外或硬膜下

1

水肿、脑水肿引起的枕骨大孔疝往往导致脑干发生病变（框1-49）。

框 1-49　意识水平
警觉：警惕性高，对外界刺激可以做出适当反应
抑郁：出现昏迷，对外界刺激反应迟钝
混乱：出现迷乱或攻击性
极度兴奋：发声，对外界刺激的不适当反应
半昏迷：昏迷但对外界有害刺激有反应
昏迷：意识丧失，对伤害性刺激无反应

　　根据患病动物的瞳孔大小、对光刺激的反应，可以确定病变部位、初步判断疾病的严重程度及恢复的可能性。瞳孔的大小、缩瞳或散瞳的表现均应正常。如果瞳孔缩小，首先要排除是直接眼外伤引起的葡萄膜炎所致，还是继发于臂神经的损伤造成的。总之，要进行眼部检查从而排除眼外伤。

　　对于头部受损的患病动物，瞳孔从收缩或扩张状态恢复到正常大小，说明其临床功能得到改善。若无意识的患病动物出现双边散瞳现象，并对光刺激无反应，则预后不良且表明中脑挫伤严重。双侧瞳孔缩小伴发眼球震颤、运动，表明全脑或间脑病变，眼球由缩瞳向散瞳发展，表明脑病恶化且预后不良。在无眼外伤的情况下，缓慢发展的单侧瞳孔异常表明脑干受压或渐进性脑肿胀引起了脑疝；若双侧瞳孔不对称，则表明患病动物的脑干延髓发生病变，且病情发展迅速；若瞳孔对刺激无反应，则表明脑干病变扩展到延髓且预后不良。

　　颅内损伤常常伴发视觉的受损，若病变并不严重且病变部位较局限，则患病动物多表现大脑对侧眼部受损且瞳孔对光反射正常。若双侧脑水肿且中脑未受损，可致患病动物失明但瞳孔对光反射正常。如果患病动物严重抑郁且呈趴卧位，即使视觉通道完好，也可能对惊吓刺激没反应。眼、视神经、视神经通道、交叉神经的病变可影响视力及瞳孔对光的反应。此外，脑干挫伤和脑水肿时眼运动区的活动会发生异常，常导致失明和瞳孔散大且反应迟钝。

　　仔细检查所有脑神经。脑神经异常表明脑干神经元脱出了头骨或发生了挫伤或撕裂。原本正常的脑神经逐渐丧失功能表明病变区域的扩大。当脑神经受损，则预后谨慎。

　　当颞骨岩部或小脑延髓病变导致前庭神经功能障碍时，通常临床症状表现为打滚、歪斜、头部倾斜以及眼球异常震颤。颞骨骨折通常会引起出血和脑脊液（CSF）从外耳道流出。如果病变部位局限于膜迷路，则平衡将偏向于受损一侧且该侧的眼球震颤较快。

　　正常生理性眼球震颤时，外周前庭神经元、延髓核与脑神经核之间存在通路，起到支配眼外肌（Ⅲ、Ⅳ、Ⅵ）的作用。当脑干损伤严重时会阻断该通路，从而产生非生理性眼球震颤，使患病动物进行摇头运动。若患病动物的中枢神经系统受到严重抑制，则无法观察到该反射运动。

1

此外，应评估患病动物的姿势和运动能力。丧失正常的眼脑反射是脑干出血的早期征兆，也是脑干压迫和脑疝的晚期表现。

颅内损伤常常伴发脊髓型颈椎病，在检查这类患病动物时应尽量小心，以防造成进一步的损伤。当不确定患病动物是否有该类损伤时，可使动物平躺在平面上，拍摄脊柱 X 线片。至少需要拍两张正交视图以确诊是否存在骨折，在拍片过程中，尽量不要操控患病动物。射线垂直于脊柱，X 线片照相板固定在动物背侧，减少患病动物的运动。脑损伤的患病动物，其偏瘫通常在 1 ~ 3 d 内好转。

定时反复评估脑神经功能，揭示初始损伤的严重程度及脑损伤是否在逐步扩大。前庭迷失方向感、头部歪斜及异常的眼球震颤，常常提示膜迷路损伤和颞骨骨折。可以查看外耳道，检查是否有出血及脑脊液外漏。当小脑脊髓受损时，患病动物常表现打滚。

呼吸功能障碍与异常的呼吸模式常常伴随严重的颅脑损伤。间脑损伤常引起潮式呼吸，即患病动物呼吸逐渐加重、停顿，再逐步减弱。中脑病变则会引起过度换气，从而导致呼吸性碱中毒。髓质病变会导致呼吸起伏、不规则。在无原发性呼吸系统损伤的情况下若出现呼吸障碍，则预后谨慎。

头部受伤后，若发生癫痫，则暗示颅内出血、受损或颅内占位性病变的扩大。应用药物进行紧急治疗，控制癫痫，可以使用安定 [0.5 mg/kg（体重），IV；或每小时 0.1 ~ 0.5 mg/kg（体重），IV, CRI] 治疗癫痫。如果安定结合其他治疗手段控制颅内水肿的效果不明显，考虑应用戊巴比妥 [5 ~ 15 mg/kg（体重），IV]，负荷剂量的戊巴比妥 [16 ~ 20 mg/kg（体重），IV, 分 4~5 次使用，每 20 ~ 30 min 应用一次] 可以预防癫痫的再次发作。

脑水肿和颅内压升高可能引起严重的顽固性癫痫或神经抑制。渗透性利尿药甘露醇 [0.5 ~ 1.0 g/kg（体重），IV, 持续 10 ~ 15 min] 可有效缓解脑水肿。甘露醇是良好的自由基清除剂，可以抑制脑缺血再灌注的损伤，与呋塞米 [1 mg/kg（体重），应用甘露醇后 20 min 静脉注射] 有协同作用。皮质类固醇药物尚未被证实对脑部创伤有效，且其可引发高糖血症，而高糖血症是头部创伤不良预后的指标之一。此外，糖皮质激素会抑制免疫系统功能且影响伤口愈合。因此，权衡利弊，头部损伤时禁用糖皮质激素类药物。

对于严重头部损伤患病动物的预后需要谨慎，根据并发症的出现与否及轻重程度，对患病动物的认真护理可能持续数周至数月。若患病动物出现逐渐丧失意识的情况，应考虑进行手术降低颅内压。

小动物头部损伤常常伴发中脑及脑桥的挫伤出血，硬膜下及硬膜外少见占位性血凝块。诊断检查包括脑部 X 线片、CT 和核磁共振。特殊的检查方法有助于对脑及脑干的水肿、出血进行准确诊断与预后。对头部损伤的患病动物禁止抽取脑脊液，以避免使颅内压降低和脑干突出的风险增加。如果发生压迫性颅骨骨折，则应稳定患病动物，进行手术移除压迫。由于降低颅内压手术的预后不良，所以在临床上应用不广泛。若病变部位局限于某一区域，可以在该区域的头骨上钻 1~2 cm 的孔，开放底层脑组织，通过该孔清除血凝块。骨片是否保留，取决于外科医生的选择以及脑组织肿胀的程度。

脊髓损伤

脊柱创伤、椎间盘突出、脊柱骨折以及脊柱脱位可能引起脊髓损伤。当怀疑患病动物发生脊髓损伤时，对其进行移动应格外小心，避免脊柱发生弯曲、伸展及扭转。当患病动物受伤后丧失意识，应考虑是否有颈椎或胸腰椎损伤，进行 X 线片、CT、MRI 检查从而排除病因。可以将患病动物移到平坦的表面（如平板、门、窗、相框）并进行保定，从而防止椎体运动及进一步移位。也可以使用镇痛药或镇静剂使患病动物保持安静，从而减少活动。若患病动物头部受伤，尽可能不使用麻醉药物，以防引起颅内压的升高。在其他急诊病例中，首先评估患病动物的 ABC，针对休克、出血、呼吸抑制的症状进行治疗，待心血管系统和呼吸系统趋于稳定后，再对患病动物的神经系统进行全面检查。

胸腰椎疾病：椎间盘突出和创伤

椎间盘突出表明，由于髓核椎间盘的背侧移位，造成了椎间盘突入椎管，即椎间盘外部膜断裂且髓核组织突入椎管。犬猫有 36 个椎间盘，就有 36 个发生该病的潜在风险。犬易发软骨发育不良（chondrodystrophic）的品种包括腊肠犬、西施犬、法国斗牛犬、巴赛特猎犬、威尔士柯基犬、美国斯班尼犬、比格犬、拉萨犬以及京巴犬，多倾向于软骨内骨化。

对疑似椎间盘疾病患病动物的初步检查包括根据临床症状与神经系统障碍，确定神经病变部位并进行预后。在神经系统检查过程中应尽量减少对患病动物的摆位，可根据疼痛、水肿、出血以及可视畸形来定位椎体损伤部位。确定疑似病变部位后，对患病动物拍摄 X 线片，进一步诊断并制定治疗方案。多数情况下，为了防止进一步损伤，在拍摄 X 线片前应对患病动物施行短效麻醉。进行腹背位或背腹位以及侧位角度拍摄，拍摄过程中尽量减少动物活动。确诊椎间盘突出部位常常需要应用脊髓造影技术。

脊髓损伤的预后依据是受损程度及可逆性。对病变部位远端进行刺激，当患病动物能感知有害刺激或"深切疼痛"时，则预后良好。可通过止血钳或钳子夹后肢脚趾对患病动物进行有害刺激。肢体的屈伸反射只是简单的局部脊髓反射，不应视为患病动物对有害刺激的阳性反应或感知。动物在受到有害刺激时，通常表现转头、发声、散瞳、呼吸及性情改变，或试图撕咬等行为。若患病动物对有害刺激无法感知（丧失"深部痛觉"），则对神经功能恢复的预后不良。

局部病灶通常与椎体骨折和椎管移位有关。由于震荡、挫伤或撕裂造成第 3~4 胸椎单节或多节椎体局部损伤，可致损伤部位组织完全丧失功能。仅根据神经症状不足以确定结构损伤的程度。横向局灶性病变导致截瘫，伴有完整的后肢脊髓反射，而后肢及尾部的痛觉丧失。脊髓损伤患病动物的临床症状如表 1-43 所示。

表 1-43　脊髓损伤患病动物的定位症状〔localizing signs〕	
病变部位	姿势异常和反射变化
头部到第 6 颈椎	痉挛性四肢瘫痪或轻瘫 四肢反射过度 严重损伤：呼吸衰竭导致死亡
第 6 颈椎至第 2 胸椎	四肢轻瘫或四肢瘫痪 前肢脊髓反射受到抑制（下运动神经元） 骨盆四肢反射过度（上运动神经元）
第 1~3 胸椎	霍纳综合征（眼睑下垂、眼球内陷、瞳孔缩小）
第 3 胸椎至第 3 腰椎	希夫 - 谢灵顿综合征（胸部伸肌强直、迟缓性瘫痪、腱反射消失以及后肢无痛觉）

脊髓损伤的治疗

仔细评估脊髓损伤动物的心血管及呼吸系统功能，尽快定位损伤如气胸、肺挫伤、低血容量性休克以及开放性创伤。如果有明显的病变或 X 线片显示椎体病变引起了压迫性损伤，那么除非椎体移位程度未对椎管造成明显损伤，否则应进行手术治疗。若椎管移位达 50% ~ 100%，尤其是深部痛觉反射丧失，则预后不良。当存在持续性神经功能障碍，而 X 线片未显示存在病变时，可以应用 MRI、CT 扫描以及脊髓造影技术，确定潜在的可纠正性病变。手术探查：通过半椎板切除术或全椎板切除术，移除椎间盘突出组织及血凝块，从而对脊髓进行减压。为了方便移动及镇静，可将患病动物固定在木板或硬平面上，再送至外科诊室。若临床症状恶化或加重，则提示上升 - 下降性（ascending-descending）脊髓软化且预后不良。急性脊髓损伤的病例，糖皮质激素类药物是主要的治疗药物，即使其确切疗效仍存在争议。传统的糖皮质激素疗法如框 1-50 所示。最近，丙二醇被证实对于急性外伤性椎间盘突出的治疗有效。大剂量糖皮质激素只应用于损伤最初的 48 h 内，其副作用包括胃肠道溃疡的形成，而预防性应用胃肠道保护剂并不能抑制胃肠道溃疡的发生。然而，若已经发生胃肠道溃疡，则应进行胃肠道保护治疗。

框 1-50　急性脊髓损伤中糖皮质激素的应用剂量 *
使用泼尼松龙琥珀酸钠或甲基强的松龙，按照 20 ~ 30 mg/kg（体重）的剂量，静脉注射一次，然后分别在第 3、6、9 h，按照 10 ~ 15 mg/kg（体重）的剂量，IV

注：*此类药物对损伤的治疗效果不超过 8h。

护理

脊髓损伤患病动物的治疗过程包括积极护理和物理治疗。许多脊髓损伤的患病动物几乎没有控制膀胱的能力，导致排尿缓慢或尿液潴留，进一步致使膀胱过度充盈，最后造成充溢性尿失禁。尿液滞留在膀胱可引发尿道感染、膀胱乏力和充溢性尿失禁。每天按压膀胱数次即可排空膀胱，此外，留置导尿管在保持患病动物清洁的同时还有助于为膀胱减压（参阅第5部分中的导尿术）。

脊髓损伤的常见并发症还包括麻痹性肠梗阻和便秘。为了预防便秘，可以饲喂动物易消化的食物，通过保证动物饮水和输液来维持动物的水合作用，也可对便秘动物进行轻度灌肠或使用粪便软化剂。每4~6h给患病动物进行一次翻身，使用清洁、干燥、软垫的床上用品，预防褥疮性溃疡的形成。此外，还应进行深度肌肉按摩，人为活动患病动物的肌肉关节，预防肌肉的废用性萎缩及依赖性水肿。

外周神经系统的损伤

桡神经支配腕关节、肘关节和指关节伸肌，是前臂远端皮肤表面及指背侧面的感觉神经。肘部桡神经损伤会导致腕关节及指关节无法伸张，进而使患病动物用掌背侧行走和负重，与此同时，肘部以下的皮肤感觉丧失，导致掌损伤。如果肘关节以上部位（肩关节部位）的桡神经损伤，将导致肘关节无法伸展，并且患肢无法负重。确诊受损程度并使神经功能恢复需要数周时间。可能需要给患病动物安装屈腕吊带。如果患病动物发生患肢远端损伤或自残现象，有可能需要进行截肢手术。

臂丛神经
坐骨神经

坐骨神经主要支配后肢肌肉，控制膝盖弯曲和髋关节伸展。坐骨神经分支胫神经支配后肢肌肉，伸展踝关节和弯曲趾关节。胫神经是支持掌和趾腹侧的唯一皮肤感觉神经。坐骨神经的腓神经分支是支持掌背侧的唯一皮肤感觉神经（表1-44）。坐骨神经损伤常发生于骨盆骨折的患病动物，尤其是那些患有回肠位于坐骨大切迹，或骶髂关节脱臼造成第6和第7腰椎神经挫伤的病例。坐骨神经的损伤，会减少膝关节弯曲以及跗关节过度弯曲（胫神经），使患病动物用脚背侧走路（腓神经）。胫骨或腓骨损伤的临床症状通常与股骨骨折或后肢肌肉药物注射不慎有关。

股神经

股神经支配膝伸肌，其分支隐神经是唯一支配大腿、小腿、脚掌等区域远端内侧的皮肤神经。股神经受肌肉保护，在骨盆骨折中很少受到损伤。股神经受损的临床症状包括后肢无法负重、膝跳反射消失（阴性）、皮肤痛觉丧失。

表 1–44　患病动物前肢受损或受创的定位症状	
损伤部位	临床症状
第 6 颈椎至第 2 胸椎神经根	桡神经麻痹
肌皮神经	肘部不能弯曲
腋窝或胸背侧	肘神经下沉
正中神经和尺神经	前臂、掌根部表面，以及掌侧面皮肤感觉丧失
第 7 颈椎至第 1 胸椎神经根	胫神经、正中神经或尺神经受损
第 6~7 颈椎神经根	肌皮、肩胛和腋窝受损
第 7 颈椎至第 3 胸椎	霍纳综合征（缩瞳、眼球内陷、眼部垂脱）

昏迷

　　昏迷是指患病动物意识完全丧失，对有害刺激无反应。部分情况下，诱发昏迷或僵直状态的直接原因很明显，否则应对患病动物进行详细而全面的检查。表 1-45 列出的昏迷评分有助于根据临床症状对昏迷动物进行评估。当患病动物进入昏迷状态时，应立刻进行气管插管（参阅气管插管），以保证其呼吸道通畅。必要情况下，提供辅助呼吸，或至少提供补充氧气。如果有出血或休克现象，应进行控制治疗。

表 1-45　小动物昏迷评分表 (SACS)*	
临床表现	评分
运动活动	
步态正常，脊髓反射正常	6
偏瘫，四肢无力，去大脑活动	5
平卧，间歇性伸肌强直	4
平卧，持续性伸肌强直	3
平卧，持续性伸肌强直伴发角弓反张	2
平卧，肌张力减弱，脊髓反射抑制或缺失	1
脑干反射	
乳头状反射和眼脑反射正常	6
瞳孔光反射缓慢，眼脑反射正常范围内减弱	5
双侧反应迟钝性瞳孔缩小，眼脑反射正常范围内减弱	4
瞳孔缩小，眼脑反射减弱或消失	3
单侧反应迟钝性散瞳，眼脑反射减弱或消失	2
双侧反应迟钝性散瞳，眼脑反射减弱或消失	1
意识水平	
偶尔表现出对周围环境的警觉性和敏感性	6
抑郁型精神错乱，对周围环境有响应但不合时宜	5
半昏迷，对视觉刺激有反应	4
半昏迷，对听觉刺激有反应	3
半昏迷，只对重复性的伤害刺激有反应	2
昏迷，对重复性伤害刺激无反应	1

注：*神经功能的评估包括三个类别以及每个类别 1~6 分的不同症状的描述，将三类积分的总和作为评估总分。该评分表可以帮助兽医评估患病动物的颅脑神经功能状态，结合临床症状指导预后。总分在 3~8，预后不良；总分在 9~14，预后谨慎；总分在 15~18，预后良好（根据人医格拉斯哥昏迷量表进行修改）。

1

　　认真系统地询问动物主人患病动物的病史，注意动物在昏迷前是否出现抽搐、受伤或中毒。仔细进行体检，记录患病动物的体温、脉搏、呼吸。体温升高可能提示存在全身性感染，如肺炎、肝炎或下丘脑体温调节中枢失调。当动物中暑时，通常表现为严重高热，伴发休克和昏迷（参阅高温及热引起的疾病）。当循环衰竭或巴比妥类药物过量时，均可导致昏迷及体温下降。

　　昏迷的患病动物常常出现呼吸模式异常，颅内压升高或巴比妥类药物使用过量可造成通气不足，肺炎、代谢性酸中毒（糖尿病酮症酸中毒、尿毒症）或脑干损伤可导致呼吸速率加快。

　　检查皮肤擦伤或外伤，以及黏膜颜色和毛细血管再充盈时间。昏迷的患病动物出现黄疸伴有出血点或出血斑，可能是肝功能衰竭末期和肝性脑病（HE）。如果患病动物的呼吸有酮味，表明可能是糖尿病酮症酸中毒（DKA）或肝功能衰竭末期。

　　最后，全面评估神经系统。非对称性神经症状可能表明颅内病变（如出血、肿瘤、损伤），而中毒或代谢性紊乱（如糖尿病酮症酸中毒、肝性脑病）会导致对称性神经功能障碍，以脑病为主。肝性脑病的患病动物，通常其瞳孔大小正常，对光反射敏感（阳性），中毒动物的瞳孔大小异常，且对光反射迟钝。

　　进行血常规检测、血清生化分析、尿液分析，以及尿糖和尿酮的检测。血糖浓度显著升高伴发尿糖、尿酮以及尿密度升高，是糖尿病酮症酸中毒的显著特点。严重的氮质血症且尿密度降低是发热和尿毒症脑病的特点。若怀疑是巴比妥酸盐中毒，导尿并进行尿液毒素分析。尿液沉渣若有草酸钙结晶，可以考虑乙二醇中毒。计算血浆渗透压（见下文），检查是否有非酮症高渗透性糖尿病。高氨血症可能与肝性脑病有关。

代谢性意识水平改变
糖尿病性昏迷
　　在未接受有效治疗的糖尿病患病动物中，高渗透压会导致方向感丧失、虚脱和昏迷。以下公式可以计算血浆渗透压：

$$mOsm/L = 2(Na + K) + （葡萄糖/18）+ （尿素氮/2.8）$$

当血浆胶体渗透压超过 340 mOsm/L 时，会表现高渗透压临床症状。糖尿病酮症酸中毒或非酮症高渗综合征的治疗原则是降低酮酸的产生，促进碳水化合物的吸收利用，以及抑制外周组织释放脂肪酸。治疗方法包括补液、补充胰岛素和碳水化合物（参阅糖尿病酮症酸中毒）。酮症的发生会抑制胰岛素。用生理盐水或其他平衡晶体液（如 Normosol-R、等离子体溶液 Plasma-Lyte A、乳酸林格氏液）进行缓慢补液，维持补液 24~48 h。注意：补液速度过快会导致脑水肿，加重临床症状。

肝昏迷
　　肝性脑病通常表现神经状态异常伴发严重肝功能不全，常见病因是先天或后天的门脉系统分流，毒素、药物、感染也可引起急性肝损伤。肝性脑病属于医疗急诊病（表 1-46）。胃肠道对氨和其他含氮物质的吸收是肝性脑病众多复杂病因中的一种，在犬，应限制其饮食中蛋白质含量占食物干重的 15% ~ 20%，在猫为 30% ~ 35%，尽量使动物摄取非动物性膳食蛋白质（如大豆）。可以从脂类和碳水化合物中获取热量。与此同时，应用清洁灌肠剂以排出结肠食物残余，用抗生素减少胃肠道菌群，可用新霉素［15 mg/kg（体重），每 6 h 一次］进行保留灌肠（retention enema），也可应用甲硝唑［7.5 mg/kg（体重），PO，每 8~12 h 一次］或阿莫西林 – 克拉维酸（16.25 mg, PO，每 12 h 一次）。乳果糖（猫：每只 2.5 ~ 5.0 mL，每 8 h 一次；犬：每只 2.5 ~ 15 mL，每 8 h 一次）可以抑制结肠对氨的吸收（表 1-46），所以应对风险动物服用乳果糖，给昏迷动物进行保留灌肠。如果没有乳果糖，可应用聚维酮碘进行保留灌肠，其可改变结肠 pH 并抑制氨吸收。乳果糖的副作用（口服）是软化粪便后导致腹泻。

表 1-46　肝性脑病	
肝性脑病临床症状评分	临床症状
1	无精打采、抑郁、精神迟钝 性情改变 多尿
2	共济失调 丧失方向感 不自主的走动或转圈、压头 明显的盲目性 性情改变 流涎 多尿
3	目光呆滞 严重流涎 癫痫
4	昏迷

癫痫的急诊

癫痫是大脑功能的瞬间抑制，表现突然发病、自发停止、根据诱因不同有复发倾向。大多数癫痫发作会导致动物意识丧失、骨骼肌肉不自主运动，发生四肢强直和角弓反张，常见咀嚼、流涎、排泄困难等。癫痫发作的程度各有不同，临床症状包括肢体活动受限、面部肌肉抽搐、短暂的行为异常或意识丧失，相似的临床症状也可见于晕厥动物。任何有癫痫史的患病动物均应进行心脏检查，无论癫痫发作程度如何，均是医疗急诊，特别是对于多次发作或持续癫痫状态。

大多数癫痫发作时间很短，在就诊时可能已经停止发作。动物在癫痫发作过程中，

1

最重要的是防止其无意识的自残或伤害周围人。应侧重评估患病动物是否患有其他疾病，诱发癫痫发作，如肝功能衰竭、尿毒症、糖尿病、低血糖症、中毒、胰岛素分泌性肿瘤以及硫胺素缺乏等，许多毒素可引发震颤或癫痫症状（参阅毒药与毒素）。若发现有诱发的潜在疾病，应对其进行诊断治疗，将有利于对癫痫的控制。

不受控制的持续性癫痫是急诊病例。对持续癫痫的患病动物在外侧或内侧隐静脉留置导管，输入安定 [0.5 mg/kg（体重），IV] 进行紧急治疗。多数情况下，应先对患病动物进行紧急治疗，然后再进一步实施诊断检查。尽可能在使用抗惊厥药物前采集血液样品，降低其对化验结果的干扰，如用内部试剂盒进行测试时，安定中的丙二醇载体会诱导乙二醇测试结果假阳性。

尽可能对患病动物进行血糖测试，尤其是幼年犬猫。诊断治疗由低血糖症引起的癫痫发作，如果血糖偏低，可以使用 25% 葡萄糖 [1 g/kg（体重），IV]。如果安定部分地控制了癫痫持续状态，那么应用恒速滴注法给予安定 [每小时 0.1 mg/kg（体重），采用 5% 葡萄糖溶液输液]。安定对光敏感，为防止药效失效，输液袋和输液管应进行避光处理。如果安定药效不明显，可以应用戊巴比妥钠 [5~15 mg/kg（体重），IV] 或异丙酚 [3~7 mg/kg（体重），IV，此后每分钟 0.4 mg/kg（体重），IV]。当患病动物处于药物昏迷状态时，应采取气管插管措施保持气道通畅。持续性癫痫的患病动物应对其使用甘露醇和呋塞米，治疗脑水肿。

采取静脉输液 [维持剂量可输入平衡晶体液（参阅体液疗法）]。应对患病动物每 4~6 h 检查一次，防止其肺不张。插导尿管可以起到清洁作用，并应将动物放置在干燥、柔软、有衬垫的卧具上，防止其形成褥疮。根据患病动物意识丧失的时间长短，应对其进行人为被动运动、深层肌肉按摩，从而防止其发生废用性肌肉萎缩以及依赖性或废用性水肿。通过动脉血气测定或脉搏血氧仪和二氧化碳测定仪，检测患病动物的氧合作用和换气水平（参阅第 5 部分中的血气分析）。对于继发于肺换气不足或其他病因造成的低氧血症患病动物，可以辅助吸氧治疗。严重的癫痫患病动物，可继发神经源性肺水肿。为了防止干眼症和角膜磨损，每 4 h 滴润滑眼液一次。根据癫痫发作的原因不同，可应用苯巴比妥 [大剂量应用 16~20 mg/kg（体重），分 4~5 次使用，IV，每次 20~30 min；确保患病动物在两次注射之间神志清醒] 或左乙拉西坦 [Keppra, 20 mg/kg（体重），PO，每 8 h 一次，或 20 mg/kg（体重），缓慢 IV]。

猫的癫痫通常与大脑结构性病变有关，部分性发作的癫痫常与局部脑病变和获得性结构性脑病有关。如果癫痫初期发作频率高，提示存在结构性脑病变。猫的癫痫发作可分为轻微癫痫或复杂部分性癫痫，可能与全身性疾病有关，如猫传染性腹膜炎（FIP）、弓形虫感染、隐球菌感染、淋巴肉瘤、脑膜瘤、脑缺血和硫胺素缺乏症。

猫硫胺素缺乏症属于医疗急诊，其特征是瞳孔扩张、共济失调、小脑震颤、眼脑反射异常以及癫痫，可应用硫胺素（50 mg/d，连用 3 d）进行治疗。

1

扩展阅读

Barnes HL, Chrisman CL, Mariani CL, et al: Clinical signs, underlying cause, and outcome in cats with seizures: 17 cases (1997–2002), J Am Vet Med Assoc 225(11):1723‑1726, 2004.

Fletcher DJ, Syring RS: Traumatic brain injury. In Silverstein DC, Hopper K, editors: Small animal critical care medicine, St Louis, 2009, Elsevier.

Gordon PN, Dunphy ED, Mann FA: A traumatic emergency: handling patients with head injuries, Vet Med 98(9):788‑798, 2003.

Holt D: Hepatic encephalopathy. In Silverstein DC, Hopper K, editors: Small animal critical care medicine, St Louis, 2009, Elsevier.

Johnson J, Murtaugh R: Craniocerebral trauma. In Bonagura J, editor: Kirk's current veterinary therapy XIII, Philadelphia, 2000, WB Saunders.

Johnson K, Vite CH: Spinal cord injury. In Silverstein DC, Hopper K, editors: Small animal critical care medicine, St Louis, 2009, Elsevier.

Kraus K: Medical management of acute spinal cord disease. In Bonagura J, editor: Kirk's current veterinary therapy XIII, Philadelphia, 2000, WB Saunders.

Levine GJ, Levine JM: Seizures. In Mazzaferro EM, editor Blackwell's five minute consult clinical companion small animal emergency and critical care, Ames, 2010, Wiley–Blackwell.

Meola SD: Spinal fracture. In Mazzaferro EM, editor: Blackwell's five minute consult clinical companion small animal emergency and critical care, Ames, 2010, Wiley–Blackwell.

Meola SD: Spinal shock. In Mazzaferro EM, editor: Blackwell's five minute consult clinical companion small animal emergency and critical care, Ames, 2010, Wiley–Blackwell.

Olby N, Levine J, Harris T, et al: Long-term functional outcome of dogs with severe injuries of the thoracolumbar spinal cord: 87 cases (1996–2001), J Am Vet Med Assoc 222(6):762‑769, 2003.

Platt SP: Coma scales. In Silverstein DC, Hopper K, editors: Small animal critical care medicine, St Louis, 2009, Elsevier.

Platt SR: Feline seizure control. J Am Anim Hosp Assoc 37(6):515‑517, 2001.

Platt SR, Haag M: Canine status epilepticus: a retrospective study of 50 cases, J Small Anim Pract 43(4):151‑153, 2002.

Saito M, Munana KR, Sharp NJ, et al: Risk factors for development of status epilepticus in dogs with idiopathic epilepsy and effects of status epilepticus on outcome and survival time: 32 cases (1990–1996), J Am Vet Med Assoc 219(5):618‑623, 2001.

Sammut V: Skills Laboratory Part I: Performing a neurologic examination, Vet Med 100(2):118‑132, 2005.

Sammut V: Skills Laboratory Part II: Interpreting the results of the neurologic examination, Vet Med 100(2):136‑142, 2005.

Steffen F, Grasmueck S: Propofol for treatment of refractory seizures in dogs and a cat with intracranial disorders, J Small Anim Pract 41(11):496‑499, 2000.

Syring RS: Assessment and treatment of central nervous system abnormalities in the emergency patient, Vet Clin North Am Small Anim Pract 35:343‑358, 2005.

Syring RS, Otto CM, Drobatz KJ: Hyperglycemia in dogs and cats with head trauma: 122 cases (1997–1999), J Am Vet Med Assoc 218(7):1124‑1129, 2001.

Vernau KM, LeCouter RA: Seizures and status epilepticus. In Silverstein DC, Hopper K, editors: Small animal critical care medicine, St Louis, 2009, Elsevier.

眼科急症

眼科急诊是指任何引起或可能引起眼部多种疼痛、形变或视觉丧失的危急情况。不论何时发生这些情况，应该在 1 h 至数小时内立即处理（框 1-51 和框 1-52）。

进行全面眼部检查，以评估损伤部位以及损伤程度。在某些情况下，因为患病动物可能不适并出现睑痉挛，所以可能需要短效镇静或全身麻醉与局部麻醉结合，以便完成检查。框 1-53 列出了在眼部紧急诊断中的一些必要或有价值的仪器设备。

框 1-51　　需要立即治疗的眼科急症	
眼球穿透伤	眼睑撕裂伤
眼球突出	后弹性层突出
青光眼	眼眶蜂窝织炎
角膜撕裂伤	化学烧伤
急性角膜擦伤或溃疡	眼内异物
畸形虹膜炎	前房积血

框 1-52　　可能造成视力突然丧失的眼科急症	
前房积血	玻璃体积血
创伤性眼睑肿胀	角膜水肿
暴露性角膜炎	急性青光眼
突发获得性视网膜变性	视网膜脱离
视网膜出血	视网膜水肿
视网膜脱离	视神经创伤性撕裂
颅内损伤	眼球突出

框 1-53　　眼部检查设备	
小型放大镜	单眼间接检眼镜
直接检眼镜	透射仪
细齿镊	开睑器
泪道探针	无菌生理盐水眼部冲洗瓶
荧光素无菌试纸条	无菌棉签
丙美卡因（0.5%）	眼压计
短效散瞳剂（1% 托吡卡胺）	

为了对眼部进行全面的检查，首先要向动物主人询问病史：之前是否发生过眼部疾病？是否有过外伤或已知的化学烧伤？是否给患病动物进行过冲洗或药物处理？何时出现初次症状？发现症状后是否有过变化？

询问病史后，对患病动物眼部分泌物、睑痉挛、畏光的情况进行检查。如果有眼部分泌物出现，应记录其颜色和黏稠性。当患病动物非常不适时，不要尝试强迫性打开眼睑。考虑使用短效镇静剂或局部麻醉药（如 0.5% 丙美卡因）。记录眼球在眼眶中的位置。如果有眼球突出，则常可见到斜视和第三眼睑脱出。可能出现暴露性的角膜炎。当出现球后或颧骨唾液腺发炎时，患病动物会拒绝张口并表现出不适或疼痛。当眼睑出现任何肿胀、挫伤、擦伤或撕裂时应记录。记录眼睑是否能够闭合并完全覆盖角膜。若眼睑发生撕裂，确定撕裂深度。进行眼眶触诊，检查骨折、肿胀、疼痛、捻发音和蜂窝织炎情况。

检查角膜和巩膜是否有穿透性损伤或异物，此时开睑器或小镊子可以发挥很大的作用。如果伤口完全贯穿眼球，要找到葡萄膜、晶状体、玻璃体的组织缺损部分。不要给眼球任何压力，避免眼内疝的形成。检查结膜出血、球结膜水肿、撕裂、是否有异物等情况。检查结膜上穹和结膜下穹的异物凹陷，此时局部麻醉并使用湿棉签擦拭非常重要，可以清理结膜穹隆并取出异物。用小的细齿镊从眼球上拨开第三眼睑，检查第三眼睑后是否有异物。

然后，检查角膜混浊、溃疡、异物、擦伤或撕裂情况。将荧光黄染液与无菌水或生理盐水混合后，少量滴于巩膜背侧。将眼睛闭合，使染液分散涂布于角膜表面，之后使用无菌生理盐水轻柔冲洗。再次检查角膜是否存在缺损。垂直于眼球长轴的线性缺损提示应该检查结膜的双排睫 (dystechia)。

记录瞳孔大小、形状、对光线的反射（直接和交叉）。检查眼前房并记录其深度以及是否存在前房积血或房水闪光。检查晶状体是否清晰并保持在正常位置。晶状体脱位会造成晶体组织接触角膜并导致出现急性角膜水肿。使用压凹式眼压计或笔式眼压计测眼内压。最后，散瞳并使用直接或间接检眼镜检查眼后房是否有眼内出血、视网膜出血、视网膜脱离、视网膜血管迂曲、视神经炎或其他炎症。

特殊状况和治疗

框 1-54 列出了在治疗眼撕裂伤及其他眼部损伤时可能需要的基本器械。

框 1-54　进行眼部急诊的基本器械	
开睑器	22 G 直泪道插管
1×2 齿组织镊	虹膜库
切断剪	异物眼铲
角膜剪	眼球摘除剪，中等弯曲
眼科持针器，标准口，有锁	缝合材料：6-0 丝线，4-0 尼龙线，7-0 胶原蛋
刀柄，64 号刀片	白线，6-0 眼科肠线，7-0 尼龙线

眼睑损伤

眼睑撕裂

咬伤和车祸是引起眼睑边缘撕裂和擦伤的常见原因。眼睑可以看作双层结构，前层由皮肤和轮匝肌构成，后层由睑板和结膜构成。眼睑边缘开放的睑板腺大致形成了一条线，将眼睑分为前段和后段。在必要时，可以将这两部分分离，滑动皮瓣并帮助

1

创伤闭合。

在修复撕裂眼睑之前，使用无菌生理盐水轻柔地对伤口进行彻底冲洗。皮肤可以使用1%聚维酮碘擦洗，注意避免使用任何材料擦洗眼部软组织。如果可以，使用黏性眼帘遮住眼球，以避免发生进一步的伤口感染。

将伤口边缘修剪整齐，但使用清创术清理组织时要非常谨慎，保留尽量多的组织，以保证伤口收缩时眼睑畸形最小。闭合小的眼睑伤口时，使用可吸收缝线或尼龙线进行"8"字形或简单结节缝合皮肤。眼睑边缘必须严格对齐，防止术后眼睑缺口。

眼睑瘀斑

因为眼睑有丰富的血管供应，所以眼部直接钝性挫伤能引起严重的瘀斑。其他相关的眼部损伤也可能出现，如眼窝出血、眼球突出、角膜撕裂。创伤、过敏反应、皮脂腺炎症（麦粒肿/睑腺炎）、血小板减少症、维生素K拮颉剂灭鼠药中毒也可能造成眼睑瘀斑。

治疗眼睑瘀斑时，最初需要冷敷，之后使用热敷。在损伤发生后的3～10 d，血液会被重新吸收。局部用药（地塞米松眼膏，每6～8 h一次）和糖皮质激素的系统性使用，同时进行冷敷时，眼部过敏反应良好。

结膜撕裂

为了完整地对结膜异常状况进行检查，仔细地将其与下面的巩膜剥离非常必要。在剥离时，不能过度压迫眼球，以免眼内容物透过巩膜伤口形成疝。

使用6-0可吸收缝线修复大的结膜撕裂伤口，采用间断或连续缝合。仔细对齐结膜边缘以防止形成包涵体囊肿。若结膜大部分损伤，则可能需要更多的皮瓣去覆盖伤口。

结膜下出血

结膜下出血是一种常见的头部创伤后遗症，在多种凝血障碍疾病中常出现。其本身并不是一种严重的问题，但可能意味着存在潜在的严重眼内损伤。应该进行完整的眼部检查。能够造成结膜下出血的其他原因很多，包括血小板减少症、自身免疫介导溶血性贫血、血友病、钩端螺旋体病、维生素K拮颉剂灭鼠药中毒、严重的全身性感染或炎症、产程延长（难产）。普通的结膜下出血一般在14 d内自行恢复。如果肿胀和出血导致结膜暴露，应用三联抗生素眼膏（每6～8 h一次）进行局部防护，直至结膜出血消失。

化学烧伤

眼部的毒物、酸性和碱性化学烧伤的情况时有发生。眼部烧伤的严重程度取决于化学物质的浓度、种类、pH以及暴露时间。弱酸的组织渗透性不强，氢离子接触蛋白质后会使其沉淀，因此对角膜基质和眼内容物形成了一种保护。角膜淡白沉淀会使角膜呈现出毛玻璃样。

碱性溶液和强酸性溶液能快速穿透组织，造成浆膜皂化、胶原蛋白变性，以及结膜、巩膜外层、前葡萄膜血管内形成血栓。

很多疼痛、睑痉挛、畏光是由于角膜上皮及结膜上神经游离段的暴露所致。很多碱性烧伤会引起眼压升高。眼内前列腺素释放，造成房水 pH 升高，血 - 房水屏障逐渐改变，继发葡萄膜炎。葡萄膜炎以及虹膜前粘连形成，最终可能形成慢性青光眼、眼球结核 (phthisic)、继发性白内障、角膜穿孔。

角膜上皮的修复通常源自新血管的形成和移行，以及角膜上皮细胞的有丝分裂。严重的基质烧伤会随着坏死组织的降解和清除而愈合。多形核细胞释放的胶原酶、肽链内切酶和组织蛋白酶会引发角膜进一步崩解。在某些严重的情况下，可能只出现中性多形核细胞 （PMNs），而成纤维细胞可能不会进入角膜基质。

所有的化学烧伤都应该立即用清洁水进行充分冲洗。如果结膜囊上粘有糊状或粉状物，可用湿棉签除去后进行冲洗。首先局部使用 1% 阿托品滴眼液或软膏进行散瞳和睫状肌麻痹。每 6～8 h 使用一次三联抗生素软膏或庆大霉素软膏。局部使用碳酸酐酶抑制剂可以治疗继发性青光眼。为了避免纤维蛋白粘连和睑球粘连，应防止结膜囊袋的蛋白质渗出。疼痛时需要使用镇痛药。推荐使用的口服非甾体抗炎药有卡洛芬、酮洛芬、美洛昔康或阿司匹林。

持续的上皮侵蚀可能需要将结膜皮瓣留在原处 3～4 周，或放置局部胶原蛋白屏障（接触镜）。同时也应该使用抗生素、散瞳剂、润滑剂 （润滑眼膏）。

强酸或碱性烧伤可造成严重的角膜基质损伤。在过去，推荐局部使用 N- 乙酰半胱氨酸 （10% 易咳净）。这种治疗方法非常疼痛。其他方法也可行，如使用 EDTA （0.2 mol/L 溶液） 和患病动物血清来抑制哺乳动物胶原酶活性。制备患病动物血清，需要采集 10～12 mL 的全血。血凝块形成后离心，将血清置于红帽管内放于患病动物的笼子上（非冷藏状态可以保存 4 d）。每 1～2 h 在病灶眼部局部涂抹血清一次。应避免局部使用类固醇，否则会抑制成纤维细胞的形成和角膜修复。对于严重病例，可能同时出现结膜肿胀、球结膜水肿，可以短期口服甾体抗炎药。不可同时口服甾体和非甾体抗炎药，这样会增加胃溃疡和胃穿孔的风险。

角膜擦伤

角膜擦伤会引起剧烈疼痛、睑痉挛、流泪、畏光。剧痛的动物若不进行镇痛，通常很难进行检查。丙美卡因 （0.5% 盐酸丙美卡因） 的局部使用通常足以使眼睑放松并能接受眼部检查。使用集束光源、检眼放大镜检查角膜、结膜上穹和下穹、结膜内侧面是否存在异物。在荧光素无菌试纸条上滴一滴无菌生理盐水，接触一下上睑结膜，使染色剂散布至整个眼表面。冲洗眼部，清除多余的染色剂，之后检查角膜表面是否有染色剂吸附。如果角膜某处被染成了绿色，说明这部分角膜上皮出现了损伤。

初步处理包括局部使用散瞳剂（每 12 h 滴一滴阿托品），以防止发生虹膜前粘连，改善睫状肌痉挛。在溃疡修复后可使用三联抗生素眼膏（每 8 h 使用 0.64 cm 长）。在某些病例中，由于上皮生长不黏附于下方的角膜而造成溃疡不愈（如拳师犬发生的溃疡，无痛性溃疡）。表面麻醉后，使用棉签柔和地清除溃疡或损伤的松弛边缘。很多严重的病例在治疗 7 d 后只有少部分愈合，此时需要进行网状角膜切除术，使用 25 G 针头在溃疡或擦伤表面轻轻划痕，形成网格状以促进新血管形成。在进行手术之前要使用局部表面麻醉药。接触镜也可以用来促进伤口愈合。所有的角膜擦伤应该在 48 h 内再次评估，并在之后的每 4 ~ 7 d 进行一次检查，直至痊愈。

急性感染性角膜炎

急性感染性角膜炎继发于细菌感染，特征表现为黏脓性眼部分泌物、快速发展的上皮和角膜基质损伤、角膜基质炎性细胞浸润、继发性青光眼，通常伴有前房积脓。急性感染性角膜炎的确诊需要进行角膜刮片和革兰氏染色。细菌感染性角膜炎的初步治疗包括使用全身性抗生素和环丙沙星局部用药（0.3% 滴眼液或眼膏）。

角膜穿透性损伤

角膜穿透性损伤可能引起眼内容物脱出。通常，葡萄膜组织或纤维蛋白能够有效但短暂地覆盖创伤，促使眼前房再造。在动物麻醉前避免对伤口进行操作，因为动物的挣扎和兴奋可能使这种暂时性的封盖脱落移位，造成眼内容物被挤压而溢出。

浅表性角膜裂伤无须缝合，其处理方式与浅表性角膜溃疡或擦伤相同。若裂伤穿透角膜厚度超过 50% 或延伸超过 3~4 mm，则应进行缝合。在角膜上放置缝线时，使用放大镜会有帮助。建议转诊至兽医眼科专家处。若无法找到兽医眼科专家，可使用 7-0 或 8-0 号丝线、胶原蛋白线或尼龙线，配合微尖铲形针进行缝合。采用简单间断缝合模式，并将缝线至少保留 3 周。由于许多角膜裂伤边缘不规则且伴有角膜水肿，因此大部分伤口边缘无法紧密对合。在这种情况下，应将结膜瓣拉过伤口，以防止房水泄漏。切勿全层穿透角膜进行缝合，而应将缝线穿过角膜的中 1/3 处。

在角膜创伤闭合之后，必须进行眼前房再造以防止出现继发性青光眼和虹膜前粘连。小心地操作避免损伤虹膜，使用 25 G 或 26 G 针头从角膜边缘注入无菌生理盐水。任何缝合不严都很明显，因为液体会从那里渗漏出来，应该对其进行修补。

角膜创伤中，葡萄膜组织的封闭是个手术难题。持续的葡萄膜封闭会导致慢性角膜芯的形成，眼前房浅、慢性刺激、水肿、角膜上血管形成以及眼内感染可引起全眼球炎。强烈建议将患病动物转诊至兽医眼科专科医院。

1

眼部异物

最常见的可以引起小动物眼部损伤的异物是鸟枪子弹、汽枪弹、玻璃。异物进入眼内的位置可能被眼睑遮挡。异物入眼可能穿透角膜并进入前房，或停留在虹膜内。异物偶尔也会进入晶状体囊内，造成白内障。一些速度很快的金属异物可能穿透角膜、虹膜、晶状体，停留在眼球后壁或玻璃体腔内。

直接检查异物是最好的定位方法。使用直接检眼镜或活组织显微镜检查眼部是非常重要的定位异物的方法。通过影像学技术也可以间接观察眼部异物。需要从 3 个不同视角来确定异物所在平面。CT 或 MRI 可能有用，虽然异物的散射线会造成其很难被直接观察到。眼部超声可能是在定位眼内异物时，最有效、最精确的影像学技术。

从眼中取出异物之前，需要权衡取出异物的外科风险以及将异物留在眼中的风险。从眼前房中清除金属异物要比非磁性异物容易。从玻璃体腔中取出异物的效果往往不尽如人意。为了达到最好的恢复效果，如果条件允许，取出眼内异物最好由兽医眼科专家进行操作。

眼部创伤

眼球的钝性创伤可能导致晶状体脱位或半脱位。半脱位时晶状体可能向前移动，使眼前房变浅。半脱位时可见虹膜的颤动（虹膜震颤）。在完全脱位时，晶状体会完全落入眼前房，阻碍房水流出，造成继发性青光眼。不论哪种脱位，晶状体都可能进入玻璃体腔。晶状体脱位时，最常与透明膜破裂有关，导致玻璃体穿出瞳孔形成疝。

若晶状体完全落入眼前房或嵌在瞳孔内引起继发性瞳孔阻滞性青光眼，则需要进行紧急手术。急性高眼压可能在 48 h 内造成失明，因此，应尽快进行晶状体移除。建议将患病动物转诊至兽医眼科专家。

眼球的严重创伤或头部的直接撞击可能导致视网膜或玻璃体积血。视网膜下或视网膜内可能有大面积出血。视网膜下出现离散的球状，血呈现红蓝色。视网膜在出血处分离。视网膜表面出血呈现火焰样，视网膜前或玻璃体积血呈现亮红色不规则形状，盖住下层视网膜结构。继发于外伤的视网膜和玻璃体积血通常需要 2~3 周自行吸收。不幸的是，玻璃体积血可能形成玻璃体牵引带，最终造成视网膜脱离。

挤出性脉络膜出血可能在受伤时出现，通常导致视网膜脱离，形成严重的视力障碍，甚至完全失明。玻璃体和视网膜出血的治疗包括静养以及纠正可能引起眼内出血的因素。更多复杂的病例可能需要兽医眼科专家进行玻璃体切除术。

前房积血

前房积血指眼前房血液积聚。车祸是引起前房积血的最常见因素。前房积血也可能由于眼部穿透性创伤及凝血障碍引起。眼中的血来自前或后葡萄膜。眼部创伤可能造成虹膜根部离断或虹膜根部撕裂，使得虹膜和睫状体过度出血。通常，简单的前房

1

积血需要 7 ~ 10 d 自行吸收，不会造成失明。前房出血引起的失明可能与继发性眼部损伤有关，如青光眼、虹膜损伤、白内障、视网膜脱离、眼内炎、角膜瘢痕形成。

前房积血的治疗必须个体化对待，但是仍有一些重要的治疗通则。首先，止血并防止再出血。这可能需要根据病因进行纠正，如凝血障碍。随后，促进前房血液排出，控制继发性青光眼，并治疗包括虹膜创伤在内的相关损伤。最后，要发现并治疗青光眼的任何晚期并发症。

在创伤性前房积血的大部分病例中，少数可以止血或防止再出血。最好的办法是限制动物活动并防止其过度用力。在 5 d 内可能发生再出血，必须严密监测眼内压。在 5 ~ 7 d 后，前房的血液将由明亮的红色变成黑蓝色的 "8" 字形或球形血块。如果前房积血状况持续，眼压升高而没有进行治疗，则很有必要移交兽医眼科专家进行手术治疗。

红细胞主要通过前引流角排出。虹膜吸收和吞噬作用在眼前房血液清除过程中起次要作用。因为与虹膜创伤有关，所以建议局部应用糖皮质激素（1% 地塞米松滴眼液或 1% 泼尼松滴眼液），以控制前房炎症。也应使用睫状肌麻醉药（1% 阿托品）。

眼前房纤维蛋白的形成继发于出血，可引起虹膜粘连，阻塞小梁网从而造成继发性青光眼（参阅前房出血继发性青光眼）。继发于视网膜脱离（柯利氏眼扩张综合征）以及晚期青光眼的前房出血很难通过药物治疗，且预后不良。

眼球脱出

眼球突出通常继发于创伤，特别是对于短头犬种。长头犬的眼眶比短头犬深得多，需要受到更强的撞击才会引起眼球脱出。因此，柯利犬、灵缇犬与巴哥犬相比，与眼球脱出相关的眼和中枢神经系统的继发性损伤可能更严重。

当发生眼球脱出时，仔细检查心血管系统是否发生血容量减少或低血容量性休克。检查呼吸和神经系统。保证呼吸道通畅，出现休克及时治疗。在眼球复位或摘除之前，控制出血，稳定心血管系统。在对心血管系统和呼吸系统的最初治疗中，要使用眼膏或蘸有无菌生理盐水的纱布覆盖眼部以防止眼球干燥。眼球脱出与严重的眼内问题有关，包括虹膜炎、脉络膜视网膜炎、视网膜脱离、晶状体脱位以及神经的撕裂。

在全身麻醉状态下对变形眼球进行复位。眦侧切开，放宽睑裂。用无菌生理盐水冲洗眼球，清除表面残屑。使用大量三联抗生素眼膏涂抹眼表面，并用手术刀平面轻轻按压眼球使其回到眼眶内。不能使用针探查眼球后，也不能使用穿刺术减小眼压。眼球复位后，用简单结节缝合法闭合切开的眼角。在眼睑边缘使用 3 次不穿透全层的褥式缝合，但不要将其牵拉到一起。使用小段红色橡胶导管或静脉输液管绷紧眼睑缝合处，防止缝合造成眼睑坏死。内眦开放不缝合，用作局部上药。

术后治疗，防止进一步出现虹膜炎和感染。全身使用广谱抗生素［阿莫西林，16.25 mg/kg（体重），PO，每天两次］和镇痛药。局部使用三联抗生素眼膏［0.64 cm（1/4 in），每 6 ~ 8 h 一次〕和阿托品眼药水（1%，每 12 h 一次），防止感染、睫状肌麻痹、虹膜前粘连。若眶周炎症严重，也可以使用全身性甾体抗炎药。全身性甾体抗炎药不可与非甾体抗炎药一起使用，以避免增加胃溃疡和穿孔的风险。

缝合线要保留至少 3 周。之后，拆线并检查眼球。如果眼球脱出复发，则再次进行治疗。

眼球突出后，常见斜视继发于眶周肌肉损伤。即使在大量的治疗之后，动物仍然可能丧失视力。无视力的眼睛仍然会留在原位，但可能发展为眼球痨。

前房出血继发性青光眼

在小梁网仍保持 40% 的排出能力时，应用碳酸酐酶抑制剂如乙酰唑胺和双氯非那胺，可以减少房水分泌，有效降低眼内压。若小梁引流功能很差，则碳酸酐酶抑制剂疗法很难起效。渗透剂如甘露醇或甘油，可能有助于对前房出血继发性青光眼进行控制。玻璃体腔大小的减少，可以加深前房，促进房水外排。在药物无法控制青光眼或经过长期治疗并没有血液吸收的迹象时，则可对血或血凝块进行抽除。

组织纤溶酶原激活物（t-PA）对于血凝块的溶解和防止过度形成纤维蛋白有帮助。将 t-PA 配制成 250 μg/mL 溶液，等分成 0.5 mL 后于 −70℃ 冷冻保存，使用时将加热溶解后的 t-PA 配制液注入眼前房。

盲目地进行眼前房探查和手术治疗会引起严重的并发症，如再出血、晶状体脱落、虹膜损伤、角膜基质损伤，因此不建议采用这些方法。

急性青光眼

急性青光眼指与正常视觉不相关的眼内压升高。青光眼可能以早期急性充血、非充血性青光眼或晚期疾病的形式出现。青光眼的主要症状是突发性疼痛、畏光、流泪、巩膜深部血管充血、角膜水肿不敏感、眼前房深度变浅、瞳孔散大无反射、失明以及眼积水。眼内压通常超过 40 mmHg，但如果青光眼是继发于前葡萄膜炎时，也可能正常或仅有轻微升高。

犬的多数青光眼继发于其他的眼内疾病。原发性青光眼在某些品种中出现，包括巴吉度猎犬、英国可卡犬、萨摩耶犬、法兰德斯牧牛犬，以及一些存在前房角发育不全或有晶状体脱位倾向的㹴犬。急性青光眼的其他常见原因还有前葡萄膜炎以及继发于白内障快速发展的晶状体肿胀（尤其是对于患有糖尿病的动物而言）。

查找并治疗眼压快速上升和下降的根本原因。永久性视力缺陷可能与长期眼球积水或角膜纹理起皱有关。建议转诊至兽医眼科专家。

若眼睛仍有视力，无积水，则预后良好，这种情况取决于引起急性青光眼的原因。降眼压治疗包括促进房水排出、输注高渗液降低眼内压以及减少房水生成等（表 1-47）。

表 1-47　急性青光眼急诊推荐用药

高渗液	
甘露醇	0.5~1 g/kg（体重），IV，输注 10~20 min
甘油	1~2 g/kg（体重），PO，注意有无呕吐反应
碳酸酐酶抑制剂	
双氯非那胺（二氯苯磺胺）[*]	10~12 mg/kg（体重），PO，每天两至三次
醋甲唑胺（甲氮酰胺）[*]	5 mg/kg（体重），PO，每天两至三次
多佐胺（舒净露）[*]	1 滴，局部用药，每 8~12 h 一次
β－受体阻断剂	
马来酸噻吗心安[+]	1 滴，局部用药，每 12 h 一次
前列腺素类似物	
拉坦前列素[++]	1 滴，局部用药，每 24 h 一次

注：IV，静脉注射；PO，口服。
[*] 副作用：呕吐、腹泻、气喘、走路摇晃、失去方向感。
[+] 猫有支气管炎（哮喘）时勿用。
[++] 葡萄膜炎或晶状体半脱位时勿用。

　　发生急性青光眼时，禁用局部散瞳剂，因为可能增加晶状体脱位和前葡萄膜炎恶化的风险。当出现虹膜膨隆、晶状体肿胀或晶状体半脱位时，建议转诊兽医眼科专家进行紧急手术。

　　使用高渗液可减少玻璃体的体积以及房水量，其能在眼内液和血管床之间形成渗透压差，使液体渗透性排出，不受房水生成和引流系统的影响。如果没有其他方法可以使用，则口服甘油［50%，1~2 mL/kg（体重）或 1~2 g/kg（体重）］，可以有效降低眼压。口服甘油的副作用是造成动物持续呕吐。患有糖尿病的动物不可使用甘油。甘露醇［0.5~1 g/kg（体重），IV，输注 10~20 min］也能有效降低眼压，且不会引起动物呕吐。

　　碳酸酐酶抑制剂可以减少房水生成，从而减少眼内容物体积。单独口服双氯非那胺、醋甲唑胺或乙酰唑胺［2~4 mg/kg（体重）］，通常对于减少房水量和降低眼压的效果不佳，且可引起代谢性酸中毒。局部碳酸酐酶抑制剂（多佐胺、舒净露）与 β－受体阻断剂（噻吗心安，0.25% 或 0.5% 溶液，每 8 h 一次）联合使用更高效。若要迅速降低眼压，局部使用前列腺素阻断剂（拉坦前列素）最有效，通常在急诊阶段 1~2 滴即可有效地降低眼压，之后的几天内可转诊至兽医眼科专科医院。

扩展阅读

Abrams KL: Medical and surgical management of the glaucoma patient, Clin Tech Small Anim Pract 16:71-76, 2001.

Gionfriddo JR: Glaucoma. In Mazzaferro EM, editor: Blackwell's five minute consult clinical companion small animal emergency and critical care, Ames, 2010, Wiley-Blackwell.

Graham BP: Proptosis. In Mazzaferro EM, editor: Blackwell's five minute consult clinical companion small animal emergency and critical care, Ames, 2010, Wiley-Blackwell.

Graham BP: Scleral and corneal lacerations. In Mazzaferro EM, editor: Blackwell's five minute consult clinical companion small animal emergency and critical care, Ames, 2010, Wiley–Blackwell.

Komaromy AM, Ramsey DT, Brooks DE, et al: Hyphema: pathophysiologic considerations, Compend Contin Educ Pract Vet 21(11): 1064-1069, 1999.

Mandell D: Ophthalmic emergencies, Clin Tech Small Anim Pract 15(2):94-100, 2000.

Powell CC: Hyphema. In Mazzaferro EM, editor: Blackwell's five minute consult clinical companion small animal emergency and critical care, Ames, 2010, Wiley–Blackwell.

Singh A, Cullen CL, Grahn BH: Alkali burns to the right eye, Can Vet J 45(9):777-778, 2004.

van der Woerdt A: The treatment of acute glaucoma in dogs and cats, J Vet Emerg Crit Care 11(3):199-205, 2001.

肿瘤急症

临床上很多急诊是完全或部分由于肿瘤的存在而引起。表 1-48 总结了犬猫的副肿瘤征象。准确地发现肿瘤并掌握其治疗方案、治疗反应、长期预后，可以帮助动物主人和兽医采用恰当的治疗方法。

出血或积液

由于良性或恶性肿瘤的存在，出血或积液可在任何体腔中出现。肿瘤分泌抗凝血物质，可使血管再生不受限制。出血发生于瘤体破溃或侵入主要血管结构时；积液则可能源自肿块直接的液体渗出，或由淋巴管、静脉循环障碍引起。

腹腔血性积液常见于肝或脾的肿瘤团块。血管肉瘤和肝细胞性肝癌最为常见。不论病因为何，急性腹内出血常与低血容量性休克、灌注不足有关，其临床症状有黏膜苍白、心动过速、贫血、嗜睡、急性虚脱等。急性腹内出血的治疗包括留置大孔径外周头静脉导管，使用 1/4 休克剂量［犬：每小时 90 mL/kg（体重）；猫：每小时 44 mL/kg（体重）］静脉输入晶体液，仔细监控心率灌注参数、毛细血管再充盈时间、黏膜颜色以及血压。静脉输注胶体液治疗，如羟乙基淀粉或戊聚糖［5~10 mL/kg（体重），静脉推注］，以恢复血容量和正常血压。治疗严重的贫血则需要给予全血或浓缩红细胞，改善携氧量和运氧能力（参阅成分输血疗法和休克）。确认出现腹腔积血时，进行腹腔穿刺（参阅腹腔穿刺术）。未凝固的积血与游离血相同。积液的红细胞比容通常等同或高于外周血。在进行深入检查之前，使用腹部压迫绷带。

在出现急性腹腔积血时，要对胸腔拍摄右侧位、左侧位以及腹背位或背腹位的X 线片，以帮助排除明显的肿物转移。检测患病动物的心电图，必要时纠正心律失常（参阅心律失常）。在患病动物情况稳定时，可以进行手术。在某些出血严重的病例中，需要立即手术。

当建议进行腹内出血性肿物摘除时，应该告知动物主人初步诊断结果及预后。血管肉瘤通常涉及脾脏或肝脏，或两者兼有。出现腹腔积血的病例中，80% 为恶性。即使没有出现腹腔游离血，也有 50% 为恶性。大约 66%（2/3）的脾脏肿物为恶性（血管肉瘤、淋巴瘤、肥大细胞瘤、恶性纤维性组织细胞瘤），大约 1/3 为良性（血肿和血管瘤）。

1

表1-48 犬猫副肿瘤综合征

副肿瘤综合征	原因/临床症状	肿瘤类型	治疗方案
中性粒细胞减少症	免疫抑制，化疗，白血病和骨髓痨，发热，体温降低	淋巴瘤（V期），白血病，多发性骨髓瘤	粒细胞集落刺激因子（G-CSF），抗生素
败血症	细胞免疫功能紊乱，留置静脉导管和导尿管，虚弱，呕吐，发热，腹泻，低血压，嗜睡，黑便	各种各样	G-CSF，静脉输液，抗生素
血小板减少症	骨髓产出能力下降（化疗，雌激素过多），微血管疾病引起破坏加重，弥散性血管内凝血（DIC），肿瘤出血，免疫介导性破坏，瘀点和瘀斑	淋巴瘤，多发性骨髓瘤，血管肉瘤，白血病，胃肠道腺癌，任何肿瘤类型	输血，治疗原发病
贫血	骨髓产出能力下降，出血，微血管病，DIC，免疫介导性破坏，化疗，嗜睡，虚弱，心动过速，呼吸急促	白血病，淋巴瘤，高雌激素血症，腺癌，甲状腺癌	输血，治疗原发病
红细胞增多	肿瘤生成红细胞生成素或肾组织缺氧，嗜睡，呆滞，呕吐，肾氮质血症	肾癌，淋巴瘤，原发性真性红细胞增多症	发现原发病并治疗，羟基脲，放血
DIC	微血管病综合征	很多	输血，肝素，新鲜冷冻血浆
高丙种球蛋白血症	肿瘤产生IgG升高造成血清黏度增加，眼出血，视网膜脱离，呆滞，抽搐，瘀点，出血，潜在感染	浆细胞瘤，多发性骨髓瘤	治疗原发病，美法仑和强的松
急性肿瘤溶解综合征	化疗后急性肿瘤细胞死亡，急性虚脱和休克，呕吐，高血钾引起心房静止，心动过速，肌肉抽搐	淋巴瘤，白血病	晶体液输液疗法，治疗高血钾，监控电解质情况
高钙血症	甲状旁腺相关肽加强破骨细胞活动；呕吐，腹泻，便秘，多饮多尿，高血压，昏迷，心动过速，虚弱，抽搐	淋巴瘤，顶浆分泌腺腺癌，多发性骨髓瘤，乳腺瘤，甲状旁腺瘤，甲状腺癌	静脉注射0.9%氯化钠，泼尼松，二磷酸盐，呋塞米，鲑降钙素
低血糖症	败血症，肿瘤分泌胰岛素或胰岛素样多肽增多，儿茶酚胺释放，虚弱，抽搐	胰岛β细胞瘤（胰岛瘤），平滑肌肉瘤，平滑肌瘤，口腔黑色素瘤，肝癌，肝细胞性肝癌	手术摘除肿瘤，静脉补充葡萄糖，甲状旁腺激素相关多肽，强的松，二氮嗪，普萘洛尔

肝细胞性肝癌通常影响一个肝叶（常为左叶），采用手术方法治疗。将病变肝叶完全切除后，犬的平均生存时间超过 300 d。如果手术时已有肿瘤扩散，则预后不良。

非血性积液与间皮细胞瘤、淋巴瘤、癌症扩散，或其他引起血管和淋巴管阻塞的肿物有关。其临床症状为呼吸困难、腹部膨胀并伴有非血性积液，通常疾病发展缓慢，与存在血性积液的情况相比并不严重。治疗方案主要是找到根本病因或潜在病因。

通过胸腔或腹腔穿刺术采集积液。在超声检查引导下进行胸腔或腹腔肿物抽取，可以获得更多的细胞以进行细胞学评价。积液的细胞学评价通常能说明肿瘤原发类型。腹部超声可以确定其转移程度。如果积液造成了呼吸困难，则要进行胸腔或腹腔穿刺术。积液的快速再聚集可能导致低蛋白血症和低血容量性休克。

间皮细胞瘤是一种少见的肿瘤，多发于城市环境中的犬。对于人类的病例来说，间皮细胞瘤曾与暴露于石棉相关。有时很难将反应性间皮细胞与恶性间皮细胞区分开。治疗方案应针对控制瘤体分泌。现已证明腹腔内使用顺氯氨铂可以减缓积液的再聚集，但此方法属于保守治疗。淋巴瘤也是一种可以引起胸腔和腹腔积液的肿瘤。在积液的细胞学评价中，可见大量淋巴母细胞。可以采用多种药物治疗的化疗方案，同时也可使用放疗，能够延缓肿瘤发展，抑制液体的积聚。

癌症扩散是恶性肿瘤在腹腔内弥散性散布的结果，预后不良。癌症可能是新形成的，或由于原发肿瘤转移产生。患病动物呼吸困难时抽出积液，可以在腹腔内注入顺氯氨铂以延缓疾病发展。顺氯氨铂不可用于猫，否则会造成致命的急性肺水肿。

胸腔

血性胸腔积液的临床症状包括急性呼吸困难、贫血、低血容量性或心源性休克，以及虚脱。血性胸腔积液很少与肿瘤渗出液有关，而青年犬发生肋骨骨肉瘤时的胸腔内出血属于例外。原发性肺肿瘤侵蚀脉管后会引起出血。很多病例中，出血会被局限在心包中，于右心房形成团块，在胸部影像中形成球形心脏影像。

治疗可应用心包穿刺术（参阅心包积液和心包穿刺术）和心包开窗术，如果肿物在右心耳且可以切除，则可将其手术摘除。虽然手术可以解决右心衰竭的临床症状，但症状通常会很快发生转移。

非血性胸腔积液比血性的更常见，通常由间皮细胞瘤、淋巴瘤、癌扩散、胸腺瘤引起。临床症状逐渐发展，患病动物出现呼吸困难、发绀、咳嗽。可补充吸氧疗法。在某些情况下，胸腔穿刺是有诊断和治疗意义的。要在穿刺前后分别进行 X 线片检查，以确定胸腔内是否存在团块。在确定发病原因后，可制定明确的治疗方案。

间皮瘤少见，与弥散性浆膜病有关。本病犬比猫更常见。积液由间皮瘤引起，可影响胸膜或心包腔。治疗时，要去除积液，并使用腔内铂化合物（卡铂、顺铂可用于犬，不可用于猫）控制积液再生成。化学或物理的胸膜固定术有助于控制积液的聚集，但对于患病小动物来说非常疼痛。

1

继发于淋巴瘤的胸腔积液通常与前纵隔肿瘤相关。T 细胞淋巴瘤是犬最常见的纵隔肿瘤。B 细胞淋巴瘤对化疗不敏感，且生存时间短。治疗可采用化疗，也可同时应用放疗，以减小肿物体积。

癌扩散是胸腔的弥散性疾病，通常由原发性肺癌或乳腺癌转移引发。治疗上与间皮细胞瘤的方案相似，主要针对渗出液进行控制，延缓其复发。

胸腺瘤在犬和猫都有记录。犬常表现为咳嗽；猫则表现为呼吸困难，呼吸方式受限与胸腔积液相关。前纵隔肿瘤常常在胸部 X 线片中可见。在某些病例中，胸腔积液必须进行胸腔穿刺术，才可见肿物。超声介导下对肿物进行抽吸和细胞学评价，可见恶性上皮细胞瘤伴随淋巴细胞和肥大细胞。如果肿瘤可被完全切除则预后良好。手术摘除肿物，术前可考虑通过放疗减小肿物体积。犬胸腺瘤的副肿瘤综合征可见重症肌无力。如果出现食管扩张或吸入性肺炎，则预后更加谨慎，这是因为并发症的发生率很高。

肿瘤引起器官系统梗阻
尿路梗阻

梗阻性病变可影响尿路的外部（腹内、骨盆或腹膜后）和内部（尿道、膀胱和尿道壁）。移行细胞癌是犬最常见的膀胱肿瘤。前列腺癌或腰下淋巴瘤（是源于顶泌腺癌的腺癌）也可能造成尿路梗阻。治疗时应先缓解梗阻，再查找原发病。为了缓解梗阻，应尽快插入导尿管。膀胱穿刺抽吸是最后采取的办法，因为如果移行细胞癌是梗阻的病因，则该肿瘤有播散至腹腔的风险。可制定静脉输液和纠正电解质等支持疗法。

平面放射影像可能会显示出病变肿块，或在双重造影下才可见。腹部超声则更易识别病变肿块。盆腔尿道肿物在超声影像中很难见到。膀胱尿道双重造影则更好。当患病动物情况稳定后，可进行活组织检查或手术治疗，以摘除并确定肿物来源。尿检可用于识别犬的移行细胞癌。

手术完整切除移行细胞癌或移除膀胱良性瘤，则预后良好。切除不完整则预后不良。很多移行细胞癌位于膀胱三角区，难以被完全切除。非甾体抗炎药如吡罗昔康有助于缓解临床症状，使患病动物平均存活 7 个月。在某些犬中，顺氯氨铂和卡铂可能会延缓移行细胞癌的复发。

前列腺肿瘤往往属于恶性。去势和未去势公犬发病率相同。前列腺肿瘤的诊断基于超声影像显示出的团块效应或前列腺肥大，以及经直肠或腹部抽吸活组织进行的检查。长期来看，手术、化疗、放疗等措施一般疗效不理想，尽管姑息性放疗能够减轻临床症状 2~6 个月。

胃肠道梗阻

消化道的管腔肿瘤可以引起典型的梗阻，其临床症状发展缓慢，包括呕吐、食欲不振、体重减轻或急性持久性呕吐。管腔外梗阻性病变通常源自黏膜粘连，或因出现

1

绞窄而导致梗阻。肿物穿过胃壁或肠壁会引起腹膜炎。治疗方案包括初步稳定病情和补液，出现腺瘤、平滑肌瘤、平滑肌肉瘤、阻塞性或穿孔性淋巴瘤的病例，可手术切除病变组织。

胃和肠道腺瘤是在犬中最常见的消化道肿瘤。典型的病史包括厌食、体重下降、呕吐。在实施任何手术前，应该进行腹部超声诊断。用细针吸取肿物及周围淋巴结组织通常具有诊断意义，可以确定是否存在局部转移。很多肿瘤是不可切除的，且约70%的病例会出现转移。肿瘤较小时可以采取切除治疗，患犬有可能存活更长时间。

如果犬肠道中的平滑肌肉瘤可以被完整切除，则相比腺癌预后更为良好。完整切除后，患犬平均存活时间超过 1 年。在这类肿瘤的副肿瘤综合征中会有低血糖症状出现。

消化道淋巴瘤是猫最常见的消化道肿瘤，在犬中则相当少见。一般不建议手术治疗，除非出现完全梗阻或消化道穿孔的情况。而多种化疗药物综合使用可以缓解或消除一些临床症状，如厌食、体重下降、呕吐。不幸的是，其治疗效果很差。

消化道肥大细胞瘤在多达 83% 的患病动物中表现出典型的消化道溃疡和出血。组胺受体兴奋导致酸性分泌物增加，从而引起消化道出血，并伴有肥大细胞瘤。治疗可用组胺或质子泵抑制剂（雷尼替丁、法莫替丁、西米替丁、奥美拉唑）。肠道穿孔并发症较为少见。

副肿瘤综合征
化疗相关毒性

很多化疗药依靠快速分离正常细胞和肿瘤细胞来发挥作用，包括骨髓、消化道、皮肤、毛囊、生殖器官在内的正常组织通常会受到影响。某些药物有特别的嗜器官毒性，必须要进行检测。应了解并能够识别可能发生的典型问题或并发症，从而在并发症出现时进行快速治疗以缓解症状（表 1-48）。

骨髓毒性

中性粒细胞减少症是患病小动物中最常见的继发于化疗的骨髓毒性病症（表 1-49）。在大部分病例中，中性粒细胞减少症与用药剂量有关。最低值（nadir），即最低中性粒细胞计数，会在化疗后的 5 ~ 10 d 出现。一旦最低值出现，则骨髓恢复正常，循环中性粒细胞在 36 ~ 72 h 回升（表 1-49）。

治疗骨髓抑制对败血症的防治有很大帮助。对于中性粒细胞计数 < 2 000 个 /μL 的无发热病例，建议预防性使用抗生素。可选用甲氧苄氨嘧啶和阿莫西林。粒细胞集落刺激因子（G-CSF）（如 Neupogen）是一种人工合成的产品，可刺激骨髓释放中性粒细胞，并可缩短骨髓抑制剂治疗后的恢复时间。G-CSF 的缺点在于用药 4 周内会产生抗体且费用高昂。为防止发展成为中性粒细胞减少症，随后的化疗药用量应减少 25%，并延长治疗间隔。应尽量避免骨髓抑制剂的重叠使用。

表 1-49　化疗引起的骨髓抑制分类表		
骨髓抑制程度	最低值出现时间	诱导药物
无或轻微	未观察到	长春新碱（低剂量使用）、左旋天冬酰胺酶、糖皮质激素
中等	7~10 d	美法仑、顺铂、米托蒽醌、放线菌素D
严重	7~10 d	阿霉素、环磷酰胺、长春花碱

消化道毒性

在使用顺铂和放线菌素D 6～12 h 内，可出现急性消化道毒性。在很多病例中，使用止吐药如胃复安、布托啡诺、氯丙嗪、多拉斯琼或昂丹司琼进行预处理，可以预防化疗药引起的恶心、呕吐。在使用多柔比星（阿霉素）、放线菌素 D、氨甲蝶呤、环磷酰胺 3～5 d 后，会出现呕吐这一延时性副作用。在延时反应中，肠隐窝细胞的损伤会引起呕吐和腹泻。治疗方案包括使用止吐药、进行静脉输液、选择清淡易消化的食物。多柔比星在使用 5～7 d 后还可能引起结肠出血。治疗时应给动物选择清淡饮食，使用甲硝唑、酒石酸泰乐菌素（泰乐菌素粉末）。使用长春新碱 2～5 d 后可见麻痹性肠梗阻，这种副作用在人中更常见，可在排除消化道梗阻后，使用胃复安进行治疗。

心脏毒性

多柔比星（阿霉素）引起扩张型心肌病与用药剂量有关（累积剂量达 100～150 mg/m^2）。然而在大多数病例中，累积剂量达到 240 mg/kg（体重）才显现临床症状。心肌损伤是不可逆的。心律失常的治疗方案取决于心律失常的类型（参阅心律失常）。停止使用多柔比星，使用利尿剂和强心药物，治疗扩张型心肌病，以延缓充血性心力衰竭的发展（参阅犬猫的充血性心力衰竭）。如果在治疗之前出现心电图异常，则在制定化疗方案时可换用脂质胶囊多柔比星或米托蒽醌。使用如维生素 E、硒、N-乙酰半胱氨酸等心脏保护药物，对多柔比星引起的心脏毒性有一定预防作用。

膀胱毒性

环磷酰胺可引起出血性膀胱炎。有毒代谢产物丙烯醛会损伤膀胱黏膜和血管。出血性膀胱炎的临床症状包括环磷酰胺使用史、痛性尿淋漓、血尿、尿频。治疗出血性膀胱炎时，要停止用药，在药敏试验指导下使用抗生素治疗尿路感染，并采用膀胱内用药。在一些顽固病例中，可能需要进行膀胱黏膜清创术和烧烙术。

出血性膀胱炎的预防包括经常排空膀胱、选择晨间给药。使用强的松会引起动物多饮多尿。如果出现出血性膀胱炎，则苯丁酸氮芥可以作为替代化疗药。

1

过敏反应

使用 L- 天冬酰胺酶、阿霉素、依托泊苷、紫杉醇时患病动物会出现过敏反应。随着药物的重复使用，过敏反应的风险会增加，但是有些动物会在第一次接触药物时就发生过敏反应。出现任何其他危及生命的过敏反应时（参阅过敏反应），可使用肾上腺素、苯海拉明、法莫替丁、糖皮质激素。为了减少不良反应的风险，用药前 15 ~ 30 min 应给予苯海拉明［2.2 mg/kg（体重），IM］。减缓输液速度也能降低过敏反应。

急性肿瘤溶解综合征

在化疗或放疗之后，瘤细胞大量崩解会导致急性肿瘤溶解，尤其是对于患有淋巴瘤的动物而言。细胞死亡后，细胞内容物的释放可能引起高钾血症、高磷血症、氮质血症、高尿酸血症、低钙血症。高肿瘤负荷、已存在的肾功能不全可能增加急性肿瘤溶解的风险。治疗时可静脉注射利尿剂，若患病动物出现呕吐可使用止吐药，若出现腹泻可使用广谱抗生素。

品种特异性毒性

低剂量顺氯氨铂即可引起猫致命的不可逆性肺水肿，而 5- 氟尿嘧啶（5-FU）可引起猫严重的神经毒性，导致共济失调和抽搐。因此，顺氯氨铂和 5-FU 禁用于猫。

扩展阅读

Bergman PJH: Tumor lysis syndrome. In Silverstein DC, Hopper K, editors: Small animal critical care medicine, St Louis, 2009, Elsevier.

Dye T: Hemoabdomen. In Mazzaferro EM, editor: Blackwell's five minute consult clinical companion small animal emergency and critical care, Ames, 2010, Wiley–Blackwell.

Henry CJ: Management of transitional cell carcinoma, Vet Clin North Am Small Anim Pract 33(3):597–613, 2003.

Rocha TA, Mauldin GN, Patnaik AK, et al: Prognostic factors in dogs with urinary bladder carcinoma, J Vet Intern Med 14(5):486–490, 2000.

Walters JM, Connally HE, Ogilvie GK, et al: Emergency complications associated with chemotherapeutics and cancer, Comp Contin Educ Pract Vet 25(9):676–688, 2003.

毒药与毒素

中毒病例需要快速、有序地治疗。治疗的关键是通过电话提供恰当的建议，获得信息资源并提供恰当的治疗。大部分报道的犬猫中毒病例由少数种类毒性物质所致。

每一位兽医都应该熟悉灭鼠药中毒和杀虫剂中毒的临床治疗，并应该随时备有解毒剂。除最常见的毒物外，还有很多其他的中毒可能，因此兽医必须掌握足够的信息资源。综合的药物和植物鉴定资料非常重要。

很明显，对于可能引起动物中毒的大量潜在毒素而言，兽医中常用的特异性解毒剂非常少。因为缺少特异性解毒剂，兽医必须采用一般中毒管理方案和基本急症护理方法，针对由毒物引起的特殊临床症状进行处理。当无法确定毒物种类或无特效解毒剂时，"治病不治毒"这句格言常常发挥作用。

电话给予客户建议

在动物到来之前，工作人员应该通过电话有针对性地提问，为客户提供初步建议，特别是患病动物距离动物医院较远时（框1-55）。

框1-55　为客户提供电话咨询*

1. 问题：
   动物是否还有呼吸，或出现呼吸困难？牙龈和舌头的颜色如何？
   动物是否还可以走动？
   动物是否出现昏迷或极度兴奋？
   动物吃过什么，或接触过什么？是否亲眼所见？
   动物吃了多少？
   接触了多长时间？
   动物是把东西吞下去了，还是留在眼睛或皮肤上？
   动物目前有什么表现？
   动物出现这种表现多长时间了，或最后一次表现正常是在何时？
2. 为客户提供急救方案：
   在家给动物催吐并保留呕吐物。在患病动物沉郁、昏迷、出现抽搐时禁止催吐。如果动物吞下腐蚀性材料（强碱或强酸）或石油产品（煤油或松节油）时禁止催吐
   用双氧水（3%，w/v⁺）进行催吐：5 mL = 1茶匙 /4.5 kg体重，如果10 min内未发生呕吐可重复使用
3. 提醒动物主人将毒物样品或患病动物的呕吐物带来动物医院
4. 告知动物主人尽快将动物带到最近的动物医院

注：* 不要与客户电话沟通太久。在动物到达动物医院并开始治疗时可再详细了解病史。
⁺ 某些美发产品含有30%（w/v）的双氧水，这种浓度不可用于催吐。

毒理学资料

拥有可用的毒物信息库是非常重要的。目前，市场上有数以千计的毒物可能引起中毒。美国防止虐待动物协会（ASPCA）动物中毒控制中心全天24 h、全年365 d提供来自兽医毒理学专家的直接服务。需要其他信息时，可以拨打附近兽医学院或急救中心电话（框1-56）。第6部分也有急救中心热线一览表。

人医中毒急救中心

通过114查号平台查询所在地疾病控制中心电话。虽然这些机构是处理人类中毒的，但他们掌握大量关于毒药和毒素的数据，很可能为兽医提供有用信息，特别是有关不常用解毒剂和人药方面的信息。数千种药物、杀虫剂、农药或其他商品化产品的毒物信息都被详细地记录在疾病控制中心。新产品上市后，其毒性信息也会及时送至疾病控制中心。

框 1-56　毒理学数据库和辅助资源

ASPCA

电话：1-888-426-4435 or 1-800-548-2423（美国本土）

1-888-426-4435（非美国本土）

地址：1717 S. Philo Road, Suite #36

Urbana, IL 61802

网站：www.napcc.aspca.org

通过信用卡收取 50 美元固定费用。

需提供以下信息：

　姓名、地址、联系电话

　动物品种、年龄、体重、性别、受影响的动物数量

　与毒物接触情况（种类、剂量、时间）

　接触后的临床症状及目前状况

教科书

有很多优秀的兽医教科书可提供详细的毒素资料：

Gfeller RW, Messonier SP: Handbook of small animal toxicology and poisoning，St Louis, 1997,Mosby-Year Book; Veterinary Software Publishing, 1998.

Lorgue G, Lechenet J, Riviere A: Clinical veterinary toxicology, Cambridge, Mass, 1996, Blackwell Science.

Plumlee KH: Clinical veterinary toxicology, St Louis, 2003, Mosby.

网络

通过电子邮件讨论板块可以得到来自兽医从业者的信息资源，但通常需要预先缴费，并有信息延迟。这对于标准或长期治疗很有帮助，但不适于急诊。兽医交互网络（VIN）的留言板是个例外。若查到曾经治疗过相同的毒物中毒的交流帖则会很有帮助。

制造商

很多制造商可为他们的产品提供足够的信息资料。如果产品有品牌和标签，则可拨打电话直接询问。

中毒急救的必要步骤

中毒急救中，有六个必要步骤：

1. 进行体格检查。

2. 稳定患病动物生命体征。

3. 了解完整病史。

4. 防止毒素的进一步吸收。

5. 如果可以，使用特效解毒剂。

6. 促进已吸收毒素的代谢及清除。

在急救过程中和后续治疗时，对症进行支持疗法至关重要。

1

临床检查

立即简短而完整地进行临床检查。收集基本数据以及血清、尿液或灌胃样品，以便后期进行毒理学分析。然后系统地评价患病动物的身体状况，特别要针对某一区域常见的毒素以及身体中最常受到毒素影响的器官——神经系统和消化道。临床检查清单（框 1–57）有助于进行全面的身体检查。

框 1-57　临床检查清单

眼，耳，鼻，喉

瞳孔大小？

瞳孔对光的反射情况？

眼部检查是否正常？

对光和声音的敏感度如何？

鼻：是否有湿润、干燥、冒泡、泡沫状、填满污物？

喉：呼吸时是否有特殊的气味？

在舌头、牙龈或齿缝中有无异物痕迹？

牙龈是否有出血、瘀点、瘀斑？

心血管系统

黏膜颜色如何？是正常的粉红色，还是暗红、苍白或黄染？

毛细血管再充盈时间如何？是快速、正常，还是缓慢？

患病动物的心率如何？

股动脉搏动情况如何？是否与心率同步，或有脉动脱漏？脉搏是否活跃、正常、微弱或不明显？

心电图情况如何？

呼吸系统

呼吸频率如何？

呼吸的特征如何？是正常、急促、浅，还是困难？

胸部听诊状况如何？是否有粗糙的呼吸音或尖锐肺泡音？

消化道和肝脏

直肠温度如何？

是否流涎过多？

是否有呕吐或腹泻的痕迹？

腹部触诊是否疼痛？

触诊肠襻是否正常，或充满液体或气体？

粪便颜色和黏稠度如何？

泌尿生殖系统

膀胱是否可触及？

是否产生尿液？

尿液颜色如何？

（续）

框 1-57　临床检查清单
肌肉骨骼和神经系统 患病动物步态如何？ 患病动物是否虚弱或横卧？ 是否有共济失调？ 是否有过度伸展迹象？ 是否有肌肉自发性震颤？ 是否有伸肌紧张性增高？ 患病动物状态如何？ 简单测试动物的意识水平： 　警觉性 　对声音的反应 　对触摸的反应 　对疼痛 / 有害刺激的反应 　无反应：无意识 **表皮** 是否有带特定物质气味的湿斑？ 是否有红斑或溃疡？ 鼻口、爪、包皮或阴门在紫外光下是否发荧光？ **外周淋巴结** 在中毒时外周淋巴结应该是正常的

基础数据

　　基础数据包括尿样、红细胞比容、总蛋白、血清尿素氮、血糖。这些信息很容易收集，且有助于判定动物脱水、血液浓缩、氮质血症（肾或肾前性）、低 / 高糖血症情况。如果情况允许，获取血清生化特征、血清电解质、血气、血清渗透压、血常规、血凝特征的样品。应收集和保存血清、尿液以及呕吐或灌胃内容物的样品，以备在需要时进行毒理学分析。

稳定生命体征

　　稳定生命体征有四个主要目标：维持呼吸，维持心血管系统功能，控制中枢神经系统（CNS）兴奋性，以及控制体温。在很多病例中，动物出现呼吸困难或呼吸功能障碍时，应通过输氧面罩、氧气箱，经鼻、咽或气管壁输入氧气。辅助通气可能是必要的。刺激或腐蚀性物质会引起患病动物口咽黏膜损伤，导致其呼吸道阻塞。必要时，应使用暂时的气管造口术。可使用动脉血气监测仪、脉搏血氧仪以及二氧化碳监测仪对氧合作用和通气功能进行监测。

　　患病动物前来就诊后，立即打开静脉通路，必要时进行静脉输液、给予强心药、抗心律失常以及解毒。首选均衡的晶体液，如 Normosol-R、Plasmalyte-M 或乳酸林格氏液。输液疗法可根据一段时间后患病动物的酸碱平衡以及电解质状态进行调整。有些毒素会引起患病动物严重的心律失常及高血压 / 低血压。监控血压和心电图（ECG），根据标准疗法纠正任何异常（参阅低血压和心律失常）。一些毒素可能引起溶血、高铁血红蛋白血症、海因茨小体性贫血、凝血障碍。必要时可以使用全血、新鲜冷冻血浆或袋装红细胞，联合使用维生素 C 和 N- 乙酰半胱氨酸，治疗高铁血红蛋白血症。

很多毒素会影响中枢神经系统（CNS），临床上引起动物兴奋和 / 或抽搐。大部分病例可以使用安定，但不是所有的抽搐和震颤病例都适用。如果某些动物的中枢神经兴奋是继发于摄入了选择性去甲肾上腺素重摄取抑制剂，则要避免使用安定，因为它可能使临床症状加剧。如果需要控制毒素引起的肌肉痉挛或震颤，可以使用骨骼肌松弛药，如愈创木酚甘油醚［110 mg/kg（体重），IV］或美索巴莫［50~220 mg/kg（体重），IV，每天不超过 330 mg/kg（体重）］。由于接触毒素而处于持续癫痫状态的动物，要考虑用药风险。这类患病动物可能不需要全剂量麻醉剂或镇静剂来控制抽搐。给予苯巴比妥［2~5 mg/kg（体重），IV，可以每 20 min 重复给药两次］或者戊巴比妥钠［5~15 mg/kg（体重），IV，至见效］，以便长期控制抽搐。

由于肌肉活动增强或昏迷，中枢体温很容易升高或降低。动物可能出现体温过高或体温过低的情况，与摄入的毒素和中毒阶段有关。出现体温过低时，使用循环热水或热毛毯，或用泡沫材料或保鲜膜缠绕动物四肢。出现体温过高时，放置温热湿毛巾直至动物直肠温度降至 39.5℃（参阅高温及热引起的疾病）。如果动物曾服用镇静剂或麻醉剂，则最初的体温升高可能是由于下丘脑对体温调节的失控所致，这种情况不应使用冷水浴。

了解完整的病史

兽医接诊病例后，在对动物进行初步评估和稳定生命体征的同时，应让动物主人填写中毒病史调查表（图 1-56）。当动物的生命体征初步稳定后，兽医可以与动物主人讨论动物的发病过程。紧急情况下，兽医应首先简要地了解病史（框 1-58）。

在了解动物发病时间后，可估算接触毒物的大概时间，从而按照发病可能性的大小顺序进行鉴别诊断。引导动物主人讲述动物中毒的病史，重要的是不要认为任何事情都是理所当然的。很多动物主人没有意识到某些东西的毒性很强，如杀虫剂、垃圾、化学清洁剂、人常用的非处方药。他们会否认动物曾吞下任何可能有毒的东西，不愿意相信毒物就来自家里或他们自己，特别是怀疑到一些限制性药物时。以中立的方式提问会有效，例如，"屋里有某某某东西吗？"而不是"狗可能吃某某某东西吗？"如果怀疑到限制性药物时，可以换一种提问方式，例如，家里有没有来过客人，并带来了某某某东西（如大麻、可卡因、冰毒）？"这种方式有助于将偏见或先入为主的认识最小化。

1

中毒病史调查表

日期：

时间：

患病动物信息：

动物名字：

年龄：

品种：

性别和绝育情况：

体重：

最后一次免疫：

近期用药（包括心丝虫预防药和营养药）

目前问题

什么时候发现动物有问题？

最后一次观察其正常是什么时候？

最初发现的是什么症状？

动物状态有什么变化？又出现了什么症状？

症状发展有多快？

与第一次发现相比，现在是好转了还是恶化了？

了解可疑的中毒物质

产品的名称是什么？

今天带来了吗？

是浓缩液、稀释喷剂，还是固体？

你认为你的动物接触毒物有多长时间了？

你认为这是在哪发生的？

你的动物能接触到某些处方药或非处方药吗？

你用过什么药？

有可能接触到限制性药物吗？

动物目前的状态

今天早晨或昨天晚上吃饭了吗？

平时吃什么？

是否翻过垃圾？

是否喂过剩饭菜，或其他新的东西？是什么？

在过去的 24～48 h 里动物是否在你身边？

动物是否在无人照看时到处跑？

一周内是否用过抗跳蚤 / 蜱虫的药物？

动物生活环境

养在室内还是室外？

在有围墙的院子里，还是无人看管地到处跑？

是否进过邻居的家（即使一小段时间）？

近 24 h 去了哪儿？

是否去过你不能立即将其召回的地方？什么时候？

上周是否去过乡村地区？

你最近的家务活动

最近是否做过园艺？

是否可能接触堆肥？

上周是否用过肥料或除草剂？

最近有没有施工或装修？

屋里、院里、车库里有没有灭鼠药？

过去的 48 h 内，室内或室外是否用过清洁剂？什么清洁剂？

是否加过散热器液或汽车防冻液？

图 1-56　怀疑动物中毒时的完整病史调查范例

1

框 1-58　　紧急情况下简要了解病史
上次见动物正常是什么时候？
出现了什么临床症状？
临床症状发展有多快？
什么时候发现的？
动物的活动量如何？
动物是否接触过有毒物质？
有毒物质包括已知毒物或化学物质，非处方药或处方药（包括动物主人用的），以及限制性药物

当询问动物主人近期活动时，通常需要意识到，在所发生的事件中，家庭日常规律被打破是发生意外（包括中毒）的一个明显诱因。这种"破坏性"事件包括搬家、家庭成员生病或住院、翻新或施工。当这类事件发生时，平时细心的动物主人将无法看管好动物。通常，房门或院门敞开后，动物可能原来在室内，而现在在室外（反之亦然），并且可能由没有经验的人照看。一旦动物主人意识到评估这些风险的重要性，他们通常能够发现一些莫名其妙的异常情况。

防止毒素再吸收

将毒物从消化道清除有很多方法，包括催吐、洗胃、导泻、灌肠。可以使用吸附剂、离子交换树脂、沉淀剂或螯合剂。从体表清除毒物也可能是必要的，这取决于毒物的性质。人医中催吐和洗胃越来越少用，因为有造成吸入性肺炎的风险，且效果遭到质疑。目前，人医处理中毒时依靠大剂量活性炭，同时使用山梨醇导泻，并进行重症监护。然而，应该强调的是，人中毒主要源自过量服用药物（非法或其他药物），这些药物剂量很小，吸收很快，因此这种处理方法是合适的。此外，这种处理方法依赖于医院的重症监护设备，动物医院通常不具备。

催吐剂

如果动物的生理和神经系统状态稳定时（如没有呼吸抑制、兴奋地抓挠、迟钝、无法吞咽、气道紧张），可用催吐剂。相同的催吐剂不要使用两次以上。如果使用两次催吐剂后仍没有效果，则换用其他催吐剂或在全身麻醉的状态下进行洗胃。若中毒由石油产品和腐蚀性物质引起，要严格禁用催吐剂，否则可能造成吸入性肺炎或食管进一步损伤。如果摄入的毒物（如苯二氮卓类、三环类抗抑郁药、大麻）有一定止吐作用，则催吐剂的作用不大（表 1-50）。

有很多传统的催吐剂曾用在兽医临床中，由于会引起不良反应和副作用，很多已经停止使用。阿扑吗啡［0.04 mg/kg（体重），IV，或 0.25 mg/kg（体重），结膜囊内注射］仍是标准用药，但在毒物引起中枢神经系统兴奋或刺激的情况时，则作用不大。阿扑吗啡对猫无效。其他催吐剂还包括甲苯噻嗪和双氧水。不可用食盐，否则会使动物出现强烈的口咽刺激和高钠血症。禁用芥末粉或洗洁精，否则会引起动物强烈的口咽、食管、胃刺激。

名称	作用机制	用量用法	给药方式	不良反应
阿扑吗啡	化学感受器触发区的多巴胺受体激动；同时引起中枢神经系统抑制和呼吸抑制	0.02~0.04 mg/kg（体重），IV，或结膜囊注射	6.25 mg 片剂，可混入无菌胶囊中于静脉内使用	呼吸系统、中枢神经系统抑制，聚乙醛中毒时中枢神经兴奋
过氧化氢	对胃刺激	1~2 mL/kg（体重）	3% 溶液，PO，每10 min 一次	持续性呕吐；某些配方中含有稳定剂，可能转化为对乙酰氨基酚；对于体型很小的犬猫慎用
甲苯噻嗪	中枢 α_2- 受体激动剂	0.5~1.0 mg/kg（体重），IM，每 10~15 min 一次	溶液	镇静，心动过缓，呼吸抑制

表 1-50　催吐剂和建议用量

注：IV，静脉注射；IM，肌内注射；PO，口服。

洗胃

洗胃在洗胃急诊程序中有详细的描述，在动物吞咽石油产品和酸性/碱性物质发生中毒时禁用。这种方法可能会很麻烦，但若能在动物吞咽毒物的 1~2 h 内进行，则非常有效。为了防止吸入异物，患病动物需要在全麻状态下进行洗胃。过程中，动物的头部应保持低位，以防止胃内容物被吸入气管中。有时候，可让动物在左侧卧、右侧卧情况下都进行灌洗，以保证将胃内容物完全冲洗干净。重复操作，直至从胃中冲出的液体清亮为止。在某些病例中，如果有固体物质被吞咽，则可能要花费更长的时间，因此要准备好大量的温热水。

在完成洗胃之后，可在撤除胃管之前灌入活性炭悬浮液。当动物半清醒并出现啃咬、明显的吞咽动作、开始自主呼吸时，再撤除气管插管。

灌肠

灌肠有助于促进泻药的作用，如果毒物是固体物质（如堆肥、蜗牛诱饵、垃圾）（框 1-59）。最好使用微温水。商品化的磷酸盐灌肠溶液会引起严重的电解质失调（高磷血症、低钠血症、低钙血症、低镁血症）以及酸碱失衡（代谢性酸中毒），因此，严格禁用于患病小动物。

动物的体型大小和下消化道的大小决定液体用量。跟洗胃类似，重复操作直至流出的液体清亮。如果遇到下消化道排空困难，则在 1~2 h 内重复灌肠，而不要过分积极地去尝试新方法。

1

框 1-59　　灌肠需要的物品
管 红色柔软橡胶导管 如果需要保留灌肠，备用球头导管
产科润滑剂 使用非杀菌、非杀精的水溶性润滑剂（润滑膏）
储液容器 旧的静脉输液袋 灌肠袋 60~120 mL 注射器
液体 温水，可加入肥皂液

泻药

泻药有助于加速胃肠道排空毒素，特别在清除以固体为主的毒物时（如堆肥、垃圾、蜗牛诱饵）非常有效。泻药可与活性炭联合使用。在患病动物出现中枢神经抑制时，不可使用镁制剂泻药，因为高镁血症会使症状加重，并会引起心律失常。

活性炭［1~4 g/kg（体重），PO，或 20% 悬浮液 5~20 mL］是最安全、迄今为止最有效的消化道毒物吸附剂。活性炭可以在催吐、洗胃之后使用，也可以单独使用。市场上有很多类似的制品，包括干粉、压缩片、颗粒、液体悬浮液、浓缩糊剂。商品化制剂相当便宜，在有条件时即可尽量使用。植物成分活性炭是最有效的吸附剂，可结合化合物而形成弱性非离子复合物。有些制品与山梨醇结合，所以同时具有吸附和导泻作用；这种结合已被证实使用效果最好。

每 4~6 h 重复使用活性炭对于控制毒素的肝肠循环是有利的。使用油性泻药，或将活性炭与食物混合使用只能减少活性炭的吸附面积，不建议这样做。一般来说，一些可溶性强、吸收快的物质如碱、硝酸盐、无机酸、乙醇、甲醇、硫酸亚铁、氨、氰化物，并不能被活性炭良好地吸附。

曾经使用高岭土和膨润土作为吸附剂，但都没有活性炭有效。尽管如此，对除草剂百草枯来说，前者有更好的吸附作用。

离子交换树脂

离子交换树脂可以与某些药物或毒素离子结合。消胆胺是其中的一种，在人医中常用于结合肠胆汁酸，从而促进胆固醇的吸收。扩展应用至毒理学方面，可用于吸收脂溶性毒素，如有机氯和某些酸性化合物（如洋地黄）。离子交换树脂也可用于减缓或减少苯基丁氮酮、华法林、氯噻嗪、四环素、苯巴比妥、甲状腺制剂的吸收。

沉淀剂，螯合剂，稀释剂

沉淀剂、螯合剂和稀释剂用于重金属中毒的基本处理，如生物碱或草酸盐。它们能够优先与金属离子结合，形成某种可溶性复合物后通过肾脏排出。常用的螯合剂有依地酸钙钠、去铁胺、D-青霉胺。依地酸钙钠和去铁胺在动物医院应该随时备用，因为它们分别是治疗锌和铁中毒的重要制剂，都能在短时间内进行干预治疗。D-青霉胺可广泛应用于多种金属中毒，但由于可以口服用药，因此倾向于长期慢性治疗。很多物质可作为非特异性毒素稀释剂，包括镁乳、蛋清，虽然方法老旧，但在摄入低剂量刺激物的病例中仍然广泛应用。

清除皮肤上的毒物

对于局部接触杀虫剂、石油基产品、芳香油等毒物的动物，洗澡是重要的处理方法。给动物洗澡并非无害处。为了避免动物体温过低和休克，一定要使用温水，洗完要擦干以防止其体温过低。在给动物洗澡时，操作人员应使用胶皮手套和塑料围裙以避免接触有害物质。

在大部分情况下，选用温和洗洁精给动物洗澡即可，药用或抗菌香波此时并不适用。特别是对于石油基产品而言，洗洁精对油污的清除效果明显。如果没有洗洁精，也可用机油清洗剂或椰子油皂代替。基本原则是，在清洁剂起作用之前最小范围地润湿皮毛，在开始冲洗之前用水量降至最小。毛沾染油污最好剪去，而不要用溶剂清洗，因为溶剂也有毒。

清除粉末状污物，要在给动物洗澡之前刷擦并用吸尘器处理，以防止与毒物进一步接触。若是沾染了腐蚀性的碱或酸性物质，则首先要用温水稀释并冲洗表皮；不可使用化学中和的方式。化学中和反应会产生热量，可能会对深层组织造成进一步损伤。

清除眼部毒物

动物眼部接触毒物时，用温热（与体温相同）自来水或温热无菌生理盐水冲洗眼部至少 20~30 min。不建议使用中和试剂，有造成进一步损伤的风险。在进行足量的冲洗之后，使用润滑眼膏处理眼部烧伤，也可对眼睑临时缝合。阿托品可用于麻痹睫状肌。非甾体抗炎药可用于控制患病动物的不适。

每天应进行检查，因为上皮损伤可能是延迟的，特别对于碱性化合物烧伤，很难预料其最终对于眼部损伤的程度。若角膜上皮不完整，禁止局部使用糖皮质激素。如果结膜肿胀严重并伴有角膜溃疡，糖皮质激素注射剂可用于减轻炎症反应，但非甾体抗炎药不能同时使用，以免造成胃肠道溃疡和穿孔。

解毒剂的应用

只要有可能，使用特异性解毒剂进行解毒或防止有毒代谢产物的转化。在处理中毒时，有三类解毒剂可用。

第一类是特效解毒剂。不幸的是，兽医可用的特效解毒剂很少。一些"经典"毒物和解毒剂目前已经很少见，如箭毒和毒扁豆碱，铊和普鲁士蓝，氟化物和二硼葡萄糖酸钙盐。

第二类是种类繁多的临床常用药，主要用于控制临床症状，如阿托品、镇静剂、类固醇、抗心律失常药物、β-受体阻断剂。

第三类是非特异性净化剂，如活性炭、泻药、催吐剂。

促进已吸收毒素的清除和代谢

加强毒素的清除和代谢有利于患病动物的恢复。为达到这个目的，很多特殊的疗法得到了发展，包括 4- 甲基吡唑用于乙二醇中毒，以及特异性抗体如针对洋地黄的抗体 Digibind［地高辛免疫 Fab（绵羊）］。有的方法用于促进肾脏排泄，包括利尿、离子捕获（ion trapping）、腹膜透析、血液透析。利尿和离子捕获适用于大量毒素，在此将进行详细讨论。其他毒素则对尿液酸化和碱化产生反应。

对于可以引起严重血浆凝集的有机物来说，加强肾脏排出功能非常有用。非离子型和水溶性物质如某些除草剂，在经过肾脏快速排出后，其带来的影响可能会降低。

在进行利尿或使用离子捕获之前，应该依据正常中心静脉压、排尿量以及平均动脉压，进行足够的静脉输液治疗。如果任何一项指标低于正常值，则要使用其他手段保证肾血灌注充足，包括但不仅限于采用多巴胺恒速静脉滴注。

简单的液体利尿可以影响某些物质的排泄。甘露醇作为一种渗透性利尿剂，能通过减少水在肾脏近曲小管的重吸收，减少某些有毒物质的被动再吸收。葡萄糖（50%）可用做渗透性利尿剂。呋塞米可用于利尿，但是静脉输液治疗时仍不可缺少。甘露醇、葡萄糖、呋塞米禁用于低血压、低血容量的患病动物。小心使用利尿剂，避免引起动物脱水；强烈建议检测中心静脉压。

尿液酸化和碱化

离子捕获利用的是离子不能轻易通过肾小管细胞膜，也不易被重吸收的特性。如果尿液 pH 可以改变，使毒物的化学平衡偏向其电离形式，则毒物便陷入"陷阱"中，保留在尿液里并被排出。碱性尿液会使酸性化合物离子化，而酸性尿液会使碱性化合物离子化。大部分不能被离子化的毒物通常是弱酸或弱碱性。

氯化铵可用于酸化尿液。氯化铵的禁忌症包括：已经发生了代谢性酸中毒、肝肾功能不全、溶血或横纹肌溶解引起的血红素尿或肌红蛋白尿。氨中毒的症状有 CNS 抑制及昏迷。当进行尿液酸化时，要经常检查血钾浓度和尿液 pH。

尿液碱化可用小苏打。禁忌症包括：代谢性碱中毒（特别是与呋塞米共用时）、低钙血症、低钾血症。进行尿液碱化时，要经常检测血钾浓度和尿液 pH。

中毒动物的支持疗法和对症治疗

中毒的主要处理步骤必须要与急救护理同时进行。对呼吸和心血管系统的支持疗法前文已经介绍。肾功能、胃肠道功能以及疼痛控制在处理中毒动物时尤为重要。

首先要维持动物的肾灌注。必须严格、精确地控制体液、电解质、酸碱平衡。中毒动物发生肾脏损伤和急性肾衰的风险很高，不论是毒素损伤肾实质，还是急性 / 长期肾灌注不足都会导致其发生。因此，对于因尿量过少而发生肾衰的防治应该是一项常规治疗方案。详细方案见框 1–60。

框 1–60　维持肾灌注的方案

1. 使用平衡电解质溶液，以维持速率静脉输注晶体液
2. 插导尿管，检测收集的尿液
3. 每 12 h 监测一次血清尿素氮和肌酐
4. 每 6~8 h 监测一次血清电解质
5. 每 2~4 h 监测一次中心静脉压
6. 治疗少尿，其定义为尿量低于每小时 1 mL/kg（体重）
7. 静脉推注晶体液或胶体液 [5 mL/kg（体重）]，进行溶液冲击
8. 如果静脉推注晶体液或胶体液 30 min 内无反应，则使用多巴胺 [每分钟 3~5 μg/kg（体重）]
9. 使用多巴胺后 30 min 无反应，考虑使用甘露醇 [0.5~1 g/kg（体重），IV]
10. 使用多巴胺或甘露醇 30~60 min 无反应，考虑使用呋塞米 [4~8mg/kg（体重），IV，或每小时 0.66~ 1 mg/kg（体重），恒速，IV]
11. 如果对呋塞米无反应，则应该立即进行腹膜透析或血液透析，尤其是出现尿闭时

胃肠道保护剂

当毒物具有消化道刺激性或可引起溃疡时，应使用药物保护胃肠道。常用胃肠道药物有：西米替丁、雷尼替丁、法莫替丁、奥美拉唑、硫糖铝、米索前列醇。

止吐药

止吐药用于抑制顽固性呕吐。胃复安较常用，也用于中枢介导性呕吐。必要时，不同作用机制的止吐药可以联合使用。例如，多巴胺 2- 受体颉颃剂如普鲁氯嗪，5- 羟色胺颉颃剂如昂丹司琼或多拉司琼，H-1 受体颉颃剂如苯海拉明、氯苯甲嗪。

镇痛药

镇痛药比想像中更适用于处理中毒。毒物通常会引起严重的胃肠道或局部烧伤或溃疡，此时便需要镇痛。长效镇痛药如吗啡、二氢吗啡酮、丁丙诺啡十分有效。

营养支持

对于食管或胃部损伤，或需要长时间镇静的患病动物来说，通过肠内或肠外饲喂

的方式提供营养支持非常重要。对于吞入腐蚀性物质的患病动物，内镜有助于评价食管和胃的损伤程度。

某些特殊毒素的治疗
对乙酰氨基酚（扑热息痛）

对乙酰氨基酚（扑热息痛）是泰诺和很多人医非处方感冒药的有效成分。

发病机制：对乙酰氨基酚会在肝脏转变成 N- 乙酰 - 对 - 苯醌亚胺，对红细胞和干细胞造成氧化损伤。

临床症状：对乙酰氨基酚中毒的临床症状包括由于携氧能力降低而造成的呼吸困难、发绀、高铁血红蛋白血症（血液和黏膜呈现巧克力色）、嗜睡、呕吐、面部和爪肿胀（猫）。

中毒剂量：对乙酰氨基酚的中毒剂量，犬为 100 mg/kg（体重），猫为 50 mg/kg（体重）。

治疗方法：对乙酰氨基酚中毒后的 30 min 内要催吐、洗胃。使用活性炭治疗。如果动物出现严重的贫血，要辅助供氧，同时用浓缩红细胞输血。静脉输液，保证肝肾血流灌注。N- 乙酰半胱氨酸、维生素 C、西米替丁可用于治疗高铁血红蛋白血症。

酸和腐蚀性物质

发病机制：盐酸、硝酸、磷酸会引起皮肤及眼部烧伤。接触的局部表面会形成凝固性坏死。

临床症状：通常患病动物的皮肤会有触痛，或会舔咬疼痛部位被毛下的不可见部分。

中毒剂量：中毒剂量取决于接触皮肤、眼睛或口腔黏膜的溶液的浓度。

治疗方法：如果动物吞下了上述化学物质，不可催吐或洗胃，这样可能加重对食管的刺激。用温水或温热盐水冲洗皮肤和眼睛，至少 30 min。必要时使用镇痛药并处理角膜溃疡。不要进行化学中和，否则可能造成发热反应，引发进一步的组织损伤。

黄曲霉毒素

黄曲霉毒素（黄曲霉）见于发霉的谷物饲料，也有报道食用霉变面包导致中毒。

临床症状：在摄入后出现的临床症状包括呕吐、腹泻、急性肝炎；妊娠母犬可能流产。

中毒剂量：LD_{50} 为 0.50 ~ 1.5 mg/kg（体重）（犬），0.55 mg/kg（体重）（猫）。

治疗方法：若怀疑黄曲霉毒素中毒，则应净化胃部，使用活性炭、静脉输液、保肝治疗（S- 腺蛋氨酸、奶蓟草）。

醇类

饮用（乙醇）、擦抹（异丙基）、甲基（甲醇）醇类摄入后会对动物造成伤害。

发病机制：能造成神经元膜结构破坏，动物运动协调性受损，中枢神经系统兴奋而随后抑制，昏迷，进而引起心脏和呼吸停止，其程度与摄入剂量有关。

中毒剂量：4.1 ~ 8.0 g/kg（体重），PO。

临床症状：动物会表现兴奋，而后出现共济失调和嗜睡。可能出现接触或吸入性损伤，引起皮肤刺激和皮肤出血。甲醇还会引起肝脏毒性。

治疗方法：保证呼吸道通畅，稳定心血管和呼吸指标。必要时使用安定［0.5 ~ 1 mg/kg（体重），IV］控制中枢神经系统兴奋，控制体温（防止过高或过低）。如果动物警觉并可以自主呼吸，则可以催吐；否则，对动物全麻后插入食管插管并进行洗胃。醇类与活性炭并不能很好地结合。使用温水对污染的皮肤进行冲洗。

碱及腐蚀剂

发病机制：如果动物吞咽了氢氧化钠或氢氧化钾，则可能引起严重的接触性皮炎或消化道刺激。可能出现食管烧伤以及全层性凝固性坏死。

中毒剂量：与动物所接触的溶液浓度相关。

治疗方法：如果动物吞咽了腐蚀性碱性物质，将 4 个蛋清与约 100 mL 温水混合后饲喂动物。严重病例要在 24 h 内使用胃镜评价损伤范围，并放置食管插管。不可催吐、洗胃，否则会引起食管进一步的刺激。若上述化学物质接触到了皮肤或眼睛，则应使用温水冲洗接触部位至少 30 min。必要时使用胃部保护剂、止吐药、镇痛药。不可使用化学中和，否则可造成发热反应，使皮肤和胃肠道的损伤恶化。

双甲脒

双甲脒是杀蛔虫、抗蜱虫、抗螨虫药物的有效成分，如 Mitaban 和 Taktic 都含有双甲脒成分。

发病机制：双甲脒通过使 α- 肾上腺素受体兴奋，呈现毒性作用。

中毒剂量：10 ~ 20 mg/kg（体重）。

临床症状：与使用甲苯噻嗪相似，动物表现心动过缓、中枢神经抑制、共济失调、低血压、高糖血症、体温降低、黏膜发绀、多尿、瞳孔放大、呕吐、昏迷。

治疗方法：治疗方案包括静脉输液维持心血管系统，对于无症状的动物进行催吐。如果动物出现了临床症状，则需要洗胃。很多此种毒性驱虫药物是置于项圈中的。如果动物吞食了项圈而没有吐出，则需要使用内镜或胃切开术取出。使用活性炭防止或延缓毒物的吸收。育亨宾［0.11 mg/kg（体重），IV，缓慢输入］或阿替美唑［50 μg/kg（体重），IM］都是 α- 肾上腺素受体颉颃剂，可用于逆转毒物引起的临床症状。不可使用阿托品，因其可能增加呼吸道分泌物的黏性以及引起肠梗阻，从而促进有毒化合物的吸收。

1

氨，含氨清洗剂

氨或含氨清洗剂，在高浓度时会有腐蚀性（参阅碱及腐蚀剂）。动物吸入这些化学物质会引起严重的呼吸系统损伤。

发病机制：可能出现肺水肿或肺炎，造成呼吸困难。氨的摄入会引起消化道强烈刺激并导致呕吐和食管损伤。

临床症状：与吞食的浓度和剂量直接相关。

治疗方法：如果动物吞食了氨，可使用蛋清稀释液。

必要时使用胃肠道保护剂、止吐药、镇痛药。如果氨气被动物吸入呼吸道和肺泡，引起肺炎或肺水肿，则需要大量辅助供氧、应用抗生素、输液，必要时进行机械通气。利尿剂在治疗吸入氨气而引发的肺水肿时，效果不确定。

苯丙胺

苯丙胺可能源自处方药或非法药物（如冰毒）。

发病机制：苯丙胺能够兴奋神经突触，引起中枢神经系统兴奋，导致动物对噪声和移动高度敏感，表现激动、震颤、呕吐、腹泻、抽搐。

临床症状：临床症状包括肌肉震颤、心动过速、瞳孔散大、流涎、高热。

治疗方法：苯丙胺能够被胃肠道快速吸收。静脉输液维持肝肾血流灌注，纠正高热。使用镇静剂控制动物激动和震颤，如氯丙嗪［10～18 mg/kg（体重），IV］，使用安定［0.5～1 mg/kg（体重），IV］或左乙拉西坦［20 mg/kg（体重），PO，每8 h一次］控制抽搐。尿液酸化能够促进毒素排出，防止毒素由膀胱再吸收。在某些严重的病例中，使用甘露醇控制脑水肿，呋塞米控制颅内压升高。

防冻液，参阅乙二醇

抗组胺药物

抗组胺药物（氯雷他定、苯海拉明、多西拉敏、克立马丁、氯苯甲嗪、茶苯海明、氯苯吡胺、赛克利嗪、特非那定、羟嗪）可作为过敏和抗运动眩晕的处方药或非处方药。

发病机制：上述药物在低剂量使用时会使动物镇静，高剂量会引起动物兴奋、震颤、抽搐。

临床症状：包括不安、恶心、呕吐、激动、抽搐、高热、心动过速。

中毒剂量：与吞食的药物类型有关。

治疗方法：因为没有已知的解毒剂，所以主要是对症治疗和采用支持疗法。如果动物刚刚摄入（1～2 h内）抗组胺药物且未表现抽搐，并可以自主呼吸，则催吐或洗胃，之后使用活性炭和泻药。检测患病动物的心率、心律、血压。若出现心律失常，采用适当的疗法进行治疗（参阅心律失常）。使用静脉输液和物理降温缓解高热。美索巴莫［55 ~ 220 mg/kg（体重），IV，CRI，至起效］可用于控制肌肉震颤。

ANTU（α - 萘硫脲）

α - 萘硫脲（ANTU）为白色或灰蓝色粉末。

发病机制：ANTU 是一种胃刺激剂，可催吐致使胃排空。如果胃内有食物时可以很好地从胃部吸收并引起肺毛细血管通透性增加及肺水肿。

临床症状：包括呕吐、流涎、咳嗽、呼吸频率和强度增加、发绀、呼吸困难、呼吸衰竭。可能出现共济失调和虚弱。

中毒剂量：犬为 10 ~ 40 mg/kg（体重），猫为 75 ~ 100 mg/kg（体重）。年轻犬对其毒性作用的抵抗力较强。

治疗方法：要进行呼吸支持。动物出现严重的肺水肿时需要机械通气。如果动物未出现呕吐，则要洗胃。使用消化道保护剂、止吐药、镇痛药。采用静脉输入晶体液支持心血管系统时应谨慎，因为有增加毛细血管通透性并引起肺水肿的风险。

砷

无机砷（三氧化二砷、亚砷酸钠、砷酸钠）是很多除草剂、落叶剂、杀虫剂、灭蚁剂的主要成分。

发病机制：砷化合物通过与巯基酶类相结合，阻断细胞呼吸。

临床症状：包括严重的胃肠炎、肌肉无力、毛细血管损伤、低血压、肾衰、抽搐、死亡。在很多病例中表现为急性经过。

中毒剂量：砷酸钠为 100 ~ 150 mg/kg（体重），亚砷酸钠为 1 ~ 25 mg/kg（体重）。亚砷酸钠的毒性小一些，但对于猫非常敏感。

治疗方法：要尽可能保证动物气道通畅。静脉输晶体液纠正低血压和低血容量。稳定酸碱平衡和电解质平衡。如果动物未出现临床症状，要洗胃并使用活性炭。如果毒物接触皮肤，则要洗澡以防止进一步吸收。使用二巯基丙醇［BAL，3 ~ 4 mg/kg（体重），IM，每 8 h 一次］进行螯合。N- 乙酰半胱氨酸（易咳净）［猫：140 ~ 240 mg/kg（体重），PO，IV，之后 70 mg/kg（体重），PO，IV，每 6 h 一次，持续 3 d；犬：280 mg/kg（体重），PO，IV，之后 140 mg/kg（体重），PO，IV，每 4 h 一次，持续 3 d］能够降低砷对大鼠的毒性。

阿司匹林（乙酰水杨酸，水杨酸盐）

发病机制：阿司匹林能抑制前列腺素的释放，引起阴离子捕获升高性代谢性酸中毒、胃肠道溃疡、低磷血症，高剂量能降低血小板凝集能力。

临床症状：包括呼吸急促、呕吐、厌食、嗜睡、咯血、黑便。

中毒剂量：犬 > 每天 50 mg/kg（体重）；猫 > 每天 25 mg/kg（体重）。

治疗方法：主要进行支持疗法。如果动物刚摄入（1 h 内）阿司匹林，催吐或洗胃

1

并使用活性炭。静脉输晶体液维持体液并纠正酸碱平衡。使用合成前列腺素类似物（米索前列醇）、胃肠道保护剂、止吐药。碱化尿液可以促进毒素排出。

阿托西汀，参阅盐酸托莫西汀（选择性去甲肾上腺素再摄取抑制剂）

巴氯芬
巴氯芬是一种 γ－氨基丁酸（GABA）颉颃剂。

发病机制：巴氯芬可以作用于中枢神经系统引起肌肉松弛，造成血清素刺激增加。

临床症状：包括呕吐、共济失调、发声、无方向感、抽搐、通气不足、昏迷、窒息。

中毒剂量：出现临床症状的剂量可低至 1.3 mg/kg（体重）。

治疗方法：如果动物无症状则催吐；否则进行洗胃。催吐或洗胃后要使用活性炭。静脉输晶体液促进毒素消除，维持肾血灌注，保持正常体温。通气不足或窒息时进行辅助供氧或机械通气。出现抽搐时不可用安定。安定也是 γ－氨基丁酸颉颃剂，会使病情恶化。静脉注射苯巴比妥［2～5 mg/kg（体重），静脉推注，间隔 20 min 可重复两次］、戊巴比妥［5～15 mg/kg（体重），IV，缓慢注射，至起效］或丙泊酚［3～6 mg/kg（体重），IV，之后每小时 8～13 mg/kg（体重），IV，恒速注射，至起效］。进行支持性护理（应用眼膏、插导尿管保持动物清洁、被动的运动练习、提供软垫防止褥疮）。几天内临床症状会消失。动物出现抽搐则预后更加谨慎。

烧烤灯油，参阅燃料

巴比妥类药物
苯巴比妥、戊巴比妥、硫喷妥钠在兽医临床中作为抗惊厥药和麻醉药使用，可能出现意外或医源性接触。

发病机制：巴比妥类药物如苯巴比妥是一种 GABA 颉颃剂，通过抑制乙酰胆碱、去甲肾上腺素、谷氨酰胺引起中枢神经系统抑制。

临床症状：过量使用巴比妥类药物会导致动物虚弱、嗜睡、低血压、通气量不足、呆滞、昏迷、死亡。也可能出现激动或兴奋等相反的临床症状。

治疗方法：巴比妥类药物中毒的治疗包括维护和支持心血管系统和呼吸系统。如果动物没有出现临床症状且可以自主呼吸，则可催吐后反复多次使用活性炭。若不可催吐，则进行洗胃。如果动物出现通气量不足，则进行辅助供氧，有些动物可能需要机械通气。静脉输液，保持灌注量和血压。如果中毒剂量过大引起心输出量减少和血压降低，则考虑使用正性肌力药物。碱化尿液和腹膜透析可以加强毒素排出和清除。有条件的话，对于严重的病例可使用血液透析。

电池

生活中存在大量的电动玩具、遥控设备、电子产品，因此在兽医临床中，动物吞食电池的病例很常见。

发病机制：汽车的电瓶、干电池均含有硫酸，会对动物眼部、皮肤、胃肠道造成接触性刺激。纽扣电池含有氢氧化钠或氢氧化钾，动物咀嚼时会引起接触性刺激。

临床症状：与过氧化钠和过氧化钾的接触部位有关。如果皮肤受损则会形成红斑和红疹。消化道症状有呕吐、咯血、食欲不振、黑便。

中毒剂量：临床症状与摄入量有关。

治疗方法：用大量的温自来水和无菌生理盐水对眼部和皮肤冲洗至少 30 min。如果电池已被吞咽，应使用胃肠道保护剂和止吐药。严格禁止催吐或洗胃，否则可能造成吸入性肺炎或进一步刺激食管。不可以使用中和剂，因为产热反应会造成进一步组织损伤。使用镇痛药控制动物的不适感。

过氧化苯甲酰

过氧化苯甲酰是很多非处方痤疮药的有效成分。

发病机制：动物吞咽之后会生成过氧化氢，造成胃肠炎、胃扩张。局部接触会刺激动物皮肤，形成水泡。

临床症状：呕吐、腹部膨胀、皮肤红斑或红疹。

中毒剂量：中毒症状与摄入量有关。

治疗方法：如果动物吞食了过氧化苯甲酰，不能进行催吐，因为可能给食管造成进一步的刺激。可以洗胃。使用胃肠道保护剂和止吐药，仔细观察动物是否出现胃扩张。

β- 肾上腺素能受体激动剂（哮喘吸入器 / 药物）

β- 肾上腺素能受体激动剂，包括特布他林、沙丁胺醇（咳喘宁）、异丙喘宁，常用于哮喘的吸入性治疗。动物咀嚼主人的吸入器时很容易接触这些药物。

发病机制：β_1- 受体激动剂会引起心动过速；β_2- 受体激动剂会引起血管舒张、低血压、反射性心动过速。钾离子向细胞内转移会引起严重的低钾血症。

临床症状：包括心动过速、肌肉震颤、兴奋，还可能出现严重的低血压。

中毒剂量：在大部分情况下取决于吸入器中残留的药物量，如果吸入器被动物咬穿则全部内容物都会被摄入。

治疗方法：包括使用 β- 受体阻断剂如普萘洛尔［0.02 ~ 0.08 mg/kg（体重），IV，缓慢推注，至起效］、艾司洛尔［0.05 ~ 0.1 mg/kg（体重），IV, 缓慢推注，至起效，之后每分钟 50 ~ 200 μg/kg（体重），IV，恒速推注］、阿替洛尔［犬：0.5 ~ 1 mg/kg（体重），PO，每 12 h 一次；猫：每只 6.25 ~ 12.5 mg, PO，每 12 ~ 24 h 一次］，静脉输液提供钾离子。可用安定［0.5 ~ 1 mg/kg（体重），IV］或乙酰丙嗪［0.025 ~ 0.2 mg/kg（体重），

1

Ⅳ］使动物镇静和肌肉松弛。

水杨酸亚铋（佩托比斯摩），参阅阿司匹林

漂白剂 / 氯（次氯酸钠）

次氯酸钠稀释液（3% ~ 6%）或浓缩液（50%，用于工业或泳池）的用途广泛。

发病机制：次氯酸钠可能引起严重的接触性刺激以及组织损伤（程度与浓度有关）。被沾染的动物被毛会脱色。6% 次氯酸钠（未稀释）会刺激皮肤、眼、口腔和胃黏膜。

临床症状：接触造成动物被毛脱色、红疹、红斑，吞食动物则表现呕吐、咯血、流涎、食欲不振。

中毒剂量：临床表现与摄入量有关，即使量很少也可刺激皮肤和胃肠道。

治疗方法：大量温水或盐水冲洗皮毛和眼部。严格禁止催吐和洗胃，避免引起食管的进一步刺激。对于吞食了上述化学物质的患病动物，可喂服牛奶或大量水稀释胃内容物，同时服用胃肠道保护剂和止吐药。不推荐使用氢氧化钠或镁乳。

不含氯的漂白剂

不含氯的漂白剂（过氧化钠或过硼酸钠）被动物吞食后，毒性作用较轻。

发病机制：过氧化钠会引起胃扩张。过硼酸钠会造成严重的胃刺激，使动物发生呕吐或腹泻；可出现肾损伤和 CNS 兴奋，随后抑制，这取决于摄入量。

临床症状：包括呕吐、腹泻、兴奋，而后出现嗜睡或沉郁，胃扩张。

治疗方法：使用大量温自来水或无菌生理盐水冲洗眼睛和皮肤至少 30 min。如果角膜烧伤，根据需要进行眼部损伤处理。如果动物吞食漂白剂，则要催吐或洗胃。可使用镁乳［2 ~ 3 mL/kg（体重）］。

硼酸，硼酸盐

硼酸是很多灭蚁药和蟑螂药的有效成分。

发病机制：未知。

临床症状：呕吐（蓝绿色呕吐物）、蓝绿色粪便、肾脏损伤、CNS 兴奋和抑制。

中毒剂量：1 ~ 3 g/kg（体重）。

治疗方法：硼酸或硼酸盐中毒的治疗包括催吐和洗胃以净化胃部，之后使用泻药加速排泄。使用活性炭无效，应采用输液疗法维持肾血灌注。必要时使用胃肠道保护剂和止吐药。

肉毒梭菌毒素中毒

肉毒梭菌（*Clostridium botulinum*）见于腐肉、食物、垃圾及环境中。少量食入肉毒梭菌的内孢子或内毒素，即可引起脊髓和脑神经的广泛神经肌肉阻滞。

临床症状：瞳孔缩小、瞳孔大小不等、低级神经元衰弱以及瘫痪。也可能出现呼吸麻痹、食管扩张、吸入性肺炎。临床症状会在 6 d 内表现出来。

中毒剂量：临床表现取决于肉毒梭菌的摄入量。

鉴别诊断：应与急性多神经根神经炎（猎浣熊犬瘫痪）、溴鼠胺中毒、蜱瘫痪进行鉴别。

治疗方法：肉毒梭菌毒素中毒主要应用支持疗法。虽然有解毒剂，但通常无效。治疗方案包括静脉输液，经常翻转动物身体，进行被动运动练习以防止废用性肌肉萎缩，辅助供氧或机械通气。使用阿莫西林、氨苄西林、甲硝唑等抗菌药物。某些病例中，症状可能持续 3 ~ 4 周才能恢复。

溴鼠胺

溴鼠胺是某些鼠药的有效成分。一般将 0.01% 的溴鼠胺制成绿色或黄褐色的颗粒，并以每包 16 ~ 42.5 g 进行包装。

发病机制：溴鼠胺氧化磷酸化解耦联作用。

临床症状：高剂量摄入时，24 h 内动物出现急性呕吐综合征、震颤、伸肌强直、抽搐。低剂量摄入时，3 ~ 7 d 动物出现延迟性临床症状、臀部轻瘫进而发展为瘫痪、CNS 抑制、昏迷。

中毒剂量：犬为 6.25 mg/kg（体重），猫为 1.8 mg/kg（体重）。

治疗方法：因为溴鼠胺存在肝肠循环，所以应催吐、洗胃、重复使用活性炭（4 ~ 6 h 一次，持续 3 d）。支持护理包括静脉输液，抗痉挛，应用骨骼肌松弛药［美索巴莫，最高剂量为每天 220 mg/kg（体重），IV，至起效］，经常翻转动物身体，进行被动活动训练。如果动物出现昏迷或严重的通气不足，则进行辅助供氧或机械通气。若怀疑动物有脑水肿，应用甘露醇［0.5 ~ 1 g/kg（体重）］与呋塞米［1 mg/kg（体重），IV］。

咖啡因

大部分咖啡因中毒是因犬吞食咖啡豆所致。

发病机制：咖啡因会抑制磷酸二酯酶。

临床症状：能引起心动过速、CNS 兴奋（过度兴奋和抽搐）、多尿、胃溃疡、呕吐、腹泻。严重高热会引起肌肉震颤和抽搐。

中毒剂量：LD_{50} 为 140 mg/kg（体重）。

治疗方法：无特效解毒剂，主要进行对症治疗和支持疗法。动物无临床症状并能自主呼吸时，可催吐或洗胃，并应用活性炭。使用安定控制抽搐。使用 β - 肾上腺素能受体阻断剂［如艾司洛尔，50 ~ 100 μg/kg（体重），IV，每分钟 50 ~ 200 mg/kg（体重），IV 恒速推注；或普萘洛尔，0.04 ~ 0.1ug/kg（体重），IV，缓慢推注，至起效；或阿替洛尔，犬为 0.5 ~ 2 mg/kg（体重），PO，每 12 h 一次，猫为每只 6.25 ~ 12.5 mg, PO, 每 12 ~ 24 h 一次］，以控制心动过速。输液治疗保证水合作用，纠正高热。要经常使动物走动，或使用导尿管防止膀胱对毒素的再吸收。

氨基甲酸盐

氨基甲酸盐化合物存在于农用和家用杀虫剂中，如呋喃丹、涕灭威、残杀威、西维因、灭虫威。

发病机制：造成乙酰胆碱酯酶抑制。

中毒剂量：不同化合物的剂量不同。

临床症状：引起动物 CNS 兴奋、毒蕈碱性乙酰胆碱过多、SLUD（流涎、流泪、排尿、排便）。蕈碱过量会引起瞳孔缩小、呕吐、腹泻。烟碱过量会造成肌肉震颤。中毒会引起抽搐、昏迷、死亡。

治疗方法：包括保持气道通畅，必要时使用人工通气。静脉输晶体液以控制动物水合作用、血压、体温。要准备降温措施。动物无症状且吞食毒物的 60 min 内可催吐。若动物能自主呼吸和吞咽，则可重复多次使用活性炭。安定［0.5 mg/kg（体重），IV］可用于控制抽搐。要彻底洗澡。毒蕈碱样症状出现时可使用阿托品［0.2 mg/kg（体重），IV］进行控制。磷定盐酸盐（2-PAM）在氨基甲酸酯中毒时无效。使用美索巴莫［最高剂量为 220 mg/kg（体重），IV］或愈创木酚甘油醚［110 mg/kg（体重），IV］控制肌肉抽搐。

四氯化碳

食入或吸入 3 ~ 5 mL 四氯化碳对人来说是致命的。

临床症状：四氯化碳中毒的临床症状包括呕吐、腹泻，并逐渐抑制呼吸和中枢神经系统，进而出现室性心律失常和肝肾损伤。预后不良。

中毒剂量：很少量。

治疗方法：辅助供氧保证动物呼吸通畅，维持心血管系统。使用活性炭，静脉输液保证水合作用和肾脏功能。

氯化烃类化合物

氯化烃类化合物包括 DDT、甲氧氯、林丹、艾氏剂、氯丹、狄氏剂、十氯酮、乙滴涕、毒杀芬、七氯、灭蚁灵、硫丹。

发病机制：可通过皮肤和胃肠道吸收，毒性作用机制不明。

中毒剂量：不同种类化合物的剂量不同。

临床症状：与有机磷中毒的临床症状相似，如 CNS 兴奋、抽搐、SLUD（流涎、流泪、排尿、排便）、支气管过度分泌、呕吐、腹泻、肌肉震颤、呼吸麻痹。会继发肝肾功能衰竭。与上述化合物长期接触时，动物会厌食、呕吐、体重下降、震颤、抽搐、肝衰竭。对于小动物来说，临床症状可能持续很久。

治疗方法：主要采用支持疗法，目前仍无特效解毒剂。应保证动物呼吸通畅。维持正常体温，避免高热。如果动物刚吞食毒物且未表现出任何临床症状，则可催吐；如果表现出了症状，则可洗胃并使用活性炭。局部污染则要彻底洗澡。静脉输晶体液防止脱水。此类化合物并不会因利尿而快速排出。

氯苯氧基除草剂

氯苯氧基衍生物存在于 2,4- 二氯苯氧乙酸（2,4-D）、2,4,5- 三氯苯胺（2,4,5-T）、2- 甲 -4- 苯氧基乙酸（MCPA）、mCPP、三氯苯氧丙酸。

发病机制：氯苯氧基衍生物的毒性机制不明。

临床症状：胃肠炎（呕吐、腹泻）和肌肉强直。

中毒剂量：2,4-D 的 LD_{50} 为 100 mg/kg（体重）；然而，对于小动物来说剂量更低。

治疗方法：主要采用支持疗法，目前仍无解毒剂。保证气道通畅，必要时辅助供氧。用安定［0.5 mg/kg（体重），IV］控制 CNS 兴奋，静脉输注晶体液以利尿，且碱化尿液有助于清除毒物。必要时使用胃肠道保护剂和止吐药。

巧克力

发病机制：巧克力的毒性来自可可碱，可以干扰或抑制磷酸二酯酶。

临床症状：CNS 兴奋（震颤、不安、抽搐）、心肌刺激（心动过速、快速性心律失常）、多尿，高剂量引起胃溃疡。由于巧克力含有脂肪成分，因此还有引起胃肠炎和胰腺炎的可能。

中毒剂量：不同巧克力的可可碱含量不同，因此中毒剂量也不同。100 ~ 150 mg/kg（体重）可可碱可引起犬中毒。牛奶巧克力含 44 mg/oz（154 mg/100g）可可碱，中毒可能性较小。半甜巧克力含可可 150 mg/oz（528 mg/100g），可可浆巧克力含 390 mg/oz（1 365 mg/100g）。半甜和可可浆巧克力的可可碱浓度较高，即使对于大型犬来说，也有可能引起温和或严重的中毒反应。

治疗方法：必要时维持和保护呼吸道畅通。静脉输液以利尿。催吐或洗胃后重复使用活性炭，放置导尿管防止膀胱内毒素再吸收。通过治疗，大部分犬可在 12 ~ 24 h 恢复正常［犬：$t_{1/2}$（消除半衰期）=17.5 h］。

胆钙化醇

胆钙化醇见于一些灭鼠药，也可作为食物或维生素补充剂（处方或非处方）中维生素 D 的有效成分。

发病机制：增加肠道和肾对钙的重吸收，引起血钙升高和肝肾营养不良性钙化。

临床症状：包括嗜睡、厌食、呕吐、便秘、摄入 2～3 d 后肾脏疼痛。高剂量时出现抽搐、肌肉颤搐、中枢神经系统（CNS）抑制。随着肾衰的进展，动物出现多饮多尿、呕吐、咯血、尿毒症性口腔溃疡、黑便。

中毒剂量：2～3 mg/kg（体重）。

治疗方法：吞食后的 2～4 h 可催吐或洗胃，之后使用活性炭。每天检测动物血钙，连续 3 d。如果出现了中毒症状或高钙血症，使用髓袢利尿剂［呋塞米 2～3 mg/kg（体重），PO，或 IV，每 12 h 一次］和糖皮质激素［强的松或泼尼松，2～3 mg/kg（体重），PO，每 12 h 一次］促进肾脏排钙。严重的病例中，可用鲑鱼降钙素［4～6 IU/kg（体重），SQ，每 2～12 h 一次］或二磷酸盐化合物［帕米磷酸钠，1～2 mg/kg（体重），加入 150 mL 的生理盐水中输液，输注时间超过 2 h］。必要时静脉输入晶体利尿液和碳酸氢钠，以纠正酸碱平衡（参阅高钙血症）。

煤，焦油类，参阅烃类，芳香烃

香豆素，参阅维生素 K 颉颃剂灭鼠药

甲酚，参阅烃类，芳香烃

消冰剂，参阅乙二醇和醇类

义齿清洁剂

义齿清洁剂以过硼酸钠为有效成分。

发病机制：过硼酸钠能够对黏膜造成严重的刺激，引起中枢神经系统（CNS）抑制。

临床症状：与吞食漂白剂或硼酸化合物的反应相似，即动物表现呕吐、腹泻、CNS 先兴奋而后抑制、肾衰竭。

治疗方法：促进胃排空，催吐、洗胃并使用泻药加速排空。活性炭没有作用。静脉输液以维持肾灌注。必要时使用胃肠道保护剂和止吐药。

除臭剂

除臭剂通常含有氯化铝和氢氯酸铝，两者毒性较弱。

发病机制：直接刺激。

临床症状：吞食除臭剂会引起口腔刺激或坏死、胃肠炎、肾病。

治疗方法：进行洗胃，使用止吐药和胃肠道保护剂。

1

阴离子洗涤剂

阴离子洗涤剂包括硫化或磷酸化苯。

发病机制：造成蛋白质变性和直接刺激。

临床症状：阴离子洗涤剂会引起严重的黏膜损伤和水肿，刺激胃肠道，抑制 CNS，引起动物抽搐，可能出现溶血。眼部接触会引起角膜溃疡和水肿。

中毒剂量：洗碗剂是一种阴离子洗涤剂，1 ~ 5 g/kg（体重）的剂量可引起中毒。

治疗方法：主要是对症治疗，没有解毒剂。局部污染时，用温热的自来水或生理盐水冲洗眼部和皮肤至少 30 min，注意避免体温过低。不可催吐，否则会引起食管刺激。洗胃以稀释毒物，并使用活性炭。严密监测动物呼吸指标，因为可能发生严重的口咽部水肿。必要时使用气管插管，以解决气管阻塞。监测动物血管内溶血情况。静脉输晶体液，维持水合作用直至动物可以饮水为止。

阳离子洗涤剂 / 消毒剂

阳离子洗涤剂和消毒剂包括季铵化合物、异丙基醇、异丙醇。

发病机制：季铵化合物毒性强，会严重刺激和腐蚀黏膜和皮肤。

临床症状：某些化合物也能引起与抗胆碱酯酶化合物相似的临床症状，包括肌肉震颤、抽搐、瘫痪、昏迷。可使动物出现高铁血红蛋白血症。

治疗方法：仔细洗澡，冲洗眼部至少 30 min，注意避免体温过低。保持动物呼吸道畅通，监控呼吸指标，必要时辅助供氧。静脉输晶体液以保证水合作用。不可催吐，否则会对食管造成进一步刺激。如果患病动物能够承受，可喂牛奶或大量饮水以稀释毒物。

非离子型洗涤剂

非离子型洗涤剂包括烃基和芳基聚醚硫酸盐、醇类、磺酸盐；烃基苯酚；聚乙二醇；酚类化合物。特别对于猫和幼犬来说，酚类的毒性很强。

发病机制：某些化合物可以代谢形成羟基乙酸和草酸，引起肾损伤，与乙二醇的毒性作用相似。

临床症状：严重的胃肠炎和局部刺激。

治疗方法：局部和眼部污染时要仔细冲洗至少 30 min。使用高活性炭阻止化合物的进一步吸收。若动物可以承受，给予牛奶和自来水以稀释化合物。使用止吐药和胃肠道保护剂控制呕吐、减少消化道刺激。静脉输晶体液维持水合作用，减少肾小管损伤。监控酸碱平衡和离子指标，出现异常时使用恰当的输液疗法。

二氯萘醌

二氯萘醌（Phigone）是一种联吡啶类化合物，可引起 CNS 抑制。

发病机制：与硫氢基酶反应引起高铁血红蛋白血症和肝肾损害。

1

临床症状：包括 CNS 抑制、嗜睡、多饮多尿，之后有呕吐和尿毒性溃疡。

中毒剂量：鼠 LD_{50} 为 25~50 mg/kg（体重）。

治疗方法：动物吞食二氯萘醌后，要催吐或洗胃，之后使用活性炭和泻药。保持动物气道通畅。静脉注射利尿液维持肾灌注。给予 N- 乙酰半胱氨酸［140 mg/kg(体重)，PO 或 IV，之后按 70 mg/kg（体重），PO 或 IV，每 6 h 一次，连用 7 次］可能有助于治疗高铁血红蛋白血症。

二乙基甲苯酰胺（DEET）

二乙基甲苯酰胺（DEET）是很多驱虫剂的有效成分。

发病机制：作用机制不完全明确，可在接触的 5~10 min 内产生亲脂性的神经毒素。猫对 DEET 特别敏感。

临床症状：包括目光无焦点、流涎、咀嚼、肌肉震颤甚至抽搐。高剂量可在 30 min 内引起动物倒卧并死亡。

中毒剂量：表皮致死剂量为 1.8 g/kg（体重）；若吞食，则剂量更小。犬的表皮接触中毒剂量为 7 g/kg（体重）。

治疗方法：DEET 的治疗主要采用支持疗法，无解毒剂。保持动物气道通畅，必要时考虑机械通气。静脉输晶体液保证水合作用，治疗低血压。使用安定［0.5 mg/kg（体重），IV］或苯巴比妥控制抽搐。由于临床症状发作迅速，因此禁止催吐。动物吞食 DEET 2 h 内可进行洗胃。重复使用活性炭。动物出现高热时使用物理降温措施。如果毒素污染皮肤，则要彻底给动物洗澡，防止再吸收。

敌草快

敌草快是联吡啶类化合物，是某些除草剂的主要成分。

发病机制：与百草枯一样，敌草快所产生的氧衍生自由基是毒性作用成分。

临床症状：包括厌食、呕吐、腹泻、急性肾衰竭。液体流入肠道可以引起大量脱水，电解质紊乱。

治疗方法：与治疗百草枯中毒相似。动物吞食后 1 h 内可催吐。出现临床症状者可洗胃，之后要使用高岭土或膨润土进行吸附，不使用活性炭。静脉输晶体液，恢复血容量，保持肾灌注。监测尿液排出情况。出现少尿或无尿时，可考虑使用甘露醇、呋塞米、多巴胺。

入迷（摇头丸）

入迷（亚甲二氧基甲基苯丙胺；MDMA）属于毒品。

发病机制：引起血清素释放。尿液化验可以检出 MDMA 残留。

中毒剂量：9 mg/kg（体重）出现临床症状；多于 15 mg/kg（体重）引起犬死亡。

临床症状：与血清素综合征（出现兴奋、高热、震颤、高血压）有关，可能出现抽搐。

治疗方法：治疗入迷中毒主要采用支持疗法，无解毒剂。静脉输液保持水合作用，纠正酸碱平衡，治疗高热。血清素颉颃剂（赛庚啶）通过直肠给药能够被溶解并缓解临床症状。静脉注射普萘洛尔可以加强血清素颉颃作用。用安定［0.5 ~ 2 mg/kg（体重），IV］控制抽搐。若怀疑脑水肿，则先用甘露醇，再用呋噻米。

乙二醇

乙二醇最常见于汽车防冻液中，在油漆、显影液、雨刷器玻璃水中也有。

发病机制：乙二醇本身毒性很小。然而，其代谢产物羟乙酸盐或酯、乙二醛、乙醛酸盐和草酸会形成阴离子捕获造成代谢性酸中毒，在肾小管内形成草酸钙结晶沉淀，引起肾衰竭，最终导致动物死亡。

检测：比色试验可以在大部分动物医院进行，能检测出动物血清中大量的乙二醇。若动物出现类似临床症状和肾脏损伤，而草酸钙结晶尿检测为阴性，则说明血清中没有乙二醇，已经全部代谢了。在很多病例中，猫的检测结果可能表现为阴性。不治疗则可能导致动物死亡。

临床症状：乙二醇中毒分三个阶段。Ⅰ期（中毒 1 ~ 12 h），动物会出现嗜睡、无方向感、共济失调。Ⅱ期（中毒 12 ~ 24 h）有所改善，临床表现正常。Ⅲ期（中毒 24 ~ 72 h）表现肾衰竭（多饮多尿），并发展为尿毒症性肾衰竭（出现呕吐、嗜睡、口腔溃疡）。最终动物出现抽搐、昏迷、死亡。

中毒剂量：犬的中毒剂量为 6.6 mL/kg（体重），猫的中毒剂量为 1.5 mL/kg（体重）。这种毒素很容易从肠黏膜中吸收，并可以在 1 h 内从动物的血清中检测出来。

治疗方法：发现时立即进行救治。催吐或洗胃，并使用活性炭。静脉输晶体液和解毒剂。犬猫可服用 4- 甲基吡唑（4-MP），能够直接抑制乙醇脱氢酶，从而防止乙二醇转化为有毒代谢产物。犬首次用量为 20 mg/kg（体重），而后以 15 mg/kg（体重）的剂量在 12 h 和 24 h 各用一次，最后以 5 mg/kg（体重）的剂量在 36 h 使用一次。在猫的治疗中，4-MP 的使用剂量是犬的 6.25 倍［即按 125 mg/kg（体重）的剂量静脉注射一次，然后分别在摄入后 12、24 和 36 h 按剂量 31.25 mg/kg（体重）静脉注射一次］。猫在 3 h 内使用 4-MP 治疗是有效的。

猫用这种方法治疗会出现镇静和体温降低。无 4-MP 时可用乙醇［600 mg/kg（体重）负荷剂量，IV，之后每小时 100 mg/kg（体重）］，也可用 20% 乙醇溶液［犬为 5.5 mL/kg（体重），IV，每 4 h 一次，连用 5 次，随后为每 6 h 一次，连用 5 次以上；猫为 5 mL/kg（体重），每 8 h 一次，连用 4 次］。谷物酒精（190 proof）含有大约 715 mg/mL 乙醇。可使用止吐药和胃肠道保护剂。尿液碱化和腹膜透析能够促进乙二醇及其代谢产物的排出。

1

肥料

市场上有很多种肥料，可能含有尿素或铵盐、磷酸盐、硝酸盐、碳酸钾和金属盐。肥料毒性一般较弱，且多与肥料类型和摄入量有关。

发病机制：肥料有接触刺激性，引起红细胞和血红蛋白氧化，形成高铁血红蛋白。

临床症状：包括呕吐、腹泻、代谢性酸中毒、多尿。硝酸盐或亚硝酸盐导致形成高铁血红蛋白和巧克力色血。出现电解质紊乱，包括高钾血症、高磷血症、高氨血症、渗透压增高。

中毒剂量：与肥料类型和摄入量有关。

治疗方法：维持心血管系统。使用牛奶或蛋清水溶液，之后可催吐或洗胃。纠正电解质异常（参阅高钾血症）。必要时使用止吐药和胃肠道保护剂。静脉输液保持水合作用，维持血压。N- 乙酰半胱氨酸可用于治疗高铁血红蛋白血症。

氟虫腈

氟虫腈是福来恩的有效成分，用于控制跳蚤。家用白蚁药中也有该成分。

发病机制：氟虫腈是 GABA 颉颃剂，可引起中枢神经兴奋。

临床症状：肌肉颤抖、震颤、抽搐。

中毒剂量：> 每天 0.3 mg/kg（体重）。

治疗方法：控制 CNS 兴奋，物理降温控制高热，使用活性炭。

灭火器成分（液态）

液态灭火器含有溴氯甲烷或甲基溴，两者具有强毒性。

发病机制：接触性刺激。吞食后的代谢产物会形成阴离子捕获引起代谢性酸中毒。

临床症状：皮肤和眼部刺激性。吞食后引起代谢性酸中毒、CNS 兴奋和抑制、吸入性肺炎、肝肾损伤。

治疗方法：使用自来水或生理盐水冲洗眼部和皮肤至少 30 min。动物吞食后不可催吐或洗胃，以免造成进一步的食管刺激。需要时可使用胃肠道保护剂、止吐药。静脉输液保持水合作用和肾灌注。发生严重吸入性肺炎时，可辅助供氧或机械通气。

壁炉颜料

壁炉颜料中含有重金属盐——铜、铷、铯、铅、砷、锑、钡、硒、锌，毒性均温和，且与吞食剂量和动物体型有关。

临床症状：主要引起胃肠道刺激（出现呕吐、腹泻、厌食）。锌中毒会引起血管内溶血，以及肝肾损伤。

治疗方法：应使用泻药、活性炭、胃肠道保护剂、止吐药。静脉输晶体液以维持水合作用和肾灌注。使用螯合剂可能有助于加快重金属的排泄。

1

烟花

烟花含有氧化剂（硝酸盐和氯酸盐）和金属（汞、铜、锶、钡、磷）。

发病机制：烟花有接触刺激性。

临床症状：吞食烟花会引起出血性胃肠炎（HGE），以及高铁血红蛋白血症。

治疗方法：动物吞食烟花后，要对其进行催吐、洗胃、使用活性炭。如果已知金属的类型，则可使用特异性螯合剂，并给予胃肠道保护剂和止吐药。如果动物出现高铁血红蛋白血症，则使用 N- 乙酰半胱氨酸，必要时可以输血。

燃料

燃料，如烧烤机液、汽油、煤油和油类（矿物油、燃油、润滑油）属石油馏出物。

发病机制：吞食后毒性较低，但吸入的毒性大，只要 1mL 被吸入气管支气管，便会引起严重的吸入性肺炎。

临床症状：会引起 CNS 抑制、黏膜损伤、肝肾功能异常以及角膜刺激。

治疗方法：如果吞食，则使用止吐药和胃肠道保护剂，不可催吐或灌胃，否则可能引发吸入性肺炎。局部沾染，则使用大量温热的自来水和生理盐水冲洗眼部和皮肤。必要时使用止吐药和胃肠道保护剂。静脉输液，防止脱水，调节酸碱平衡和电解质平衡。

家具抛光剂，参阅燃料

汽油，参阅燃料

儿童用胶

儿童用胶含有聚醋酸乙烯酯。

发病机制：儿童用胶毒性低。吸入后会引起肺炎。

临床症状：可能引起肺炎，出现咳嗽、呼吸困难。

治疗方法：聚醋酸乙烯酯可引起肺炎症状（呼吸困难、咳嗽、嗜睡）。

强力胶

强力胶含有甲基 -2- 氰基丙烯酸酯。

发病机制：有接触刺激性，对皮肤有刺激。

临床症状：皮肤刺激，被毛被胶水粘连，出现红斑。

中毒剂量：与接触量有关。

治疗方法：不可催吐，不可洗澡，也不可使用其他化学物质（丙酮，松节油）清理皮肤。被毛可以剃除，注意避免损伤下层皮肤。受污染部位可自行脱落。

1

大猩猩胶（Gorilla Glue）

大猩猩胶含有二苯甲烷二异氰酸盐，吞食或与胃、食管黏膜接触时，会扩展到原来的4倍体积并凝固，胶会粘在食管或胃黏膜上形成梗阻。

发病机制：该胶的物理膨胀和食管、胃黏附性会引起排空障碍。

临床症状：临床上引起流涎、呕吐、食欲不振、嗜睡、腹痛腹胀、咯血。

中毒剂量：吞食会形成食管异物。

治疗方法：通过手术将胶从食管或胃中取出。

草甘膦 (Glyophosate)

草甘膦是农达和克芜踪中所含的一种除草剂。

发病机制：如果应用恰当，其毒性很小。

临床症状：皮肤和胃刺激，包括皮肤红疹、厌食、呕吐。会出现 CNS 抑制。

治疗：清洗皮肤接触部分，可催吐、洗胃、使用活性炭。必要时使用胃肠道保护剂和止吐药。静脉输液，防止呕吐继发脱水。

葡萄和葡萄干

葡萄和葡萄干在某些犬中会引发肾衰竭。

发病机制：毒性和中毒机制不明。

临床症状：吞食葡萄或葡萄干 24 h 内出现临床症状，包括呕吐、厌食、嗜睡、腹泻（常会在粪便中发现葡萄或葡萄干）。48 h 内，犬可出现急性肾衰竭症状（多饮多尿、呕吐），并发展为尿闭。

中毒剂量：未知。

治疗方法：若吞食葡萄或葡萄干，要催吐、洗胃，并多次使用活性炭。如果出现呕吐、腹泻，则静脉输液并监测排尿情况。必要时进行积极的静脉输液治疗，并维持肾灌注。在少尿或无尿性肾衰竭中，多巴胺［每分钟 1 ~ 3 μg/kg（体重），静脉持续输注］、呋塞米［4 ~ 8 mg/kg（体重）或每小时 0.7 ~ 1 mg/kg（体重），IV，CRI］和甘露醇［0.5 ~ 1 g/kg（体重），IV］可用于增加尿量。在严重少尿或无尿性肾衰竭的情况下，可能需要进行腹膜透析或血液透析。钙通道阻断剂，如氨氯地平［犬：0.1~0.4 mg/kg（体重），PO，每 24 h 一次；猫：0.625 ~ 1.25 mg/ 只，每 24 h 一次］和地尔硫卓［0.1 ~ 0.25 mg/kg（体重），静脉缓慢注射至起效，然后按每分钟 2 ~ 6 μg/kg（体重），持续静脉输注］，可用于治疗全身性高血压。支持疗法包括处理高钾血症，使用胃肠道保护剂、止吐药以及磷酸盐黏合剂（若动物可以进食）。

印度大麻，参阅大麻

1

六氯酚，参阅非离子型洗涤剂

烃类，芳香烃

芳香烃包括酚类、甲酚、甲苯和萘。吞食有中等毒性。

发病机制：对红细胞和肝细胞有氧化损伤。

临床症状：包括 CNS 抑制、肝肾损伤、肌肉震颤、肺炎、高铁血红蛋白血症、血管内溶血。

治疗方法：如果吞食芳香烃类物质，不可催吐，以免引起吸入性肺炎。牛奶或水可以用来稀释化合物。仔细监测动物呼吸和心血管系统。如果动物出现吸入性肺炎，则要辅助供氧。局部沾染时，使用大量温自来水或生理盐水彻底冲洗眼部和皮肤。

布洛芬，参阅非甾体抗炎药

吡虫啉

吡虫啉是驱跳蚤药拜宠爽（Advantage）的有效成分。

发病机制：临床表现与烟碱胆碱能刺激有关。

临床症状：包括神经肌肉兴奋后虚脱。可能引起呼吸麻痹。

中毒剂量：很小剂量便会引起猫中毒。

治疗方法：治疗吡虫啉中毒时，采用辅助供氧保持患病动物气道畅通。使用安定 [0.5 ~ 1 mg/kg（体重）]、苯巴比妥 [10 ~ 20 mg/kg（体重），IV, 缓慢注射]、丙泊酚 [3 ~ 6 mg/kg（体重），IV, 之后每分钟 0.1 ~ 0.6 mg/kg（体重），IV, 恒速注射，至起效] 控制中枢神经系统（CNS）兴奋。灌肠以加速肠道排空，并使用活性炭。彻底给动物洗澡以防止皮肤进一步吸收毒素。严密监测动物氧合状态和通气情况。如果动物出现严重的通气不足或呼吸麻痹，则要进行机械通气。

铁和铁盐

铁盐最常见于草坪肥。

发病机制：导致胃肠炎和心肌毒性。

临床症状：包括呕吐、咯血、嗜睡、食欲不振。

中毒剂量：如果大量摄入铁和铁盐，可能引起严重的胃肠炎、心肌毒性、肝损伤。

治疗方法：若吞食铁或铁盐，可根据需要，通过静脉输液和抗心律失常药物支持心血管系统。催吐或洗胃，帮助胃净化排空。可使用泻药以加速肠道排空。给予止吐药和胃肠道保护剂，用于防止动物恶心和呕吐。在某些情况下，X 线片可以帮助诊断该化合物是否确实被吞食。去铁胺为铁螯合剂，可以用来治疗铁中毒。

1

伊维菌素

伊维菌素是一种 GABA 颉颃剂，是商品化的预防犬心丝虫病和驱肠道寄生虫制剂的主要成分，其毒性有品种倾向，包括柯利犬、杂交柯利犬、英国古代牧羊犬以及某些㹴犬。

发病机制：对于敏感动物，伊维菌素是一种 GABA 神经递质颉颃剂（遗传性 *mdr I* 基因缺陷，使得伊维菌素穿过血脑屏障）。

临床症状：伊维菌素中毒症状包括呕吐、共济失调、流涎、激动、震颤、亢奋、高热、肺通气不足、昏迷、抽搐、循环性休克、心动过缓、死亡。吞食或医源性过量使用后，动物在 2 ~ 24 h 出现临床症。血液伊维菌素水平可以测定，但诊断主要依靠临床症状和对品种倾向性的了解。目前仍没有解毒剂。临床症状可能持续几周甚至几个月后才有好转。

治疗方法：如果动物在 1 h 内吞食且无临床症状，则可催吐或洗胃。使用活性炭。使用苯巴比妥［10 ~ 20 mg/kg（体重），IV，缓慢注射］、戊巴比妥［5 ~ 15 mg/kg（体重），IV，缓慢注射，至起效］、丙泊酚［3 ~ 6 mg/kg（体重），IV，之后每分钟 0.1 ~ 0.6 mg/kg（体重），IV，恒速注射，至起效］控制抽搐。禁用安定，因其可能加剧中枢神经兴奋。静脉输液，保证肾灌注和防止脱水，治疗体温过高。支持护理很重要，包括辅助供氧（必要时机械通气），经常翻转患病动物身体，进行被动运动练习，放置导尿管保持动物清洁并监测尿量。给予眼部润滑剂以及肠外营养（参阅二十条原则）。毒扁豆碱和苦毒可用于伊维菌素中毒的治疗。毒扁豆碱疗法对于某些动物来说起效很快；苦毒会引起动物猛烈抽搐，因此避免使用。

煤油，参阅燃料

铅

铅普遍存在于染料、汽车电瓶、渔具（铅锤）以及铅质工具中。

发病机制：通过抑制含硫酶，引起红细胞脆性增加和 CNS 损伤。

临床症状：包括异常兴奋、呆滞、嚎叫、低级运动神经元多发性神经病。中毒动物会出现失明、呕吐、缺氧、便秘或腹泻。

中毒剂量：3 mg/kg（体重）有毒性。若吞食 10 ~ 25 mg/kg（体重），则会导致死亡。

检测：可检测血液和尿液中铅含量。

治疗方法：主要针对临床症状治疗铅中毒，并给予支持护理。使用安定或苯巴比妥控制抽搐。若动物出现脑水肿，则使用甘露醇［0.5 ~ 1 mg/kg（体重），IV］，而后使用呋塞米［使用甘露醇 20 min 后，1 mg/kg（体重），IV］。硫酸钠或硫酸镁可用于导泻。使用螯合剂二巯基丙醇［2 ~ 5 mg/kg（体重），IM，每 4 h 一次，连用 2 d，第 3 天后以 2 ~ 5 mg/kg（体重），IM，每 12 h 一次，连用 10 d］或青霉胺［10 ~ 15 mg/kg（体重），PO，每

12 h一次]。如果X线片可见胃肠道中的含铅物体，则通过内镜或开腹探查术取出该物体。

右旋柠檬烯，芳樟醇

右旋柠檬烯和芳樟醇是柑橘油提取物的成分，用于某些驱跳蚤产品。

临床症状；导致唾液分泌过多、肌肉震颤、共济失调、体温降低。

中毒剂量：中毒剂量未知，但猫对其非常敏感。

治疗方法：右旋柠檬烯和芳樟醇中毒的治疗包括处理体温过低，使用活性炭防止毒素进一步吸收，彻底地洗澡，防止皮肤进一步污染。

洛派丁胺

洛派丁胺是阿片类衍生物，用于治疗腹泻。

发病机制：洛派丁胺对胃肠道有阿片类作用，高剂量时引起中枢阿片受体的CNS症状。

临床症状：洛派丁胺中毒会引起便秘、共济失调、恶心、镇静。

中毒剂量：>0.6 mg/kg（体重）——呕吐，抽搐；>1.25 mg/kg（体重）——共济失调和中枢神经系统（CNS）抑制；>5 mg/kg（体重）——出血性肠炎和后肢麻痹或瘫痪。

治疗方法：催吐或洗胃，随后使用活性炭和泻药。纳洛酮对暂时性逆转共济失调和镇静可能有效。

澳洲坚果

对于某些犬来说，服用少量的澳洲坚果即可引起中毒。澳洲坚果通常由巧克力包裹，因此中毒可能由坚果和可可碱同时引起。

发病机制：毒性未知。

临床症状：引起呕吐、共济失调，某些犬会出现上行性麻痹。

中毒剂量：>2.4 mg/kg（体重）。

治疗方法：目前无解毒剂。采用支持疗法，包括静脉输液、止吐，放置导尿管以保持患病动物的清洁。大部分病例在72 h内症状便会消失。

大麻（印度大麻）

δ-9 四氢大麻酚（THC）是印度大麻（*Cannabis sativa*）的有效成分，目前在某些地区被用于医疗。含THC的植物提取物可用于生产黄油或食用油以及烘焙食品，这增加了伴侣动物发生THC中毒的风险。

发病机制：大麻可在额叶皮质和小脑与去甲肾上腺素、多巴胺、血清素和神经递质乙酰胆碱相互作用。

临床症状：大麻是一种迷幻剂，能够引起CNS抑制、共济失调、瞳孔散大、对移动或声音的敏感性增加、流涎、震颤。典型的症状是动物出现尿淋漓。

检测：可以使用试纸条检测尿液中残留的大麻成分。然而，由于犬对THC的代谢方式与人不同，因此结果可能存在误差。

中毒剂量：致死剂量 >3 g/kg（体重）；更低剂量即可出现临床症状。

治疗方法：目前无解毒剂，因此主要是对症治疗。静脉输液，防止脱水。动物出现严重心动过缓时，使用阿托品。可以催吐但通常无效，因为 THC 有止吐作用。可洗胃，随后重复使用活性炭。通常治疗后 12～16 h 临床症状即可消失。

火柴

摩擦火柴、安全火柴以及火柴盒上的触发面含有磷铁或氯酸钾。

临床症状：其有毒成分毒性低，但若大量摄入会引起胃肠炎和高铁血红蛋白血症。

中毒剂量：少量即有腐蚀性，有胃刺激性。

治疗方法：若动物吞食了火柴或火柴盒，要催吐或洗胃以促进胃净化排空，之后应用活性炭和泻药。若动物出现高铁血红蛋白血症，可应用 N- 乙酰半胱氨酸，静脉输液并辅助供氧。

聚乙醛

聚乙醛是大部分蜗牛诱饵的主要成分。

发病机制：确切的毒性机制未知，可能与 GABA 通道抑制有关。

临床症状：聚乙醛中毒的相关症状包括严重的肌肉震颤、CNS 兴奋、高热，且在吞食 15～30 min 后即出现。如果动物出现严重的高热，将引起肌红蛋白尿和 DIC，并继发肾衰竭。在症状初步缓解后，动物会出现迟发性肝衰竭。若怀疑聚乙醛中毒，则应进行尿液、血清、胃内容物分析。

中毒剂量：180 mg/kg（体重）。

治疗方法：要保证动物气道通畅，控制 CNS 兴奋和肌肉震颤。如果刚吞食聚乙醛且没有临床症状，则催吐。临床症状出现时可洗胃。催吐和洗胃后，应该使用一次活性炭。通过静脉输液控制高热，防止脱水，纠正酸碱平衡和离子异常。美索巴莫可用于治疗肌肉震颤。安定可用于控制抽搐。

灭虫威，参阅氨基甲酸盐

溶剂油，参阅燃料

樟脑丸，参阅萘

蘑菇

不是所有蘑菇均可食用，品种类似时，有些蘑菇对人和动物无毒，但有些蘑菇对人和动物有毒性。蘑菇中毒多发于潮湿且蘑菇可生长地区，而且动物可以自行在户外

1

活动并采食蘑菇。

发病机制：采食蘑菇常常引起自主神经系统的激活。

临床症状：包括震颤、兴奋、烦躁不安、癫痫，部分发病动物可见 SLUD（流涎、流泪、排尿、排便）。有些蘑菇（鹅膏菌）也可引起肝细胞毒性，临床症状包括呕吐、厌食、嗜睡和渐进性黄疸。

中毒剂量：根据摄食蘑菇种类不同，中毒剂量亦不同。

治疗方法：蘑菇中毒的治疗方法主要是支持疗法。若摄入发生在 2 h 内，可以催吐或洗胃，并应用活性炭。对症治疗包括静脉输液，通过促进排尿来排毒，应用肌松药［舒筋，55 ~ 220 mg/kg（体重），IV，缓慢注射；或安定，0.5 ~ 1 mg/kg（体重），IV］缓解肌肉震颤和癫痫。如果怀疑患病动物摄入鹅膏菌，可应用肝纤维化药物如奶蓟草［50 ~ 250 mg, PO, 每 24 h 一次］进行治疗。

霉菌毒素（震颤源性真菌毒素）

发霉变质的食物、奶酪、坚果中的青霉菌可产生霉菌毒素。

发病机制：霉菌毒素的作用机制尚不清楚，怀疑其抑制中枢和外周神经系统释放神经递质，从而降低化学感受器触发区域的活性。

临床症状：包括呕吐、震颤、兴奋、精神亢进以及癫痫发作。

测试方法：如果怀疑患病动物患有震颤源性真菌毒素中毒，采集动物血清样本、胃内容物和呕吐物，在密歇根州立大学兽医毒理学实验室进行震颤源测定试验。

中毒剂量：根据动物摄入量及动物体型大小，较低剂量就可能引起中毒。

治疗方法：霉菌毒素中毒尚无解毒剂。可先进行洗胃，再应用活性炭治疗，当毒素已经通过肝肠循环，建议重复大剂量更换活性炭。应用美索巴莫［55 ~ 220 mg/kg（体重），IV］、安定［0.5 ~ 1 mg/kg（体重），IV］、苯巴比妥［10 ~ 20 mg/kg（体重），IV，缓慢注射］或戊巴比妥［5 ~ 15 mg/kg（体重），IV］治疗震颤和癫痫。静脉输液降低体温并保持水分。若患病动物继发严重癫痫，发生脑水肿，可静脉输入甘露醇［0.5 ~ 1 g/kg（体重），IV］和呋塞米［1 mg/kg（体重），IV］。

萘

萘是樟脑球的活性成分，具有较高的潜在毒性。

发病机制：对红细胞和血红蛋白均具有氧化活性，且具有肝毒性。

临床症状：萘中毒的临床症状包括呕吐、中枢神经系统刺激、癫痫和肝毒性。血常规检测会发现海因茨小体且贫血。

中毒剂量：犬为 411 mg/kg（体重）；猫的中毒剂量更低。

治疗方法：如果怀疑动物萘中毒，禁止催吐。若出现中毒症状是在 1 h 内，可以对患病动物进行洗胃。用安定［0.5 ~ 1 mg/kg（体重），IV］或苯巴比妥［10 ~ 20 mg/kg（体重），

IV，缓慢注射] 治疗癫痫，静脉输液控制体温，防止脱水。乙酰半胱氨酸 [140 mg/kg（体重），PO 或 IV 一次，然后 70 mg/kg（体重），PO 或 IV，连用 7 次] 可以治疗高铁血红蛋白血症。如果出现严重贫血症状，可输血治疗。注意患病动物是否出现肝炎症状。

尼古丁

动物在摄入香烟、含尼古丁的橡胶以及杀虫剂后，会发生尼古丁中毒。

发病机制：低剂量尼古丁刺激自主神经中枢，高剂量尼古丁抑制自主神经中枢和神经肌肉功能，摄入尼古丁后吸收迅速。

临床症状：包括过度兴奋和 SLUD（流涎、流泪、排尿、排便），也可发生肌肉震颤、呼吸肌疲劳或换气不足、快速性心律失常、惊厥、昏迷，甚至死亡。

中毒剂量：LD_{50} = 9.2 mg/kg（体重）。

治疗方法：如果患病动物摄入毒物不超过 1 h 且未表现临床症状，可对其催吐，然后反复使用活性炭。如果动物已经表现临床症状，应对其洗胃。静脉输液防止脱水和促进排尿，控制体温。可以应用阿托品 [0.022 ~ 0.044 mg/kg（体重），IV，IM，SQ] 治疗胆碱能症状，酸化尿液，促进尼古丁排泄。

非甾体抗炎药

非甾体抗炎药（NSAID）包括布洛芬、酮洛芬、卡布洛芬、双氯芬酸、萘普生、塞来昔布、伐地考昔、罗非考昔以及地拉考昔。

发病机制：NSAID 可以抑制前列腺素的合成。

临床症状：包括消化道溃疡、肾衰竭以及肝毒性。布洛芬毒性可能引起犬、猫、雪貂的癫痫。

中毒剂量：中毒剂量随特定化合物的摄入不同而有所差别。

治疗方法：包括催吐、洗胃、反复应用活性炭、留置静脉导管输入晶体液保证肾灌注以及利尿。可以应用前列腺素衍生物米索前列醇 [犬：5 ~ 7.5 μg/kg（体重），PO，或直肠给药，每 12 h 一次；猫：5 μg/kg（体重），PO，或直肠给药，每 12 h 一次] 维持胃和肾灌注量。如果动物发生癫痫，可静脉输入安定 [0.5 ~ 1 mg/kg（体重），IV]。使用胃肠道保护剂和止吐药，抑制呕吐和胃肠道出血。维持静脉输液利尿疗法至少 48 h，频繁监测患病动物尿素氮和肌酐值，当尿素氮和肌酐值在正常范围内或趋于稳定达 24 h 后，每天缓慢减少输液量的 25%，直至动物恢复健康。

油类（润滑油、燃料、矿物质），参阅燃料

洋葱、大蒜、韭菜

洋葱、大蒜、韭菜中含有亚砜化合物，可引起红细胞氧化受损，产生海因茨小体

性贫血、高铁血红蛋白血症以及血管内溶血。

发病机制：红细胞氧化损伤，生成海因茨小体性贫血、高铁血红蛋白血症以及血管内溶血。

临床症状：中毒后的临床症状包括乏力、嗜睡、呼吸急促、心动过速以及黏膜苍白，也可发生呕吐和腹泻。血管内溶血会引起肾小管上皮细胞损伤，形成血红蛋白尿和色素尿，血涂片经细胞学观察可见海因茨小体。

中毒剂量：摄入超过动物体重 0.5% 的洋葱。

治疗方法：洋葱、韭菜、大蒜中毒的治疗，包括静脉输液利尿、催吐或洗胃，然后应用活性炭和泻药。严重贫血的患病动物，可以考虑输血。

阿片类药物

阿片类药物包括海洛因、吗啡、哌替啶、羟吗啡酮、芬太尼和可待因。

发病机制：阿片类化合物在机体内作用于特定的阿片受体。

临床症状：包括缩瞳 / 散瞳（猫）和中枢神经系统兴奋，伴发共济失调、中枢神经系统抑制，最后导致动物昏迷。也可发生呼吸困难、心动过缓、缺氧和发绀。

中毒剂量：根据摄入物质不同或阿片类药物的种类不同，以及患病动物的体重不同，中毒剂量不同。

治疗方法：阿片类药物过量或摄入鸦片的治疗方法包括催吐（未表现临床症状的患病动物）或洗胃，然后使用活性炭。静脉输液、吸氧，支持心血管和呼吸系统，当通气量不足的问题被解决后，可以进行机械通气。反复应用特效解毒剂纳洛酮［犬：0.04 mg/kg（体重）IV, IM, SQ；猫：0.005 ~ 0.01 mg/kg（体重），IV, IM, SQ］，可以治疗麻醉和通气不足现象。若出现癫痫症状（哌替啶毒性），可使用安定［0.5 ~ 1 mg/kg（体重），IV］进行治疗。

有机磷农药

有机磷化合物传统应用于杀灭跳蚤的产品和杀虫剂，有机磷农药常见品种包括毒死蜱、蝇毒磷、二嗪农、敌敌畏和马拉硫磷。

发病机制：有机磷中毒会引起乙酰胆碱酶抑制。

临床症状：包括中枢神经系统刺激，引起震颤和癫痫。毒蕈碱型乙酰胆碱过量可以引起经典 SLUD 症状，包括流泪、流涎、排尿、排便。此外，也可能发生缩瞳、支气管分泌过度、肌肉震颤、呼吸麻痹。患病动物出现全身无力、换气不足、腹颈前屈，最终导致瘫痪等一系列综合征，可能需要机械换气。

测试方法：如果怀疑患病动物有机磷农药中毒，可以对其进行血液胆碱酯酶活性测定，其表现值会很低。

中毒剂量：根据特定有机磷化合物的不同与患病动物的个体差异，其中毒剂量也

1

不同。

治疗方法：对于通过皮肤接触而发生有机磷中毒的病例，应对其进行仔细彻底的清洗。如果是因为摄入有机磷农药导致中毒，应对患病动物催吐、洗胃，从而清洁胃肠道，然后使用活性炭，使用特效解毒剂氯磷定 [犬：50 mg/kg（体重），IV，摄入毒物 30 min 后；猫：20 mg/kg（体重），IV，摄入毒物 30 min 后]。阿托品可以抑制毒蕈碱临床症状。根据病情发展的严重程度，支持疗法包括降温、静脉输入晶体液、吸氧或机械换气。

油漆和清漆剂，参阅燃料

彩弹

彩弹是明胶胶囊，其中包有涂有多种颜色的山梨糖醇或甘油载体。摄食大量彩弹会引起神经症状、电解质紊乱甚至死亡。

发病机制：当摄入大量渗透性糖，流体渗透压的突然改变会引起神经系统或消化系统突然发病，包括共济失调、癫痫，由于大量体液进入胃肠道从而造成高渗性腹泻。含有大量溶质的水溶液的损失，可能引起高钠血症、自由水缺失，以及血浆渗透压升高。

临床症状：包括共济失调、癫痫和腹泻。

治疗方法：首先进行洗胃，然后可以给予温水灌肠，加速彩弹在胃肠道中的运行速度。该化合物具有润肠通便作用，会导致大量体液进入胃肠道，所以禁止使用活性炭（在用丙二醇载体情况下）。应维持电解质平衡并仔细监测，一旦动物出现高钠血症，计算游离水缺失量，应用低渗溶液如 0.45% NaCl + 2.5% 葡萄糖或 5% 葡萄糖溶液静脉注射。由于大量体液的丢失，可以将静脉输液的速度加快，同时有必要纠正酸碱度、电解质平衡，防止脱水。如果以上问题都得到及时解决，仔细监测电解质，采取积极的净化策略和静脉输液支持疗法，大多数中毒动物均可存活。

油漆和清漆，参阅燃料

对乙酰氨基酚，参阅扑热息痛

石蜡，参阅燃料

百草枯

百草枯是一种联吡啶类化合物，是某些除草剂的活性成分。

发病机制：在肺部形成氧源性自由基，最后导致多器官衰竭和死亡。

临床症状：包括中枢神经系统兴奋、顽固性呕吐、意识模糊、昏迷，有时可见癫痫发作。最初 2 ~ 3 d，临床症状常常表现为严重的呼吸困难，可诱发急性呼吸窘迫综合征（ARDS），最后导致死亡。如果患病动物度过最初的中毒期，发展成慢性病症时，表现为肺纤维化。通常百草枯中毒的预后不良。

中毒剂量：LD_{50} = 25 ~ 50 mg/kg（体重）。

治疗方法：尽早清除摄入胃肠道内的百草枯，没有特效解毒剂。如果患病动物摄入毒物不超过 1 h，且其有能力保护呼吸道，则可以对其进行催吐或洗胃。在百草枯中毒的治疗中，活性炭吸附毒性物质的作用不如黏土或膨润土吸附剂。在中毒初期，禁止使用氧气疗法，防止氧源性自由基的形成；在中毒后期，必要时可以使用包括机械通气在内的氧气疗法，尤其是对于已经发生 ARDS 症状的患病动物。实验表明，自由基清除剂（N- 乙酰半胱胺酸、维生素 C、维生素 E 等）在预防氧自由基的损伤方面有一定效果。在中毒初期，也可进行血液灌流，从而清除毒物。

钱币，参阅锌和氧化锌

薄荷油

薄荷油是控制跳蚤的草本化合物，其有效成分是薄荷呋喃。有两种植物（薄荷属长叶薄荷和穗花属薄荷）含有薄荷油。

发病机制：毒性物质在猫体内会消耗谷胱甘肽，薄荷油中的毒性物质胡薄荷酮经过代谢产生肝毒性物质薄荷呋喃。

临床症状：薄荷呋喃具有肝毒性，可导致胃肠道出血和凝血功能障碍、癫痫，甚至死亡。

中毒剂量：中毒剂量尚不清楚，有报道 2 g/kg（体重）的毒物即可导致犬中毒。

治疗方法：包括导泻、使用活性炭和止吐药、使用胃肠道保护剂，并彻底清洗患病动物，防止进一步经皮肤途径中毒。

石油馏分，参阅燃料

苯巴比妥，参阅巴比妥类药物

苯环己哌啶

苯环己哌啶（天使粉）是一种非法的消遣性药物，可抑制或兴奋中枢神经系统，降低心输出量，导致低血压，高剂量也可导致死亡。

发病机制：该药物是非麻醉性镇痛药，非巴比妥类麻醉剂。

临床症状：包括散瞳、心动过速、强直性痉挛、震颤、肌肉僵硬、颌打颤、角弓反张，甚至死亡。

1

中毒剂量：猫为 1.1 mg/kg（体重）；犬为 2.5 mg/kg（体重）。

治疗方法：置入静脉导管进行输液治疗，使用抗心律失常药物维持器官灌注量，进行吸氧处理，使用安定 [0.5 ~ 1 mg/kg（体重），IV] 治疗癫痫，碱化尿液从而促进毒性物质排出。

去氧肾上腺素

去氧肾上腺素属于 α - 肾上腺素能激动剂，是一种常见的非处方药减充血剂。

发病机制：其可以激活 α - 肾上腺素能受体，导致血管收缩和心动过速。

临床症状：包括散瞳、呼吸急促、躁动、多动、异常发呆、有凝视行为，也可发生心动过速、心动过缓、高血压、发热和癫痫。

中毒剂量：1 mg/kg（体重）——呕吐；3 mg/kg（体重）——快速性心律失常、高血压。

治疗方法：留置静脉导管进行静脉输液以防止脱水、促进利尿、治疗高热。使用哌唑嗪 [犬：1~ 4 mg/kg（体重），PO, 每 8~12 h 一次；猫：0.5 mg /kg（体重），PO, 每 8~12 h 一次] 或硝普钠 [每分钟 1~2 µg/kg（体重），IV, CRI, 缓慢滴定直到血压正常，防止低血压] 治疗高血压，必要时可以使用抗心律失常药。用安定 [0.5~1 mg/kg(体重)，IV] 控制癫痫。

苯丙醇胺

苯丙醇胺具有 α - 肾上腺素能和 β - 肾上腺素能受体激动剂作用，主要用于犬尿失禁的治疗。人医禁止使用该药物，防止脑中风的发生。

发病机制：苯丙醇胺是 α - 肾上腺素能和 β - 肾上腺素能受体激动剂，可引起血管收缩、心律失常，高剂量可引起高血压。

临床症状：包括多动、体温升高、散瞳、快速性心律失常或心动过缓、高血压、焦虑和癫痫。

中毒剂量：1 ~ 5 mg/kg(体重)——呕吐、心动过速、多动；5 ~ 10 mg/kg(体重)——呕吐、心动过速、多动、高热、高血压。

治疗方法：使用哌唑嗪 [犬：1 ~ 4 mg/kg（体重），PO, 每 8~12 h 一次；猫：0.5 mg/kg（体重），PO, 每 8 ~ 12 h 一次] 或硝普钠 [每分钟 1 ~ 2 µg/kg（体重），IV, CRI, 缓慢滴注直至血压正常，防止低血压] 治疗高血压；使用 β - 受体阻断剂 [艾司洛尔，50 ~ 100 µg/kg（体重），IV, 之后每分钟 50 ~ 200 µg/kg（体重），IV, CRI；或普萘洛尔，0.04 ~ 0.1 mg/kg（体重），IV, 缓慢注射；或阿替洛尔，犬为 0.5 ~ 1 mg/kg（体重），PO, 每 12 h 一次，猫为 6.25 ~ 12.5 mg/ 只，PO, 每 12 ~ 24 h 一次] 治疗快速性心律失常；使用安定 [0.5 ~ 1 mg/kg（体重），IV] 治疗癫痫；静脉输液防止脱水且促进利尿。酸化尿液可能有助于毒物排泄，心动过缓时禁止使用阿托品。

1

照相显影剂溶液，参阅非离子型洗涤剂

松油消毒剂，参阅非离子型洗涤剂和酒精

哌嗪

哌嗪类似于伊维菌素，用于驱虫。

发病机制：哌嗪是一种 GABA 受体激动剂。

临床症状：包括颈部及躯干的共济失调、震颤、抽搐、昏迷，甚至死亡。

中毒剂量：30 ~ 50 mg/kg（体重）。

治疗方法：如果动物刚摄入毒物且尚未表现临床症状，建议先进行催吐或洗胃，然后使用活性炭。尚无特效解毒剂，治疗主要是支持疗法，包括静脉输液，使用苯巴比妥或美索巴莫控制癫痫和震颤。禁止使用安定、GABA 受体激动剂，防止加重临床症状。酸化尿液有助于排泄毒物，临床症状可持续 3 ~ 5 d。

伪麻黄碱

伪麻黄碱是一种 α - 肾上腺素能和 β - 肾上腺素能受体激动剂，是许多非处方减充血剂的成分，可用于制造冰毒。

发病机制：伪麻黄碱可激活 α - 肾上腺素能和 β - 肾上腺素能受体激动剂，引起血管收缩、心律失常和高血压。

临床症状：包括严重不安、震颤、散瞳、兴奋、高热、心动过速或心动过缓、高血压以及癫痫。

中毒剂量：3 mg/kg（体重）即可表现临床症状。

治疗方法：使用活性炭，静脉输液促进利尿并降温，使用氯丙嗪抑制 α - 肾上腺素能效应，使用 β - 受体阻断剂［普萘洛尔，0.04 ~ 0.1 mg/kg（体重），IV，缓慢注射至起效；或艾司洛尔，50 ~ 100 μg/kg（体重），IV，快速注射，之后每分钟 50 ~ 200 μg/kg（体重），IV，CRI；或阿替洛尔，犬为 0.5 ~ 1 mg/kg（体重），PO，每 12 h 一次，猫为 6.25 ~ 12.5 mg/kg（体重），PO，每 12 ~ 24 h 一次］抑制 β - 肾上腺素能效应。使用赛庚啶［犬：0.5 ~ 1.1 mg/kg（体重），PO，每 12 h 一次或直肠给药；猫：2 mg/kg（体重），PO 或直肠给药］抑制 5- 羟色胺的作用。

除虫菊酯或拟除虫菊酯类杀虫剂

除虫菊素和拟除虫菊酯类化合物提取于菊花，包括丙烯除虫菊酯、溴氰菊酯、四溴菊酯、甲氰菊酯、氯菊酯、醚菊酯、胺菊酯氯氰菊酯和苄呋菊酯。

发病机制：菊酯类和拟除虫菊酯类化合物可引起神经细胞膜电位去极化和封锁，诱发临床症状如震颤、癫痫、呼吸困难和瘫痪，也可发生接触性皮炎。

临床症状：包括震颤、癫痫、呼吸困难和瘫痪。口服毒性较低，而该化合物接触皮肤被吸收后，危害较严重。

检测方法：可以测试乙酰胆碱酯酶值，区分除虫菊酯、拟除虫菊酯和有机磷农药的毒性，若临床症状由除虫菊酯中毒引起，则乙酰胆碱水平正常。

中毒剂量：除跳蚤产品商标上明确标出，合成除虫菊酯含量在45%～60%即可导致犬中毒，合成类除虫菊酯对猫有毒性。

治疗方法：由于尚无特效药，其治疗方法主要是支持疗法。用温水仔细清洗患病动物体表，防止进一步口服或皮肤接触毒物。体温升高或降低均会加重临床症状，可用活性炭减少肝肠循环。阿托品［0.02～0.04 mg/kg（体重），IV, IM, SQ］可以抑制唾液分泌，美索巴莫［50～220 mg/kg（体重），IV, 缓慢注射至起效］可治疗肌肉震颤。必要时，可使用安定［0.5～1 mg/kg（体重），IV］或苯巴比妥［10～20 mg/kg（体重），IV, 缓慢注射］治疗癫痫。

散热液，参阅乙二醇

葡萄干，参阅葡萄和葡萄干

鱼藤酮
鱼藤酮是常见的花园杀虫剂，鱼、鸟对其毒性敏感。
发病机制：鱼藤酮抑制线粒体电子传递及神经传导。
临床症状：在局部或口腔接触毒物后，会发生组织刺激和低血糖症。摄入鱼藤酮化合物，可以导致中枢神经系统抑制，引发癫痫。
治疗方法：首先进行洗胃，然后使用泻药和活性炭，仔细清洗中毒动物，防止皮肤进一步接触毒物或通过口腔进一步摄入毒物。可以使用安定［0.5～1 mg/kg（体重），IV］或苯巴比妥［10～20 mg/kg（体重），IV, 缓慢注射］治疗癫痫。预后谨慎。

外用酒精，参阅酒精

除锈剂，参阅酸和腐蚀性物质

水杨酸酯，参阅阿司匹林

盐（解冻精盐）
盐，用于解冻时通常含有氯化钙（该化合物有轻微毒性）。
发病机制：氯化钙可以产生强烈的局部刺激，摄入氯化钙后可以导致胃肠炎和胃肠道溃疡。

临床症状：包括红斑、呕吐和吐血。

治疗方法：摄入氯化钙后，可服用牛奶、水或蛋清进行稀释，或进行洗胃处理，然后使用活性炭。静脉输入晶体液可以防止脱水。使用止吐药和胃肠道保护剂治疗胃肠炎和呕吐。

香波，参阅非离子型洗涤剂

硫化硒香波

硫化硒香波（如蓝色硫化硒）具有潜在中毒可能性，其毒性较低，主要引起胃肠炎。

发病机制：刺激胃肠道。

临床症状：呕吐。

治疗方法：摄入毒物后，灌服水、牛奶或蛋清进行稀释，使用活性炭，仔细彻底地冲洗皮肤和眼睛，防止进一步接触毒物。使用止吐药和胃肠道保护剂，防止动物发生严重的胃肠炎。

鞋油，参阅芳香烃

擦银剂

一些擦银剂含有碱性物质碳酸钠和氰化盐，具有强烈的毒性。

发病机制：可导致电子传递链中断。

临床症状：摄入未知物质后，短时间内迅速发生呕吐，怀疑是氰化物中毒。

治疗方法：监护并维持中毒动物的呼吸、心血管状态，静脉注射晶体液，催吐，使用活性炭。氰化物中毒时，静脉输入亚硝酸钠或硫代硫酸钠解毒。

肥皂（沐浴皂，块皂）

肥皂通常具有较低毒性，摄入后可以导致轻微胃肠炎和呕吐。

发病机制：刺激胃。

临床症状：包括呕吐、吐血。

中毒剂量：少量即可导致中毒。

治疗方法：用水稀释，静脉输液防止脱水，使用止吐药和胃肠道保护剂治疗胃肠炎。

氟乙酸钠（1080，1081）

氟乙酸钠是一种无色、无气味、食之无味的化合物，可导致氧化磷酸化解偶联。

1

发病机制：可导致氧化磷酸化解偶联，抑制生成三磷酸腺苷（ATP），并抑制细胞代谢，进而形成脑水肿。

临床症状：包括兴奋中枢神经系统、癫痫、脑水肿后继发癫痫。

中毒剂量：犬猫中毒剂量为 0.05 ~ 1.0 mg/kg（体重）。

治疗方法：确保呼吸道通畅，监测心血管系统并维持其稳定，治疗发热。如果动物尚未表现临床症状，则可以进行催吐。必要时静脉输液、吸氧。

盐酸托莫西汀（选择性去甲肾上腺素再摄取抑制剂）

盐酸托莫西汀（Strattera）是一种选择性去甲肾上腺素再摄取抑制剂，主要用于治疗注意缺陷多动症（ADHD）患病动物。

发病机制：其可导致中枢神经系统中去甲肾上腺素的堆积。

临床症状：包括心律失常、高血压、丧失方向感、兴奋、颤抖、震颤和体温升高。

动力学：犬摄入毒物后 3 ~ 4 h 出现血药浓度峰值，半衰期出现在摄入毒物后 4 ~ 5 h。

治疗方法：主要包括对症治疗和支持疗法。首先，如果中毒动物意识清醒且呕吐反射阳性，可以进行催吐治疗，也可对其进行洗胃，使用一个剂量的活性炭，防止胃肠道对毒物的进一步吸收。诊断是否发生心律失常并及时治疗，用硝普钠治疗高血压［每分钟 1 ~ 2 μg/kg（体重），IV, CRI, 缓慢滴注直到血压恢复正常，仔细监测预防低血压］，使用氯丙嗪［0.1 ~ 0.25 mg/kg（体重），IV, 缓慢注射至起效，然后每分钟 2 ~ 6 μg/kg（体重），CRI］治疗过度兴奋。禁止使用安定，因其可能进一步加重临床症状。对患病动物进行输液治疗，防止脱水，促进排尿。

士的宁

士的宁是用于杀灭啮齿类动物和其他害虫的杀虫剂的活性成分。

发病机制：士的宁对脊髓抑制性神经递质具有颉颃作用。

临床症状：包括严重的肌肉震颤、肌肉僵硬、癫痫，当遇到噪声、触摸、光和声音时，临床症状可被诱发或加重。此外，也可发生散瞳、体温升高和呼吸麻痹。

诊断方法：如果怀疑士的宁中毒，应采集胃内容物并对其进行分析。

中毒剂量：犬的中毒剂量为 0.75 mg/kg（体重）；猫的中毒剂量为 2 mg/kg（体重）。

治疗方法：如果患病动物尚未表现临床症状，可对其进行催吐；如果已经出现临床症状，应对其进行洗胃，催吐或洗胃后均应使用活性炭。静脉注射晶体液维持心血管系统，进行降温管理，促进排尿。可以使用美索巴莫［55 ~ 220 mg/kg（体重），IV］、安定［2 ~ 5 mg/kg（体重），IV］或苯巴比妥［10 ~ 20 mg/kg（体重），IV, 缓慢注射］治疗中枢神经系统刺激。用棉花堵住动物耳朵，防止噪声对其产生刺激，将中毒动物安置在安静、黑暗的房间内。

止血笔

止血笔内含有硫酸钾明矾化合物，具有轻微毒性。

发病机制：摄入止血笔后在盐水解的过程中会释放硫酸，其具有腐蚀性，会刺激胃黏膜。

临床症状：呕吐。

治疗方法：用含有氧化镁的奶或者用水灌服稀释，使用止吐药和胃肠道保护剂，静脉输入晶体液以防止脱水。禁止催吐，防止毒物对食管的进一步刺激。

防晒霜，参阅锌和氧化锌

焦油，参阅燃料

茶树油（千层油）

茶树油（千层油）是一种控制跳蚤的中草药，其毒性原理是茶树油含有单萜类。

发病机制：尚不清楚。

临床症状：神经肌肉无力、共济失调和肝功能衰竭。

中毒剂量：100% 成分的茶树油可引起中毒。

治疗方法：包括使用泻药和活性炭，防止毒物的进一步吸收。仔细清洗患病动物，防止皮肤进一步接触毒性物质。

破伤风

在土壤、粪便，尤其是动物体内，随处可见破伤风梭菌有机体产生的破伤风芽孢。曾有报道，犬在长牙后或用冷冻灭菌手术包进行开腹手术后，感染破伤风。伤口感染厌氧菌后会产生破伤风芽孢。

发病机制：破伤风梭菌产生神经毒素，可以抑制脊髓的抑制神经元，引起运动神经元兴奋。

临床症状：破伤风的特征是伸肌僵硬（"木马姿势"）、竖耳和苦笑。

治疗方法：如果毒素已经从中枢神经系统扩散，使用破伤风抗毒素进行治疗。开放并清除所有伤口，清除破伤风毒素源（如脓肿），静脉输入氨苄西林或青霉素 G 治疗破伤风。支持疗法包括松弛骨骼肌，静脉输液补充营养，精心护理预防褥疮。个别情况下，需要机械通风。

马桶清洁剂，参阅酸和腐蚀性物质

三嗪

三嗪类化合物包括莠去津、扑灭通和灭草隆（Telval）。

1

发病机制：三嗪类化合物的毒性机制尚不清楚。

临床症状：包括流涎、共济失调、反射减弱、接触性皮炎、肝肾损伤、肌肉痉挛、呼吸困难，甚至死亡。

治疗方法：包括静脉输入晶体液，使用正性肌力药物、抗心律失常药物，从而对心血管系统和肾脏起到支持作用。如果动物刚刚摄入毒性物质，应立即进行催吐；如果患病动物无法自行保护呼吸道，可以进行口腔灌洗。催吐和洗胃后，使用活性炭和导泻药。仔细清洗患病动物体表，防止皮肤上的毒物残留造成进一步吸收。

三环类抗抑郁药

在人和动物，可使用的三环类抗抑郁药品种繁多，包括阿米替林、多虑平、阿莫沙平、地昔帕明、氟西汀（百忧解）、氟伏沙明（兰释）、丙咪嗪、帕罗西汀（Paxil）、去甲替林、普罗替林、舍曲林（左洛复）和三甲丙咪嗪。

发病机制：此类药物为选择性 5-羟色胺再摄取抑制剂（SSRIs），在消化道中被迅速吸收，血药峰浓度多发生在毒物摄入后 2~8 h。在犬体内，每种药物的消除半衰期不同，但通常持续 16~24 h。SSRIs 抑制 5-羟色胺的再摄取，导致 5-羟色胺在大脑中积聚，造成"5-羟色胺综合征"。

临床症状：包括颤抖、抽搐、高热、流涎、唾液分泌过多、腹壁紧张或腹痛、呕吐、腹泻。此外，SSRI$_s$ 中毒的临床症状还可见抑郁、震颤、心动过缓、快速性心律失常和厌食。

中毒剂量：根据三环类抗抑郁药的不同，其中毒剂量亦不同。

治疗方法：对 SSRI$_s$ 疑似患病动物的治疗包括清除胃内容物，保证动物处于清醒状态，且存在完整的呕吐反射。可以进行洗胃，使用活性炭防止毒物在胃肠道内进一步吸收。对于其他临床症状可以对症治疗，静脉输入安定控制癫痫，根据心率加快分型进行治疗，使用美索巴莫［55~220 mg/kg（体重），IV］治疗肌肉震颤。赛庚啶［2 mg/kg（体重）］是 5-羟色胺颉颃剂，具有水溶性，可通过直肠给药。

预防措施：应对摄食 SSRI$_s$ 的动物进行精心治疗，至少留院观察 72 h，防止发生副作用。

松节油，参阅燃料

维生素 K 颉颃剂灭鼠药

维生素 K 颉颃性灭鼠药通常呈颗粒状或块状。

发病机制：其可抑制维生素 K 依赖性凝血因子 II、VII、IX 和 X。

临床症状：中毒后的 2~7 d 会出现出血症状，出血可发生在身体的任何部位，可以表现为皮肤或黏膜出血斑、巩膜出血、鼻出血、肺实质或胸腔出血、胃肠道出血、

1

心包出血、血尿、腹膜后出血、血肿和中枢神经系统出血。临床症状包括呼吸困难、咳嗽、牙龈出血、毒物进入眼睛后表现眼出血、共济失调、麻痹、瘫痪、癫痫、血尿、关节肿胀、跛行、嗜睡、全身无力、食欲不振和崩溃。

诊断方法：诊断动物中毒的依据是临床症状、活化凝血时间（ACT）或凝血酶原时间（PT）。PIVKA（维生素 K 颉颃诱导蛋白）测试有助于检测毒物，但是通常无法进行。出血后可能会继发轻微的血小板减少，但血液血小板水平通常不会达到 <50 000 个 /μL 的临界水平，从而导致出血的临床症状。某些情况下，患病动物可能出现严重的应激性高血压和糖尿病症状，但在 24 h 内即可恢复正常。

治疗方法：如果摄入灭鼠药时间不超过 2 h，应对动物进行催吐；若患病动物不配合治疗，可对其进行洗胃处理。以上程序过后，使用活性炭。应对胃内容物进行化验分析。当中毒动物得到救治后，连续 30 d 口服维生素 K；或在洗胃后 2 d 进行 PT 检查，如果 PT 延长，可以使用新鲜冷冻血浆和维生素 K，如果 PT 值正常，说明洗胃取得了良好的效果，不需要进一步治疗。

如果患病动物表现中毒症状，可输入新鲜冷冻血浆［20 mL/kg（体重）］以补充活化凝血因子，并输入维生素 K_1［5 mg/kg（体重），SQ，应用 24 G 针头多点注射］。如果动物出现贫血症状，也可输入浓缩红细胞或新鲜全血。支持疗法包括在肺或胸腔出血时补充氧气。通过最初的治疗，应开始对患病动物补充维生素 K_1［2.5 mg/kg（体重），PO，每 8～12 h 一次，持续 30 d］，在最后一次给予维生素 K 胶囊后 2 d，检测 PT 值。根据所应用抗凝药物的不同，有时可能需要额外进行 2 周的维生素 K_1 治疗。

玻璃清洁剂，参阅乙二醇

木糖醇

木糖醇是一种糖醇，人摄入后血糖不会显著升高，因此不会刺激胰腺释放胰岛素。然而对于犬，木糖醇可刺激胰岛 β 细胞释放胰岛素，且摄入量不同，症状不同。

发病机制：木糖醇可以诱导胰腺释放胰岛素，引起典型低血糖症临床症状。

临床症状：包括低血糖症、呕吐、乏力、共济失调、精神沉郁、低钾血症、低血糖症性抽搐、昏迷。动物在摄入木糖醇 30 min 内即可表现临床症状，即使经过积极治疗，临床症状也会持续 12 h 以上。急性肝坏死且伴发呕吐的患病动物，也可表现出黄疸、凝血功能障碍，甚至死亡。

中毒剂量：> 0.1 g/kg（体重）会导致低血糖症；> 0.5 g/kg（体重）会产生肝毒性。

治疗方法：木糖醇中毒病例的治疗方法与其他物质引起中毒的治疗方法相同。如果发病动物尚未表现神经系统异常，可对其进行催吐，其次是使用活性炭，目前尚不清楚该阶段使用活性炭是否可以减少犬胃肠道对木糖醇的吸收。如果发病动物已经表现临床症状，可对其进行洗胃。检测血糖浓度，补充葡萄糖（2.5%～5%，CRI）维持

1

血糖浓度，直到通过少量多餐进食也可维持血糖。胰岛素可能入细胞导致低钾血症，可以输液补充氯化钾以治疗低钾血症，但剂量不能超过每小时 0.5 mEq/kg（体重）。

苯扎氯铵，参阅阳离子洗涤剂，消毒剂

锌和氧化锌

美国在 1982 年后在硬币制造中大量使用锌取代铜。锌的其他来源包括氧化锌软膏和金属器具，如金属鸟笼中就含有锌。

发病机制：锌中毒可导致血管内溶血、贫血、胃肠炎和肾衰竭。

临床症状：包括呕吐、嗜睡、黄疸、血红蛋白血症、血红蛋白尿和腹泻。

中毒剂量：尚不清楚。

治疗方法：如果怀疑锌中毒，可以拍摄腹部 X 线片显示胃肠道内的金属（如果摄入的是氧化锌软膏，则 X 线片中不可见）。根据摄入含锌异物的大小，可进行催吐或洗胃处理。通常情况下，如果摄入的是小件异物如硬币，可以通过内镜或胃肠道切开术取出异物。一般在成功取出异物后，再拍摄 X 线片验证所有异物是否被全部取出。可以通过静脉输液维持肾灌注，促进排尿，同时使用胃肠道保护剂和止吐药。必要时可以进行螯合疗法，即使用琥珀酸、EDTA 钙、二巯基丙醇或青霉胺进行治疗，但应注意，当患病动物脱水时禁止使用 EDTA 钙，以防发生肾衰竭。可以使用浓缩红细胞治疗严重贫血。

扩展阅读

Aldrich J: Ivermectin toxicity. In Mazzaferro EM, editor: Blackwell's five minute consult clinical companion small animal emergency and critical care, Ames, 2010, Wiley–Blackwell.

Alwood A: Acetaminophen. In Silverstein DC, Hopper K, editors: Small animal critical care medicine. St Louis, 2009, Elsevier.

Alwood A: Salicylates. In Silverstein DC, Hopper K, editors: Small animal critical care medicine, St Louis, 2009, Elsevier.

Ashbaugh EA: Marijuana toxicity. In Mazzaferro EM, editor: Blackwell's five minute consult clinical companion small animal emergency and critical care, Ames, 2010, Wiley–Blackwell.

Ashbaugh EA: Zinc toxicity. In Mazzaferro EM, editor: Blackwell's five minute consult clinical companion small animal emergency and critical care, Ames, 2010, Wiley–Blackwell.

Boller M, Silverstein DC: Pyrethrins. In Silverstein DC, Hopper K, editors: Small animal critical care medicine, St Louis, 2009, Elsevier.

Boysen S: Mycotoxins—Aflatoxins. In Mazzaferro EM, editor: Blackwell's five minute consult clinical companion small animal emergency and critical care, Ames, 2010, Wiley–Blackwell.

Boysen S: Mycotoxins—tremorgens. In Mazzaferro EM, editor: Blackwell's five minute consult clinical companion small animal emergency and critical care. Ames, 2010, Wiley–Blackwell.

Brown AJ, Mandell DC: Illicit drugs. In Silverstein DC, Hopper K, editors: Small animal critical care medicine, St Louis, 2009, Elsevier.

Brown AJ, Waddell LS: Rodenticides. In Silverstein DC, Hopper K, editors: Small animal critical care medicine, St Louis, 2009, Elsevier.

Burkitt JM: Anticholinesterase intoxication. In Silverstein DC, Hopper K, editors: Small animal critical care medicine, St Louis, 2009, Elsevier.

Burkitt JM: Organophosphate toxicity. In Mazzaferro EM, editor: Blackwell's five minute consult clinical companion small animal emergency and critical care, Ames, 2010, Wiley–Blackwell.

Cooper R: Acetaminophen toxicity. In Mazzaferro EM, editor: Blackwell's five minute consult clinical companion small animal emergency and critical care, Ames, 2010, Wiley–Blackwell.

Cope RB: Four new small animal toxicoses, Aust Vet Pract 34(3):121‒123, 2004.

Cote DD, Collins DM, Burczynski FJ: Safety and efficacy of an ocular insert for apomorphine induced emesis in dogs, Am J Vet Res 69:1360‒1365, 2008.

Donaldson CW: Paintball toxicosis in dogs, Vet Med 98(12):995‒998, 2003.

Duffy T: Anticoagulant rodenticide toxicity. In Mazzaferro EM, editor: Blackwell's five minute consult clinical companion small animal emergency and critical care, Ames, 2010, Wiley–Blackwell.

Dunayer ER: Hypoglycemia following canine ingestion of xylitol-containing gum, Vet Hum Toxicol 46(2):87‒88, 2004.

Fletcher DJ, Murphy LA: Anticholinergic poisonings. In Silverstein DC, Hopper K, editors: Small animal critical care medicine, St Louis, 2009, Elsevier.

Fletcher DJ, Murphy LA: Cyclic antidepressant drug overdose. In Silverstein DC, Hopper K, editors: Small animal critical care medicine, St Louis, 2009, Elsevier.

Gfeller RW, Messonnier SP: Handbook of small animal toxicology and poisonings, ed 2, St Louis, 2004, Mosby.

Hansen SR: Macadamia nut toxicosis in dogs, Vet Med 97(4):274‒276, 2002.

Hopper K, Aldrich J, Haskins S: The recognition and treatment of the intermediate syndrome of organophosphate poisoning in a dog, J Vet Emerg Crit Care 12(2):99‒103, 2002.

Lichtenberger M: Amitraz toxicity. In Mazzaferro EM, editor: Blackwell's five minute consult clinical companion small animal emergency and critical care, Ames, 2010, Wiley–Blackwell.

Mazzaferro EM: Macadamia toxicity. In Mazzaferro EM, editor: Blackwell's Five Minute Consult Clinical Companion Small Animal Emergency and Critical Care, Ames, 2010, Wiley–Blackwell.

Mazzaferro EM: Raisin and grape toxicity. In Mazzaferro EM, editor: Blackwell's five minute consult clinical companion small animal emergency and critical care, Ames, 2010, Wiley–Blackwell.

Mazzaferro EM, Eubig PA, Hackett TB, et al: Acute renal failure in four dogs after raisin or grape ingestion (1999–2002), J Vet Emerg Crit Care 14(3):203‒212, 2004.

Meola SD: Chocolate toxicity. In Mazzaferro EM, editor: Blackwell's five minute consult clinical companion small animal emergency and critical care, Ames, 2010, Wiley–Blackwell.

Plum lee KH: Clinical veterinary toxicology, St Louis, 2004, Mosby.

Reineke EL, Drobatz KJ: Cyanide. In Silverstein DC, Hopper K, editors: Small animal critical care medicine, St Louis, 2009, Elsevier.

Reineke EL, Drobatz KJ: Serotonin syndrome. In Silverstein DC, Hopper K, editors: Small animal critical care medicine, St Louis, 2009, Elsevier.

Roder JD: Veterinary toxicology, Woburn, Mass, 2001, Butterworth–Heinemann.

Rollings C: Ethylene glycol. In Silverstein DC, Hopper K, editors: Small animal critical care medicine, St Louis, 2009, Elsevier.

Schildt JC, Jutkowitz LA: Approach to poisoning and drug overdose. In Silverstein DC, Hopper K, editors: Small animal critical care medicine, St Louis, 2009, Elsevier.

Scott NE: Ivermectin toxicity. In Silverstein DC, Hopper K, editors: Small animal critical care medicine, St Louis, 2009, Elsevier.

Wismer T: Serotonin syndrome. In Mazzaferro EM, editor: Blackwell's five minute consult clinical companion small animal emergency and critical care, Ames, 2010, Wiley–Blackwell.

呼吸系统急症

进入肺泡的氧气量不足，使氧气从肺泡进入毛细血管的扩散能力减弱，导致呼吸系统出现异常。潮气量下降导致低氧血症、高碳酸血症，进而使机体出现呼吸性酸中毒。呼吸系统急症常见于呼吸道的阻塞、肺部扩张不全、肺部气体交换能力减弱（肺泡通气–灌注量不匹配）、肺部循环不足。在急救病例中，对患病动物呼吸困难的评估存在一定困难，这是因为很小的刺激就可能导致患病动物病情恶化，甚至死亡。与患病动物保持一定距离，有助于兽医根据动物的呼吸类型和努力程度来判断其呼吸困难的严重程度以及损伤的部位。

呼吸异常的动物常出现呼吸加快（> 30 次 /min）。随着病情的加重，患病动物可能出现焦躁、张口呼吸。典型姿势是犬坐式呼吸，伴有头颈伸长、开口呼吸、双肘外展。黏膜发绀常表明机体处于极度失代偿阶段。在临床上，呼吸困难可见于伴有咳嗽、呼吸音异常或者运动不耐受的急性或慢性失代偿性疾病。

找到病因是成功治疗呼吸困难的关键。对于任何一个存在呼吸困难临床症状的患病动物，其鉴别诊断应包括：原发性的肺实质病变、呼吸道疾病、胸廓疾病、充血性心力衰竭、CO 中毒、高铁血红蛋白血症和贫血等。仔细观察患病动物的呼吸类型可以辅助诊断上呼吸道疾病 / 阻塞、原发性的肺实质疾病、胸膜腔疾病、胸廓异常。若需要测定呼气和吸气的时间，可以把手放在患病动物身上感受其呼吸。

上呼吸道由咽、喉和胸外气管组成，动物发生阻塞性疾病时吸气常见明显的喘鸣，呼吸用力，慢而深。轻微阻塞时，听诊喉部和气管可以获取更多的信息。通常情况下，不需要借助听诊器就可以判断患病动物是否有喘鸣，此时肺音一般正常，应仔细检查其是否存在颈部肿物、气管塌陷和皮下气肿。若动物出现皮下气肿，说明气管有损伤或者创伤性塌陷。部分患病动物在喉部疾病中可见呼吸音发生改变。应根据患病动物的症状、病史和病理过程进行鉴别诊断。上呼吸道阻塞的鉴别诊断见框 1–61。

胸膜腔疾病常见限制性呼吸类型。吸气变短浅、迅速，且有明显的腹部收缩。由于疾病发展情况不同，听诊肺音时可能出现腹侧减弱而背侧增强。当有胸腔积液时，叩诊胸部共振减弱；气胸时则共振增强。纵隔前部有肿物时按压胸部前部有异物感，尤其见于猫和雪貂。发生创伤时常见气胸和膈疝，可能伴有肋骨骨折。贫血可能加重由于血胸造成的呼吸困难。患病动物出现胸腔疾病时需要进行多种鉴别诊断：气胸、膈疝、肿瘤和不同类型的胸腔积液。

框 1-61　　上呼吸道阻塞的鉴别诊断	
脓肿	肿瘤
短头呼吸道综合征	阻塞性喉部炎症
肉芽肿	咽部异物
喉部塌陷	气管塌陷
喉麻痹	气管异物
鼻咽部息肉	喉部或者气管软骨创伤

原发性的肺实质性疾病可见于胸内呼吸道、肺泡、肺间质和肺部血管等。患病动物常出现的症状是快速、浅表的限制性呼吸类型，可能伴有呼气末的明显腹部收缩，尤其是阻塞性呼吸道疾病，如猫哮喘。胸部听诊可发现水泡音或者喘息音。需要鉴别诊断的疾病包括：心源性/非心源性肺水肿、肺炎、猫支气管炎、肺部挫伤、吸入性肺炎、肺部栓塞（PTE）、肿瘤、感染（细菌、真菌、原虫和病毒）和慢性支气管炎。

若患病动物存在其他的异常呼吸类型，则需要进一步的诊断。若仅出现呼吸加快，可能是由机体对非呼吸系统疾病的反应引起，如疼痛、体温升高、应激。若患病动物呼吸困难且胸部外展运动减小，可见于神经肌肉异常，如升支性多神经根神经炎、肉毒杆菌中毒、蜱瘫痪。若患病动物肺通气不足，则需要使用机械通气。但患病动物出现代谢性酸中毒时，可见库斯莫尔（Kussmaul）呼吸，表现为慢而深的呼吸，常见于重度糖尿病的酮体酸中毒、肾衰机体 CO_2 排出减少。潮式（Cheyne-Stokes）呼吸常见于呼吸神经中枢异常，典型表现是在肺通气正常或者增强之后的无呼吸或换气不足。当患病动物出现下颈部脊髓损伤或者呼吸中枢受损时，膈肌承担了主要的通气功能，随着膈肌的疲乏，就会出现严重的肺通气不足，进而导致缺氧，需要采取辅助呼吸措施。

紧急治疗

对呼吸困难患病动物进行治疗的首要原则就是不惜一切代价将应激减至最小，因此很多操作可能需要延后，如拍摄 X 线片、静脉插管，只能等到患病动物体况稳定后再进行。部分情况下还需要进行镇静以减少患病动物的应激。所有患病动物都需要吸氧。若存在严重的气胸或者胸腔积液时，需要进行胸腔穿刺让肺部得到扩张，减轻呼吸阻力。若胸腔穿刺还不能维持肺部的扩张，则需要进一步做胸部造口插管，尤其见于紧张性气胸。若出现肺通气不足或者出血性休克，在开始治疗时需要同时稳定患病动物的呼吸情况（参阅休克）。

若怀疑患病动物上呼吸道阻塞，应重建呼吸道；若患病动物出现喉麻痹、气管塌陷、短头呼吸道综合征时，镇静可以有效减小阻塞带来的应激，但喉部塌陷时，镇静也可能加重病情。若喉部有严重的水肿，可给予短效糖皮质激素（地塞米松磷酸钠）以减少喉部水肿和炎症。若咽部有异物，则需要通过海姆利希（Heimlich maneuver）手法急救——多次用力按压患病动物胸骨。有些异物如小球、骨头很容易进入喉部，但却不容易排出，因此对患病动物快速实施全身麻醉后取出异物非常重要。若海姆利希手法无效，则要考虑暂时性的气管内插管或者暂时性的气管切开术。

急救时需要立即经气管插管补充氧气，操作如下：将 20 G 或者 22 G 针头、输液软管和 3 mL 注射器依次连接，抽出注射器的活塞芯杆，将注射器与软管相连，软管的另一端连接氧气。按照 10 L/min 的速度补充氧气，直到气管造口术完成（参阅输氧和气管造口术）。

一旦患病动物体况稳定，就可以根据患病动物的情况进行下一步的操作，包括动脉血气分析、拍摄胸部 X 线片、冲洗气管插管等。关于上呼吸道阻塞、胸膜腔疾病、肺部疾病的治疗见下文。

上呼吸道阻塞的治疗

呼吸道肿物或者呼吸道外肿物、口咽部脓肿或肿瘤、喉麻痹、创伤、解剖结构异常等情况可能造成上呼吸道阻塞。临床上常见患病动物呼吸困难，若胸外呼吸道存在明显负压时临床症状更明显。黏膜水肿和炎症也可以加重阻塞程度。

上呼吸道阻塞的治疗主要是减轻患病动物的呼吸困难和焦虑。可给予抗焦虑药物乙酰丙嗪［0.02～0.05 mg/kg（体重），IV，IM 或 SQ］，以减少患病动物的焦虑。由于用力呼吸，很多患病动物出现体温升高，所以可以采取一些降温措施，如静脉输入凉的液体，将毛巾用凉水浸湿后敷在动物的体表。以最温和的方式补充氧气。可以给予短效糖皮质激素［地塞米松磷酸钠，0.25 mg/kg（体重），IV，IM 或 SQ］，减少水肿和炎症。

若阻塞情况严重，治疗后患病动物的病情未见改善，则需要做气管内插管以增强肺部通气（参阅气管插管术），可以采取气管插管术补充氧气或者实施暂时性的气管造口术。此时，需要将患病动物迅速麻醉［丙泊酚，4～7 mg/kg（体重），IV］，然后进行临时气管切开插管。若通过气管插管术补充氧气，则只需要对患病动物进行镇静或者局部麻醉。

喉麻痹

喉麻痹是一种主要见于大型犬的先天性或者后天性疾病，切断喉返神经对杓状软骨的控制后也可发生。先天性的喉麻痹主要见于佛兰德牧牛犬、哈士奇、斗牛狍。后天性喉麻痹常见于拉布拉多猎犬、圣伯纳犬、爱尔兰长毛猎犬，可继发于喉返神经的创伤、全身性神经肌肉的异常，部分情况下也可能难以确定病因。猫尽管少见喉麻痹，但仍有报道。

当喉返神经异常时，喉部肌肉会发生萎缩，导致声襞和杓状软骨向呼吸道中间偏移，吸气时难以向两边扩张而发生阻塞。喉麻痹可以是部分麻痹或者完全麻痹，也可以是单侧麻痹或者双侧麻痹。很多情况下，在患病动物表现出呼吸困难或者运动不耐受之前，声音会先发生改变。当患病动物有明显的喘鸣音（伴有或者不伴有体温升高）之前，首先需要给予镇静剂，并进行吸氧和降温。一旦患病动物情况稳定，就需要检查呼吸道以寻找病因。注射短效巴比妥或者丙泊酚［4~7 mg/kg（体重），Ⅳ］，观察杓状软骨在呼气和吸气阶段的闭合程度。若在吸气时杓状软骨外展不全，则可以给予吗乙苯吡酮［盐酸多沙普伦，1~5 mg/kg（体重），Ⅳ］刺激呼吸。

喉麻痹的典型症状是喉部运动的缺乏（吸气时闭合，呼气时开张）。需要找到并治疗原发病因，以外科手术扩张呼吸道。目前常用的有部分喉部切开术、将杓状软骨向侧边牵拉或者切除部分声襞，均可使动物病情有不同程度的改善。但术后常见吸入性肺炎。

短头呼吸道综合征和喉部塌陷

解剖结构异常导致呼吸道阻力增加时，动物常容易发生短头呼吸道综合征，典型的异常包括鼻孔变窄、软腭变长、气管发育不良，这些异常可以同时发生，也可以单独出现。病情严重时，可见患病动物喉囊水肿外翻，发展至后期可见咽部塌陷，这是上呼吸道阻力增加使胸内呼吸道压力急剧上升所致。呼吸道的各种异常可在患病动物麻醉后通过喉镜进行诊断，

在出现严重的呼吸困难时需要进行各种治疗，如前所述。解剖结构的异常需要通过手术进行纠正，但喉部塌陷的患病动物手术治疗较困难，只能考虑气管造口术。软腭过长、鼻孔狭窄在患病动物出现临床症状的早期较容易诊断，所以经过早期的手术矫正以改善呼吸道状况可能会降低胸内呼吸道的负压。一般不会出现晚期的喉囊外翻或者喉部塌陷。

气管塌陷

气管塌陷常见于中老年玩具犬和小型犬。动物主人最常提到的症状就是咳喘，尤其是动物兴奋后触碰到气管时，声音类似鹅叫。可通过 X 线片对动物呼吸时的颈部和胸部气管（侧位片）进行检查。偶尔可见发生急性失代偿，尤其是动物兴奋、运动、高温或高湿的情况下。

治疗由气管塌陷所致的呼吸困难急性发作包括镇静、吸氧、降温。抑制咳嗽可以考虑应用重酒石酸二氢可待因酮/溴甲后马托品［0.25 mg/kg（体重），PO，每8~12 h一次］，或者布托啡诺［0.5 mg/kg（体重），PO，每6~12 h一次］。气管塌陷是一个动态的过程，上呼吸道和下呼吸道常同时发生异常。目前，有证据表明在治疗慢性下呼吸道疾病时，同时放置呼吸道支架有一定的效果。

创伤

颈部的擦伤或者咬伤可以导致骨折或者喉软骨、气管软骨的撕脱。此时需要对患

病动物进行治疗以稳定其体况，并可以接受手术治疗。若患病动物发生颈部气管的撕脱，则插管就比较困难。可以先将一根较长的输尿管插入，穿过受伤处到达远端，然后再套入气管插管以确保呼吸道插管的成功。颈部损伤也可能损伤喉返神经导致喉部瘫痪。

异物

异物多见于鼻腔、咽部、喉部和气管远端。异物在鼻腔时常见患病动物打喷嚏，不停在地上蹭鼻子，若异物一直在鼻腔，则患病动物会持续打喷嚏，逐渐出现鼻腔分泌物，但呼吸一般正常。当咽部或者气管存在异物时，可以阻塞呼吸道导致呼吸困难。此时需要通过病史、体格检查、胸部和颈部的 X 线片进行诊断。较小的异物可能进入呼吸道远端，虽然 X 线片难以显示，但可以导致肺不张。

鼻腔或者咽部有异物时，可将患病动物麻醉后尝试将异物用钳子夹出。若难以进行，可以考虑通过冲洗鼻腔，使异物从鼻后部冲出，此时应在口腔内提前放置纱布以防止异物被吸入肺部。有时可以借助鼻镜，若没有鼻镜可以考虑使用耳镜。

若气管异物比较小，则患病动物呼吸时异物类似一个球阀，常见阵发性的缺氧和晕厥。可向下悬吊患病动物头部以取出异物。在喉镜的帮助下取出异物，若异物位于较深的部位，则需要在内镜的辅助下取出异物。

呼吸道内肿物

鼻咽部息肉可以导致上呼吸道的阻塞，猫可见于肿瘤、阻塞性喉炎、肉芽肿、脓肿和囊肿。临床症状多为渐进性。将患病动物全身麻醉后进行喉镜检查，软腭以上的鼻咽部也需要检查。检查中发现囊肿和有茎肿物时可以切除，浸润性肿物需要做组织学检查。难以通过眼观鉴别阻塞性喉炎和肿瘤。肉芽肿和脓肿则需要做细胞学和细菌培养检查。

呼吸道外肿物

呼吸道外肿物可以对上呼吸道造成压迫导致动物出现各种症状，触诊颈部常可发现异常。下颌淋巴结肿大、胸腺肿瘤或其他类型的肿瘤均可导致呼吸道外肿物。需要结合 X 线片和超声检查进行诊断，CT 和 MRI 有利于评价肿物的整体状况和侵袭程度。最终确诊需要细针抽吸或者活组织检查，但胸腺肿瘤多可能出现大量出血。

胸腔疾病

两侧的胸廓内壁都有胸膜壁层，肺叶外包被胸膜脏层。正常情况下，胸膜脏层和壁层之间是相互接触的，并在肺门处相连接。气胸是指空气进入胸膜腔内，存在于胸膜脏层和壁层之间。胸腔积液指胸膜腔内有液体聚集，但没有明确积液的量和性质。

常见两侧胸膜腔同时发生气胸或者积液，不管是哪种情况，均可导致肺扩张能力下降，发生缺氧和呼吸困难。

气胸

气胸可以分为开放性和闭合性气胸，单纯性和复杂性气胸，以及张力性气胸。开放性气胸是指胸壁受损导致胸腔和外界直接相通；闭合性胸腔是指胸膜脏层受损，但胸膜腔并没有和外界相通；张力性气胸指肺或者胸壁撕裂处形成瓣膜，空气排出肺部后，吸气时瓣膜开放空气进入胸膜腔，但呼气时瓣膜关闭空气不能从胸膜腔排出。张力性气胸可以很快导致心肺状态的恶化，若治疗不及时甚至会导致患病动物死亡。单纯性气胸可以进行胸腔穿刺，而复杂性气胸则需要做胸腔插管，进行反复排气。

气胸多见于各种胸壁创伤，如先天性或后天性创伤导致的胸腔破裂，见于心丝虫病、呼吸道疾病（肺气肿）、肺吸虫病、肿瘤、肺脓肿。偶尔可见食管撕裂或者食管异物造成的气胸。

肋骨骨折、呼吸道阻塞、肺部擦伤、血胸、心律失常、心包填塞、低血容量性休克、开放性或者张力性气胸很快可以导致呼吸循环系统功能的减弱，需要进行紧急治疗。

可以通过创伤病史，呼吸急促或浅表，以及心音、肺音听诊时较微弱来诊断气胸。临床症状和病史可以提示兽医在拍摄胸部 X 线片时进行诊断和胸腔穿刺。对气胸的患病动物而言，拍摄胸部 X 线片可能造成极大的应激，使病情恶化甚至发生死亡。尽管两侧的胸腔间有纵隔相连，但仍有必要通过同时对两侧的胸腔进行穿刺来排出尽可能多的空气，使肺部最大限度地扩张。若穿刺后难以恢复胸内负压的状态或者空气又很快进入胸膜腔内，则需要放置胸腔导管进行反复抽吸。

开放性气胸的治疗

在确定伤口的性质之前，所有胸部伤口均按照开放性伤口进行处理。首先缝合伤口处的皮肤，在伤口周边涂抹润滑剂或者抗生素软膏，剪一段无菌手套覆盖在伤口上方，利用软膏和手套形成一个暂时密封的环境。在通过胸腔穿刺评估患病动物的胸腔状况时，若情况稳定则可以进行手术探查，清洗伤口。为了防止感染，需要使用一代头孢类抗生素。之后可以拍摄 X 线片，当出现心影轮廓上抬，肺实质密度增大，胸膜脏层和壁层之间有空气（可见肺叶的边缘），肺部外周血管不可见时，提示有气胸。肺实质损伤在排尽胸膜腔内的空气后更容易观察到。需要拍摄多个体位的 X 线片，包括左侧位、右侧位、腹背位或者背腹位。站立时的侧位 X 线片可以显示胸腔内是否有空气或者积液。若怀疑有潜在的肺脏疾病时，可以做气管插管冲洗、粪检和心丝虫检查。

气胸的治疗

气胸需要立即进行双侧的胸腔穿刺，闭合胸部的伤口，吸氧。若难以恢复胸内负压或者空气又快速进入胸膜腔，则需要胸腔插管。肺实质病变时，连续性的 X 线片、CT 或者 MRI 都是必要的。在气胸得到控制，拔除胸导管之前，要对患病动物严格实行笼饲。在停止连续性抽吸胸腔气体后，每隔 4 h 再抽吸一次，若 24 h 内未见气体，则可以拔除胸导管。至少 1 周内限制患病动物的运动。若有肿物存在，可以做开胸探查。

胸腔积液

在给予抗生素之前需要做胸腔积液的细胞学检查。胸腔积液是指胸膜脏层和壁层之间的液体，但并不表明液体的体积和性质。临床上患病动物有胸腔积液时，依据胸腔积液的量和生成速度，症状有所不同，包括呼吸困难、不愿躺下、用力呼吸、胸腹式呼吸、咳嗽、精神沉郁。听诊发现心音、肺音在腹侧模糊，而背侧肺音增强，但根据液体渗出的时间，积液的部位有所不同。冲击胸腔时声音减弱。

患病动物状况稳定时可拍摄 X 线片进行确诊，须拍摄右侧位、左侧位、背腹位 / 腹背位的 X 线片。若怀疑纵隔前有肿物时需要拍站立侧位片，此体位可以在肋膈隐窝处采集胸腔积液。

患病动物表现呼吸困难、心音和肺音模糊且怀疑有胸腔积液时，应立即进行胸腔穿刺。患病动物体况不稳定时不要拍摄 X 线片，因为这样可能给患病动物带来应激，导致体况恶化。胸腔积液可以导致严重的呼吸困难，在治疗时需要考虑进行鉴别诊断。犬猫常见的呼吸困难疾病包括脓胸、猫传染性腹膜炎、慢性心力衰竭、乳糜胸、心丝虫病、血胸、低白蛋白症、肺叶扭转、肿瘤、膈疝、胰腺炎（框 1-62）。患病动物情况稳定时，可以拍摄 X 线片或者进行超声检查。拍摄 X 线片可以判断胸腔积液是单侧还是双侧的，一般多为双侧。肺实质和心影轮廓只有在胸腔积液排尽后较容易观察。若怀疑患病动物发生心衰时，需要做心脏超声检查。

框 1-62 胸腔积液的生理过程
胸膜两侧压力或者静水压、蛋白质胶体渗透压异常
胸膜穿透性改变
胸腔积液重吸收减少
同时存在之前提过的其他机制

采集胸腔积液样本后做细胞学检查，且需要在进行抗生素治疗前做此项检查，以防止细菌培养结果为假阴性。胸腔积液性质的判断具体见表 1-51。胸腔积液可以分为漏出液、无菌性渗出液、有菌性渗出液、乳糜液、血性和肿瘤性渗出液。超声检查可用于评估胸内肿物、膈疝、肺叶扭转、心脏异常。与拍摄 X 线片不同的是，胸腔积液的存在更利于进行超声检查。

表 1-51　胸腔积液的分类

	漏出液	渗出液				
		修饰性渗出液	无菌性渗出液	细菌性渗出液	乳糜液	血液性渗出液
颜色	浓黄色	黄粉色	黄粉色	黄色	白粉色	红色
透明度	透明	透明至云雾状	云雾状	云雾状至絮状	不透明	不透明
蛋白质含量 (g/dL)	< 2.5	< 3.5	> 3.0	> 3.0	> 2.5	> 3.0
红细胞	无或极少	不等	不等	不等	不等	急性: 大量 慢性: 中量
有核细胞数 (个/mL)	< 500	< 5 000	> 5 000	> 5 000	400~10 000	> 1 000
中性粒细胞	极少	不等, 未退化	中等, 未退化	中等至大量, 退化/退化	急性: 少量 慢性: 中等, 未退化	中 不等, 未退化
淋巴细胞	极少	不等	不等	不等	急性: 大量 慢性: 少量	不等
巨噬细胞	偶尔可见	数量有增加, 细胞内可见吞噬的降解物质	数量有增加, 细胞内可见吞噬的降解物质	数量增加	可见	慢性: 中等, 细胞内可见吞噬的红细胞
间皮细胞	偶尔可见	极少	极少	极少	偶尔可见	慢性: 可见
纤维蛋白	无	可见	可见	可见	慢性: 可见	不等
细菌	无	无	无	可见 (细胞内和细胞外)	无	无
脂质	无	无	无	无	甘油三酯含量高而血浆中胆固醇浓度相对较低, 脂蛋白染色呈阳性	无
病因	右心衰竭, 低蛋白血症	慢性渗出, 膈疝, 肿瘤, 右心衰竭, 心包疾病	肿瘤, 猫传染性腹膜炎, 慢性膈疝, 肺叶扭转, 脓胸	异物, 穿透性损伤, 自发性脓胸	自发性或先天性淋巴管扩张, 创伤, 肿瘤, 心脏病, 心包疾病, 心丝虫病	创伤, 肿瘤, 出血性疾病, 肺叶扭转

脓胸

脓胸是指胸膜腔内出现细菌性渗出液，胸腔积液中常同时存在需氧菌和厌氧菌，少见真菌。这些病原菌的来源一般难以确定，尤其是猫，但胸壁或者食管伤口、异物（尤其是草芒）、肺部感染均可以引起脓胸。猫发生脓胸时常见的病原菌是巴氏杆菌、多形杆菌、梭菌。除了胸腔有积液外，也常见患病动物体温升高，但休克不常见。

脓胸的诊断基于细胞学分析，以及细胞内和细胞外细菌、毒素中性粒细胞和巨噬细胞的检出，有时还包括硫磺样颗粒的存在。对渗出液进行革兰氏染色有助于初步识别某些微生物。细菌培养用于细菌鉴定和抗生素敏感性测试。在细胞学评估前使用抗生素可能导致感染性渗出液呈现非感染性表现。

脓胸的紧急治疗包括放置静脉导管、静脉滴注以治疗低血容量性休克，以及使用广谱抗生素［氨苄西林，22 mg/kg（体重），IV，每6~8 h一次；或恩诺沙星，2.5 mg/kg（体重），IV，每12 h一次］。氯霉素［45~60 mg/kg（体重），PO，每8 h一次］也是适用于穿透液囊的抗生素。联合使用β-内酰胺类抗生素［氨苄西林或阿莫西林，25~50 mg/kg（体重），PO，每12 h一次］与β-内酰胺酶抑制剂［阿莫西林克拉维酸钾，20 mg/kg（体重），PO，每12 h一次；或氨苄西林舒巴坦］有助于更好地覆盖拟杆菌属。

脓胸的治疗方法在猫和犬之间有所不同。对于猫，建议放置一根或两根胸腔引流管，以便持续排出胸腔内脓液。引流不充分可能导致治疗失败。应对渗出液进行评估，并使用每千克体重10 mL的温热生理盐水或乳酸林格氏液，每8 h冲洗一次胸腔。每次冲洗后应回收约75%的灌注量。

对于犬或脓胸难以治疗的猫，应进行开胸探查术以清除任何感染灶。手术中可能见到可移除的异物，但这种情况较为罕见。在拔除胸腔引流管后，应继续使用抗生素至少6~8周。早期诊断和积极治疗可使大多数脓胸患病动物预后良好。对于猫而言，就诊时出现的流涎和低温症状会恶化预后。

乳糜胸

乳糜胸是指胸腔内乳糜液（淋巴液）的异常积聚。乳糜池是腹部淋巴管在进入胸腔内胸导管以前聚集乳糜的膨大部。胸导管在主动脉裂孔处进入胸腔。存在数条支流或集合管。淋巴管的作用是运送甘油三酯和脂溶性维生素进入外周血液循环内。胸导管或淋巴系统受到破坏或淋巴回流受阻，会导致胸膜腔或腹膜腔的乳糜渗出。

仅仅依据牛奶样的外观来判断渗出液是否为乳糜液是很困难的。要判断渗出液是乳糜液还是假性乳糜渗出液，需要将渗出液内甘油三酯和胆固醇浓度与外周血进行比较。乳糜渗出液比外周血的甘油三酯水平要高，但胆固醇水平更低。假性乳糜渗出液则比外周血含有更高浓度的胆固醇和更低浓度的甘油三酯。

会导致乳糜渗出的疾病在框1-63中列出。与乳糜渗出相关的临床症状和成因都很特别，与其他胸腔渗出不同。根据病程的长度，患病动物可能会出现体重下降。

框 1-63　乳糜渗出的成因	
心脏病	心包疾病
膈疝	胸导管破裂
心丝虫病	胸腔内淋巴管扩张
自发性乳糜渗出	胸腔内肿瘤
免疫介导性淋巴结炎	创伤
肺叶扭转	静脉血栓

　　根据胸腔穿刺，对渗出液进行细胞学检查和生化指标评估（如甘油三酯和胆固醇浓度）能够确诊。乳糜渗出通常呈牛奶样或微带血性，但如果动物发生严重厌食，则渗出液也可能是澄清的。淋巴管造影术可用于确定胸导管有无创伤，但除非要进行手术结扎前的定位，否则这项检查并非必要。诊断性评价还需要查找引起乳糜渗出的潜在病因。

　　治疗乳糜胸非常困难，主要是查出潜在的病因并且予以治疗。如果未能找出潜在病因，则需要采取积极的支持疗法和进行间歇性胸腔穿刺术，排出乳糜渗出液。如果不进行胸腔穿刺术，渗出液长期积聚会引起呼吸障碍，同时大量的乳糜渗出液又会导致营养流失和液体失衡，因此还需要进行支持疗法。目前有几种手术方法用于治疗乳糜渗出，包括胸导管结扎术、胸膜-腹膜分流术和胸膜固定术，但均存在一定的限制。最近，施行胸导管结扎术合并心包部分切除术大大地提高了手术治疗乳糜胸的成功率。芸香苷，一种生物类黄酮，被成功地用于治疗猫的自发性乳糜胸。很大部分患有乳糜胸的病例预后需谨慎。

血胸

　　胸腔内大量出血可引起血容量降低，造成贫血并影响肺扩张，从而导致暴发性呼吸窘迫症。血胸特征性地与创伤、系统凝血障碍、肺叶扭转和胸腔侵蚀性损伤（通常为肿瘤）有关。血胸的诊断包括通过胸腔穿刺术获得胸腔内积液的样本。出血性渗出需要与施行胸腔穿刺而引起的极少量循环血的流出相鉴别。除非出血是急性的，否则去纤维化的胸腔穿刺液不会立刻凝固，穿刺液的 PCV 低于静脉血，且含有红细胞和巨噬细胞。出血性渗出液通常还会包含比外周血比例更高的白细胞。

　　若动物发生的是维生素 K 颉颃剂灭鼠药中毒，或系统性凝血障碍，血胸通常是唯一的症状。无论何时，如果动物有出血性胸腔渗出的症状，均应立即进行凝血测试，确定动物是否存在凝血障碍。PT 检查所需时间短，而且是一项可以在笼边进行的测试。

　　出血性胸腔积液的治疗主要是输血和补液。给动物静脉输注晶体液和红细胞产品。如果必要，输注含有凝血因子的新鲜全血或冷冻血浆，合并使用维生素 K_1［每天 5 mg/kg（体重），使用 25 G 针头分点皮下注射］。如果动物出现严重的呼吸窘迫，通过胸腔穿刺术把胸腔内的血性渗出液排出，直至呼吸窘迫的临床症状得到缓解。残留的少量胸

1

腔积液有助于动物恢复，因为积液中含有的红细胞和蛋白质最后会被重吸收。通过胸腔穿刺排出的血性渗出液还可以重新输入贫血动物的体内，与自体输血相似。对于由肿瘤或创伤导致的不可控制的出血性渗出，可进行开胸探查术。

膈疝

膈疝或膈膜存在裂口时，都会导致腹腔内器官往胸腔突出，影响肺脏扩张。常突出于胸腔内的器官包括肝脏、胃和小肠。膈疝通常继发于创伤，但先天性异常也会导致膈疝。在创伤的病例中，除了发生膈疝，还可能存在肋骨骨折、肺挫伤、创伤性心肌炎、血胸和休克。呼吸窘迫可由上述任何一种损伤或几种损伤导致。尽管腹腔器官进入胸腔内，但原发性膈疝或慢性膈疝的临床症状可能很轻微。急性或严重膈疝的临床症状包括呼吸窘迫、发绀和休克。

膈疝可根据病史（创伤史）、临床症状和 X 线片确诊。某些病例中，还需要进行超声检查或腹腔造影术才能进行确诊。口服钡制剂后，可使胸腔内的胃显影或小肠显影。不能直接将钡制剂注入腹膜腔内，怀疑发生胃肠穿孔或破裂的病例也不能通过口服钡制剂进行 X 线片拍摄。

膈疝的患病动物在进行手术治疗前应先稳定心血管和呼吸系统。如果胃进入胸腔，或如果仅通过药物治疗无法减轻动物的呼吸窘迫，则需要进行紧急手术。如果只发生轻微的呼吸窘迫，胃并没有进入胸腔内，则可等到动物状态平稳，适合进行麻醉时再进行手术，也就是进行延期手术。手术时将腹腔器官还原到原来的位置，并关闭膈膜上的裂孔。关闭膈膜后需要将残留在胸腔内的空气排除。如果慢性的膈疝被修复，可能会发生复张性肺水肿。

胸腔创伤相关的心脏变化

心脏损伤是继发于钝性胸外伤的常见并发症。大部分病例中，心脏损伤表现为心律失常，包括多个室性早搏（PVC）、室性心动过速、继发于心肌缺血的 ST 段压低或上抬，以及房颤（详见心脏急诊）。患病动物可能发生心肌梗死和心脏衰竭。对于胸腔持久性钝伤的动物，要仔细重复地监测患病动物的血压和心电图，从而评估其病情。

肋骨骨折和连枷胸

肋骨骨折会出现局部疼痛和呼吸运动时伴随疼痛。拍摄 X 线片有助于确诊该病。仔细触诊，通过骨摩擦音和能够大幅移动的骨，找到肋骨骨折处。发生肋骨骨折后容易出现的问题包括肺挫伤、心包撕裂、创伤性心肌炎、膈疝以及脾脏撕裂或破裂。

连枷段是由三根以上邻近的肋骨骨折形成的胸壁"漂浮段"。连枷段随呼吸反常运动——吸气时胸壁内陷，呼气时胸壁外凸。由骨折引起的疼痛以及创伤引起的肺脏病理性变化会引起呼吸窘迫。

　　肋骨骨折和连枷胸的治疗包括吸氧，治疗气胸或膈疝，提供全身性或局部性的麻醉以减轻因骨折引起的不适。尽管目前仍具有争议，但动物发生连枷胸时面朝上的侧卧位能够减轻疼痛，并可以改善通气。避免使用任何的胸部包扎术，即不要对连枷段进行任何的支撑术或稳定术，这会进一步损害呼吸。给予患病动物全身性镇痛药后，在每根骨折的肋骨，以及连枷段的前一根和后一根肋骨的背尾侧和腹尾侧施加局部麻醉。通常情况下，一旦对肋骨骨折相关的疼痛进行适当处理，肺脏功能会有所改善。累及 5 根以上肋骨的连枷段病例，有必要进行手术固定。单根肋骨骨折或连枷段非常小的患病动物，可自愈。

肺脏疾病
猫支气管炎（猫下呼吸道疾病，哮喘）
　　猫支气管炎指的是继发于支气管狭窄的急性呼吸窘迫，又称为支气管气喘、哮喘、急性支气管炎、过敏性支气管炎、慢性支气管炎或猫下呼吸道疾病。猫可急性发作与下呼吸道阻塞相关的严重呼吸障碍。在猫中，典型的急性支气管炎在下呼吸道产生的炎性成分会导致支气管急性收缩，产生过量黏液和炎性渗出物。患有慢性支气管炎的猫，支气管上皮会发生损伤，呼吸道会纤维化。患病动物常发生临床症状的间歇性恶化、间歇性咳嗽或全年间歇性正常的病史。猫支气管炎似乎同过敏性或炎性成分有关，所以临床症状易受应激或空气颗粒如香水、烟雾或地毯粉尘的影响而急剧恶化。猫支气管炎的病因包括心丝虫感染、寄生虫感染（肺线虫）和细菌感染（罕见）。

　　来医院就诊的动物应置于含氧笼子中，待其症状稳定的同时可以从远处观察其表现。待动物呼吸状况稳定之后再施行诊断程序。胸部仔细听诊之后，可以给予短效支气管舒张剂［特布他林，1mg/kg（体重），SQ 或 IM］，同时给予糖皮质激素［地塞米松盐酸钠，1mg/kg（体重），IM，IV］，以减缓支气管痉挛和呼吸道炎症。

诊断
　　猫支气管炎临床症状的特征是呼吸短而快、呼气延长、腹式呼吸明显。胸部听诊有明显的喘气声。一些病例听诊无异常表现，但气管触诊诱咳之后听诊异常就会突然明显。X 线片中可发现肺部有膨胀，支气管渗出，膈后移。一些病例会发生右中肺叶实变。血常规和血清生化检查一般无明显异常。如果有水肿部位，则应进行心丝虫检查。飘浮法和贝尔曼法粪检有助于排除肺线虫和其他寄生虫感染。支气管肺泡灌洗或气管冲洗有助于细胞学和细菌学检查。

护理
　　猫支气管炎的长期治疗包括从含有潜在致敏原（微尘、香水、烟雾、焚香和地毯粉尘等）的环境中隔离，以及对支气管收缩和炎症进行治疗（口服结合吸入糖皮质激素和支气管舒张剂）。除非纯培养证明有细菌感染，否则应禁用抗生素。对于急性恶化的病例，应持续口服类固醇和支气管舒张剂至少 4 周，然后逐渐将剂量降至最低。市场上已有量化的吸入型药物（www.aerokat.com），可提供支气管舒张剂（舒喘宁，每喷 90 μg）和类固醇。氟替卡松（Flovent，每喷 100 μg）的初始剂量是每 12 h 喷一次，持续使用 1 周，然后减至每天喷一次，此剂量适合于大多数病例。吸入型糖皮质激素不会被全身吸收，所以患病动物不会像口服糖皮质激素那样产生许多副作用。因为糖皮质激素在肺部要达到药效峰值需要一定时间，所以吸入型糖皮质激素的使用需要联合口服 5~7 d 的泼尼松。一些先前有心脏病病史的猫，糖皮质激素的使用会使水钠滞留而导致肺水肿。猫支气管炎短期和长期的药物使用见表 1–52。

表 1-52　猫支气管炎短期和长期的药物使用		
药物名称	**紧急治疗**	**长期治疗**
氨茶碱	4 mg/kg（体重），IM（急症）	5 mg/kg（体重），PO，每 8~12 h 一次
特布他林	0.01 mg/kg（体重），SQ	猫：每只 0.312~0.625 mg，PO，每 12 h 一次
茶碱		猫：每只 50~100 mg，PO，每 24 h 一次
沙丁胺醇，MDI	90 μg	90 μg，必要时，每 6 h 给药一次
糖皮质激素		
地塞米松磷酸钠	1 mg/kg（体重），IV，IM，SQ	
地塞米松		0.25 mg/kg（体重），PO，每 8~12 h 一次，然后 1~2 个月逐渐减量，每 24 h 一次
强的松龙		1 mg/kg（体重），PO，每 12 h 一次，然后逐渐减量
泼尼松龙琥珀酸钠	猫：每只 50~100 mg，IV	0.1~0.625 mg/kg（体重），PO，每 12 h 一次
曲安奈德	0.11 mg/kg（体重），SQ，重复注射	0.11 mg/kg（体重），PO，每 12~24 h 一次，然后 10~14 d 逐渐减量
氟替卡松，MDI	每喷 110 μg	110 μg MDI，每 12 h 一次
丙酸倍氯米松	每喷 220 μg	220 μg MDI，每 6~8 h 一次

注：IM，肌内注射；IV，静脉注射；MDI，定量吸入气雾剂；PO，口服；SQ，皮下注射。

肺挫伤

肺挫伤是钝性创伤的常见并发症。挫伤是一种以水肿、出血和血管损伤为特征的创伤，可以在发生损伤的同时表现出来，或是在损伤的 24 h 之后才发生。肺挫伤的诊断应以听诊肺部有捻发音、呼吸窘迫以及胸部 X 线片显示有斑块浸润至肺泡的征象为基础。胸部 X 线片的征象可能滞后于呼吸窘迫和低血氧的临床症状长达 24 h。

　　肺挫伤的治疗法是支持疗法。给患病动物提供最少应激的供氧方式。动脉血气或脉搏血氧仪可用于测量低血氧的程度并检测治疗效果。静脉输液应谨慎，因为有可能会使肺出血恶化或引起肺泡液体的积聚。创伤相关的其他疾病也应治疗。肺挫伤的可能并发症较罕见，包括细菌感染、脓肿、肺叶实变和空洞性病变。除非有可见的外部损伤，否则禁用常规抗生素和皮质类固醇药物。没有外伤或已知感染的情况下，依据经验使用抗生素可能会增加耐药细菌感染的风险。皮质类固醇药物会降低肺泡扩张的功能并抑制伤口愈合，所以应禁用。

吸入性肺炎

　　吸入性肺炎可发生在喉、咽保护机能异常的动物或继发于非清醒状态（麻醉中、麻醉苏醒中和睡眠中）时的呕吐。巨食管症、系统性多发性神经病、重症肌无力和局部口咽缺陷（如腭裂）等疾病能增加吸入性肺炎的风险。吸入性肺炎的医源性病因包括不恰当的胃管插入、过分强迫饲喂或经口给药。异物被吸入呼吸道可以导致机械性呼吸道阻塞、支气管狭窄、肺泡化学性损伤和感染。严重的炎症和呼吸道水肿较为常见。可发生肺出血和坏死。

　　吸入性肺炎的确诊基础为：具有肺实质疾病临床症状，呕吐或其他诱因病史，或胸部 X 线片显示支气管间质向肺泡渗入。依据呼吸时动物的体位，肺炎可发生于肺的任何部位，但最常患病的部位是右肺中叶。经气管冲洗或支气管肺叶灌洗有助于细菌培养和药敏试验。

　　吸入性肺炎的治疗包括感染时的抗生素治疗，提供吸氧和疏通呼吸道。静脉输液可维持动物水分平衡。用灭菌生理盐水雾化和胸部理疗（胸部扣击疗法，coupage）应至少每 8 h 进行一次。治疗吸入性肺炎的可选抗生素有氨苄西林、恩诺沙星、阿莫西林 – 克拉维酸、氨苄西林舒巴坦、乳酸甲氧苄啶等。糖皮质激素是完全禁用的。连续应用抗生素治疗至少 2 周直至肺炎 X 线片中的征象恢复正常。

肺水肿

　　肺水肿源于液体在肺泡和呼吸道的积聚。换气和充气异常会导致低血氧。肺水肿可由多种原因引起，包括肺血管血压升高、胶体渗透压降低、淋巴管堵塞或毛细血管渗透性增加等，其中多个因素可以同时发生。肺水肿最常见的病因是源于左心慢性心力衰竭的肺血管血压的升高。当血浆白蛋白小于 1.5 g/dL 时，血浆胶体渗透压降低到能使肺实质体液积聚。过度补充静脉晶体液也能导致血清稀释而使胶体渗透压降低，并使血管负荷增加。淋巴系统阻塞通常是由肿瘤引起的。肺水肿的其他病因包括肺血栓、严重上呼吸道堵塞（非心源性肺水肿）、痉挛和头部创伤。

　　毛细血管通透性升高与能导致严重炎症的疾病有关。由此产生的肺水肿液中含有

1

大量的蛋白质，被称为急性呼吸窘迫综合征（ARDS）。ARDS分肺内病因和肺外病因两种，包括直接因创伤而导致的肺损伤、吸入性肺炎、败血症、胰腺炎、烟雾吸入、氧气中毒、电击和带有弥散性血管内凝血的免疫介导溶血性贫血。

动物表现呼吸窘迫并且胸部听诊时有捻发音，则提示肺水肿。严重的病例会出现发绀及口鼻突然流出淡血色的水肿液。紧急治疗包括给予呋塞米［犬：最高达8 mg/kg（体重），IV, IM, SQ, PO, 每1~2 h一次；猫：最高达4 mg/kg（体重），IV, IM, SQ, PO, 每1~2 h一次］和吸氧。低剂量镇静剂硫酸吗啡［0.025~0.1 mg/kg（体重），IV］有助于扩张内脏容积并减轻动物的紧张。疑似因静脉输液而使血容量过大的病例应停止输液。严重的低蛋白血症病例应输入浓缩人白蛋白［25%浓度，2 mL/kg（体重）］或新鲜冷冻血浆。持续输注呋塞米［每小时0.66~1.0 mg/kg（体重）］也能起到扩充肺血管容量和减少ARDS情况下的体液积聚的作用。动物的病情稳定后可拍摄胸部X线片和进行超声心动图检查，评估心脏大小、肺血管大小和心脏收缩性。有时需采取进一步的检查来确定肺水肿的其他潜在病因。

心力衰竭用血管舒张剂、利尿剂、输氧进行控制，有时还可使用强心药。治疗包括输氧，减少应激并恰当使用利尿剂。对于心源性肺水肿，每30~60 min使用一次呋塞米［犬：最高达8 mg/kg(体重),IV, IM, SQ, PO, 每1~2 h一次；猫：最高达4 mg/kg(体重)，IV, IM, SQ, PO, 每1~2 h一次］，直至动物体重损失7%。强心药和抗心律失常药物能改善心收缩力和控制心律失常。临床兽医应确定肺水肿病因是继发于慢性心力衰竭而导致的肺充血，还是肺部血流量过大，或是低蛋白血症以及毛细血管通透性升高（ARDS）。吸氧和利尿剂对继发于ARDS的肺水肿是无效的。在许多病例中，机械性通气不良是应该考虑的一个病因。

肺血栓

肺血栓（PTE）不易诊断，为临床上有呼吸窘迫症状，同时又排除了低血氧的其他病因，并且X线片显示肺血栓相关征象时，才能进行诊断。Virchow三联征包括血管上皮损伤、血流缓慢和血液高凝倾向。使动物具有血液高凝倾向的疾病有肾上腺机能亢进、弥散性血管内凝血、血管导管插管、细菌性心内膜炎、蛋白丢失性肾病或肠道疾病、血液高黏滞综合征、热诱导疾病、胰腺炎、糖尿病、肠炎和免疫介导的溶血性贫血。血管造影术或肺部血流灌注扫描可以确诊该病。

肺血栓的临床症状包括急性发作的呼吸急促、心动过速、坐式呼吸和发绀。如果栓塞较大，输氧治疗效果会不明显。肺部高血压会导致第二心音分裂，能通过心音听诊发现。一些病例虽然有呼吸窘迫表现，但胸部X线片无异常征象，这在肺血栓病例中较常见。胸部X线片可能发现的异常包括肺动脉扩张、扭曲或变粗；堵塞动脉远端的肺有不透光的楔形物；间质向肺泡有渗出。心右侧可见扩张。

超声心动图能显示右心扩大、三尖瓣反流、肺部高压及潜在的心脏疾病，这些提示动脉很可能有栓塞。测量 AT 和 D- 二聚体水平有助于评估高凝状态，包括弥散性血管内凝血。治疗 AT 不足和 DIC 的病例包括以新鲜冷冻血浆的形式补充 AT 和凝血因子。

肺血栓的治疗包括心血管休克疗法、吸氧和血栓疗法。短期治疗可使用肝素〔肝素钠，犬为 200~500 U/kg（体重），SQ，单次使用；猫为 200~300 U/kg（体重），SQ，单次使用。之后用未分级肝素钠，100 U/kg（体重），每 8 h 一次；也可使用分级的肝素钠〕。血栓疗法包括组织型纤维蛋白溶媒原活化剂、溶栓酶或尿激酶。长期治疗可使用低分子肝素或华法林，用以抑制血栓的形成。最好的控制方法是治疗和消除潜在的病因。

烟雾吸入

烟雾吸入常发生于动物受困于着火的建筑物时。烟雾吸入的最严重并发症见于动物离火焰过近时，有时可引起烧伤（参阅烧伤）。这种情况下，许多动物因缺氧、高碳酸血、一氧化碳中毒及氰化氢积聚而失去意识。一氧化碳通过强烈地与氧气竞争结合血红蛋白而导致低血氧，动物的携氧能力受到了严重的损害。外周血一氧化碳血红蛋白浓度受吸入气体中一氧化碳量及吸入时间的影响。一氧化碳中毒的临床症状包括发绀、恶心、呕吐、虚脱、呼吸衰竭、意识丧失及死亡。

吸入的烟雾中含有的高热颗粒也能导致上呼吸道和呼吸树的损伤。喉部会严重水肿并阻碍吸气。依据呼吸道水肿程度，采取紧急气管插管、气管吸氧或气管造口等措施在最初的复苏时非常必要。吸入的有害气体能导致肺泡损伤，包括来自塑料、橡胶和其他合成物的易燃颗粒。患病动物可表现为肺水肿、细菌感染及 ARDS。

任何烟雾吸入的病例中，首先实施且最好的治疗方法是尽快将动物从火焰和烟雾处转移并施行吸氧。就诊时，仔细检查动物眼、口、口咽处的烟尘和碎片等。测量动物呼吸频率、节律及呼吸音。用一氧化碳监护仪可测量氧饱和度及碳氧血红蛋白的浓度。在烟雾吸入病例中，采用脉搏血氧仪测量血氧饱和度是不准确的，因为即使有大量的碳氧血红蛋白，动物的 PaO_2 还是正常的。尽管胸部 X 线片异常征象要滞后于临床呼吸异常症状长达 16~24 h，但有助于评估肺受损的程度。虽然支气管镜检和肺泡灌洗能提供更加全面而准确的呼吸树评估，但这些检测方法需要待动物呼吸和心血管状态稳定之后才能施行。

烟雾吸入病例的治疗包括维持患病动物的呼吸通道、吸氧、纠正低血氧和酸碱失衡、预防感染、治疗热损伤（参阅烧伤）。若患病动物有严重的喉部水肿，则有必要进行暂时性的气管造口术，保证足够的氧气和通气。烟雾吸入病例不可使用糖皮质激素，因为会降低肺泡充盈功能，加大感染的风险。而在严重的喉水肿病例中，非常有必要使用糖皮质激素，用以减轻水肿和炎症。除非临床症状恶化并发展为细菌性肺炎，否则禁止使用抗生素。

1

鼻出血

鼻出血可由面部创伤、异物、细菌或真菌性鼻炎、肿瘤、凝血障碍和全身性高血压引起。急性严重的双侧鼻孔出血但没有渗出物时提示是全身性异常。有慢性鼻腔分泌病史的病例常常伴有鼻腔疾病。急性单侧鼻出血可发生于鼻腔疾病或全身性疾病。

对于大多数病例，让动物充分休息可以暂时减轻流血。给予镇静剂〔乙酰丙嗪，0.02 ~ 0.05 mg/kg（体重），IV，IM 或 SQ〕有助于减轻动物的焦虑和血压。如果动物已经严重失血，乙酰丙嗪的降血压效果将是有害的。如果动物血容量过低（参阅低血容量性休克），应静脉输液。

应进行血小板计数和血凝检测（ACT 或 APTT 和 PT），以快速评估凝血功能。如果怀疑是继发于维生素 K 颉颃剂灭鼠药中毒的鼻出血，则应补充维生素 K_1 和新鲜冷冻血浆或新鲜全血。

鼻腔异常导致的持续性出血可用稀释的肾上腺素（1∶1 000）滴入鼻腔，并使鼻子朝上促进血管收缩。如果该方法无效，可以将动物麻醉，向鼻腔塞入纱布，再将口咽后部及鼻孔用胶带封堵以控制出血。对于持续过量出血的病例，可结扎流血侧颈动脉或经皮下动脉栓塞形成术控制出血。

扩展阅读

Bach JF: Tracheal collapse. In Mazzaferro EM, editor: Blackwell's five minute consult clinical companion small animal emergency and critical care, Ames, 2010, Wiley–Blackwell.

Boothe HW, Howe LM, Boothe DM, et al: Evaluation of outcome in dogs treated for pyothorax: 46 cases (1983–2001), J Am Vet Med Assoc 236:657–663, 2010.

Buerge HCD: Pleural effusion in cats, Vet Med 97(11):812–818, 2002.

Bulmer BJ: Pulmonary edema—cardiogenic. In Mazzaferro EM, editor: Blackwell's five minute consult clinical companion small animal emergency and critical care, Ames, 2010, Wiley–Blackwell.

Bulmer BJ: Pulmonary hypertension. In Mazzaferro EM, editor: Blackwell's five minute consult clinical companion small animal emergency and critical care, Ames, 2010, Wiley–Blackwell.

Campbell VL, King LG: Pulmonary function, ventilator management, and outcome of dogs with thoracic trauma and pulmonary contusions: 10 cases (1994–1998), J Am Vet Med Assoc 217(10):1505–1509, 2000.

Costello MF: Upper airway disease. In Silverstein DC, Hopper K, editors: Small animal critical care medicine, St Louis, 2009, Elsevier.

Cote E, Silverstein DC: Pneumonia. In Silverstein DC, Hopper K, editors: Small animal critical care medicine, St Louis, 2009, Elsevier.

Drobatz KJ, Walker LM, Hendricks JC: Smoke exposure in cats: 22 cases (1986–1997), J Am Vet Med Assoc 215(9):1312–1316, 1999.

Drobatz KJ, Walker LM, Hendricks JC: Smoke exposure in dogs: 27 cases (1988–1997), J Am Vet Med Assoc 215(9):1306–1311, 1999.

Fahey CE: Chylothorax. In Mazzaferro EM, editor: Blackwell's five minute consult clinical companion small animal emergency and critical care, Ames, 2010, Wiley–Blackwell.

1

Fahey CE: Pleural effusion. In Mazzaferro EM, editor: Blackwell's five minute consult clinical companion small animal emergency and critical care, Ames, 2010, Wiley-Blackwell.

Gieger T, Northrup N: Clinical approach to epistaxis, Compend Contin Educ Pract Vet 26(1):30-43, 2004.

Hackett TB: Tachypnea and hypoxemia. In Silverstein DC, Hopper K, editors: Small animal critical care medicine, St Louis, 2009, Elsevier.

Heaney AM: Pulmonary thromboembolism (PTE). In Mazzaferro EM, editor: Blackwell's five minute consult clinical companion small animal emergency and critical care, Ames, 2010, Wiley-Blackwell.

Hughes D: Pulmonary edema. In Wingfield WE, Raffe MR, editors: The Veterinary ICU Book, Jackson, Wyo, 2001, Teton NewMedia.

Hyun C: Radiographic diagnosis of diaphragmatic hernia: review of 60 cases in dogs and cats, J Vet Sci 5(2):157-162, 2004.

Irizarry R, Reiss AJ: Smoke inhalation. In Mazzaferro EM, editor: Blackwell's five minute consult clinical companion small animal emergency and critical care, Ames, 2010, Wiley-Blackwell.

Jasani S Hughes D: Smoke inhalation. In Silverstein DC, Hopper K, editors: Small animal critical care medicine, St Louis, 2009, Elsevier.

Johnson L: Tracheal collapse: diagnosis and medical and surgical management, Vet Clin North Am Small Anim Pract 30(6):1253-1266, 2000.

Koch DA, Arnold S, Hubler M, et al: Brachycephalic syndrome in dogs, Compend Contin Educ Pract Vet 25(1):48-55, 2003.

Mariani CL: Full recovery following delayed neurologic signs after smoke inhalation in a dog, J Vet Emerg Crit Care 13(4):235-239, 2003.

Mazzaferro EM: Aspiration pneumonitis. In Wingfield WE, Raffe MR, editors: The veterinary ICU book, Jackson, Wyo, 2001, Teton NewMedia.

Mazzaferro EM: Pneumothorax. In Mazzaferro EM, editor: Blackwell's five minute consult clinical companion small animal emergency and critical care, Ames, 2010, Wiley-Blackwell.

Mazzaferro EM: Pulmonary contusions. In Mazzaferro EM, editor: Blackwell's five minute consult clinical companion small animal emergency and critical care, Ames, 2010, Wiley-Blackwell.

Mazzaferro EM: Respiratory Injury. In Wingfield WE, Raffe MR, editors: The veterinary ICU book, Jackson, Wyo, 2001, Teton NewMedia.

McKiernan BC, Miller C: Allergic airway disease. In Wingfield WE, Raffe MR, editors: The veterinary ICU book, Jackson, Wyo, 2001, Teton NewMedia.

Mellanby RJ, Villiers E, Herrtage ME: Canine pleural and mediastinal effusion, a retrospective study of 81 cases, J Small Anim Pract 43(10):447-451, 2002.

Miller CJ: Allergic airway disease in dogs and cats with bronchopulmonary disease. In Silverstein DC, Hopper K, editors: Small animal critical care medicine, St Louis, 2009, Elsevier.

Raczek DJ: Epistaxis. In Mazzaferro EM, editor: Blackwell's five minute consult clinical companion small animal emergency and critical care, Ames, 2010, Wiley-Blackwell.

Reiss AJ: Pneumonia—aspiration. In Mazzaferro EM, editor: Blackwell's five minute consult clinical companion small animal emergency and critical care, Ames, 2010, Wiley-Blackwell.

Reiss AJ: Pneumonia—bacterial. In Mazzaferro EM, editor: Blackwell's five minute consult clinical companion small animal emergency and critical care, Ames, 2010, Wiley-Blackwell.

Reiss AJ: Traumatic myocarditis. In Mazzaferro EM, editor: Blackwell's five minute consult clinical companion small animal emergency and critical care, Ames, 2010, Wiley–Blackwell.

Reiss AJ, McKiernan BC: Laryngeal and tracheal disorders. In Wingfield WE, Raffe MR, editors: The veterinary ICU book, Jackson,Wyo, 2001, Teton NewMedia.

Reiss AJ, McKiernan BC: Pneumonia. In Wingfield WE, Raffe MR, editors: The veterinary ICU book, Jackson, Wyo, 2001, Teton NewMedia.

Rooney MB, Monnet E: Medical and surgical treatment of pyothorax in dogs: 26 cases (1991–2001), J Am Vet Med Assoc 221(1):86–92, 2002.

Schmidt CW, Tobias KM, McCrackin Stevenson MA: Traumatic diaphragmatic hernia in cats: 34 cases (1991–2000), J Am Vet Med Assoc 229(9):1237–1240, 2003.

Scott JA, Macintire DK: Canine Pyothorax: Clinical presentation, diagnosis, and treatment, Compend Contin Educ Pract Vet 25(3):180–194, 2003.

Scott JA, Macintire DK: Canine pyothorax: pleural anatomy and pathophysiology, Compend Contin Educ Pract Vet 25(3):172–179, 2003.

Serrano S, Boag AK: Pulmonary contusions and hemorrhage. In Silverstein DC, Hopper K, editors: Small animal critical care medicine, St Louis, 2009, Elsevier.

Tobias KM, Jackson AM, Harvey RC: Effects of doxapram hydrochloride on laryngeal function of normal dogs and dogs with naturally occurring laryngeal paralysis, Vet Anaesth Analg 31(4):258–263, 2004.

Vassilev E, McMichael M: An overview of positive pressure ventilation, J Vet Emerg Crit Care 14(1): 15–21, 2004.

Waddell LS: Pyothorax. In Mazzaferro EM, editor: Blackwell's five minute consult clinical companion small animal emergency and critical care, Ames, 2010, Wiley–Blackwell.

Waddell LS, Brady CA, Drobatz KJ: Risk factors, prognostic indicators, and outcome of pyothorax in cats: 80 cases (1986–1999), J Am Vet Med Assoc 221(6):819–824, 2002.

Weiss C, Nicholson ME, Rollings C, et al: Use of percutaneous arterial embolization for the treatment of intractable epistaxis in 3 dogs, J Am Vet Med Assoc 224(8):1307–1311, 2004.

浅表软组织损伤

创伤有多种分类方式，分类依据包括组织完整度、致伤源、污染或感染程度以及伤口持续时间等（表1-53）。有些创伤来源比较特殊，如烧伤、心理性皮肤病、冻伤、褥疮和蛇咬等。

受伤动物应立即送至最近的动物医院接受治疗。伤口应用干纱布或毛巾包裹或覆盖，以起到保护和预防出血、防止感染的作用。如果有开放性骨折，患肢应用夹板固定，切记不要把露出的骨头往回送，因为送回外露骨头将进一步损伤深层软组织并增加深部感染的风险。对于疑似脊柱骨折病例，应将动物置于平稳台面以预防进一步的骨髓移位及神经损伤。

动物就诊时，先进行最基本的创伤处理，然后评估并稳定动物的心血管及呼吸系统。全面的临床检查和病史调查之后，如果动物的血液动力学稳定，可进行其他检查。

表 1-53　软组织损伤分类	
分类	特征
组织完整性	
开放	皮肤撕裂或缺失
闭合	压迫损伤或撞伤
创伤来源	
磨擦伤	表皮和部分真皮缺失，常由两个受压表面的摩擦引起
撕脱伤	由与磨擦伤的力相似但力量更大的力引起，使组织脱离原本位置
切伤	由锐器引起；伤缘平整且对周围组织伤害很小
撕裂伤	组织被撕裂，伤口不规则，浅表或深层组织受损
刺伤	由尖锐物体穿透而引起；浅表损伤可能较小，但深层损伤可能严重。皮毛细菌引起的继发感染常见
污染程度及伤后时间	
Ⅰ级	0~6 h 且污染很少
Ⅱ级	6~12 h 且污染明显
Ⅲ级	>12 h 且污染严重
污染和感染程度	
清洁创	由无菌手术产生；未侵入呼吸道、胃肠道和泌尿生殖道或口咽部
清洁污染创	极轻污染且污染易有效去除；包括呼吸道、胃肠道和泌尿生殖道的手术创口
污染创	创口开放且有严重污染，很有可能有异物；包括靠近发炎或受感染皮肤的急性非化脓性区域的无菌手术创口
污染或感染创	老旧创伤及有感染或脏器穿孔临床征象的创伤

改自 Swaim SF, Henderson RA: Small animal wound management, ed2, Media, Pa, 1997, Williams & Wilkins.

创伤护理

每例有浅表损伤的动物最好在受伤 3 h 内接受一定程度的镇痛和一代头孢菌素类抗生素的治疗。待动物心血管及呼吸系统稳定后，可进行创伤评估。通常对开放的创伤，在送往动物医院之前就应用纱布覆盖，防止发生医院内感染。检查患肢是否有神经、血管及骨的异常。仔细检查至伤口深处。

如果伤口评估已有延误，则应对伤口进行样品采集并进行培养和药敏试验。如果创伤明显老旧并且有感染，在完成培养和药敏试验之前可以通过革兰氏染色指导抗生素的使用。将绷带用水溶性抗生素药膏或无刺激抗菌药物（如没有骨骼或关节暴露的情况下可用 0.05% 洗必泰）浸润后包扎伤口。除第一代头孢菌素类抗生素外，其他适合使用的抗生素还包括阿莫西林 - 克拉维酸、双甲氧苄啶、阿莫西林。如果革兰氏染色呈阴性，则给予恩诺沙星。除非有情况表明需要更换抗生素，一般应持续使用一种抗生素至少 7 d。

除非伤口处理过程短暂（小于 10 min），不然在清理或修复伤口时应使用气管内插管进行吸入麻醉。简易伤口处理可使用短效联合麻醉法（镇痛药＋丙泊酚或镇痛药＋

1

氯胺酮和安定）。根据伤口位置和动物性情，可以联合使用深度镇定和局部浸润麻醉处理小的伤口。用浸润灭菌生理盐水或水溶性润滑胶如 K-Y 胶的灭菌纱布包扎伤口，可起到保护伤口的作用。

修剪创伤周围皮毛，将内翻的皮毛外移，防止创伤被皮毛或其他碎物感染。用抗菌皂或稀释的洗必泰擦洗伤口周围皮肤直至清除所有碎物。在伤口内的碎物可用装有灭菌生理盐水或乳酸林格氏液的 30 mL 注射器及 18 G 针头进行冲洗。如果有条件，也可用压力灌洗系统进行冲洗。如果伤口污染严重，可先用温自来水冲洗，再进行上述处理。

清除明显坏死的伤口皮肤及其他软组织。明显新鲜的或无法确定死活的组织应保留，每天应进行多次创伤检查，并保持创伤开放以利于检查。去除暗黑或发白的皮肤。可疑的皮肤边缘可能恢复活力，所以可以暂且保留 48 h 再做决定。切除严重污染的脂肪和黏附的绷带。如果存在侧支循环，可结扎不断流血的血管。

在清洁创中，如果神经束被切断，则应将两端尽量靠近吻合。如果创伤有较严重的污染，神经修复应推迟到健康组织出现时再进行。切除受污染的肌肉直至有新鲜出血的组织出现。如果创伤清洁且污染少，撕裂的肌腱可以吻合；若污染较为严重，可在肌腱暂时性吻合后用夹板固定关节，直至有健康组织出现。

对于开放至关节的创伤，应用灭菌生理盐水或乳酸林格氏液彻底灌洗。而洗必泰和聚维酮碘软膏会阻碍软骨修复，所以应禁用。磨平关节内锐利的骨边缘，并去除任何可见的骨碎片。如果情况允许，最好将关节囊部分或完全闭合。移除子弹或金属碎片后应将皮下组织或皮肤保持开放，等待二期愈合，或者可以部分闭合伤口并埋植引流管。上述步骤完成后应固定关节。

应仔细清洗伤口和暴露的骨，移除所有碎片并避免将碎片推至更深处。暴露的骨可用湿敷料覆盖并固定，直至骨折处开始修复。这种损伤常见于肢体远端的撕裂伤，通常由慢速行驶的汽车撞击所致。采用由湿至干更换敷料的方式清创或溶痂酶清创，直至出现新鲜的肉芽组织。

如果污染区域较大（如坏死性肌腱炎），则必须进行整体清创。整体清创包括完全切除感染严重的伤口而又不触及创腔，这样可以预防全身感染。这项技术只有在皮肤和软组织足够多的时候进行，可以防止影响后期伤口闭合，同时必须确保不会伤及较大的神经、肌腱及血管。

开放创

开放创常按二期愈合处理。对采用多种绑带材料对开放创进行治疗的方法有更加全面的讲解。

闭合创

如果动物在受伤之后很快就送来动物医院就诊，而且污染和创伤很小，那么可以

1

先对动物施行麻醉再仔细处理伤口及周边组织，最后闭合伤口。用可吸收缝线结节缝合皮下无效腔。警惕不要切到大血管和神经。之后用可吸收缝线结节缝合或连续缝合以闭合皮下组织。注意伤口缝合张力不宜过大，否则动物运动时伤口可能会裂开。最后用不可吸收缝线或外科钉闭合皮肤。

如果对组织修复状态不确定或无法闭合所有无效腔，可以放置橡胶引流管（Penrose 氏引流管），并用缝线固定。放置引流管时保证末端长些，这样有利于将其移除时准确找到缝线。固定引流管时将缝线穿过皮肤，然后穿过引流管，再穿过另一侧皮肤。将剩余引流管放置在伤口内并固定在伤口最低位置，或者固定于机体孔道。放置引流管可以起到引流和预防脓肿形成的作用。皮肤缝合之前把皮下组织覆盖在引流管之上。闭合伤口时，注意不要把缝合皮肤或皮下的缝线缝合到引流管上，否则必须重新打开伤口撤去引流管。最后包扎伤口以防止污染。待引流液很少量时（通常 3~5 d）即可拆除引流管。

橡胶引流管可以自己制作或购买，用于处理没有材料可以固定引流管的伤口。为了制作小型引流管，可以先将蝶形采血针末端的导管头去除，再在管上多个方向开孔，注意所制作的孔径不可大于管内径的一半。通过创伤远端所开的小口将引流管插入伤口，用荷包缝合固定引流管以防止其脱出。伤口闭合之后用 5~10 mL 真空采血管连接蝶形采血针，这样就可以引流了。将这套引流装置固定于绷带内，待采血管满了之后再更换新的管。

也可以将上述引流装置中的蝶形端去除，然后扎孔、安放、缝合固定，露出导管接头。将注射器连于导管接头，稍微抽吸注射器就可起到引流效果。用金属别针或 16~18 G 针头把注射器柄部固定到一个合适的位置。将抽吸装置固定于绷带中，待注射器吸满后再进行更换。

延期一期闭合

当创伤严重污染、化脓、坏死、皮肤张力过大，并出现水肿、红色丘疹和淋巴管炎时，应考虑延期一期闭合。延期一期闭合常在受伤并进行开放创处理之后的 3~5 d 施行。一旦发现有健康新生组织，皮肤边缘就应切除，按照一期闭合方式进行伤口闭合。

二期闭合

当感染和组织创伤需要至少 5 d 的开放创管理时，应考虑二期闭合。在有健康肉芽组织出现之后，可以进行二期闭合。该技术同样适用于裂开并已形成肉芽组织的伤口。

如果伤口边缘能够对合并还未上皮化，那么伤口清洗后可以进行对合缝合。这就是所谓的早期二期闭合。

晚期二期闭合应在出现以下几种情况时进行：存在大量肉芽组织、伤口边缘不能对合、已开始上皮化。这种情况下，应清洗伤口，去除皮肤边缘上皮，再将肉芽组织之上的剩余伤口边缘进行缝合（表 1-54）。

表 1-54 涉及浅表软组织创伤的复杂因素	
情况	潜在后果
动物运送过程中操作不当	造成进一步组织和神经损伤（如脊柱、四肢固定不当）
动物整体状况和创伤评估不足	动物病情恶化或死亡；低估组织损伤程度
评估、复苏或维持时创伤保护不足	在动物医院内发生创伤进一步污染
处理创伤周围区域时创伤保护不足	由皮毛、碎片引起创伤进一步污染
创伤灌洗不足	可发生创伤感染
采用过氧化氢灌洗创伤	无杀菌作用并会刺激组织造成愈合延后
采用聚维酮碘灌洗创伤	药物残留活性持续时间短、被大面积创伤较快吸收
过度清创	活组织被去除
整体清创	大量组织被去除，引起闭合不足
进行引流	因为引流管可被动物啃咬或破损，所以细菌可从引流管道逆行感染创伤。动物运动也可能发生空气倒吸，引起皮下气肿
采用管型引流管（tube-type drains）	导致动物术后不适；引流孔可能堵塞而无法引流
缝线较深的同时使用引流管	引流管可能被缝线固定而不能移除
采用主动式引流管	高负压可致组织损伤；高渗出量的伤口可能需要多次更换真空采血管

扩展阅读

Garzotto CK: Wound management. In Silverstein DC, Hopper K, editors: Small animal critical care medicine, St Louis, 2009, Elsevier.

Swaim SF, Henderson RA: small animal wound management, ed 2, Media, Pa, 1997, Williams and Wilkins.

休克

休克是指循环血量不足而无法满足细胞氧气需求的一种状态。有三种休克类型：低血容量性休克、心源性休克和败血症性休克。早期诊断并确定休克的类型对治疗休克非常重要。组织输氧量由心输出量和动脉氧浓度决定。对输氧量决定因素的了解直接关系到危重动物的治疗。

输氧量（DO_2）= 心输出量（Q）× 动脉氧浓度（CaO_2）

上述公式中的 Q= 心率 × 每搏心输出量，后者受心前负荷、后负荷及心收缩力影响。

$$CaO_2= [(1.34 \times Hb \times SaO_2)] + (0.003 \times PaO_2)$$

1

上述公式中的 Hb= 血红蛋白浓度，SaO_2= 血氧饱和度，PaO_2= 动脉血氧分压（单位是 mmHg）。

所以，能负性影响输氧量的因素包括前负荷不足或循环血量丢失，严重外周血管收缩和后负荷增加，心收缩力下降，心动过速和心舒张期充盈减少，心律不齐，血红蛋白含量不足及血红蛋白氧饱和度不足。败血症性休克期间，酶功能异常和细胞摄取及利用氧气功能下降也加剧了无氧酵解。

循环血量不足可继发于血量分布不均（外伤性、败血症性或心源性）或由绝对低血容量（全血或细胞外液丢失）引起。正常情况下，动物通过以下方式代偿循环血量不足：①通过脾脏和血管收缩将静脉储存的血液转移到中央动脉循环中；②动脉收缩帮助维持舒张压和组织灌流；③心跳加速以维持心输出量。动脉血管收缩利于血液从其他内脏器官转移到大脑和心脏。如果血管收缩严重到干扰了组织氧的输送，一定时间后，动物就可能死亡。

低血容量性休克

低血容量性休克可源于急性出血或由呕吐、腹泻或第三间隙引起的严重体液丢失。休克早期阶段，循环血量下降之后，颈动脉体和主动脉弓的压力感受器就能检测到管壁张力下降。迷走神经刺激减弱导致心交感神经紧张产生的紧张性抑制消失，结果使心率和心收缩增强及外周血管收缩，以代偿心输出量的降低。代偿机制能减少外周组织灌流而起到保护并确保心和脑的血液供应。这个过程就是"早期代偿性休克"。

早期代偿性休克的特点是：心动过速、正常或加快的毛细血管再充盈时间、呼吸急促及体温正常。随着休克的发展，机体丧失了对不断丢失体液的补偿。失代偿休克早期的特点是心动过速、呼吸急促、毛细血管再充盈时间延长、血压正常或低血压、体温下降。失代偿休克晚期的特点是心动过缓、毛细血管再充盈时间明显延长、低体温和低血压。此时如果动物有存活的希望，需要进行积极的治疗。

败血症性休克

以下患病动物都应考虑发生败血症性休克的可能性：正在感染；最近有可能导致感染的操作（静脉或尿道插管、手术和穿刺）；降低免疫力的疾病（糖尿病，免疫缺陷病毒、细小病毒或猫泛白细胞减少症病毒感染，应激性营养缺乏，化疗）；服用药物（糖皮质激素）。血液中细菌、病毒、立克次体、原虫或真菌的存在均会引起败血症。败血症性休克以出现败血症并对补液及升压药物无效的顽固性低血压为特征。败血症性休克和炎症的其他原因可以导致系统性炎症反应综合征（SIRS）。表 1-55 列出了 SIRS 的多项指标，如果动物有 2 项或更多项符合这些指标，并且疑似有炎症或败血症，则可诊断为 SIRS。

表 1-55　系统性炎症反应综合征（SIRS）指标总结

指标	犬	猫
体温	< 37.8℃或> 39.7℃	< 37.8℃或> 39.7℃
心率	> 120 次 / min	< 140 次 / min 或> 250 次 / min
呼吸频率	> 20 次 / min 或 $PaCO_2$ < 32 mmHg	> 40 次 / min 或 $PaCO_2$ < 32 mmHg
白细胞计数	> 18 000 个 /μL 或< 4 000 个 /μL 或> 10% 杆状型	> 19 000 个 /μL 或< 5 000 个 /μL 或> 10% 杆状型

　　败血症的临床症状比较模糊且无特异性，包括虚弱、厌食、呕吐和腹泻。咳嗽和肺部听诊爆裂音可能与肺炎有关。肺部听诊音减弱可能同脓胸有关。腹痛和腹水可能同脓毒性腹膜炎有关。子宫蓄脓不一定都有阴道分泌物。诊断试验应包括白细胞计数、血清生化检测、凝血试验、胸腹 X 线片以及尿检。

　　对感染有阳性反应的病例会出现白细胞总数升高 ，并且会伴有核左移。退行性核左移且伴有白细胞总数减少及杆状中性粒细胞升高，提示感染正严重。生化分析结果可以证明是否有低血糖症和非特异性的肝胆酶水平升高。对于大多数严重的病例，会出现代谢性（乳酸）酸中毒、凝血障碍、末端器官衰竭、无尿以及急性呼吸窘迫综合征。

心源性休克

　　当心输出量不足以维持细胞内氧的需要时就会出现心源性休克。心源性休克和原发性心肌病、心律失常、心包积液以及心包膜纤维化有密切关系。临床检查时发现的异常症状与其他类型休克的异常症状相似，但心源性休克的异常还包括心杂音、心律失常、肺啰音、口鼻可能发现有泡沫状的血色肺水肿液、坐式呼吸以及发绀。治疗前分辨休克的类型非常重要 （表 1-56），如血管瘤破裂的治疗方案与扩张型心肌病末期的

表 1-56　休克的临床症状

指标	创伤性或低血容量性	败血症性	心源性
心率	增加	增加	增加
脉搏	弱	早期强，后期弱	弱
黏膜	苍白	早期充血，后期苍白	苍白
毛细血管再充盈时间	延长	早期快，后期变慢	延长
呼吸频率	增加	增加	增加
体内温度	低或正常	早期升高，后期变低	低或正常
皮温	低	低或升高	低
尿量	低	低	低
血压	早期正常或高，后期变低	低	低

1

治疗方案是完全不同的，虽然两种疾病的临床症状相似，都包括有腹水表现，但是如果治疗低血容量，会使继发于扩张型心肌病的慢性心力衰竭病情更加恶化。

　　当动物表现休克的一些症状时，立刻建立血管通路非常重要。安置一个大号的外周或中央静脉导管以补充胶体液或盐分、血液成分或药物。监测动物心肺状态（通过心电图）、血压、血氧饱和度（脉搏血氧仪或动脉血气分析）、红细胞比容、尿素氮以及葡萄糖。根据动物的需要及休克的类型，还应进行其他辅助诊断，如胸腹 X 线片、尿检、血清生化检测、凝血试验、血常规、腹部超声检查和心脏超声检查。

休克的管理
二十条原则 *

　　下列规则被称为"二十条原则"，用以指导休克病例的管理。如果每天考虑到二十条原则的每个方面，就可以保证主要器官系统不被忽视。二十条原则同时也可用于整合并关联功能上有联系的不同器官系统。

1. 体液平衡

　　低血容量和败血症性休克的治疗，需要在外周静脉或中央静脉放置大号的静脉导管。如果不能经皮下或采用静脉血管切开建立血管通道，则应考虑骨内放置导管。一旦建立了血管通路，就输入大量的晶体液或胶体液。根据经验，一般输入 1/4 的晶体液计算量［犬：每小时 90 mL/kg（体重）；猫：每小时 44 mL/kg（体重）］，输入的晶体液可以是 Normosol-R、Plasma-Lyte M、乳酸林格氏液或灭菌生理盐水。持续监测动物的灌注指标（心率、毛细血管再充盈时间、血压和排尿量），以指导下一步的补液治疗。人工合成胶体液（羟乙基淀粉）也能用于最初的休克复苏，输液量为 5 ~ 10 mL/kg（体重），并要在 10 ~ 15 min 内快速输入，输完后再评估灌流指标。† 高渗生理盐水［7.5% NaCl，4 mL/kg（体重）］可用于出血性休克，能起到将组织间隙的体液暂时性回抽至循环的作用。因为这种方法是短效的，所以一般都要和另一种晶体液或胶体液合用，如果发生出血性休克，治疗目标是使动物的血压恢复正常水平（收缩压为 90 ~ 100 mmHg，舒张压 > 40 mmHg，平均动脉压 ≥ 60 mmHg），以防止因医源性凝血块脱落而发生再次出血。

　　对于危重病例，体液丢失量可通过测量排尿、呕吐、腹泻、体腔渗出及伤口渗出得出。另外不可感知的体液丢失量（通过出汗、呼吸及细胞内代谢丢失）为每天 20 mL/kg（体重）。联合监测体液的得失、中心静脉压、红细胞比容、白蛋白和胶体渗

---

* 引自 Purvis D，Kirby R：Systemic inflammatory response syndrome: septic shock, Vet Clin North Am Small Anim Pract 24: 1225-1247, 1994.

† Kirby R: Septic shock. In Bonagura JD, editor: Kirk's current veterinary therapy Ⅻ, Philadelphia, 1995, WB Saunders.

1

透压，可指导输液疗法（参阅输液疗法）。

2. 血压

血压的维持对细胞摄取足量的氧气非常必要。血压可直接通过动脉导管测量，也可以通过多普勒容积描记仪或示波法间接测量。收缩压应一直处于 90~100 mmHg 或稍高，舒张压也非常重要，因为其占平均动脉压的 2/3。收缩压必须大于 40 mmHg 以维持冠状动脉灌流。平均动脉压应大于 60 mmHg，这样组织灌流才能充分。

如果通过补液和镇痛还不足以使血压恢复至正常水平，可考虑使用血管活性药物包括正性肌力药和升压药等（表 1-57）。

在心源性休克的情况下，可使用血管舒张剂（表 1-58）来降低血管阻力和后负荷。小剂量吗啡［0.025 ~ 0.05 mg/kg（体重），IV，IM］可扩张内脏血管，有助于减轻肺水肿。呋塞米［每小时 1 mg/kg（体重）］也可扩张肺血管，并可能减少急性呼吸窘迫综合征（ARDS）患病动物的水肿液形成。

表 1-57　治疗心源性休克的拟交感神经药		
药物	作用受体活性	剂量（IV）
多巴胺	多巴胺$_1$，多巴胺$_2$，α 受体 $^{+++}$，β 受体 $^{+++}$	每分钟 5~25 µg/kg（体重）（升压）* 每分钟 1~5 µg/kg（体重）（利尿）
多巴胺丁胺	α 受体 $^+$，β 受体 $^{+++}$	每分钟 3~20 µg/kg（体重）（升压，正性肌力作用）*
去甲肾上腺素	α 受体 $^{+++}$，β 受体 $^+$	每分钟 0.05~0.3 mg/kg（体重）； 0.01~0.02 mg/kg（体重）
苯肾上腺素	α 受体 $^{+++}$，β 受体 ^{0}	每分钟 1~3 µg/kg（体重），CRI
肾上腺素	α 受体 $^{+++}$，β 受体 $^{+++}$	0.05~0.5 mg/kg（体重）； 每分钟 0.1~1 µg/kg（体重），CRI

注：$^{+++}$ 表示作用强烈；$^+$ 表示作用弱；^{0} 表示没有活力。
* 高剂量时监测心率过快。

3. 心率、心律以及心收缩力和每搏输出量

心输出量由心率和每搏输出量共同决定。每搏输出量（或心室每分钟的泵出血量）受前负荷、后负荷及心收缩力影响。在低血容量性休克期，前负荷因为循环血量的减少而降低。在感染性休克和心源性休克期间，由于心肌的固有缺陷或感染性休克和全身性炎症期间释放的肿瘤坏死因子（TNF）- α、心肌抑制因子、白细胞介素（IL）-1、IL-10 等炎症细胞因子产生的负性变力作用，心脏的收缩力会减弱。后负荷的增加可源于代偿作用，或应对低血容量、心源性休克时，肾素 - 血管紧张素 - 醛固酮轴的神经内分泌激活。心率增加以代偿心输出量降低，会导致心肌的需氧量增加及心舒张再充盈

时间缩短，因此发生于心舒张期的冠状动脉灌注会受到影响，结果导致心肌无氧呼吸加强，发展至乳酸中毒后进一步引起心收缩力下降。除了乳酸中毒之外，酸碱和电解质紊乱、炎性细胞因子、损伤直接导致的心肌挫伤和局部缺血等，会进一步增加动物室性或房性心律失常的风险。

　　如果有可能，应尽量控制心律失常。治疗心动过缓应针对潜在的病因。有必要时可给予抗胆碱药物如阿托品［0.04 mg/kg（体重），IM］或格隆溴铵［0.02 mg/kg（体重），IM］。对于三度或者是完全的房室传导阻滞病例，给予纯 β-受体激动剂如异丙肾上腺素［每分钟 0.04~0.08 μg/kg（体重），IV，CRI，或 0.4 mg 溶于 250 mL 5% 的葡萄糖溶液中缓慢输液］。如果动物出现低温情况，需要采取保温措施。同时，纠正所有潜在的电解质紊乱，包括高钾血症、低镁血症和高镁血症。

表 1-58　血管舒张剂

药物	作用机制	剂量和给药方式	潜在副作用
卡托普利	血管紧张素酶抑制剂	0.5~2 mg/kg（体重），PO，每天三次	氮质血症
依那普利	血管紧张素酶Ⅱ抑制剂	0.25~0.5 mg/kg（体重），PO，每 12~24 h 一次	氮质血症
肼苯哒嗪	动脉平滑肌舒张剂，对静脉容量血管作用很小	0.2~2 mg/kg（体重），PO，每 12 h 一次	长期使用可导致恶血质及神经炎
赖诺普利	血管紧张素酶Ⅱ抑制剂	0.25~0.5 mg/kg（体重），PO，每 12~24 h 一次	
吗啡	内脏容量血管舒张剂	0.025~0.05 mg/kg（体重），每 6~8 h 一次，IV，IM，SQ	呕吐
哌唑嗪	α-受体阻断剂；动、静脉舒张剂	每 15kg 体重 1mg，PO，每天两至三次（犬）；或 0.5 mg，PO，每天三次（猫）	厌食、呕吐、腹泻
硝普钠	动、静脉舒张剂	每分钟 0.5~2 μg/kg（体重）；每 3~5 min 逐渐加量，CRI溶于 5% 葡萄糖溶液中；静脉导管持续监测血压（0 min；1 min；2min）	高剂量时会引起低血压、氰化物中毒，肝肾功能衰竭时禁用；硫氰酸蓄积（定向障碍）；药物对光敏感，需用铝箔覆盖且 4h 内可用

注：CRI，恒速输注；IM，肌内注射；IV，静脉注射；PO，口服；SQ，皮下注射。

　　治疗室性心律失常如多点室性早搏（PVC）、持续性室性心动过速（> 160 次/min）和 R-on-T 现象（上一个心动周期 T 波与下一个 QRS 复合波发生重叠，心室复极不完全）。出现室性心动过速还会引起血压下降，应给予治疗。静脉给予利多卡因或普鲁卡因是治疗室性心律失常的首选药物。室上性心动过速时心舒张充盈期的时间缩短，心输出量也因此而减少。室上性心律失常可采用钙通道阻断剂、β－肾上腺素能受体阻断剂或奎尼丁（表 1-59）。

药物	作用机制	剂量
	表 1-59　治疗室性或室上心动过速的抗心律失常药物的选择	
利多可因	快速钠通道抑制	犬：1~4 mg/kg（体重），IV，缓慢注射，之后每分钟 50~100 μg/kg（体重）；猫*：0.25~1.0 mg/kg（体重），IV
普鲁卡因胺	快速钠通道抑制	犬：1~8 mg/kg（体重），IV,+ 缓慢注射；猫：3~8 mg/kg（体重），PO，每 6~8 h 一次
尼可刹米	快速钠通道抑制	犬：5~20 mg/kg（体重），PO，每 8 h 一次 **
奎尼丁	快速钠通道抑制	6~10 mg/kg（体重），PO，qid
心得安	β－肾上腺素能受体阻断剂	0.02~0.06 mg/kg（体重），IV；0.2~1 mg/kg（体重），PO，每 8 h 一次
艾可洛尔	β－肾上腺素能受体阻断剂	0.5 mg/kg（体重），IV，之后每分钟 50~200 μg/kg（体重），IV，CRI
戊酸丙胺	慢速钙通道阻断剂	犬：0.01~1 mg/kg（体重），IV；或 0.5~5 mg/kg（体重），PO，每 8 h 一次；猫：0.5~1 mg/kg（体重），PO，每 8 h 一次
地尔硫卓	钙离子通道阻断剂	犬：0.25 mg/kg（体重），IV，之后 0.5~1.5 mg/kg（体重），PO，每 8 h 一次；犬猫：1.75~2.5 mg/kg（体重），PO，每 8 h 一次
匹莫苯丹	磷酸二酯酶抑制，正性肌力作用	0.1~0.3 mg/kg（体重），PO，每 12 h 一次

注：CRI，恒速输注；IV，静脉注射；PO，口服；qid，每天四次。

* 猫应慎用利多卡因，可能具有神经毒性和引发癫痫。

+ 监测低血压。

** 用药不可超过 2 周，可导致特殊的失明。

4. 白蛋白

白蛋白可从胃肠道、泌尿道和伤口渗出或进入体腔积液而导致血清白蛋白含量降低。在各种休克期，由于优先合成肝脏急性期蛋白，因此白蛋白的合成会减少。血清白蛋白占血液胶体渗透压的 80%，其在炎症部位的自由基清除过程中起重要的作用，另外还是多种药物、激素的载体。不管是在人医还是兽医上，当血清白蛋白水平 < 2.0 g/dL，患病个体的发病率或死亡率都会增加。为了维持血清白蛋白 ≥ 2.0 g/dL，可以使用新鲜冷冻血浆［20 mL/kg（体重）］或浓缩人白蛋白［25% 溶液，2 mL/kg（体重）］。人工合成胶体也可用于提升胶体渗透压。

5. 胶体渗透压

血管内及间质的胶体渗透压对体液灌流有重要的影响。胶体渗透压可用胶体渗透压计测量，正常的数值为 15 mmHg。发生败血症和 SIRS 时，血管通透性增加能促进体液流向间质。可以使用合成胶质如羟乙基淀粉、浓缩人白蛋白 [25% 白蛋白，2 mL/kg(体重)]、犬白蛋白 [16% 溶液，3~6 mL/kg (体重)] 或血浆 [20 mL/kg (体重)]。

6. 氧合作用和换气

氧合作用和换气可用动脉血气分析评估，也可用非侵入性的脉搏血氧仪和二氧化碳监测仪进行测量。出血和贫血导致的低血容量性休克、肺水肿，或心输出量减少导致的心源性休克，都可引起氧输送能力下降。败血性休克、炎性细胞因子引起的心输出量减少和细胞摄取氧气能力的下降会导致乳酸酸中毒。细胞代谢的增强和呼吸功能的减弱可导致 CO_2 蓄积的呼吸性酸中毒。

吸氧可通过流动气体、鼻或鼻咽导管、氧气罩或氧气箱等方式进行。输送的氧气必须湿润且剂量控制在每分钟 50~100 mL/kg (体重)。如果氧合作用和换气受损导致 $PaO_2 < 60$ mmHg（即使处于输氧中）、$PaCO_2 > 60$ mmHg，或有严重的呼吸窘迫发生时，则应考虑机械通气。

7. 葡萄糖

葡萄糖是红细胞和神经组织的能量来源，所以血清葡萄糖应维持在正常范围以内。可将 2.5%~5% 葡萄糖溶液溶于晶体液来补充机体能量，也可通过肠外或肠内营养产品补充能量。

8. 酸碱平衡、电解质和乳酸状态

血气分析可以测定动脉和静脉的 pH。在各类休克中，组织灌流的减少、携氧能力的下降及利用氧气能力的减弱，都可以导致无氧代谢和代谢性酸中毒。对于绝大多数病例，可以通过补充晶体液和胶体液、吸氧及给予强心药来改善组织灌流和携氧能力。应连续监测血清乳酸（正常时血清乳酸 < 2.5 mmol/L，可用于评估输液复苏的疗效）。

血清电解质常在休克状态下变得严重紊乱。血清钾、镁、钠、氯、总钙、离子钙应维持在正常范围内。

如果有严重的代谢性酸中毒，应以如下公式计算应补充的碳酸氢钠：

$$碱缺乏量 \times 0.3 \times 体重 (kg) = 应补充的碳酸氢钠 (mEq)$$

因为可能会发生医源性碱中毒，所以保守的方法是先补充 1/4 的计算量，重测 pH 和碳酸氢盐值后继续补充。如果不知道碳酸氢盐的值，可按 1 mEq/kg (体重) 的递增剂量给予碳酸氢钠，直至 pH 达到 7.2 以上。用碳酸氢钠补碱的并发症包括医源性低钙

1

血症、代谢性碱中毒、反常性脑脊液酸中毒、低血压、不安，甚至死亡。

9. 凝血

大面积创伤、肿瘤、败血症及全身性炎症都可导致包括 DIC 在内的凝血异常。简易血凝仪可用于 PT、APTT 和血小板的日常监测。纤维蛋白降解产物在 DIC、创伤、肝脏疾病和手术时会升高。凝血蛋白（凝血因子）和 AT 常随低蛋白血症时蛋白质的丢失而丢失，也会随着微凝血块的形成和溶解而消耗。AT 可由商业实验室检测。AT 和凝血因子可通过新鲜冷冻血浆输入的方式得到补充。检测 D- 二聚体是一种诊断 DIC 的更加灵敏且特异的方法，可在商业实验室进行。

治疗 DIC 需消除潜在疾病，并使用新鲜冷冻血浆［20 mL/kg（体重）］以提供 AT 和凝血因子，另外还需要使用肝素［未分级，50~100 U /kg（体重），SQ，每天三次；分级（Lvenox），1 mg/kg（体重），SQ，每天两次］。

10. 精神状态

观察患病动物精神状态的变化，包括嗜睡、昏迷、呼吸通道防御性和吞咽能力下降、痉挛。将动物的头部抬高有利于保护呼吸通道，减少颅内压升高的风险。血清葡萄糖应维持在正常范围，以预防低血糖诱导性痉挛。

11. 红细胞和血红蛋白浓度

氧与血红蛋白的结合是氧气输送过程的重要一步。为了能给细胞提供足够的氧气，PCV 必须维持在 20% ～ 30% 或以上。机体代谢性或呼吸性碱中毒可在组织水平上减弱氧的负载能力。能补充 RBC 成分的疗法都可提升机体携氧能力和血红蛋白水平。

12. 肾功能

肾功能的日常监测内容包括尿素氮、肌酐和排尿量。水合正常的动物，产尿量为每小时 1~2 mL/kg(体重)。如果疑似动物少尿或无尿，应记录每天的水摄入量和排出量。可以给予少尿或无尿的动物速尿，按 4~8 mg/kg(体重) 给药或 CRI［每小时 0.66~1 mg/kg(体重)］。还应给予甘露醇［0.5~1 g/kg（体重），给药 10~15 min］。多巴胺［每分钟 1~5 μg/kg（体重），CRI］用于扩张入肾血管，达到利尿的目的。

13. 白细胞计数，免疫功能，抗生素剂量和选择

根据休克种类的不同，白细胞计数可升高、正常或减少。是否进行抗生素治疗应以每天的参考指标为基础。浅表或深层的葡萄球菌或链球菌感染通常用一代头孢菌素［头孢唑林，22 mg/kg（体重），IV，每天三次］治疗即可。如果感染源已知且细菌培养及药敏试验结果未知时，可应用广谱抗生素［头孢噻吩，22 mg/kg（体重），IV，每天三

次；或氨苄西林，22 mg/kg（体重），IV，每天四次；或恩诺沙星，犬为 5~10 mg/kg（体重），IV，每天一次，猫为 5 mg/kg（体重），IV，每天一次]。若需要广谱厌氧菌抗生素，可考虑使用甲硝唑[10 mg/kg（体重），IV，每天三次]。庆大霉素[每天 6~8 mg/kg（体重）或 2~4 mg/kg（体重），每 8 h 一次]对由革兰氏阴性菌引起的败血症效果较好，但要在动物机体不脱水且肾功能正常的情况下使用。使用氨基糖苷类抗生素治疗的动物在理想的情况下应每天进行尿检，出现肾小管管型则提示肾脏损伤。

14. 胃肠运动性和完整性

犬的胃肠道是休克器官。胃肠蠕动不佳及呕吐时应用促蠕动药及止吐药[甲氧氯普胺，每天 1~2 mg/kg（体重），IV，CRI，以及多拉司琼，0.6 mg/kg（体重），IV，每天一次]进行积极治疗。如果疑似存在胃肠道堵塞，应禁用甲氧氯普胺。组胺受体阻断剂如法莫替丁[0.5 mg/kg（体重），IV，每天两次]和雷尼替丁[0.5~2 mg/kg（体重），IV，每天两至三次]，或质子泵抑制剂[奥美拉唑，0.5~1 mg/kg（体重），PO，每天一次]可用于治疗食管炎。硫糖铝[0.25~1 g，PO，每天三次或 0.5~1 mg/kg（体重），IV，每 24 h 一次]可用于治疗胃溃疡。如果胃肠道屏障功能因灌流差、感染或炎症而减弱，应给予广谱抗生素如氨苄西林[22 mg/kg（体重），IV，每天四次]，以对抗肠道细菌的侵入。

15. 药物剂量和代谢

每天都应对前一天的药物治疗进行审查，注意药物间可能的相互作用。例如，甲氧氯普胺和多巴胺共同作用于同一受体，能产生协同作用；西咪替丁是一种细胞色素 P450 酶的抑制剂，能降低某些药物的代谢；需与蛋白结合的药物的非结合部分会因低白蛋白血症的出现而升高；肾脏功能减弱会损伤肾清除某些药物的能力，需要延长投喂间隔或减少剂量。

16. 营养

营养对于危重患病动物至关重要。败血性休克动物的代谢率升高，有超生理状态的能量需求，而其他休克中动物的代谢会下降。如果有可能，首先应考虑通过肠道补充营养，因为肠上皮细胞在没有食物刺激的情况下会发生萎缩。对于食欲低下的动物，可根据尚有功能的肠道部分的不同而采用不同的饲喂管。胃肠黏膜屏障功能的缺失可使动物更易于受到细菌侵袭而加剧败血症。若不可以通过肠道给予营养，如在持续呕吐或胃肠道切除的情况下，可以通过肠外方式给予葡萄糖、脂质和氨基酸产品，直至胃肠功能恢复后转为通过肠道给予营养。

17. 镇痛药和疼痛管理

休克动物的疼痛评估比较难。疼痛会引起动物机体释放儿茶酚胺和糖皮质激素，

1

这些激素抑制营养的吸收同化，导致营养不均衡、创伤愈合缓慢和免疫力低下。如果发现动物存在疼痛，应给予镇痛药以祛除疼痛和不适。阿片类药物对心血管影响不大，即使有副作用如低血压、换气不足，也可用纳洛酮轻易解除。

18.护理和动物转移

如果患病动物无法走动，应每隔4~6 h翻转身体变换侧躺姿势以防止肺不张。帮助动物做四肢运动和深部肌肉的按摩可以起到促进组织灌流，防止水肿和组织萎缩的作用。动物应保持干燥，并使其躺在柔软的垫子上，防止发生褥疮。

19.创伤护理和包扎

所有绷带、创口和插导管处应每天进行检查，以防出现水肿、红疹及疼痛。硬化的绷带应及时更换，防止污染创口、导管。

20.关爱照料 （tender loving care, TLC）

住院对于患病动物而言是一种应激。适度探望并带出院散步有利于改善动物病情并减轻应激。预先镇痛可以在疼痛出现前起到镇痛效果。疼痛会干扰动物睡眠，而缺乏睡眠能加剧应激并阻碍伤口愈合。

休克治疗中的其他注意事项和争议
糖皮质激素和抗前列腺素

在休克治疗中使用糖皮质激素和抗前列腺素依然存在广泛的争议。尽管这些药物能稳定细胞膜，减少内毒素吸收并减少前列腺素释放，但同时也会降低肾脏和胃肠血液灌流量，引发胃肠道溃疡并损伤肾功能。在任何形式的休克病例中，使用超生理水平的糖皮质激素都能增加机体钠水潴留，抑制免疫功能和减缓创伤愈合。小动物的临床研究表明，上述两种药物的使用并没有明确提高存活率。治疗的风险高于报道中的好处，所以在任何形式的休克病例中经验式地使用糖皮质激素和抗前列腺素是绝对禁止的。而在患有心脏疾病的动物身上使用糖皮质激素会加剧钠水潴留，并会增加其发展为慢性心力衰竭的风险。

扩展阅读

Brady CA, Otto CM: Systemic inflammatory response syndrome, sepsis, and multiple organ dysfunction, Vet Clin North Am Small Anim Pract 31(6):1147–1162, 2000.

Brown AJ, Mandell DC: Cardiogenic shock. In Silverstein DC, Hopper K, editors: Small animal critical care medicine, St Louis, 2009, Elsevier.

Buston R: Treatment of congestive heart failure, J Small Anim Pract 44(11):516, 2003.

Chan DL, Rozanski EA, Freeman LM, et al: Colloid osmotic pressure in health and disease, Compend Contin

Educ Pract Vet 23(10):896-904, 2001.

Costello MF: Shock—cardiogenic. In Mazzaferro EM, editor: Blackwell's five minute consult clinical companion small animal emergency and critical care, Ames, 2010, Wiley-Blackwell.

Costello MF: Shock—distributive. In Mazzaferro EM, editor: Blackwell's five minute consult clinical companion small animal emergency and critical care, Ames, 2010, Wiley-Blackwell.

Costello MF, Seshadri R, Crump K: Shock- hypovolemic. In Mazzaferro EM, editor: Blackwell's five minute consult clinical companion small animal emergency and critical care, Ames, 2010,

Lagutchik MS, Ogilvie GK, Hackett TB, et al: Increased lactate concentrations in ill and injured dogs, J Vet Emerg Crit Care 8(2):117-127, 1998.

Mazzaferro EM, Rudloff E, Kirby R: The role of albumin in health and disease, J Vet Emerg Crit Care 12(2):113-124, 2002.

Mittleman-Boller E, Otto CM: Sepsis. In Silverstein DC, Hopper K, editors: Small animal critical care medicine, St Louis, 2009, Elsevier.

Mittleman-Boller E, Otto CM: Septic shock. In Silverstein DC, Hopper K, editors: Small animal critical care medicine, St Louis, 2009, Elsevier.

Otto CM: Sepsis. In Wingfield WE, Raffe M, editors: The veterinary ICU book, Jackson,Wyo, 2001, Teton New Media.

Rudloff E, Kirby R: Colloid and crystalloid resuscitation, Vet Clin North Am Small Anim Pract 31(6):1207-1229, 2001.

Simmons JP, Wohl JS: Vasoactive catecholamines. In Silverstein DC, Hopper K, editors: Small animal critical care medicine, St Louis, 2009, Elsevier.

Wiley-Blackwell. deLaforcade AM, Silverstein DC: Shock. In Silverstein DC, Hopper K, editors: Small animal critical care medicine, St Louis, 2009, Elsevier.

全身性血栓栓塞

全身性血栓在患有心肌病（肥大型、限制型、未定型和扩张型）的猫中最常见，但也发生于患有以下疾病的犬中：肾上腺功能亢进、DIC、SIRS、蛋白质丢失性肠病、肾病以及影响主动脉和腔静脉的肿瘤。血栓的形成过程涉及一系列的机制，当出现魏克氏三体征（高凝状态、血流迟缓和血管内皮损伤或破损）时，血栓形成就会被触发。对于猫来说，当血流通过严重扩张的左心房时，血凝块和血栓的发生概率就会增加。

最容易发生血栓的部位是主动脉的分叉处。其他较常见的部位还包括前肢、肾脏、胃肠道和大脑。诊断的依据为肢体远端低温，心杂音或奔马律，肺水肿引起的肺爆破音，单或多肢端急性疼痛或麻痹，呼吸窘迫及患者疼痛且无法触及脉搏。患肢的甲床和脚垫会发绀，而且用指甲钳剪指甲时不会出血。

对动物主人的教育是对血栓栓塞患病动物紧急施救的重要内容。动脉栓塞有40%~60%概率并发慢性心力衰竭。有多于70%的猫在初次血栓发病时就施行了安乐死，因为即使进行积极治疗也可能会长期预后不良，并且在初次治疗后的几天或几个月内复发的概率很高。虽然复发的情况会发生于初次诊断治疗后的2个月到2年的时间内，

1

但大部分猫的血栓栓塞病会在 9 个月内复发。直肠低温和心动过缓是预后不良的表现。

　　充血性心力衰竭 （CHF） 和血栓栓塞的紧急治疗需用速尿、输氧和血管舒张剂 （吗啡、硝普盐） 控制 CHF。此外，需用镇痛药 [布托啡诺，0.1~0.4 mg/kg （体重），IV，IM] 及预防血凝块进一步形成的药物。阿司匹林 [10 mg/kg （体重），PO，每 48 h 一次] 具有抗血小板功能的作用，利于防止凝血。肝素同 AT 协同作用可防止血凝块的进一步形成 [500 U/kg （体重），IV，接着猫以 250~300 U/kg （体重），SQ，每 8 h 一次，犬以 100~200 U/kg （体重），SQ，每 8 h 一次]。乙酰丙嗪能导致外周血管硬化并会降低后负荷，所以会使 CHF 患病动物的低血压加剧。若一定要用乙酰丙嗪 [0.05 mg/kg （体重），SQ]，需极其谨慎。

　　溶血栓药物 （溶栓酶、组织型纤溶酶原激活剂、尿激酶） 并没有表现出良好的效果，却可能增加患病动物出血、创伤再渗出及死亡的风险。因此不推荐使用溶血栓药物。

　　猫动脉栓塞的主要病因是心肌病。一旦动物的病情稳定到可以接受诊断程序之后，应拍摄侧位和背腹位 X 线片及超声心动图检查。超声波可扫查主动脉远端和肾动脉，以确定凝血块的位置并帮助建立预后。

　　其他用于评估血栓栓塞的发生和病因的诊断程序包括血常规、血清生化检查、尿检 （排除蛋白丢失性肠病）、尿蛋白肌酐比、AT 水平、ACTH 刺激试验 （排除肾上腺功能亢进）、心丝虫抗原测试 （犬）、甲状腺检查 （排除猫甲状腺功能亢进和犬甲状腺功能减退）、拍摄 X 线片、动脉血气分析、血凝试验和库姆斯试验 （Coombs test）。选择性和非选择性血管造影可用于探查血栓的具体位置。

　　血栓病的长期治疗需要控制潜在病因以防止血栓的进一步形成。最近，推荐使用氯吡格雷 [犬：3~5 mg/kg （体重），PO，每 24 h 一次；猫：18.75~37.5 mg，PO，每 24 h 一次]，可以防止血凝块的形成。在过去有联合使用肝素和华法林的方法，但缺点是难以控制。该方法是先用肝素使 APTT 延长至 1.5 倍后使用华法林 [每天 0.06~0.09 mg/kg （体重）]。推荐基于前凝血时间和国际标准比例 （INR, 2.0~4.0） 的监测疗法。也曾有人推荐使用低剂量肝素 [犬：0.5 mg/kg （体重），PO，每 12~14 h 一次；猫：25 mg/kg （体重），每 56~84 h 一次]。可以实施温水浴、深层肌肉按摩及局部被动牵拉运动 (passive range-of motion exercises) 等物理疗法，直至患病动物恢复运动功能为止。未来可能发展的疗法是使用血小板受体颉颃剂以阻止血小板的激活和黏附。

扩展阅读

DeFrancesco T: Arterial thromboembolism. In Mazzaferro EM, editor: Blackwell's five minute consult clinical companion small animal emergency and critical care, Ames, 2010, Wiley-Blackwell.

Good LI, Manning AM: Thromboembolic disease: predispositions and management, Compend Contin Educ Pract Vet 25(9):660-674, 2003.

Hogan DF: Thrombolytic agents. In Silverstein DC, Hopper K, editors: Small animal critical care medicine, St Louis, 2009, Elsevier.

Moore KE, Morris N, Dhupa N, et al: Retrospective study of streptokinase administration in 46 cats with arterial thromboembolism, J Vet Emerg Crit Care 10(4):245-257, 2000.

Smith SA, Tobias AH: Feline arterial thromboembolism: an update, Vet Clin North Am Small Anim Pract 34(5):1245-1271, 2004.

Smith SA, Tobias AH, Jacob KA, et al: Arterial thromboembolism in cats: acute crises in 127 cases (1992-2001) and long-term management with low-dose aspirin in 24 cases, J Vet Intern Med 17(1):73-83, 2003.

泌尿系统急症

氮质血症

氮质血症发生于肾脏功能损失至少 75% 时。氮质血症的严重程度不能单独用来判断疾病类型是肾前性、肾性或肾后性的，也不能用于确定是急性或慢性、可恢复性或不可恢复性、进行性或非进行性的肾病。治疗氮质血症之前必须先确定氮质血症的病因。了解整个病史之后需做体格检查。输液疗法之前应采集血液和尿液，以便确定氮质血症的病因。

例如，一只有呕吐、腹泻和脱水病史的患病动物的尿密度通常应 > 1.045，这是机体试图保留体液的表现。如果尿密度的确如此，则说明氮质血症源于肾性的可能性较小，而且纠正脱水之后氮质血症就会消失。

但是如果有氮质血症和脱水时的尿密度是等渗性或低渗性（1.007 ~ 1.015）的，则很可能存在原发性实质性肾功能不全。如果输液疗法消除了氮质血症，则说明同时存在肾前性氮质血症和原发性肾脏疾病。若输液疗法后氮质血症依然存在，则说明是肾前性氮质血症和原发性肾衰。患肾上腺功能减退的犬缺乏盐皮质激素（醛固酮），这影响了肾集合管和肾髓间质梯度，进而继发肾前性氮质血症和肾脏疾病。肾髓质功能丧失（medullary washout）可能因此而发生，即使呕吐和腹泻引起了机体脱水，但尿液依然是等渗的。体液丢失（脱水和排尿丢失）和胃肠道出血（使 BUN 升高）常引起氮质血症。肾前性氮质血症可以通过补充糖皮质激素和胶体液纠正，但肾性氮质血症需要盐皮质激素使髓质浓度梯度重建之后才能完全解除，这个过程可能需要几周。皮质类固醇和利尿剂等药物可以影响肾小管的摄取和排泄功能，可能导致肾前性氮质血症和等渗尿同时出现，即伪肾脏疾病。

氮质血症的治疗包括估算患病动物的脱水量和维持量，然后将体液缺失量在 24 h 内补足。确定并治疗肾前性氮质血症的病因（休克、呕吐、腹泻）。密切监测尿量。如果血容量正常，当尿量小于每小时 1~2 mL/kg（体重）时定义为少尿。肾前性氮质血症病例的脱水被纠正之后，动物的尿量应恢复至正常水平。如果动物还是少尿，考虑少尿型急性实质性肾衰的可能，可根据尿量、体重、CVP 和对其他药物的反应进行额外补液。

肾前性氮质血症

肾前性氮质血症是由能使肾灌注量减少的疾病引起的，包括低血容量性休克、严

1

重脱水、肾上腺功能减退、充血性心力衰竭、心脏堵塞、心律失常和低血压。肾灌注一旦得到恢复，肾脏就能发挥其正常功能。肾小球滤过率在平均动脉压低至80 mmHg时会下降，这是肾脏自我调节功能的表现。一些疾病可以使肾脏自我调节发生障碍。即使肾小球滤过率没能下降，肾小管低血流量（脱水、低血压）可引起肾小管对尿液的被动重吸收。如果肾低灌注没有得到及时改善，肾前性疾病会导致急性实质性肾衰。患有原发性肾脏疾病的动物可能同时存在肾前性和肾性氮质血症，这是由呕吐加持续多尿而无液体摄入所致。治疗肾前性氮质血症包括补充体液、止吐，并治疗呕吐、腹泻或第三间隙液的潜在病因。

急性实质性肾衰

急性实质性肾衰的特点是肾功能急剧衰竭至无法调节水盐平衡，且出现氮质血症。患病动物可能少尿或多尿，这取决于肾衰的病因和阶段。在小动物临床中，最普遍的病因是肾脏缺血和中毒。

急性实质性肾衰分三个阶段：诱导期、维持期和恢复期。在诱导期，一些对肾的损害（缺血或毒素）出现，导致肾脏浓缩机制障碍，含氮代谢产物排泄率下降及多尿或少尿。如果在诱导期就进行药物治疗，可阻止疾病向维持期发展。如果诱导期持续，尿浓缩能力及氮质血症会进一步恶化。此时可在尿沉渣里发现肾小管上皮细胞和管型，也可能发现有蛋白尿。

急性实质性肾衰的维持期发生在肾单位大量不可逆损伤之后。纠正氮质血症和去除病因并不能使正常肾功能恢复。少尿型的患病动物相比于多尿型，肾单位的损伤更大。维持期可持续几周至数月。肾功能可能恢复也可能不恢复，这与损伤程度有直接关系。最严重的并发症（水合过度和高钾血症）常在少尿型动物上可见。

当受损肾单位得到足够治疗之后就进入恢复期。氮质血症可能已纠正，但浓缩障碍依然存在。如果动物在维持期少尿，则进入恢复期之后会多尿，可能会导致体液和电解质丢失。此阶段可能持续几周至数月。

急性实质性肾衰的治疗包括查明病因并排除堵塞或腹尿的可能性。详细的病史有时可以确定肾毒性药物、化学物或食物等病因。如果发现最近（2~4 h）患病动物有摄入肾毒性药物、化合物和食物，则利用阿扑吗啡［0.04 mg/kg（体重），IV］催吐；再投喂活性炭（PO或胃管），阻止毒素进一步吸收。采集血液和尿液做毒素分析（如乙二醇），确定有无氮质血症及尿沉渣是否异常（参阅乙二醇，葡萄和葡萄干，非甾体抗炎药）。血常规、生化分析和尿检可以检测慢性肾衰症状的存在，包括多饮多尿和非再生性贫血。通过X线和B超可以确定肾衰的慢性过程。肾脏大小在犬为L2长度的3.5倍，在猫为L2长度的2.4~3倍。至少每2 d监测一次动物的体重，以防脱水。

同时监测尿量，正常尿量为每小时1~2 mL/kg（体重）。在多尿型肾衰的病例中，可能发生大量的体液及电解质丢失。放置导尿管在保持动物清洁的同时还可监测尿量。

计算体液的摄入和排出量（参阅体液疗法）。动物脱水症状纠正之后的体液补充量应等于每日维持量。如果不能插导尿管，连续监测体重和 CVP 可以防止患病动物过度补水。

如果患病动物少尿［尿量＜每小时 1~2 mL/kg（体重）］，则有必要进行药物利尿。首先给予速尿［2~4 mg/kg（体重），IV 或每小时 0.66 mg/kg（体重），IV，CRI］。如果动物对初始剂量没有反应，可以再给药一次。如果有必要，可以给予低剂量多巴胺［每分钟 0.5~3 μg/kg（体重），IV，CRI］以增加入肾血管内径和肾灌注量。多巴胺和速尿同时给予能起到协同效应。如果两者都无效，可单次给予甘露醇［0.25~0.5 g/kg（体重），IV］，输入时间要在 15~20 min。地尔硫卓［0.1~0.5 mg/kg（体重），IV，缓慢注射，之后为每分钟 1~5 μg/kg（体重）］可能对高血压的少尿动物有效。

如果患病动物表现多尿，则过度水合的风险降低，可简化治疗。如果不能改变无尿状况，则监测中央静脉压、体重、呼吸频率和力度，听诊肺部爆破音，检查球结膜水肿情况和鼻腔水样分泌物。

用碳酸氢钠［0.25~1.0 mEq/kg（体重），IV］或胰岛素［0.25 IU/kg（体重）］加葡萄糖［1 g/IU（胰岛素），IV，配合 2.5% 葡萄糖，IV，CRI］，来降低高钾血症。治疗严重的代谢性酸中毒（pH < 7.2 或 $HCO_3^- < 12$ mEq/L）时，使用碳酸氢钠。如果以上治疗后无尿或少尿无法逆转，就开始腹膜透析。进行肾脏活检可以建立诊断和预后（参阅肾脏活检）。投喂胃肠道保护剂和止吐药可以控制恶心和呕吐。如果可能，避免使用肾毒性药物或进行普通麻醉。尽快通过食管经肠内或肠外补充营养。

一旦动物进入恢复期，可能出现多尿现象，可能导致脱水和电解质失衡（低钠血症、低钾血症）。脱水和电解质失衡可用肠外补液进行纠正。

肾后性氮质血症

肾后性氮质血症主要由尿路堵塞或尿路漏尿至腹腔（腹尿）引起。完全的尿路堵塞或腹尿若经 3~5 d 未治疗，即可导致动物死亡。犬尿路堵塞的最常见病因是泌尿道结石或肿瘤。猫泌尿道综合征是公猫尿路堵塞的最常见病因，但近年结石的发病率在不断升高。膀胱破裂是腹尿的最常见病因，通常是由钝性创伤引起。

泌尿道阻塞

泌尿道阻塞的临床症状包括排尿困难、血尿、尿淋漓、膀胱充盈且疼痛。在阻塞疾病的后期阶段，较可能的临床症状为尿毒症和氮质血症（呕吐、口腔溃疡、吐血、吐水、抑郁及厌食）。

泌尿道阻塞的最初治疗目标是疏通阻塞。对于公犬，将其重度镇静或全麻后，可以用涂有润滑剂的导尿管疏通。依据阻塞的慢性进程，必要时可以进行生化分析；在进行麻醉之前，应对所有动物进行心电图检查，因为高钾血症对心脏是有毒性的（参阅心房停顿）。纠正体液、电解质和酸碱异常。如果无法放置导尿管，最后的选择是膀

1

胱穿刺，但有膀胱破裂的风险。

　　治疗方法包括确定并治疗原发病因（肿瘤或是尿道结石）。对于大多数病例，最终要进行手术。如果发现有不可切除的肿瘤，在动物主人同意的基础上可以放置永久的膀胱造口导管。给予吡罗昔康［Feldene，0.3 mg/kg（体重），PO，每 24~48 h 一次］或化疗可能会缩小肿瘤体积，延迟临床症状的发展。

猫下泌尿道疾病

　　全面探讨该病不是本书所涉及的范围（可参考其他读物）。猫下泌尿道疾病可以导致泌尿道阻塞，尤其是在雄性猫上。临床症状包括痛性尿淋漓、漏尿、精神沉郁、食欲不振及呕吐。通常动物主人反映最多的是猫出现便秘，因为猫频繁如厕并排便费力。阻塞时长小于 36 h 的病例通常不复杂；而大于 36 h 则认为病情较复杂。

　　治疗泌尿道阻塞包括稳定和纠正动物的电解质，有时需要镇静或全身麻醉后疏通阻塞。采血可做电解质异常分析。治疗高钾血症（$K^+ > 6.0$ mEq/L）可用碳酸氢钠［0.25~1.0 mEq/kg（体重），IV］、常规胰岛素［0.25 IU/kg（体重），IV］搭配葡萄糖［1 g/IU（胰岛素），IV］，之后以 2.5% 葡萄糖静脉注射（CRI）防止低血糖；或使用葡萄糖酸钙［0.5~1 mL/kg（体重），缓慢注射，输注时间在 10~20 min］。应用不含钾的生理盐水进行静脉补液。可以通过心电图评估动物的心房停顿（参阅心房停顿）。

　　一些病例可在阴茎头部发现尿道栓塞。有时尿道栓塞可以人工去除，这样阻塞可以得到暂时缓解。但还是必须插导尿管冲洗尿道和膀胱的沉淀物。除非动物的症状有所缓解，否则应使用氯胺酮、阿托品或丙泊酚［4~7 mg/kg（体重），IV］等麻醉药物，并用安定静脉注射以使动物舒适和放松。

　　动物一旦进入麻醉或镇静状态，可放置导尿管。一些病例导尿管很难插入，此时应润滑导尿管远端并插入尿道。将装有灭菌生理盐水和灭菌润滑剂的 12 mL 注射器连接导尿管。当感觉到导尿管触及阻塞处时，可在缓慢来回抽送导尿管的同时注射液体。当导尿管到达膀胱时可以抽取尿样做检查。反复抽吸尿液并注入灭菌生理盐水，直至尿液变得澄清。去除导尿管之后再向尿道插入 3~5 F 的红色橡胶管或 Argyle 婴儿饲喂管，这样可以收集并监测尿量。将导尿管用黏性胶带固定在包皮之后并用缝线缝合至包皮上。为了清洁及防止细菌上行感染，导尿管应连接至一个封闭系统内。患病动物应时刻戴项圈，以防其破坏导尿管。

　　尿道阻塞疏通并插入导管之后，可持续静脉给予利尿剂以缓解肾后性氮质血症。检查尿中的细菌及其他沉渣。一些病例在阻塞疏通之后会发生严重多尿。应仔细监测动物体液的得失及体重，以维持足够的水分和灌注。导尿管在 24~48 h 后可以撤除。经常触压膀胱可确定膀胱的充盈状态及监测阻塞的复发。

　　对于严重的阴茎或尿道损伤或水肿病例，可给予短效类固醇［地塞米松磷酸钠，

0.25 mg/kg（体重），IV，IM，SQ]。在最初的诊断和发现分泌物时，应教育动物主人猫下泌尿道感染的长期家庭护理方法，并告知复发的风险和后果。

腹尿

腹尿可发生于肾脏、输尿管或膀胱的损伤或渗漏之后。腹尿的临床症状（氮质血症、尿毒症和高钾血症）也可继发于第三间隙尿液及尿道破裂后尿液渗漏至肌肉组织。大多数病例为钝性损伤继发膀胱的损伤及破裂。任何疑似有腹腔钝性损伤的病例应进行腹腔穿刺术，采集腹腔积液并检查肌酐或钾浓度，并与该动物血清中的浓度做比较。如果腹腔积液的 PCV 低且钾或肌酐水平比血清的高，则能确诊腹尿。

腹尿并不是一种手术急症。腹尿的护理包括放置临时腹腔引流导管，便于移除腹腔的尿液。放置引流管前使动物仰卧或侧卧，剃除腹部毛发。无菌清洁手术部位，用局部麻醉药物 [利多卡因，1~2 mg/kg（体重）] 通过脐孔右后方皮肤、皮下及腹直肌各层缓慢注射（即建立一个麻醉通道）。再次消毒皮肤后覆盖灭菌创巾，在皮肤上切一小口。钝性分离皮下组织后找到腹直肌，用镊子提起肌肉，做一小切口至腹腔。在14~16 F 红橡胶管或胸腔引流管的管壁上切割出多个小孔，小孔的直径多于导管周长的一半。沿背侧向尾部将导管插入腹腔。确保有孔部分的导管在腹腔内。在导管入口处用可吸收缝线采用荷包缝合方法将导管缝合在肌肉上，以起到固定作用。用可吸收缝线闭合皮下无效腔。再一次用荷包缝合法将皮肤缝合。将导管连接于一个封闭的尿液采集系统，并将导管包扎固定于动物腹部。在动物心肺功能稳定并可进行麻醉和泌尿道修复术之前，要保留导管。

扩展阅读

Forrester SD, McMillan NS, Ward DL: Retrospective evaluation of acute renal failure in dogs, J Vet Intern Med 16:354, 2002.

Gannon KM, Moses L: Uroabdomen in dogs and cats, Compend Contin Educ Pract Vet 248: 604–612, 2002.

Kruger JM, Osborne CA, Lulich JP: Feline lower urinary tract disease (FLUTD). In Mazzaferro EM, editor: Blackwell's five minute consult clinical companion small animal emergency and critical care, Ames, 2010, Wiley–Blackwell.

Langston CE: Acute renal failure. In Silverstein DC, Hopper K, editors: Small animal critical care medicine, St Louis, 2009, Elsevier.

Lees GE: Early diagnosis of renal disease and renal failure, Vet Clin North Am Small Anim Pract 34:867–885, 2004.

Mathews KA, Monteith G: Evaluation of adding diltiazem therapy to standard treatment of acute renal failure caused by Leptospirosis: 18 dogs (1998–2001), J Vet Emerg Crit Care 17:149–158, 2007.

Mazzaferro EM, Eubig PE, Hackett TB, et al: Acute renal failure in four dogs after raisin or grape ingestion (1999–2002), J Vet Emerg Crit Care 14(3):203–212, 2004.

Rieser TM: Urinary tract emergencies, Vet Clin North Am Small Anim Pract 35:359–373, 2005.

Seshadri R, Crump K: Acute renal failure. In Mazzaferro EM, editor: Blackwell's five minute consult clinical companion small animal emergency and critical care, Ames, 2010, Wiley–Blackwell.

Smarick S: urinary catheterization. In Silverstein DC, Hopper K, editors: Small animal critical care medicine, St Louis, 2009, Elsevier.

Stokes JE, Forrester SD: New and unusual cases of acute renal failure in dogs and cats, Vet Clin North Am Small Anim Pract 34:909–922, 2004.

Westropp JL, Buffington CAT: Feline idiopathic cystitis: current understanding of pathophysiology and management, Vet Clin North Am Small Anim Pract 34:1043–1055, 2004.

第 2 部分

病患评估与器官系统检查

Richaed B.Ford and Elisa M.Mazzaferro

病情评估

动物主人对动物健康的评估：BEETTS 检查

    绝大多数的动物主人，特别是第一次养动物的主人，对动物的健康问题都知之甚少。因此在动物（犬或猫）生病后，他们不能及时发现早期症状。动物主人多难以发现多数常见疾病的早期表现（如牙结石和牙龈糜烂），只有当动物的病情严重后，才会被发现，这往往会耽误治疗时机。但同时，少有兽医会花时间教育动物主人怎样去评估动物的健康。教育动物主人识别动物健康状况的早期变化，不仅能及早地发现动物的潜在健康问题，还能让兽医更早地进行干预治疗。

　　BEETTS检查法对动物主人而言是一个简单易行的常规检查，即通过评估动物活动或身体的变化，发现动物可能出现的常见问题或者一些严重的健康问题，从而避免因延迟诊断和治疗而造成的影响。

B 代表行为（behavior）

　　了解你的动物：动物主人观察到动物行为上的细微变化，可能是疾病的最早征兆。动物很多行为变化如食欲不振或废绝、体重减轻、饮水增多、频繁排尿和排便、不明原因的攻击性、运动减少、站立困难、持久舔舐皮肤（特别是某一固定位置），都可能是疾病的早期征兆，引起严重的疾病。这些变化多提示需要进一步的临床检查和实验室检查。

E 代表眼睛（eyes）

　　评估动物眼部和眼睑的不对称性（提示疼痛或损伤）、眼球的颜色异常（白内障、眼内出血）、眼睑周围黏液聚积等异常情况非常重要。当动物眼周毛发覆盖眼睛时，由于诊断不及时，可能加重患眼的病情。动物主人应经常对双侧眼球的清晰度和有无刺激物（眼睛呈红色）进行检查。

E 代表耳部（ears）

　　动物主人应该警惕一些可能预示耳部疾病的症状（如动物头部倾斜或抓挠耳根、碰触耳部有痛感，耳部有磨损、变色、渗出、恶臭等）。如果动物为垂耳品种，耳郭垂于外耳道开口之下，则动物主人需要将耳朵提起来进行查看。在未得到专业指导之前，动物主人自己不能随意将器具或药物插入动物耳道内。

T 代表牙齿（teeth）和牙龈（gingiva）

　　口臭与牙齿、牙龈问题密切相关，如果不定期检查牙齿，这些疾病就很容易被忽略。尽管不建议动物主人掰开犬猫的口腔进行检查，但绝大多数犬都允许其主人掰开嘴检查牙齿是否有损伤或变色。每年一次或两次定期检查动物牙齿和牙龈的外观（唇面）很有必要。一般不建议动物主人自己检查猫的牙齿，因为这存在被咬的风险。

T 代表脚趾（toes）和趾甲（toenails）

　　很多动物主人都不知道应该何时以及如何检查动物的趾甲。虽然猫的趾甲会周期性脱落，而不需要修剪，但对长期生活在室内的犬来说，就需要每月修剪一次指甲。因为犬可能会抗拒别人检查它的爪子，所以建议动物主人通过观察犬在非地毯表面的行走过程来检查。如果在犬行走的过程中听到它的趾甲与地面有细微的摩擦声，就说明需要剪趾甲了。有的动物主人对剪趾甲表现出了强烈的兴趣，但这里有必要提醒的是，在这个简单的过程中可能存在潜在的风险，如疼痛、出血、动物强烈反抗甚至咬人。想在家里为动物修剪趾甲的主人，应该知道选择什么样的工具和怎样安全地完成此过程。

S 代表皮肤（skin）和被毛（hair coat）

动物被毛类型、长度、密度的不同，使得只有极少数动物主人可以在家完成对动物毛发的检查。皮肤是身体最大的器官，往往在机体出现明显症状前的几周至数月的时间内，毛发即可表现出异常。这在长毛犬或长毛猫中表现尤其明显。在日常洗刷和洗澡过程中，动物主人可以定期系统地检查动物的皮肤和被毛。其中有一个技巧就是站在动物的背后开始检查。从头部开始，两只手分别从动物的两耳处往后，用手指从头到尾轻轻地查看动物胸壁和腹壁表面的皮肤和被毛。然后，依次检查动物的四肢皮肤和被毛，一次只检查一条腿，用手轻轻抓住动物的一条腿，从上往下进行查看。

临床初步评估：问题列表

正确的诊断基于临床兽医评估患病动物问题的能力。这似乎很简单，但实际上，除非问题十分明显，否则需要对患病动物做全面的诊断性评估，这是一个十分复杂的过程。在进行诊断时，优秀的兽医会进行以下各种检查：

1. 临床病史：对动物主人讲述的任何异常（无论主人理解得是否对），都是需要评估的问题。
2. 临床检查：在临床检查中发现的任何异常，都是需要评估的问题（参阅器官系统检查）。
3. 任何影像学检查（X 线片或 B 超）、实验室检查结果的异常，都是需要评估的问题。

将所有的异常情况进行列表，就得到了"问题列表"，可作为临床诊断的依据。将明显相关的问题分为一组，这些问题可以用于确诊或者提示需要做进一步检查。

临床病史

临床病史是患病动物问题列表中的一个重要组成部分，其最容易提示存在的问题。但兽医需要具有一定的技能和经验才能获得一份公正客观的临床病史。一些动物主人是很敏锐的观察者，能给予兽医大量的信息，但有的动物主人比较粗心，可能忽略一些异常情况或是故意隐瞒一些信息。临床病史以就诊的主要症状为主，但不应局限于此。主要症状是患病动物就诊的原因，但要注意应该记录动物的症状（如呕吐），而不是诊断结果（如肠炎）。记录动物发生症状的持续时间或频率。判断动物出现症状的持续时间或频率是否增加、减少或保持不变。判断动物自生病以来总体情况的变化（症状是否有改善、恶化或是不变）是非常重要的。

　　问一些中性的问题，将避免对动物主人的回答产生偏见。例如，"您的犬的饮水量如何？"而只需要回答"是"或"不是"的问题则容易引起偏见，如"您的犬目前打疫苗了吗？"如果答案是"打了"，那接下来应进一步提问如"还用过其他药吗？"及"您的意思是？"或"给我讲讲具体过程"等，这样可以引导动物主人更加详细地描述这个问题。鉴于预防药物在动物上的广泛使用（如预防心丝虫、跳蚤、蜱虫药物的使用），在临床病史中记录动物详细的用药史非常关键。如果每次都能按照这样的顺序来询问病史和进行临床检查，那这个过程就会逐渐加快，而一些重要信息也不会被遗漏了。

　　临床病史与临床检查没有本质上的不同。有些动物主人在兽医指出问题前完全没有注意到动物身体的异常，这种情况也是常见的。在检查动物时，动物的任何异常表现都要与动物所处的环境、饮食、与其他动物的接触等因素联系起来进行综合考虑。例如，当发现动物两后足脚垫有严重磨损时，就应该进行问诊，寻找可能的病因。

临床检查

　　临床检查是兽医通过全面的器官系统检查来评估患病动物健康状况的一种手段。它是发现问题和客观评估患病动物状况中很关键的一步。临床检查对于兽医自身的能力要求较高，需要区分正常与异常的情况。

　　检查的范围根据病患的不同而有所不同。针对健康动物的临床检查主要用于健康动物日常保健的状况评估（如主诉一切正常）。临床检查的最基本要素包括以下内容：

生命体征

　　在检查患病动物时，体温、脉搏、呼吸和体重是评估其健康状况最基本的参数。通常还要记录毛细血管再充盈时间（CRT）（正常 < 2s），但这是一个相对简陋的测量外周血管灌注情况的方法。而测量血压（参阅第 4 部分）则要更加敏感，但这需要测量者具有一定的经验，通过多次测量最终获得一个可靠的数值。虽然体重不算严格意义上的生命体征，但是在动物每次就诊时，都需要记录其体重。

行为和精神状态

　　室内观察动物的行为、活动和警觉性对评估有神经症状的动物很有帮助。即使就诊的犬猫十分紧张，仍然可以进行此项评估，正常情况下动物应对周边环境有意识。对于攻击性较强的犬猫，在检查时要特别小心。

注意：未获得全面的临床病史是漏诊的第一步！

体形和体况评分

对犬猫的体形和体况评分时，存在很多不同的方法。其中比较常用是 5 分制体况评分法。详细的病例记录有利于兽医判断动物的体形及体重的变化。以下是 5 分制体况评分法的细则：

1 分——消瘦
- 肋骨、脊椎骨、骨盆骨清晰可见，远距离观察也是如此
- 没有身体脂肪
- 肌肉明显减少（图 2-1）

2 分——体重不足
- 肋骨可见，触诊明显
- 盆骨很明显
- 明显的腰部和腹部褶皱

3 分——理想体况
- 可以摸到肋骨
- 从上方看腰部明显
- 腹部褶皱明显

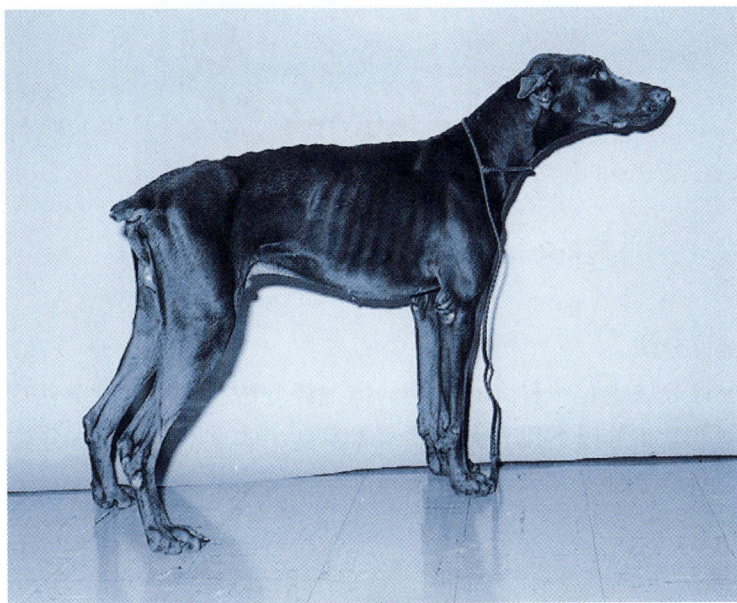

图 2-1　一只体况评分为 1 分的犬（5 分制）

4 分——体重超重

- 肋骨被脂肪覆盖而不容易摸到
- 背部和尾根部可见明显的脂肪堆积
- 腰部和腹部褶皱几乎不可见

5 分——肥胖

- 肋骨被厚厚的脂肪覆盖而摸不到
- 腹部和尾根部有大量的脂肪堆积
- 没有腰部和腹褶皱（图 2-2）

图 2-2　一只体况评分为 5 分的猫（5 分制）

9 分制体况评分法

9 分制体况评分法也是一种犬猫常用的体况评分法。在这种评分法中，4~5 分代表理想的体重和体形。4 分以下代表犬猫表营养不良、体重不足；6~7 分或者更高分代表犬猫过度饲喂、体重超重。

实验室数据

还需要通过实验室检查来完成对患病动物的临床评估，以鉴定动物生化分析和血液检查的异常情况。实验室检查是评估的重要组成部分，需要单独在患病动物的问题列表中列出。在兽医临床中，实验室检查符合兽医学的护理标准。虽然在实践中，具体的检测方法和分析测定会有所不同，但所有患病犬猫所做的实验室检查大多或全部包含在表 2-1 中。

在参阅基本实验室检查结果的基础上，兽医可以选择进一步的检查以确诊（参阅第 5 部分）。兽医根据初始的实验室检查结果和临床检查中发现的异常情况，来选择相应的额外实验室检查项目。

表 2-1　犬猫基本实验室检测指标		
项目	犬	猫
血液学检查	全血细胞计数（CBC）包括以下指标： 红细胞（RBC）总数 红细胞比容 血红蛋白 白细胞（WBC）总数 细胞分类计数 总固体量 血小板计数 在红细胞比容较低时（如 < 30%）进行网织红细胞计数 注意：一些实验室的指标还包括红细胞的 MCV、MCH、MCHC	全血细胞计数（CBC）包括以下指标： 红细胞（RBC）总数 红细胞比容 血红蛋白 白细胞（WBC）总数 细胞分类计数 总固体量 血小板计数 在红细胞比容较低时（如 < 30%）进行网织红细胞计数 注意：一些实验室的指标还包括红细胞的 MCV、MCH、MCHC
生化分析	不同实验室检测的生化指标项目有所不同（参阅第 5 部分关于可能包括的各种项目的概述）	不同实验室检测的生化指标项目有所不同（参阅第 5 部分关于可能包括的各种项目的概述）
尿液分析	包括以下指标： 尿密度、颜色 外观 生化分析包括尿蛋白、尿葡萄糖、尿酮、尿血（血红蛋白）、尿胆原 显微镜观察：细胞类型与数量，是否存在结晶、管型、细菌、脂滴	包括以下指标： 尿密度、颜色 外观 生化分析包括尿蛋白、尿葡萄糖、尿酮、尿血（血红蛋白）、尿胆原 显微镜观察：细胞类型与数量，是否存在结晶、管型、细菌、脂滴
寄生虫检测	粪便漂浮法检测肠道寄生虫 犬心丝虫抗原检测	粪便漂浮法检测肠道寄生虫
其他		猫白血病病毒（抗原）检测 猫免疫缺陷病毒（抗体）检测

注：MCH，平均红细胞血红蛋白含量；MCHC，平均红细胞血红蛋白浓度；MCV，平均红细胞体积。

影像学及其他特殊诊断方法

还应该将常规的 X 线片检查、超声检查或心电图检查以及其他特殊检查中发现的异常结果列入患病动物的问题列表中。常规、特殊及侵入性的诊断方法将在第 4 部分详细讲述。

病历记录

医疗卫生服务和医疗过程管理的记录可以追溯到古埃及，当时的医生就开始在草纸上记录手术和处方的细节。从那时起，人们就认识到了记录医疗活动中的细节（无论是通过文字记录还是口头传授的成功经验）对疾病的治疗具有重要的意义。

以问题为导向的健康档案记录方式（POMR）在1969年被引入人类医学中。这种记录临床信息的方式包含一个问题列表、一个资料库（包括病史的问诊结果、临床检查和实验室检查结果等）；然后分别为每个问题列出治疗计划（诊断、治疗、患者教育）；再在病历中记录日常的SOAP相关资料（主观资料、客观资料、评估、计划）。医生可把问题列表当作索引使用，这样可以保证每个问题都能有所追踪直至解决。这种记录方式将临床决策过程分为了四个阶段：数据收集阶段，制定问题列表阶段（不一定确诊），制订管理计划阶段，回顾问题并在必要时修订计划阶段，这个过程对病历记录产生了广泛的影响。

在兽医学中，学校教授的病历记录方法通常是POMR的改良版。可惜的是，虽然有各种指导书，但在临床上很少有人能在病历记录过程中始终坚持这些标准。这个事实在兽医病历记录受到法律审查时尤为明显。病历记录最主要的目的在于记录为病患所做的护理和治疗，这样可以辅助同一位兽医或其他兽医将来对患病动物的诊断和治疗。病历记录的次要目的则是作为一份法律记录，在有需要的时候用来评估兽医的治疗正确与否。因此，病历记录的次要目的是体现兽医的治疗水平。病历记录作为一个合法的、公正的记录文件必须得到尊重，而绝对不能偏离它的主要及次要目的。

因此，病历记录可以使很多患病动物受益，拥有潜在的广泛受众。它是个体护理、急诊治疗和防疫、支持治疗和临床护理、临床决策中的一个关键元素。在兽医出现失误时，病历记录可以表明兽医应承担的责任，同时还是卫生保健统计学资料的来源。

病历记录内容

兽医病历记录内容的法律标准尚未建立。但临床兽医和助理医师需要知道在动物的病历记录中应该包括以下信息。

住院病历

1. 动物的基本信息，包括动物的名字、年龄、品种、性别、现任主人的地址、病历号。
2. 就诊时间与出院时间。

3. 现有诊断和时间。

4. 用药史，包括以下几点：

- 主诉（就诊原因）
- 目前患病动物的状况和当前用药的细节
- 相关的生活史和家族史
- 过去相关检查的总结

5. 了解病史和临床检查后对动物的初步印象。

6. 对患病动物看护和定期复诊的计划安排。

7. 动物所做的诊断检查和治疗方案。

8. 动物主人签署知情同意书，视情况而定。

9. 临床监测和进展情况，包括治疗的效果和动物对治疗的反应。

10. 动物所用的每种药物的相关信息，包括药物使用剂量和不良反应。

11. 所有手术或介入性检查报告。

12. 所有诊断和治疗报告以及检测报告。

13. 最终诊断。

14. 患病动物出院时建议记录一份出院总结，包括出院小结、出院时动物的状态、护理处置及后期护理。

15. 如果动物死亡，记录死亡原因和尸检结果。

门诊病历

1. 动物的基本信息，包括动物姓名、年龄、品种、性别、现任主人的地址、病历号。

2. 就诊时间和离开时间。

3. 相关疾病史或受伤史和临床检查结果。

4. 诊断和治疗方案。

5. 临床监测，包括治疗效果。

6. 动物主人签署知情同意书，视情况而定。

注意： 在人医中，必须在病人第三次就诊之前就完成对病人的诊断和体况评估、已知的手术和介入性操作、已知的不良反应和药物过敏反应、病人过去的用药史等相关方面的记录。

---

7. 各种检查结果报告。

8. 初步诊断。

9. 动物处置和向动物主人进行后期护理的相关说明。

10. 免疫记录。

2

急诊动物病历

1. 动物的基本信息，包括动物姓名、年龄、品种、性别、现任主人的地址、病历号。
2. 就诊时间和离开时间。
3. 到达医院前，动物主人或其他兽医所做的紧急处理。
4. 病史或受伤史。
5. 临床检查结果。
6. 如果情况许可，应包括检测结果。
7. 诊断。
8. 治疗方案。
9. 停止治疗的总结，包括以下几点：
   - 最终处理情况
   - 出院时的状态
   - 后期护理的注意事项
10. 当动物主人拒绝某些医疗服务时，需要及时备注
11. 转院时为其他动物医院提供病历信息（如在工作时间以外的紧急转移），具体内容包括：
    - 转院的原因
    - 患病动物的稳定性
    - 接收单位和组织出具的接收函
    - 在转院过程中的责任制
    - 与患病动物相关的其他信息

器官系统检查

本部分将主要介绍对具体病患进行检查的适应证、选择方法和技术。这里对器官系统检查的概述只作为评估患病动物的一个指导性原则。在实际检查过程中，对临床兽医的挑战并不是如何操作各种检查，而是要决定以哪个器官系统作为主体进行全面检查。

消化系统检查
牙科检查

在检查消化系统的特定部位前，一定要仔细观察动物的整体状况，特别要注意一些异常的表现，如消瘦、腹部增大或不对称、动物静止时的姿势和移动时的身体姿态

（如腹部蜷缩、僵硬）。大多数动物的口腔常规检查不需要麻醉或者镇静，只需要轻轻地将舌头往回压，检查牙齿和牙龈。若检查幼犬或幼猫的口腔时，使用棉签翻开嘴唇并打开口腔，这样更容易操作。

犬的正常齿式

乳齿齿式：2（Di3/3 Dc1/1 Dm3/3）=28（总数）

恒齿齿式：2（I3/3 C1/1 P4/4 M2/3）=42（总数）

式中，Di 代表上颌的乳切齿；Dc 代表上颌的乳尖齿；Dm 代表上颌的乳臼齿；I 代表切齿；C 代表犬齿；P 代表前臼齿；M 代表臼齿。

犬的出牙时间如表 2-2 所示。

犬的乳齿需要 7~8 周才能全部长出来。在犬 4 个月大的时候，恒齿开始取代乳齿。在犬 7 个月大时，恒齿全部长出。但在一些品种犬中，犬要到 1 岁恒齿才会全部长出。

猫的正常齿式：

乳齿齿式：2（Di3/3 Dc1/1 Dm3/2）=26（总数）

恒齿齿式：2（I3/3 C1/1 P3/2 M1/1）=30（总数）

猫的出牙时间如表 2-3 所示。

表 2-2　犬乳齿和恒齿的出牙时间

牙齿	出牙时间	
	乳齿（周龄）	恒齿（月龄）
第一切齿	4~5	4~5
第二切齿	4~5	4~5
第三切齿	5~6	4~5
犬齿	3~4	5~6
第一前臼齿	—	4~5
第二前臼齿	—	5~6
第三前臼齿	—	5~6
第四前臼齿	—	5~6
第一臼齿	4~6	4~5
第二臼齿	4~6	5~6
第三臼齿	6~8	6~7

牙齿	出牙时间	
	乳齿（周龄）	恒齿（月龄）
第一切齿	2~3	3.5~4
第二切齿	2~4	3.5~4
第三切齿	3~4	4~4.5
犬齿	—	5
第一前臼齿	—	—
第二前臼齿	—	4.5~5*
第三前臼齿	—	5~6
第四前臼齿	—	5~6
第一臼齿	—	4~5
第二臼齿	4~5*	—
第三臼齿	4~6	—

表 2-3　猫乳齿和恒齿的出牙时间

注：* 仅适用于上齿弓。

检查

检查动物个体的牙齿是否有龋齿、牙釉质缺损、牙根暴露、牙结石、牙菌斑、牙周炎以及牙齿是否有松动、弯曲或表面锐利（牙齿断裂时）。检查上颌骨和下颌骨之间的位置关系，是否存在凸颌（下颌突出）或者短颌（上颌突出）。如果存在全身性疾病，也可以导致口腔问题的发生，如感染性疾病、肾衰竭、阿狄森综合征、糖尿病、甲状旁腺功能低下。

牙科术语（图 2-3）

牙冠：牙龈线上被牙釉质包裹的部分。

牙颈：牙龈线上牙釉质与包裹牙本质的牙骨质交界处。

牙根：牙龈线下被牙骨质包裹的部分。

牙根分叉部：多根牙在晚期牙病中可见的牙根分叉处。

牙根尖：牙根的尖端部分。

牙根三角区：牙根尖处有许多小的开口供牙齿的神经和血管进出牙齿的区域。

牙釉质：包裹牙冠的物质，非常光泽、坚硬。它是身体中最坚硬的物质，有机物质的比例不到 5%。

牙本质：牙釉质包裹之下的致密类似骨组织的结构，是牙齿的主要组成部分。它对冷热极其敏感，有机物质的比例达到 26%~28%。它由健康牙齿的牙髓腔中的成牙本

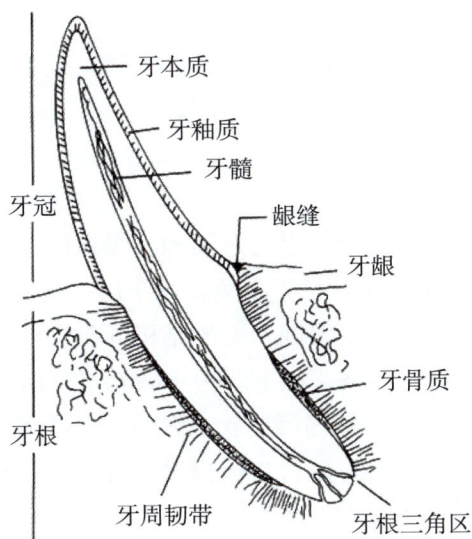

图 2-3　犬齿

质细胞形成。

牙骨质：包裹牙根的骨组织层，与齿槽骨由牙周韧带相连。

牙髓：牙齿的软组织部分，包括神经（只有感觉神经）和血管（从牙根三角区经牙根管进入牙髓腔中）。

牙周韧带：连接牙齿和齿槽骨、牙齿和牙齿、牙龈和齿槽的纤维结缔组织。

牙龈：口腔黏膜。

牙齿表面

颊面（前庭）：牙齿（臼齿）与脸颊相对的一面。

唇面（前庭）：牙齿（切齿、犬齿、前臼齿）与嘴唇相对的一面。

舌面：下颌牙齿与舌头相对的一面。

上腭面：上颌牙齿与舌头相对的一面。

上下齿咬合面：上颌牙与相对的下颌牙的接触面。食肉动物如猫没有真正的咬合面。

牙齿相邻面：相邻牙齿的接触面。

近侧面：牙齿与中心线距离最近的一面（如切齿）。

远侧面：牙齿与中心线距离最远的一面（如臼齿）。

上颌牙：所有位于上颌（上颌齿弓）的牙齿。

下颌牙：所有位于下颌（下颌齿弓）的牙齿。

牙科记录

与所有的兽医学科一样，牙科学也有自己的图表。其诊断和治疗的过程需要仔细记录下来。图 2-4 和图 2-5 为牙科记录方式的实例。

咬合面与齿列

犬大多数的遗传性咬合不正都是因为短颌和凸颌造成的。短颌，即上颌骨长于下颌骨（上腭突出）。凸颌，即下颌骨长于上颌骨（下腭突出）。这种情况常见于短头犬，如拳师犬、斗牛犬、京巴犬，属于解剖学上的结构异常。任何不同于正常"剪刀"咬合的咬合，都能引起动物牙科疾病，如下颌短小的动物可出现牙齿扭转（牙周病的早期症状），而下颌长或下颌短的动物均可见软组织和牙齿损伤（异常磨损）。

上颌或下颌偶尔会长出多余的牙齿，它们若引起牙科问题则需要拔掉。少牙（即牙齿数目少于正常）在大型犬和小型犬中均有发生。这时候可以通过拍摄 X 线片来确定缺少的牙齿。若犬在成釉细胞生成阶段（2~5 月龄）时感染犬瘟，则可能继发牙釉质发育不良，有时候又被称为"犬瘟牙"（图 2-6）。四环素或四环素衍生物应禁止用于妊娠的动物和小于 5 月龄的动物。连续使用 10 d 以上的四环素药物会使乳牙或恒牙呈黄色。

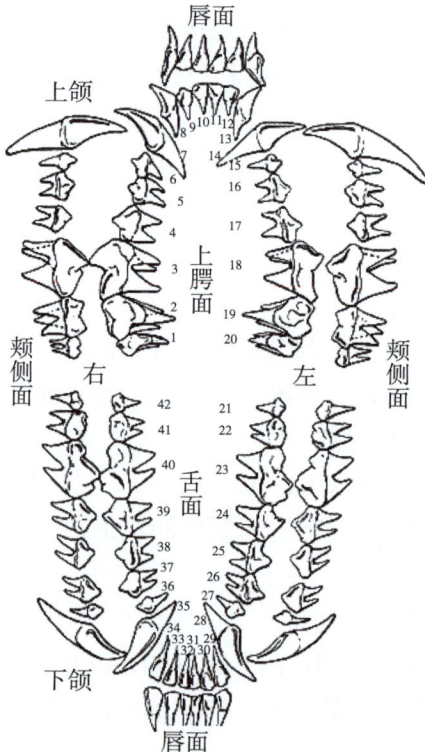

图 2-4　犬牙科图（北卡罗来纳州，罗利市，北卡罗来纳州立大学，兽医教学医院）

注：图中的数字代表动物头骨中牙齿的具体位置和编号。这些数字从上腭的第一颗牙齿开始，依次编号至下腭的最后一颗牙齿，如"1"代表上腭的第一颗牙齿，而"38"则代表下腭的第三十八颗牙齿。下同

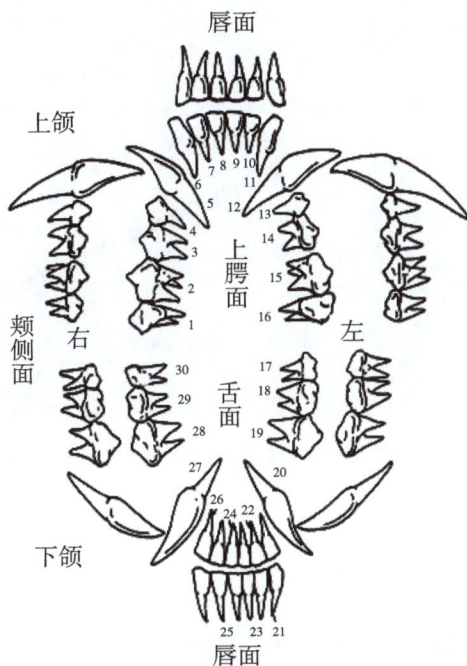

图 2-5　猫牙科图（北卡罗来纳州，罗利市，北卡罗来纳州立大学，兽医教学医院）

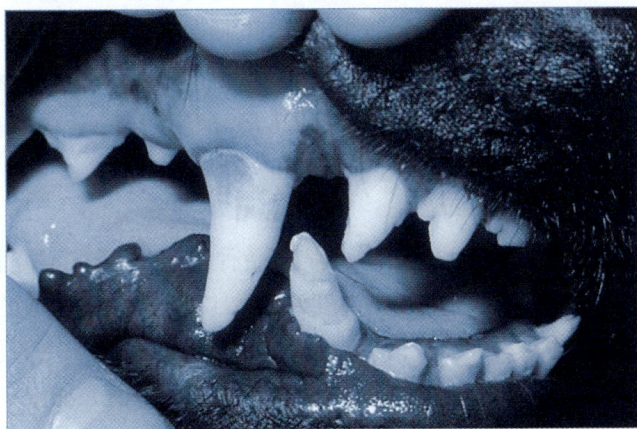

图 2-6　一只患犬瘟的幼犬治愈后继发牙釉质发育不良

牙或牙周脓肿

脓肿牙齿往往出现在牙周病后期。将牙周探针插入龈沟来定位组织与骨骼溶解导致的牙周袋（图 2-7）。松动的牙齿有时候可以用一些特殊的技术来补救，如牙根平整术和龈下刮治术。如果只涉及多根牙中的一个牙根，这时可用一个高速或低速的牙钻来将牙齿切开，移除受影响的牙根，并对剩余的牙体进行牙髓切断术。这个方法对下颌第一臼齿的某一个牙根有问题，而其他牙根均健康的小型老年犬而言，特别有效。

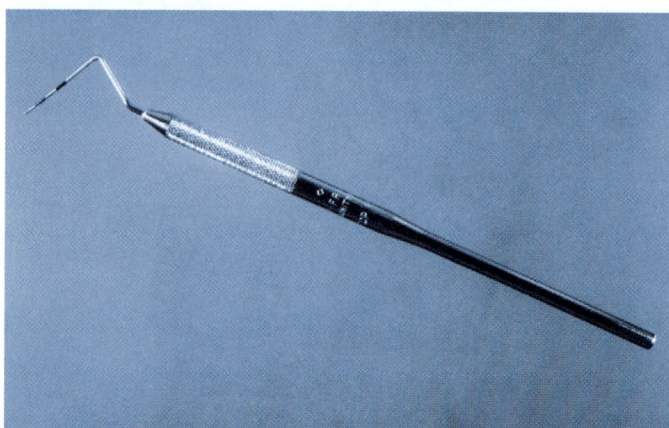

图 2-7　可以用牙周探针来测量龈沟的深度，注意牙周探针的针尖每 3 mm 均有标记。龈沟正常的深度为 1~3 mm

齿折

　　伴随牙髓腔暴露的齿折往往会形成根尖周脓肿。眶下脓肿往往预示着上颌第四前臼齿有问题。这个问题只有通过根管治疗或拔牙才能彻底治愈。折断的下颌第一臼齿可能漏入口腔或进入下颌的腹侧。折断的上颌犬齿可能漏入鼻腔或是进入上颌第一、第二前臼齿处的瘘管。齿折处也有可能出现不明显的口鼻瘘（即牙齿未见明显异常），这常继发于老年小型犬的牙周病。折断的下犬齿可能从内部开始溶解，也可能从外部开始溶解。根管治疗术和牙冠修复术已经使许多患牙科疾病的动物恢复健康。

口腔检查

　　动物正常的口腔黏膜颜色为粉红色，根据品种的不同而有不同程度的色素沉着。正常动物的口腔应该是湿润而不会出现过度流涎和口臭。检查牙龈的颜色；观察其是否有轻微或是严重的出血点；观察牙龈有无增厚或萎缩，牙齿基部是否有分泌物；观察牙龈是否有炎症、肿胀或是增生。检查硬腭是否存在异物。如果犬猫有打喷嚏和鼻腔异常分泌物的病史，就必须检查它们是否有口鼻瘘（通过牙科探针探入上犬齿的内侧来检查）或腭裂。口腔黏膜的炎症即口炎，常发于多种原发的传染性疾病，也可继发于系统性（代谢性）疾病（如慢性肾衰竭）。异物、代谢紊乱（如尿毒症、糖尿病）、重金属中毒（如铊中毒）、病毒感染（特别是猫的呼吸系统病毒）、假丝酵母菌（念珠菌属）感染以及化学刺激、热烫伤、电烧伤均能引起口炎。

　　医生检查口腔的方法各不相同。然而，适用于犬的检查方法常常不能用于猫。无论是检查口腔黏膜还是舌头，或是相关组织，都需要使用一次性手套。比较配合的犬可以由医生掰开它们的嘴，以检查舌头表面、硬腭、牙齿（部分）和扁桃体。用一只手的拇指顶住动物的硬腭，然后其他的手指轻轻放在动物鼻子与硬腭相对的部位，这个方法只用单手就可以完成检查。大多数的犬都会张开嘴巴，在短时间内配合检查。为了更好地检查硬腭结构，可以用另一只手轻轻压住犬的舌头，调整其头部的姿势（图 2-8）。

　　使用棉签来检查猫的牙龈和牙齿的颊面，可以保证兽医的安全（图 2-9）。这个方法不仅专业，而且更安全，且猫咪的抗拒较小，特别是有动物主人在场的情况下。用棉签轻轻地碰触动物的硬腭适用于猫和小型犬的口腔检查。然后可以将棉签的杆放在下犬齿的后面，可以辅助动物张口，从而完成口腔检查。

> **注意**：动物没有麻醉前，是不可能彻底检查口腔后侧的所有结构的。

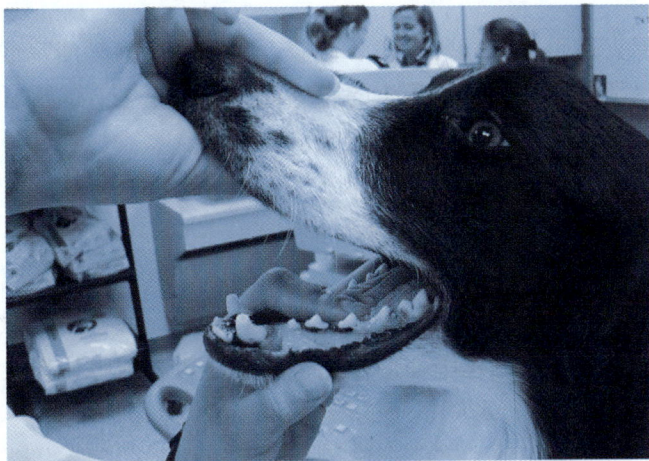

图 2-8　对于配合检查的犬的口腔检查，可用一只手的拇指使犬张口，用另一只手完成牙齿和口腔的检查

图 2-9　用棉签检查猫的牙齿

牙周病

牙周病是犬猫最常见的口腔疾病。85%~95% 的犬和 6 岁以上的猫患有牙周病，而它们的牙周病往往可以预防。牙周病是一个发展的过程，其分为两个阶段：牙龈炎（可逆）和牙周炎（不可逆，但通常可以控制）。牙周病是由牙齿上的牙菌斑积聚而引起。牙菌斑是一种柔软的混有唾液和食物残渣的细菌性膜结构，这种膜结构容易黏附在牙齿表面。细菌及其产物能引起牙齿周围的软组织发炎。牙菌斑矿化成为牙结石，附着在龈沟，造成牙齿进一步的炎症，从而使牙周韧带溶解、骨溶解，最后牙齿溶解脱落。只有打断这个破坏的过程，才有可能降低牙周病对患病动物健康的损害。

舌头

检查动物的舌头是否存在异常着色、假膜、异物、炎症、溃疡或增生。注意舌乳头是否正常，两侧是否对称。观察舌头的腹侧面，检查是否有溃疡、异物（如有时候猫的舌头基部可能缠绕上绳子）、增生和舌系带的肿胀。

上腭、咽和颊黏膜

通过刺激咽区可以测试动物的吞食能力。吞咽困难（参阅第 3 部分）常常与口咽的局部疾病或中枢神经系统疾病有关。只有将动物麻醉，才能对其软腭、口咽、颊黏膜进行彻底的检查。在检查过程中辅助使用笔灯、压舌板或喉镜以及阉割钩是很重要的。在有需要时，还可以进行鼻咽拭子的培养和活组织检查。

咽后肿瘤或脓肿可能使咽和喉头向腹侧移位。这时候，伸入指头探查可以发现咽后组织有一个明显的团块，它在正常情况下看不见。一个或多个舌骨的骨折可以引起吞咽困难。犬若出现持续的鼾声（喷鼻声），则可能是由鼻咽部的软腭上卡有异物（偶尔可能是肿瘤）引起。黑色素瘤、鳞状细胞癌和纤维肉瘤是犬最常发的口腔、咽部肿瘤。对于猫，鳞状细胞癌和纤维肉瘤是最常发的口腔肿瘤。

扁桃体

观察口腔黏膜的颜色变化，检查黏膜是否有出血、炎症、磨损、溃疡、异常分泌物、假膜及异常增生。扁桃体的检查包括检测其对称性、大小、颜色和硬度，同时需要检查其周围的组织。扁桃体增大的确切原因取决于活组织检查的结果。检查腭垂，并注意它的长度变化。动物咳嗽或呕吐后，常有异物进入后鼻孔（鼻后孔）的开口。然而，如果不使用内镜（咽镜）来检查鼻咽部，则难以检查到所有的结构。咽镜可以让我们看到后鼻孔的结构，并完成活组织取样。检查硬腭和软腭上是否有肿瘤或异物。从高处摔下的猫，硬腭往往会发生骨折。

> **注意：**口臭是宠物犬主人在主诉中最常提到的症状之一。口臭可能是由牙齿表面聚积的细菌（牙菌斑）引起；也可能是由嘴唇、舌头或黏膜（颊黏膜）上的溃疡（包括肿瘤）引起；还可能是由扁桃体炎引起。尿毒症的患犬会产生一种类似于氨气的气味（但不是每只犬都能发现）；糖尿病酮症的犬会有丙酮的气味；而化脓性肺病会使犬的呼吸具有腐败的气味。很多动物主人都认为口臭就是犬呼吸的特点，而不重视犬呼吸中出现的异味，这往往会延误犬口腔疾病的治疗。

颈部食管的检查

食管的检查往往局限于外部的评估和颈部腹侧的触诊。通过灌喂少量的饮水可以简单地评估动物的吞咽行为。当动物表现出吞咽困难（参阅第 3 部分），如吞咽疼痛、动物频繁出现自主吞咽动作，就需要进行更全面的检查。仔细触诊颈部检查食管是否有阻塞是检查中很重要的一部分。然而，食管内部的损伤只能通过 X 线片检查或胃镜检查来评估。食管疾病的常见症状包括返流、自发频繁地吞咽、吞咽时出现疼痛、体重减轻。食管损伤伴发返流的犬，常患有吸入性肺炎和咽炎。

腹部触诊

腹部的初步检查包括观察动物在检查台上或行走时的腹部形态，是否存在异常增大、变小或紧张。观察腹壁是否随动物的呼吸而正常运动。腹壁异常的收缩可能是腹膜炎引起动物疼痛的表现。腹部疼痛的动物，其典型症状是站立时后肢向前蜷缩在身体下面，背部向上拱起。而且动物运步时，步幅也比正常时小。如果腹痛剧烈，有的动物还会表现出"祈祷姿势"（前肢向下伸展，后肢站立）。观察腹壁是否有异常膨胀以及软组织水肿。

视诊后进行腹部的触诊。最有效的方法是在动物右侧卧的情况下进行腹部触诊（图 2-10）。这个体位便于脾脏的检查，脾脏位于腹部左上浅表的位置。兽医把左手手心向上垫在动物腹部下，然后用右手开始触诊检查。当腹部的肌肉放松时，用左手的指尖轻轻地压迫右侧腹壁来进行检查。

> **注意：**动物站立时进行腹部触诊，其腹部肌肉不能完全放松，这会给腹腔内的器官评估带来困难。

将右手放在与下面左手相对的位置，用指尖而不是手掌来检查腹腔器官的位置、大小和连续性（框 2-1）。从侧腹部的左下方（如剑状软骨处）开始，以顺时针的检查方式来评估腹侧大部分的肝叶硬度。接着检查向背侧行进，沿着肋弓继续向下检查肝脏，如果可能，可以摸到脾脏。犬猫在禁食状态下，触诊是不能摸到胃的。但若胃壁存在大的肿瘤或是发生胃扭转，则胃可能发生移位而比较容易触诊到。

兽医可以试着在最后肋弓与腰椎的交界处触诊检查左肾的肾后极。大部分犬和几乎所有的猫都能摸到完整的左肾。在腰椎之下，平行于腰椎进行腹部的触诊（用两只

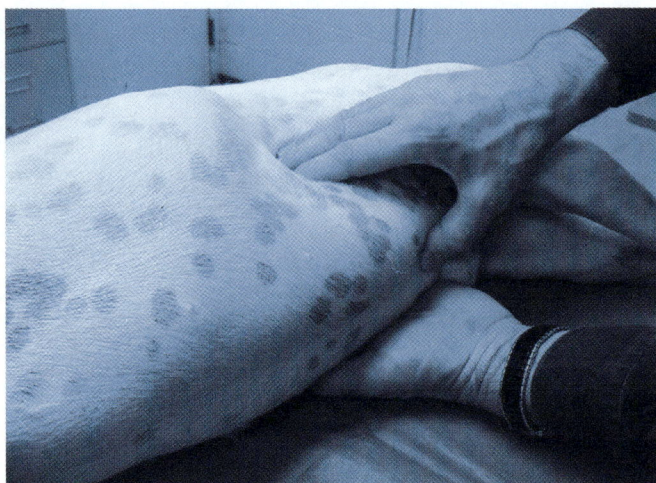

图 2-10　腹部触诊的推荐体位和方法

手同时检查）可以对结肠进行检查。即使是空的结肠，大部分的患病动物也可以触诊到。

　　然后，兽医用同样的手法继续往尾侧进行腹部触诊。兽医可以用手从上下两侧挤压动物的膀胱，评估膀胱的大小、位置和充盈度。在这个位置上，正常情况下很难摸到公犬的前列腺。然而，当公犬前列腺增大时，兽医就可以在腹部触诊时摸到前列腺的腹侧部。在完成近尾侧腹部的检查后，兽医需要把注意力转向腹部的中心。客观上来讲，若小肠上长有肿物，在触诊过程中是可以摸到它的位置和硬度的；偶尔也能摸到脾脏。

　　大多数的犬和少数的猫都能配合检查。对于不配合的猫，腹部触诊就只能在它站立在检查台上时进行。肥胖可能是干扰腹部触诊的最重要因素。当动物处于妊娠状态时，根据不同的阶段，也有可能干扰腹部触诊，使兽医不能很好地识别分散的解剖结构。

框 2-1　腹部触诊能摸到的器官	
正常能摸到的器官	**一般摸不到的器官**
腹侧的肝叶	头侧的肝叶
左肾的肾后极	胆囊
左肾	胃
右肾（猫，犬的偶尔能摸到）	右肾（犬）
结肠	盲肠
膀胱	腹腔内淋巴结
小肠肿物	前列腺
子宫角（犬的偶尔能摸到）	肾上腺
脾脏	后腔静脉和腹主动脉

> **注意：**腹部触诊是一项临床技术，它随着医生的经验而提高。正是这种经验让医生能够区分腹部内部解剖结构的正常和异常。

腹部叩诊

在触诊后进行腹部叩诊。腹部叩诊时，除了叩击在肝脏、脾脏或充盈的膀胱等实质器官上外，正常情况下会产生鼓音。若动物胃部和腹腔内积聚了气体，则会使叩诊中鼓音的范围增大。

若腹腔内存在游离的液体（腹水），它会随着动物的移动而波动。当怀疑有腹水时，可以将一只手放在腰部的腹壁上，并用另一只手来"轻弹"或轻拍另一侧的腹壁。如果存在腹水，则一侧的手掌能明显感受到来自另一侧的冲击波动。

腹部听诊

在一个安静的房间内进行听诊。当消化成液体的食物在肠蠕动的过程中和空气混合时，我们能听到正常的肠音，其比较频繁且间隔规律。若肠音缺乏时，则需要进一步的检查（如腹部 X 线片）来进行评估。肠音的增强和减弱都是比较主观的评价，有可能只是肠音的一个正常变化。肠鸣音是空气通过肠道产生的隆隆声，它的声音比较大，以至于有时候动物主人在不借助听诊器的情况下都能直接听到。

冲击触诊检查法

冲击触诊检查法是用冲击的方式触诊检查充满液体的腹腔中的器官的方法（如触诊腹腔中的子宫或肿瘤）。如果动物存在明显的腹水，则可能需要使用冲击触诊检查法来识别腹腔内的异常结构。然而，最终的确诊还需要进一步的检查（腹部超声检查或是开腹探查）。

直肠、肛门和肛门腺的检查

直肠是结肠后与肛门相连的一段 5~6 cm 的肠管。其直径随着动物的品种和体型而变化。会阴神经（由第 1 骶椎、第 2 骶椎、第 3 骶椎组成）支配了肛门直肠区，也提供了运动神经来支配肛门外括约肌和肛门及肛周的皮肤。而直肠和肛门内括约肌则是由盆丛神经支配。肛门直肠部分的疾病最主要的临床症状是里急后重和排便困难。仔细检查肛周和会阴部是否有炎症、肿胀、溃疡、黏附粪便，观察肛周的被毛是否出现打结。

对于大多数的成年犬，其肠道的检查都是通过直肠检查来完成。通过直肠指检（建议戴一次性手套）可以知道直肠中粪便的颜色和黏稠度，还可以探知任何的直肠狭窄（狭窄或肿物）、骨盆骨折的可能性、骨盆腔的不对称、肛门腺嵌塞或肿瘤以及直肠内息肉或肿瘤的存在。对于中型到大型的公犬来说，通过直肠检查还可以评估它们前列腺的大小。在直肠指检以后，还可以用直肠镜或肛门镜直接观察直肠内部结构。这个过程需要在动物镇静或麻醉的状态下进行。对于猫和幼年犬来说，正常情况下，直肠指检无法触及前列腺。

扩展阅读：

Ettinger SJ: The physical examination of the dog and cat. In Ettinger SJ, Feldman EC, editors:Textbook of
　　Veterinary Internal Medicine, ed 7, St Louis, 2010, Elsevier.

心肺检查

当初步的临床检查结果提示动物需要进一步检查心肺系统时，检查和评估的内容还应该包括动物在静息及运动时的行为、呼吸特征、脉搏特征、有无外周水肿或腹水、心脏听诊结果、胸部 X 线片和心电图结果以及超声心动检查（如有必要）的结果。熟悉正常的以及由于品种和种类不同而存在差异的生理特征，可使兽医在临床诊断上能更好地区分正常与异常的结果。

患者评价

患有心血管疾病的犬猫在外观上看起来可能是正常的，所以即使是动物主人，也可能无法察觉到动物患有心脏疾病的轻微症状。患有心血管疾病的动物其表现的临床症状可能千差万别，大部分症状并不直接与心脏相关（如咳嗽、虚弱、呼吸急促或体重下降）。所有进行心血管疾病评估的动物均应该进行外观、精神状态、体况以及呼吸频率和特征的观察和记录。

体况

留意患病动物是超重还是体重下降。患有晚期心脏疾病的动物可能是非常瘦弱的（心源性恶病质）。还需要留意患病动物腹围是否增大。右心衰竭的动物可能会表现腹水、肝肿大和脾肿大。

呼吸特征

观察动物静息时的呼吸频率和困难程度。犬猫在静息时呼吸频率增加，用力呼吸表明存在呼吸困难。正常的动物是不该使用腹部肌肉来辅助呼吸的。呼吸困难的动物可能会表现出张口呼吸以及利用腹部肌肉来辅助呼吸。同时，窒息动物可能还会有焦虑的面部表情，包括眼球突出、鼻孔开张和头颈伸长。呼吸困难可以分为不同类型，取决于呼吸中的哪个阶段被延长。吸气性呼吸困难的表现是动物吸气时间比正常时明显延长，通常伴随喘鸣（呼吸作响）。吸气性呼吸困难提示存在上呼吸道阻塞，如喉麻痹或短头综合征。呼气性呼吸困难表现为呼气阶段用力的腹式呼吸。这类呼吸方式提示动物存在哮喘或慢性阻塞性肺部疾病。呼吸全过程均出现呼吸困难是肺部疾病和肺水肿的一个典型特征。表 2-4 列出了用于描述正常和异常肺音的术语，框 2-2 列出了描述呼吸异常的专业术语。

2

表 2-4　胸部听诊时听到的正常与异常呼吸音的分类与特征	
呼吸音	描述
正常呼吸音	
支气管音	当空气进出大的气道和气管时会发出低沉的声音 气管和喉头处最大声 胸部尾侧最不容易听诊
支气管肺泡音	轻柔而低沉的沙沙声 主要在吸气时肺野周边听到
异常呼吸音	
水泡音 （又称"啰音"）	源自气道不连续的咔嚓音或破裂音。大部分能在吸气过程中听到，但呼气过程中也可能听到。描述为"粗糙的肺泡音"（湿啰音）和"细肺泡音"（干啰音） 具有临床意义。因为水泡音的出现一般与支气管和下呼吸道腔内分泌量增加有关；气管塌陷的动物可能也会听到水泡音
哮喘音 （又称"干啰音"）	吸气或呼气过程中听到的连续的口哨音同时还被描述为高调干啰音和低调干啰音。在呼气末或吸气初听诊最清晰。与气流通过声门、气管或下呼吸道受限有关。仔细听诊喉、气管和肺野，查找最明显的喘息音，从而定位发病部位
摩擦音（胸膜）	由发炎的胸膜脏层与壁层之间的相对运动，引起连续的或不连续的声响
"沉默肺"	呼吸音消失（患病动物明显正在呼吸）与异常的明显呼吸音同样重要。"沉默肺"是用来描述极端微弱，或完全听不到的呼吸音。具有重要的临床意义，该呼吸音与威胁生命的气道阻塞、气胸、胸膜腔大量积液以及占位性病变（如膈疝、肿瘤）有关。过度肥胖和潮气量小（尤见于猫）也可出现"沉默肺"

框 2-2　描述呼吸异常的专业术语
呼吸困难：呼吸时困难或费力，起初常表现为呼吸频率增加
呼吸急促：呼吸频率的异常增加
呼吸过度：呼吸的频率和深度均异常增加
端坐式呼吸：除非采取坐姿和站立姿，否则无法呼吸，常见肘部外展，静息时采取特定的呼吸姿势

颈部

患有气管塌陷和气管支气管炎的动物在轻柔的诱咳后会表现明显的咳嗽。值得注意的是，即使是正常动物，如果过度按压气管也会引起咳嗽。动物头部上扬，触诊颈部全段查找有无不对称的地方。触诊甲状腺时要格外小心，尤其是成年猫。对于猫，增生的甲状腺移行到颈部下段，可在胸腔入口处的颈静脉沟处触诊到。

颈静脉

评估颈静脉的充盈度和搏动程度。颈静脉怒张提示中心静脉压（central venous pressure，CVP）升高，同时也是右心衰竭的指征。能引起三尖瓣反流或右心充盈受损的情况，包括心包积液、缩窄性心包炎、右心内或前胸内存在肿块，一般会伴发颈静脉怒张。

同时还应观察是否存在颈静脉搏动。超过颈部近腹侧端1/3处见到颈静脉搏动则为异常，一般与三尖瓣闭锁不全（如先天性三尖瓣发育不良或三尖瓣发生慢性退行性病变，肺动脉狭窄，心丝虫和肺动脉高压）有关。心律失常引起房室分离，如室性早搏和二度或三度房室传导阻滞，都可能引起颈静脉搏动。心房收缩的同时房室瓣也闭合，形成搏动波。颈静脉下是搏动的颈动脉，注意在消瘦的动物上，不要将颈动脉的搏动误认为是颈静脉的搏动。

胸腔

动物采取站立姿式，触诊胸腔，检查有无创伤或畸形，兽医还可对猫胸腔的可压性进行评价。尽管正常猫胸腔的可压性不尽相同，但检查若发现可压性下降，则可能说明有占位性的病变，如胸腺肿物［猫白血病病毒（FeLV）阳性］。

心前区触诊

触诊心前区（毗邻心脏的胸壁区域）感受心尖的搏动。应使用手掌，掌部近端的腹侧面以及手指感受心前区心尖的搏动。心尖搏动是心脏搏动的最强搏动点（point of maximum intensity，PMI），正常位于左侧第5肋间，肋骨软骨交界处。心尖搏动区的异位可能是由右心增大或胸部肿物造成，心尖搏动的强度可能增加或减少。心尖搏动增强可见于消瘦、高动力状态（贫血、甲亢）、二尖瓣反流（或其他容量负荷增大但心收缩力仍维持正常的情况），以及患肥大性心肌病的动物。心尖搏动减弱可见于扩张型心肌病、胸腔或心包积液的动物。

心包震颤

心包震颤是由心杂音引起的能在胸壁表面感受到的振动，发生的位置一般位于心脏搏动最明显的部位。

胸部叩诊

胸部叩诊对于表现为限制性呼吸征和呼吸音弱的动物来说尤其有用。但此项技术可能对肥胖动物无效。首先将指腹置于肋间，然后另一只手的手指（通常使用中指）快速地叩击置于肋间的那只手指，从而使胸腔产生共鸣音。胸部的叩诊应该系统地进行，从背侧到腹侧，完整地评估整个胸腔。存在气胸或哮喘的动物，其胸部叩诊的声音增强或呈鼓音。而患有胸腔积液、肺实变（肺内充满液体或渗出液）或胸腔肿物的动物，叩诊音减弱。

腹部

触诊腹部，右心衰竭的犬一般会发生腹水、肝脏或脾脏肿大。右心衰竭的猫不常见腹水。冲击触诊可用于检查腹水。临床兽医用手指拍打腹壁一或两次，评估是否存在液体的波动或腹腔器官在液体中浮动的感觉。

可视黏膜

黏膜颜色一般选择口腔黏膜进行评估，但某些动物齿龈有色素沉着，因此应检查外阴、阴茎或结膜处的黏膜颜色。正常的黏膜颜色是粉红色，黏膜颜色的改变提示存在心肺系统相关的问题，如下述内容：

发绀（黏膜颜色变紫）提示缺氧。如果存在黏膜发绀，尾侧黏膜的颜色也应检查以备对发绀进行分类。患有反向（右到左）动脉导管未闭的动物常见尾侧的黏膜（阴茎或阴门的黏膜）较口腔黏膜更为发紫（差异性紫绀或尾侧发绀）。

苍白的黏膜（浅粉红或灰白色）提示贫血或与低心输出量相关的灌注不足。黏膜充血（鲜红色）提示外周血管舒张，常见于败血性休克或运动。

毛细血管再充盈时间

用手指轻按上颌犬齿上的齿龈黏膜（要求黏膜无色素沉着）至发白，然后放开。毛细血管再充盈时间（capillary refill time，CRT）是指血液重新注入黏膜毛细血管使组织恢复粉红色所需要的时间。齿龈的再充盈时间应明显少于 2 s。CRT 延长提示末梢灌注不足或心输出量低下。贫血的患病动物其 CRT 不可信。

> **注意：**动物死亡后 1 h 内仍能测得正常的 CRT。

动脉搏动

一般使用股动脉搏动进行评估，这是心血管检查中既基本而又重要的一个步骤。正常的搏动应完整，伴随快速的起伏。动脉搏动是指收缩压与舒张压之间的压力差（如一正常犬中，120 mmHg − 80 mmHg = 40 mmHg 脉压）。股动脉在正常猫以及肥胖的犬猫中很难评估。动脉搏动的评价应包括频率以及强度是否正常，框 2-3 列出了异常脉动。

框 2-3　异常的脉动
缺脉：每次心搏均应该伴有一次脉搏，当心搏后没有相应的脉动则被认为是脉搏缺失，一般在心律失常时发生，如室性早搏或房颤 洪脉（击水脉）：表现为起伏均很急的异常增强的脉搏，可见于动脉导管未闭、主动脉瓣闭锁不全，或高动力状态如贫血、发热或甲亢

2

心脏听诊

听诊器

听诊器主要由钟式听头、膜式听头、耳管和耳塞构成。钟式听头能传播低频和高频音，而膜式听头能使低频音衰减而选择性地传播高频音。同时，膜式听头还能使传播的声音更大，增大的幅度取决于膜的面积大小。耳管不应过长，因为声音在过长的管道中传播会发生衰减。耳塞应舒适地与耳窦相贴合，而不应进入耳道内。合适的听诊器是获得清晰的听诊信息的第一步。除了有好的听诊器，安静的环境以及患病动物适当的保定都是成功听诊的必要条件。无论何时，尽可能地令患病动物采用站立姿势进行检查。如有必要，可通过闭合动物的吻部或暂时地堵塞鼻孔来控制动物的呼吸。某些动物，可待其放松下来再进行听诊，这样听诊效果更佳。听诊过程中猫发出的呼噜声可能会干扰听诊的效果，流动的自来水声音或酒精的气味都可能停止这种呼噜声。

应注意不要将心音与呼吸音、颤抖或毛发摩擦产生的声音混淆。

合理地利用钟式或膜式听诊器对于准确地听诊也非常重要。大部分的膜式听头应紧紧地将膜紧贴于胸壁上。而钟式听头则宜轻轻地压在胸壁上，过大的压力会使被压的皮肤绷紧而形成膜，使听诊结果犹如膜式听诊器。钟式听头用于听取低频音诸如奔马律或低频心杂音。患病动物在用膜式听诊器检查后发现有额外心音，此时应再利用钟式听诊器进行听诊。此外，所有的猫（筛查有无奔马律）和怀疑患有心肌病或者充血性心衰的犬，均需要同时进行膜式听诊器和钟式听诊器的听诊。建立系统性的听诊程序，评估心率和心律，并与股动脉搏动相对应。如听诊发现有任何异常心音，则需听诊所有的瓣膜区。

正常的心率和心律

正常动物的心率会因动物的兴奋程度及健康状况而有所不同。有时，动物真实的静息状态下的心率只有主人在家中才能测得。总的来说，兴奋、疼痛、休克、高动力状态（贫血、发热、甲亢）以及不同原因引起的充血性心力衰竭，均会导致心率增加（心动过速）。而运动型动物或甲状腺功能减弱的动物、迷走神经紧张性增加或心脏传导异常（病窦综合征、重度房室传导阻滞）的动物，其心率会减慢（心动过缓）。犬的正常心率见框2-4。

框 2-4　正常心率（犬）
大型犬：60~100 次/min
中型犬：80~120 次/min
小型犬：90~140 次/min

犬猫的心律很规律，然而，很多正常犬（尤其是短头犬）会存在呼吸性窦性心律失常，是指心律在吸气时加快而在呼气时减慢。

正常心音

心脏听诊区按解剖结构分为 4 个部分：

1. 二尖瓣（左侧房室瓣）区：左侧第 5 肋间，肋骨软肋交界处，即心尖搏动区。在站立位的动物上，这个区域在与肘关节的肘突相对应的胸壁区。第一心音在二尖瓣区听诊更清晰。
2. 主动脉瓣区：左侧第 4 肋间，二尖瓣区的背侧区域（通常与肩关节处于同一水平）。在主动脉瓣和肺动脉瓣区域听诊第二心音更加清晰。
3. 肺动脉瓣区：左侧第 3 肋间胸骨旁（通常在腋窝处）。
4. 三尖瓣区（右侧房室瓣）：右侧第 3~4 肋间，肋骨软肋交界处。

正常心音的强度在下列情况下会增强，如与体况、年龄有关的状态，高动力状态（贫血、发热、甲亢）。在肥胖或肌肉量非常大的动物上，心音会减弱。同样，当动物处于心包积液或胸腔积液等病理状态下时，心音也会减弱。

注：①第一心音（S_1）发生在房室瓣闭合时，产生"lubb"样声音。在二尖瓣和三尖瓣区听诊 S_1 最强，脉搏紧随 S_1 后出现；

②第二心音（S_2）发生在半月瓣（肺动脉瓣和主动脉瓣）关闭时，产生"dupp"样声音。S_2 在肺动脉瓣和主动脉瓣区听诊最强。

瞬态心音

S_1 分裂音：房室瓣不同时闭合，这对大型犬来说可能是正常的。其他引起不同期闭合的原因包括：室性早搏或束支传导阻滞。

S_2 分裂音：由肺动脉瓣和主动脉瓣不同时闭合引起，相关的疾病包括心丝虫病或其他引起肺动脉高压、肺动脉狭窄、主动脉狭窄或房间隔缺损的疾病。

收缩期中期喀喇音：在收缩期中期出现的高频音，一般和早期的二尖瓣疾病有关。在某些动物上可能会在心杂音前出现。

S_3 奔马律：低频的舒张期心音，与心室的快速充盈有关。在小动物中为异常心音，提示心室肌僵化，可能与扩张型心肌病相关。

S_4 奔马律：低频的舒张期心音，与心房收缩有关。在小动物中为异常心音，提示心室肌僵化，可能与肥大性心肌病有关。

心杂音

心杂音是由血流在心脏或大血管内产生湍流所致。大部分的心杂音是由于瓣膜处有损伤，导致血液湍流而引起的。然而，某些心杂音可能是生理性的，如与严重的贫血或休克有关的心杂音。心杂音可以按照以下指标进行分类：在心动周期中出现的时间、强度、位置、最强搏动点（PMI）、声音特质（主观印象）、心音组成结构和频率。

时间

收缩期杂音：发生在心收缩期（与脉搏同时出现），出现在 S_1 和 S_2 之间。大部分的心杂音是收缩期杂音，相关的疾病包括二尖瓣和三尖瓣闭锁不全、主动脉瓣或肺动脉瓣狭窄以及室间隔缺损（VSD）。

舒张期杂音：发生在心舒张期（跟随脉搏之后），紧随 S_2 之后。舒张期杂音罕见，常于主动脉瓣闭锁不全中出现。

连续性杂音：贯穿于收缩期和舒张期。动脉导管未闭（PDA）是引起连续性杂音的最常见疾病。

临床医师还能根据心杂音在心动周期中持续的时间和位置进行更细致的分类，如全收缩期（整个收缩期）心杂音与收缩期早、中、晚期杂音。

强度

强度是临床兽医对动物心杂音音量大小的主观性评价。大部分病例中，心杂音的强度并不与心脏疾病的严重程度呈正相关。心杂音通常可分为Ⅰ到Ⅵ（1~6）级：

Ⅰ级：非常轻微的心杂音，只有在安静的环境中且非常专注才能听诊到。

Ⅱ级：轻度的心杂音，在单个瓣膜区可持续地听诊到。

Ⅲ级：中等强度的心杂音，听诊明显，通常在多个瓣膜区均能听诊到。

Ⅳ级：响亮的心杂音，但不伴有心前区胸壁振动，通常在胸壁两侧均能听诊到。

Ⅴ级：响亮的心杂音，伴有心前区胸壁振动。

Ⅵ级：响亮的心杂音，伴有心前区胸壁振动，且不用听诊器就可以听到心杂音。

> **注意**：应将患病动物的心杂音强度按照统一的格式进行记录，如中等强度的收缩期杂音可记录为"3/6 收缩期杂音"。

位置

查找心杂音最响亮的瓣膜区（PMI），同时还应留意心杂音的辐射范围。某些患有严重的主动脉狭窄的病例，其心杂音能辐射到颈动脉。图 2-11 阐述了每个心瓣膜区的 PMI 位置。

> **注意**：3/4 的瓣膜关闭音（肺动脉瓣、主动脉瓣和二尖瓣）在左胸听诊最清晰，而三尖瓣的 PMI 则在右胸。

声音特质

反流音：是心杂音中最常见的一种（心音图呈平顶形），与房室瓣闭锁不全有关。

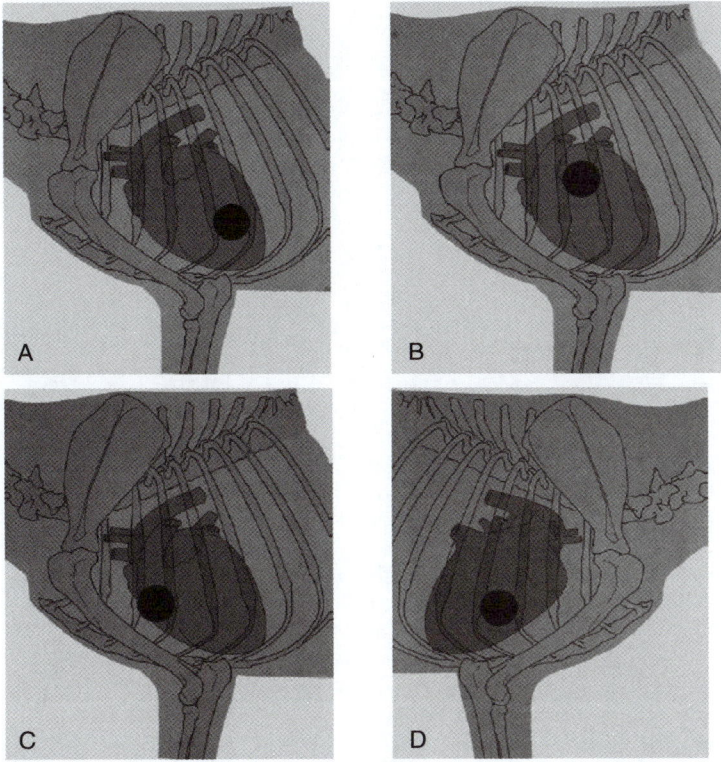

图 2-11　各个瓣膜区的心杂音最佳听诊位置：A. 二尖瓣区（左胸）；B. 主动脉瓣区（左胸）；C. 肺动脉瓣区（左胸）；D. 三尖瓣区（右胸）

　　喷射音：（心音图呈递增 – 递减或菱形），是与主动脉和肺动脉狭窄有关的一种心杂音。

　　机械音：连续的心杂音，常见于 PDA 动物。

　　渐弱音：最常见于 VSD 或房室瓣闭锁不全的动物。

频率

　　低频杂音：低沉的轰隆声，常见于主动脉瓣闭锁不全和 PDA。

　　高频杂音：常见于主动脉或肺动脉狭窄。

　　混频杂音：常与房室瓣闭锁不全有关。

常见的心杂音类型（表 2-5)

　　二尖瓣闭锁不全（反流音）：心缩早期到全收缩期的反流音（心杂音图呈平顶形），或偶见伴 PMI 扩散至整个二尖瓣区的逐渐减弱的心杂音。这是最常听到的心杂音类型，通常见于老龄小型犬的二尖瓣慢性退行性病变。

　　三尖瓣闭锁不全（反流音）：三尖瓣区（right apex）的收缩期反流杂音最响亮。

表2-5　心脏听诊时各类心杂音的特征

项目	二尖瓣闭锁不全	动脉导管未闭	主动脉狭窄	肺动脉狭窄	室间隔缺损	贫血性心杂音	生理性（功能性）心杂音
出现时间	心缩期	持续的	心缩期	心缩期	心缩期	心缩期	心缩期
持续时间	全收缩期	全收缩期，全舒张期	收缩中期（心杂音图呈渐强-渐弱或菱形）	收缩中期（心杂音图呈渐强-渐弱或菱形）	全收缩期	收缩早期	收缩早期
音调	起始-高频 随后-混频	混频杂音伴部分低频杂音	尖利的心音，频率并带有高频杂音	高频	混频	高频	高频
强度	通常中度到响亮	通常响亮	通常响亮	通常响亮	通常响亮	通常非常轻；能会时强时弱	通常非常轻；可能会时强时弱；通常在8周龄后消失
瓣膜区	二尖瓣区	肺动脉瓣和主动脉瓣区的前部；可能伴左前肢头侧胸骨部PMI	主动脉瓣区	左侧肺动脉瓣	左侧二尖瓣区；右侧胸部中间靠前胸部中间前端	二尖瓣区 主动脉瓣区	二尖瓣区 主动脉瓣区
辐射区	向右部的头腹侧或背侧辐射	头背侧	前胸偏右；胸腔入口处	一般不会超过胸腔入口；向右辐射	在胸部两侧均可听到杂音，但PMI在右侧	无	无

注：PMI，最强搏动点。

　　动脉导管未闭：能听到响亮的连续的机械杂音，通常 PMI 位于左侧心基部（肺动脉瓣和主动脉瓣区）。PDA 是犬最常见的先天性心脏病。

　　肺动脉瓣狭窄：此类心杂音的声音大、频率高，全收缩期内均可听到渐强－渐弱型的喷射性心杂音，PMI 出现在左侧心基部（肺动脉瓣区）。心杂音在收缩中期最响亮，往尾侧和右侧辐射。

　　主动脉狭窄：此类心杂音的声音大、频率高或者混频，全收缩期内均可听到渐强－渐弱型的喷射性心杂音，PMI 出现在左侧心基部，有时 PMI 位于右侧心基部。心杂音可能辐射到右侧胸腔，至胸腔入口上方或者颈动脉上方。有时可能与主动脉瓣闭锁不全有关。

　　室间隔缺损（VSD）：通常能听到全收缩期杂音，伴 PMI 出现在右侧胸腔近胸骨处。VSD 是猫最常见的先天性心脏病之一。

心脏的 X 线片检查

　　若无法进行超声心动图检查，可拍摄侧位和腹背位（VD）或背腹位(DV) 的 X 线片，这对于评估怀疑患有心脏病的动物而言非常重要。图 2-12 和图 2-13 描述了在摆位和曝光适当情况下，犬心脏的 X 线片解剖图像特征。此外，掌握主要血管的正常解剖位置和大小对于评估患有心脏疾病的动物而言也至关重要。患有心脏疾病的动物，其 X 线片上显示的肺纹理可能会有所变化。肺充血时，肺静脉因血液淤积而扩张。肺部血液循环增强时，肺动静脉会同时发生扩张。侧位片上，可见由左心房区域发出的

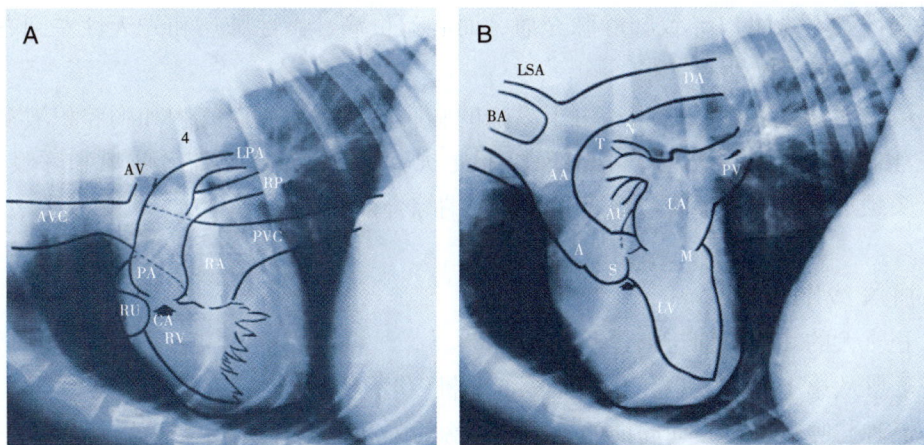

图 2-12　右心的 X 线片解剖图（胸片左侧位）（A）和左心的 X 线片解剖图（胸片右侧位）（B）

注：4，第 4 肋；AV，奇静脉与 AVC 的连接；AVC，前腔静脉；CA，右心室流出道 [三尖瓣（箭头所指）]；LPA，左肺动脉；PA，主肺动脉；PVC，后腔静脉；RA，右心房；RPA，右肺动脉；RU，右心耳；RV，右心室。A，升主动脉；AA，主动脉弓；AU，左心耳的小部；BA，臂头动脉；DA，降主动脉；LSA，左锁骨下动脉；LV，左心室；PV，肺静脉；S，瓦氏窦（sinus of Valsalva）（箭头指向主动脉瓣）；T，气管分叉处（隆突）

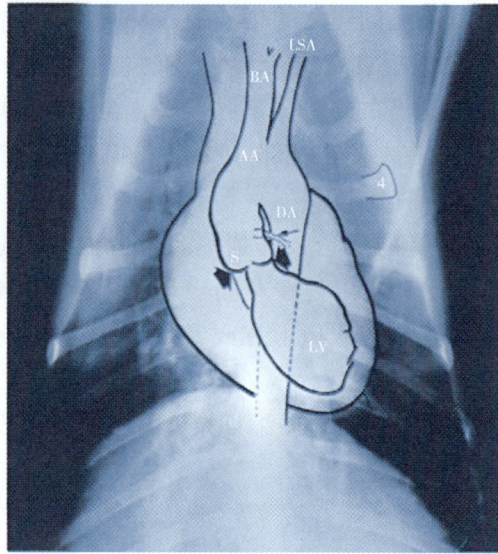

图 2-13　左心室的 X 线片解剖图（背腹位胸片）（此图源于健康犬的血管造影研究，最初发表于 Ettinger SJ, Suter PF: Radiographic examination. In Canine cardiology, Philadelphia, 1970, WB Saunders）

注：4，第 4 肋；8，第 8 肋；AA，主动脉弓；BA，臂动脉；DA，降主动脉；LSA，左锁骨下动脉；LV，左心室；小箭头，左冠状动脉起始部（点线）；S，瓦氏窦（sinus of Valsalva）（箭头指向 LV 流出道）

肺静脉影像不清晰，且多弯曲。与肺静脉不同，肺动脉更直，有分支，呈树枝状。在背腹位 X 线片上，肺静脉和肺动脉分别位于相伴行的支气管的内侧和外侧。失代偿期的二尖瓣闭锁不全可以导致肺静脉充血，而心丝虫病、慢性肺病和先天性左到右分流性心脏病可以导致肺动脉扩张。

纵隔位于两侧胸膜腔之间。由于纵隔的胸膜层很薄，所以气胸和胸腔积液多为双侧性发生。纵隔出现异常时，可出现以下症状：吞咽困难、反流、咳嗽和呼吸困难、晕厥、头颈水肿、胸腔疼痛、腹式呼吸、霍纳综合征和肺气肿。

心脏 X 线片的测量

1. 正常犬的心脏长轴与胸骨呈 45°。
2. 心脏从第 1 胸椎（T1）延伸至第 8 胸椎（T8）。
3. 品种与呼吸以及心动周期的不同，心影的外观也会有很大的差异。
4. 与犬相比，猫的心脏更为细长椭圆；猫心脏占据 2~2.5 个肋间，后缘与膈膜之间间隔 1~2 个肋间距。
5. 在 VD 和 DV 片上，犬心脏右侧缘较弯，左侧缘较直，长轴与脊柱呈 30°，且心尖偏向中线左侧。
6. 腹背位拍摄时，猫的心脏影像更为椭圆；而背腹位时，心尖紧贴中线左侧，长轴与短轴比约为 1.4 : 1。

在心血管系统疾病的鉴别诊断上，心血管系统和肺脏的 X 线片评估很重要，尤其在鉴别以下几种疾病时更为重要：①心腔变大；②大血管舒张；③肺循环增加或减少；④静脉充血、肺水肿和胸腔积液；⑤纵隔腔。

解读心脏大小和形状变化时需要留意拍摄 X 线片所设置的条件。吸气末拍摄短时间曝光（1/60 s 或 1/120 s），胸片质量最佳。

右心房增大

右心房增大常伴有右心室的增大。

1. 侧位片上可见心脏前缘凸出。

2. VD（DV）片上可见心脏 9~11 点位置凸出。

右心室增大

1. 侧位片上可见心脏前缘变圆，与胸骨接触面积增加，心脏往背侧抬高。

2. 心脏总宽度增加。

3. 气管上抬，接近气管分支处。

4. DV（VD）片上可见心脏 6~11 点位置变圆。

5. 心脏右侧缘与胸壁之间的距离减少。

左心房增大

1. 侧位片可见心脏背侧后缘凸出。

2. 侧位片上后腰消失。

3. 气管上抬，压迫主支气管。

4. VD(DV) 片上可见心脏 2~3 点位置凸出。

5. 肺静脉增粗。

左心室增大

1. 侧位片或 VD(DV) 片上可见心影延长。

2. 气管上抬。

3. 心脏后缘变圆。

4. VD(DV) 片上可见心脏左侧缘与左侧胸壁距离减少。

双侧心室增大

1. 侧位片和正位片均可见心脏变圆。

2. 侧位片可见心脏与胸骨的接触面增加，心影变长、变宽。

3. 若左、右心室增大的程度一致且增大明显，则与心包积液的 X 线片相似。

心影变小

1. 心脏抬高，离开胸骨。

2. 心脏长轴与短轴的比例增大，大于 1.4∶1。

3. 心脏与中线距离增加。

4. 后腔静脉变小。

5. 见于阿狄森综合征、甲状腺功能减退、休克和气胸。

根据 X 线片结果进行鉴别诊断（表 2-6）

当患病动物处于二尖瓣和三尖瓣纤维化晚期，或者有扩张型心肌病或心包积液时，可见心脏极度增大，且同时伴有右心衰竭。非选择性的心血管造影术能用于区分不同类型的心肌病、先天性心脏异常和心包积液。

表 2-6　心脏增大的鉴别诊断		
左心增大	**右心增大**	**全心增大**
扩张 二尖瓣反流 右 - 左分流（PDA） 主动脉瓣闭锁不全 扩张型心肌病 猫甲亢	扩张 三尖瓣反流 房间隔缺损 扩张型心肌病	慢性瓣膜性疾病 扩张型心肌病 先天性分流： 　PDA 　VSD 长期贫血 心包积液
肥大 主动脉狭窄 高血压 肥厚性心肌病	肥大 肺动脉狭窄 法洛四联症 肺心病 心丝虫病 肺高压 猫肥厚型心肌病 猫限制型心肌病	

可参阅 Herrtage ME: Cardiovascular disorders. In Schaer M, editor: Clinical medicine of the dog andcat, Ames, Iowa, 2003, Iowa State University Press, pp 121-162, and Belanger MC: Echocardiography.In Ettinger SJ, Feldman EC, editors: Textbook of veterinary internal medicine, ed 6, St Louis, 2005,Elsevier, pp 311-326.
注：PDA，动脉导管未闭；VSD，室间隔缺损。
注意：在患有右 - 左分流的 PDA 动物中，特征性的"机械型心杂音"只出现在心缩期。

左心衰竭时肺部的 X 线片特征：

1. 肺充血：肺静脉充血扩张，与左心房连接的静脉尤为严重。但肺脏密度不改变。

2. 间质性肺水肿：肺脏密度升高，肺野朦胧。血管周间隙积液，使血管纹理模糊。

3. 肺泡水肿：液体进入肺泡和外周细支气管，使肺泡密度升高而出现气管征。肺门处的肺泡密度升高最明显。

仔细检查肺野，查找有无存在心丝虫病或肺栓塞样的血管变化。

与心脏病有关的其他 X 线片征象见框 2-5。

框 2-5　与心脏病有关的其他 X 线片征象
腹水 肝脏增大 门静脉血流量增加 肺循环减少

2

改变纵隔位置的疾病：

1. 单侧胸膜或肺部肿物。

2. 单侧气胸或胸腔积液。

3. 肺叶塌陷、发育不全或进行过肺叶切除术。

4. 胸膜粘连。

5. 肺实质充血。

导致纵隔变宽的疾病：

1. 纵隔脂肪或液体的积聚。

2. 继发于气管或食管穿刺的炎症。

3. 出血。

4. 肿瘤的形成（淋巴肉瘤、胸腺瘤）。

5. 心脏基底部肿瘤。

6. 气管支气管淋巴结肿大。

胸腔内气管的宽度大约为第 3 肋骨近端宽度的 3 倍，但其直径在吸气时会增加，而在呼气时会减少。正常的气管在胸腔入口处近背侧 1/3 处进入胸腔。呼气时胸腔内的气管可能表现为塌陷状态，且可扩展到气管隆线和主支气管处。

先天性的气管发育不全常见于英国斗牛犬。气管压迫或左主支气管压迫可能与气管支气管淋巴结肿大或左心房增大有关。

进一步检查

本书的第 4 部分详细叙述了对心脏施行进一步检查的各种基本要求，如心电图检查。

扩展阅读

Cote E: Electrocardiography and cardiac arrhythmias. In Ettinger SJ, Feldman EC, editors:

Textbook of Veterinary Internal Medicine, ed 7, St Louis, 2010, Elsevier, pp 1159-1187.

Herrtage ME: Cardiovascular disorders. In Schaer M, editor: Clinical Medicine of the Dog and Cat, ed 2, London, 2010, Manson, pp 141-186.

Sisson DD: Pathophysiology of heart failure. In Ettinger SJ, Feldman EC, editors: Textbook of Veterinary Internal Medicine, ed 7, St Louis, 2010, Elsevier.

体表检查（皮肤、皮毛及趾甲）

病史

动物主人的主诉通常是用来为动物做皮肤病鉴别诊断的主要标志。向动物主人提出的问题不要暗示答案，这是很重要的。临床兽医应该了解患病动物完整的病史。使用一个系统的、详细的病史询问方法至关重要，可以避免忽略一些重要的信息。

一些皮肤病与年龄有关，所以年龄在皮肤病病史上非常重要。例如，蠕形螨病通常发生在性成熟前的年轻犬上。过敏常常出现在年龄更大的个体身上，且很可能是因为在发生临床症状之前反复接触抗原。内分泌失调常常发生在6~10岁的动物，大部分肿瘤发生在成年甚至老年的患病动物上。

某些疾病具有明显的性别倾向，性激素失调的疾病尤为明显。肛周瘤几乎只发生在雄性犬上。临床兽医应该判断患病动物是否绝育或者去势，如果没有，则需要判断皮肤问题是否与发情周期有关。

某些皮肤病具有品种倾向。例如，脂溢性皮炎常见于可卡犬；黑棘皮症常见于腊肠犬；成年型生长激素不足发生在博美犬、凯斯犬和松狮犬上；皮肌炎发生在喜乐蒂牧羊犬和柯利犬上；锌反应性皮肤病发生在西伯利亚雪橇犬和阿拉斯加雪橇犬上；许多刚毛猎犬（如苏格兰㹴、凯恩斯犬、锡利哈姆㹴、西高地白㹴、爱尔兰㹴和威尔士㹴）比较容易患过敏性皮肤病。

应从动物主人获得以下信息：开始发病时间、原发病变位置、最初病变描述、疾病发展趋势（恶化/好转）、影响发病进程和持续时间的因素，以及先前的治疗史（包括自己和兽医的所有用药情况）。

检查

运用系统性的方法记录病史，临床检查结果和实验室数据对于皮肤病患病动物特别重要。很多皮肤病属于慢性疾病，皮肤病变会随着时间的推移而发生缓慢的变化。因此，患病动物病变的数字影像使临床兽医能够用文件的形式记录病变的位置和程度。

图2-14显示了一种记录皮肤病案例体格检查和实验室检查结果的常规表格。该表格使临床兽医能够标记描述性术语，可以节约时间，并且确保没有重要信息被遗漏。但这个表格仅仅针对皮肤病提出了各种问题，所以它只能作为一般病史和临床检查的

补充来使用。一个由临床兽医完成的专门的皮肤病病史表格对于有过敏史或者其他慢性皮肤病的患病动物也很有用（图 2-15）。检查应该在良好照明条件下进行。不刺眼的正常日光最好，但也可以在充足的人造光下进行。照明的灯应该能照到动物身体的所有区域。一个放大镜和灯的组合就能放大和照明这些区域。评估特定的病灶之前，应该先远距离观察动物的整体情况，以此获得患病动物的总体状况，包括病灶的分布等。皮肤的触诊对于确定毛发的质地（粗糙 / 柔顺，干燥 / 油性）是很重要的。毛发数量的改变常引起人们的关注。脱发（集中或者分散）指的是在一些应该生长有毛发的地方缺少毛发。检查皮肤的质地、弹性和厚度，并且记录皮肤的温度。需要检查所有的皮肤和黏膜。在某些品种中会更容易发现皮肤病变，主要取决于动物皮毛的厚度。同时，个体的皮毛密度由于部位不同而有所不同。毛发稀少的区域更容易发现病变。因此，大部分情况下，临床兽医必须分离或者修剪动物的毛发才能观察和触诊被部分覆盖的病灶。

个别病灶的检查

病变的演变过程应该通过病史或者寻找同一患病动物身上不同病变阶段的病灶来确定（表 2-7）。丘疹通常会发展成囊泡和脓疱，这些囊泡和脓疱会破溃，然后表皮糜烂或者溃疡，最后结痂。不同的病灶有不同的发展过程。急性的病变通常会突然出现，然后迅速完全消失。慢性的病变可能会留下特征性的色素沉着或者瘢痕，这些都会残留几个月甚至是永久性的（如慢性泛发性皮炎和原发性蜂窝织炎）。

皮肤病灶的形态在皮肤病的诊断中非常重要，当实验室检查未发现明显异常时，它就成为了帮助诊断的唯一指导。大多数皮肤病都有其独特的病灶。

临床兽医需要学会怎样区分原发病灶和继发病灶。可以根据原发病灶而直接判断出病因。而继发病灶则是由原发病灶发展而来的，或是由患病动物或外部因素如创伤、药物造成的（表 2-8）。仔细检查患病动物的皮肤时常能发现原发病灶。然而，在许多病例中，需要把原发病灶和继发病灶区分开来。发现典型的病灶，并了解它的特殊指征是皮肤病诊断的第一步。皮肤病的病灶会随着时间的变化而发生改变，因此，患病动物体表常同时存在早期和晚期的各种征象。此外，皮肤病灶的外观还会随着药物的使用、动物自身抓挠和继发感染而发生变化。

以下是评估犬猫皮肤病病灶的严重程度和范围的基本检查。

首先应该考虑简单的皮肤病检查：

1. 玻片压片法：此方法是用一块干净的塑料或玻璃（显微镜载玻片）压在皮肤的红疹病灶上。如果病灶在挤压下变白，那这个红疹就是毛细血管充血造成的。如果病灶没有变白，那它就是皮肤内的出血（出血点或淤血斑）。

2. 尼科利斯基征：按压水疱、脓疱、溃疡、糜烂甚至是正常皮肤的边缘，若皮肤外层很容易擦破或者分离，则检查结果为阳性，表明皮肤表层细胞黏附性变差，常常见于天疱疮、类天疱疮和中毒性表皮坏死等疾病。

2

皮肤检查

皮肤病灶 _____
体重 _____

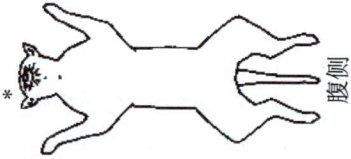

腹侧　　　　　背侧

（检查）原发性皮肤病变

斑疹___　斑点___　紫癜___　风疹___　丘疹___
结节___　血小板斑块___　肿物___　脓疱___　小水疱___
水疱___　囊肿___　脓肿___

（检查）继发性皮肤损伤

鳞屑___　脱毛___　红疹___　糜烂___
溃疡___　瘢痕___　表皮脱落___　红疹圈___
尼科利斯基征___　色素沉着过度___　色素减退___　硬皮___
角化过度___　苔藓化___　粉刺___　痂___
多汗___　坏疽死___

（检查）皮肤变化

正常___　变薄___　变脆弱___　紧张度减退___
可过度伸展___　松弛度增加___

（检查）被毛的改变

脱毛___　被毛稀疏___　被毛过多___　被毛干燥___
被毛发易断___　油性被毛___　被毛易拔___　左侧被毛___
右侧被毛___　双侧被毛___　被毛管型___　掉毛处的颜色___

其他所见

耳郭-足反射___　　紧张度减退___
淋巴结___

耳朵：左___
　　　　右___
口腔___
肛门与外生殖器___
脚垫___
尾巴___
其他___

（检查）皮肤病灶的外形

线形___　滤泡形___　团块形___　环形___　其他___

（检查）搔痒的情况

季节性___　非季节性___　伴皮肤病变的___
脸部___　耳朵___　足/腿___　臀部___　腋下___
腹部___　其他___

（检查）皮肤疼痛

无疼痛___　轻微疼痛___　中度疼痛___　严重疼痛___

（检查）体表寄生虫

跳蚤___　跳蚤粪便___　虱子___　蝉虫___　耳螨___　其他___

* 既可用于猫又可用于犬的检查

实验室检查

刮皮___
透明胶带法___
真菌检查___
伍德氏灯___
拔毛检查___
过敏原检查___
细胞学检查___　跳蚤 15___　跳蚤 24___
1.___
2.___
3.___
4.___

诊断/鉴别诊断
___

图 2-14　适用于复杂或慢性皮肤病患病动物的临床检查方法

2

你是什么时候注意到动物皮肤有问题的？ ___年___月___日

动物皮肤的问题是从哪里开始的？ ___

皮肤问题是：每年都发病___ 季节性发病___ 无规律性___

如果是季节性发病，哪个季节更严重？春季___ 夏季___ 秋季___ 冬季___

如果是非季节性发病，哪个季节表现更严重？

动物是否瘙痒（抓挠、啃咬、舔舐、摩蹭）？是___ 否___

如果瘙痒：轻度瘙痒___ 中度瘙痒___ 重度瘙痒___ 持续性瘙痒___ 周期性瘙痒___

动物哪里瘙痒？检查瘙痒的区域。

脸部：___ 腹部：___ 后腰：___

耳朵：___ 前爪/前腿___ 全身：___

腋窝：___ 后爪/后腿___

动物曾经用过什么药？

药物	药量	用药频率	药效
___	___	___	___
___	___	___	___
___	___	___	___

动物的父母或后代或是家里其他动物有没有出现同样的症状？有___ 无___

在检查单的背面，记录下你觉得重要的信息。

皮肤病病史

主诉：　　　　疼痛　　　　

搔痒　　　　　

掉毛　　　　耳部疾病

除皮肤病外，动物其他部位是否健康？

是　　　　否　　　　

请详细描述：_____

_____

_____

_____

_____

图 2-15　适用于复杂或慢性皮肤病患病动物的皮肤病病史调查问卷

表 2-7　皮肤病变的分类
原发性皮肤病灶（诊断原发性病灶意义重大） 斑疹　　脓疱　　肿物 丘疹　　结节　　水疱　　风疹块
继发性皮肤病灶（诊断继发性和并发性病灶意义也很重大） 鳞屑　　粉刺　　色素异常（色素过度沉着或色素减退） 结痂　　开裂溃疡　　苔藓化　　角化过度

表 2-8　特异性皮肤病的皮肤病灶特点	
疾病	**皮肤病灶或症状**
异位性皮炎	搔痒
去势后反应性皮炎	脱毛
冷凝集素病	红疹、紫癜、坏死、溃疡
糖尿病	萎缩、溃疡、脓皮症、皮脂溢
心丝虫病	红斑、脱毛、瘙痒、结节
多形性红斑	斑疹、丘疹、水疱、风疹块
猫白血病病毒感染	脓皮症、脂溢性皮炎、难恢复、脚垫皮质化
肝皮肤综合征	黏膜和皮肤结硬皮、溃疡，脚垫过度角化和溃疡
肾上腺皮质功能亢进	脱毛、色素过度沉着、表皮钙质沉着、脓皮症、皮脂溢、静脉扩张、皮肤变薄紧张度减退
甲状腺功能减退	脱毛、体温低、脂溢性皮炎、脓皮病、色素过度沉着、黏液水肿、乳溢
利什曼原虫病	红疹、结节、溃疡、剥脱性皮炎
雄性雌性化综合征	脱毛、脂溢性皮炎、色素过度沉着、雄性乳房发育、乳溢
深度真菌病	结节、溃疡、瘘管
蕈样真菌病	红皮症、斑块、结节、溃疡
卵巢功能障碍	脱毛、色素过度沉着、脂溢性皮炎
天疱疮	脓性渗出物、结硬皮、水疱、溃疡或糜烂
垂体性侏儒症	脱毛、皮肤变性、色素过度沉着
足细胞瘤	脱毛、雄性乳房发育、色素过度沉着
系统性红斑狼疮	脓皮症、脂溢性皮炎、溃疡、瘙痒、红疹
铊中毒	脱毛、红疹、溃疡
中毒性表皮坏死松解症	溃疡、水疱、疼痛
肺结核	结节、溃疡、瘘管

3. 刮皮法：该检查需要准备 10 号手术刀片、矿物油和载玻片。制好玻片后在显微镜下观察，主要是检查体外寄生虫的存在。

4. 伍德氏灯检查：紫外线经钴或镍过滤器照射到动物体表，检查患病动物是否存在皮肤癣菌病。该检查需要一定的经验，因为有时候皮肤的角化和碎屑也能发出荧光。并不是所有的皮肤癣菌在伍德氏灯检查中都呈阳性结果。事实上，据统计，只有不到一半的患真菌动物在该检查中呈阳性结果。因此即使伍德氏灯检查结果呈阴性，也不能排除真菌病的可能。

5. 培养：在经验疗法后效果不佳的动物（特别是病情复杂、病程长的动物），还需要采样进行细菌、真菌的培养。当怀疑有真菌感染时，取动物毛发接种到皮肤真菌试验培养基上进行培养。此外，刮皮和脓包的细胞学检查也能帮助我们寻找病因。

6. 透明胶带法：用（干净）的胶带粘动物的毛发，可能检查出某些病原体（如姬螯螨，即移动的皮屑）。此外，还可以将采样后的胶带用乳酚棉蓝或 Diff-Quik 染色后进行细胞学检查。

7. 皮肤活组织检查：使用 4 mm、6 mm 或 8 mm 规格的皮肤活组织取样器在适当的部位采样并进行皮肤活组织检查，此方法特别有效。活组织采样的位置是诊断的关键。一般需要多点采样。采样时，不推荐对采样处皮肤进行手术前的备毛处理，因为这会改变样本的组织学形态而影响诊断。

8. 血清学检测特异性免疫球蛋白 E（IgE）：将血清送至诊断实验室进行过敏性皮炎的体外检测。

> **注意：** 血清学检测 IgE 不能表明患病动物有食物过敏。虽然对过敏性皮肤病的血清学测试技术已有提高，但仍有部分皮肤科专家对它的诊断价值持怀疑态度。

9. 皮内试验：在诊断和治疗过敏性皮肤病的过程中，皮内试验很重要，但必须由相应的专家或经验丰富的兽医来操作。

全身性疾病的皮肤临床表现

部分内科病由于不同的原因，如发病机制（多发性病变）、内部疾病直接影响皮肤、免疫缺陷或者过敏、激素缺乏或过量、代谢紊乱，都有可能造成皮肤的改变。这些皮肤的改变可能明显或不明显，轻微或广泛，偶然或特殊。若皮肤的病变与内科病高度相关时，则病灶被认为是内科病的标志（表 2-9）。此时兽医必须考虑内科病的可能。

当观察到有下列情况时，应考虑皮肤异常的患病动物可能患有全身性疾病：

1. 皮肤病并发全身性异常，如发热，精神沉郁或与某一器官系统相符的临床症状（如腹泻、跛行）。

表2-9　具有原发性皮肤病变的全身性疾病

种类	代表性疾病	临床表现
真菌	深部真菌病	结节
	芽生菌病	瘘道
	组织胞浆菌病	化脓性溃疡（继发腐霉菌感染）
	隐球菌病	斑块
	球孢子菌病	
	腐霉菌病	
	链丝菌病	
病毒	犬瘟热	角化过度（脚垫和鼻头）
	猫疱疹病毒1型和杯状病毒感染	口腔和皮肤溃疡，角膜炎
	猫白血病病毒和猫免疫缺陷病毒感染	齿龈炎，口腔炎，脓皮病，复发性脓肿，蠕形螨病，皮肤癣菌
细菌	蜱源性的传染病	出血点，瘀斑，水肿
	落基山斑疹热	
	埃立希体病	
	钩端螺旋体病	黄疸，瘀血点
寄生虫	利什曼病（原虫）	头部，颈部，四肢的剥脱性皮炎；眼周脱毛，溃疡性皮炎
	蠕形螨病（螨）	局灶性，局部性或广泛性脱毛，红疹，浅部或深部脓皮症（继发细菌性皮炎）
免疫介导	天疱疮和大疱性皮肤病	皮肤溃疡和继发脓皮病
	多形性红斑	红斑，丘疹（常与肿瘤的形成有关）
	全身性红斑狼疮（SLE）	症状变化很大，包括皮脂溢，脱毛，局部红疹，鼻部皮炎等
	缺血性血管炎	对药物，疫苗，昆虫叮咬高度敏感产生的溃疡灶
	溶血性尿毒综合征	常见于出现皮肤溃疡的肾衰竭灰猎犬（常与食用的生牛肉中的大肠杆菌毒素有关）
	皮肌炎	初期为脓疱，囊疱，后发展为耳朵边缘，脸部，腕部，跗部，后发展为耳朵边缘，主要见于柯利犬、喜乐蒂牧羊犬

（续）

种类	代表性疾病	临床表现
肿瘤	猫疫苗相关肉瘤 (VAS)	浸润性纤维肉瘤主要与 FeLV 和猫狂犬病疫苗的佐剂有关，可能发生在接种后的数月到数年内
	多发性原发皮肤肿瘤	包括肥大细胞瘤、淋巴瘤、鳞状细胞癌等，据报道还有黑色素瘤，但通常是良性的皮下结节
	结节性皮肤纤维变性	伴随脱毛，色素过度沉着的皮下结节，常见于德国牧羊犬，拳师犬和金毛寻回犬，在其他品种犬中少见，可能跟肾脏疾病有关
	睾丸肿瘤	雄性雌性化综合征
	嗜铬细胞瘤	皮肤间歇性发红，特别是耳郭；其他全身症状也与此肿瘤有关
	副肿瘤综合征	据报道，皮肤上会出现不同的病灶和局部的变化，包括剥脱性皮炎，结节性皮肤病，寻常型天疱疮，坏死性脂膜炎，猫的剥脱性皮炎 (胸腺瘤)
内分泌	犬甲状腺功能减退	被毛干枯，躯干对称性非搔痒性 (通常) 脱毛，色素过度沉着，脂溢性皮炎
	猫甲状腺功能亢进	被毛蓬乱，容易打结，脱毛严重，趾甲过度生长
	肾上腺皮质功能亢进 (犬库欣综合征)	躯干对称性脱毛，粉刺，皮肤变薄，剪毛后被毛再生障碍，皮肤钙质沉着症 (约 5% 的病例)
	糖尿病	外耳炎，脓皮症，蠕形螨病，皮肤变薄，脂溢性皮炎，在猫还会形成脂肪性纤维瘤
营养	猫维生素 E 缺乏	全身性脂肪组织炎

2. 少见的或非典型的皮肤病。

3. 慢性复发性皮肤病，包括脓皮症和鳞屑。

4. 对该动物而言（如年龄、品种、性别）少见的皮肤病。

5. 在生病后或是用药后出现皮肤症状。

皮肤病灶的分布形态

当被毛浓密的犬患皮肤病后，会出现非常明显的变化，大部分动物主人都能注意到。脱毛区域的边界一般较清晰，仔细分析脱毛区域的特征会得到很多信息。当根据病灶在动物身体上的分布情况评估脱毛和毛发的改变后，就可能得到重要的诊断线索。

在动物上，原发性或继发性皮肤病灶往往都是隐藏在被毛下的，需要仔细检查才能发现。在短毛犬中，用双手逆着毛向前翻看，就能看见每根被毛毛干和皮肤的接触面。向前逆向捋毛有助于评估皮肤病灶的分布。只有将动物的被毛全部剪掉，才能轻易又准确地发现皮肤病灶的分布。因此，在诊断动物皮肤病时需要注意两个因素：①外部被毛的变化；②原发性和继发性皮肤病灶的类型和分布。但这两个因素之间不一定有联系。此外，观察皮肤病灶是对称分布在中线两侧还是不对称分布也很重要。

扩展阅读：

Campbell KL: Updates in dermatology, Vet Clin North Am Small Anim Pract 36:1–226, 2006.

Frank L: Alopecia. In Ettinger SJ, Feldman EC, editors: Textbook of Veterinary Internal Medicine, ed 7, St Louis, 2010, Elsevier.

Ihrke PJ: Pruritus. In Ettinger SJ, Feldman EC, editors: Textbook of Veterinary Internal Medicine, ed 7, St Louis, 2010, Elsevier.

Lewis DT: Dermatologic disorders. In Schaer M, editor: Clinical Medicine of the Dog and Cat, London, 2010, Manson.

Mueller RS, Bettenay SV: Skin scrapings and skin biopsies. In Ettinger SJ, Feldman EC, editors: Textbook of Veterinary Internal Medicine, ed 7, St Louis, 2010, Elsevier.

眼科检查

眼球及附属器

在进行眼部更详细的检查以前，需要先进行眼球及眼周外部结构的检查。在正常日光或室内灯光下检查眼球，并观察眼球与眼眶和眼睑的结构关系。无论有无使用阿托品，留意双眼是否处于同一水平轴上。留意是否存在单侧或双眼的凸出；存在与否会影响双侧眼眶对称性的其他面部损伤（如面瘫）。观察眼球的外部结构（眼睑、结膜、角膜、巩膜和泪器），留意眼睑的位置、睑裂的大小、瞬膜的位置，以及是否出现眼球震颤（眼球无意识地快速摆动）、瞳孔大小不等、眼睑痉挛（眼睑的强制性痉挛）、睑裂闭合不全（眼睑下垂）或过多的眼部分泌物。

眼紧张反射

眼紧张反射用于评估眼外肌的功能和定位 CNS 损伤位置。第Ⅲ脑神经（动眼神经）、第Ⅳ脑神经（滑车神经）和第Ⅵ脑神经（外展神经）支配眼外横纹肌，因此还应检查这三对神经。第Ⅳ脑神经支配背侧斜肌；第Ⅵ脑神经支配外直肌和部分的眼球收缩肌；而第Ⅲ脑神经支配内直肌、腹直肌和腹斜肌，以及上睑提肌。瞳孔扩大由前三对胸椎发出的节前神经、前胸和颈部交感神经干、前胸和颈神经干的节后神经、前段的颈神经和交感神经，经过中耳到达眼眶和瞳孔扩张肌而控制。第Ⅲ脑神经的副交感神经纤维支配瞳孔括约肌。评估第Ⅲ脑神经的完整性可通过检查：①瞳孔的大小和对称性；②瞳孔对光的反应性；③是否出现上睑提肌麻痹导致的上眼睑下垂；④是否出现由动眼神经麻痹造成的（与人类不同）鼻侧斜视。在患有动眼神经麻痹，但伴随有正常瞳孔反射的动物中，若所有由第Ⅲ脑神经支配的外眼肌均受到影响，则应怀疑动物有颅内损伤。如果单个的外眼肌受影响，则可能存在外周神经损伤。若动物患有动眼神经麻痹并伴有瞳孔散大，则应怀疑存在眶内或颅内损伤。

滑车神经麻痹会引起短暂的斜视，并导致轻微的额侧斜视（罕见）。患病动物会通过头部倾斜来补偿视觉上的受限。展神经麻痹会导致受影响的眼球向内侧（鼻侧）倾斜而不能向外侧凝视。

评价外眼肌时，同时评价颈紧张性和眼紧张性反射也是非常重要的。将动物的鼻部抬高，采取前肢伸展、后肢屈曲的体位。当鼻部被抬高时，眼球应保持在睑裂中心并保持聚焦。头部偏向一侧会引起另一侧颈部伸肌的紧张性升高。眼球震颤是指眼球异常地、无意识地快速运动，提示前庭神经束存在某种程度的异常；震颤的眼球可能呈水平、垂直、旋转或混合移动。在正常的动物中，头部往水平方向倾斜（头部快速地向水平方向倾斜）可能会见到眼球震颤。正常的眼紧张反射表示脑干、外周前庭系统以及到达眼睛的运动传出通路正常。眼紧张反射并不由眼观决定。

瞳孔对光反射

第Ⅱ脑神经（视神经）源于视网膜的视神经乳头。猫约 66% 和犬约 75% 的视神经纤维在视神经交叉处相互交叉成角。视神经由两部分组成：一部分是位于脑干内，穿过瞳孔中心的纤维；另一部分是位于丘脑内，发射冲动至大脑视皮质的纤维。第Ⅱ、Ⅲ脑神经保持完整才能确保正常的瞳孔对光反射。正常情况下，直接的瞳孔反射是指将一束光照射到单侧眼后可观察到瞳孔的收缩（缩瞳）。光线移除后瞳孔大小应马上恢复。同感性瞳孔对光反射，是指将一束光照射在单侧眼后，观察另一侧眼的瞳孔收缩情况，正常状态下，没有接收光线的眼应同时发生缩瞳。

眼球外观

留意巩膜的颜色，有无结节、出血、创伤、囊肿和肿瘤。正常的巩膜是白色到蓝白色的。若巩膜变得异常薄，下层的葡萄膜会显现出来而导致巩膜呈蓝色。检查是否发生葡萄肿，是否影响到巩膜血管以及继发水肿。表层巩膜炎会导致巩膜的局部炎症，而深部的眼科疾病如青光眼和葡萄膜炎则会导致广泛性的血管充血。

正常的角膜应该是光滑、湿润、没有血管、透明澄清的。留意角膜有无溃疡或混浊。轻微的混浊称为角膜翳；较浓浊的称为白翳。幼犬的角膜比成年犬朦胧，呈云雾状，因此限制了 4~6 周龄动物的眼科检查。角膜的疾病，如角膜炎、色素沉着、变性、创伤和肿瘤通常会改变角膜的透明度。可以通过一小束干棉花轻触角膜来检测其敏感性。

局部使用荧光素眼科检测试纸是常规的角膜损伤的诊断测试。若角膜上皮存在任何损伤，则荧光素能快速地通过损伤处进入基质而形成深绿色，使损伤部位显露出来。在深部角膜溃疡的病例中，荧光素可能直接进入前房内。若上皮表面开始再生，则不再出现荧光素的绿色。玫瑰红染料能使细胞以及细胞核着色。染液会选择性地使受损的角膜和结膜上皮变成肉眼可见的红色。这种染液测试法主要用于识别由干燥性角膜炎引起的角膜和结膜损伤。

若角膜存在溃疡，应注意溃疡的边界是否规则，是浅层的溃疡还是深层的溃疡。随着溃疡病程的发展会逐渐成为深部溃疡，此时预后谨慎。建议对深部的溃疡进行细胞培养，并取溃疡边界刮取物进行吉姆萨染色，确定细胞种类。发生深部溃疡时还应留意是否发生前粘连、虹膜脱垂、虹膜睫状体炎、白内障、晶状体脱出、瘘管以及出血。

留意角膜上是否出现血管。血管化发生的深度一般与引起血管化的原因有直接关系。浅层血管化一般与浅表角膜炎、浅表溃疡或角膜翳有关；而深部的血管化则通常提示有深部角膜基质损伤、葡萄膜炎或青光眼。

查找角膜背侧面有无沉淀物（角膜后沉淀物）。这些沉淀物的大小和形状均不相同，但它们的存在通常指示有传染性疾病发生（如猫的传染性腹膜炎）（图 2-16）。

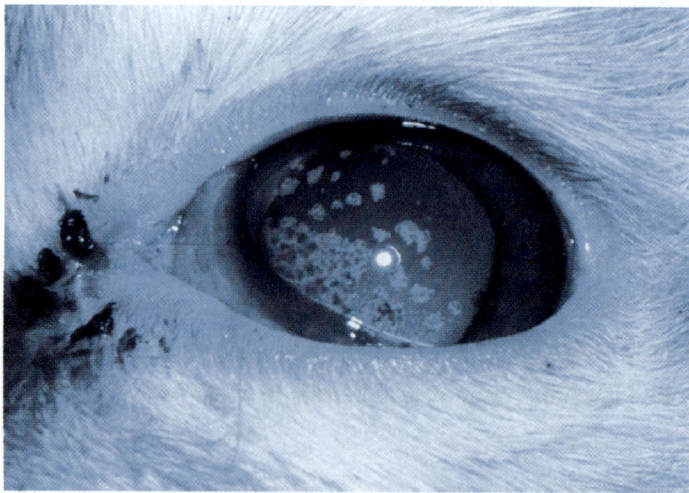

图 2-16　一只猫传染性腹膜炎（FIP）患猫的角膜后沉淀物

视觉评估

视物能力和反射用于评估犬猫的视觉。最常用的视觉测试是"恫吓反射"。该测试的具体做法是将手或物体快速向动物眼球方向移动，观察动物是否出现眨眼。但是，即使在失明的动物中，若运动引起的气流刺激到角膜，也会引起眨眼反射。通过在动物面前重复地抛棉球，评估动物视线是否跟随棉球的运动轨迹，来确定动物的视物能力。在某些病例中，分别评价双眼的视力非常重要。可用黏胶带或封口胶纸作为暂时的障碍物来遮盖其中一只眼，另一只眼则进行上述的视力测试，然后重复相同步骤测试另一只眼的视力。穿越障碍训练也可用于评价视力，可在检查室的地板上用泡沫圆筒堆砌出障碍物。检查室内的灯光强度没有硬性规定，两只眼可交替进行穿越障碍训练，更有助于发现眼部的损伤。

注意：失明的犬猫能记得熟悉的环境，如家中障碍物的位置，给主人造成视力正常的假象。

眼眶的检查

观察眼眶的大小，查找有无肿胀、受压、瘘管或边缘发生撕裂。如果眼眶增大，注意肿胀是硬性的还是软性的，是否伴有疼痛。动物眼球后脓肿会导致眼球突出，伴有疼痛、眼球固定不能动、结膜水肿、眼睑水肿、张口时疼痛。眼眶肿瘤可能不伴有疼痛。眼眶球后出血或眼眶骨折可能是由车祸导致的严重头部创伤引起。眼球内陷可能是由眼窝内容物收缩（如眼部损伤后的眼球痨）、霍纳氏综合征中交感神经麻痹或恶病质导致的眼球后脂肪减少以及脱水所致。

眼睑的检查

留意动物眼睑边缘有无炎症，是否发生眼睑不能闭合（睑裂闭合不全）。眼睑应与眼球接触，从而防止泪液以及碎屑的积聚。犬上眼睑的睫毛以不规则的三行排列，而下眼睑与猫的上、下眼睑均没有睫毛。当检查是否存在眼睑内翻或眼睑外翻时，不要保定动物的头部，因为这可能会改变正常的眼睑－眼球关系，从而导致误诊。犬猫的眼睑睑板发育不良，因此检查眼睑相对容易。观察眼睑的边缘来确定有无眼睑内翻、眼睑外翻、倒睫（睫毛异常地朝向角膜生长）或双行睫（双行的睫毛，有些朝向角膜生长）。观察眼睑是否发生睑球粘连（睑结膜和眼球粘连），或是否发生肿胀、水肿、发红以及局部炎症，如内部或外部的麦粒肿（sty，或眼睑皮脂腺的炎症）。检查眼睑边缘，查看有无任何的增生。老龄犬最常见的良性上皮增生物是乳头状瘤，最常见的良性附属器官性增生物是皮脂腺瘤。

结膜的检查

留意结膜是苍白、充血、色素沉着、出血，还是黄染。结膜的下部或腹侧一般比上部充血更为明显。正常的犬猫偶见结膜色素沉着，尤其会出现在表层的球结膜上。通常可以在结膜的表面见到一些小囊泡，尤其在正常犬猫的第三眼睑上。留意结膜是否相对光滑和干燥，还是过度湿润或异常充血。留意有无任何的结膜撕裂或糜烂，可使用荧光素检查是否发生撕裂或糜烂。进行结膜的初步检查后，可能还需要进一步的检查，如泪液产生试验、细菌培养、细胞学检查或使用染色剂。

结膜炎（又称"红眼病"）是一种常见但很复杂的疾病，可涉及单侧或双侧眼球。当犬猫出现"红眼"时，评判是由表层血管充血所致，还是由眼部更深层存在的问题所致是至关重要的。结膜炎的鉴别诊断在表2-10中列出。

表2-10　结膜炎、虹膜炎以及青光眼的鉴别诊断

项目	急性结膜炎	急性虹膜炎	急性青光眼
发病	渐进	急性	急性
疼痛	无至轻度刺激	相当严重	相当严重
分泌物	黏液性或化脓性	泪液样	无
视力	不受影响	轻微下降	可能明显下降
结膜	浅层充血	深层角膜缘和睫状体充血	深层结膜、虹膜外层和睫状体充血
角膜	清澈	角膜上可能出现异常沉着物	云雾状，感觉不敏感
虹膜	不受影响	混浊、充血；可能出现虹膜后粘连	充血，位置前移
瞳孔	正常	收缩	扩张
前房	不受影响	可能会含有细胞、浊斑和渗出液	变浅
压痛感	无	睫状体上存在	一般无
眼内压	不受影响	偏低	偏高
全身症状	无	轻度	轻度至中度症状

瞬膜（第三眼睑）

瞬膜的眼睑面（外层）和眼球面（内层）均应进行检查。瞬膜的前表面正常应该是光滑的，前缘一般有色素沉着。可通过滴入2~3滴局部麻醉药（盐酸普鲁卡因）来检查瞬膜的眼球面。使用棉签或小的无创性组织镊可翻转第三眼睑，从而可以检查瞬膜腺。瞬膜的眼球面一般会含有少量小囊泡。以下是一些常见的第三眼睑异常：撕裂、软骨外翻、突出、炎症，以及瞬膜腺增生（"樱桃眼"）、异物和肿瘤。

泪器的检查

泪液的过度分泌（泪溢）和分泌不足（干燥）是重要的泪器疾病，能通过泪液试纸条轻易地确诊。泪液的基础分泌主要来源于睑板腺、结膜腺以及副睑板腺。而泪液的刺激分泌则来自泪腺和副泪腺。泪液试纸条的具体用法是将单个试纸条置于下眼睑内并停留 1 min。正常犬 1 min 产生的泪液可浸湿 10~25 mm 的泪液试纸条。双眼均应进行泪液分泌量的测试。框 2-5 列出了犬猫正常的泪液分泌量。

留意泪孔和泪囊区域有无肿胀、变红或疼痛。泪液的过度分泌可能是分泌增加、泪液排泄受阻或生理性增多。当出现泪液过度分泌时，必须鉴别是分泌增加（如由于长期的眼部刺激而引起的泪腺分泌增加，见于双行睫或倒睫），还是泪液排泄受阻（如由于泪管等泪液排泄系统的部分或完全堵塞而引起的泪液分泌增加），或是生理性增多（如由暂时的刺激引起，比如犬在来医院的路上把头伸到车窗外吹风，导致角膜干燥）。

荧光染色可用于评估鼻泪管是否通畅。具体的检查方法是：往动物的眼内滴入 1 滴无菌荧光染色液，再滴入 1~2 滴无菌洗眼液，2~5 min 后，在钴蓝滤光镜或伍德氏灯下检查外鼻孔有无荧光染色液。如果有，表明泪液排泄系统是通畅且功能正常。如果存在有泪溢，但染色测试提示泪液排泄系统通畅，则泪溢的原因可能是泪液的过度分泌。

如果染色测试结果为阴性，则应进行鼻泪系统的灌洗。在犬中，鼻泪孔位于上、下眼睑，距内侧眼眦 1~3 mm 的黏膜与皮肤交界处。犬使用 20~22 G（猫使用 23 G）鼻泪插管，施行局部麻醉。用 3 mL 注射器抽取 1~2 mL 生理盐水，与插管相接，从上眼睑的泪孔中插入；在下眼睑重复上述技术（参阅第 4 部分中鼻泪管检查）。

在评价鼻泪系统时应注意以下几点。短头的犬猫即使鼻泪系统没有堵塞，也偶见染色测试阴性。在冲洗鼻泪系统时，某些动物可能不会在鼻部观察到冲洗液；但可观察到这些动物作呕吐状和吞咽动作，表明鼻泪系统通畅，而冲洗液已进入口腔。

框 2-5　正常的泪液分泌量
犬：1 min 分泌的泪液可浸湿 10~25 mm 的泪液试纸条
猫：1 min 分泌的泪液可浸湿超过 10 mm 的泪液试纸条

前房的检查

对前房进行检查，观察其深度；留意眼介质的透明度变化，如前房积脓、前房积血、纤维蛋白的存在或异物。检查是否发生前粘连，确保晶状体位于正常的位置上。前房引流角在犬中若不使用前房角镜（后面章节讨论）则很难看到。大的肿瘤和某些前粘连可以利用放大镜和集中的光源观察到。

虹膜的检查

　　每只眼的虹膜颜色可能会不同。观察虹膜的形状和大小，变厚和颜色变浊的虹膜提示葡萄膜有渗出。检查是否存在虹膜萎缩、撕裂、粘连、瞳孔残膜、虹膜震荡、虹膜根部离断、结节、肿瘤、囊肿或缺损。检查虹膜的瞳孔边缘，查找有无萎缩或后粘连到晶状体囊前的征象。完全的后粘连会导致虹膜屈曲并继发青光眼。

　　使用弥散光或集中光检查双眼的瞳孔。检查瞳孔的大小、形状以及对称性，并对双眼进行直接对光瞳孔反射和同感性瞳孔反射检查。留意双眼瞳孔是否存在差异。留意双眼瞳孔大小是否相同，使用不同强度的光线照射后，双眼瞳孔变化的幅度是否也相同。瞳孔大小的不同可能是由生理性或病理性因素引起。

注意： 交感神经兴奋引起瞳孔扩大；副交感神经兴奋引起瞳孔收缩。

晶状体的检查

　　瞳孔必须扩张到足够大才能检查晶状体。晶状体的检查需要在集中的光源下，使用检眼镜或裂隙灯进行。检查晶状体是否存在色素沉着、粘连和混浊（白内障），检查晶状体的位置（半脱位或全脱位）以及有无缺失（无晶状体）。晶状体随动物年龄增长会发生折光率变化，常见于 7 岁以上的犬和 8 岁以上的猫。此现象称为晶状体核硬化，可见瞳孔变为云雾状，呈白色或淡蓝色，动物主人经常把这个现象解释为白内障。患有晶状体核硬化的动物仍具有视力。然而，晶状体真正变混浊才是白内障，此时会损伤视力，导致动物完全失明。

视网膜的检查

　　眼底是指眼球内的部分，包括视盘或视神经乳头、视网膜血管、明毯和暗毯。完整的眼底检查需要扩张虹膜（使用 1% 的托品酰胺点眼液），药物需要 15~20 min 才起效。然后在暗房内检查双眼眼底。检查动物右眼眼底时，临床兽医用右手握检眼镜，并用右眼观察。从屈光度为 0 D 开始进行检查，检眼镜与被检眼距离保持在 20 in（50.8 cm）。观察瞳孔反射以及绒毡层反射。将检眼镜移至被检眼前 1 in（2.54 cm）内，将屈光度调至 1~3 D（旋钮中的红色数字 1~3），观察视盘与视网膜。如果不能马上观察到视盘，则沿着视网膜血管查找。逐步将屈光度调高（黑色数字），使检眼镜聚焦在眼内更靠前的结构中进行观察。

扩展阅读

Gelatt KN: Veterinary Ophthalmology, ed 4, Philadelphia, 2007, Lippincott, Williams & Wilkins.

Maggs DJ: Ocular manifestations of systemic disease. In Ettinger SJ, Feldman EC, editors:Textbook of Veterinary Internal Medicine, ed 7, St Louis, 2010, Elsevier.

耳部检查

耳部检查最重要的方面是在动物静息时进行仔细检查。耳部疼痛的体征（如耳周毛发脱落减少、抓挠或摩擦耳周、频繁地摇头或偏头）有助于定位患部的具体位置。从外观进行双耳的对比，观察皮肤有无炎症的症状（肿胀、发红或皮屑）。移动和触摸正常的耳郭应不会引起疼痛。查找外耳道是否存在分泌物或流血。

使用检耳镜检查耳道。使用洁净或无菌的耳道开张器，且应避免重复使用，除非开张器经过彻底的清洗和干燥。可能的话，尽量先检查正常的或未受感染的耳朵。检查耳道时，临床兽医用一只手握住检耳镜，用另一只手的拇指、食指和中指夹住耳郭（图 2-17）。轻柔地将开张器置入耳道，通过开张器观察外耳道。缓慢且小心地将耳往外拉，同时将开张器的尖端向内伸，使外耳道变直。根据耳道直径的不同选择不同型号的开张器。

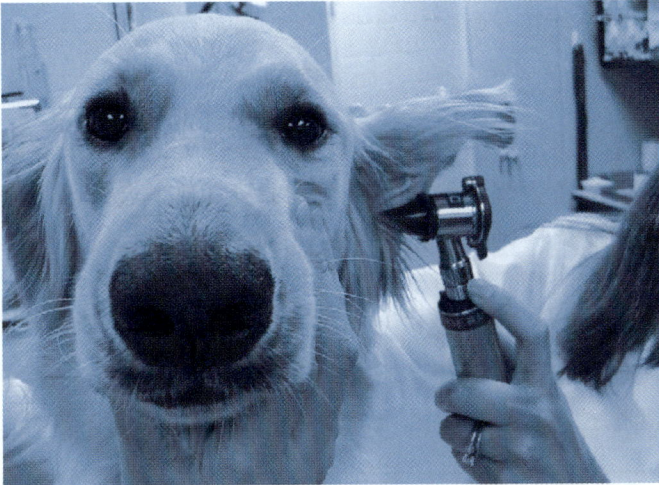

图 2-17　进行外耳道检查时检耳镜的位置与握法。一旦将开张器正确地置于外耳道内，则需要将耳郭轻轻地往下往外拉，以便于临床兽医观察整个耳道及鼓膜

注意： 直径大的开张器会限制伸入耳道的深度，因此耳道内的结构不一定都能观察到，尤其是鼓膜。

鼓膜（耳膜）是一层灰白色的薄膜，中间有一白色弯曲骨（锤骨）穿过，在鼓膜的背侧缘可以观察到血管（图 2-18）。应尽一切方法来观察耳膜，但是，由于犬的外耳道远比人类的弯曲和长，因此，使用检耳镜深入耳道内观察耳膜对犬猫来说是一个非常不适的过程，所以动物进行此项检查需要镇静或全身麻醉。耳膜由小的上部、松弛部和大的下部、紧张部组成。耳膜将水平耳道和中耳分隔开。熟练使用检耳镜后，可观察到紧张部的后部。耳膜的紧张部颜色较暗，这是由于紧张部下中耳的鼓泡可通过耳膜观察到。耳膜通常可在小于 1 岁的幼龄犬上观察到，而老龄犬的耳膜则较难观察，这是由于耳道逐渐变窄，耳膜的紧张部被松弛部遮盖，耳道的内衬遮盖耳膜或耳膜破裂，这些表现在患有慢性外耳炎的犬中常见。

耳膜任何的异常变化，如肿胀、变红、半透明性消失或耳膜消失均应记录下来。怀疑耳膜穿孔或需要进行彻底的外耳道检查时，需要对动物进行全身麻醉。

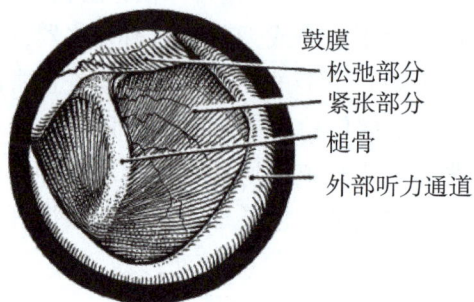

鼓膜
松弛部分
紧张部分
槌骨
外部听力通道

图 2-18　通过检耳镜观察到的犬的鼓膜外表模式图

外耳道的清理

外耳炎常与耳垢、渗出、细菌感染，耳道内外积聚皮肤组织碎屑有关。尤其是贵宾犬、贝灵顿㹴和凯利蓝㹴等品种的外耳道内生长耳毛，会妨碍用检耳镜对耳道进行检查。如果耳道内积满碎屑，则应先把耳毛清除，可以通过拔毛（抓住耳毛，快速拔出）来完成。在耳道仅有微量感染、轻度碎屑积聚的犬猫上，推荐使用药物治疗，不推荐使用棉签来清除耳道深部的碎屑。向外耳道内慢慢灌入油剂洗耳液，按摩耳部，每天 3~4 次，会使碎屑松散不聚集，不黏附于耳道或毛发上，从而治疗感染的患耳。耵聍溶解剂具有刺激性，一般不使用。棉签可用于清除外耳道的外部碎屑。

注意：不推荐使用棉签来清除外耳道深部的碎屑。

耳道深部的清洁应该在全身麻醉并且有器械（如使用检耳镜）配合的情况下进行。简单的外耳道清洁最好使用刺激性弱的温水溶性溶液，这有利于使用检耳镜对耳道进行完整的检查。不推荐使用棉签清理耳道，因为棉签可能会挤压碎屑进入耳道的更深处，从而引起耳膜破裂。

患有慢性耳炎、组织发炎或外耳道有分泌物的动物需要进行细菌培养和药敏试验。在使用检耳镜等器械观察外耳道前，需要先清理耳道内的碎屑和分泌物。一般使用无毒的清洗液缓缓滴入外耳道作为检查前的耳道清理。目前市场上有多种此类耳道清洗液。大部分清洗液含有 2% 的乙酸或硼酸、丙二醇以及硫酸二辛基（DSS）。3-EDTA 溶液是一种碱基诱导剂，可向耳道内缓缓滴入 5 mL 该溶液，能起到软化碎屑和促进碎屑排出的作用。在施行全身麻醉术后，对患有慢性感染性耳病的动物，推荐使用高速水流（温水）联合耳环（ear loop）来清洗耳道。保持冲洗的水流与外耳道平行，并且呈旋转式地持续喷射。多余的水和冲洗出来的碎屑流入水槽或水池内。清洗以后重新检查耳道，并用棉签或吸引器小心地弄干耳道。这种清洗耳道的方法禁用于鼓膜破裂的动物。

扩展阅读

Logas D: Ear-flushing techniques. In Bonagura JD, Twedt DC, editors: Current VeterinaryTherapy XIV, St Louis, 2009, Elsevier.

Radlinsky MG, Mason DE: Diseases of the ear. In Ettinger SJ, Feldman EC, editors: Textbook ofVeterinary Internal Medicine, ed 7, St Louis, 2010, Elsevier.

2

淋巴结和甲状腺的检查

临床病史

动物主人很少因动物的一个或多个淋巴结增大而带其到动物医院就诊。更不可能因动物甲状腺增大而带去就诊。临床兽医在对动物进行检查时，一定要仔细检查动物体表淋巴结和颈部腹侧的甲状腺是否有异常增大。

检查

在任何临床检查中，无论动物的年龄大小，都要检查其体表淋巴结和甲状腺的大小、硬度、对称性以及位置。在检查皮肤和被毛时，可以同时完成淋巴结和甲状腺的检查。对于表现正常的患病动物，一般通过触诊小的、对称性的下颌淋巴结和腘淋巴结来完成对淋巴结的检查。而其他几对体表淋巴结，如颈浅淋巴结（又称肩胛骨前淋巴结）、腋淋巴结和腹股沟淋巴结，因为比较小（或不能到达解剖位置，如腋淋巴结），所以在它们都正常的情况下，一般无法触诊。在年龄、体重和品种相似的犬猫中，淋巴结的大小（数量）和质地都有很大的区别。注意检查淋巴结是否有单个或多个的显著不对称或增大。当所有或部分，甚至是一个淋巴结增大时，推荐进行细针穿刺和细胞学检查。而对于特别小以至于无法触摸到的淋巴结，目前还没有具体的临床检查意义。

检查犬猫左右两侧的甲状腺同样很重要。首选的检查方法是从胸廓入口、气管的两侧开始检查，而不是从喉头。（单侧或双侧的）甲状腺增大会造成它们从正常靠近喉头的位置向腹侧移位。在一些单侧或双侧甲状腺增大的病例中，增大的甲状腺可能因进入胸腔前部而无法触及。从胸廓入口开始，沿着颈部气管两侧向前检查甲状腺。

临床检查中，在正常的情况下，甲状腺很难或无法触诊到。发现甲状腺有任何对称或不对称的增大时，都需要引起注意。此外，若摸到单侧或双侧的甲状腺不在喉头两侧的位置，也属于异常情况。

鉴别诊断

不管患病动物的年龄、品种和性别如何，导致单个或多个淋巴结增大的最严重的问题是淋巴肉瘤。然而，也存在一些类似淋巴肉瘤的非恶性原因可以造成淋巴结增大。例如广泛的皮肤病、全身性感染和近期接种疫苗都能造成淋巴结增大。应对单个或多个增大的淋巴结进行细针抽吸活检（参阅第4部分和第5部分中关于淋巴结细针抽吸样本的收集和处理的内容）。对淋巴结细胞病理学检查表明有肿瘤存在的病例，推荐进行淋巴结组织活检（切开）。一般不进行完整的淋巴结切除术（切除活检）。如果发现猫淋巴结增大时，必须检测猫白血病病毒（FeLV）和猫免疫缺陷病毒（FIV）。

甲状腺增大（甲状腺功能亢进）在成年及老年猫中的报道比犬更多见。大多数报道的猫病例中，甲状腺增大都被诊断为良性的增生，只有15%的猫被诊断为甲状腺腺瘤。猫甲状腺增大时，很少进行细针穿刺活检和切开活组织检查，而常抽取血清检测其中的甲状腺素（T_4），以诊断其是否患有猫甲状腺功能亢进（参阅第5部分）。

犬的甲状腺瘤在所有类型的肿瘤中占比不到4%，占所有头颈部肿瘤的10%~15%。然而，大部分报道的犬甲状腺增大都属于恶性肿瘤。因此，触诊发现犬的甲状腺增大后，需要进行切开活组织检查以确诊病因。虽然甲状腺功能亢进犬中甲状腺良性增生也有报道，但发生概率比猫小。犬甲状腺功能减退是犬最常见的甲状腺疾病，但此时甲状腺的大小、硬度和对称性一般不会发生明显改变。

扩展阅读

Lana SE, Avery A: Canine lymphoma. In Bonagura JD, Twedt DC, editors: Current VeterinaryTherapy XIV, St Louis, 2009, Elsevier.

Mooney CT: Hyperthyroidism. In Ettinger SJ, Feldman EC, editors: Textbook of VeterinaryInternal Medicine, ed 7, St Louis, 2010, Elsevier.

Scott-Moncrieff JCR: Hypothyroidism. In Ettinger SJ, Feldman EC, editors: Textbook of VeterinaryInternal Medicine, ed 7, St Louis, 2010, Elsevier.

肌肉骨骼（整形外科）检查

当动物发生跛行；或运步、奔跑、攀爬、跳跃有困难；或动物主人察觉到动物有疼痛时，就需要进行肌肉骨骼系统的检查。该检查与其他器官系统的检查一样，要求临床兽医在获得动物的病史后，进行临床检查等一系列辅助检查。关注动物的体型、品种、年龄、跛行程度以及疾病的起始、发展，有时候甚至是性别都能为临床检查提供重要的思路（表2-11）。某些体型和品种的犬更容易患特定的骨科疾病。例如，大型且生长迅速的犬一般容易出现骨软骨病，如肩关节、肘关节、膝关节、跗关节的骨软骨炎。此外，髋关节发育不良、冠状突破碎、肘突未连接、骨肿瘤等疾病常见于更大型的犬；而小型、微型、玩具品种犬更易患雷卡佩斯病和髌骨内侧脱位。

表 2-11　骨科检查：病史和临床特征

疾病	体型倾向					品种	性别	跛行等级	发病年龄	发展	进程
	小型犬	中型犬	大型犬	巨型犬	猫						
髋关节发育不良	+	2+	3+	3+	+	很多		II	青年或成年	缓慢	持续、双侧，渐进、频繁
十字韧带综合征	2+	2+	3+	2+	+	罗威纳犬、拉布拉多猎犬、纽芬兰德福斯勃	雄性去势	均有	成年	均有	持续、双侧，渐进、频繁
髌骨内侧脱位	3+	2+	+	+	+	玩具犬	雌性	I、II、III	青年或成年	缓慢	间歇、双侧，渐进、频繁
髌骨外侧脱位	+	+	2+	3+	+	平毛寻回犬、大丹犬、圣伯纳犬、爱尔兰猎狼犬		I、II、III	青年或成年	缓慢	间歇、双侧，渐进、频繁
肱二头肌腱鞘炎	+	+	2+	+				I、II	成年犬	缓慢	间歇、双侧，渐进、偶尔
冈上肌腱的矿化	+	+	2+			罗威纳犬、拉布拉多猎犬		I、II	成年	缓慢	间歇、双侧，渐进、偶尔
肿瘤	+	+	3+	3+	+			II、III	成年	缓慢	渐进，渐进
全骨炎	+	3+	3+	+		德国牧羊犬	雄性	II	青年或成年	迅速	变化、自愈，自愈、多肢
骨软骨炎	+	2+	3+	3+		罗威纳犬、拉布拉多猎犬、大丹犬、德国牧羊犬	雄性	II	青年	缓慢	持续、双侧，渐进、频繁
雷卡偏斯病	3+					㹴犬、玩具犬		II	青年	缓慢	渐进，偶尔双侧
冠状突破碎	+	+	3+	2+		罗威纳犬、拉布拉多猎犬、金毛寻回犬、德国牧羊犬、纽芬兰犬、松狮犬、伯恩山犬	雄性	I、II	青年或成年	缓慢	持续，渐进
肘突未连接	2+	3+	+			德国牧羊犬、巴塞特猎犬、英国斗牛犬	雄性	II、III	青年	缓慢	持续，渐进
肥大性骨营养不良	+	3+	3+					III	青年	迅速	变化、自愈，疼痛、厌食、发热

由 Schrader SC, Prieur WD, Bruse S 修改的诊断过程：historical, physical, and ancillary examination. 由 Olmstead ML 编辑的：Small animal or thopedics, St Louis, 1995, Mosby.

注：3+，频繁；2+，有时；+，很少。

在检查中，年龄可以为疾病的诊断提供思路。幼年犬的鉴别诊断和成年犬的肯定有所不同。例如，二级前肢跛行的隐性发生和渐进性发展可能提示动物患有肩关节的剥脱性骨软骨炎，常发于幼年动物；而面对相同品种的成年犬，临床兽医则不应首先考虑此病。

检查

有时候，骨科检查最难的是定位患病部位。例如，跛行是犬进行骨科检查最常见的原因，然而，如果要定位患肢，确定病因（肌肉或者骨骼）则十分困难。

通常，必须先分清跛行是骨骼还是神经系统的问题。在全面的骨科检查前，先对动物的脊柱和患肢的神经系统进行粗略的检查。在进行神经学检查时，必须要仔细。几种常见的骨科疾病，如双侧髋关节或膝关节畸形，都可能表现出神经症状。患病动物一般不愿意用双腿负重。但是，临床兽医在进行神经学评估时可能因动物本体感受缺乏而被误导。

动物存在"点头"症状时，常表明其发生跛行。当有问题的前肢触地时，动物抬起头；当有问题的后肢触地时，动物低下头。这个动作可以减轻患肢的负重。患肢侧的步幅会减小，而且患肢的负重时间会缩短。在患髋关节发育不良的年轻犬中，或在继发于十字韧带断裂后的半月板异常犬的骨科检查中，有时候能听到摩擦音。

触诊和处理

如果可能，最好先在未镇静的情况下检查患肢，判断动物不适或不安的来源。从脚趾往上对患肢进行触诊检查。检查完患肢后，将动物翻转过来进行另一侧的检查，健肢可以作为正常对照（当不是双侧肢均有问题时）。当双侧检查认为有异常时，一定要反复地仔细检查以确定异常是否存在。最后，让动物重新运步，因为在检查后其跛行程度经常会加重。框2-6列出了骨科疾病患病动物的主要临床症状。

框2-6　骨科疾病患病动物的主要临床症状
局部炎症（红肿热痛和功能减退）
肌肉萎缩
肌肉震颤
支配患肢运动的主要肌群出现萎缩
松弛、渗出、捻发音
局部温度升高

- 存在炎症症状：红、肿、热、痛或功能减退
- 存在肌肉萎缩、肌肉震颤、患肢有明显的肌肉萎缩或疼痛区域
- 存在松弛、渗出、捻发音、局部高温、运动范围改变或关节稳定性降低

- 与对侧健肢相比，患肢关节的活动性降低
- 将重心移向健肢
- 健肢的脚趾比患肢的脚趾分得更开
- 将重心移向前肢或后肢时，动物会弓背
- 当重心移向后肢时，后肢的立位分得更开
- 患肢的趾甲比健肢的长（注意：趾甲特别短或趾甲背侧有磨损通常代表动物本体感受缺失，而不是肌肉骨骼的问题）
- 患病的骨骼或关节处出现由动物自身造成的皮肤创伤（舔）
- 某些特殊品种的动物有相应的不同的典型姿势

触诊的目的通常只是为了确定引起动物不适或疼痛的部位。应结合疼痛的位置和其他已知的信息做出诊断。例如，在触诊一只幼年德国牧羊犬的肘关节时，若发现其有疼痛表现，则临床兽医首先想到的是肘突未连接而不是尺骨内侧冠状突破裂。比起德国牧羊犬，内侧冠状突破裂要更常见于寻回犬、罗威纳犬、巴赛特猎犬和伯恩山犬。

前十字韧带断裂

犬前十字韧带断裂的临床表现变化多样，发病可以是急性、慢性或隐性的。可以表现为不同的跛行等级，然而，绝育的中年肥胖犬其跛行程度常从Ⅱ级发展到Ⅲ级。进行抽屉试验，常常能感觉到关节明显的松弛，而在疾病的早期或晚期，松弛常常不太明显。在该病的早期，韧带虽然开始退化但仍然完整，而到了晚期，韧带就开始严重退化甚至撕裂，但此时关节纤维化减少了关节的松弛度。反复进行膝关节检查来诊断十字韧带综合征，需要在动物镇静或全身麻醉的状态下进行。当出现阳性的抽屉试验结果，胫骨在股骨上向内侧旋转且膝关节内侧增厚时，表明十字韧带存在异常。在做抽屉试验时，让膝关节做不同程度的屈伸运动。若关节正常，由于韧带伸展所限，膝关节的活动范围也会受限。出现异常时，多表现为当胫骨达到活动极限位置后，还可以继续运动一小段，表明此时患病动物的十字韧带处于退化的早期阶段，存在部分撕脱。如果十字韧带处于退化的晚期阶段，关节发生纤维化，则存在较严重的撕脱（4 级）。

髋关节发育不良

髋关节发育不良的临床症状包括跛行、步态异常、不愿意运动、后肢肌肉萎缩。可以通过评价关节的松弛程度，用于筛查小型犬的髋关节发育不良或者诊断临床出现跛行症状的犬。虽然这些征象均不能确诊髋关节发育不良，但需要按顺序逐步进行检查。虽然确诊该病必须进行 X 线片检查，但它不是第一项要做的检查，因为这样将会忽略其他诊断或并发症。

X 线片检查

与病史和临床检查一样，X 线片检查在患病动物的骨科检查中发挥着重要的作用。需要进行两个体位（侧位和正位）的 X 线片检查，通常能揭示明显的骨科疾病。偶尔还需要斜位 X 线片来帮助分析患病动物的情况。必要时，还需要特殊的成像技术如 CT、骨扫描、关节造影等。在兽医学中一直有一个误解，即兽医把 X 线片检查用于评估骨科问题的严重程度，并用它来指导临床治疗或预后。例如，在 X 线片检查中发现犬患有肩关节剥脱性骨软骨炎时，除非动物出现跛行加重，否则没有必要进行手术探查。仅凭 X 线片检查来评价退行性关节疾病的严重程度通常很困难，而且还容易发生误导；只有非软骨变化如夹板，才是能在 X 线片上看到的变化。而对于严重的非侵蚀性炎性关节疾病，临床兽医也很难在 X 线片上发现异常。患病动物的骨科 X 线片检查指南见框 2-7。

框 2-7　患病动物的骨科 X 线片检查指南

必要时，同时拍摄健肢的 X 线片来对比鉴别可疑的病灶。当怀疑膝关节、肘关节、腕关节和跗关节的侧韧带有损伤时，应该在其应力的情况下拍摄 X 线片

怀疑动物发生剥脱性骨软骨炎、肱二头肌腱鞘炎和冈上肌腱的钙化时，要对动物的双侧肩关节进行 X 线片检查

当怀疑动物患有肘关节发育不良时，要进行双侧肘部的 X 线片检查

在怀疑动物患有肩关节骨软骨病时，需要拍摄 X 线片检查其双侧肘关节是否存在发育不良

当诊断出动物患有肘关节发育不良时，也要对其双侧肩关节进行 X 线片检查

当怀疑动物的十字韧带有问题时，要对其双侧的膝关节进行 X 线片检查

当怀疑动物有髋关节发育不良或髋关节有退行性病变时，要对其双侧的髋关节进行 X 线片检查

当怀疑动物的十字韧带有问题时，要对其双侧的髋关节进行 X 线片检查

在辅助保定下呈仰卧位，对髋关节进行 X 线片检查，观察髋关节角度（帮助评定幼年犬是否有患髋关节发育不良的趋势）

其他诊断方法

除 X 线片检查外，兽医还可以用其他的辅助方法来完成骨科检查。采用关节穿刺术来分析关节液是一种常见的诊断方法（表 2-12）。其他诊断方法还包括关节镜检查、类风湿因子测试、抗核抗体检测、莱姆病测试、滑膜活检以及其他血清学测试和免疫复合物的检测。

扩展阅读

Fox SM, Jones BR: Musculoskeletal disorders. In Schaer M, editor: Clinical Medicine of the Dog and Cat, London, 2010, Manson Publishing.

Goldstein RE: Swollen joints and lameness. In Ettinger SJ, Feldman EC, editors: Textbook of Veterinary Internal Medicine, ed 7, St Louis, 2010, Elsevier.

表 2-12　关节液分析

项目	正常	退化	关节血肿	风湿	红斑狼疮	肿瘤	无菌性	细菌感染性
颜色	无色或淡黄色	淡黄色	红色	黄色微带血色	黄色微带血色	黄色微带血色	黄色微带血色	黄色，血红色
混浊度	清亮	清亮至轻微混浊	微带血色	轻度混浊到中度混浊	轻度混浊到中度混浊	轻度混浊到中度混浊	轻度混浊到中度混浊	混浊到脓性
黏稠度	正常	正常	降低	降低	降低	降低	降低	降低
黏蛋白凝块	良好	良好	一般	不良	一般	良好	一般	不良
红细胞	极少	少量	大量	少量到中等	少量到中等	少量到中等	少量到中等	中等
白细胞	$(0.1\sim2.0)\times10^3$个/μL	少量	中等	显著	显著	中等	中等到显著	显著
中性粒细胞	1%～10%	少量	中等	大量	大量	中等	中等	大量
淋巴细胞	50%～60%	中等	少量	少量	少量到中等	少量	少量到中等	少量
巨噬细胞	极少	中等	少量	少量	少量到中等	中等	中等	少量
滑膜细胞	中等	中等到大量	极少	少量	少量	中等	少量到中等	少量
滑膜血糖比	0.8：1.0	0.8：1.0	1.0	0.5：0.8	0.5：0.8	0.5：0.8	0.5：0.8	<0.5
其他细胞	如有血液，可见极少量的中性粒细胞和红细胞			吞噬细胞	红斑狼疮细胞	肿瘤细胞		由于存在微生物，故可见细胞毒性反应
病因	构型年龄 骨软骨炎		外伤 出血性疾病	类风湿性关节炎	红斑狼疮	滑膜瘤 骨膜瘤 结缔组织瘤	外伤，局部炎症，免疫介导的莱姆病，病毒，立克次氏体，支原体	出血性伤口

由 Wilkins RJ 改编：Joint serdogy, editor: Disease mechanisms in small surgery, Philadelphia, 1993, Lea 和 Febiger.

神经系统检查

神经系统的检查是为了：①定位外周或中枢神经系统中的损伤；②评估神经系统中的疾病或损伤程度；③如果可能的话，评估影响神经系统的疾病或损伤的性质；④确定神经症状的病因。

神经学检查最难的是确定动物表现出来的症状是原发性的神经问题还是继发症状（如血管受损、肿瘤、免疫介导性反应、中毒或感染）。

2

病史

应对动物的品种、性别和年龄进行记录，结合主诉的问题可以帮助临床兽医在进行病史回顾时有针对性地进行问诊。某些动物品种更易发生特定的神经系统疾病，而动物的发病年龄又有助于缩小所怀疑的神经疾病的范围。

病史调查包括曾患的所有疾病和进行过的所有手术，还包括目前出现的问题。询问病史应以目前主诉的问题为中心展开，常见的问题应包括患病动物目前正在使用的药物、可能受过的创伤、免疫记录，以及与患病动物同窝的其他动物及家庭中其他动物的健康状况。

检查

全面的神经学检查分为5个部分：精神状态和行为、步态、姿势反射、脊神经反射、脑神经检查。外周神经正常，部分包含有传入神经、神经元和传出神经的脊髓和脑干正常即可实现完整的反射过程。完成反应所需要的部分与反射基本相同，此外，还需要通过脊髓和脑干的白质进入小脑和大脑的感觉运动皮质区的上行路径，以及从大脑通过内囊和脑干、脊髓白质返回的下行路径（图2-19）。

根据临床兽医的习惯和被检动物的状态，神经学检查的顺序并不固定。但第一步要做的肯定是评价患病动物的精神状态和行为。如果动物非常安静地待在笼内，则应先进行脑神经检查。如果动物表现兴奋或者不安，则可以先进行步态、姿势反射以及其他反射的检查。在动物稳定后再进行脑神经检查。

精神状态和行为

动物主人通常是判断动物行为和发病时间（急性或是渐进）微妙变化的最佳人选。形容动物的这些精神状态以及行为的术语包括嗜睡（通常又被描述为沉郁）、无反应、昏迷、紧张、定向障碍、多动和攻击性强。

颈部脊髓受损导致动物躺卧不起时，一般不会影响它们的精神状态，除非动物想要站立但无法站立时，因恐惧或不安而变得疯狂或过度激动。当发生脑干损伤时，可导致同等程度的四肢瘫痪，极大地影响动物对环境的反应性。

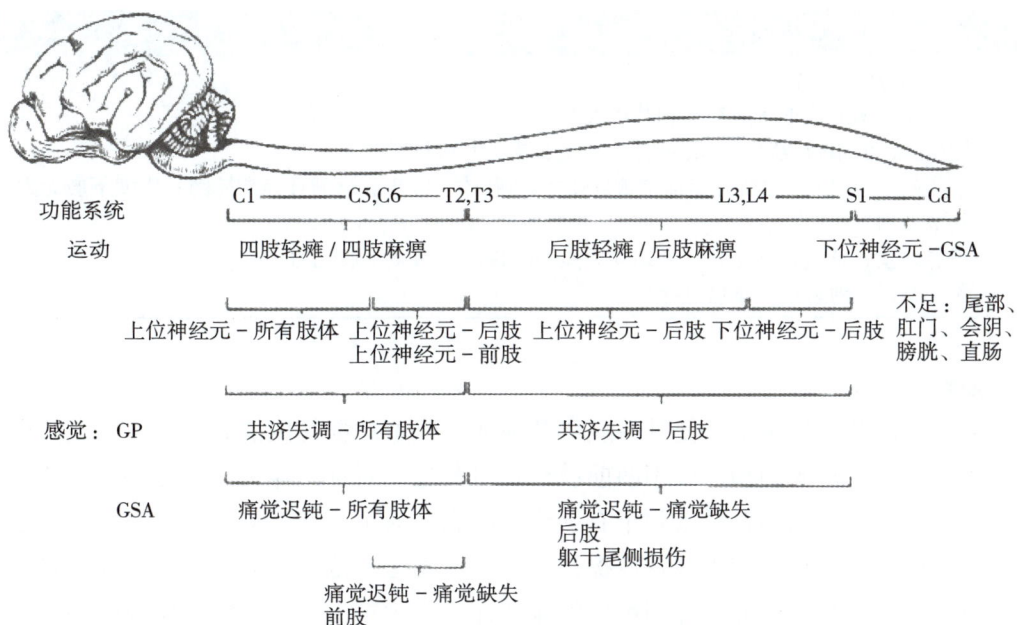

| 功能系统 | C1 ── C5,C6 ── T2,T3 ──────── L3,L4 ── S1 ── Cd |

图 2-19　脊髓及脊髓相关片段的 4 个主要部分的示意

注：C，颈椎；T，胸椎；L，腰椎；S，骶椎；Cd，尾椎；GP，感觉缺失；GSA，脊髓灰质炎

步态

检查动物步态的方法是让其在未佩戴任何牵引带的情况下于平坦地面自由活动。铺有地毯的房间是理想的检查地点。若动物表现有功能性障碍，则需要进行进一步检查其肌肉骨骼的力量和协调性。四肢瘫痪——不能负重或对其肢体施加压力后不能移动肢体的动物，则不需要进行姿势反射的相关检查。0 级下肢麻痹的动物不需要对其后肢进行姿势反射检查，但需要对前肢进行仔细的姿势反射检查。偶尔可见患有进行性脊髓炎的动物出现下肢麻痹，这是由胸腰部的脊髓损伤病灶向四周蔓延所致。若患病动物同时存在颈部脊髓的损伤，且损伤不严重时，可见前肢步态不对称。患有上行性脊髓软化的患犬，其早期表现与急性严重性椎间盘突出有关，表现为前肢运步迟缓、蹒跚、步态笨拙。

重度后肢功能不全的动物，可通过握住动物的尾根将其悬吊起来，进而观察其步态，以评估后肢病情的严重程度。动物后肢功能的分级见框 2-8。

姿势反射

观察完步态的力量和协调性后，可进行姿势反射。尤其是步态看似正常的动物，更需要确定其力量以及协调性是否存在不明显的缺陷。所有姿势反射都需要具有完整的外周神经和中枢神经才能完成。

框 2-8　后肢功能的分级

5——力量和协调性正常
4——能站立；极轻度的下肢轻瘫和共济失调
3——能站立，但跟跟跄跄，屡次摔倒；轻度下肢无力和共济失调
2——不能站立；从旁辅助后，动物能顺利地移动肢体，但步态蹒跚且经常摔倒；中度下肢无力和
　　共济失调
1——不能站立；通过提起尾根辅助站立后能轻微移动；重度下肢无力
0——无法有目的地运动；下肢截瘫

独轮车试验

通过托住动物的腹部，使其后肢离开地面，强迫动物使用前肢行走，以此来检测动物的前肢。正常的动物，使用两前肢行走时其运动对称，伴头部正常伸展。若动物前肢的周围神经、颈部脊髓或脑干有损伤，则表现为不对称运动，同时由于患肢以背侧着地而可能出现跌倒和患肢背侧擦伤。偶尔可见运动范围过大。若这些神经发生严重的损伤，动物会出现低头并用鼻尖触碰地面来作为重力支撑点的动作或趋势。动物若患有影响到颈部肌肉的神经肌肉疾病，则其颈部会表现异常弯曲，并且不能正常伸展。正常动物在做该项检查时会伸展其颈部。颈部症状不明显时，偶尔可见动物的前肢背侧有擦伤（在之前并未出现过）。这可能有助于确定脊椎畸形的大丹犬或杜宾犬是否存在颈部脊髓损伤，若存在损伤，这些犬会表现出轻微的后肢瘫痪和共济失调，但前肢不会表现出明显的异常。

单腿跳试验——前肢

在继续举起后肢的同时，再举起一侧前肢，使另一侧前肢承受身体的全部重量，从而检查负重前肢。使患犬向前、向两侧移动，尤其是向侧面移动，观察其前肢的力量和协调性。在另一侧前肢上重复进行相同的测试，并对比两前肢的反应。当发生局部麻痹或共济失调时，两前肢的反应会不对称。当发生广泛性本体感觉障碍或小脑障碍时，动物会表现动作过大。单腿跳试验常用于检查微小的损伤，尤其是动物步态表现正常的情况，如对侧大脑的感觉运动皮质损伤。患有神经肌肉疾病但仍能移动肢体的动物，一般会挣扎地尝试单腿跳。当所有力量仅集中在单肢上时，患病动物一般会倒地不起。如果临床兽医从旁辅助动物，令其不需要负重，而被检测的患肢反应正常，则表明动物本体感受功能没有受损。

后体位伸肌推进

此试验可用于检测后肢的力量和协调性。后体位伸肌推进是指通过托着动物的肩胛骨后部，使其离开地面，然后逐渐降低，使动物后肢能够接触地面，观察动物如何通过伸展后肢来负重的测试。保持这个动作使动物前移和后退，观察动物后肢功能、

力量和协调性是否对称。

单腿跳试验——后肢

继续支撑着动物的胸部，使其前肢离地，并同时举起一侧后肢，迫使动物利用单侧的支撑肢向前、向侧面跳跃。用相同的方法检查另一侧后肢，评估两后肢的反应是否相同。重要的是对比两后肢的反应性，而不是各自与同侧前肢作对比。通常，后肢的跳跃反应似乎比前肢更僵硬或紧张，动作幅度更大。

半站半走

动物使用单侧的前肢和后肢进行站立和行走的能力，可以通过抬起对侧的前肢和后肢，迫使动物向前或向侧面移动来检查。动物在检查中的反应就是半站半走反应。对于大型犬或不配合单腿跳试验的患病动物，可以通过观察半站半走时肢体的反应来评估动物的跳跃反应。

患有单侧感觉运动皮质或内囊损伤的动物，其步态可能正常，但在姿势反射测试中，对侧肢会表现出异常。若进行该侧肢体的半站半走测试，动物在运动时会表现迟缓或夸张（过多）、痉挛，还可能出现跌倒。患有单侧颈脊髓损伤的动物，与损伤同侧的肢体在步态测试中会表现异常，在姿势反射测试中反应不良，包括动物不能半站半走。

姿势试验

其他姿势反射测试还包括前肢置位试验，即将动物抱离地面，然后抱至桌子的边缘，使其前脚掌背侧能够接触到桌子。这项试验应同时和单独地测试两前肢的反应，先进行触觉放置测试（用布条蒙住动物双眼），然后解除布条，使动物能看到桌子，再进行一次置位试验。这是因为当动物发生广泛性本体感觉系统异常时，视觉能够补偿方位感觉，所以要先进行触觉放置测试。

紧张性颈反射

紧张性颈反射包括动物头部和颈部的伸展，从而使其鼻子向背侧伸展。正常的动物此时会同时伸展双前肢的所有关节。而颈脊神经、颈脊髓或髓质患有广泛性本体感觉系统疾病的动物，则不能伸展腕关节或/和指关节。同时，这些关节会发生被动弯曲，承受负重。若支配前肢的运动神经元受损，或脊髓的白质受损，影响到相应的运动神经元，则会导致动物局部麻痹而对试验表现出相同的反应。

本体感觉姿势

本体感觉姿势测试的具体方法是使动物掌部弯曲，用掌背侧负重。观察动物的反应，评估本体感觉的传入系统有无异常。正常的动物会马上将掌部翻正，恢复掌部正常位置。对于患有局部麻痹的动物，这项测试还可以揭露损伤的更多信息。动物反应缓慢也可能暗示存在肢体疼痛。镇静和麻醉也可能导致正常动物反应缓慢。

脊神经反射

脊神经的评估包括对肌肉紧张度和肌肉大小，脊髓反射和皮肤感觉的评定。当动物处于侧卧位，而且尽可能放松时，是检查肌肉紧张度和脊髓反射的最佳时机。检查动物对伤害性刺激的肌肉紧张度、腱反射和屈肌反射等非常重要，在进行这些反射的评定时注意保证动物的合作性。

肌肉紧张度检查

该试验需要分别对每个肢体进行检查。动物对外力表现出来的抵抗力，按程度分为低于正常（低紧张度）、正常、高于正常（高紧张度）。最后一项又被称为强直状态。强直的程度可从对制动力表现轻度抵抗，到肢体僵硬地外展。紧张度减少通常发生于下位神经元（LMN）疾病，而上位神经元（UMN）疾病通常会表现为紧张度增加或强直。然而，某些患有 UMN 的动物也可能表现正常的肌肉紧张度而不发生强直。肌肉紧张度的维持依靠的是肌细胞的收缩，而这又需要 LMN 在功能上的完整。LMN功能完整是保证其支配的肌细胞维持健康的必要条件。若动物发生神经源性萎缩，临床上可见肌肉退化，这可以通过肌电图仪上静息肌肉发出的异常电位来诊断。LMN能产生自主活动，通过维持肌肉紧张度来保持身体站立，而 UMN 则会对 LMN 的这一活动产生影响。尽管 UMN 对 LMN 的影响包含促进作用和抑制作用，但当 UMN 异常时，通常其对 LMN 的抑制作用会减弱，而促进作用会增强，导致肌紧张度增加或表现出强直。

辅助四肢瘫痪的患犬使其处于站立位，从而观察肢体的肌肉紧张度和自主性反应。通常，存在颈脊髓臂丛吻侧端损伤的犬，其肢体会僵硬地外展。当犬被托起，使其四肢在地面行走时，其整个躯干和肢体会变得非常僵硬。过高的肌肉紧张度通常会使动物无须外力辅助就能站立。患有弥散性神经肌肉疾病如多神经根神经炎的四肢瘫痪犬，会出现肌肉紧张度减弱或缺失，当被辅助站立时，会表现身体无力，肢体没有任何的反射性紧张。当动物的掌部与地面接触时，动物没有任何能够支撑自身的表现。相反的，肢体会因为身体的重量而弯曲。

膝跳反射

膝跳反射是最可靠的腱反射。这是唯一一个所有正常动物都会表现出来的腱反射。然而，在老龄的大型犬上可能较难进行。具体的做法是，动物采用侧卧位，被测肢稍弯曲，使膝关节韧带绷直，轻轻敲击膝关节韧带。这个过程应使动物尽可能放松以获得更准确的结果。儿科用的神经锤是最适合的检查工具。正常犬会有膝跳反射，这是由股神经通过 L4~L6 段的脊髓段介导的。但膝跳反射的程度因动物品种不同而各有差别。大型犬比短腿品种的犬如腊肠犬的膝跳反射更明显，幅度更大。反射的评级分为无反射（0）、低度反射（1）、正常（2）、高度反射（3）、阵挛（4）。膝跳反射需动物分别采取左、右侧位来完成。当反射弧的某部分出现疾病时，动物会表现出无反射或低度反射，而高度反射或阵挛通常是由 UMN 异常引起的。

二头肌和三头肌反射

处于放松状态和侧卧位的犬，可进行二头肌和三头肌反射测试。轻轻敲击肘突近端三头肌的肌腱附着点，会引起正常动物肘部的轻微外展。这个反射是由桡神经通过 C7 和 C8，T1 和 T2 段的脊髓介导的。而二头肌反射的具体做法是，检查者将一只手指放在肘部二头肌和肱肌的末端，即肘关节处，用神经锤轻轻敲击手指，会引起肘部的轻微弯曲。有时关节的运动不明显，但可以触摸到肌肉的收缩。这个反射是由肌皮神经通过 C6~C8 的脊髓段介导。正常动物会对这些刺激产生轻微的反射反应。在少数正常动物中，可能也不容易引起这些反射。当反射弧的某部分出现疾病时可能会导致反射反应的消失。而患有 UMN 疾病的动物则会出现反射过度。

屈肌反射——后肢

由伤害性刺激引起的屈肌反射可提示反射弧的完整性，同时还能反映与伤害性刺激反应相关的中枢神经系统路径的完整性。最可靠的刺激是使用止血钳夹持趾甲基部。多数正常动物对针的刺激反应不明显。当给予动物伤害性刺激时，检查者将手置于被测肢体前方后膝关节水平上，动物的后肢会保持与骨盆长轴垂直。而患有 UMN 损伤的动物会弯曲膝关节。屈肌反射是由坐骨神经通过 L6 和 L7 的脊神经段以及 S1 段介导的。屈肌反射受抑或消失表明上述的结构中存在损伤。骨盆远端坐骨神经的运动支发生异常，会引起瘫痪、肌紧张度减弱，后膝关节、跗骨和跖骨的屈肌萎缩，以及臀部、跗骨和跖骨的伸肌萎缩。跗骨的弯曲和伸展没有任何阻力。患有坐骨神经麻痹的动物在行走时，患侧肢的跗骨位置会偏低，动物可能会用掌背部着地；然而，只要股神经完好无缺，动物的肢体仍然能够负重。

腓神经的感觉分支分布于掌背侧，胫神经的感觉分支则分布于足底。掌部内侧面分布的是隐神经，属股神经的一个分支。隐神经通过 L4~L6 段进入脊髓。发生骨盆骨折而导致坐骨神经挫伤的动物，由坐骨神经支配的肌群会失去功能，并且掌部的外侧、背侧和足底均失去痛觉。然而，若隐神经完好无损，则掌部内侧仍有感觉。如果刺激该区域，由于控制髂腰肌的神经完整无损，所以动物会表现臀部弯曲，但后膝关节、跗骨和跖骨则不能弯曲。由于这个原因，掌部的内侧和外侧均应分别进行反射性反应和伤害性感受的测试。

2

伤害性感受（疼痛的外在表现）

该测试需要动物通过行为（如哭咽、啃咬），而不是屈肌反射来表现对痛觉的感知。由伤害刺激产生的冲动会通过外周神经和背侧角进入脊髓，然后中转到脊髓索两侧的侧边神经束。这些神经束在脊髓的侧索区上行，通过髓质、脑桥和中脑，到达丘脑中相应的神经核，再中转至大脑皮层躯体感觉区。当冲动到达丘脑或大脑时会产生疼痛的感觉。

屈肌反射——前肢

在前肢，对掌部施加伤害性刺激，胸背神经、腋神经、肌皮神经、正中神经、尺神经和桡神经负责肩部、肘部、腕部和指部的屈曲反射。这些神经起始于 C6~T2 段脊髓。哪段感觉神经受到刺激取决于刺激的位置。正中神经和尺神经支配掌部掌侧的皮肤；桡神经分布于掌部背侧面。在前臂上，桡神经分布在前侧和外侧；尺神经分布于后侧，而肌皮神经则分布于内侧。注意，这些神经所支配的皮肤区域是有部分重叠的。测试中，前肢的姿势与上文中后肢的姿势相似，在施加伤害性刺激后，正常的动物以及患有 UMN 损伤的动物会弯曲肘关节。屈肌反射减弱或缺失表明介导屈肌反射的结构受损。

交叉伸肌反射

患有 UMN 疾病的动物，LMN 的抑制作用减弱而促进作用增强。刺激处于卧位的患病动物，使其发生屈曲反射，可能同时引起对侧的伸肌反射。也就是说，对一侧前肢进行屈曲反射测试时，对侧前肢会出现伸直的反射活动。为了避免由伤害性刺激而引起对侧前肢的自主伸展活动，应对本侧前肢施加最小的刺激，即刚能引起本侧的肢体屈肌反射即可，同时观察对侧前肢的伸展情况。如果动物处于侧卧位时出现了对侧伸肌反射活动，则表明动物患有 UMN 疾病。

会阴反射

会阴反射是由肛门受到伤害性刺激而引起的，可观察到肛门括约肌收缩以及尾部弯曲。这个反射是由骶骨神经和尾神经的分支，通过脊髓的骶骨段和尾段介导。

皮肤反射

皮肤反射是指躯干部皮肤受到轻微刺激后引起的躯干皮肌收缩。正常动物在刺激胸部和腰部的大部皮肤时可发生皮肤反射。反射的发生是由于局部的脊神经中包含有感觉神经元，外界刺激产生冲动传入相关脊髓段，然后经脊髓白质上传至 C6 段。外侧胸神经 LMN 传出突触发出冲动使躯干皮肌产生收缩。当出现皮肤反应时，表明从测试点到 C8 段脊髓的白质均完好无损。这个反射需要多个刺激才能引发，偶尔可见正常动物对刺激无反应；脱水动物和广泛性重度肌肉萎缩的动物无此反射。

脑神经检查

　　脑神经检查是基于动物的行为、对四周环境的注意力、视物能力和追踪物体的能力、听觉能力、姿势以及步态检查之后再进行的检查。通过观察动物在室内自由行走，对于大型犬观察其在室外自由行走的情况，可进行初步评估。当动物有异常表现时，则需要进行脑神经的系统评估。脑神经受损时，一般损伤同侧会有异常表现。但第 II 和第 IV 对脑神经损伤可能会出现对侧异常。图 2-20 阐述了 12 对脑神经在大脑和脑干水平上的起源点以及各自的神经类型（感觉、运动或混合型）。表 2-13 总结了 12 对脑神经检查中动物体的常见表现。

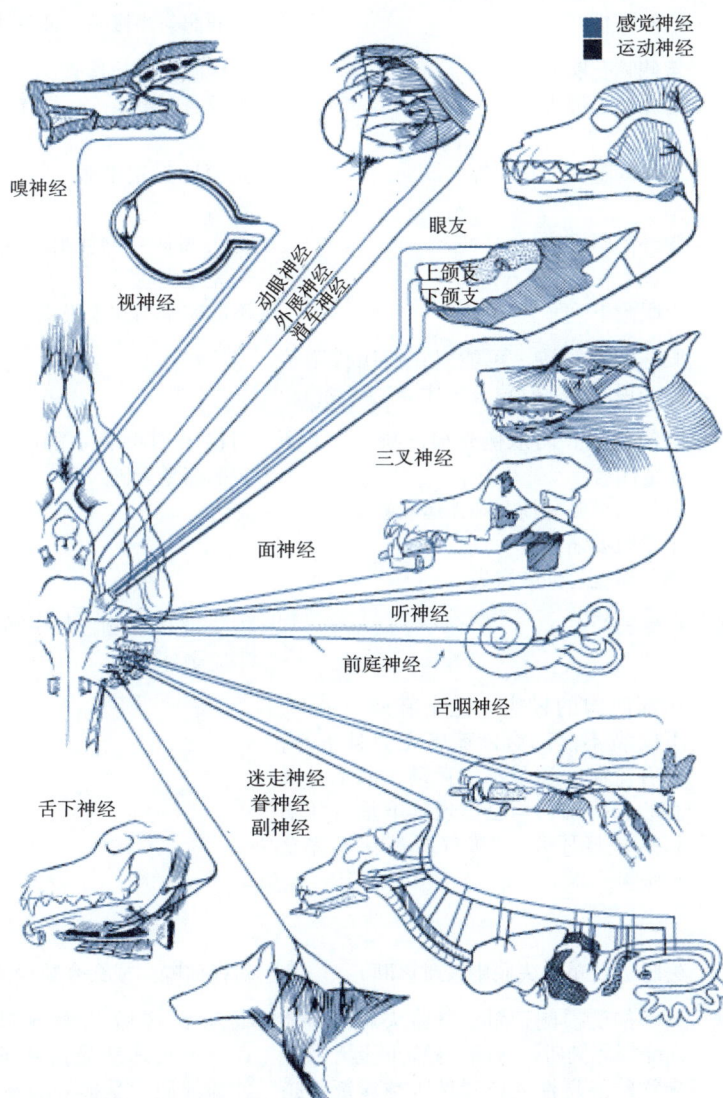

　　感觉神经
　　运动神经

嗅神经

视神经

动眼神经
外展神经
滑车神经

眼友

上颌支
下颌支

三叉神经

面神经

听神经

前庭神经

舌咽神经

迷走神经
脊神经
副神经

舌下神经

图 2-20　脑神经及其支配的靶器官 [感觉（蓝线）和运动（黑线）] 示意（改自 Hoerlein BF:Canine neurology, ed 3, Philadelphia, 1978, WB Saunders ）

表 2-13　脑神经检查		
神经	功能障碍的症状	测试和反应
Ⅰ嗅神经	嗅觉缺失	观察动物对食物或少量刺激性挥发油的反应
Ⅱ视神经	视觉缺损，碰撞物体	没有恫吓反射——有物体快速靠近受损眼睛时，动物不会闭眼或回缩头部
	单侧受损	光源照射患眼——双侧瞳孔对光均无反应
	患眼的瞳孔轻微散大（轻微的瞳孔大小不等）或无瞳孔散大	
	双侧受损	光源照射患眼——瞳孔不收缩
Ⅲ动眼神经	双侧瞳孔明显散大	用检眼镜进行检查
	瞳孔明显散大	光源照射患眼——只有正常侧瞳孔收缩
	明显的瞳孔大小不等	光源照射正常眼——只有正常侧瞳孔收缩
	腹外侧斜视	将头部从一侧往另一侧移动时，患眼不完全内收
	上眼睑下垂	不能完全抬起上眼睑
Ⅳ滑车神经	眼球轻微外旋，可能仅在使用检眼镜检查视网膜血管位置时才能观察到	
Ⅴ三叉神经	下颌低垂；若双侧受损，则上、下颌不能闭合 若仅为单侧受损，则无运动缺陷 咀嚼肌萎缩 面部痛觉迟钝或缺失	用镊子钳持鼻中隔时，动物无反应，表明痛觉迟钝
Ⅵ外展神经	内侧斜视	将头部从一侧往另一侧移动时，患眼不完全外露
Ⅶ面神经	面部肌肉的轻瘫或完全麻痹——上、下睑裂不能闭合，嘴唇无力且下垂，伴有流涎，耳朵不能运动，但不是所有的患病动物均会出现耳下垂（如猫和某些竖耳犬）；吸气时鼻孔不完全扩张	
Ⅷ前庭神经		
耳蜗	失聪（若单侧失聪则较难诊断）	对任何噪声或命令缺少反应
前庭——单侧疾病	头部往受损侧歪斜；共济失调如身体向受损侧倾斜、摔倒、做转圈运动 异常的静息性或位置性眼球震颤是指眼球快速地从患侧往健侧移动	眼球旋转后震颤测试中反应不一致——眼球从受损侧迅速转向对侧；颈部伸展，受损眼不能完全上抬起（前庭斜视）；将头部往侧面或背侧转动，观察位置性眼震颤

（续）

神经	功能障碍的症状	测试和反应
前庭——双侧疾病	无论头往哪侧移动，步态均蹒跚 无异常的眼球震颤，头部大幅度摆动	头部从一侧转向另一侧后，或眼球旋转后不出现眼球震颤——没有眼球旋转后的震颤反应
IX舌咽神经	吞咽困难，进食时呕吐	
X迷走神经	吞咽困难，进食时呕吐 吸气性呼吸困难	
XI副神经	患侧舌萎缩	
XII舌下神经	向患侧倾斜	

颅内损伤相关的临床症状
髓质和脑桥

髓质和脑桥的损伤会导致四肢痉挛性轻瘫（tetraparesis）和共济失调或四肢瘫痪（tetraplegia），同侧痉挛性偏瘫和共济失调（单侧损伤），中枢性前庭症状，沉郁及呼吸节律和心率不规则，躯干和肢体痛觉迟钝。

脑神经损伤的症状包括面部痛觉迟钝或消失（感觉，Ⅴ）；咀嚼肌麻痹或瘫痪（运动，Ⅴ）；内侧斜视（Ⅵ）；面轻瘫或面部麻痹（Ⅶ）；咽部轻瘫（IXX）；舌轻瘫（Ⅻ）；平衡感丧失；头歪斜和异常的眼球震颤（Ⅷ）。

小脑

若存在弥散性损伤，患病动物出现的症状包括对称性的共济失调伴有自主性运动，运动范围过大，躯干共济失调，头部震颤，肌肉紧张性增强，偶见异常的眼球震颤，以及双侧恫吓反应不足。若存在单侧损伤，则身体的同侧表现异常。身体和头部一般往受损侧歪斜，偶见往对侧歪斜，还可能会出现同侧的恫吓反应不足。若头部损伤严重时，患病动物可能会出现角弓反张，前肢僵直且向前伸展，后肢由于臀部弯曲也向前伸展。

中脑

若中脑区域发生损伤，患病动物出现的症状包括：角弓反张，伴发所有肢体僵硬地伸展（去大脑僵直）；四肢痉挛性麻痹和共济失调；如果是单侧发生损伤，出现痉挛性偏瘫（通常是对侧出现）；沉郁、恍惚（半昏迷）或昏迷；头部、躯干和四肢痛觉迟钝。动物脑神经损伤的症状是向腹外侧斜视（Ⅲ）和瞳孔散大以及瞳孔无反应（Ⅲ）。若大脑脚被盖中线或单侧发生严重损伤，则头部位于某些特定部位时，眼球位置会发生偏移；头颈向外侧弯曲，鼻部朝向肩部。急性中脑损伤的动物可能会出现视觉受损。

2

丘脑和下丘脑（间脑）

间脑双侧损伤的动物会产生以下症状：双侧姿势反射减慢，轻微共济失调，双侧视觉受损伴有散大、无反应的瞳孔（视神经束），双侧痛觉迟钝。

若发生单侧损伤，则动物会出现对侧姿势反射异常，对侧视觉受损但瞳孔正常，对侧痛觉迟钝（头部最明显），旋转性综合征——患病动物会向一个方向不停旋转，头部和眼球偏斜且通常偏向损伤侧。

若发生单侧或双侧损伤，动物的表现包括有沉郁，恍惚（半昏迷）或昏迷，行为改变，癫痫，下丘脑垂体功能异常而导致体温、糖代谢、食欲、自主神经系统、水平衡、性功能以及甲状腺和肾上腺功能异常。

大脑（端脑）

大脑受损的动物表现出多方面的改变：行为或性格的改变包括沉郁（嗜睡、迟滞）；恍惚（半昏迷）；对主人或环境缺乏辨识能力，困惑；受训过的行为丧失；敏感，异常兴奋，狂躁或具有攻击性。在行走过程中，动物经常向一个方向踱步或者转圈，头或眼睛也偏向一侧，通常朝向受损侧，被称为旋转性综合征。这提示受损涉及丘脑后侧。癫痫可能是局部发作（对侧面部或肢体，或面部和肢体）或广泛性发作。动物步态一般正常，但对侧姿势反射缺损。双侧大脑损伤会导致失明，单侧大脑损伤可引起对侧视觉损伤，但瞳孔对光反应正常。偶见对侧面部痛觉迟钝，罕见对侧躯干和肢体痛觉迟钝。急性弥散性损伤可导致双侧瞳孔缩小。在自主运动时，假性球麻痹很少能被观察到：对侧下面部麻痹（唇和鼻）、咽麻痹和舌麻痹。

脊髓损伤的相关临床症状

对患有脊柱病症的动物进行神经学检查的目的是对损伤或疾病进行定位。通过将脊髓分为四部分来定位：

颈部：C1~C5 段脊髓（框 2-9）。

颈膨大部：C6~T2 段脊髓（框 2-10）。

胸腰部：T3~L3 段脊髓（框 2-11）。

腰膨大部：L4 到尾段脊髓，包括马尾（框 2-12）。

颈部

颈部段是脊髓中很重要的一部分，因为颈部段脊髓横断或脊髓病变会造成动物呼吸停止并导致死亡。脊髓不完全病变的损伤可见呼吸正常，但可能引起四肢的共济失调或轻瘫。此外，颈部脊髓损伤很少导致四肢轻瘫，一般情况下会引起后肢瘫痪而前肢无异常。这一水平的损伤很可能导致肌张力正常至亢进，以及包括正常肛门张力在内的脊髓反射。但是，要区分颈部脊髓病变和脑干及大脑的损伤是很困难的。例如，动物颈椎椎间盘疾病会有颈部疼痛的症状，同时大脑肿瘤或者脊神经根受压时也有颈部疼痛的表现（框 2-9）。

框 2-9　脊髓颈部常见疾病
椎间盘疾病
椎间盘炎症
颈部创伤
缺血性脊髓病变
肿瘤
寰枢椎半脱位
类固醇反应性脑膜炎

颈膨大部

颈膨大部（C6~T2 段脊髓）损伤时，会导致四肢的共济失调和轻瘫。姿势反射和本体感受受到抑制。有些患病动物可能会出现前肢轻瘫，而后肢完全瘫痪。一方面，脊髓反射可能表现正常，但是，如果脊髓反射异常，前肢的反应性可能会下降，并有明显的肌肉萎缩，后肢的反应则可能异常过度。另一方面，肛门括约肌可以保持正常的紧张度。颈膨大部的损伤还可能引起动物出现霍纳综合征的症状（单侧上眼睑下垂、瞳孔缩小、眼球突出、第三眼睑脱出）（框 2-10）。

框 2-10　脊髓颈膨大部常见疾病
椎间盘疾病
椎间盘炎症
先天性椎体异常
肿瘤
脊髓创伤

胸腰部

犬猫大部分的脊髓损伤都发生在胸腰部。最典型的神经症状是患病动物前肢功能和步态正常，但后肢表现局部麻痹、共济失调或完全瘫痪。前肢的本体感受和姿势反射正常，但双后肢的本体感受和姿势反射缺失。后肢的脊髓反射正常或者过强。尽管动物可能大便失禁，但肛门括约肌的紧张性仍然存在。动物感知疼痛的能力（对趾部施以很大的压力）从正常到缺失（预后不良的指征）不等。膀胱功能可能发生变化，这与受损的部位、类型和严重程度有关。然而，当脊髓严重受损时，膀胱功能正常且能自主控制排尿的动物是罕见的。某些尿失禁患病动物的膀胱壁松弛，容易被挤压，但同时另一些患病动物的膀胱壁紧张，尿液不容易被挤压排出（这种膀胱又被称为"上位运动神经元"膀胱）（框 2-11）。

2

框 2-11　　脊髓胸腰部常见疾病
椎间盘疾病
椎间盘炎症
肿瘤
退行性脊髓病变
腰椎创伤

注意：必须记住一点，椎骨的位置与脊髓段并不总是对应的。

腰膨大部

脊髓最尾端的损伤会引起动物出现不同的临床症状，从功能近乎正常到局部麻痹，从共济失调到完全瘫痪不等。尽管前肢功能正常，但后肢的反应性和肌肉紧张度可能明显减弱；在慢性疾病中，可观察到明显的肌肉萎缩。肛门括约肌的紧张度通常也会减弱，并伴有大便失禁，某些患病动物可能会出现严重便秘。尽管膀胱可能充盈，但患病动物无法自主排尿。膀胱非常容易被挤压并排尿（这种膀胱又被称为"下位运动神经元"膀胱）（框 2-12）。

框 2-12　　脊髓尾段和马尾常见疾病
椎间盘疾病
腰椎椎管狭窄
椎间盘炎症
腰椎或骨盆创伤

神经性尿失禁

膀胱功能障碍通常伴随严重的脊髓疾病。骶部脊髓受损时可见全 LMN 型瘫痪。局部胸腰段脊髓发生严重损伤时会引起 UMN 型瘫痪。除了非常严重的颈部脊髓损伤之外，一般较少引发瘫痪。LMN 和 UMN 均发生异常时，动物会出现瘫痪和尿液滞留。有时可见尿液溢出，但尿液溢出更常见于 LMN 异常的动物。UMN 异常的动物较少发生尿液溢出，因为要克服尿道肌肉的紧张性，需要更大的膀胱内压。如果膀胱壁完好无损，则动物可能仍保有反射性排尿的能力。UMN 异常的患病动物，只要外周神经和骶神经完整，就可以发生反射性排尿。而 LMN 异常的动物，反射性排尿必须经由膀胱壁的介导，所以可能不容易实现反射性排尿这个过程。

扩展阅读

Jones BR, Shiel R: Neurologic disorders. In Schaer M, editor: Clinical medicine of the dog and cat, London, 2010, Manson.

Rylander H: Neurologic manifestations of systemic disease. In Ettinger SJ, Feldman EC, editors:Textbook of

Veterinary Internal Medicine, ed 7, St Louis, 2010, Elsevier.

Schatzberg SJ: Neurologic examination and neuroanatomic diagnosis. In Ettinger SJ, FeldmanEC, editors: Textbook of Veterinary Internal Medicine, ed 7, St Louis, 2010, Elsevier.

雄性犬生殖系统检查

临床病史

除了应记录动物的年龄、品种、生育史和繁殖问题外，还应评估和记录动物的体况、免疫状态、有无特殊疾病史、生活环境、饲养、管理、繁育能力以及交配时间。近亲交配的程度对于评价动物的性功能也有重要影响。与生产有关的信息尤为重要，包括以往所有的交配日期和交配后母犬有无产仔（尤其是上一年的信息）。此外还应对性欲、育种技术、之前的生育能力、母犬的产仔数、断奶幼犬的数量以及是否发生流产或死胎等进行评估和记录。

检查

第一步是对公犬的生殖器官进行视诊和触诊。变厚的阴囊壁会使阴囊内温度升高而导致睾丸变性退化。触诊精索和睾丸，评价其大小、对称性和质地，留意两侧睾丸是否都存在于阴囊中。睾丸变小变软提示发生睾丸退化或发育不良；存在坚硬的团块提示发生炎症、纤维化或肿瘤。睾丸肿瘤在 8 岁以上的老龄犬中相对常见，根据肿瘤类型的不同，患犬可产生雌激素或睾酮，引起乳腺发育，繁殖能力发生改变，还可能引起危及生命的凝血障碍。触诊睾丸背侧的附睾，当发生纤维化或上行感染时，附睾可能会变硬或更加突出。检查公犬的阴茎、包皮和尿道外口的系带，检查有无发育不良、包皮过长、阴茎包皮炎，对于老龄犬还应检查是否发生肿瘤。

犬的副性腺只有前列腺，一般通过直肠触诊进行检查。前列腺应该是光滑，两侧对称（直肠检查时能感觉到前列腺的两叶结构），且直肠检查不会导致疼痛。大部分犬的前列腺直径小于 3 cm。发生前列腺癌时，直肠触诊前列腺可感觉到结节，前列腺固着和疼痛。若触诊无疼痛表现，而前列腺呈对称性增大（通常会由于增大而坠入腹腔），则可能发生前列腺囊肿或良性增生。引起前列腺增大的最主要的 4 个原因包括：良性增生、前列腺炎（包括前列腺脓肿）、前列腺囊肿以及原发性或继发性的前列腺肿瘤。通过 X 线片平片的拍摄，以及尿路逆行造影和前列腺的超声检查，可对前列腺增大进行鉴别诊断。与前列腺囊肿、肿瘤或脓肿相比，前列腺增生和前列腺炎更常表现为前列腺对称性增大。急性细菌性前列腺炎的症状包括尿道分泌物、便秘、里急后重、高跷样步态、发热、沉郁、腹痛、排尿困难和白细胞增多。动物出现慢性细菌性前列腺炎的症状可能与反复发作的尿路感染有关。确诊需要拍摄 X 线片，评估前列腺液，进行细菌培养以及前列腺活检。

还可以对前列腺做进一步的检查，包括射精和显微镜观察、前列腺活检、前列腺抽吸和按摩。上述方法的具体操作详见本书第 4 部分。

雌性犬生殖系统检查

临床病史

与繁殖有关的疾病，尤其是妊娠失败，是母犬最常见的生殖异常的表现。而与母犬尿道相关的最常见的异常是尿血或尿频。对患病母犬进行评估时，临床病史尤为重要，包括母犬的年龄、品种、体况、免疫状态和有无特殊疾病史。了解动物所处的环境、饲喂的日粮、繁殖情况以及其他可能影响母犬生殖的管理措施，还应了解母犬的生育史。交配用的种犬信息也应纳入检查范围。此外，还应对动物的血统进行检查，评估近亲交配和遗传病的情况。记录母犬首次发情的年龄、发情周期的次数和频率、生育史、妊娠史、假孕史、有无泌尿生殖方面的问题、生产次数、产仔数和断奶幼子数，如果了解的话，还应记录流产或死产的原因。此外，临床兽医还应确定母犬此前是否采取过生殖方面的治疗和预防措施，尤其注意有无涉及性激素的使用。

检查

触诊和视诊外生殖器能为临床兽医提供有限但十分重要的信息。正常母犬的外阴是小而皱缩的，黏膜呈粉红色且没有分泌物。肥胖的母犬可能会较难检查，尤其是当外阴被包裹时。检查阴蒂的大小、位置、形态和黏膜颜色。发情前期，母犬阴门肿胀，伴有浆液性的清亮分泌物；发情期间，母犬会出现无味的血性或黏液性分泌物。其余时间出现分泌物，尤其是恶臭的分泌物，提示发生炎症（开放性子宫积脓）、肿瘤或其他内分泌问题。若母犬曾出现异常的阴道分泌物，则应对其阴道前庭和阴道尾侧进行指检，并对子宫进行腹部触诊。还可以做进一步的阴道造影检查、阴道镜检查以及子宫和卵巢的超声检查。

应对每个乳腺逐一进行触诊，检查是否发生感染（乳腺炎）、增生或肿瘤。急性感染会导致炎症区域发热、疼痛和肿胀，通常仅局限于单个乳腺区域，并会产生脓性分泌物。慢性乳腺炎会涉及多个乳腺腺体，导致乳腺增大、变硬，还可触诊到小结节。

未绝育母犬中，乳腺肿瘤占据了近一半的肿瘤疾病病例，而且其中近一半的乳腺肿瘤是恶性的。发病母犬年龄一般在 10.5 岁左右，而近 50% 的患病母犬其乳腺肿瘤是多中心性的。而良性的乳腺肿瘤中，最常见的组织学分型是纤维腺瘤（45% 良性混合性肿瘤）、单纯性腺瘤和良性间质细胞瘤。而犬恶性的乳腺肿瘤中，最常见的组织学类型是实体肉瘤癌、管状腺癌、乳头腺瘤、未分化癌以及肉瘤。

发生转移的恶性乳腺肿瘤中，第 4、5 对乳腺内的肿瘤细胞通过淋巴管进入腹股沟淋巴结，并通过胸导管转移到肺。髂淋巴结也可能成为肿瘤细胞转移的靶组织。第 1、2 对乳腺内的肿瘤细胞则随淋巴液进入腋下淋巴结和肺部，还可能殃及胸内淋巴结。第 3 对乳腺内的肿瘤细胞更常见的是影响腋下淋巴结。肿瘤还有可能仅通过血液扩散而不涉及淋巴结。很多患有恶性乳腺肿瘤的母犬，其肿瘤发生广泛性转移，除影响胸腔器官外，腹部器官也可能受到影响。

通过细针抽吸和细胞学检查有助于区分肿瘤细胞是良性还是恶性。有 50% 的患病母犬存在多个乳腺发生肿瘤，可能同时患有不同类型的肿瘤。因此，所有的组织和局部淋巴结均应进行细胞学检查。

如果在母犬第一次进入发情期前就进行绝育手术，可几乎 100% 地防止乳腺肿瘤的发生。在母犬 2.5 岁或第四次发情以前进行绝育手术，则可大大降低乳腺肿瘤的发生概率。如果动物曾使用含有孕酮成分的药物，那么混合型乳腺肿瘤的发生可能与药物剂量有关。

除犬外，猫也比其他动物更容易发生乳腺肿瘤。猫 90% 的乳腺肿瘤为恶性，通常是腺癌，且最常见于 7 岁以上的母猫。肿瘤常在早期就发生溃疡。猫一般有 4 对乳腺，头侧的 2 对乳腺共用一个淋巴系统，淋巴液回流到腋下淋巴结中。尾侧的 2 对乳腺也共用一个淋巴系统，淋巴液最后回流到浅表腹股沟淋巴结内。

细菌学检查

当怀疑发生感染时，对乳腺分泌物、阴道涂片或培养物以及子宫内培养物（通过剖腹术采样）进行细菌学检查非常重要。所有用于繁殖的母犬均应进行布鲁氏菌的筛查测试；快速测试中呈阳性的母犬应通过实验室的试管试验法或血液培养来确诊。

多种感染性病原体都可以引起不育、流产、早产、死产或初生幼仔死亡，如 β-溶血链球菌、大肠杆菌、犬型布鲁氏菌、葡萄球菌、变形杆菌、假单胞菌、支原体属、犬瘟病毒、腺病毒和疱疹病毒。胎儿吸收、木乃伊胎和流产可能是由上述列举的感染性病原体引起的，也可能是由于多个染色体异常、遗传性的代谢病、母源性的内分泌异常（甲状腺功能不全）、子宫腔容积不足、损伤、胎盘出血、激素不足（孕酮）、外源性雌激素的注入、子宫肌层囊肿、增生、子宫内膜炎等造成。在评估这些问题时，除了进行细菌学检查外，还需要分析母犬的血清和激素水平、公犬和母犬的近亲关系，更重要的是，需要对死胎进行细致的诊断评估（包括胎儿核型、胎儿组织培养、组织病理学检查以及代谢性疾病的筛查）。

X 线片检查

如果子宫增大（子宫积脓、妊娠、肿瘤），则能非常容易地通过 X 线片检查观察到。然而，当子宫严重增大或异位时，就不容易通过 X 线片来进行检查。X 线片造影术，如通过子宫颈注入阳性造影剂使子宫内异常病变显影（如囊性增生、子宫肌层囊肿），现在已被腹部超声所代替。腹腔镜能用于直接观察腹腔器官（如子宫），是一项非常有用的技术。由于卵巢被包裹在脂肪囊内，因此除非临床兽医的技术十分纯熟，能熟练地切开脂肪囊，否则很难观察到卵巢。若需要全面检查母犬的生殖道，有时必须进行开腹探查，这样可以直接观察和触诊子宫、输卵管以及卵巢，查找是否存在畸形和病理变化。若出现胎盘附着点和黄体，则表明曾经存在胎儿并已死亡吸收，可采样后做微生物培养和活检。若有需要，可在开腹探查的同时进行手术治疗。

妊娠检查

腹壁触诊检查子宫是妊娠检查中最实用的方法。在排卵后 20~22 d，子宫直径能显著地扩张到 2 cm。排卵后 28 d，子宫直径能增大到 3~5 cm，这时最适合通过子宫触诊进行妊娠诊断（母猫的最适检查时间为排卵后 18~24 d，30 d 后则难以通过触诊进行诊断）。到妊娠 35 d，子宫进一步增大并发生融合，此时反而难以进行妊娠诊断。随着妊娠的发展，可以通过直肠或腹壁触诊到胎儿。

妊娠 35 d 左右乳腺开始增大，乳头增大、肿胀。此时初产母犬的乳头一般会比较红。在妊娠的最后一周，挤压乳头可挤出乳汁。

母犬第一次交配后的 43~45 d 胎儿骨骼钙化，可在 X 线片上显影。如果母犬仅怀有 1~2 胎，则 X 线片能更准确地对胎儿数量进行评估。

目前，超声检查已作为母犬妊娠诊断的常规检查方法。在动物交配后 24~28 d，即可通过超声检查查找跳动的胎心来确定有活胎存在。

正常的繁殖行为和生理

未绝育母犬

未绝育母犬的初情期一般出现在 6~12 月龄；繁殖期为 8~10 年。母犬是季节性单次发情、自发排卵的动物。根据母犬的品种和体型的不同，发情周期的间隔为 4~12 个月（如巴吉度猎犬 1 年发情 1 次，小型犬 1 年发情 2~3 次，大型犬 1 年发情 1 次或多次发情）。

发情前期持续 3~17 d（平均 9 d）。在这段时期内，母犬血清雌二醇浓度升高。其他的变化包括阴道流出血性分泌物以及阴门肿胀。此时的母犬能吸引公犬，但是不接受公犬的爬跨。血浆雌激素浓度在发情前期末达到峰值，随后逐渐下降。

发情期持续 3~21 d（平均 9 d）。发情前期和发情期合称为发情"heat"。分泌物通常会由血性（发情前期）变为淡黄色（发情期），但即使分泌物一直保持为血性，也不会对母犬的生育能力有任何负面的影响。外阴没有发情前期般肿胀。母犬此时接受公犬的爬跨，并通过一些特定的亲近行为，如磨蹭舔舐对方、跳跃以及爬跨公犬来表示接纳及向其示好。此时母犬会表现双前肢前伸，尾部抬高，尾巴偏于一侧露出阴门。一般进入发情期后 6~15 d，母犬又开始重新拒绝公犬的爬跨。排卵通常发生在发情期初（一般在前 3 d 内），但某些正常的母犬可能在进入发情期前就开始排卵，或一直到发情期的第 11 天仍能排卵。排卵后 48 h，第二极体被排出后卵细胞才能受精。卵细胞能存活 4~5 d，而从输卵管进入子宫需要 4~10 d。着床发生在排卵后 18~20 d，此时母犬形成内皮绒毛膜型的蜕膜型带状胎盘。妊娠周期从交配当天开始为 58~71 d，从排卵开始为 62~64 d。

黄体生成素（LH）峰值在雌激素峰值后 24 h 内出现并引发排卵。孕酮浓度在发情期间逐渐升高，并引起母犬行为上的变化。LH 峰值出现当天，血清孕酮浓度上升至 2 ng/mL。一般在 LH 峰值后第 4 天，也就是排卵后第 2 天进行交配最好，可达到最佳繁殖能力（受孕率和产仔数）。孕酮浓度在 LH 峰值后第 25~30 天可达到峰值，然后逐渐回落，到分娩时小于 1 ng/mL。孕酮浓度下降是母犬分娩前体温下降的原因。在受精卵着床后，母犬红细胞比容可从 40%~45% 减少至 30%，这可能是妊娠母犬血容量扩张的一个反映；黄体期未妊娠母犬的红细胞比容水平也比乏情期低，但下降的幅度没有妊娠母犬明显。

发情间期（约 2 个月）是黄体产生孕酮的时期，母犬此时的血清孕酮浓度超过 2 ng/mL。发情间期从阴道涂片中非角化上皮细胞占主导之日开始，到血清孕酮浓度重新回落到 2 ng/mL 以下结束。妊娠与未妊娠母犬的发情间期都会持续约 2 个月。

乏情期（约 4 个月）是指生殖器官相对静止的时期；子宫内膜此时恢复再生。

未去势公犬

未去势公犬的初情期出现在 6~12 月龄。促卵泡素（FSH）启动精子的形成；LH 能增加睾丸间质细胞分泌的睾酮，以完成精子的生成和维持副性腺、第二性征以及性欲。生成的睾酮对垂体性腺起到负反馈的调节作用。催产素和前列腺素在射精时对精子的运输有非常重要的作用。前列腺素能增加 LH 的输出和睾酮的产生，还能使动物在爱抚后增加射精量和精子数目。在治疗不育方面，睾酮的作用非常微弱，但连续 2~3 d 使用低剂量睾酮可提高公犬性欲。延长睾酮的用药时间会引起睾丸退化，且对 LH 的释放起负反馈调节作用。

在交配时，公犬会轻咬和用鼻子摩擦母犬的颈部，舔舐母犬的会阴部和肋腹作为对发情中母犬的回应。公犬爬跨母犬，并用两前肢夹住母犬胁腹后部固定母犬后部体躯，这个动作完成后，未勃起的阴茎就会插入母犬阴道内，随后阴茎在阴道内勃起。前精和富精部分在公犬骨盆前推动作最猛烈时射出，随后公犬爬下，但此时公犬的阴茎仍然充血胀大而停留在阴道内，然后公犬将一后肢跨过母犬的体躯，转身，两犬尾对尾站立，此时阴茎被锁在阴道内。这个过程可持续 5~60 min，此时公犬会射出第三部分精液，也是最大量的精液，主要成分是前列腺液。某些公犬在与母犬分开后 2 h 会再次与母犬进行交配。

未绝育母猫

未绝育母猫的初情期发生在 4~12 月龄，繁殖期为 8~10 年。母猫是季节性多次发情动物（北半球地区为 1—9 月，如果日照时间长达 14 h，可持续发情）。由交配或诱导交配刺激排卵。每 4 ~ 30 d 发情一次，发情前期持续 0 ~ 2 d，此期母猫会分泌更多的信息素，并可能出现由巴氏腺分泌的少量黏液分泌物。

　　大部分母猫的发情期持续 6 ~ 10 d（2 ~ 12 d 不等），而且发情期的长短与是否发生排卵无关。在诱导排卵但没有受孕的情况下，黄体会持续存在 30 ~ 40 d，整个周期平均 6 周。发情的母猫会表现出特征性的嘶叫，频频用头摩擦其他物品，发出呼噜声，前肢蹲下，后部抬高并做踩踏动作，尾部偏向一侧。母猫交配后 24 ~ 50 h 排卵（感觉神经刺激下丘脑释放促性腺激素释放激素，作用于垂体前叶，刺激其释放 LH，产生 LH 峰值并引起排卵）。精子需在子宫内停留 24 h 以获能，排卵后 48 h 以内均可完成受精。

　　受精卵在输卵管内停留 4 d，交配后 14 d 着床，并形成内皮绒毛膜型带状胎盘。妊娠期持续 58 ~ 70 d（一般为 60 ~ 63 d）。

　　若母猫交配后并没有发生排卵，则进入发情后期。这个时期持续 7 ~ 21 d，而后卵细胞退化，母猫重新进入发情期。

　　依据光周期的不同，乏情期持续 1 ~ 6 个月；在乏情期间，母猫不接受交配。

未绝育公猫

　　未绝育公猫一般在 6 月龄进入初情期（取决于繁殖季节开始时公猫的年龄）。公猫进入秋季后其性行为会受到抑制。依据交配的习性，公猫有一定的领地以及行为习惯，它们会通过嘶叫和争斗来保护自己的领地。

　　公猫接近母猫，用脸部摩擦母猫的肩部和躯体，发出愉悦的呼噜声。爱抚的时间非常短，公猫会用牙轻咬母猫颈部的皮肤，然后开始爬跨交配。

扩展阅读

Feldman EC, Nelson RW: Canine and feline endocrinology and reproduction, ed 3rd. Philadelphia,2004,WB Saunders.

Lott K, Thomas PGA: Reproductive disorders. In Schaer M, editor: Clinical Medicine of the Dogand Cat, London, 2010, Mason.

Schaefers-Okkens AC: Estrous cycle and breeding management of the healthy bitch. In Ettinger SJ, Feldman EC, editors: Textbook of Veterinary Internal Medicine, ed 7, St Louis, 2010, Elsevier.

Traas AM: Feline reproduction. In Ettinger SJ, Feldman EC, editors: Textbook of VeterinaryInternal Medicine, ed 7th, St Louis, 2010, Elsevier.

上呼吸道检查

解剖学界限

　　上呼吸道尤其容易受到损伤和疾病的侵扰。因此，犬猫常发生急性和慢性的上呼吸道症状。到目前为止仍没有一个公认的标准来划分上、下呼吸道，在本文中，所谓的"上呼吸道"是指第一气管环前的所有含气腔，包括以下部分：

- 鼻腔，外鼻孔和鼻镜
- 额窦（犬猫的上颌窦通常不具有功能）
- 鼻咽和后鼻孔
- 口腔（在呼吸和喘气过程中会利用到）和上牙弓
- 口咽部包括扁桃体
- 喉头

2

上呼吸道疾病的局部临床症状

呼吸音明显：这并不是一个临床症状；临床检查时仅仅是指呼吸音很大。

打喷嚏和鼻分泌物：局限于鼻腔、额窦或上牙弓的疾病。出现鼻出血的动物，如果没有发现鼻腔、鼻窦或牙齿的损伤，应排查是否发生凝血障碍。无论有无鼻部分泌物，动物都可能表现打喷嚏。如果有鼻部分泌物，应留意分泌物的性状 [浆液性、黏液状、黏液脓性或脓性、血性（鼻出血）]。还应记录分泌物是单侧出现还是双侧鼻孔均出现。如果是单侧出现，应记录是左侧还是右侧。

鼾声：提示可能是位于口咽、软腭或鼻咽部的疾病。动物必须在全身麻醉状态下进行彻底检查，确定引起鼾声的原因。

喘鸣音（哮喘）：局限于喉头或偶见于气管颈段的疾病。这是一个非常具有临床意义的症状，若犬猫出现该症状，应予以重视。若通过喉头的气道受限而不立刻进行干预，可能会威胁动物的生命。可引起喉头气道受限的原因包括气管塌陷、喉头瘫痪、喉头创伤以及气管或喉头肿瘤，应尽快进行鉴别诊断。

注意：对长期、持续性出现鼾声或喘鸣音的动物，须施行全身麻醉以进行彻底的检查评估。

鼻与口腔的检查

鼻部的外部检查非常有限，仅能评估鼻部是否对称、有无痛感、有无鼻分泌物 [是单侧（记录是左侧还是右侧）还是双侧]，以及鼻镜有无发生糜烂或溃疡。凡是曾经出现呼吸音异常的动物，均需要进行更深入的检查。其他更多的检查均属于特殊检查（参阅第 4 部分），需要对动物施行全身麻醉才能使检查部位充分暴露，以便对动物进行彻底检查。其他的检查包括以下各项：

- 鼻腔和鼻窦的 X 线片拍摄
- 鼻镜检查和活检（如有必要）
- 口咽和鼻咽部的咽镜检查和活检（如有必要）
- 耳部检查（对鼻咽息肉患猫的检查）
- 断层扫描技术（CT）或磁共振成像技术（MRI）**（可能需要到配备有所需仪器的转诊中心、专业部门才能进行检查，且需要由专科兽医来对结果进行判读）**

鼻咽和口咽部的检查

响亮的呼吸音或鼻息音是动物患有鼻咽或口咽疾病最常见的临床症状。在清醒或仅进行镇静的动物上无法进行全面的鼻咽或口咽部检查，必须施行全身麻醉后才能进行彻底的检查。口咽部的检查无须特殊器械即可进行。但即使是全身施行了麻醉术的动物，鼻咽部的检查也仍然受限，需要将软腭向前拉（利用拉钩）才能观察到鼻咽部，触诊则是通过指检软腭来完成。咽镜检查对患病动物来说是一项非常有用的检查方法，因为临床兽医可通过咽镜直接观察到鼻咽部最前方的结构和后鼻孔（也称为内鼻孔）。

常见的异常包括鼻咽异物（任何物体均可能进入鼻咽内）、软腭过长、鼻咽息肉（仅发生在猫）、肿瘤以及寄生虫（黄蝇幼虫）。

喉头的检查

犬猫表现喉头疾病的临床症状时（如喘鸣或哮喘），应马上检查是否存在损伤或引起通过声门处的气流受限的疾病。应把这些患病动物作为急症病例处理，因为如果不能及时处理喉头处阻塞的气道，则可能会导致动物死亡。

在不对动物施加任何镇静的情况下，触诊其喉头，观察呼吸方式和喘鸣音的声调有无改变。患有呼吸窘迫的患病动物，通常在施行全身麻醉后其呼吸状况会得到缓解。这些患病动物应作为急诊动物进行处理。动物可能需要维持麻醉或者吸氧，所以应随时准备为动物施行气管插管术。一旦动物病情稳定，呼吸顺畅，可进行颈部的 X 线片拍摄，以查找喉头组织中有无存在嵌入的异物。常见的异常包括喉头瘫痪（犬猫）、喉头水肿、喉头坍塌或压伤、异物（如植物、鱼钩）以及肿瘤。

下呼吸道检查

这里所指的下呼吸道是从第一气管环到肺泡，包括壁层胸膜、脏层胸膜以及胸膜腔。当评估患有下呼吸道疾病的动物时，很重要的是：①在询问病史的过程中细心地观察动物；②对动物进行全身检查；③触诊、叩诊以及听诊胸部和颈部。上述的检查只是一种建议，需要根据动物的状态来进行。临床兽医在与动物接触前先观察和记录动物的呼吸方式和频率。正常犬在不喘的情况下，呼吸次数是 10～30 次 /min（不喘气的情况下），猫是 20～60 次 /min。呼吸频率的上升（呼吸急促）并不总意味着呼吸疾病的发生。兴奋、发热、运动、疼痛、休克或贫血都可能引起呼吸频率加快。而呼吸频率减慢可能是由麻醉过量或代谢性碱中毒所致。患有呼吸困难和呼吸道疾病的动物，其呼吸频率可能正常。分辨呼吸的方式及节律有助于区分疾病的类型。犬猫的正常呼吸频率见框 2–13。

呼吸困难的表现可能是慢的、深的和费力的，也可能是快而浅的。呼吸困难的动物一般会表现特征性的姿势：端坐并且肘关节外展。呼吸困难的动物主要分为吸气性、呼气性或混合性呼吸困难。吸气性呼吸困难的动物表现为肺扩张困难，而呼气相对

框 2-13　正常的呼吸频率（静息状态）
犬：10～30 次 / min 猫：20～60 次 / min

容易。吸气性呼吸困难最常见于限制性疾病中，这些疾病包括限制肺扩张的疾病，如胸膜、胸壁或神经肌肉方面的疾病，或肺实质浸润性疾病，这些疾病会导致肺泡有效容积下降。限制性疾病是指那些在不增加气道阻力的条件下，能减少肺活量和潮气量的疾病。患病动物肺部的弹性回缩增加，空气快速被排出，表现为肺的顺应性下降。限制性的肺部疾病包括气胸、胸腔积液或弥散性浸润性疾病，如肺炎或肿瘤。吸气性呼吸困难还见于上呼吸道梗阻如喉头麻痹中。

呼气性呼吸困难是指气体从肺中难以排出。正常状态下，呼气时间要比吸气时间短。呼气性呼吸困难最常见于梗阻性肺病中。气流阻力增加引起气道梗阻，而引起气道阻力增加的原因可能存在于管腔内、支气管壁上或支气管周围区域中。这些病因可以同时存在。气道腔可能受到支气管扩张、严重的肺水肿或液体抽吸的影响。支气管平滑肌的收缩（发生在支气管哮喘时）、黏液腺的增生或气道壁的炎症和水肿都能引起气道梗阻。肺实质受损引起的气道外梗阻会导致肺的过度收缩和狭窄，如肺气肿。支气管周水肿也可引起肺部狭窄。发生气道梗阻性疾病时，空气通常能够进入肺内，肺容量正常甚至上升。发生部分的气道梗阻时，吸气能够促使气道打开，空气进入肺内，但由于动态压缩，呼气时气道会塌陷。动态压缩是指气道在呼气时，由于胸腔内压力增大而变窄。这是一种正常现象，但在气道阻力增大和低肺容量时会尤为突出。在很多疾病中，根据肺部病变的情况，可能会同时见到吸气性和呼气性呼吸困难。通常，这两种类型的呼吸性困难均与肺水肿有关。

当犬猫发生呼吸困难时，机体会通过调整自身的呼吸模式来使其呼吸更顺畅、更轻松。当因为发生肺实质病变或胸腔疾病，而导致肺的顺应性下降或舒张回缩不良时，动物的呼吸会变得浅而快，相反，如果动物发生的是气道梗阻，则呼吸会变得深而慢。这些呼吸模式反映了动物在呼吸过程中必须要克服的阻力（弹性阻力、黏性阻力）。动物的呼吸做功（耗氧量）增多时，其运动能力必然受到影响。

发绀是指皮肤变为淡蓝色，是由机体存在过多还原血红蛋白所致。当动物机体内至少存在 5 g 的还原血红蛋白时，才能肉眼发现发绀的存在，这意味着即使动物存在明显的缺氧，也可能在黏膜上难以观察到。

下呼吸道疾病的主要症状

咳嗽、呼吸困难、产生异常的分泌物、呼吸音重（或响亮）以及气道声音的改变（音调升高或下降），都是患有下呼吸道疾病的动物最主要的临床症状。患有肺病的动物可能不会表现出下呼吸道疾病典型的临床症状（如鼻部分泌物）。

观察动物有无出现以下情形：

鼻部分泌物： 出现鼻部分泌物是上呼吸道疾病的一个特征（见前文），但在患有下呼吸道疾病的动物上也可观察到，尤其是涉及气管和支气管的下呼吸道感染。分泌物可能单侧或双侧出现，应观察分泌物的性状（血性、黏液样、黏液脓性、脓性或清亮）以及出现的时间（急性或慢性）。

异常的肺音： 仔细进行肺部听诊，注意有无任何由于下呼吸道存在液体或黏液而造成的异常呼吸音。

注意： 正常肺音的消失与异常肺音的出现同样重要。

咳嗽： 动物真正发生咳嗽时，表现为吸气过程中低头并张嘴。咳嗽可能是湿性——有痰，或者是干性——无痰。阵发式发作，项圈的压力、运动或冷空气均会加剧咳嗽。应该留意动物在咳嗽时是否分泌痰液。很重要的一点是，大部分患犬会吞咽咳出的痰或唾液，因此看起来似乎是无痰的咳嗽。观察咳出物的颜色、黏稠度，检查是否存在细胞成分、异物或寄生虫。咯血（咳出物中含血）非常少见，但提示动物可能患有肿瘤、感染了并殖吸虫、吸入烟尘而使呼吸道受损，或肺高压（尤见于心丝虫病）。

呼吸困难： 当主诉的问题是动物间歇性地表现出"呼吸窘迫"时，临床兽医应详细询问动物主人出现这种窘迫的时间（如静息或是运动后），以及窘迫的严重程度（如张口呼吸、发绀）。静息时也出现呼吸困难的动物属于危重动物，处理这些病患的过程中，应避免对其施行过度保定或给予不必要的压力。在猫中，呼吸困难的表现可能非常轻微，只有表现出张口呼吸时才可能被注意。

呼吸音大： 异常的呼吸音可能由上呼吸道或下呼吸道产生。应注意询问动物主人最初出现的异常声音来自哪个部位。一般来讲，呼吸音大提示气道有部分或不完全的梗阻。

胸腔叩诊

叩诊

胸腔的叩诊是指用手指快速地分别叩击左半胸和右半胸，评估胸膜腔和肺内存在气体和液体的状态。如果产生的声音有变化，则提示胸膜腔或肺内存在过多的气体或液体。叩诊的具体操作是：将左手中指紧紧地贴在胸壁上作为叩诊板，然后用右手中指快速地敲打左手中指的远端指骨。

叩诊时遵循三大原则：

1. 在界定病灶边界时，叩诊区从叩诊音明显处往叩诊音不明显处移动。
2. 叩诊板（中指）的长轴应与被叩诊的器官边界平行。

3. 叩诊的角度应与被检查的器官边缘呈直角。

体型小的动物比体型大的动物更难进行叩诊和叩诊的判读。叩诊音的差异很小，双侧进行对称性的叩诊有助于区别正常与异常叩诊音，具体的做法是将听诊器放在一侧胸壁，而轻叩另一侧胸壁的肋骨。通过听诊器，叩诊音被放大，差异也就更明显。

共振

当胸膜腔含气或发生肺萎缩时，叩诊音会增强，且能听到乐性"金属音"。发生肺气肿（罕见）时叩诊音也可能增强。当发生肺实变，如肺水肿、肺炎或肿瘤，胸膜增厚，胸膜腔积液，或腹腔内器官组织进入胸腔内时，共振会比正常时弱。

胸部的 X 线片拍摄

胸部的 X 线片拍摄是用于鉴别诊断犬猫下呼吸道疾病的一种最有用的诊断方法。猫正常的 X 线片解剖结构见于图 2-21。

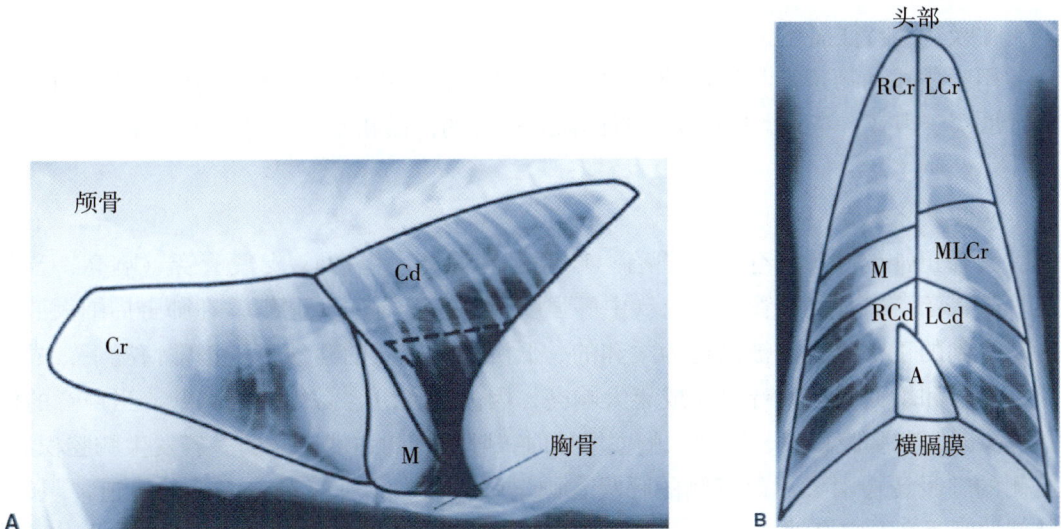

图 2-21　猫正常 X 线片解剖结构。A. 猫正常侧位 X 线片，可观察到各肺叶。B. 猫的正常背腹位 X 线平片，可观察到各肺叶
注：Cr，肺的右前叶和左前叶；Cd，肺的右后叶和左后叶；M，右肺中叶；A，肺的副叶；LCd，肺的左后叶；LCr，肺的左前叶；M，右肺中叶；MLCr，肺左前叶的中部；RCd，右肺后叶；RCr，右肺前叶

胸部听诊

听诊器

听诊器并不都一样，有些听诊器比其他听诊器的音效更好。钟式听诊器能够传播低频音，而膜式听诊器则能更好地传播轻柔的高频音。现已推出电子听诊器，这种听

诊器能够控制音量，而且具有特殊的滤波器，能够过滤心音，使呼吸音听起来更清晰。想要达到最好的听诊效果，可按照下列指示操作：

1. 在尽量安静无噪声的房间内进行听诊。
2. 听诊器紧紧地贴在胸壁上。
3. 避免毛发摩擦和肌肉震颤，可弄湿听诊部位的毛发。
4. 尽可能地听诊动物安静呼吸时的呼吸音。
5. 闭合喘气动物的嘴部；使颤抖中的动物安定下来，停止颤抖。
6. 使猫停止打呼噜，可轻柔地往猫的面鼻部快速吹气或打开水龙头，让猫听到水流声（祝你好运——有些猫无论你做什么，他都会坚持一直打呼噜）。
7. 专心听诊呼吸的每一部分或心动周期的每个时期。必须一心一意地进行听诊。
8. 重复检查。这一步骤对怀疑患有下呼吸道疾病的犬猫来说尤其重要。
9. 如果使用电子听诊器，建议将接触剂（超声耦合剂或 EChG 凝胶）抹于听诊器的膜上，能够使听诊器与动物之间的接触更紧密，提高听诊效果。

呼吸音的特征描述

用于描述动物正常与异常肺音的专业术语，目前仍然没有达成共识。肺音的听诊除了取决于声音自身外，还取决于听诊器对声音的传播和反映（详见表 2-4）。

正常的呼吸音

犬猫正常的呼吸音包括气管音（响亮、音调高、粗粝）、支气管音（响亮、音调高、管状音）以及支气管肺泡音（中等强度、中等音调、沙沙声）。在肺野周围大部分区域听到的正常呼吸音被描述为柔和的、低沉的、轻微的沙沙声。正常情况下，成年猫、幼猫和幼犬的呼吸音要比成年犬响亮，因为声音更容易传播到胸壁。当声音的传播减少时，如胸腔积液、气胸、胸壁增厚时，呼吸音的强度会减弱。若发生胸腔积液，腹侧的呼吸音会消失，而背侧的呼吸音则增强。而发生肺气肿或完全的气道梗阻时，肺部的呼吸音会完全消失。

破裂音

破裂音以前被称为"水泡音"，是不连续的、异常的呼吸音，通常由气道内存在过多的液体所致。这些液体可能来自肺炎或其他肺部感染导致的渗出，或来自肺水肿或失代偿的充血性心力衰竭导致的漏出。破裂音特征性地出现在吸气时，并能细分为"湿性"或"干性"。破裂音听起来与用拇指和食指在耳边摩擦头发的声音类似。框 2-14 列出了解读 X 线片时应识别的解剖标志。

框 2-14　解读 X 线片时应识别下列解剖标志并进行评判
气管（颈部和胸腔内） 气管分叉（隆线） 肺的右前叶和左前叶 肺中叶（仅右侧） 肺的右后叶和左后叶

2

喘息音

喘息音是用于形容呼气时，气流通过异常塌陷的气道，伴有大量残余的不能呼出体外的气体所产生的呼吸音。在人类中，喘息音常与哮喘有关，然而在犬猫上，喘息音则较常见于其他原因，如气道梗阻（肿瘤）或异物性梗阻。

注意：喘鸣音，一种不需要听诊器就能听到的喘息音，是常与喉头梗阻（如喉头麻痹）相关的重要体征。如果喘息音是由喉头梗阻造成，则在吸气时听诊最清晰。

若动物患有限制性肺疾病，会出现肺容量下降，气道多处塌陷，而这些塌陷的气道开张时会导致产生破裂音。连续的、乐性的高频咝咝声，或吱吱声被称为喘息音。喘息音可出现在吸气时（喉头麻痹）或呼气时（梗阻性支气管疾病）。很重要的一点是，即使没有异常肺音的出现，也不能说明肺脏正常。

扩展阅读

Anderson-Wessberg K: Coughing. In Ettinger SJ, Feldman EC, editors: Textbook of VeterinaryInternal Medicine, ed 7, St Louis, 2010, Elsevier.

Forney S: Dyspnea and tachypnea. In Ettinger SJ, Feldman EC, editors: Textbook of VeterinaryInternal Medicine, ed 7, St Louis, 2010, Elsevier.

Johnson LR: Respiratory physiology, diagnostics and diseases, Vet Clin North Am Small AnimPract 37:829-1012, 2007.

Silverstein DC, Drobatz KJ: Clinical evaluation of the respiratory tract. In Ettinger SJ, FeldmanEC, editors: Textbook of Veterinary Internal Medicine, ed 7, St Louis, 2010, Elsevier.

泌尿系统检查

临床病史

对患有泌尿系统疾病的动物，其病史调查应包括发病时间（急性或渐进性）、进展（改善、不变、恶化），以及动物对之前所进行的治疗的反应。饲养管理上的信息包括动物的生活环境（室内还是室外），用途（宠物、种用、参展或工作犬），来源地和郊游史，有无与其他动物接触的历史，免疫状态，饮食，以前有无受过创伤、疾病或手术。确定动物有无出现下列异常：嗜睡、厌食、呕吐、腹泻、咳嗽、打喷嚏、运动不耐受、多尿、多饮、体重减轻、跛行、瘙痒、脱毛以及与药物或毒物接触。以此对动物全身进行简单快速的检查。

与泌尿系统相关的问题包括饮水量、尿量以及排尿次数有无改变。需要询问动物主人动物有无发生尿频、排尿困难或血尿。必须区分动物发生的是排尿困难和尿频，还是多尿；或尿失禁还是多尿（参阅第 3 部分）。区分多尿和尿频非常重要，因为多尿是上泌尿道疾病的一个病征，而尿频和排尿困难则通常提示动物发生下泌尿道的疾病。动物主人偶尔会因为患犬在屋内排尿而到动物医院就医，并向临床兽医主诉动物尿失禁。但实际上，该犬可能仅仅是多尿，但被带到室外的次数不够频繁，因而不得已在屋内排尿。夜尿可以是多尿的早期症状，但也可能是排尿困难的一个症状。

> **注意**：正常犬猫尿量的正常范围是每天 20 ~ 45 mL/kg（体重）。

排尿的起始阶段以及尿流的大小是非常有用的信息，因为患有部分尿路阻塞的动物通常会表现为排尿开始时困难，或尿流异常地细小。如果出现血尿，询问动物主人血液在尿液中出现的时间。如果血液出现在尿液的初段，提示病变存在于尿道或生殖道；如果血液出现在尿液的末段或贯穿整个排尿过程，则提示存在有膀胱或上泌尿道（肾脏或输尿管）的问题。

相比多尿，动物主人更容易觉察到动物饮水量的增加。正常犬一天的饮水量不超过 90 mL/kg（体重），猫不超过 45 mL/kg（体重）（框 2-15）。建议使用动物主人更熟悉的量词来询问动物的饮水量，如使用杯数（一杯水大约为 250 mL）。询问动物主人动物是否接触过任何肾毒性的物质，如防冻剂中的乙二醇（尤其在春秋季）、氨基糖苷类抗生素、两性霉素 B、硫乙肼胺和非甾体抗炎药。同时，应确认动物有无使用能够引起多饮多尿的药物，如糖皮质类固醇药物或利尿剂。

框 2-15　动物的正常最大饮水量
犬：每天 90 mL/kg（体重） **猫**：每天 45 mL/kg（体重）

检查

泌尿系统疾病可最终导致器官衰竭和系统性疾病的快速发生；应通过检查皮肤、眼球在眼眶内的位置以及黏膜的湿润程度来细致地评估动物的脱水状态。同时还应记录动物脉搏的速率和质量，毛细血管再充盈时间（CRT）和心率。临床上可检测到的最小脱水程度约为 5%，机体可耐受的最大脱水程度是 15%。皮肤弹性和皮下脂肪会影响皮肤对脱水状态的评估。肥胖动物即使发生脱水，其皮肤表现也可能正常，相反，消瘦的动物即使不脱水，其皮肤的表现也可能提示存在脱水。在动物急性脱水时，可利用其体重的改变来监测脱水状态的变化，因为 1 L 液体约等于 1 kg 体重。评估动物有无出现腹水或皮下水肿，这两个病征会出现在发生肾病综合征的动物上。

口腔

在患有尿毒症的动物中，尤其是患病犬常会出现口腔溃疡。由于舌上的血管发生纤维素样坏死，因此还偶尔可见尿毒症患犬舌尖坏死。检查动物口腔黏膜颜色，发生贫血时会变白。在某些尿毒症患犬中，可能还会观察到虹膜和软腭上的血管舒张。检查眼底，确定动物是否发生系统性高血压，这是肾病的一个并发症。若发生系统性高血压，可观察到眼底内的视网膜水肿、视网膜脱离、视网膜出血和血管扭曲。年轻的处于发育期的动物若发生肾衰竭，会发展为严重的纤维素化骨营养不良，典型的症状是上、下颌骨的增大和畸形，但是在患有肾衰竭的老龄犬中则很少出现。

腹部触诊

大部分猫双侧的肾脏可被触诊，而 20% 的犬左肾可被触诊到。通过触诊，评价肾脏的大小、形状、质地、有无压痛和肾脏位置。除非膀胱内空虚无尿，大部分的犬猫通过触诊可触摸到膀胱。注意膀胱紧张的程度、有无压痛以及膀胱壁的厚度。评估膀胱有无壁内团块（如肿瘤），或腔内团块（如结石、凝血块）。若没有发生尿路阻塞，脱水的动物出现膀胱紧张时，提示肾功能异常或使用了损伤尿液浓缩功能的药物（如糖皮质类固醇、利尿剂）。

骨盆检查和生殖器

通过直肠触诊前列腺（雄性动物）和骨盆部尿道（雄性和雌性动物）。仔细检查肛周和腰下区域，确定有无肿瘤的存在。评估前列腺的大小、对称性、位置以及有无压痛。把阴茎推出进行检查，并通过触诊，检查双侧睾丸的对称性、质地、有无存在肿块或压痛。母犬应进行阴道检查，评估有无存在异常的分泌物、团块，以及尿道口的状态。

血压测量

目前有多种测量血压的方法，每种方法都有各自的优缺点。对于患有肾功能不全的猫以及患有蛋白丢失性肾病的犬来说，血压的测量和追踪记录对病情的长期控制非常重要。犬猫的血压测量主要是指收缩压的测量，主要用于预防和控制高血压，以及减少发生视网膜损伤（脱落）和失明的风险。犬猫舒张压的临床意义目前仍然不甚清楚。患有慢性肾功能不全以及高收缩压的动物需要进行药物的抗高血压治疗。框 2-16 列出了犬猫的正常收缩压。

框 2-16 动物的正常收缩压
犬：160 ~ 180 mmHg 猫：160 ~ 200 mmHg

目前有各种不同的影像学方法和实验室测试方法可对肾脏功能、尿液的产生和排尿情况进行定性和定量的分析。特殊的诊断方法包括肾脏活检和细胞学检查，详见第4部分。

对肾脏功能的实验室评估包括各种常规和特殊的生化分析，尿液分析和培养。实验室测试以及测试的规则详见第5部分。

扩展阅读

Ettinger SJ, Feldman EC, editors: Textbook of Veterinary Internal Medicine, ed 7, St Louis, 2010, Elsevier.

Forrester SD, Grant D: Cystocentesis and urinary bladder catheterization. In Ettinger SJ, FeldmanEC, editors: Textbook of Veterinary Internal Medicine, ed 7, St Louis, 2010, Elsevier.

Forrester SD, Roudebush P: Evidence-based management of feline lower urinary tract disease, Vet Clin North Am Small Anim Pract 37:533-553, 2007.

May SN, Langston C: Managing chronic renal failure, Compend Contin Educ Pract Vet 28:853-864, 2006.

Prittie J, Langston C: Renal emergencies. In Ettinger SJ, Feldman EC, editors: Textbook ofVeterinary Internal Medicine, ed 7, St Louis, 2010, Elsevier.

第 3 部分

临床症状

Richard B. Ford and Elisa M. Mazzaferro

3

> **注意**：临床症状这一部分是为了帮助兽医快速准确地评估动物个体出现的问题而设计的。动物很可能是由于出现这些问题，而被动物主人带至动物医院以寻求兽医的诊断和帮助。每种临床症状按照动物主人最可能用于反映问题的词或短语被列出。其后是对于该临床症状的医学定义。
>
> 　　对临床症状恰当地诠释和评估是诊断和评价每个患病动物的基础，是进行有效治疗的基石。无法辨别和解释这些不能与人类进行言语沟通的动物的临床症状，即使进行再多的诊断性检查和测试，也不会得出有效的治疗方案。能够正确地诠释临床症状，在动物医学中依然是一项重要的临床技能，这要求兽医时刻保持警觉性，须有一定的经验的累积和直觉。绝对不存在一种实验室诊断、外科手术方法或者先进的影像学技术能使一名兽医更有能力辨明疾病。

有腹水的腹围增大

定义

　　腹水是指由腹膜腔中不正常的液体大量积聚导致的可观察到的腹部扩张。动物主人可以察觉到这种程度的扩张。然而，尤其是在腹水形成的早期阶段，即使存在腹水，也不一定伴随腹部扩张。炎症、感染、代谢紊乱、组织变性退化和肿瘤等因素都能导致液体聚集。腹水必须与其他原因引起的腹围增大相区别。此类腹围增大包括妊娠、器官肿大或者晚期的肾上腺皮质功能亢进。

相关症状

　　临床病史可能包括饮水量和尿量增加、腹泻、呕吐、食欲增加或减少、疼痛、外观上或真正的体重增加以及肌肉减少。检查患病动物发现有心杂音和明显的心律失常。如果没有液体聚集，就要确定在腹腔中是否存在肿物。条件允许时，通过分析液体的物理性状、生化组成和细胞学来评价液体的性质。

鉴别诊断（图 3-1）
诊断方案
1. 临床检查，确定或排除心肺疾病。评估皮肤和毛发情况，留意与内分泌紊乱相关的症状（特别是肾上腺皮质功能亢进）。
2. 通过冲击触诊法、拍摄腹部 X 线片、腹部超声检查或腹部穿刺来区分腹水或腹围增大。
3. 如果腹腔存在液体，须进行腹腔穿刺，并分析穿刺液。如果有条件进行腹部超声检查，可进一步进行实验室常规检查。

无腹水的腹围增大

定义
与腹水无关的腹围增大指犬猫在体检中察觉到腹部外观或者实际腹腔扩张的情况。真正的腹围增大可能是生理性或者正常的（如幼犬或幼猫进食后的腹部增大、妊娠），也可能是不正常的（如与器官肿大或肥胖有关的腹部扩张）。

相关症状
除上述情况外，动物腹围增大时往往伴随呼吸增强的症状，通常表现为呼吸急促（呼吸频率增加）。犬在呼气时比猫更可能发出声音。临床兽医可不同程度地发现患病动物心率增加、嗜睡、食欲减退和端坐呼吸等。

鉴别诊断
腹围增大的鉴别诊断见框 3-1。

诊断方案
1. 病史：确定腹围增大的持续时间和发展程度；雌性动物需要确定其是否妊娠。
2. 腹部触诊：患病动物最好采用右侧卧位。触诊时使用双手同时进行检查。
3. 腹部冲击触诊法：触诊腹壁，确定有无液体在腹腔内积聚。
4. 影像学：拍摄腹部 X 线片或腹部超声。
5. 实验室分析：通常用于评估患病动物全身健康状况。
6. 细针抽吸和细胞学分析：用于抽吸实质器官或涉及的肿物。
7. 探查术：必要时还需要使用内镜进行检查。

3

腹水

出血

样品不能凝集
红细胞比容>10%

1. 腹部 X 线片拍摄
2. 腹部超声扫描
3. 凝血酶原时间、部
分凝血活酶时间
4. 胸部 X 线片拍摄

创伤性腹腔积血
出血性肿瘤
凝血障碍

渗出液

SG > 1.025
TP > 2.5 g
中性粒细胞>7 000 个/μL
胆红素＋试纸条
肌酐（穿刺液与血清的
混浊的或化脓的

1. 血清生化
2. 腹部 X 线片
3. 腹部超声
4. 钾、肌酐检测
5. 淀粉酶、脂肪酶检测
6. 细胞学培养（无菌，FIP）
7. 腹水培养
8. 开腹探查

腹膜炎
尿路破裂
胰腺炎
猫传染性腹膜炎

改性漏出液

SG 1.015~1.025
TP > 2.5 g
细胞 1 000~7 000 个/μL
（中性粒细胞/淋巴细胞）
清亮到粉红

1. 血清生化
2. 胸腔 X 线片
3. 心动超声图
4. 心电图
5. 腹部 X 线片
6. 腹部超声
7. 肝功能测试
8. 血管造影术

心脏疾病
腔静脉疾病
肝脏疾病

纯漏出液

SG <1.015
细胞 <1 500 个/μL
（间皮细胞）
清亮，无色

1. 血清生化
2. 腹部 X 线片
3. 腹部超声
4. 心动超声图

蛋白丢失性肾病
蛋白丢失性肠病
肝脏疾病
动静脉短路
心脏疾病

乳糜漏液

SG>1.025
TP>2.0 g
细胞 <17 000 个/μL
（小淋巴细胞）
TG>100 mg/dL
白色，不透明（乳汁样）

1. 血清生化
2. 腹部 X 线片
3. 腹部超声
4. 胸部 X 线片
5. 心动超声图
6. 淋巴管造影术
7. 开腹探查
8. 活检

心脏病
胸导管疾病
淋巴管扩张
先天性异常

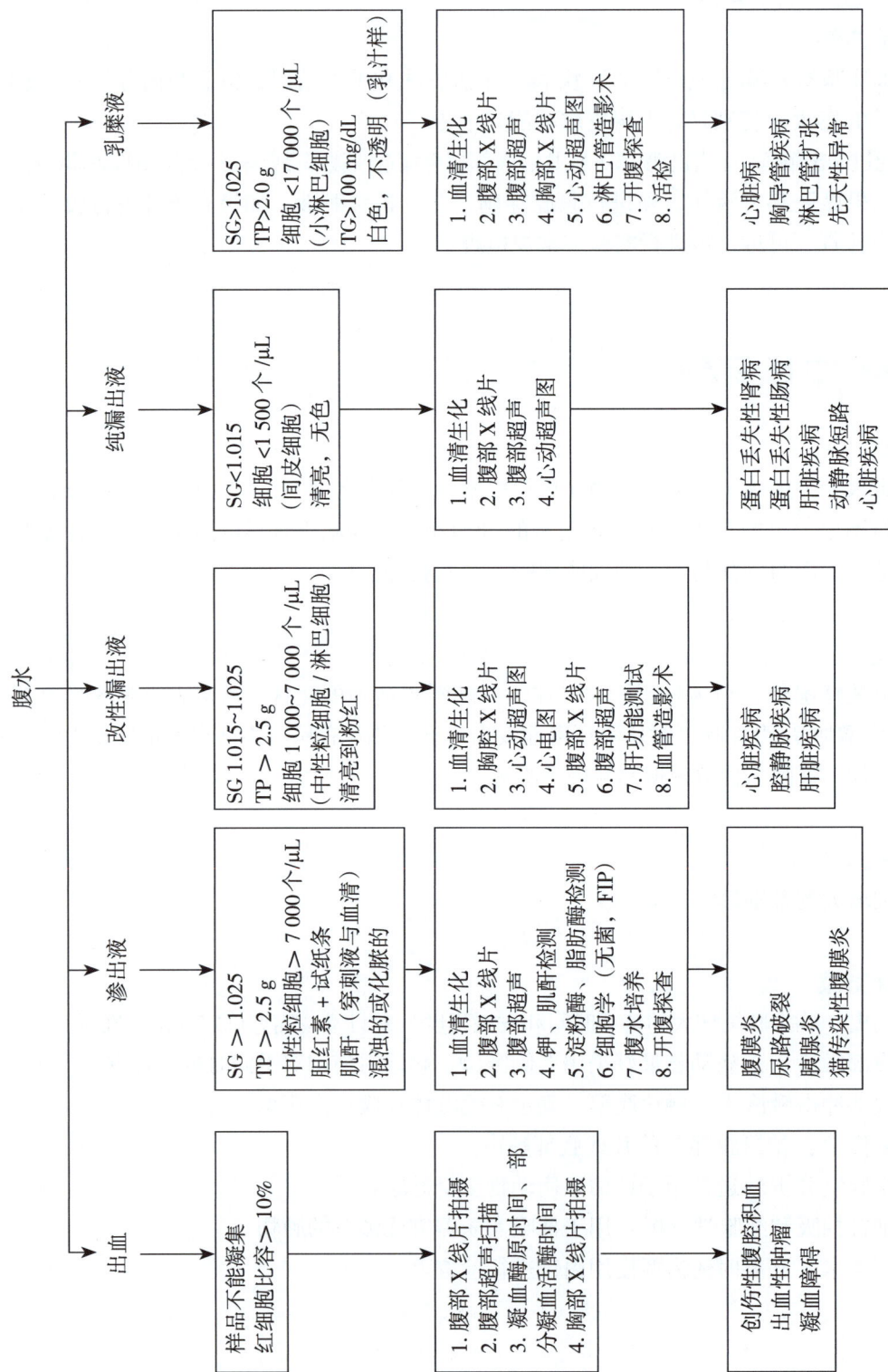

图 3-1 腹水的诊断流程

注：SG，相对密度；TP，总蛋白；TG，甘油三酯

框 3-1　腹围增大的鉴别诊断	
生理性扩张 餐后 妊娠	**有液体积聚** 液体富含蛋白：> 2.5 g/dL 　　肝脏衰竭 　　右心充血性心力衰竭
无液体积聚 器官肿大 肿瘤 便秘 胃扩张 肾上腺皮质功能亢进 耻骨前腱断裂 膀胱极度充盈 气腹	炎性感染［如感染猫传染性腹膜炎（FIP）］ 化学或药物性腹膜炎 创伤 肿瘤 肝脏静脉血栓或者血管异常 乳糜腹 液体蛋白含量低：< 2.5 g/dL 　　低蛋白血症（肾、肝或胃肠原因） 　　原发性肝脏疾病引发的肝门静脉高血压 　　肿瘤

3

攻击性

定义

　　攻击性是指犬猫表现出具有威胁性、破坏性或攻击行为的情况（正常或异常）。进一步而言，攻击行为可分为防御性和进攻性。具有能够分辨攻击行为的外观表现和类型的专业知识，对于有效地干预攻击行为很关键。根据这个定义，动物由自身原因（如疼痛或者颅内肿瘤）产生的攻击行为被排除在外。

相关症状

　　攻击性作为一种表现，可能是由器官功能病变引起，尤其是影响大脑的疾病。患病动物表现出的攻击性通常属于急性，可能伴发其他神经症状，提示大脑功能受损（如癫痫、转圈）。然而，动物疼痛时亦会表现出攻击行为，属于身体不适的继发症状。单侧或双侧失明或失聪的动物，会在失明或失聪一侧被接近或触摸时出现攻击行为。这种攻击行为可能是动物受到惊吓的结果，一般不属于异常行为的表现。

鉴别诊断

犬攻击行为的鉴别诊断见框 3-2；猫攻击行为的鉴别诊断见框 3-3。

诊断方案

1. 通过实验室检测和神经学检测来评估疼痛的情况或潜在的器质性疾病（颅内疾病）。
2. **注意**：在确定病因或者通过训练矫正行为之前，不建议根据经验给予神经药物治疗。

框 3-2　犬的攻击行为：基于病因的鉴别诊断	
病理生理性攻击行为	被动性攻击
狂犬病	保护性攻击（食物、玩具、休息场所）
颅内肿瘤	捕食性攻击
大脑缺氧	恐惧性攻击
癫痫	同性之间的攻击
神经内分泌紊乱	疼痛、惩罚和刺激引起的攻击
	母性攻击
种特异性攻击行为 *	转向的攻击
支配性攻击	

Young MS: Aggressive behavior. In Ford RB, editor: Clinical signs and diagnosis in small animal practice, New York, 1988, Churchill Livingstone.

注：* 这些行为模式为非病理状态，是物种的典型行为模式，因此是正常行为。熟悉犬的正常且特有的攻击行为，可以与病理性攻击行为进行区分。和其他行为问题一样，种特异性的行为问题具有同样程度的破坏性或危险性。

框 3-3　猫的攻击行为：基于病因的鉴别诊断	
病理生理性攻击行为	玩耍性攻击
狂犬病	领地性攻击
颅内肿瘤和损伤	恐惧诱发的攻击
	疼痛诱发的攻击
种特异性攻击行为 *	母性攻击
公猫之间攻击	转向的攻击
捕食性攻击	

注：* 这些行为不一定是由病理性状态引起，是猫特有的行为模式，因此是正常行为。熟悉猫正常的种属攻击行为可以与病理性攻击行为进行区分。和其他行为问题一样，种特异性的行为问题具有同样程度的破坏性或危险性。

秃发，参阅脱毛：脱毛症

共济失调，参阅动作不协调：共济失调

失明，参阅视力丧失：失明

尿中带血：血尿、血红蛋白尿、肌红蛋白尿

定义

血尿是指尿中出现血液；含有极微量血液的尿液样本，肉眼难以察觉。因此，动

物主人观察到的任何尿液颜色变化都被称为"尿中带血"。患病动物需要进一步检查，以确定尿液变色是否与最近排出的尿液中存在小血块、血尿或尿液呈棕色或红色有关。无论是肉眼可见的还是不可见的尿中带血，都提示上尿道或下尿道出血。此外，系统凝血障碍和生殖道疾病也可能导致血尿。尿中出现血红蛋白（血红蛋白尿）并不一定是由尿道疾病引起。全身性疾病（如可导致血管内溶血的疾病）在泌尿系统正常的情况下，也可引起明显的血红蛋白尿。动物主人可能描述该症状为"尿中带血"。在仅有血红蛋白尿而没有血尿的病例中，用显微镜观察尿液看不到红细胞（RBC）。

　　临床诊断中，区分血红蛋白尿和血尿是非常重要的。传统的尿液试纸条不能将两者进行区分。因此，利用显微镜对尿沉渣进行检查以确定 RBC 数量，对于两者的鉴别诊断非常重要。

　　肌红蛋白尿表现为棕色到深红色的尿液，尿沉渣中没有 RBC，隐血测试结果为阳性。肌红蛋白尿是广泛性肌肉疾病的重要指征。

相关症状

　　与尿道相关的血尿一般不会引起其他临床症状。对于肾源性有明显出血的患病动物，可能会出现全身性疾病症状，但很难定位血尿来源。膀胱源性血尿更可引起患病动物出现临床症状，特别是尿频和排尿困难。生殖道疾病（如前列腺炎和阴道炎）也可以引起明显的血尿。应对出现血尿或血红蛋白尿的动物进行细致的检查，以便发现全身出血、凝血病和肿瘤等其他可能潜在的疾病。引起犬猫血尿的疾病见框 3-4。

鉴别诊断

血红蛋白尿的鉴别诊断见框 3-5。

诊断方案

1. 完整的病史调查和全面的临床检查，尤其是外生殖器的检查，前列腺和后腹部触诊。
2. 如果可行，对尿道开放能力和动物的排尿能力进行评估。如果存在明显的排尿困难和下尿道阻塞症状，应置入导尿管。
3. 完整的尿液分析。采集新鲜尿样，评价内容包括外观性状、相对密度、生化试纸条（浸渍片）测试，以及尿沉渣的显微镜观察。最好收集 2 份样本：自然排泄的尿样和膀胱穿刺收集的尿样。
4. 如果存在细菌，进行尿液培养和药敏试验。
5. 常规的实验室检查，包括血液分析和生化试验。
6. 如存在血红蛋白尿，进行凝血功能检查。
7. 拍摄腹部 X 线片，以发现结石、前列腺增生和软组织团块。

框 3-4　根据解剖部位不同对引起犬猫表观或急性血尿的疾病进行分类	
解剖部位	疾病
肾脏	肾盂肾炎
	肾小球肾病或肾小球肾炎
	肿瘤
	结石
	肾囊肿
	肾梗死
	肾损伤
	良性肾出血
	威尔士柯基犬血尿
	肾膨结线虫感染
	犬心丝虫微丝蚴
	慢性被动性充血
膀胱，输尿管，尿道	感染、炎症、膀胱炎、LUTD
	膀胱结石
	肿瘤
	损伤
	血小板减少症
	狐膀胱毛细线虫感染
	环磷酰胺治疗
任何部位	凝血障碍
	中暑
	DIC
尿道以外的病因（生殖道或假血尿）	前列腺疾病
	肿瘤
	感染
	增生
	子宫积脓
	发情期疾病
	子宫复旧不全
	感染
	肿瘤（包括 TVT）
	阴道疾病
	损伤
	阴茎疾病
	TVT

注：LUTD，下泌尿道疾病；DIC，弥散性血管内凝血；TVT，传染性性病瘤。

框 3-5　　血红蛋白尿的鉴别诊断	
红细胞在血管内受到破坏	**红细胞在血管外受到破坏**
免疫介导性溶血性贫血	红细胞内寄生虫
输血性溶血	免疫介导性溶血性贫血
败血症	丙酮酸激酶缺乏（巴辛吉犬和比格犬）
红细胞寄生虫（如巴贝斯虫属）	先天性卟啉症（猫）
化学诱导性破坏	遗传性口形红细胞增多症（爱斯基摩犬）
吩噻嗪	微血管病（如肝硬化、血管内皮肿瘤）
对乙酰氨基酚	
亚甲蓝	**尿液中红细胞溶解**
铜	血尿合并尿液极度稀释
低渗透压	储存尿液中的血尿

8. 对上泌尿道和下泌尿道进行 X 线造影拍摄。

9. 对前列腺、膀胱和肾脏进行超声检查。

10. 开腹探查（如果凝血功能正常）。

昏迷：意识丧失

定义

昏迷是指由神经性或非神经性疾病（用药过量，尤其是犬）引起的，完全可逆或不可逆的无知觉状态。昏迷可能是由大脑弥散性或多灶性病变，或是影响到脑干前侧和网状结构上行激动系统的病变导致。多种中枢神经系统器质性疾病导致的代谢性或中毒性脑病亦可导致昏迷。

相关症状

虽然昏迷动物没有知觉，但仍需要进行全面的神经和眼科检查。瞳孔大小和对光反应的改变通常提示脑干疾病。应对无知觉动物实施心电图（ECG）和胸腔 X 线片拍摄以进行紧急心脏评估。昏迷动物的实验室检查包括肝脏酶，如果可行，还应进行肝功能、电解质、葡萄糖水平的检测。

鉴别诊断

引起昏迷的疾病的鉴别诊断见框 3-6。

框 3-6　昏迷的鉴别诊断		
类型	神经性	非神经性
急性，非进行性	颅内出血 大脑畸形	— —
急性，进行性	转移性病灶 硬膜外、硬膜下出血 脑膜脑炎 脑水肿	低血糖症 糖尿病性昏迷（高渗） 中暑 肝性或尿毒症性脑病 感染 缺氧 硫胺素缺乏症（猫） 重金属和药物中毒 一氧化碳中毒
慢性，非进行性	出血（少见） 贮积病 脑积水 脑炎	重金属中毒

3

诊断方案

1. 关键：通过生命体征来评估气道、呼吸和循环（脉搏、心跳和ECG）。如有必要，拍摄胸部的X线片。如果怀疑脑水肿，则实施人工通气，静脉注射高渗药物［如20% 甘露醇，1~2 g/kg（体重），每6 h 一次］和糖皮质激素。
2. 进行细致的神经学检查，以此评估脑干功能，包括运动功能、瞳孔对光反射的功能和眼球运动。
3. 实验室诊断包括血液学、生物化学和尿液分析。
4. 必要时进行特殊的诊断性检查：
   A. 代谢性昏迷：血清氨、胆汁酸、葡萄糖、血液和尿液中的铅含量。
   B. 神经性昏迷：头骨 X 线片拍摄、脑脊液分析、脑电波。
   C. 评估静脉注射甘露醇后的反应。

便秘：顽固性便秘

定义

便秘指不经常排便或者排便困难。顽固性便秘是指由粪便阻塞直肠甚至是结肠引起的，难以控制或处理的便秘。排便费力或者排便疼痛很可能提示动物患有便秘或顽固性便秘，也是犬猫被带至动物医院就诊的常见病因（参阅用力排便：排便困难）。

关于大肠的节律性运动并没有严格的定义，因此，并不存在与持续便秘相区分的所谓"正常"肠道每天或每周的活动次数。实际上，如果动物出现明显的排便延迟，或排便频率明显减少，或排便困难，或粪便异常干硬，可以怀疑动物患有便秘。便秘可以归为以下几种原因：神经性、机械性（物理性）、肌肉性（平滑肌）、医源性（药物引发）。

某些时候，动物主人认为动物排便费力时，事实上动物是在用力排尿。这尤见于患有下泌尿道疾病的猫，如猫泌尿系统综合征（FUS）。本章节只讨论与便秘或顽固性便秘相关的排便困难（图 3-2）。

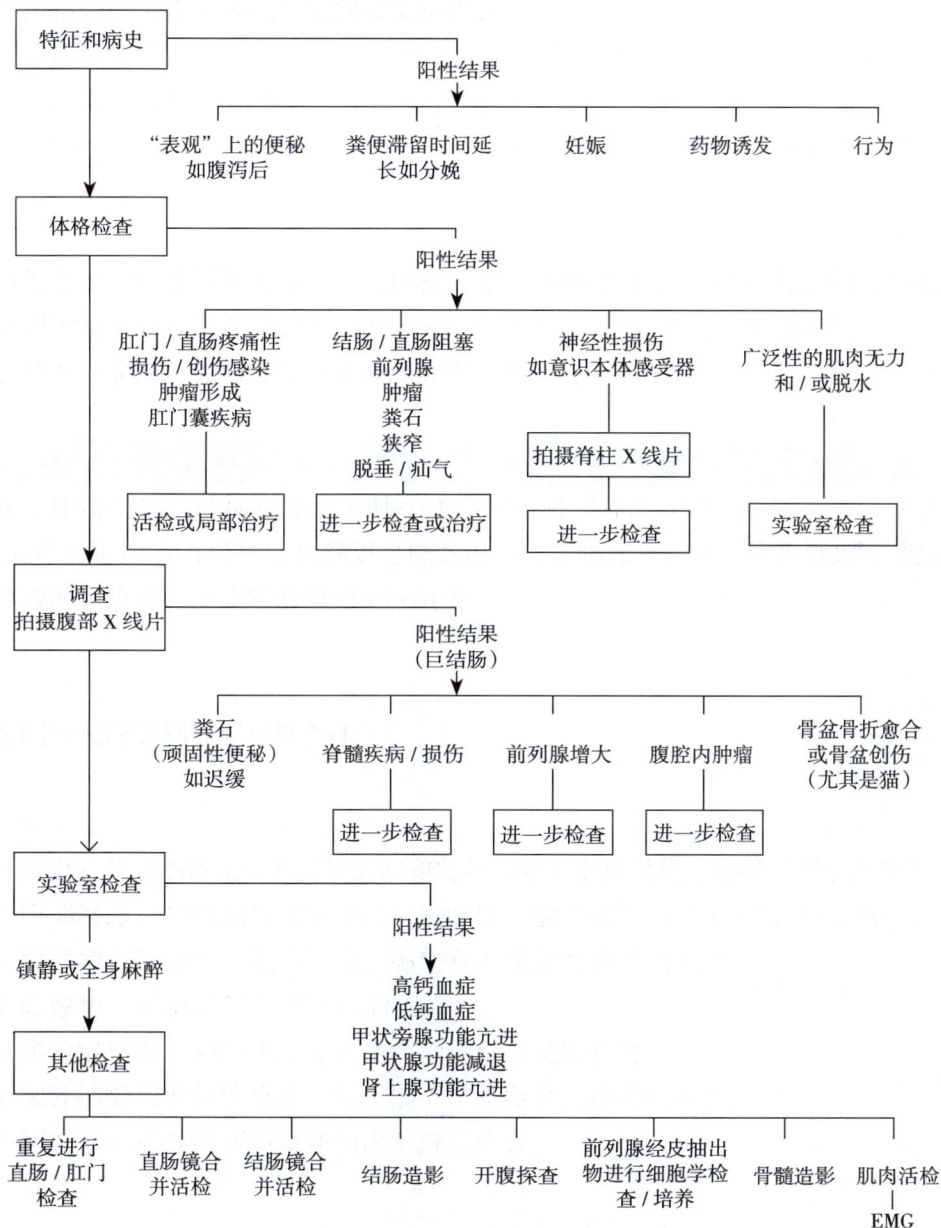

图 3-2　犬猫便秘的临床诊断流程
注：EMG，肌电图

相关症状

诊断动物患有便秘或顽固性便秘对于兽医而言是一项挑战，因为涉及复杂多变的致病机制。一些患有神经性便秘的动物可能表现与病灶有关的明显的肛周或直肠疼痛。另外一些动物可能患有非疼痛的神经性疾病，或者是由骨盆或脊柱创伤造成的长期并发症。

机械性便秘分为消化道内和消化道外两种情况。无论是雄性犬猫还是雌性犬猫，都应进行腹部和直肠触诊检查。细长的或者是带血的粪便可能提示肠腔内有病变，如果是消化道外的病变造成便秘，可能不会出现上述现象。

肌肉性便秘最不常见，并且常常由严重的代谢异常造成。曾经有动物患自发性结肠迟缓的报道，但便秘也可能是由严重的代谢异常造成。还应该通过实验室检查来评估动物是否患有内分泌疾病或电解质紊乱。

鉴别诊断

便秘的鉴别诊断见框 3-7。

诊断方案（图 3-2）

框 3-7　　便秘的鉴别诊断	
神经性病因	粪石
外皮（疼痛引起的便秘）	直肠 - 结肠脱出
肛周瘤的形成	肠套叠
肛门囊疾病	
肛周瘘	**肌肉性病因**
蛆病	结肠迟缓
中枢神经系统疾病	严重的营养不良和恶病质
脊柱损伤	甲状腺功能减退
脊柱肿瘤形成	高钙血症
退行性脊髓病	高钾血症
外周神经系统疾病	甲状旁腺功能亢进
（如骨盆创伤后的并发症）	术后部分肠段扩张
机械性病因	**药物诱导性病因**
消化道外	麻醉药
前列腺（肿瘤形成或增生）	抗胆碱药（如阿托品）
腹腔内大肿瘤	抗惊厥药
妊娠	硫酸钡
骨盆骨折	利尿药
	长期使用缓泻药
消化道内	单氨氧化酶抑制剂
直肠狭窄（如腺癌）	重金属中毒（如铅中毒）
结肠狭窄	行为因素
肉芽肿（如组织胞浆菌病）	猫砂硬固或太脏
良性的直肠结肠肿瘤	没有猫砂

咳嗽

定义

咳嗽指动物由于气管、支气管中存在刺激物（如分泌物）而引起的突然强力呼气反应。咳嗽是一种与下呼吸道疾病有关的最常见的临床表现（伴随着呼吸困难和咳血）。咳嗽可能是"急性发作"的（仅持续几天），或是"慢性"的（持续 2 周或以上）。动物的咳嗽很难区分是有痰还是无痰，因此这种分类在诊断方案上也没有意义和价值。

相关症状

虽然咳嗽是下呼吸道疾病尤其是气管和支气管等通气管道疾病的典型症状，但是咳嗽也可能发生于患非肺源性疾病的动物身上，尤其是心脏和胸腔有疾病的动物。因此，相关症状的范围可能很大；也可能没有相关症状。临床上，需要特别注意辨明咳嗽的性质。咳嗽可以是严重突发的，此类咳嗽常常需要马上对动物病情进行干预；也可以是轻度而持久的。咳嗽时伴有昏厥、呼吸困难或者咳血的动物，需要马上进行处理。坐式呼吸，是指动物只有在维持一个特定姿势（通常是直立姿势）时才能呼吸，这是一个提示动物呼吸机能严重受损的指征，需要兽医及时关注。鼻部分泌物、呼吸急促和喘息很少伴有咳嗽。咳嗽可能会被动物主人误认为呕吐，特别是在患犬有感染性呼吸道疾病的情况下。

鉴别诊断

咳嗽的鉴别诊断见框 3-8。

诊断方案

1. 病史与临床检查：关注动物近期是否有与病原接触的机会（如去过外地），以及犬心丝虫的预防工作。临床检查对于辨明目前咳嗽的性质及其对呼吸道的影响范围很有意义，尤其是通过触诊颈段气管诱咳呈阳性反应时。
2. 认真进行胸腔听诊，确定有无心杂音或者异常的肺音和呼吸道音。
3. 采用侧位和腹背位拍摄胸部 X 线片，特别是患病动物表现出与呼吸窘迫相对应的症状时。存在呼吸困难的动物，在拍摄 X 线片的全过程中应为其提供充足的氧气。仔细查看 X 线片，留意片中血管、心脏和呼吸道的影像有无异常。对怀疑患有胸部肿瘤的动物应拍摄左侧及右侧的胸部 X 线片。
4. 实验室检查包括血液学检查、生化检查、粪便浮集法、尿液分析、心丝虫测试、猫的白血病病毒和免疫缺陷病毒（FeLV/FIV）测试。

框 3-8　　咳嗽的鉴别诊断	
原发性呼吸道疾病	**肺血管疾病**
犬传染性呼吸道疾病（CIRD，过去俗称"窝咳"）；病原涉及多种病毒和细菌	肺水肿（多病因性）
	肺高压，特别是心丝虫病
扁桃体炎和咽炎	
扁桃体赘生物	**肺实质疾病**
肺实质疾病	细菌性肺炎
咽息肉（猫）	系统性霉菌病（如组织胞浆菌病）
喉囊肿	肺肿瘤
喉赘生物	肺脓肿
喉麻痹	原虫性肺炎（如猫弓形虫）
气管发育不良（通常伴有继发性气管炎）	病毒性肺炎
局部气管狭窄	过敏性肺炎（如猫哮喘）
气管塌陷——获得性或先天性	代谢性或内分泌疾病（如肾上腺皮质功能亢进）
气管肿瘤	
气管软骨发育不良	**心血管疾病**
异物	左心疾病
支气管扩张	左心衰竭（心源性肺水肿）
支气管塌陷	
纤毛不动综合征	**胸腔疾病**
吸气	纵隔脓肿
呼吸道寄生虫（如猫嗜气毛细线虫；犬欧氏类丝虫）	纵隔肿瘤
纵隔肿瘤	

5. 特殊诊断：

A. 原发性呼吸道疾病：经气管抽吸术、支气管灌洗、支气管镜检查、支气管造影术、荧光镜检查以及放射性核素评估黏膜纤毛的摆动运输功能。

B. 原发性肺病：对肺脏进行细针抽吸术、动脉血气、真菌血清学、灌注-换气量、肺活组织检查。

C. 原发性心脏病：进行 ECG、超声心动图（M 型和二维超声）以及非选择性血管造影术检查。

咳血：咯血

定义

咳血指在咳嗽时咳出血液。很少出现咳血量大而导致动物贫血的情况。然而，如果有咳血现象，则提示血液来自或会进入下呼吸道。咳血可能直接源于肺脏的损伤，其次是支气管血管、肺部高血压或者凝血病。尽管咳血是不常见的临床症状，但犬比猫更易发生。因为动物呕吐常被主人误认为是咳嗽，所以在最初的诊断时，兽医需要仔细辨别咳血与呕血。咳血通常属于一种急症。

相关症状

与咳血相关的最常见但几乎无临床意义的症状是黑便，或者是排出暗红色或黑色粪便，常发生于动物吞咽咳出的血液以后。更严重的症状包括咳嗽、喘息、坐式呼吸和发绀。也有报道动物可能出现明显的间歇性虚弱和衰竭。

鉴别诊断

咳血的鉴别诊断见框 3-9。

框 3-9　咳血的鉴别诊断	
心血管源性咳血	**炎症诱发的咳血**
血栓性疾病	慢性支气管炎
心丝虫病（犬和猫）	肺炎
肾上腺皮质功能亢进	肺霉菌性感染
心肌病	肺脓肿
肾脏淀粉样变（犬）	
自发性咳血	**肿瘤**
急性肺水肿	原发性或转移性肿瘤
动静脉瘘管	
	其他
寄生虫性咳血	凝血障碍
肺吸虫（如并殖吸虫属）	损伤或外伤
肺蠕虫（如猫圆线虫属）	经由气管的误吸（诊断性取样）

诊断方案

1. 完整的病史调查和全面的临床检查。此外，认真确定属于咳嗽带血还是呕吐带血。

2. 进行常规的实验室检查，评判动物总体的健康状况。重点应该放在粪便检查和心丝虫检测。应进行多次粪检以确定粪便中是否有寄生虫虫卵，因为肺部寄生虫的数量有限，而且是间歇性通过粪便排卵。

3. 拍摄胸部 X 线片（有助于发现严重的犬心丝虫病）。

4. 血凝测试，尤其是那些在身体其他部位也存在明显出血的动物。

5. 进行气管抽吸，将吸出物进行细胞学检查，或细菌培养和药敏测试，或者两者同时进行。

6. 特殊检查，包括肺脏的超声检查，尤其是在通过 X 线片发现分散的团块时；超声心动图；血气分析；支气管镜检查；支气管造影；血管造影。

7. 放射性同位素扫描。虽然利用率有限，但是可以探查肺栓塞的位置。

失聪或听力丧失

定义

失聪是指缺乏和丧失可检测的听力。失聪是由耳到脑的通道上出现一个或多个异常所致。外周性失聪可分为传导性耳聋，包括声音传导通路（外耳道、鼓膜、中耳的听小骨）上的异常，或者神经性失聪，包括耳蜗上的听力接收装置或者第八脑神经的听力分支。先天性失聪常常是神经性失聪，一般源于中耳或者内耳的异常生长。颅内原因引发的中枢听力损失不常见。

部分或完全失聪，单耳或双耳的听力丧失在犬猫上都能发生，但是很难确诊。部分听力丧失最常见于老年动物，动物主人会发现动物对于声音或噪声（如打雷）的反应下降。

相关症状

侵入性病变或者全脑炎能导致中枢听力损失，但罕见。然而，相关的神经症状有很多，此时听力丧失只是继发的或不重要的临床表现。

获得性单侧病变（严重的外耳炎）导致外周听力受损的动物，可能表现出与内耳相关的多种不同症状，尤其常见的是头倾斜，其次是转圈运动。伴随伤口感染引起的疼痛或敏感性升高会影响听力。常规体检中很容易能发现伴有表观变化的外耳炎。慢性炎症导致的耳道严重肿大、鼓膜的破裂或是损伤以及中耳的感染能够明显地影响听力。甲状腺功能减退可以引起耳蜗的退行性变化从而影响听力。临床病史十分重要，应包含动物以前有无服用对耳蜗神经和柯蒂氏器有害的药物（如氨基糖苷）。

先天性失聪（遗传性）与白毛犬猫有关。在犬中，大麦町犬发病率最高。但其他品种也有患病报道。

鉴别诊断

失聪的鉴别诊断见框 3-10。

诊断方案

1. 在动物放松或者入睡时测试它们对噪声的反应。
2. 全面的临床检查，特别是检查外耳道和鼓膜。
3. 将患病动物麻醉后使用检耳镜或者光纤视镜检查。
4. 神经系统检查。
5. 测量甲状腺激素水平。

框 3-10　　失聪的鉴别诊断
获得性听力损失
退行性病因
老龄犬猫的神经性失聪
慢性炎症疾病（中耳和内耳）导致的听力丧失
代谢性（内分泌性的）病因
甲状腺功能减退
神经性病因
咽及咽后组织的侵入性肿瘤
感染 - 炎症性病因
耳炎（外耳、内耳和 / 或中耳）
犬瘟热病毒感染
犬的原藻病
中毒性病因
氨基糖苷类抗生素，特别是庆大霉素、链霉素和新霉素
创伤性听力丧失
自发性听力丧失
先天性听力丧失——品种倾向
蓝眼白猫（单耳或双耳）
多个品种受影响，特别是那些被毛呈白色或带有斑点的品种

6. 拍摄头部 X 线片或是计算机断层扫描（CT），尤其留意中耳鼓室泡，判定是否患有中耳炎。

7. 电生理学检查，包括脑电图、鼓室图以及进行脑干听觉诱发电位（BAER）测试。

尿液生成减少：少尿和无尿

定义

少尿是指与饮水量相比较，尿的产生与排出量减少。停止产尿的动物被认作是无尿。与多尿相比，少尿和无尿一般不是犬猫来动物医院就诊的原发问题。产尿减少可以引起非常严重的代谢问题，并且通常意味着肾血流的显著下降或者存在肾功能下降。少尿是与正常尿量比较的结果，正常的每日尿量反映肾脏的浓缩能力和对液体的负荷能力。通常日产尿量减少 75% 或更多时被认作是少尿。对于犬，每千克体重每小时产生 0.5~1.0 mL 尿液表明肾脏灌流充分。无尿是少尿的开始或者终止。因此，早发现、早治疗对于动物预后十分重要。

相关症状

少尿或无尿动物的临床症状主要与肾脏功能损伤导致的代谢异常有关。尿毒症，症状主要包括呕吐、吐血、腹泻、嗜睡或厌食。在最初的检查时，可能会出现上述的任何一种或多种症状。一些患病动物可能会出现昏迷或半昏迷状态，在这种情况下，必须马上重建肾功能和促使动物重新排尿。

　　急性肾衰竭（ARF）是无尿和少尿动物首要进行鉴别诊断的疾病，一旦确立鉴别诊断方案，临床兽医必须进行完整的病史调查和全面的实验室检查，如果可以的话应包括尿液分析，以便查明肾衰竭的原因从而对动物进行恰当的治疗。

鉴别诊断

急性肾衰竭的鉴别诊断见框 3-11。

诊断方案

1. 应立即进行输液治疗并且留置导尿管，评估尿液产生速度。
2. 调查病史，确定是否接触过有毒物质（尤其是防冻剂），以及最近的用药情况。
3. 拍摄腹部 X 线片。如发现肾脏肿大，可支持 ARF 诊断。即使肾脏大小正常，也无法排除动物患有 ARF 的可能性。肾脏的超声影像学检查也能帮助确诊。
4. 血常规（CBC）检查。生化检查项目应该包括电解质、尿素氮（BUN）和肌酐水平。尿液分析必须包含尿密度，再配合显微镜检查尿沉渣，确认是否存在结晶、红细胞、白细胞（WBC）以及管型，这些检查十分重要，即便可供检测的尿液极少也必须要做。
5. 血气检查，用以评估是否发生代谢性酸中毒，急性肾衰竭可能引发严重的酸中毒。

框 3-11　急性肾衰竭的鉴别诊断	
炎症感染病因	严重脱水
钩端螺旋体病	出血
肾盂肾炎	外伤
免疫复合物性肾小球肾病	败血症
全身性红斑狼疮	手术
心丝虫病	血栓栓塞性疾病
子宫积脓	
心内膜炎	**肾毒素**
猫白血病病毒感染	重金属（铅、砷、铊、水银）
莱姆疏螺旋体病（流行区域外不常见）	四氯化碳
病毒性	乙二醇（防冻剂）
犬瘟热病毒感染	氨基糖苷类抗菌药物（阿米卡星、庆大霉素）
犬传染性肝炎病毒感染（美国少见）	抗生素（头孢菌素、两性霉素 B）
犬疱疹病毒感染（少见）	高钙血症
	麻醉药（副作用——罕见）
原发性病因（肾病）	
血流灌注不足（局部缺血）	

6. 尿蛋白 – 肌酐比值，用以评估是否为蛋白尿。

7. 如有可能，还应评估血清渗透压和渗透压差。

8. 特殊诊断：静脉肾盂造影（IVP）、肾脏活组织检查以及血液中铅和其他重金属含量的测定。

急性腹泻

定义

对急性腹泻进行定义似乎没有必要，因为一旦发生即可发现！临床症状表现为肠道的急性改变，以粪便水样、排便次数和排便量增加为特点，即使通过经验性或支持性治疗依然持续腹泻（亦可见慢性腹泻）。从发病机制上讲，当水量和其他肠道内容物超出结肠可以储存粪便的能力，以及超过其去除多余水分的能力时，腹泻便会发生。急性腹泻的病因可分为：渗透压型腹泻、肠道通透性异常型腹泻、分泌型腹泻和肠道蠕动异常型腹泻。

发生急性腹泻的患病动物，可能是上述几种类型之一。然而，引起腹泻的潜在病因存在时间越长，内环境稳态和代偿机制就越可能超出负荷，引起腹泻的病因就越多。

相关症状

急性腹泻是一种常见的临床症状，能引起腹泻的病因很多。因此，临床上相关的症状较为广泛。急性腹泻动物最常见的症状有：呕吐、脱水、轻微体重下降和血便。其他肠道相关症状还包括腹痛、口臭、胃肠胀气和肠鸣。然而，不是所有急性腹泻的动物都患有原发性肠道疾病，如患有肾脏或肝脏衰竭，或肾上腺皮质功能减退；黄疸、口腔溃疡、肌无力等也可能引发腹泻。急性腹泻的犬猫也可能出现发热、厌食和嗜睡症状。

鉴别诊断

急性腹泻的鉴别诊断见框 3–12。

诊断方案

1. 病史和临床检查，包括腹部触诊。确定可能接触的感染源和相关症状。

2. 伴有严重脱水的急性腹泻病例，静脉输注生理盐水是早期评估的重要方法［由肾上腺皮质功能减退（或阿狄森综合征）引起的相关症状会在几分钟到几小时内缓解］。

3. 实验室检测（包括血常规检查）、生化检查（包括淀粉酶或脂肪酶、钠、钾）、尿液分析、粪便检查（直接涂片或浮集）。排除寄生虫性疾病之前要进行多种检查。猫还应进行 FeLV 和 FIV 检测。患病犬还应检测粪便中是否有细小病毒抗原。

框 3-12　　急性腹泻的鉴别诊断
传染性病因 　　肠道寄生虫：线虫（如蛔虫、钩虫、鞭虫、类圆线虫、旋毛虫）；原虫（如球虫、贾第鞭毛虫、隐孢子虫，五鞭毛滴虫） 　　细菌：大肠杆菌、沙门氏菌、假单胞菌、梭状芽孢杆菌、弯曲杆菌、结肠耶尔森菌、葡萄球菌、螺杆菌 　　病毒：副黏病毒（犬瘟热）、细小病毒（猫和犬）、腺病毒 1 型、冠状病毒、轮状病毒（少见） 　　立克次体：鲑鱼中毒 **中毒** 　　抗菌药或抗生素、抗寄生虫药、抗肿瘤药、重金属、杀虫剂、含有机磷复合物、抗炎药物 **食物** 　　食物不易消化、暴食、食物过敏、突然换粮 **肠道阻塞** 　　异物、肠套叠、肠扭转、肿瘤 **肠道之外的病因** * 　　肾衰竭、肝脏疾病、肾上腺皮质功能减退（阿狄森综合征）、胰腺炎（急性和慢性） **自发性病因**

注：* 虽然症状与慢性腹泻一致，但可能会急性发作。

4. 拍摄腹部 X 线片。

5. 如有需要，进行特殊诊断：腹部超声检查；内镜检查和肠黏膜活检；粪便细菌和病毒培养；血清学检查以确定是否感染立克次体、病毒和真菌；开腹探查。

慢性腹泻

定义

慢性腹泻是一种持续性或渐进性肠道疾病，以液体排出物增加、排便频率或数量增加为特点，即使通过经验性或支持性治疗，症状仍会持续 1～2 周甚至更长时间（参阅急性腹泻）。在临床处理过程中，需要通过临床病史和相关症状，进一步将慢性腹泻区分为小肠性或大肠性腹泻。

相关症状

临床上必须正确地区分小肠性和大肠性腹泻，这对于诊断和治疗慢性腹泻非常重要（表 3-1）。

表 3-1　小肠性和大肠性腹泻的临床鉴别诊断		
临床症状	小肠性腹泻	大肠性腹泻
粪便量	每天排便量明显增加（每次粪便排出量多或呈水样）	每天排便量正常或轻微增加（每次排出量较少）
排便频次	正常或轻微增加	非常频繁：每天 4～10 次
里急后重	少见	常见
粪便带黏液	少见	常见
粪便带血液	深黑色（已消化）	鲜红色（新鲜）
脂肪痢（吸收不良）	可能出现	没有
体重下降和消瘦情况	经常	少见
胃肠胀气	可能出现	没有
呕吐	偶见	偶见

3

　　与慢性腹泻相关的特异性较小的症状包括脱水、被毛粗糙和发热。在腹部触诊中，可能会发现弥散性团块肿物、肠道变厚或偶尔发现气体过多。患有慢性腹泻的动物如伴有水肿、腹水或胸腔积液，提示有大量蛋白从肠道流失。动物如出现可视黏膜苍白，则需要进行肠道出血检查，同时还要排除有无发生慢性炎症引起的贫血。

　　最具有诊断意义的血常规变化包括嗜酸性粒细胞增多症（过敏或炎症反应）、严重的淋巴细胞减少症（淋巴管扩张）。低蛋白血症常与严重的营养不良、蛋白丢失性肠病和肠道失血有关。高球蛋白血症与巴辛吉犬肠病和猫传染性腹膜炎（FIP）有关。

鉴别诊断

特异性慢性腹泻的鉴别诊断见框 3-13。

框 3-13　特异性慢性腹泻的鉴别诊断	
腹泻	诊断试验或程序
小肠类 胰腺外分泌不足	血清胰蛋白酶样免疫反应试验（TLI）
小肠慢性炎症	
嗜酸性粒细胞性肠炎	嗜酸性粒细胞增多，活检
淋巴细胞 - 浆细胞性肠炎	活检，血清蛋白电泳
巴辛吉犬免疫增生性肠病	拍摄 X 线片，活检
肉芽肿性肠炎	
淋巴管扩张	淋巴细胞减少症，小肠活检，总蛋白和淋巴细胞计数

（续）

腹泻	诊断试验或程序
绒毛萎缩	
谷蛋白肠病	无谷蛋白日粮饲喂反应试验
自发症	活检
组织胞浆菌病	血清学检查，细胞学检查，活检
淋巴肉瘤	活检和细胞学检查
小肠细菌过度生长（SIBO）	小肠抽吸物培养，血清叶酸和抗生素治疗反应效果测定
贾第虫病	粪便检查，抗寄生虫药物治疗效果测定
不耐乳糖症	无乳糖日粮饲喂反应试验
大肠类	
慢性结肠炎	结肠镜检，结肠活检（需要采集多个样本）
自发性 　组织细胞性 　嗜酸性	
鞭虫性结肠炎	粪便浮集试验，结肠镜检，芬苯达唑治疗效果测定
原虫性结肠炎	粪便盐水涂片
阿米巴原虫病 　小袋纤毛虫病 　毛滴虫病	
组织胞浆菌性结肠炎	粪便细胞学检查，结肠活检，血清学检查，细菌培养
沙门氏菌性结肠炎	细菌培养
弯曲杆菌性结肠炎	细菌培养
原壁菌性结肠炎	结肠活检
三毛滴虫	
直肠结肠息肉	直肠检查，钡餐造影
结肠腺癌	结肠镜检，钡餐造影，腹部超声检查
结肠淋巴肉瘤	钡餐造影，结肠镜检
功能性腹泻（应激性结肠病）	病史检查，诊断排除其他疾病

诊断方案

1. 病史和临床检查，区分小肠性或大肠性腹泻。常规筛查包括血液学检查、生化指标测定、粪便浮集以及直接检查、尿液分析。

2. 肠道寄生虫检查。检查粪便和肛门周围有无肉眼可见的节片；采用硫酸锌浮集法检查贾第虫和球虫卵囊；采用盐水悬浮法检查原虫滋养体；采用沉淀法或贝尔曼漏斗法检查类圆线虫幼虫。结肠镜可以观察到鞭虫成虫。

3. 其他粪便检查。除常规的粪便浮集和直接涂片检查外，亦可采用其他几种粪便检查方法。包括显微镜检查脂肪（苏丹染色）、淀粉（碘染色）、细胞（革兰氏染色、瑞氏染色），以确定是否存在白细胞和感染原。可通过对粪便含有的脂肪以及粪便量（每日排出量）进行定量分析以评估动物是否吸收不良，尽管这种做法在临床实践中较少应用。此外，还有几种特殊的粪便生化和生理检查：粪便含水量、含氮量（氮溢和吸收不良）、电解质、pH、渗透压、隐血的检查，以及真菌和细菌培养。

4. 吸收和消化功能检查。例如，胰蛋白酶样免疫反应试验（TLI）、血清叶酸和维生素 B_{12} 水平测定。

5. 胃肠道（GI）X 线片和超声检查。

6. GI 内镜（胃镜、十二指肠镜、结肠镜）检查、肠黏膜活检。通过十二指肠插管和抽吸采集样本，用于细胞学检查和细菌培养。

7. 开腹探查和肠道活组织检查。

8. 经验性治疗效果：酶补偿或治疗隐性寄生虫感染。

呼吸困难或呼吸窘迫：发绀

定义

发绀是指由血液中还原性血红蛋白浓度过高（> 5 g/L）造成的皮肤和黏膜表面呈蓝紫色的症状。对于犬和猫，发绀可能由急性或慢性缺氧状态发展而来。虽然在缺氧的情况下会发绀，但两者并不一样。

相关症状

影响心血管系统、通气或者红细胞携氧能力的疾病都会导致发绀。某些心血管疾病，尤其是引起心输出量下降或者由右到左分流的疾病，会容易出现发绀。因此，动物可能患有先天性或者获得性心脏病。相关症状包括咳嗽、呼吸窘迫和晕厥。与右到左分流相关的最常见的先天性心脏病包括：①肺动脉瓣狭窄，如法洛四联症、狭窄和

注意： 血液中还原性血红蛋白浓度增加是由表皮组织静脉血量增加（静脉被动充血）或毛细血管氧饱和度降低所致。这是还原性血红蛋白绝对而非相对增加导致的发绀。一方面，如果血液中血红蛋白浓度降低，还原性血红蛋白的绝对浓度也会降低，因此严重贫血的病例可能不会出现发绀。另一方面，出现红细胞增加或发生红细胞增多症的动物，其动脉含氧量较高的情况下，反而比红细胞数量正常的动物易发生发绀。血红蛋白功能异常也可出现发绀 [如高铁血红蛋白症（血液呈暗褐色）]。在犬猫中，影响血红蛋白携氧功能的原因多为药物或化学品所致。高铁血红蛋白浓度低至 1.5 g/dL 或硫血红蛋白浓度低至 0.5 g/dL，就能引起发绀。

室间隔缺损（VSD）；②动脉导管未闭（PDA）和 VSD 导致的肺动脉高压。

影响通气的呼吸疾病容易出现发绀。严重的浸润性肺脏疾病（如肿瘤、肺水肿或广泛性肺炎）会引起发绀，此时动物通过增加呼吸频率以及更用力地呼吸来代偿。

发绀的动物不出现临床症状，仅表现呼吸频率增加，这可能是血红蛋白浓度异常所致。如果是血红蛋白增加引起的发绀，还会伴有高铁血红蛋白尿和高铁血红蛋白血症。

中心性发绀是指氧气饱和度下降或者血红蛋白异常导致的发绀；外周性发绀与血流量下降有关。

鉴别诊断

发绀的鉴别诊断见框 3-14。

诊断方案

1. 提供 100% 纯氧气，尤其是患有呼吸窘迫的动物。间隔 2~3 min 检查黏膜颜色。对心脏和肺脏进行听诊。
2. 拍摄胸部 X 线片。全程供给氧气。
3. 血液学检查，尤其需要注意红细胞形态（猫需要注意海因茨小体和红细胞比容）、生化特征和尿液分析。
4. 特殊诊断：动脉血气分析（有 / 无 100% 氧气供给）、ECG、超声心动图和无选择性血管造影。

框 3-14　发绀的鉴别诊断
心血管源性
右到左分流的先天性心脏病（如右到左分流的动脉导管未闭）
肺栓塞
心输出量下降
动脉栓塞
肺源性
气管塌陷或梗阻（多病因）
缺氧
肺水肿
氧扩散异常——肺泡通气异常
肺动脉 - 静脉短路或者动静脉瘘
限制性肺病（如胸腔积液、膈疝）
中毒或药物相关病因
百草枯中毒
对乙酰氨基酚（扑热息痛）中毒（猫）

呼吸困难或呼吸窘迫：呼吸困难

定义

呼吸困难是指动物呼吸急促和用力呼吸的症状，这一症状常与心肺疾病有关。临床上兽医很难确定动物发生呼吸困难的真实性。严重的呼吸困难即呼吸窘迫可能与实质性呼吸功能下降有关，在动物主人看来，这似乎只是一种小问题。临床检查和病情的评估对于发现并解释该临床症状非常重要。

呼吸困难可能是由以下原因所致：①对氧气的需要量增加；②代谢异常导致酸中毒（代偿机制）；③高温环境（中暑）；④中枢神经系统（CNS）疾病；⑤影响支配呼吸肌运动的疾病；⑥疼痛。无论是何种原因导致的呼吸困难，一旦确诊，应马上对患病动物进行诊断性评估。

相关症状

呼吸窘迫或呼吸困难最常见的呼吸道症状包括：①呼吸急促（呼吸频率增加）；②呼吸增强（呼吸的频率和深度都增加）；③坐式呼吸；④咳嗽。上呼吸道梗阻性疾病中，可能出现喘鸣音（喉）和鼻息音（咽）（动物需要在麻醉状态下进行检查）。

胸腔积液可能伴随腹水和肝肿大。若患病动物还患有肾上腺皮质功能亢进，则呼吸窘迫或呼吸困难是由栓塞性肺病引起。发绀、苍白、肉眼可见的创伤、休克和昏迷等严重的临床症状常与呼吸窘迫有关。

鉴别诊断

犬猫呼吸困难的鉴别诊断见框 3-15。

诊断方案

1. 首先应进行临床检查，决定是否需要给动物提供氧气。这是在获取全面的病史之前就需要完成的评估，以使动物病情稳定。

2. 病史。包括发病的持续时间、病程变化、既往病史、有无接触过有毒物质和创伤等。全部的用药史，包括心丝虫的预防用药等都需要进行详细记录。

3. 实验室检查：包括 CBC、生化检查、尿液分析、心丝虫检查（犬）、FeLV 和 FIV 检查（猫）、细胞学检查、细菌学检查、体腔液分析等。

4. 拍摄胸部和颈部 X 线片。若动物出现心杂音、心律失常或两者同时出现，则还应进行心电图或超声心动图检查。

5. 存在气管或支气管疾病时，需要使动物处于麻醉状态下进行上呼吸道检查和下呼吸道内镜检查。

框3-15 犬猫呼吸困难的鉴别诊断

上呼吸道	下呼吸道	狭窄	贫血
鼻孔狭窄	支气管疾病	气胸	高铁血红蛋白血症
鼻炎或鼻窦炎	肺气肿（少见）	胸腔积液	
	慢性气管疾病		代偿性代谢性酸中毒
喉部疾病	过敏性支气管炎（哮喘，PIE）	右心心力衰竭	中暑
鼻咽肿瘤或者异物	肺线虫	肿瘤	呼吸中枢受损
坏死性喉炎	肺炎	低蛋白血症	头部创伤
水肿	肺水肿	血胸	脑炎
声带麻痹	左心衰竭	乳糜胸	肿瘤
喉小囊外翻	低蛋白血症	脓胸	神经性肌无力
喉塌陷	其他	猫传染性腹膜炎	多神经根神经炎（猎浣熊犬瘫痪）
肿瘤	肺栓塞	心包积液	横膈麻痹
气管或支气管内异物或肿物	心丝虫病	横膈疝	其他
气管或支气管外梗阻	肾上腺皮质功能亢进	胸腔内肿瘤	疼痛
纵隔肿物	其他	胸壁创伤（创伤）	肋骨或胸椎骨折
气管或支气管塌陷	肺挫伤（创伤）	连枷胸	胸膜炎
肺门淋巴结病变	肺纤维化	极度肥胖	其他
	肺肉芽肿	严重肝脏肿大	百草枯中毒
	深部真菌病	严重腹水	
		腹腔内大肿物	
		严重胃扩张（胃扭转）	

注：PIE，肺嗜酸性粒细胞浸润症。

吞咽困难

定义

吞咽困难指吞咽疼痛或者难以吞咽。临床上吞咽困难的动物表现为频繁且努力地做吞咽动作，伴有或不伴有返流。在饮水或进食之后表现最明显。

吞咽是一个复杂的过程，需要多个肌肉和神经反射共同协调完成，包括舌、腭、咽、喉、食管和胃食管连接部。吞咽的三个阶段（口咽期、食管期和胃食管连接期）中的任何一个出现异常，都可能引发吞咽困难。影响吞咽口咽期的疾病会导致明显的吞咽困难，而影响食管期和胃食管连接期的疾病，则表现为返流。

相关症状

吞咽困难常见于幼年动物，尤其是患有先天性食管运动障碍的幼年动物中，此外，也可见于患有获得性疾病的老年动物中。犬比猫更常见。

吞咽困难动物的其他表现可能正常，偶见过度流涎，尤其是存在鼻分泌物和返流时。

吞咽困难的动物并不一定发生返流，返流与潜在疾病的严重程度没有必然联系。通常情况下，返流只是吞咽的食管期和胃食管连接期异常时才会出现的临床症状。尽管存在吞咽困难的动物食欲正常甚至增加（多食症），但是患有严重或慢性食管阻塞性疾病或食管溃疡的动物常表现为厌食、体重下降和咳嗽。

注意：评估患病动物有无神经症状至关重要，因为吞咽困难是一种与狂犬病病毒感染相关的神经性并发症。

鉴别诊断

吞咽困难的鉴别诊断见框 3-16。

诊断方案

1. 观察患病动物是否有吞咽食物和饮水的欲望。
2. CBC、生化检查和尿液分析。检查结果通常没有诊断价值，但是可以总体评估患病动物的体况。粪便浮集法检查虫卵，用于诊断是否有尾线虫感染。
3. 特殊实验室检查方法，包括抗核抗体（ANA）梯度和红斑狼疮检查，以便评估是否存在免疫介导性疾病。血清甲状腺素（T_4）和促甲状腺激素（TSH）测试可用于排除原发性甲状腺功能低下所导致的外周性神经病。
4. 拍摄胸腔和颈部的 X 线片。

框 3-16　吞咽困难的鉴别诊断
心血管系统 继发于先天性持久第四主动脉弓的巨食管症 淋巴性或者免疫性病因 腭、咽后及较少见的与淋巴肉瘤相关的支气管淋巴结病，FeLV 阳性猫的胸腺肿瘤，以及全身性霉 　菌病 (组织胞浆菌病或者芽生菌病) 大疱性表皮松解症诱导的食管炎（少见） **胃肠道** 由异物、寄生虫性肉芽肿（狼旋尾线虫）、食管狭窄、食管肿瘤引起的食管梗阻 环咽弛缓症（年轻犬） 继发于幽门梗阻的巨食管猫 食管憩室 创伤性食管破裂 反流性食管炎 多西环素诱发的食管炎 猫疱疹病毒诱导的食管炎（少见） **神经性** 先天性和获得性巨食管症 犬的重症肌无力 狂犬病病毒感染

注：FeLV，猫白血病病毒。

5. 颈段和胸段的食管 X 线片阳性造影。

6. 食管内镜检查，可作为一种治疗方法用于取出食管内异物，然而，食管内镜对于巨食管症的诊断不可靠。

7. 透视可用于评估食管的蠕动力。

8. 在麻醉状态下对口咽进行检查（检查结果的诊断价值不高）。

脱毛：脱毛症

脱毛症（alopecia）是指任何部位的被毛以任何数量脱落或者没有被毛覆盖在皮肤上。生理性脱毛除外（如正常掉毛或者雷克斯猫的遗传性脱毛）。临床上，伴或不伴有瘙痒症的脱毛是犬猫到动物医院就诊最常见的原因。大部分病例中，脱毛继发于某些潜在性疾病，而并不是一种原发性疾病。脱毛的部位非常重要，是诊断潜在疾病的重要特征。

脱毛症根据分布的位置可分为：①弥散性；②区域性；③多灶性；④局灶性。脱毛的原因多种多样，通常是多个原因共同作用的结果。毛囊结构异常通常具有遗传性，包括毛囊完全缺失和选择性缺失（所长出的毛与其他部位的毛色不一致）。炎性皮肤病影响毛囊时，可破坏毛发的生长并引起脱毛，如细菌性毛囊炎、蠕形螨病和毛囊过度角质化等。

影响毛囊正常生长周期的疾病可以影响毛发的生长，但不引起脱毛或者毛囊损伤。毛囊周期按顺序包括：毛发生长期、毛发生长中期（过渡期）和静止期（休止期）。

相关症状

动物脱毛的发病机制复杂，同时伴有多种临床症状。瘙痒是一个非常重要的临床症状。过敏、炎症和寄生虫性皮肤病都有可能引起瘙痒症。搔抓可进一步引起皮肤损伤，从而加剧瘙痒症。由内分泌、遗传和代谢性疾病引起的脱毛很少伴发瘙痒症，但当受影响部位的皮肤变得过分干燥或被晒伤时，也可能出现瘙痒。当免疫介导性疾病导致脱毛时，瘙痒的程度取决于皮肤损伤的类型和发病部位。临床上营养性脱毛很少被确诊，但可能是皮炎的病因之一，并且还可能与瘙痒有关。

不伴有瘙痒的脱毛可能出现其他明显的体征，一般与潜在的内分泌或代谢性疾病有关。皮肤症状包括皮肤增厚、色素过度沉着，被毛干燥易断（甲状腺功能低下）。也可能表现为皮肤变薄和缺乏弹性（犬的库欣综合征、支持细胞瘤）。此外，脱毛还可能伴有雄性动物乳腺发育，以及皮肤柔软、钙质沉着和色斑等症状。

鉴别诊断

实际上，几乎所有患原发性皮肤病的犬猫都会表现一定程度的脱毛。脱毛通常为非对称性，但原发性皮肤病则表现为对称性脱毛（如寄生虫性皮肤病）。在对脱毛的犬猫进行诊断时，需要对皮肤和全身进行全面检查，而病因分类（框 3-17）有助于临床兽医界定患病动物脱毛的特征。

遗传性疾病导致脱毛的鉴别诊断见框 3-18。

框 3-17　脱毛的病因	
原发性皮肤病引起的脱毛	**脱毛的继发病因**
感染	先天性病因
细菌	营养
体外寄生虫	内分泌（如甲状腺功能减退、肾上腺皮质功能减退）
皮肤癣菌病	角质化
皮肤真菌病	异位性（过敏性）或接触性过敏
肿瘤	药物治疗（尤其是皮质激素和化疗药物）
角质化	环境因素
	肿瘤
	心理性原因

框 3-18　遗传性疾病导致脱毛的鉴别诊断
无毛品种［如非洲砂犬、阿比西尼亚犬、中国冠毛犬、墨西哥无毛犬、土耳其无毛犬、加拿大无毛猫、雷克斯猫（季节性脱毛）］ 外胚层和毛囊（follicular）发育不良（如迷你贵宾犬） 少毛症 黑毛毛囊发育不良 颜色突变型脱毛 秃毛 猫泛发性脱毛 蠕形螨

诊断方案

1. 病史和临床检查，以确定原发性和继发性皮肤损伤的性质和波及范围。记录脱毛的部位和形式，以及相关的皮肤损伤。通过临床检查确定是否存在全身性疾病。脱毛发生的时间和季节性特征对于诊断非常重要，尤其是伴发有瘙痒症的病例。

2. 通过肉眼和显微镜检查受影响部位和未受影响部位的毛发。

3. 刮皮法（多处）、真菌培养和细菌培养（尤其是有脓疱的部位）。

　　A. 细针抽吸皮内肿物。

　　B. 皮肤活组织检查，需要包括正常和患病皮肤。

4. 实验室检查，包括血常规、生化检查、尿液分析和粪便漂浮法。此外，猫还应进行 FeLV 和 FIV 的测试。

5. 特殊诊断：

　　A. 过敏性皮肤病：皮内接种抗原。

　　B. 内分泌性脱毛：促甲状腺激素（TSH）刺激前后的 T_4 水平、促肾上腺皮质激素（ATCH）刺激或地塞米松抑制试验（高剂量与低剂量）、血清睾酮浓度。

6. 施行排除食物法试验（最少持续 6 周）

7. 环境过敏原或刺激物。

出血，参阅自发性出血：出血

黄疸，参阅皮肤或黏膜黄染：黄疸

动作不协调：共济失调

定义

共济失调是指在没有强直性痉挛、局部麻痹或不随意运动的情况下，动作协调性丧失。然而在临床上，共济失调还可能伴发一些神经症状。共济失调是由有意识或无意识本体感受系统疾病、小脑疾病或前庭系统疾病所致。

相关症状

众多导致共济失调的疾病中，前庭系统的病变是主要的原因。然而，前庭症状可能是由其他脑部疾病或者脊髓综合征所致。相关症状包括头部歪斜、眼球震颤、转圈运动和轻度偏瘫。患有小脑损伤的动物会出现全身性症状：伸展过度，步幅过大［鹅步（goose-stepping gait）］；伸展不足，运动幅度过小；或者震颤，尤其是头部震颤。

鉴别诊断

共济失调的鉴别诊断见框 3-19。

框 3-19　共济失调的鉴别诊断
先天性（3 月龄之前出现症状） 暹罗猫和缅甸猫以及某些品种的犬中有报道。多种先天性疾病表现多种神经症状，包括共济失调。 　曾有杜宾犬、比格犬和秋田犬患有双侧先天性前庭疾病的病例
炎性疾病 外耳炎和中耳炎的进一步发展导致的内耳炎 第八对脑神经的神经炎（猫疱疹病毒 1 型后遗症）
中毒 药物诱导，如氨基糖苷类药物治疗引起中毒
营养性 硫胺素缺乏（仅见于猫——少见）
代谢性 继发于其他疾病（如肝、肾疾病）的中枢神经系统症状
创伤性 – 血管性 头部创伤导致的小脑和脑干的震荡性损伤
肿瘤 任何肿瘤，尤其是影响第八对脑神经的肿瘤
退行性 贮积病 脱髓鞘病 神经病 小脑营养性衰竭
自发性（是引起前庭症状的常见原因） 猫前庭综合征（猫疱疹病毒 1 型的后遗症） 老龄犬前庭综合征（原因未知）

3

诊断方案

1. 临床检查，尤其需要注意外耳和鼓膜。

2. 神经学检查，包括对脑神经的评估以及对损伤病灶的定位。

3. 实验室检查，包括对代谢性或传染性疾病的评估。

4. 拍摄，包含鼓室泡的颅骨 X 线片。

5. 采集并检查脑脊液（CSF）。

6. 特殊诊断，取决于医院所具备的条件［如脑电图（EEG）、CT 或磁共振（MRI）］。

排尿和饮水增加：多饮多尿

定义

临床上多尿（PU）和多饮（PD）可简称"PU/PD"，是指排尿量和饮水量都增加。然而，真正的 PU 是指尿液的生成量异常增加，且通常为低相对密度尿液。而 PD 是指饮水量异常或绝对增加，通常与渴感增加有关，饮水很少可以定量。当动物主人主观地认为动物排尿过于频繁或饮水量异常增加，并以此为主要问题将动物带至动物医院就诊时，则可使用多饮多尿来形容动物。若动物尿量或渴感的增加并不明显，则需要记录动物 24 h 的尿液量和饮水量。

PD 是 PU 的一种代偿性结果。原发性 PD 一般不引起代偿性 PU。因渴感的增加而引起的原发性 PD 会导致继发性 PU，但临床上少见。强制性饮水（假性心理性多饮）可能是最主要的原发性 PD 类型，尽管原因尚未清楚。下丘脑损伤、高钙血症和血浆中肾素浓度增加都能引起原发性 PD。

相关症状

与 PU 或 PD 相关的症状并非一成不变，而是取决于原发病。常见的全身性症状包括虚弱、食欲下降、体重减轻、腹泻和发热。多食并伴有体重减轻见于患糖尿病的动物，以及患有甲状腺功能亢进的猫。发生副肿瘤综合征，尤其进入高钙血症阶段时，可并发 PU/PD。必须对所有主诉为 PU/PD 的动物进行全面的临床检查和实验室评估。

鉴别诊断

多饮多尿的鉴别诊断见框 3-20。

诊断方案（图 3-3）

1. 病史和临床检查，以便确诊并确定疾病存在的时间和相关症状。尤其需要注意近期用药史。

框 3-20　多饮多尿的鉴别诊断	
肾原性多尿	肾上腺皮质功能亢进
肾衰竭	肝脏疾病（非特异性）
肾小球性肾炎	子宫积脓
肾小管功能障碍	假性心理性烦渴
肾髓质功能障碍	
去阻塞后利尿（如猫泌尿系统综合征）	**药物诱导的多尿**
尿崩症（肾源性）	糖皮质激素（尤其是犬）
高钙血症性肾病	静脉滴注甘露醇
范科尼综合征	葡萄糖 > 50 mg/dL(5%)
髓质冲刷功能衰竭	酒精
	利尿剂（如使用呋塞米）
非肾原性多尿	苯妥英
尿崩症（神经源性）	维生素 D 中毒
糖尿病	

2. 实验室检查。诊断方案的重点是对各项检查（包括 CBC、生化检查、尿液分析、粪便培养、犬的心丝虫检查、猫的 FeLV 和 FIV 检查，以及尿液培养等）的结果做出合理解释。

3. 如有必要，记录 24 h 内收集的尿液量和饮水量。

4. 如有需要，拍摄腹部 X 线片。

5. 根据实验室检查结果，如有需要，进行特殊诊断测试：

　A. 禁水试验或改良型禁水试验（若动物发生氮质血症、脱水或高钙血症时禁用）。

　B. 抗利尿激素（ADH、血管升压素）反应性测试。

　C. 糖耐受性试验。

　D.ACTH 刺激或者地塞米松抑制试验。

　E. 血清 T_4。

　F. 肝功能检查（如检测血清氨、胆酸浓度）。

　G. 腹部超声检查。

　H. 活组织检查（如检查肾脏和肝脏）。

　I. 开腹探查。

```
                        ┌─────────────────┐
                        │   多饮多尿病史    │
                        └────────┬────────┘
                        ┌────────┴────────┐
                        │  排除医源性原因   │
                        └────────┬────────┘
              ┌──────────────────┴──────────────────┐
        ┌───────────────┐                    ┌──────────────┐
        │  常规临床检查   │                    │   明显病变    │
        └───────┬───────┘                    └──────────────┘
        ┌───────┴─────────┐
        │ 必要时在家中进行确定 │
        └───────┬─────────┘
        ┌───────┴──────────────┐
        │ 血常规、生化检查、尿液分析 │
        └───────┬──────────────┘
        ┌───────┴───────────────────────┐
  ┌──────────┐                      ┌──────────┐
  │   阴性    │                      │   阴性    │
  └────┬─────┘                      └────┬─────┘
       │                           ┌─────┴──────────────────┐
       │                           │ 通过特殊手段排除：         │
       │                           │ 甲状腺功能亢进            │
       │                           │ 肾衰竭                   │
       │                           │ 糖尿病                   │
       │                           │ 肾小管性糖尿病            │
       │                           │ 去阻塞后利尿             │
       │                           │ 子宫积液                 │
       │                           │ 肾上腺皮质功能低下        │
       │                           │ 肾上腺皮质功能亢进        │
       │                           │ 肝衰竭                   │
       │                           │ 红细胞增多症             │
       │                           │ 高钙血症                 │
       │                           │ 低钾血症                 │
       │                           └──────────┬─────────────┘
  ┌──────────┐                      ┌──────────┐
  │  非脱水   │                      │   脱水    │
  └────┬─────┘                      └────┬─────┘
       │                           ┌─────┴──────┐
       │                           │ 再次补充水分！│
       │                           └─────┬──────┘
  ┌──────────┐                      ┌──────────┐
  │  禁水试验  │                      │ 肌酐清除率！│
  └────┬─────┘                      └────┬─────┘
```

|阳性：
APP|间歇性：
部分 CDI
APP+MSW|阳性：
CDI
NDI
APP+MSW| |正常：
CDI
NDI
APP|下降：
RI|

```
        ┌──────────────────────┐
        │  外源性抗利尿激素试验    │ ◄──────
        └──────────┬───────────┘
```

|阳性：
CDI|间歇性：
APP+MSW|阳性：
NDI
APP+MSW|

```
        ┌──────────────────────┐
        │ 部分水剥夺或希基－黑尔试验 │
        └──────────┬───────────┘
```

|阳性：
APP|阴性：
NDI|

APP= 明显心理性多饮
CDI= 中枢性糖尿病性尿崩症
NDI= 肾原性糖尿病性尿崩症
MSW= 髓质溶解冲洗物
RI= 肾功能不全的溶质性利尿

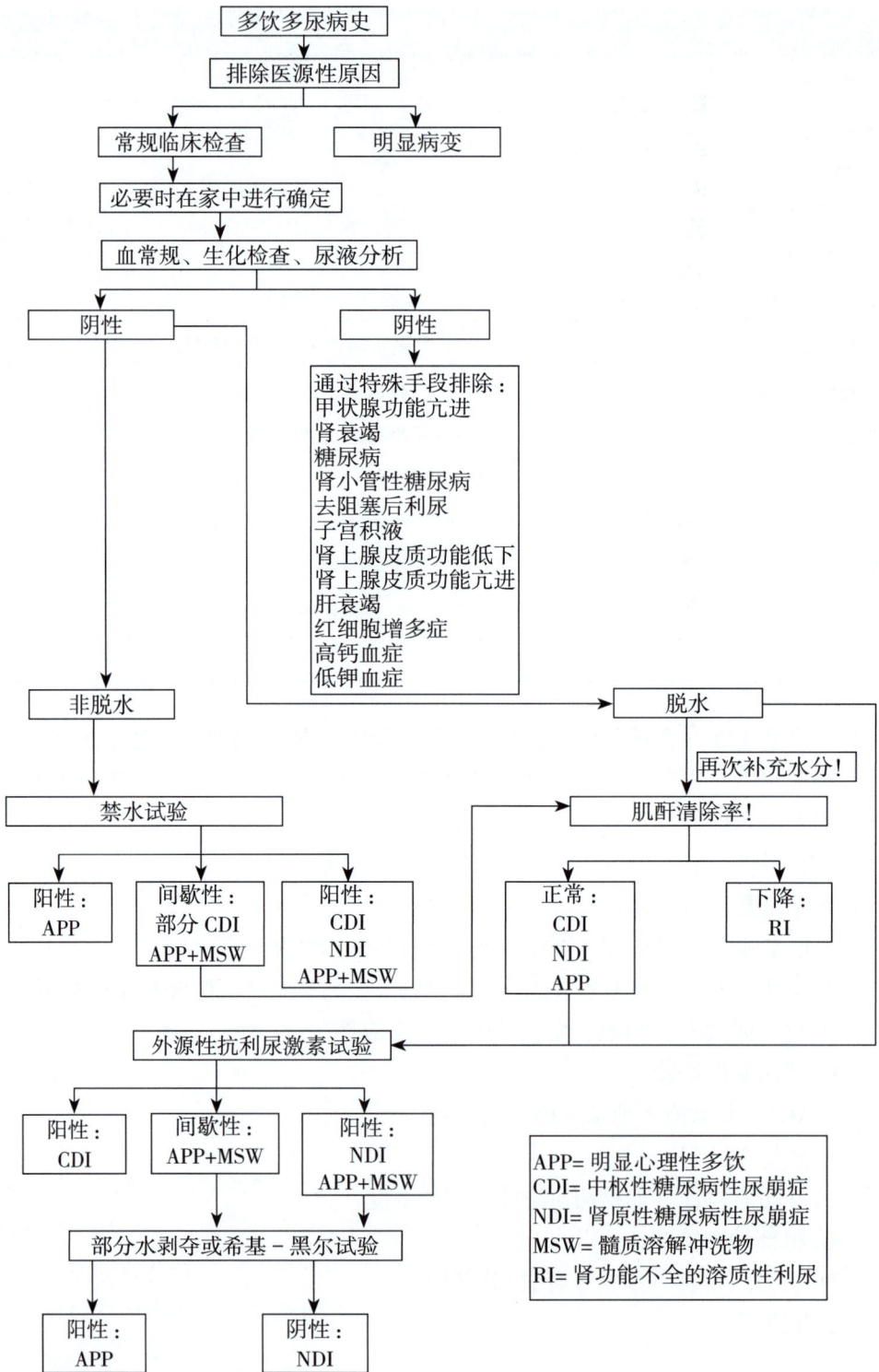

图 3-3　临床上对患有多饮多尿动物的检查流程（引自 Fenner WR: Quick reference to veterinary medicine, 2nd, Philadelphia, 1991, Lippincott.）

瘙痒或抓挠：瘙痒症

亦可见脱毛：脱毛症

定义
瘙痒是一种不舒服的甚至强烈的表皮刺激，会引起动物频繁地抓咬病变部位。来自上皮细胞的组胺、肽链内切酶和其他多肽是瘙痒的介导因子。组胺是引起瘙痒的主要介导因子，并会引起病变部位潮红。通过 H_1 或者 H_2 受体颉颃剂（阻断剂）并不能完全抑制组胺介导的瘙痒。大量内源性介导因子和增效剂在炎症反应期间受影响的皮肤处被释放，使瘙痒和炎症之间形成密切的关系。

虽然瘙痒是一种保护性反应，但却可能弊大于利。瘙痒作为皮炎的一种特征，其介导因子不能通过患病动物自身来消除。实际上，抓挠和舔咬最终会促进炎症反应的恶化，并使瘙痒长期存在。

相关症状
皮肤损伤常伴发瘙痒；同时，损伤的特征对于区别原发性损伤和继发于抓咬的损伤具有鉴别意义。丘疹和脓疱是皮肤原发性损伤的特征，但最终可能发展成继发性损伤，如形成结痂、溃疡、环形脱屑和色素沉着斑。原发性皮肤损伤也可能表现为水泡和囊泡，斑块和荨麻疹。线状硬痂、边界不规则的溃疡、苔藓化样变、弥散性鳞屑和色素沉着，以及不对称的脱毛都是动物抓咬皮肤后的典型病变。

瘙痒症也可能不存在原发性损伤（即原发性瘙痒症）。该类型的瘙痒是全身性疾病的表现，可能属于由中枢或皮肤介导的瘙痒。病因包括特应性、皮肤干燥、神经源性和心理性疾病。肾脏疾病、肝脏疾病、造血器官疾病、过敏性疾病、内分泌性疾病等均可并发原发性瘙痒症。

鉴别诊断
瘙痒症的鉴别诊断见框 3-21。

诊断方案
1. 病史和临床检查，记录皮肤损伤的特征和分布部位，确定是否存在感染性或者全身性疾病。
2. 如果存在全身性疾病，进行实验室检查。
3. 皮肤和被毛检查。对多处皮肤进行刮皮采样并用伍德氏灯照射检查皮肤和被毛。

框 3-21　瘙痒症的鉴别诊断（并未全部列出）

脓疱性皮炎

感染

　　幼犬脓皮症

　　毛囊炎和疖病

免疫介导

　　落叶型天疱疮

　　成水泡性皮肤病（如药疹）

　　线状免疫球蛋白 A（IgA）γ 皮肤病

先天性皮肤病

　　幼犬"腺疫"

　　角质层下脓疱性皮肤病

小疱或大疱疹

大疱性皮肤病

全身性红斑狼疮（SLE）

中毒性表皮坏死松解症

药疹

急性接触性皮炎

空斑形成

感染性皮炎

免疫介导性皮炎

肿瘤（如肥大细胞瘤）

丘疹性皮疹（犬）

感染性

毛囊炎（细菌性、真菌性）

寄生虫性（疥螨、姬螯螨、虱子、跳蚤）

血管炎（落基山斑疹热）

免疫性

　　过敏（特应性）

　　自体免疫（落叶型天疱疮，SLE）

　　先天性

丘疹性皮疹（猫）

感染性（细菌性毛囊炎）

皮肤真菌病

寄生虫性（耳螨、疥螨、姬螯螨、虱子）

免疫介导性（对食物过敏）

先天性粟粒疹性皮炎

溃疡性皮炎

SLE

白细胞分裂性脉管炎

多形红斑

中毒性表皮坏死松解症

蕈样肉芽肿病

大疱性表皮溶解综合征

皮肌炎

急性接触性皮炎

类福格特 – 小柳 – 原田综合征

4. 微生物学检查以确定是否存在细菌和真菌。

5. 免疫学检查，包括皮内试验和皮肤活组织样品的直接荧光抗体试验。

6. 皮肤组织病理学检查。

7. 使动物皮肤暴露于特定刺激物，包括环境、食物和药源性刺激物。

黄疸病，参阅皮肤或黏膜黄染：黄疸

关节肿胀：关节疾病

定义

　　关节肿胀或关节增大是指并非由组织增生直接导致的，可通过眼观或触诊发觉的关节异常增大。临床上，由于关节肿胀而被带至动物医院就诊的动物并不多见，而往往是因动物表现疼痛或跛行而被带至动物医院就诊。真性关节增大多数是在临床检查中发现。然而，关节肿胀和疼痛并没有必然的联系。

关节肿胀或积液往往发生于滑膜受损后。滑膜受损不仅导致关节液增多，而且液体的生化和细胞成分也发生改变。大部分关节肿胀是由滑膜炎性反应或者滑膜炎所致。异常潴留的关节液（积液）可以分为浆液性、纤维素性、化脓性、腐败性或者血性。

相关症状

尽管跛行是与关节肿胀相关的最常见的临床症状，但也并非总是相伴出现。关节肿胀也可能与滑膜、关节囊、关节软骨或者关节周围的增生、化生或肿瘤有关，或被误认为是增生、化生或肿瘤。血性关节积液（关节积血）可能与凝血病有关，会并发呼吸系统、消化系统或尿道的自发性出血。腕骨、跗骨或者后膝关节的半脱位或骨折可导致明显的关节肿胀。与全身性疾病（如感染性或免疫介导性疾病）相关的关节炎也可发生明显的关节肿胀。

鉴别诊断

犬猫关节疾病的鉴别诊断见框 3-22。

框 3-22　犬猫关节疾病的鉴别诊断	
非炎性反应	真菌
退行性关节疾病（骨关节炎、骨关节病）	原虫
原发性	立克次体（嗜神经性埃立克体病、落基山斑
继发性	疹热）
关节和支持结构的获得性或先天性缺陷的后	螺旋体（莱姆病）
遗症	非感染性
创伤性	免疫性
肿瘤	侵蚀性（变性）
药物反应	风湿性关节炎
	非侵蚀性
炎性反应	SLE
感染性	慢性传染病引起的关节炎
细菌性（尤其是犬的莱姆病）	自发性非侵蚀性关节炎
杯状病毒（猫）	药物反应（如磺胺嘧啶反应）
支原体	结晶诱导性关节炎（痛风、假痛风）
	慢性关节炎（先天性或后天性凝血障碍）

诊断方案

1. 病史调查：应关注相关的症状而不仅仅是肿胀的关节，而且还应注意病程长短、有无蜱虫叮咬史、外伤史、是否出现自发性出血。通过临床检查确定关节是否肿胀以及受影响的关节数。留意有无炎性反应和捻发音，关节的松弛程度，运动幅度是否正常，有无抽屉征、脱位或骨折的存在。

2. 拍摄受影响的关节和周围骨组织的 X 线片。

3. 关节液分析，包括生化检查、细胞学检查和培养。

4. 若出现关节积血，应进行凝血功能测试。

5. 免疫功能测试：抗核抗体（ANA）滴度、类风湿因子。

6. 关节造影。

7. 关节囊 – 滑膜活组织检查。

8. 关节周围骨组织活检。

食欲丧失：厌食

定义

严格来讲，厌食是指食欲的完全丧失。在动物医学上，厌食常用于形容动物对食物的兴趣下降或每日进食量减少。此外，评价动物的食欲是否下降，很大程度上受限于动物主人对犬猫正常食欲的认知。尽管家养宠物一般为定时进食，但某些宠物在一天中的某段时间内确实存在暂时的食欲不振，这是完全正常的，并非存在潜在的疾病。当接诊食欲部分丧失的犬猫时，应对其进行仔细的病史调查和临床检查，确定动物是否因存在疾病而引起食欲下降。此外，病史调查还应包括厌食持续的时间，以及动物的食欲是部分丧失还是完全丧失。

> **注意**：厌食之所以是重要的临床症状，是由于食欲的丧失（无论是完全还是部分）往往是动物患病的首个外在表现。

相关症状

厌食是一种指征性很低的临床症状，多种疾病均可表现厌食。动物所处环境的变化［如家庭中新成员（婴儿）的到来］或日常生活的变化（如犬第一次白天独自在家）等都是引发其厌食的重要原因。最近的用药情况、动物有无吞食木棒或其他异物、动物日粮的类型有无改变或日粮是否不新鲜（发霉的罐头或干粮）等都是重要的病史调查内容。

临床检查应包括动物体型、体重的变化以及有无明显的外伤等，动物的年龄是评价厌食的另一个重要因素。因为嗅觉的退化、肿瘤、关节疾病和牙科病都是与年龄相关的常见病，且都可能引发厌食。

鉴别诊断

与厌食相关的疾病众多，因此无法利用鉴别诊断来确定病因。仅通过厌食这一症状来确定患病动物的潜在病因，对兽医来说无疑是一个非常大的挑战。因为与厌食相关的病因很多，包括心理性、代谢性、器质结构性、炎性以及肿瘤性等病因。

诊断方案

1. 仔细观察患病动物在检查台上和检查台下的表现，这一步骤非常重要。
2. 进行系统性临床检查。
3. 标准实验室检查，包括血液学检查、生化检查和尿液分析（根据临床症状考虑是否需要进行粪便检查）。
4. 为定位不连续区域的疼痛位置（如腹腔），可根据需要拍摄 X 线片或进行其他影像学检查。
5. 为探查特定的异常，进行特殊的诊断性检查（如活检、抽吸和细胞学检查、脊髓造影术）。

淋巴结增大：淋巴结肿大

定义

淋巴结肿大是指淋巴结等比例或不等比例地增大，并大于预期值。受影响的淋巴结可能异常地软、硬或伴有疼痛，提示发生炎性反应；相反，如果淋巴结增大、坚硬、不伴疼痛，则提示肿瘤形成。动物主人一般不会因为动物出现淋巴结肿大而将其带至动物医院就诊，除非动物出现全身性浅表淋巴结肿大，才有可能被带至动物医院就诊。

淋巴结增大可能是由于炎症反应（化脓性或肉芽肿性）、反应性淋巴结增生或肿瘤（原发或转移）造成。在化脓性炎症中，可见中性粒细胞膨大并在淋巴窦内表现出大量吞噬作用；而在肉芽肿性炎症中，可见渗出物或巨噬细胞（如全身性真菌病）。反应性淋巴结增生与淋巴结内生发中心的数量增加和浆细胞浸润有关。在肿瘤性淋巴结内，肿瘤细胞侵犯淋巴窦（转移），逐渐破坏正常的淋巴结结构，或淋巴结结构被恶性淋巴细胞完全取代（淋巴肉瘤）——组织学上无法找到生发中心和淋巴窦。

相关症状

检查受影响淋巴结的数量和位置（如全身性或局灶性），比对各受影响淋巴结的病变是否一致。淋巴结是否存在痛感似乎与病程严重性不一致，疼痛常常是由炎症疾病（淋巴结炎）引起的，而不是由肿瘤（淋巴瘤）引起。相关症状可能是局灶性的，和淋巴结肿大一样（如组织损伤或感染）。全身性淋巴结增大的患病动物可能没有相关症状，或症状不具有特异性，包括体重减轻、发热、食欲下降以及全身性疾病导致的疲乏。

鉴别诊断

淋巴结增大的鉴别诊断见框 3-23。

框 3-23　　淋巴结增大的鉴别诊断
全身性 淋巴肉瘤 弥散性全身性皮肤病 感染性疾病（众多感染性疾病能够引起淋巴结增大） 寄生虫病（尤其是严重的体外寄生虫感染，如继发于脓皮症的蠕形螨病） 最近（几天内）的免疫史 **局部性** 任何引起全身性淋巴结增大的病因（上述） 局部感染，尤其是皮肤或皮下组织 非淋巴瘤性皮肤肿瘤

3

诊断方案

1. 病史和临床检查，确定相关症状的持续时间和类型，如有可能，了解淋巴结增大的持续时间。
2. 实验室检查，重点放在血常规检查（CBC）（包括血小板计数）、生化检查和尿液分析。
3. 按照需要进行特殊检查（如 FeLV 抗原和 FIV 抗体检测）。
4. 必要时拍摄胸部和腹部 X 线片。
5. 细针抽吸受影响的淋巴结。
6. 血清蛋白电泳。
7. 骨髓穿刺。
8. 如有必要，进行淋巴结活组织检查和培养。

疼痛

定义

疼痛是一种不愉快的感受；可能是全身性或局部性的。尽管在人类医学中，疼痛可能是患者寻求医生帮助最常见的症状，但在犬猫中，能否将疼痛表达出来以及动物主人能否正确地察觉和辨别动物表现的疼痛，使得疼痛在动物医学中成为一个很复杂的临床症状。然而，不能因为动物无法表达疼痛就认为动物不存在疼痛。动物确实能够感知不愉快的感觉并且能够意识到存在的组织损伤。动物的疼痛可能是急性的（如创伤）或慢性的（与持续的组织损伤或疾病相关的神经性疼痛）。

相关症状

动物感知和表达疼痛的方式各有不同。能否发现动物存在疼痛取决于及时发现动物行为发生改变的能力。急性损伤引起的疼痛相对容易被发现。然而，某些特定器官（如肝脏或者骨骼）所表现出来的慢性疼痛则很难被发现并定位。其他与疼痛相关的症状可能包括失眠、姿势异常、活动量下降、食欲下降，不愿意玩耍、行走或者跑动，以及烦躁、步态改变、理毛减少。临床检查的结果也各不相同，可能包括流涎、瞳孔散大、心动过速、颤抖，或者呼吸频率加快。遗憾的是，尽管兽医一直努力建立动物的疼痛等级，但是仍没有一套定义疼痛的标准或客观的疼痛测试方法。

> **注意**：疼痛管理目前在临床上已成为越来越重要的组成部分。第 1 部分中（表 1-16 至表 1-23）介绍了临床上治疗犬猫疼痛最常用的药物及其剂量。

鉴别诊断

疼痛可能发生于很多疾病，因此要列出疼痛的鉴别诊断清单似乎不切实际。由于疼痛一般与炎症反应或者组织损伤有关，所以应努力对疼痛的来源进行定位，以便进行进一步的诊断性检查。定位急性发作的疼痛比定位慢性疼痛相对容易。尤其是对于一些患有无法定位的慢性疼痛疾病的动物，制定明确的诊断方案是确诊的必要步骤。

诊断方案

1. 仔细观察动物的运动、站立、坐、卧等各种姿势至关重要。
2. 急性疼痛：通过临床检查对动物的生理状态进行客观的评估［如心率、血压、呼吸频率、瞳孔状态（是否散大）］。如有可能，应该尽量对疼痛的来源进行定位。
3. 急性疼痛：临床检查应包括对行为的评估（如态度、精神状态、姿势、对周围环境的警惕性）。
4. 标准的实验室检查包括血液学检查、生化检查和尿液分析（根据临床症状决定是否进行粪便检查）。
5. 如果在离散的区域（如腹腔）能够对疼痛点定位，则需要对动物拍摄 X 线片或进行其他影像学检查。
6. 如果检查发现某些特殊的异常，则需要采用特殊的诊断方法（如活组织检查、抽吸和细胞学检查、脊髓造影术）。
7. 在某些病例中，有时需要根据经验，利用镇痛药或非皮质类固醇抗炎药对动物进行治疗（表 1-18）。然而，采用此方法镇痛时，需要有能力对患病动物进行后续的护理。

3

排尿疼痛（排尿困难），参阅用力排尿

排便疼痛（排便困难），参阅用力排便

直肠和肛门疼痛，参阅用力排便：排便困难

返流

亦可见吞咽困难和呕吐。

定义

返流是指由机械性、神经性或肌原性的吞咽异常导致的食糜逆流。动物主人常常将这种返流描述为"呕吐"。返流和呕吐都是指食物通过食管逆流出来；然而，和存在恶心及腹压为特征的呕吐相比，返流是一个不费力的动作。导致返流的问题发生在食管。获得性（如异物）和先天性（家族性巨食管症）食管结构异常以及食管疾病均可导致返流。很多食管疾病在未发生返流之前并未被诊断出来。

相关症状

被动物主人察觉的患病犬猫表现出与返流相关的症状，包括以难以咽下食物为特征的吞咽困难，频繁地做吞咽动作，以及过度流涎。食管积气后的动物可能表现为嗳气。疾病长期发展后动物变得食欲不振和体重下降。可能会观察到颈部下段和胸腔入口处的食管扩张。

如果食管黏膜发生损伤，动物主人可观察到动物吐出带有淡血色的唾液。若动物患有严重肺炎，可能表现为突发性咳嗽和干呕，尤其是在进食的时候，有时还可能伴有呼吸困难。鼻分泌物为黏液样到黏脓样，或者混有最近吃的食物或液体。

患病动物存在胸腔内损伤时，可继发肥大性骨营养不良，表现为关节肿胀、跛行、极度虚弱，但很少发生。非典型症状包括呼吸困难（吸入性肺炎或者异物穿透胸腔内食管）、与饮食无关的返流，以及与吞气症相关的反复胃胀气。

鉴别诊断

返流的鉴别诊断见框 3-24。

框 3-24　返流的鉴别诊断	
功能性巨食管症 *	**食管炎**
原发性（或先天性）	胃逆流
继发性（或获得性）	肿瘤
异物	
食管狭窄	**非巨食管症的局限性损伤**
食管憩室	异物梗阻
神经源性（如重症肌无力、狂犬病）	胸腔内肿物
肌病，平滑肌	血管环异常
食管外压迫性损伤（如肿瘤、血管异常）	食管狭窄

注：* 为最常见的病因。

诊断方案

1. 病史和临床检查，以确定问题的性质，鉴别呕吐和返流，并确定返流物的物理性质。
2. 实验室检查，用于评估动物体况，尤其是出现并发症的情况。
3. 拍摄胸腔和颈部 X 线片，评估是否存在巨食管症和 / 或不透射线的食管内损伤。
4. 食管造影，观察造影剂通过食管时是否在某处受干扰，以确定阻塞点，同时观察黏膜的完整性或在管腔内位移的变化，以及是否出现管腔外气体（推荐口服硫酸钡混悬液）。注意：造影剂滞留于食管中是蠕动异常的典型标志，且通常可定位运动障碍的部位。
5. 根据需要使用内镜和 / 或活组织检查，以确定巨食管症的病因，而不仅仅是诊断出巨食管症。在某些情况下，尤其是发生异物性梗阻时，内镜也可以用于治疗。
6. 特殊检查，包括在 X 线透视、CT 和开腹探查时的食管造影。

抽搐：惊厥或癫痫

定义

抽搐、惊厥或癫痫均用于描述同一种临床症状，该临床症状的特征是随意阵发性地出现一系列不自主的收缩，持续时间短暂，随后动物会发生行为上的变化。癫痫性抽搐是犬最常见的抽搐性疾病，可分为四期：①前驱期，癫痫即将发作的阶段；②先兆期，动物的行为提示动物自身意识到癫痫即将发作；③发作期，其特征是正在发生抽搐；④发作后期，抽搐停止后的时期，动物通常表现为紧张性增加，摄食或饮水增加，和 / 或短暂性失明。抽搐可能是自限性的（24 h 内发生 1~2 次抽搐）或持续性的（持续癫痫状态），可能威胁生命，需要马上进行干预治疗。此外，抽搐可以分为局部性（面部扭曲或其他奇怪的行为表现）或全身性；全身性抽搐可进一步分成强直阵挛型、阵挛型、肌肉阵挛型、松弛型或无力型。

大脑疾病所致的抽搐会引起脑神经元的自发性去极化和兴奋。作为来动物医院就诊的主诉问题，抽搐在犬中较猫更常见。这些大脑疾病可以是颅外的原因、代谢性或中毒性疾病所致，也可以是颅内原因所致（如大脑器质性疾病）。当检查不到任何器官性或代谢性中枢神经系统（CNS）异常时，这类抽搐被称为自发性抽搐。伴侣动物最常见的抽搐主要是自发性癫痫。

相关症状

全身运动性抽搐是兽医临床中最常遇到抽搐类型。由于引起抽搐发作的器质性病变无法识别，所以大部分病例被诊断为自发性癫痫。根据动物主人的描述，患有全身运动性抽搐的动物，两次癫痫发作期间，其表现一般是正常的。癫痫发作后，在不考虑引起癫痫病因的情况下，动物会表现出短暂性定向障碍、失明、跟跟跄跄、帕金森病（PD）、多饮或多食。

动物发生抽搐时，其临床症状很多。在诊断动物为自发性癫痫之前，需要评估其是否存在心血管系统疾病、创伤、中毒、传染病、寄生虫病、肿瘤和代谢性疾病，尤其是那些能够影响肾脏、肝脏和胰腺内分泌的疾病。

动物年龄

幼年动物（＜1岁）的抽搐通常是由于发育异常、脑积水、无脑回畸形、脑炎（感染性）、铅中毒、严重的肠道寄生虫、门腔静脉异常分流或幼年性低血糖所致。自发性癫痫通常起始于1~3岁。大于5岁的动物发生癫痫，通常是由于CNS肿瘤或者胰腺分泌胰岛素的β细胞发生肿瘤而引起的低血糖所致。

品种易感性

了解有关癫痫的品种易感性的基础知识有助于对该病的诊断。自发性癫痫可发生于多个品种的犬，尤其是德国牧羊犬、比利时坦比连犬、荷兰毛狮犬、圣伯纳犬、标准和迷你贵宾犬、比格犬、爱尔兰赛特犬、可卡犬、阿拉斯加雪橇犬、西伯利亚雪橇犬、拉布拉多猎犬和金毛寻回犬。脑积水是玩具型犬和短头犬常患的疾病。肿瘤疾病常见于5岁以上短头犬中。

CNS代谢性疾病包括脑白质营养不良（凯安㹴和西高地白㹴）、脂肪代谢障碍（德国短毛指示犬和英国赛特犬）、无脑回畸形（拉萨阿普索犬）、门体短路（约克夏㹴）和高血脂（迷你雪纳瑞）。巴哥犬中常出现特异性脑炎，通常具有致命性。

环境

与传染源、其他患病动物或毒物的接触史很重要，如油漆中的铅、油布、焦油、电池或者屋面材料，六氯酚肥皂，乙二醇（防冻剂），四聚乙醛蜗牛诱饵，以及各种杀虫剂，包括氯化碳氢化合物、有机磷和灭鼠药。犬猫如果与猪在同一个环境下生活，可能会感染猪疱疹病毒（伪狂犬病或奥杰斯基病）。高蛋白日粮能够使肝脑病恶化。动物长期食用某种鱼或者烹调的食物可导致硫胺素缺乏。

鉴别诊断

抽搐的鉴别诊断见框 3-25。

框 3-25　抽搐的鉴别诊断	
脑内	**脑外**
先天性	中毒性
脑积水	铅
无脑回畸形	有机磷
其他畸形	氯化碳氢化合物
贮积病	士的宁
血管异常	药物
创伤	垃圾
及时处理	代谢性
创伤后处理	低血糖症
炎症反应	低钙血症
犬瘟热	高钾血症
狂犬病	酸碱失衡
猫传染性腹膜炎	肝脑病
猫白血病病毒	尿毒症
弓形虫	高脂蛋白血症
霉菌病	营养性
细菌性疾病	硫胺素
网状细胞增多	寄生虫
寄生虫	缺氧
肿瘤	心血管疾病
原发性	呼吸道疾病
转移性	分娩
血管 - 脑血管意外	麻醉事故
	体温过高

引自 Russo ME: Seizures. In Ford RB, editor: Clinical signs and diagnosis in small animal practice, New York, 1998,Churchill Livingstone.

诊断方案

1. 病史，需要考虑品种易感性，所接触的环境，既往病史和用药史。因为患病动物的抽搐大部分持续时间较短，且临床表现（强直阵挛性）具有多样性，动物主人描述的抽搐类型和持续时间不一定可信，反而可能会误导兽医。

2. 全身临床检查，包括神经学检查（尤其需要注意检查脑神经）、眼底镜检查和心脏听诊。

3. 实验室检查，有必要排除代谢性病因。除了 CBC、生化检查、尿液分析和粪便培养之外，以下检查应该有选择地或者全部进行：血氨、胆汁酸、低血糖患病动物血清胰岛素水平检测，血液铅浓度测试，以及一系列的血液培养。注意评估血清性状以确定是否存在脂质（甘油三酯）。

4. 对头颅拍摄 X 线片。这种检查方法意义不大，因为常规的颅内 X 线片不能检测到颅内赘生物。

5. 在特殊情况下，可以通过颅内前庭对幼年犬进行有限的脑部超声检查。可能会发现存在脑积水。

6. CT 或者 MRI（需要特殊设备）。

7. 如有必要，可以进行心电图或超声心动图检查。

8. 腹部超声检查（门体分流）。

9. 血清学检查，以确定是否存在犬瘟热、狂犬病、FIP、FeLV、FIV、弓形虫和全身性（深部）真菌病。

10. 脑脊液（CSF）分析，包括生化、抗体滴度和细胞学参数。

11. 脑电图（EEG），虽然很难获得，但是有助于检测大脑炎性疾病和先天性颅内异常（如脑积水）。

12. 造影，需要特殊的设备和辅助设施：放射性同位素脑部扫描、大脑血管造影、气管造影以及 CT 扫描。

打喷嚏与鼻分泌物

定义

打喷嚏属于一种保护性反应，表现为一股气团突然地、不自主地、强有力甚至猛烈地从上呼吸道喷发出来；可伴有或无鼻分泌物。动物主人很容易识别打喷嚏。尽管打喷嚏是动物对刺激物的一种生理性反应，但是频率过高和阵发性打喷嚏则被认为异常。和打喷嚏一样，在不考虑黏稠度的情况下，鼻分泌物也是一种临床症状，动物主人能够准确无误地向临床兽医解释。

打喷嚏是外源性物质（异物）或者内源性物质（抗原抗体复合物）刺激鼻通道的一种外在表现。传入神经冲动通过第五对脑神经到达髓质，在这里引发最初的反应。动物长期有鼻分泌物提示上呼吸道存在局灶性疾病，尤其是鼻腔和额窦。

相关症状

动物出现面部不对称（肿瘤或真菌感染）、咬肌和颞肌萎缩、摄取和咀嚼食物困难、结膜炎和眼分泌物等相关症状时，提示全身已经受到影响。鼻出血与轻微带血的鼻分泌物不同，是一种重要的临床症状，提示动物患有鼻内疾病或凝血障碍。新生儿腭裂是出现鼻分泌物常见的原因。鼻镜腐蚀和褪色常见于患有鼻曲霉菌感染的犬中，而猫发生隐球菌感染时，可在鼻吻部检查到肉芽肿。当动物有脓性鼻分泌物和打喷嚏时，有时会伴有咳嗽症状。

鉴别诊断

打喷嚏与鼻分泌物的鉴别诊断见框 3-26。

诊断方案 （图 3-4）

3

框 3-26　　打喷嚏与鼻分泌物的鉴别诊断	
鼻内原因	肿瘤（尤其是腺癌），出血情况不定
浆液样鼻分泌物	鼻出血
上呼吸道急性病毒性感染（猫）	急性鼻创伤
猫衣原体病	口鼻瘘
鼻内寄生虫	
口鼻瘘（犬齿）	**鼻外原因**
鼻孢子菌病（犬，少见）	**脓性鼻分泌物**
	细菌性肺炎
脓性鼻分泌物	先天性或获得性巨食管症，伴有吸入性肺炎
上呼吸道病毒感染继发细菌性感染（犬和猫）	食管弛缓引起食物返流
细菌性鼻炎（尤其是支气管败血波氏杆菌）	获得性食管狭窄
霉菌性鼻病	
异物性鼻炎	**鼻出血**
创伤性鼻炎或鼻窦炎	血管性血友病（犬最常见的凝血性疾病）
腭裂	Ⅷ因子缺失（典型的血友病）
肿瘤（可能有几种类型）	其他遗传性因子的缺失
鼻咽肉息（猫，少见）	血小板减少症［感染性（尤其是犬的埃立克体）或免疫介导性］
良性鼻息肉	弥散性血管内凝血
口鼻瘘（偶尔可见少量血丝）	高黏滞综合征
黏液样到黏脓性鼻分泌物	
霉菌性鼻病（如曲霉菌病、隐孢子菌病、酵母菌病）	

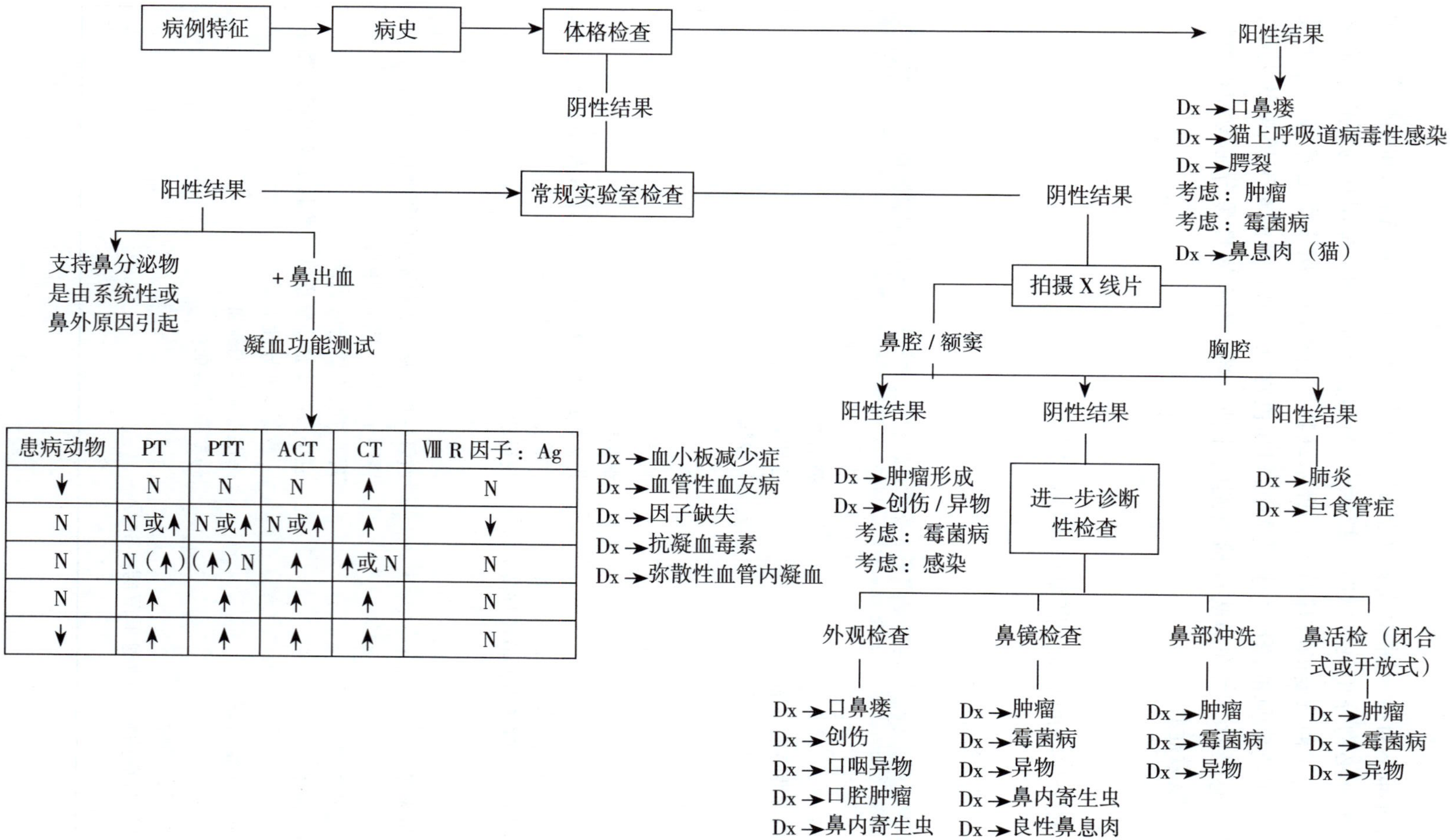

病例特征 → 病史 → 体格检查 → 阳性结果

体格检查 阳性结果：
- Dx → 口鼻瘘
- Dx → 猫上呼吸道病毒性感染
- Dx → 腭裂
- 考虑：肿瘤
- 考虑：霉菌病
- Dx → 鼻息肉（猫）

体格检查 阴性结果 → 常规实验室检查

病例特征 阳性结果：
支持鼻分泌物是由系统性或鼻外原因引起
+鼻出血 → 凝血功能测试

患病动物	PT	PTT	ACT	CT	Ⅷ R 因子	Ⅷ R 因子：Ag
↓	N	N	N	↑	N	N
N	N或↑	N或↑	N或↑	↑	↓	↓
N	N（↑）	（↑）	↑	↑或N	N	N
N	↑	↑	↑	↑	N	N
↓	↓	↑	↑	↑	N	N

- Dx → 血小板减少症
- Dx → 血管性血友病
- Dx → 因子缺失
- Dx → 抗凝血毒素
- Dx → 弥散性血管内凝血

常规实验室检查 阴性结果 → 拍摄 X 线片

拍摄 X 线片 鼻腔/额窦 阳性结果：
- Dx → 肿瘤形成
- Dx → 创伤/异物
- 考虑：霉菌病
- 考虑：感染

拍摄 X 线片 胸腔 阳性结果：
- Dx → 肺炎
- Dx → 巨食管症

拍摄 X 线片 阴性结果 → 进一步诊断性检查

进一步诊断性检查 — 外观检查：
- Dx → 口鼻瘘
- Dx → 创伤
- Dx → 口咽异物
- Dx → 口腔肿瘤
- Dx → 鼻内寄生虫

鼻镜检查：
- Dx → 肿瘤
- Dx → 霉菌病
- Dx → 异物
- Dx → 鼻内寄生虫
- Dx → 良性鼻息肉

鼻部冲洗：
- Dx → 肿瘤
- Dx → 霉菌病
- Dx → 异物

鼻活检（闭合式或开放式）：
- Dx → 肿瘤
- Dx → 霉菌病
- Dx → 异物

图 3-4　患有打喷嚏和/或鼻分泌物的动物的临床诊断流程

注：Dx，诊断；ACT，活化凝血时间；PT，凝血酶原时间；PPT，部分凝血活酶时间；CT，凝血时间；Ⅷ R 因子：Ag，Ⅷ-相关抗原因子；↓，减少（数量）；↑，延长（时间）；N，正常；N（↑），一般正常，偶尔延长；（N），正常，一般延长，偶尔正常

自发性出血：出血

定义

自发性出血或出血时间延长是由于一种或多种凝血功能障碍而引起的可见的、异常的出血。血小板数量不足或者功能障碍，外源性或内源性凝血功能障碍，或血管完整性受到破坏等都可以引起出血。

止血性反应是一种复杂的防御体系，具有以下三个基本功能：①确保血液保持在正常动物的血管内（血管完整性）；②使血管损伤部位的出血停止；③维持血管网络的开放性。

这些功能通过血液中的血小板、血管壁和血浆中的酶系统发生复杂的反应来实现。能够影响这些反应的疾病都可以引起自发性出血或者出血时间延长。

止血的第一步主要通过血小板凝集，形成相对不稳定的血小板栓而实现止血。止血的第二步是纤维蛋白进一步稳定血小板栓，这是完成止血过程必需的一步。第二步的实现需要血浆中有足够浓度的促凝血蛋白以及它们之间适当的相互作用。凝血可通过内源性途径启动，参与凝血的成分存在于血管内，这些成分与血管内皮以外的物质接触后被激活。外源性途径是另外一种能够启动凝血的机制。

止血的第二步受到抑制性产物的调节，这些抑制性产物能够抑制酶反应的进一步扩大并防止以下因子的扩散：凝血酶Ⅲ，一种强力激肽释放酶抑制剂；因子Ⅸa、Ⅺa、Ⅻa和Ⅹa以及凝血酶。溶纤维蛋白系统属于另一个蛋白酶系统，负责清除完成止血功能后的血栓。

相关症状

当血液自发地从一个或多个身体的天然孔中流出并长时间不止时，出血性疾病最明显。血液从鼻孔流出（鼻出血，图 3-4）可能是犬患出血性疾病时最常见的外在表现。对于皮肤或者黏膜出血（如瘀点），哪怕是最仔细的动物主人也不一定能够立即发现。出血过多或血液长时间流入软组织（血肿）或关节（关节积血），可表现为受影响部位外观增大，伴有疼痛和跛行。

在某些动物中可能有反复发作的轻微出血史。临床症状的严重程度取决于因子缺失的类型、凝血因子活化的程度以及个体差异。中度到严重的患病动物发病时都比较年轻。选择性手术术中或术后长时间出血，可能是出血性疾病的最初表现。

鉴别诊断

自发性出血的鉴别诊断见框 3-27。

框 3-27 自发性出血的鉴别诊断

遗传性疾病——因子缺失

低凝血酶原血（因子Ⅱ缺失）——拳师犬

低前转化素血症（因子Ⅶ缺失）——比格犬、玛尔济斯犬

血友病 A（因子Ⅷ缺失）——犬的大部分品种和猫

血友病 B（因子Ⅸ缺失）——犬的某几个品种和英国短毛猫

血管性血友病（vWD 因子缺失）——犬的大部分品种

司徒（stuart）因子缺失（因子 X 缺失）——可卡犬

血浆促凝血酶原激酶前体（PTA）缺失（因子Ⅺ缺失）——史宾格、大白熊、凯利蓝㹴

接触因子缺失（因子Ⅻ缺失）——猫

遗传性血小板疾病

血小板减少症

血小板功能障碍

　血小板功能不全（血小板功能丧失）

　血小板减少症（如成骨不全、埃勒斯 - 当洛综合征）*

获得性凝血因子疾病

原发性纤溶亢进

弥散性血管内凝血（DIC）

化学或药物诱导性

　维生素 K 缺乏

　食入灭鼠药

　长时间口服抗生素*

循环抗凝血剂

　肝素

　华法林

　华法林样化学物（如敌鼠）

　血浆容量扩张治疗*

肝脏疾病

　弥散性血管内凝血（DIC）

　维生素 K 缺乏

　严重肝脏疾病使凝血因子合成减少*

获得性血小板疾病

血小板减少症（相对常见）

　血小板生成下降或者无效*

　免疫损伤：免疫介导、感染、药物诱导

　消耗性：DIC、脉管炎

　隔离：肿瘤引起的脾肿大*

　稀释：静脉内输液*

血小板功能障碍

　继发于潜在疾病：肾衰竭和尿血、肝衰竭、红细胞增多症*

　药物诱导：阿司匹林、保泰松、雌激素、吩噻嗪类、血浆容量舒张剂*

注：* 这种情况很少发生。

诊断方案

1. 病史：出血动物的年龄（遗传性与获得性）、性别（性染色体与常染色体）和品种（遗传性与获得性）等都需要给予考虑。需要考虑动物是否属于有出血倾向的品种或性别。需要详细记录动物最近或目前正在使用的药物和免疫接种情况。

2. 临床检查：结果可能正常。但需要检查是否存在黑便、尿血、鼻出血、血肿或关节积血等。检查皮肤和黏膜是否存在出血点和瘀斑。

3. 包括血小板计数在内的常规实验室检查：适用于所有出血的患病动物，以评估动物是否存在一些潜在的引起出血的疾病以及因主要器官内出血而可能造成的后果。

4. 检测埃立克体病和落基山斑疹热的抗体滴度。

5. 凝结物筛选检验（参阅第 5 部分）：

    A. 外周血涂片（检查是否存在血小板）。

    B. 血小板计数，在血小板数量充足的情况下，进行口腔黏膜出血时间测试（一种测定血小板功能的测试）。

    C. 评估凝血块收缩。

    D. 凝血酶原时间（PT）。

    E. 活化部分凝血活酶时间（APTT）。

    F. 凝血酶凝血时间。

    G. 纤维蛋白原。

    H. 纤维蛋白降解产物。

    I. 血块溶解。

6. 特殊实验室检查（需要特殊设备）：

    A. 特殊因子活性分析。

    B. 血小板功能评价（黏附、凝集、分泌）。

    C. 抗血小板抗体。

    D. 抗凝血酶 III。

    E. 激肽释放酶。

    F. 血小板的电子显微镜观察。

用力排便：排便困难

定义

排便困难是指大便从直肠中排出时存在疼痛感或者困难，临床上对母犬和猫排便困难的诊断存在一定难度，除非动物主人能够区别排便困难和排尿困难（参阅用力排尿：排尿困难）。因此需要临床兽医齐心协力地对影响尿液流出尿道和导致尿频的疾病以及影响排便的疾病进行鉴别诊断。

直肠和肛周疼痛是导致排便困难最常见的原因。疼痛可能来源于黏膜、黏膜皮肤（肛门）或者管腔外（直肠）。直肠狭窄不常见，但可引起便秘，随后发生排便困难。直肠肿瘤或者深部非浸润性损伤可以导致直肠狭窄。排便困难也可继发于腰椎和荐椎的损伤，但不常见。

相关症状

排便困难最常见的反应是便秘，尽管大部分动物主人没有意识到这是原发的问题。动物在努力排便的过程中，直肠损伤引起的疼痛可能会加剧。动物可能会因为疼痛而发生嚎叫或者突然扭头舔肛门。犬可能在排便的地方转圈。猫则表现为多次努力排便或者多次在猫沙盘外排便。除非是在排便的情况下，否则动物根本不会表现出疼痛。

临床检查应该包括直肠指检、肛周检查和检查每个肛门腺是否存在损伤。需要对肛周进行剃毛以检查皮肤的完整性和确认是否存在损伤，尤其需要注意是否有肿瘤。

鉴别诊断

排便困难的鉴别诊断见框3-28。

框3-28　排便困难的鉴别诊断	
便秘 自发性溃疡和炎性损伤 结肠（结肠炎） 直肠（直肠炎）	肠壁外（腹腔内前列腺） 肛门腺 会阴（尤其是皮肤或者黏膜皮肤组织）
肛门腺（炎症反应或者肿瘤相关的疼痛；通常在手术时才能确诊）	**直肠直接损伤** 结构性狭窄 不存在结构性狭窄（如线性异物、良性肿瘤）
肿瘤 黏膜（如直肠癌） 肠壁（如癌症、肉瘤）	**会阴疝**

诊断方案

1. 病史和临床检查，对比动物排便和排尿的能力。临床检查必须包括以下内容：
   A. 直肠探温：同时也是定位疼痛来源的一种方法。
   B. 直肠检查：仔细检查两侧的肛门腺，并评价肛门腺分泌物的物理性状（可能需要镇静）。
   C. 评估肛周皮肤（建议小心地剃毛）。
2. 拍摄腹部X线片和超声检查，以评估前列腺大小（雄性犬），观察腹腔内是否存在肿物或者粪石。

3. 结肠镜检查或者直肠镜检查，用硬管式或者软管式内镜检查，如果有明显损伤则采样进行活组织检查。愈合的组织应该进行细胞学和组织病理学检查。进行这些检查时很少需要对动物进行麻醉，除非直肠黏膜的受损严重，或疼痛明显。

4. 发现腹腔内有异常时，需要进行开腹探查，以进一步确诊，但很少需要。

用力排尿：排尿困难

定义

排尿困难是指排尿过程中存在疼痛或者困难，是一种犬和猫较常见的临床症状。排尿困难属于急症，需要立即就诊。动物主人对排尿困难的描述并不完全可靠。因此有必要对患病动物进行临床检查，以便对排便困难和排尿困难，还有尿失禁和排尿困难进行鉴别诊断。

排尿困难通常是由于下泌尿道疾病、生殖道疾病或者两者同时存在妨碍了尿液流出，进而出现尿频或者排尿不适。然而，各种神经学损伤，尤其是腰椎尾部和荐椎出现损伤，影响交感神经或副交感神经所支配的下泌尿道，均会导致排尿困难。神经性排尿困难最难确诊和治疗。

相关症状

与排尿困难相关的临床症状通常可以将主要的发病部位定位到下泌尿道中。与排尿困难相关的临床症状通常包括尿液颜色发生变化（尤其是血尿）、脓尿，或者二者同时出现，常由黏膜出现炎症反应和感染造成。某些造成尿失禁的原因也可以导致排尿困难。动物主人还会同时观察到动物频繁地排尿。

与排尿困难相关、需要进行鉴别诊断的是 PU（排尿量增加）与尿频（排尿次数增加）。排尿困难的患病动物可能表现出痛性尿淋漓，表现为缓慢地排尿，同时伴有疼痛感，这是由膀胱和尿道痉挛所致。公犬由于前列腺增大而引起的排尿困难可能伴发便秘。

鉴别诊断

排尿困难的鉴别诊断见框 3-29。

诊断方案

1. 初步措施：最初的诊断方案取决于对排尿困难的确诊，以及腹部触诊时膀胱的充盈度（图 3-5）。
2. 常规血液学和生化检查。

框 3-29 排尿困难的鉴别诊断	
感染性和炎症性病因	**先天性病因**
细菌性膀胱炎	输尿管异位（尤其是母犬）
尿道炎	各种阴道畸形
前列腺炎或良性前列腺增生（公犬）	尿道
阴道炎	转移性细胞癌
猫下泌尿道疾病（FLUTD）	转移性性病瘤
膀胱和尿道结石	阴道和阴茎
	转移性性病瘤
肿瘤	纤维瘤
膀胱	肉瘤
转移性细胞癌	癌症
横纹肌瘤或纤维肉瘤	
前列腺癌	**神经性病因**
	反射协同困难
创伤	膀胱尿道不同步（失调）
膀胱破裂	
尿道撕裂（咬伤、结石）	
尿道狭窄	

3. 尿液分析：尤其需要注意尿液的颜色、相对密度、尿蛋白、葡萄糖、隐血，以及尿沉渣的镜检结果。

4. 包括下泌尿道在内的腹部 X 线片拍摄；随后对下泌尿道进行非诊断性造影检查（尿道造影、膀胱造影及尿道和膀胱双重造影）。

四肢肿胀：外周水肿

定义

外周水肿是指软组织间质液体量的病理性增加，特征性地影响头部、颈部和四肢。外周水肿的分布模式可能是全身、局部或某个病灶。外周水肿可能伴发其他形式的水肿，如脑水肿或者肺水肿。

临床上很难区分正常和异常的组织液增加。组织液中度到严重增加（30%）时，在临床检查中可以被发现，因为增加的液体导致组织发生肉眼可见的变化。任何检查方法（如组织病理学、临床检查）发现的组织液增加都可用于诊断外周水肿。

白蛋白是血浆中最小的蛋白质分子，也是血浆胶体渗透压的主要来源。当血清白蛋白浓度低于 2 g/dL，水肿便会表现出临床症状。然而，水肿的形成也与其他因素有关，如与肾脏排钠能力下降相关的血浆容量下降和细胞外间隙增加。

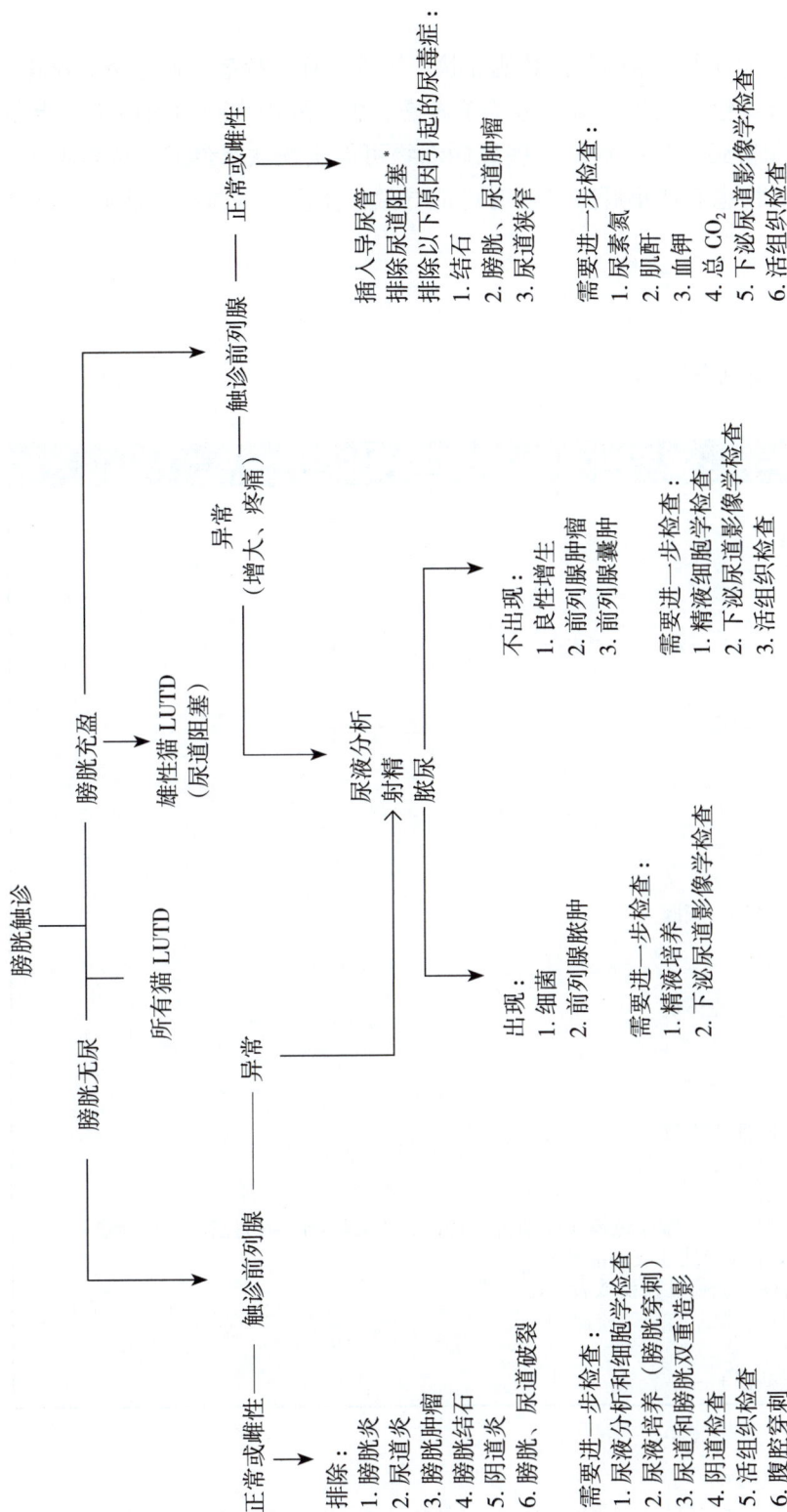

图 3-5　排尿困难的鉴别诊断流程

注：LUTD，下泌尿道疾病；＊ 如果不存在阻塞，进一步评价膀胱逼尿肌或神经功能是否正常

相关症状

出现外周水肿的患病动物可能还存在其他症状。慢性炎症性疾病、血管炎、瘀斑、心脏病、过敏或者创伤（包括烧伤）等都应给予考虑。患有外周水肿的动物还可能存在蛋白丢失性（肾脏和胃肠道）疾病。这些患病动物可能出现饮水量或排尿量增加，或腹泻和体重下降。动物患有严重肝脏疾病时可能导致白蛋白合成减少，从而导致水肿的形成。

鉴别诊断

外周水肿的鉴别诊断见框 3-30。

框 3-30　外周水肿的鉴别诊断

毛细血管静水压增加
血流功能性或结构性梗阻
　充血性心力衰竭
　静脉阻塞
　肿物对血管的压迫
动静脉瘘

毛细血管胶体渗透压下降（低蛋白血症）
蛋白丢失性肠道疾病
蛋白丢失性肾脏疾病
肝脏合成下降
食物摄入不足（蛋白性营养不良）
慢性出血
大面积的渗出性损伤（如烧伤、腹膜炎）

渗透性增加
慢性炎症性疾病（如犬的埃立克体病）
血管炎（多重感染引起）
血管创伤
毒物
神经性、物理性或其他对血管的刺激

淋巴回流减少（淋巴性水肿）
先天性（原发性）淋巴水肿——以常染色体显性遗传为特征，主要影响 3~6 月龄动物的后肢
获得性（继发性）淋巴水肿（局灶性或局部性）
感染性、肉芽肿性、肿瘤性、创伤性损伤或者淋巴管压迫

肠道胶体基质增多
黏液性水肿（甲状腺功能减退）——少见

诊断方案

1.病史和临床检查：重点检查心脏、肝脏、胃肠道和泌尿系统疾病。评估是否存

在颈静脉怒张，或者脉搏、心动过速和水肿。

2. 临床病理学检查：

　　A. 血常规检查。

　　B. 生化检查，包括检测电解质、总蛋白和白蛋白。

　　C. 尿液分析。

　　D. 测定尿蛋白 – 肌酐比。

3. 如有必要，进行特殊实验室检查：

　　A. 测定胆汁酸。

　　B. 尿清除率的定量分析检测。

　　C. 血清学——病毒性或立克次体感染。

　　D.ANA 滴度、LE 细胞制备，以及类风湿因子测定。

4. 检测中心静脉压（CVP）。

5. 影像学检查：

　　A. 胸部：评估是否存在心包渗出、胸膜渗出或者心脏疾病。

　　B. 腹部：重点评估肝脏以及是否存在肿物及腹膜炎。

　　C. 腹部超声检查。

6. 造影：可以进行血管造影或者淋巴管造影，以便确定是否存在梗阻性损伤或者动静脉瘘。

7. 血清学检查：尤其是埃立克体病和落基山斑疹热。

8. 水肿液分析：用 22G 针头直接插入水肿部位抽吸水肿液。将收集到的水肿液放入空白管和含有二乙胺四乙酸（EDTA）的管中。分析水肿液的颜色、黏稠度、浑浊度以及蛋白和细胞含量。

9. 检测毛细血管后静脉压和氧饱和度：以便确定是否存在梗阻近段的静脉回流或者动静脉瘘。正常毛细血管后静脉压是（13 ± 4）mmHg。

10. 细胞学和组织病理学检查：对于评估与水肿组织相关的肿物很有帮助。

排尿失去控制：尿失禁

定义

尿失禁是指丧失了控制尿液从膀胱流出的正常能力。当动物之前能够正常排尿，然后开始表现不时有尿液流出，或者在不该排尿的地方排尿时，应考虑动物是否出现尿失禁。对于犬猫，通过主诉来判断它们的不适当排尿行为是否是无意识的，存在很大的困难。区分动物的排尿是有意识还是无意识，是制定诊断方案的基础。

正常的排尿反应是自主神经和运动神经复杂的相互作用的结果。对排尿的正常控制可以分成一系列的神经通路：

1. 感觉神经元在膀胱壁有牵张感受器分布，负责将信息通过上行脊髓束传递到脑干和位于额顶叶的躯体感觉皮质。该途径是感觉膀胱充盈的基础。

2. 额顶叶运动皮质将排尿意识反射到脑干网状结构中心，后者负责控制尿液的储存或者排空。

3. 从这些中心，网状脊髓束下行至脊髓，影响负责发出排尿和储存尿液指令的灰质中心。位于骶段的内脏传出神经元在骨盆神经的协助下支配逼尿肌，引起排尿。通过阴部神经支配尿道横纹肌的骶段躯体传出神经元受到抑制。阴部躯体神经元的兴奋起到防止排尿的作用。

尿失禁是影响膀胱自主性尿潴留的几种疾病中的任何一种临床表现。影响排尿反射弧上运动神经元和下运动神经元的神经性损伤可导致尿失禁。膀胱麻痹时通常可以导致膀胱过度充盈并表现滴尿。人工挤压患病动物的膀胱时，尿液很容易排出。"脊髓膀胱"是由大脑和排尿的脊髓反射中枢之间的病变引起的。人工挤压膀胱后，这种不自主的排尿反射可引起膀胱短暂性麻痹。

非神经性尿失禁可能是由影响排尿储尿期的解剖性或功能紊乱（如异位输尿管）引起。激素反应性尿失禁也是非神经性尿失禁的常见类型。在这些病例中（通常是犬），除滴尿之外，逼尿肌反射正常，排尿行为也正常。

排尿期间，一系列的排尿异常问题常与尿液流出受阻（如尿道结石、肿瘤）有关。膀胱过度积尿和滴尿通常伴有排尿困难和尿血。

相关症状

动物主人最初发现动物排尿有问题通常是由于发现在动物的外生殖器周围或动物睡觉的地方出现尿液或带血的尿液。患有神经性尿失禁的动物可能出现脊髓疾病的症状，表现为后肢意识本体感受不足、后肢拖拽、后肢背侧磨损等。然而，涉及大脑皮层和小脑的损伤也可能会导致尿失禁，行为异常也一样可以表现尿失禁。

动物表现明显的用力排尿，尤其是伴有腹部膨胀时，可能提示存在梗阻性疾病。患病动物可能出现尿毒症，其典型症状是嗜睡、厌食和呕吐。

鉴别诊断

尿失禁的鉴别诊断见框 3-31。

诊断方案

1. 病史和临床检查：必须确定膀胱的大小。

2. 神经学检查：应该进行全面的神经学检查，以确定是否存在神经性病因。尤其需要注意检查脊髓和骶骨神经根。同时评估尿道球腺和会阴反射。

框 3-31　尿失禁的鉴别诊断	
神经性	尿道功能障碍
大脑损伤	肿瘤
小脑损伤	膀胱储尿量下降
脑干损伤	膀胱炎
脊髓损伤	
脊髓神经根损伤	**非神经性且伴有膀胱膨胀**
	尿道梗阻、结石或者肿瘤
非神经性且膀胱不膨胀	尿道逼尿肌协同失调
输尿管异位	溢出性尿失禁（伴有多尿症）
脐尿管未闭	
激素反应性尿失禁	

3. 膀胱内置入导尿管：以确定膀胱残余尿量［犬猫的正常量 < 0.2~0.4 mL/kg（体重）］。分析所收集的尿液，如有必要，可进行培养和药敏试验。

4. 实验室检查：以评估动物的健康状态。

5. 拍摄后腹部和脊髓的 X 线片。

6. 必要时泌尿道造影：包括膀胱充气造影（仅用于不存在尿血的情况）、尿道造影和排泄性尿路造影（又称静脉肾盂造影）。

7. 膀胱内压测量图：需要特殊设备。

视力丧失：失明

定义

失明是指对可视刺激失去感觉。由于视力丧失，动物典型的表现是行为改变。动物主人觉察到动物的反应或与周围环境的互动发生改变以后，才能发现动物失明。只有动物完全失明后，动物主人才会发现，因为动物具有代偿能力，如果仅发生部分视觉的缺失，或单侧失明，动物主人不可能发觉动物视力的变化。

下面四种情况中的任意一种都可以引起失明：①引起眼介质（如角膜、眼房水或者晶状体）出现混浊的各种损伤；②视网膜不能成像；③神经传导障碍；④最终成像失败（如皮质盲）。

鉴别诊断

当动物因为急性视力丧失而就诊时，动物主人通常认为是双侧眼睛出现问题或者可能是中枢神经系统（CNS）疾病。单侧视力丧失通常很难被发现，除非动物主人很敏锐或观察得非常仔细。对于兽医而言，评估急性视力丧失的第一步是检查眼介质是否清澈，光线是否可以通过眼前房到达眼后段的感光细胞（视杆细胞和视锥细胞）。需要用透射法检查眼介质。如急性双侧葡萄膜炎、严重的角膜水肿、双侧急性角膜炎、发展迅速的代谢性白内障、影响到玻璃体的急性睫状体炎等，都可以改变眼介质从而影响光在眼睛内的传递。在检查前部眼介质时，应同时评估瞳孔对光的直接反应和间接反应。一旦确定光线能够到达眼后部，应该对眼底进行检查。眼底异常引起急性视力丧失的情况包括急性脉络膜视网膜炎，通常伴有渗出性视网膜脱离；急性脉络膜出血，通常与慢性肾脏疾病中的血压异常有关；以及急性视神经炎。

犬急性视力丧失但不伴发眼底损伤时，用检眼镜检查即可发现，可能与眼球后视神经炎或者突发性获得性视网膜变性综合征（SARDS）有关。对SARDS的研究不多。似乎中年和老年的雌性犬多发，而腊肠犬是易发品种。动物视力丧失的最初表现可能是夜盲症，几周以后视力完全丧失。在某些病例中，视力丧失是全身性和急性的。相关的全身性症状包括多饮多尿（PD/PU）和多食，肥胖，还可能出现肝肿大。实验室检查结果可能包括WBC计数异常、肝酶活性升高、对ACTH的刺激试验反应异常，或者对低剂量的地塞米松抑制试验反应异常。眼底可能完全正常，有视网膜变薄或萎缩的早期症状。根据视网膜电图（ERG）可以与视神经炎进行鉴别诊断。SARDS的病因尚不清楚。

引起急性视力丧失的CNS肿瘤，尤其是影响到视交叉神经的CNS肿瘤，在犬中很少报道。垂体肿瘤可能是最常见的病因。垂体肿瘤必须发展成大肿瘤才能入侵和影响中脑和视交叉神经。非功能性的垂体肿瘤并不少见，这类患病动物不会出现临床上的代谢性异常。犬的脑肿瘤中很少观察到视神经乳头水肿。虽然垂体大肿瘤压迫视交叉神经并引起视力丧失的情况在犬中很少见，但是在进行鉴别诊断时仍需给予考虑。

发生急性视力丧失时，可以用CT来诊断脑下垂体是否存在肿瘤。此外，也可以使用CT来检查肾上腺，通过CT很容易观察双侧肾上腺是否存在增生。垂体大肿瘤的直径一般大于1 cm。

视神经炎可能会表现为急性视力丧失，但用检眼镜检查时不一定会发现视神经发生变化。检眼镜检查的异常结果包括视盘水肿、视盘内和周围出血、视网膜周围组织水肿和炎症反应。急性视神经炎通常长期存在，而检眼镜检查眼球后的损伤往往是阴性结果。瞳孔散大，且对光无反应或反应弱。对怀疑有急性视神经炎的动物需要进行全面的临床检查，包括神经学检查、外周血计数，如有可能还应进行脑脊液（CSF）分析。CSF中发现细胞和蛋白质含量增多具有重要的临床意义。急性视神经炎的病因可能难以明确诊断。

鉴别诊断

突发性失明的鉴别诊断见框3-32。

框 3-32　　动物突发性失明的鉴别诊断	
眼部疾病 **角膜** 水肿［角膜炎、疱疹病毒 1 型复发（猫）、角膜 　营养不良］ 感染（细菌性、病毒性、真菌性） 纤维变性 血管翳形成（晚期干燥性角膜结膜炎） 角膜营养不良（脂肪性或者先天性） **眼前房** 前葡萄膜炎——多因素性 眼前房积血 **晶状体** 白内障 不完全脱位 **房水** 出血 玻璃体炎［感染引发的炎症反应（猫传染性腹 　膜炎、FIP）、自发性出血、创伤］ **视网膜损伤** 青光眼 突发性获得性视网膜变性综合征（SARDS）	**视网膜进行性萎缩——或中枢神经进行性疾病** 猫中枢视网膜变性 药物诱导（给猫使用氟喹诺酮类药物） **眼外疾病** 病毒性感染（犬瘟热、FIP） 真菌性感染（深部真菌病） 颅内肿瘤 脑肿瘤 脑积水 免疫介导性视神经炎 持续缺氧 抽搐性疾病（后遗症、短暂性失明） 中暑 肉芽肿性脑膜脑炎（GME） **视网膜脱离** 高血压，特别是患有肾脏衰竭的猫 肿瘤 视网膜发育不良 先天性脱落（柯利牧羊犬眼睛异常） 感染（如 FIP）

3

诊断方案

1. 通过越障训练和改变光的亮度来评估动物瞳孔的对光反射和视力。

2. 眼科检查，评估眼介质的清澈度，以及观察光线是否能够到达感光细胞。通过检眼镜来检查眼后部。

3. 检查动物的全身状况，包括基础的神经学检查：

   A. 如果视网膜和葡萄膜发生急性出血，需要确定仅仅是眼睛出血还是身体的其他部位也出血。检查血压是否正常以及是否存在慢性肾脏疾病、肾上腺皮质功能亢进或者甲状腺功能亢进。

   B. 如果存在脉络膜视网膜炎，不管是否出现渗出性视网膜脱离，都应该确定炎症反应是否伴有肉芽肿；如果存在，考虑全身性真菌感染，并考虑实施玻璃体或视网膜下抽吸术和细胞学检查，以寻找真菌原。如果炎症反应不存在肉芽肿，则需要进行全面的临床检查、CBC 和生化检查，并寻找是否存在其他系统的炎症反应。

   C. 如果急性视力丧失并不伴有眼底异常，应进行全面的临床检查，包括基础的神经学检查；如果怀疑动物患有急性眼球后视神经炎，应考虑进行 CBC 和 CSF 分析；ERG 可用于 SARDS 和急性视神经炎的鉴别诊断。

呕吐

亦可见返流。

定义

呕吐是指食物或水从胃（偶尔从十二指肠近端）强有力地通过口腔喷出。"呕吐"这个词用于描述明显用力排出食物的动物，其特征是腹部压力增大、弓背、恶心或干呕，以及过度流涎。"喷射性呕吐"用于描述胃内容物喷出，但不存在反胃或者干呕。返流是指食物或液体从食管流出，与呕吐相比，其更属于被动状态。

注意：与气管炎或者支气管炎有关的咳嗽引起的呕吐，通常伴有呼吸道黏液的排出，属于一种强有力的动作。因此，很多动物主人误以为这是动物发生呕吐。

3

呕吐属于复杂的反应过程，需要胃肠道、骨骼肌系统和神经系统的协同参与。尽管是由 CNS 呕吐中枢来启动呕吐，但需要先接受刺激。哪怕是药物诱导的呕吐，也是先刺激脊髓化学感受器，由感受器发放冲动传至呕吐中枢，从而引起呕吐。很多感觉神经都可以介导呕吐冲动。因此，剧烈疼痛（尤其是腹部），神经性（心理性）刺激，令人不愉快的气味、味道和气体，来自迷路和咽部的感觉，各种毒物和药物，以及各种有可能引起呕吐的代谢产物都能引起呕吐。腹腔内器官（尤其是十二指肠）有大量的呕吐受体。迷走神经和交感神经都存在传入神经纤维。

呕吐可使患病动物变得非常虚弱。过度呕吐可引起细胞外液严重丢失，尤其是钠、钾、氯离子和水。胃内容物的损失可以导致氢离子丢失、血清碳酸氢盐浓度升高，进而发生代谢性碱中毒。呕吐物为肠道近端内容物时，高浓度的碳酸氢盐也随之丢失。

临床上，引起呕吐的问题可能来源于胃肠道（原发性病因）或者胃肠道以外［即代谢性病因（继发性）］。

相关症状

呕吐的其他症状取决于潜在病因，患病动物可能存在一系列明显的临床症状。胃肠道疾病引起的呕吐可能存在其他胃肠道的临床症状，如腹泻、腹部疼痛、明显的异物（如线性异物截留在舌底）、食入已知的刺激物或药物、便血或者可触及的腹腔肿瘤。对于代谢性或者继发性病因引起的呕吐，动物可表现嗜睡、厌食和虚弱，尤其是呕吐持续存在几天的情况下。在某些动物中，还可能出现多饮、多尿、无尿、黄疸、咳嗽和贫血等症状。

鉴别诊断

呕吐的鉴别诊断见框 3-33。

框 3-33　呕吐的鉴别诊断	
感染性病因 猫泛白细胞减少症病毒感染 犬细小病毒感染 犬冠状病毒感染 犬传染性肝炎 钩端螺旋体病 细菌性肠炎 寄生虫性肠炎 心丝虫病（猫） **炎性病因** 子宫积脓 前列腺炎 腹膜炎 急性胰腺炎 胃炎和肠炎 胃溃疡 **梗阻性病因** 肠道异物 胃肠道肿瘤 胃扩张-扭转综合征 幽门狭窄 毛粪石症（毛球） 膈疝	**代谢性病因** 肾衰竭（尿血） 肝脏疾病 糖尿病酮症酸中毒 肾上腺皮质功能减退（阿狄森综合征） 不考虑病因的低钾血症 甲状腺功能亢进（猫） **化学性病因** 重金属、杀虫剂、溶剂 洋地黄、水杨酸、甲苯咪唑、青霉素、多种抗生素、吗啡、抗肿瘤药物、其他 **自发性或其他病因** 心理性、前庭（晕车） 过食，尤其是幼犬 各种中枢神经系统疾病 胆汁性呕吐综合征 自发性癫痫 便秘或顽固性便秘 麻痹性肠梗阻

诊断方案

1. 首先需要确定动物是呕吐，而不是器官疾病引起的恶心或干呕。了解呕吐持续的时间、诱发的原因和目前治疗所用的药物，评估相关的临床症状。

2. 实验室检查对制定诊断方案非常重要。必须包括 CBC、生化检查、尿液分析和粪便浮集法。猫还应检查心丝虫病、FeLV、FIV 和甲状腺功能亢进。必要时进行血清学检查，以排除全身性感染（如全身性真菌病）。

3. 对胸部和腹部拍摄 X 线片，对腹部进行超声检查。

4. 对胃和小肠进行造影（如钡制剂）检查。

5. 根据动物体况考虑开腹探查。

6. 特殊诊断：包括内镜检查、胃肠道活组织检查、胃和小肠的双重造影，以及胃动力检查（荧光镜）。

吐血：咯血

定义

咯血是指吐血，即呕吐物中带血。犬猫均少见，尤其猫更少见。严格意义上来说，咯血是指呕吐反复发作，呕吐物为血凝块、未凝结的血液，或者被胃酸消化变性后的"咖啡样"血液，这些都是严重疾病的临床表现。

相关症状

咯血不能简单地认为病变位于胃肠道内。因为各种各样的代谢性疾病和凝血性疾病都可以导致严重的咯血，患病动物也可能会出现各种各样的临床症状。此外，来自呼吸道的血液有可能先被吞咽，然后才被吐出来，给人一种胃出血的假象。

厌食和呕吐往往最常见，但并不是特异性的临床症状。体重减轻、虚弱、粪便颜色深（黑便）、脱水以及不爱运动等均是一些相关症状，但诊断价值低。持续存在胃出血的动物可发生严重贫血，如果是急性出血可以进行开腹探查，以查找出血部位。

饮水量和排尿量增加提示动物可能存在肾脏或肝脏疾病。皮内或皮下肿瘤，尤其是肥大细胞瘤可能与严重的胃溃疡和出血有关。口腔溃疡提示动物最近摄入了腐蚀性或者有毒物质。需要仔细检查口腔内的舌下系带，以排除存在线性异物的可能。

鉴别诊断

咯血的鉴别诊断见框 3-34。

框 3-34　咯血的鉴别诊断	
原发性胃病	**全身代谢性疾病**
胃炎	急性胰腺炎
感染（如细小病毒）	肾上腺皮质功能不全（阿狄森综合征）
中毒	中毒（如铅、乙二醇）
胆汁逆流——胆汁性呕吐综合征	肝衰竭
异物	慢性肾衰竭
胃溃疡	肿瘤（肥大细胞瘤）
药物诱导性疾病（如阿司匹林）	凝血障碍
自发性疾病	
代谢性疾病（如肾衰竭）	
肿瘤性疾病（如恶性肿瘤）	

3

诊断方案

1. 完整地调查病史，需要侧重考虑以下几点：

　　A. 最近的药物治疗史，包括处方药和非处方药。

　　B. 已知的或者可能接触的有毒药物。

　　C. 主要临床症状存在的时间。

　　D. 呕吐物的性状。

　　E. 如家里还有其他宠物，还应评价它们的身体状态。

2. 实验室检查：至少包括血常规（CBC），尤其是对于贫血动物，还应包括生化分析、尿液分析以及粪便浮集法。重点了解肾脏、肾上腺和肝脏功能。

3. 检查粪便是否存在细小病毒抗原。

4. 检查活化凝血时间（ACT）。凝血检查——包括部分凝血活酶时间（PTT）、凝血酶原时间（PT）、纤维蛋白降解物（FDP）、纤维蛋白原和总血小板计数——视情况而定。

5. 细针抽吸皮内或皮下肿瘤进行细胞学检查。

6. 拍摄腹部和胸部 X 线片，进行腹部超声检查。

7. 进行胃镜和食管镜检查。

8. 进行开腹探查和胃切开术。

　　注意：如果患病动物严重咯血，可以考虑在获得实验室检查结果之前实施手术。

虚弱、嗜睡、疲劳

定义

　　虚弱是动物主人用来形容动物行为发生改变的词，用于描述动物表现出的对常规活动（如行走、奔跑、某些表演）的耐受性或执行力的间歇性或持续性下降。然而，犬和猫真正虚弱的病因很难确定，诊断则更难。现在很多人用疲劳和嗜睡替代虚弱来形容动物的这类状态。有时也用沉郁来描述，但沉郁这个用词并不准确，因为沉郁通常是用来形容人的心情或者心理性疾病。

相关症状

　　辨识和确定虚弱比较复杂，因为虚弱的动物在检查时可能表现正常。临床兽医必须仔细鉴别动物出现虚弱之前和之后所发生的一些情况。年龄、品种、摄食量、饮水量、活动量、身体结构、潜在的疾病和当前所使用的治疗药物等都必须给予考虑。虽然年纪大往往认为与虚弱有很大相关性，但并不一定是虚弱的根本原因。由于有大量疾病需要进行鉴别诊断，因此当动物出现间歇性或者持续性虚弱时，需要进行彻底的临床检查和全面的实验室检查。

鉴别诊断

虚弱的鉴别诊断见框 3-35。

框 3-35　虚弱的鉴别诊断

药物
多种药物都可能引起动物虚弱，尤其是抗癫痫药、皮质类固醇、止咳药、心血管药和某些抗生素

代谢性疾病
肾脏和肝脏疾病
电解质疾病（如低钾血症、高钾血症、高钙血症、高钠血症）
酸中毒或碱中毒（肺和 / 或肾脏功能受损）
高甘油三酯血症（持续存在）

感染性疾病
任何急性发作或持续存在的感染性疾病所影响到的任何器官，尤其是幼年犬猫

血液学疾病
主要是贫血（急性发作或慢性发作）
骨髓肿瘤（如白血病——多种类型、骨髓瘤）

内分泌疾病（多种疾病）
甲状腺功能减退（尤其是犬）
甲状腺功能亢进（冷漠型猫）
肾上腺皮质功能亢进（库欣综合征）
肾上腺皮质功能减退（阿狄森综合征）
甲状旁腺疾病
糖尿病
肿瘤（胰岛瘤）

心血管系统疾病
瓣膜疾病，尤其是右心衰竭（如二尖瓣闭锁不全）
　注意：出现心杂音的情况下不一定都与虚弱有关
　心律失常（心室或心房）
　心肌病
　低血压（包括高血压的过度治疗）

呼吸系统疾病
持续缺氧（多病因）
气道梗阻性疾病
间质性疾病（局限性肺炎或肺炎；感染性或者非感染性肺炎）

神经肌肉疾病
原发性脑病（如脑积水、肿瘤、脑炎）
非麻痹性脊椎疾病［如脑膜炎、感染（猫传染性腹膜炎）］
周围性神经病［尤其是重症肌无力和寄生虫引起的神经性疾病（蜱）］
毒素或毒液

饮食和营养性疾病
营养不良

胃肠道疾病
吸收不良性疾病
消化不良性疾病
肿瘤

诊断方案

1. 通过病史和临床检查（包括血压测定）以确定动物的虚弱是属于间歇性还是持续性。如果属于间歇性，需要确定动物出现虚弱前后的变化和相关身体状况。

2. 实验室检查包括血常规、生化检查、尿液分析、粪便检查、心丝虫检查和以蜱作为传播媒介的疾病检查（犬），FeLV/FIV（猫）等的检查用以排除或考虑一些常见病因。如果动物存在间歇性虚弱且实验室检查结果正常，则可在动物表现虚弱期间采样进行血液学和生化检查，有助于发现潜在疾病。

3. 根据所获得的信息，确定可能受影响的器官系统，必要时可做进一步检查，包括：

   A. 胸部 X 线片和 / 超声心动图（存在心肺系统症状）。

   B. 腹部超声检查。

   C. 胆汁酸检测。

   D. 全面的神经学检查，包括乙酰胆碱 (Ach) 受体抗体的测定。

   E. 内分泌检查：甲状腺、肾上腺、胰腺（胰岛素）。

   F. 胃肠道检查：TLI。

体重减轻：消瘦、恶病质

定义

消瘦是一种严重的，通常是慢性和渐进性的状态，以体重下降（> 20%）为特征。"恶病质"用来形容消瘦末期的状态。明显的体重下降与消瘦或恶病质有关，通常是由于机体能量需要量过度增加，导致脂肪和蛋白质过度分解。代谢增加（代谢亢进）、营养的摄入和同化作用不足，或者营养过度丢失都能导致体重下降。

相关症状

病史调查应该侧重于饮食、食欲和健康状态（即是否出现呕吐、腹泻等）。从动物主人意识到动物体重下降到就诊的时间间隔非常关键。就预后而言，1 个月之内发展为消瘦的情况（如肿瘤）差于几个月后才发展为消瘦的情况。临床检查应该侧重于动物是否出现发热、胃肠道疾病，以及体型与脏器大小变化是否一致等情况。

鉴别诊断

消瘦或恶病质的患病动物需要进行一系列的鉴别诊断。关于消瘦和恶病质的鉴别诊断，应该考虑以下几个类别：

1. 营养不良：食物的数量和质量、食物的可获得性、是否存在冷落或虐待的情况。

2. 多食：同化不良（如消化不良或者吸收不良）、代谢亢进（如甲状腺功能亢进、妊娠）、营养过度丢失（如糖尿病、肾小球肾病）。

3. 厌食：感染性疾病、肿瘤、神经性疾病、中毒（如慢性铅中毒）、牙科疾病（假性厌食）。

4. 胃肠道疾病：同化不良（如消化不良或者吸收不良）、寄生虫性疾病。

5. 尿道疾病：过多体液和营养从肾脏丢失（多尿情况）。

6. 发热：传染性疾病。

诊断方案（图 3-6）

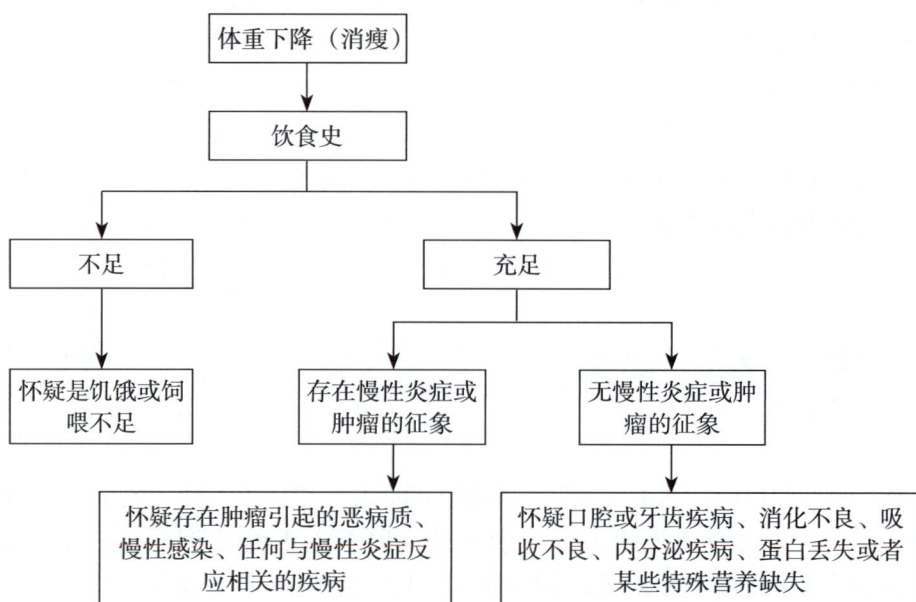

图 3-6　体重减轻和恶病质的鉴别诊断（引自 Greco DS: Cachexia, In Ettinger SJ, Feldman EC, editors: Textbook of veterinary internal medicine, ed 5, Philadelphia,2000, WB Saunders.）

皮肤或黏膜黄染：黄疸

定义

黄疸是由血清中胆红素增加导致的组织黄染，尤其是皮肤、黏膜和巩膜等组织的黄染提示可能存在肝细胞疾病或者血管内溶血性疾病。高胆红素血症是形成黄疸所必需的，但并不一定会同时发生黄疸。

在临床上，黄疸并不是动物到动物医院就诊的常见原因，因为犬猫的被毛浓厚而不容易被发现。发生黄疸的组织最常见于巩膜、口腔、阴道和包皮黏膜中，尤其是贫血的动物。非结合性（脂溶性）或结合性（水溶性）胆红素在血液中积蓄后便会发生黄疸。

黄疸有三个来源：肝前性（溶血性疾病）、肝性（肝细胞疾病）、肝后性（胆管梗阻或胆汁流出减少）。

急性溶血（犬猫的常见病因）、红细胞生成无效、肝脏摄取或结合胆红素能力受损可以引起非结合性高胆红素血症。肝脏实质性疾病影响到胆汁的运转时，便可导致结合性高胆红素血症。胆汁阻塞性疾病可引起胆汁流出下降，特征表现为胆汁酸血症和黄疸。

相关症状

存在黄疸的犬猫可能没有明显的临床症状；然而，应该评估红细胞数量和肝功能。肝前性黄疸通常发生于急性发作的贫血，并发全身性虚弱、疲乏或急性虚脱（腔静脉综合征），以及出现橙黄色尿液。明显黄疸的动物很难评估其苍白程度。肝性和肝前性黄疸的动物通常表现出嗜睡和食欲下降，因此在临床上很难进行鉴别诊断。根据肝脏损伤的严重性和梗阻的程度，动物可能还会出现间歇性呕吐或者腹泻、体重下降、腹胀、多饮、多尿、外周水肿和低蛋白血症，以及出血时间延长（少见）。

鉴别诊断

黄疸的鉴别诊断见框 3-36。

框 3-36　黄疸的鉴别诊断	
肝前性黄疸（溶血）	革兰氏阴性菌血症
免疫介导溶血性贫血（Coombs 阳性贫血）	钩端螺旋体病
心丝虫病，尤其是后腔静脉综合征	病毒性疾病
溶血性败血症	犬病毒性肝炎
输血引起的溶血	猫白血病
	猫传染性肝炎
肝性黄疸（肝细胞）	原发性或转移性肿瘤
胆管炎或者胆管肝炎	
慢性活动性肝脏疾病	**肝后性黄疸（梗阻性）**
铜蓄积性疾病（贝灵顿㹴和杜宾犬）	胆管炎或胆管肝炎
药物或疫苗诱导的疾病	肝纤维变性
硫乙肼胺——零星发病	肿瘤
咪唑驱肠虫剂——零星发病	急性胰腺炎
抗痉挛药，尤其是扑癫酮	肝外肿瘤（压迫）
对乙酰氨基酚（猫）	胆管创伤
肝纤维变性	胆囊破裂（通常由创伤所致）
败血症	胆结石

诊断方案

1. 完整的病史调查：主要集中于当前和之前的药物治疗史，包括心丝虫的预防，以及疾病的持续时间和相关症状。临床检查可以确定黄疸的存在，但并不能发现原发性疾病。腹部触诊可以检查肝脏是否肿大、有无离散性肿物或者存在腹水。对于有明显贫血的患病动物，在获得完整的实验室结果之前应避免输血。

2. 对黄疸的患病动物进行实验室评估：该评估非常必要，检测项目应该包括 CBC、生化检查（包括总胆红素和直接胆红素）、粪便检查、尿液分析、心丝虫检测（犬）、血清电泳（猫），以及 FeLV 抗原和 FIV 抗体的检测。

3. 对于贫血的患病动物：Coombs 化验；ANA 滴度检测；外周血涂片以检查是否存在寄生虫；血液培养，尤其适用于发热的患病动物；对骨髓进行免疫荧光抗体（IFA）分析以检测 FeLV 抗原（猫）。

4. 对于非贫血的患病动物：拍摄腹部 X 线片；腹部穿刺进行腹腔积液分析和细胞学检查；对肝脏进行细针抽吸；血清氨、胆汁酸、血清淀粉酶和脂肪酶的测定也应包含在生化检查中。

5. 特殊诊断性测试：凝血功能、肝脏活组织检查（经皮穿刺或开腹探查采样），或开腹探查进行活组织检查。

6. 其他检查：腹部超声检查、CT 和灌注闪烁显像（需要特殊设备）。

扩展阅读

Bonagura JD, Twedt DC, editors: Kirk's Current Veterinary Therapy XIV, St Louis, 2009, Elsevier.

Ettinger SJ: Clinical problem solving: the steps that follow the history and physical examination—the pedagogy of clinical medicine. In Ettinger SJ, Feldman EC, editors: Textbook of veterinary internal medicine, ed 7, St Louis, 2010, Elsevier.

Ettinger SJ: The physical examination of the dog and cat. In Ettinger SJ, Feldman EC, editors: Textbook of veterinary internal medicine, ed 7, St Louis, 2010, Elsevier, pp 1–9.

第 4 部分

诊断和治疗操作

Richard B. Ford and Elisa M. Mazzaferro

常规操作

投药和喂水技术
口服给药：药片和胶囊——犬
患病动物准备

无须准备。

操作

无论是药片还是胶囊，给药（犬）最简单的方法就是将药物藏于食物中。先给患犬一小块奶酪、肉或者其他喜欢的食物，然后再给予包裹药物的此类食物。也可选用商品化的犬猫专用投药食品（Pill Pockets Treats）。

> **注意**：临床兽医常常在没有考虑动物主人可能没有投喂药丸或药片的相关知识，也没有问及其是否有能力给药的条件下，就将药物发放给动物主人，由其自行给爱宠投喂口服药物。在动物医院内向动物主人清楚地演示给药方法可极大地提高动物主人的配合度。

若患犬厌食，或药物不能与食物同服时，须在犬做出反应之前，迅速而果敢地给药。对于较配合的犬，可将拇指伸入齿间间隙，然后轻轻触碰硬腭，促使患犬张嘴（图 4-1）。用另一只手（拿着药物的手），轻压下颌使患犬的嘴开张更大（图 4-2）。

4

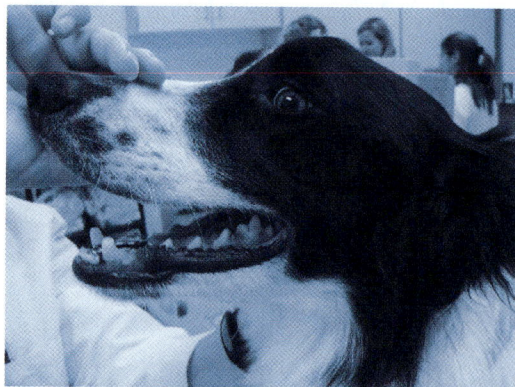

图 4-1　用拇指打开患犬的嘴

图 4-2　用另一只手将药片或胶囊放置于舌根处

迅速将药片或胶囊放置于舌根处，快速将手缩回，然后闭合患犬嘴部。当患犬舔鼻时，药物即被吞下。

如果犬比较抗拒，则应挤压上唇抵住牙齿，迫使其张嘴。一旦打开嘴，压迫患犬脸颊，使颊黏膜往口腔中间凹陷，此时如果患犬闭嘴，将会咬疼自己的嘴唇。另外，向鼻孔内滴入少量水或将水吹入鼻内，可以辅助患犬接受和吞咽药物（药片或胶囊）。也可用投药器给药。

特别注意事项

口服给药的重点在于动物主人在家可自行有效投药。抗拒口服用药的暴躁动物，须使用其他方法——如经非肠道途径给药。如果动物（犬或猫）可能伤及为其投药的人，那么将治疗任务转给动物主人既不合适，也不安全。

口服给药：药片和胶囊——猫

患病动物准备

无须准备。

操作

注意：只有经验丰富的人才能尝试给猫口服药片或胶囊。即使是最温驯配合的猫，也有可能无法接受吃药而咬人。因此即使是教会动物主人特定的给药方法，一般动物主人在家也不能操作成功。

给猫投药有两种方法。这两种方法都要求将猫的头稍稍抬高，使鼻尖朝上。一个好的给药方法应该既能成功喂进药物又不会给施药者带来伤害。对于较配合的猫，可以一只手固定其头部（图 4-3），另一只手拿药并轻压猫下颌前端使其张嘴（图 4-4）。猫张开嘴后，将上唇皮肤向上颌齿轻轻挤压，阻止其闭嘴。一旦患猫张嘴，将药物（可以用黄油涂布在药片或胶囊上使其润滑）丢入口中（不要推送）。还可轻拍猫的下巴或鼻尖，或可能有助于猫咽下药物。如果猫舔嘴，说明药物已经咽下。

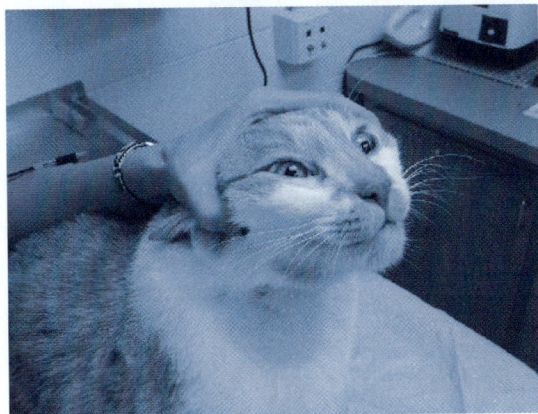

图 4-3　为猫给药片或胶囊时头部的保定技巧

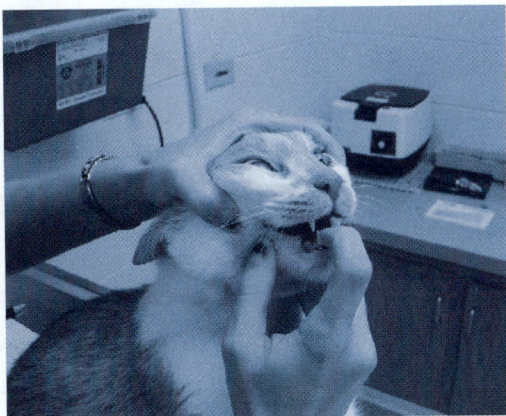

图 4-4　用另一只手轻压猫的下颌前端，然后将药片丢入口腔深部

另外，一些猫可以使用特制的"投药器"给药（药片或胶囊）。投药器效果很好，只要插入猫嘴中时小心避免损伤。但是，如果猫抗拒，坚硬的投药器很容易在猫挣扎中损伤它们的硬腭。随后，猫会对此更加抗拒，也增加其受伤害的风险。是否可用投药器很大程度上取决于猫的态度。也可使用猫专用投药食品，它们常被制成鸡肉或鱼肉风味。另外，与犬相似，某些猫在给药时可向鼻孔滴水或吹水，可以达到帮助其吞咽的效果。

特别注意事项

如果患猫需要在家进行口服药物治疗，应提醒动物主人不能强行将药片或胶囊塞入猫的口中。虽然有些动物主人能够信心满满地给猫口服药物，但是很容易受伤。如果可以的话，动物主人应使用药液或将药片碾成粉末与食物混喂，或通过口服投药器投喂（参阅后面的章节）。

口服给药：药液
不使用胃管
患病动物准备
无须准备。该投喂技术适用于动物主人在家使用。

操作
给犬或猫饲喂少量药液时，可通过牵拉唇角成袋状而成功投服（图 4-5）。将药液注入"颊囊"中，然后将动物的头部稍稍抬起，药液就会从齿缝流入。施药者应有耐心、动作轻柔，同时往药物内加入动物喜好的调味剂，能起到事半功倍的效果。

4

图 4-5　用注射器将药液注入猫的口腔

汤匙不是一个好的给药工具，很容易洒出药液。一次性注射器可以用作定量喂服药液。根据喂服的药液特性，有些药液在喂服后如果能清洗注射器，一次性注射器也可以反复使用。另外，法律允许将一次性注射器开给动物主人，用于在家喂服药液。不建议在同一注射器中混合不同药液。然而，建议在不同的注射器中分别调配处方中的各种药剂并标明药物成分。

特别注意事项

可以应用复方制剂，将多种药物混合，调配成动物喜欢的口味，这样有助于口服给药。

家庭用药中，吞咽困难的患犬不应给予液体药物，因为很容易引起其误吸，导致并发症。

使用投药管

患病动物准备

无须准备。

> **注意**：这种操作方法仅限于医院内使用。只有经过训练的人员才能进行此项操作。

操作

药物、造影剂及补水液体都可以通过经鼻孔插入胃或食管远端的饲管投喂。如果饲管因需要长期使用（数天）或反复使用（后文经肠营养部分会详述）而留置时，饲管的尖端不要超过食管末端。选择鼻食管饲管而非鼻胃饲管的原因在于，饲管插入贲门后激发的食管反射性蠕动会在72 h内导致明显的食管黏膜溃疡。而这种现象不会在接受单一剂量药物或造影剂的患病动物中出现。

与直接插入胃肠道的饲管相比，由于从小型犬或猫鼻孔插入的饲管直径较小，所以饲喂的药液黏性受到限制。多种类型和规格（表4-1）的管道可以作为鼻食管饲管应用。新型的聚氨酯饲管涂抹利多卡因凝胶后无刺激性，其尖端可留置于食管远端。放置鼻胃饲管时，应在猫或小型犬的鼻孔内滴入4~5滴0.5%丙美卡因；而对于大型犬，需要在鼻孔内滴入0.5~1.0 mL 2%利多卡因做局部麻醉，然后才能将饲管插入。将动物的头部抬起，沿翼状襞背内侧插入饲管（图4-6）。向背侧推挤鼻中隔，同时将鼻孔由外侧向内侧推挤，有助于饲管通过鼻道腹内侧。

注意：饲管的尖端有可能会经过声门误入气管，因为经鼻孔滴入局部麻醉药会使勺状软骨麻痹，从而抑制咳嗽或吞咽反射。

待饲管尖端插入鼻孔1~2 cm后，继续将饲管插入直至所需深度。如果鼻甲阻挡饲管通过，则将饲管退回几厘米，然后再插入，使饲管沿鼻腔腹侧通过。需要将饲管完全拔出鼻孔重新插入的情况比较少见。在某些体型特别小或鼻腔存在梗阻性病变

规格	直径大小	
	毫米（mm）	英寸（in）
3	1	0.039
4	1.35	0.053
5	1.67	0.066
6	2	0.079
7	2.3	0.092
8	2.7	0.105
9	3	0.118
10	3.3	0.131
11	3.7	0.144
12	4	0.158
13	4.3	0.170
14	4.7	0.184
15	5	0.197
16	5.3	0.210
17	5.7	0.223
18	6	0.236
19	6.3	0.249
20	6.7	0.263
22	7.3	0.288
24	8	0.315
26	8.7	0.341
28	9.3	0.367
30	10	0.393
32	10.7	0.419
34	11.3	0.445

表 4-1　F 导管规格尺寸*

4

注：* 规格为 8～12 F 的儿科聚氨酯鼻胃饲管均可用于幼猫、成猫和小型犬的液体药物饲喂。

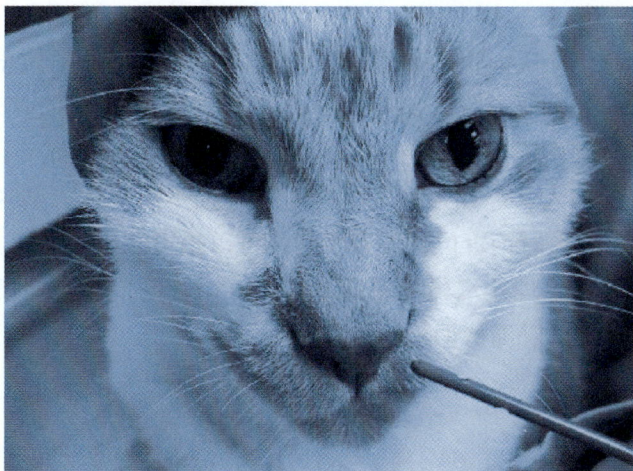

图 4-6　在将饲管完全插入之前，鼻食管饲管置于背内侧

（如肿瘤）的动物中，饲管可能无法插入。在感到鼻腔内有明显阻力时，请勿强行插入饲管。

在给幼犬和幼猫灌胃，或洗胃和饲喂时，可用软的橡胶管或饲管插入动物的口中，使其头向一侧倾斜，并观察其完成饲管的吞咽。多数幼犬或幼猫会挣扎叫唤。如果饲管插入了气管，它们通常不再叫唤。一般 12 F 的饲管可以无障碍插入，但对于不足 2～3 周龄的犬猫则太粗。在饲管上，用胶带或笔标记从嘴到最后肋骨处的长度。轻轻向咽部顺管，并延伸至后段胸腔处（进入胃部）的食管。用空注射器抽吸以验证饲管放置是否正确，确保饲管在食管或胃内，而不是在气管内。将注射器连接在饲管喇叭口处，缓慢注入药物或食物。

饲管类型不同，饲管末端与注射器不一定匹配。例如，软的橡胶导尿管非常适用于一次性给药，但其喇叭形末端可能与注射器不匹配。为了将注射器插入饲管或导尿管的锥形末端，可在饲管末端开口并插入塑料适配器（图 4-7）。

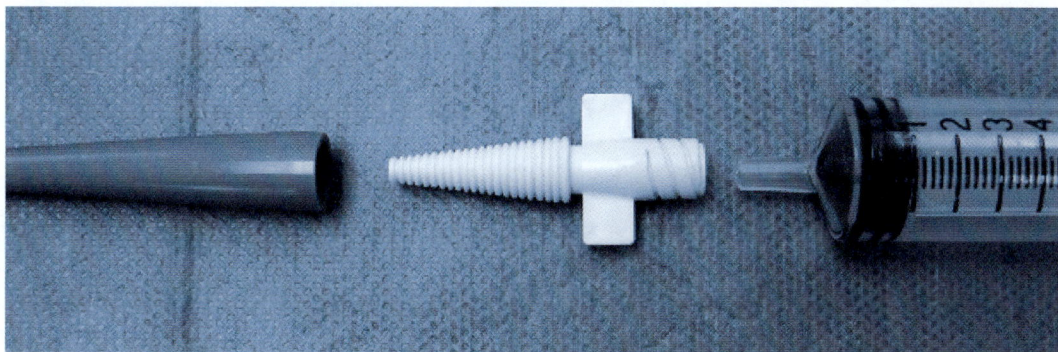

图 4-7　用塑料适配器（"圣诞树形"）连接注射器与鼻食管饲管

特别注意事项

用干燥的空注射器确认饲管是否位于食管内（不在气管内）。将空注射器连接于饲管末端。从饲管内向外抽吸空气，而不是向内注入空气或水后通过听诊腹部腹鸣音进行判断。如果抽气过程中无阻力且有气体抽出，饲管极有可能插入了气管。此时应将饲管完全拔出并再次插入。但如果抽吸时有阻力且抽不出气体，则说明饲管末端已被正确地置于食管内。如果对饲管位置还有疑问，可以拍摄侧位 X 线平片以确认。

将 1 ~ 2 mL 用灭菌生理盐水稀释的造影剂注入饲管内，拍摄胸腹部侧位 X 线片观察造影剂是否进入胃内，以确认饲管的位置是否合适。

局部用药
眼部
患病动物准备

无须准备。

操作

眼部直接用药的常见剂型有溶液剂（滴剂）和软膏剂。用药的途径和频率取决于所治疗的疾病。液体和软膏都适合动物主人给药。

液体药物（通常为 1 ~ 2 滴）可直接用于角膜。告知动物主人并强调正确的给药技术非常重要，因为液体只朝下滴落，所以在眼部尝试使用液体药物之前要确保患病动物的鼻子朝上。即使经常练习，从药瓶中挤出一滴药液并使之垂直落下并不是一项容易操作的技术。通常将 0.3~0.6 cm 长的条状软膏直接涂抹于巩膜（背侧），或挤入下部的结膜囊，当眼睑闭合时，软膏即均匀覆盖于角膜上。

特别注意事项

液体或软膏的药瓶尖端无论如何都不能接触到眼或结膜，否则很可能造成药物的污染，尤其是液体药物。

耳部
患病动物准备

无须准备。

操作

在外耳道的用药中，液体溶液是更有效的载体。某些需要耳部局部用药的患病动物可能要提前清理耳道。有时也需要口服药物辅助。用药时，几滴药液就足够。滴入药液之后轻轻按摩耳部，使药物均匀涂布于外耳道。

特别注意事项

粉状药物严禁用于外耳道。液体药物容器的末端也不能直接接触耳内皮肤，否则很可能会使整瓶药液被污染。

鼻部

患病动物准备

无须准备。

操作

对于犬猫来说，一般鼻内使用的液体药物仅限于单次剂量的滴鼻疫苗。犬猫的液体鼻部用药适应证不多。很少将等渗性药液滴入鼻内。与单次剂量的疫苗相比，鼻内应用的冲洗液一般可供多次使用。因此药物容器的末端不能直接接触患病动物的皮肤或鼻子，以防污染整瓶药物。也不建议使用油性药剂，因为会损伤鼻黏膜或吸入肺内。

滴鼻疫苗的给药技术相对简单，第一次给药时通常容易做好。某些动物可能会对鼻内应用疫苗较为抗拒，犬比猫更常见。克服这些问题的方法包括用毛巾覆盖其眼睛，或用声音或其他事物分散动物的注意力。

特别注意事项

滴鼻给药时损失的疫苗通常不会造成免疫应答不足，因为商品化的滴鼻疫苗一般含有比诱发免疫应答正常需要量更高滴度的抗原（病毒或细菌）。所有的滴鼻疫苗都可经非胃肠道途径给予，如果动物对滴鼻较抗拒，使用疫苗时可以考虑通过非胃肠道途径给药。

皮肤

患病动物准备

局部用药治疗皮肤病时应考虑：①根除病因；②减轻症状，如抑制炎症反应；③清洁皮肤和清创术；④保护作用；⑤维持水润；⑥减少结痂和硬皮。皮肤类药物类型很多，赋形剂是影响其使用的一个重要因素（框 4-1）。

操作

对于所有的皮肤病病例，局部用药必须是在清洁的皮肤表面进行，只需要涂抹薄薄的一层，因为只有直接与皮肤接触的药物才能起效。多数病例须剃除患病部位的被毛，以增强药物的疗效。若动物主人自行在家用药，须告知动物主人佩戴一次性手套后才可进行徒手给药。

框 4-1　皮肤局部用药的赋形剂

润肤露：是粉剂溶于水或酒精制成的悬液。可用于急性湿疹性皮肤病。由于它不如乳液或软膏容易
　　吸收，一般每天用 2～6 次
糊剂：是膏剂中混合 20%～50% 的粉剂制成。一般比较黏稠厚重，应用不便
乳液：是油微粒分散于水中的过度相。乳液中的药物成分能被皮肤很好地吸收
软膏：是水微粒分散于油中的过度相。软膏非常适用于干燥的鳞屑疹
丙二醇：是一种非常稳定的赋形剂，容易渗透和扩散。添加于其中的药物成分能被皮肤很好地吸收
黏性敷料：是一种能够快速干燥，可黏附于损伤部位的赋形剂
香波：通常是用于清洁皮肤的洗涤剂。如果在其中添加药物成分，且让香波在皮肤上停留一定时
　　间，则可起到一定的抗细菌、抗真菌及抗寄生虫作用

特别注意事项

随着复合药物的推广，联合用药（局部用药或口服）在犬猫长期的日常用药中应用广泛。但有一些需要注意的事项：有些复合药物虽符合医学理论，却使用了不合适或无效的赋形剂；或批量购买的药物本身质量较差，一旦制成复合药物就会失效。医学中针对复合药物质量与疗效的研究很少。但这些研究都指出药物的生物有效率是一个关键问题。

注射给药（非肠道途径给药）

患病动物准备

在注射给药之前需要对注射部位进行外科术前准备。因为这样的消毒准备不太可行，所以可将动物的被毛仔细分开，用高效的皮肤消毒液如异丙醇消毒。将针尖置于皮肤准备区，由此刺入皮肤。虽然不能对皮肤或药瓶进行最有效的消毒，但可去除大部分的污染物，符合专业消毒要求。从多剂量药瓶抽取药液之前，用与皮肤消毒相同的消毒剂仔细擦拭橡胶塞。对所有的药瓶均要遵照此基本操作，即使是弱毒活疫苗。

皮下注射

操作

犬猫皮下有丰富的疏松结缔组织，可以容纳大量的药液。颈背侧很少用于皮下注射，因为此处皮肤较为敏感，而且动物在给药时会突然移动。从肩到腰的背部大片皮肤及皮下组织，都是皮下注射的理想部位。

皮下注射药物、疫苗和液体是犬猫最常用的非肠道给药途径。小剂量药物（< 2 mL）如疫苗，一般使用 22～25 G 针头。最常用的注射位点为肩部的大片区域。该区域皮下间隙大，皮肤相对不敏感，是理想的注射位点。注射前用酒精或其他消毒剂清洁皮肤。可使用多种注射技术。常用的一种技术为用拇指和其他两个手指抓起皮褶，轻轻提起皮肤；另一只手持注射器，针头置于前一只手拇指相对位置的下方。采用该方法给药时不需要回抽注射器。给药完毕抽出针头后，轻压注射位点数秒，防止药液或疫苗漏

到皮肤上。

　　对于脱水的犬猫，需皮下输注大量液体时，最常选择肩部作为注射位点。一般来说，皮下只能输注等渗液。根据动物体型大小，可选用 16 ~ 22 G 针头。由于注入的药液剂量较大，须将药液加温后再给药。这样做可以显著降低动物因注入药液引起的不适；对于小型动物，也可防止体温降低。

　　根据给药的速度及犬的品种，一个部位通常可输注相对大量的液体。猫的一个部位一般可容纳 10 ~ 20 mL/kg（体重）的液体。大型犬的一个部位可容纳超过 200 mL 的液体。输注大量液体时，通常不需要将液体分散多点注射，以免增加皮下细菌感染的风险。给予大量药物时，注射时间较长，针头在皮肤上停留的时间也较长，因此在注射之前要对皮肤仔细地清洁消毒。大量等渗温热的液体可用大容量注射器或连接药袋的输液器给予。在整个皮下输液期间，需监测皮肤紧张度和动物的容受程度。

　　虽然液体一旦注入皮下即开始吸收，但是快速注入液体会在皮下液囊中产生明显的压力。拔出针头后，应用拇指和食指捏住注射位点数秒。只有确认液体不从皮下向皮肤漏出，才能松手。依据患病动物的脱水状态和体况，液体吸收需要 6 ~ 8 h。

> **注意**：并非所有经非肠道途径给药的药物都可皮下给予。当皮下给予复合药物时，要确保药物可以皮下给药，否则可能会发生严重的不良反应，包括形成脓肿及组织坏死。

4

特别注意事项

　　皮下输注液体的吸收效率取决于患病动物的脱水状态及血管和心脏的完整性。因此，皮下输注不推荐用于救治低血容量性休克的患病动物。但也存在例外——如动物病危无法建立静脉通路时，只能选择皮下或骨内（见后文）输液。

皮下留置输液端口
操作

　　皮下留置输液端口 * 的方法可用于需要在家中进行多次皮下输液的患病动物。将一个 9 in（22.86 cm）长的硅胶管置于皮下，并缝合固定。该方法不需要针头穿刺即可皮下输液。动物主人只需要将注射器或延长管接入端口，按适当的频率、速率及剂量给药。

特别注意事项

　　由于植入的输液管一般都需要长期放置，所以皮下及切口周围都有感染的风险。有一些猫并不耐受皮下输液管。

---

* GIF 管单次放置装置有各种型号，Phoenix，Arizona，www.practive.com（同时还有动物主人操作指南）。

肌内注射

患病动物准备

无须准备。

操作

由于肌肉组织结实且无延展性，注入大量液体时很难不损伤肌肉组织，所以肌内注射只能给予少量药液。这些药物通常溶解性较差，部分药物会出现轻微的刺激性。注射部位一般为脊柱棘突两侧的腰背肌，特别瘦的动物除外。

皮肤经适当外科术前准备后，针尖垂直（如果动物较胖）或以较小的角度（如果动物较瘦）刺入皮肤。采用非静脉给药途径给药时，都需要先回抽注射器活塞以确保没有误刺入血管。这一点尤其是在注射油性制剂、微晶体制剂及烈性剂量药物时特别重要。

特别注意事项

颈部存在纤维鞘，因此不能在颈部肌内注射，否则会出现并发症。而且，在后肢肌肉进行注射会引发动物剧烈的疼痛、跛行，有时会因累及神经而导致腓神经麻痹。

皮内注射

患病动物准备

皮内（或真皮内）注射的方法常用于诊断性测试。用40号推剪（clipper blade）仔细剔除动物皮肤上的被毛。如果皮肤不干净，用湿纸巾轻轻擦拭。不可对皮肤刷洗或消毒，因为这可能造成医源性的损伤或炎症，干扰测试结果。

操作

提起皮褶，选用25～27 G针头，连接含有1 mL结核菌素的注射器。将针尖斜面朝上刺入皮肤，前端挑起，似用针尖挑起皮肤。将针头向前推进，注射器下压（类似于杠杆），直到将整个针尖斜面刺入皮肤为止。注射0.05～0.10 mL液体，在皮肤上形成一个小泡。如果操作正确，这个皮肤小泡会呈半透明状。皮内注射常用于患病动物过敏性抗原的皮内检测。皮内给药的技术很难操作，给药时很容易将药物注入皮下组织。因此，给患病动物进行皮内过敏原测试时，需要经过一定的训练及经验的积累。

经皮（无针）给药

患病动物准备

无须准备。

操作

皮内给药需要确保疫苗或药物准确地进入皮内而非皮下，因操作复杂，限制了其在兽医与人医中的应用。2004 年，猫开始应用经皮给药系统*［重组猫白血病病毒（FeLV）疫苗］，该系统是经人医（儿科）的相似设备改进而来。目前用于重组 FeLV 疫苗的经皮给药系统已被重新设计。现在这种给药系统也被应用于口腔恶性黑色素瘤疫苗。这种经皮给药系统可以持续地将一定精确量的疫苗送至皮肤、皮下组织和肌肉。经皮给药系统只能应用于那些允许使用该方法给予的疫苗。

特别注意事项
通过经皮给药系统给予疫苗前，须经培训了解压载和注射疫苗的相关程序。因此，只有兽医专家才会购买经皮给药系统用于注射犬口腔恶性黑色素瘤疫苗。

静脉注射
参阅第 1 部分。

骨内给药
参阅第 1 部分。

扩展阅读

Crow S, Walshaw S: Manual of clinical procedures in the dog, cat, and rabbit, ed 2, Philadelphia,1997, Lippincott-Raven.

Kirby R, Rudloff E: Crystalloid and colloid fluid therapy. In Ettinger SJ, Feldman EC, editors: Textbook of veterinary internal medicine, ed 6, St Louis, 2005, Elsevier.

Marks S: The principles and practical application of enteral nutrition, Vet Clin North Am Small Anim Pract 28:677, 1998.

Wingfield WE: Veterinary emergency medicine secrets, Philadelphia, 1997, Hanley & Belfus.

4

绷带技术
参阅第 1 部分。

间接测量血压法
患病动物准备
无须准备。

操作
一般有两种方法。示波法血压（BP）测量使用自动记录系统。将袖带绑于尾根或

---

*　Vet-Jet Transdermal Administration System，Merial，Duluth，Georgia.

肢体远端接收动脉信号。该技术是犬最准确的血压测量方法。犬进行示波法血压测量时，采取侧卧位，使袖带接近与心脏水平。而猫通常采用俯卧位（轻微保定）。多数动物在捆绑袖带时都能暂时保持安静。因此，可以至少测得 3～5 组数据，每次间隔 1～2 min。动物在清醒状态和麻醉状态均可使用该技术（图 4-8）。

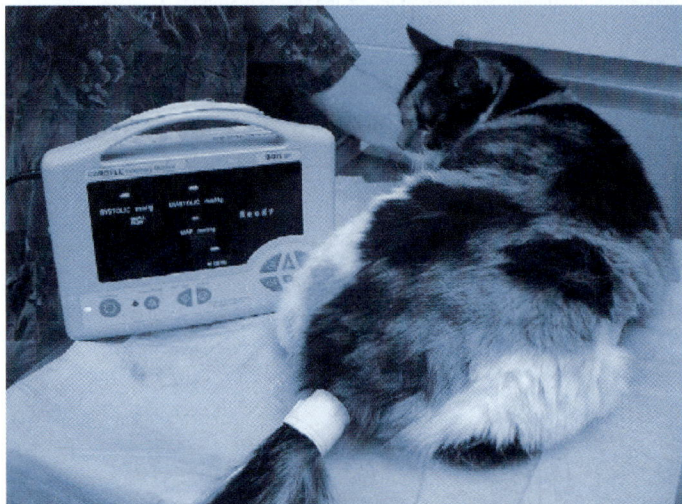

图 4-8　猫的示波法血压测量

超声多普勒血流测量系统是测量猫收缩压的最精确方法。可测量的血管为尾根腹侧动脉或足背动脉（后肢），或浅掌动脉弓（前肢）。将捆好的袖带充气，当袖带压力减小时由换能器获得测量数据。在患犬没有明显的临床症状，但数据又显示高血压时，解读需谨慎。应用该系统测量犬血压时，许多血压正常的犬会出现假性高血压，因此需要对结果进行验证。

临床上，间接测量血压法最常用于评估猫因肾功能不全或甲状腺功能亢进（甲状腺毒症）而引起的系统性高血压。未治疗的高血压患猫常见视网膜脱离和失明。早期检测及治疗干预（如依那普利和氨氯地平）非常重要。在犬中，血压测量适用于慢性肾功能不全和／或蛋白丢失性肾病、肾上腺皮质功能亢进及糖尿病的患犬。兽医解读血压主要依据收缩压而非舒张压（表 4-2）。

表 4-2　收缩压			
动物	正常	高血压	低血压
犬和猫	100～150 mmHg	> 160 mmHg > 180 mmHg（高危）	< 100 mmHg

扩展阅读

Stepien RL: Blood pressure assessment. In Ettinger SJ, Feldman EC, editors: Textbook of veterinary internal medicine, ed 6, St Louis, 2005, Elsevier.

Stepien RL: Diagnostic blood pressure measurement. In Ettinger SJ, Feldman EC, editors: Textbook of veterinary internal medicine, ed 6, St Louis, 2005, Elsevier.

诊断用样本采集技术

细菌培养

在本书的前一版中描述了细菌培养的基本方法，以及如何使用选择性培养基和鉴定特定病原体等方法。然而，随着微生物学的发展，许多以前分离鉴定细菌的方法在临床中不再应用。另外，因为存在病原菌的多样化、对特殊培养基的需求、样品污染的风险、对结果解读的主观性等问题，所以即便是最常规的细菌培养和分离鉴定，也最好在设备完善的实验室内进行，因为那里可以完成日益复杂的操作程序，而且相关经验也更丰富。

以下内容为正确采集诊断用样本的基本方法和操作技术，以及为保证获得最准确的诊断结果而将样本送至实验室的恰当方法。

直接显微镜检查

实际上，在采集样品送至实验室做细菌培养之前，可对从病变组织材料中获取的渗出液或体液进行涂片、染色和直接显微镜检查（只要实际操作可行就去做）。将样品风干后快速地进行罗氏（Romanowsky）染色（如 Diff-Quik 染色）或革兰氏染色，可见中性粒细胞性炎症（中性粒细胞增多，特别是核左移），偶见胞内含菌的退行性中性粒细胞。在获得细菌培养及药敏试验的确切结果之前，这些镜检结果有助于兽医依据经验及时对患病动物给予抗生素治疗。即便细胞学检查未见病原菌，也不能排除患病动物被感染或患有菌血症（表 4-3）。

表 4-3　常见的细菌培养结果		
部位	**共生菌**	**病原菌**
外耳道		
犬	马拉色菌、梭菌属、葡萄球菌（少量）、芽孢杆菌（少量）；无乳链球菌、假单胞菌或变形杆菌属	大量葡萄球菌和马拉色菌；假单胞菌属、变形杆菌属、链球菌属、大肠杆菌
猫	无报道	金黄色葡萄球菌、β-溶血性链球菌、巴氏杆菌属、假单胞菌属、变形杆菌属、大肠杆菌、马拉色菌
皮肤		
犬	球菌、梭菌属、白喉杆菌、表皮葡萄球菌、棒状杆菌、马拉色菌	金黄色葡萄球菌（凝血阳性）、变形杆菌属、假单胞菌、大肠杆菌

4

（续）

部位	共生菌	病原菌
猫	球菌、链球菌、金黄色葡萄球菌、表皮葡萄球菌	金黄色葡萄球菌、多杀性巴氏杆菌、拟杆菌属、梭杆菌属、溶血性链球菌
结膜	葡萄球菌、链球菌、芽孢杆菌属、棒状杆菌、白喉杆菌、奈瑟菌属、假单胞菌	金黄色葡萄球菌、芽孢杆菌、假单胞菌属、大肠杆菌、曲霉菌
阴道	葡萄球菌属、链球菌属、肠球菌、棒状杆菌属、大肠杆菌、嗜血菌属、假单胞菌属、消化链球菌属	犬布鲁氏菌；阴道细胞学检查伴随组织反应时，可做微生物纯培养（特别是大肠杆菌、葡萄球菌、假单胞菌属）
尿液	微生物数量 < 1 000 个 /mL*；如果出现多种微生物则表示样品被污染	微生物数量 > 100 000 个 /mL*；通常需要纯培养；大肠杆菌、肠杆菌、克雷伯菌属、变形杆菌属、铜绿假单胞菌、多杀性巴氏杆菌、葡萄球菌属、链球菌属

注：* 细菌数量的绝对值取决于采样技术。

检查中的注意事项

在疾病发展过程中，应尽早采样做细菌培养，而且要在无菌条件下采样。因此，采样之前应当对采样皮肤或组织进行外科术前准备。这在完整皮肤上做活检或细针抽吸液体样品时尤其重要。采样部位准备不充分，可能会导致严重的污染，干扰检查结果的解读，使其复杂化。

另外，必须在给予抗生素之前进行诊断样品的采集，以降低细菌培养假阴性结果出现的概率。对已给予抗生素治疗，但对治疗无反应的病例，一般要求停止治疗 48 h 后再进行采样。

采集足够量的样品对于获得有意义的检查结果同样重要。例如，仅一个无菌棉拭子所采集的疑似感染组织样品是不足和不适合的。如果可行，应尽量多采样。采集的样品还应包括活检材料、手术切除组织和数毫升液体样品（如尿液），并置于无菌容器中密封后送检。用"干净的杯子"和"卫生的手法"接取尿液不可取。

目前已有专门用于运送传染性样品的廉价商品化容器，推荐使用。许多用于采集细菌性样品的容器都含有无营养的缓冲培养液，以便在送检期间维持病原菌的生长，但又可以避免其过度增殖。多数商业实验室都会提供用于细菌样本送检的适当容器。

采样技术和样品运送

大部分用于细菌培养的样品都要送往商业实验室进行细菌分离、鉴定及药敏试验，因此做好样品运送的准备工作很重要。

常规需氧培养的菌属一般不需要使用特殊的培养液，只要使样品保持在湿润和相对低温的环境中，并于 3 ~ 4 h 内接种至培养基即可。对需要过夜运送的样品，则必须保持冷藏（非冷冻）和湿润。运送过程中如果温度升高，会导致非病原菌过度增殖，给致病微生物的分离鉴定带来困难。这时可能需要特殊的培养液。有关细菌培养样品的运送信息，可与具体实验室联系，确定适合的培养液。

运送需要厌氧培养的菌属则必须在采集后数分钟内接种至培养基。即便使用了运送厌氧菌的特殊培养液，运送时间也不宜超过 4 h。

尿液

在最常需要做细菌培养的体液中，尿液可支持多种类型的细菌生长。因此在采集尿样（接取尿液）或膀胱穿刺（推荐）之前应清洗外生殖器。使用导尿管采集尿样可能会引入尿道细菌，导致尿液培养出现假阳性的结果。细菌在尿液中存活的时间有限。尿样应密封，若 2 h 内不能处理，须冷藏保存。尿样保存超过 8 h，所含细菌就会失去活性。如果运送至实验室所需的时间较长，可使用真空尿液储存管，在室温下可储存尿液超过 48 h（表 4-4）。

表 4-4 犬猫尿液细菌培养的定量解读 *

每毫升尿液中的菌落形成数量（CFU）

采集方法	显著		可疑		污染	
	犬	猫	犬	猫	犬	猫
膀胱穿刺	≥ 1 000	≥ 1 000	100 ~ 1 000	100 ~ 1 000	≤ 100	≤ 100
导尿	≥ 10 000	≥ 1 000	1 000 ~ 10 000	100 ~ 1 000	≤ 1 000	≤ 100
自主排尿	≥ 100 000 †	≥ 10 000	10 000 ~ 90 000	1 000 ~ 10 000	≤ 10 000	≤ 1 000
人工挤压	≥ 100 000 †	≥ 10 000	10 000 ~ 90 000	1 000 ~ 10 000	≤ 10 000	≤ 1 000

引自 Osborne CA, Finco DR: Canine and feline nephrology and urology, Baltimore, 1995, Williams & Wilkins.
注：* 数据代表一般情况。有时，犬猫泌尿道细菌感染时仅培养出较少微生物（如假阴性结果）。
† 注意：对于某些犬，中段尿样的污染可能会导致菌落数达到 10 000 CFU/mL 或更多（如假阳性结果），所以这些尿液就不能用于犬常规的尿液培养。

渗出液与漏出液

从含液腔隙（如脓肿、血肿）中采样需要使用针头和注射器。应尽可能抽取最大量的液体送检。采样之前，应对相应的皮肤或组织进行外科术前准备。如果需要冲洗开放性创伤［或做气管 - 支气管吸引，或支气管 - 肺泡灌洗（BAL）］，推荐使用灭菌乳酸林格氏液作为灌洗液。使用含有防腐剂的液体可能会抑制细菌的生长。

粪便

用于特定细菌分离培养的粪便样品至少为 2 ~ 3 g。一个棉拭子从直肠中获取的粪便样品不足以得到有意义的检查结果。分离特定病原菌（如沙门氏菌）时应采集多个样品（至少 3 个）。样品应密封于防漏容器中（实验室推荐）。如果样品运送至实验室途中需要较长时间（数小时），则需要冷藏保存。

血液

很难确定血液中存在细菌（菌血症）；在采样之前，要做好患病动物的准备。血样采集后须清晰地在收集管上标记。此外，感染动物的血液细菌培养结果可能为阴性，其原因可能是：之前或正在使用抗生素治疗、慢性（低度）感染和细菌间歇性进入血液。采集的样品量、送检的样品数量、皮肤准备的程度以及采样时间都会直接影响培养结果。

剃除头静脉、回跗静脉和 / 或颈静脉处的被毛，并对皮肤进行外科术前准备。不可通过静脉或动脉留置导管采血培养。需氧菌培养和厌氧菌培养有不同的血样收集管。一般要求在 24 h 内从 3 处不同的静脉中采集血样。采集动脉血对培养没有特别的裨益。在患病动物发热时采集的血样，从中分离出细菌的可能性更大。采血量取决于患病动物的体型、使用的收集管（成人用、幼儿用、婴儿用）和用于细菌培养增殖的实验室设备。成人用血液收集管为 10 mL，幼儿用的为 5 ~ 10 mL，婴儿用的为 0.5 ~ 1.0 mL。

所有样品采集时都要遵循无菌原则，包括采样时佩戴无菌手套。血样采集后，不能让空气进入收集管。收集管要轻轻颠倒（禁止振摇）2 ~ 4 次。样品应在室温下保存（实验室把样品保存在 37 ℃）。

对已做血液细菌培养的患病动物，采取其他样品（如尿液）进行培养，可以进一步确诊病原菌，也有助于确定感染的来源（框 4-2 和框 4-3）。

框 4-2　血液培养的适应证

伴有发热的急性疾病（不明原因的发热）	不明原因的少尿或无尿
体温过低	不明原因的黄疸
白细胞增多症，尤其是伴有核左移	血小板减少症
中性粒细胞减少症	弥散性血管内凝血
不明原因的心动过速	间歇性轮换性跛行
不明原因的低血糖	心杂音突然出现或改变
不明原因的呼吸急促或呼吸困难	

框 4-3　需进行厌氧培养的适应证

局部疼痛肿胀，并伴有发热
不愈合的咬伤或刺伤
持续排放分泌物的恶臭伤口
组织中出现气体，尤其是穿透创
脓肿，尤其是反复发作的脓肿
组织坏死或失活
穿透创中排出深色的或颜色异常的分泌物
分泌物中含有硫黄状小颗粒
渗出液的常规显微镜观察中发现丝状菌
有氧条件下培养细菌失败时

扩展阅读

Dow S: Diagnosis of bacteremia in critically ill dogs and cats. In Bonagura J, editor: Current veterinary therapy Ⅻ. Small animal practice, Philadelphia, 1995, WB Saunders.

Greene CE: Infectious diseases of the dog and cat, ed 3, St Louis, 2006, Elsevier.

Osborne C: Three steps to effective management of bacterial urinary tract infections, Compend Contin Educ Pract Vet 17:1233‑1248, 1995.

Osborne CA, Finco DR: Canine and feline nephrology and urology, Baltimore, 1997, Williams & Wilkins.

Scott DW, Miller WH Jr, Griffin CE: Muller and Kirk's small animal dermatology, ed 5,Philadelphia, 1997, WB Saunders.

真菌培养

真菌培养的结果取决于选择合适的采样部位和适当的采样技术。真菌培养最常用于被毛、皮肤或趾甲疑似发生浅表真菌感染（皮肤癣菌病）的患病动物。从疑似发生鼻腔真菌感染（如曲霉菌病）或全身性（也称为"深部"）真菌感染（如组织胞浆菌病）的患病动物上采样，需进行细胞病理学或血清学检查（参阅第 5 部分），或活组织检查和组织病理学检查（涉及特殊染色）。

直接显微镜检查

对疑似发生真菌感染的患病动物，一定要采样做直接细胞学检查。多点采样及制片能够增加真菌检出率。但是，辨认菌体和孢子的经验很重要。直接显微镜检查与特殊染色的湿片（10% 氢氧化钾）细胞学检查的可信度同样重要。

采样技术和样品运送

皮肤和被毛

常用从皮肤刮下的皮屑和拔出的毛干进行真菌培养。采样区域的皮肤和毛发用 70% 的酒精清洁。不能使用含碘的肥皂或溶液。用无菌止血钳拔取病灶周边的毛干。皮屑可用无菌手术刀片或清洁（未使用过的）载玻片的边缘刮皮收集。需同时从健康皮肤及病变皮肤采样。如果被毛和皮肤样品的培养结果呈阴性，需要做皮肤活检。真菌培养的样品不可用灭菌棉签采集。

如果样品可在几小时内处理，那么采集的皮屑及被毛样品可直接放于无菌干燥的容器中，不需要加入任何培养基。一般不需要冷藏。如果运送时间较长，则需要将样品置于含细菌运输培养基的瓶中，并冷藏 15 h 以上。样品禁止冷冻。

动物医院内真菌培养

疑似患有浅表性真菌感染的动物，其皮肤和被毛样品可直接接种于商品化皮肤真菌试验培养基（DTM）中。由于样品可在室温保存，不需要特殊处理，因此 DTM 对于动物医院内的检测来说非常适用。培养基中加入酚红作为 pH 指示剂。如果存在皮肤癣菌病，就可以观察到特征性的菌落形态，且菌落底部的培养基变为红色。培养基放置超过 2 周即不可用；而接种于 DTM 后 2 周或更长时间出现的颜色变化不可信。

伍德氏光

伍德氏光是紫外光透过氧化镍产生的光束。将动物置于暗室中，使其被毛和皮肤暴露于伍德氏灯下，多种情况下会发出荧光。小孢子菌感染时，毛干会发出明亮的黄绿色荧光（像荧光表盘的颜色）。但是，含碘药物、石油、肥皂、染料、细菌，甚至角蛋白也可产生紫色、蓝色和黄色荧光。荧光检测阳性有助于选择感染的被毛进行分离培养。但是，荧光检测阴性并不能排除真菌感染的可能性，因为经常出现假阴性与假阳性的结果。

扩展阅读

Dow S: Diagnosis of bacteremia in critically ill dogs and cats. In Bonagura J, editor: Current veterinary therapy XII. Small animal practice, Philadelphia, 1995, WB Saunders.

Greene CE: Infectious diseases of the dog and cat, ed 3, St Louis, 2006, Elsevier.

Scott DW, Miller WH Jr, Griffin CE: Muller and Kirk's small animal dermatology, ed 5, Philadelphia, 1997, WB Saunders.

病毒检测
直接显微镜检查

对疑似病毒感染患病动物的体液或组织样本进行显微镜检查无助于诊断。因为病毒颗粒很小且一般位于细胞内，所以在一般的动物医院中无法使用光学显微镜检查或进行病毒培养。某些大型实验室的电子显微镜可以直接观察到组织（细胞）、体液或粪便中的病毒粒子。检查结果取决于样品的质量、检测仪器、操作者的经验等。

检查中的注意事项

目前有多种实验技术可用于识别犬猫的病毒感染。目前有很多商业化的定性检测平台可用于临床实践中。分子诊断检测、病毒培养、组织病理学检查和血清学检查等均已成为动物医学上的常规诊断方法，只需要将样品送至商业实验室进行检测。

动物医院内检测

在动物医院内的病毒鉴定检测系统中，最常用的是酶联免疫吸附试验（ELISA）。ELISA 可以快速（数分钟）进行检测，动物不需要或只需要稍作准备，而且敏感性和特异性相对较高。（动物医院内）应该可以进行猫白血病病毒（FeLV）抗原（在血液或血清中）和犬细小病毒（CPV）抗原（在粪便中）的床前病毒（抗原）检测。另外，这种床前即时检测病毒的方法也可用于鉴别尚未出现临床症状的患病动物，帮助临床兽医排除感染和排毒。

检测敏感性是指已知感染的患病动物被检出阳性结果的概率（高敏感性具有很少的假阳性结果）。

检测特异性是指未感染患病动物被检出阴性结果的概率（高特异性具有很少的假阴性结果）。

另外，还有许多商品化的非定量血清学检测方法，用于检测患病犬猫的病毒抗体。然而，抗体检测的诊断价值一般低于抗原检测。例如，特定病原的抗体检测结果为阳性，不能做出病毒感染的诊断，尤其是在缺乏临床症状的情况下。可能仅仅是因为最近注射过疫苗（如猫免疫缺陷性病毒）。此外，抗体检测结果为阴性，一般提示患病动物未曾暴露于病毒（或疫苗）。

实验室检查

血清学检查是指检测血清中抗体的浓度，在动物医学中被广泛应用。抗体滴度对于诊断病毒感染的意义取决于多种因素，包括感染病毒、疫苗接种史和接触病毒后的时长。疑似存在急性病毒感染的患病动物，如果在 2 ~ 4 周内测得其抗体滴度升至急性恢复期的 4 倍或以上，则可做出诊断。动物医学中很少检测患病动物在急性恢复期的病毒滴度。

虽然病毒分离技术是一种有价值的诊断方法，但在动物医学中很少使用，可能是因为能提供病毒分离技术的商业和大学实验室太少，也可能是因为分子诊断检测技术的应用在不断推广。病毒分离用于猫上呼吸道病毒感染（疱疹病毒 1 型和 / 或杯状病毒）的诊断最为有效，尤其是群养猫，可能有许多携带病毒的患猫，其中的小猫存在很高的感染风险。

从患猫的口腔中取样用于病毒分离时，应用无菌棉签迅速插入口腔至扁桃体或口咽部取样。在上皮表面捻转棉签，这样可以从患猫口中采集到细胞和病毒。立即将棉签放入病毒运输培养基中（通常由相关实验室提供）。培养基中添加抗生素，以防细菌过度增殖。如果只做短期运输（≤ 5 d），应将病毒分离的样品保存于 4℃，不要冷冻。样品送达实验室后，应接种于合适的培养组织中。几天之后，如果存在病毒，培养组织就会出现细胞病变。随后可做荧光抗体检测来进一步确诊。

可通过电子显微镜直接检查样品（如用于检测犬细小病毒或犬猫冠状病毒的粪便），尽管受仪器限制其可行性较小。这些方法可用于检测病毒浓度达到 $10^6 ~ 10^7$ 个 /mL 的样品。样品如粪便、囊泡液、脑组织、尿液或血清，均可用于电子显微镜检查。

组织和脱落细胞的样品可通过组织病理学、免疫组化和直接荧光抗体检测技术进行鉴定。这些方法对诊断疾病活动期的患病动物具有一定的局限性，因为这些方法不易操作，且样品呈递以及病理学专家判读结果需要较长的时间。这些方法特别适用于尸检，尤其是在其他多数动物处于此疾病的威胁中时。

分子学诊断是指利用核酸检测技术检测病毒的 DNA 或 RNA。聚合酶链式反应（PCR）是最常用的实验室检测技术，具有很高的敏感性。PCR 可以使病原体的 DNA 或 RNA 数量增加几百万倍，因此可以鉴定出目的核酸片段，从而鉴定病原。商业实验室可通过 PCR 检测特定细菌和立克次体的 DNA。PCR 技术特别适用于病毒感染的极早期阶段，特别是抗体水平还未上升至可用传统抗体检测方法检测的阶段。另外，PCR 技术还可以检测出可疑群体中的健康带毒动物，而这些动物无法用一般的病毒分离鉴定方法检测出来。但是要谨记，PCR 技术很容易出现假阳性或假阴性的结果。因此，该方法不能作为单个患病动物的主要或唯一的诊断手段。

采样技术与样品运输

血清学检查

血清、血浆或其他体液［如脑脊液（CSF）］可用于特定致病性病毒的抗体检测。全血样品需要待血液彻底凝结之后（或将血样离心）获取血清。样品应置于密封小瓶中。如果样品需要保存数小时以上，应将其冷藏。

组织学和免疫组织化学

样品只能通过手术活检采集，因此限制了此种方法的使用。按照组织病理学的常规处理方法，样品（厚度 ≤ 5 mm）置于 10% 的福尔马林中，瓶口密封。福尔马林的量至少是组织样品体积的 10 倍。

荧光抗体检测

样品为手术活检所采取的组织或用于制作组织压片（脱落的细胞）的样品。玻片上的组织压片在送检之前需要在酒精或丙酮中固定。新鲜组织置于湿冰（非干冰）上，不用福尔马林固定。

电子显微镜

电子显微镜（简称"电镜"）检查所需的组织量较小，大小不超过 1 mm × 2 mm。组织固定于 2% ~ 4% 的戊二醛中，要求在 20℃下固定 24 h。电镜检查的粪便或体液样品需要保持新鲜，不可冷冻或在防腐剂中固定。如果粪便或体液样品需要做远程运输，则应做湿冰冷藏处理。样品可保存 48 ~ 72 h。

病毒分离

病毒培养和分离的样品可用无菌拭子采集。样品应接种于含有病毒运输培养基（通常由实验室提供）的密封瓶中。样品不可冷冻或用防腐剂固定。

聚合酶链式反应

血清或含有 EDTA 抗凝剂的全血均可用于 PCR 反应。远途运输时，样品应冷藏或置于湿冰上。样品不可冷冻。

采血技术

大多数情况下，3～5 mL 抗凝全血即可满足常规血液检测；某些实验室只需要 1 mL 血样即可完成检测。做常规生化检查时，需要血清 1～2 mL，具体用量与检测项目和数量相关。要预先估计采血量，以防重复采血。小型犬猫可从颈静脉采取足够的血量。如果需要的采血量不大，也可从前臂静脉、外侧隐静脉或内侧隐静脉采血。如果怀疑动物存在凝血问题，则不可从颈静脉采血，因为刺破血管后很难止血。

患病动物准备

适当地保定动物对于成功穿刺血管非常重要。不同部位采血的保定要点在本书各相关章节中均有具体描述。动物在保持舒适状态的同时必须相对固定，以避免医源性血管损伤。绷紧血管表面的皮肤，同时不要过分挤压而使其塌下，以使血管凸显，并在穿刺时起到固定的作用。

操作

不同的静脉，所采取的穿刺方法也不同。以下描述了 4 种常见血管的采血技术：前臂静脉穿刺、颈静脉穿刺、外侧隐静脉穿刺、内侧隐静脉穿刺。

4

前臂静脉穿刺

保定需要进行前臂静脉穿刺的犬猫时，将动物置于操作台上，使其蹲坐或俯卧。如果穿刺右侧静脉，助手站在动物左侧，左胳膊或手置于动物下颌处固定头颈部，右手越过动物，抓住右肘关节的后远端。助手用拇指向外侧挤压旋转前臂静脉，手掌固定肘关节并使其伸展。动物挣扎时，也要尽力使动物保持这个姿势。采血人员抓住前肢掌部，在肢体的偏内侧，靠近腕骨的部位穿刺前臂静脉进行采血。

颈静脉穿刺

穿刺犬颈静脉时，使之俯卧，助手将手环绕动物的口角，使其颈部和鼻部向背侧伸展并朝向天花板。对于短毛犬，常见颈静脉从下颌支沿颈静脉沟一直延伸至胸腔入口处。被毛较长或皮下脂肪、皮肤较厚的犬，颈静脉不易显现。采血人员用非穿刺手的大拇指按压胸腔入口或近胸腔入口处的颈静脉，阻断血液回流使血管膨胀。用穿刺手进行采血时，使注射器或真空采血管（BD，Franklin Lakes，New Jersey）的针头与血管呈 15°～30° 刺入。

对于体型较小或非常大的动物，可侧卧行颈静脉采血。助手将动物前肢向后牵拉，并伸展其头颈部，显露颈静脉。然后按如上所述进行颈静脉采血。患有血小板减少症或维生素 K 颉颃剂灭鼠药中毒的患病动物禁用颈静脉采血。

猫俯卧，助手站在患猫后面以防采血时动物后退。助手用一只手将猫的头颈向背侧伸展，另一只手控制猫的两前爪。可将颈静脉处皮肤的毛剃除或用异丙醇润湿，以便显露颈静脉沟内的颈静脉。采血人员一手按压胸腔入口处颈静脉，另一只手将针头刺入血管，按上述方法进行采血。也可以按上述方法将猫侧卧保定后进行采血。

外侧隐静脉穿刺

进行外侧隐静脉穿刺时，将患病动物侧卧保定。外侧隐静脉在后膝关节外侧，靠近跗骨。助手伸展动物后肢，并按压跗关节近端尾侧的外侧隐静脉。采血人员一只手抓住动物后肢远端，另一只手握注射器或真空采血管进行采血。

内侧隐静脉穿刺

进行内侧隐静脉穿刺时，将患病动物侧卧保定。将动物的后肢端向前或向后牵拉，暴露胫腓骨内侧的内侧隐静脉。捉紧动物的颈背部，如果动物体型较小，助手应用前臂压住动物的颈部，防止动物在采血过程中站起。助手用另一只手阻断腹股沟处的内侧隐静脉。采血人员一手抓住后肢的趾部或跗部，并拉紧皮肤防止穿刺时血管滑动。可以剃毛或用异丙醇润湿被毛，显露血管。使注射器或真空采血管的针头与血管呈 15°~30° 刺入。

特别注意事项

血液与抗凝剂比例失调会导致血浆和红细胞（RBC）之间的水分转换。特别是当采血量较少而采血管中抗凝剂的量适于更大量的血液时，这种转换会改变红细胞比容（PCV）。血液量较少但被置于较大容量的采血管时，也可能得到错误的实验室检测结果。血浆中水分的蒸发以及细胞黏附于采血管壁等都可能导致血液学结果不准确。

如果血样需要一定时间运输至实验室，则应加入抗凝剂并冷藏保存。采集血样 24 h 内可以做白细胞（WBC）和红细胞计数、PCV 及血红蛋白水平的检测。血小板计数应在采血后 1 h 内进行。未固定的干燥血涂片在制成后的 24~48 h 均可进行常规染色。如果预先估计制作血涂片与染色之间相隔时间较长，则应将血涂片于无水甲醇中固定至少 5 min。用这种方法固定过的血涂片可永久保存。

不可将未固定的血涂片冷藏，否则当血涂片从冰箱中取出时形成的凝露会损毁血涂片，使之无法再用于细胞学评估。应将血涂片正面朝下置于台面或密闭的盒中。某些特殊染色，如过氧化物酶，需要新鲜的血涂片。

常规血液学检查（参阅第 5 部分）

血液学检查可选用的抗凝剂为 EDTA。如果用抗凝血制作血涂片，则不可使用肝素作为抗凝剂，因为肝素可能会导致细胞形态明显改变。肝素适用于大多数需要血浆的检测项目。肝素的抗凝作用较短，血样在 2 ~ 3 d 后仍有可能发生凝集。

采血后应立即制作血涂片，因为细胞形态会迅速改变。尽管加入 EDTA 后的血液也可以制作血涂片，但最好在采血后直接利用注射器中的血液制作血涂片，而不采用抗凝血。不可使用肝素抗凝血制作血涂片。

常规生化检查（参阅第 5 部分）

患病动物准备

依据之前的描述准备所选择的采血静脉。

操作

多数临床生化检查项目是通过血清检测。血清通过非抗凝血在采血管中凝集后获得。需要在采血（穿刺）后 45 min 内将血清与细胞分离。特殊的真空管会在血凝块与血清之间形成一层凝胶屏障（血清分离管），这种管不需将血清吸出即可将血清与血凝块分离。室温或体温下血液凝固速度最快，而且血块回缩最多，可得到最大量的血清。血样的冷藏会导致血凝块回缩的时间延长。某些血样凝固和回缩的时间较快。

特别注意事项

如果没有使用血清分离管，可用涂药棒将容器壁上的血凝块刮落。待刮落的血凝块回缩后，进行离心，然后用移液管或吸球吸取上层血清。要待血液完全凝固后再移出血清，否则血清样品中可能会混有血浆。血清的量一般为全血的 1/3。当患病动物血容量降低或脱水时，血清的量会明显减少。

血清或血浆可用于多数临床生化项目检测。使用血浆的优点是血样离心或沉淀后即可获得，不必等到血液凝固和血凝块回缩。使用血浆的缺点是许多生化项目都会受到抗凝剂的干扰。而且血浆不如血清澄清，这也是做比色检测时血浆的一个缺点。血浆与血清的成分相似，只是血浆中多了纤维蛋白原和抗凝血因子。在许多可用血浆或全血进行检测的项目中，要选用肝素为抗凝剂。肝素抗凝血是唯一一种可用于血液 pH 检测和血气分析的抗凝血样。含有 EDTA 的血液可用于某些特定的生化检测，但不可用于血浆电解质的检测，因为 EDTA 会导致某些离子增加或减少。另外，EDTA 会干扰碱性磷酸酶的水平、降低总二氧化碳量和增加血液中非蛋白氮的含量。

根据第 5 部分采血管的选择指南，确保不同检测项目采用合适的采血管。

采血后应立即将血清或血浆与血细胞分离，这是因为血浆中某些成分在红细胞中含量较高。随着时间的延长，这些成分进入血浆，导致某些检测值的假性升高（阳性

4

干扰）或假性降低（阴性干扰）（表 4-5）。无论何种情况都不应邮寄全血样品；这种血样通常会发生溶血，提取的血清检测结果通常不准确。分离血清后置于另一干燥洁净的样品管中再进行运输。

表 4-5　　由溶血引起的生化分析中出现的阳性或阴性干扰	
分析物	**溶血的效应** *
谷丙转氨酶	影响很小
碱性磷酸酶	升高
胆红素	升高
氯离子	降低
肌酐	升高
无机磷离子	升高
脂肪酶	降低
pH	降低
钾离子	无可测得的影响
总钙	升高
总蛋白	升高
尿素氮	升高

注：* 结果受到影响的类型与程度根据实验室检测模式和医院生化分析师的不同而各有不同。

扩展阅读

Meyer DJ, Harvey JW: Veterinary laboratory medicine, ed 3, St Louis, 2004, Elsevier.

Raskin R, Meyer DJ, editors: Update on clinical pathology, Vet Clin North Am Small Anim Pract 26:5, September 1996.

Thomas JS: Introduction to serum chemistries: artifacts in biochemical determinations. In Willard MD, Tvedten H, editors: Small animal clinical diagnosis by laboratory methods, ed 4, St Louis, 2004, Elsevier.

骨髓穿刺

对外周血液检查中发现血细胞异常或细胞计数异常的病例，采集骨髓进行检查具有重要意义。以下情况如白细胞减少症、血小板减少症、非再生性贫血、粒细胞缺乏症、全血细胞减少症、白血病以及其他骨髓癌、感染性疾病（如组织胞浆菌病、埃立克体病），可通过骨髓细胞学检查来确诊。

幼年动物的骨髓细胞含量丰富，存在于扁骨（胸骨、肋骨、骨盆骨和椎骨）和长骨（肱骨和股骨）中。随着动物年龄的增长，骨髓中细胞成分逐渐减少，尤其是长骨的骨髓。对于老年动物，扁骨中仍然保留着骨髓细胞；但是，在机体需要迅速生成大量血细胞的情况下，长骨骨髓中的原始细胞也会活跃起来。骨髓涂片的解读受两方面因素限制：①骨髓样本采集技术；②解读骨髓细胞必需的专业知识。

临床实践中，很少进行骨髓抽吸。想要获得高质量的样本，必须熟练掌握骨髓抽吸的操作技术。该技术本身操作风险较低，具有较高的诊断和预后价值。

犬

患病动物准备

可能需要对动物做短效麻醉，但通常全身镇静配合局部浸润麻醉即可。抽吸或活检的部位应进行剃毛及外科术前准备。

操作

骨髓抽吸或活检是一项经皮的需要实施严格无菌操作的技术。

该技术涉及骨髓的抽吸和骨髓芯活检，或二者同时进行。如果抽吸或活检得不到足够用于诊断的细胞（如严重的骨髓纤维化、肿瘤或骨髓发育不良），就需要进行骨髓芯活检。中型犬的骨髓抽吸针可选用 16 G Rosenthal 骨髓针或 Illinois 骨髓针；小型犬或猫用 18 G Rosenthal 骨髓针；或者使用 Jamshidi 骨髓活检针，多数成年犬使用 12 G，小型犬猫使用 14 G。

骨髓抽吸针的选择主要依据活检部位、活检深度和骨皮质的密度。进行骨髓抽吸时，可用改良的一次性 Illinois 胸骨 – 髂骨骨髓活检针（图 4-9）。进行骨髓芯活检时，可用 Jamshidi 骨髓活检针（儿科，3.5in，13 G）（图 4-10）。

4

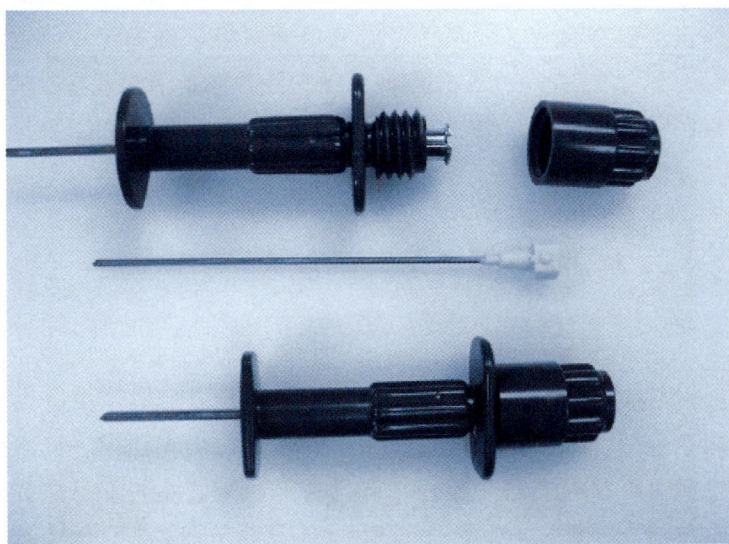

图 4-9　用于从犬猫的肱骨、髂骨或股骨抽取骨髓的 Illinois 胸骨 – 髂骨骨髓活检针

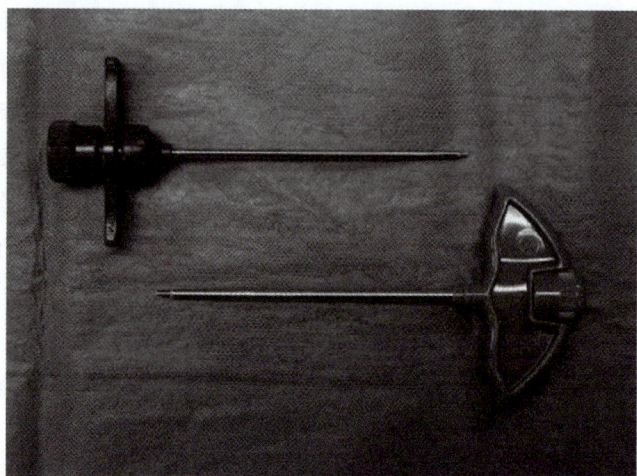

图 4-10　Jamshidi 骨髓活检针

在犬中，常选择髂嵴为骨髓抽吸部位。动物侧卧保定，抽吸部位进行外科术前准备。穿刺时，将针刺入髂骨嵴最宽处，穿透骨面即可。将针芯拔出，连接 1 mL 注射器，抽取 0.2 mL 骨髓。

另外，从肱骨头进针也容易获得足量的骨髓。动物可能需要镇静。动物侧卧，肱骨屈曲保定（肱骨平行于动物的胸部），肱骨头部位局部皮肤及皮下浸润麻醉。针刺入点为肱骨头近端面（图 4-11）。针尖朝向肘关节，平行于肱骨长轴。如果针尖偏向内侧越过肱骨头时，很容易穿透关节囊。虽然这种情况经常发生，但不会对患病动物构成损伤（假如皮肤经过标准外科术前准备）。但是如果骨髓抽吸样品受到关节液污染时，则样品无法使用。

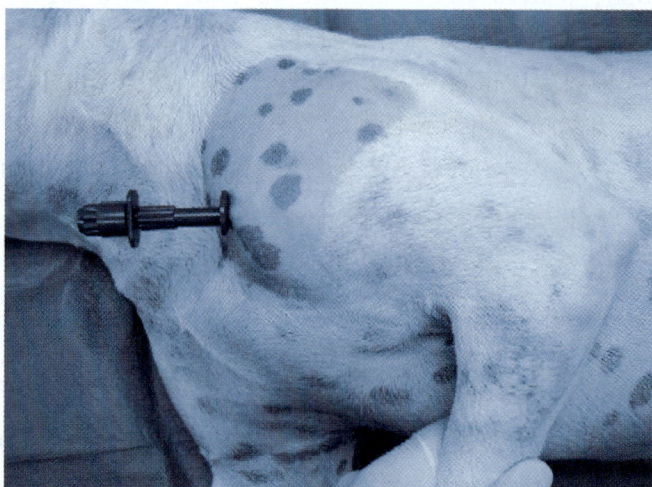

图 4-11　刺入犬肱骨头的 Illinois 骨髓针，准备做骨髓抽吸

在以下两种情况下，骨髓会被外周血污染：①骨髓针刺入骨髓腔后没有立即抽吸骨髓；②如果抽吸时间太长，骨髓中小血管的破裂会导致大量血液吸入注射器。

将骨髓针经转子窝刺入股骨近端抽吸骨髓是上述方法都不能施行时才使用的技术。在转子窝大转子顶端偏内侧的皮肤上做一个小切口，然后将骨髓针从大转子内侧，沿股骨长轴刺入。

选定穿刺部位后，牢牢地固定穿刺针。针尖抵住骨头交替旋转（迅速地 180° 顺时针和逆时针转动），牢牢地握住穿刺针，轻轻施压。开始的时候轻微施压，针尖刺入骨质后加压。逐渐施加压力直至针穿透骨质。骨髓针刺入股骨骨髓腔约 1.25 cm 时，移除针芯，用一支含有少量 4%EDTA 的 12 mL 或 20 mL 注射器抽吸。使用较大负压抽吸，如将 12 mL 注射器的活塞回抽至 8 ~ 9 mL 的刻度。骨髓抽吸量不需要超过 1 mL。采集样品量过多时会使注射器中吸入大量血液，导致样品被血液稀释。抽取样品后立即将抽吸物置于含有大约 0.25 mL 4% EDTA 的玻璃平皿内。立即用注射器末端将样品混合。此时，可撤去骨髓穿刺针。

按照制作外周血涂片的方法制备骨髓涂片。通常需要准备 5 ~ 8 片高质量的骨髓涂片。涂片自然风干，用与外周血涂片相同的染色剂染色。

骨髓活检样品常为组织芯，应直接置于 10% 福尔马林中固定。一般不可将组织芯置于载玻片上碾展（脱落细胞学检查），因为这样会严重破坏样品结构，并影响对组织病理学结果的解读。

特别注意事项

在做骨髓抽吸或活检时，当天需要对患病动物做血常规（CBC）。骨髓样品与 CBC 应同时提交，以获得最大量的诊断信息。提交样品的同时还应该提供患病动物的详细病史资料。

如果骨髓样本的量足够，涂片后仍有剩余的骨髓抽吸样本，可在收集全血做 CBC 的同类采血管中与 EDTA 混合保存。装有骨髓液的样品管可以短期冷藏保存，但不可冷冻。建议及时运送和处理液态骨髓样品，因为这些细胞很容易变性。

骨髓组织芯活检样品用 10% 缓冲福尔马林固定后，在处理和解读之前应做脱钙处理。

猫

患病动物准备

如果条件允许，最好对骨髓抽吸或活检的患猫做短效麻醉，因为即使在镇定状态下，也很难确实地保定患猫。抽吸或活检的部位必须剃毛并做外科术前准备。可在抽吸或活检部位进行局部浸润麻醉。必要时患猫可能需要吸氧。

操作

猫骨髓抽吸和活检的适宜部位包括髂骨嵴、肱骨头和通过转子窝的股骨近端。操作技术同犬。

抽吸后立即制作骨髓涂片。骨髓组织内含有的外源性促凝血酶原激酶会使骨髓在 30 s 内凝固。应送检未染色的涂片。骨髓芯应固定于 10% 缓冲福尔马林中，之后送检进行脱钙和组织学处理。

还可以将骨髓样品抽吸到含 0.25 mL 4% EDTA 的注射器中。将抽吸出的 0.5 mL 骨髓注入无菌的有盖培养皿内，这样可以用玻璃移液管吸取等量骨髓组织进行分离。将适量骨髓样品滴加在多张载玻片上，制作足够多的骨髓涂片。

特别注意事项

骨髓抽吸后制作的涂片应风干，然后做好标记。涂片不可冷藏，因冷藏后再取出时，凝结在载玻片上的潮气会改变或破坏细胞形态。

扩展阅读

Crow S, Walshaw S: Manual of clinical procedures in the dog, cat, and rabbit, ed 2, Philadelphia, 1997, Lippincott-Raven.

McSherry LJ: Techniques for bone marrow aspiration and biopsy. In Ettinger SJ, Feldman EC, editors: Textbook of veterinary internal medicine, ed 6, St Louis, 2005, Elsevier.

Meyer D, Harvey J: Veterinary laboratory medicine, ed 3, St Louis, 2004, Elsevier.

4

细胞学采样技术

参阅第 5 部分获取关于送检涂片进行细胞学检查前制作样品涂片的其他信息。

细胞病理学检查是一种简单、直接和廉价的检查技术，可在短时间、低成本的情况下获得重要的诊断信息。细胞学检查材料取自脓疱、囊泡，或擦伤、溃疡和切开后形成的病灶。制作抹片时，将一片洁净的载玻片压在擦伤或溃疡灶上，使载玻片沾上细胞。渗出液可用无菌棉签采集，也可用注射器抽吸。将棉签轻轻地在载玻片上滚动，或将注射器中的液体滴加在载玻片上，均匀推开。制作组织压片时，用载玻片分不同位点在组织上轻轻触压。在不同的情况下可采用不同的染色方法。

实验室检查常采用新亚甲蓝染色或快速罗氏染色（如 Diff-Quik）等便捷的染色方法。也可做针对组织和体液中的细菌进行检测的瑞氏染色和革兰氏染色。如果存在大量细菌，特别是混合型细菌时，可能仅意味着表面污染；但如果是单一类型的细菌，且出现大量多形核白细胞（WBC），特别是存在吞噬现象时，则可诊断为已发生感染且宿主产生了反应。抹片中通常存在少量棘细胞（松懈表皮细胞），其数量变化与感染的病程发展一致，但如果存在大量棘细胞，则高度提示天疱疮，需要进行更复杂的检测以确诊。

　　有时可以在染色的抹片中看到大量嗜酸性粒细胞。与一般观点相反，这并不意味着过敏。这些细胞最常见于疥病，可能与嗜酸性肉芽肿、嗜酸性斑块、无菌嗜酸性脓疱病、天疱疮综合征和体外寄生虫有关。通常可在耳涂片的蜡样物质和组织碎片的出芽细胞中看到酵母菌（通常为马拉色菌，罕见念珠菌）。

　　某些压片或抽吸样品进行吉姆萨染色时可见肿瘤细胞。尽管需要特殊的专业知识，但肥大细胞瘤、组织细胞瘤及淋巴瘤很容易辨认。在评估肿瘤时，均要为组织学诊断（框 4-4）准备用福尔马林固定的组织。

框 4-4　恶性肿瘤的细胞学特征	
细胞核增大超过 10 nm	核仁增大、数量增多
核 / 质比减小	细胞质嗜碱性增强；RNA 含量增多
异常的有丝分裂导致多核	细胞核大小不均或呈多形性
异常或频繁的有丝分裂	多核巨细胞
细胞核大小不一、形状各异	

经皮细针抽吸

患病动物准备

　　细针抽吸是临床中最实用且性价比最高的操作方法，该方法系用注射器和针头采集正常和不正常组织的细胞制作涂片，经染色后可快速对结果进行观察。对于大多数病例来说不需要进行特殊准备。抽吸部位一般不需要剃毛，进行或不进行常规外科术前准备均可。

操作

　　淋巴结抽吸是一项临床常规操作技术。采用正确的技术，能够最大限度地发挥该项操作的诊断效用。淋巴结抽吸的适应证：①广泛性淋巴结增大；②异常增大的单个淋巴结；③疑似肿瘤转移至淋巴结。对淋巴结抽吸处的皮肤进行外科术前准备。用一只手定位及固定淋巴结；另一只手持活检针进行穿刺。使用 6 mL 注射器和 22 ~ 20 G 针头（如果活检部位较小可用 25 G 针头）进行穿刺。在针头刺入组织之前将注射器回抽至 0.5 mL。这样做可以防止活检针离开组织时，样品排出。活检针刺入淋巴结中心后回抽注射器至 4 ~ 5 mL 刻度处产生负压。在此处保持负压状态几秒钟，释放负压，重复两三次。拔出针头之前要释放注射器中的负压（这就是为什么要预先抽空 0.5 mL）。保持负压时不可将注射器拔出，因为这样做可能会抽出大量皮肤血液，从而使样品被稀释。将活检针内的组织喷射至洁净的载玻片上。仔细处理所有的抽吸物。制作涂片时，将两个载玻片放在一起，然后滑动分开，避免碾碎细胞。不要加压或迫使载玻片贴合。另外，淋巴结活检可作为（通常作为）一种确诊或做支持性诊断的方法。淋巴结活检样品可通过钻取组织（芯）活检操作技术（如 4 mm 皮肤活检穿孔器）或 Tru-Cut 活检针获得，操作安全方便。

特别注意事项

最主要的影响因素是：①制作高质量涂片的能力；②解读细胞学检查结果的能力。抽取细胞并做出诊断需要一定的经验技术。准确地解读涂片需要经过充分的训练。但是，目前对于诊断实验室中的细胞病理学专家来说，细针抽吸活检是最实用的诊断工具。后面将会通过淋巴结抽吸技术详细阐明细针抽吸技术的要点。

脱落细胞学

患病动物准备

脱落细胞学又称压片细胞学，是指通过直接从活检采样的切口触压来制备细胞压片。对患病动物准备的要求取决于组织采样部位。从新鲜的组织切面制备压片，才能获得更多更高质量的细胞。直接从皮肤病变处获得的样品通常不符合细胞学诊断要求。因此，准备工作取决于需要采样的组织。准备工作包括局部麻醉、病变或疑似病变组织（如淋巴结或皮肤肿瘤）的活检样品的采集，或全身麻醉和开腹探查（如肝脏活检）。

操作

采取组织后，用手术刀片对活检组织做全层线性切开，暴露病变组织的新鲜切面。用镊子或灭菌针头将组织轻轻放于洁净的载玻片上。不要将组织往载玻片上施压，因为这可能严重破坏细胞。同一切面可做多张压片。必要时，另做新鲜切面制作脱落细胞压片。压片完全风干后常规染色镜检。剩余组织无明显受损时，送检进行组织病理学检查（推荐）。

特别注意事项

压片风干标记后，经染色立即镜检，或送检至病理学专家处进行诊断。未染色的压片不可冷藏，因为冷凝产生的潮气会改变细胞形态。应送检多张压片。剩余的组织用10%福尔马林固定，进行组织病理学检查。

通过脱落细胞学方法制作压片时，所获取的细胞数量取决于被取材的组织。上皮细胞（如上皮癌）、肥大细胞（皮肤肥大细胞瘤）和淋巴结均可获得大量的细胞。压片过厚会给解读带来困难。但是，活检组织主要由间质细胞（如肉芽肿、纤维肉瘤）组成时，则不容易获取脱落细胞，所以用这些组织制备压片时所获取的细胞数量很少。

细胞学样品通常会被外周血液污染，从而给解读带来困难。在制作压片之前，可先吸走样品组织切面过多的血液或组织液。

刮皮和拭子

根据组织类型和病变特点，可利用刮皮（如刮取结膜上皮以获得病毒包涵体）、刷拭（如内镜取材）和拭子（如耳道或阴道拭子）获取组织样本。获取大量细胞后，直接在干净的载玻片上滚动或触压，形成一层薄的细胞层。载玻片风干后染色。

体液

用针头和注射器采集体腔液、囊肿液和尿液进行细胞学检查时，需要采取措施使细胞浓集，以使其具有诊断意义。体液分析包括蛋白含量、有核细胞计数和细胞形态学描述。如果细胞总数过低，则应离心使细胞浓集后再做分析。离心后弃上清液（或留上清液）。离心后细胞沉渣混合 2~3 滴上清液制成悬液。在载玻片上滴 1 滴上述悬液，风干。笔者不建议将悬液涂抹在载玻片上；而是更偏向于让悬液在重力的作用下从玻片的一端流至另一端。待悬液风干后，染色镜检。

体外寄生虫
皮肤刮片
患病动物准备
无须准备。

操作

皮肤刮片常用于皮肤寄生虫及真菌的检查。所需物品包括一小瓶矿物油、一个钝手术刀片、载玻片、盖玻片和显微镜。

选择未受干扰或治疗的皮肤做刮片。最好取病变皮肤周围区域做刮片，避免在有擦伤或创伤的中心区域取材。疑似蠕形螨的病例，用力捏起病变部位皮肤形成皮褶，收集皮肤表面物质送检。这样做可以将毛囊内的螨虫挤出至周围皮肤。疑似疥螨的病例，刮皮范围要大，选取的位点包括肘部、跗部和耳缘。可能需要多次刮皮才能获得疥螨虫体或虫粪及虫卵。

将收集的材料置于载玻片上，与矿物油混合。用 10 倍物镜仔细观察整个区域。

醋酸胶带的制备
患病动物准备
无须准备。

操作

检查体外寄生虫，尤其是姬螯螨时，使用醋酸胶带是最简单的诊断方法之一。一般使用透明胶带（非磨砂胶带）。将胶带在手指上松松地缠绕一圈，黏面在外。分开动物病变处被毛，将胶带压向皮肤及被毛。胶带会粘住所接触到的松散颗粒。剪断胶圈后将黏面压至洁净的载玻片上。用低倍镜观察胶带所收集的物质。该技术对获取和确认咬虱、耳螨属、姬螯螨属、蚤粪、幼虫、蝇蛆及皮屑非常有用。

透明胶带也可用于被毛异常时的检查。用止血钳夹住 10 ~ 20 根毛发迅速拔出。将胶带粘至毛发远端（使毛发如同栅栏般排开），用剪刀从毛发中部剪断。同样，用另一张胶带粘取剪断后的毛根。将粘有毛发的胶带压至载玻片上，用低倍显微镜镜检。使毛尖的方向一致，可以更好地判断毛发是否碎裂、受损或被咬断，以及毛根是处于生长期还是休止期。

扩展阅读

Baker R, Lumsden JH: Color atlas of cytology of the dog and cat, St Louis, 2000, Mosby.

Burkhard MJ, Meyer DJ: Invasive cytology of internal organs: cytology of the thorax and abdomen, Vet Clin North Am Small Anim Pract 26:1203, 1996.

Cowell R: Diagnostic cytology of the dog and cat, St Louis, 1998, Mosby.

Ehrhart N: Principles of tumor biopsy, Clin Tech Small Anim Pract 13:1998.

尿液采集技术

从膀胱中采集尿液的方法有 4 种：①排泄（自由接取）；②人工挤压膀胱（压迫膀胱）；③导尿管导尿；④膀胱穿刺。

排泄

这种采集尿液的方法适用于常规尿液分析。最大的问题在于尿样可能会被存在于尿道的细胞、细菌、碎屑及会阴部被毛污染。尿流第一段应弃去，这部分最容易被碎屑污染。怀疑动物发生细菌性膀胱炎时，不建议以这种方法取尿样。

人工挤压膀胱

有时可以通过人工挤压膀胱的方法采集犬猫尿液，但注意不要过度挤压；如果中度力量的指压未能使动物排尿，则停止操作。过度挤压会使污染的尿液逆行回到肾脏，更有甚者，对于尿路梗阻的病例会导致膀胱破裂。这项操作对于雄性犬猫来说很难成功。

导尿

可供犬猫导尿用的导尿管有多种类型。目前最常使用的导尿管是由橡胶、聚丙烯及不含乳胶的硅胶制成。偶尔也会使用不锈钢导管，但要十分小心，避免损伤尿道或膀胱。使用导尿管一般有以下 4 个目的：

1. 释放潴留的尿液。

2．检测残余的尿液。

3．直接从膀胱中取尿进行诊断。

4．进行膀胱冲洗、给药或造影。

导尿管尺寸（直径）以 F 型号标准表示；每个 F 单位大致相当于 0.33 mm。导尿管末端附近的开口称为"眼"。人用导尿管也可用于犬；4 ~ 10 F 导尿管适用于多数犬（表 4-6）。聚丙烯导尿管为独立包装，经环氧乙烷消毒。

表 4-6　犬猫常用导尿管型号		
动物	**导尿管类型**	**尺寸（F*）**
猫	软乙烯管、红色橡胶管或公猫 t 导尿管（聚丙烯）	3.5
公犬（≤ 25 lb*）	软乙烯管、红色橡胶管或聚丙烯管	3.5 或 5
公犬（≥ 25 lb）	软乙烯管、红色橡胶管或聚丙烯管	8
公犬（> 75 lb）	软乙烯管、红色橡胶管或聚丙烯管	10 或 12
母犬（≤ 10 lb）	软乙烯管、红色橡胶管或聚丙烯管	5
母犬（10 ~ 50 lb）	软乙烯管、红色橡胶管或聚丙烯管	8
母犬（> 50 lb）	软乙烯管、红色橡胶管或聚丙烯管	10、12、14

引自 Crow S，Walshaw S：Manual of clinical procedures in the dog，cat and rabbit，ed 2，Philadelphia，Lippincott-Raven，1997.

注：* 导尿管直径以 F 表示，1 F ≈ 0.33 mm；1 lb ≈ 0.454 kg。

4

公犬导尿

患病动物准备

公犬导尿需要无菌导尿管 ［直径 4 ~ 10 F，长 18 in（45.72 cm），一端可接注射器］、无菌凝胶、碘伏皂或洗必泰、无菌橡胶手套或无菌止血钳、20 mL 注射器及接取尿液的容器。

公犬导尿一般需要两个人操作。犬侧卧保定，抓住非倒卧侧后肢使之弯曲（图 4-12）。腿较长的犬可站立导尿。

导尿之前，将包皮向后推，用 1% 碘伏或洗必泰清洗阴茎头。用无菌润滑剂润滑导尿管末端 2 ~ 3 cm。在插入导尿管的过程中，不要完全拆除包装，因为外包装可使术者握住导尿管的同时又不会污染导尿管。

操作

导尿时，佩戴无菌橡胶手套，或用止血钳夹持导尿管插入尿道。也可在导尿管外包装末端剪出 2 in（5.08 cm）宽的呈蝴蝶翼状的包装纸。将这部分包装纸覆盖在导尿管上，兽医可不戴手套，利用这层包装纸握住导尿管，并将导尿管插入尿道。

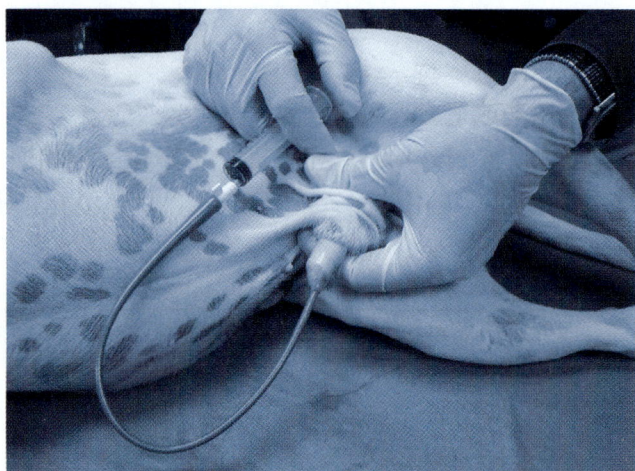

图 4-12   公犬导尿的操作

如果导尿管不能插入膀胱，则可能是导尿管末端插入了尿道黏膜褶内或尿道存在狭窄或梗阻。在小型犬中，阴茎骨凹槽的大小限制了导尿管的型号。导尿管通过坐骨弓弯曲处的尿道时也会受到阻碍。导尿管过细时可能会在尿道中扭结或弯曲。如果导尿管第一次插入时不顺畅，则应重新斟酌导尿管型号，并在再次插入时轻轻旋转导尿管。不要通过尿道口强行将导尿管插入。

特别注意事项

导尿管末端有尿液流出即说明导尿成功，通常用 20 mL 注射器抽取膀胱中的尿液。导尿结束后立即遛犬以促进其排尿。

母犬导尿

患病动物准备

母犬导尿需要使用同公犬导尿类似的软导尿管。以下材料也要备齐：小型鼻窥器、20 mL 注射器、0.5% 利多卡因、无菌凝胶、聚焦光源、尿液收集容器、5 mL 碘伏或稀释的洗必泰溶液。

实施严格的无菌术。用碘伏或洗必泰溶液冲洗阴门。向阴道穹隆内注入 0.5% 利多卡因，缓解导尿引起的不适。尿道外口位于外阴腹侧联合向内 3~5 cm 处。尽管无法直接看到尿道乳头，但多数母犬可采取站立姿势将导尿管插入阴道穹隆。

操作

绝育母犬的盲导尿操作比较困难，用消毒耳镜和光源（图 4-13）、阴道窥器或带有光源的肛门窥器辅助，可观察到阴道腹侧的尿道乳头。对于导尿困难的犬，采取仰卧位

（图 4-14 和图 4-15）。将窥器插入阴道后可看到尿道乳头，便于导尿管插入。注意不要将导尿管插入阴蒂窝，那是一个盲端凹陷，可能会造成污染。

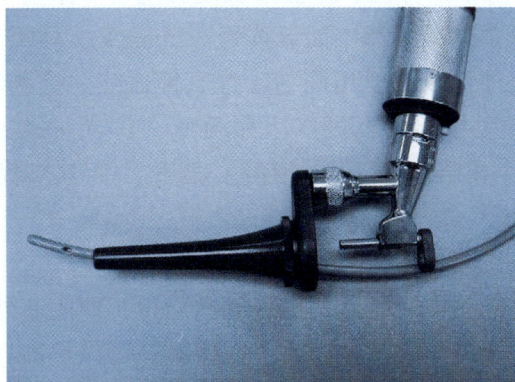

图 4-13　带有光源的耳镜可以很好地暴露母犬的尿道口（注意耳镜手柄的位置）

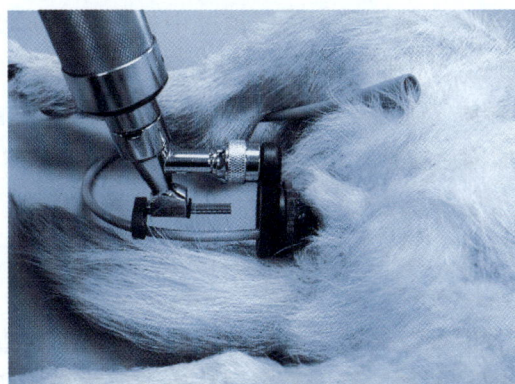

图 4-14　用带有无菌窥器的耳镜可观察到尿道口，以便给母犬进行导尿

注：动物仰卧，耳镜手柄朝上

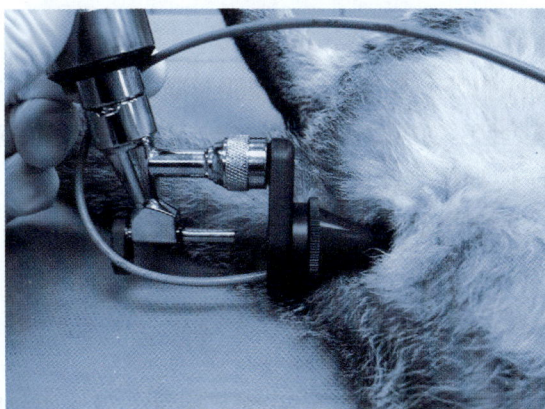

图 4-15　用耳镜的反射镜及光源辅助进行母猫的导尿

公猫导尿

患病动物准备

公猫导尿前，评估患猫的体况、血液酸碱度和电解质平衡状况（参阅第1部分高钾血症的治疗），然后实施短效麻醉［如氯胺酮，25 mg/kg（体重），IM］。

某些病例在麻醉之前可能需要用药物治疗高钾血症。检测动物电解质平衡状况，如果存在高钾血症，须妥善治疗，可以用异丙酚［4～7 mg/kg（体重），IV］和安定［0.1 mg/kg（体重），IV］相结合进行诱导麻醉；插管后用气体麻醉维持。

操作

动物麻醉后仰卧保定。轻轻抓住包皮腹侧向后拉，使阴茎外露。将阴茎推出包皮鞘，向后拉出阴茎。将无菌导尿管放在冰箱中保存，可以提高导尿管的硬度，便于导尿。将塑料软管或聚丙烯导尿管（PE 60～90）或3～5 in（8.89 cm）长的3.5 F导尿管插入尿道口，并轻柔地往膀胱内推进，并保持导尿管平行于猫的脊柱。

注意：不要强行将导尿管插入尿道。尿道腔中如果存在泥沙样结沙或结石，应用3～5 mL无菌生理盐水将之反冲到膀胱内，以便导尿管顺利通过。某些病例中，尿道存在的囊肿或结石会阻止导尿管通过。因此，应拍摄阴茎尿道侧位的X线片以显示尿道结石，拍摄时使动物后肢向后拉伸。

母猫导尿

患病动物准备

母猫的导尿操作较为困难。导尿之前，患猫须做麻醉前检查并进行全身麻醉。导尿可用带侧孔（末端钝圆）的橡胶管或塑料导尿管。公猫导尿所用的导尿管也可用于母猫。镇静（不推荐）状态的猫需灌注0.5%利多卡因，以降低其在导尿管插入时的敏感性。用合适的抗菌剂清洗阴门。

操作

导尿时，患猫仰卧或俯卧。术者的操作经验及猫的体型决定了操作是否会成功。

清洗会阴部及阴道穹隆，如果患猫俯卧保定，将导尿管沿阴道穹隆腹侧轻轻插入。如果患猫仰卧保定，应使导尿管朝向背侧沿阴道壁的腹侧插入。如果盲插不能成功，则可将耳镜插入阴道，见到尿道乳头后再将导尿管插入。

导尿管留置

患病动物准备

对清醒且行动正常的动物，为了连续监测其尿量，可使用封闭式采尿系统，有助于防止尿道感染。可使用软导尿管或Foley导尿管，用一根聚氯乙烯管连接导尿管与尿袋。尿袋的位置应低于膀胱水平。给动物佩戴项圈，防止其啃咬导尿管和尿袋。

操作

导尿操作如上所述。无论怎样对导尿管进行严格的护理，只要动物留置导尿管，均有可能造成动物的尿道感染。如果出现了以下几种情况要立即拆除导尿管：不再需要留置、存在尿道感染症状或发生不明原因的发热。导尿管留置 48 h 后一般需要更换。

特别注意事项

注意观察动物是否出现发热、不适、脓尿或其他尿道感染的症状。如果怀疑感染，应拆除导尿管，并送检做尿液培养和药敏试验，以确定最低抑菌浓度（MIC）。以前，推荐在导尿管尖端取材培养来诊断尿道感染。但是，目前已不推荐这种方法，因为它不能准确地反应引起尿道感染的微生物种类。不建议凭经验给予动物抗生素以预防导尿引起的尿道感染，因为这样做可能会导致动物医院内的耐药菌在尿道中定植。

膀胱穿刺

患病动物准备

如果不愿意使用其他采尿方法，膀胱穿刺则是犬猫临床中最常用的取尿方法。该操作适用于获取膀胱尿液进行培养的情况。自由接取的尿液是通过尿道流出，可能会被细菌污染，并增加解读尿液培养结果的难度。当需要采取少量尿液，而动物未做好准备或不配合采尿时，膀胱穿刺采尿则比较方便。

膀胱穿刺是用连接 6 mL 或 12 mL 注射器的针头穿透腹壁及膀胱壁以获取尿液样本，进行分析或细菌培养。该操作可以防止尿液被尿道、生殖道或皮肤污染，降低了尿样被污染的风险。因尿道梗阻而造成膀胱过度扩张的动物，膀胱穿刺可暂时缓解其膀胱压力。这些病例只有在导尿无法进行的情况下才实施膀胱穿刺。**注意：** 用针头穿刺过度扩张（梗阻）的膀胱可能会导致膀胱破裂。

操作

实施膀胱穿刺时，先触诊膀胱与尿道连接处头侧的腹部腹侧，将膀胱固定于术者的手掌和手指之间。一只手固定腹腔中的膀胱，另一只手持穿刺针。然后，将穿刺针以 45° 穿透腹壁插入膀胱（图 4-16）。尽管该项操作相对安全，但膀胱内必须含有一定量的尿液，且要先确定膀胱的位置并固定膀胱后再进行操作。动物必须配合，才能安全、快速地穿刺。如果必须采取膀胱穿刺以获取尿样，则可能需要对动物进行镇静。

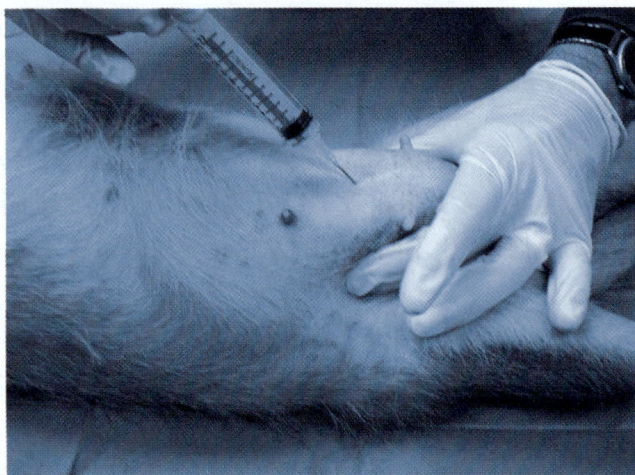

图 4-16　犬膀胱穿刺技术

特别注意事项

　　一般来说，如果动物配合且操作过程中膀胱固定良好，则膀胱穿刺就是一项安全的操作技术。但动物也会发生损伤或不良反应。除穿刺针会造成膀胱割破（患病动物突然移动）之外，针头还可能穿透膀胱刺入结肠，造成膀胱或腹膜腔的细菌感染。还可能存在刺透腹部大血管、造成大出血的风险。

4

扩展阅读

Buckley GJ, Aktay SA, Rozanski EA: Massive transfusion and surgical management of iatrogenic aortic laceration associated with cystocentesis in a dog, J Am Vet Med Assoc 235(3):288－291, 2009.

Crow S, Walshaw S: Manual of clinical procedures in the dog, cat, and rabbit, ed 2, Philadelphia,1997, Lippincott-Raven.

Kruger JM, Osborne CA, Ulrich LK: Cystocentesis: Diagnostic and therapeutic considerations, Vet Clin North Am Small Anim Pract 26(2):353－361, 1996.

皮肤病诊疗操作

皮肤活组织检查

患病动物准备

　　当在病变皮肤区域进行穿刺活检而无法获得诊断结果时，建议提高活检技术以获得更有诊断价值的组织样品。以下是皮肤活检所遵循的原则：

- 获取多部位的多个样本，这对显示相似病变的不同阶段尤为重要
- 采样前不要对采样部位进行外科术前准备；可以剃毛，但经外科术前准备后，

可能会移除该部位具有诊断价值的浅表病变
- 如果活检部位会褪色，则应在组织变白之前活检；组织已褪色表示并没有正在发生病损的皮肤病变。在褪色部位采样，可能无法显示正在发生的病变
- 脱毛部位的活检要在脱毛最严重的中央区域进行
- 另外，脱毛部位的活检也要在正常组织与病变组织的交界处进行
- 可考虑送检一份没有病变、看起来正常的皮肤样本
- 不要在皮肤溃疡区进行活检

操作

活检采样可通过手术刀片获取（切开或切除）或通过皮肤穿孔器获取。穿孔器为圆形锯片，其直径分为 4 mm、6 mm 和 8 mm（图 4-17）。穿孔器应垂直于皮肤进行操作。在皮肤上来回旋转圆形锯片以切下皮肤。当穿孔器旋转而皮肤不动时，即表示样品与皮肤完全分离，可将样品取下（从皮肤或穿孔器上取下）完成活检。避免直接抓持样品的真皮或表皮，以免损坏样品，引起误判。如果必须抓持样品，可通过钳子夹持皮下脂肪。

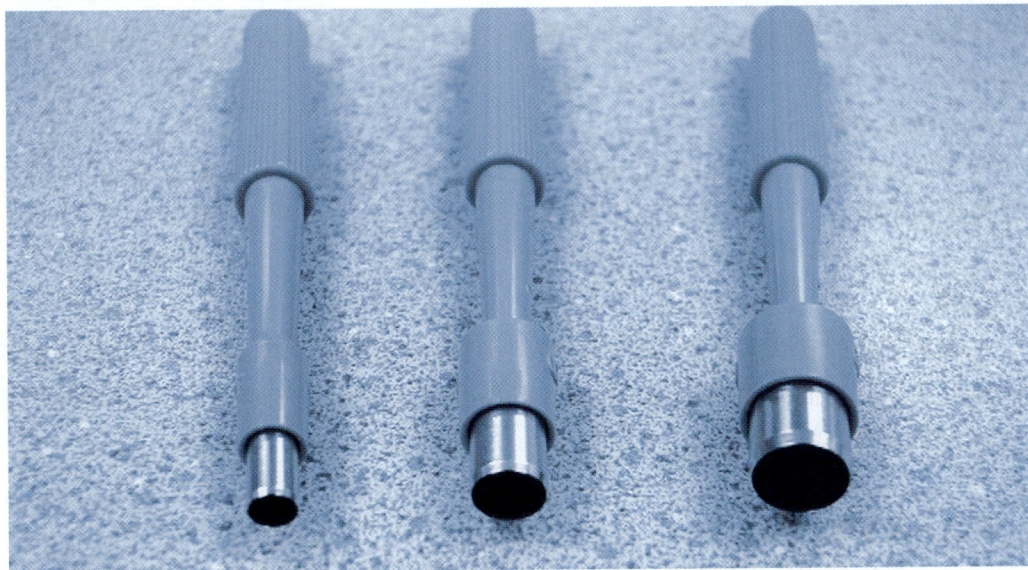

图 4-17　一次性皮肤活检穿孔器，从左至右直径分别为 4 mm、6 mm 和 8 mm

特别注意事项

如果病变较深，皮肤穿孔器可能无法采样。这种情况下，可以用 10 号或 15 号手术刀片切开或切除病损材料进行活检。溃疡皮肤或单个结节的活检最好通过切除楔形皮肤取材（切开活检）。某些病例可采取手术方法获取可见的、可触及的病灶（切除活

检）。将皮肤样品放在10倍于样品体积的福尔马林中。如果获取的皮肤样品过大，可将其切成1 cm厚的小块再放入福尔马林中（**注意：放入福尔马林中的组织块过大会导致不能固定或固定不充分，导致无法对样品进行充分准备和检查**）。

另外，多数病例在活检时应同时评估活检皮肤和皮下组织。如果病变疑似为肿瘤性，那么在其中一个活检样本中进行简单的脱落细胞学检查（本章曾讨论过），即可迅速区分炎性和肿瘤性，其余的活检样本在福尔马林中固定，之后送检进行组织病理学检查。

经过额外处理，被用于制作细胞压片的小块组织样本，不适合用于固定之后做组织学检查。脱落细胞学检查与组织病理学检查一般应采取不同的组织。

皮肤刮皮
浅表皮肤刮皮
常规刮皮检查是犬猫皮肤检查中最常用的方法。不论此项检查的频率如何，其在常规检查项目中具有很高的诊断价值。对于病变皮肤进行刮皮检查时，单独做浅表或深层的刮皮检查或二者同时进行，都应采取相同的手法。怀疑外寄生虫感染时要进行刮皮检查。浅表刮皮适用于检查寄生于皮肤表面的螨虫（如姬螯螨属、犬耳螨）和生活在皮肤浅层（角质层）的螨虫［如疥螨属、猫耳螨、猫背肛螨（*notoedres cati*）］。

4

患病动物准备
由于刮皮范围相对较大（≥ 2 cm²），因此长毛犬猫在做刮皮之前应剃毛，除非怀疑是姬螯螨感染。

操作
在眼观健康的皮肤上刮皮。不要将鳞屑和结痂清洗掉。浅表刮皮时，在刀片上和刮皮区域滴加矿物油或除虫菊酯滴耳液。开始时顺着毛发的方向轻刮，随后逐渐加重力度在相同区域反复刮皮。

特别注意事项
注意不要划破皮肤，但在刮皮部位有少量毛细血管出血很常见。将刀刃上刮下的物质转移至一张干净的载玻片上，盖上盖玻片，通过低倍显微镜观察整张玻片，检查是否存在外寄生虫。注意观察是否存在姬螯螨或疥螨，只要发现一个虫体或一粒虫卵即可做出诊断，并以此实施治疗。

深层皮肤刮皮
与浅表皮肤刮皮相同（如上所述）。

操作

怀疑蠕形螨感染时应采取一种不同的刮皮方法。蠕形螨主要生活在皮脂腺和毛囊中，寄生于动物皮肤中而不引起可见的病灶。当螨虫过度繁殖时才可能出现脱毛和皮肤病变。蠕形螨感染可能为局灶性，也可能为广泛性；犬猫均可发病，但是广泛性感染常见于幼犬。

虽然无论是浅表还是深层皮肤刮皮都可能检查出皮肤存在的螨虫，但是在浅表皮肤刮皮检查可能为阴性时，深层皮肤刮皮可能检查出蠕形螨。深层皮肤刮皮操作所需刮皮范围较小（＜ 2 cm²）。一般采取轻压皮肤，或用拇指与另一只手指挤压病变部位的皮肤，迫使螨虫从深层转至浅层皮肤。在某些品种的动物（如英国古代牧羊犬和沙皮犬）中，很难从刮皮检查中找到螨虫。这些病例中，如果高度怀疑蠕形螨感染，但反复的刮皮检查均是阴性时，可采取皮肤活检。

另外，采用"拔毛检查法"也可以做出诊断，即用止血钳从毛囊拔出几根被毛进行检查。拔出被毛后，将被毛置于滴加矿物油的载玻片上，盖上盖玻片，在低倍显微镜下观察毛干。半数感染蠕形螨的患犬，其拔毛检查结果为阳性。

扩展阅读

Baker R, Lumsden JH: The skin. In Baker R, Lumsden JH, editors: Color atlas of cytology of the dog and cat, St Louis, 2000, Mosby.

Bettenay SV, Mueller RS: Skin scraping and skin biopsies. In Ettinger SJ, Feldman EC, editors: Textbook of veterinary internal medicine, ed 6, St Louis, 2005, Elsevier.

Campbell KL: Other external parasites. In Ettinger SJ, Feldman EC, editors: Textbook of eterinary internal medicine, ed 6, St Louis, 2005, Elsevier.

4

外耳道清洗

并非所有患有外耳炎犬猫的治疗都需要先进行全耳冲洗和清理。对于多数病例，如果已对潜在病因做出诊断，在家治疗足以解决这个问题。但是，如果动物为慢性或严重感染时，动物主人在家进行局部治疗并不能根治。对于这些病例，在局部用药之前，应对外耳道进行完整和仔细的清理。

患病动物准备

如果操作正确，冲洗和清理外耳道较为耗时。动物需要做全身麻醉。想仅通过镇静进行彻底的全耳道清洗往往不能成功。动物全身麻醉后，首先对外耳道做详细的检耳镜（或视频耳镜）检查，评估耳道的完整性以及是否存在肿瘤或寄生虫。严重的病例可能看不到鼓膜。

操作

患病动物采取侧卧位，首先用温热生理盐水冲洗或灌洗外耳道（图4-18），然后抽吸耳道灌洗物。如果这种方法不能将耳道上皮的黏附物清洗掉，则使用耵聍溶解液分解并除去这些黏附物。将该溶解液滴入耳道后浸泡5 min，然后彻底冲洗耳内碎屑和耵聍溶解液。用镊子拔除耳道内的耳毛。推荐使用吸引泵移除碎屑和液体。

用检耳镜检查整个外耳道皮肤的完整性，看是否存在耳道狭窄、异物或肿瘤。冲洗耳道直至鼓膜显现为止。用耳科圈（图4-19）小心清理残留碎屑，不可用棉拭子。

用同样的方法清理另一侧耳道。检查结束后，在动物苏醒前，对外耳道进行局部用药。某些动物还需要通过全身治疗或手术治愈才能痊愈。但是，在决定药物治疗或手术干预之前，应对耳道进行全面的检查及清理。

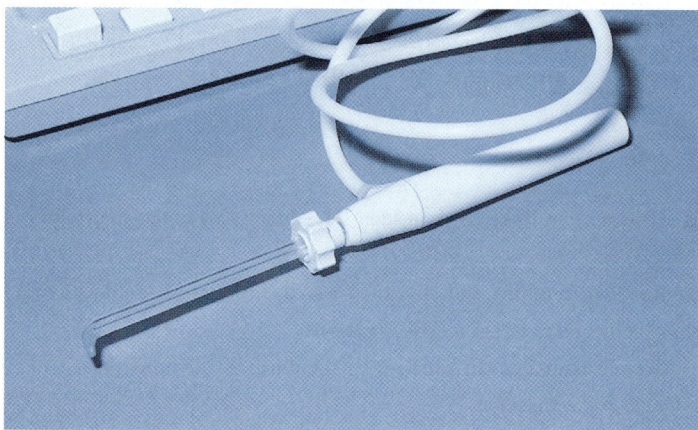

图4-18　低压水射流系统，用于全身麻醉动物的外耳道冲洗

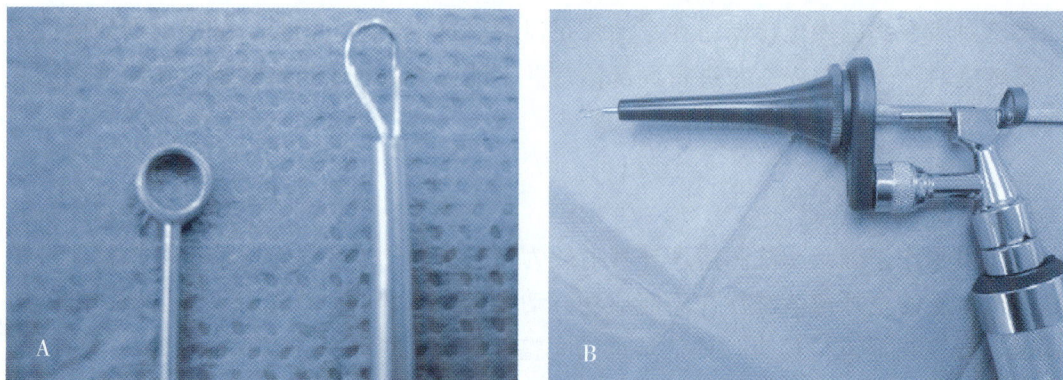

图4-19　耳科圈的使用。A.用于清理外耳道碎屑的耳科圈。B.将耳科圈装于耳镜上，有助于清理外耳道深部的碎屑

特别注意事项

虽然通常使用棉拭子来清理外耳道碎屑，但是不推荐使用这种方法。多次使用这种方法可能最终将碎屑推入更深的耳道内。在全身麻醉的状态下，使用耳道冲洗或灌洗可解决因棉拭子清理所造成的问题。

扩展阅读

Gortel K: Ear flushing. In Ettinger SJ, Feldman EC, editors: Textbook of veterinary internal medicine,ed 6, St Louis, 2005, Elsevier.

气管插管术

选择合适的气管插管时，应考虑动物的体型，要选择能顺利插入气管的最大直径的气管插管（表 4-7）。插管的长度不能超过气管分叉处（隆凸）。

表 4-7　气管插管的型号				
动物	体重（kg）	Magill 型	F 型	内径（mm）
犬	2	2	22	6
	4	4~5	26~28	8
	6	6~7	28~30	9
	9	8	32	10
	12	9~10	34~36	11~12
	14	9~10	34~36	11~12
	16	10~11	36~38	11~12
	18~20	11~12	38~44	12
猫	1	00	13	4
	2	0	16	5
	4	1	20	5

患病动物准备

气管插管术前，检查气管插管的套囊是否漏气和能否正常使用。实施诱导麻醉前，用无菌凝胶润滑气管插管。诱导麻醉后，动物俯卧，抬高其头部。

操作

实施气管插管术时，术者用纱布将动物的舌头抓紧并拉出。拉出舌头有助于显露喉部。避免过度下压舌头，以防舌头被下切齿划伤。如使用喉镜，将镜尖压住舌根。将喉镜尖端向腹侧轻压，移开会厌软骨，暴露声门。看清勺状软骨后，将插管经此轻微旋转式地推入气管。如果在插管过程中触碰到勺状软骨而使之闭合，可向勺状软骨滴加 1~2 滴 2% 利多卡因。气管插管的插入深度不能超过隆凸，超过隆凸时，气管插管会进入左侧或右侧主支气管（支气管插管）。确定气管插管的位置合适后，将插管用 0.5 in（1.27 cm）宽的白胶带或纱布固定。

特别注意事项

气管插管套囊过度充盈会引起气管溃疡、炎症、出血、软化、纤维化、狭窄和皮下气肿。

扩展阅读

Muir W, Hubbell J, Skarda R, et al: Handbook of veterinary anesthesia, ed 3, St Louis, 2000,Mosby.

高级技术

腹腔穿刺术

患病动物准备

腹腔穿刺是指从腹腔抽出积液用于诊断和治疗的一种技术。抽出腹腔积液前后均要测量动物的体重。任何体重的快速增加都表明腹腔液体的重新累积。动物采用左侧卧位。选取膀胱至脐孔腹中线旁 6~20 cm² 的区域进行外科术前准备。如果膀胱充盈，需要在进行腹腔穿刺前将其排空。使用 22~25 G 针头对穿刺部位用 0.5% 利多卡因进行局部浸润麻醉，但在多数病例中不需要局部浸润麻醉。腹腔穿刺术通常采用 18~20 G 针头（图 4-20）。

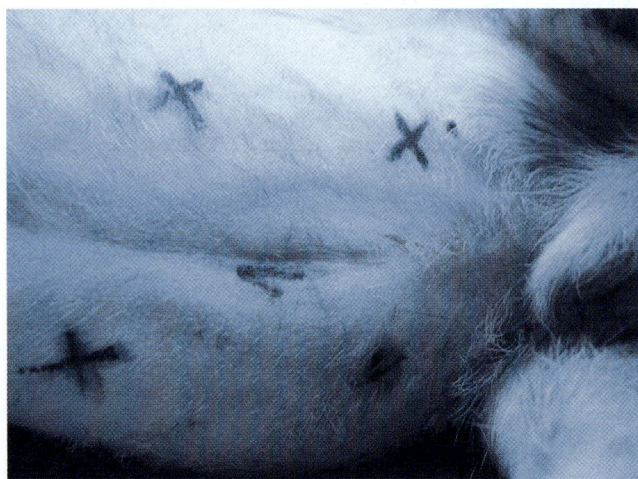

图 4-20　使用 18~20 G 针头向头侧或尾侧刺入脐孔的左右两侧以完成腹腔穿刺。穿刺针须旋转式地逐渐刺入，以避免对腹腔内器官造成医源性损伤。有些病例可能需要多次穿刺才能使腹水从针孔流出。在皮肤表面用"X"标注合适的穿刺部位

操作

缓慢地旋转和推送穿刺针，使穿刺针穿过皮肤和腹外斜肌，并推开腹腔内脏，避免刺伤。在未使用超声介导的情况下，若动物腹腔内液体少于每千克体重 5 mL，则通过盲穿无法抽出腹腔积液。在进行腹腔穿刺时，动物需要处于安静放松的状态。

有些兽医推荐动物在站立状态下进行腹腔穿刺，以使液体排出更顺利。若穿刺针已经刺入腹腔内，此时再改变动物体位很容易划伤腹腔内的器官。如果使用带有侧孔的专用穿刺针头，则可以避免腹腔穿刺时网膜堵塞针孔，更利于液体的抽吸。理想状态下，需要穿刺腹腔的 4 个区域，如果经过 4 个区域的腹腔穿刺而没有液体流出，或者动物疑似患有腹膜炎，则可能需要进行诊断性腹腔灌洗。在进行此项操作前，应先对腹部进行剃毛、消毒。在脐孔后方刺入导管针或者皮下注射针头，然后注入 10 mL/kg（体重）的温生理盐水或乳酸林格氏液。注入液体后，让动物来回运动或者由一侧向另一侧来回翻转，使液体分布于整个腹腔。接下来，如上文所述对腹腔的 4 个区域进行腹腔穿刺。最终，可能只收集到少量注入的液体。由于腹水被生理盐水或乳酸林格氏液所稀释，所以生化检查结果不准确。但是，仍可利用这部分腹水进行显微镜检查，观察有形物质、细菌、白细胞数以及胆汁色素，以鉴别不同类型的腹膜炎。

扩展阅读

Hackett TB, Mazzaferro EM: Veterinary emergency and critical care procedures, London, 2006, Blackwell Scientific.

Meyer DJ, Harvey J: Veterinary laboratory medicine, ed 3, St Louis, 2004, Elsevier.

Rudloff E: Abdominocentesis and diagnostic peritoneal lavage. In Ettinger SJ, Feldman EC, editors: Textbook of veterinary internal medicine, ed 6, St Louis, 2005, Elsevier.

4

高级活组织检查技术

多种活组织检查技术可以被应用，选择何种技术取决于所检查的组织类型、动物状态以及检查者的技术水平。

切除活检是指手术切除整个病变组织或器官，以进行之后的病理组织学检查。切除活检最常用于皮肤病变以及可能不得不将整个器官完全切除（如眼或已经长出肿瘤的内部器官）的病例。**切口活检**是指手术切除病变的一部分，而后进行病理组织学检查。选择一个典型区域的病变进行活检。如果可能的话，检查部位应该包括损伤区域的边缘地带。**针吸活检**是指使用针头和注射器从组织或器官抽吸具有代表性的细胞。有专门的针头用于抽吸非常小的活检样品，然后提交病理组织学检查（参阅细针抽吸）。

穿刺活检技术：概述

穿刺活检（或抽吸）技术是指从内脏器官，包括肺、肝、脾、胰腺、腹部淋巴结以及腹部和胸部的肿块，获取诊断组织或细胞的各种技术。相反，细针抽吸是一种从皮肤或皮下组织(如浅表淋巴结)获得细胞学检查样品(仅为细胞)的技术。穿刺活检技术的优势是直接检查具有典型病变的组织,并且操作过程易于观察。此外,根据动物的配合程度,大多数操作在动物轻度镇静的情况下即可安全实施。在活组织检查过程中,短期静脉麻醉和全身麻醉有助于控制动物的活动。

患病动物准备

潜在的病变或异常组织在进行抽吸或者活检前,可通过触诊、拍摄X线片或超声介导技术进行定位。细针穿刺部位的皮肤应进行剃毛并进行外科术前准备。镇静或麻醉类型的选择取决于动物的性格和进行活组织检查的部位。

操作

将没有探针的22 G针头连接到已经预装好0.5~1.0 mL空气的12 mL注射器上。视情况而定,也可以在针头与注射器之间增设一个可伸缩的装置。针头的长度及所需的穿刺深度与动物的体型有关,一般为1~3.5 in(2.54~8.89 cm)。引导针头进入需要穿刺的组织和器官。固定针头,避免其因活动而穿透器官,特别是血液供应丰富的器官,如肝脏和脾脏。一旦插入针头,将注射器活塞回抽到7 mL或8 mL水平。保持这个姿势1~2 s,然后释放。重复这个过程。根据病变的性质,可能需要将针头以不同角度多次插入组织中。

消除注射器的压力,然后迅速撤针。利用注射器中的空气,将针头内的所有组织样品排到载玻片上。更换新的针头重复同样的操作,再在其他区域获得3~5个不同的样品。这种技术可以在不对注射器施加负压的情况下获得样品,以保护细胞不被破坏。

特殊注意事项

超声介导腹腔器官的穿刺很大程度上提高了该项技术的安全性,尤其是从小型动物收集样品时。自动触发针[如Cook或Temno活检针(14~18 G)]可用于人类,但很少用于兽医临床。细针穿刺的风险,包括造成炎症反应的扩散,传播病原体,肿瘤细胞通过穿刺针的路径扩散和出血。大量的液体和细胞可以直接放进含有EDTA的容器内,防止血块的形成。准备并直接检查样品或者样品沉淀物。

利用Tru-Cut活检针对皮肤或者皮下病变组织(图4-21)进行穿刺活检特别有用,对于内部器官如腹部和胸部器官的局灶性病变,或肝、肾、脾等器官的弥漫性病变的穿刺活检也非常有用。当盲目进行操作时,可能会发生严重的并发症,通常是出血或胆囊的破裂(在肝组织活检的过程中)。因此强烈推荐使用超声介导技术用于内部器官的经皮穿刺活检。此外,超声介导还可以显示大的异常血管,以便避开。

与大部分腹部操作相比,肺部的细针穿刺风险更高。单次的、没有其他多余操作的肺部穿刺也会导致气胸。有关肺部细针穿刺活检的详细介绍请参阅呼吸道疾病诊疗技术。

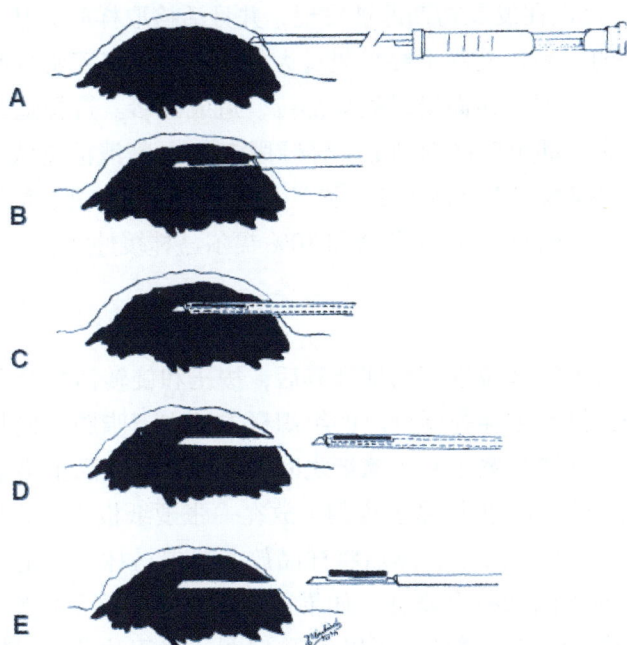

图 4-21 　利用 Tru-Cut 活检针对结节性病灶进行活检的工作原理。利用 11 号刀片在皮肤上做一个小切口，使活检针能够顺利刺入。A.Tru-Cut 活检针关闭后，外套管刺入组织。B. 将外套管固定好，含有凹痕的内套管刺入肿瘤内部，肿瘤组织会进入凹痕内。C. 内套管现在是固定的，将外套管向前推送，切断活检样品。D. 拔出整套活检针。E. 向前推送内套管，暴露凹痕内的组织样品（引自 Withrow SJ, Lowes N: Biopsy techniques in small animal oncology, J Am Anim Hosp Assoc 14:899 - 902, 1981 ）

4

扩展阅读

Lumsden JH, Baker R: Cytopathology techniques and interpretation. In Baker R, Lumsden JH, editors: Color atlas of cytology of the dog and cat, St Louis, 2000, Mosby.

MacNeill AL, Alleman AR: Cytology of internal organs. In Ettinger SJ, Feldman EC, editors: Textbook of veterinary internal medicine, ed 6, St Louis, 2005, Elsevier.

Menard M, Papgeorges M: Fine needle biopsies: how to increase diagnostic yield, Compend Contin Educ Pract Vet 19:738, 1997.

皮肤活检

病变皮肤的病理组织学检查可以作为诊断皮肤病变的一种方法。通常可以在急性和慢性感染的皮肤中发现病原体。皮肤的穿孔活检术是一种通过一小块病变皮肤的样品，快速准确地进行组织病理学检查的方法。

患病动物准备

选择一个病变明显，但没有创伤的部位。样品应包括很少或没有正常组织。如果病变（脓疱、囊泡）可以在发展初期即被发现，并且活检取样时只从病变组织取样，则会获得一份非常好的样品。最好不要采集过大的、包含很多正常皮肤的样品，因为这样可能会导致技术人员因失误而错过病变部位，造成漏诊。选择适当的活检部位对准确诊断至关重要。病变部位应仔细剃毛。轻轻用 70% 酒精清洁皮肤。清洁皮肤时，避开表面的创伤。在取样区域皮下注射 2% 利多卡因进行局部麻醉。活组织检查的特殊设备包括 4 mm、6 mm 或 8 mm 活检穿孔器和 10% 福尔马林缓冲液。

操作

利用利多卡因对采样区域进行局部麻醉后，按压和旋转活检穿孔器以穿透皮肤进入皮下组织。用细针挑起被穿孔器分离的组织样本的皮下脂肪，使其离开皮肤。不能用止血钳夹持样品。将样品置于两张滤纸之间，轻轻吸干样品上多余的组织液。轻轻地展开组织（像一张煎饼），把样品表皮朝上放在一张硬纸板或压舌板上，轻轻地按压样品使其黏附于纸板或压舌板上，然后将样品放入福尔马林中固定。皮肤上因活检留下的缺口可以通过简单间断缝合修补。如果需要采集皮下深部组织或大组织样品时，一次穿孔获得的活检组织是不够的。可以使用 15 号手术刀片获得一份适当的样品。在进行全身皮肤活检时，应采集多个样品以增加病变的诊出率。在提交样品至实验室进行检查时，还应该提交大量的、详细的临床信息，包括鉴别诊断的信息。皮肤活检的组织经常采用苏木精 - 伊红染色（HE 染色）；然而，对于一些特殊情况也可以采用过碘酸 - 希夫试剂（periodic acid - Schiff）染色、高碘酸甲胺银（Gomori methenamine silver）染色或维霍夫染色法（Verhoeff stains）。

肝脏活检

肝脏疾病通常是根据动物的临床症状结合实验室诊断、影像学诊断和腹部超声检查共同确诊。通过肝脏的活组织检查可以获得更具特异性的诊断结果，并且能给予更准确的预后。与局灶性肝脏疾病相比，经皮肝脏活检技术在广泛性的肝脏疾病，如肝硬化、弥散性急性肝坏死或淀粉样变性中有更大的诊断价值。肝脏活检主要的适应证包括：①解释肝轮廓异常；②定义肝脏大小异常的原因；③识别可能的肝肿瘤；④确定预后和合理的治疗方法；⑤识别引起腹水的原因。

患病动物准备

获得肝脏组织的方法很多，然而只要操作得当，肝脏穿刺活检可以非常有用。在进行肝脏穿刺前，应进行认真的临床检查和临床病理检查。每个接受肝脏活检的患病动物均应进行常规凝血功能检查。如果可行，在肝脏穿刺活检之前检测和纠正异常的止血机制。肝脏活检之前，应该对动物禁食，并且应清除腹水。

> **注意：** 对于实验室检查证实存在肝脏疾病的患病动物，尽管肝脏活检是一个至关重要的诊断方法，但在有经验的兽医手中也可能成为一个致命的事件。在肝脏活检之前和期间，强烈推荐进行腹部超声检查和超声介导活检。

操作

进行肝脏经皮穿刺活检和细针抽吸活检时，如果动物配合，还需要进行局部麻醉和镇静。如果可行，全身麻醉是一个合理的选择。为了更好地定位，在肝脏活检时可以利用腹腔镜或超声技术。如果肝脏显著增大，易于触诊，那么在无腹腔镜或者超声介导的情况下，经皮细针活检也相对安全。然而，如果只有一张腹部 X 线片或单靠腹部触诊的感觉，盲穿活检操作将无法确定穿刺对肝脏造成的影响。在肝脏增大不明显，不易触及的病例中，盲穿活检的风险更高，只在没有其他选择的情况下才会进行这种盲穿的操作。

下面的方法是改良的肝脏经皮穿刺活检技术。动物仰卧保定，并在腹中线的皮肤和左侧肝叶的尾腹侧投影区的腹部进行局部麻醉。腹壁上的切口应该大到足以容纳戴着手套的食指。在腹壁皮肤上单独做一个穿刺点来配合调节活检针。用食指分离并固定左肝叶（或其他所需肝叶），将其抵于膈膜或其他相邻结构上，插入外套管和探针，穿过腹壁刺入被分离的单个肝叶内。拔出探针，迅速插入尖头进行。如果放置合适，切割的尖头不应该穿过整个肝叶。推进外层套管覆盖切割的尖头，这样可以使肝组织样品保留在切割的尖头内。拔出活检针。使用木制的敷药棒，小心地将活检样品放入固定液中。活检组织可用于制备压片以进行细胞学检查，也可用于细菌培养。活检结束后，应采用常规方法关闭腹腔切口。

还有一项肝脏活检技术需要使用 Tru-Cut 活检针。犬仰卧保定。在剑突软骨到左肋弓的三角区内皮肤上剃一个 5 cm^2 的无毛区域，进行无菌手术消毒。在中线旁做一个可以容纳直径为 7 mm 的无菌耳镜头的切口。使用已经消毒的含有卤素灯的耳镜使肝脏可视化。通过耳镜的锥孔，置入 Tru-Cut 活检针，直接获得肝脏的活检样本。

鼻腔活检

进行鼻腔诊断性活检的程序较为复杂（而且出血量大），如果需要进行该项检查，通常建议将动物转诊到拥有鼻腔内镜和 / 或 CT 设备的专业动物医院。对患有慢性鼻腔疾病的犬猫进行盲目的活检，特别是存在与出血有关的疾病时，具有很高的风险，可能会将活检针刺入动物头部。

肾脏活检

根据病史、临床检查、实验室检查和影像学检查结果，肾脏活检有助于确诊或排除肾脏疾病（框 4-5）。此外，肾脏活检有助于判断弥散性肾脏疾病的预后，还能更好地评估此类治疗方法的效果。在进行肾脏活检时，超声介导有助于活检针在组织中的定位，避免引起并发症。

框 4-5　　肾脏活组织检查的禁忌症	
凝血异常	肾脏大幅度萎缩
仅存单个功能性肾	急性肾盂肾炎
明显的肾盂积水	大的囊肿

患病动物准备

在进行肾脏活检之前，应该检测动物的基础凝血功能，至少应包括活化凝血时间和血小板计数。如果动物血小板计数正常，但曾经有自发出血史，则还应计算动物的颊黏膜出血时间。活检是从肾皮质取样。活检前后动物均需进行一定量的输液。

大部分患有广泛性肾脏疾病的动物都表现为病危和衰弱，因此禁止实施全身麻醉。在这些情况下，可使用神经镇痛药进行镇静。如果动物麻醉风险较低，并且在肾脏功能允许的情况下，可以在肾脏活检时采用吸入麻醉。

操作

如果两侧肾脏都有疾病记录，则选择左肾进行活检，因为操作比右肾更容易。麻醉后的动物采用右侧卧保定，在第2和第3腰椎水平、肋弓连接以下和腹侧的部位进行外科准备。在腰椎旁、肋弓后做一个2 in（5.08 cm）长与肋弓平行的切口。分离肌肉和筋膜，直至看到腹膜。小心地打开腹膜腔。用手指感觉并检查左肾尾端。用食指引导穿刺针朝向肾脏的尾端。固定肾脏，将其抵于腹壁上，插入 Tru-Cut 活检针，将带有凹痕的内套管插入肾实质内。通过滑动外套管（已嵌入肾实质内），使其覆盖于内套管的凹痕上，从而采集到组织活检样本。拔出活检针，轻轻提起针内的样本放入福尔马林中。评估穿刺部位的出血状况。一旦出血被控制，可以收集第二个活检样本。一旦活检部位停止出血，则可以关闭切口。在犬中，肾脏活检可在超声介导下，利用套管针（probes with channels）进行活检针穿刺。

骨组织活检

外周血持续出现部分细胞或全血细胞(WBC、红细胞、血小板)数量减少，或细胞形态异常，均应进行骨髓造血功能的评估，骨髓抽吸和骨组织活检是极其有用但未被充分利用的诊断方法。廉价、优质的活检针使该过程更加安全和易于执行（一旦有了经验）。

当外周血发生病变时，目前通常的做法是通过相同的穿刺技术获得骨髓穿刺（细胞学检查）和骨组织活检样本进行诊断测试。前面的章节已对骨髓穿刺进行了详细描述。

目前有两种类型的骨组织活检针。最常见的操作是使用 11~13 G 的 Jamshidi 活检针，长 5~10 cm(图 4-11)。此活检针包含一个超过针尖 3~4 mm 的探针。Jamshidi 活检针受到尺寸的限制，只适用于中型犬和大型犬。对于猫和小型犬的骨组织活检，更偏向于使用 15~18 G 的 Illinois 骨髓穿刺针 (图 4-10)，其长度为 2.5~5.0 cm。

患病动物准备

患病动物通常需要麻醉或者镇静。虽然有些动物仅在局部麻醉状态下就能容忍这项操作，但是为了获得高质量的样本，仍有必要进行额外的镇静。某些情况下，若动物反应非常迟钝，则根本不需要镇静。

操作

无论使用哪种类型的活检针，骨组织活检技术的要点都是相同的。一旦确定了活检的部位 (通常与骨髓穿刺部位相同，即肱骨头、髂骨翼、坐骨结节、股骨近端)，剃毛并进行皮肤外科术前准备。在所选择部位的皮肤，做一个小切口。固定探针，活检针通过切口，穿过皮下组织，直到针尖接触到骨组织。保持针的稳定，逐渐增加压力和保持相同的力度及方向旋转。这里的旋转意味着来回旋转活检针，也就是向左旋转 180°，然后向右旋转 180°。一旦活检针进入骨组织 (只需要进入大约 0.5 cm)，则停止进针。小心除去探针。继续施加压力往骨髓内刺入，同时旋转进针。

通常的穿刺深度在 1~3 in (2.54~7.62 cm)。在达到所需的深度后，按照上述方法旋转活检针，但这次是逐渐往外退针。有专门的气密装置可以将活检的样品推出。把活检针内收集到的骨髓芯样品直接放入福尔马林缓冲液中，并提交进行组织病理学检查 (如果要求脱钙处理，则需要较长时间)。

特殊注意事项

有些研究者建议在将样品放入福尔马林之前，先将骨髓在载玻片上仔细滚动 (用于细胞病理学检查)。但大多数病理学家并不推荐这种做法，因为过度处理活检样品可能会破坏样品原有的组织结构，影响活检样品的质量，使病理学检查失败。此外需要注意，即使再轻柔的操作，针头处的活检样品也可能会重新回缩到活检针内。由于 Illinois 活检针和 Jamshidi 活检针均与注射器相连接，所以可在同一部位进行骨髓穿刺 (要保证在凝血以前很快完成)。样品可以直接置于载玻片上进行检查。也可以先与 4% EDTA 混合后做涂片，这样更好。

在活检之后，对动物的护理并没有具体要求。可以使用过氧化氢清洁皮肤上的血渍；伤口一般不需要缝合。

前列腺活检
参阅尿道疾病诊疗技术。

扩展阅读

Acierno MJ, Labato MA: Rhinoscopy, nasal flushing, and biopsy. In Ettinger SJ, Feldman EC, editors: Textbook of veterinary internal medicine, ed 6, St Louis, 2005, Elsevier.

Burkhard MJ, Meyer DJ: Invasive cytology of internal organs: cytology of the thorax and abdomen, Vet Clin North Am Small Anim Pract 6:103, 1996.

Crow S, Walshaw S: Manual of clinical procedures in the dog, cat, and rabbit, ed 2, Philadelphia, 1997, Lippincott-Raven.

Guilford WG, Center SA, Strombeck DR, et al: Strombeck's small animal gastroenterology, ed 3, Philadelphia, 1996, WB Saunders.

Kerwin S: Hepatic aspiration and biopsy techniques, Vet Clin North Am Small Anim Pract 25:275, 1995.

Osborne CA, Finco DR: Canine and feline nephrology and urology, Baltimore, 1995, Williams & Wilkins.

Stone E: Biopsy: Principles, technical considerations, and pitfalls, Vet Clin North Am Small Anim Pract 25:33, 1995.

动脉血气
经股动脉或者足背动脉采集动脉血做血气分析和电解质分析。

患病动物准备
使患病动物处于侧卧位，与隐中静脉采血的姿势相似。

采血操作
结核菌素注射器配合 25 G 大小的针头是动脉采血的最佳针具。注射器吸入肝素后再全部排出，仅保证针头中残留部分肝素即可。在插入针头后轻微回抽活塞，若针头进入动脉，则在回抽后活塞不会自动恢复原位。

若从股动脉采血，在将患病动物保定后，采血者需要先触诊位于后肢中部的股部脉搏，以 30°～45° 缓慢进针，注意针头回血的情况（图 4-22）。再慢慢回抽活塞，采集 0.4～0.5 mL 的血液，若不是立即进行检测，则血液需要低温保存。

若从足背动脉采血，则将患病动物置于侧卧位，并且伸展其后肢，与隐中静脉采血姿势相似。采血者可一手抓住采血肢，使后肢向后外方伸展的同时向患病动物身体中轴旋转，在跗骨的背中侧可触诊到足背动脉的脉搏。以 30° 缓慢进针，注意针头回血的情况。采集足量的血液后，移除针头并按压采血部位至少 2 min。

尽可能排出针管及针头内的空气，并用红色橡胶盖密封针头。若不是立即进行检测，则样本需要冷藏保存。

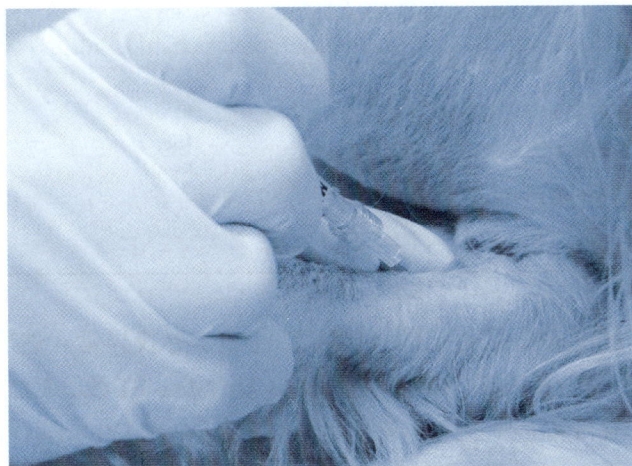

图 4-22　从犬足背动脉处采集动脉血

手术切开

若经皮采集动脉血比较困难，则可以通过手术的方法从股动脉进行采血。无菌备毛后，在股动脉上方做 4～5 cm 的皮肤切口，钝性分离找到缝匠肌的后端，向前翻转后可见位于下方的股动脉、股静脉和神经。注意不要破坏任何的血管分支，轻柔地分离出最多 2 cm 的股动脉后插入针头采血。若需要多次采血时，可做动脉插管。在股动脉两端留两个牵引线后，将股动脉拉至皮肤表面，然后做动脉插管，最后缝合皮肤切口，将插管固定在皮肤上。

脑脊液采集

当怀疑患病动物有脑内或者脊髓疾病时，脑脊液的采集和检查非常重要。然而，此项操作需要进行训练。一般教科书上均不建议进行此项检查，因为尽管各项操作都正确，仍有可能导致动物发生损伤甚至死亡，而与操作者的经验无关。

心电图

心电图是一种快速有效的检查手段，能提供大量关于心血管健康状况的信息。但心电图的检查结果必须和临床症状相结合才有诊断意义（框 4-6）。必须注意的是，心电图只能测量心肌电活动在体表的反映，所以，若心肌电活动只是间断性或者静息性异常时，心电图检查可能不会反映出这种异常。

心电图检查分析

心电图的解读遵循一定程序，一般先分析 II 导联，包括是否每个 QRS 复合波前都有一个 P 波？是否每个 P 波后都有一个 QRS 复合波？是否所有的 P 波形态一致？是否所有的 QRS 复合波形态一致？ P 波和 QRS 复合波之间的关系是否前后一致？

框 4-6　心电图检查的临床适应证
发现心脏腔室增大
存在心律失常
离子含量异常，如钾离子
监测治疗反应，指导心脏疾病用药
监测疾病进程（心脏功能的变化）

若其中一个问题的答案是否定的，则需要进一步寻找异常。然后，判断心率、心律和各个波的特征，包括 P 波、PR 间期、QRS 复合波、ST 段、T 波、QT 间期等。综合各导联判断心电轴和其他异常。

心率

由于使用的心电仪不同，计算心率的方法也不同。很多心电仪本身可以计算心率并在心电图条带上打印，但当患病动物有明显的心律失常时，这种计算就存在较大的误差，此时应进行人工计数。心电图纸的顶端有标记，对于 50 mm/s 的速度而言，两个标记之间的时间间隔为 1.5 s，计数两个标记之间的 QRS 复合波 /R 波的数目再乘以 20 即可计算出患病动物的心率（图 4-23）。也可以通过计数 R 波的格数，再用 3 000 除以其格数即可得到心率（50 mm/s，框 4-7）。

4

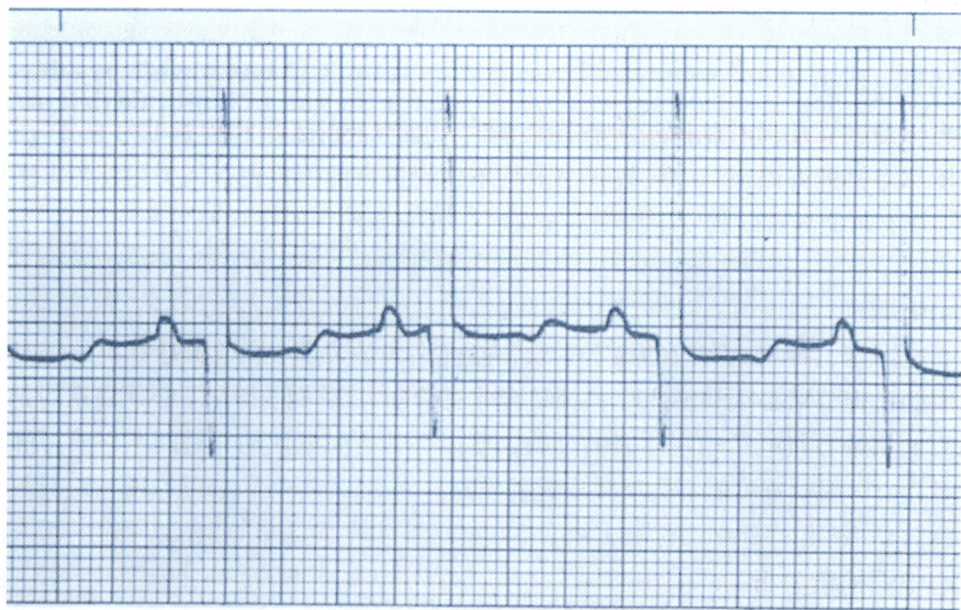

图 4-23　心率计数可见两个 R 波之间相距 20 个小格，所以心率为 3 000/20=（150 次 /min）（带速为 50 mm/s）

框 4-7	正常心率
犬	幼犬：最大可达 220 次 /min
大型犬：60 ~ 100 次 /min	
中型犬：80 ~ 120 次 /min	**猫**
小型犬：90 ~ 140 次 /min	家养猫：140 ~ 250 次 /min

心律

正常心律为窦性心律，即每个 QRS 复合波前都有一个 P 波（图 4-24），P 波和 QRS 复合波是相互关联的（P-P 间期相等）。窦性心律失常、窦性停搏、游走性起搏点都属于异常的窦性心律。窦性心律失常可见 P-P 间期不等，但暂停不超过 2 个正常的 P-P 间期时长（图 4-25）。游走性起搏点则可见 P 波明显的变化，甚至可能出现负波（图 4-26）。窦性停搏则可见 P-R 间期增长，且超过 P-P 间期时长的 2 倍。

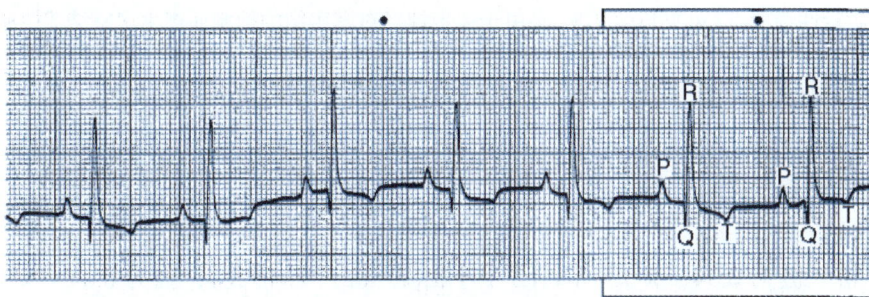

图 4-24　成年犬的正常 Ⅱ 导联中的 QRS 复合波形态

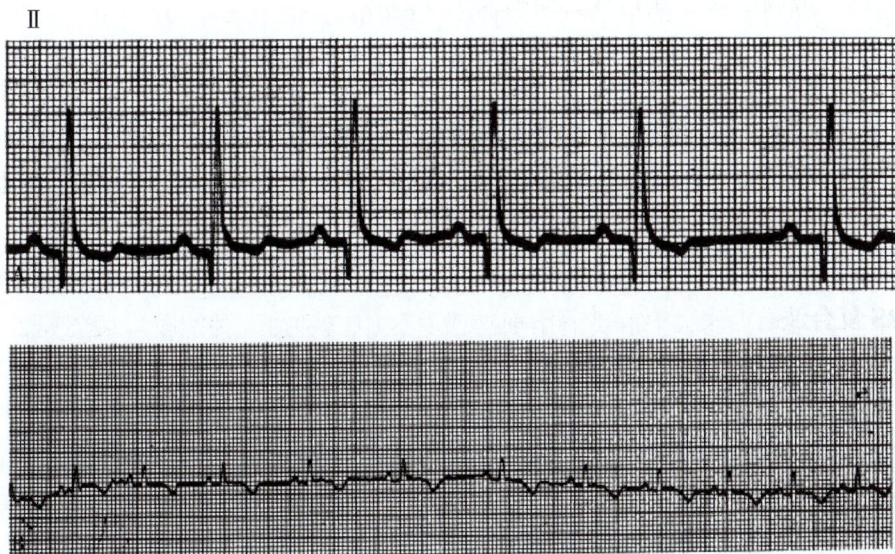

图 4-25　不同患病动物的窦性心律失常心电图。A. 犬轻度窦性心律失常，可见每个 QRS 复合波前都有一个 P 波，每个 P 波都与一个 QRS 复合波相关，故判断为窦性心律。但 R-R 间期不等，所以判断为窦性心律失常。B. 猫窦性心律失常（引自 Edwards NF: Bolton's handbook of canine and feline electrocardiology, ed 2, Philadelphia, 1987, WB Saunders）

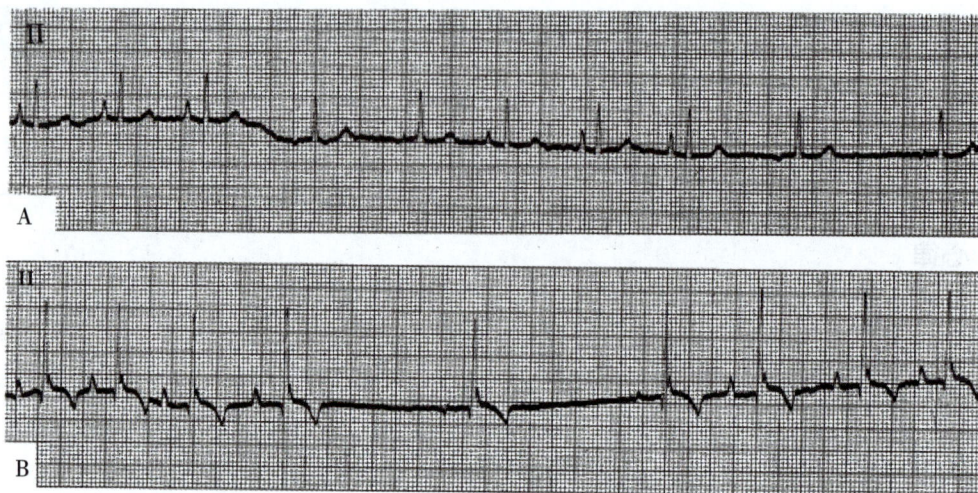

图 4-26　游走性起搏点，可见负向 P 波，是由于迷走神经对窦房结的抑制而产生房室结节律所致（A）。明显的窦性心律失常和游走性起搏点，导致心率下降（R–R 间期延长），第 5 个复合波可见负向 P 波。随着窦房结重新起搏，心率升高，在第 6 和第 7 个复合波可见不同波幅的正向 P 波（B）

正常心电图指标

P 波

犬正常 P 波为 0.04 s × 0.4 mV（2 个小格宽 ×2 个小格高），猫为 0.04 s × 0.2 mV。在二尖瓣性 P 波（二尖瓣增大）中可见 P 波比 0.04 s 宽。在肺性 P 波（右心房增大）中可见犬的 P 波高度大于 0.4 mV，猫则大于 0.2 mV。

PR 间期

PR 间期是指从 P 波起始到 QRS 复合波起始这段时间，犬的正常值在 0.06~0.13 s（3～6.5 个格子），猫则在 0.06～0.08 s。在一度房室传导阻滞中，PR 间期会延长。PR 间期常用于监测洋地黄的药物治疗。

QRS 复合波

QRS 复合波的时长是指从 Q 波起始到 S 波结束这段时间，正常范围猫最大为 0.04 s、小型犬为 0.05 s、大型犬为 0.06 s。QRS 复合波增宽表明左心室增大（图 4-27），R 波高度是指从基线到 R 波顶端的这段距离，增高也表明左心室增大（图 4-28）。R 波高度的正常范围猫最大为 0.8 mV、小型犬为 2.5 mV、大型犬为 3.0 mV。

ST 段

ST 段是指 S 波结束到 T 波起始这段时间，正常情况下应位于基线，然后突然进入 T 波。ST 段不明显时多表明左心室增大。若 ST 段有升高（高于基线超过 0.1 mV，在

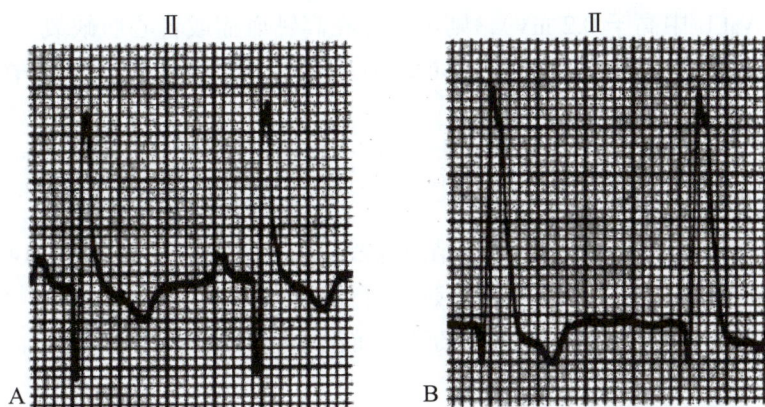

图 4-27　两图均为左心室增大，可见 QRS 波形正常但有增宽。A. 迷你贵宾犬，可见 QRS 复合波有 0.07 s。B. 杜宾犬，可见 QRS 复合波有 0.09 s。小型犬不应超过 0.05 s，大型犬不应超过 0.06 s，故两者的 QRS 复合波均有增宽，诊断为左心室增大。其中，杜宾犬的心电图中可见 P 波缺失，这是由房颤导致的（走纸速 50 mm/s，1 cm 代表 1 mV）（引自 Edwards NF: Bolton's handbook of canine and feline electrocardiography, ed2, Philadelphia, 1987, WB Sauders）

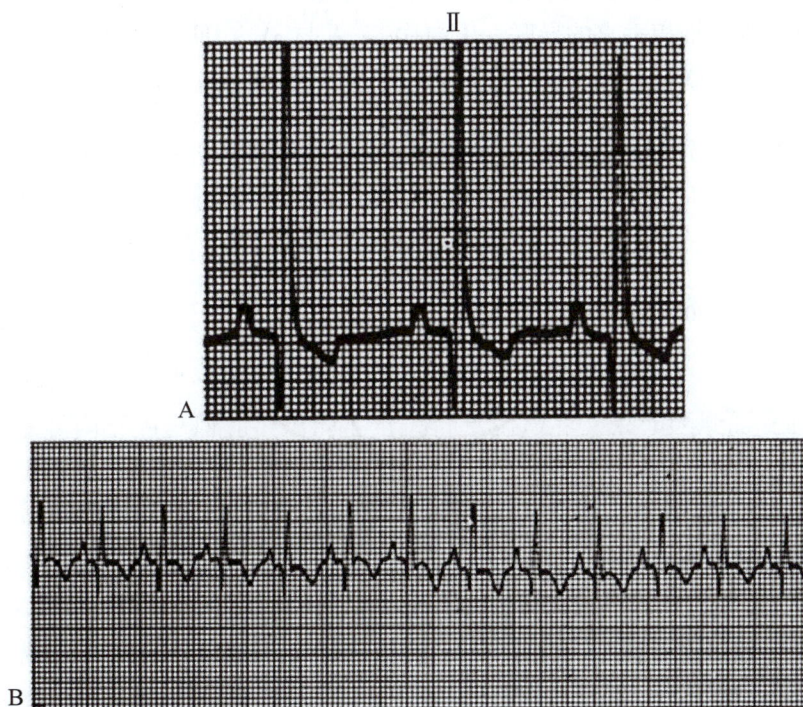

图 4-28　不同患病动物的 R 波高度变化心电图。A. 可见 R 波的高度为 3.8 mV，但犬的 R 波不应高于 3.0 mV。R 波增高表明左心室增大。其他两项指标也表明存在左心室增大，QRS 复合波增宽达 0.07 s，ST 段不明显（带速 50 mm/s，1 cm 代表 1 mV）。B. 甲状腺功能亢进的猫出现左心室增大，测得甲状腺素浓度为 9.9 mg/dL。可见 R 波增高（> 0.9 mV）（带速 50 mm/s，1 cm 代表 1 mV）。心脏增大导致心壁压力增大，发生缺血，故心电图可见 ST 段不明显（引自 NS Moise, New York State College of Veterinary Medicine, Cornell University, Ithaca, New York. From Edwards NF: Bolton's handbook of canine and feline electrocardiography, ed2, Philadelphia, 1987, WB Sauders）

CV$_6$LL 和 CV$_6$LU 中高于 0.2 mV），则可能存在高钙血症或者心肌缺氧。若 ST 段有下移（低于基线超过 0.1 mV，在 CV$_6$LL 和 CV$_6$LU 中高于 0.2 mV），则可能存在心肌缺血、缺氧或低钙血症。

QT 间期

QT 间期是指从 Q 波起始到 T 波结束这段时间，正常情况下犬为 0.14 ~ 0.22 s（7 ~ 11 个小格），猫最大为 0.16 s。QT 间期延长可见于低钾血症或低钙血症。QT 间期会受到心率的影响，心率过慢时 QT 间期会延长。而 QT 间期缩短可见于高钙血症。

平均心电轴

平均心电轴是指心室去极化的方向，多通过 I、II、III、aV$_L$、aV$_F$ 和 aV$_R$ 六个导联在六轴系统中来确定心电轴（图 4-29），过程如下：

1. 找到等电轴——即 QRS 复合波的正向波和负向波之和为零的导联（图 4-30）。当没有等电轴时，找到最接近零的一个导联。
2. 找到与等电轴相垂直的导联，I 与 aV$_F$、II 与 aV$_L$、III 与 aVR 分别相垂直。
3. 确定垂直导联上 QRS 复合波的正向 / 负向，若为正向，则心电轴指向正向方

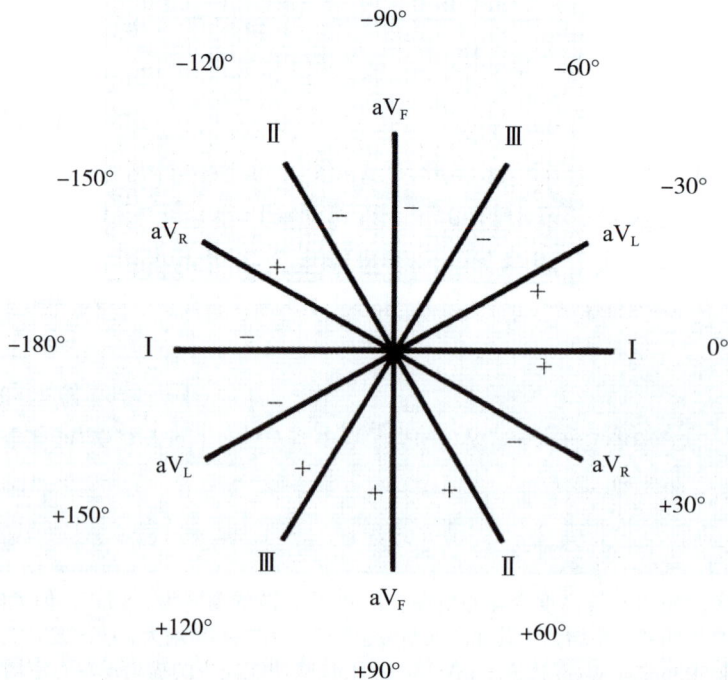

图 4-29　六轴系统。沿 0°~180° 和 −180°~0°，以 30° 递增。六个导联均有正负极，其中 I、II、III 和 aV$_F$ 的正负向是一致的，而 aV$_L$ 和 aV$_R$ 则与前四者是相反的（引自 Ettinger SJ, Suter PF: Canine cardiology, Philadelphia, 1970, WB Saunders）

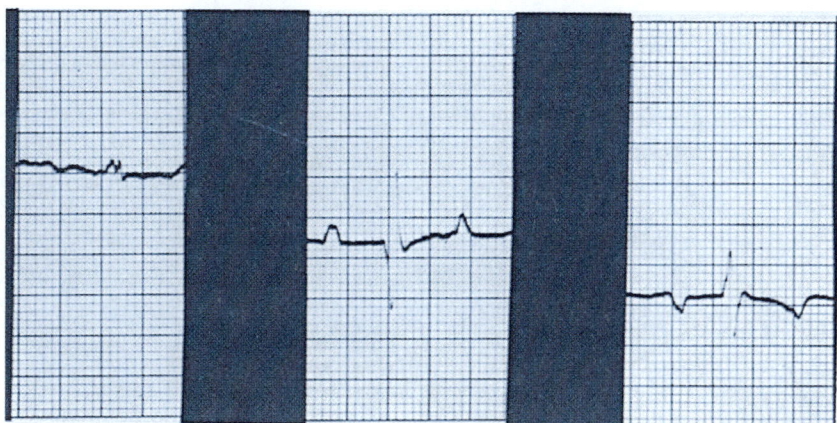

图 4-30　以上上三个导联中，QRS 复合波的正向波和负向波之和均为零，均可认为是等电轴

向；若为负向，则心电轴指向负向方向。例如，aV_L 为等电轴时，Ⅱ导联即为垂直导联，若Ⅱ导联为正向，则心电轴为 +60°，若Ⅱ导联为负向，则心电轴为 −120°。

正常平均心电轴

犬的正常范围为 +40°~+100°，猫则变化较大，为 0°~+180°。犬心电轴右偏时（落在大于 +100° 的范围内），表明存在右心室增大；心电轴左偏（落在大于 0°~+40° 的范围内），表明存在左心室增大（图 4-31）。当存在双侧心室增大时，心电轴通常正常。因为猫心电轴的正常范围太大，故心电轴检测对猫的诊断意义不大（框 4-8 至框 4-10）。

内镜：适应证及设备要求

> **注意**：本部分讨论的是内镜的适应证和检查能力，而没有涉及如何进行内镜的检查操作。临床上有多种类型的内镜及其他辅助检查手段，在进行这些检查前必须经过实际训练，并熟悉各种检查设备。

若使用不当，不仅可能对内镜的维护不利，也可能对患病动物造成伤害。

上呼吸道：咽喉

对于存在打鼾、用力吸气、喘鸣、慢性咳嗽的患病动物，上呼吸道内镜是最重要的诊断和治疗工具。咽部内镜检查在诊断呼吸道阻塞上具有很重要的意义，包括喉室外翻、勺状软骨塌陷、声带增生、声带结节、软腭增长、近端气管塌陷、颈部创伤等。同时要注意的是，患病动物麻醉后的裸眼直视检查也是很重要的一种手段，如对检查

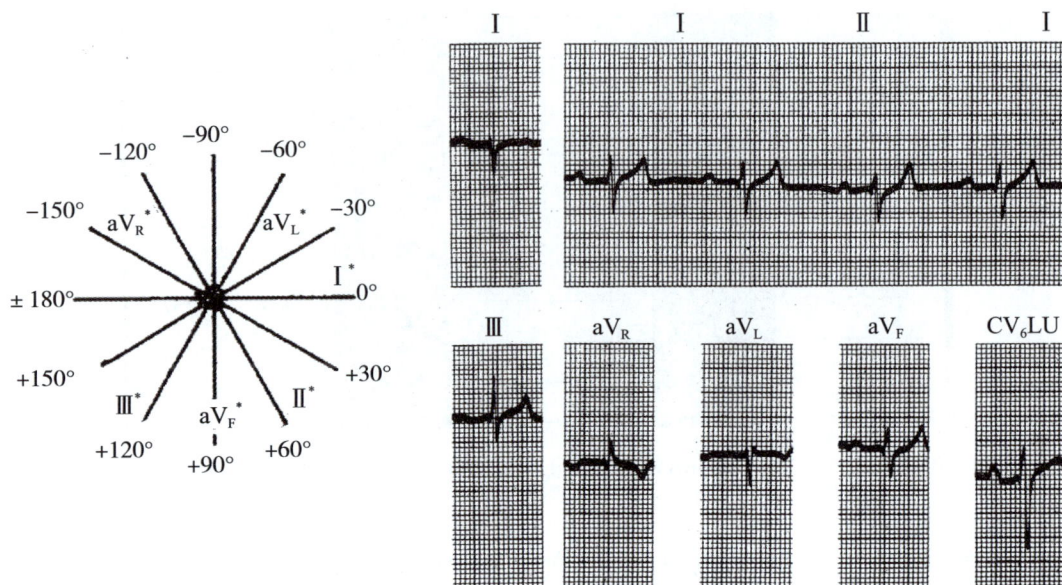

图4-31　肺动脉狭窄的刚毛猎狐㹴额面心电图，可见平均心电轴接近165（引自 Edwards NF: Bolton's handbook of canine and feline electrocardiography, ed2, Philadelphia, 1987, WB Sauders）

4

框4-8　左心室增大的心电图标准
心电轴左偏（犬）
QRS复合波增宽（但波形正常）
R波增高
ST段不明显
可能出现二尖瓣性P波

框4-9　右心室增大的心电图标准
心电轴右偏（犬）
在 I 、 II 、 III 导联上可见 S 波（犬）
犬的 CV₆LU（V₄）导联上 S 波变深（大于 0.7 mV）
可能出现肺性 P 波

框4-10　双侧心室增大的心电图标准
R波增高
QRS复合波增宽
ST段不明显
II 导联上 Q 波变深（猫大于 0.3 mV，犬大于 0.5 mV）
平均心电轴正常
可能存在肺性 P 波或者二尖瓣性 P 波，或者二者同时存在

咽部瘫痪患病动物的咽部运动。但当损伤位于咽部靠里的位置时，检查就比较困难了。需要借助内镜来检查气管和支气管主干的完整性，如气管塌陷、纵隔肿瘤、肺门淋巴结肿大、寄生虫性结节（肺丝虫）、吸入性异物等。此外，在慢性呼吸道疾病中，气管支气管内镜检查可以同时进行采样做细胞学检查和细菌培养。上呼吸道阻塞时，保守治疗多无效，此时需要进一步的检查，如支气管内镜检查。

检查咽喉部位的内镜有不同的型号，但对于猫和小型犬而言，使用人医的支气管内镜进行检查效果可能有限，因为这种内镜的直径可能和支气管的直径相当。因此，当患病动物体型较小时，建议对操作者进行更进一步的培训。

内镜在犬猫鼻咽部和软腭上方腔室的检查中很重要，也称为咽镜检查。该检查需要将内镜折转 170° ~ 180°，看清鼻后孔和咽之间的位置（图 4-32），因为异物常嵌于此处，偶尔可见肿瘤（图 4-33）。咽镜检查是对有打鼾症状的患病动物检查此处结构的唯一方法。

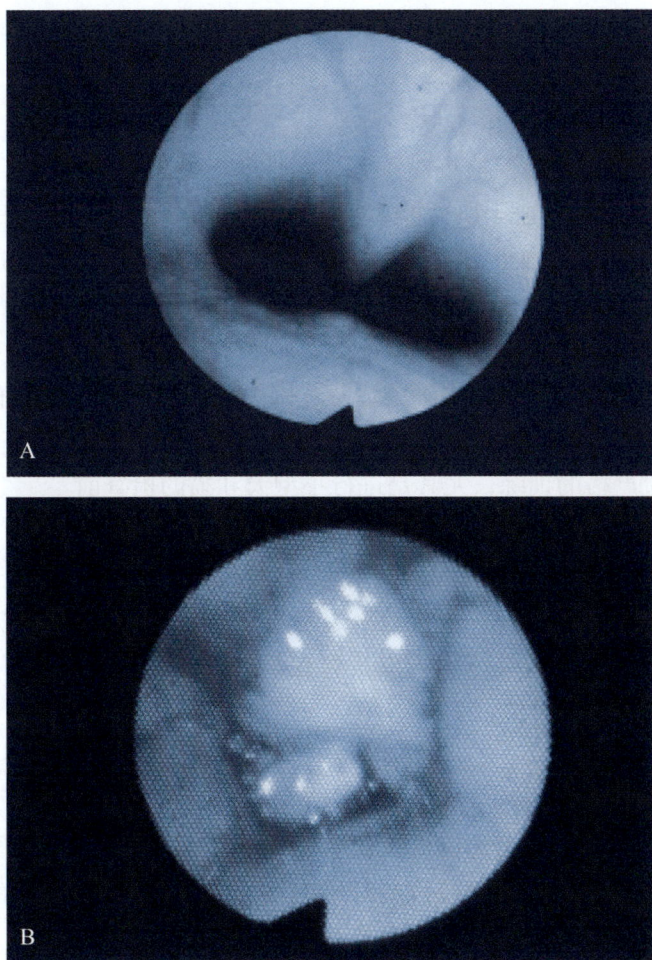

图 4-32　正常猫与患猫的鼻后孔结构对比。A. 猫正常的鼻后孔结构。B. 淋巴瘤患猫的鼻后孔结构

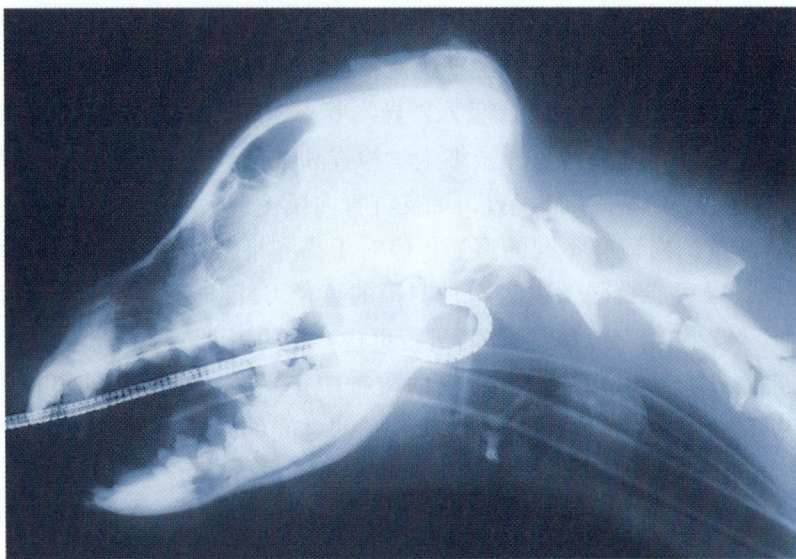

图 4-33　犬头骨侧位 X 线片，示咽镜检查中内镜的正确检查位置

下呼吸道：支气管内镜

支气管和下呼吸道的内镜检查对于有持续性咳嗽的患病动物而言是一种很重要的诊断和治疗手段。在检查过程中，患病动物需要麻醉，同时应时刻关注患病动物的呼吸和氧气状态，若患病动物全程都需要供给氧气，则可能不适宜做此项检查。理想状态下，进行中型犬或大型犬的检查时，可放置一个 T 形的架子，内镜从中穿过同时又可以保证供氧和呼吸麻醉。

但此种做法在小型犬和猫中则不太适宜，因为内镜最远可伸至左右支气管主干处，之后则难以进入更深的部位。一般需要同时进行静脉麻醉才能完成整个检查过程。所以操作者必须经过严格的训练，尤其是进行小型犬和猫的检查前。

支气管内镜检查的最大优势在于可以判断支气管及部分下呼吸道的完整性。气管塌陷在 X 线片中不可见，但内镜检查时则十分明显，另外还可以检查异物、肿瘤、呼吸道寄生虫、气管创伤。此外，内镜检查过程中可以局部采样做细胞学检查。对于反应性呼吸道疾病、亚临床或临床感染以及患有某类肿瘤的动物，采用内镜进行支气管肺泡灌洗具有很高的诊断价值。

胃肠道内镜

可弯曲的纤维内镜（如支气管镜）是一种非侵入性的无创检查手段，可检查食管、胃和结肠的黏膜。现在已有不同价位的纤维内镜。为了降低对患病动物造成伤害的可能性，也为了避免内镜受损，检查前需要对患病动物进行全身麻醉。上消化道检查时建议提前 12~24 h 对动物禁食，但有胃排空延迟的患病动物，建议提前 24~48 h 禁食。

若做结肠检查，则建议提前 24 ~ 48 h 禁食。在检查的前一晚和检查前 2 ~ 4 h 灌肠，直到可见反流的灌肠液为清亮状态。

食管内镜

当动物出现反复反流、过度流涎、食管扩张、厌食、吞咽困难或反复发生肺炎等症状时，可考虑进行食管内镜检查。该检查可见食管黏膜状态，以诊断炎症、溃疡、扩张、憩室、狭窄、异物、肿瘤和寄生虫等疾病。

胃镜和十二指肠镜

当动物出现持续性呕吐、吐血、黑便、体重减轻、贫血、腹痛等症状时，可进行胃镜检查。当放射学检查疑似有胃部异常时，也可以通过胃镜进行确诊。胃镜可检查胃部黏膜，诊断炎症、溃疡、异物、肿瘤等。对于大部分的犬猫，胃镜均可达十二指肠近端，但根据个体的体型不同，胃镜达到的深度也有所不同。

结肠镜

结肠镜可用于检查结肠、直肠和肛门，对于诊断下部肠段疾病比较有意义，如肉芽肿性结肠炎、异物、肿瘤、撕裂等各种黏膜异常。最主要是用于大肠性疾病的诊断，患病动物可见里急后重、排便频率增加、排便量减少，且粪便中常见带有血液或者大量的黏膜，还可诊断黏膜炎症、溃疡、黏膜息肉、恶性肿瘤和肠道狭窄。黏膜的活检可以确诊结肠性疾病。

检查大肠前应保证大肠内无粪便等物质，这样才能观察到黏膜的状态。可以提前 24 h 对动物禁食，在检查的前一晚和 2 h 前灌肠，这样大肠内的残余物将很少。灌肠液应不具有刺激性，也不能是油性，使用温和的高渗盐溶液如 Fleet 灌肠液，效果良好。但猫和小型犬禁用 Fleet 灌肠液。

若患病动物体况较差，则不可禁食 24 h，可以在结肠镜检查前 12 ~ 18 h 饲喂低残留的食物，包括熟鸡蛋、少量的牛肉或鸡肉、少量的碳水化合物，如 $1/4$ ~ $1/2$ 杯狗粮或者一片面包。防止患病动物脱水。若不能喂食，则可口服补液，如佳得乐（一种饮料）。

首先对患病动物进行短效麻醉，将其侧卧固定在倾斜的桌面上，后肢高于前肢。在检查前先指检直肠和骨盆腔，确认是否存在狭窄、息肉或其他阻碍物。用水溶性凝胶润滑直肠镜后缓慢伸入肛门内，穿过肛门括约肌，以螺旋式运动轻柔推送。若遇任何阻碍，应停止伸入，移出体窥镜通芯，检查肠管，寻找阻碍的原因。若有可能，更换体窥镜通芯后再继续伸入，直至完成整个检查，最后取出体窥镜通芯，检查黏膜。

在移出直肠镜时对肠道进行检查。为了观察到完整的结肠壁和直肠壁结构，操作者在回抽内镜时必须将探头旋转移出。当肠道有皱褶时，可进行充气使肠道平展。反复的检查可能导致淤血和少量出血，注意须与病理性变化相鉴别。在检查直肠末段和肛门时，Hirschman 肛门镜可以提供更好的可视化检查。

现在有越来越多的新技术应用到犬的上消化道和下消化道检查中。可弯曲的纤维内镜可以直观检查食管、胃和结肠，同时还配有拍照功能。不仅可以直观检查胃肠道病变，还可以用于评估消化道的运动性、采样活检和移除异物。

阴道镜

阴道镜可直观检查母犬的前庭、阴道至宫颈部以及尿道口，在评价已知或怀疑患有先天性尿路疾病的动物时具有特殊意义，如尿失禁、异位输尿管、阴道狭窄（先天性或创伤性）。很多阴道畸形和慢性感染可造成形态学的变化，阴道镜能轻松诊断。若需要进行较复杂的检查，包括膀胱插管、阴道采样等，建议对患病动物进行镇静或者麻醉。检查中患病动物应处于背侧位或者腹侧位。但若需要进行膀胱插管，则最好采取背侧位，易于显露尿道乳头肌且利于进行膀胱插管。

阴道镜有两种，一种是直径为 4~6 mm 的软式内镜，另一种是直径为 2~3 mm 的硬式内镜。软式内镜可以更好地检查阴道壁的结构，而且采样通道也更大。阴道镜检查是一种侵入性的检查，所以应保证在无菌的环境中进行。应先清洗外阴，必要时需要剃毛，清除外阴处的分泌物后再开始进行检查。内镜的顶端朝向肛门方向插入，缓慢进入水平部分的阴道前庭和阴道，可能的话将内镜插入至子宫颈部位。阴道内轻微的充气有利于扩张阴道，更好地进行检查。建议从子宫颈开始进行检查，可以完整地检查阴道内的结构。

膀胱镜

膀胱镜出现的时间较晚，也有两种，即软式内镜和硬式内镜，直径均为 2 mm，可用于检查母犬，甚至是猫的尿道、膀胱三角区、膀胱、双侧输尿管膀胱壁段结构。对于尿道或膀胱三角区的阻塞性异常（如肿瘤、结石），膀胱镜检查是最重要的检查方法。膀胱镜还可用于直观检查膀胱黏膜并采样。

扩展阅读

Guilford WG, Center SA, Strombeck DR, et al: Strombeck's small animal gastroenterology, ed3, Philadelphia, 1996, WB Saunders.

Holt DE: Laryngoscopy and pharyngoscopy. In King LG, editor: Textbook of respiratory disease in dogs and cats, St Louis, 2004, Elsevier.

Jones B: Incorporating endoscopy in veterinary practice, Compend Contin Educ Pract Vet 20:307–313, 1998.

Kuehn NF, Hess RS: bronchoscopy. In King LG, editor: Textbook of respiratory disease in dogs and cats, St Louis, 2004, Elsevier.

Tams TR: Handbook of small animal gastroenterology, Philadelphia, 1996, WB Saunders.

经肠营养

对于拒绝进食或者无法进食的患病动物，有多种补充营养的途径。静脉输入营养液即为其中的一种，常用于对经消化道进食耐受不良的患病动物，是一种在短期内提供营养的重要途径。但目前大部分兽医都认为经肠营养比静脉输入营养液更有优势，因为输入营养物的种类会更多。在开始肠饲前需要考虑几个问题，如患病动物的疾病状况、胃肠道插管后的状况、患病动物的消化和吸收能力、食物类型的选择等。尽管经肠营养可选择的营养物与静脉输液相比会明显增多，但兽医应根据患病动物的具体状况来安排补充营养的种类。

目前经肠营养有四种途径，包括鼻饲管、咽部插管（并不推荐）、食管插管、经皮胃插管（可在内镜下操作或者"盲插"）。选择的插管均为聚氨酯或者硅胶材质。放置鼻饲管时，患病动物只需要局部麻醉，而其他三种途径则需要全身麻醉，以确保饲管放置恰当。

鼻食管插管术

对于短期饲喂的犬猫，鼻饲是一种简单的方式。但当患病动物出现昏迷、持续性呕吐、有食管异常、不能吞咽等情况时，则不适宜鼻饲。10~15 kg 的犬一般选用 8~10 F 的鼻饲管，猫和较小型的犬用 5~8 F 的鼻饲管即可。鼻饲管需要经鼻腔插入食管远端，但不进入胃。所以，鼻饲管的长度应为鼻尖到第 8 或第 9 肋骨的长度（图 4-34）。

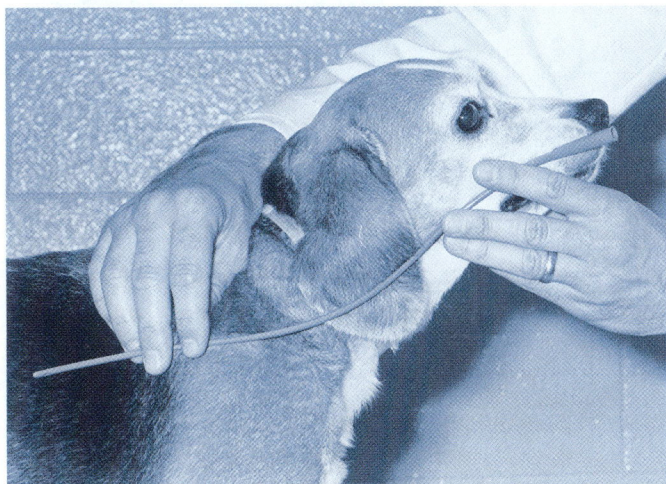

图 4-34 测量患犬所需鼻饲管的长度

从一侧的鼻孔滴入 3~5 滴眼科局部麻醉药（0.5% 丙美卡因），然后轻柔地将患病动物的头上抬，保持几秒钟让药物到达鼻腔后部。大多数情况下，1~2 min 后需要重复滴入一次。大型犬可以从鼻孔滴入 0.5~2.0 mL 2% 利多卡因来达到同样的效果。插管之前，需要先润滑插管，涂抹部分水溶性润滑剂，如2%利多卡因凝胶。受犬鼻孔解剖结构的影响，插管顶端需要从鼻腔的中间腹侧垂直进入鼻腹道，起初会感受到阻力，此时患病动物会摆头而不易插入鼻饲管。所以，术者有时需要一手把持鼻饲管，另一手把握住犬的头部，将鼻饲管迅速从鼻孔中部插入鼻腹道。一旦鼻饲管进入鼻腹道，之后就会比较畅通。

鼻饲管到达鼻咽的后部，正常情况下可无任何阻力地进入食管。之后将鼻饲管缝合固定在患病动物的头部或者面部（图4-35），也可以选用胶带固定，但一般不推荐，因为可能导致皮胶黏附部位发生脱毛或者色素沉着。

注意：插管过程中鼻饲管可能经声门进入气管，由于使用了局部麻醉药，患病动物不会表现出咳嗽或者咽反射。笔者一般在插入鼻饲管后会在外口处装一个干燥的注射器，然后通过抽气观察（图4-36）。若抽气过程无任何阻力且气体充满整个注射器，则鼻饲管很有可能已插入气管，此时需要移出鼻饲管再重新插管。若抽气过程阻力较大且几乎没有气体进入注射器，则鼻饲管已插入食管内。若仍有疑虑，可拍摄X线片检查确认。

图4-35　将鼻饲管缝合在幼犬的面部以固定鼻饲管

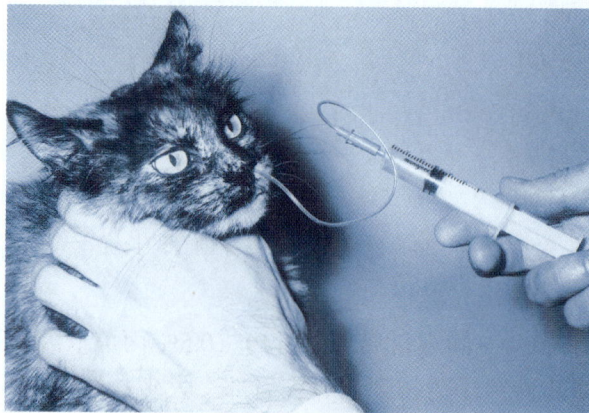

图4-36　检查猫鼻饲管是否插入食管

食管造口置管术

患病动物准备

食管造口对患病动物的侵入性较小，同时不需要使用内镜，犬猫需要长时间的经肠营养时，可以考虑此种方式。可选用 14 ~ 20 F 的橡胶管、聚氨酯管或硅胶管，从颈部食管中段插入第 8 肋间。患病动物全身麻醉，操作者需要具备丰富的经验，具体的操作过程可参阅参考书目（扩展阅读中的"Marks SL"）。手术所需器具包括弯止血钳、剃毛刀、纱布、红色橡胶管、记号笔、外科手术刀、持针器、剪线剪、非吸收性缝线（0 号）和三棱针等。

操作

患病动物麻醉后置于右侧卧位，剃毛区应包括从下颌支向后至胸腔入口，从背侧到腹侧中线的整个区域。根据食管的走向，一般优先考虑左侧手术，但若颈部有损伤，或因感染或者肿物而影响到饲管的放置，也可以考虑右侧手术。

消毒备毛，从口腔插入弯止血钳至食管，将止血钳弯的一侧向外突出直至体表可见止血钳。要注意颈外侧静脉的走向，避免撕裂颈静脉。测量插管部位至胸腔中部的距离，并在插管上做好记号。

接下来在止血钳弯曲的顶部切开皮肤至食管，将止血钳从切口往外夹住饲管远端。

通过皮肤切口牵拉饲管到口腔的前部。如果无法轻易拉出饲管，通常是因为钳子的铰链卡在了口咽部或者气管内。

一旦饲管的远端到达口腔前部，用手指或者工具将饲管的远端推到食管。随着饲管的远端送入食管，同时牵拉饲管的近端，将其拉直。当饲管进入食管内后，将其近端翻向患病动物的鼻子。利用 X 线片确定饲管的位置后将其固定。

经 X 线片确定饲管放置正确后，缝合并固定饲管。在饲管进入食管处做一个荷包缝合，一个交叉缠线缝合（用缝线绕管后缝合在皮肤上），在寰椎附近深部再做一个交叉缠线缝合。

最后，在饲管进入食管的部位涂擦抗生素软膏，并包扎。与胃管不同的是，患病动物在放置食管饲管后可以立即进行饲喂，在动物自主进食后也可以立即移除。

特殊注意事项

在操作之前应先观摩其他有经验的兽医的操作。尽管术后的并发症较少，多为颈中部的局部刺激或者轻微感染，但偶尔可见将饲管插入纵隔或者皮下的情况。

经皮放置胃管

经皮放置胃管一般用于需要经肠提供营养数天至数周，难以进食的犬猫，包括猫脂肪肝、口咽肿瘤、上 / 下颌骨骨折、口腔修复手术、食管肿物 / 异物、重度咽炎等情

4

况。胃管经皮肤从左侧腹壁进入胃内。

蕈头导管的制备

1. 选择蕈头导管。
2. 从导管远端剪下 1.5 cm 的小导管。
3. 在 1.5 cm 的小导管双侧剪出一个直径为 3 mm 的小孔。
4. 在长导管远端剪出一个有尖角的斜面。
5. 测量从导管顶端到斜面下 2 cm 处的长度。

胃管的准备

1. 选择末端光滑的乙烯胃管。
2. 测量所需的胃管长度，沿动物体侧放置胃管，从胃部向尾侧测至最后肋骨后 1 ~ 2 cm 处的距离即可。
3. 做好标记后将多余的胃管剪掉。
4. 在开始手术前将胃管冷冻 30 min，这样可以使胃管变硬，利于操作。

经皮放置胃管的过程

1. 左腹壁剃毛，消毒备毛。
2. 在犬右侧犬齿处放入口腔开张器。
3. 经食管插入胃管至心脏处。
4. 逆时针旋转胃管，缓慢穿过心基。
5. 顺时针旋转胃管，直至在最后肋骨后 1 ~ 2 cm 的腹壁处可见胃管（图 4-37）。
6. 调整胃管的位置，直至尖端位于轴上肌和腹中线连线的 1/3 处。
7. 在胃管的正上方做 2 ~ 3 cm 的皮肤切口。
8. 在 Sovereign 导管的前方穿上针，刺穿腹部及胃壁进入胃管内后将针取出（图 4-38）。
9. 在 Sovereign 导管后方穿上长的硬质缝线，缓慢穿过胃管，从胃管口腔侧取出 Sovereign 导管（图 4-39）和胃管。
10. 仔细从胃管开口处移除塑料导管，并用止血钳夹住缝合材料的末端。
11. 沿硬导入缝合线的口腔端移除胃管。
12. 使用褥式缝合线将 French–Pezzar 导管胃管的开放式斜面端连接到塑料 Sovereign 导管上（图 4-40）。
13. 使蕈头导管的斜面顶端进入 Sovereign 导管内。
14. 牵拉 Sovereign 导管腹腔引线，使蕈头导管经口腔、食管进入胃部。
15. 用止血钳牵拉蕈头导管，使其暴露在腹壁切口外。

16. 从蕈头导管斜面下 2 cm 处剪断，轻微牵拉蕈头导管至感到有阻力即可（图 4-41）。

17. 将外法兰盘沿管子末端向下滑动至皮肤水平（图 4-42）。

18. 在皮肤切口处涂抹抗生素软膏，覆盖灭菌纱布。

19. 用绷带包扎腹壁外的胃管（图 4-43）。

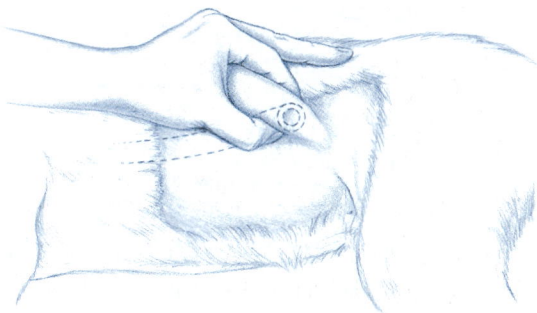

图 4-37　在左侧腹壁定位胃管的顶部（引自 Crow S, Walshaw S: Manual of clinical procedures in the dog, cat, and rabbit, ed 2,Philadelphia, 1997, Lippincott-Raven)

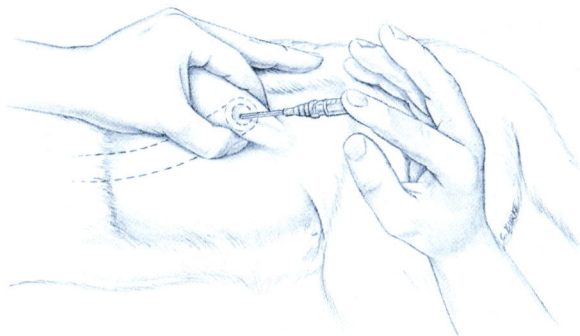

图 4-38　Sovereign 导管经腹壁和胃壁进入胃管（引自 Crow S, Walshaw S: Manual of clinical procedures in the dog, cat, and rabbit, ed 2, Philadelphia, 1997, Lippincott-Raven)

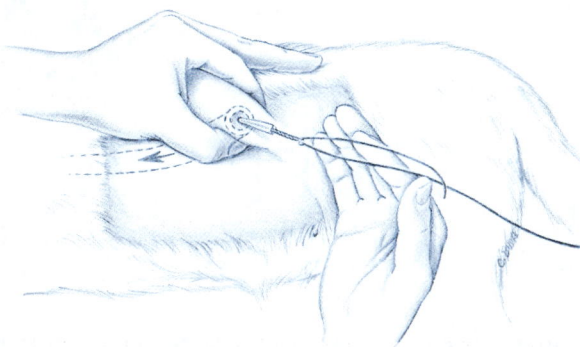

图 4-39　Sovereign 导管的牵引线经胃管上行至口腔（引自 Crow S, Walshaw S: Manual of clinical procedures in the dog, cat, and rabbit,ed 2, Philadelphia, 1997, Lippincott-Raven)

4

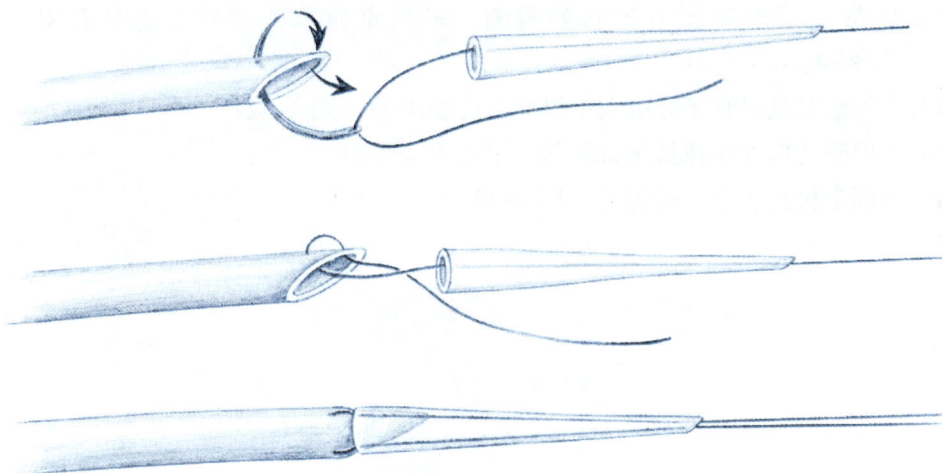

图 4-40　将 Sovereign 导管与蕈头导管的斜面进行褥式缝合 (引自 Crow S, Walshaw S: Manual of clinical procedures in the dog, cat, and rabbit, ed 2,Philadelphia, 1997, Lippincott-Raven)

4

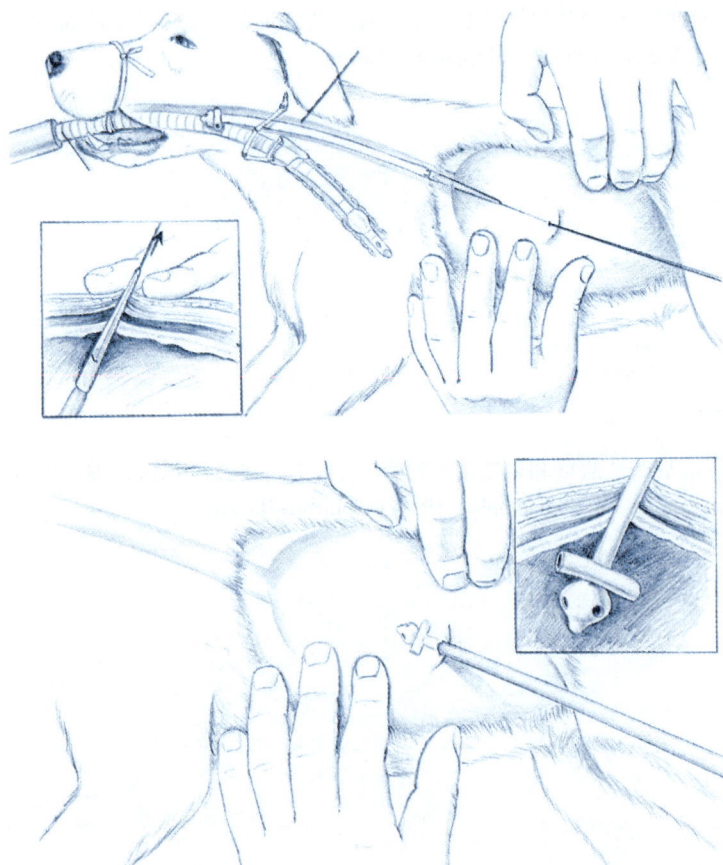

图 4-41　牵拉腹壁侧牵引线，使 Sovereign 导管与蕈头导管经口腔、食管进入胃部 (引自 Crow S, Walshaw S: Manual of clinical procedures in the dog, cat, and rabbit,ed 2, Philadelphia, 1997, Lippincott-Raven)

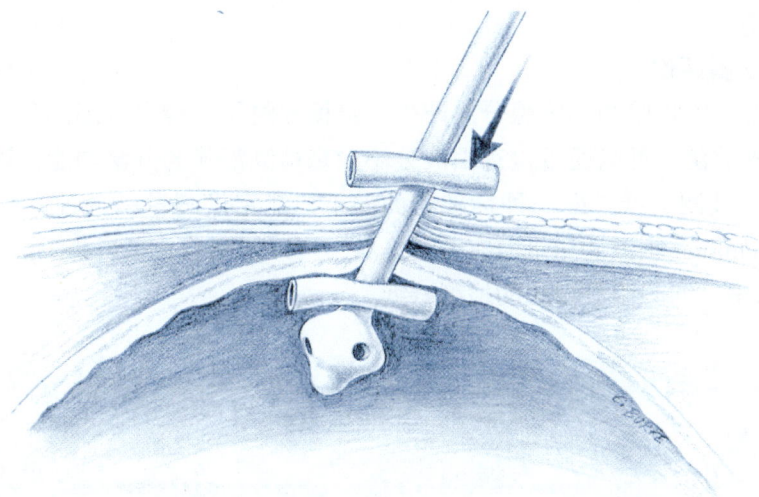

图 4-42　分别展示蕈头导管的皮肤层和胃黏膜层的固定 (引自 Crow S, Walshaw S: Manual of clinical procedures in the dog, cat, and rabbit,ed 2, Philadelphia, 1997, Lippincott-Raven)

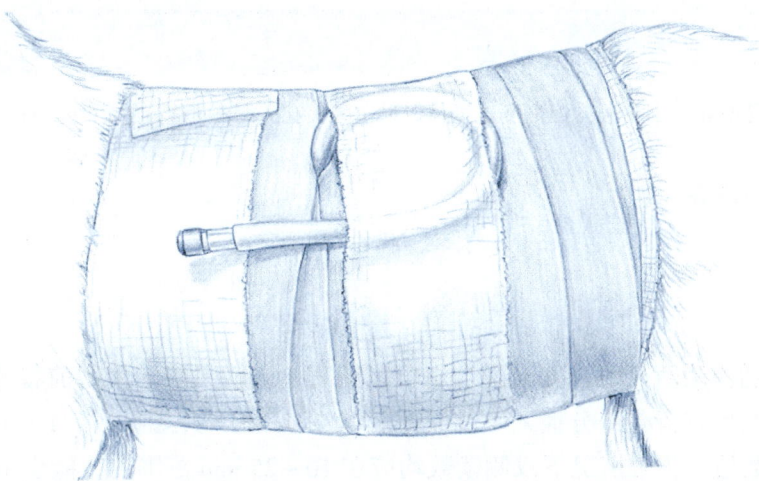

图 4-43　将蕈头导管的外侧段用绷带固定在患病动物背部 (引自 Crow S, Walshaw S: Manual of clinical procedures in the dog, cat, and rabbit,ed 2, Philadelphia, 1997, Lippincott-Raven)

扩展阅读

Crow S, Walshaw S: Manual of clinical procedures in the dog, cat, and rabbit, ed 2, Philadelphia, 1997, Lippincott-Raven.

Hackett TB, Mazzaferro EM: Veterinary emergency and critical care procedures, London, 2006, Blackwell Scientific.

Marks SL: Nasoesophageal, esophagostomy, and gastrostomy tube placement techniques. In Ettinger SJ, Feldman EC, editors: Textbook of veterinary internal medicine, ed 6, St Louis, 2005, Elsevier.

Mazzaferro EM: Esophagostomy tubes: don't underutilize them! J Vet Emerg Care 11(2):153 - 156, 2001.

眼部检查

泪液分泌量评价

泪液主要由睑板腺和结膜腺分泌产生，睑板腺附属结构也分泌部分泪液。反射性流泪则由泪腺分泌。可以通过检查泪液分泌量来检测泪腺的分泌功能，该检查需要用到 Schirmer 泪液测试纸，即一种标准化的滤纸，能定量测量一分钟内眼泪的分泌量（图 4-44）。Schirmer 泪液测试纸浸有蓝色染料，可以帮助检查者观察泪液在 1 min 内移行的距离（mm）。每只眼有单独的检测试纸。

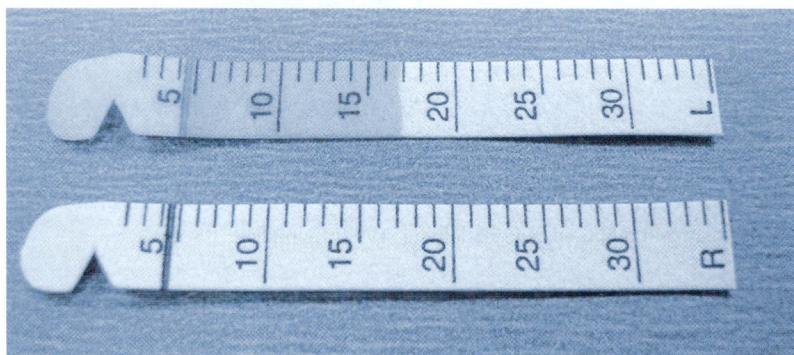

图 4-44　Schirmer 泪液测试纸可以显示眼泪在 1 min 内移行的距离（mm）

患病动物准备

无须准备。

操作

可以分别检测两只眼，若犬配合也可以同时检测两只眼。使用前将滤纸有缺口的一侧折叠，然后将折叠部分插入下结膜凹陷（图 4-45）。开始计时，1 min 后读出泪液前行到达的数值。正常情况下双侧读数均应在 10 ~ 25 mm 范围内，低于 10 mm 可见于干燥性角膜结膜炎，超过 25 mm 可能正常，也可能表明泪液分泌过多或者泪溢。

角膜荧光染色

角膜分为多层结构，包括特化的无血管的上皮细胞层和间质层。最外层是角膜上皮，极度敏感，衬于内面的是间质层，也是最厚的一层结构。

位于间质层下方的是角膜后弹力层，是一层分界清晰的薄层组织。角膜内皮是最内层的结构。犬猫常见角膜上皮的损伤。临床常见患侧眼的眼睑痉挛，伴有或不伴有结膜炎或眼部分泌物。

一旦怀疑角膜有损伤，就需要检查角膜上皮的完整性。可以使用荧光染液试纸来检测上皮的完整性，从而判断是否存在角膜溃疡（图 4-46）。

图 4-45　将 Schirmer 泪液测试纸插入犬下眼睑后保持 1 min 即可

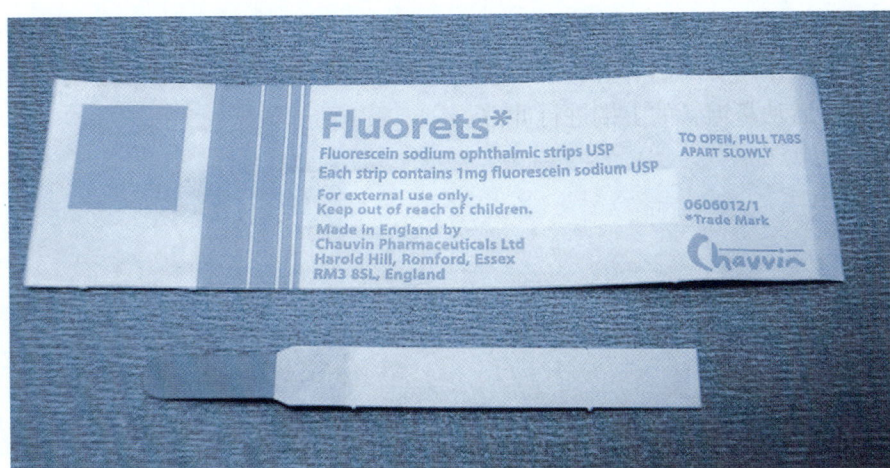

图 4-46　用于检查角膜溃疡的荧光素钠染液试纸

患病动物准备

无须准备。

操作

在试纸上滴 1 滴配制好的生理盐水，轻柔地用试纸的尖端触碰患眼的角膜或者巩膜。若患眼疼痛敏感，则最好先做局部麻醉。在患眼触碰试纸后，立即用无菌无刺激性的溶液清洗多余的染料，应事先准备好 5 cm × 5 cm 的无菌纱布块。

立即用检眼灯检查眼睛，若绿色的染料进入间质则表明存在溃疡，反之则说明角膜完整。但有一个例外，若患眼有深部的角膜溃疡，即透过间质形成后弹力层疝，此时，荧光染料检查仍为阴性。但仔细检查角膜仍然可以发现这种深部的严重溃疡。

鼻泪管检查

患病动物准备

无须准备。

操作

可以利用荧光染料评估鼻泪管是否存在阻塞。滴 1 滴染料到眼睛后，再滴入 1～2 滴无菌洗眼液，2～5 min 后在外鼻孔处利用伍德氏灯或者经钴处理的滤纸来判断是否存在荧光染料。也可以通过在鼻腔放置白纱布吸取绿色的荧光染液来进行判断。若鼻腔出现荧光染液，则说明鼻泪管通畅，若存在泪溢但鼻泪管检查显示鼻泪管畅通，则眼泪分泌过多可能是泪溢的原因。

若检查发现鼻泪管阻塞，则需要冲洗鼻泪管。犬的鼻泪管上端口位于距离两侧眼角中点 1～3 mm 处的皮肤黏膜层，犬选用 20～22 号，猫选用 23 号的鼻泪管导管（图 4-47）。该操作需要局部麻醉，准备 2 mL 装满生理盐水的注射器并连接在鼻泪管导管的一端，然后从鼻泪管的上端进行冲洗。

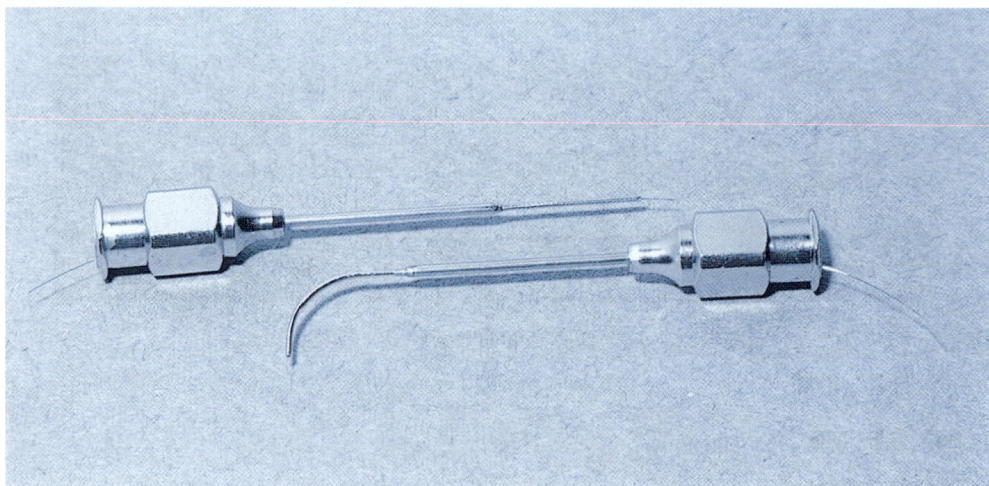

图 4-47　用于清洗鼻泪管的导管

特殊注意事项

做该检查需要考虑几点问题。短头品种的犬和猫可能出现假阴性的结果。在冲洗时可能染液未进入鼻腔，但动物出现吞咽或者呕吐，此时表明液体进入口腔，鼻泪管仍然通畅。

结膜涂片、刮片、细菌培养

患病动物准备

无须准备。检查前最好不要对动物进行局部麻醉，因为局部麻醉药有抑制细菌生长的效果，同时也会使细胞变性，不利于细胞学检查。

操作

在进行结膜刮片检查时，需要使用铂板。铂板的顶端灭菌后，轻柔地在结膜内侧面采样（图 4-48）。采样后做两张玻片，一张用 95% 不含丙酮的甲醇溶液固定 5 ~ 10 min，然后进行吉姆萨染色；另一张用热固定，然后进行革兰氏染色。

做细菌培养时，需要使用灭菌的棉签、巯基乙酸盐液体培养基、血琼脂培养基。轻柔地外翻下眼睑，将用无菌肉汤或者巯基乙酸盐培养基浸润的棉签接触睑结膜表面后，在血琼脂板上划线培养，再将血琼脂平板置于巯基乙酸盐肉汤中培养。在做细菌培养检查之前不要对动物进行局部麻醉，因为麻醉剂中含有防腐剂，可以抑制细菌生长。

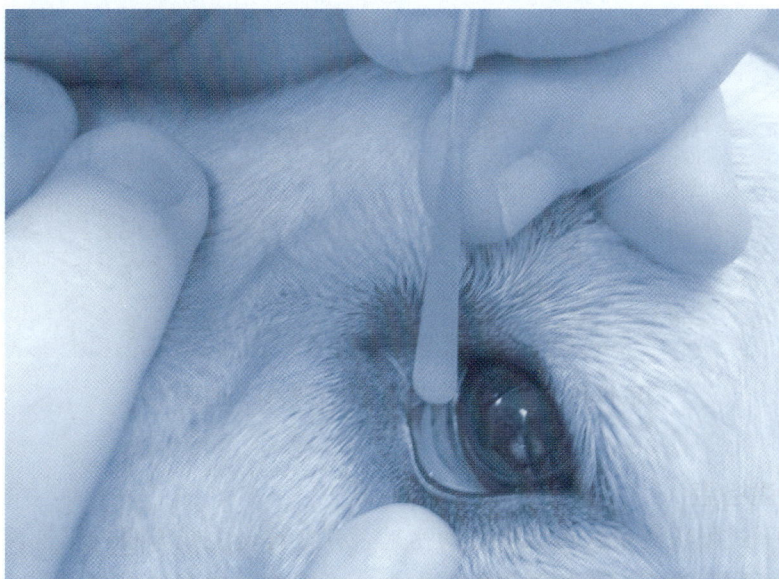

图 4-48　使用铂板进行结膜刮片检查

眼压的测量

青光眼是眼内压升高导致眼部功能发生异常的疾病，眼压测量就是通过测量角膜的弹性来判断眼球外层的紧张度。由于此项检查涉及一系列变量的计算，所以结果多为近似值。

Schiøtz 眼压检查法

该检查方法需要使用角膜踏板、活塞、支撑架、记录仪，以及 5.5 g、7.5 g、10.0 g 和 15.0 g 重物。其原理是活塞下降的距离与角膜的紧张程度相关，而后者又与眼内压相关。但如今，Schiøtz 眼压检查法多被压平式眼压测量法所替代。

压平式眼压测量法

该方法主要是利用一定的气体压力作用于角膜上的极小区域，使其变平后检测眼压。该方法相较于 Schiøtz 眼压检查法的优势在于更加准确，减少了由于角膜自身硬度和曲度造成的误差。但该检查方法需要使用特殊的仪器（图 4-49）。

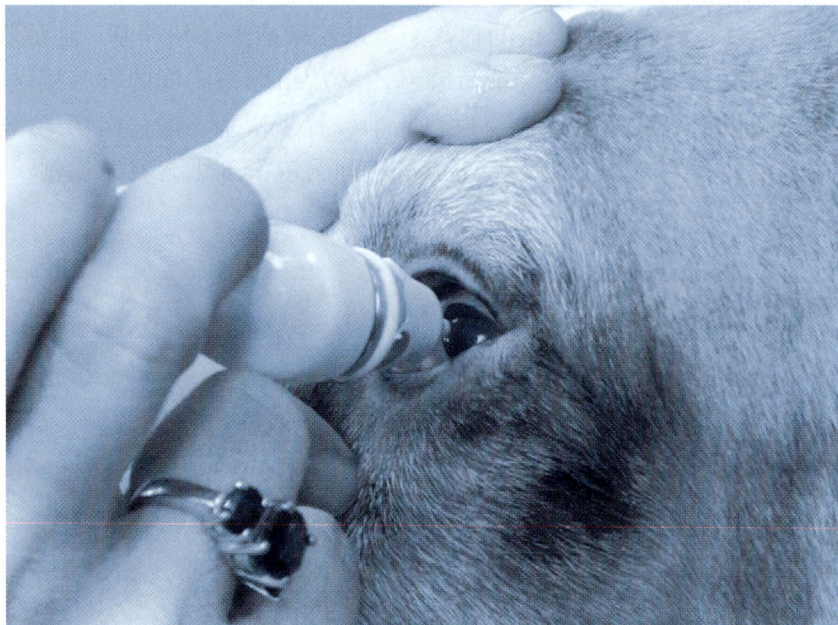

图 4-49 采用压平式眼压测量法检查犬的眼内压

前房角镜检查

通过压平式眼压测量法可以检查动物是否存在青光眼或者眼内压是否升高，而前房角镜检查可用于检查虹膜角膜夹角的大小，可用于寻找青光眼的病因。但该检查的操作及结果的分析均需要专业人士来执行，最好由眼科专家操作。

扩展阅读

Barnett KC, Crispin SM: Feline ophthalmology, Philadelphia, 1998, WB Saunders.

Barnett KC, Sansom J, Heinrich C: Canine ophthalmology, Philadelphia, 2002, WB Saunders.

放射学检查：造影

胃肠道检查

随着腹部超声检查和胃肠道内镜检查的普及，关于胃肠道造影检查的意义一直存在争议。因此，在检查之前应权衡利弊。已知腹部超声检查和胃肠道内镜检查能提供更多的信息而且更加灵敏，那造影检查为什么还会在临床中使用呢？因为前者对仪器和人员的要求较高，因此造影检查在临床中应用很普遍。

常用的胃肠道造影剂包括钡餐悬浮液、水溶性制剂（60% 的葡甲胺和 10% 泛影酸钠混合液）、硫酸钡制剂等。胃肠道穿孔时使用水溶性制剂，在使用前应先将原液按 1∶2 稀释（1 份原液加 2 份水）。兽医需要根据患病动物的病史、体检结果、胃肠道损伤部位、内镜检查结果和其他检查结果来安排造影检查计划。

食管造影检查

若患病动物表现吞咽困难、持续性返流，则应考虑进行食管造影检查。

患病动物准备

患病动物应提前 12 h 禁食，在颈部无任何佩戴物的情况下先拍一张胸部平片，再按照体重给予钡餐（2 ~ 5 mL/kg）。但若怀疑动物发生食管穿孔时，则禁止使用钡餐造影。服用钡餐后拍摄侧位、腹背位和右腹背斜位胸片观察食管。

操作

钡餐为浓稠状似糨糊样为佳。摆好患病动物体位和胶片盒，设置好拍摄参数后给动物喂食钡餐，在进食第二口钡餐时即可拍摄第一张 X 线片。

对患病动物采用乙酰丙嗪和丁丙诺啡经静脉注射、肌内注射或皮下注射进行镇静时，并不会对其胃肠道的运动能力造成影响。对猫而言，采用 10 mg 氯胺酮联合 0.2 mg/kg（体重）咪达唑仑进行肌内注射，不会明显改变其食管的运动性。**注意：**患病动物存在明显的吞咽障碍时可能是由于吸入造影剂造成的异物性肺炎，镇静会增加此风险。

当食管部分狭窄时，液体钡餐仍然可以通过，但食物却不能通过。所以，可以将钡餐和颗粒饲料混合后让患病动物进食。

特殊注意事项

理想情况是进行透视检查而非传统的拍片检查，这样不仅可以发现食管狭窄或扩张等异常，还可以评估食管的运动性和功能，评价贲门括约肌的运动。

上消化道（胃、幽门、小肠）

上消化道的造影检查有助于诊断持续性呕吐、吐血、慢性腹泻、疑似肠内异物、肿瘤和阻塞，或者确诊肠管异位（如膈疝）。

　　但腹部超声检查可以替代造影检查，且提供的信息更加丰富。但若不能做超声检查，造影检查仍然是不错的选择。但兽医应该了解，胃、十二指肠、空肠和回肠的造影检查敏感性较低，即使检查结果为阴性也不能排除异常的可能性；同样，即使已经显露病状，造影检查也不能用于确诊上消化道疾病。目前犬猫上消化道的造影检查，最大的意义在于诊断胃肠异位（如先天性疾病、消化道外肿物等）。此外，钡餐悬浮液可能显示出肠道溃疡、肠内的透射线异物或肠内肿瘤等。另外，还可使用钡镶聚乙烯球来评估胃排空能力、胃肠道转运时间（transit times）以及一定程度的阻塞性疾病。

操作

上消化道造影检查的过程如下：

1. 确保患病动物颈部毛发清洁无异物，必要时可以洗澡后做检查。
2. 禁饲 18～24 h。
3. 若结肠内有粪便，检查前一晚应进行灌肠。犬在检查前 3～5 h 可以再进行一次灌肠。
4. 在服用钡餐之前先拍一张腹部平片。可选择口服或者胃管注入硫酸钡，用量不等，而对于钡餐悬浮液，10 mL/kg（体重）即可。也可选择有机碘造影剂，用量为 0.5 mL/kg（体重）。服用后立即拍摄侧位和背腹位 X 线片，之后分别间隔 30 min、1 h、2 h 再次拍片。水溶性造影剂在 30～90 min 内通过胃肠道，而钡餐悬浮液在肠道的时间为 60～180 min，6 h 后结肠内会充满钡餐，2～3 d 后结肠内可能还会残留有钡餐。

　　若怀疑动物有胃肠道穿孔，则禁止做钡餐造影。可换用水溶性造影剂，如泛影葡胺，即使进入腹腔也不会引起异物性肉芽肿。此外，当存在消化道阻塞时也禁止服用硫酸钡，否则可能加重阻塞。

　　造影检查的过程：

1. 在服用造影剂后立即拍摄腹背位、右侧位和左侧位 X 线片。右侧位可以显示幽门部位，左侧位显示贲门和胃底部位。目的是评价胃的扩张和初始排空状态。
2. 在服用造影剂后 20～30 min，拍摄腹背位和右侧位 X 线片以评估胃、幽门的排空状态和十二指肠近端的结构。
3. 60 min 后，再次拍摄腹背位和右侧位 X 线片以评估小肠。
4. 2 h 后重复拍摄腹背位和右侧位 X 线片，观察造影剂进入结肠的程度以及胃内造影剂是否完全排空，此时造影剂应该位于小肠的末端。

造影剂在胃肠道排空的顺序：

正常情况下，造影剂在胃肠道的排空时间是可变的，但基本如下：

1. 服用造影剂后 15 min，大部分患病动物的十二指肠内会出现造影剂，但应激会延长胃排空的时间 20 ~ 25 min。
2. 30 min 后造影剂会到达空肠，在空肠和回肠内停留 60 min。
3. 90 ~ 120 min 内造影剂到达回盲部。
4. 3 ~ 5 h 后上消化道内的造影剂排空，全部进入回肠和大肠。

评估消化道的造影检查时应考虑以下问题：

1. 小肠肿物的大小。
2. 黏膜表面的轮廓。
3. 肠壁的厚度。
4. 肠壁的弹性和运动性。
5. 小肠的位置。
6. 阻塞物的连续性。
7. 肠道转运时间。

钡制剂灌肠

若患病动物存在回盲部肠套叠、盲肠反转、大肠梗阻、大肠侵入性损伤、大肠周边肿物导致对肠管的压迫、大肠炎症等，则需要进行钡制剂灌肠。但若存在大肠穿孔或者破裂，则禁止做此项检查。同时，若能够做腹部超声检查或者结肠镜检查则是更好的选择。

患病动物准备

检查前 24 h 只能进食流食，最好是只喝水。在检查前 18 ~ 24 h 用轻度高渗液体进行结肠灌肠或者口服含泻药的生理盐水溶液。在检查前 12 h 内不要使用任何有刺激性的灌肠液，但可以使用等渗的生理盐水或者清水进行灌肠，然后拍一张平片以保证大肠内无蓄粪。有时患病动物可能需要镇静或者麻醉。

操作

可通过插管将钡制剂直接注入结肠，也可以使用灌肠袋借助重力作用让钡制剂流入结肠。不要给钡液加压促使其流入结肠，同时灌肠袋的高度不要高于动物 45 cm 以上。

犬可以使用有气囊的直肠导管（24 ~ 38 F），或者幼畜专用的直肠导管（18 F）（图 4-50）。小型犬和猫可选用更小的导管。同时还需要三通阀和活塞。硫酸钡溶液的终浓度为 15% ~ 20%（重量 / 体积），目前已经有商业化的钡制剂灌肠液。

插管后保证直肠导管含有气囊的一端置于肛门括约肌的前方，患病动物处于右侧位，然后将 20 ~ 30 mL/kg（体重）的造影剂注入结肠。在注入 2/3 左右的造影剂时拍摄

4

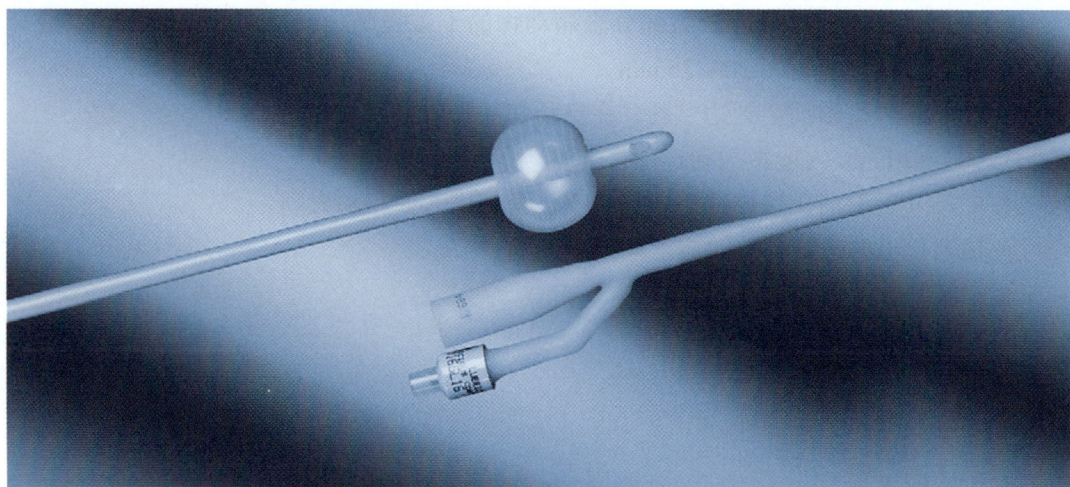

图 4-50　图示为 Bardex 导管，前端为充盈的气囊，这种导管有利于将钡制剂注入结肠

第一张 X 线片，若结肠未充满则继续注入造影剂。拍摄腹背位和侧位 X 线片，判断结肠是否完全充满，若结肠扩张，则将造影剂尽可能的排出后再次拍片检查。

按 2 mL/kg（体重）向结肠内注入空气，有利于评价结肠的表面结构。将气囊的气体排尽后移除导管。整个利用造影剂或空气扩张结肠的过程中，必须注意不要使肠道过度充盈，以防止发生结肠破裂。

在评价 X 线片时，要注意以下几点：

1. 黏膜表面是否规则。
2. 是否存在肠腔狭窄、痉挛或者阻塞。
3. 是否充盈不良。
4. 是否存在肠壁憩室或者肠穿孔。
5. 肠道是否发生异位。

扩展阅读

Burk RL, Ackerman N: Small animal radiology and ultrasonography: a diagnostic atlas and text, ed 3, St Louis, 2003, Elsevier.

Hall EJ, German AJ: Diseases of the small intestine. In Ettinger SJ, Feldman EC, editors: Textbook of veterinary internal medicine, ed 6, St Louis, 2005, Elsevier.

Thrall DE: Textbook of veterinary diagnostic radiology, ed 4, Philadelphia, 2002, WB Saunders.

Washabau RJ, Holt DE: Diseases of the large intestine. In Ettinger SJ, Feldman EC, editors: Textbook of veterinary internal medicine, ed 6, St Louis, 2005, Elsevier.

排泄性的尿路造影检查

静脉注射高浓度的有机碘制剂进行尿路造影可分为 4 个阶段：①动脉造影；②肾

脏造影；③肾盂造影；④膀胱造影（框 4-11）。动脉造影阶段显示的是肾脏血流情况；肾脏造影阶段显示的是造影剂聚集在肾小管的情况，可用于评价肾脏实质；肾盂造影阶段可评价尿液收集系统（包括输尿管）；膀胱造影阶段显示的是造影剂进入膀胱后的情况。

该检查不能定量评价肾脏的功能，也不能替代对肾脏功能性的检查。有诸多因素可以影响造影剂的分布，如造影剂中碘的浓度、检查操作过程、患病动物是否存在脱水、肾脏的血流情况以及肾脏功能等。

框 4-11 尿路造影术的准备工作
患病动物提前禁食 12 ~ 18 h
检查前 12 ~ 18 h 灌肠或者口服含泻药的生理盐水
确保患病动物被毛清洁无异物
检查前 12 h 限制患病动物饮水
检查前排空膀胱
给予造影剂前先拍摄一张平片

患病动物准备
需要提前做静脉插管。

操作
常用碘酞酸盐或者泛影酸盐作为造影剂，碘制剂按照 850 mg/kg（体重）的用量静脉注射。在注射后 10 s 拍摄第一张腹背位 X 线片，之后 1、3、5、15、20、40 min 重复拍腹背位和侧位 X 线片，这是目前公认的检查过程。若患病动物血液尿素氮的浓度 $\geq$ 50 mg/dL 或患病动物血液的肌酐浓度 > 4 mg/dL，则造影剂的用量需要加倍。

该检查可用于诊断肾脏肿物、肿瘤、肾囊肿、肾脏和输尿管创伤、肾盂肾炎、输尿管水肿、肾水肿、肾脏发育不全、输尿管或膀胱阻塞（如结石、血凝块）、肾脏寄生虫、输尿管异位、尿液重复收集系统等。

逆行性的尿路造影检查
该检查用于诊断下泌尿道疾病，如尿道肿瘤、狭窄、创伤、结石等异常。

患病动物准备
可将造影剂与无菌的润滑胶以 1：（3 ~ 5）混合，或者将造影剂与灭菌蒸馏水按 1：3 混合后，做尿道插管，再注入准备好的造影剂。在做该项检查之前需要对动物灌肠，必要时可以镇静或者麻醉。

操作

注射 5 ~ 10 mL 的造影剂，注射即将完成时拍摄一张侧位 X 线片，若需要对膀胱做造影检查，则需要提前排空尿液。对于公犬而言，导管的顶端应位于阴茎骨的远端，可经导管注入 1 ~ 2 mL 的利多卡因，对导管周围组织进行局部麻醉。

公猫的逆行性尿路造影检查可用于诊断尿道狭窄或结石。可选用 4 F 大小的插管或者 3.5 F 的公猫导尿管。插入深度为 1.5 cm 左右，位于阴茎段尿道。若尿道畅通，2 ~ 3 mL 的造影剂就可以完全显示尿道，但若需要扩张前列腺前段的输尿管，则需要更多的造影剂［2 ~ 3 mL/kg（体重）］。检查阴茎段尿道需要进行阳性造影检查，对膀胱进行体外按压后拍摄 X 线片检查阴茎段尿道即可。

特殊注意事项

插管后尿道被气囊阻塞，此时需要注意注入膀胱的液体用量。膀胱过度充盈可能导致尿血、排脓尿、膀胱破裂、轻度至中度的膀胱炎。可以触诊膀胱的充盈情况，通过感受注射器压力的变化来判断膀胱的充盈情况。

膀胱造影检查

膀胱造影检查可用于检查膀胱以及三角区的结构（框 4-12）。有 3 种检查方法：阳性造影检查、阴性造影检查、双重造影检查。如果可能，也可为患病动物做超声检查。膀胱造影检查是诊断输尿管和下泌尿道异常（如输尿管异位）的最佳检查方法。而超声检查在膀胱结石或肿瘤以及膀胱壁异常等情况中更具有优势。

4

框 4-12　膀胱造影检查的临床症状
小便失禁，且治疗效果不佳，尤其是幼年犬
持续性血尿（此时禁用阴性造影检查）
尿淋漓
脓尿
持续性的结晶尿
明显的蛋白尿
排尿困难
持续性或反复发生的尿路感染

膀胱气体造影检查

膀胱气体造影又称为膀胱阴性造影，可向膀胱内注入可溶性气体，以便辅助对膀胱内的组织或其他物质成像，否则膀胱内的异常情况可能由于尿液或阳性造影剂而无法显影。

患病动物准备

如前所述。

操作

插入导尿管后充盈气囊，每千克体重注入 4 ~ 10 mL 的 CO_2 或者 N_2O。同时触诊膀胱，防止过度充盈或者破裂。当感觉到注入气体有较大压力或者有气体从导管漏出时，停止注射。拍摄侧位和腹背位 X 线片。

注意：阴性造影检查中也可以使用空气，但有空气栓塞的风险，尤其是尿血的患病动物。阴性造影检查本身是安全的，但静脉气体栓塞则是致命的，常见于尿血的患病动物。

特殊注意事项

膀胱气体造影并非一种无损伤的检查手段，在犬和猫曾发生过气体进入静脉而引起致命的气体栓塞。这种并发症最常见于有严重血尿的病例。对于这样的病例，如果无法获得可溶性气体进行造影，可采取超声检查或膀胱阳性造影检查。如有可能，采用可溶于血液的气体（如 CO_2 或 N_2O）进行膀胱阴性造影检查。

膀胱阳性造影检查

该检查是指将阳性造影剂注入膀胱进行影像学检查。框 4-13 中列举了需要做阳性造影检查的适应证。

该检查的准备工作与阴性造影检查相同，需要用带有气囊的导尿管和三通阀。常用有机碘制剂，浓度为 5% ~ 10%。

框 4-13 阳性造影检查的适应证
尿频
间断性或者慢性尿血
全程血尿或者后段血尿
排尿困难
创伤后的持续性血尿
膀胱局部密度升高或者降低
创伤后拍摄 X 线片未见膀胱
评估后腹部膀胱周边肿物或者结构
检查膀胱的形态和位置

膀胱双重造影

当患病动物阳性造影检查未见异常，但仍然高度怀疑存在膀胱内损伤时，可以选择双重造影检查。膀胱插管后做阳性造影检查，然后将所有的阳性造影剂和尿液都排尽，若有必要，可向膀胱内注射 2～5 mL 的有机碘制剂，缓慢地滚动患病动物，让碘制剂覆盖到整个膀胱内表面，然后再按照阴性造影检查的过程注入气体即可。

膀胱造影常用于诊断结石（表4-8）、肿瘤、膀胱炎（伴有增生性异常）、膀胱平滑肌肥大、膀胱憩室、双重膀胱、膀胱粘连、子宫残迹（stump）感染（尤其常用）、久存性脐尿管、膀胱破裂、膀胱迟缓。

表4-8　　腹部平片中膀胱结石的密度	
结石种类	密度
草酸钙	不透射线
碳酸钙	不透射线
三重磷酸盐	不透射线——体积较小的结石可能透射线
胱氨酸	透射线性不等——可能有不透射线的斑点
尿酸（盐）	透射线
黄嘌呤	透射线
基质结晶 (matrix concretions)	透射线

扩展阅读

Burk RL, Ackerman N: Small animal radiology and ultrasonography: a diagnostic atlas and text, ed 3, St Louis, 2003, Elsevier.

Osborne CA, Finco DR: Canine and feline nephrology and urology, Baltimore, 1995, Williams &Wilkins.

Thrall DE: Textbook of veterinary diagnostic radiology, ed 4, St Louis, 2002, Elsevier.

雌性生殖道检查

阴道检查包括从阴道黏膜采样做细菌培养和脱落细胞的细胞学检查，以及利用阴道镜检查阴道和子宫颈黏膜。犬阴道检查所需要的工具见框4-14。

框4-14　　犬阴道检查所需设备
无菌的阴道开膣器（材质为可调节的不锈钢或一次性塑料、玻璃或尼龙）
不同大小的无菌检耳镜头（用于小型犬）
带防护罩的无菌采样拭子（Teigland 型或其他类型）
无菌拭子
Amies 活性炭运输培养基
病毒运输培养基
载玻片，盖玻片
无菌直肠镜（Welch Allyn，人用儿童型）或其他内镜（软性或刚性）
无菌采样器

若患病动物配合检查，可以直接做阴道检查，否则就需要进行麻醉或者镇静。检查过程中需要一位助手限制患病动物的运动。一般而言，若母犬配合耳部、牙齿、脚趾、肛门腺、采血等检查，则也会配合阴道检查。若需要进一步检查则可能要对动物进行镇静或者短效麻醉。

患病动物准备

剃除外阴周边的毛，清洗会阴后用聚维酮碘消毒备毛。用肥皂清洗可能无法杀死体表的假单胞菌和变形杆菌，从而导致拭子的污染。尾部有长毛的犬建议先用纱布将尾部包扎后再进行阴道检查，以防止细菌的污染。

操作

若需要做阴道的细菌培养检查，首先要注意防止污染。可以使用无菌的阴道开膣器，在阴道后部涂抹少量润滑剂，由一位助手将外阴向两侧扩张。在外阴背侧的结合处插入开膣器，向直肠背侧方向行进直至遇到阻力，再向水平方向前行进入前部阴道。在这一过程中注意不要插入阴蒂窝，同时可见到尿道外口和骨盆弓。

从无菌袋中取出带防护罩的无菌拭子（有塑料管套），将其通过阴道开膣器放入阴道前部或子宫颈区域，然后从防护罩中拔出拭子并在黏膜上转动几圈。直到做细菌培养之前，最好拭子和防护罩都置于无菌袋中（可保存 30 min）或者 Amies 运输培养基中（可保存 72 ~ 96 h）。该拭子可用于做细菌、支原体和脲原体的检查。若怀疑存在犬疱疹病毒感染，则需要单独用一个拭子进行病毒的分离检查。

做完细菌培养的采样后，再将浸湿过无菌生理盐水的棉签插入阴道前段做一个细胞学检查的抹片。一般在阴道上壁或者尿道外口区域轻轻刮取上皮细胞即可。也可以从阴蒂窝采样，在动物的整个发情期，阴蒂窝都衬以复层扁平上皮细胞。轻柔地在阴道黏膜上摩擦几下后取出拭子，在玻片上滚动几次做成抹片后立即放入 95% 的酒精中固定，或者置于空气中干燥。

将新亚甲蓝染液滴在盖玻片上后翻转盖玻片，就可以立即进行显微镜观察。但这种方法不能长期保存，当玻片干燥后会出现沉淀。若需要长期保存玻片（如提交给其他病理学家检查），则需要用 Diff-Quick 染色或者 Leukostat 染色。这些染色方法可用于判断发情周期的阶段和炎症活性。将检查结果同细菌培养和阴道镜检查结果相结合进行分析，判断是否存在阴道感染，或者是携带某些病原菌，或者是培养过程发生污染。实验室检测报告中应该写明细菌的数量（少、中等、很多、大量），培养出的细菌是仅有一种还是有多种以及它们之间的相对数量。

阴道检查

与其他家养动物相比，犬的阴道较长，因此指检很难触及其子宫颈或者尿道口。

阴道黏膜上有很多纵向的褶皱，阴蒂窝位于前庭底壁。可以通过阴道镜或者阴道开膛器来检查阴道。先在阴道涂抹润滑剂，再缓慢地插入加温、无菌的阴道镜，到达子宫颈。首先在阴道不充气的情况下观察阴道黏膜的颜色及分泌物的情况。若阴门紧压阴道镜，可以进行充气使阴道扩张，这样在回抽阴道镜时，整个阴道壁便可完全显露。

正常犬的阴道有统一的浅粉色和纵向的褶皱。在发情前期和发情期，皱褶会更加明显，黏膜表面呈鹅卵石样。但排卵后随着雌激素含量的减少，黏膜表面会很快角质化，此时出现促黄体生成素（luteinizing hormone, LH）峰值（排卵），孕酮水平增加。黏膜的这种变化可用于评估排卵的时间，有利于安排最佳的交配时间。充血使得阴道红肿，但阴道充气可能使红色有些许减弱。犬的外阴背侧正中靠近头端有很大的褶皱，可能会被误认为是子宫颈。在发情的刺激下，子宫颈开张，子宫内的血性分泌物会流出。在发生难产时，可以将阴道镜伸入产道检查胎儿的情况，判断是否需要助产。

内镜检查的同时，可以去除小的肿瘤和息肉，移除异物，烧烙溃疡灶，对大的团块可以进行采样活检。

完整的阴道检查必须包括触诊阴道壁和小骨盆腔。术者一只手通过动物的后腹部进行触诊，另一只手进入外阴指检。该检查可用于诊断处女膜环缺损、阴道纤维性狭窄环、骨盆畸形。直肠指检也可发现阴道肿物或者骨盆畸形。

犬的发情周期与细胞学变化

犬的繁殖周期从 6 ~ 12 月龄开始，每间隔 4 ~ 12 个月重复一次。一般而言，犬在发情后的第 1 ~ 3 天排卵，但有时，发情前 3 d 至发情后 11 d 排卵均属于正常。精子进入母犬体内后可以在子宫内存活最多 11 d，卵子在排卵后则最多存活 5 d。受精后，受精卵需要 4 ~ 10 d 才进入子宫，排卵后 18 ~ 20 d 着床。从第一次交配计算，妊娠期多为 57 ~ 72 d；从 LH 峰值出现计算，妊娠期多为 64 ~ 66 d。

乏情期

乏情期可见黏膜干燥，阴道壁较薄，上皮细胞较薄且未角化。此时阴道抹片可见未角化的上皮细胞与白细胞的数量比大约为 1 ∶ 5，白细胞为多形性含颗粒细胞。非角化的上皮细胞直径在 15 ~ 51 nm，游离缘钝圆，细胞质中有颗粒，细胞核大染色质粒明显。乏情期一般为 2 ~ 3 个月，有的品种时间更长。

发情前期

在发情前期，阴道壁会增厚，黏膜明显角化（20 ~ 30 层）。阴道褶皱增厚、水肿。此时白细胞不能穿过阴道壁，但红细胞可以，故分泌物中可见红细胞。此时的阴道涂片可见大量的红细胞和未角化的上皮细胞。随着发情期的到来，上皮角化的程度会越来越高。也可见白细胞，但数量越来越少。还可见细菌和脱落物。

发情期

随着雌激素的降低和孕酮的增加，阴道褶皱开始皱缩。此时的分泌物多，常呈淡红色。抹片中无白细胞和未角化上皮细胞。角化上皮细胞呈不规则形态，细胞核固缩明显。角化上皮细胞的变化与母犬对公犬的接受程度之间存在相关性。排卵后 36~96 h 会再次见到白细胞，发情期间见不到细菌或脱落物，但在白细胞出现 7~10 d 后可再次见到。

发情间期

此时白细胞的数量迅速增加，角化上皮细胞的数量减少，未角化的上皮细胞增多。5~7 d 后，白细胞可能减少至 10~30 个/视野。

分娩后的一段时间内，可见大量的细胞降解物、白细胞、红细胞、少量的上皮细胞排出，直至子宫复旧完全。若见大量退化的白细胞和细菌，则说明有子宫炎或子宫内膜炎。血样分泌物持续数月，若其中可见大量红细胞、少量未角化上皮细胞，偶见白细胞和坏死细胞，则表明子宫复旧不全。

猫的发情周期与细胞学变化

猫的变化与犬基本相似，但由于猫的阴道很小，所以无法进行触诊和早期的阴道镜检查。但可以通过检耳镜来检查阴道黏膜的情况，同时用直径为 4 mm 的棉签采样做细菌培养或者涂片检查。在分娩后早期或者发情期间可使用阴道镜检查。

细胞学检查可以将浸湿的拭子插入阴道内 2 cm 进行采样。也可以向阴道内注入无菌生理盐水后再吸出液体进行检查。但后者可能会诱导母猫排卵。

与母犬不同的是，在发情前期或者整个发情期，母猫体内的红细胞不会进入阴道。猫阴道涂片的细胞学检查揭示了以下发情周期的阶段：

乏情期/青春期前（prepuberty）

此时期的细胞学检查可见脱落物较少，但有很多体积小、圆形的上皮细胞，细胞核较大，常呈团状出现（北半球多见于 9 月到次年的 1 月）。

发情前期

此时脱落物增多，但有核上皮细胞数量减少、体积增大，核质比较低（持续 0~2 d）。

发情期

母猫交配后或者排卵后检查发现，脱落物明显减少，角化上皮细胞数量剧增，体积较大，形状不规则，边缘有卷曲，细胞核固缩或者消失（持续 6~8 d）。

间情期早期

可见边缘不规则、轮廓模糊的角化细胞，脱落物减少，细菌增多，白细胞数量从无到很多不等。

间情期晚期

细胞学检查可见小嗜碱性粒细胞数量增加，白细胞仍可见（整个发情后期，持续 7 ~ 21 d）。若母猫未排卵，则白细胞的数量会逐渐减少并恢复至乏情期状态。

若保证每天光照 12 ~ 14 h，则猫的发情周期为 14 ~ 36 d，并连续发情。排卵在交配后的 24 ~ 30 h，精子在受精之前必须在子宫内停留 2 ~ 24 d，胚胎移植一般在交配后 13 ~ 14 d 进行。

扩展阅读

Baker R, Lumsden JH: The reproductive tract: vagina, uterus, prostate, and testicle. In Baker R, Lummsden JH, editors: Color atlas of the cytology of the dog and cat, St Louis, 2000, Mosby. (Note: Textbook contains exceptional color plates of normal and abnormal reproductive tract cytologic findings of the dog and cat.)

Feldman EC, Nelson RW: Canine and feline endocrinology and reproduction, ed 3, St Louis, 2004, Elsevier.

Grundy SA, Davidson AP: Feline reproduction. In Ettinger SJ, Feldman EC, editors: Textbook of veterinary internal medicine, ed 6, St Louis, 2005, Elsevier.

Schaefers-Okkens AC: Estrous cycle and breeding management of the healthy bitch. In Ettinger SJ, Feldman EC, editors: Textbook of veterinary internal medicine, ed 6, St Louis, 2005, Elsevier.

4

犬的人工授精

犬人工授精步骤：

1. 判断何时进行人工授精。可以通过测试公犬、阴道涂片的细胞学检查、阴道镜检查来判断。当阴道镜检查发现阴道褶皱由肿胀变得角化时，即可进行人工授精。在母犬接受公犬爬跨、举尾或者细胞学检查发现上皮细胞角化完全但尚未见到白细胞时，即可进行交配。每间隔 48 h 交配一次，直到母犬拒绝交配，或者反复人工授精 3 ~ 4 次即可。

2. 若母犬外阴被污染，在人工授精前应用酒精进行彻底消毒（框 4-15）。

框 4-15　人工授精所需设备
干燥无菌的 5 号或 10 号注射器
橡胶管，约 2 cm（0.75 in）长
15~23 cm（6~9 in）长的塑料或者聚丙烯授精管
无菌手套
酒精
棉花
注意：不要使用润滑剂

3. 缓慢地将精液通过授精管吸入加温的注射器中。

4. 戴手套，以左手食指为引导（不要涂抹润滑剂）将授精管经外阴，从阴道背侧插入子宫颈。将母犬后肢抬起至与地面呈 45°，需要助手从跗关节处而不是从腹部抬起母犬。轻柔而缓慢地注入精液后再注入部分空气，以使精液完全进入阴道前段。

5. 移除授精管，保持母犬体位 5 min，其间可以用戴手套的手指刺激阴道上壁，加强括约肌的活动，以促进精液进入子宫。

6. 恢复母犬正常体位后使其走动 5 min，防止其坐下或者扑人，以免精液逆流而出。

7. 立即使用未经稀释的新鲜精液进行人工授精的受孕率较高。

8. 冷冻精液最好在 24 ~ 48 h 内使用。但保存得当时，最长可保存 9 d。

脱脂奶是最经济的精液稀释液。将牛奶加热至 92 ~ 94℃，10 min 后冷却至室温，脱脂处理即可。每 1 mL 脱脂奶中添加 1 000 U 的青霉素，若有假单胞菌感染，则还需要每 1 mL 脱脂奶中添加 200 U 的多黏菌素 B。精液和稀释液按照 1:（1 ~ 4）进行混合。若要进行冷冻，则还需要加入乳糖（11%）、甘油（4%）、卵黄（20%）。将 1:4 稀释的精液冷冻后分装为 0.05 mL 并放入干冰中 8 min，在液氮中保存。使用前在 30 ~ 37℃生理盐水中融化即可。优质精液可以在液氮中冻存数年，且仍可保持活性。人工授精时，将解冻精液输入子宫颈或者子宫内更易受孕，输入阴道前段则效果较差。

扩展阅读

Memon MA, Sirinarumitr K: Semen evaluation, canine male infertility, and common disorders of the male. In Ettinger SJ, Feldman EC, editors: Textbook of veterinary internal medicine, ed 6, St Louis, 2005, Elsevier.

雄性生殖道检查
犬的精液采集

采精可用于评估公犬性成熟的程度、检查不育的原因、检查前列腺、进行人工授精。采集公犬精液所需设备见框 4-16。

框 4-16　用于从雄性犬收集精液的设备
无菌物品
无菌橡胶锥（人工阴道），连接至精液收集管
玻璃、聚四氟乙烯（特氟龙）或塑料试管
生理盐水
无菌水性润滑剂
非无菌物品
显微镜载玻片和盖玻片（预热）
快速罗曼诺夫斯基染色剂，缓冲福尔马林溶液
血细胞计数器，带有计数室和 1:100 白细胞稀释器吸管或 Unopette
显微镜，配备油浸物镜（×1 000）和光源
口罩、纱布

采精过程如下：

1. 将公犬和发情母犬带到一个安静的房间内，且房间内除了有用于爬跨的橡胶地毯外，不要放任何其他的东西。

2. 限制母犬的运动，让公犬可以自由靠近母犬。若母犬愿意接受公犬，可让两者自由接触。

3. 若母犬不配合，则有必要给母犬戴口套，有专人控制母犬和公犬。人为帮助公犬爬跨母犬或者让公犬嗅闻母犬会阴部。若母犬已经发情，则该过程可简短而自然地进行。

4. 将人造阴道和采精管连接后，在人造阴道口处涂抹少量润滑剂。

5. 在公犬爬跨母犬并准备交配时，轻柔地握住公犬的阴茎，将包皮向后推至充血的阴茎头球之后，同时将阴茎插入人造阴道内，用手指按摩阴茎头球的近端。若公犬不射精，可通过包皮或者人造阴道轻柔按摩阴茎，促进公犬射精。当阴茎头勃起时，迅速将包皮推至阴茎头球之后。指压阴茎头球，在采集到精子含量丰富的精液（1~3 mL）后，将阴茎在同一平面上旋转180°，夹于两后肢中间，使阴茎位于原平面但朝向后方。此时操作人员的手仍然握住阴茎头球的近端。若包皮未推至阴茎头球之后，则此过程难以进行。以上是模仿犬的正常交配过程，同时也利于观察精液的品质。一般不采集最初的射出物，尤其是存在尿液的射出物；单独搜集富含精子的部分；前列腺的分泌液呈清亮状，应单独搜集后进行检查。

6. 采精结束后，将阴茎恢复原位，舒展包皮防止发生嵌顿，将母犬带离。待公犬阴茎勃起消失后检查是否有包皮嵌顿，若一切正常则可将公犬带回。射出物分为三部分：

   第一部分：尿路部分——常为清亮液体，在射精过程中的前50 s排出，总量0.1~2 mL，pH 6.3。若此部分含有尿液则丢弃。但大多数情况下，可将第一部分和第二部分的精液相混合。

   第二部分：富含精子的部分——呈牛奶样，射精后1~2 min内排出，总量0.5~3 mL，pH 6.1。

   第三部分：前列腺分泌液——呈清亮液体，射精后30 min内排出，总量2~20 mL，pH 6.5。总样本为0.3~20 mL，pH 6.4。由于液体性状不一（水样和牛奶样），所以兽医很容易就能区分这三部分。取适量前列腺分泌液冲洗富含精子的部分即可，过多的液体不利于精子的长期保存。分三部分采集有利于判断炎症发生的部位，但人工授精、精液稀释和冻存只需要第二部分精液即可。

7. 若母犬需要进行人工授精，则检查精液品质后即可进行。

精液的评价

采集精液后，轻柔地混匀精液，取一滴精液放在温热的载玻片上，盖上盖玻片，在低倍镜下检查精子的活力。精子应大部分做向前运动，不应出现波浪运动。若样本的精子浓度过高，则难以观察到单个精子的运动，此时应将一滴精液和一滴生理盐水滴在温热的盖玻片上，混匀后在高倍镜下观察。以 10 个精子为 1 组，观察 10 组，记录其中运动精子和不运动精子的数量。合格的精液中，活力精子应大于 80%，而活力精子低于 60% 的精液是不予采用的。

计数射出的精子总数。利用血细胞计数板，将精液按照 1∶100 稀释后观察，得到精子浓度，乘以体积即为精子总数。每次射出的精子总数与采集的前列腺分泌液量基本无关。正常情况下，一只犬每次射出物的精子数量应超过 3×10^8 个，大型犬可达到 2×10^9 个。人工授精要求精液的精子数量必须在 2×10^8 个以上。

判断精子形态。滴一滴精子做成涂片，在空气中干燥后，经 Diff-Quick 染色后放大 1 000 倍，观察精子的形态。若发现异常，则应检查 500 个精子形态后进行评估。

正常犬的精子长 63 nm，精子头部长 7 nm。异常精子的比例应小于 20%。鉴别异常精子的种类很重要，不同的异常情况所占的比例有所不同：头部异常（10% ~ 12%），中段异常（3% ~ 4%），尾部异常（3% ~ 4%），含原生质滴的精子（3% ~ 4%）。图 4-51 展示了各种异常的精子。原生质滴的出现及其部位（远端 / 近端）可反映细胞的成熟度，需要标注清楚。

睾丸病变导致的精子异常比附睾或者射出过程导致的精子异常（如头部分裂、细胞内出现原生质滴、尾部弯曲）更加严重。如果不是无精子症，一般不会活检睾丸。附睾疾病或者外界条件（如低温、创伤、渗透性损伤、尿液污染）也可以导致精子的异常。若发现精子有异常，通常会在几天内再次采精 2 ~ 3 次，以此为基准；4 ~ 6 周后再次采精，观察精子状态是否有好转或者恶化。一般而言，从精子形成到射出之间需要间隔 64 d，其中精子在睾丸中生长 54 d，在附睾中成熟需要 10 d 左右。

健康种公犬正常情况下间隔一天采精一次，可以长期进行；若每天采精一次则可以连续采精 7 ~ 9 d，之后精子数量会减少，但仍能满足人工授精的要求。

扩展阅读

Baker R, Lumsden JH: The reproductive tract: vagina, uterus, prostate, and testicle. In Baker R, Lummsden JH, editors: Color atlas of the cytology of the dog and cat, St Louis, 2000, Mosby. (Note: This textbook contains exceptional color plates of normal and abnormal reproductive tract cytologic findings of the dog and cat.)

Feldman EC, Nelson RW: Canine and feline endocrinology and reproduction, ed 3, St Louis, 2004, Elsevier.

Memon MA, Sirinarumitr K: Semen evaluation, canine male infertility, and common disorders of the male. In Ettinger SJ, Feldman EC, editors: Textbook of veterinary internal medicine, ed 6, St Louis, 2005, Elsevier.

Wright PJ, Parry BW: Cytology of the canine reproductive system, Vet Clin North Am Small Anim Pract 19:851 – 874, 1989.

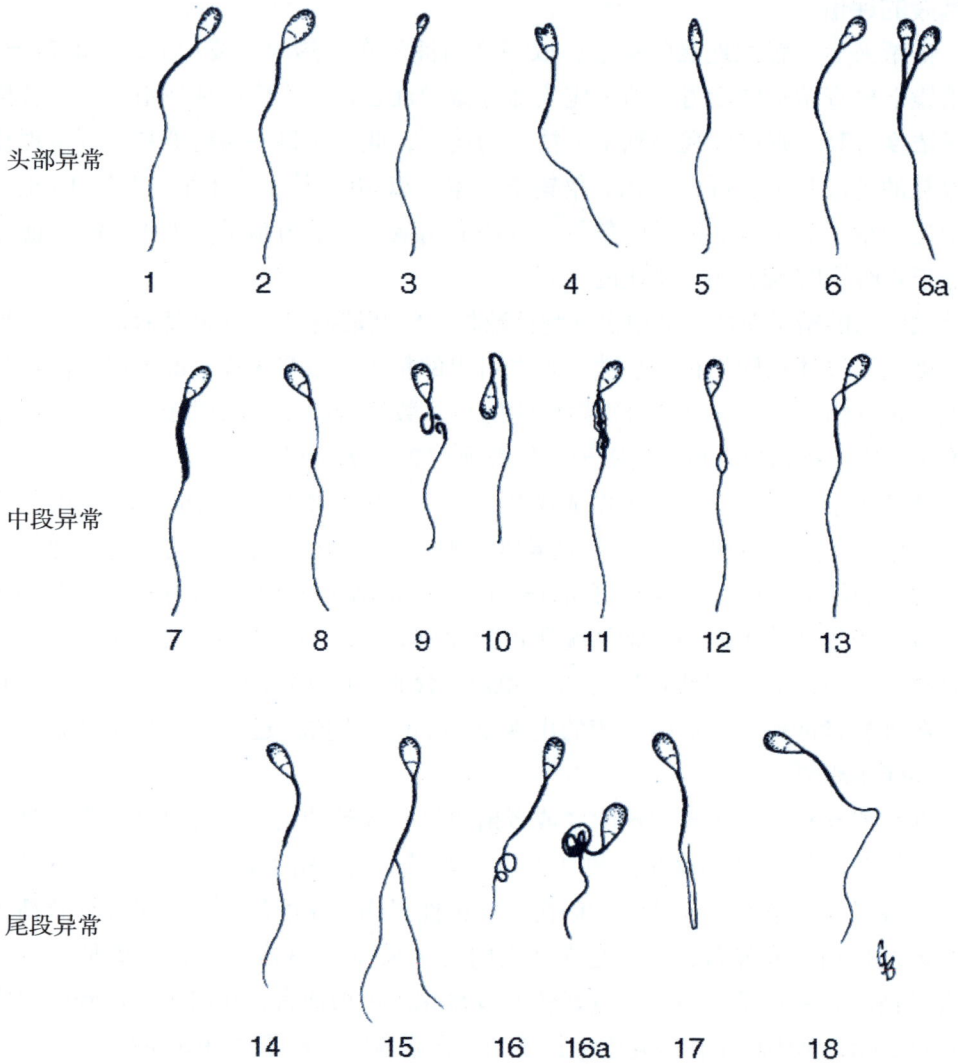

头部异常

1　2　3　4　5　6　6a

中段异常

7　8　9　10　11　12　13

尾段异常

14　15　16　16a　17　18

头部异常：

1. 正常

2. 巨头

3. 小头

4. 锯齿状

5. 尖头

6. 梨形头

6a. 双头

中段异常：

7. 增粗

8. 变细

9. 卷曲

10. 弯曲

11. 中段有多余物质附着

12. 远端原生质滴

13. 近端原生质滴

尾部异常：

14. 变细

15. 双尾

16、16a. 卷曲

17. 折叠

18. 纽结

图 4-51　异常精子形态示意

前列腺冲洗

尽管出现前列腺问题时首先会建议给公犬去势，但仍然有必要做一系列的细胞学或者组织学检查。良性前列腺增生是公犬最常见的前列腺疾病，有超过半数的犬在 4～5 岁时会出现良性的前列腺增生，尤其是未去势的公犬。目前认为此病的发生与雄激素有关，所以首先会建议进行去势手术。但确诊前需要进行鉴别诊断：前列腺肿瘤（多为腺瘤）、细菌性前列腺炎、前列腺囊肿（细菌性 / 非细菌性）。

公犬出现前列腺肿大且伴有相关临床症状（如排尿困难）时，应做进一步的前列腺检查，包括：①超声，可用于评估前列腺的大小、形状和光滑度；②逆行性的尿路膀胱造影检查，可用于评价前列腺的内部结构，但不能用于区分不同的前列腺疾病。

患病动物准备

若公犬出现前列腺肿大，建议做细胞学检查和定量的细菌培养检查（尤其是采精的第三部分），但此时采样较困难。除拍摄 X 线片和超声检查外，还可以做前列腺冲洗检查。

操作

整个过程是无菌操作，先做膀胱插管将尿液排尽，再用 5 mL 的生理盐水冲洗膀胱后收集液体并标记为样本 1。然后外移导尿管至前列腺处（即膀胱三角区之后），在外拔导尿管时感觉阻力突然增大，说明此时导尿管位于前列腺处。也可以通过拍摄 X 线片和超声检查定位。

放置好导尿管后，直肠指检前列腺，轻柔地按摩 1 min 促使前列腺中液体进入尿道。经导管注入 5 mL 的生理盐水，将液体和细胞冲入膀胱后再收集液体，标记为样本 2。

2 个样本分别各取一滴，置于两张载玻片上，在空气中干燥后染色镜检；取 0.5 mL 的液体做细菌培养。细胞学检查用于判断是否存在炎症细胞或者肿瘤细胞。正常犬的前列腺冲洗液和精液中可见少量的中性粒细胞 (高倍镜下少于 5 个 /mL)。在样本 2 的细菌培养检查中，若某种或者某几种细菌的数量大于 2log10，则可以诊断为前列腺炎。

特殊注意事项

前列腺冲洗检查少见并发症，但公犬有前列腺炎或者前列腺囊肿，在检查后可能导致菌血症，继而出现败血症。

前列腺活检和细针抽吸

患病动物准备

超声检查对于前列腺的检查非常重要，可用于评估前列腺及其周边结构的大小、形状和内部结构。但超声检查难以区分不同类型的前列腺疾病，因此若去势的中老年公犬出现前列腺肿大，建议做进一步的检查，如经皮的细针抽吸、前列腺活检。

操作

经腹侧进行前列腺的细针抽吸检查，整个过程要求无菌操作，在进针部位无菌备毛。镇静或者麻醉公犬，以减少对尿道或周边结构造成的损伤。进针的部位在膀胱穿刺点之后，耻骨之前，进针操作与膀胱穿刺类似。整个过程可在超声介导下进行，若没有超声介导，当针头进入前列腺时可感觉到阻力的变化。在针头不拔出皮肤的情况下，可以多次采样抽吸，但在移出针头前需要释放针头中的负压。取出针头后将采样的组织放在载玻片上，在空气中干燥后染色，染色过程和血液涂片的染色相同。

也可经直肠做细针抽吸检查，此技术在人医上应用广泛。但由于肛门到前列腺之间距离较短、视野不良、易发生感染等因素，所以限制了此项技术在犬上的应用。

前列腺实质中出现独立的散在病灶（如囊肿、肿瘤）时，建议做超声介导下的活检。但此项检查需要操作者经过专业的训练，因为可能导致严重的并发症。

特殊注意事项

前列腺活检或者细针抽吸检查的并发症一般较轻，如尿血、前列腺周边出血。有报道称公犬在检查后出现了脓肿。同时还要考虑进针部位的漏尿和狭窄。

扩展阅读

Kutzler MA, Yeager A: Prostatic diseases. In Ettinger SJ, Feldman EC, editors: Textbook of veterinary internal medicine, ed 6, St Louis, 2005, Elsevier.

呼吸道诊疗技术

上呼吸道

本部分所称的上呼吸道是指从鼻平面后至第一气管环前的这段呼吸道。导致临床异常的结构包括：前鼻孔、鼻腔、鼻甲骨、额窦、上颌隐窝、上齿弓（尤其是上犬齿根部）、后鼻孔、鼻咽部、软腭、勺状软骨、声门、喉部、声襞（表4-9）。

表4-9　临床症状与解剖结构的关系		
划分部分	解剖位置	临床症状
I	外鼻部、鼻腔、鼻旁窦	打喷嚏，伴有/不伴有鼻腔分泌物
II	鼻咽部、后鼻孔、软腭	鼾声和反转式喷嚏
III	喉部	喘鸣

犬猫临床上，与上呼吸道有关的症状是最常见的。有趣的是，大部分转诊的病例也与此相关。由于异物和病原体多由口腔或者鼻腔进入体内，所以除了鼻腔肿瘤和鼻部创伤外，上呼吸道疾病是很常见的疾病。但引起上呼吸道疾病的病因很多，确诊病因并进行治疗很具有挑战性。因此上呼吸道疾病的治疗要求是：尽早发现症状，确诊病因，进行治疗。

临床症状

诊断疾病的第一步是要发现相关的临床症状，但动物主人描述的症状可能有偏差，尤其是在就诊时患病动物并未表现出症状的情况下。有 4 种症状与上呼吸道异常有关——喷嚏（伴有 / 不伴有鼻腔分泌物）、鼾声、喘鸣、咳嗽。每种症状都代表某段解剖结构的异常。

喷嚏（伴有 / 不伴有鼻腔分泌物）

此症状在犬上呼吸道疾病中最常见，动物主人一般能够准确地说出患病动物是否有打喷嚏，但是否有鼻腔分泌物则不一定能准确描述。分泌物的多少、性状和分泌的频率都对判断有影响，而细心的动物主人甚至会描述分泌物是单侧鼻腔还是双侧的。患病动物出现该症状时，可以向每侧的鼻孔内滴入消除鼻部充血的药液，这可以诱发患病动物打喷嚏，若有鼻腔分泌物也会一同带出。

喷嚏（伴有 / 不伴有鼻腔分泌物）的症状多表明鼻腔和鼻旁窦的异常，但对鼻部彻底的检查十分困难，所以应首先观察动物的面部结构是否对称，再仔细检查口腔，尤其是上颌骨、硬腭、犬齿。观察硬腭是否有创伤（穿孔 / 无穿孔），或先天性的腭裂（幼犬）。小心探查上颌犬齿内侧面是否有口鼻漏。若眼观牙齿和齿龈正常，也不能排除齿周疾病的可能，因为骨坏死后细菌会通过口腔造成鼻腔的感染。动物主人能明确描述喷嚏阵发性发作，并伴有血色鼻分泌物或喷溅物。

若以上的检查均正常，则需要做 X 线片检查。麻醉患病动物后拍摄三个体位的 X 线片：侧位、腹背位、牙齿咬合面（张口）。鼻腔、鼻旁窦、上呼吸道 X 线片的解读需要专业人士，其必须对相关的解剖结构非常清楚。然后，在动物处于麻醉的状态下，利用内镜或者开张器眼观检查鼻腔。X 线片检查在眼观检查鼻腔之前，防止眼观检查中出现鼻内出血，不利于 X 线片的解读。利用鼻部开张器可检查 20% ~ 25% 的鼻腔（前部），75% 的鼻腔后部检查则需要使用内镜。软式和硬式内镜均可，各自的优劣势之后会进一步说明。也可以做计算机断层扫描（CT）或者磁共振，但成本过高，只有少数动物医院可做相关检查。

了解引起动物打喷嚏或者出现鼻分泌物的最常见的病因，对于这些疾病的治疗有很大帮助。对打喷嚏或出现鼻分泌物的动物进行鉴别诊断，主要包括以下几点：

1. **口鼻瘘：**尽管经常对牙齿进行护理，但该病还是常见于中老年犬。根据经验对患病动物使用抗生素治疗通常可以快速并彻底解决问题，但仅仅局限于动物在接受抗生素治疗期间，停止治疗后病情依旧。该病的确诊需要用探针对上犬齿的龈沟进行探查。

2. **鼻腔肿瘤**：最常见于8～10岁的犬（发病年龄为1～15岁），无品种易感性，但在短头品种中不常见。临床症状主要表现为持续性鼻分泌物、打喷嚏和间歇性鼻出血。鼻腔X线片检查可发现有骨溶解性损伤。犁骨溶解支持肿瘤和霉菌性鼻炎的诊断。对于长头品种犬而言，长期接触烟草烟雾后的发病率增加至2.5倍。该病对抗生素治疗没有反应或者效果很差。80%的鼻腔肿瘤为恶性。腺癌最常见，其次是鳞状上皮细胞癌，肉瘤只占鼻腔肿瘤很少的一部分。

3. **霉菌性鼻炎**：很难与鼻腔肿瘤进行鉴别诊断。临床表现为：持续出现大量的鼻分泌物，有时喷嚏，也有报道鼻腔疼痛。临床检查中发现外鼻孔腐蚀是最典型的症状。抗生素治疗对控制分泌物没有效果。咬合位X线片可见鼻甲骨损伤和／或患侧有浓稠性液体。40%的病例发生在3岁以前，80%的病例发生于7岁以前。短头品种很少诊断出该病。烟曲霉菌的局部感染最常见。

4. **淋巴浆细胞性鼻炎**：除了有慢性喷嚏和鼻分泌物（双侧或者单侧）之外，很难发现其他症状。最常发生于大型的年轻至中年犬，抗生素或类固醇药物（局部或全身）通常对该病没有效果。该病可通过排除其他疾病和鼻活检做出诊断。

4

鼾声

犬上呼吸道疾病中，鼾声是第二常见的症状，可分为间断性和持续性两种。有一种逆行性喷嚏，是以快速连续地吸入大量空气进入鼻腔为主要特征，在检查中很少见到，被认为是由于异物存在于鼻咽部，机体试图通过这种方式将异物吸入口咽部再吞咽进入胃肠道所致。

患病动物出现慢性或者持续性的鼾声时需要检查鼻咽部和鼻后孔。必须对患病动物进行麻醉，最好选用能折转170°～180°的软式内镜，仔细检查鼻咽部和相关黏膜、鼻后孔、软腭顶部。

目前，最常见的是鼻咽部异物，如植物、木签、豌豆、棉球和线等。肿瘤是第二常见病因。猫淋巴瘤（与猫白血病有关）导致鼻后孔阻塞是最常见的。肿瘤在犬中并不常见，但根据笔者经验认为临床上幼犬的肉瘤较常见。

喘鸣

上呼吸道异常中，喘鸣是最不常见的。呼吸道狭窄导致呼吸时伴有异常的喘鸣音，通常见于喉部狭窄。喘鸣多见于危急情况，尤其是连续性的喘鸣。一旦患病动物出现喘鸣的症状就需要给予重视，尽快找到病因。动物主人一般可以观察到患病动物是否有喘息，但某些患病动物实际上是严重的呼吸困难或坐式呼吸。所以需要兽医通过仔细询问来判断患病动物是否出现呼吸困难的症状，以及叫声是否出现变化。

在安静环境中听诊是第一步，必须检查患病动物的颈部气管、喉部和肺部。喉部或者颈部气管出现狭窄时均可以导致喘鸣的发生。但是，大部分情况下，喉部狭窄时喘鸣音更加明显。

若发现患病动物有呼吸困难的迹象，就应该进行进一步的检查。首先需要麻醉患病动物，由于存在呼吸困难，所以对患病动物进行麻醉时需要特别小心，需要准备好各种急救措施，包括心肺复苏或者气管切开术。

一旦麻醉成功，立即进行气管内插管。若患病动物状况稳定，则在插管后进行拍摄 X 线片检查，包括侧位和背腹位。因为若金属异物（如鱼钩）扎进黏膜层内，眼观检查是难以观察到的。

移除气管内插管后进行眼观检查，建议使用手电和棉签，可以更方便地检查呼吸道结构，应仔细检查会厌软骨、杓状软骨、声门和声襞。检查杓状软骨是否对称，功能是否正常，用棉签刺激左 / 右部分的杓状软骨时，正常情况下浅麻动物的杓状软骨会迅速同时向中间运动，根据麻醉程度的不同，闭合的程度也不同。经声门检查气管环内软骨的结构。

喘鸣多见于大型犬和中老年犬，常见症状包括运动不耐受、运动时发生晕厥。某些品种的幼年犬的先天性喉部瘫痪也可以导致喘鸣的发生（如大丹犬、罗威纳犬、弗兰德牧羊犬、西伯利亚雪橇犬、斗牛獒）。喉部扎进异物时可以导致组织感染及水肿，引起严重的呼吸困难。肿瘤（常见鳞状上皮细胞瘤和淋巴瘤）、肉芽肿性疾病和真菌病均可导致阻塞的发生。

若检查后未见异物，同时发现有肿物的存在，则需要做活组织检查。控制出血很重要，笔者是用 1∶10 000 稀释的去甲肾上腺素浸湿棉签后，在采样部位按压 30 ~ 60 s 进行止血，效果良好。有报道称采样后全身给予地塞米松可以控制喉部肿胀，但笔者认为作用不大。

扩展阅读

Holt DE: Upper airway obstruction, stertor, and stridor. In King LG, editor: Textbook of respiratory disease in dogs and cats, St Louis, 2004, Elsevier.

Van Pelt DV, Lappin MR: Pathogenesis and treatment of feline rhinitis, Vet Clin North Am Small Anim Pract 24:807, 1994.

Van Pelt DV, McKiernan BC: Pathogenesis and treatment of canine rhinitis, Vet Clin North Am Small Anim Pract 24:789, 1994.

Withrow SJ: Tumors of the gastrointestinal system: cancer of the oral cavity. In Withrow SJ, MacEwan EG, editors: Small animal clinical oncology, ed 3, Philadelphia, 2001, WB Saunders.

下呼吸道

> **注意：** 出现急性严重呼吸困难的犬猫必须作为危重动物进行治疗，直至被证明是其他情况。实践证明，此时应立即进行介入治疗。第1部分介绍了对这类患病动物的处理，可参考使用适当的介入治疗手段。

以下诊疗手段可用于治疗非致命性的慢性下呼吸道功能紊乱。

经气管吸引术

经气管吸引术是一种安全有效的临床技术，可用于对下呼吸道取样进行细胞学、细菌学检查。这种技术通常用于大型犬或中型犬，而不用于猫。

患病动物准备

这项技术可用于未麻醉的动物，但可能需要一定程度的镇静。须剃除喉部毛发，对操作区域进行外科术前准备。对于小型犬猫，气道抽吸采样是通过无菌气管插管来完成的。轻度麻醉可以调节咳嗽出现的情况，便于进行气管插管。

操作

使动物保持斜靠、侧躺或坐立姿势。抬起并伸展动物头部。从近端气管处移动手指，直至触及环状软骨腹侧脊，即定位了环甲软骨膜。使用16 G、0.5 in（约1.3 cm）留置针从气道收集样本（图4-52）。用针头穿刺环甲软骨膜，使套管针进入气道直至触及气管末端或主支气管干（通常对于大型犬来说，穿刺部位为气管环的中1/3与远端1/3的连接处）。取出针头，留下套管。将套管与12 mL含无菌生理盐水的注射器相连，推注1~2 mL生理盐水。当动物咳嗽时，用注射器抽吸收集细胞和黏膜样本，进行细胞学、细菌学检查。当收集过程结束后，去除套管并包扎动物颈部。将抽吸样本接种于血平板和巯基乙酸盐培养基中进行培养。对抽吸的样本进行细胞学检查。将样本滴在清洁玻片上，用另一张干净玻片与之接触进行抹片，然后使用瑞氏染色法或吉姆萨染色法染色。

特别注意事项

气道抽吸活检的并发症包括：由下呼吸道的导管创伤或喉部的针刺创伤导致的出血、皮下气肿、纵隔气肿、气胸或气道阻塞。

气管内冲洗术

对于可以进行麻醉的犬猫，气道抽吸（或气管内冲洗）是一种相对安全且简单易行，便于细胞学、细菌学检查的良好手段。这项技术具有一定优势，可以越过气道分叉处进行样本的采集，避免动物产生不适或在操作过程中因动物移动而引起并发症。

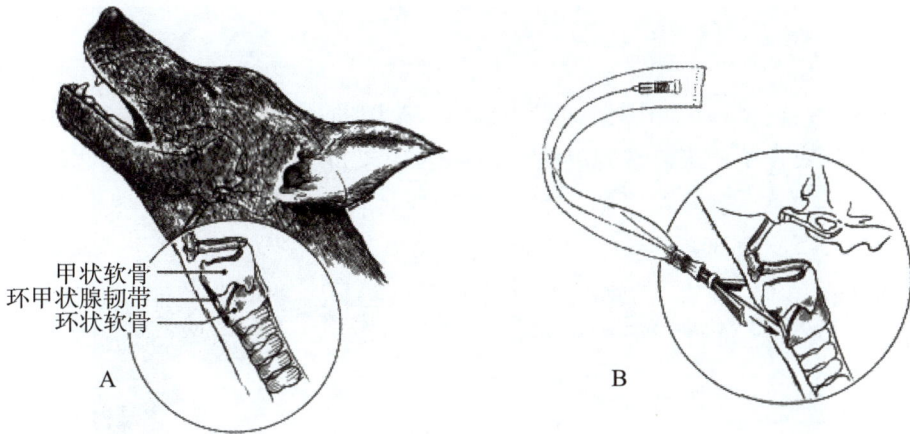

图 4-52　经气管吸引术操作示意。A. 经气管吸引术操作所涉及的解剖结构。虽然通过颈部气管环可以扎入气管腔，但经皮穿刺的最佳指示标志还是喉头的环甲状腺韧带。B. 将套管针缓慢地向前向尾侧推入气管内。当针进入气管腔内后，将套管随着针往前推入气管内 (引自 Kirk RW: Current veterinary therapy Ⅷ : Small animal practice, Philadelphia, 1983, WB Saunders)

但是，由于完全消除了咳嗽反应，所以往往来自气道深处结构的样本相对较少。无论在何种病例中，经气管壁和气管抽吸得到的来自大气管而非小气管或肺泡的样本，都是最好的诊断材料。

患病动物准备

　　麻醉犬猫，使之侧卧。对于患点状或局部肺部疾病的动物而言，侧躺可以促进动物采样后的恢复。使用无菌气管内插管维持麻醉和氧气输送。

操作

　　将一根无菌红色橡胶管（足够长以延伸至气管底部）穿过气管插管（图 4-53）。**注意**：气管插管使用后可丢弃连接端，在持续输送麻醉气体的情况下，可将橡胶管插入气管（图 4-54）。持续插入橡胶管，直至感受到阻力，表示橡胶管已经进入较小气道。

　　使用少量温无菌生理盐水通过注射器冲洗并回收样本。对于小型犬猫，每次使用较小剂量（3~5 mL）的生理盐水进行收集。对于大型犬，可将生理盐水的使用量增加至 10~20 mL。随着橡胶管的不断深入，推注全部生理盐水。轻柔地搅动（间歇性抽吸和推送）可以促进样本的采集。若生理盐水的注入量为 10 mL，则每次回收的最终液体量仅为 1~2 mL 属于不正常。其余液体则会迅速（几秒内）被肺血管吸收。**注意**：当进行此项操作时，在持续给予注射器负压期间，不要拉出橡胶管。否则很可能把黏膜从气道剥离，导致气胸和纵隔积气。

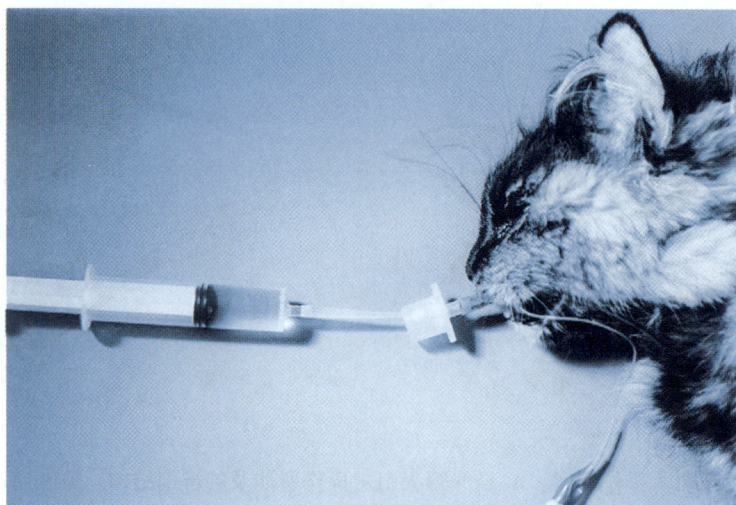

图 4-53 直接通过气管插管对猫进行气管内冲洗

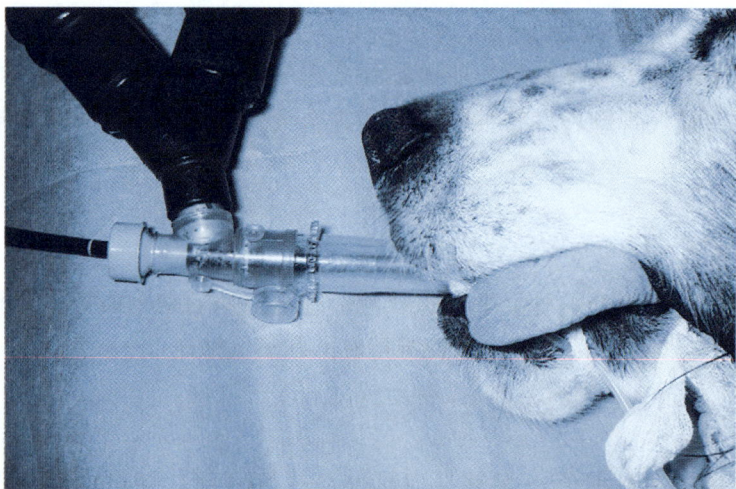

图 4-54 对于体型较大的犬，可以通过中间连接管来保持气管内冲洗过程中麻醉气体和氧气的供给

特殊注意事项

　　此项操作可在同一患病动物身上反复进行。每次取 3~5 份样本。能否获得更多的样本取决于患病动物的体况以及对此操作的反应。在气管冲洗期间，推荐使用脉搏血氧仪对处于操作过程中的动物进行监测。对于有呼吸道疾病的动物，推注生理盐水可能造成显著的支气管收缩，此时可检测到血氧饱和度迅速下降。

　　立即进行样本的采集。将至少一份样本溶液（并非一份样本拭子）接种于细菌培养基和药敏培养基中。定量接种无意义，因为样本会被稀释。若样本出现高度细胞化（表现为混浊），则取小份样本放入含 EDTA 的抗凝管中。

扩展阅读：

Syring RS: Tracheal washes. In King LG, editor: Textbook of respiratory disease in dogs and cats, St Louis, 2004, Elsevier.

支气管肺泡灌洗术

支气管肺泡灌洗（BAL）术是一种经气管吸引术和气管内冲洗术的代替诊疗手段。BAL 具有收集远端气道和肺泡样本的优势。BAL 是高诊断性的诊疗手段，可运用于肺广泛性或局部性（间质和 / 或气道）的未引起呼吸功能衰竭的疾病。疑似存在过敏、呼吸系统感染性疾病或肿瘤的患病动物，禁止应用 BAL。尽管在人医中已经将 BAL 作为治疗手段运用于由肺泡表面活性物质堆积而引发的慢性肺病。但对于犬猫来说，BAL 还未显示有治疗作用。

患病动物准备

BAL 必须在动物麻醉状态下进行。对于患有严重呼吸循环系统疾病的动物，禁止使用 BAL。

操作

BAL 需要将大量充分的液体缓慢滴注至远端气道，以获得适当的具有代表性的细小气道和肺泡样本。这种技术有几个不同的版本，但均需要在可视或不可视状况下进行气管或支气管插管，以封闭气道。使用无菌生理盐水，加温至体温，用注射器抽吸。所用生理盐水的量与动物体型有关，并无确切使用标准。对于大型犬，每个肺叶的灌洗液用量为 25 mL，整个肺共使用 50 mL。对于小型犬猫，每个肺叶的灌洗液用量通常控制在 10 mL 以内。而每个肺叶的液体回收量可能低至 2~5 mL。

对于进行 BAL 的犬，尤其是当怀疑存在气道过敏性应激反应时，建议提前置入支气管扩张器。可在操作前 1~2 h 口服氨茶碱［猫：5 mg/kg（体重）；犬：11 mg/kg（体重）］。除此之外，对于猫，还可在进行 BAL 30 min 后皮下注射特布他林［0.01 mg/kg（体重）］。

通过支气管镜进行 BAL 可以直接使气道或肺叶的内部结构可视化。在中大型犬中，直接通过无菌气管内导管放置支气管镜。使用便宜的一次性气管内导管连接器，来维持 BAL 过程中氧气和麻醉气体的输送。生理盐水可以直接从支气管镜的活检通道注入。这时支气管镜可以起到灌注导管的作用。使用此种技术，可以有效地从各肺叶获取样本。不使用支气管镜的 BAL，使用的是末端带孔的橡胶导管，可用于小型犬猫；有广泛性肺部疾病或气道疾病的动物，也可以采用此种方法，因为支气管镜可能无法顺利插入气管内导管。

4

特别注意事项

如同前文介绍的气管内冲洗术一样，轻柔地推送注射器有助于更有效地获取样本。当存在显著负压时，切记不要拉出支气管镜或导管，避免因气道裂伤而导致气胸或纵隔气肿。

BAL 是一种介入性的诊疗手段，因此不能避免动物损伤和死亡的风险。在 BAL 结束后，建议对所有的患病动物继续通过气管内导管输送 5~10 min100% 浓度的氧气。仔细评估动物恢复期间的呼吸功能和血氧含量（使用脉搏血氧仪）。在 BAL 后，尽管明显有一部分液体残留在气道，但大部分能被迅速吸收。液体有可能残留在气道和肺叶中 24~48 h。其间，动物可能出现咳嗽的症状，有可能听诊到湿啰音。

扩展阅读：

Hawkins EC: Bronchoalveolar lavage. In King LG, editor: Textbook of respiratory disease in dogs and cats, St Louis, 2004, Elsevier.

Hawkins EC, DeNicola DB, Plier ML: Cytological analysis of bronchoalveolar lavage fluid in the diagnosis of spontaneous respiratory tract disease in dogs, J Vet Intern Med 9:386–392, 1995.

肺部细针穿刺术

经皮穿刺活检有助于对肺部疾病进行诊断，如：①肺部慢性炎症性疾病，如霉菌微生物引起的肺肉芽肿疾病；②慢性炎症性疾病；③肿瘤转移到肺部；④原发性肺部肿瘤。活检可以提供充分的诊断依据，避免进行开胸探查术。肺部活检的禁忌症为出血性疾病或引发呼吸加重和咳嗽的胸部疾病。

患病动物准备

对活检部位进行外科术前准备。对皮肤、皮下组织、肌肉和胸膜壁层使用 1%~2% 利多卡因浸润。对于存在广泛性肺实质疾病的动物，建议在膈叶上进行活检采样。推荐在动物第 7 肋间到第 9 肋间背侧区域进行穿刺活检。对于弥散性病变，从左侧或右侧胸部采样。

注意：非常有必要了解肺部细针穿刺的潜在风险，尤其应让同意活检的动物主人了解这一点。穿刺抽取物包括细胞、液体以及痕量组织。即使这项操作并没有难点和并发症，仍存在引发气胸的较大风险。

操作

使用一次性 22~25 G 套管针（如 1 in 脊髓针）。将含套管的探针穿刺进入肺部，然后取出探针并迅速连接 6~12 mL 的注射器。这两个操作间，可能会有一些空气进入肺部，但可以忽略不计。手持注射器保持其正对胸腔，使用与淋巴结抽吸相同的力度使注射器内产生负压。在动物可接受的范围内，进行 3~4 次抽吸采样。

　　或者使用 25 G 针头连接 6 mL 注射器，对疑似区域进行皮下穿刺。当针头位于皮肤以内胸膜壁层之外时，拉动注射器产生负压。保持注射器内的负压，将针头刺入肺部，1~2 s 后，完全撤出针头。将收集到的任何抽出物置于载玻片上。此项技术最好在动物处于清醒状态时进行。对麻醉动物进行细针穿刺，可能导致抽取采样的失败，或当肺部处于正压通气时，增大引发气胸的风险。其他并发症包括：胸腔积血、动物在操作过程中挣扎导致的肺部裂伤、肺部出血和咳血等。细针穿刺的禁忌症包括：动物存在已知的出血 / 凝血障碍体质、血小板减少症、不停地咳嗽、肺高压、肺囊肿以及大泡性肺气肿。

　　近来有报道称，在超声介导下进行细针穿刺或活检能减少操作程序中的并发症。即便如此，也应多进行实践练习。另外，探索使用合适的超声探针也是至关重要的。

扩展阅读：

Cole SG: Fine needle aspirates. In King LG, editor: Textbook of respiratory disease in dogs and cats, St Louis, 2004, Elsevier.

雾化疗法 / 气溶疗法

　　吸入疗法可分为雾化疗法（吸入空气湿度较大）和气溶疗法（药物溶于液体中汽化并直接被动物呼吸道吸收）。对于伴侣动物而言，吸入疗法是使呼吸道内充满湿润空气、润滑黏膜的最有效方法（雾化）。持续吸入干燥空气 / 气体，对呼吸道上皮细胞进行刺激，可能导致呼吸道上皮细胞肿胀、支气管腺体增大、杯状细胞增殖以及纤毛上皮损失。此疗法会使呼吸道分泌物变得黏稠，支气管引流功能受损。

　　吸入疗法的目的有以下几点：

1. 使支气管黏膜得到湿润。
2. 沉积较小剂量的药物，获得较好的局部疗效，引发相对较少的全身性副作用（如支气管舒张剂）。
3. 沉积适量的有效药剂或仅对局部有效的药剂（如抗生素和黏液溶解剂）。
4. 沉积相对大量的缓和物质，在尽量少的刺激下，促进支气管引流（如生理盐水、丙二醇、甘油和洗涤剂）。

　　雾化疗法的用途有：①与吸氧疗法配合使用；②用于气道造口护理；③用于急性呼吸道疾病如气管支气管炎、细支气管炎、猫上呼吸道疾病、肺炎、术后肺不张等；④用于慢性呼吸道疾病如慢性支气管炎、支气管肺炎、气管塌陷继发气管支气管炎、肺气肿、支气管扩张。

　　气溶疗法的作用相对局限，在犬猫中通常用于给予抗生素、支气管舒张剂（氨茶碱，100 mg）、皮质类固醇等药物。这种疗法的优势在于，治疗下呼吸道疾病时，使动物呼吸道能吸收较高浓度的药物。另外，这种疗法可以减少具有潜在毒性的抗菌药物（如氨基糖苷类）的摄入，使进入血液循环的药物量相对较小，从而降低或去除产生肾毒性的风险。

雾化给药（图 4-55）

药物可通过以下步骤使用喷射雾化器（图 4-56 和图 4-57）给药：

1. 支气管舒张剂：若给予的药物存在刺激性或抑制性，一般同时使用支气管舒张剂，如 1% 氢氯化物和 0.25% 去氧肾上腺素。将 0.5~1 mL 支气管舒张剂溶入 2~3 mL 生理盐水中，每天使用 3~4 次。
2. 抗生素：一般给药途径中，可被呼吸道黏膜吸收的抗生素很少，而大多数抗生素要在呼吸系统内达到一定的血药浓度才能发挥作用。对于波氏杆菌这种存在于支气管纤毛上的菌种，通过气雾疗法进行局部给药通常更有效。抗生素应谨慎使用，如卡那霉素（250 mg 溶于 5 mL 生理盐水，每天两次）、庆大霉素（50 mg 溶于 5 mL 生理盐水，每天两次）、多黏菌素 B（333 000 U 溶于 5 mL 生理盐水，每天两次）。
3. 缓释液：大量使用以取得长期雾化效果，如生理盐水（需要量为 5~200 mL）、甘油（5% 浓度，溶于生理盐水）、丙二醇（10%~20% 浓度，溶于生理盐水）。
4. 洗涤剂 / 黏液溶解剂：通常有刺激性，一般不建议使用。
5. 消泡剂：服用乙醇（70% 浓度，5~10 mL，每天两次）。

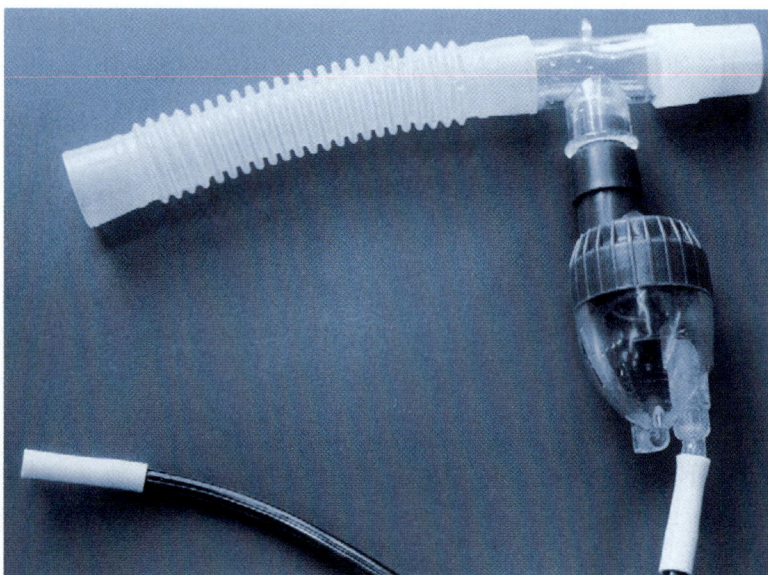

图 4-55 可用于湿润气体或直接呼吸道给药的一次性喷射雾化器

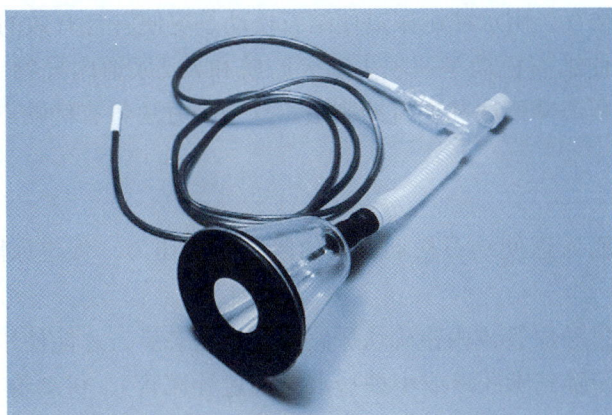

图 4-56　连接面罩的一次性喷射雾化器，可用于犬的气雾疗法

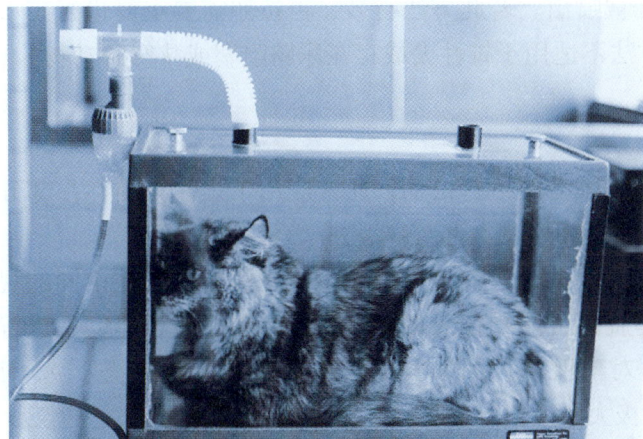

图 4-57　连接麻醉装置的一次性喷射雾化器，可用于猫的气雾疗法

4

扩展阅读：

Boothe DM: Drugs affecting the respiratory system. In King LG, editor: Textbook of respiratory disease in dogs and cats, St Louis, 2004, Elsevier.

Tseng LW, Drobatz KJ: Oxygen supplementation and humidification. In King LG, editor: Textbook of respiratory disease in dogs and cats, St Louis, 2004, Elsevier.

尿道诊疗技术

对于犬猫而言，用水冲刷尿道使结石松动后取出，是常见且重要的临床技术。多种技术可用于雄性或雌性动物取出结石或去除阻塞。膀胱切开术是常规的取出膀胱腔内结石的方法，但这种方法通常不能有效去除尿道里阻塞的结石，尤其是对于雄性犬来说。已出现了一些改良的但较昂贵的技术：腹腔镜辅助下的膀胱切开术、Ellik 冲洗器的应用、碎石术、内镜辅助下的碎石收集。尽管如此，对于存在部分或完全尿路阻塞的犬猫，为去除结石，用水冲刷尿道使结石松动是更便宜且有效的方法。

用水冲刷尿道使结石松动是一项去除犬膀胱和 / 或尿道内异物（即结石）的治疗方法。分为两种：顺流冲刷法和逆流冲刷法。这两种方法各有优缺点。

顺流冲刷法

水顺流而下冲刷尿道使结石松动，是由膀胱施加压力，促进尿路结石排出，通常应用于母犬。

注意：只有通过导尿管或内镜确认尿路为开放状态后，才能使用此种方法。

使患病动物的膀胱充满尿液或生理盐水（通过导尿管），将动物（通常进行镇静或麻醉，尽管此方法在动物清醒状态下也能实施）尾端向下、头部直立摆放。脊柱与操作表面接近垂直。单手或双手操作，逐渐增加膀胱的压力，促进尿液排出。通常情况下，较小的结石会被喷出。若此方法有效，可按照需要重复进行。水顺流而下冲刷尿道使结石松动的方法不适用于雄性犬或存在尿路阻塞或狭窄的动物。

逆流冲刷法

水逆流而上冲刷尿道使结石松动，通常应用于雄性犬猫存在部分或完全阻塞的情况（由结石或积聚的沙砾造成）。应在动物麻醉状态下进行。

注意：对于在治疗前是否应清空膀胱，文献资料中存在不同的观点。因尿路阻塞的动物在操作前膀胱内可能积存大量尿液，故一些研究者建议先进行膀胱穿刺，降低其内压力。但是，对于积存了数小时甚至数天尿液的扩张膀胱来说，使用针刺贯穿可能有引发膀胱破裂的极大风险，导致必须进行手术治疗。因此还是建议尽可能地避免穿刺。冲洗结石使其注入膀胱的液体量并不固定，应基于膀胱内已有的液体量进行调节。

动物侧躺，使包皮回缩以暴露阴茎，进行常规的导尿管的置入。在无菌条件下，置入口径恰当的导管，将阻塞点向内推进。使用去掉针头的 60 mL 注射器，将温的灭菌生理盐水和水溶性润滑剂以 2：1 的比例混合，通过导尿管注入膀胱。助手佩戴手套，一只手指进入直肠，按压耻骨前缘的骨盆腔内的尿道。随后，进行强有力的快速推注，使阻塞处尿道扩张。此时，松开按压点，减少临近尿道的压力，继续注入液体。通常情况下，压力可以使小结石逆行进入膀胱，从而减轻梗阻。

注意：这种方法的目的并不是用导管将结石推入膀胱，如果强行推送结石通过尿道，可能导致尿道黏膜损伤。

扩展阅读：

Adams LG, Syme HM: Canine lower urinary tract diseases. In Ettinger SJ, Feldman EC, editors: Textbook of veterinary internal medicine, ed 6, St Louis, 2005, Elsevier.

Osborne CA, Finco DR: Canine and feline nephrology and urology, Baltimore, 1995, Williams & Wilkins.

第 5 部分

实验室诊断和检测指南

Richard B. Ford and Elisa M. Mazzaferro

5

5

5

常用参考值范围

注意：本节列出的参考值范围只是通用范围。每个患病动物的检测结果必须与执行测试的实验室的参考范围进行比较。

5

样品处理

样品标志

样品的标示对于将患病动物的正确结果及时反馈给临床兽医至关重要。建议采取以下步骤：

1. 在每个样品容器上写明动物及其主人的姓名。

2. 在测试申请单上写明动物及其主人的姓名，以及动物种类、品种、性别和日期。

3. 确保在申请表单上清楚地标明原来的动物医院名称和账号。

4. 在申请单上清楚标记或写下需要做的测试。（**注意**：商业实验室每天会收到上百个没有标记的检测样品！）

5. 除了血液样品，都要在申请单上标明样品来源。

6. 提交的组织学涂片上明确标注组织或体液的来源和动物医院的身份标识号（ID）（用铅笔在玻片的磨砂面书写）。

样品采集管

大多数动物医院使用各种玻璃管，偶尔使用塑料管和真空管（真空采集管*），收集和提交患病动物的血液、血清或血浆。真空采集管实际上是用来收集人类血液样本的。有许多尺寸的采集管可供选择，每个管内都有预定的负压（真空）。真空有助于收集适量的患病动物的血液，几乎填满管子。此外，大多数用于收集血液的管中含有添加剂，可加速或防止血凝块的形成。

成人（人医）采集管的尺寸分为 5 mL、7 mL、10 mL 和 15 mL。儿科（人医）采集管适用于伴侣动物，分为 2 mL、3 mL 和 4 mL。由于管内有添加剂，所以收集适量的血液非常重要。未将管填满时，管内的添加剂可改变样品成分，对测试结果产生不利影响，导致测试结果不能准确地反映患病动物的状况。

采集管顶端如果有塞子，其颜色表示管内添加剂的类型，可用来执行特定类型的样品测试。例如，如果需要血浆请勿将血清样品送检！表 5-1 是测试所需采集管的参考类型。此外，商业实验室一般会提供采集管的选择指南。表 5-2 所列为诊室凝血障碍筛查的解读。

特殊注意事项

样本的收集、存储和运输方式会影响试验结果的质量和精度。例如，如果选择了不正确的样品容器（装血液、血清或血浆），可以显著改变测试结果；如果使用血清分离管（SST）装送检的血液样本，会对内分泌测试产生不利影响，因为在管中含有凝胶添加剂。

此外，对于进行血常规检查的全血，一旦使用乙二胺四乙酸（EDTA）处理，那么从收集开始就会出现血样的变质。为了保持细胞的形态，收集血样后应迅速处理并干燥载玻片。通常，提交的载玻片应未经染色，且不能冷藏，因为冷凝也会影响细胞形态。

5

---

* 真空采集管是 Becton、Dickinson 和 Company 公司的注册商标，富兰克林湖，新泽西州（美国）。

表 5-1　静脉采血管指南

传统管盖颜色	添加剂	采血后管身颠倒次数†	说明†
红色（又称红盖管或 RTT 管）	硅树脂涂层（玻璃管）	0	用于血清生化检查。也可用于常规供血筛查和感染性疾病的血清学诊断。
	凝血活化剂＋硅树脂（塑料管）	5	颠倒管身以确保血液与促凝剂混匀
红色或添灰色（又称血清分离管或 SST 管）	凝血活化剂和凝胶，用于分离血清	5	用于血清生化检查。也可用于常规供血筛查和感染性疾病的血清学诊断。颠倒管身以确保血液与促凝剂混匀
紫色	液态 K_3 EDTA（玻璃管）	8	K_2 EDTA 和 K_3 EDTA 用于全血的血液学检查。K_2 EDTA 还可用于常规的免疫分析，供血筛查，更常用于 PCR 分析。颠倒管身以确保血液与抗凝剂混匀，以防凝血
	喷涂 K_2 EDTA（塑料管）	8	
灰色	草酸钾、氟化钠	8	用于葡萄糖检测。抗凝剂草酸钾和 EDTA 可以制备血浆样品。氟化钠是抗糖分解剂。颠倒管身以确保添加剂与血液混匀
	氟化钠、Na_2 EDTA	8	
	氟化钠（血清管）	8	
淡蓝色	0.105 mol/L（约 3.2%）柠檬酸钠缓冲玻璃管	3～4	用于血凝检测。CTAD 用于血小板功能分析和常规血凝检测。颠倒管身以确保血液与抗凝剂（柠檬酸钠）混匀，防止凝血
	0.105 mol/L 塑料管 柠檬酸钠、茶碱、腺苷、双嘧达莫（CTAD）	3～4	
红色和浅灰色	无添加剂（塑料管）	0	用于废弃样品或级样品管

注：EDTA，乙二胺四乙酸；PCR，多聚酶链式反应。

改进的 BD 真空采血管指南，Becton Dickson. 2010. www.bd.com/vacutainer/pdfs/plus_plastic_tubes_wallchart_tubeguide_VS229.pdf.

† 轻柔地颠倒管身，不要振荡。

5

血小板（估算）	低	血小板减少症
ACT	快速，延长	内在或常见凝血途径的缺陷
APTT	快速，延长	内在或常见凝血途径的缺陷
BMBT	延长	血小板减少症，血小板病

表 5-2　诊室（或诊疗点）凝血障碍筛查解读

注：ACT，活化凝血时间；APTT，活化部分凝血活酶时间；BMBT，颊黏膜出血时间。

　　较好的静脉血样本采集自大静脉和自由流动的血液。慢抽血可导致溶血或改变血液中细胞的形态，引起血小板聚集，从而改变血液学和生化试验结果。为了防止红细胞（RBC）裂解，不要用力将血凝块从注射器注入采集管中。

　　当使用一个注射器向多个采集管中填注血液时，总是首先注满红盖采集管（RTT管），这样做可避免添加剂的污染。因为即使有少量的EDTA也可显著影响血清生化指标。

　　当向紫盖采集管（EDTA）或淡蓝盖采集管（柠檬酸盐）中填注血液样本时，要按照管子的容积添加。过满或不满均会影响添加剂的比例，从而导致试验结果不准确。

　　使用离心法从全血中分离血清，须让样品完全凝结后再做离心处理。过早离心可能会导致获得的样品是血清和血浆的混合样品（框 5-1）。

　　大多数商业实验室建议进行血常规检测时最少采集 2.0 mL 全血；2.0 mL 的全血可制备接近 1.0 mL 血清。脱水的患病动物预计具有更高的红细胞比容（HCT），因此为取得 1.0 mL 血清需要采集更多的全血。

　　当从患病动物采集血液时，以下是关键：

　　1. 适当尺寸的采集管。

　　2. 根据测试要求使用含有适当添加剂的采集管。

框 5-1　常见错误

样本采集过程中凝血可能会导致：
血小板聚集
错误地降低细胞计数
溶血，如果血液被强行注入采血管
EDTA 的污染可能会导致：
假性钙下降
假性钾升高
干扰各种特殊检测
未将采血管填满可导致抗凝剂（EDTA 或柠檬酸盐）过量，造成：
降低红细胞计数和红细胞比容（稀释效应）
改变细胞形态
MCV、MCH、MCHC、血红蛋白浓度不准确

引自 IDEXX Reference Laboratories Directory of Tests and Services–2010, Westbrook, Maine, United States, IDEXX Laboratories.
注：EDTA，乙二胺四乙酸；MCH，平均血红蛋白；MCHC，平均红细胞血红蛋白浓度；MCV，平均红细胞体积。

样品储存和运输

目前已有多种用于收集样品或送检的存储管。根据实验室规定的检测要求，选择合适的血液收集和 / 或储存管类型。

样品在储存和运输时需要进行以下准备：

1. 稳定的血清样品需要在送检前于 SST 管中离心。如果样品要邮寄，最好将分离后的血清转移至普通 RTT 管中，并做好标记。

> **注意**：根据检测要求，用于采集样品的试管通常不能用于送检样品。所有用于检测的样品的采集和送检要求将在本节中介绍。

2. 对普通 RTT 管中的血液进行离心，并且将血清转移至另一个 RTT 管中。
3. 全血样品、细胞学体液、组织、病毒培养物以及用于尿液分析培养的尿液样品，使用冰袋进行冷藏和运输。
4. 送检用于细胞学检查的样品时，不要将未染色或未固定的涂片冷藏 [如血液涂片、组织切片和细针抽吸涂片 （FNA）]。
5. 在室温下保存所有的常规微生物培养物 （尿液除外） 和血液培养物。
6. 如果样品必须保持冷冻运输，则需要使用干冰。正确地打包冷冻样品是送检人员的责任。大多数实验室不提供干冰运输。

患病动物准备

患病动物禁食 8~12 h（整夜禁食，自由饮水），往往有利于降低脂血症发生的可能性，脂血症可能会使检测数值错误地增加或减少，从而干扰其他检测。如果可能，应在实验室报告中对脂血症和 / 或溶血的存在及影响提出意见。对于特殊的检测，患病动物准备应包括限制进食、饮水和服用某些药物。按照本节中的指导进行患病动物准备或者联系实验室获得具体说明至关重要。

避免溶血

抽血过程中遵循以下建议可以最大限度地减少溶血。应取无脂血症（对患病动物进行禁食）的样品，因为血脂可以增加红细胞脆性。采血时，真空管或者注射器产生的负压可使静脉内壁塌陷触碰针头，从而造成更多红细胞破损。可以通过降低采血过程中施加的负压和轻微旋转针头或向深处送针来防止血管内壁与针头的震动性接触。

> **注意**：如果患病动物在禁食 8 h 后血清或全血有混浊的脂质，那么脂质分析应该针对血清进行。应指示实验室不能在检测血脂水平之前清除脂质，尤其是甘油三酯。

血液进入真空管或注射器时过度施加负压有可能导致溶血。这种情况一般发生在采血缓慢或采血困难时，因为操作者可能会施加更多的负压以增加血液流量。更加耐

5

心和温柔地抽血以及像"挤牛奶"一样施加压力和释放压力交替进行，通常可以解决这个问题。

溶血常发生在将血液从注射器转移到真空管或其他采集管时。如果使用小号的针头，血液转移到样品管的速度会变慢，特别是存在小的血凝块时。迫使血液通过一个小口径的针可导致溶血。可以通过拔掉针头或去除管塞并直接向管内转移血液来避免出现这一问题。之后重新盖上管塞并抽吸少量的空气，以重建负压并避免管塞在运输过程中脱落。

避免凝血及血小板聚集

血液凝结和血小板聚集的最常见原因是采血缓慢和没有及时与适当的抗凝剂混合。如果静脉穿刺造成创伤，那么组织液（促凝血酶原激酶）、激活后的凝血因子和溶血会迅速促进血凝块的形成。用注射器采血时的少许传递延迟也能导致凝血。为避免血液凝结，请执行以下操作：

1. 选择具有良好血液流量的静脉——越大越好。
2. 尽量减少静脉穿刺时的创伤。
3. 直接将血液采集进抗凝真空管［如淡蓝色管塞的采血管（柠檬酸盐）或紫色管塞的采血管（EDTA）］。
4. 装满后立即倒置几次混匀。

如果选用注射器采血并且预料到抽吸会有困难，可用少量液体柠檬酸盐［淡蓝色管塞（BTT）］或EDTA（紫色管塞）漂洗注射器和针头，最大程度地降低凝血的发生。但在使用前必须将注射器中的抗凝剂排空，而且必须根据检测类型选择合适的抗凝剂。即使是微量肝素或EDTA也会导致凝血试验失败，而EDTA或柠檬酸盐将改变几种生化试验的准确性。在进行大多数生化检查和血常规检测时，有少量肝素污染是可以接受的。

猫的血液样品发生血小板聚集非常普遍，属于由接触引起的聚集。还没有发现防止这种血液凝结的有效方法。直接将新鲜的血液从注射器滴到载玻片上，采血后立即制备血液涂片是评估猫血小板数的一种有效方法。

疑似狂犬病的样品送检要求

各地区对病死犬猫狂犬病诊断的组织送检要求各不相同。

运输任何疑似狂犬病样品之前，请联系实验室或相关主管部门。大多数公共卫生部门要求在送检狂犬病诊断用样品时须提前报备。兽医提交任何样本进行狂犬病测试前，应核实地址、文件要求和运输要求。

注意：必须注意在样品制备过程中要避免人与样品直接接触。推荐对准备狂犬病样品的人员进行预防性的狂犬病疫苗接种。

狂犬病检测样品的提交
1. 实验室可能会限制接收来自疑似狂犬病死亡动物的组织进行狂犬病检测，只接收那些有文件证明该动物为狂犬病患病动物的组织。通常包括已知被咬伤或抓伤的动物，或可能接触人的唾液和神经组织。
2. 大多数实验室会接收蝙蝠，只要有证据表明其可能接触了人。
3. 疑似狂犬病的哺乳动物如果已经咬伤（或以其他方式与其"亲密"接触）了其他家畜，其脑组织会被接收（如一只咬伤了宠物犬猫的流浪犬或猫的脑组织）。
4. 高度可疑的监测样本，即使没有与人接触也可以接收，可能包括：
   A. 狂犬病病毒携带物种（如臭鼬和浣熊），有明显的狂犬病病毒感染迹象。
   B. 该哺乳动物为非常见的狂犬病病毒携带者，但有明显的狂犬病病毒感染迹象。
   C. 家养动物死亡或被兽医执行安乐死后，将狂犬病作为神经系统疾病的鉴别诊断时。
5. 大多数实验室不会接收疑似狂犬病的活体动物。通常只有通过授权的完整头部标本会被接收。完整的蝙蝠和被兽医取下并送检的家畜脑干切面及具有代表性（由实验室定义）的脑组织除外。

经批准送检样品的包装要求
在疑似病料来自犬和猫的情况下，整个大脑必须正确地封装在一个标准的狂犬病病料运输容器内（通常由县卫生部门提供）。样品必须附有完整的狂犬病病史资料。资料模板通常可以从由国家卫生行政部门或诊断实验室指定的网站下载。

狂犬病标本病史表格信息要求
1. 提交送检病料的兽医姓名及地址。
2. 动物主人的姓名及地址（如果知道）。
3. 指出是否与人发生接触及接触类型（如咬伤、抓伤）。还要标注是否与狂犬病患病动物或狂犬病高度疑似动物相接触。
4. 标本：
   A. 标本类型。
   B. 年龄、品种、性别、是宠物或流浪动物或野生动物。
   C. 死亡原因（安乐死、被处死、自然死亡）。
   D. 动物预防接种记录，最好包括最近的狂犬病预防接种时间。
   E. 动物在死亡时的健康状况。

5. 地点：采集标本时动物所处的地理位置（确切地址）。

送检指南

1. 样品的检测一般由本地区的指定实验室完成。通常建议事先获得送检疑似狂犬病样品的授权。

2. 如果样品送检比较紧急，或是在周末或假日，大多数实验室会提供具体的指示，以满足兽医的要求。

3. 不要将活的动物送检。

4. 如果疑似动物是活的，应该先进行安乐死，但不要破坏其头部。头部必须从身体取下，然后完整地送检。实验室不会接收破损的脑组织。疑似狂犬病的蝙蝠通常可以整体送检。

5. 样品必须冷藏保存。应避免冷冻，只有当没有冷藏箱时才可将冰冻组织送检。

6. 送检的组织不能用化学防腐剂固定。

7. 工具、盒子和其他表面可能被唾液或血液污染的物品可用次氯酸钠消毒（1 份家用漂白粉溶于 10 份水中）。

8. 标本妥善包装后，直接邮寄至狂犬病实验室（核实地址是否正确）。邮寄时提出特殊要求如在工作日和非假日投递。

包装和运输指导

狂犬病疑似病例的样品的运输须包含以下项目：

1. 一个预装的运输容器，包括外层纸箱、绝缘冷却器以及 2 gal（约 7.5 L）大小使用胶带密封的金属罐。包装说明要写在其内层板的上面。

2. 含有两个凝胶冰袋（将冰袋冷冻，直到需要时取出使用，而不是冷冻样品）。

3. 两个塑料袋（13 in × 20 in，厚度约 100 μm），用于密封动物头部、家畜或其他大型动物的大脑，或完整蝙蝠，之后再放入罐中。

4. 将金属罐放入两个塑料袋（30 cm × 50 cm）中。

5. 使用一个大塑料袋将封闭的绝缘冷却器包裹住。

6. 在金属罐内的样品两侧放置两个缓冲垫。

7. 两张狂犬病病史空白表格以及样品采集和送检说明。

样品运输准备：

1. 将头部从动物尸体上取下（除蝙蝠外），然后将头部放在一个小塑料袋内。为了妥善保存，将样品放置在冰箱或冷冻箱中。

2. 当运输只包含小脑和脑干的样品时，首先将脑组织样品放置在一个小塑料容器中，然后将容器放入小塑料袋。如果标本中有尖锐物体突出（如骨碎片、豪猪刺），则在放入塑料袋前使用几层报纸将突出部位包裹住。将标本包裹在抗震材料中再放置于金属罐内。

3. 盖好金属罐的盖子。放置一个塑料压环（提供）并用木槌敲击确保安全。如果在使用木槌敲击之前，在塑料环表面放置硬物，则可以使压力均匀地施加到塑料环上。**注意**：当敲击盖子时，如果凹槽处有样本的血液或体液，则很可能造成飞溅引起污染。

4. 用肥皂和清水洗手。消毒或焚烧制作标本用到的所有被污染的材料。

5. 在包裹内附上填好的狂犬病检测样品的病史材料。尽可能准确地回答所有的问题；病史表格将被用于向当地卫生行政部门报告结果。紧接着在塑料袋的周围放置冰袋。当运输一个以上的样品时（如多只蝙蝠），每个样品单独包装，以防止交叉污染，对每个样品进行明确的标注，并分别进行病史描述。

6. **注意**：不要使用玻璃、金属丝或其他能够引起皮肤损伤的包装材料。

组织病理学和细胞病理学

　　组织病理学和细胞病理学都是可在临床实践中使用的最重要的诊断手段之一。一般情况下，诊断样品被提交到一个商业实验室或大学后，受过专门训练的技术人员可以对细胞或组织进行准备和染色，然后交给病理学专家进行判读。提交样品的质量是获得细胞学或组织病理学诊断的一个关键性的决定因素。在送检和判读之前，技术人员不但要获取病料，还要妥善准备样品。本部分介绍了准备和提交细胞病理学或组织病理学样品的标准。样品采集技术在第 4 部分中描述。

组织病理学
活组织检查
　　用于组织学检查的组织样品，必须在福尔马林中保存与运输（10 份福尔马林浸泡 1 份组织）。理想的组织样品的厚度应小于 1 in（约 2.54 cm）。职业安全与健康管理局（OSHA）和运输安全法规限制了可以运输的福尔马林容器的大小和数量。强烈建议将样品放置在由实验室或经美国联邦航空管理局（FAA）批准的航空公司所提供的容器中；将容器放置在塑料保鲜袋中，然后连同申请书放置在另一个外包装袋内。不要使用未经批准的盛装福尔马林的容器。样品包装不当时快递员可能会拒收。**注意**：不要将用于细胞病理学检查的样品与用福尔马林固定的组织封装在一起，因为这样可能会改变目的细胞的细胞学外观和染色效果。

超大样品
对用于组织病理学检查的大型组织或器官，应该选择几个（优选三个或更多）

代表性部分，并将其保存和运输。其余部分应放置在大型塑料容器中，使用福尔马林固定并冷藏，以备需要时使用。如果需要运送大型组织样品到实验室，只能使用实验室提供的容器或用三层密封袋包装和送检新鲜组织。

组织块的定位与信息

了解组织块的定位和其他信息对于病理学专家非常重要。定位图可能包含在申请表上。组织块上值得注意的边界和区域可以使用带有颜色或编号的缝线标注。应注明是否整个组织块已被切除，是否所有的组织均被送检或者组织在送检前已被分成几部分。

微小样品

微小的样品，如内镜活检样品，最好先放置在事先标记的组织盒（通常可从实验室获得）中，然后放入福尔马林中保存。小的活检样品不应放置在用于保存大型组织的容器内，因为它们很容易丢失。也不要将组织放在木质压舌板上送检，因为样品可能会脱落。

细胞病理学

单独进行细胞病理学检查可用于潜在疾病的筛选诊断，还可与手术活组织检查相结合，用于对严重病变进行快速评估。细胞病理学是在临床实践中最基本和最重要的诊断方法。细胞病理学是一门临床学科，操作者并不仅限于获得认证的病理学专家。很多重要会议都有细胞病理学的短期进修和实验室诊断课程。此外，优秀的教科书和丰富的图谱，可方便兽医对从犬猫身上获取的样品进行细胞病理学诊断。

细胞的准备可能对区分细胞类型（如间质细胞与上皮细胞）和细胞活动（如炎症与肿瘤）最有用。检测细胞内与细胞外的有机体可以提供关于疾病性质的直接线索，而无须等待对组织进行培养。非炎症性病变一般可分为良性增生和肿瘤。

虽然每个兽医都有必要认识到在对动物进行细胞病理学诊断时存在个体局限性，但是临床兽医有其特殊的优势，即他比病理学专家熟悉该动物的健康状况及损伤和疾病的性质。不论样品是送到商业实验室或大学，或由动物医院诊断，以下的建议对于制备高质量的组织样品至关重要。

> **注意**：判读细胞病理学样品的准确性依赖于以下四个主要变量
> 临床兽医的经验和培训
> 选择合适的病例和病变
> 所选样品的细胞质量
> 样品收集、准备和染色的技术

细针抽吸

适应证

细针抽吸（FNA）是指使用注射器和针头从一个可触及的病灶中提取细胞。最常用于对皮肤和皮下病灶进行活检。然而，随着越来越多的动物医院使用超声检查，可能没必要只针对"可触及"的病变提取病料进行细胞学诊断（如在超声介导下对肝或脾进行抽吸）。额外的经验和培训对于尝试执行超声介导下的细针穿刺是必不可少的。

样品制备

由于样品量通常很少，所以收集的细胞要直接置于干燥、洁净的载玻片上，并在空气中迅速（5~10 s）干燥。建议针尖与载玻片直接接触，将吸取的液体排出而不是将样品吹到载玻片上。如果不慎将透明液体回收，应该用 FNA 重新从损伤部位的外围区域采集样品。

如果取得的细胞非常少，可以直接将其喷在载玻片上，不要碰触，使其在空气中干燥。如果液体在载玻片上汇集成滴，那么样品应该像制作血涂片那样在载玻片表面展开后再进行干燥。

染色选择

一旦样品已风干（快速），最好采用快速瑞氏染色（瑞特染色）。如果立刻进行读片则不建议用酒精固定。根据检查目的还可选择其他染色方式，如新式亚甲蓝染色（湿涂片）、革兰氏染色、吉姆萨染色或瑞氏 – 吉姆萨染色。

邮寄到其他实验室的 FNA 标本通常是未染色的风干片。一些实验室建议将风干片在甲醇中浸泡几分钟再邮寄，尽管这个额外的步骤似乎是可选的。

常见错误

收集的细胞量太少、载玻片上的细胞密度太高（如制作了一个"差"的涂片或没有将样品涂抹均匀）以及取得的材料无诊断意义，是收集细胞学诊断样品的三个常见错误。含水或酒精的"湿"样品（没有完全风干），会在染色时产生伪影进而影响样品的诊断价值。过多的血液和组织液可能会稀释诊断样品，使判读变得困难甚至无法进行。

脱落细胞学（压印涂片）

适应证

脱落细胞学检查是指从暴露的伤口表面或活检时从组织表面收集样品。从新鲜活检标本的表面或尸体组织上取材可以获得最高的诊断率。

5

样品制备

为防止最常见的错误发生，在尝试将脱落细胞涂于载玻片之前，应先去除切口表面过多的组织液和血液（使用手术刀片）。使用干净、高质量的吸水纸（如滤纸）效果很好，且纸的碎屑不会残留在样品上。

一旦吸收掉样品表面的多余液体，夹起样品与干净的载玻片轻轻接触。通常样品量足够多，所以没必要将样品压在载玻片上。与载玻片接触几次后，将样品快速风干。

染色选择

一旦样品已风干，最好使用快速瑞氏染色或瑞特染色。如果立刻进行读片则不建议用酒精固定。根据检查目的还可选择其他染色方式，如新式亚甲蓝染色（湿涂片）、革兰氏染色、吉姆萨染色或瑞氏－吉姆萨染色。

常见错误

在尝试进行脱落细胞学检查前，对样品过度或粗暴地操作会影响样品的质量。另外，伤口表面过多的组织液和血液会使样品中的细胞被"稀释"，导致读片困难。当使用过度的压力来使细胞脱落或用力将样品涂抹在载玻片上时，单个细胞可能会出现破裂，使样品失去诊断意义。未获得充足的用于诊断的细胞数量可能是检测组织的类型问题而非技术问题。上皮组织（肝、脾、腺瘤、癌）往往能在载玻片上获得较丰富的细胞。与此相反，间质组织（纤维肉瘤、软骨肉瘤）往往脱落不佳。间质组织的细胞数量可能很低，以至于需要提交固定组织进行组织病理学检查。

拭子蘸取、刮取、洗涤或刷拭
适应证

多种技术可用于收集上下呼吸道、结膜、耳道和阴道黏膜的细胞学样品。在大多数情况下，细胞学检查的目的主要是观察组织的恢复状况和鉴定病原（如螨虫、细菌）。第 4 部分讲述了在这些部位采集病料的技术。

样品制备

蘸取皮肤碎屑和耳拭子可用于诊断病原体，有时还可用于诊断肿瘤，这项技术可能是采集病料最常用的操作。当诊断脱落细胞或病原时，轻柔地取样是重要原则。另外，可能不需要风干或染色，这主要取决于所收集的样品（如皮肤碎屑或用于诊断螨虫的耳拭子）。

从洗涤液中获取的样品在细胞数、回收液的一致性和样品质量上有很大差别。对于某些情况，回收的洗涤液（如支气管肺泡灌洗、经气管抽吸）需要经过离心才能获得具有诊断价值的细胞。样品的上清液（流体的部分）将被丢弃。回收的细胞可以加

1~2 滴无菌生理盐水，或加与样品等量的生理盐水进行稀释。使用移液器将样品滴在载玻片上。然后采取制备血涂片的方法将样品在载玻片上展开。将涂片自然风干并染色。其他情况下，回收的细胞洗涤液可能含有大量的细胞，可以直接用来涂片、干燥和染色。

细胞学检查中使用的刷子通常是特制的，专为内镜检查时取样而设计。虽然"夹取"小块组织是首选，但是有些时候使用刷子是实际操作时的唯一选择。使用刷子采集的细胞学样品通常较少。此外，将细胞从刷子上转移到载玻片上时，可能会使得到的样品质量变差。使用刷子获得的细胞可直接沾到载玻片上，进行干燥和染色。在某些情况下，可能需要使用少量（<1.0 mL）生理盐水将刷子在离心管中洗涤。然后将悬浮的细胞直接放到载玻片上，进行涂抹、干燥、染色。在涂片前可能需要对样品进行离心（和之前介绍的洗涤方法一样）。

染色选择

一般情况下，上述染色方法适用于经洗涤或刷拭收集的样品。收集的皮肤碎屑通常使用"湿式"方法，即使用油或过氧化氢将样品在载玻片上悬浮，而无须进行染色。棉拭子，特别是从耳朵取得的棉拭子，可使用快速瑞氏染色或革兰氏染色以便区分病原。

常见错误

检查细胞和病原时，通常使用皮肤碎屑和棉拭子收集到的样品中的细胞数量相对较高。内镜检查时常使用洗涤和刷拭来获取细胞；用于诊断的细胞数量取决于病变的严重程度及操作者的技术水平。

体液

适应证

在胸腔或腹腔内的液体，适合作为细胞学检查的样品。样品的体积难以确定，但理想情况是在无菌条件下使用针和注射器采集 2 ~ 3 mL 液体。也可收集少量的关节液和脑脊液（CSF）用做化学和细胞学分析。回收的任何液体都要检查颜色、黏稠度、有核细胞计数，以及蛋白浓度和细胞形态。其他化学物质（如肌酐、淀粉酶）可以根据回收液体的性质和患者的病情来确定是否进行检测。

样品制备

由于获得的液体量可能较大而液体中的细胞数较少，所以需要通过离心将样品中的少量细胞富集。离心并去除上清液后，细胞可以重新悬浮在 1 ~ 2 滴无菌生理盐水或上清液中。重悬后的细胞直接涂布在载玻片上，然后风干染色。

需要将体液或洗涤液送至商业实验室时，建议将液体样品放置在没有促凝剂的无菌管（如红色和深灰色管，见表 5-1）或紫盖管（优选，其中含 EDTA）中。送检样品中含EDTA则不能用于细菌培养。不要使用SST管装送检样品，因为这种管含有促凝剂。

注意：不要延迟处理需要做细胞学检查的体液样品，这一点很重要。在悬浮液中存留的时间越长，细胞越容易发生形态学变化。

因为脑脊液中的细胞非常脆弱，所以脑脊液需要在收集后的 30 min 内进行处理。此外，传统的离心机可能会损伤收集到的任何细胞。由于对用于细胞学检查的脑脊液进行处理很复杂，所以大多数样品最好送往专科动物医院或转诊动物医院。

染色选择
经过风干的细胞学涂片可以使用前述方法进行染色。

常见错误
如果不进行离心分离而直接使用采集到的体液样品进行诊断，可能会由于细胞含量过低而使诊断无法进行。没有及时对用于细胞学检查的样品进行处理，使细胞长时间留在组织液中，会导致细胞形态发生明显变化。此外，任何从体腔内采集的样品如果含有外周血，则必须区分含血样品是由于采集技术还是出血性疾病造成的血污染。将经福尔马林固定后的组织切片送检时，不要将涂片与装有福尔马林的瓶子包装在一起。这是因为即使少量的福尔马林也可以显著破坏细胞形态。

骨髓
适应证
对于评估患病动物的持续性贫血尤其是再生障碍性贫血、白细胞数不正常（升高或降低）、血小板减少、外周血中检测到任何恶血质以及这几种情况兼而有之，骨髓穿刺物的细胞学诊断都是非常有价值的诊断方法。当骨髓活检和吸取物涂片送检时，骨髓样品能提供最多的信息。活检样品应先切开，将核心放置在组织处理盒中，贴上标签，并在其中滴入福尔马林。抽吸针可以放置在与活检针相同的穿刺部位（骨髓活检和抽吸技术在第 4 部分中介绍）。

血小板减少不一定是骨髓穿刺的禁忌症。如果血小板功能正常，即使血小板数非常低（如 5 000 个 /mm³），也可进行骨髓穿刺。然而，犬在外周血的血小板计数小于 3 000 个 /mm³ 时，穿刺部位会发生持续性出血和较大血肿。

样品制备
对于大多数接受骨髓穿刺的患病动物，由于其骨髓中含有足够数量的血小板，所以需要使用常规抗凝剂。采集样品前，在平皿中间滴数滴 4% 的 EDTA。使用同一个 12 mL 注射器吸取 EDTA 和采集样品。该注射器中将含有少量 EDTA。骨髓的采集量通常在 0.5 mL 以下。采集量大可能是由混入血液造成的，会导致读片困难。抽取适量体积的样品后，将其迅速加到 EDTA 中轻柔地混合。可使用玻璃吸管将骨髓转移至干燥清洁的载玻片上，将样品进行风干。使用同样的技术对涂片的外周血进行计数。

染色选择

骨髓通常必须使用快速瑞氏染色法染色。除此之外，当样品送往其他实验室时，不需要进行任何染色。保证涂片不与福尔马林固定样品接触；同时不要将涂片冷冻。特殊染色法可以观察铁含量和特定病原，这通常由商业实验室或大学来完成。

常见错误

如果骨髓中含有功能正常的血小板，那么在未能迅速将吸取物转移到 EDTA 平皿中时，会导致出现血凝块。血凝块会包裹目的细胞，导致诊断困难或失败。血液稀释和添加过多的 EDTA 也是常见的错误，可影响涂片的质量。其他错误通常是由制备涂片时的技术原因导致。例如，未能将样品在载玻片上涂抹均匀，导致涂片过厚；从肱骨头进行骨髓穿刺可能使样品被关节液污染，导致其无法使用。

常规生化

快速、低成本地获取全面生化指标的能力，是伴侣动物临床实践中最常规的工作。显然，生化指标大大拓展了兽医评估患病动物临床病史的能力。另外，将生化检查作为看似健康动物常规"健康检查"的一部分，在目前具有可行性。

本节将讨论大多数临床实验室可以对伴侣动物（犬、猫）进行的生化检查。虽然各实验室包含的具体检查项目有所差异，但是个别的检测不在这里讨论，这些内容在本节的"特殊诊断检测和检测流程"部分进行介绍。

以下标准适用于进行常规生化检查或特殊实验室检测的全血、血清或血浆样品。

分析物或试验名称（相同含义）

实验室在实验报告中列出的个别被测化合物名称（如碱性磷酸酶）的常用缩写（如 SAP 或 alk phos）在后面的括号中注明。某些情况下，测试的名称并不是实际检测的化合物（如促肾上腺皮质激素刺激，其中皮质醇是实际检测的化合物）。

正常指标

正常成年犬猫的各项生化指标参考值范围在表 5-3 至表 5-7 中列出。

> **注意：** 在本节中列出的参考范围仅适用于一般情况。患病动物个体的测试结果必须与执行测试的实验室的参考值范围进行比较。

5

表 5-3　血液学指标参考值范围			
测试项目	成年犬	成年猫	单位
血液红细胞（总数）	5.32 ~ 7.75	6.68 ~ 11.8	$\times 10^6$ 个 /mm^3
血红蛋白（Hgb）	13.5 ~ 19.5	11.0 ~ 15.8	g
红细胞比容（Hct）	39.4 ~ 56.2	33.6 ~ 50.2	%
平均红细胞体积（MCV）	65.7 ~ 75.7	42.6 ~ 55.5	fL
平均血红蛋白含量（MCH）	22.57 ~ 27.0	13.4 ~ 18.6	pg
平均血红蛋白浓度（MCHC）	34.3 ~ 36.0	31.3 ~ 33.5	g/dL
血小板计数	194 ~ 419	198 ~ 405	$\times 10^3$ 个 /mm^3
平均血小板体积（MPV）	8.8 ~ 14.3	11.3 ~ 21.3	fL
血液白细胞（总数）	4.36 ~ 14.8	4.79 ~ 12.52	$\times 10^3$ 个 /mm^3
分叶型中性粒细胞（分叶）	3.4 ~ 9.8	1.6 ~ 15.6	$\times 10^3$ 个 /mm^3
不分叶型中性粒细胞（杆状或不分叶）	0 ~ 0.01	0 ~ 0.01	$\times 10^3$ 个 /mm^3
淋巴细胞（lymphs）	0.8 ~ 3.5	1.0 ~ 7.4	$\times 10^3$ 个 /mm^3
单核细胞（monos）	0.2 ~ 1.1	0 ~ 0.7	$\times 10^3$ 个 /mm^3
嗜酸性粒细胞（eos）	0 ~ 1.9	0.1 ~ 2.3	$\times 10^3$ 个 /mm^3
嗜碱性粒细胞（basos）	0	0	$\times 10^3$ 个 /mm^3

表 5-4　生化指标参考值范围			
测试项目	成年犬	成年猫	单位
葡萄糖	73 ~ 116	63 ~ 150	mg/dL
血液尿素氮（BUN）	8 ~ 27	15 ~ 35	mg/dL
肌酐（Cr）	0.5 ~ 1.6	0.5 ~ 2.3	mg/dL
磷（P）	2.0 ~ 6.7	2.7 ~ 7.6	mg/dL
钙（Ca）	9.2 ~ 11.6	7.5 ~ 11.5	mg/dL
游离钙（iCa）	1.15 ~ 1.39	—	mg/dL
总蛋白（TP）	5.5 ~ 7.2	5.4 ~ 8.9	g/dL
白蛋白（Alb）	2.8 ~ 4.0	3.0 ~ 4.2	g/dL
球蛋白（Glob）	2.0 ~ 4.1	2.8 ~ 5.3	g/dL
A：G（白蛋白：球蛋白）比值	0.6 ~ 2.0	0.4 ~ 1.5	—
胆固醇（Ch）	138 ~ 317	42 ~ 265	mg/dL
胆红素（总数）	0 ~ 0.2	0.1 ~ 0.5	mg/d L
碱性磷酸酶（SAP 或 alk phos）	15 ~ 146	0 ~ 96	IU/L
丙氨酸转氨酶（ALT）	16 ~ 73	5 ~ 134	IU/L
γ - 谷氨酰胺转移酶（GGT）	3 ~ 8	0 ~ 10	IU/L
肌酸激酶（CK；曾称 CPK）	48 ~ 380	72 ~ 481	IU/L
钠（Na）	147 ~ 154	147 ~ 165	mEq/L
钾（K）	3.9 ~ 5.2	3.3 ~ 5.7	mEq/L
Na：K 比	27.4 ~ 38.4	30 ~ 43	—
氯（Cl）	104 ~ 117	113 ~ 122	mEq/L
碳酸氢盐（静脉）	20 ~ 29	22 ~ 24	mEq/L
阴离子间隙	16.3 ~ 28.6	15 ~ 32	
渗透压（估计值）	292 ~ 310	290 ~ 320	mOsm/kg（体重）
淀粉酶	347 ~ 1104	489 ~ 2100	IU/L
脂肪酶	22 ~ 216	0 ~ 222	IU/L
甘油三酯（TG）	19 ~ 133	24 ~ 206	mg/dL

5

表 5-5　尿检（尿液样品）指标参考值范围

测试项目	犬	猫
尿密度（SpGr）	多变	多变
颜色	浅黄至深黄	浅黄至深黄
pH	5.0 ~ 8.5	5.0 ~ 8.5
蛋白质	阴性至 +1	阴性至 +1
葡萄糖	阴性	阴性
酮类	阴性	阴性
胆红素	阴性至痕量	阴性
血液	阴性	阴性
显微镜观察		
红细胞（RBC）计数	< 5 RBC/ 视野	< 5 RBC/ 视野
白细胞（WBC）计数	< 3 WBC/ 视野	< 3 WBC/ 视野
上皮细胞	阴性	阴性
管型	阴性	阴性
细菌	阴性	阴性
特殊检查：尿蛋白：肌酐	< 0.3	< 0.6

表 5-6　凝血测试指标参考值范围

测试项目	犬	猫
血小板计数	$(166 \sim 600) \times 10^3$ 个 /μL	$(230 \sim 680) \times 10^3$ 个 /μL
凝血酶原时间（PT）	5.1 ~ 7.9 s	8.4 ~ 10.8 s
活化部分凝血活酶时间（APTT）	8.6 ~ 12.9 s	13.7 ~ 30.2 s
纤维蛋白降解产物（FDPs）	< 10 μg/mL	< 10 μg/mL
纤维蛋白原	100 ~ 245 mg/dL	110 ~ 370 mg/dL
活化凝血时间（ACT）	60 ~ 110 s	50 ~ 75 s

5

表 5-7　动脉血气指标参考值范围

测试项目	犬	猫	单位
pH	7.36 ~ 7.44	7.36 ~ 7.44	—
PaO_2	90 ~ 100	90 ~ 100	mmHg
$PaCO_2$	36 ~ 44	28 ~ 32	mmHg
HCO_3^-	24 ~ 26	20 ~ 22	mEq/L
TCO_2	25 ~ 27	21 ~ 23	mEq/L

患病动物准备

采集样品之前，应遵循任何特殊的患病动物准备要求。对于常规生化检查，建议将患病动物禁食 8～10 h。当对正常动物进行常规检查时，最好选择在早晨收集样品。应当告知动物主人在采血当天的后半夜对动物进行禁食禁饮。

样品采集

本节中规定了要收集的样品的类型和量，以及所使用的采集管的类型。对于常规生化，至少采集 2.0 mL 的全血加入 RTT（或 SST）管中，最少获得 1.0 mL 的血清才能满足测试需求。脱水的患者有较高的红细胞比容，因此可能需要采集更多的全血才能获得 1.0 mL 血清。

样品送检

本节规定了送检样品的类型和体积。另外，还指定了运输样品所用的瓶或容器的类型。除非有特殊规定，如聚合酶链式反应（PCR）中，不要将全血进行储存或运输；使用适当的 SST 管运输或储存全血和血清，血清和全血应标识清楚。血清样品使用无菌 RTT 管运输。不要对常规生化检查样品进行冷冻。

解读

每个分析物和测试程序应分开描述。应对每个分析物的异常值（无论是升高或降低）的意义给出解释。任何测试结果必须在考虑其他检测结果（如血液学、尿液分析）和患病动物的病史及体检结果后，再进行解释。

干扰因素

本节介绍了常见的干扰物质和干扰因素，知道这些就会明确干扰是否会升高或降低测试结果，导致错误的结论。样品有脂血、黄疸和 / 或溶血可能对个别测试产生干扰，导致结果不可靠。干扰可以是阳性的（假上升的测试结果）或阴性的（假下降的测试结果）。干扰的程度和类型根据所用的测试方法而有所不同。在最后的报告中，大多数实验室都会提供关于已知或潜在干扰因素的详细信息。

操作程序

本节明确规定了获得有效结果所必需的具体测试程序和运输要求。对于常规生化操作程序，除了对患病动物禁食外，没有其他特殊的要求。如果要求对患病动物采取特殊的准备方式或遵守特殊的测试规程，实验室会给予详细的描述。

5

常规生化检测

丙氨酸氨基转移酶（ALT，曾称 SGPT）
正常值

16 ～ 73 IU/L（犬）；5~134 IU/L（猫）。

解读

ALT 用于肝脏疾病（不是肝功能测试）的评估。数值上升表明肝细胞损伤和胞内酶外泄，如急性肝炎、肝损伤、肝肿瘤（偶尔）和肝硬化。数值下降见于肝病后期。

白蛋白
正常值

2.8 ～ 4.0 g/dL（犬）；3.0~4.2 g/dL（猫）。

解读

用于评价总蛋白和球蛋白。该测试对于评价动物是否发生脱水、肾病、胃肠道（GI）疾病、肝功能损伤以及某些慢性感染性疾病，是重要的手段。数值上升一般说明脱水，此时球蛋白和总蛋白预计会相应升高；数值降低表明白蛋白异常损耗（胃肠道、肾）和产量下降（限制蛋白质摄入、营养不良、肝病）。健康幼龄犬猫（<3 月龄）的值通常比成年动物低。

白蛋白 / 球蛋白比值（A ∶ G）
正常值

0.6~2.0（犬）；0.4~1.5（猫）。

解读

解释 A ∶ G 比值不能不考虑白蛋白和球蛋白的浓度（g/dL）。更多的血清蛋白特征描述可以通过血清蛋白电泳获得。A ∶ G 比值升高在临床上不重要，因为它表示白蛋白升高和 / 或球蛋白降低。相反，A ∶ G 比值下降表明白蛋白降低和 / 或球蛋白升高，可能表示肾脏或胃肠道丢失的白蛋白过多，或存在某些肿瘤及慢性感染。

血清碱性磷酸酶（SAP 或"Alk Phos"）
正常值

15~146 IU/L（犬）；0~96 IU/L（猫）。

解读

SAP 经常用于评估阻塞性肝脏疾病和 / 或胆道疾病（非肝功能测试）。对于年轻犬猫（<3 月龄），该数值上升是正常的（反映骨骼的生长）。对于成年动物，数值上升可能表明胆道梗阻或胆汁淤积、肝炎、肝脂肪变性、破坏性骨病变（骨肉瘤）、高磷血症和急性胰腺炎。使用糖皮质激素治疗会在无胆汁淤积的情况下造成 SAP 显著升高。

淀粉酶

正常值

347~1 104 IU/L（犬）；489~2 100 IU/L（猫）。

解读

该数值上升表示发生了胰腺炎，尤其是在患病动物有呕吐和腹痛的情况下。淀粉酶清除率依赖于正常的肾功能；患病动物的肾功能受损（慢性肾衰竭）可能出现淀粉酶异常升高，这种升高与胰腺炎无关。胰脂肪酶免疫反应（PLI）可能有助于评估犬猫胰腺炎（参阅特殊诊断测试和检测流程）。

阴离子间隙

正常值

16.3~28.6（犬）；12~24（猫）。

解读

阴离子间隙为实验室计算［$Na^+ - (Cl^- + HCO_3^-) = $ 阴离子间隙］得到的用于评估不可测量的阳离子（钙、镁）和阴离子（蛋白质、硫酸盐、磷酸盐和某些有机酸）的数量。高阴离子间隙提示代谢性酸中毒（酮酸中毒、乳酸中毒）。其他原因引起的代谢性酸中毒（如肾小管性酸中毒）可能阴离子间隙表现正常。低蛋白血症是低阴离子间隙的最常见原因之一。其他原因包括高钠血症、某些丙种球蛋白病（多发性骨髓瘤）以及严重的高钙血症。**注意**：有许多原因可导致假性高阴离子间隙和低阴离子间隙。

5

天冬氨酸转氨酶（曾称 SGOT）

虽然有时会有报道伴侣动物的该项实验室数据，但一般认为谷草转氨酶（曾称 SGOT）的值对于犬猫而言不具备临床意义。

碳酸氢盐（HCO_3^-）

正常值

24~26 mEq/L（犬）；22~24 mEq/L（猫）。

解读

碳酸氢盐的测定通常是作为血气和 / 或电解质数据的组成部分。其水平升高与代谢性碱中毒（和代偿性呼吸性酸中毒）和代谢性酸中毒（和代偿性呼吸性碱中毒）下降有关。

胆红素

正常值

0~0.2 mg/dL（犬）；0.1~0.5 mg/dL（猫）。

解读

胆红素增加（高胆红素血症）可能与黄疸有关，反映了血清中胆红素的积累，可能表明动物发生了血管内溶血、胆汁排泄障碍、胆道梗阻（肝内或肝外）和影响胆汁排泄的原发性疾病。

血液尿素氮（BUN）

正常值

8~27 mg/dL（犬）；15~35 mg/dL（猫）。

解读

注意：异常的 BUN 升高（氮质血症）不能定义为"尿毒症"。BUN 升高表明含氮废物（脱水、肾衰竭、尿路梗阻）清除率下降。BUN 升高不能代表肾脏疾病，除非参考其他参数（如尿密度、血清肌酐、饮水增加或小便增多）。BUN 降低表明肾脏排泄含氮废物增加（多尿）或蛋白质摄入减少（营养不良、低蛋白饮食）或 BUN 产生下降（门静脉短路）。

钙（Ca）

正常值

9.2~11.6 mg/dL（犬）；7.5~11.5 mg/dL（猫）。

解读

注意：犬和猫的血钙水平 ≤ 7 mg / dL 可能导致搐搦；血钙持续 >127 mg / dL 可能造成钙沉积以后的肾损害。血钙浓度上升与原发性甲状旁腺功能亢进、伪甲状旁腺功能亢进（肿瘤，尤其是淋巴肉瘤和与肛周癌相关的副肿瘤综合征）、转移性骨病或原发性骨肿瘤、维生素 D 过多症（慢性）、甲状腺功能亢进症（猫）、阿狄森病（肾上腺皮质功能减退）、肢端肥大症等有关。某些动物可能具有先天性高钙血症。血钙下降与

5

造成低总蛋白和白蛋白的任何情况有关（大多数血钙是白蛋白结合型）。血清离子钙（iCa）用以评估任何意义重大且原因不明的高钙血症和低钙血症。血钙减少的其他原因包括导致磷升高的疾病（如肾功能不全、甲状旁腺功能减退）、急性胰腺炎、静脉输液和肾小管性酸中毒。参阅离子钙（iCa）。

氯（Cl）

正常值

104~117 mEq/L（犬）；113~122 mEq/L（猫）。

解读

氯离子的升高与脱水及静脉注射生理盐水有关。氯离子降低与水分过多、阿狄森病（肾上腺皮质功能减退）、烧伤、代谢性碱中毒、抗利尿激素（ADH）分泌不当综合征以及某些类型的利尿剂治疗有关。

胆固醇（CH）

正常值

138~317 mg/dL（犬）；42~265 mg/dL（猫）。

解读

胆固醇升高（高胆固醇血症）常见于高脂血症动物，表现为甘油三酯显著上升，而不是主要的基础代谢紊乱影响胆固醇代谢。对于犬，高胆固醇血症不总是与甲状腺功能减退及亢进（库欣综合征）有关。高胆固醇血症的诊断意义有限。没有发现胆固醇的降低（低胆固醇血症）对于犬猫有诊断意义，但已发现与肾上腺皮质功能减退有关。

肌酸激酶（CK，曾称 CPK）

正常值

48~380 IU/L（犬）；72~481 IU/L（猫）。

解读

肌酸激酶升高表示骨骼肌的活动增加或被破坏（肌病或横纹肌溶解症）、炎症或感染（肌炎）以及广泛的肌肉损伤。肌酸激酶下降无诊断意义。

肌酐（Cr）

正常值

0.5~1.6 mg/dL（犬）；0.5~2.3 mg/dL（猫）。

解读

肌酐升高是肾小球滤过功能异常的重要指标，并见于肾功能不全和尿路梗阻；休克、严重脱水以及未治疗充血性心力衰竭导致肾血流量减少，均可能引起肌酐升高。横纹肌溶解症也会导致肌酐升高。肌酐降低的病理原因较少见，但可见于严重衰弱或导致肌肉量显著降低的疾病。肌酐受饮食的影响小于尿素氮。

γ- 谷氨酰转移酶［GGT；Gamma GT（gGT）］
正常值

3~8 IU/L（犬）；0~10 IU/L（猫）。

解读

GGT 的升高和降低通常伴随潜在肝病尤其是胆汁淤积的情况，但破坏性骨病除外。GGT 常在肝硬化（和阻塞）、肝脏或胆道疾病时升高。对于人，GGT 显著升高见于转移性肝病，但在动物未见相似报道。

球蛋白
正常值

2.0~4.1 g/dL（犬）；2.8~5.3 g/dL（猫）。

解读

球蛋白是总蛋白的组成部分，必须参考白蛋白。球蛋白升高（高球蛋白血症），可能反映脱水（白蛋白和总蛋白也增加）、慢性炎症、慢性感染或骨髓瘤（白蛋白可异常降低）。血清蛋白电泳可以用来明确球蛋白增加的性质。球蛋白减少（低球蛋白血症）通常表明蛋白的摄入量减少（低蛋白饮食或营养不良）或球蛋白产生降低（肿瘤）。

血糖
正常值

73~116 mg/dL（犬）；63~150 mg/dL（猫）。

解读

血糖升高（高血糖）表示葡萄糖代谢降低（胰岛素缺乏或糖尿病）。**注意**：正常猫可能会遇到短时的"应激性高血糖"，其值高达 350 mg/dL（通常无糖尿病）。血糖降低（低血糖）表示葡萄糖的过度使用（影响胰岛素分泌的肿瘤）或严重的疾病（败血症）。

5

脂肪酶

正常值

22~216 IU/L（犬）；0~222 IU/L（猫）。

解读

脂肪酶升高最常见于急性胰腺炎。已有报道在无胰腺疾病时，某些肿瘤也可引起脂肪酶显著升高。脂肪酶降低没有临床意义。

磷（P）

正常值

2.0~6.7 mg/dL（犬）；2.7~7.6 mg/dL（猫）。

解读

磷升高常见于青年及成长期的犬猫（与 SAP 活性增强有关）。异常升高是最有可能发生在慢性肾衰竭或甲状旁腺功能减退时。不当的样品处理（溶血），可能会导致磷含量升高。磷降低意味着患病动物有原发性甲状旁腺功能亢进（钙升高）、肾小管酸中毒、范科尼综合征。几种全身性疾病可能与磷降低有关。**注意：**1 mg/dL 或更低的磷浓度可能导致动物神经肌肉异常和心律失常。

钾（K）

正常值

3.9~5.2 mEq/L（犬）；3.3~5.7 mEq/L（猫）。

解读

血钾升高（高钾血症）指示盐皮质激素缺乏症（阿狄森病或肾上腺皮质功能减退），但必须结合血清钠和促肾上腺皮质激素（ACTH）刺激试验来解释。血钾降低可由多种原因引起，经胃肠和肾丢失是最常见和最重要的原因。持续低血钾时应找出根本原因。

注意：血钾水平大于 7.5 mEq/L 可导致心律失常（深度心动过缓）和死亡。血钾水平低于 2.5 mEq/L 可能会造成深度衰弱。

钠离子（Na$^+$）

正常值

147~154 mEq/L（犬）；147~165 mEq/L（猫）。

解读

血钠升高（高钠血症）可能由过量食用或严重脱水引起。血钠降低（低钠血症）可能表明盐皮质激素缺乏症（阿狄森病或肾上腺皮质功能减退），但必须结合其他测试（如血清渗透压、血钾浓度、ACTH 刺激试验）来解释。由药物（速尿）引起的或固有的内科疾病（肾病综合征）会消耗血清钠，使其维持在较低水平。根据不同的实验室方法，假性低钠血症可能发生于重度脂血症的动物。

总蛋白（TP）
正常值
5.5~7.2 g/dL（犬）；5.4~8.9 g/dL（猫）。

解读

总蛋白必须与构成蛋白质的白蛋白和球蛋白一起进行评价。总蛋白升高（高蛋白血症）可以表示脱水（白蛋白和球蛋白升高）或球蛋白显著升高（慢性炎症、感染、肿瘤，尤其是多发性骨髓瘤）。总蛋白降低可能表明蛋白质的损失增加（尤其是白蛋白）、慢性同化不全或消化不良、饥饿以及慢性疾病（肿瘤恶病质）等。

甘油三酯（TG）
正常值
19~133 mg/dL（犬）；24~206 mg/dL（猫）。

解读

任何动物在餐后甘油三酯都会升高（餐后 6 h）。甘油三酯代表总血脂。总血脂升高到浓度超过 500 mg/dL 时，（在禁食动物）与家族性高甘油三酯血症有关，最常报道的是美国种（欧洲种和英国种未见报道）迷你雪纳瑞（其他品种和杂种犬可能发生）和某些杂种猫科动物。甘油三酯降低无论对于犬还是猫均无临床意义。

以下内容包括一些先进的实验室生化检查，这些检查通常不包含在普通伴侣动物医院的常规检查中。这些测试是在例行身体检查及化验分析出现异常的基础上选定。其他特殊的实验室测试及测试程序，可以在后面的特定器官系统部分找到。

5

注意：在特殊诊断检测和检测流程部分，在适当的情况下，就所描述的每项实验室测试提供以下信息

测试或分析物的名称（缩写或通用名称）

正常值（正常成年犬猫有代表性的参考范围值）

患病动物（样品采集前有特殊要求）

样品要求（采集样品的类型和建议的最低量）

送检（用于分析、储存或邮寄的样品组成）

解释（对在参考范围值外的测试结果的基本说明）

干扰因素（可能会造成测试结果错误地升高或降低的变量）

操作程序（在适用的情况下，描述进行测试的可接受操作程序）

特殊诊断检测和检测流程

乙酰胆碱（ACH）受体抗体
参阅免疫学检测。

内源性促肾上腺皮质激素（ACTH）
参阅内分泌学检测。

促肾上腺皮质激素（ACTH）刺激试验
参阅内分泌学检测。

醛固酮
参阅内分泌学检测。

氨（NH_3）（空腹氨）
正常值
45~120 μg/dL（犬）；30~100 μg/dL（猫）。

患病动物准备
整晚禁食。

样品采集
最少 2.0 mL 全血，使用 EDTA（紫盖采集管）或肝素。

送检
最少 1.0 mL 血浆。

5

解读
氨的减少不认为具有临床意义。氨的诊断结果升高表明潜在的严重肝病。本检测通常作为肝功能测试，并作为肝性脑病的支持诊断。空腹氨和氨耐受试验目前不常进行，因为样品不稳定和处理要求较复杂。这些测试在很大程度上被胆酸盐测定所取代。

干扰因素
溶血；尿素氮升高；血糖值大于 600 mg/dL。如果样品未在 −20 ℃下保存，NH_3 将不稳定。

限制因素

理想情况下，血液必须被收集在一个密封的、冷的玻璃收集管中，立即离心，20 min 内对收集的血浆进行分析。如果采集后立即冷冻，血浆最长可以保存 48 h，直至分析前取出。

氨耐受试验

正常值

45~120 μg/dL（犬）；30~100 μg/dL（猫）。

注意：氨在口服后应监测最细微的变化，因为其几乎 100% 经肝脏代谢。

患病动物准备

整晚禁食。

样品采集

最少 2.0 mL 全血，使用 EDTA（紫盖采集管）或肝素。

送检

氨口服前后的血浆样品最少 1.0 mL。

解读

氨的浓度上升提示潜在或严重的肝脏疾病。该试验通常用做肝功能测试，并作为肝性脑病的诊断方法。空腹氨和氨耐受试验目前不常做，因为样品不稳定，且对送检有较高要求。这些测试在很大程度上被胆汁酸测定所取代。

干扰因素

溶血；尿素氮升高；血糖值大于 600 mg/dL。如果样品未在 –20 ℃下保存，NH_3 将不稳定。

限制因素

理想情况下，血液必须收集在一个密封的、冷的玻璃采集管中，立即离心，在收集后的 20 min 内进行测定。或者血清可以在采集后立刻进行冷冻保存，直至分析前取出，最长可保存 48 h。

操作程序

需要两份血浆样品。一份是标准品，另一份为口服氯化铵 30~45 min 后采集的样品，

5

氯化铵剂量为 100 mg/kg（体重）（不超过 3 g），溶于 20~50 mL 生理盐水中，配制成 5% 的溶液。氯化铵也可用相同的剂量口服原粉，从而降低呕吐或误吸的风险。

抗核抗体（ANA）
参阅免疫学检测。

胆汁酸
正常值（犬和猫）
饲喂前，≤ 7 μmol/L；饲喂后，≤ 15 μmol/L。

患病动物准备
空腹样品在采集前禁食 12 h 或整夜禁食。

样品采集
最少 2.0 mL 全血，每个样品收集于 RTT 管中。

送检
每个样品最少提交 1.0 mL 血清。

解读
胆汁酸是非黄疸性肝胆疾病的评估项目。有黄疸的患病动物没有必要进行此项检查。仅当采食前胆汁酸浓度超过 7 μmol/L，采食后浓度超过 15 μmol/L 时，才能表明有肝胆疾病（如门静脉短路）。**注意：**参考值范围可能因实验室不同而有所差异。

干扰因素
高脂血症、黄疸、溶血。患病动物采样时如果处于餐后 2 h 并发生呕吐，则得出的测试结果不可靠。胃排空和吸收的个体差异可导致结果不一致（如饲喂前比饲喂后高）。这样的结果不可靠，且应该重复测试。

操作程序
1. 饲喂前（或空腹）的血液样本是在禁食 12 h 后采集。对采集管进行标记。
2. 进行此项测试时须饲喂脂肪含量相对较高的食物以刺激胆囊的收缩。蛋白质不耐受和肝性脑病的动物应饲喂添加玉米油的低蛋白食物。
3. 患病动物进食后 3 h，采集饲喂后的样品。对采集管进行标记。

血气分析（动脉和静脉）

表 5-8 所示的数值是患病动物呼吸室内空气时测得的血气分析值。

患病动物准备

动物分别吸入 100% 纯氧和室内空气时测定的数据有差异。请注意收集样品时的条件。

样品采集

全血，无论是动脉或静脉，具体取决于测试需要。

送检

样品不能储存，需要立即进行测试，以保证结果可靠。

解读

TCO_2 是动物呼吸室内空气时 HCO_3^- 的代名词。总体动静脉血气（TCO_2）测定结果的差异变化很大，取决于动物的健康状况。试验结果可能有多种变化。临床兽医应对每个患病动物的试验结果进行适当的解释（参阅第 1 部分）。

干扰因素

该试验应该在收集样品后立即进行。延迟试验可能会导致测试结果显著异常。样品暴露在空气中（样品中的气泡）可能会导致 $PaCO_2$ 下降，而 pH 和 PaO_2 可能上升。

血型

参阅猫血型和完整的犬红细胞抗原血型（DEA）。

表 5-8　血气分析正常值

指标	动脉		静脉	
	犬	猫	犬	猫
pH	7.36 ~ 7.44	7.36 ~ 7.44	7.34 ~ 7.46	7.33 ~ 7.41
$PaCO_2$	36 ~ 44	28 ~ 32	32 ~ 49	34 ~ 38
PaO_2	90 ~ 100	90 ~ 100	24 ~ 48	35 ~ 45
TCO_2	25 ~ 27	21 ~ 23	21 ~ 31	27 ~ 31
HCO_3^-	24 ~ 26	20 ~ 22	20 ~ 29	22 ~ 24

5

体液（供化学分析）

正常值
不适用。

患病动物准备
如果可行，应在采集前对穿刺部位的皮肤进行剃毛，并做外科术前准备，避免样品和采集处的体腔污染。

样品采集
最少 1~2 mL，通过体腔或含有液体的腔室直接穿刺。

送检
对被血液污染的样品应进行离心分离，目的是去除颗粒物质（如血细胞、细胞碎片），因此不可能立刻对样品进行测试。

解读
前述血清或血浆中测定的任何生化分析物都可以在体液中测定，如淀粉酶、脂肪酶（胰腺炎）、尿素氮、肌酐（膀胱破裂）、葡萄糖、乳酸。

干扰因素
血液及血液成分，以及胆红素、胆汁和尿液可能会对试验结果有显著干扰。因此，在进行任何生化检查之前需要对样品（血液污染的）进行离心分离。

脑利钠肽（BNP，proBNP，NT proBNP）

正常值
<800 pmol/L（犬）；<50 pmol/L（猫）。
如有对该试验的新信息发布，建议对 proBNP 的正常参考值范围进行修改。参考实验室的最新建议对犬猫的测试结果进行解释。

患病动物准备
无须准备。

样品采集
抗凝全血，2.0~3.0 mL；使用紫盖采集管。必须将样品离心（在采集后的 30 min 内离心）。血浆样品应在分离之后倒置几次。

送检

1.0 mL 的血浆；必须放在实验室提供的专用运输管中提交（IDEXX 设备，韦斯特布鲁克市，缅因州）。

解读

目前的研究也显示，对于犬猫而言，proBNP 的浓度升高表明动物存在心脏疾病，尤其是与心肌病有很大关系。测试结果必须结合临床评估和心脏检查来综合考虑，包括心电图及超声心动检查结果。目前正在研究检测个体的 proBNP 水平与各种心脏病治疗反应之间的关系。

干扰因素

没有规定。

离子钙（iCa）

正常值

1.12~1.42 mmol/L（犬）；1.12~1.42 mmol/L（猫）。

患病动物准备

无须准备。

样品采集

2 mL 全血。

送检

1 mL 血清。

解读

检测结果反映了不受血浆蛋白（如白蛋白）影响的具有生物活性的铅离子部分的浓度。

干扰因素

离子钙的值可随患病动物的 pH 发生变化；离子钙的值随 pH 的增加而降低。

脑脊液（CSF）

犬猫脑脊液各项指标的正常值见表 5-9。

5

表 5-9　犬猫脑脊液正常值		
测试项目	犬	猫
白细胞计数 ($\times 10^3$ 个 /L)	≤ 3	≤ 2
红细胞计数 ($\times 10^6$ 个 /L)	≤ 30	≤ 30
蛋白质 (mg/dL)	≤ 33	≤ 36
细胞学 (%)		
单核细胞	87	69 ~ 100
淋巴细胞	4	0 ~ 27
中性粒细胞	3	0 ~ 9
酸性粒细胞	0	0
巨噬细胞	6	0 ~ 3

患病动物准备

必须进行全身麻醉。在从枕骨大孔采集脑脊液前，强烈建议操作者进行特殊的培训和 / 或积累经验。不正确的操作可能导致动物死亡。

样品采集

通常，使用两个 RTT 管（无添加剂）收集两份 0.5~1.0 mL 的样品。

送检

收集到的样品。

解读

如果样品中含有的中性粒细胞数量过多，须采集第二份样品进行培养和药敏试验；建议使用能透过血脑屏障的抗生素（首选静脉给药）进行治疗。

干扰因素

血液污染是最常见的干扰因素。红细胞计数大于 30×10^6 个 / L 意味着存在外周血污染。建议立即进行分析。不建议通过邮寄送检脑脊液进行评估。

操作程序

适当的患者准备和采集技术是关键（参阅第 4 部分）。

钴胺素（维生素 B$_{12}$）
正常值
不同的实验室之间检测结果有很大差异，建议咨询具体实验室。

患病动物准备
禁食。

样品采集
2.0 mL 以上全血（RTT 管）。

送检
1.0 mL 血清。

解读
检测通常与叶酸和胰蛋白酶样免疫反应（TLI）一起进行。检测钴胺素水平被用于慢性小肠腹泻与体重减轻的相关性评估。钴胺素水平显著降低证明需要测定 TLI（外分泌功能不全），表明动物患有黏膜疾病，并可能患有（猫）肝病（肝脂肪沉积）。

干扰因素
溶血；高血脂。

乙二醇*
正常值
阴性。正常动物可能检测出"痕量"。

患病动物准备
无须准备。

样品采集
尿液（3~6 h 内采集）、全血或血清。采集的样品量按照试剂盒制造商的指导。

送检
不适用。应用动物医院急诊使用的检测试剂盒。

---

* 乙二醇检测试剂盒，PRN Pharmacal 公司，佛罗里达州，彭萨科拉。

解读

检测结果大于 50 mg/dL 表明动物暴露于乙二醇中，说明应立即进行治疗。乙二醇暴露的支持性实验室数据是基于血浆渗透压（上升）、渗透压差、阴离子间隙（增加）的结果。血气分析可发现严重的代谢性酸中毒。此外，在动物摄入乙二醇 3~6 h 内，使用偏振光显微镜检查尿液可能会观察到草酸钙结晶。

干扰因素

使用检测试剂盒时，某些药物（巴比妥和安定）会导致乙二醇的假性升高，但不会诱发草酸钙结晶尿。

操作程序

按照制造商的建议使用检测试剂盒。

粪便中脂肪，72 h 定量采集

没有人愿意收集或分析一磅粪便。可以使用更好的测试方法。见本部分关于 TLI 的讨论。

粪便隐血

正常值

阴性（犬和猫）。

患病动物准备

在采集样品进行分析之前，停喂所有红肉和经口服给药的药物至少 3 d（见干扰因素）。

样品采集

约 1 g 的新鲜粪便。

送检

1 g 新鲜粪便已足够。样品在 2~8 ℃条件下可以储存长达 4 d。

解读

愈创木酸测试方法用来检测隐血的存在。动物在 48 h 的间隔下连续测出两个阳性结果证明很可能有胃肠道的原发性病变。良性溃疡病灶和肿瘤是两个主要的排除对象。

干扰因素

血小板减少症、已知的血小板紊乱、近期服用阿司匹林、糖皮质激素治疗（口服或注射）、口服补铁、饮食中含有红肉。

叶酸

正常值

不同的实验室之间检测结果存在很大差异，建议咨询具体实验室。

患病动物准备

整夜禁食。

样品采集

4.0 mL 全血（RTT 管）；立即分离血清和细胞。

送检

2.0 mL 血清。

解读

测试通常与 TLI 和血清钴胺素（维生素 B_{12}）一起进行。叶酸水平降低表明小肠黏膜病变。叶酸水平升高表明胰腺外分泌功能不全和 / 或小肠内细菌过度生长。

干扰因素

溶血；血脂。

果糖胺

正常值

225~375 μmol/L（犬和猫）。
不同的实验室之间检测结果存在差异，建议咨询具体实验室。

患病动物准备

无须准备。

样品采集

2.0 mL 全血（RTT 管）。

送检

1.0 mL 血清；样品必须冷冻，运输时采用冷包装且隔夜送达。

解读

本检测结果代表的是动物在 1~3 周内的血糖水平。果糖胺的增加表明血糖控制不

5

佳（高血糖）；果糖胺下降表明血糖控制能力提高或有足够的控制能力。检测值大于 500 μmol/L，表明前 1~3 周血糖控制不足。检测值小于最低参考值，表明患病动物在过去的 1~3 周内有持续的严重低血糖症。检测值低于 400 μmol/L 和多饮多尿（PU/PD）及多食的临床症状均提示苏木杰现象。果糖胺水平不应被用于指导胰岛素的日常治疗。

干扰因素

本方法是一种比色程序；因此，严重溶血或黄疸会影响检测结果。低蛋白血症和/或低蛋白血症会导致错误的数值降低。高脂血症和氮质血症也同样可以改变检测结果。

糖基化血红蛋白（糖化血红蛋白；Gly Hb）

正常值

1.7%~4.9%（犬和猫）。

不同的实验室之间检测结果存在差异，建议咨询具体实验室。

患病动物准备

无须准备。

样品采集

使用 EDTA 管（紫盖采集管）采集 2.0 mL 全血。

送检

1 mL 血清；分离血清并冷藏直到检测时使用。

解读

单样本检测代表的是在红细胞（3~4 个月）寿命内的平均血糖。本试验在医生中的应用比果糖胺测定少。对于犬，检测值始终为 4%~6% 表明动物血糖控制充足，动物主人的满意度较高。

干扰因素

样品在室温下的储存时间超过 7 d 将会使检测值降低；患病动物的红细胞比容小于 35% 时检测值可比预期值低。**注意**：实验室必须对犬猫验证后再进行分析。使用动物血浆进行人类的分析可能无效。

铁

正常值

不同的实验室之间检测结果存在差异，建议咨询具体实验室。

患病动物准备
无须准备。

样品采集
2.0 mL 全血（RTT 管）。

送检
1.0 mL 血清。

解读
检测结果必须结合总铁结合力（TIBC）和铁蛋白进行解释。数值降低反映慢性、非急性的失血（如钩虫病、肠道溃疡、肿瘤出血）。在缺铁的情况下，TIBC 的预期值为正常或升高，而血清铁蛋白的值将降低。动物患有与慢性炎症疾病相关的贫血时，则 TIBC 偏低，而血清铁蛋白的值升高。

干扰因素
溶血；脂血症。

乳酸（乳酸盐）
正常值
2~13 mg/dL（0.22~1.44 mmol/L）（犬）；猫未见报道。

患病动物准备
采集样品时，应避免静脉淤血。无菌的静脉穿刺和样品的快速抽吸非常重要。

样品采集
2.0 mL 全血，用肝素锂或碘醋酸盐管采集。有些实验室接受收集在氟管中的样品。

送检
应从血液中迅速分离血清。如果不能实现，样品可以立即在 4℃下冷藏，但最长只能保存 2 h，其间血清必须从血液中分离。

解读
静息值大于 6.0 mmol/L 表示动物患有严重酸中毒且预后不良。本试验也被用来评估代谢性肌病，特别是对于拉布拉多猎犬。

5

干扰因素
阿司匹林、苯巴比妥和肾上腺素会改变乳酸值。同样，样品在室温下放置会导致乳酸水平升高。

操作程序
要诊断拉布拉多猎犬的代谢性肌病时，建议收集两份样品。在动物休息时采集第一份血液样品；在动物快走或奔跑后的 10~15 min 采集第二份样品。

血铅
正常值
不同的实验室之间检测结果有差异，建议咨询具体实验室。通常，全血中血铅值少于 0.05 mg/L（或在肝或肾中小于 3 mg/L）属于正常。

患病动物准备
无须准备。

样品采集
使用 EDTA 管（紫盖采集管）或肝素管采集 2.0 mL 全血。

送检
全血样品。

解读
请参阅具体实验室报道的数值进行解释。血铅值大于 0.3 mg/L 说明动物曾与铅接触；大于 0.4 mg/L 通常被诊断为中毒。

干扰因素
用不恰当的采集管收集或储存全血。

脂蛋白电泳
正常值
犬和猫的正常值尚未确定。

患病动物准备
禁食 12 h。

样品采集
1.0 mL 全血（RTT 管）。

送检
0.5 mL 血清。

解读
本试验方法是对血清中不同类型的脂蛋白进行电泳分离。它可以定性地确定各种类别的脂蛋白，包括乳糜微粒、极低密度脂蛋白（VLDL）、低密度脂蛋白（LDL）和高密度脂蛋白（HDL）。犬和猫的标准尚未确定。

干扰因素
因为电泳可将各种脂质分离，所以高脂血症不是干扰因素。

镁（Mg）
正常值
1.5~2.5 mg/dL（犬和猫）。

患病动物准备
无须准备。

样品采集
2.0 mL 全血（RTT 管）。

送检
1.0 mL 血清。

解读
镁升高可反映动物肾衰竭或功能不全。镁降低提示许多胃肠道疾病（吸收障碍、急性胰腺炎、慢性腹泻）、肾病（肾小球肾炎、多尿、肾小管坏死）和多发性内分泌疾病，以及败血症、输血和肠外营养。

干扰因素
含镁的药物（口服抗酸药和泻药）会使检测结果假性升高。一些静脉注射液含有镁，也可能使检测结果假性升高。检测结果假性下降可能是由于利尿剂治疗或静脉补液治疗引起的多尿导致。

估算渗透压（血清）
正常值
290~310 mOsm/kg（体重）（犬）；308~335 mOsm/kg（体重）（猫）。

患病动物准备
无须准备。

样品采集
使用 RTT 管或 STT 管采集 2.0 mL 静脉全血。

送检
1.0 mL 血清。

解读
细胞外液（ECF）的渗透压主要是由电解质（尤其是钠）和小分子物质（葡萄糖和尿素）确定，此值反映间质与血管之间的流体变化。ECF 渗透压增加［> 350 mOsm/kg（体重）］或出现高渗性，很可能会引起临床症状（特别是神经系统），因为水会从细胞间隙流入血管。

> **注意：**可以直接进行血清渗透压的实验室检测，但是费用昂贵。血清渗透压通常使用下列公式进行计算。

$$mOsm/kg（体重）=1.86(Na^+ + K^+)+（葡萄糖 ÷ 18)+(BUN ÷ 2.8)+9$$

5

胰脂肪酶（PL；曾称 PLI）（在犬为：cPL；在猫为：fPL）
正常值
2.2~102.1 μg/L（犬：cPL）；2.0~6.8 μg/L（猫：fPL）。

患病动物准备
采集血液前禁食 12 h。

样品采集
使用 RTT 管或 SST 管采集至少 3 mL 全血。

送检

最少 1.0 mL 血清。立即分离血清。只运输血清而非全血。

解读

PL 有种属特异性；样品必须标记为"犬"（cPL）或"猫"（fPL）。PL 数值升高认为是犬猫胰腺炎的高度特异性诊断。

干扰因素

抗凝血，溶血；中度以上血脂。

操作程序

血清应在血凝块形成和收缩后立即分离。

蛋白电泳（血清）

血清蛋白电泳正常值见表 5-10。

患病动物准备

禁食 12 h（过夜）以避免检测餐后血脂。

样品采集

使用 RTT 管采集 2.0 mL 全血。

送检

1.0 mL 血清。大多数实验室接受血清的体积为 0.5~1.0 mL。

表 5-10　血清蛋白电泳正常值		
测试项目	犬	猫
总蛋白 (g/dL)	6.0 ~ 7.6	7.3 ~ 7.8
白蛋白 (g/dL)	2.7 ~ 3.7	2.8 ~ 4.2
α_1- 球蛋白 (g/dL)	0.25 ~ 0.60	0.30 ~ 0.65
α_2- 球蛋白 (g/dL)	0.72 ~ 1.40	0.40 ~ 0.68
β_1- 球蛋白 (g/dL)	0.63 ~ 0.89	0.77 ~ 1.25
β_2- 球蛋白 (g/dL)	0.60 ~ 1.00	0.35 ~ 0.50
A：G 比值	0.8 ~ 1.0	0.63 ~ 1.15
γ_1- 球蛋白 (g/dL)	0.50 ~ 0.83	1.39 ~ 2.22

5

解读

对于检测结果可能有多种解释，这取决于动物的病情。本试验通常用于评估白蛋白的丢失程度或一种或多种球蛋白组分的增加程度［如与猫传染性腹膜炎（FIP）、犬埃立克体病、多发性骨髓瘤有关的高丙种球蛋白血症］。本试验不能用于确诊疾病。

大多数临床评估是通过电泳的密度和线性进行判断，而不是靠具体的数据。当需要进行血清蛋白质电泳时，需要有一个标准曲线来大致确定每个蛋白质片段的大小。

干扰因素

高脂血症；溶血。

犬胰蛋白酶样免疫反应（犬 TLI）

正常值

5.0~35.0 μg/L。

患病动物准备

禁食。

样品采集

使用 RTT 管采集 2.0 mL 全血。

送检

1.0 mL 血清。从血凝块中分离血清。只送检血清而非全血。

解读

TLI 有品种特异性；样品必须标记为"犬"。该检测对于犬猫胰腺外分泌功能不全是一个敏感和特异性的诊断试验。检测值小于 2.5 μg/L 且存在临床症状，就能支持犬胰腺外分泌功能不全症的诊断结论。检测值大于 50 μg/L 可用于确诊犬胰腺炎。然而，犬胰脂肪酶免疫试验（cPLI）已取代 TLI，用以诊断犬胰腺炎。

干扰因素

溶血；中度以上血脂。

猫胰蛋白酶样免疫反应（猫 TLI）

正常值

12~82 μg/L。

患病动物准备
禁食。

样品采集
使用 RTT 管采集 2.0 mL 全血。

送检
1.0 mL 血清。从血凝块中分离血清。只送检血清而非全血。

解读
TLI 有品种特异性；样品必须标记为"猫"。该检测对于犬猫胰腺外分泌功能不全是一个敏感和特异性的诊断试验。检测值小于 2.5 μg/L 且存在临床症状，就能支持猫胰腺外分泌功能不全症的诊断结论。检测值大于 100 μg/L 可用于确诊猫胰腺炎。然而，猫胰脂肪酶免疫试验（fPLI）已取代 TLI，用以诊断猫胰腺炎。

干扰因素
溶血；中度以上血脂。

进行 PLI 和 TLI 所用的血清可提交至德州农工大学小动物内科和外科胃肠实验室，4474 TAMU，学院站，TX 77843-4474。

止血和凝血

止血测试都是为确定血小板数量、功能、活性、内在和外在凝血级联反应的异常、血栓形成及纤维蛋白溶解的分解产物定量测定。用于评价凝血异常的血液样品通过静脉采集，采集过程要细心，样品注入塑料注射器或树脂覆盖的玻璃注射器中。

由于组织凝血活酶可激活凝血级联反应，一些学者主张用两个注射器和两个针头来采集血液进行凝血功能检查。首先，小心将针刺入静脉，吸取 1 mL 血液。不拔出针头，移除第一支注射器。再装上第二支注射器，抽取适当体积的血液后再拔针。迅速取下第二支注射器上的针头，并换上新的针头将血液注入合适的采集管中备用。

血小板测试应在采集到新鲜血液后的 2 h 内进行。血浆样品可以倒置，在 -20 ℃下可保存数天，在 -40 ℃下可维持数月到 1 年。

最初的诊室筛选试验
对凝血缺陷的诊室筛选试验包括 Hct、外周血涂片、活化的凝血试验［活化凝血时

5

间（ACT）〕或活化部分凝血活酶时间（APTT）、凝血酶原时间（PT），并且视情况进行颊黏膜出血时间（BMBT）的检测。

红细胞比容

对患病动物的红细胞比容和总蛋白进行评估的目的是确定是否存在贫血。微量红细胞比容管内的血浆颜色可以帮助兽医进行诊断，红色提示血管内溶血，黄色提示黄疸。微量红细胞比容管内的血沉棕黄层可以通过显微镜检查以诊断心丝虫微丝蚴或全身性肥大细胞增多症。

血涂片

外周血涂片可以评估红细胞形态、红细胞碎片（裂红细胞）、血小板计数、大血小板、白细胞计数和形态，以及血液寄生虫。

血小板计数

检测凝血功能障碍最简单的筛选测试即血小板计数。按以下步骤执行此测试：

1. 获取外周血（柠檬酸钠或草酸钠是血小板和凝血试验首选的抗凝血剂）的抗凝样品，并进行血涂片染色。
2. 扫视整个载玻片，包括边缘，寻找血小板和血小板凝块。如果存在血小板凝块，则不能精确得出血小板计数；同样也不能确定血小板减少症是动物出血的原因。
3. 如果血涂片的羽化边缘没有血小板凝块，使用 100×（油镜）观察多个视野。对每个高倍视野（HPF）内的血小板进行计数，然后将数值乘以 15 000，即为血小板的估算值。

血小板数量下降到不足 40 000 个 /μL（每高倍视野不超过 3 个血小板），会发生血小板减少症继发的出血。如果有浅表出血的迹象，且每高倍视野内有超过 5 个血小板，则会出现血小板病（血小板功能异常）如血管性血友病、弥散性血管内凝血（DIC）或阿司匹林诱导的凝血病。

活化凝血时间（ACT）

ACT 是对内在和常见的凝血途径的检测（包括 II、V、VIII、IX、X、XI 和 XII 凝血因子）。该检测是筛选次级止血障碍的可靠手段。除了活化凝血因子的减少，重度血小板减少（10 000～20 000 个 /μL 或 < 10 000 个 /μL）和纤维蛋白原水平降低，可能会导致 ACT 延长。ACT 管覆盖有硅土，接触可刺激血液凝固。

通过以下步骤检测 ACT：

1. 在 37℃加热块或水浴中预热 ACT 管。
2. 使用无任何抗凝剂的 3 mL 注射器抽取 3.0 mL 血液。防止静脉损伤。因为组织因子刺激凝血级联反应，所以应迅速更换针头并将 2.0 mL 血液样品注入 ACT 管，将 ACT 管倒置几次以混匀内容物，然后放入水浴或热模块中加热。从血液注入 ACT 管中的那一刻开始计时。（剩余的血液可以用来填充微量红细胞比容管和制备外周血涂片）

3. 要检查 ACT 管中是否有血凝块，应快速倒置试管，然后在 60 s 后放回热源，之后每 5 s 观察一次。记录出现第一个血凝块的时间。

通常 ACT 在犬为 90~120 s，在猫为 80~100 s。

APTT 对于检测内在凝血级联反应是另一种更敏感的试验。它比 ACT 更敏感，所以应早于 ACT 进行。可选择即时凝血分析仪（SCA-2000，Symbiotics，圣迭戈，加利福尼亚州），检测所需的血量低于 ACT，因此可作为首选测试。

凝血酶原时间（PT）

PT 是一种用于确定外部（Ⅶ凝血因子）凝血途径异常的测试。因为Ⅶ凝血因子是最不稳定的凝血因子，具有最短的半衰期，PT 将在 ACT 或 APTT（内在途径）发生任何变化之前延长。凝血酶原复合物凝血因子为Ⅱ、Ⅶ和Ⅹ凝血因子。这些凝血因子与Ⅴ凝血因子及组织促凝血酶和氯化钙存在下的纤维蛋白原相互作用。

颊黏膜出血时间（BMBT）

BMBT 是指基于血小板活化并与受损的血管内皮细胞相互作用以形成初级血小板塞的时间。它主要是用于测试动物的止血功能。当发生血小板减少症（<100 000 个 /μL）和血小板功能障碍综合征如血管性血友病时，BMBT 延长。检测犬的 BMBT 时不需要镇静，对猫可使用氯胺酮。

测定步骤：

1. 对犬测定 BMBT 时，用纱布结扎犬的口鼻，提起其嘴唇，暴露唇黏膜并使静脉充盈。纱布不要绑得太紧，因为血管收缩可以人为地改变测试结果。

2. 使用 BMBT 板（Simplate R），在口腔黏膜上做两个小切口。用滤纸将切口处的血轻轻吸走（如果没有滤纸，咖啡过滤纸效果也很好）。应使血液吸进滤纸而不触及切口或血凝块。

3. 注意观察从做切口到凝血的时间（即血小板血栓形成）。对于犬和猫，正常 BMBT 小于 3 min。

如果 BMBT 延长，需要排除血管性血友病、非甾体抗炎药（NSAID）治疗、先天性血小板病（巴赛特猎犬和猎水獭犬）以及全身性疾病（氮质血症、肝功能衰竭、恶性肿瘤）。如果动物的 BMBT 和血小板计数正常，但临床上出现出血，应考虑进行凝血级联反应（APTT、PT、ACT）测试。

5

止血功能的辅助检查

凝血酶时间

凝血酶时间是衡量血浆中纤维蛋白原功能的测试。血纤维蛋白原水平较低时，该测试用于诊断 DIC。动物发生 DIC 时纤维蛋白原水平可能正常，但体内纤维蛋白溶解仍会改变凝血酶时间。该测试现在已经很少使用，因为还有可用于 DIC 诊断的敏感性和特异性试验，如 D- 二聚体含量测试。

纤维蛋白原

血纤维蛋白原水平用于检测 DIC。在动物发生 DIC 时，由于凝血酶和纤维蛋白的活化及纤维蛋白溶酶的活化，纤维蛋白原水平降低，导致血纤维蛋白和纤维蛋白原的降解。由于代偿反应，慢性 DIC 时纤维蛋白原含量可能降低、正常或增加。由于纤维蛋白原水平的变化，单独进行该项测试不能对 DIC 做出诊断。

纤维蛋白（原）降解产物（FDPs）

血纤维蛋白溶酶作用于纤维蛋白单体、交联纤维蛋白和纤维蛋白原时产生纤维蛋白（原）降解产物［FDPs，又称纤维蛋白裂解产物（FSPs）］。因为纤维蛋白原可在无 DIC 时的炎症期增加，FDPs 不可单独用于诊断 DIC。FDPs 是由肝脏网状内皮系统清除。在肝功能不全或肝衰竭病例中，FDPs 在无 DIC 的情况下可升高。

D- 二聚体

D- 二聚体可用于 DIC 的诊断。D- 二聚体的释放是由交联纤维蛋白溶酶的分解造成的。由于稳定的纤维蛋白凝块可形成 D- 二聚体，所以升高的 D- 二聚体水平对于 DIC 的诊断更为敏感和特异。

PIVKA 测试

PIVKA（维生素 K 缺乏或颉颃诱导蛋白质）测试对于诊断维生素 K 缺乏最有用。维生素 K 依赖性凝血因子（Ⅱ、Ⅶ、Ⅸ和Ⅹ）中度不足会导致 PIVKA 延长。在 PT 延长的 12~24 h 后，PIVKA 测试结果延长。

盐水凝集试验

盐水凝集试验是一项用来辅助诊断免疫介导的溶血性贫血（IMHA）的简单测试。执行盐水凝集试验的步骤如下：

1. 将一滴生理盐水滴在载玻片上。将生理盐水与一滴患病动物的抗凝血混合，在显微镜下观察是否存在凝集。
2. 如果存在凝集，则再加一滴生理盐水与之混合，再次观察载玻片。

5

如果"凝集"分散，则可能是由继发性炎症引起的红细胞叠连。如果"凝集"仍然存在，则由于红细胞膜表面针对糖蛋白部分的抗体相互作用，红细胞发生自体凝集。

> **注意：** 针对已确诊凝血病患病动物的潜在原因进行治疗，包括增强红细胞的携氧能力或纯化血红蛋白，通过新鲜冷冻血浆替换凝血因子和抗凝血酶，并保持末梢循环灌注。具体的治疗方法在输血治疗（第 1 部分）中已有描述。

凝血试验样品的提交

1. 将血液样品放入含有柠檬酸钠的 BTT 管中。至少填满 BTT 管的 75%，最好能达到 90% 以上，因为过量的柠檬酸抗凝剂会影响结果。
2. 离心分离，如果提交至实验室需要 12 h 以上，强烈建议将细胞从血浆中分离。
3. 用塑料吸管或小注射器将血浆转移到一个干净的塑料管内。盖上管盖并在 −20℃ 或更低的温度下冷冻保存（除非测试延至 24 h 以后，否则没有必要冷冻保存，但应始终保证冷藏）。反复冻融会使凝血蛋白变性。
4. 如果将样品邮寄，需要使用冰袋。

活化凝血（或凝固）时间（ACT）

正常值
90~120 s（犬）；80~100 s（猫）。

患病动物准备
静脉的直接穿刺非常重要。

样品采集
使用 ACT 真空采血管采集静脉血。填充至真实允许的最大值。

送检
按照程序将血液样品放入规定的采集管中。

解读
ACT 是一种方便的动物医院内筛选试验，用于评估内在和常见的凝血途径。凝血时间延长表明凝血因子缺乏。特异性凝血因子缺乏必须低于 5% 才能延长 ACT。**注意：** 血友病患病动物的Ⅷ或Ⅸ凝血因子的活性可能只有 40%~60%，但 ACT 和 APTT 可能正常。

5

干扰因素
组织凝血活酶存在于样品中（如未能通过"干净"的静脉穿刺获得血液）将激活外源性途径。

操作程序
建议使用一种双管技术来消除组织凝血活酶污染样品的机会。使用同一注射器中的血液注入两个管中。只使用第二个管。在 37 ℃水浴锅或加热块中对管进行预热。将装有样品的管放置在水浴锅或加热块中并开始计时。孵育样品的时间犬为 60 s，猫为 45 s。每隔 5 s 倒置样品观察有无凝块。当第一次出现凝块时停止试验。

活化部分凝血活酶时间（APTT）
正常值
8.6~12.9 s（犬）；13.7~30.2 s（猫）。

患病动物准备
无须准备（推荐无损伤静脉穿刺）。

样品采集
使用柠檬酸盐管（BTT 管）采集静脉血。填充采集管至真空允许的最大值。

送检
仅用 RTT 管装柠檬酸化血浆（必须将细胞与血浆分离）。

解读
APTT 是测试凝血因子活性的最敏感和特异的方法。APTT 延长意味着动物正在接受抗凝治疗（肝素）或动物患有特定的凝血因子缺乏症。

干扰因素
样品凝固；未使用柠檬酸作为抗凝剂；柠檬酸盐与全血的比例不正确。

操作程序
采集血液，将采集管颠倒数次，以确保样品和抗凝剂充分混合，然后立即离心。将血浆转移到 RTT 管中，标记为"柠檬酸盐血浆"。

抗血小板抗体
参阅免疫学检测。

猫血型

正常值
A 型、B 型或 AB 型血的检测结果呈阳性或阴性。

患病动物准备
无须准备。

样品采集
用 EDTA 管采集 1.0 mL 静脉血（紫盖采集管）。

送检
全部样品。

解读
大多数供血者的血型为 A 型。然而，强烈推荐在输血前进行血型鉴定和交叉配血试验，因为有的猫为 B 型血。据报道，即使将 1.0 mL 的 A 型血输注到 B 型血的猫体内也可致命。

完整的犬红细胞抗原血型（DEA）

正常值
DEA1.1、DEA1.2、DEA3、DEA4、DEA5 和 DEA7 的检测结果呈阳性或阴性。

患病动物准备
无须准备。

样品采集
用 EDTA 管采集 1.0 mL 静脉血（紫盖采集管）。

送检
全部样品。

解读
通用或 A 型血供血者的 DEA1.1、DEA1.2、DEA1.7 检测结果呈阴性。

5

颊黏膜出血时间（BMBT）
正常值
(2.6 ± 0.48) min（犬）；猫未见报道。

患病动物准备
无须准备。

样品采集
不适用。

送检
不适用。该检测是动物医院内的血小板功能筛查试验。

解读
BMBT 是对血小板功能的敏感和特异性检测。BMBT 延长提示动物患有血管性血友病和尿毒症。一般不建议对血小板减少症患病动物进行该检测。

干扰因素
不正确的操作；动物患有血小板减少症。

操作程序
该检测需使用标准化的方法切开颊黏膜，然后使用滤纸"捕获"血液直到出血停止。

血块收缩试验
一般不推荐 。
因为该检测不敏感，所以不建议使用该测试对疑似凝血障碍的患病动物进行评估。

凝血因子活性（因素分析）
以下列出了已有报道的犬猫遗传性凝血因子缺乏症：

1. 血友病 A（Ⅷ凝血因子缺乏）——最常见的缺乏因素。
2. 血友病 B（Ⅸ凝血因子缺乏）。
3. Ⅻ凝血因子缺乏（哈格曼特质）——对猫的影响小。
4. 维生素 K 依赖因子缺乏症，发生在德文莱克斯猫，有严重出血。
5. 其他罕见的缺陷已有报道。

凝血因子缺乏症的诊断

怀疑患有凝血因子缺乏症通常是在犬猫进行最初的基础测试和常规凝血试验（参阅本节中 ACT、APTT、PT）的基础上得出。偶尔也通过检测特殊因子的活性得出。应就样品、样品大小、提交要求和解释等问题咨询在进行这些检测方面有经验的专业实验室。

交叉配型：主要和次要

正常值

检测结果（犬和猫）为在任一主要或次要配型管中"匹配"（"无凝集"）或"不匹配"（"凝集和 / 或溶血"）。

患病动物准备

无须准备。

供血动物准备

无须准备。

样品采集（患病动物）

2.0 mL 静脉血。将 2.0 mL 静脉血注入加抗凝剂的 RTT 管（紫盖采集管）中。

样品采集（供血动物）

同上（采集管的正确标注很重要）。

送检（患病动物）

1.0 mL 血清，1.0 mL 加抗凝剂的全血。

送检（供血动物）

同上。

解读

任一配型管中没有凝集和 / 或溶血表示该血型匹配，说明供血动物的血液可使用。

主要配型管出现凝集和 / 或溶血表明该供血动物的血液不可使用。

次要配型管出现凝集和 / 或溶血表明兼容性不理想；如果无法找到其他供血动物，应谨慎使用血液样品。

供血动物对照出现凝集和 / 或溶血（供体细胞与供体血清混合）表明不匹配；供

血动物的血液不可用。

患病动物对照出现凝集和 / 或溶血（患者的细胞与患者血清混合）可能反映了动物的病情。提示可以输血。

干扰因素
样品采集困难或血液处理不当引起的体外溶血；重度血脂（乳白色）。

操作程序
1. 使用生理盐水对患病动物和供血动物的红细胞洗涤 3 次；加入 4.8 mL 生理盐水和 0.2 mL 的受体和供体红细胞。用以下方法进行配对：
   A. 主要交叉配型：0.1 mL（2 滴）供血动物红细胞 + 0.1 mL（2 滴）患病动物血清。
   B. 次要交叉配型：0.1 mL（2 滴）患病动物红细胞 + 0.1 mL（2 滴）供血动物血清。
   C. 患病动物对照：0.1 mL（2 滴）患病动物红细胞 + 0.1 mL（2 滴）患病动物血清。
   D. 供血动物对照：0.1 mL（2 滴）供血动物红细胞 + 0.1 mL（2 滴）患病动物血清。
2. 孵育 15 min，在 37 ℃下离心 1 min。
3. 观察上述所有测试样品有无溶血。观察试管，直到红细胞凝集（宏观和微观）则停止测试。

D- 二聚体（片段 D- 二聚体，纤维蛋白降解片段）
正常值
请参考实验室提供的参考值范围（犬）；猫缺乏研究。

患病动物准备
无须准备。

样品采集
采集 2.0 mL 加 EDTA 或肝素的抗凝静脉血。

送检
1.0 mL 血浆。

解读
D- 二聚体是纤维蛋白原降解后的蛋白水解片段。D- 二聚体的浓度用于评估犬的 DIC。其水平升高是血凝块溶解的标志，因此能够支持 DIC 的诊断；阴性结果对排除 DIC 有可靠的阴性诊断意义。尽管检测结果不可靠，但该试验也可能作为诊断肺栓塞性疾病的方法。

干扰因素
无报道。

定性（估算）纤维蛋白原
正常值
请参考实验室提供的参考值范围（犬和猫）。

患病动物准备
无须准备。

样品采集
使用 EDTA 管（紫盖采集管）采集 2.0 mL 静脉血。

送检
1.0 mL 血浆。

解读
纤维蛋白原水平可根据加热前后的血浆蛋白浓度进行评估。数值上升与血凝块溶解有关，可用来诊断 DIC。

干扰因素
样品有血凝块。

操作程序
将采集管倒置几次以确保静脉血与抗凝剂充分混合。

定量测定纤维蛋白原
正常值
100~245 mg/dL（犬）；110~370 mg/dL（猫）。

患病动物准备
无须准备。

样品采集
将含柠檬酸盐的采集管（BTT 管）充满全血并充分混匀。立刻离心，将血浆转移至 RTT 管中。

送检

1.0 mL 血浆，储存在 RTT 管中；标注为"柠檬酸盐血浆"。

解读

纤维蛋白原浓度增加与 DIC 有关。然而，对于 DIC 的诊断没有单一的测试。临床兽医也必须对 FDPs（增加）、APTT（延长）、PT（延长）和血小板计数（下降）进行评估。

干扰因素

全血与柠檬酸（抗凝剂）比例不正确；样品中有血凝块；使用柠檬酸以外的抗凝剂。

操作程序

将采集管倒置几次以确保静脉血与抗凝剂充分混合。立刻离心，将血浆转移至 RTT 管中，标注为"柠檬酸盐血浆"。

样品在 2~8℃下的稳定期只有 24 h；如需长期存放，必须冷冻。

纤维蛋白降解产物［FDPs；纤维蛋白裂解产物（FSPs）］

正常值

<10 μg/mL（犬）；<10 μg/mL（猫）。

患病动物准备

无须准备。

样品采集

使用 EDTA 管或 RTT 管采集 2.0 mL 静脉血。

另外，送检的凝固全血可放入由实验室提供的特殊 FDP 管中（联系实验室获取更多信息）。

送检

1.0 mL 的血清或血浆；或者，按实验室的要求，提交装有凝固全血的特殊 FDP 管。样品应冷藏。

解读

该检测用于证明纤维蛋白凝块的分解。纤维蛋白降解产物的浓度增加与 DIC（也可见于 D- 二聚体）有关。然而，对于 DIC 诊断没有单一的测试。临床兽医还必须对纤维蛋白原（增加）、APTT（延长）、PT（延长）和血小板计数（下降）进行评估。

干扰因素

样品中有血凝块，除非提交的样品为凝固的全血。

部分凝血活酶时间（PTT）

参阅活化部分凝血活酶时间（APTT）。

PIVKA 测试（维生素 K 缺乏或颉颃诱导蛋白试验；也称"凝血试验"）

正常值

请参考实验室提供的参考值范围（犬和猫）。

患病动物准备

建议进行非创伤性静脉穿刺。

样品采集

将全血完全装满柠檬酸盐管（BTT 管），并充分混匀。立刻离心，将血浆转移至 RTT 管中。

送检

1.0 mL 血浆装入 RTT 管中，标注为"柠檬酸盐血浆"。

血小板计数

正常值

$166 \times 10^3 \sim 600 \times 10^3$ 个 /μL（犬）；$230 \times 10^3 \sim 680 \times 10^3$ 个 /μL（猫）。

患病动物准备

推荐使用损伤较小的采血方法。

样品采集

使用 EDTA 管（紫盖采集管）采集 1.0 mL 静脉血。

送检

全血。

解读

血小板数量减少时表明患病动物有患多种疾病的可能，包括免疫介导性血小板减

5

少症（血小板数量极低）、感染、败血症以及 DIC 等，因此，必须同时结合其他身体检查、血细胞检查以及血液生化检查进行综合评估。有些健康动物的血小板数量可能超过最大值范围（甚至超过 1×10^6 个 /μL）。对于猫来说，如果出现严重的血小板增多症，则需要进行猫白血病病毒检测。

干扰因素

从静脉抽血缓慢、使用注射器采血后注入紫盖采集管中以及静脉穿刺时损伤血管均可能导致血小板数量假性减少。

血浆凝血酶原时间（PT）
正常值

5.1~7.9 s（犬）；8.4~10.8 s（猫）。

患病动物准备

无须准备。

样品采集

使用柠檬酸盐处理过的试管（BTT 管）采集全血。采集管为真空管。采集全血后立即倒置多次与抗凝剂混匀，并离心分离血浆。使用塑料吸管吸取血浆并储存于无菌塑料管内。冷冻保存。标注"柠檬酸盐抗凝血浆"。

送检

2.0mL 柠檬酸盐抗凝血浆，冷冻保存。运输时采用干冰保存。

解读

血浆凝血酶原时间（PT）可用于评估外源性凝血途径和共同凝血途径。血浆凝血酶原时间延长常用于评估怀疑患有维生素 K 颉颃剂中毒的动物（华法林中毒）。

干扰因素

全血与抗凝剂比例不当；样本中含有血块；使用非柠檬酸盐抗凝剂（如使用含 EDTA 的紫盖采集管）。如果柠檬酸盐抗凝血浆样品接触到玻璃，则可能激活凝血因子。

操作程序

采集血液后将采集管倒置多次，确保抗凝剂与血样充分混匀。然后立即离心。将血浆储存于红盖管中（标明"柠檬酸盐抗凝血浆"）。血浆在 2~8℃下可保存 24 h；若保存时间超过 24 h，则必须冷冻保存。

血管性血友病因子（vWF）

正常值
不同实验室提供的参考值范围各不相同。

患病动物准备
无须准备。

样品采集
使用经柠檬酸盐处理的试管（BTT 管）采集全血。采集管为真空管。采集到全血后立即倒置多次与抗凝剂混匀，并离心分离血浆。使用塑料吸管吸取血浆并储存于无菌塑料管内。冷冻保存。标注"柠檬酸盐抗凝血浆"。虽然有些实验室会接受使用 EDTA 管（紫盖采集管），但是柠檬酸钠抗凝剂仍然是进行 vWF 测试时首选的抗凝剂。

送检
1.0 mL 柠檬酸盐抗凝血浆。如果储存时间超过 24 h 则要冷冻保存。运输时采用干冰保存。

解读
血管性血友病是犬最常见的遗传性凝血障碍疾病。vWF 检测常与 BMBT 一起用于确诊血管性血友病。虽然血管性血友病具有遗传性，但个体的表现程度会有不同。当犬的血管性血友病因子水平 ≤ 30% 时，有自发性出血的倾向（如鼻出血）。

干扰因素
近期输血可能导致血管性血友病因子水平假性升高。全血与抗凝剂比例不当、样品中含有血块、使用非柠檬酸盐抗凝剂（例如使用含 EDTA 的紫头管）均能影响检测结果。禁止使用玻璃吸管或玻璃管。如果柠檬酸盐抗凝血浆样品接触到玻璃，则可能激活凝血因子。

5

内分泌学检测

内源性促肾上腺皮质激素（ACTH）

正常值

10~70 pg/mL（犬）；猫无参考数据。

患病动物准备

患病动物需住院一晚。

样品采集

使用 EDTA 管（冷藏的紫盖采集管）采集 2.0 mL 全血。将血浆立即转移至塑料管（ACTH 会附着于玻璃管壁）中并冷冻。样品一直冷冻保存至检测前。最长保存时间：-20℃下 1 个月。

在采集 ACTH 检测样品之前直接联系实验室。有些实验室要求送检的血浆样品要经抑肽酶预处理，所以会提供经特殊处理的试管来保存血浆样本。抑肽酶（蛋白酶抑制剂）加入紫盖采集管中可以稳定血浆中的 ACTH，这样处理后的样品不需要冷冻保存。处理过的血浆需要立即离心，储存到塑料管中，密封后冷藏保存。送检时使用冰袋保存。

送检

1.0mL 血浆；样品禁止放于室温，即使是短时间放置也不可以。

解读

肾上腺肿瘤和医源性库欣综合征会抑制 ACTH 的分泌；垂体依赖型肾上腺皮质功能亢进的特征是血浆 ACTH 浓度过高。

干扰因素

近期或正在使用皮质类固醇药物治疗；采血前后的"应激"反应。样品的采集和制备过程必须迅速，因为在新鲜全血中 ACTH 会快速消失。

操作程序

动物住院一晚，次日上午 8—9 时采血。

ACTH 刺激试验

皮质醇正常水平

ACTH 刺激后血液中皮质醇的正常范围见表 5-11。

注意：犬的临界值为 17~22 µg/dL，猫的临界值为 13~16 µg/dL。

表 5-11　皮质醇正常值范围		
项目	犬	猫
测试前	0.5~6.0 µg/dL	0.5~5.0 µg/dL
测试后	6~17 µg/dL	≤ 13 µg/dL

患病动物准备
检测前至少 5 ~ 7 d 未使用皮质类固醇药物治疗。

样品采集
使用肝素管（绿盖采集管）采集 2.0 mL 全血。不能使用 EDTA 管。

送检
每个检测样品至少需 0.5 mL 血浆；如果需要运输，则血浆需要冷藏；样品用于测试皮质醇水平。

解读
用于检测 ACTH 刺激试验前后的内源性皮质醇水平。进行犬猫的肾上腺皮质功能亢进疾病筛查时，最常用 ACTH 刺激试验。ACTH 刺激试验之后，对于患有垂体依赖型肾上腺皮质功能亢进或肾上腺肿瘤的犬猫，如果其肾上腺仍然对 ACTH 具有反应性，则可能出现皮质醇水平大幅升高。出现临床症状（尤其是多饮）、有实验室检查数据以及有腹部 B 超检查结果的犬，在 ACTH 刺激试验之后如果皮质醇水平 ≥ 22 µg/dL，则可诊断为肾上腺皮质功能亢进（猫皮质醇水平 ≥ 16 µg/dL 时）。**注意**：ACTH 刺激试验无法鉴别诊断垂体依赖型肾上腺皮质功能亢进和肾上腺肿瘤。进行犬库欣综合征筛查时，还有一个可选的测试是低剂量地塞米松刺激试验（见后面章节）。

使用 o,p′-DDD（米托坦）治疗垂体依赖型肾上腺皮质功能亢进时，ACTH 刺激试验是唯一可信的监测患病动物的方法。当使用足够的肾上腺功能抑制剂时，ACTH 刺激试验前后血清皮质醇水平应该不发生明显变化（通常试验前后均 <2.0 µg/dL）。

5

干扰因素
近期或正在使用皮质类固醇药物进行治疗。抗惊厥药物会影响测试结果。

操作程序

有多种操作程序，以下介绍几种具有代表性的操作方案。

方案一：采集检测前的血液样品；然后使用 ACTH 凝胶 2.2 IU/kg（体重），肌内注射（犬）。于注射 2 h 后采集血液样品。

方案二：采集检测前的血液样品；然后使用合成的 ACTH 制剂［价格昂贵，如二十四肽促皮质素或替可克肽（Cortrosyn）］，犬为 5 μg/kg（体重）（犬用量不超过 250 μg），猫为 0.125 mg，肌内注射或静脉注射。于注射 1 h 后采集血液样品（犬）。

方案三：采集测试前的血液样品；然后使用 ACTH 制剂 125 μg，肌内注射（猫）。于注射 30 min 和 60 min 后分别采集血液样品。

血清醛固酮
正常值

检测前为 49 pg/mL（平均值）；检测后为 306 pg/mL（平均值）；还有报道检测值范围为 146~519 pg/mL（犬）。猫无参考数据。

患病动物准备

无须准备。

样品采集

试验前，使用 EDTA 管（紫盖采集管）采集 2.0 mL 静脉血并测定基础值。1 h 后再次采集。

送检

两个样品分别送检 1.0 mL 血浆。

解读

如果醛固酮基础值低，刺激试验后数值不变或轻微上升，则诊断为醛固酮减少症。该刺激试验用于鉴别诊断犬原发性肾上腺皮质功能减退和继发性肾上腺皮质功能减退。然而，由于犬对该刺激试验非常敏感，以至于阳性预测值相对较低。

干扰因素

全血样品凝集。

操作程序

ACTH 刺激试验之前采集血液样品，在刺激试验之后 1 h 再次采集血液样品，两次采血间隔 1 h。其他操作方案同肾上腺皮质功能亢进的测试方案（参阅 ACTH 刺激试验）。

钴胺素（维生素 B_{12}）
参阅犬猫胰蛋白酶样免疫反应和叶酸。

正常值
249~733 ng/L（犬）；290~1 500 g/L（猫）。

患病动物准备
整夜禁食。

样品采集
4.0 mL 全血（红盖采集管）；尽快离心保留血清待检。

送检
2.0 mL 血清。

解读
该检测通常与 TLI 和血清叶酸检测同时进行。钴胺素（维生素 B_{12}）水平下降有助于诊断以下疾病：小肠黏膜疾病、小肠细菌过度繁殖以及胰腺外分泌功能不全。当钴胺素（维生素 B_{12}）水平高于报道的参考值范围时，无重要的临床意义。

干扰因素
溶血；脂血症。

动物静息状态下皮质醇基础值
参阅 ACTH 刺激试验。

正常值
0.5~6.0 μg/dL（犬）；0.5~5.0 μg/dL（猫）。
健康犬静息状态下的血浆皮质醇基础值范围很大。尽管犬肾上腺功能亢进时血浆皮质醇水平会上升，但是检测出来的数值仍有可能在正常范围内。

5

低剂量地塞米松抑制试验（LDDS 试验；地塞米松筛查试验）

患病动物准备

检测前 5～7 d 不使用皮质类固醇药物治疗。

皮质醇正常水平

注射低剂量地塞米松后，血液中皮质醇正常值范围见表 5-12。

表 5-12　注射低剂量地塞米松后，血液中皮质醇正常值范围		
项目	犬	猫
检测前	0.5~6.0 μg/dL	0.5~5.0 μg/dL
检测后 4 h	通常 <1.0 μg/dL	通常 <1.0 μg/dL
检试后 8 h	通常 <1.0 μg/dL	通常 <1.0 μg/dL

样品采集

使用肝素管（绿盖采集管）采集 1~2 mL 全血。不能使用 EDTA 管。

送检

每个检测样品至少需要提交 0.5 mL 血浆；血浆需要冷藏运输。样品用于检测皮质醇。

解读

检测在低剂量地塞米松抑制试验前后的内源性皮质醇水平。用于犬猫肾上腺皮质功能亢进的筛查检测。注射推荐量的地塞米松可使正常犬血浆皮质醇水平在 2~3 h 内降至 1.0~1.4 μg/dL 以下（不同的实验室参考值不同）。患有库欣综合征、出现临床症状（尤其是多饮）、有实验室检查数据以及有腹部 B 超检查结果的犬猫，在低剂量地塞米松抑制试验 8 h 后，都会出现血浆皮质醇水平低于 1.4 μg/dL 的情况。**注意**：低剂量地塞米松抑制试验（LDDS 试验）不能鉴别诊断垂体依赖型肾上腺皮质功能亢进和肾上腺肿瘤。

　　低剂量地塞米松抑制试验 4 h 后的血浆皮质醇水平只是筛查试验的一部分，但是可以用于鉴别垂体依赖型肾上腺功能亢进和肾上腺依赖型疾病。皮质醇水平的短暂抑制表明动物所患的是垂体依赖型疾病，而不是肾上腺依赖型疾病。

干扰因素

近期或正在使用皮质类固醇药物进行治疗。抗惊厥药物会影响检测结果。

操作程序

采集检测前的血浆样品；静脉注射地塞米松（磷酸钠盐或聚乙二醇），犬为 0.01 mg/kg（体重），猫为 0.1 mg/kg（体重）；采集注射后 4 h 和 8 h 的血浆样品。检测这 3 个血浆样品。（**注意**：猫注射地塞米松的剂量高于犬）

高剂量地塞米松抑制试验（HDDS 试验）

皮质醇正常水平

注射高剂量地塞米松后血液中皮质醇正常值范围见表 5-13。

表 5-13　地塞米松注射高剂量后，血液中皮质醇正常值范围		
项目	犬	猫
检测前	0.5~6.0 μg/dL	0.5~6.0 μg/dL
检测后 4 h	通常 <1.0 μg/dL	通常 <1.0 μg/dL
检测后 8 h	通常 <1.0 μg/dL	通常 <1.0 μg/dL

患病动物准备

检测前 5~7 d 不使用皮质类固醇药物治疗。

样品采集

使用肝素管（绿盖采集管）采集 1~2 mL 全血。不能使用 EDTA 管。

送检

每个检测样品至少需要 0.5 mL 血浆；血浆需要冷藏运输。样品用于检测皮质醇。

解读

检测在高剂量地塞米松抑制试验前后的内源性皮质醇。当犬 ACTH 刺激试验或低剂量地塞米松抑制试验出现皮质醇水平异常时，高剂量地塞米松抑制试验可运用于异常的 ACTH 刺激，而低剂量地塞米松抑制试验则用于鉴别诊断垂体依赖型疾病和肾上腺肿瘤。注射推荐量的地塞米松可使正常犬血浆皮质醇水平在 2~3 h 内降至 1.0~1.4 μg/dL 以下（不同的实验室参考值不同）。给患有肾上腺肿瘤或垂体依赖型肾上腺皮质功能亢进的犬注射推荐量的地塞米松时，不会出现血浆皮质醇水平下降。

注意："抑制"定义为——在使用地塞米松 4h 或 8h 后血浆皮质醇浓度低于基础值的 50%；或者在使用地塞米松 4 h 或 8 h 后血浆皮质醇浓度低于 1.4 μg/dL。

5

干扰因素
近期或正在使用皮质类固醇药物进行治疗。抗惊厥药物会影响检测结果。

操作程序
采集检测前的血浆样品；静脉注射地塞米松（磷酸钠盐或聚乙二醇），犬为 0.1 mg/kg（体重），猫为 1.0 mg/kg（体重）；采集注射后 4 h 和 8 h 的血浆样品。检测这 3 个血浆样品。（**注意**：猫注射地塞米松的剂量高于犬）

雌二醇（基础值）
正常值
不常检测（犬和猫）。

患病动物准备
无须准备。

样品采集
2.0 mL 静脉血（红盖采集管）。

送检
1.0 mL 血清。

解读
犬猫并不常用该检测。评价雌激素水平可用于确诊睾丸肿瘤和卵巢残余综合征；然而，该检测可以被更好的方法替代。

干扰因素
不同的检测方法会使结果有一定的差异。

叶酸
参阅犬猫的胰蛋白酶样免疫反应和钴胺素（维生素 B_{12}）。

正常值
6.5~11.5 μg/L（犬）；9.7~21.6 μg/L（猫）。

患病动物准备
整夜禁食。

样品采集

4.0 mL 全血（红盖采集管）；直接离心保留血清待检。

送检

2.0 mL 血清。

解读

该检测通常与 TLI 和血清钴胺素检测联合使用。叶酸水平上升有助于诊断小肠前段细菌过度繁殖。叶酸水平低于正常值范围时则可能诊断为小肠前段疾病。

干扰因素

溶血；脂血症。

果糖胺
正常值

225~375 μmol/L（犬和猫）。

不同的实验室参考值不同，不同的检测方法参考值也不同。

患病动物准备

整夜禁食。

样品采集

2.0 mL 静脉血，红盖采集管（血清）、紫盖采集管（EDTA 抗凝剂）或绿盖采集管（肝素抗凝剂）都可以。**注意**：样品必须没有发生溶血。

送检

1.0 mL 血清或血浆。

解读

该检测反映了 1~3 周前动物体内血糖的水平，通常用于评估糖尿病患病动物的血糖控制水平。

干扰因素

溶血；黄疸。

5

胃泌素

正常值

不同的实验室参考值不同（犬）；猫无参考数据。

患病动物准备

无须准备。

样品采集

2.0 mL 静脉血，使用红盖采集管。

送检

1.0 mL 血清；样品冰冻保存。

解读

该检测很少使用。功能性胃泌素瘤、幽门梗阻、肾衰竭和胃溃疡时，胃泌素水平可能升高。当胃泌素水平降低时，无重要临床意义。

干扰因素

同时使用组胺 −2（H_2）颉颃剂（如西咪替丁）。

静脉胰高血糖素刺激试验（IVGS 试验）

静脉胰高血糖素刺激试验是一种复杂的检测方法，且在鉴别诊断 1 型糖尿病和 2 型糖尿病方面可信度较低。以前该检测用于诊断胰岛素分泌肿瘤。然而，患有胰岛素分泌肿瘤的动物进行该检测可能会有一定的风险。注射胰高血糖素会提高血清血糖水平，反而会促进胰岛素的进一步分泌，所以随后有可能使动物出现低血糖症。

血糖曲线，12 h

正常值

在采血取样阶段，所有血糖浓度范围在 100~250 mg/dL（犬和猫）。

患病动物准备

理想情况下，在采血取样 1 h 前，放置静脉留置针。患病动物采血过程中的配合程度很重要，易应激或有异常攻击性的动物不适合进行该检测。

样品采集

每个样品采集 1.0 mL 静脉血；至少采集 7 个样品。

送检

每个样品离心分离血清并进行常规血糖检测。

解读

该检测用于对糖尿病患病动物在胰岛素治疗后的血糖水平进行评估，尤其是对于胰岛素治疗后会反复出现临床症状的动物。客观来说，一天之内必须采集足够多的血液样品才能检测到真正的血糖最低值。例如，如果血糖最低值高于 450 mg/dL，胰岛素的单次剂量需要增加 1~2 IU。当增加胰岛素用量时，最好在每次注射胰岛素时增加同样多的剂量。

干扰因素

应激。另外，使用便携式血糖仪进行血糖监测时可能测得血糖值假性降低。

操作程序

患病动物在家进食和注射常规剂量的胰岛素。到达动物医院后，在合适的静脉处放置静脉留置针。每隔 2 h 采集一次血样，连续进行 10~12 h。采样结束后，患病动物进食并再次注射胰岛素。然后，动物主人才可以带患病动物回家。

静脉注射葡萄糖耐受试验（IVGT 试验）

一般不推荐使用。

正常值

静脉注射葡萄糖 60 min 后血清胰岛素浓度与其初始基准值在 1 个标准误以内，犬猫血糖数值均应在正常值范围内。

患病动物准备

禁食 24 h。试验前放置静脉留置针。

样品采集

每个样品采集 2.0 mL 全血，使用红盖采集管。

送检

每个样品送检 1.0 mL 血清。

解读

静脉注射葡萄糖耐受试验是一种"胰岛素促分泌素试验"，可用于鉴别诊断猫的 1

5

型糖尿病和2型糖尿病，但不常使用［**注意**：可以认为所有的犬都患有1型糖尿病（胰岛素依赖型）］。动物静脉注射葡萄糖60 min后血清胰岛素平均浓度高于15 μg/ml，则可能患有2型糖尿病（非胰岛素依赖型）。然而，该检测结果对于猫的诊断价值并不高，所以这也是该检测不常使用的原因之一。

干扰因素

溶血。血清与红细胞分离太慢也会出现葡萄糖浓度假性降低（**注意**：不要使用灰盖采集管采集样品）。饮食、某些药物（如类固醇、胰岛素）、发情期、潜在疾病或感染（如败血症）以及应激均可能影响静脉注射葡萄糖耐受试验的结果。

操作程序

1. 禁食 24 h。
2. 放置静脉留置针。
3. 使用红盖采集管采集静脉血。送检 1.0 mL 血清检测初始血糖值。
4. 静脉注射 50% 葡萄糖［0.5 g/kg（体重）］，缓慢注射，使注射时间超过 30 s。
5. 分别于注射葡萄糖后 1 min、5 min、15 min、25 min、35 min、45 min、1 h、2 h 各采集约 2.0 mL 全血（不同参考资料中的采样时间稍有不同）。
6. 每个样品送检 0.5~1.0 mL 血清。**注意**：尽快离心和分离血清。

每个样品都要进行胰岛素和血糖的测定。

口服葡萄糖耐受试验（OGT 试验）

一般不推荐使用。

虽然口服葡萄糖耐受试验常用于人类，但是因为犬猫很难保证饲喂葡萄糖的量，所以很少使用。

以前有文献报道通过口服葡萄糖吸收试验进行患病动物胃肠道吸收不良型疾病的评估。目前，考虑到有其他更好的检测方法，因此该试验也不再被推荐用于评估犬猫胃肠道吸收不良型疾病。

胰岛素
正常值

5~20 μU/mL（犬和猫）。

患病动物准备

禁食 24 h。

样品采集
2.0 mL 全血，使用红盖采集管。

送检
1.0 mL 血清。

解读
该检测用于评估诊断怀疑患有胰岛素分泌肿瘤（如胰岛瘤）的动物。如果采样时动物患有严重的低血糖症，其胰岛素水平可能正常。推荐胰岛素测试和血糖测试同时进行。当血糖低（<60 mg/dL）和胰岛素水平高（>20 IU/mL）时，则表明动物患有胰岛素分泌肿瘤。

干扰因素
溶血；使用 EDTA 抗凝剂（血浆）。

操作程序
大部分实验室推荐对血糖和血液胰岛素水平同时进行检测。严重的低血糖可能导致胰岛素水平假性降低至正常范围。动物刚刚进食就采样会影响血液胰岛素浓度。某些药物可能影响胰岛素的浓度。

甲状旁腺激素（PTH）
正常值
2~13 pmol/L（犬和猫）。不同的实验室参考值不同。

患病动物准备
禁食 12 h。

5

样品采集
2.0 mL 全血，使用红盖采集管。采血后 1 h 内离心分离血清；运输保存时血清需要冷冻。连夜运输血清，保持冷冻。

送检
1.0 mL 血清储存于无菌塑料管中（冷冻）。不要置于血清分离管（SST 管）中运输。

解读

患有原发性甲状旁腺功能亢进、继发性肾性或继发性营养性甲状旁腺功能亢进症，以及导致低钙血症的疾病的动物，其血清 PTH 水平会上升。原发性甲状旁腺功能减退会导致无法测知血清 PTH。检测 PTH 的同时要测定血清游离钙。

干扰因素

溶血；解冻后保存时间过长。

甲状旁腺激素相关蛋白（PTHrP）

正常值

不同的实验室参考值不同（犬和猫）。

患病动物准备

禁食 12 h。

样品采集

2.0 mL 全血，使用红盖采集管。采血后 1 h 内离心分离血清，样品保存于塑料管中；运输时血清需要冷冻。连夜运输血清，保持冷冻。

送检

1.0 mL 血清储存于无菌塑料管中（冷冻）。不要置于血清分离管（SST 管）中运输。

解读

解读 PTHrP 的同时必须进行血钙（或游离钙）和 PTH 检测。原发性甲状旁腺功能亢进会导致血清 PTHrP 水平太低而无法测定。因淋巴肉瘤或慢性肾功能不全导致高血钙的动物，可能会出现血清 PTHrP 水平升高。

5

干扰因素

溶血；解冻后保存时间过长。

三碘甲状腺氨酸（T$_3$）

正常值

放射免疫分析（RIA）测定范围：0.8~1.5 mg/dL（犬）；0.8~1.5 ng/dL（猫）。不同的实验室参考值不同。

患病动物准备
无须准备（患病动物不能同时使用外源性甲状腺素补充剂）。

样品采集
1~2 mL 全血，使用红盖采集管。

送检
至少 0.5 mL 血清。推荐使用塑料管冷冻储存血清（不可使用玻璃管）。运输时，血清样本必须冰冻，使用冰袋。

解读
T_3 检测对甲状腺功能评估和甲状腺相关疾病诊断的准确性不高；T_3 基础值不能准确区分甲状腺功能减退与甲状腺功能正常。T_3 检测是测定游离 T_3（fT_3）和蛋白结合 T_3 的总和。首选放射免疫分析（RIA）。

干扰因素
患病动物近期使用外源性甲状腺素补充剂可能会对检测结果产生影响，是否产生影响取决于使用甲状腺素补充剂的量和最后一次使用的时间。如果动物体内存在 T_3 自体抗体，则可能出现假性较低值。**注意**：血浆或血清储存于玻璃容器中会导致血清 T_3 浓度假性升高。

反三碘甲状腺原氨酸（rT_3）
目前在犬猫中还没有建立关于反 T_3 的基础值诊断性指导方针。

T_3 抑制试验
正常值
使用合成 T_3 制剂将 T_4 抑制到 1.5 µg/dL（猫）。

患病动物准备
无须准备。

样品采集
每个样品采集 3.0 mL 全血，使用红盖采集管（试验前和试验后）。

5

送检

每个样品至少 1.0 mL 血清。

解读

连续使用7次合成 T_3 制剂后检测血清中 T_3 和 T_4 的水平，可用于鉴别诊断猫的甲状腺功能正常和轻度甲状腺功能亢进。若血清 T_4 水平轻度下降或正常（$T_4 \geqslant 2.0$ μg/dL），则表明猫甲状腺功能亢进。T_4 水平在 1.5~2.0 μg/dL 时无诊断意义。所有猫（正常猫和甲状腺功能亢进的猫）血清 T_3 水平都应该上升。如果 T_3 水平没有上升，则表明检测结果无效。

干扰因素

溶血；脂血症；黄疸；采血使用 EDTA 抗凝剂。

操作程序

采集检测前的血液样品（送检样品进行 T_3 和 T_4 检测）。

游离 T_4 (fT_4)
正常值

0.8~3.5 ng/dL（犬）；1.0~4.0 ng/dL（猫）。

患病动物准备

无须准备。

样品采集

2.0 mL 静脉血，使用红盖采集管。

送检

至少 1.0 mL 血清。使用塑料管冷冻储存血清（不可使用玻璃管）。运输时使用冰袋，采样后 5 d 内进行检测。

> **注意**：大多数情况下，检测 fT_4 时使用平衡透析法（ED）取代传统的放射免疫分析（RIA）。目前，IDEXX 实验室宣布了一种新的 fT_4 检测技术，其检测速度和数值准确度与平衡透析法相同。

解读

fT_4 检测优先选择传统的检测方法诊断犬甲状腺功能减退和猫甲状腺功能亢进。犬血清 fT_4 水平低于 0.8 ng/dL 时（尤其是低于 0.5 ng/dL 时），诊断为甲状腺功能减退。对猫使用传统的检测方法进行测定时，fT_4 水平高于 4.0 ng/dL 则诊断为猫甲状腺功能亢进。

干扰因素

运输和保存血清样品时使用玻璃容器可能改变检测数值；体循环中甲状腺的自体抗体不会干扰检测结果。单独使用放射免疫分析（RIA）检测出的数值可能明显低于使用平衡透析法（ED）检测出的数值。严重的疾病可能导致甲状腺功能正常的动物出现 fT_4 数值偏低（如正常甲状腺功能病态综合征）。T_4 自体抗体不会干扰 fT_4 检测结果。

总 T_4（甲状腺素）

正常值

1.5 ~ 3.5 μg/dL（犬）；1.0~4.0 μg/dL（猫）。

> **注意：** 动物医院可以使用 ELISA 测试板检测 T_4。但是，仍然推荐使用放射免疫分析（RIA）来进一步确诊 ELISA 测试板检测的结果。

患病动物准备

无须准备（患病动物不能同时使用外源性甲状腺素补充剂）。

样品采集

1.0 ~ 2.0 mL 全血，使用红盖采集管。

送检

至少 0.5 mL 血清。使用塑料管冷冻储存血清（不可使用玻璃管）。运输时使用冰袋。

解读

T_4 由甲状腺产生，所以检测总 T_4 是评估甲状腺功能的首选检测方法。总 T_4 包括游离态 T_4 和蛋白结合态 T_4。犬总 T_4 水平低于 2.0 μg/dL 时可能患有甲状腺功能减退（如果同时出现临床症状）；猫总 T_4 水平高于 4.0 μg/dL 时可能患有甲状腺功能亢进。

犬

数值降低时暗示犬患有甲状腺功能减退；然而，患有疾病可能导致甲状腺功能正常的动物出现总 T_4 数值偏低（如正常甲状腺功能病态综合征）。联合使用身体检查、实验室检查、甲状腺素检查对犬甲状腺功能减退症进行诊断。

猫

对于中老年猫，当总 T_4 水平高于 4.0 μg/dL 且存在临床症状时，甲状腺功能亢进是

5

一个非常重要的鉴别诊断疾病。大部分甲状腺功能亢进病例是由甲状腺功能性多结节腺瘤引起。少于 5% 的病例是由甲状腺癌引起。

干扰因素

患病动物近期使用外源性甲状腺素补充剂可能会对检测结果产生影响，是否产生影响取决于使用甲状腺素补充剂的量和最后一次使用的时间。患有疾病和存在 T_4 自体抗体则可能出现假性较低值。**注意：** 血浆或血清储存于玻璃容器中会导致血清 T_4 浓度假性升高。

犬促甲状腺素

正常值

不高于 0.6 ng/mL（犬）；猫尚未有相关参考值。

患病动物准备

如果动物尚未接受外源性甲状腺激素治疗，则无须特殊准备。

样品采集

1 ~ 2 mL 静脉血，置于 RTT 管中。

送检

最少 0.5 mL 血清。

推荐用塑料容器对样品进行储存和运输，而非玻璃容器。样品须冷藏且用低温包装袋包装运输。

解读

5

该检测是诊断犬甲状腺功能减退的可靠方法，然而，TSH 波动可以使 20% ~ 40% 的甲状腺功能减退患犬的检测结果正常。检测 TSH 的同时检测 T_4 或者 fT_4 方可对甲状腺功能减退做出确诊，T_4 或者 fT_4 以及 TSH 正常可以排除甲状腺功能减退。临床症状和常规实验室检查是评估任何疑似存在甲状腺疾病的动物所必须考虑的内容。

干扰因素

影响 T_4 的因素同样可以作用于 TSH，见下文。

犬 TSH 或者甲状腺刺激素

参阅犬促甲状腺素。

促甲状腺素反应 (TSH 反应检测)

通常不推荐。

最初认为该检测对于诊断甲状腺功能亢进有帮助，但 TSH 反应检测限制了随后对甲状腺组织功能的检查。由于无法从商业渠道获得 TSH，所以限制了该方法的使用。

免疫学检测

重症肌无力的乙酰胆碱 （ACh） 受体抗体

正常值

< 0.6 nmol/L(犬)；< 0.3 nmol/L(猫)。

患病动物准备

无须准备。

样品采集

2.0~4.0 mL 全血。

送检

1.0 ~ 2.0 mL 血清 （可置于 SST 血清分离管中），夏季使用冷凝胶包装运输。不要送检全血样品。

解读

ACh 受体抗体水平超出实验室参考值范围时，强烈提示犬猫患有获得性重症肌无力。先天性重症肌无力患病动物不会呈现高水平的 ACh 受体抗体。该数值偏高的患猫，常出现颅侧胸腔纵隔肿块。**注意**：相较于腾喜龙试验 (Tensilon test)，乙酰胆碱受体抗体检测在重症肌无力的诊断中灵敏度显著更高 （假阴性结果更少）。

干扰因素

高脂血症 （乳状液）。应在禁食一段时间后另采集一份血样。如果患病动物在禁食后仍有脂血症，兽医应深入探究其病因，因为这种症状有可能提示急性胰腺炎或其他消化道疾病。

5

过敏原特异性免疫球蛋白 E(IgE) 抗体检测 [放射过敏原吸附试验（RAST); 过敏原筛选试验（Allergy Screen）]

正常值

参考实验室提供的结果判读标准。

患病动物准备

无须准备。

样品采集

2.0 mL 静脉血，置于红盖采集管中。

送检

1.0 mL 血清。

解读

这种体外分析测定用于检测发生特异反应的动物的诱发过敏，也用于检测患病动物的食物相关性过敏。但该检测的结果并不具有决定性。

干扰因素

同时使用皮质类固醇药物时，会对检测结果产生干扰。

感染性疾病诊断中的抗体效价

参阅传染病血清学及微生物学检测。

抗核抗体（ANA）

正常值

检测结果以效价（比率）表示；参照实验室提供的参考值范围（犬和猫）。

患病动物准备

无须准备。

样品采集

2.0 mL 静脉血，置于红盖采集管中。

送检

1.0 mL 血清。

5

解读

该检测的结果为诊断全身性红斑狼疮（SLE）的辅助指标。在判读检测结果时必须根据不同患病动物的具体情况考虑其他可能的疾病。据报道，炎性疾病、肿瘤以及传染病均可能导致患病动物阳性效价低。出现高阳性效价时，根据相关的临床检查和实验室检测结果，提示动物患有全身性红斑狼疮症。

干扰因素

并发疾病或感染时，可能对检测结果产生干扰。

抗血小板抗体

目前无可用的商品化检测方法。

目前，还没有一种通过检测抗血小板抗体诊断免疫介导性血小板减少症的灵敏度高、特异性好的检测方法。一般来说，对于严重的血小板减少症（血小板数 < 30 000 个 /mm³），若怀疑是免疫介导性因素所致，可用皮质类固醇免疫抑制剂进行控制。

库姆斯试验 [直接库姆斯试验；直接抗人球蛋白试验（DAT）]

正常值

阴性（犬和猫）。

患病动物准备

无须准备。

样品采集

1.0 mL 抗凝静脉血，置于 EDTA 管（紫盖采集管）中。

送检

完整的抗凝静脉血样品。

5

解读

通过库姆斯试验检测红细胞表面抗体的存在和 / 或其完整性，可用于诊断免疫介导性溶血性贫血（IMHA）。一般用阳性程度来表示：阳性程度从 +1 到 +4。**注意：**通过试验中反应的强度并不能判断疾病的严重程度并做出预后。阴性的检测结果并不能完全排除 IMHA。该试验单次检测的准确率仅有 60%~70%。

干扰因素

同时使用类固醇药物，或发生严重的自体凝集反应，会对检测结果产生干扰。

犬的类风湿因子

正常值

阴性（犬）；猫未有相关参考值。

患病动物准备

无须准备。

样品采集

2.0 mL 静脉血，置于红盖采集管中。

送检

1.0 mL 血清。

解读

该检测针对的是血液循环中抗 IgG 的自体抗体，其结果是诊断类风湿性关节炎或全身性红斑狼疮的辅助指标。其结果用"阳性"或"阴性"表示。检测结果为阳性时，并不能确诊类风湿性关节炎。另有几种免疫介导性疾病，特别是慢性疾病，也会导致检测结果呈阳性。

干扰因素

骨关节炎、纤维组织炎、多动脉炎等疾病会对检测结果产生干扰。

传染病血清学及微生物学检测

5

嗜吞噬细胞无形体抗体

正常值

阴性（犬）。

患病动物准备

无须准备。

样品采集

2.0 mL 静脉血，置于红盖采集管中。

送检

1.0 mL 血清。

解读

关于感染嗜吞噬细胞无形体后的抗体反应的研究资料有限。对该项检测的解读，请参考实验室的检测结果。

干扰因素

可能与血小板型埃立克体发生交叉反应。

曲霉菌属抗体效价

对于犬猫，不建议做此项检测。

该检测的假阳性率、假阴性率均很高（取决于检测方法），所以对尚无临床表现的曲霉菌感染，其血清学诊断价值有限。

正常值

阴性（犬和猫）。

患病动物准备

无须准备。

样品采集

2~3 mL 静脉血，置于红盖采集管中。

送检

不少于 1.0 mL 血清。

解读

建议同时检测青霉菌效价。对于经验性抗生素治疗无效，且持续流涕、咬肌萎缩、鼻镜糜烂的患犬，若抗体效价呈阳性，则强烈提示曲霉菌病。

干扰因素

阳性检测结果可能仅表示动物感染过黄曲霉菌。

犬的巴贝斯虫抗体效价
正常值
犬种巴贝斯虫＜ 80；吉氏巴贝斯虫＜ 320。

患病动物准备
无须准备。

样品采集
静脉血 2 ~ 3 mL，置于红盖采集管中。

送检
不少于 1.0 mL 血清。

解读
犬种巴贝斯虫滴度大于 80，或吉氏巴贝斯虫滴度大于 320 时，若有相应的临床症状，可分别对这两种疾病做出诊断。

干扰因素
对犬种巴贝斯虫和吉氏巴贝斯虫的血清学诊断方法存在很大的交叉性。对于疑似感染的患犬，检测结果若为阴性，应在首次检测 4 周后再检测一次，若仍未感染才能予以排除。

巴尔通体属（汉赛巴尔通体滴度）
正常值
阴性（猫）。

患病动物准备
无须准备。

样品采集
2.0 mL 静脉血，置于普通试管中。

送检
1.0 mL 血清。

解读

该病原有不同的商业化检测方法，包括免疫荧光抗体（IFA）分析，酶联免疫吸附试验（ELISA）和蛋白质印迹分析。据报道，该检测方法虽然与其他巴尔通体属的菌种有交叉反应，但对于猫，检测的灵敏度和特异性均较好。但是，关于是否所有检测结果为阳性的猫都确实患病，以及是否应基于单次阳性检测结果就予以治疗，尚存在争议。对于检测结果呈阳性的患猫，可表示为"血清，+1 至 +4"。

干扰因素

尚无报道。

芽生菌抗体滴度

正常值

阴性（犬和猫）。

患病动物准备

无须准备。

样品采集

2.0 mL 静脉血，置于普通试管中。

送检

不少于 1.0 mL 血清。

解读

对于犬，如果血清学检测结果呈阳性并有芽生菌病的临床症状，可视为感染芽生菌。但是，许多已知感染芽生菌的猫，血清学检测结果却呈阴性。

干扰因素

尚无报道。

血液培养（细菌）

正常值

（犬猫）血液培养 10 d 或 10 d 以上，呈阴性（"无细菌生长"）。

患病动物准备

理论上，应在患病动物发热时采集血样。静脉穿刺前，静脉血管必须按手术要求

5

准备。至少从两个静脉血管采血。勿用导管采血。

样品采集
6.0～10.0 mL 静脉血，置于注射器中（不加抗凝剂）。

送检
将采集的血液转移至含血液培养基的适当小瓶中（已商品化）。**注意：** 对于正在进行抗菌药物治疗的动物，在采集样品时可使用不含特定抗生素的特殊培养基。

解读
实验室将出具细菌生长的检测报告，以及最小抑菌浓度的抗生素药敏试验结果。

干扰因素
采集血样过程中的杂菌污染，会干扰检测结果。

如果可能的话，应分别采集不同静脉血管的血液。通常，对于同一患病动物，应采集三份血样，两次采血之间间隔 1 h，且从不同的血管分别进行静脉穿刺（使用注射器及针头）采血。

伯氏疏螺旋体
参阅莱姆疏螺旋体。

犬布鲁氏菌抗体
通过 RSAT 或 TAT 做初步检测
RSAT 即快速玻片凝集试验；TAT 即试管凝集试验。

正常值
阴性（犬）。

患病动物准备
无须准备。

样品采集
2.0 mL 静脉血，置于红盖采集管中。

送检
1.0 mL 血清。

解读

对于检测结果呈阴性的犬，很大程度上提示未感染布鲁氏菌。对于检测结果呈阴性但表现出明显感染症状的犬，应再次检测。对于检测结果呈阳性的犬，应用琼脂凝胶免疫扩散法（AGID）再次检测以确诊。

干扰因素

由于筛查试验本身的特性，假阳性率可能会很高。

操作程序

RSAT 和 TAT 试验应采用巯基乙醇（2-ME）以排除外源性 IgM 的干扰（对大多数的假阳性反应都有效）。

注意：已有商业化的免疫荧光抗体分析，可作为辅助检测手段。可考虑使用 IFA 检测结果与 RSAT 和 TAT 检测结果进行对比。

琼脂凝胶免疫扩散（AGID）验证试验

正常值

滴度小于 50 视为阴性（犬）。

患病动物准备

无须准备。

样品采集

2.0 mL 静脉血，置于红盖采集管中。

送检

1.0 mL 血清。

5

解读

滴度大于 200 的病例，其血液培养结果也多呈阳性。

干扰因素

尚无报道。

犬瘟热抗体
脑脊液中的犬瘟病毒抗体（IgG 或 IgM）
正常值
阴性 (依照实验室参考值范围)。

患病动物准备
从小脑延髓池取脑脊液，应在被检动物全身麻醉并插入气管插管后采集样品。采样前须消毒。

样品采集
脑脊液。

送检
1.0 mL 脑脊液。

解读
若样品未受血液或血浆的污染，只要脑脊液中能检测出犬瘟病毒（CDV）抗体（IgG 或 IgM）的滴度，就可诊断为动物已被感染。应结合脑脊液滴度和血清抗体滴度进行诊断。

干扰因素
采集血样时，血液或血浆对检测样品的污染可能导致已注射疫苗的犬出现假阳性结果。免疫诱导产生的抗体不会进入脑脊液。

注意：对于个体病例，有多种实验室诊断方法可对犬瘟病毒抗体进行血清学检测。推荐使用病毒中和试验检测犬瘟病毒抗体。

5

血清中的犬瘟病毒抗体（IgG 或 IgM）
正常值
抗体滴度呈阳性时，怀疑动物产生保护性免疫。抗体滴度无法显示患病动物是处于感染初期还是疫苗免疫的恢复期。对于未感染的犬，其抗体滴度与急性期和恢复期的犬相比，不呈现上升趋势。对于因疫苗免疫呈阳性抗体滴度的犬来说，单纯的 IgM 滴度应为阴性。疫苗免疫会影响检测结果。据报道，所使用的检测方法（如病毒中和试验或免疫荧光抗体分析）也会影响检测结果。请参照实验室提供的参考值范围。

患病动物准备

无须准备。

样品采集

2.0 mL 全血。

送检

1.0 mL 血清。

解读

各实验室的实际检测结果可能会有所不同。各实验室应出具相应的解读信息。

球孢子菌抗体滴度

正常值

阴性（犬和猫）。

患病动物准备

无须准备。

样品采集

2.0 mL 全血，置于红盖采集管中。

送检

1.0 mL 血清。

解读

目前随着检测方法的不断进步，各实验室使用的检测方法有所不同。琼脂凝胶免疫扩散法（AGID）虽已得到广泛应用，但乳胶凝集法和酶联免疫吸附试验（ELISA）也是有效的方法。对于猫，血清学监测更多使用管状沉淀素（TP，主要为 IgM）抗体检测和补体结合试验（CF，主要为 IgG）抗体检测。对于犬和猫，均可能出现假阳性结果。

干扰因素

对于已感染组织胞浆菌或芽生菌的患病动物，使用上述任何方法检测球孢子菌抗体时，都有可能发生交叉反应。

5

隐球菌抗原（血清或脑脊液）

正常值

阴性（犬和猫）。

患病动物准备

无须准备。

样品采集

静脉血 2.0 mL，置于 RTT（室温运输）容器中；脑脊液 0.5 mL。

送检

血清 1.0 mL；脑脊液 0.5 mL。

解读

任何针对新型隐球菌的滴度都与感染相符，并证明有治疗的必要。但隐球菌病的抗体滴度并不具有诊断价值。

干扰因素

未报道有干扰因素。

犬埃立克体抗体

正常值

参照实验室提供的参考值范围（犬和猫）。

对于非开放性患犬，在动物医院做即时检测的结果为阴性。

患病动物准备

无须准备。

样品采集

2.0 mL 静脉血，置于红盖采集管中。

送检

1.0 mL 血清。

解读

检测该抗体时，对于不同的实验室或不同的检测方法，其结果的解读各不相同。在决定是否对检测结果为阳性的患犬进行治疗时，兽医必须将检测结果同临床症状以及实验室常规检查情况综合起来考虑。对于确诊感染的患犬，即便使用抗生素治疗数周，在其康复后的数月内，埃立克体抗体滴度可能仍持续表现为阳性。

> **注意**：目前，商品化的检测方法很难显示出抗体滴度与活动性感染的相关性。

干扰因素

尚无报道。

猫冠状病毒抗体（FeCoV Ab）

又称 FIP Ab 检测，但不恰当，不推荐使用。

检测冠状病毒抗体滴度并不能诊断猫传染性腹膜炎（FIP）。事实上，对于猫传染性腹膜炎，目前并无具有诊断意义的检测方法。采集血清进行冠状病毒抗体滴度检测的唯一意义在于检查出抗体滴度为阴性的猫（滴度为 0）。虽然抗体滴度为阴性在家猫中很罕见，但可表明其先前从未受冠状病毒感染。

埃立克体属检测（PCR 检测）

正常值

阴性（犬和猫）。

患病动物准备

无须准备。

样品采集

2.0 mL 静脉血，置于 EDTA 抗凝剂（紫盖采集管）中。

送检

样品全部提交。

解读

检测结果分为阳性和阴性。阳性样品应进一步检测以确诊感染。

干扰因素

PCR 检测结果可能由于样品中存在少量的交叉反应 DNA 而呈假阳性。

5

猫传染性贫血
参阅血巴尔通体属。

猫冠状病毒（RT-PCR 检测）
正常值

冠状病毒 RNA 阴性。

患病动物准备

无须准备。

样品采集

可采用体液（包括血液、血清及血浆）、冷冻组织、石蜡包埋组织（用于组织病理学）、组织抽吸物、脑脊液以及排泄物进行 RT-PCR 检测。采用胸腔积液和 / 或腹腔积液检测效果最佳。

送检

样品应置于无菌试管或红盖采集管中提交。全血样品应置于 EDTA 管（紫盖采集管）中经抗凝处理后提交。

解读

RT-PCR 检测无法将良性猫冠状病毒（FeCoV）和导致猫传染性腹膜炎的冠状病毒进行区分，因此可能存在假阳性结果。检测结果须结合实验室检查和临床表现综合判断。腹腔积液或胸腔积液中若检出 FeCoV，能充分表明动物已受到活动性感染。

干扰因素

尚无报道。

猫白血病病毒抗原（FeLV 抗原；p27 抗原检测）
所有的商业化及医用 FeLV 检测都检测的是抗原，而非抗体。

正常值

阴性（说明不存在猫白血病病毒）。

患病动物准备

无须准备。

样品采集

免疫荧光抗体（IFA）分析：1.0 mL 全血，置于 EDTA 管（紫盖采集管）中。

酶联免疫吸附试验（ELISA）：2.0 mL 全血，置于红盖采集管中。

送检

IFA

白细胞层涂片或 1.0 mL 置于 EDTA 管中的抗凝全血。**注意：**IFA 为使用骨髓穿刺样品检测 FeLV 抗原的首选方法。

ELISA

1.0 mL 血清。

解读

IFA 和 ELISA 均可检测核心蛋白 p27 的存在。

IFA

阳性结果表明存在 FeLV 细胞相关抗原（在白细胞和／或血小板中），并表明动物已发生持续性感染，特别是对于具有感染 FeLV 相应临床症状及实验室检查特征的猫。

ELISA

阳性检测结果表示血液循环中存在可溶的 FeLV 抗原。健康的猫若检测结果呈阳性，应在 1~2 个月内再次进行检测以评价病毒水平，或通过 IFA 分析以确诊。

干扰因素

无论用哪种方法检测，接种 FeLV 疫苗均不会干扰试验结果。

IFA

血小板减少症和／或白细胞减少症可能导致假阴性结果。载玻片质量欠佳、嗜酸性粒细胞增多以及溶血均可能影响涂片的观察。

ELISA

溶血会影响检测结果。

注意

对于 ELISA 检测结果为阳性的猫，使用 IFA 分析法检测 FeLV 抗原是否为"确诊试验"，2008 年美国猫兽医协会（AAFP）的《猫逆转录酶病毒管理指南》对此已做出规定。事实上，对于 FeLV 抗原的检测，ELISA 比 IFA 分析法更为灵敏。

猫免疫缺陷病毒抗体（FIV 抗体）
正常值
阴性（阴性结果表示猫未感染 FIV）。

患病动物准备
无须准备。

样品采集
2.0 mL 全血，置于红盖采集管中。

送检
IFA（或 ELISA）和蛋白印迹分析各需要 1.0 mL 血清。

解读
IFA(或 ELISA) 结果为阳性的猫应用蛋白质印迹分析加以证实。

干扰因素
至少接种过一次 FIV 疫苗的猫（添加佐剂的灭活疫苗）将产生干扰性抗体，并可被所有 FIV 抗体检测方法（IFA、ELISA、蛋白印迹分析）检测出来。因此，在猫接受疫苗免疫后一年之内，都有可能出现假阳性检测结果。目前，包括 PCR 在内的检测方法均不能将感染产生的抗体和疫苗免疫产生的抗体进行区分。另外，幼猫若经疫苗免疫的母猫哺育，会受到母源抗体的影响，导致 FIV 抗体检测结果呈现假阳性。假阳性持续的时间还不确定。

对于 6 月龄以内的幼猫，若母猫感染 FIV，则幼猫将从母乳中获得母源抗体，因此幼猫做 IFA 或 ELISA 检测时将呈现假阳性结果。对于检测结果呈阳性的幼猫，可在其满 6 月龄后再次进行检测，以确诊是否感染 FIV。

注意： 2008 年美国猫兽医协会（AAFP）的《猫逆转录酶病毒管理指南》（可从 www.catvets.com 查阅）强调，对于检测结果（IFA 或 ELISA）呈阳性的健康猫，特别是对于感染率较低地区的猫群，存在出现假阳性结果的可能。可通过蛋白质印迹分析进行确诊，其阴性检测结果精度高。

贾第虫抗原
正常值
抗原呈阴性（犬和猫）。

患病动物准备
无须准备。

样品采集
2~5 g 新鲜排泄物。

送检
将样品完整置于无菌容器中。样品可在 2~8℃储存 24 h。冷冻排泄物的储存时间可以稍延长。

解读
检测结果分为抗原阳性和阴性。犬和猫的阳性检测结果表明其感染正处于包囊阶段或滋养体脱落进入肠腔的阶段。对于犬和猫，贾第虫病是否为人兽共患病尚存在争议。

干扰因素
样品储存时间过长或储存方法不当，可能导致出现假阴性结果。

猫的心丝虫抗体
参阅猫的心丝虫抗原。

正常值
阴性。

患病动物准备
无须准备。

样品采集
1.0 mL 全血，置于红盖采集管中。

送检
1.0 mL 血清。

解读
因各种原因，对于如何确诊猫的心丝虫感染尚无定论，所以该检测结果应和同一样品所做的心丝虫抗原检测结果一并进行分析。应将血清学检测结果和其他实验室检

5

查及放射学检查结果进行综合分析。

心丝虫抗体（HWAb）检测呈阴性表示猫未感染心丝虫。通常使用该检测来排除未感染心丝虫的猫。

心丝虫抗体检测呈阳性仅表示猫先前感染过心丝虫，而并不能确诊感染正在发生。对于心丝虫抗体检测呈阳性的猫，应继续检测心丝虫抗原（参阅后文）。

干扰因素
严重的溶血或脂血症会影响检测结果。

猫的心丝虫抗原
参阅猫的心丝虫抗体。

正常值
阴性。

患病动物准备
无须准备。

样品采集
2.0 mL 全血，置于红盖采集管中。

送检
1.0 mL 血清。

解读
因各种原因，对于如何确诊猫的心丝虫感染尚无定论，所以该检测结果应和同一样品所做的心丝虫抗体检测结果一并进行分析。应将血清学检测结果和其他实验室检查及放射学检查结果进行综合分析。

心丝虫抗原（HWAg）检测呈阴性并无诊断意义，对于阴性结果的猫，仍有可能感染心丝虫。HWAg 阳性检测结果特异性高，表明猫很有可能已感染心丝虫。

干扰因素
严重的溶血症可能出现假阳性结果。若患猫仅感染雄性心丝虫，检测时不会呈现阳性结果。虫体负荷若较低（常见），检测时可能出现假阴性结果。

犬的心丝虫抗原

正常值

阴性。

患病动物准备

无须准备。

样品采集

2.0 mL 全血，置于红盖采集管中。

送检

1.0 mL 血清。

解读

心丝虫抗原（HWAg）检测结果为阴性说明犬没有感染心丝虫。HWAg 检测结果呈阳性则强烈提示犬发生活动性感染。

干扰因素

严重的溶血症可能导致假阳性检测结果的出现。对于虫体负荷较低的犬，检测时可能出现假阴性结果。**注意**：在使用灭虫药治疗 16 周后，犬心丝虫抗原检测仍可能呈阳性结果。

血巴尔通体属（猫传染性贫血；支原体属）

正常值

阴性。

患病动物准备

无须准备。

样品采集

1.0 mL 全血，置于 EDTA 管（紫盖采集管）中。

送检

样品全部提交。

5

解读

阳性检测结果可确诊感染；阴性结果表示未感染。

干扰因素

样品被污染、提交过程不当、样品保存时间过长等均可影响检测结果。样品在 2~8℃的冰箱中可保存 48 h。

显微镜凝集试验（MAT）检测钩端螺旋体抗体滴度

正常值

阴性。

患病动物准备

无须准备。

样品采集

4.0 mL 全血，置于红盖采集管中。

送检

2.0 mL 血清。

解读

对于犬猫，美国实验室提供至少以下六个血清群的滴度：犬钩端螺旋体 (Leptospira canicola)、黄疸出血钩端螺旋体 (Leptospira icterohaemorrhagiae)、波摩那钩端螺旋体 (Leptospira grip–potyphosa)、波摩纳钩端螺旋体 (Leptospira pomona)、布拉提斯拉发钩端螺旋体 (Leptospira bratislava) 和秋季钩端螺旋体 (Leptospira autumnalis)。阳性检测结果可能提示：①有钩端螺旋体感染（高滴度并有相应临床症状）；②先前感染过细螺旋体；③近期接种过疫苗。MAT 检测抗体滴度最高的血清群一般被视为感染血清群（参阅干扰因素）。抗体滴度检测呈阴性表示近期动物未感染或未经疫苗免疫。**注意**：对于经过疫苗免疫的犬，仅通过单个血清样品检测细螺旋体抗体滴度很难说明问题，不能对是否感染做出确切诊断。对于健康的、近期接受疫苗免疫的犬，若仅做过一次检测，则任何一种血清群的抗体滴度呈阳性都不能确诊是否感染。若已做过两次检测，3~4 周后再次检测时抗体滴度上升，则通常可以确诊感染。

干扰因素

近期接种过疫苗的犬，无论疫苗血清型的滴度和数量如何，都会导致多种血清群抗体的滴度高出正常值。MAT 检测的交叉反应性可能很显著，会导致同一样品的多种血清群抗体呈"阳性"滴度。对于活动性感染细螺旋体的犬，MAT 检测出的滴度最高的血清群可能并不是实际感染的血清群。

> **注意：** 提交样品进行细螺旋体血清学检测时，提供上次注射疫苗的时间信息（若有）、主要的临床症状以及实验室检查的异常情况，对检测非常重要。

RT-PCR 检测钩端螺旋体
正常值
阴性（犬）。

患病动物准备
无须准备。

样品采集
4 mL 新鲜尿液，装于无菌容器中。

送检
4 mL 尿液，保存于冰箱中。尿液样品应置于密封容器中运输。运输的具体要求请咨询相应的实验室。

解读
PCR 检测钩端螺旋体所用的尿液样品应与 MAT 检测所用的样品同时提交。实验室会出具相关检测结果的说明。

干扰因素
样品被污染以及检测灵敏度或特异性因素会导致假阳性或假阴性结果的出现。

莱姆病疏螺旋体（伯氏疏螺旋体）
ELISA 定量检测 C6 抗体（快速 3Dx 检测或快速 4Dx 检测）
正常值
阴性（犬）。

患病动物准备
无须准备。

5

样品采集

1.0 mL 静脉血，置于注射器或红盖采集管中（用于提交样品）。

送检

取得的样品应及时检测，若送至商业实验室检测，应提供至少 0.5 mL 血清。

解读

阳性检测结果表示动物感染了伯氏疏螺旋体。C6 抗体的存在和感染密切相关。对于犬，感染时并不一定都表现临床症状。对于检测结果为阳性但表观健康的犬，是否予以治疗取决于兽医对不同个体的临床检查情况以及实验室检查数据的综合分析。

经治疗的犬有时检测结果呈阴性。但是，这种结果并不具有确定性。建议定量检测 C6 抗体以监测治疗效果。

干扰因素

无。先前注射过疫苗（无论注射何种疫苗）不会导致假阳性结果的出现。

操作程序

样品应送至商业实验室或立即在动物医院做快速检测。参照各实验室的要求进行操作。

注意：不建议用血液或血清做莱姆病疏螺旋体的 PCR 检测，因为螺旋体能够存在于组织中而检测不到，从而导致大量假阴性结果的出现。

犬莱姆病 C6 抗体定量检测

正常值

一般低于 30 抗体单位（犬）；依照实验室参考值范围。

患病动物准备

无须准备。

样品采集

2.0 mL 静脉血，置于红盖采集管中。

送检

1.0 mL 血清。

解读

定量检测抗体水平高于 30 抗体单位的患犬，可能有发展为临床疾病的风险。初次检测呈阳性随后接受莱姆病感染治疗的患犬，可再做后续检测以观测治疗效果（抗体水平应降低）。

干扰因素

无。先前注射过疫苗（无论注射何种疫苗）不会导致假阳性结果的出现。

操作程序

一般来说，定量检测适用于以下患犬：①快速检测（SNAP）呈阳性；②正在针对莱姆病疏螺旋体进行治疗。

伯氏疏螺旋体抗体（间接荧光抗体检测和蛋白质印迹分析）

对怀疑感染莱姆病的动物进行常规实验室检测，建议快速检测 C6 抗体或定量检测 C6 抗体，这是因为检测结果由 C6 抗体检测的灵敏度和特异性所决定。

间接荧光抗体检测（IFA），又称免疫荧光抗体检测
正常值

各实验室提供的正常值不同。阴性滴度为正常情况，表示动物未感染伯氏疏螺旋体或近期接受过疫苗免疫。

患病动物准备

无须准备。

样品采集

2.0 mL 静脉血，置于红盖采集管中。

送检

1.0 mL 血清。

解读

IFA 测得的抗体滴度并不能将接种疫苗的犬和感染的犬进行区分。IFA 测得的莱姆病疏螺旋体滴度仅能发现未做莱姆病免疫的犬。莱姆病疏螺旋体疫苗免疫可导致抗体滴度呈阳性。检测结果呈阳性的犬应做蛋白质印迹分析或 C6 抗体定量检测（推荐）。

干扰因素

先前接种过莱姆病疫苗可能导致阳性检测结果的出现。

蛋白质印迹分析
正常值

各实验室提供的正常值不同。阴性滴度为正常情况，表示动物未感染伯氏疏螺旋体。

患病动物准备

无须准备。

样品采集

2.0 mL 全血，置于红盖采集管中。

送检

1.0 mL 血清。

解读

通过测得的抗体滴度可以区分疫苗免疫的犬和感染的犬。对于 IFA 检测呈阳性的患犬，蛋白印迹分析可作为另一种检查手段。

干扰因素

先前使用灭活的全细胞伯氏疏螺旋体进行疫苗免疫，可能会使蛋白印迹分析的结果复杂化。

细小病毒 IgG 抗体（犬和猫）
血清中的抗体（IgG 或 IgM）
正常值

任何"阳性"滴度的患病动物均可被视为已产生保护性免疫。所测得的抗体滴度无法区分感染过细小病毒的动物和注射过疫苗的动物。和急性感染期及恢复期的抗体滴度相比，未感染的犬猫，其抗体滴度不会呈上升趋势。所用的检测方法［如血凝抑制试验（HI）、IFA］将影响实际检测结果。请参考实验室参考值范围。

患病动物准备

无须准备。

样品采集

2.0 mL 全血，置于红盖采集管中。

送检

1.0 mL 血清。

解读

各实验室的实际检测结果有所不同。各实验室会出具相应的说明。

通过荧光抗体病毒中和试验（FAVN）检测狂犬病病毒滴度

样品可直接送至：

美国堪萨斯州 66502，曼哈顿，2005 研究园区，堪萨斯州立大学狂犬病实验室

电话：785-532-4483

网址：www.vet.ksu.edu/rabies

正常值

由狂犬病实验室出具。检测结果可判断被检的犬或猫是否对狂犬病疫苗产生反应。对于是否将测得的抗体滴度作为免疫功能的指标尚未达成一致意见，因为抗体滴度并不能代替本地的狂犬病疫苗免疫要求。

患病动物准备

应在注射过狂犬病疫苗至少 3 周后采血，以确保最大程度的接种后的免疫应答反应。提交样品时需要提供微芯片识别码。

样品采集

2.0~4.0 mL 静脉血，可使其完全凝血。

送检

1.0~2.0 mL 血清。样品应置于密封、防渗漏的试管中，然后置于密封塑料袋中送至实验室。应将塑料袋装入有干冰或冰袋的盒中运输。

注意：可从网上下载狂犬病实验室提供的 "FAVN 报告表"，该报告表必须和样品一同提交。一旦将报告表提交，其中的任何条目均不可更改，因此在提交样品前需仔细检查。样品可在冰箱中储存最多 7 d，但建议连夜运输。请不要在周末或节假日运输。

5

干扰因素

严重的溶血、脂血症、非血清样品（如血浆，不可使用），以及其他必须将样品废弃的原因如血清量不足、细菌污染及样品未贴标签等，都可能影响检测结果。

注意：对有些无狂犬病的国家或地区，在登记犬猫时要求出具其狂犬病病毒抗体的 FAVN 检测结果。犬猫可能需要检测结果为阳性，才被允许离开美国。由于快速荧光灶抑制试验（RFFIT）（见后文）检测的是狂犬病病毒的中和抗体（RVNA），所以在决定犬猫是否可以离境时，该检测结果无效。

狂犬病病毒中和抗体快速荧光灶抑制试验（RFFIT）测定的狂犬病滴度
正常值

RFFIT 法测得的狂犬病抗体滴度不能作为衡量动物是否产生免疫反应的指标。在动物出口至需要进行狂犬病检测的无狂犬病国家时，也不能使用此方法进行检测。

患病动物准备

无须准备。

样品采集

4.0 mL 全血，置于红盖采集管中。

送检

2.0 mL 血清 (最少 500 μL)，置于防渗漏容器中（如有螺旋帽盖的容器）。将装有样品的容器装入另一个含冰袋或干冰的容器中。建议连夜运输。

注意：对于动物而言，"保护性滴度"的具体数值尚未确定，实验室也无法出具。血清中狂犬病病毒中和抗体的存在表示机体对狂犬病病毒产生了免疫反应，但并不能区分是疫苗免疫产生的抗体还是感染狂犬病病毒产生的抗体。无论在狂犬病的管理方面，还是在评估是否对动物使用加强疫苗方面，检测狂犬病病毒的中和抗体水平并不能代替目前的疫苗免疫。

干扰因素

严重的溶血、脂血症、非血清样品（如血浆，不可使用），以及其他必须将样品废弃的原因如血清量不足、细菌污染及样品未贴标签等，都可能影响检测结果。

落基山斑疹热（RMSF）
正常值

阴性（犬和猫）。

患病动物准备

无须准备。

样品采集

2.0 mL 全血，置于红盖采集管中。

送检

1.0 mL 血清。

解读

一般建议取两份样品（一份急性期样品，一份恢复期样品），且两份样品的取样间隔为 2~3 周。各实验室测得的抗体滴度不一。各实验室会对测得的抗体滴度出具相关说明。

干扰因素

无。

弓形虫病滴度（IgG 和 IgM）

正常值

参阅解读。

患病动物准备

无须准备。

样品采集

2.0 mL 全血，置于红盖采集管中。

5

送检

1.0 mL 血清。

解读

阳性滴度表示非活动性感染。IgG 和 IgM 滴度通常会分别表示。对于有临床症状的患病动物来说，IgM 滴度大于 1∶256 提示有活动性感染（如猫的肺炎，犬的肌炎）。建议做 IgG 检测时提交两份样品；两份样品的采集时间应间隔 2~3 周。若第二份样品的滴度是第一份的 4 倍以上，则提示活动性感染。仅做过一次检测，且血清学反应呈阳性的猫，排出卵囊的可能性不大。

干扰因素
溶血和脂血症会影响检测结果。

疫苗效价
见各病原体中列出的具体数值。

通常实验室不会对犬细小病毒、犬瘟以及猫瘟的疫苗出具疫苗效价。只有部分实验室会对猫疱疹病毒 1 型和猫杯状病毒出具疫苗效价。

目前，有些大学及商业实验室会对特定的犬猫病毒提供抗体滴度，用于评价先前疫苗免疫激发机体产生的免疫力水平。

由于各实验室采用的检测方法不同，抗体滴度的检测结果和变动范围也可能有显著的差异，所以国家实验室还未建立针对各病原体的血清抗体滴度标准。

建议将样品送至使用病毒中和试验 (检测犬瘟) 及血凝抑制试验 （检测犬细小病毒病和猫瘟） 的实验室进行检测。

注意： "阳性"抗体滴度往往等同于"保护性免疫"。"阴性"抗体滴度和"易感性"之间并无必然联系。

尿液检测

尿液样品最好使用普通试管收集。Copan 采样拭子可用于尿液培养，但该方法无法对细菌进行定量检测。用于培养的尿液最好通过膀胱穿刺采集，并和冰袋一起保存，以防细菌过度繁殖。

5

尿液皮质醇检测
参阅尿液皮质醇 / 肌酐比 （UC ∶ Cr；尿液 C ∶ C 比）。

尿微量白蛋白检测 [早期肾病（ERD） 医院检测工具]
正常值
测试条呈阴性 （犬和猫）。

患病动物准备
无须准备。

样品采集

至少 2 mL 尿液，装入洁净容器中。

送检

同上。

解读

测试条显示的结果能够大致表示出尿液中微量白蛋白的含量。检测工具的制造商会提供测试结果的相关说明与建议。但是应注意，对于临床表现正常的犬，阳性检测结果是否提示肾病即将发生，还不得而知。众多研究显示，相当比例的健康犬以及某些特定品种的犬（如爱尔兰软毛㹴）会出现阳性检测结果。该检测方法的临床应用还需要更多的研究信息，目前只应用于已知或疑似肾小球肾病的动物，用于监测尿蛋白的损失。

干扰因素

尿液样品被血液污染，会影响检测结果。

尿液皮质醇 / 肌酐比（UC ∶ Cr; 尿液 C ∶ C 比）

正常值

不同实验室及其所使用的检测方法不同，故正常值也有所不同。

患病动物准备

动物主人应在送检当天（最好是早晨）于家中采集动物的尿液，这样可以避免由于动物应激而造成的检测误差。

样品采集

3.0~5.0 mL 尿液，置于无菌容器中。

送检

同上。样品在运输过程中，应置于冰箱中保存。

解读

据报道，UC ∶ Cr 比值具有高灵敏度（阴性预测值），所以在肾上腺皮质功能亢进的诊断中，该数值可作为排除未患病犬的推荐指标。

UC ∶ Cr 比值对犬库欣综合征的诊断意义尚存在争议。猫的相关参考值尚无报道。

5

目前，该检测项目不应作为单次的诊断性检测。对甲状腺功能亢进的患猫，连续检测 UC ：Cr 比值呈上升趋势；成功治愈的猫，其 UC ：Cr 比值明显下降。

干扰因素
住院时取样的患犬（应激）和在家取样的患犬相比，取样地点对检测结果的影响至今还存在争议。建议动物主人在检测当天于家中采集动物的尿液样品。

操作程序
告知动物主人，连续采集 2 h 内的尿液，装于洁净的容器内，并在当天将样品送至实验室。需要提交 3.0~5.0 mL 尿液。**注意**：并非所有的商业实验室都提供该检测项目，在提交样品前应予以确认。

尿液蛋白 / 肌酐比（UP ：Cr；P ：Cr；UPC）
正常值
比值＜ 0.3（犬）；比值＜ 0.6（猫）。

患病动物准备
无须准备。

样品采集
随机采集 2.0~3.0 mL 的尿液，置于洁净容器中。

送检
同上。

解读
UP ：Cr 比值高于 1.0，提示病理性蛋白尿。该比值不能说明蛋白丢失的途径。但是，对于持续性低白蛋白血症，且尿液 P ：Cr 比值明显升高的患病动物，蛋白很可能是从肾小球丢失的（如肾小球性肾炎）。

干扰因素
血液污染（如膀胱炎、膀胱穿刺等）会影响检测结果。

第 6 部分

图表

表 6-1　美国养犬俱乐部（AKC）认证的犬品种

美国养犬俱乐部目前认证的纯种犬分别归属于七大品种组。美国养犬俱乐部网站提供每一种犬的详细信息（www.akc.org/breeds/index.cfm）

运动犬组：

美国水猎犬（American Water Spaniel）

博伊金猎犬（Boykin Spaniel）

布列塔尼犬（Brittany）

切萨皮克湾寻回猎犬（Chesapeake Bay Retriever）

克伦勃猎犬（Clumber Spaniel）

可卡犬（Cocker Spaniel）

卷毛寻回猎犬（Curly-Coated Retriever）

英国可卡犬（English Cocker Spaniel）

英国塞特犬（English Setter）

英国史宾格猎犬（English Springer Spaniel）

农田猎犬（Field Spaniel）

平毛寻回猎犬（Flat-Coated Retriever）

德国短毛指示犬（German Shorthaired Pointer）

德国硬毛指示犬（German Wirehaired Pointer）

金毛寻回猎犬（Golden Retriever）

戈登塞特犬（Gordon Setter）

爱尔兰红白长毛猎犬（Irish Red and White Setter）

爱尔兰塞特犬（Irish Setter）

爱尔兰水猎犬（Irish Water Spaniel）

拉布拉多寻回猎犬（Labrador Retriever）

斯科舍诱鸭寻回犬（Nova Scotia Duck Tolling Retriever）

指示犬（Pointer）

史毕诺犬（Spinone Italiano）

苏赛克斯猎犬（Sussex Spaniel）

维希拉猎犬（Vizsla）

魏玛猎犬（Weimaraner）

威尔士史宾格猎犬（Welsh Springer Spaniel）

刚毛指示格里芬犬（Wirehaired Pointing Griffon）

猎犬组：

阿富汗猎犬（Afghan Hound）

美国猎狐犬（American Foxhound）

巴辛吉犬（Basenji）

巴吉度猎犬（Basset Hound）

比格犬（Beagle）

黑褐猎浣熊犬（Black and Tan Coonhound）

寻血猎犬（Bloodhound）

蓝斑猎浣熊犬（Bluetick Coonhound）

苏俄猎狼犬（Borzoi）

腊肠犬（Dachshund）

英国猎狐犬（English Foxhound）

灵缇（Greyhound）

猎兔犬（Harrier）

伊比利亚猎犬（Ibizan Hound）

爱尔兰猎狼犬（Irish Wolfhound）

挪威猎鹿犬（Norwegian Elkhound）

奥达猎犬（Otterhound）

佩蒂格里芬旺德短腿犬（Petit Basset Griffon Vendeen）

法老王猎犬（Pharaoh Hound）

普罗特猎犬（Plott）

红骨猎浣熊犬（Redbone Coonhound）

罗德西亚脊背犬（Rhodesian Ridgeback）

萨卢基猎犬（Saluki）

苏格兰猎鹿犬（Scottish Deerhound）

惠比特（Whippet）

工作犬组：

秋田犬（Akita）

阿拉斯加雪橇犬（Alaskan Malamute）

安那托利亚牧羊犬（Anatolian Shepherd Dog）

伯恩山犬（Bernese Mountain Dog）

黑俄罗斯㹴（Black Russian Terrier）

拳狮犬（Boxer）

斗牛獒犬（Bullmastiff）

凯因克尔索犬（Cane Corso）

杜宾犬（Doberman Pinscher）

波尔多犬（Dogue de Bordeaux）

德国宾莎犬（German Pinscher）

巨型雪纳瑞（Giant Schnauzer）

大丹犬（Great Dane）

大比利牛斯犬（Great Pyrenees）

大瑞士山地犬（Greater Swiss Mountain Dog）

可蒙犬（Komondor）

库瓦茨犬（Kuvasz）

兰伯格犬（Leonberger）

獒犬（Mastiff）

那不勒斯獒犬（Neapolitan Mastiff）

纽芬兰犬（Newfoundland）

葡萄牙水犬（Portuguese Water Dog）

罗威纳犬（Rottweiler）

圣伯纳犬（Saint Bernard）

萨摩耶犬（Samoyed）

西伯利亚哈士奇犬（Siberian Husky）

标准雪纳瑞（Standard Schnauzer）

西藏獒犬（Tibetan Mastiff）

6

（续）

㹴犬组：

万能㹴（Airedale Terrier）

美国斯塔福德郡㹴犬（American Staffordshire Terrier）

澳大利亚㹴（Australian Terrier）

贝灵顿㹴（Bedlington Terrier）

边境㹴（Border Terrier）

牛头㹴犬（Bull Terrier）

凯安㹴（Cairn Terrier）

丹迪丁蒙㹴（Dandie Dinmont Terrier）

伊马尔格伦㹴犬（Glen of Imaal Terrier）

爱尔兰㹴（Irish Terrier）

凯利蓝㹴（Kerry Blue Terrier）

湖畔㹴（Lakeland Terrier）

曼彻斯特㹴（Manchester Terrier）

迷你斗牛㹴犬（Miniature Bull Terrier）

迷你雪纳瑞（Miniature Schnauzer）

诺福克㹴（Norfolk Terrier）

诺维茨㹴（Norwich Terrier）

牧师罗素㹴（Parson Russell Terrier）

苏格兰㹴（Scottish Terrier）

西里汉姆㹴（Sealyham Terrier）

斯凯㹴（Skye Terrier）

平毛猎狐㹴（Smooth Fox Terrier）

软毛麦色㹴犬（Soft Coated Wheaten Terrier）

斯塔福郡斗牛㹴（Staffordshire Bull Terrier）

威尔士㹴（Welsh Terrier）

西高地白㹴犬（West Highland White Terrier）

刚毛猎狐㹴（Wire Fox Terrier）

Toy 品种组：

猴面宾莎犬（Affenpinscher）

布鲁塞尔格里芬犬（Brussels Griffon）

查尔斯王骑士猎犬（Cavalier King Charles Spaniel）

吉娃娃犬（Chihuahua）

中国冠毛犬（Chinese Crested）

英国玩具猎鹬犬（English Toy Spaniel）

哈威那伴随犬（Havanese）

意大利灵缇（Italian Greyhound）

日本狆犬（Japanese Chin）

玛尔济斯犬（Maltese）

玩具曼彻斯特㹴犬（Manchester Terrier（Toy））

迷你宾莎犬（Miniature Pinscher）

蝴蝶犬（Papillon）

北京犬（Pekingese）

德国博美犬（Pomeranian）

贵宾犬（Poodle）

八哥犬（Pug）

西施犬（Shih Tzu）

丝毛㹴犬（Silky Terrier）

玩具猎狐㹴犬（Toy Fox Terrier）

约克夏㹴（Yorkshire Terrier）

非运动犬组

美国爱斯基摩犬（American Eskimo Dog）

卷毛比熊犬（Bichon Frise）

波士顿㹴（Boston Terrier）

斗牛犬（Bulldog）

中国沙皮犬（Chinese Shar-Pei）

松狮犬（Chow Chow）

大麦町犬（Dalmatian）

芬兰尖嘴（Finnish Spitz）

法国斗牛犬（French Bulldog）

柯基犬（Keeshond）

拉萨犬（Lhasa Apso）

洛威㹴犬（Lowchen）

挪威卢德杭犬（Norwegian Lundehund）

贵宾犬（Poodle）

西帕凯牧羊犬（Schipperke）

西施犬（Shiba Inu）

西藏猎犬（Tibetan Spaniel）

西藏㹴犬（Tibetan Terrier）

柯洛伊兹卡犬（Xoloitzcuintli）

牧羊犬组：

澳大利亚牧牛犬（Australian Cattle Dog）

澳大利亚牧羊犬（Australian Shepherd）

长须牧羊犬（Bearded Collie）

法国狼犬（Beauceron）

比利时马里努阿犬（Belgian Malinois）

比利时牧羊犬（Belgian Sheepdog）

比利时特弗伦犬（Belgian Tervuren）

边境牧羊犬（Border Collie）

布维犬（Bouvier des Flandres）

伯瑞牧羊犬（Briard）

迦南犬（Canaan Dog）

卡迪根威尔士柯基犬（Cardigan Welsh Corgi）

柯基犬（Collie）

恩布山犬（Entlebucher Mountain Dog）

德国牧羊犬（German Shepherd Dog）

冰岛牧羊犬（Icelandic Sheepdog）

挪威牧羊犬（Norwegian Buhund）

6

（续）

古代英国牧羊犬（Old English Sheepdog）	捷克梗（Cesky Terrier）（Chinook）
彭布罗克威尔士柯基（Pembroke Welsh Corgi）	阿根廷杜高犬（Dogo Argentino）
波兰低地牧羊犬（Polish Lowland）	芬兰拉普猎犬（Finnish Lapphund）
波利犬（Puli）	秘鲁猎犬（Peruvian Inca）
比利牧羊犬（Pyrenean Shepherd）	捕鼠梗犬（Rat Terrier）
喜乐蒂牧羊犬（Shetland Sheepdog）	罗素犬（Russell Terrier）
瑞典瓦汉德犬（Swedish Vallhund）	阿拉伯灵缇（Sloughi）
杂类犬种组：	特瑞格犬（Treeing Walker Coonhound）
美国英系猎狐犬（American English Coonhound）	威尔斯猎狐犬（Wirehaired Vizsla）
（Bergamasco）（Boerboel）	

注：犬品种名称的中文翻译参考了中国光彩事业促进会犬业协会（China Kennel Vnion，CKU）网站。

表6-2　爱猫者协证（CFA）认证的猫品种

爱猫者协会目前认证了41种纯种血统的猫，如下所示。更多猫品种的相关信息请参阅CFA网站：www.cfa.org（搜索：breeds）

冠军级别

	克拉特猫（Korat）
阿比西尼亚猫（Abyssinian）	拉波卷毛猫（LaPerm）
美国短尾猫（American Bobtail）	缅因（Maine Coon）
美国卷耳猫（American Curl）	马恩岛猫（Manx）
美国短毛猫（American Shorthair）	挪威森林猫（Norwegian Forest Cat）
美国硬毛猫（American Wirehair）	欧西猫（Ocicat）
巴厘猫（Balinese，包括爪哇猫 Javanese）	东方猫（Oriental）
伯曼猫（Birman）	波斯猫（Persian）
孟买猫（Bombay）	褴褛猫（RagaMuffin）
英国短毛猫（British Shorthair）	布偶猫（Ragdoll）
缅甸猫（Burmese）	俄罗斯蓝猫（Russian Blue）
夏特尔猫（Chartreux）	苏格兰折耳猫（Scottish Fold）
中国狸花猫（Chinese Li Hua）	赛尔凯克卷毛猫（Selkirk Rex）
重点色短毛猫（Colorpoint Shorthair）	暹罗猫（Siamese）
柯尼斯卷毛猫（Cornish Rex）	西伯利亚猫（Siberian）
德文卷毛猫（Devon Rex）	新加坡猫（Singapura）
埃及猫（Egyptian Mau）	索马里猫（Somali）
欧洲缅甸猫（European Burmese）	斯芬克斯猫（Sphynx）
异国猫（Exotic）	东奇尼猫 Tonkinese
哈瓦那棕猫（Havana Brown）	土耳其安哥拉猫（Turkish Angora）
日本短尾猫（Japanese Bobtail）	土耳其梵猫（ Turkish Van）

6

表 6-3　啮齿动物与兔子的实用信息

分类	仓鼠	兔子	小鼠	大鼠	沙鼠	豚鼠
出生体重	2 g	100 g	1.5 g	5.5 g	3 g	100 g
发育期	(雌性) 28~31 d (雄性) 45 d (最佳的繁育期在 70 d)	4~9 个月	35 d	50~60 d	(F) 3~5 个月 (M) 10~12 周	(F) 20~30 d (M) 70 d
发情周期*	4 d	排卵为非自发性；交配可刺激排卵；交配后 10~13 h 排卵	4 d	4 d	4 d	16 d
妊娠期	16 d	28~36 d	19~21 d	21~23 d	24 d	62~72 d
分娩和断奶时与雄性分开	是	是	否	否	否（终生相伴）	否
每窝产仔数	4~10 只	7 只	10 只	8~10 只	1~12 只	1~4 只
幼崽睁眼时间	15 d	10 d	11~14 d	14~17 d	16~20 d	出生前
断奶期	25 d	42~56 d	21 d	21 d	21 d	14~21 d 或者在体重 160 g 时
产后发情时间	24 h 内	14 d	24~48 h 内	24~48 h 内	24~72 h 内	24 h 内
繁育期	11~18 个月	1~3 年（最大 6 年）	12~18 个月	14 个月	15~20 个月	3~4 年
成年期体重	(F) 120 g (M) 108 g	(F) 4 kg (M) 4.3 kg	(F) 30 g (M) 39 g	(F) 300 g (M) 500 g	(F) 75 g (M) 85 g	(F) 850 g (M) 1 000 g
寿命	2~3 年	5~7 年	3.0~3.5 年	3 年	4 年	4~5 年
正常体温	97~101℉ (36.1~38.3℃)	101~103.2℉ (38.3~39.5℃)	96.4~100℉ (35.8~37.7℃)	99.5~100.6℉ (37.5~38.1℃)	100.8℉ (32.8℃)	100~102.5℉ (38~39.2℃)

6

（续）

分类	仓鼠	兔子	小鼠	大鼠	沙鼠	豚鼠
成体饮水量	8~12 mL/d	80 mL/kg（体重）	3~3.5 mL/d	20~30 mL/d	4 mL/d	100 mL/kg（体重）
饮食量（随年龄及环境不同而不同）	7~12 g/d	100~150 g/d	2.5~4.0 g/d	20~40 g/d	10~15 g/d	30~35 g/d
规定饮食	商用小鼠、大鼠或者仓鼠饲喂甘蓝菜†、卷心菜†、苹果、牛奶	商用兔子可饲喂适当的颗粒料、青菜	商用小鼠食物	商用大鼠或小鼠食物	商用小鼠或大鼠食物，最好为低脂食物；葵花籽	商用天竺鼠食物，高质量的干草，甘蓝菜、卷心菜、水果（不能依赖成品粮中的维生素C含量）
生存温度	65~75°F (18.3~24℃)	62~68°F (17~20℃)	70~80°F (21~27℃)	76~18°F (24.5~25.5℃)	65~80°F (18.3~26.6℃)	65~75°F (18.3~24℃)
湿度	50%	50%	50%	50%	< 50%	50%

引自 Schuchman SM: Individual care and treatment of rabbits ,mice, rats, guinea pigs, hamsters, and gerbils. In Kirk RW, editor: Current veterinary therapy X, Philadelphia, 1989, WB Saunders.

注：* 表中除兔子外均为为季节性多发情的动物。

† 作为维生素 C 的来源，其维生素 C 含量优于生菜（lettuce）。

F，雌性；M，雄性。

6

表6-4　啮齿动物及兔子性别成熟与未成熟的判定方法

雄性	雌性
成年仓鼠、小鼠、大鼠、天竺鼠及沙鼠	
在雄性中，肛门与生殖器的距离更长 分离"生殖乳头"（包皮）从而突出阴茎 触摸睾丸，其可能在阴囊中或在腹股沟处的皮下 雄性在腹股沟周围只有两个天然孔： A. 肛门 B. 阴茎头部的尿道口，肥胖动物的阴茎与肛门之间会形成皱褶缝，可用手将皱褶分开	在雌性中，肛门与生殖器的距离更短 在腹股沟周围有三个天然孔： A. 肛门（靠近尾部的开口） B. 阴道口（中部开口）——需要仔细观察 C. 尿道口位于尿道乳头的上方（大多数向前开口）。在这些动物中，尿道乳头是位于阴道外的（与犬猫不同）。肥胖或青年雌性动物，其阴道开口可能被皮肤皱褶遮盖或不易被发现。轻柔地分离周围皮肤可暴露阴道口
成年兔	
分离包皮周围的皮肤可使阴茎突出 触摸睾丸 肛门与生殖器的距离较长	在阴道与尿道处都有一个开口（与犬猫相似） 在泌尿生殖器口处没有阴茎样的结构 雌性动物肛门与生殖器的距离较短

引自 Schuchman SM: Individual care and treatment of rabbits ,mice, rats, guinea pigs, hamsters, and gerbils. In Kirk RW, editor: Current veterinary therapy X, Philadelphia, 1989, WB Saunders.

表6-5　啮齿动物及兔子的血液及生化指标[*]

检测项目	大鼠	小鼠	仓鼠	天竺鼠	兔子	蒙古沙鼠
AST (Sigma–Frankel U)	25~42	32~41	22~36	10~25	14~27	—
碱性磷酸酶（bodansky U）	4.1~8.6	2.4~4.0	2.0~3.5	1.5~8.1	2.1~3.2	—
BUN (mg/dL)	10~20	8~30	10~40	8~20	5~30	18~24
钠（mEq/L）	144	114~154	106~185	120~155	100~145	144~158
钾（mEq/L）	5.9	3.0~9.6	2.3~9.8	6.5~8.2	3.0~7.0	3.8~5.2
总胆红素（mg/dL）	0.42	0.18~0.54	0.3~0.4	0.24~0.30	0.15~0.20	—
血糖（mg/dL）	50~115	108~192	32.6~118.4	60~125	50~140	69~119
RBC (10^6 个 /mm³)	7.2~9.6	9.3~10.5	4.0~9.3	4.5~7.0	3.2~7.5	8.3~9.3
血红蛋白（g/dL）	14.8	12~14.9	9.7~16.8	11~15	10~15	10~16
红细胞比容（%）	40~50	35~50	40~52	35~50	35~45	35~45
WBC (10^3 个 /mm³)	8~14	8~14	7~15	5~12	8~10	9~14
分叶白细胞（%）	30	26	16~28	42	30~50	10~20
杆状白细胞（%）	0	0	8	0	0	0
淋巴细胞（%）	65~77	55~80	64~78	45~81	30~50	70~89
嗜酸性粒细胞（%）	1	3	1	5	1	1
单核细胞（%）	4	5	2	8	9	0
嗜碱性粒细胞（%）	0	0	0	2	0	0

引自 Schuchman SM：Individual care and treatment of rabbits ,mice, rats, guinea pigs, hamsters, and gerbils. In Kirk RW, editor: Current veterinary therapy X, Philadelphia, 1989, WB Saunders.
注：AST，天冬氨酸转氨酶；BUN，血液尿素氮；RBC，红细胞；WBC，白细胞。
* 该数值为健康动物的正常生理值，可用来指导诊断但不是表中所列动物的生理值标准。

6

表 6-6 雪貂——生理学、解剖学及生殖学数据	
数据	**参考值**
生理学数据	
寿命	5~9 年（平均 5~7 年）
商用繁育期	2~5 年
体温	101~104℉（38~ 40℃）
呼吸频率	32~36 次 /min
心率	220~250 次 /min（平均 240 次 /min）
饮水量	75~100 mL/d
染色体数	$2n=40$
解剖学数据	
齿数	2（I3/3，C1/1，P3/4，M1/2）
椎数	C7，T14，L6，S3，Cd14~Cd18
生殖学数据	
妊娠期	39~46 d（平均 42 d）
窝产仔数	2~17 只（平均 8 只）
假孕期	40~42 d
胎盘种类	带状胎盘
胚胎移植时间	12~31 d
断奶期	5~6 周
排卵期	交配后 30~40 h

引自：Randolph RW.Medical and surgical care of the pet ferret. In Kirk RW. Editor：current veterinary therapy X,Philadelphia, 1989, WB Saunders.

注：I，切齿；C，犬齿；P，前臼齿；M，臼齿；C，颈椎；T，胸椎；L，腰椎；S 骶椎；Cd，尾椎。

表 6-7 健康雪貂常规参考值[*]		
检测项目	**平均值**	**参考值**
红细胞比容（%）	52.3	42~61
血红蛋白（g/dL）	17.0	15~18
RBC（10^6 个 /mm³）	9.17	6.8~12.2
WBC（10^3 个 /mm³）	10.1	4.0~19
WBCs		
淋巴细胞（%）	34.5	12~54
中性粒细胞（%）	58.3	11~84
单核细胞（%）	4.4	0~9.0
嗜酸性粒细胞（%）	2.5	0~7.0
嗜碱性粒细胞（%）	0.1	0~2.0
网状细胞（%）	4.6	1~14
血小板（10^3 个 /mm³）	499	297~910
总蛋白（g/dL）	6.0	5.1~7.4

引自：Ryland L,Bernard S, Gorham J: A clinical guide to the pet ferret, Compend Contin Educ Pract Vet 5:25, 1983, which was adapted from Thornton PC, Wright PA, Sacra PJ, Goodier TE: The ferret, Mustela putorius furo, as a new species in toxicology, Lab Anim 13:119, 1979.

注：RBC，红细胞；WBC，白细胞。

* 参考值无性别差异。

6

表 6-8　健康雪貂生化检测参考值[*]			
检测项目	单位	平均值	参考值
葡萄糖	mg/dL	136	94~207
BUN	mg/dL	22	10~45
白蛋白	mg/dL	3.2	2.3~3.8
碱性磷酸酶	IU/L	23	9~84
AST	IU/L	65	28~120
总胆红素	mg/dL	< 1.0	
胆固醇	mg/dL	165	64~296
肌酐	mg/dL	0.6	0.4~0.9
钠	mEq/L	148	137~162
钾	mEq/L	5.9	4.5~7.7
氯	mEq/L	116	106~125
钙	mg/dL	9.2	8.0~11.8
磷	mg/dL	5.9	4.0~9.1

引自：Ryland L,Bernard S, Gorham J: A clinical guide to the pet ferret, Compend Contin Educ Pract Vet 5:25, 1983, which was adapted from Thornton PC, Wright PA, Sacra PJ, Goodier TE: The ferret, Mustela putorius furo, as a new species in toxicology, Lab Anim 13:119, 1979.
注：AST, 天冬氨酸转氨酶；BUN，血液尿素氮。
[*] 参考值无性别差异。

表 6-9　健康雪貂心电图数据[*]		
参数	平均值	参考值
心率	(224 ± 51) bpm	150~340 bpm
测量值		
P 波		
宽度	(0.03 ± 0.009) s	0.015~0.04 s
高度	(0.106 ± 0.03) mV	0.05~0.20 mV
PR 间期		
宽度	(0.05 ± 0.01) s	0.04~0.08 s
QRS 波		
Q 波	通常无	
R 波		
宽度	(0.049 ± 0.008) s	0.04~0.06 s
高度	(1.59 ± 0.63) mV	0.6~3.15 mV
S 波		
高度	(0.166 ± 0.101) mV	0.1~0.25 mV
ST 段		
宽度	(0.030 ± 0.016) s	0.01~0.06 s
QT 间期		
宽度	(0.13 ± 0.027) s	0.10~0.18 s
T 波		
宽度	(0.06 ± 0.01) s	0.03~0.1 s
高度	(0.24 ± 0.12) mV	0.10~0.45 mV
平均心电轴（正面图）		+65°~100°

注：[*] 雪貂右侧位躺卧；使用氯胺酮与赛拉嗪镇静。
bpm，每分钟心跳数；s，秒；mV，毫伏。

6

表 6-10 犬以千克计量体重与以平方米计量体表面积之间的换算

体重（kg）	体表面积（m²）	体重（kg）	体表面积（m²）
0.50	0.06	26.00	0.88
1.00	0.10	27.00	0.90
2.00	0.15	28.00	0.92
3.00	0.20	29.00	0.94
4.00	0.25	30.00	0.96
5.00	0.29	31.00	0.99
6.00	0.33	32.00	1.01
7.00	0.36	33.00	1.03
8.00	0.40	34.00	1.05
9.00	0.43	35.00	1.07
10.00	0.46	36.00	1.09
11.00	0.49	37.00	1.11
12.00	0.52	38.00	1.13
13.00	0.55	39.00	1.15
14.00	0.58	40.00	1.17
15.00	0.60	41.00	1.19
16.00	0.63	42.00	1.21
17.00	0.66	43.00	1.23
18.00	0.69	44.00	1.25
19.00	0.71	45.00	1.26
20.00	0.74	46.00	1.28
21.00	0.76	47.00	1.30
22.00	0.78	48.00	1.32
23.00	0.81	49.00	1.34
24.00	0.83	50.00	1.36
25.00	0.85		

6

表 6-11　猫以千克计量体重与以平方米计量体表面积之间的换算	
体重（kg）	体表面积（m²）
0.50	0.06
1.00	0.10
1.50	0.12
2.00	0.15
2.50	0.17
3.00	0.20
3.50	0.22
4.00	0.24
4.50	0.26
5.00	0.28
5.50	0.29
6.00	0.31
6.50	0.33
7.00	0.34
7.50	0.36
8.00	0.38
8.50	0.39
9.00	0.41
9.50	0.42
10.00	0.44

表 6-12　法国尺度换算表

标准的法国或 charriere 刻度（简写为 F 或 Fr）常用在导尿管或其他管状仪器的尺寸标度上。以公制系统为依据，每个单位约 0.33 mm，即每个连续的型号之间的直径相差 0.33 mm。例如，3 F 表示直径为 1mm；27 F 表示直径为 9 mm；30 F 表示直径为 10 mm

F 刻度与美国和英国刻度之间的转换如下所示，有时会用在一些具体的仪器上

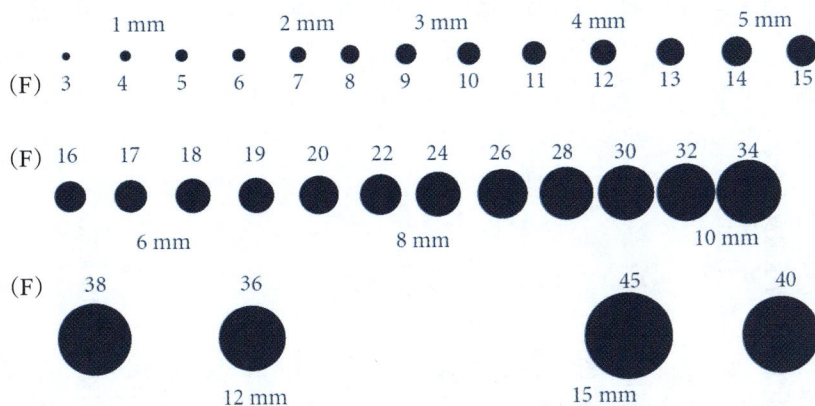

6

表6-13　国际单位制换算指南

检测项目	液体	传统单位	换算因子 乘（×）→ ／ ←除（÷）	国际单位
ACTH（促肾上腺皮质激素）	血浆	pg/mL	0.2202	pmol/L
ALT（丙氨酸转氨酶）	血清	mg/dL	1	U/L
白蛋白	血清	g/dL	10	g/L
醛固酮	血清	ng/dL	27.74	pmol/L
氨（NH_3）	血浆	μg/dL	0.5872	μmol/L
胺（NH_4^+）	血浆	μg/dL	0.5543	μmol/L
淀粉酶	血清	U/L	1	U/L
抗体	血清	最大稀释度	1	最大稀释度
AST（天冬氨酸转氨酶）	血清	U/L	1	U/L
胆汁酸（总）	血清	μg/mL	2.547	μmol/L
胆红素（总）	血清	mg/dL	17.1	μmol/L
血气：				
$PaCO_2$				
pH				
PaO_2				
尿素氮（血液尿素氮）	血清	mg/dL	0.357	mmol/L（尿素）
钙	血清	mg/dL	0.250	mmol/L
离子化钙（iCa）	血清，血浆	mEq/L	0.500	mmol/L

6

（续）

检测项目	液体	传统单位	换算因子 乘（×）→ / ←除（÷）	国际单位
CBC（全血细胞计数）：	全血			
红细胞比容		%	0.01	作为 1 的分数
血红蛋白		g/dL	10	g/L
MCH（平均血红蛋白量）		pg	1	pg
MCHC（平均血红蛋白浓度）		g/dL	10	g/L
MCV（平均红细胞比容）：		μm^2	1	fL
血小板数		10^3 个 /mm^3	1	10^9 个 /L
网状细胞数		每 1 000 个红细胞中所占比	0.001	作为 1 的分数
网状细胞数		例	0.001	作为 1 的分数
		百分比	0.01	10^6 个细胞 /L
白细胞分类计数：				
中性粒细胞（分叶）		个 /mm^3 (mcl)	1	
中性粒细胞（杆状）		个 /mm^3	1	
淋巴细胞		个 /mm^3	1	
单核细胞		个 /mm^3	1	
嗜酸性粒细胞		个 /mm^3	1	
嗜碱性粒细胞		个 /mm^3	1	
胆固醇（总）	血清	mg/dL	0.028 6	mmol/L
CK（肌酐）	血清	U/L	1	U/L
皮质醇	血清，血浆	μg/dL	27.59	nmol/L
皮质醇（游离）	尿液	μg/24h	2.759	nmol/d
肌酸酐	血清	mg/dL	88.4	μmol/L

6

（续）

检测项目	液体	换算因子 乘（×）→ ←除（÷）	传统单位	国际单位
电解质：				
氯离子	血清	1	mEq/L	mmol/L
碳酸氢根	全血	1	mEq/L	mmol/L
钾	血清	1	mEq/L	mmol/L
钠	血清	1	mEq/L	mmol/L
纤维蛋白原（凝血因子 I）	血浆	29.41	g/dL	µmol/L
		0.01	mg/dL	g/L
纤维蛋白（纤维蛋白降解产物）	血清	1	µg/mL	mg/L
GGT（γ-谷氨酰转移酶）	血清	1	U/L	U/L
葡萄糖	血清	0.055 51	mg/dL	mmol/L
胰岛素	血清	7.175	µU/mL	pmol/L
		7.175	mU/L	pmol/L
		172.2	µg/L	pmol/L
铅	血浆	0.048 26	µg/dL	µmol/L
		48.26	mg/dL	µmol/L
脂肪酶	血清	1	U/L	U/L
镁	血清	0.411 4	mg/dL	mmol/L
		0.500	mEq/L	mmol/L
磷	血清	0.322 9	mg/dL	mmol/L

6

（续）

检测项目	液体	传统单位	换算因子 乘（×）→ ←除（÷）	国际单位
纤维蛋白溶酶原	血浆	%	0.01	作为 1 的分数
蛋白（总）	血清	g/dL	10	g/L
蛋白（脊髓液）(CSF)	脑脊液	mg/dL	0.01	g/L
PT（凝血酶原时间）	血浆	s	1	s
PPT（部分凝血活酶时间）	血浆	s	1	s
甲状腺测试：				
TSH（甲状腺素刺激试验）	血清	$\propto$U/mL	1	mU/L
T_4（甲状腺素）	血清	μg/dL	12.87	nmol/L
甲状腺激素，游离 T_4	血清	ng/dL	12.87	pmol/L
T_3（三碘甲状腺氨酸）	血清	ng/dL	0.015 36	nmol/L

6

表 6-14　公制中长度、体积及质量单位		
前缀	乘	系数
milli-	0.001（1/1 000）	$\times 10^{-3}$
centi-	0.01（1/1 000）	$\times 10^{-2}$
deci-	0.1（1/10）	$\times 10^{-1}$
deka-	10	$\times 10$
hector-	100	$\times 10^{2}$
kilo-	1 000	$\times 10^{3}$
参变量	单位	缩写
在公制中，体积的标准单位为升	1 毫升 =0.001 升 1 厘升 =0.01 升 1 分升 =0.1 升 1 升 1 千升 =1 000 升	1 毫升 =1 mL=1 cc* 1 厘升 =1 cL 1 分升 =1 dL 1 升 =1 L 1 千升 =1 kL
在公制中，质量的标准单位为克	1 纳克 =10^{-9} 克 1 微克 =10^{-6} 克 1 毫克 =10^{-3} 克 1 厘克 =0.01 克 1 分克 =0.1 克 1 克 1 千克 =1 000 克	1 纳克 =1 ng 1 微克 =1 μg 1 毫克 =1 mg 1 厘克 =1 cg 1 分克 =1 dg 1 克 =1 g 1 千克 =1 kg
在公制中，长度的标准单位为米	1 毫米 =0.001 米 1 厘米 =0.01 米 1 米 1 分米 =0.1 米 1 千米 =1 000 米	1 毫米 =1 mm 1 厘米 =1 cm 1 米 =1 m 1 分米 =1 dm 1 千米 =1 km

注：*1 cc（或者立方厘升）=1 cm^3=1 mL。

表 6-15　美国犬疫苗使用许可规定

疫苗类型	核心或非核心	推荐免疫/预防接种间间期	最短免疫期
犬瘟热：弱毒疫苗（注射）	核心疫苗	3 年	5~7 年以上（根据相关菌株而定）
重组犬瘟疫苗（注射）	核心疫苗	3 年	5 年以上
麻疹病毒：弱毒疫苗（注射）只有与弱毒犬瘟热＋腺病毒 II 型＋副流感病毒疫苗合用才有效	非核心疫苗	没有说明	不适用
细小病毒：弱毒疫苗（注射）	核心疫苗	3 年	7 年以上
冠状病毒：弱毒疫苗（注射）	不推荐	不推荐	不能确定
冠状病毒：灭活疫苗（注射）	不推荐	不推荐	不能确定
犬 2 型腺病毒：弱毒疫苗（注射）	核心疫苗	3 年	7 年以上
犬 2 型腺病毒：弱毒疫苗（滴鼻）	核心疫苗	3 年	3 年以上　注释：鼻内疫苗不适用于预防犬肝炎病毒感染
犬 2 型腺病毒：灭活疫苗（注射）	非核心疫苗	每年一次	未知
副流感病毒：弱毒疫苗（注射）	非核心疫苗	3 年	3 年以上
副流感病毒：弱毒疫苗（滴鼻）	非核心疫苗	3 年	3 年以上（首选时）
支气管波氏杆菌：非毒性活疫苗（滴鼻）	非核心疫苗	每年一次	12 个月
支气管波血布鲁氏菌：提取抗原性疫苗（注射）	非核心疫苗	每年一次	未建立
犬流感病毒：灭活疫苗（注射）	非核心疫苗	每年一次	未建立
大钩端螺旋体疫苗	非核心疫苗	每年一次	12 个月
出血性黄疸型钩端螺旋体疫苗	非核心疫苗	每年一次	12 个月
犬波莫纳钩端螺旋体变种疫苗（leptospira var Pomona）	非核心疫苗	每年一次	12 个月
感冒伤寒型钩端螺旋体线疫苗	非核心疫苗	每年一次	12 个月
重组莱姆病疫苗（注射）	非核心疫苗	每年一次	1 年
莱姆病：灭活疫苗（注射）	非核心疫苗	每年一次	1 年
响尾蛇（响尾蛇疫苗）	非核心疫苗	每年一次或按照生产商的建议季节性免疫	未知（使用受限—在犬身上的风险研究还未进行）
狂犬病病毒，1 年：灭活疫苗（注射）	核心疫苗	依据当地相关法律实施免疫	3 年
狂犬病病毒，3 年：灭活疫苗（注射）	核心疫苗	依据当地相关法律实施免疫	3 年

6

表6-16　美国猫疫苗使用许可规定

疫苗类型	佐剂	核心或非核心	推荐免疫频率/接种间期	最短免疫期
猫瘟：弱毒疫苗（注射）	无佐剂	核心疫苗	3年	7年以上
猫瘟：灭活疫苗（注射）	佐剂	非核心疫苗	每年一次	5年以上
猫瘟：弱毒疫苗（滴鼻）	无佐剂	非核心疫苗	3年	未建立
疱疹病毒-杯状病毒：弱毒疫苗（注射）	无佐剂	核心疫苗	3年（在患病较多的地区推荐每年一次）	5年以上
疱疹病毒-杯状病毒：灭活疫苗（注射）	佐剂	非核心疫苗	每年一次	5年以上
疱疹病毒-杯状病毒：弱毒疫苗（滴鼻）	无佐剂	非核心疫苗	每年一次	未建立
猫衣原体：灭活疫苗	佐剂	非核心疫苗	每年一次	1年（最多）
猫衣原体：活疫苗，无毒性	无佐剂	非核心疫苗	每年一次	1年
重组猫白血病科白血病病毒（美国：经皮免疫；加拿大、英国以及欧洲：注射）	无佐剂	非核心疫苗*	病毒持续存在的地区每年一次	1年
猫白血病病毒：灭活疫苗（注射）	佐剂	非核心疫苗*	病毒持续存在的地区每年一次	1年
猫免疫缺陷病毒：没活疫苗（注射）	佐剂	非核心疫苗	每年一次	1年
猫传染性腹膜炎：弱毒疫苗（滴鼻）	无佐剂	不推荐	不推荐	未建立
支气管败血波氏杆菌：弱毒疫苗（滴鼻）	无佐剂	非核心疫苗	每年一次	1年
强毒性全身性猫杯状病毒：灭活病毒（注射）	佐剂	非核心疫苗	每年一次	1年
重组狂犬病毒（注射）	无佐剂	核心疫苗	每年一次	1年以上（根据当地法规进行免疫）
狂犬病病毒，1年：灭活疫苗（注射）	佐剂	核心疫苗	每年一次	3年以上（根据当地法规进行免疫）
狂犬病病毒，3年：灭活疫苗（注射）	佐剂	核心疫苗	3年（法律规定）	3年以上（根据当地法规进行免疫）

注：* 因为幼猫对猫白血病毒具有高度易感性，所以规定猫白血病毒疫苗应作为强力推荐的疫苗类型用于所有幼猫和成猫。此后，猫白血病病毒疫苗成为非核心疫苗。

表 6-17　犬疫苗接种推荐规范——幼犬

疫苗类型	免疫管理	加强免疫
核心疫苗 犬瘟热弱毒疫苗＋细小病毒弱毒疫苗＋腺病毒－Ⅱ型弱毒疫苗	8 周龄、12 周龄以及 16 周龄	在开始的 3 针注射后下一次免疫不应迟于 1 年
选择项： 　副流感病毒疫苗通常联合以上疫苗进行免疫		当应用副流感病毒疫苗时，滴鼻疫苗也被推荐（结合应用支气管败血波氏杆菌疫苗）
狂犬病病毒，1 年（灭活疫苗）	单次接种通常在 12 周龄或 16 周龄时注射（依据当地法规实施免疫）	单次接种狂犬病疫苗，三年免疫一次
非核心疫苗 支气管败血波氏杆菌疫苗＋副流感病毒疫苗（滴鼻）	单次接种（滴鼻）在 12 周龄或 16 周龄时进行（选择项：一些学者推荐在 12 周龄或 16 周龄时使用两倍量免疫）	当存在暴露于该致病菌的情况时，在最后一次免疫的一年后进行单次免疫接种
钩端螺旋体（灭活疫苗） [四种血清型（双向性钩端螺旋体疫苗不再被推荐应用）]	两次起始剂量，2~4 周间隔期 **注意**：12 周龄以前不能给予首次剂量 **同时**：对于小型品种犬，推迟免疫时间直至核心疫苗免疫完成后的 2~4 周	当存在暴露于该致病菌的情况时，在最后一次免疫的一年后重复单次免疫接种
莱姆病（重组型或灭活疫苗）	两次起始剂量，2~4 周间隔期 **注意**：12 周龄以前不能给予首次剂量 **同时**：对于小型品种犬，推迟免疫时间直至核心疫苗免疫完成后的 2~4 周	当存在暴露于该致病菌的情况时，在最后一次免疫的一年后重复单次免疫接种
犬流感病毒（灭活疫苗）	两次初始剂量，2~4 周间隔期 **注意**：12 周龄以前不能给予首次剂量 **同时**：对于小型品种犬，推迟免疫时间直至核心疫苗免疫完成	免疫接种根据个体暴露于病毒的风险大小 免疫间隔期在本书中没有介绍 当存在该病毒时，疫苗生产商推荐每年免疫一次
响尾蛇疫苗	该疫苗的使用取决于犬个体暴露于西部菱斑响尾蛇的风险大小 疫苗的使用可能根据风险的大小及犬个体的大小而发生变化	

6

表 6-18　犬疫苗接种推荐规范——成犬
疫苗类型

核心疫苗

推荐每三年进行一次犬瘟热疫苗＋腺病毒疫苗＋Ⅱ型腺病毒疫苗的加强免疫

狂犬病疫苗的使用按照当地相关法规进行。目前推荐使用 3 年狂犬病疫苗。一些地区可能要求狂犬病疫苗使用间隔期少于 3 年。一些地区允许使用贴有标签的 3 年狂犬病疫苗代替有标签的 1 年狂犬病疫苗

非核心疫苗

对于有持续暴露风险的犬，每年单剂量免疫一次

两年内没有免疫过的犬，应该接受两次初始剂量的非核心疫苗免疫，间隔期为 2~6 周。用支气管败血波氏杆菌＋副流感病毒（＋Ⅱ型腺病毒）联合疫苗进行免疫的情况例外，这些疫苗单次接种应用后足以产生具有保护效力的免疫反应，因此可以忽略最后一次免疫到下次免疫的间隔时间

表 6-19　猫疫苗接种推荐规范——幼猫		
疫苗类型	**免疫管理**	**加强免疫**
核心疫苗		
当应用猫瘟弱毒疫苗＋疱疹病毒弱毒疫苗＋杯状病毒弱毒疫苗时，避免在猫上使用灭活疫苗（含佐剂）	在 8 周龄、12 周龄以及 16 周龄时给予单次免疫	在首次免疫完成后不迟于一年进行
狂犬病疫苗 [重组型（唯一无佐剂的狂犬病疫苗）] 或者：狂犬病（灭活疫苗，含佐剂）	单次接种通常在 12 周龄或 16 周龄时进行（按照当地法规应用）	首次免疫后一年内重复给予单剂量狂犬病疫苗
非核心疫苗		
猫白血病病毒（FeLV）[重组型，无佐剂（也可应用灭活疫苗，含佐剂）]	对所有幼猫高度推荐：在 12 周龄以及 16 周龄时单次接种	当有接触病毒的风险时，在最后一次免疫后的一年内重复接种
猫免疫缺陷病毒（FIV）（灭活疫苗，含佐剂）	视情况而定，三次接种间隔期为 2~4 周	**注意：**首次免疫后，至少在一年内，所有经商用 FIV 测试的猫均可出现假阳性的结果。接受免疫的母猫其哺育的幼猫也会出现假阳性结果
支气管败血波氏杆菌（弱毒疫苗，滴鼻）	视情况而定，尽量在 4 周龄时单次滴鼻接种	当有接触病毒的风险时，在最后一次免疫后的一年内重复接种
猫衣原体（曾称鹦鹉热衣原体）	视情况而定，两次免疫接种的间隔期为 3~4 周	如果暴露于病毒的风险是明确的，则每年加强免疫一次（在家养猫中，受感染的风险很低）
全身性恶毒性杯状病毒（灭活疫苗，含佐剂）	视情况而定，两次免疫接种的间隔期为 2~4 周	该病毒的流行性很低，局限于群体环境中（尤其在收留所中）

注：美国猫兽医协会（AAFP）疫苗顾问小组认为猫传染性腹膜炎（FIP）疫苗"通常不被推荐"。

6

表 6-20 猫疫苗接种推荐规范——成猫	
疫苗类型	**免疫管理**
核心疫苗 当应用猫瘟弱毒疫苗＋疱疹病毒弱毒疫苗＋杯状病毒弱毒疫苗时，避免在猫上使用灭活疫苗（含佐剂）狂犬病疫苗 [重组型（唯一的无佐剂类狂犬病疫苗）] 或者狂犬病灭活疫苗（含佐剂）	在起始免疫及第一次加强免疫完成后，每三年给予一次疫苗接种 根据当地法规，每年单次接种疫苗
非核心疫苗 猫白血病病毒（FeLV）重组疫苗，不含佐剂（也可应用灭活疫苗，含佐剂）	如果感染风险持续存在（如存在户外猫科动物与其他猫科动物接触的风险），推荐每年免疫一次FeLV 疫苗。重组 FeLV 疫苗不含佐剂（经皮肤给予）；其他 FeLV 疫苗含有佐剂

注：其他非核心疫苗很少使用，只有通过评估并确定具有明显感染风险时才考虑应用。只要感染风险持续存在，推荐所有其他非核心疫苗每年进行一次免疫。

表 6-21 动物狂犬病预防与控制纲要，2005[*]，美国国家公共卫生兽医协会（NASPHV）[†]

狂犬病是一种由致死性病毒引起的人兽共患病，对公众卫生安全造成了严重威胁。本纲要可作为制定美国动物狂犬病预防与控制规程的原则，并可促进狂犬病防控程序的标准化，从而有助于形成有效的狂犬病控制规程。本纲要每年都进行重审并根据需要进行修改。狂犬病预防与控制的原则在第一部分中详细列出；第二部分包括对注射用狂犬病疫苗免疫规程的建议。

第一部分：狂犬病的预防与控制

（一）狂犬病预防与控制的原则

1. 狂犬病感染：狂犬病病毒只有通过伤口、皮肤切口或唾液进入机体并与黏膜或其他潜在感染组织如神经组织接触后才能传播。有关感染风险的问题应向当地卫生部门咨询。

2. 人类狂犬病预防：人类对狂犬病的预防包括避免与患狂犬病的动物接触，在感染后及时对伤口进行处理，以及结合使用人狂犬病免疫球蛋白及注射疫苗。可以向免疫接种实践咨询委员会（ACIP）了解推荐的感染前的预防措施及感染后的治疗原则。这些预防措施和治疗原则、目前当地动物狂犬病流行情况的信息以及人类狂犬病生物制剂的应用信息均可从卫生部门获得。

3. 家养动物：当地政府应该持续制订有效的计划来确保所有犬、猫及雪貂都接受疫苗免疫，并且合理处置流浪猫和被遗弃的动物。在美国，这些措施使狂犬病病例的数量逐渐减少，已经从1947 年的 6 949 例减少到 2003 年的 117 例。根据每年的报道显示，猫发生狂犬病（2003 年为321 例）的数量超过犬，因此要求对猫实施狂犬病疫苗免疫。动物收留所及动物管理部门应当建立相应的政策以确保收留的动物都接种过狂犬病疫苗。推荐的免疫程序及许可使用的疫苗在本纲要的第二部分有详细说明。

4. 免疫动物中的狂犬病：在经过免疫的动物中，狂犬病发病率很低。如果怀疑免疫动物发生狂犬病，应当上报州公共健康办公室、疫苗生产商、美国农业部（USDA）、动植物健康检查部门、兽医制品中心（www.aphis.usda.gov/vs/cvb/ic/adverseeventreport.htm; telephone 800–752–6255; e-mail CVB@usda.gov）。实验室诊断应予以确认，狂犬病病毒由狂犬病相关实验室进行研究。同时，进行彻底的流行病学调查。

5. 野生动物中的狂犬病：控制野生动物中的狂犬病有一定的困难。对放养的野生动物进行免疫或选择性地减少其数量也许在一些情况下有效，但是这些措施的成功取决于周围地区狂犬病暴发

6

（续）

的情况（参照第一部分中与野生动物有关的预防和控制方法）。由于野生动物（尤其是浣熊、臭鼬、土狼、狐狸和蝙蝠）有患狂犬病的风险，所以美国兽医协会（AVMA）、NASPHV 以及美国安全与新兴技术中心（CSTE）强烈推荐制定并执行禁止野生动物进口、分销及迁移的州法律。

6. 狂犬病监督：基于实验室的狂犬病监测是狂犬病预防及控制计划中的重要组成部分。精确和及时的信息可以指导人们对接触狂犬病的预防策略、对潜在接触动物的管理，有助于发现新出现的病原体，了解疾病的流行情况以及评估野生动物口服疫苗接种计划的必要性和有效性。

7. 狂犬病诊断：狂犬病检测应由当地或国家卫生部门指定的合格实验室进行，并按照既定的国家标准化狂犬病检测方案进行（www.cdc.gov/ncidod/dvrd/rabies/professional/publications/DFA-diagnosis/DFA-protocol-b.htm）。为了保持患病动物大脑的完整性以便在实验室中能够辨认其解剖部位，对狂犬病动物进行安乐死是必要的。除了非常小的动物外，如蝙蝠，其他动物只有头或脑（包括脑干）能被带进实验室。任何被送到实验室进行检查的动物组织或动物标本，在储存及运输过程中均要低温保存（不能结冰或与化学品接触）。

8. 狂犬病血清学：在一些"无狂犬病"地区，可能要求提供动物接种疫苗及狂犬病抗体的证明才能引进。狂犬病抗体滴度是动物对疫苗或感染回应的指标。抗体滴度与疫苗保护力之间没有直接的联系，因为其他免疫因子也会对狂犬病的预防发挥作用，但现在还没有具备测定及解析其他免疫因子的能力。因此，在管理狂犬病暴露或确定是否需要对动物进行加强免疫时，不应使用流行的狂犬病病毒抗体的证据替代目前的疫苗接种。

（二）家养动物和圈养动物狂犬病的预防及控制

1. 接触病毒前的疫苗接种和管理：狂犬病疫苗只有由兽医或在他们的监督下才能进行注射。寄居在动物收留所的动物在被释放之前，也需要在兽医的监督下注射狂犬病疫苗。任何兽医在签订注射狂犬病疫苗的证书时必须确保接种疫苗的人员了解该证书，并在疫苗的保存、管理以及处理副作用等方面接受过适当的培训。这种做法有助于追究责任人，以确保动物得到适当的疫苗接种。

在首次免疫的 28 d 内，如果出现狂犬病抗体滴度的峰值，则表明动物得到了免疫。如果动物在至少 28 d 前首次进行了免疫接种，并且免疫接种的过程与本纲要中规定的一致，那么该动物目前进行的免疫接种被认为具有免疫力。

不考虑首次免疫时动物的年龄，加强免疫应该在首次免疫的一年后进行。没有实验室或流行病学数据可以支持在首次免疫后，需要每年一次或每两年一次连续进行 3 年狂犬疫苗免疫。因为存在快速的记忆免疫反应，当动物进行加强免疫后，该动物被认为已经进行了免疫接种。

（1）犬、猫、雪貂：所有的犬、猫及雪貂都应该进行狂犬病疫苗的免疫接种，并按照本纲要的规定再次接种疫苗。如果先前接种过疫苗的动物过期未接种，则需要重新免疫。在加强免疫后，该动物被认为进行了免疫接种，并应根据所使用疫苗的类型进行一年或三年一次的加强免疫。

（2）家畜：对于一些具有特殊价值的或与人类接触频繁的家畜（如动物园、集市和其他公共展览中的动物）应当考虑进行免疫接种。目前，跨州旅行的马应该进行狂犬病疫苗免疫。

（3）圈养动物：

A. 野生动物：目前没有针对野生动物或杂交动物（野生动物与家养动物产生的后代）的注射用狂犬病疫苗。野生动物及杂交动物不应被当做宠物。

B. 展览动物及动物园动物：捕获的野生动物不能确认其是否接触过狂犬病病毒携带者，因此其也可能被感染。同时，刚捕获的野生动物可能有狂犬病的表现，因此，当怀疑被捕获的野生动物感染狂犬病时，应当隔离至少 6 个月再进行展览。与这些动物接触的工作人员应接受暴露前的狂犬病疫苗免疫。对与这些野生动物及其设施相接触的工作人员使用暴露前或暴露后的狂犬病疫苗进行免疫接种，可以减少对这些圈养野生动物进行安乐死的需要。食肉动物及蝙蝠应当隔离以防止其与公众直接接触。

C. 流浪动物：流浪犬猫及雪貂应当从社区中移除。如果家养动物具有标识或带有项圈，当地的卫生部门及动物控制办公室可以对流浪动物进行更有效的移除。流浪动物应该被扣留至少 3 个工作日，以此来判断是否发生了人类接触，并给予动物主人足够的时间收回动物。

6

（续）

2. 动物的进口及州际运输。
   （1）国际运输：美国疾病控制与预防中心（CDC）管理犬猫的进口。犬进口商必须遵守狂犬病免疫接种的规定 [42CFR，part 71.51(c)(www.cdc.gov/ncidod/dq/animal.htm)] 以及完整填写 CDC 的表格（75.37）（www.cdc.gov/ncidod/dq/pdf/cdc7537-05-24-04.pdf）。根据 CDC 的规定，当任何进口的犬进入其管理范围后，都需要在 72 h 内通知目的地国家的相关卫生部门。不遵守这些规定的，应当立即报告给国际移民检疫局和 CDC（电话：404-498-1670）。
   　　单独的联邦法规不足以防止狂犬病动物进入美国。所有进口的犬猫都要遵守当地或州有关控制狂犬病的法律，并且联合本纲要进行狂犬病免疫接种。不遵守当地或州有关规定的，应该提交至适当的州或当地官方。
   （2）州际运输：在进行州际（包括联邦和地区）运输时，犬、猫、雪貂以及马应该按照本纲要中 [参照第一部分，（二）1. 接触病毒前的疫苗接种和管理] 的狂犬病免疫接种建议进行免疫。运输动物时应附上有效的 NASPHV 表格 51 中的狂犬病免疫接种证书（www.nasphv.org/83416/106001.htmL）。当要求出示州际健康证明或兽医检查证明时，也应该包含表格 51 中有关的狂犬病免疫接种信息。
   （3）地区中犬与犬间的狂犬病传播：应该禁止从一些有狂犬病流行的地区运输犬来进行收养或贩卖。携带狂犬病病毒的犬已经从犬与犬间传播狂犬病的地区传入美国。这种做法有可能将通过犬传播的狂犬病传播到目前尚不存在狂犬病的地区。
3. 辅助程序：提高狂犬病控制的方法及程序包括以下方面。
   （1）鉴定：应该对犬、猫及雪貂的狂犬病疫苗免疫接种状态进行核实鉴定（如金属或塑料标签、微芯片等）。
   （2）许可证：对所有犬、猫及雪貂进行注册或获取许可证，可能有助于狂犬病的控制。办理这类许可证通常需要缴纳一定的费用，所交的费用用于维持狂犬病或动物控制计划。有效的免疫接种证明是获取许可证的必要条件。
   （3）拉票：动物控制机构的官员挨家挨户地拉票有助于执行疫苗接种及办理许可证。
   （4）传讯：传讯是发给违反规定的动物主人的一种法律传票，包括没有对动物进行免疫接种或没有得到许可证的情况。官员发送传讯的权力应该成为每个动物控制计划中不可分割的一部分。
   （5）动物控制：所有的团体组织在他们的计划中应该包括对流浪动物的控制、管束以及对相关人员的训练。
4. 狂犬病暴露后的处理：任何可能接触狂犬病病毒的动物如野生动物、食肉哺乳动物或蝙蝠疑似接触了狂犬病病毒 [参照第一部分（一）1. 狂犬病感染]，且没有进行有效的检测，均应视为已经接触了狂犬病。
   （1）犬、猫、雪貂：没有进行疫苗接种的犬、猫及雪貂在与狂犬病动物接触后，都应立即对其进行安乐死。如果动物主人不愿意这样做，那么动物应该被严格隔离 6 个月。在隔离时应对其进行狂犬病疫苗免疫接种或在释放前的 1 个月按照规定进行暴露前免疫接种 [参照第一部分（一）1.A]。对于之前未进行免疫接种的家养动物，暴露后的免疫接种是无效的，有证据表明，单独使用狂犬病疫苗不能预防该病。免疫接种过期的动物需要对其进行分析评估。当前进行过免疫接种的犬、猫及雪貂应该立即再次进行免疫接种，并在动物主人的控制下观察 45 d。隔离的或管束的动物出现任何疾病都应该立刻报告当地的卫生部门。
   （2）家畜：所有家畜都对狂犬病易感，牛和马是最易感染的家畜。家畜接触狂犬病动物前如果接种了由 USDA 认证的相关动物种类的狂犬病疫苗，则应对其进行再次免疫接种并观察 45 d。但没接受免疫的家畜应立即进行屠宰。如果动物主人不愿意这样做，那么该动物应被执行 6 个月的严密观察。被观察的动物出现任何疾病都应该立即上报当地的卫生部门。
   以下是给这类动物的动物主人的建议：
   　　A. 如果动物在被咬伤的 7 d 内屠宰，应将暴露区域的组织丢弃，但其他组织仍可以食用，没有被感染的风险。联邦肉类检验指南规定，任何已知在 8 个月内接触到狂犬病的动物均不得屠宰。
   　　B. 狂犬病动物的组织及奶制品都不应该成为人或动物的消费品。巴氏消毒法可杀灭狂犬病

6

（续）

病毒，因此饮用经巴氏消毒的牛奶或食用烹饪的熟肉不会接触狂犬病。

  C. 在畜群中有超过一头患狂犬病的动物或狂犬病在食草动物间传播是不常见的，因此当单个动物接触到或感染狂犬病时，不需要将剩下的动物进行限制。

  （3）其他动物：其他哺乳动物如果被狂犬病动物咬伤后应立即对其执行安乐死。在 USDA 认证的研究机构或认可的动物园中饲养的动物应该进行具体分析评估。

 5. 咬人动物的处理：

  （1）犬、猫、雪貂：被感染的犬、猫、雪貂在发病期间或在发病或死亡前的几天内，病毒会进入唾液。健康的犬、猫或雪貂如果咬人，则应将其限制 10 d 并每天进行观察。在观察期间不推荐对其进行狂犬病疫苗接种，这样可以避免疫苗的副作用与狂犬病的一些症状相混淆。

   在限制期间，应该由兽医对这些动物刚开始出现的症状进行评估。这些动物出现任何症状都应该立即向当地卫生部门报告。如果通过症状确诊为狂犬病，则这些动物应该被执行安乐死，并按照第一部分（一）7. 中的建议将动物头部送到相关实验室进行检测。任何流浪的或被遗弃的犬、猫及雪貂如果咬人，都应该执行安乐死，并将其头部送到实验室进行狂犬病检测。

  （2）其他咬人动物：其他可能已经接触狂犬病病毒的咬人动物，应该立刻被报告给当地的卫生部门。除了犬、猫及雪貂外，对咬人动物的处理要依据其品种、咬伤的情况、当地狂犬病的流行情况，以及咬人动物的病史、目前的健康状况和潜在的狂犬病暴露情况等。这些动物先前的免疫接种不能确保其可以免于安乐死和进行检测。

（三）野生动物狂犬病的预防与控制

 公众应该被告知不能触摸或饲喂野生哺乳动物。通过咬伤或者其他途径传染给人、宠物、家畜狂犬病病毒的野生和杂交哺乳动物，应该考虑对其执行安乐死并进行狂犬病检查。人被任何野生动物咬伤后都应立刻将该事件报告给兽医，兽医会对是否需要进行狂犬病的预防性治疗给予评估 [参照目前美国免疫实践顾问委员会（ACIP）的狂犬病预防建议]。野生动物康复人员可能在狂犬病的综合控制方面发挥作用。对野生动物康复人员的最低标准应当包括狂犬病疫苗的免疫接种、适当的培训及继续教育。对感染的野生动物进行迁移会促进狂犬病的传播，因此应禁止对已知携带狂犬病病毒的陆生品种进行迁移。

 1. 陆生哺乳动物：在一定情况下，应该考虑使用经认证的口服疫苗对放养的野生动物进行群体免疫，并得到负责狂犬病防治的国家机构的批准。口服狂犬病疫苗的实施应该基于对被接种动物的科学评估，并及时根据监测所得的数据进行适当的分析，且分析结果应提供给所有的相关人员。另外，对携带狂犬病病毒的野生动物进行注射免疫（诱捕—免疫—释放）同时结合口服免疫的疫苗接种方案，可以提高免疫效力。而通过对携带狂犬病病毒的野生动物进行连续和持久的诱捕或毒杀，对狂犬病的防控是无效的。但是，在狂犬病病毒的高接触区（如野餐场地、宿营地、郊区），将高风险的野生动物进行移除是可行的。应该咨询国家农业、公共卫生和野生动物机构，以规划、协调和评估疫苗接种或野生动物数量限制计划。

 2. 蝙蝠：除夏威夷以外，美国的每个州都有本地狂犬病蝙蝠的报道，且至少有 40 人感染了狂犬病。应该将蝙蝠从住宅、公共建筑以及邻近的建筑物中移除，以防止其与人类直接接触。可以通过将建筑物中蝙蝠的洞口进行封堵来防控蝙蝠。通过减少蝙蝠的数量来控制狂犬病的计划既不可行也不值得。

第二部分：注射用狂犬病疫苗的免疫程序

（一）疫苗管理

 除了第一部分（二）1. 中推荐的做法外，所有动物的狂犬病疫苗都应当仅限于在兽医的指导监督下进行免疫接种。所有的疫苗都必须结合产品的标签或说明书进行使用。

（二）疫苗选择

 新的疫苗被批准或发表后，标签规格的改变应被视为本规程中的一部分。本规程认可的任何疫苗都可以用来再次免疫接种，即使其与先前使用的疫苗不是同一个品牌。用于州或地方狂犬病控制项目中的疫苗应该具有 3 年的免疫期。这是增加犬猫免疫接种比例的最有效方法。没有实验室或流行病学数据可以支持在首次免疫后，应该用 3 年狂犬疫苗进行每年一次或两年一次的免疫。

（续）

（三）不良反应

目前，特定的疫苗产品与包括疫苗免疫失败在内的不良反应事件之间不存在流行病学关联。不良反应事件应该报告给疫苗生产商以及 USDA、动植物卫生检查部门、兽医生物制品中心（www.aphis.suda.gov/vs/cvb/ic/adverseeventreport.htm；电话：800-752-6255；e-mail：cvb@usda.gov）。

（四）野生动物及杂交动物的免疫接种

用于野生动物和杂交动物的注射用狂犬病疫苗的安全性及有效性尚未确定，也没有为这些动物注射狂犬病疫苗的许可证。对携带狂犬病病毒的野生动物进行免疫接种（诱捕—免疫—释放），可按照第一部分（三）1.中的描述，结合应用口服狂犬病疫苗以提高免疫效力。动物园或研究机构可建立疫苗接种计划，以保护有价值的动物，但这些措施不能用来代替保护人类的公共卫生活动。

（五）人为失误暴露疫苗

注射用狂犬病疫苗的人为暴露，不会构成狂犬病传播的风险。但是人类接触牛痘病毒载体口服狂犬病疫苗时，应该报告当地卫生部门。

（六）狂犬病证书

所有代理商及兽医都应该使用 NASPHV 表格 51 中的狂犬病疫苗接种证书，其可从疫苗生产商中获得，或从 NASPHV 获得（www.naphv.org），也可从 CDC 获得（www.cdc.gov/ncidod/dvrd/rabies/professional/professi.htm）。该表格必须被填写完整，并经执行注射的兽医或进行监督的兽医签字。包含相同信息的由计算机生成的表单也可被接受。

注：* 本纲要中的材料引自国家传染病中心（Anne Schuchat, MD,Acting Director）以及病毒与立克次体疾病部门（James W.LeDuc, phD,Director）。

†NASPHV 委员会：Suzanne R.Jenkins, VMD, MPH, Co-Chair; Mira J.Leslie, DVM,MPH,Co-Chair; Michael Auslander, DVM, MSPH; Lisa Conti, DVM, MPH; Paul Ettestad, DVM, MS; Faye E.Sorhage, VMD, MPH; Ben Sun,DVM, MPVM。委员会顾问：Donna M.Gatewood, DVM, MS, 兽医生物制品中心，美国农业部（USDA）；Ellen Mangione, MD, MPH, 国家议会成员和领土流行病学家（CSTE）；Lorraine Moule，国家动物控制协会（NACA）；Greg Pruitt, 动物保健研究所；Charles E.Rupprecht, VMD, MS, phD, CDC; John Schiltz,DVM, 美国兽医协会（AVMA）；Charles V.Trimarchi, MS, 纽约州卫生部门；以及 Dennis Slate, phD, 野生动物部门，USDA。本纲要由 AVMA、CDC、CSTE 以及 NACA 批注。

通讯作者：Mira J.Leslie, DVM, MPH, 华盛顿卫生署，传染病流行病学部门，1610 NE 150th Street, MS K17-9, Shoreline, WA 98155-9701。

扩展阅读

1. Rabies. In Chin J, editor: Control of communicable diseases manual, ed 17, Washington, DC, 2000, American Public Health Association, pp 411 - 419.

2. CDC: Human rabies prevention—United States, 1999. Recommendations of the Advisory Committee on Immunization Practices (ACIP), MMWR 48(No. RR-1), 1999.

3. Krebs JW, Mandel EJ, Swerdlow DL, et al: Rabies surveillance in the United States during 2003, J Am Vet Med Assoc 225:1837 - 1849, 2004.

4. McQuiston J, Yager PA, Smith JS, et al: Epidemiologic characteristics of rabies virus variants in dogs and cats in the United States, 1999, J Am Vet Med Assoc 218:1939 - 1942, 2001.

5. Hanlon CA, Childs JE, Nettles VF, et al: Recommendations of the Working Group on Rabies. Article Ⅲ: Rabies in wildlife, J Am Vet Med Assoc 215:1612 - 1618, 1999.

6. Hanlon CA, Smith JS, Anderson GR, et al: Recommendations of the Working Group on Rabies. Article Ⅱ: Laboratory diagnosis of rabies, J Am Vet Med Assoc 215:1444 - 1446, 1999.

7. American Veterinary Medical Association: 2000 Report of the AVMA Panel on Euthanasia, J Am Vet Med Assoc 218:669 - 696, 2001.

6

8. Tizard I, Ni Y: Use of serologic testing to assess immune status of companion animals, J Am Vet Med Assoc 213:54－60, 1998.

9. National Association of State Public Health Veterinarians: Compendium of measures to prevent disease and injury associated with animals in public settings. Available at www.nasphv. org/83416/84501.html.

10. Bender J, Schulman S: Reports of zoonotic disease outbreaks associated with animal exhibits and availability of recommendations for preventing zoonotic disease transmission from animals to people in such settings, J Am Vet Med Assoc 224:1105－1109, 2004.

11. Wild animals as pets. In Directory and resource manual, Schaumburg, IL, 2002, American Veterinary Medical Association, p 126.

12. Position on canine hybrids. In Directory and resource manual, Schaumburg, IL, 2002, American Veterinary Medical Association, pp 88－89.

13. Siino BS: Crossing the line, American Society for the Prevention of Cruelty to Animals, Animal Watch Winter: 22－29, 2000.

14. Jay MT, Reilly KF, DeBess EE, et al: Rabies in a vaccinated wolf-dog hybrid, J Am Vet Med Assoc 205:1729－1732, 1994.

15. CDC: An imported case of rabies in an immunized dog, MMWR 36:946, 101, 1987.

16. CDC: Imported dog and cat rabies—New Hampshire, California, MMWR 37:59－60, 1988.

17. Hanlon CA, Niezgoda MN, Rupprecht CE: Postexposure prophylaxis for prevention of rabies in dogs, Am J Vet Res 63:1096－1100, 2002.

18. CDC: Mass treatment of humans who drank unpasteurized milk from rabid cows—Massachusetts, 1996-1998, MMWR 48:228－229, 1999.

19. Vaughn JB, Gerhardt P, Paterson J: Excretion of street rabies virus in saliva of cats, J Am Med Assoc 184:705, 1963.

20. Vaughn JB, Gerhardt P, Newell KW: Excretion of street rabies virus in saliva of dogs, J Am Med Assoc 193:363－368, 1965.

21. Niezgoda M, Briggs DJ, Shaddock J, et al: Viral excretion in domestic ferrets (Mustela putorius furo) inoculated with a raccoon rabies isolate, Am J Vet Res 59:1629－1632, 1998.

22. Tepsumethanon V, Lumlertdacha B, Mitmoonpitak C, et al: Survival of naturally infected rabid dogs and cats, Clin Infect Dis 39:278－280, 2004.

23. Jenkins SR, Perry BD, Winkler WG: Ecology and epidemiology of raccoon rabies, Rev Infect Dis 10(Suppl 4):S620－S625, 1988.

24. CDC: Translocation of coyote rabies—Florida, 1994, MMWR 44:580－587, 1995.

25. Messenger SL, Smith JS, Rupprecht CE: Emerging epidemiology of bat-associated cryptic cases of rabies in humans in the United States, Clin Infect Dis 35:738－747, 2002.

26. CDC: Human rabies—California, 2002, MMWR 51:686－688, 2002.

27. CDC: Human rabies—Tennessee, 2002, MMWR 51:828－829, 2002.

28. CDC: Human rabies—Iowa, 2002, MMWR 52:47－48, 2003.

29. CDC: Human death associated with bat rabies—California, 2003, MMWR 53:33－35, 2003.

30. Frantz SC, Trimarchi CV: Bats in human dwellings: health concerns and management. In Decker DF, editor: Proceedings of the first eastern wildlife damage control conference, Ithaca, NY, 1983, Cornell University Press, pp 299－308.

31. Greenhall AM: House bat management. US Fish and Wildlife Service, Resource Publication 143, 1982.

6

32. Model rabies control ordinance. In Directory and resource manual, Schaumburg, IL, 2002, American Veterinary Medical Association, pp 114－116.

33. Bunn TO: Canine and feline vaccines, past and present. In Baer GM, editor: The natural history of rabies, ed 2, Boca Raton, FL, 1991, CRC Press, pp 415－425.

34. Gobar GM, Kass PH: World wide web-based survey of vaccination practices, postvaccinal reactions, and vaccine site-associated sarcomas in cats, J Am Vet Med Assoc 220:1477－1482, 2002.

35. Macy DW, Hendrick MJ: The potential role of inflammation in the development of postvaccinal sarcomas in cats, Vet Clin North Am Small Anim Pract 26:103－109, 1996.

36. Rupprecht CE, Blass L, Smith K, et al: Human infection due to recombinant vaccinia-rabies glycoprotein virus, N Engl J Med 345:582－586, 2001.

表 6-22　处方写作参考：行为准则	
兽医信息	**动物主人信息**
通常包括：	
开药兽医姓名	患病动物的名字（用引号）
动物医院地址	患病动物的年龄或出生日期
动物医院电话号码	动物主人的姓名
缉毒局（DEA）电话号码（如果开管制性物品）	动物主人的地址
当天日期	动物主人的电话号码
处方：	
药名：注明全部品牌名或通用药名；不能缩写	
剂量形式：详细说明药片、胶囊、悬液及其他	
药量（如 mg、g、µg）或者浓度（mg/mL）；使用公制单位	
总药量（10 片；60 mL）	
信息：包括剂量（单次）、给药途径、给药频率、给药间隔、适应证或用途	
注入剂量：限定的剂量	
指定是否允许使用仿制药替代	
签名	

如何避免外方中常见的错误：

使用公制单位：如固体为 g（克），液体为 mL（毫升）

使用"每"代替斜杠（/），以避免被误认为是 1

使用单位代替缩写 U，以避免被误认为是 0、4 或 µ

使用每天一次代替 tid，每天四次代替 qid

使用每隔一天代替 qod

记住：缩写如 qd、qid、aod 之间经常容易混淆

当书写数字时：

　　在小数前加零，如使用 0.5 mL 而不是 .5 mL

　　避免在数字后加零，如使用 3 而不是 3.0

　　最后，如果有疑问，就提出来

6

表6-23 常见药物的适应证及剂量

药物	专利商品名	功能及使用	剂型	推荐剂量
乙酰丙嗪	通用药	镇静剂及止吐药	5、10、25 mg 片剂以及 10 mg/mL 注射剂	犬：0.56~1.13 mg/kg（体重），IM，SQ，IV；0.56~2.25 mg/kg（体重），PO，每6~8 h 一次 猫：1.13~2.25 mg/kg（体重），IM，SQ，IV
对乙酰氨基酚	泰诺及其他通用药	NSAID；镇痛	120、160、325、500 mg 片剂	犬：15 mg/kg（体重），PO，每8 h 一次 猫：不使用
含可待因的对乙酰氨基酚	含可待因的泰诺及其他通用药	NSAID + 阿片类药物；镇痛	口服液以及片剂多种形式（如300 mg 对乙酰氨基酚加上15、30或60 mg 可待因	按照可待因的推荐剂量 犬（镇痛）：0.5~1 mg/kg（体重），PO，每6~8 h 一次 猫：不使用
乙酰唑胺	迪阿莫克斯	利尿剂；治疗青光眼	125、250 mg 片剂	治疗青光眼：5~10 mg/kg（体重），PO，每8~12 h 一次 利尿剂：4~8 mg/kg（体重），PO，每8~12 h 一次
§乙酰半胱氨酸	乙酰半胱氨酸	解毒剂；猫对乙酰氨基酚中毒	20% 溶液（200 mg/mL）	猫（对乙酰氨基酚中毒）：140 mg/kg（体重）（起始剂量）PO 或 IV，然后70 mg/kg（体重），PO 每4 h 5 个剂量
ACTH 凝胶	参照促肾上腺皮质激素			
活性炭	ActaChar、Charcodote、ToxiBan 及其他非专利产品	胃肠道吸附剂	口服混悬液	颗粒：1~4 g/kg（体重），PO 混悬液：6~12 mL/kg（体重）
阿苯达唑	肠虫清	抗寄生虫药，尤其是呼吸道寄生虫及鞭毛虫属	113.6 mg/mL 混悬液以及 300 mg/mL 糊剂	抗寄生虫药：25~50mg/kg（体重），PO，每12 h 一次，连用3~5 d 呼吸道寄生虫：50 mg/kg（体重）每24 h 一次，PO，使用10~14 d 鞭毛虫属：25 mg/kg（体重），每12 h 一次，连用2~5 d；每天吸2~5次
沙丁胺醇	沙丁胺醇，喘乐宁	支气管舒张剂	2、4、5 mg 片剂；2 mg/5mL 糖浆；气雾剂（测量吸入器：90 μg/剂量）	20~50 μg/kg（体重），每天四次；最大剂量为100 μg/kg（体重），每天四次

6

（续）

药物	专利商品名	功能及使用	剂型	推荐剂量
别嘌呤醇	别嘌呤醇，别嘌醇	抗炎药；辅助治疗利什曼病；预防尿结石	100、300 mg 片剂	预防尿结石：10 mg/kg（体重），每 8 h 一次；之后减少到 10 mg/kg（体重），每 24 h 一次 利什曼病：10 mg/kg（体重），每 12 h 一次，PO，服用 4 个月或更长时间
碳酸铝凝胶	碱式碳酸铝凝胶	抗酸剂，肠道结合剂（现在不常用）	胶囊（相当于 500 mg 氢氧化铝）	10~30 mg/kg（体重），PO，每 8 h 一次（与食物同服）
氢氧化铝凝胶	抑酸剂	抗酸剂，肠道结合剂（现在不常用）	64 mg/mL 口服混悬液；600 mg 片剂	10~90 mg/kg（体重），PO，每 8 h 一次（与食物同服）
阿米卡星	阿米卡星（兽用），丁胺卡那霉素（人用）	抗菌药	50、250 mg/mL 注射液	犬：15~30 mg/kg（体重），IV、IM、SQ，每 24 h 一次 猫：10~14 mg/kg（体重），IV、IM、SQ，每 24 h 一次
氨茶碱	通用药	支气管舒张剂；慢性支气管炎以及气喘	100、200 mg 片剂；25 mg/mL 注射液	犬：5~11 mg/kg（体重），PO、IM、IV，每 8~12 h 一次 猫：6.6 mg/kg（体重），PO，每 12 h 一次
§ 胺碘酮	可达龙	抗心律失常药；危及生命的心律失常	200 mg 片剂；50 mg/mL 注射液	犬：10~15 mg/kg（体重），PO，每 12 h 一次，最多用 1 周；然后 5~7.5 mg/kg（体重），PO，每 12 h 一次，使用 2 周；然后 7.5 mg/kg（体重），每 24 h 一次，维持 猫：无推荐剂量
双甲脒	米塔班 (Mitaban)	抗寄生虫药，尤其是体外寄生虫如蠕形螨和疥螨	10.6 mL 浓缩滴剂（19.9%）	10.6 mL 溶于 7.5 L 水中，每 2 周涂抹 3~6 次外用药治疗。对于难治的病例，此剂量超过了其增加的效力。使用剂量包括 0.025%、0.05%、0.1% 浓度，每周涂抹 2 次，0.123% 溶液涂抹一半的身体，使用 4 周到 5 个月
阿米替林	盐酸阿米替林	行为改性剂；分离焦虑症以及慢性先天性膀胱炎（猫）	10、25、50、75、100、150 mg 片剂；10 mg/mL 注射液	犬：1~2 mg/kg（体重），PO，每 12~24 h 一次 [调整范围为 0.25~4 mg/kg（体重），每 12~24 h 一次] 猫：0.5~2 mg/kg（体重），每天 5~10 mg/kg（体重），PO 或者每只猫

6

（续）

药物	专利商品名	功能及使用	剂型	推荐剂量
氨氯地平	络活喜	钙通道阻断剂；全身性高血压血管舒张剂	2.5、5、10 mg 片剂	犬：2.5 mg/只，或者 0.1~0.4 mg/kg（体重），PO，每 12~24 h 一次；猫：每天 0.625 mg/只，PO；然后增加剂量，如果需要的话，每天 1.25 mg/只 [调整范围为每天 0.18 mg/kg（体重）]
氯化铵	通用药	尿液酸化剂；酸化尿液，治疗代谢性碱中毒	结晶型	犬：每天 200 mg/kg（体重），分为 2~4 次；猫：800 mg/只（1/4~1/3 茶匙）每天混于食物中服用
阿莫西林	Amoxi 标签，阿莫西林滴剂，阿莫西林，其他	广谱抗生素	50、100、200、375 mg 片剂；50 mg/mL 混悬液	6~20 mg/kg（体重），PO，每 8~12 h 一次
阿莫西林-克拉维酸	速诺（Clavamox）	广谱抗生素	62.5、125、250、375 mg 片剂；62.5 mg/mL 混悬液	犬：12.5~15 mg/kg（体重），PO，每 12 h 一次；猫：62.5 mg/只，PO，每 12 h 一次；对于革兰氏阴性菌感染，考虑按照每 8 h 一次
两性霉素 B	两性霉素 B（新配方，毒性低但是价格高），二性霉素 B（传统配方）	抗真菌药（脂质胶囊配方）；深层、全身性真菌感染及利什曼病 抗真菌药；深层、全身性真菌感染及利什曼病	50 mg 注射瓶 50 mg 注射瓶	每天 3~5 mg/kg（体重），IV，使用 60~120 min，每周使用 3 d，累积剂量为 24~27 mg/kg（体重） 0.5 mg/kg（体重），IV（缓慢注入），每 48 h 一次；累计剂量为 4~8 mg/kg（体重）注意：检测肾脏功能
氨苄青霉素	氨苄青霉素，其他	广谱抗菌药	250、500 mg 胶囊；125、250、500 mg 瓶装氨苄青霉素钠	10~20 mg/kg（体重），IV、IM、SQ，每 6~8 h 一次（氨苄青霉素钠）；20~40 mg/kg（体重），PO，每 8 h 一次
§ 氨苄青霉素 + 舒巴坦	优立新	广谱抗菌药	1.5、3 g 以 2:1 比例混合的瓶装注射液	20~50 mg 混入稀释液中，IV、IM，每 8 h 一次

6

（续）

药物	专利商品名	功能及使用	剂型	推荐剂量
氨苄青霉素三水合物	Polyflex	广谱抗菌药	10、25mg 瓶装注射液	6.5~22 mg/kg（体重），IM，SQ，每 12 h 一次
氨丙啉	盐酸氯丙啉，安普罗铵	硫胺素类似物；治疗球虫病	9.6%（9.6g/dL）口服液；可溶性粉剂	1.25 g 20% 氨丙啉粉剂添加到每天的食物中，或者 30 mL 9.6% 氨丙啉溶液添加入 3.8 L 饮用水中，此为 7d 的剂量
§抗蛇毒血清	抗蛇毒素	抗蛇毒血清，经过多种蛇毒免疫的马血清球蛋白	10mL瓶装	起始剂量为 10~50 mL（1~5 瓶）；额外的剂量可以在初始治疗后 2 h 使用
§阿扑吗啡	通用药	催吐剂（强效）	6mg 片剂	0.02~0.04 mg/kg（体重），IV，IM；或 0.1 mg/kg（体重）SQ；或 0.25 mg 滴到眼结膜上（6 mg 片剂溶解到 1~2 mL 生理盐水中）
抗坏血酸	维生素 C	提供维生素	多种类型	每天 100~500 mg/只（补给营养）或者 100 mg/只，每 8 h 一次（尿液酸化）
L-天冬酰氨酶	爱施巴	抗肿瘤药，淋巴瘤	瓶装注射液 10 000U	犬：10 000~20 000 U/m³，IV，每周一次 猫：400 U/kg（体重），SQ，IM（治疗协议的一部分），推荐提前 30 min 给予抗组胺药（苯海拉明），2 mg/kg（体重）（犬）以及 1 mg/kg（体重）（猫）
阿莫西林	通用药，很多生产商都生产此药（如百服宁）	NSAID；抗凝剂	81、325mg 片剂	犬：野犬：10~25 mg/kg（体重），每 8~12 h 一次 抗炎作用：20~25 mg/kg（体重），每 8~12 h 一次 抗血小板作用：5~10 mg/kg（体重），每 24~48 h 一次 预防血管栓塞（IMHA）：每天 0.5 mg/kg（体重）猫：12~20 mg/kg（体重），每 48 h 一次 抗血小板药：80 mg，每 48 h 一次
阿替洛尔	天诺敏	β-受体阻断剂；高血压，心率加快	25、50、100 mg 片剂；高 25 mg/mL 口服混悬液；0.5 mg/mL 静脉注射	犬：6.25~12.5 mg/只，每 12 h 一次 [0.25~1.0 mg/kg（体重），每 12~24 h 一次]猫：6.25~12.5 mg/只，每 12 h 一次[约 3 mg/kg（体重）]

6

（续）

药物	专利商品名	功能及使用	剂型	推荐剂量
§ 阿替美唑	颉顽剂	治疗双甲脒中毒	5.0 mg/mL，仅用于注射液	50 μg/kg（体重），IM
阿曲库铵	哌库溴铵	神经肌肉阻断剂，常用于辅助麻醉，具有肌肉松弛作用	10 mg/mL 注射液	起始剂量：0.2 mg/kg(体重)，IV；然后 0.15 mg/kg(体重)，每 30 min 一次[或静脉输入，每分钟 3~8 μg/kg（体重）]
§ 阿托品	通用药	抗毒蕈碱-抗胆碱能；麻醉前用药，治疗某些心动过缓	400、500、540 μg/mL 注射液；15 mg/mL 注射液	0.02~0.04 mg/（体重），IV，IM，SQ，每 6~8 h 一次；或者 0.2~0.5 mg/kg（体重）（根据需要）治疗有机磷酸酯中毒需以及氨基甲酸酯中毒
金诺芬	瑞得	金制剂；免疫介导性皮肤病	3 mg 一次性注射液	0.1~0.2 mg/kg（体重），PO，每 12 h 一次
金硫葡糖	硫代葡萄糖金	金制剂；免疫介导性皮肤病	50 mg/mL 注射液	犬：体重 < 10 kg，第一周 1 mg，IM，第二周 2 mg，IM，然后每周 1 mg/kg（体重），维持；体重 > 10 kg，第一周 5 mg，IM，第二周 10 mg，然后每周 1 mg/kg（体重），维持。猫：0.5~1 mg/只，IM，每 7 d 一次
咪唑硫嘌呤	依木兰	嘌呤颉顽剂；免疫抑制性药剂	50 mg 片剂；10 mg/mL 注射液	犬：起始剂量为 2 mg/kg（体重），PO，每 24 h 一次；然后 0.5~1 mg/kg（体重），每 48 h 一次。猫（通常需要注意）：1 mg/kg（体重），PO，每 48 h 一次，治疗期间同要监测 CBC
阿奇霉素	希舒美	广谱抗菌药，在体内半衰期延长	250 mg 胶囊；250、600 mg 片剂；20 mg/mL 口服混悬液	犬：5~10 mg/kg（体重），PO，每天一次，连用 3~5 d；或 5 mg/kg（体重），PO，每天一次，连用 2 d，然后每 3~5 d 使用 5 个剂量。猫：5~10 mg/kg（体重），PO，每天一次，连用 3~5 d
BAL	参阅二巯基丙醇			

（续）

药物	专利商品名	功能及使用	剂型	推荐剂量
贝那普利	洛丁新	ACE 抑制剂；慢性心力衰竭，高血压，蛋白丢失性肾病首选药	5、10、20、40 mg 片剂	犬：心力衰竭：0.25~0.5 mg/kg (体重)，PO，每24 h 一次；高血压：0.25 mg/kg (体重)，PO，每12 h 一次。猫：心力衰竭：0.25~0.5 mg/kg (体重)，PO，每天一次或两次；高血压：0.25~1.0 mg/kg (体重)，PO，每天一次或两次
倍他米松	倍他米松	有效的糖皮质激素以及抗炎药；免疫介导性疾病	600 μg (0.6 mg) 片剂；3 mg/mL 磷酸钠注射液	犬猫：抗炎：0.1~0.2 mg/kg (体重)，PO，每天一次；免疫抑制：0.2~0.5 mg/kg (体重)，每天一次或两次
氨甲酰甲胆碱	乌拉胆碱	毒蕈碱-胆碱能；提高膀胱尿道收缩力	5、10、25、50 mg 片剂；5 mg/mL 注射液	犬：5~15 mg/只，PO，每8 h 一次；猫：1.25~5 mg/只，PO，每8 h 一次
比沙可啶	乐可舒	刺激性泻药	5 mg 片剂	5 mg/只，PO，每8~24 h 一次
水杨酸亚铋	佩托比斯摩	保护胃肠道；治疗单纯性 (简单性) 腹泻	口服混悬液；262 mg/15mL 或 525 mg/mL (备用配方)；262 mg 片剂	0.25 mL/kg (体重)，PO，每4~6 h 一次，升高到 2 mL/kg (体重)，每6~8 h 一次
博来霉素	硫酸博来霉素	抗肿瘤药；用于治疗多发性癌症	15 U 瓶装注射液	犬：10 U/m²，IV 或者 SQ，每天一次，连用 3 d；然后每周 10 U/m²（最大累积剂量 200 U/m²）
溴化物	参阅溴化钾			
甲磺酸溴隐亭	溴隐亭	多巴胺兴奋剂以及催乳素抑制剂；犬的妊娠终止与假孕	2.5 mg 片剂以及 5.0 mg 胶囊	假孕：10~100 μg/kg (体重)，PO，每天一次，连用 10d；或者 30 μg/kg (体重)，PO，每天一次，连用 16d；妊娠终止：50~100 μg/kg (体重)，PO，每天两次，连用 4~7d；在 LH 峰出现后的 35~45d 时进行治疗。**注意**：呕吐是常见的副作用
丁奈脒	思科亚王	抗寄生虫药，带状蠕虫	400 mg 片剂	每次 20~50 μg/kg (体重)，PO

6

（续）

药物	专利商品名	功能及使用	剂型	推荐剂量
布比卡因	麻卡因以及通用药	局部麻醉剂（注射用）	2.5、5 mg/mL 注射液	于硬膜外每10cm 注射1 mL 0.5% 溶液
丁丙诺啡	布普啉	局部阿片类兴奋剂	0.3 mg/mL 溶液	犬：0.005~0.02μg/kg（体重），IV，IM，SQ，每6~12 h一次 猫：0.005~0.01 mg/kg（体重），IV，IM，每6~12 h一次 猫对经频给药具有较好的忍受力，效力持续大约6h 犬（恶瘀症）：1 mg/kg（体重），PO，每8~12 h一次
丁螺环酮	丁螺环酮	抗焦虑药；控制尿失禁	5、10 mg 片剂	猫：2.5~5 mg/只，PO，每天一次 （部分猫可能增加到每天两次）
白消安	马利兰	口服抗肿瘤药；慢性粒细胞性白血病	2 mg 片剂	3~4 mg/m², PO，每24 h一次
布托啡诺	妥比托	阿片类镇痛药；围手术期镇痛	1、5、10mg 片剂；0.5 或10mg/mL 注射液	犬： 止咳药：0.055 mg/kg（体重），SQ，每6~12 h 一次； 或者0.55 mg/kg（体重），PO 麻醉前：0.2~0.4 mg/kg（体重），IV，IM，SQ（与乙酰丙嗪合用） 镇痛：0.2~0.4 mg/kg（体重），IV,IM,SQ，每2~4 h 一次； 或者0.55~1.1 mg/kg（体重），PO，每6~12 h 一次 猫： 镇痛：0.2~0.8 mg/kg（体重），IV，SQ，每2~6 h 一次； 或者1.5 mg/kg（体重），PO，每4~8 h 一次
骨化三醇	骨醇	补钙；促进胃肠道对钙的吸收；用于低钙血症	0.25 或0.5 μg 胶囊；1 或2 μg/mL 注射液	犬：2.5~3.5 mg/kg（体重），PO，每天一次 猫：1.65~3.63 mg/kg（体重），PO，每天一次

6

（续）

药物	专利商品名	功能及使用	剂型	推荐剂量
碳酸钙	常见药，很多产品的名称（如 tums）	补钙	多种片剂或者口服混悬液（如 650 mg 片剂内含 260 mg 钙离子）	每天 70~185 mg/kg（体重），PO，分剂量应用 磷结合剂：每天 60~100 mg/kg（体重），PO，分剂量应用
§氯化钙	通用药	补钙（IV）	10%（100 mg/mL）溶液	0.1~0.3 mL/kg（体重），IV（缓慢注入）
柠檬酸钙（OTC）	美信钙	补钙	950 mg 片剂（含有 200 mg 钙离子）	犬：每天 20 mg/kg（体重），PO（与食物同用） 猫：10~30 mg/kg（体重），每 8 h 一次，PO（与食物同用）
§葡萄糖酸钙	钙乃特以及通用药	补钙（IV）	10%（100 mg/mL）注射液	0.5~1.5 mL/kg（体重），IV（缓慢注入）
乳酸钙（OTC）	通用药	补钙	粉剂以及不同规格的片剂	犬：每天 0.5~2.0 g/只，PO（分剂量） 猫：每天 0.2~0.5 g/只，PO（分剂量）
卡托普利	开搏通	ACE 抑制剂（血管舒张剂）；高血压以及充血性心力衰竭	25 mg 片剂	犬：0.5~2 mg/kg（体重），PO，每 8~12h 一次 猫：3.12~6.25 mg/只，PO，每 8 h 一次
羧苄青霉素	治平霉素，羧苄青霉素钠	抗菌药	1、2、5、10、30 g 瓶装注射液	在美国不再应用
羧苄西林叨满钠	羧苄青霉素钠	抗菌药	500 mg 片剂	22~33 mg/kg（体重），PO，每 8 h 一次
顺氨酸铂	卡铂	抗肿瘤药；多种肿瘤类型	50 或 150 mg 瓶装注射液	犬：300 mg/m², IV, 每 3~4 周一次 猫：200 mg/m², IV, 每 4 周一次
§卡洛芬	洛芬	NSAID	25、75、100 mg 片剂；含量为 50 mg/mL 的 20 mL 瓶装注射液	犬：2.2 mg/kg（体重），PO 或者 SQ，每 12 h 一次；或者 4.4 mg/kg（体重），PO 或者 SQ，每天一次 猫：不推荐应用
鼠李皮（OTC）	很多生产商的产品	缓泻药	100 或 325 mg 片剂	犬：每天 1~5 mg/kg（体重），PO 猫：每天 1~2 mg/只
蓖麻油（OTC）	通用药	缓泻药	口服液（100%）	犬：8~30 mL/d，PO 猫：4~10 mL/d，PO

6

（续）

药物	专利商品名	功能及使用	剂型	推荐剂量
氨氨苄青霉素	希刻劳	抗菌药	250 或 500 mg 胶囊；25 mg/mL 口服混悬液	7~13 mg/kg（体重），PO，每 8 h 一次，连用 14~21 d
§头孢羟氨苄	Cefa-Tabs, Cefa-Drops	抗菌药	50 mg/mL 口服混悬液；50、100、200、1 000 mg 片剂	犬：22~30 mg/kg（体重），PO，每 12 h 一次 / 猫：22 mg/kg（体重），PO，每 24 h 一次
头孢吡肟	马斯平	抗菌药	500 mg 以及 2 g 瓶装注射液	40 mg/kg（体重），IV，每 6 h 一次
头孢克肟	氨唑肟烯头孢菌素	抗菌药	20 mg/mL 口服混悬液；200 或 400 mg 片剂	10 mg/kg（体重），PO，每 12 h 一次 / 膀胱炎：5 mg/kg（体重），PO，每 12~24 h 一次
头孢噻肟	凯福隆	抗菌药	500 mg 以及 1、2、10 g 瓶装注射液	犬：50 mg/kg（体重），IV、IM、SQ，每 12 h 一次 / 猫：20~80 mg/kg（体重），IV、IM，每 6 h 一次
头孢替坦	头孢替坦	抗菌药	1、2、10 g 瓶装注射液	30 mg/kg（体重），IV、SQ，每 8 h 一次
§头孢西丁	美福仙	抗菌药	1、2、10 g 瓶装注射液	30 mg/kg（体重），IV，每 6~8 h 一次
头孢他啶	头孢	抗菌药	0.5、1、2、6 g 瓶装注射液，重新配置为 280 mg/mL	犬猫：30 mg/kg（体重），IV、IM，每 6 h 一次 / CRI：起始剂量为 1.2 mg/kg（体重），然后每小时 1.56 mg/kg（体重），IV
头孢噻呋	Naxcel（头孢噻呋钠），头孢噻呋盐酸盐（盐酸头孢噻呋）	抗菌药	50 mg/mL 注射液	犬：30 mg/kg（体重），SQ，每 4~6 h 一次；或 2.2~4.4 mg/kg（体重），SQ，每 24 h 一次（尿道感染）
§头孢氨苄	Keflex 以及通用药	抗菌药，尤其是皮肤、泌尿道、呼吸道感染	250 或 500 mg 胶囊；250 或 500 mg 片剂；100 mg/mL 或者 125、250 mg/5mL 口服混悬液	10~30 mg/kg（体重），PO，每 6~12 h 一次 / 脓皮病：22~35 mg/kg（体重），PO，每 12 h 一次
头孢噻吩钠	头孢噻吩	抗菌药	1 或 2 g 瓶装注射液	10~30 mg/kg（体重），IV、IM，每 4~8 h 一次
头孢匹林	吡硫头孢菌素	抗菌药	500 mg 以及 1、2、4 g 瓶装注射液	10~30 mg/kg（体重），IV、IM，每 4~8 h 一次

6

（续）

药物	专利商品名	功能及使用	剂型	推荐剂量
§活性炭	活性炭，毒去完以及通用药	胃肠道吸附剂	口服混悬液	1~4 g/kg（体重），PO（颗粒剂）；6~12 mg/kg（体重）（混悬液）
苯丁酸氮芥	留可然	抗肿瘤药；已经被用于治疗猫嗜酸性肉芽肿复合体	2 mg 片剂	犬：起始剂量为 2~6 mg/m²，每 24 h 一次；然后每 48 h 一次，PO；猫：起始剂量为 0.1-0.2 mg/kg（体重），每 24 h 一次，然后每 48 h 一次，PO
氯霉素和氯霉素棕榈酸酯	氯霉素及其仿制品或通用药	抗菌药	30 mg/mL 口服混悬液（棕榈酸酯）；250 mg 胶囊；100、250、500 mg 片剂	
琥珀酸钠氯霉素	氯霉素以及通用药	抗菌药	100 mg/mL 注射液	犬：40~50 mg/kg（体重），IV，IM，每 6~8 h 一次；猫：12.5~20 mg/只，IV，IM，每 12 h 一次
氯噻嗪	氯噻嗪	利尿剂；抗高血压药	250 或 500 mg 片剂；50 mg/mL 口服混悬液及注射液	20~40 mg/kg（体重），PO，每 12 h 一次
马来酸氯苯那敏（OTC）	氯屈米通，扑尔敏，其他	抗组胺药（H₁-阻断剂），在过敏动物中有轻微的止痒作用	4 或 8 mg 片剂	犬：4~8 mg/只，PO，每 12 h 一次[最高剂量为 0.5 mg/kg（体重），每 12 h 一次]；猫：2 mg/只，PO，每 12 h 一次
氯丙嗪	氯丙嗪	镇静剂，止吐药	25 mg/mL 针剂	0.5 mg/kg（体重），IM，SQ，每 6~8 h 一次；癌症化疗前：2 mg/kg（体重），SQ，每 3 h 一次
金霉素	通用药	抗菌药	粉状食品添加剂	25 mg/kg（体重），PO，每 6~8 h 一次
绒毛膜促性腺素	参照促性腺激素			
西咪替丁	泰胃美（应用于 OTC 以及处方药）	抗组胺药（H₂-阻断剂）；治疗及预防胃肠溃疡	100、150、200、300 mg 片剂；60 mg/mL 针剂	10 mg/kg（体重），IV，IM，PO，每 6~8 h 一次；肾衰竭：2.5~5 mg/kg（体重），IV，PO，每 12 h 一次

6

（续）

药物	专利商品名	功能及使用	剂型	推荐剂量
环丙沙星	环丙沙星（通用药也常用）	抗菌药	250、500、750 mg 片剂，2 mg/mL 针剂	5~15 mg/kg（体重），PO，IV，每 12 h 一次
西沙必利	西沙必利	胃肠动力药，刺激胃肠道运动	10 mg 片剂	犬：0.1~0.5 mg/kg（体重），PO，每 8~12 h 一次[在某些犬中，使用剂量可达 0.5~1.0 mg/kg（体重）] 猫：2.5~5 mg/只，PO，每 8~12 h 一次[在某些猫中，使用剂量可达 1 mg/kg（体重），每 8 h 一次]
顺铂	顺铂	抗肿瘤药；多种肿瘤形式	1 mg/mL 针剂；50 mg 药瓶	犬：60~70 mg/m²，IV，20 min 后进行 4 h 的生理盐水利尿，然后在注射铂类化物后继续利尿超过 2 h（每 3~4 周重复一次） 猫：不使用
克立马丁	氯马斯汀，康泰克 12 h，通用药	抗组胺药（H₁-阻断剂），过敏犬的止痒选择剂	1.34 mg 片剂（OTC）；2.64 mg 片剂（处方药）；0.134 mg/mL 糖浆	犬：0.05~0.1 mg/kg（体重），PO，每 12 h 一次
§克林霉素	安蒂洛液，氯洁霉素	抗菌药，尤其对于革兰氏阳性菌感染；推荐用于弓形虫病（有争议）	25 mg/mL 口服液；25、75、150 mg 胶囊；150 mg/mL 针剂（氯洁霉素）	犬：11 mg/kg（体重），PO，每 12 h 一次；或者 22 mg/kg（体重），PO，每 24 h 一次 猫：5 mg/kg（体重），每 12 h 一次，或者 11 mg/kg（体重）（葡萄球菌感染）；11 mg/kg（体重），每 24 h 一次，或者 22 mg/kg（体重），每 12 h 一次（厌氧菌感染），PO 弓形虫病：12.5 mg/kg（体重），PO，每 12 h 一次，连用 4 周
氯法齐明	氯苯吩嗪	抗菌药	50 或 100 mg 胶囊	猫：1 mg/kg（体重），PO，升高到最大剂量每天 4 mg/kg（体重）
氯米帕明	氯米帕明（人用）；氯米静（兽用）	三环抗抑郁药；行为矫正	10、25、50 mg 片剂（人用）；5、20、80 mg 片剂（兽用）	犬：2~4 mg/kg（体重），PO，每天一次或者分剂量每天两次 猫：0.5~1 mg/kg（体重），PO，每天一次

6

（续）

药物	专利商品名	功能及使用	剂型	推荐剂量
氯硝西泮	氯硝西泮	抗惊厥药；也用于治疗特定类型的行为异常	0.5、1、2 mg 片剂	0.5 mg/kg（体重），PO，每 8~12 h 一次
氯氮卓酸	氯氮仑	抗惊厥药；也用于治疗特定类型的行为异常	3.75、7.5、11.25、15、22.5 mg 片剂	2 mg/kg（体重），PO，每 12 h 一次
克霉唑	很多通用药，包括 1% 克霉唑外用溶液（美国药典）	抗真菌药（外用）；鼻曲霉菌病	1% 外用溶液，30 mL	在犬上用于鼻霉曲菌病：向麻醉犬的每个鼻腔中注入 1% 溶液。注意：患犬需要进行准备
氯唑西林	欧苯宁	抗菌药	250 或 500 mg 胶囊；25 mg/mL 口服液	20~40 mg/kg（体重），PO，每 8 h 一次
可待因	通用药	阿片类制剂	15、30、60 mg 片剂；5 mg/mL 糖浆；3 mg/mL 口服液	镇痛：0.5~2 mg/kg（体重），PO，每 6~8 h 一次；止咳：0.1~0.3 mg/kg（体重），PO，每 6~8 h 一次
秋水仙碱	通用药	抗炎药；肝衰竭	500 或 600 μg 片剂；500 μg/mL 安瓿注射液	0.01~0.03 mg/kg（体重），PO，每 24 h 一次
集落刺激因子	非格司亭	激素；刺激骨髓中粒细胞的产生	300 μg/mL 注射液	5 μg/kg（体重），SQ，每 24 h 一次，连用 5 d（冲击疗法）
§促肾上腺皮质激素（ACTH 凝胶）	ACTH 凝胶（昂贵）	激素；用于诊断肾上腺功能亢进以及肾上腺功能减退	5 mL（多种剂量），80 IU/mL（美国药典）	多重选择测验：收集 ACTH 刺激前样品，IM，2.2 IU/kg（体重）；犬：2 h 后收集 ACTH 刺激试验后样品；猫：在 1 h 及 2 h 时收集 ACTH 刺激试验后样品
§替可克肽	皮质素	激素；用于诊断肾上腺功能亢进以及肾上腺功能减退	每瓶 250 μg（可在冰箱中储存 6 个月）	多重选择测验：犬：收集测试前样品，IV，5 μg/kg（体重）；猫：收集测试前样品，IV，0.125 mg；犬猫：注入药物后 1 h 收集样品

6

（续）

药物	专利商品名	功能及使用	剂型	推荐剂量
维生素 B$_{12}$	参照维生素 B$_{12}$			
环磷酰胺		抗肿瘤药；多种类型的肿瘤，免疫抑制的辅助疗法	25 mg/mL 注射液；25 或 50 mg 片剂	抗肿瘤：50 mg/m², PO, 每天一次，连用 4d 或 1 周；或者 150~300 mg/m², IV, 21 d 内重复给药 免疫抑制：50 mg/m²[大约 2.2 mg/kg（体重）], PO, 每 48 h 一次；或者 2.2 mg/kg（体重），每周用用 4 d 猫：6.25~12.5 mg/只，每天一次，每周用 4 d
环孢素（环孢素 A）	新山地明，山地明	免疫抑制药（CMI）；用于过敏性皮炎，肛周溶血性贫血，肛周瘘管 开处方时参阅相关内容	新山地明：25 或 100 mg 微乳液（微乳液）；100 mg/mL 口服液 胶囊；100 mg/mL 口服液 山地明：100 mg/mL 口服液 或 100 mg 胶囊；0.2% 山地明药膏	犬：3~7 mg/kg（体重），PO, 每 12~24 h 一次（根据治疗情况以及检测血液来调节剂量） 溶血性贫血：10 mg/kg（体重），PO, 每 12 h 一次 为辅助治疗 猫：4~6 mg/kg（体重），PO, 每 12 h 一次 注意：多种产品被应用，但是所有的产品不具有生物等效性
赛庚啶		抗组胺药；在猫用于刺激食欲	4 mg 片剂；2 mg/5 mL 糖浆	抗组胺：1.1 mg/kg（体重），PO, 每 8~12 h 一次 刺激食欲：2 mg/只，PO
阿糖胞苷（阿糖胞苷）		抗肿瘤药；淋巴瘤以及白血病	100 mg 药瓶	犬（淋巴瘤）：100 mg/m², IV, SQ, 每天一次或每天两次，连用 4 d 猫：100 mg/m², 每天一次，连用 2 d
达卡巴嗪	氮烯咪胺	抗肿瘤药；淋巴瘤状内皮瘤以及软组织肉瘤	200 mg 瓶装注射液	200 mg/m², IV, 每 3 周使用 5 d; 或者 800~1 000 mg/m², IV, 使用 3 周
§达肝素	法安明	低分子质量肝素；治疗血栓栓塞性疾病	多种注射制剂	预防：70 U/kg（体重），SQ, 每 24 h 一次 治疗： 犬：100~150 U/kg（体重），SQ, 每 24 h 一次 猫：180 U/kg（体重），SQ, 每 24 h 一次

6

（续）

药物	专利商品名	功能及使用	剂型	推荐剂量
达那唑	达那唑	合成类固醇；辅助治疗免疫介导性疾病	50、100、200 mg 胶囊	5~10 mg/kg（体重），PO，每 12 h 一次
丹曲林	丹曲林	肌肉松弛剂；尿道阻塞，预防恶性高热	100 mg 胶囊；0.33 mg/mL 注射液	恶性高热：2~3 mg/kg（体重），IV 肌肉松弛剂：犬：1~5 mg/kg（体重），PO，每 8 h 一次 猫：0.5~2 mg/kg（体重），PO，每 12 h 一次
氨苯砜	通用药	抗菌药；分枝杆菌	25 或 100 mg 片剂	1.1 mg/kg（体重），PO，每 8~12 h 一次
§去铁胺	去铁灵	解毒剂，铁中毒	500 mg 瓶装注射液	10 mg/kg（体重），IV，IM，每 2 h 两剂；然后 10 mg/kg（体重），每 8 h 一次，使用 24 h
盐酸司立吉林（L-盐酸司立吉林）	参阅司来吉兰			
§醋酸去氨加压素	DDAVP	激素；临床用于治疗 DI 患畜以及血友病患畜	100 μg/mL 注射液以及醋酸去氨加压素滴鼻液（0.01% 定量喷雾）；0.1 或 0.2 mg 片剂	DI：1~4 滴，每 12~24 h 一次，滴于结膜囊上；或者 2~5 μg，SQ，每 12~24 h 一次 动物口服剂量还没有确定，但是根据人用剂量推测为 0.05 mg/kg（体重），每 12 h 一次，PO，按需要可加至 0.1 或 0.2 mg/只 血友病：1 μg/kg（体重），SQ，IV，用 20 mL 生理盐水稀释后注射 10 min 以上
去氧皮质酮新戊酸酯	去氧皮质酮新戊酸酯	盐皮质激素；肾上腺功能减退	25 mg/mL 注射混悬液	1.5~2.2 mg/kg（体重），IM，每 25 d 一次

6

（续）

药物	专利商品名	功能及使用	剂型	推荐剂量
地塞米松（地塞米松钠溶以及地塞米松磷酸钠）	地塞米松钠溶于乙二醇中；磷酸钠式包括 dexaject SP, dexavet, Dexasone; 片剂包括 decadron 以及通用药	糖皮质激素；用于抗炎，免疫抑制，也用于诊断肾上腺皮质功能亢进	叠氮化钠溶液：2mg/mL；磷酸钠溶液：3.33 mg/mL；0.25、0.5、1、1.5、2、4、6 mg 片剂	抗炎：犬：0.5~1 mg，IV 或者 IM，每 24 h 一次，连用 3~5 d；或者 0.25~1.25 mg，PO，每 24 h 一次；猫：0.125~0.5 mg，IV 或者 IM，连用 3~5 d；或者 0.125~0.5 mg，PO，每 24 h 一次。对于休克，脊髓注射：2.2~4.4 mg/kg（体重），IV，（磷酸钠形式）；用于诊断检测：参阅第 5 部分地塞米松抑制试验
右美沙芬	苯海拉明醇剂以及其他	止咳药，轻微的咳嗽抑制剂	糖浆，胶囊，片剂；很多 OTC 产品	0.5~2 mg/kg（体重），PO，每 6~8 h 一次
§5% 葡萄糖水溶液 D5W		用于输液	用于静脉注射的溶液	40~50 mL/kg（体重），IV，每 24 h 一次
§安定	安定及通用药	抗惊厥药；多种神经性影响，行为从异常到癫痫控制	2 或 5 mg 片剂；5 mg/mL 注射液	麻醉前用药：0.1 mg/kg（体重），IV（缓慢注入）持续癫痫：0.5 mg/kg（体重），IV，以 1.0 mg/kg（体重）直肠给药；按需要重复给药刺激食欲（猫）：0.05~0.4 mg/kg（体重），IV，IM 或者 PO
§双氯非那胺	二氯磺胺	利尿药；治疗青光眼	50 mg 片剂	3~5 mg/kg（体重），PO，每 8~12 h 一次
敌敌畏	敌敌畏	抗寄生虫药；蛔虫，十二指肠虫，鞭虫	10 或 25 mg 片剂	犬：26.4~33 mg/kg（体重），PO；猫：11 mg/kg（体重），PO
双氯青霉素	双氯西林钠	抗菌药	125、250、500 mg 胶囊；12.5 mg/mL 口服混悬液	25 mg/kg（体重），PO，每 6 h 一次口服不吸收
乙胺嗪（DEC）	甲基哌嗪	抗寄生虫药；在犬上预防心丝虫；在猫上治疗蛔虫	咀嚼片：50、60、180、200、400 mg	预防心丝虫：6.6 mg/kg（体重），PO，每 24 h 一次；猫（蛔虫）：55~110 mg/kg（体重），PO，给药一次

6

（续）

药物	专利商品名	功能及使用	剂型	推荐剂量
己烯雌酚（DES）	限制应用；要求混合	激素；雌激素替代品，尿失禁；诱导流产（犬）	片剂（药房混合后使用）	犬：0.1~1.0 mg/只，PO，每24 h一次，连用5 d，然后1 mg，PO，每周一次；猫：0.1~1 mg/只，PO，每24 h一次，连用5 d，然后1 mg，PO，每周一次
二氟沙星	二氟沙星	抗菌药	11.4、45.4、136 mg 片剂	每天 5~10 mg/kg（体重），PO
洋地黄毒苷	洋地黄毒苷	心脏收缩药；用于充血性心力衰竭以及治疗各种快速性心律失常	0.05 或 0.1 mg 片剂	0.02~0.03 mg/kg（体重），PO，每8 h一次
地高辛	地高辛	心脏收缩药；用于充血性心力衰竭以及治疗各种心搏过速	0.062 5、0.125、0.25 mg 片剂 0.05 或 0.15 mg/mL 酏剂	犬：体重<20 kg，0.01 mg/kg（体重），每12 h一次；体重>20 kg，0.22 mg/m²，PO，每12 h一次（对于酏剂，减少10%用量）。犬（快速洋地黄疗法）：0.005 5~0.011 mg/kg（体重），IV，每1 h一次，至起效。猫：0.008~0.01 mg/kg（体重），PO，每48 h一次（每只猫用量为0.125 mg片剂的1/4片）
双氢速甾醇（DHT）		参阅维生素D类似物		
§地尔硫卓	地尔硫卓，缓释剂	钙通道阻断剂；高血压；阵发性室上性心搏过速以及肥厚性心肌病	30、60、90、120 mg 片剂；50mg/mL 注射液	犬：0.5~1.5 mg/kg（体重），PO，每8 h一次；0.25 mg/kg（体重），IV（注射超过2 min）（必要时重复注射）；猫：1.75~2.4 mg/kg（体重），PO，每8 h一次；对于地尔硫卓或盐酸地尔硫卓缓释胶囊，剂量是10mg/kg（体重），PO，每天一次
§茶苯海明	乘晕宁	抗组胺药；预防晕动病	50 mg 片剂；50mg/mL 注射液	犬：4~8 mg/kg（体重），PO，IM，IV，每8 h一次；猫：12.5 mg/只，IV，IM，PO，每8 h一次

6

（续）

药物	专利商品名	功能及使用	剂型	推荐剂量
二巯丙醇（BAL）	二巯丙醇油剂	螯合剂；结合重金属（铅、水银）以及砷剂	100 mg/mL 注射液	2.5~5 mg/kg（体重），IM，每 4 h 一次，连用 2 d，然后每 8 h 一次，使用 1 d，最后每 12 h 一次，连用 10 d
地诺前列素氨丁三醇	参阅前列腺素 $F_2\alpha$			
糖甲辛酯磺酸钙	参阅多库酯钙			
多库酯钠	参阅多库酯钠			
§苯海拉明	苯那君	抗组胺药；弱镇静剂，预防晕动病	应用非处方药：2.5 mg/mL 酏剂；25 或 50 mg 胶囊以及片剂；50 mg/mL 注射液	2~4 mg/kg（体重），PO，每 6~8 h 一次；或者 1 mg/kg（体重），IM，IV（对于犬，25~50 mg/只，IV，IM，PO，每 8 h 一次）
地芬诺酯	复方地芬诺酯片	哌替啶同类物；治疗腹泻	2.5 mg 片剂	犬：0.1~0.2 mg/kg（体重），PO，每 8~12 h 一次
苯妥英	参阅苯妥英钠			
依替膦酸二钠	参阅依替膦酸二钠			
双嘧达莫	潘生丁	抗凝剂；预防血栓栓塞	25、50、75 mg 片剂；5 mg/mL 注射液	4~10 mg/kg（体重），PO，每 24 h 一次
丙吡胺	丙吡胺	犬用抗心律失常药；口服治疗或预防室性心律失常（仅用于犬）	100 或 150 mg 胶囊	犬：11~22 mg/kg（体重），PO，每 8 h 一次
丙戊酸钠	参阅丙戊酸			
§多巴酚丁胺	多巴酚丁胺	迅速提高心脏收缩力（β-兴奋剂）；短期治疗心衰	250 mg/20 mL 瓶装注射液（12.5 mg/mL）	犬：每分钟 5~20 μg/kg（体重），IV；猫：每分钟 0.5~2 μg/kg（体重），IV 注意：可能引起心律失常、面部油搐或癫痫（猫）

735 第 6 部分 图表

药物	专利商品名	功能及使用	剂型	推荐剂量
多库酯钙	多库酯钙	粪便软化剂	60 mg 片剂（以及很多其他类型）	犬：50~100 mg/只，PO，每 12~24 h 一次 猫：50 mg/只，PO，每 12~24 h 一次
多库酯钠	多库酯钠，很多非处方产品	粪便软化剂	50 或 100 mg 胶囊；10 mg/mL 液体	犬：50~200 mg/只，PO，每 8~12 h 一次 猫：50 mg/只，PO，每 12~24 h 一次
§多拉司琼	多拉司琼	5-HT$_3$ 受体颉颃剂，止吐剂	50 或 100 mg 片剂，20 mg/mL 注射液	预防：0.6 mg/kg（体重），PO 或者 IV，每 24 h 一次 治疗：1 mg/kg（体重），PO 或者 IV，每 24 h 一次
左旋多巴	参阅左旋多巴			
§多巴胺	多巴胺	心脏的正性肌力药物（β-受体激动剂）；扩张血管（低剂量）；辅助治疗急性心力衰竭和少尿性肾衰	40、80、160 mg/mL 注射液	每分钟 2~10 μg/kg（体重），IV；仅限于重症护理中使用
§多沙普仑	吗乙苯吡酮	CNS 刺激剂；刺激呼吸，尤其是新生儿	20 mg/mL 注射液	5~10 mg/kg（体重），IV 注意：1~5 mg，SQ，舌下给药，或者通过脐静脉给药
凯舒	多虑平	三环类抗抑郁药心理性皮肤病	各种胶囊；10 mg/mL 口服液	犬：3~5 mg/kg（体重），PO，每 12 h 一次（尤其是由经常舔舐引起的肉芽肿）
多西环素	强力霉素以及同属药物	抗菌药	10 mg/mL 口服混悬液；100 mg 片剂；100 mg 注射液	3~5 mg/kg（体重），PO，IV，每 12 h 一次；或者 10 mg/kg（体重），PO，每 24 h 一次 对于犬的立克次体属：5 mg/kg（体重），PO，每 12 h 一次
氯滕西隆	滕西隆，其他	短效类胆碱能药；用于重症肌无力的诊断性检验	10 mg/mL 注射液	犬：0.11~0.22 mg/kg（体重），IV 猫：0.25~0.5 mg/只，IV

（续）

药物	专利商品名	功能及使用	剂型	推荐剂量
§ EDTA (乙二胺四乙酸钙二钠)	依地酸钙二钠	螯合重金属；治疗铝或锌中毒	20 mg/mL 注射液	25 mg/kg (体重), SQ, IM, IV, 每 6 h 一次, 连用 2~5 d
依那普利	依那普利	ACE 抑制剂；在心力衰竭和/或高血压的治疗中用做血管舒张剂；也用于治疗蛋白丢失性肾病和慢性肾衰	2.5、5、10、20 mg 片剂	犬：0.5 mg/kg (体重), PO, 每 12~24 h 一次　猫：0.25~0.5 mg/kg (体重), PO, 每 12~24 h 一次
恩氟烷	乙烷	吸入式麻醉药	以溶液的形式存在，用于吸入	诱导：2%~3%　维持：1.5%~3%
恩康唑	恩康唑	抗真菌 (仅限于局部使用)；注射用于治疗鼻的曲霉菌病，局部用于治疗某些足癣	10%~13.8% 浓度的乳膏	鼻曲霉菌病：10 mg/kg (体重)，每 12 h 一次，通过外科植入导管，缓慢滴注到鼻窦中，连用 14 d (10% 的溶液拔 1:1 用水稀释) ——此法法很不方便！注意：通常可以用克霉唑浸泡代替 (见克霉唑) 足癣：把 10% 的溶液稀释到 0.2%, 然后用溶液洗伤口 4 次, 间隔 3 ~ 4 d
§ 依诺肝素	依诺肝素	低分子质量的肝素；血栓栓塞性疾病	多种制剂	犬：0.8 mg/kg (体重), SQ, 每 12 h 一次　猫：0.5~1 mg/kg (体重), SQ, 每 6 h 一次
§ 恩诺沙星	拜有利	抗生素	片剂：68、22.7、5.7 mg; 标签为 227 和 68 mg; 注射液为 227 mg/mL	犬：5~20 mg/kg (体重), PO 或 IM, 每天一次或每天一次或两次分成两剂　猫 2.5~5 mg/kg (体重), PO, SQ, IM, 每天一次或两次　用于肌内注射的针剂也可用于静脉注射, 静脉给药时需要缓慢滴注　注意：不建议给猫使用 10 mg/kg (体重) 或更高剂量, 因为存在药物诱导视网膜损伤和失明的风险

（续）

药物	专利商品名	功能及使用	剂型	推荐剂量
§麻黄碱	硫酸麻黄碱	拟交感神经；主要用于尿失禁 急救：麻醉引发的低血压	胶囊剂量为25 mg，注射用的1 mL安瓿中为50 mg/mL	尿失禁：犬：4 mg/kg（体重），或12.5~50 mg/只（总剂量）PO，每8~12 h一次；另外，1~2 mg/kg（体重），PO，每8 h一次，或5~15 mg/只（总剂量），PO，每8~12 h一次；猫：2~4 mg/kg（体重），PO，每8~12 h一次，IV 低血压：0.03~0.1 mg/kg（体重），IV 注意：将5 mg药物稀释到10 mL的生理盐水中；首先给予较低剂量，如果5 min后低血压状况没有改善，可以重复给药
§肾上腺素	肾上腺素和类似产品	α-和β-肾上腺素颉颃剂；过敏和心脏停搏	1 mg/mL（1：1 000）注射溶液	心脏停搏：10~20 μg/kg（体重），IV；或200 μg/kg（体重），气管内注射（药物稀释到生理盐水中）过敏：2.5~5 μg/kg（体重），IV；或者50 μg/kg（体重），气管内注射（需要将药物稀释到生理盐水中）
依西太尔	依西太尔	口服杀虫剂；绦虫	包被的片剂	犬：5.5 mg/kg（体重），PO，给药一次 猫：2.75 mg/kg（体重），PO，给药一次
钙化醇	参阅维生素 D₂			
红霉素	很多商品名和类似的产品	抗生素；也用于促进运动（促进犬猫胃的排空）	250mg 的胶囊或片剂	抗菌：10~20 mg/kg（体重），PO，每8~12 h一次 促进运动：0.5~1.0 mg/kg（体重），PO，每8 h一次
人重组红细胞生成素（rHuEPO）	人重组红细胞生成素（rHuEPO）	激素；在慢性肾脏衰竭的情况下诱导红细胞生成	各种制剂，每1 mL中存在多个单位作为单个剂量，多个剂量装入小瓶中用于注射	剂量范围为35~50 U/kg（体重），每周3~4次，升高到400 U/kg（体重），IV，SQ(将红细胞比容调整到0.30~0.34)
§艾司洛尔	艾司洛尔	极短效 β₁-受体阻断剂；用于短期治疗心脏心律失常，尤其是室上性心动过速	10 mg/mL 注射剂	500 μg/kg（体重），IV，可以按照每5 min 0.05~0.1 mg/kg（体重）缓慢滴注，或者按照每分钟50~200 μg/kg（体重）滴注

6

（续）

药物	专利商品名	功能及使用	剂型	推荐剂量
雌二醇环戊丙酸盐	DEPO-雌二醇,通用药	雌二醇;激素;用于计划外配种的防止妊娠 注意:不建议用作犬猫的堕胎药	2 mg/mL 注射剂	防止妊娠: 犬:22~44 μg/kg(体重),IM(总剂量不超过1.0 mg) 猫:250 μg/只,IM,配种期的40 h至5 d之间使用 注意:可以导致骨髓抑制;在某些病例中,可以导致发育不全性贫血
依替膦酸盐	依替膦酸钠	二磷酸盐;在高钙血症患病动物中减少钙从骨骼中重吸收	200或400 mg 片剂;50 mg/mL 注射剂	犬:每天5 mg/kg(体重),PO 猫:每天10 mg/kg(体重),PO
依托度酸	依托度酸	口服的NSAID;用于治疗犬的疼痛	150或300 mg 片剂	犬:10~15 mg/kg(体重),PO,每天一次 猫:勿用
§法莫替丁	法莫替丁	H_2-受体颉颃剂;减少胃酸的产生,用于治疗或预防胃溃疡	10 mg 片剂;10 mg/mL 注射液	0.5 mg/kg(体重),IM,SQ,IV或PO,每12~24 h一次 注意:给猫静脉注射时可以导致血管内溶血
非尔氨酯	非氨酯	碳酸氢钠抗痉挛药;仅用于犬癫痫的治疗	400或600 mg 片剂	犬:起始剂量为15 mg/kg(体重),PO,每8 h一次,然后逐渐升高,最高可达65 mg/kg(体重),每8 h一次
芬苯达唑	芬苯达唑	抗蠕虫;有效预防各种体内寄生虫	Panacur 颗粒:22.2%[222 mg/kg(体重)];100 mg/mL 溶液	每天25~50 mg/kg(体重),连用3 d 注意:对于某些寄生虫,推荐的治疗时间可能会更长
芬太尼	芬太尼,通用药	镇痛药(鸦片类);用于肠外疼痛的治疗	250 mg/5mL 注射液	0.02~0.04 mg/kg(体重),IV,IM,SQ,每2 h一次;或者0.01 mg/kg(体重),IV,IM,SQ(乙酰吡啶或者安定)
外用芬太尼	外用芬太尼	镇痛药(鸦片类);贴在皮肤上用于治疗疼痛	贴膏规格:25、50、75、100 μg/h	犬:体重10~20 kg,50 μg/h,每72 h一次 猫:25 μg/h,每72 h一次 注意:当通过贴膏镇痛时,所给予的不同动物之间存在很大的差异,请向厂家咨询使用规格,勿自行剪切以获得更低的剂量

6

（续）

药物	专利商品名	功能及使用	剂型	推荐剂量
硫酸亚铁 (OTC)	硫酸亚铁 (OTC)	口服铁离子补充剂；缺铁性贫血	多种口服制剂	犬：100~300 mg/只，PO，每 24 h 一次 猫：50~100 mg/只，PO，每 24 h 一次
非那雄胺	非那雄胺	5α-还原酶抑制剂；用于犬的良性前列腺增生	5 mg 片剂	犬：0.1 mg/kg（体重），PO，每 24 h 一次；或每 10~50 kg（体重）应用 5 mg，PO，每 24 h 一次
氟虫腈	福来恩	GABA-调节氯通道抑制剂；用于局部控制蜱和跳蚤	仅有局部使用的溶液	根据厂商推荐，每月局部用于皮肤一次；可用于犬和猫
非罗考昔	非罗考昔	NSAID；治疗犬骨关节炎引起的疼痛	57 或 227 mg 的咀嚼片	犬：5 mg/kg（体重），PO，每天一次 猫：1.5 mg/kg（体重），给药一次 尚未证明对猫的长期安全性
氟苯尼考	氟苯尼考	抗生素（主要用于牛）	300 mg/mL（仅以牛用的制剂存在）	犬：25~50 mg/kg（体重），每 8 h 一次，SQ 或 IM 猫：25~50 mg/kg（体重），每 12 h 一次，SQ 或 IM
大扶康	大扶康	抗真菌药，口服（犬和猫）或肠外给药（仅犬）；治疗全身性深层真菌病或者鼻腔真菌感染	50、100、150、200 mg 片剂；10 或 40 mg/mL 口服混悬剂；2 mg/mL 静脉注射液	犬：2.5~5.0 mg/kg（体重），PO IV，每天一次 猫：2.5~10 mg/只，PO，每 12 h 一次；或每天 25 mg/只，PO
氟胞嘧啶	氟胞嘧啶	抗真菌药；治疗全身性真菌病	250 mg 胶囊；75 mg/mL 口服混悬剂	25~50 mg/kg（体重），PO，每 6~8 h 一次[最高剂量可达 100 mg/kg（体重），PO，每 12 h 一次]
氟可的索	氟可的索	盐皮质激素，用于治疗肾上腺皮质功能低下	100 μg（0.1 mg）片剂	犬：0.2~0.8 mg/只；或 0.02 mg/kg（体重），PO，每 24 h 一次[13~23 μg/kg（体重）]
§ 氟马西尼	氟马西尼	苯二氮䓬颉颃剂；解毒剂	100 μg/mL（0.1mg/mL）注射液	根据需要：0.01~0.02 mg（总剂量），IV 注意：可能会导致明显的低血压

6

（续）

药物	专利商品名	功能及使用	剂型	推荐剂量
氟米松	氟米松	口服糖皮质激素，抗炎	0.5 mg/mL 注射液	犬：0.062 5~0.25 mg/d，分多次给药，IV，IM，SQ；猫：0.03~0.125 mg/d，IV，IM，SQ
氟尼辛葡胺	氟尼辛葡胺	NSAID；镇痛药	250 mg/片剂；10 或 50 mg/mL 注射液	PO，每周 3 次；眼药：0.5 mg/kg（体重），IV，给药一次
5-氟尿嘧啶（5-FU）	5-氟尿嘧啶	抗肿瘤药物；用于治疗各种类型的肿瘤	每瓶 50 mg/mL	犬：150 mg/m²，IV，每周一次；猫：勿用
氟苯氧氟胺	氟苯氧氟胺	SSRI；治疗行为异常性疾病	10 或 20 mg 胶囊；4 mg/mL 口服液	犬：第一天的剂量为 0.5 mg/kg（体重），PO；然后提高到每天 1 mg/kg（体重），PO（10~20 mg/只）；猫：0.5~4mg/只，PO，每 24 h 一次
三氟戊肟胺	三氟戊肟胺	SSRI；行为异常的诊断与治疗	25、50、100 mg 片剂	犬：0.5~2.0 mg/kg（体重），PO，每天两次；猫：0.25~0.5 mg/kg（体重），PO，每天一次
§甲吡唑(4-甲基吡唑；4-MP)	甲吡唑(4-甲基吡唑；4-MP)	解毒剂；乙二醇中毒	1.5 mL/瓶；置入 30 mL 0.9% NaCl 中配成 5% 的溶液（50 mg/mL）	摄入毒药的最初 8 h，剂量为 20 mg/kg（体重），IV；然后 15 mg/kg(体重),IV，间隔 12~24 h；最后 5 mg/kg(体重)，IV，间隔 36 h。注意：猫所需剂量为犬的 7 倍；仅在摄入乙二醇后 3 h 内有效
呋喃唑酮	呋喃唑酮	抗菌药和抗原虫药；通常为备选药物	100 mg 片剂	4 mg/kg（体重），PO，每 12 h 一次，连用 7~10 d
§呋塞米	速尿	利尿剂；多重使用；通常用于治疗充血性心力衰竭和肺水肿	12.5、20、50 mg 片剂；10 mg/mL 口服液；50 mg/mL 注射液	犬：2~6 mg/kg（体重），IV，IM，SQ，PO，每 8~12 h 一次（或者根据需要使用）；每小时 0.6~1.0 mg/kg（体重），IV；猫：1~4 mg/kg（体重），IV，IM，SQ，PO，每 8~24 h 一次
吉非洛齐	吉非洛齐	抗血脂药；用于对控制食物脂肪无效的高甘油三酯血症患病动物	300 mg/胶囊；600 mg 片剂	7.5 mg/kg（体重），PO，每 12 h 一次

6

（续）

药物	专利商品名	功能及使用	剂型	推荐剂量
庆大霉素	庆大霉素	抗生素（氨基糖苷类）	50 或 100 mg/mL 注射液	犬：2~4 mg/kg（体重），每 6~8 h 一次；或 6~10 mg/kg（体重），IV，IM，SQ，每 24 h 一次。猫：3 mg/kg（体重），每 8 h 一次；或 9 mg/kg（体重），IV，IM，SQ，每 24 h 一次。注意：请勿用于脱水或者酸中毒的动物，可导致其急性肾衰竭
格列吡嗪	利糖妥片	用于低血糖症的口服用药；对于猫 2 型糖尿病的治疗有效果不稳定	5 或 10 mg 片剂	猫：2.5~7.5 mg/只，PO，每 12 h 一次；通常最初剂量为 2.5 mg/只；然后增加到 5mg/只，每 12 h 一次
§胰高血糖素	Glucagon Emergency kit(Lilly), GlucaGen(来自 rDNA)	低血糖症的肠外治疗；低血糖症和/或胰岛素过量的紧急治疗	每瓶 1.0 mg (1.0 IU)	将 1 mg 胰高血糖素稀释到 1 L 无菌生理盐水中。终浓度为 1 000 mg/mL
葡萄糖胺＋硫酸软骨素	Cosequin 及其他类型	中性药物；辅助治疗非败血性关节炎；对于猫下泌尿道疾病的治疗可能有用	常规剂量（RS）和双倍剂量（DS）的胶囊	犬：每天 1RS 或 2RS（大型犬：2~4DS）。猫：每天 1 RS
格列苯脲	Diabeta, Micronase, Glymase	口服治疗低血糖症；对于治疗猫的 2 型糖尿病效果不稳定	1.25、2.5、5 mg 片剂	猫：0.625 mg/d (1.25mg 片剂的 1/2)
甘油 (OTC)	Generic	口服渗透剂；降低眼内压和颅内压	口服液	1~2 mL/kg（体重），PO，每 8 h 一次
甘罗溴铵	Robinul-V	抗毒蕈碱药；多种用途——麻醉前给药，解毒剂	0.2 mg/mL 注射液	0.005~0.011mg/kg（体重），IV，IM，SQ

6

（续）

药物	专利商品名	功能及使用	剂型	推荐剂量
硫代苹果酸金钠	Myochrysine	氯金酸钠；用于治疗免疫介导的皮肤疾病	注射液	第一周 1~5 mg, IM；第二周 2~10 mg, IM；随后按照 1 mg/kg (体重), IM, 每周一次维持
金疗法	参阅 Aurthioglucose			
聚乙二醇	参阅 Polyethylene glycol electrolyte solution			
促性腺素释放素 (GnRH, LHRH)	Factrel	激素；各种生殖疾病的诊断和治疗	50 μg/mL 注射液	治疗：犬：50~100 μg/只, SQ, IV, IM, 每 24~48 h 一次, 2 个剂量 猫：25 μg/只, IM, 给药一次
人绒毛膜促性腺激素	Profasi, Pregnyl, APL 和通用药	激素；诱导黄体形成	5 000、10 000、20 000 IU 注射液	犬：22 IU/kg (体重), IM, 每 24~48 h 一次, 一次肌内注射 猫：250 IU/只, 一次肌内注射 注意：勿用于妊娠动物
促性腺激素释放激素	参阅促性激素释放素			
格拉司琼	kytril	止吐药；防止化学治疗时呕吐的发生	1 mg/mL 注射液；1 mg 片剂	0.01 mg/kg (体重) [10 μg/kg (体重)], IV
灰黄霉素 (microsize)	Fulvicin U/F	抗真菌药 (真菌抗生素)；治疗皮肤癣菌 (尤其是犬小孢子菌)	125、250、500 mg 片剂；25 mg/mL 口服混悬液；125 mg/mL 口服糖浆	50 mg/kg (体重), PO, 每 24 h 一次；第一天 110~132 mg/kg (体重), 分多次给药 [最大剂量可达每天 110~132 mg/kg (体重), 分多次给药]
生长激素 (hGH)	Humatrope, Nutropin, Protropin, Somatotropin, Somatrem	激素；用于治疗缺乏相关激素的动物	每瓶 5 或 10 mg	0.1 IU/kg (体重), SQ, IM, 每周 3 次, 连用 4~6 周 注意：可以导致糖尿病

6

（续）

药物	专利商品名	功能及使用	剂型	推荐剂量
氟烷	Fluothane	吸入式麻醉药	250 mL 液体	诱导麻醉：3% 维持：0.5%~1.5%
§肝素钠	Liquaemin	抗凝剂；DIC 的治疗，血栓性疾病的预防与治疗	1 000 或 10 000 U/mL 注射液	速效剂量：100~200 U/kg（体重），IV，然后 100~300 U/kg（体重），SQ，每 6~8 h 一次 低剂量预防（犬和猫）：70 U/kg（体重），SQ，每 8~12 h 一次
§肼苯哒嗪	Apresoline	血管舒张剂；高血压，心力衰竭的辅助治疗	10 mg 片剂；20 mg/mL 注射液	犬：0.5 mg/kg（体重）（起始剂量），逐渐增加到 0.5~2 mg/kg（体重），PO，每 12~24 h 一次
双氢氯消散药	HydroDIURIL，通用药	利尿剂；高血压，充血性心力衰竭，肾源性（ADH 颅顽）DI	10 或 100 mg/mL 口服液；25、50、100 mg 片剂	2~4 mg/kg（体重），PO，每 12 h 一次
§氢可酮重酒石酸盐（含阿托品）	Hycodan(contains atropine)	镇痛药（阿片类）；治疗疼痛	5 mg 片剂	犬：0.22 mg/kg（体重），PO，每 4~8 h 一次 猫：无推荐剂量
氢化可的松	Cortef 和通用药	糖皮质激素；抗炎，肾功能不全的代替治疗	5、10、20 mg 片剂	代替治疗：0.2~0.5 mg，PO，每 24 h 一次 抗炎：1.5~5 mg/kg（体重），PO，每 12 h 一次
§氢化可的松琥珀酸钠	Solu-Cortef 和休克治疗药	糖皮质激素；抗炎药物注射液	各种规格的小瓶用于抗炎：5 mg/kg（体重），IV，每 12 h 一次	休克：50~150 mg/kg（体重），IV
§双氢吗啡酮	Dilaudid	镇痛药（阿片类）；治疗疼痛和保定	片剂；口服溶液；可用于注射的剂型	犬：0.22 mg/kg（体重），IM，SQ，每 4~6 h 一次，根据疼痛程度进行调整
§羟乙基淀粉（HES）	Hespan，Hextend	扩容剂；用于需要使用胶体液治疗的情况	注射液	10~20 mL/kg（体重），IV 至起效；或每天 20~30 mL/kg（体重）

6

（续）

药物	专利商品名	功能及使用	剂型	推荐剂量
羟基脲	Hydrea	抗肿瘤；真性红细胞增多症，肥大细胞瘤，白血病	500 mg 胶囊	犬：50 mg/kg（体重），PO，每天一次，每周使用 3 d；猫：25 mg/kg（体重），PO，每天一次，每周使用 3 d
羟嗪	安太乐	抗组胺药；有止痒和镇静效果，尤其是对异位性皮炎的患病动物	10、25、50 mg 片剂；2 mg/mL 口服液	犬：1~2 mg/kg（体重），IM，PO，每 6~8 h 一次；猫：5~10 mg/只，PO，每 8~12 h 一次
异环磷酰胺	异环磷酰胺粉针剂	抗肿瘤；淋巴肉瘤和其他肉瘤	1 g 粉末用于静脉注射	犬和猫：300~500 mg/m²，IV；注意：使用之前咨询兽医治疗方案
吡虫啉	大宠爱	用于犬猫跳蚤的局部治疗	局部使用溶液	根据厂商要求每月将药液滴于皮肤上，用于治疗跳蚤
吡虫啉＋合成除虫菊酯	犬用大宠爱	仅用于犬跳蚤和氯体病的局部治疗	局部使用溶液	根据厂商要求每月将药液滴于皮肤上，用于治疗跳蚤；猫：请勿使用，含有苄氯菊酯
咪多卡二丙酸盐	双咪苯脲	抗原虫药；治疗巴贝斯虫病，埃立克体病（认为没有效果），猫胞簇虫和相关感染	肠外使用的注射液，IM 或 SQ；120 mg/mL，于 10 mL 瓶中	犬：5 mg/kg（体重），IM 或 SQ，给药一次，2 周后重复使用；巴贝斯虫病：6.6 mg/kg（体重），IM 或 SQ，给药一次，2 周后重复使用；猫（胞簇虫病）：5 mg/kg（体重），IM，必要时每 2 周一次
亚胺培南＋西司他丁	普立马辛	抗菌药	每瓶 250 或 500 mg，注射用	5~10 mg/kg（体重），IV，IM，每 6~8 h 一次；犬曾用 10 mg/kg（体重），SQ，每 8 h 一次
丙米嗪	盐酸丙咪嗪	三环抗抑郁药；用于行为异常的治疗	10、25、50 mg 片剂	2~4 mg/kg（体重），PO，每 12~24 h 一次
吲哚新	Indocin			未建立安全剂量范围

6

（续）

药物	专利商品名	功能及使用	剂型	推荐剂量
干扰素（干扰素 α-2a，HuIFN-α）	Roferon	细胞因子；猫感染 FeLV 和/或 FIV 时的免疫调节药（未确立临床有效治疗剂量）	3×10⁶ U/注射管	猫：每天 30 U/只，PO；或使用高剂量，10 000～1 000 000U/只，SQ，每 24 h 一次 IM 或 SQ，每天一次，连用 7 d，然后每隔 1 周重复给药
吐根糖浆（OTC）	Ipecac	口服催吐剂		不再使用；可以导致致命的心律失常
碘酒酸盐	Bilivist，Oragrafin	有机碘；治疗甲状腺功能亢进（尤其是猫）	500 mg 胶囊（应该分装成 50 mg 胶囊用于猫）	犬：15 mg/kg（体重），PO，每 12 h 一次 猫：100～200 mg/只（总剂量），每天一次；如果治疗 2 周后有所好转则可以降低剂量
铁制剂	参阅硫酸亚铁			
§ 异氟醚烷	异氟烷、活宁、尔迷、其他	易吸入性麻醉药	每瓶 100 mL	诱导麻醉：5% 维持：1.5%～2.5%
§ 异丙（去甲）肾上腺素	异丙肾上腺素	B-受体颉剂，不常用于治疗急性支气管收缩和某些心脏的心律失常	0.2 mg/mL 安瓿，注射用	10 μg/kg（体重），IM，SQ，每 6 h 一次；或用 1 mg 药物稀释到 500 mL 5% 的葡萄糖或乳酸林格氏液中，然后按照 0.5～1 mL/min（1～2 μg/min）注射或直至有效
§ 硝酸异山梨醇	硝酸异山梨醇	血管舒张剂；充血性心力衰竭	2.5、5、10、20、30 和 40 mg 片剂；40 mg 胶囊	2.5～5 mg/只，PO，每 12 h 一次 [或 0.22~1.1 mg/kg（体重），PO，每 12 h 一次]
§ 单硝酸异山梨醇	单硝酸异山梨醇	血管舒张剂；充血性心力衰竭	10 或 20 mg 片剂	犬：5 mg/只，PO，每天两次，间隔 7 h
异维甲酸	异维甲酸	合成类维生素 A；用于与上皮细胞增生有关的皮肤病的治疗（如鱼鳞癣、皮肤淋巴肉瘤）	10、20、40 mg 胶囊	每天 1～3 mg/kg（体重）[最高推荐剂量为每天 3～4 mg/kg（体重），PO]

6

（续）

药物	专利商品名	功能及使用	剂型	推荐剂量
伊曲康唑	Sporanox	抗真菌药；治疗全身性真菌病	100 mg 胶囊	犬：2.5 mg/kg(体重),PO, 每12 h 一次；或者 5 mg/kg(体重), PO, 每24 h 一次；猫：1.5~3.0 mg/kg(体重), PO, 每12 h 一次，剂量可达10 mg/kg(体重), PO, 每24 h 一次
伊维菌素	犬心宝，害获灭	抗寄生虫药；可用于多种寄生虫的预防和治疗	1% (10mg/mL) 注射液；10mg/mL 口服膏剂；18.7 mg/mL 口服液；68, 136, 272 μg 片剂	心丝虫的预防：犬：6 μg/kg(体重)[调整范围为3~12 μg/kg(体重)], PO, 每30 d 一次；猫：24 μg/kg(体重), PO, 每30 d 一次；微丝蚴：50 μg/kg(体重), PO, 杀成虫2周后使用；体外寄生虫的治疗（犬和猫）：200~300 μg/kg(体重), IM, SQ, PO；体内寄生虫的治疗（犬和猫）：200~400 μg/kg(体重), SQ, PO, 每周一次；螨虫的治疗：起始剂量为每天100 μg/kg(体重), PO, 每24 h 一次，每2周增加剂量100 μg/kg(体重)，直到600 μg/kg(体重)
卡那霉素	硫酸卡那霉素	抗菌药	200 或 500 mg/mL 注射液	10 mg/kg(体重), IV, IM, SQ, 每6~8 h 一次
§白陶土利果胶液 (OTC)	Kaopectate	胃肠道吸附剂；用于急性单纯性腹泻，尤其是由于饮食原因引起的腹泻	12 oz (约 355 mL) 口服混悬液	1~2 mL/kg(体重), PO, 每2~6 h 一次
§氯胺酮	盐酸氯胺酮	分离麻醉药	100 mg/mL 注射液	犬：5.5~22 mg/kg(体重), IV, IM(推荐辅助镇静治疗)；猫：2~25 mg/kg(体重), IV, IM(推荐辅助镇静治疗)
酮康唑	仁山利舒	抗真菌药；用于全身性真菌感染，犬马拉色菌感染；患库欣综合征的犬限制使用	200 mg 片剂；100 mg/mL 口服混悬液 (仅适用于加拿大)	犬：10~15 mg/kg(体重), PO, 每8~12 h 一次；犬马拉色菌：10 mg/kg(体重), PO 每24 h 一次；或5 mg/kg(体重), PO, 每12 h 一次；猫：5~10 mg/kg(体重), PO, 每8~12 h 一次；库欣综合征：犬为15 mg/kg(体重), PO, 每12 h 一次

6

（续）

药物	专利商品名	功能及使用	剂型	推荐剂量
§酮洛芬	Ketofen	NSAID，镇痛药	12.5 mg 片剂（OTC）；100 mg/mL 注射液	犬和猫：1 mg/kg（体重），PO，每 24 h 一次，最多使用 5 d；或 2.0 mg/kg（体重），IV，IM，SQ，单次使用
酮咯酸氨丁三醇	酮咯酸	NSAID，镇痛药	10 mg，片剂；15 或 30 mg/mL，10% 乙醇注射剂	犬：0.5 mg/kg（体重），PO，IM，IV，每 12 h 一次，使用不超过两次；猫：0.25 mg/kg（体重），IM，每 9~12 h 一次，使用一次或两次
§乳酸林格氏液	通用药	输液	250、500、1 000 mL 包装袋	维持：每天 40~50 mL/kg（体重），IV；休克：犬：90 mL/kg（体重），IV；猫：60~70 mL/kg（体重），IV
§乳果糖	Chronulac	二糖缓泻药；限制肠道中蛋白质的吸收，降低肝性脑病患者的血氨水平	10 g/15mL	便秘：1 mL/4.5kg，PO，每 8 h 一次（直至有效）肝性脑病：犬：0.5 mL/kg（体重），PO，每 8 h 一次；猫：2.5~5 mL/kg（体重），PO，每 8 h 一次
§四氢叶酸	Wellcovorin	叶酸颉颃剂；不应用于犬猫	5、10、15、25 mg 片剂；3 或 5 mg/mL 注射液	与甲氨蝶呤合用：3 mg/m²，IV，IM，PO；乙嘧啶中毒的解毒：1 mg/kg（体重），PO，每 24 h 一次
左旋咪唑	Levasole，Tramisol	抗寄生虫药；治疗线虫感染；也可作为非特异性免疫增强剂	0.184 g 大丸药；11.7 g 或 13 g 包装；50 mg 片剂	犬：钩虫：5~8 mg/kg（体重），PO，单次使用 [最高剂量为 10 mg/kg（体重），PO，连用 2 d]；微丝蚴：10 mg/kg（体重），PO，每 24 h 一次，使用 6~10 d；免疫增强剂：1.5~2 mg/kg（体重），PO，每周使用三次；猫：4.4 mg/kg（体重），PO，单次使用；肺线虫：20~40 mg/kg（体重），PO，每 48 h 一次，使用五次）

6

（续）

药物	专利商品名	功能及使用	剂型	推荐剂量
左乙拉西坦	开浦兰	口服抗惊厥药	250、500、750 mg 片剂	犬：起始剂量为 20 mg/kg（体重），PO，每 8 h 一次，之后逐渐增加至能控制痉挛；猫：30 mg/kg（体重），PO，每 12 h 一次（寻找引起痉挛的潜在原因）
左旋多巴	Larodopa	多巴胺受体激动剂；肝性脑病	100、250、500 mg 片剂或胶囊	肝性脑病：起始剂量为 6.8 mg/kg（体重），之后 1.4 mg/kg（体重），每 6 h 一次
左旋甲状腺素钠（T$_4$）	Soloxine, Thyro-Tabs, Synthoid	激素；用于甲状腺功能减退	0.1~0.8 mg 片剂（每片以 0.1 mg 增加）	犬：18~22 μg/kg（体重），PO，每 12 h 一次（监测 T$_4$ 水平，调节剂量）；猫：每天 10~20 μg/kg（体重），PO（监测 T$_4$ 水平，调节剂量）
§利多卡因（不含肾上腺素）	Xylocane	麻醉和抗心律失常；室性心律失常；也可用于局部麻醉；用于全身性镇痛	5、10、15、20 mg/mL 注射液	犬（抗心律失常）：2~4 mg/kg（体重），IV[最大剂量为 8 mg/kg（体重），注射时间超过 10 min]；或每分钟 25~75 μg/kg（体重），IV；猫（抗心律失常）：0.25~0.75 mg/kg（体重），IV（缓慢注入）；硬膜外麻醉（犬和猫）：每千克体重给予 4.4 mg 2% 溶液
林可霉素	Lincocin	抗菌药	100、200、500 mg 片剂	15~25 mg/kg（体重），PO，每 12 h 一次；脓皮症：最低剂量为 10 mg/kg（体重），每 12 h 一次
碘塞罗宁（T$_3$）	Cytomel	激素（T$_3$ 的活性形式）；用于对 T$_4$ 缺乏反应的甲状腺功能减退的病患	60 μg 片剂	4.4 μg/kg（体重），PO，每 8 h 一次；T$_3$ 抑制试验（猫）：收集刺激前血清样本测定 T$_3$ 和 T$_4$，给予该药 25 μg，每 8 h 一次，给药七次；最后一次给药后收集刺激后样本测定 T$_3$ 和 T$_4$
赖诺普利	Prinivil, Zestril	ACE 抑制剂；用于治疗高血压或心力衰竭	2.5、5、10、20、40 mg 片剂	犬：0.5 mg/kg（体重），PO，每 24 h 一次；猫：0.25~0.5 mg/kg（体重），PO，每 24 h 一次

6

（续）

药物	专利商品名	功能及使用	剂型	推荐剂量
碳酸锂	Lithotabs	非特异性免疫增强剂；用于治疗因化疗而引起的中性粒细胞减少症	150、300、600 mg 胶囊；300 mg 片剂；300 mg/5mL 糖浆	犬：10 mg/kg（体重），PO，每 12 h 一次 猫：不推荐
洛哌丁胺	易蒙停	镇痛药（鸦片类）；用于腹泻的非特异性治疗	2 mg 片剂；0.2 mg/mL 口服液	犬：0.1 mg/kg（体重），PO，每 8~12 h 一次 猫：0.08~0.16 mg/kg（体重），PO，每 12 h 一次
氢螨脲	Program	抗寄生虫药；控制蚤药，对某些肠道寄生虫也有效	45、90、135、204.9、409.8 mg 片剂；每包 135 或 270mg 混悬液	犬：10 mg/kg（体重），PO，每 30 d 一次 猫：30 mg/kg（体重），PO，每 30 d 一次；或 10 mg/kg（体重），SQ，每半年一次
氢螨脲＋米尔贝肟	Sentinel tablets, Flavor Tabs	抗寄生虫药；跳蚤控制与心丝虫预防药物，对某些肠道寄生虫也有效	米尔贝肟－卢芬隆的比例如下：Sentinel 片剂为 2.3/46 mg；Flavor Tabs 有 5.75/115、11.5/230、23/460 mg 三种规格	犬：根据制造商的建议，每 30 d 服用 1 片（每片根据犬的体型配制） 猫：禁用
促黄体素（LH）	参阅促性腺激素放激素			
赖氨酸（OTC）	多种产品类型	氨基酸；预防猫 1 型疱疹病毒复发	250 或 500 mg 胶囊	猫（经验剂量）：将 250～500 mg 赖氨酸与食物混合，每天一次。幼猫每天给予 250mg，与食物混合。 注意：未研究药效，对携带杯状病毒的猫的影响未知
§氯化镁	通用药	盐离子；用于室性心律失常、顽固性低血钾以及室性纤颤	200 mg/mL 注射液，50 mL 包装	0.15~0.3 mEg/kg（体重），IV，注射时间超过 2~10 min；或每天 0.75 mEg/kg（体重），IV，持续滴注
柠檬酸镁	Citroma, Citro-Nesia	泻药	口服液	2~4 mL/kg（体重），PO

6

（续）

药物	专利商品名	功能及使用	剂型	推荐剂量
氢氧化镁（OTC）	多种产品形式	泻药	口服液	解酸剂：5~10 mL/kg（体重），PO，每 4~6 h 一次；泻药：犬：15~50 mL/kg（体重），PO；猫：2~6 mL/kg（体重），PO，每 24 h 一次
硫酸镁（OTC）	多种产品类型	泻药；也用于口服补镁	晶体	犬：8~25 g/只，PO，每 24 h 一次；猫：2~5 g/只，PO，每 24 h 一次
§甘露醇	甘露醇水溶液	利尿剂（渗透性）；用于无尿或少尿性肾衰；用于青光眼（如有必要，每 6 h 重复一次）和脑水肿	5%~25% 注射液	利尿：1g/kg（体重），5%~25% 注射液，IV，维持尿量；青光眼或中枢神经系统水肿：0.25~2 g/kg（体重），15%~25% 注射液 IV，注射时间为 30~60 min；猫：无使用剂量
马波沙星	Zeniquin	抗菌药	25、50、100、200 mg 片剂	犬：2.75~5.55 mg/kg（体重），PO，每 24 h 一次；猫：无使用剂量
马罗匹坦	止吐宁	止吐药（胃肠道和非胃肠道给药）；口服用于止犬晕车	10 mg/mL 注射液；16、24、60、160 mg 片剂	犬：1 mg/kg（体重），SQ，每天一次，最多连用 5 d；或 2 mg/kg（体重），PO，每天一次，最多连用 5 d；晕车：8 mg/kg（体重），PO，每天一次，最多连用 2 d；猫：无使用剂量
MCT（中链甘油三酯油，多种 OTC 产品）	多种 OTC 产品	中链甘油三酯油；液体补给用于胃肠道吸收障碍的病患	口服液	每天 1~2 mL/kg（体重），与食物混合
甲苯咪唑	Telmintic	抗寄生虫药；用于驱除体内寄生虫	40mg/g 粉剂	22 mg/kg（体重），与食物混合服用，每 24 h 一次，连用 3 d
§美其敏	氯苯甲嗪，通用药	抗组胺药，止吐药，尤其用于伴随晕车的恶心	12.5、25、50 mg 片剂	犬：25 mg，PO，每 24 h 一次（用于晕车，旅行前 1 h 服用）；猫：12.5 mg，PO，每 24 h 一次

6

（续）

药物	专利商品名	功能及使用	剂型	推荐剂量
甲氧胺苯酸钠	甲氯灭酸, Meclomen	NSAID; 镇痛	50 或 100 mg 胶囊	犬: 每天 1 mg/kg (体重), PO, 最多连用 5 d
§美托咪定	Domitor	镇痛 (非胃肠道途径); 限制使用的麻醉辅助药	1.0 mg/mL 注射液	750 µg/m², IV; 或 1 000 µg/m², IM
中链甘油三酯油	参阅 MCT 油			
醋酸甲羟孕酮	Depo-Provera (注射液), Provera (片剂)	激素; 用于特定皮肤病和行为失调, 包括猫的喷尿行为; 前列腺良性增生	150 或 400 mg/mL 注射混悬液, 2.5、5、10 mg 片剂	1.1~2.2 mg/kg (体重), IM, 每 7 d 一次 行为失调: 10~20 mg/kg (体重), SQ 或 IM, 每 3 个月一次 (犬和猫) 前列腺增生: 3~5 mg/kg (体重), SQ, IM
醋酸甲地孕酮	Ovaban, Megace	激素; 用于特定皮肤病和行为失调, 包括猫的喷尿行为	5 mg 片剂	犬: 发情前期: 2 mg/kg (体重), PO, 每 24 h 一次, 连用 8 d 发情期: 0.5 mg/kg (体重), PO, 每 24 h 一次, 连用 30 d 行为失调: 2~4 mg/kg (体重), PO, 每 24 h 一次, 连用 8 d (维持时减小剂量) 猫: 治疗皮肤病或喷尿: 2.5~5 mg/只, PO, 每 24 h 一次, 使用 1 周, 之后减少到每周一次或每两周, 每次 5 mg 发情抑制: 每天 5 mg/只, 连用 3 d, 之后每周 2.5~5 mg/次, 连用 10 周
美拉索明	Immiticide	抗寄生虫药 (含砷); 用于犬心丝虫	25 mg/mL 注射液; 重构后, 可保持效力 24 h	深部肌内注射 1~2 级犬: 每天 2.5 mg/kg (体重), 连用 2 d 3 级犬: 2.5 mg/kg (体重), 单次使用, 1 个月内再给药两次, 每次同隔 1 d 猫: 不推荐

6

（续）

药物	专利商品名	功能及使用	剂型	推荐剂量
§美洛昔康	Metacam	NSAID；镇痛	1.5 mg/mL，口服液	首次负荷剂量：0.2 mg/kg（体重），PO；之后 0.1 mg/kg（体重），PO，每 12 h 一次
美法仑	Alkeran	抗肿瘤药；可用于治疗多种肿瘤	2 mg 片剂	1.5 mg/m² 或 0.1~0.2 mg/kg（体重），PO，每 24 h 一次，使用 7~10 d；每隔 3 周重复一次
哌替啶	杜冷丁	镇痛药（鸦片类）；镇痛	50 或 100 mg 片剂；10 mg/mL 糖浆；25、50、75、100 mg/mL 注射液	犬：5~10 mg/kg（体重），IV，IM，每 2~3 h 一次（或根据需要）猫：3~5 mg/kg（体重），IV，IM，每 2~4 h 一次（或根据需要）
马比佛卡因	Carbocaine-V	局部麻醉	2%（20 mg/mL）注射液	剂量不定 硬膜外麻醉：0.5 mg 2% 溶液，每 30 s 一次，直到反射消失
6-巯基嘌呤	Purinethol	抗肿瘤药；用于多种肿瘤的治疗	50 mg 片剂	50 mg/m²，PO，每 24 h 一次 注意：遵照使用说明
倍能	Merrem	抗生素；尤其用于假单胞菌、大肠杆菌和克雷伯菌引起的顽固性感染	500 mg/20mL（每瓶），或 1 g/30 mL（每瓶），注射液	20 mg/kg（体重），IV，每 8 h 一次 脑膜炎：40 mg/kg（体重），IV，每 8 h 一次
间羟异丙肾上腺	Alupent，Metaprel	β-受体激动剂；用于舒张支气管	10 或 20 mg 片剂；5 mg/mL 糖浆；吸入剂	0.325~0.65 mg/kg（体重），PO，每 4~6 h 一次
甲福明二甲双胍	二甲双胍	口服降糖药；用于猫 2 型糖尿病	500 或 800 mg 片剂	猫：2 mg/kg（体重），PO，每 12 h 一次
美含唑胺	甲醋唑胺	碳酸酐酶抑制剂；用于治疗开角型青光眼	25 或 50 mg 片剂	2~4 mg/kg（体重）[最高剂量为 4~6 mg/kg（体重）]，PO，每 8~12 h 一次
马尿酸乌洛托品	Hiprex，Urex	尿道抗菌药（作用有争议）	1 g 片剂	犬：500 mg/只，PO，每 12 h 一次 猫：250 mg/kg（体重），PO，每 12 h 一次

6

（续）

药物	专利商品名	功能及使用	剂型	推荐剂量
杏仁酸乌洛托品	孟德立胺	尿道抗菌药（作用有争议）	1 g 片剂；口服颗粒；50 或 100 mg/mL 口服混悬液	10~20 mg/kg（体重），PO，每 8~12 h 一次
甲巯基咪唑	他巴唑	抗甲状腺素；用于治疗猫的甲状腺功能亢进	5 或 10 mg 片剂	猫：2.5 mg/只，PO，每 12 h 一次，持续 7~14 d；之后 5~10 mg/只，PO，每 12 h 一次，监测 T_4，调整剂量
蛋氨酸（DL）	Uroeze；DL-蛋氨酸粉	尿液酸化剂	500 mg 片剂和添加至食物的粉末；75 mg/5mL 儿童口服液；200 mg 胶囊	犬：每天 150~300 mg/kg（体重），PO；猫：1~1.5g/只，PO（添加至食物中）
蛋氨酸（S-腺苷基）	参阅 SAMe			
§美索巴莫	美索巴莫	肌肉松弛剂；用于创伤、骨骼肌急性炎症和/或震颤性毒素中毒	500 或 750 mg 片剂；100 mg/mL 注射液	起始剂量为 44 mg/kg（体重），PO，每 8 h 一次；之后 22~44 mg/kg（体重），PO，每 8 h 一次
美索比妥	美索比妥	超短效巴比妥酸盐；诱导麻醉	0.5、2.5、5 g（每瓶），注射液	3~6 mg/kg（体重），IV，（缓慢注入，直至有效）
甲氨蝶呤	甲氨蝶呤	抗肿瘤药；可用于多种肿瘤，尤其是淋巴瘤	2.5 mg 片剂；2.5 或 25 mg/mL 注射液	2.5~5 mg/m²，PO，每 48 h 一次（根据不同的用途决定剂量），或：犬：0.3~0.5 mg/kg（体重），IV，每周一次；猫：0.8 mg/kg（体重），IV，每 2~3 周一次
§甲氧胺	美速克新命	血管升压素；用于需要升血压的急性状况	20 mg/mL 注射液	200~250 μg/kg（体重），IM；或 40~80 μg/kg（体重），IV
§0.1%美蓝	通用药；又称亚甲基蓝	解毒剂；用于紧急治疗高铁血红蛋白血症	1% 溶液（10 mg/mL）	1.5 mg/kg（体重），IV（缓慢注入），单次使用

6

（续）

药物	专利商品名	功能及使用	剂型	推荐剂量
甲强龙	甲基强的松龙	糖皮质激素；抗炎药和免疫抑制药	1、2、4、8、18、32 mg 片剂	对猫使用要谨慎：0.22~0.44 mg/kg（体重），PO，每 12~24 h 一次。注意：甲强龙药效是泼尼松龙的 1.25 倍
醋酸甲强龙	甲基氢化泼尼松	长效糖皮质激素；抗炎药（作用时间较长）	20 或 40 mg/mL 注射混悬液	犬：1 mg/kg（体重）（或 20~40 mg/只），IM，每 1~3 周一次。猫：10~20 mg/只，IM，每 1~3 周一次。注意：实际用量差异很大，取决于用途和效果
§ 甲基泼尼松龙琥珀酸酯钠	甲强龙制剂	糖皮质激素；用于休克或脊髓创伤或肿胀病患的辅助治疗	1、2、125、500 mg（每瓶），注射液	紧急治疗：20 mg/kg（体重），IV;2~6 h 内以 15 mg/kg（体重）再次使用，IV。用于替代或抗炎疗法，参阅泼尼松龙
§ 4-甲基吡唑（4-MP）	参阅甲基吡唑			
甲基睾酮	Android	激素；替代疗法；也用于促进红细胞生成	10 或 25 mg 片剂	犬：5~25 mg/只，PO，每 24~48 h 一次。猫：2.5~5 mg/只，PO，每 24~48 h 一次
§ 胃复安	Reglan, Maxolon, 其他	止吐药，尤其作用于胃与胃轻瘫有关的呕吐	5 或 10 mg 片剂；1 mg/mL 口服液；5 mg/mL 注射液	0.2~0.5 mg/kg（体重），IV、IM、PO，每 6~8 h 一次；或每天 1~2 mg/kg（体重），IV,CRI[接近每小时 0.01~0.02 mg/kg（体重）]
美托洛尔	酒石酸美托洛尔	β-受体阻断剂；用于心动过速的治疗	50 或 100 mg 片剂；1 mg/mL 注射剂	犬：5~50 mg/只[0.5~1.0mg/kg（体重）]，PO，每 8 h 一次。猫：2~15 mg/只，PO，每 8 h 一次
§ 灭滴灵	甲硝唑	抗寄生虫药和抗菌药；对于厌氧菌有效；对贾第虫有一定的作用（首选芬苯达唑）	250 或 500 mg 片剂；50 mg/mL 混悬液；5 mg/mL 注射液	厌氧菌感染：犬：15 mg/kg（体重），PO，每 12 h 一次；或 12 mg/kg（体重），PO，每 8 h 一次。猫：10~25 mg/kg（体重），PO，每 12 h 一次。贾第虫：犬：12~15 mg/kg（体重），PO，每 12 h 一次，连用 8 d。猫：25 mg/kg（体重），每 12 h 一次，连用 8 d

6

（续）

药物	专利商品名	功能及使用	剂型	推荐剂量
§美西律	脉舒律	抗心律失常药；室性心律失常	150、200、250 mg 胶囊	犬：5~8 mg/kg（体重），PO，每8~12 h 一次（慎用） 猫：无使用剂量
米勃龙	Cheque Drops	激素（雄性激素）；抑制发情和治疗假孕	55 μg/mL 口服液	犬：体重0.45~11.3 kg，剂量为30 μg；体重11.8~22.7 kg，剂量为60 μg；体重23~43.3 kg，剂量为120 μg；体重>45.8 kg，剂量为180 μg，或每天2.6~5 μg/kg（体重），PO 猫：不推荐 注意：用于未成年母猫时，副作用较多
§咪达唑仑	Versed	苯二氮䓬；麻醉前用药	5 mg/mL 注射液	0.1~0.25 mg/kg(体重),IV,IM[或每小时0.1~0.3 mg/kg(体重), IV] 注意：有可能会引起猫兴奋
米尔倍霉素	Interceptor; Interceptor Flavor Tabs	GABA阻断剂；用于预防犬心丝虫，微形螨；也用于治疗蠕形螨	23、11.5、5.75、2.3 mg 片剂	犬： 微丝蚴：0.5 mg/kg（体重） 蠕形螨：2 mg/kg（体重），PO，每24 h 一次，使用60~120 d 预防心丝虫：0.5~0.99 mg/kg（体重），PO，每30 d 一次
氧化镁乳剂（OTC）	参阅氧化镁			
矿物油（OTC）	通用药	泻药（润滑剂）	口服液	犬：10~50 mL/只，PO，每12 h 一次 猫：10~25 mL/只，PO，每12 h 一次
二甲胺四环素	盐酸米诺环素	抗菌药	50或100 mg 片剂；10 mg/mL 口服混悬液	5~12.5 mg/kg（体重），PO，每12 h 一次
§迷索前列醇	喜克溃	拟前列腺素 E_1 药；用于治疗胃溃疡，尤其是使用 NSAID 引发的溃疡	0.1 mg (100 μg) 或 0.2 mg (200 μg) 片剂	犬：2~5 μg/kg（体重），PO，每6~8 h 一次 猫：无使用剂量

6

（续）

药物	专利商品名	功能及使用	剂型	推荐剂量
米托坦 (o, p'-DDD)	解肾上腺瘤	细胞毒素剂；用于治疗肾上腺增生引起的库欣综合征；治疗肾上腺肿瘤效果较差	500 mg 片剂	犬：垂体相关库欣综合征：每天 50 mg/kg（体重）（分次使用），PO，持续 7~10 d；之后每周 25 mg/kg（体重），PO 肾上腺肿瘤：50~75 mg/kg（体重），PO，每 12 h 一次，连用 10 d；之后 75~100 mg/kg（体重），PO，分两次使用
米托蒽醌	诺消灵	抗肿瘤药；可用于多种肿瘤的治疗	2 mg/mL 注射液	犬：6 mg/m²，IV，每 21 d 一次 猫：6.5 mg/m²，IV，每 21 d 一次
§吗啡	通用药	镇痛药（鸦片类）；疼痛管理	1 或 15 mg/mL 注射液；30 或 60 mg 缓释片	犬：0.1~1 mg/kg（体重），IV，IM，SQ（可以根据需要增加剂量），每 4~6 h 一次 硬膜外用药：0.1 mg/kg（体重）猫：0.1 mg/kg（体重），IM，SQ（根据需要），每 3~6 h 一次
§纳洛酮	盐酸烯丙羟吗啡酮	鸦片颉颃剂；鸦片颉颃剂逆转剂	20 或 400 μg/mL 注射液	0.01~0.04 mg/kg（体重），IV，IM，SQ（根据需要）
环丙甲羟二羟吗啡酮	氢克生	鸦片颉颃剂；用于特定的行为失调（如追尾、自噬）	50 mg 片剂	犬：2.2 mg/kg（体重），PO，每 12 h 一次
癸酸南诺龙	Deca-Durabolin	合成代谢类固醇；促进食欲；促进红细胞生成	50、100、200 mg/mL 注射液	犬：每周 1~1.5 mg/kg（体重），IM 猫：每周 10~20 mg/kg（体重），IM
甲氧萘丙酸	萘普生	NSAID；疼痛管理	220 mg 片剂（OTC）；25 mg/mL 混悬液；250、375、500 mg 片剂（处方）	犬：首次 5 mg，之后为 2 mg/kg（体重），每 48 h 一次
新霉素	Biosol	抗菌药；用于治疗肝性脑病（肠道"灭菌"）	500 mg 药丸；200 mg/mL 口服液	10~20 mg/kg（体重），PO，每 6~12 h 一次

6

（续）

药物	专利商品名	功能及使用	剂型	推荐剂量
溴化新斯的明和甲基硫酸新斯的明	新斯的明	抗胆碱酯酶剂；用于重症肌无力的诊断；抗胆碱能药中毒和猫伊维菌素中毒的解毒	15 mg 片剂（溴化新斯的明）；0.25 或 0.5 mg/mL 注射液（甲基硫酸新斯的明）	注射：肌无力：4 μg/kg（体重），IM，SQ（根据需要）；神经肌肉去极化受阻：10 μg/kg（体重），IM，SQ；诊断重症肌无力：40 μg/kg（体重），IM；或 20 μg/kg（体重），IV
呋喃妥英	Macrodantin, Furalan, Furatoin, Furadantin, 通用药	抗菌药，尤其用于尿路感染	Macrodantin 和通用药：25、50、100 mg 胶囊；Furalan, Furatoin 和通用药：50 或 100 mg 片剂；Furadantin：5 mg/mL 口服混悬液	怀疑 UTI：4 mg/kg（体重），PO，每 6 h 一次；预防剂量：3~4 mg/kg（体重），PO，每 24 h 一次（晚间睡前服用）
§硝普盐	硝普钠注射剂	血管和平滑肌松弛剂；用于急性高血压，继发于二尖瓣反流的急性心衰	50 mg 小瓶注射液	急性高血压：起始剂量为每分钟 1~2 μg/kg（体重），IV，每 3~5 min 增加一次剂量，直到血压回到正常值；心衰辅助治疗：每分钟 0.5~10 μg/kg（体重），IV，缓慢滴注 [每小时剂量 <2 mL/kg（体重）]
尼扎替丁	爱希	H₂-受体阻断剂；抑制胃酸分泌，预防肠道溃疡	150 或 300 mg 胶囊	2.5~5.0 mg/kg（体重），PO，每 24 h 一次
诺氟沙星	诺氟沙星片	抗菌药	400 mg 片剂	22 mg/kg（体重），PO，每 12 h 一次
奥沙拉嗪	奥柳氮钠	止泻药；治疗结肠炎；氨基水杨酸的替代药	500 mg 片剂	动物的使用剂量尚未确定。犬：推荐 5~10 mg/kg（体重），PO，每 8 h 一次
奥美拉唑	奥美拉唑缓释剂	质子泵抑制剂；用于肠道溃疡和腐蚀	20 mg 胶囊	犬：20 mg，PO，每 24 h 一次 [如果体重 <20 kg，则剂量为 0.7 mg/kg（体重），每 24 h 一次]；猫：0.7 mg/kg（体重），PO，每 24 h 一次

6

（续）

药物	专利商品名	功能及使用	剂型	推荐剂量
§ 昂丹司琼	枢复宁	5-HT₃ 受体阻断剂；用于严重呕吐。注意：犬对该药耐受良好	4 或 8 mg 片剂；2 mg/mL 注射液	0.1~1.0 mg/kg（体重），PO，肿瘤化疗前 30 min 使用；顽固性呕吐：0.11~0.176 mg/kg（体重），IV，缓慢推注
奥比沙星	Orbax	抗菌药	5.7、22.7、68 mg 片剂	2.5~7.5 mg/kg（体重），PO，每 24 h 一次
奥美普林＋磺胺二甲氧哒嗪	Primor	抗菌药	混合片剂：120、250、600、1 200 mg 片剂	起始剂量为 55 mg/kg（体重）（联合用药），PO；之后 27.5 mg/kg（体重），PO，每 24 h 一次，症状缓解后至少持续给药 2 d（使用时间不可超过 21 d）
苯甲异噁唑青霉素	苯甲异噁唑青霉素钠霉素	抗菌药	250 或 500 mg 胶囊；50 mg/mL 口服液	22~40 mg/kg（体重），PO，每 8 h 一次
去甲羟基安定	舒宁	苯二氮䓬；促进食欲	15 mg 片剂	猫（促进食欲）：2.5 mg/只，PO
胆茶碱	胆茶碱	支气管舒张剂；用于慢性支气管炎（猫哮喘）	400 或 600 mg 片剂	犬：47 mg/kg（体重）[相当于茶碱 30 mg/kg（体重）]，PO，每 12 h 一次；猫：剂量未知
奥昔布宁	奥昔布宁	抗尿道痉挛药；用于逼尿肌反射亢进的辅助治疗（包括 FeLV 阳性猫）	5 mg 片剂	犬：0.2 mg/kg（体重），PO，每 8~12 h 一次（或 1.25~3.75 mg/只，每 12 h 一次）；猫：0.5~1.0 mg/kg（体重）（全部剂量），PO，每 8~12 h 一次
羟甲烯龙	甲基雄烯二醇	激素（合成类固醇）；可促进红细胞生成	50 mg 片剂	每天 1~5 mg/kg（体重），PO
氧吗啡酮	盐酸羟氢吗啡酮	镇痛药（鸦片类）	1.5 或 1 mg/mL 注射液	镇痛：0.1~0.2mg/kg（体重），IV，SQ，IM（根据需要；再次治疗时：0.05~0.1 mg/kg（体重），每 1~2 h 一次）；麻醉前用药：0.025~0.05 mg/kg（体重），IM，SQ
氧四环素	土霉素	抗菌药	250 mg 片剂；100 或 200 mg/mL 注射液	7.5~10 mg/kg（体重），IV，每 12 h 一次；或 20 mg/kg（体重），PO，每 12 h 一次

（续）

药物	专利商品名	功能及使用	剂型	推荐剂量
催产素	Pitocin，Syntocinon（滴鼻液）	激素；诱导分娩	10 或 20 IU/mL 注射液；40 IU/mL 滴鼻液	犬：5~20 IU/ 只，SQ，IM（子宫收缩无力时每 30 min 重复一次）猫：0.25~1 IU，SC 或 IM，每 30~60 min 一次
2-PAM	参阅氯磷定			
胰酶	Viokase	消化酶；用于内分泌不足	每 0.7 g 含 16 800 U 脂肪分解酵素，70 000 U 蛋白酶，70 000U 淀粉酶；也有胶囊和片剂	每 20kg 食物混合 2 茶匙粉剂；根据体重，饲喂前 20 min 按每 0.45 kg 食物加 1~3 茶匙
溴化双哌雄双酯	巴夫龙	神经肌肉阻断剂；用于麻醉中的肌肉松弛	1 或 2 mg/mL 注射液	0.1 mg/kg（体重），IV；或起始剂量为 0.01 mg/kg（体重），之后每 30 min 以 0.01 mg/kg（体重）增加剂量
樟脑	Corrective mixture	止泻药；用于单纯性腹泻	每 5 mL 止泻药中含 2 mg 吗啡	0.05~0.06 mg/kg（体重），PO，每 12 h 一次
巴龙霉素	Humatin	抗寄生虫药；猫隐孢子虫	250 mg 胶囊	猫：125-165 mg/kg（体重），PO，每 12 h 一次，使用 7 d 注意：该使用剂量可能造成毒性作用和肾损伤
帕罗西汀	Paxil	SSRI；用于运动失调	10、20、30、40 mg 片剂	犬：1 mg/kg（体重）增加至 3 mg/kg（体重），PO，每 24 h 一次 猫：2.5~5 mg/kg（体重），PO，每 12 h 一次
D- 青霉胺	D- 盐酸青霉胺	螯合剂；治疗铅中毒；也用于胱氨酸尿路结石	125 或 250 mg 胶囊；250 mg 片剂	10~15 mg/kg（体重），PO，每 12 h 一次 注意：空腹用药，且不能与其他药物同用
苄星青霉素 G	Benza-Pen，其他	抗菌药	150 000 U/mL，结合 150 000 U/mL 普鲁卡因，青霉素 G	40 000 U/kg（体重），IM，每 5 d 一次
青霉素 G 钾 青霉素 G 钠	多种药物类型	抗菌药	500 万 ~2 000 万 U（每瓶）	20 000~40 000 U/kg（体重），IV，IM，每 6~8 h 一次
普鲁卡因青霉素 G	无商品名	抗菌药	300 000 U/mL 悬液	20 000~40 000 U/kg（体重），SC，IM，每 12~24 h 一次

6

（续）

药物	专利商品名	功能及使用	剂型	推荐剂量
青霉素 V	Pen-Vee	抗菌药	250 或 500 mg 片剂	10 mg/kg（体重），PO，每 8 h 一次
戊唑辛	镇痛新	镇痛药（鸦片类）	30 mg/mL 注射液	犬：1.65~3.3 mg/kg（体重），IM，每 4 h 一次；猫：2.2~3.3 mg/kg（体重），IV、IM、SQ，每 4 h 一次（因为会出现频躁，因此该药不建议用于猫）
§戊巴比妥	耐波他	麻醉药；用于镇静静或注射麻醉	50 mg/mL。注意：该剂型不用于安乐死	麻醉：10~30 mg/kg（体重），IV，直至有效
己酮可可碱	Trental	抗炎药；曾用于治疗犬免疫介导性皮肤疾病（如与脉管炎相关的疾病）	400 mg 片剂	犬：用于犬皮肤病和全身性或局部脉管炎，10 mg/kg（体重），PO，每 12 h 一次
§苯巴比妥米那	鲁米那	巴比妥类药；用于镇静和抗惊厥	15、30、60、100 mg 片剂；30、60、65、130 mg/mL 注射液；4 mg/mL 口服液	犬：2~8 mg/kg（体重），PO，每 12 h 一次；猫：2~4 mg/kg（体重），PO，每 12 h 一次；犬和猫：检测血浆浓度，调整用药剂量；癫痫：10~20 mg/kg（体重），IV，直至有效
苯氧苄胺	苯氧苯乍甲明	α-肾上腺素受体阻断剂；减少因通尿肌无反射的尿道括约肌压力；也用于约嗜铬细胞瘤引起的高血压	10 mg 胶囊	犬：尿道：0.25 mg/kg（体重），PO，每 12~24 h 一次；或 0.5 mg/kg（体重），PO，每 24 h 一次；高血压：0.2~1.5 mg/kg（体重），PO，每 12 h 一次，手术前 10~14 d 使用；猫：2.5 mg/只，每 8~12 h 一次；或 0.5 mg/只，PO，每 12 h 一次 注意：猫的最高使用剂量为 0.5 mg/kg（体重）通过静脉注射松弛尿道平滑肌
酚妥拉明	Regitine	舒张血管；治疗高血压	5 mg（每瓶），注射液	0.02~0.1 mg/kg（体重），IV
苯基丁氮酮		NSAID	100、200、400 mg 以及 1 g 片剂；200 mg/mL 注射液	不推荐用于犬猫（有更好的药）

（续）

药物	专利商品名	功能及使用	剂型	推荐剂量
§苯肾上腺素	苯福林	α-肾上腺素受体激动剂；用于重症监护的低血压；也用于鼻镜检查前的滴鼻	10 mg/mL 注射液；1% 滴鼻液	大猫：每分钟 1~3 μg/kg（体重），溶于生理盐水或 5% 葡萄糖溶液中，CRI；0.1 mg/kg（体重），IM、SQ，每 15 min 一次　局部：滴鼻时 3~5 滴，收缩局部血管
苯丙醇胺	盐酸苯丙醇胺制剂	肾上腺素能激动剂；用于尿道括约肌张力减退引起的尿失禁	15、25、30、50 mg 片剂	犬：12.5~50 mg（总剂量），PO，每 8 h 一次；或 1.5~2 mg/kg（体重），PO，每 12 h 一次　猫：12.5 mg（总剂量），PO，每 8 h 一次；或 1.5 mg/kg（体重），PO，每 8 h 一次
苯妥英	苯妥英钠	抗惊厥药；一般不推荐使用；仅用于地高辛引起的心律失常	30 或 1 250 mg/mL 口服混悬液；30 或 100 mg 胶囊；50 mg/mL 注射液	抗癫痫（犬）：20~34 mg/kg（体重），每 8 h 一次　地高辛性心律失常：30 mg/kg（体重），PO，每 8 h 一次；或 10 mg/kg（体重），IV，注射超过 5 min
§苯妥英+戊巴比妥	苯妥英+戊巴比妥	安乐死	100 mL 多种剂量的小瓶	1 mL/4.5 kg（体重），IV　注意：对极度虚弱的病患可使用其他注射方法（相同剂量），如腹腔注射、心脏注射
毒扁豆碱	毒扁豆碱	胆碱酯酶阻断剂 / 限制使用；用于促进手术后有尿道残留物的病患排尿	1 mg/mL 注射液	0.02 mg/kg（体重），IV，每 12 h 一次
§植物甲萘醌	参阅维生素 K₁			
§叶绿醌	参阅维生素 K₁			
氧哌嗪青霉素	哌拉西林钠	抗菌药	2、3、4、40 g（每瓶），注射液	40 mg/kg（体重），IV 或 IM，每 6 h 一次
哌嗪	多种商品名	抗寄生虫药；驱蛔虫	860 mg 粉剂；140 mg 胶囊；170、340、800 mg/mL 口服液	44~66 mg/kg（体重），PO，单次使用

6

（续）

药物	专利商品名	功能及使用	剂型	推荐剂量
吡罗昔康	吡罗昔康	NSAID；对移行细胞癌有抗肿瘤作用（缓和疗法）	10 mg 胶囊	犬：0.3 mg/kg（体重），PO，每 24 h 一次；猫：0.3 mg/kg（体重），PO，每 24~72 h 一次（与食物同时服用）
抗利尿激素（ADH）	参阅后叶加压素和去氨加压素			
光辉霉素（米拉霉素前身）	光辉霉素	抗肿瘤药；用于抗癌的辅助疗法；也用于降低高钙血症肿瘤病患的血钙水平	2.5 mg/mL 注射液	犬：抗肿瘤：每天 25~30 μg/kg（体重），IV（缓慢注入），使用 8~10 d 高钙血症：每天 25 μg/kg（体重），IV，（缓慢注入）超过 4 h 猫：不推荐使用
聚乙二醇电解质溶液	聚乙二醇电解质溶液	泻药	口服液	25 mL/kg（体重），PO；2~4 h 内重复一次
多硫酸糖胺聚糖（PSGAG）	多硫酸糖胺聚糖（PSGAG）	抗风湿药；治疗骨关节炎的长效药	100 mg/mL 注射液，每瓶 5 mL（马：250 mg/mL）	4.4 mg/kg（体重），IM，每周两次，最多使用 4 周
溴化钾（KBr）	无商品名	抗惊厥；用于癫痫的长期治疗	一般为口服液	犬猫：30~40 mg/kg（体重），PO，每 24 h 一次 **注意**：如果不与苯巴比妥米那同用，则剂量可能要增加至 40~50 mg/kg（体重），检测血浆水平，调整剂量；负荷剂量为 400 mg/kg（体重），可分为 3 d 以上使用
§氯化钾（KCl）	无商品名	钾盐；替代疗法	注射液，浓度不一（一般为 2 mEq/mL）	每天 0.5 mEq（钾）/kg（体重）；或根据血清钾离子水平补充液体。钾含量为每 500 mL 10~40 mEq
柠檬酸钾	柠檬酸钾，通用药	钾盐；替代疗法	5 mEq 片剂；某些剂型与氯化钾混合	每天的剂量为每 100cal 能量中含 2.2 mEq，PO；或每天 0.5 mEq/kg（体重），PO
葡萄糖酸钾	Kaon，葡萄糖酸钾，通用药	钾盐；通用药	2 mEq 片剂；500 mg 片剂；Kaon 为 20 mg/15 mL	犬：0.5 mEq/kg（体重），PO，每 12~24 h 一次 猫：2~8 mEq/d，PO，每 12 h 一次

（续）

药物	专利商品名	功能及使用	剂型	推荐剂量
§氯解磷定 (2-PAM)	氯解磷定 (2-PAM)	胆碱酯酶激活剂；用于有机磷酸酯中毒的辅助疗法	50 mg/mL 注射液	20 mg/kg (体重)，每 8~12 h 一次 (初始剂量)，IV (缓慢注入) 或 IM
吡喹酮	吡喹酮	抗寄生虫药；驱绦虫	23 或 34 mg 片剂；56.8 mg/mL 注射液	犬 (IM/SC)：体重 ≤ 5lbs (约 2.3 kg)，剂量为 17 mg；体重 6~10 lbs (2.7~4.5 kg)，剂量为 28.4 mg；体重 11~25 lbs (5~11.4 kg)，剂量为 56.8 mg 犬 (PO)：体重 ≤ 5 lbs (约 2.3 kg)，剂量为 17 mg；体重 6~10 lbs (2.7~4.5 kg)，剂量为 34 mg；体重 11~15 lbs (5~6.8 kg)，剂量为 51 mg；体重 16~30 lbs (7.3~13.6 kg)，剂量为 68 mg；体重 31~45 lbs (14.1~20.4 kg)，剂量为 102 mg；体重 46~60 lbs (20.9~27.2 kg)，剂量为 136 mg；体重 ≥ 60 lbs (约 27.2 kg)，剂量为 170 mg 猫 (IM/SC)：体重 ≤ 5 lbs (约 2.3 kg)，剂量为 11.4 mg；体重 6~10 lbs (2.7~4.5 kg)，剂量为 22.7 mg；体重 ≥ 11 lbs (约 5 kg)，剂量为 34.1 mg 猫 (PO)：体重 ≤ 4 lbs (约 1.8 kg)，剂量为 11.5 mg；体重 5~11 lbs (2.3~4.5 kg)，剂量为 23 mg；体重 ≥ 11 lbs (约 5 kg)，剂量为 34.5 mg 用于抗增殖吸虫属：23~25 mg/kg (体重)，PO，每 8 h 一次，连用 3 d
§哌唑嗪	盐酸哌唑嗪	α1-受体阻断剂；充血性心力衰竭的辅助治疗；还包括高血压和肺动脉高压 (如心丝虫病)	1、2、5 mg 胶囊	0.5 mg/ 只或 2 mg/ 只 (1 mg/15 kg) 口服，每 8~12 h 一次
§泼尼松龙	δ-氢化可的松	糖皮质激素；抗炎和免疫抑制	5 或 20 mg 片剂	犬 (抗炎药)：0.5~1 mg/kg，IV，IM，PO，最初每 12~24 h 一次；然后逐渐减少到每 48 h 一次；猫：通常需要 2 倍于犬的剂量
§泼尼松龙钠琥珀酸盐	δ-氢化可的松溶质	糖皮质激素；内毒素休克的辅助治疗	注射用 100 或 200 mg 小瓶 (10 或 50 mg/mL)	休克：5.5~11 mg/kg (体重)，IV (在 1、3、6 或 10 h 内重复使用)；中枢神经系统创伤：15~30 mg/kg (体重)，IV，之后逐渐缩小至 2 mg/kg (体重)，每 12 h 一次

6

（续）

药物	专利商品名	功能及使用	剂型	推荐剂量
§泼尼松	地塞米松和通用药；注射强的松	糖皮质激素；抗炎和免疫抑制	1、2.5、5、10、20、25、50 mg 片剂；1 mg/mL 糖浆（5%酒精溶液）；1mg/mL 口服液（5%乙醇溶液）；10 或 40mg/mL 注射用泼尼松混悬液	与泼尼松龙相同
去氧苯巴比妥	扑米酮，神经官能症	抗惊厥药；特发性癫痫（一般不推荐）	50 或 250 mg 片剂	初始剂量为 8~10 mg/kg（体重），PO，每 8~12h 一次；然后通过监测调整为 10~15 mg/kg（体重），每 8 h 一次。注意：长期服用可能导致不可逆的肝病
§盐酸普鲁卡因胺	普鲁卡因胺及通用药	抗心律失常；室性早搏（如室性心动过速）	250、375、500 mg/mL 注射液	犬：10~30mg/kg（体重）[最高剂量为40mg/kg（体重）]，PO，每 6 h 一次；8~20mg/kg（体重），IV，IM，或 PO，分钟 25~50 μg/kg（体重），IV　猫：3~8 mg/kg（体重），IM；或 PO，每 6~8 h 一次
甲基苄肼	马法兰，甲基苄肼明钠	抗肿瘤，甲基苄肼；淋巴瘤方案中使用的成分药物	50 mg 胶囊	与甲氯氯胺和泼尼松龙联合使用；查阅精确剂量方案的最新信息
普鲁氯嗪	丙氯拉嗪	吩噻嗪；止吐药	5、10、25 mg 片剂（马来酸盐）；5 mg/mL 注射液（地西酯）	0.1~0.5 mg/kg（体重），IM，每 6~8 h 一次
孕酮，雷泊珊醇	参见甲羟孕酮，醋酸酯			
异丙嗪	非那更	吩噻嗪；止吐药	6.25 或 25 mg/5 mL 糖浆；12.5、25、50 mg 片剂；25 或 50 mg/mL 注射液	止吐药：2 mg/kg（体重），IM，PO，每天一次；抗组胺药：0.2~0.4 mg/kg（体重），IV，IM，PO，每 6~8 h 一次[最高剂量为 1 mg/kg（体重）]

6

（续）

药物	专利商品名	功能及使用	剂型	推荐剂量
普鲁本辛	普鲁本辛	抗毒蕈碱药，止泻药；也用于治疗因逼尿肌反射亢进引起的欲望性尿失禁；口服有止吐效果	7.5 或 15 mg 片剂	犬： 尿失禁：0.2 mg/kg（体重），PO，每 6~8 h 一次 腹泻：0.25 mg/kg（体重），PO，每天三次，最多使用 2~3 d 猫： 尿失禁：0.25~0.5 mg/kg（体重），PO，每天一次或两次 慢性结肠炎：0.5 mg/kg（体重），PO，每天两次或三次
可化舒	Immuno Regulin	非特异性免疫刺激药，用于犬脓皮症的辅助治疗	每瓶 5 mL	犬： 说明书剂量：体重 0~7kg，剂量为 0.25 mL，IV；体重 7~22 kg，剂量为 0.5 mL,IV；体重 23-34kg，剂量为 1.0 mL，IV；体重 >22 kg，剂量为 2.0 mL，IV 猫：不建议使用该药
丙酰丙嗪	Tranvet, Largon	止吐药，镇静剂；镇静，非胃肠道途径止吐药	20 mg/mL 注射液	1.1~4.4 mg/kg（体重），每 12~24 h 一次，PO；或 0.1~1.1 mg/kg（体重），IV 或 IM（按需要调整剂量）
§丙泊酚	Rapinovet, PropoFlo	短效注射麻醉药（催眠用）；用于短时间处置的镇静保定	1%（10mg/mL）20mL 安瓿注射液	6.6 mg/kg（体重），IV（缓慢注入），注射时间超过 1 min ［CRIs：每小时 2 mg/kg（体重）］
§普洛萘尔	心得安	β-受体阻断剂，抗心律不齐药	10、20、40、60、80、90 mg 片剂；1 mg/mL 注射液；4 或 8 mg/mL 口服液	犬：20~60 μg/kg（体重），IV，注射超过 5 min；或 0.2~1 mg/kg（体重），PO，每 8 h 一次（直至有效）
丙基硫尿嘧啶（PTU）	Propyl-Thyracil	抗甲状腺素药；治疗猫甲状腺功能亢进（甲亢）的可选药	50 或 100 mg 片剂	猫：11 mg/kg（体重），PO，每 12 h 一次

6

（续）

药物	专利商品名	功能及使用	剂型	推荐剂量
F₂-α 前列腺素（地诺前列素）	律胎素	前列腺素；用于开放型子宫蓄脓和犬终止妊娠	5 mg/mL 注射液	开放型子宫蓄脓： 犬：0.1~0.2 mg/kg（体重），SQ，每天一次，使用5 d 猫：0.1~0.25 mg/kg（体重），SQ，每天两次，使用5 d 注意：推荐与抗生素合用。最好使用手术疗法 终止妊娠（配种后30 d内使用）！ 犬：0.1 mg/kg（体重），SQ，每8 h一次，使用2 d；之后0.2 mg/kg（体重），SQ，每8 h一次，直至经B超检查确认已流产
伪麻黄碱	Sudafed（有些剂型含有其他成分）	拟肾上腺素型药；用于治疗尿失禁（通常用于苯丙醇胺治疗无效时）	30或60 mg片剂；120 mg胶囊 6mg/mL糖浆	0.2~0.4 mg/kg（体重）（或15~60 mg/只），PO (OTC)，每8~12 h一次
欧车前	欧车前亲水胶	泻药；多库酯钠囊剂	粉剂	每茶匙5~10 kg（添加至食物中）
噻吩嘧啶和酒石酸噻嘧啶	Nemex, Strongid	抗寄生虫药；驱蛔虫和钩虫	180 mg/mL 糊状物；50 mg/mL 混悬液	犬：5 mg/kg（体重），PO，单次使用，7~10 d后重复给药 猫：20 mg/kg（体重），PO，单次使用
溴化3-二甲氨基甲酰氧基-1-甲基吡啶	吡啶斯的明，溴吡斯的明	胆碱酯酶阻断剂；用于重症肌无力	12 mg/mL 口服糖浆剂；5 mg/mL 注射液；60 mg 片	抗肌无力：0.02~0.04 mg/kg（体重），IV，每2 h一次；或0.5~3 mg/kg（体重），PO，每8~12 h一次 解毒（非去极化肌肉松弛作用）：0.15~0.3 mg/kg（体重），IM, IV
乙胺嘧啶	达拉匹林	叶酸抑制剂；治疗弓形虫病和新孢子虫病	25 mg 片剂	犬：1 mg/kg（体重），PO，每24 h一次，使用14~21 d（犬新孢子虫病使用5 d） 猫：0.5~1 mg/kg（体重），PO，每24 h一次，使用14~28 d
奎纳克林	在美国供应量有限	抗原生动物；可能对治疗（不能治愈）贾第虫感染、利什曼病和球虫病有效	100 mg 片剂	犬：6.6 mg/kg（体重），PO，每12 h一次，使用5 d 猫：11 mg/kg（体重），PO，每24 h一次，使用5 d

6

（续）

药物	专利商品名	功能及使用	剂型	推荐剂量
奎尼丁葡萄糖酸盐	奎尼丁，葡萄糖酸盐 奎尼丁缓释片剂	抗心律失常；室性心律失常	324 mg 片剂；80 mg/ml 注射液	犬：6~20 mg/kg（体重），IM，每 6 h 一次；或 6~20 mg/kg（体重），PO，每 6~8 h 一次（基础量）
奎尼丁聚乳糖醛酸盐	Cardioquin	抗心律失常；室性心律失常	275 mg 片剂	犬：6~20 mg/kg（体重），PO，每 6 h 一次（奎宁丁基础用量）注意：275 mg 奎尼丁聚半乳糖醛酸盐 =167 mg 奎宁丁基础用量
硫酸奎尼丁	硫酸奎尼丁，Quinora	抗心律失常；室性心律失常	100、200、300 mg 片剂；200 或 300 mg 胶囊；20mg/mL 注射液	犬：6~20 mg/kg（体重），PO，每 6~8 h 一次（基础量）；或 5~10 mg/kg（体重），IV
§雷尼替丁	普胃得	H_2-受体颉颃剂；治疗和预防胃溃疡和十二指肠溃疡	75、150、300 mg 片剂；150 或 300 mg 胶囊；25mg/mL 注射液	犬：2 mg/kg（体重），IV，PO，每 8 h 一次 猫：2.5 mg/kg（体重），IV，每 12 h 一次；或 3.5 mg/kg（体重），PO，每 12 h 一次
视黄醇	参阅维生素 A			
核黄素	参阅维生素 B_2			
利福平	Rifadin	抗菌药（报道该药具有有限的抗真菌和抗病毒活性）	150 或 300 mg 胶囊	10~20 mg/kg（体重），PO，每 8~12 h 一次
§林格氏液	通用药	补液治疗	250、500、1 000 mL 包装袋，静脉注射	每天 55~65 mL/kg（体重）[每小时 2.5 mL/kg（体重）]，IV，SQ，IP，维持] 中度脱水：每小时 15~30 mL/kg（体重），IV 严重脱水：每小时 50 mL/kg（体重），IV
水杨酸	参阅阿司匹林			
腺苷蛋氨酸（S-腺苷蛋氨酸）	Denosyl-SD4	由甲硫氨酸衍生的类核苷酸分子；辅助治疗慢性肝病患者	肠溶片	每天 20 mg/kg（体重），PO
司拉克丁	Revolution	抗寄生虫药（伊维菌素）；在犬猫中有多种用途	不同规格的局部用溶液	依特定治疗情况的厂家说明

6

（续）

药物	专利商品名	功能及使用	剂型	推荐剂量
司立吉林	Anipryl（又称地普雷尼尔和L-地普雷尼尔）	MAO-B抑制剂；犬认知功能障碍；报道用于治疗犬皮质醇症（目前不建议用于治疗犬库欣综合征）	2、5、10、15、30 mg 片剂	犬：起始剂量为1 mg/kg（体重），PO，每24 h一次；如果2个月内无反应，则增加剂量至最大的2 mg/kg（体重），PO，每24 h一次 猫：不推荐
番泻叶	Senokot	缓泻剂；猫科便秘	浓缩颗粒或糖浆	猫（糖浆剂）：每小时5 mL/只（体重），每24 h一次 猫（颗粒剂）：每只猫1/2茶匙，每24 h一次（添加至食物中）
舍曲林	左洛复，盐酸舍曲林，Anilar	羟色胺再吸收抑制剂；治疗犬的某些行为障碍	25、50、100 mg 片剂；含量为20 mg/mL 的60 mL 注射液	犬：0.5~4.0 mg/kg（体重），每24 h一次 猫：0.5~1.0 mg/kg（体重），每24 h一次
§碳酸氢钠 ($NaHCO_3$)(OTC)	通用药（如小苏打，苏打明）	碱化剂；治疗酸中毒和肾衰竭；特殊指明时可用于碱化尿液	325、520、650 mg 片剂；注射液不同浓度（4.2%到8.4%）和1 mEq/mL	酸中毒：0.5~1 mEq/kg（体重），IV 肾衰竭：10 mg/kg（体重），PO，每8~12h一次 碱化尿液：50 mg/kg（体重），PO，每8~12 h一次（1茶匙大约为2 g）
§0.9%氯化钠	通用药	补液治疗（等渗）	500 或 1 000 mL 包装，静脉注射	中度脱水：每小时15~30 mL/kg（体重），IV 严重脱水：每小时50 mL/kg（体重），IV
§7.2%氯化钠（高渗）	通用药	补液治疗	静脉注射	2~8 mL/kg（体重），IV 注意：不是均衡的电解质溶液
20%碘化钠	Iodopen，通用药	碘替代治疗；治疗已确认的缺陷	100μg/mL元素碘化物（118μg 碘化钠）注射液	20~40 mg/kg（体重），PO，每8~12 h一次
索他洛尔	盐酸索他洛尔制剂	非特异性β-受体阻断剂（抗心律失常药）；室性心动过速	80、160、240 mg 片剂	犬：1~2 mg/kg（体重），PO，每12 h一次（起始剂量为40 mg/只，每12 h一次，如果没反应则增加至80 mg） 猫：1~2 mg/kg（体重），PO，每12 h一次

6

（续）

药物	专利商品名	功能及使用	剂型	推荐剂量
螺内酯	螺旋内酯甾酮	醛固酮颉颃剂；保钾利尿剂，用于治疗充血性心力衰竭；一般用于对呋塞米和 ACE 抑制剂无反应的患病动物	25、50、100 mg 片剂	每天 2~4 mg/kg（体重）；或者 1~2 mg/kg（体重），PO，每 12 h 一次
司坦唑醇	康力龙-V	促蛋白合成类固醇；辅助治疗慢性疾病引起的贫血	50 mg/mL 注射液；2 mg 片剂	犬：2 mg/只（或 1~4 mg/只），PO，每 12 h 一次；每周 25~50 mg/只，IM 猫：1 mg/只，PO，每 12 h 一次；或每周 25 mg/只，IM **注意**：用于厌食症患者时可导致体重减轻
二巯琥珀酸	二巯丁二酸胶囊	重金属螯合剂；治疗铅中毒	100 mg 胶囊	10 mg/kg（体重），PO，每 8 h 一次；之后 10 mg/kg（体重），PO，每 12 h 一次，使用 2 周
§硫糖铝	Carafate	治疗溃疡；胃溃疡和十二指肠溃疡（可能有预防效果）	1 g 片剂；200 mg/mL 口服混悬液	犬：0.5~1g/只，PO，每 8~12 h 一次 猫：0.25 g/只，PO，每 8~12 h 一次
舒芬太尼	枸橼酸舒芬太尼制剂	抗菌（有效麻醉剂）；麻醉佐剂或者辅助硬膜外麻醉	50 μg/mL 注射液	犬：3 μg/kg（体重），IV 最大剂量为 5 μg/kg（体重），IV 猫：0.1~0.5 μg/kg（体重），IV
磺胺嘧啶	与 Tribrissen 中的甲氧苄啶结合	抗菌药	500 mg 片剂	100 mg/kg（体重），IV,PO（负荷剂量）；随后 50 mg/kg（体重），IV,PO，每 12 h 一次（参阅甲氧苄啶+氨苯磺胺）
磺胺地托辛	磺胺同二甲氧嘧啶，4-磺胺-2,6-二甲氧嘧啶，通用药	抗菌药	125、250、500 mg 片剂；400 mg/mL 注射液；50 mg/mL 混悬液	55 mg/kg（体重），PO（负荷剂量）；随后 27.5 mg/kg（体重），PO，每天一次（参阅奥美普林+磺胺地托辛）
磺胺二甲嘧啶	多种商品名称（如 Sulmet）	抗菌药	30 g 丸剂	100 mg/kg（体重），PO（负荷剂量）；随后 50 mg/kg（体重），PO，每 12 h 一次

6

（续）

药物	专利商品名	功能及使用	剂型	推荐剂量
磺胺甲基异噁唑	Gantanol	抗菌药	50 mg 片剂	100 mg/kg（体重），PO（负荷剂量）；随后 50 mg/kg（体重），PO，每 12 h 一次
柳氮磺胺吡啶（磺胺吡啶＋氨基水杨酸）	Azulfidine	抗菌药和抗炎药；溃疡性结肠炎和其他形式的炎症性肠病（犬）	500 mg 片剂；儿科混悬剂	犬：10~30 mg/kg（体重），PO，每 8~12 h 一次 注意：据报道在犬中会引起角膜结膜炎
磺胺异噁唑	Gantrisin	抗菌药	500 mg 片剂；500 mg/5mL 糖浆	50 mg/kg（体重），PO，每 8 h 一次（泌尿道感染）
牛磺酸	通用药	氨基酸；牛磺酸缺乏性心肌病	粉末	犬：500 mg，PO，每 12 h 一次 猫：250 mg/只，PO，每 12~24 h 一次
替泊沙林	卓比林	NSAID，用于犬骨关节炎引起的疼痛	30、50、100、200 mg 片剂	犬：首日剂量为 10~20 mg/kg（体重），PO；之后 10 mg/kg（体重），PO，每天一次；再之后根据需要给药
§间羟基丁肾上腺素	硫酸特布他林	β-受体激动剂；支气管扩张剂；用于猫哮喘	2.5 或 5 mg 片剂；1 mg/mL 注射液（相当于 0.82 mg/mL）	犬：1.25~5 mg/只，PO，每 8 h 一次 猫：0.1~0.2 mg/kg（体重），PO，每 12 h 一次（或 0.625 mg/只，或 1/4 的 2.5 mg 片剂）
睾酮环戊丙酸酯	睾酮环戊丙酸酯	激素；替代疗法；用于去势犬猫的睾酮反应性尿失禁	100 或 200 mg/mL 注射液	1~2 mg/kg（体重），IM，每 2~4 周一次（参阅甲基睾酮）
丙酸睾丸素酯	丙酸睾丸素酯	激素；替代疗法；用于去势犬猫的睾酮反应性尿失禁	100 mg/mL 注射液	0.5~1 mg/kg（体重），IM，每周两次或三次
四环素	盘霉素	抗菌药	250 或 500 mg 胶囊；100 mg/mL 混悬液	15~20 mg/kg（体重），PO，每 8 h 一次；或 4.4~11 mg/kg（体重），IV、IM，每 8 h 一次
氯苯磺酸噻苯氧铵氧铵	氯苯磺酸噻苯氧铵氧铵	驱钩虫药	500 mg 片剂	犬：体重 >4.5 kg，剂量为 500 mg，PO，单次使用，2~3 周内重复给药；体重 2.5~4.5kg，剂量为 250 mg，每 12 h 一次，使用 1 d，2~3 周内重复给药

6

（续）

药物	专利商品名	功能及使用	剂型	推荐剂量
茶碱	多种商品名	支气管舒张剂；用于慢性支气管炎和猫哮喘	100、125、200、250、300 mg 片剂；27 mg/5mL 口服液；可溶于 5% 葡萄糖作为注射液	犬：9 mg/kg（体重），PO，每 6~8 h 一次 猫：4 mg/kg（体重），PO，每 8~12 h 一次（参阅氨茶碱）
茶碱缓蚀剂	Theo-Dur, Slo-Bid	支气管舒张剂；用于慢性支气管炎和猫哮喘	100、200、300、450 mg 片剂（Theo-Dur）；50~200 mg 胶囊（Slo-Bid）	犬：10 mg/kg（体重），如果不出现副作用，可将剂量增加至 15 mg/kg（体重），PO，每 12 h 一次 猫（Theo-Dur）：20 mg/kg（体重），PO，每 24 h 一次（晚间服用）猫（Slo-Bid）：25 mg/kg（体重），PO，每 24 h 一次
噻苯哒唑	涕必灵	抗寄生虫药；可用于多种寄生虫感染	2 或 4 g/30 mL 混悬液或溶液	犬：50 mg/kg（体重），每 24 h 一次，使用 3 d，1 个月内重复给药 呼吸道寄生虫：30~70 mg/kg（体重），PO，每 12 h 一次 猫（类圆线虫）：125 mg/kg（体重），每 24 h 一次，使用 3 d
硫乙胂胺钠	硫乙胂胺钠	含砷制剂；之前用于驱犬心丝虫	无可用商品剂型（已停用）	
硫胺	参阅维生素 B₁			
硫鸟嘌呤（6-TG）	通用药	抗肿瘤药；用于淋巴细胞性或粒细胞性白血病	40 mg 片剂	犬：40 mg/m²，PO，每 24 h 一次 猫：25 mg/m²，PO，每 24 h 一次，使用 1~5 d
戊硫代巴比妥钠	喷妥撒	短效注射麻醉药；用于短时间处置和镇静保定	不同注射剂量的小瓶含该药；250 mg 至 10 g 不等	犬：10~25 mg/kg（体重），IV（直至有效）猫：5~10 mg/kg（体重），IV（直至有效）
噻替派	通用药	抗肿瘤药；用于淋巴细胞性或粒细胞性白血病	15 mg 注射液（一般为 10 mg/mL）	每周 0.2~0.5 mg/m²；或每天一次，使用 5~10 d（IM，腹腔注射或肿瘤内注射）

6

（续）

药物	专利商品名	功能及使用	剂型	推荐剂量
甲状腺激素	参阅左旋甲状腺素钠（T₄）和碘塞罗宁（T₃）			
促甲状腺素（TSH）	促甲状腺素（TSH）	激素；用于甲状腺功能减退的检测（犬）	每瓶 10 IU	犬：测量基线，之后 0.1 IU/kg（体重）（最大剂量为 5 IU），IV，6 h 后采血检测；猫：测量基线，之后 2.5 IU/只，IM，6 h 后采血检测
替卡西林	替卡西林	抗菌药	每瓶 6g/50 mL；每瓶可含 1、3、6、20 或 30 g	33~50 mg/kg（体重），IV、IM，每 4~6 h 一次
替卡西林＋克拉维酸	特美汀	抗菌药	每瓶 3 g，注射液	33~50 mg/kg（体重），IV、IM，每 4~6 h 一次
噻环乙胺＋唑氟氮草	舒泰	普通麻醉药；一般用于对不健康的犬用于保定或短时间镇静 猫	5 mL 无菌液体置于无菌瓶中；每毫升液体中含噻环乙胺 50 mg 注意：重组后保质期有限	使用剂量与剂型相关。采用深部肌内注射的方式 犬：6.6~10 mg/kg（体重），IM（保定）；10~13 mg/kg（体重），IM（简单外科操作）总剂量不能超过 26.4 mg/kg（体重），IM 猫：9.7~11.9 mg/kg（体重），IM（保定）；10.6~12.5 mg/kg（体重），IM（简单外科操作）；14.3~15.8 mg/kg（体重），IM（麻醉）总剂量不能超过 72 mg/kg（体重），IM
托普霉素	妥布霉素	抗菌药	40 mg/mL，注射液	2~4 mg/kg（体重），IV、IM、SQ，每 8 h 一次
§妥卡尼	妥卡胺片	口服抗心律失常药；用于室性心律失常	400 或 600 mg 片剂	犬：15~20 mg/kg（体重），PO，每 8 h 一次 猫：剂量不明
苯甲唑啉	苯甲唑啉	α－肾上腺素受体阻断剂；逆转赛拉嗪的作用	100 mg/mL，100 mL 瓶	4 mg/kg（体重），IV，（缓慢注入，接近 1 mL/s）
氟羟泼尼松龙	氟羟泼尼松龙	糖皮质激素；抗炎药（不常用于免疫介导性疾病）	兽用（Vetalog）：0.5 或 1.5mg 片剂 人用：1、2、4、8、16 mg 片剂；10 mg/mL 注射液	抗炎：0.05~0.11 mg/kg（体重），每天两次或三次，2 周内将剂量降至每天 0.028~0.055 mg/kg（体重）[但说明书推荐剂量为每天 0.11~0.22 mg/kg（体重）]

6

（续）

药物	专利商品名	功能及使用	剂型	推荐剂量
曲安奈德	曲安奈德	糖皮质激素；抗炎（不常用于免疫介导性疾病）	2或6 mg/mL，注射混悬液；0.5或1.5 mg片剂	0.1~0.2 mg/kg（体重），IM，SQ;7~10 d内重复给药 病灶内注射：1.2~1.8 mg；或1 mg/cm²，每2周一次
氨苯蝶啶	氨苯蝶啶	保钾利尿剂；可作为螺内酯的替代药	50或100 mg胶囊	1~2 mg/kg（体重），PO，每12 h一次
盐酸曲恩汀	盐酸曲恩汀	口服铜离子螯合剂；用于铜离子相关性肝病；用于青霉胺不耐受的犬	250 mg胶囊	犬：10~15 mg/kg（体重），PO，每12 h一次
甲哌氟丙嗪	甲哌氟丙嗪	吩噻嗪类；止吐药	10 mg/mL口服液；1、2、5、10mg片剂；2.0 mg/mL 注射液	0.03 mg/kg（体重），IM，每12 h一次
三氟普马嗪	三氟普马嗪	吩噻嗪类；止吐药	10或20 mg/mL 注射液	0.1~0.3 mg/kg（体重），IM，PO，每8~12 h一次
三碘甲状腺氨酸	参阅碘塞罗宁（T₃）			
曲洛司坦	曲洛司坦	口服犬库欣综合征药（垂体依赖性和肾上腺肿瘤）	10、30、60 mg胶囊（在美国可见）	每天3.9~9.2 mg/kg（体重），PO 犬常用剂量为每天 6.1mg/kg（体重），PO 使用剂量基于皮质醇的检测
异丁嗪酒石酸盐与泼尼松龙	异丁嗪酒石酸盐与泼尼松龙	吩噻嗪类抗组胺药+糖皮质激素；镇痛和止痒；现今不推荐使用	5 mg异丁嗪+2 mg泼尼松龙（片剂）	犬：见商品说明书
甲氧苄氨嘧啶+磺胺类药物（磺胺嘧啶或磺胺甲噁唑）	Tribrissen	抗菌药	30、120、240、480、960 mg片剂	15 mg/kg（体重），PO，每12 h一次；或30 mg/kg（体重），PO，每12~24 h一次 弓形虫：30 mg/kg（体重），PO，每12 h一次

6

（续）

药物	专利商品名	功能及使用	剂型	推荐剂量
TSH（促甲状腺素）	参阅促甲状腺素			
酒石酸泰乐菌素	Tylocine，Tylan	抗菌药；用于肠道炎症和慢性结肠炎	可溶性粉末，1茶匙含2.2 g泰乐菌素（加拿大有大用片剂）	犬猫：7~15 mg/kg（体重），PO，每12~24 h一次；犬（结肠炎）：11 mg/kg（体重），每8 h一次，与食物混合
熊去氧胆酸（胆烷酸）	Actigall	胆汁酸；慢性肝病的辅助疗法	300 mg 胶囊	10~15 mg/kg（体重），PO，每24 h一次
丙戊酸	二丙基醋酸钠（Valproic acid），双丙戊酸钠（Divalproex）	抗痉挛药；传统抗痉挛药的替代疗法，不常用	双丙戊酸钠:125、250、500 mg片剂 二丙基醋酸钠:250 mg 胶囊 50mg/mL 糖浆	犬：60~200 mg/kg（体重），PO，每8 h一次；或与苯巴比妥米那那么合用时，使用双丙戊酸钠，剂量为每天25~105 mg/kg（体重）猫：不使用
万古霉素	Vancocin，Vancoled	抗菌药	每瓶0.5～10 g，注射液	犬：15 mg/kg（体重），每6~8 h一次，IV，CRI 猫：12~15 mg/kg（体重），每8 h一次，IV，CRI
抗利尿激素（ADH）	Pitressin	激素；用于鉴别中枢性尿崩症和肾性尿崩症（非常规推荐）；可参阅去氨加压素治疗尿崩症	20（加压器）IU/mL，每瓶0.5、1.0、10 mL；1 mL 安瓿	犬（鉴别诊断）：体重<15 kg，剂量为2 μg，IM；体重>15 kg，剂量为4 μg，IM 注意：注射前病患须进行准备
§戊酸丙胺	异搏定	钙离子通道阻断剂；用于室上性心动过速和高血压	40、80、120 mg片剂；2.5 mg/mL 注射液	犬：0.05 mg/kg（体重），IV，缓慢注射（可每5 min重复一次），直至累积剂量为0.15~0.2 mg/kg（体重）高血压：1~5 mg/kg（体重），PO，每8 h一次 猫：0.025 mg/kg（体重），IV，缓慢注射（可每5 min重复一次），直至累积剂量为0.15~0.2 mg/kg（体重）
长春碱	长春花碱	长春花生物碱，抗肿瘤药	1 mg/mL 注射液	2 mg/m², IV，缓慢注射，每7~14 d一次

6

（续）

药物	专利商品名	功能及使用	剂型	推荐剂量
§长春新碱	长春新碱	长春花生物碱，抗肿瘤药；也用于血小板减少症	1 mg/mL 注射液	抗肿瘤：0.5~0.75 mg/m²，IV，每 7~14 d 一次（猫 7 d，根据治疗方案而定）血小板减少症：0.02 mg/kg（体重），IV，每周一次（另可选：0.5~0.7 mg/m²，注射时间为 4~6 h，每周一次）
慰尔克斯	参阅胰酶			
维生素 A（类视黄醇）	维生素 A(类视黄醇)	维生素；营养补充剂	口服液：5 000 IU/0.1 mL；10 000，25 000，50 000 IU 片剂	625~800 IU/kg（体重），PO，
维生素 B₁	硫胺素	维生素；营养补充剂	250 μg/5 mL 酏剂；5~500 mg 不等的片剂；100 或 500 mg/mL 注射液	犬：每天 10~100 mg/ 只，PO 猫：每天 5~30 mg/ 只，PO（最大剂量为每天 50 mg/ 只，PO）
维生素 B₂	核黄素	维生素；营养补充剂	10~250 mg 不等的片剂；100 μg/mL 注射液	犬：10~20 mg/d，PO 猫：5~10 mg/d，PO
维生素 B₁₂	钴胺素	维生素；营养补充剂	100 μg/mL 注射液	犬：100~200 μg/d，PO 猫：50~100 μg/d，PO
维生素 C	抗坏血酸	维生素	不同剂量的片剂和注射液	100~500 mg/d
维生素 D 类似物	双氢速甾醇（DHT），二氢速甾醇	维生素；与甲状旁腺功能减退或甲状旁腺手术有关的低钙血症的管理	0.125 mg 片剂；0.5 mg/mL 口服液	每天 0.01mg/kg（体重），PO 准确治疗：起始剂量为 0.02 mg/kg（体重），PO；之后 0.01~0.03 mg/kg（体重），PO，每 24~48 h 一次
维生素 D₂	钙化醇，Drisdol	维生素；与甲状旁腺功能减退或甲状旁腺手术有关的低钙血症的管理	400 IU 片剂（OTC）；50 000 IU 片剂（1.25 mg）；注射液（12.5 mg）500 000 IU/mL	每天 4 000~6 000 IU/kg（体重），PO（起始剂量） 每天 1 000~2 000 IU/kg（体重），PO（维持剂量）

6

（续）

药物	专利商品名	功能及使用	剂型	推荐剂量
维生素 D₃	1,25-二羟维生素 D₃	维生素，也被认为是一种激素；与甲状旁腺功能减退或甲状旁腺手术有关的低钙血症的管理；也用于慢性肾衰竭导致的低钙血症	参阅维生素 D 类似物	低血钙：0.030~0.06 μg/kg（体重），PO，每天一次；慢性肾衰竭：0.025 μg/kg（体重），PO，每天一次
维生素 E（可能与硒结合）	α-生育酚，维生素 E 油	维生素；慢性肝脏疾病的营养补充剂和辅助疗法；可与硒结合作为大兔疫介导性皮肤病的辅助治疗；对大关节炎的治疗有效性存疑	各种胶囊、片剂、口服液（如 1 000 IU 的胶囊）	参阅生产商对治疗指征和剂量的建议
§维生素 K₁	叶绿醌（注射液），Mephyton（片剂），Veta-K₁（胶囊）	解毒剂，鼠药中毒的抗凝剂；用于一些影响维生素 K 依赖性凝血因子生成的疾病	2 或 10 mg/mL 注射液；5 mg 片剂（Mephyton）；25 mg 胶囊（Veta-K₁）	灭鼠药中毒：每天 2.5~5.0 mg/kg（体重），PO，根据药物吸收情况可至多用药 6 周；急性中毒：5 mg/kg（体重），使用 25 G 针头多点皮下注射
华法林	香豆素	抗凝血；辅助治疗和预防血栓形成	1、2、2.5、4、5、7.5、10 mg 片剂	犬：0.22 mg/kg（体重），PO，每 12 h 一次，延长凝血酶原时间为正常的 1.25~1.5 倍；肺血栓：0.2 mg/kg（体重），PO，每天一次，延长凝血酶原时间为正常的 1.25~1.5 倍；猫：慢性治疗：0.1~0.2 mg/kg（体重），PO，每天一次，延长 PT 时间为正常的 2~2.5 倍；主动脉血栓：0.06~0.1 mg/kg（体重），PO，每天一次

（续）

药物	专利商品名	功能及使用	剂型	推荐剂量
塞拉嗪	隆朋	α₂-肾上腺素激动剂；镇静和镇痛（有时用于猫的催吐）	20 或 100 mg/mL 注射液	犬和猫：1.1 mg/kg(体重),IV，或 1.1~2.2 mg/kg(体重)，IM 或 SQ；猫（催吐）：0.4~0.5 mg/kg（体重），IV
育亨宾	育亨宾	α₂-肾上腺素颉颃剂；颉颃塞拉嗪（有可能颉颃双甲脒）	2 mg/mL 注射液（每瓶 20 mL）	0.11 mg/kg（体重），IV，缓慢注射
齐多夫定（AZT）	立妥威	抗逆转录病毒药物；FeLV- 和 FIV- 阳性猫的辅助治疗	300 mg 片剂；100 mg 胶囊；10 mg/mL 糖浆；10 mg/mL 注射液	猫：5~10 mg/kg（体重），PO，每 12 h 一次；或 5 mg/kg（体重），PO，每 8 h 一次，连用 5 周，之后停药 4 周。注意：可能存在明显的骨髓抑制（通常停止治疗是可逆的）；治疗期间检测 CBC
唑拉西泮	参阅替米那明＋唑拉西泮			

注：ACE，血管紧张素转换酶；ACTH，促肾上腺皮质激素；ADH，抗利尿激素；CBC，全血细胞计数；CMI，细胞介导免疫；CNS，中枢神经系统；CRI，恒速输注；CSF，脑脊液；D5W，5% 葡萄糖溶液；DI，尿崩症；DIC，弥散性血管内凝血；FeLV，猫白血病病毒；FIV，猫免疫缺陷病毒；GABA，γ-氨基丁酸；GI，胃肠道；GnRH，促性腺激素释放激素；H₂，组胺 2；IM，肌内注射；IMHA，免疫介导性溶血性贫血；IP，腹腔内给药；IV，静脉注射；LH，黄体生成素；LHRH，黄体生成素释放激素；MOA，单胺氧化酶；NSAID，非甾体抗炎药；OTC，非处方药；PO，口服；PT，凝血酶原时间；SQ，皮下注射；SSRI，5-羟色胺再摄取抑制剂；USP，美国药典。

表中列出的剂量是基于制表时可获得的最佳证据。尽管已尽最大努力核实所列的所有剂量，但首次使用某种产品时，仍需谨慎核实治疗方案和某种药物剂量。表中列出的剂量是基于我们所有药物都可能产生不良反应。已列出高风险警告和预防措施声明，鼓励使用此表的兽医查阅当前文献。产品标签和制造商的披露信息，以了解有关疗效或安全性变化的报告，以及在这些表格编制时未确定的新治疗禁忌症。当所列剂量未特别指明大或猫剂量时，表示在紧急或重症监护情况下快速参考，前面带有 § 的条目是为了快速参考，表示在紧急或重症监护情况下使用的药物或剂量。均按所列剂量使用该药物。

6

图书在版编目（CIP）数据

小动物急诊手册：第9版 /（美）理查德·B. 福特
（Richard B. Ford），（美）埃莉莎·马扎菲罗
（Elisa Mazzaferro）编著；麻武仁主译 . —北京：中
国农业出版社，2024.8
（世界兽医经典著作译丛）
书名原文：Kirk & Bistner's Veterinary
Procedures and Emergency Treatment，9/E
ISBN 978-7-109-22592-3

Ⅰ.①小⋯　Ⅱ.①理⋯ ②埃⋯ ③麻⋯　Ⅲ.①动物疾
病—急诊—手册　Ⅳ.①S858-62

中国版本图书馆 CIP 数据核字（2017）第 302150 号

小动物急诊手册　第 9 版
XIAODONGWU JIZHEN SHOUCE DI-JIU BAN

中国农业出版社出版
地址：北京市朝阳区麦子店街 18 号楼
邮编：100125
责任编辑：王森鹤　武旭峰　弓建芳　周晓艳　杨　春　杜　婧
版式设计：王　晨　责任校对：吴丽婷
印刷：北京通州皇家印刷厂
版次：2024 年 8 月第 1 版
印次：2024 年 8 月北京第 1 次印刷
发行：新华书店北京发行所
开本：787mm×1092mm　1/16
印张：49.25
字数：1020 千字
定价：368.00 元